제4판

Excel · SPSS · R로 배우는

통계학 입문

강상욱 · 강승호 · 김일문 · 김철응 · 김현중 · 김현태 · 박상언
박재우 · 박태영 · 이학배 · 임종호 · 전용호 · 정성현 · 진익훈 지음

자유아카데미

이 책과 관련된 데이터, 정오표 등은 자유아카데미의 홈페이지(www.freeaca.com)에서 얻을 수 있다.

머리말

2016년 3월의 이세돌과 알파고의 대결은 인공지능(AI)에 관한 사람들의 생각을 바꾸는 계기가 되었다. 단정적으로 선을 그을 수는 없지만, 이 시기와 맞물려 빅데이터라는 용어가 자주 등장하기 시작하였고, 이제는 일상에서 쉽게 접할 수 있는 단어가 되었다. 2019년, 구글은 슈퍼컴퓨터로 1만 년이 걸리는 계산을 200초에 해내는 양자컴퓨터를 선보였다. 그 결과, 이전에는 상상만 할 수 있고 실제 계산은 불가능하였던 것들을 실현할 수 있게 되었다. 이제 양자컴퓨팅은 통계계산의 중요한 역할을 담당하게 될 것이다. 또한 그림, 음악, 비디오, 책, 신문 등의 비정형자료(unstructured data)의 분석 방법 역시 출현하고 있다.

이렇듯 새로운 가능성이 확장될수록 기본 개념에 충실하며 견고한 바탕이 있어야 한다. 통계학의 개념과 사고방식은 다른 과학 분야의 개념과 사고체계와 달라서 입문 단계에서의 어려움이 상당히 크다. 흔히 말하는 진입장벽이 높은 것이다. 그러나 기본 개념과 사고의 틀이 확립된다면, 통계학은 '즐거운' 학문이 될 것이다.

4판에서는 1장에 '함수형 자료'에 관한 소개와 8장에 '자료의 종속성'을 추가하였으며, 몇 개의 '읽을거리'도 보완하였다. 연습문제 역시 추가하였는데 특히 14, 15, 16장에 회귀분석과 관련된 문제들을 많이 보완하였다. 더불어 12장 이후의 장에 실습을 위한 R 스크립트를 추가하였다.

좋은 책을 위해 최선을 다했지만 부족한 점이 있을 수도 있다. 이 점은 독자들의 양해를 구하며, 출간 후에라도 수정사항이 있을 경우에는 자유아카데미 홈페이지(www.freeaca.com) 자료실에서 제공할 예정이니 참고하기를 바란다.

2022년 2월

강상욱, 강승호, 김일문, 김철응, 김현중, 김현태, 박상언
박재우, 박태영, 이학배, 임종호, 전용호, 정성현, 진익훈

제3판 머리말

통계 분야가 아닌 다른 분야에서도 입문서는 제일 쓰기 어려운 책이라고 생각한다. 어디까지가 입문 수준인지 명확하지 않기 때문일 것이다. 더욱 고민스러운 것은 어떻게 하면 이해하기 쉽게 쓸 것인가 하는 것이다. 중요한 것을 포함시키지 않았다는 비난을 피하기 위하여 무조건 많은 내용을 담을 수도 없고, 이해하기 쉽게 쓰려고만 하면 자칫 독자들을 지루하게 만들 수도 있다. 본 책에서는 포함 범위와 내용 설명의 난이도에서 균형점을 찾으려고 노력하였다.

본 책은 대학에서 통계학을 전공하는 학생들뿐 아니라 사회과학, 자연과학을 전공하는 학생들의 통계학 기초지식 형성에도 도움을 주고자 하였다.

통계의 개념을 이해하려면 실제로 자료를 이용하여 통계분석을 해보는 것이 중요하므로, 통계 입문 과정에서 통계패키지의 사용은 필수적이라고 할 수 있다. 통계패키지는 EXCEL, SPSS, R을 사용할 수 있도록 하였다. 독자들은 필요에 따라 하나를 택하면 될 것이다. 부록에 통계패키지의 소개를 간단히 수록하였으니 참고하기 바란다.

이 책은 두 학기 강의 분량을 담고 있어, 첫 학기에 10장 또는 11장까지 다루고, 나머지를 둘째 학기에 다루면 될 것이다. 한 학기용으로 사용하려면 취사선택하여 14장까지 진도를 나갈 수도 있겠다.

각 장에서 배운 개념들은 자료를 다루면서 익히도록 연습문제에 자료를 다루는 문제를 많이 포함시키려고 하였다. 연습문제 풀이는 실습문제를 제외하고 주로 홀수 번 문제 중에서 간단한 풀이와 답을 제시하여 스스로 공부하는 학생들에게 도움을 주고자 하였다.

이 책은 여러 사람들의 도움이 없었으면 출간이 불가능했을 것이다. 실습조교를 하면서 실습교재와 연습문제 답안을 만들고, 문서작업, 교정작업을 하였던 연세대학교 응용통계학과 대학원생들, 이전 버전의 책으로 강의하면서 오류를 지적하고 개선점을 알려주셨던 강사와 교수님들에게 심심한 감사를 드린다. 특히 바쁘신 가운데서도 책을 읽고 검토해 주신 경기대 남경현 교수님과 여러 조언을 해주신 제주대 전산통계학과 김철수 교수님께 감사를 드린다.

여러 가지 부족한 점이 많았던 이전 버전의 책과 가제본으로 공부하였던 학생들에게 큰 빚을 지어 미안하고 또한 매우 고맙게 생각한다. 그들 덕분에 후학들은 더욱 좋은 교재로 공부할 수 있게 되었다.

책에 오류가 있으면 지적하여 주고, 개선점을 알려 주면 계속 책을 보완하는 데 큰 도움이 되겠다. 출간 후에라도 수정사항이 있을 경우에는 자유아카데미 홈페이지(www. freeaca.com) 자료실에 제공 예정이다.

2014년 8월

강상욱, 강승호, 김철웅, 김현중, 김현태, 박상언, 박태영, 이학배, 전용호

차례

1장 들어가며

2장 표와 그래프 기술통계

3장 수치 기술통계

4장 확 률

5장 이산형 확률변수

11장 분산에 대한 추론

12장 카이제곱검정

13장 분산분석

14장 단순선형회귀분석

15장 다중선형회귀분석

16장 모형구축

17장 비모수통계

부록 A 주요 확률분포표

부록 B 연습문제 풀이와 답 A-21

부록 C 참고자료

1 들어가며

Pierre-Simon, marquis de Laplace
(1749~1827)

프랑스 수학자, 천문학자. Laplace 변환 발견. 확률에 기초한 연역적 추리법을 확립하고 베이즈통계의 기초를 제공. 확률 생성 함수(probability generating function)와 라플라스 분포(Laplace distribution)를 제시. 최소제곱법에 대한 증명.

많은 사람들은 자료를 수집하여 합계나 평균을 계산하는 것을 통계학이라고 생각한다. 통계학은 자료를 수집하고 정리, 요약하는 것뿐 아니라, 이것들을 토대로 자료(표본)에서 얻은 정보를 이용하여 자료를 뽑았던 대상 전체(모집단)에 대한 정보로 바꾸는 과정에서 필연적으로 수반되는 오차에 관한 이론의 정립, 응용 과정에서의 문제점 발견과 해결방법의 연구 등을 모두 포함한다. 예를 들면, 1000명에게 전화 조사를 하여 그 결과를 우리나라 전체 유권자 3500만 명의 투표성향을 헤아리는 데 이용하는 것이다. 1000명을 어떻게 뽑아야 좋은지, 단순비율 또는 가중비율을 사용하는 것이 좋은지, 부재거나 응답 거부를 하는 경우는 어떻게 처리하여야 하는지 등을 연구하는 것이 통계학이다.

대학생들이 한 달에 쓰는 용돈이 얼마인지 알아보기 위하여 100명을 조사하였다. 대졸 신입사원의 월급 또는 연봉이 얼마인지 알아보기 위하여 신입사원 500명을 조사하였다. 벤처 기업 중 망하지 않고 1년 이상 유지되는 기업이 얼마나 되는지 알아보기 위하여, 작년 한 해 동안 등록된 50개 벤처 회사를 추적 조사하였다. 위에 있는 예에서와 같이 대학생, 대졸 신입사원, 벤처 기업 전체에 대한 조사를 하지 못하고－시간적, 경제적 등의 제약 때문에－그 일부인 100명, 500명, 50개에 대한 자료만 수집한다. 이와 같이 관심의 대상이 되는 전체를 **모집단(population)**이라고 하고, 자료를 구하기 위하여 뽑혀진 일부분을 **표본(sample)**이라고 한다. 우리가 대학생 100명의 평균 용돈을 계산할 때, 그 결과로 나온 평균값을 단순히 표본으로 뽑혔던 100명에 대한 정보로 사용하는 것에 그치지 않고－여기서는 아무 단서 조항 없이 사용하였으므로 일반적으로 일컫는 대학생, 즉 우리나라 대학생 전체를 뜻하는 것으로 사용하자－대학생들이 대체적으로 용돈을 얼마나 쓰는지 알아보기 위한 정보로 사용된다. 이 경우 조사된 100명의 대학생은 표본이 되며, 우리나라 대학생 전체가 모집단이 되는 것이다.

통계학은 추론 과정에서 필연적으로 수반되는 오차의 크기를 계산하고, 그것을 줄이는 방법을 찾는 학문이다.

통계는 위의 예처럼, 표본 그 자체에 대한 관심보다는 모집단에 관심이 있는 것이다. 일부분만의 자료인 표본으로 전체에 대한 정보를 알아내려고 하는 것이 통계학이다. 이러한 작업을 **통계적 추론(inference)**이라고 한다. 일부분 그 자체에 대한 정보를 알아내려 한다면 정확한 조사가 되겠지만, 일부만으로 조사를 하여 전체를 알아보려고 하니 당연히 정확하지 못하게 된다. 100명만 조사하여 어떻게 우리나라 전체 대학생에 대한 정확한 결론을 내릴 수 있을 것인가? 불가능한 일이다. 100명의 평균 용돈이 23만 원으로 계산되었다고 하자. 그러면 우리나라 전체 대학생의 평균 용돈이 정확히 23만 원이라고 할 수 있는가? 대표성이 좋은 표본을 잘 뽑았다면 23만 원이라는 표본평균값은 우리나라 전체 대학생의 평균 용돈에 상당히 근접한 값이 될 것이다. 하지만 우리나라 전체 대학생의 평균 용돈이 정확히 23만 원이 되리라는 보장은 없다. 통계학은 23만 원이라는 예측값 또는 예상값에 수반되는 정확성의 정도를 계산하는 학문이다. 100명의 표본에서 얻은 평균값과 1000명의 표본에서 얻은 평균값의 정확성은 다르다. 당연히 1000명의 표본이 더 정확한 정보를 갖고 있을 것이다. 1000명의 표본평균이 100명의 표본평균보다 얼마나 더 정확한지 계산하는 것이 통계학이다.

정확성을 뒤집어 말하면 그것은 **오차(error)**가 된다. 정확도가 높은 것은 오차가 적은 것이며, 정확하지 않은 것은 오차의 크기가 큰 것이다. 통계학은 표본에서 얻은 정보를 이용하여 모집단에 대한 정보를 예측 또는 추론하면서 그에 수반되는 오차의 크기까지 계산해 내는 학문이다.

통계학은 오차에 대한 학문이라고 할 수 있다. 표본에서 얻은 정보를 모집단에서의 정보로 바꾸는 과정에서 오차를 줄이는 방법을 연구하고, 필연적으로 수반되는 오차의 크기를 계산하여 정보이용자나 의사결정자에게 제공하려는 것이다.

2, 3장에서는 자료를 정리, 요약하는 방법에 대하여 소개하고, 4장에서는 통계학의 기초가 되는 확률의 기본에 대해 소개한다. 5, 6장은 추론에 필요한 기본적인 분포에 대해 소개하

고, 7장은 표본을 어떻게 뽑아야 하는가, 주의하여야 할 사항, 표본에서 얻은 통계량의 분포 등에 대하여 소개한다. 8장은 구간추정, 9장은 검정, 10장은 두 집단에서의 평균과 비율에 대한 추론을 소개하고, 11장은 분산에 대한 추론, 12장은 카이제곱검정, 13장은 분산분석, 14, 15장은 회귀분석, 16장은 모형구축, 17장은 비모수 방법에 대하여 소개한다.

1.1 통계의 생성과 저장

정부는 정책을 수립하고 시행하면 그 성과를 확인하려고 많은 통계를 필요로 한다. 정부는 통계를 공급하고, 소비하는 제일 큰 주체라 할 수 있다. 통계청을 포함하여 정부 각 기관은 많은 통계를 작성하여 발표하고 있다.

매일, 매시간 변하는 주가는 기업활동을 하는 모든 사람들이 주시하는 통계이며, 일반 투자자들도 주가의 변화에 매우 민감하다. 증권거래소에서 매매되고 있는 주가의 자료는 매순간 기록되고 있다. 기업에서는 고객관리를 위하여 고객의 신상정보와 구매 패턴의 통계를 이용하여 마케팅에 이용한다.

모든 사람은 기후에 영향을 받는다. 일조량이나 강수량은 농업에 종사하는 사람들에게 중요한 통계이다. 기상청에서 발표하는 기상자료는 월별, 일별, 시간별 기후 상황을 모두 포함하고 있다.

수작업으로 통계가 작성되기도 하지만, 기업활동 중 또는 인터넷 등을 통하여 자동으로 생성되는 통계도 무수히 많다. 인터넷 이용현황이나 인터넷을 이용한 상품거래 등의 통계가 자동적으로 기록되고 있다. 가계부나 차계부를 쓰는 사람들의 기록도 통계이다.

생성된 자료는 책 또는 컴퓨터 파일의 형태로 저장된다. 아직도 많은 부분은 전화조사나 방문조사처럼 수작업을 거쳐 정리 · 저장되기도 하지만, 컴퓨터 상에서 자료의 수집, 정리, 저장이 자동적으로 이루어지는 경우가 빠른 속도로 늘어나고 있다.

이렇듯 정부, 기업, 개인 등 모든 사회 구성원에 의하여 통계가 만들어지고 또한 사용되고 있다. 예전에는 분석도구들이 많이 만들어져 있었으나 분석할 통계들이 적었다면, 현재는 통계자료의 홍수 속에 살고 있다고 해도 과언이 아니다. 방대한 양의 자료에 맞는 새로운 통계기법이 요구되고, 그에 부응하여 새로운 통계기법이 연구되고 만들어지고 있다.

1.2 통계의 사용

통계는 자연과학, 공학, 의학, 사회, 심리, 역사, 인류학, 언어학, 경제, 경영 등 모든 학문분야 및 실생활에서 사용된다. 재판과정에서도 통계가 심리에 중요한 역할을 하고 있다. 그리고 정부가 정책결정을 하는 데 있어 민심의 동향은 중요한 역할을 한다.

사례 1.1 1990년대 드라마 시청률 순위

방송사업자는 시청률이 광고수입과 직결되므로 시청률에 매우 예민한 반응을 보인다. 또한 광고를 내보내려는 회사는 시청률이 높고, 시청자들이 광고할 만한 대상인지 알고 싶어한다. 사회학자나 문화인류학자는 높은 시청률의 드라마 내용이나, 시청자들의 반응을 연구하여 시청자들의 생각을 유추하고 사회현상을 설명하려 할 것이다. 시청률은 TV에 기계를 설치하여 현재의 채널이 어디에 맞춰져 있는지 기록하여 조사한다.

순위	드라마	시청률	TV 점유율
1위 KBS2	'첫사랑'	65.9%	82%
2위 MBC	'사랑이 뭐길래'	64.9%	82%
3위 SBS	'모래시계'	64.5%	76%
4위 KBS2	'젊은이의 양지'	62.7%	74%
5위 MBC	'그대 그리고 나'	62.4%	62%
6위 MBC	'아들과 딸'	61.1%	75%
7위 MBC	'여명의 눈동자'	58.4%	81%
8위 MBC	'보고 또 보고'	57.3%	73%
9위 KBS1	'바람은 불어도'	55.8%	67%
10위 KBS2	'목욕탕집 남자들'	53.4%	66%

사례 1.2 통계, 황금알을 낳는 숫자

통계청 웹사이트 kostat.go.kr을 접속하여 **통계청소개>멀티홍보관** 등을 클릭하면 '통계, 황금알을 낳는 숫자' 이외의 다른 프로그램도 볼 수 있다.

KBS1TV에서는 2005년 12월 9일에 한 시간짜리 특집 다큐멘터리 프로그램 '통계, 황금알을 낳는 숫자'를 방영하였다.

통계는 돈이다, 통계를 이용한 도시 건설, 우리의 실태, 미래가 보이는 통계 등에 대한 내용을 담고 있다.

기상청 홈 > 지식과 배움 > 기상백과 > 키워드 검색에서 '확률'로 검색하면 여러 가지 확률에 대한 것을 볼 수 있다.

사례 1.3 **확률예보**(probability forecast)

일기예보를 표현하기 위한 형식의 하나로 이용 목적에 따라 일기 현상을 정의하고, 이것이 예보 대상 기간 동안 발생할 확률을 예보하는 것이다. 일기예보를 적절히 이용하기 위해서는 평균적인 예보 정확도를 충분히 이해하고 파악할 필요가 있으나, 이것만으로는 충분하지 않다. 예보 정확도는 날에 따라 다르므로 가능한 한 매회 예보에 대한 정확도를 붙이는 것이 바람직하다. 확률예보는 예보 정확도를 내포한 예보 발표 형식이라고 할 수 있으며, 예보의 이용 가치를 증대시키는 실용적인 수단이다. 미국에서는 1966년부터 강수발생확률예보가 시작되었으며, MOS(model output statistics)에 의하여 객관적으로 예측된 강수확률을 참고로 해서 발표하고 있다. 확률예보는 강수의 발생확률뿐 아니라, 호우나 뇌우의 발생확률 등에 대해서도 할 수 있다. 또, 기온이나 바람에 대해서도 30℃라거나 10m/s와 같은 기준값을 설정하고, 그 기준값을 넘는 확률을 예보하는 형식으로 발표할 수 있다. 예보 결과를 확률 형식으로 발표하면, 카테고리(category) 형식으로 발표하는 것보다 상당히 이용 가치가 높아진다는 것이 간단한 모형에 대해서는 증명되고 있다. 우리나라에서도 1987년부터 강수확률예보가 시작되었다.

위는 우리나라 기상청 웹사이트의 용어사전의 내용이다.
기상청 http://www.kma.go.kr/
HOME > 지식과 배움 > 기상백과 > 키워드 검색 > 확률예보

미국 기상청 사이트의 확률예보 관련 내용은
http://www.spc.noaa.gov/products/outlook/probinfo.html
에서 찾아볼 수 있고 자세한 내용은
http://www.nssl.noaa.gov/users/brooks/public×html/prob/Probability.html
에서 참고할 수 있다.

1.3 모집단과 표본

통계학은 통계 수치를 구하는 것이 목적이 아니다. 통계 수치를 이용하여 필요한 정보를 얻거나 의사결정의 도구로 삼으려는 것이다. 우리가 정보를 얻어 내려는 대상이나 집단에 대하여 시간의 제약이나 자금의 부족으로 전부 조사할 수 없는 경우에, 그 일부분인 표본을 뽑아 조사하게 된다.

다음 대선의 유력한 후보를 알기 위해 우리나라 유권자 모두를 조사할 수 없는 이유는 시간과 자금의 제약이 크기 때문이다. 따라서 그 일부만 표본조사하여 우리나라 전체 유권자의 생각을 알아보려는 것이다. 만일 어느 형광등의 수명을 알고 싶다면 그 형광등을 전부 켜 놓고 그 제품의 수명을 조사하여야 한다. 그러면 팔 수 있는 제품이 하나도 없을 것이다. 또 다

른 예로 새로운 신약이 개발되었다. 그 효능을 조사하기 위하여 모든 환자를 조사대상으로 삼는다면, 그 약이 나중에 효능이 없는 것으로 밝혀졌을 때 환자들은 다른 약을 써볼 기회를 잃어버리게 된다. 빠른 시간에 효능의 유무가 밝혀져야 환자들이 혜택을 볼 수 있게 된다.

관심의 대상이 되는 전체를 **모집단(population)**이라고 하며, 그중 일부만 뽑힌 부분을 **표본(sample)**이라고 한다. 모집단에서 표본이 **추출(sampling)**되는 과정은 확률에 의하여 계산되고, 표본에서 계산된 통계를 이용하여 모집단에 대한 정보로 바꾸는 과정은 **통계적 추론(inference)**이라고 한다. 이 과정이 통계학의 근간이 되는 부분이다.

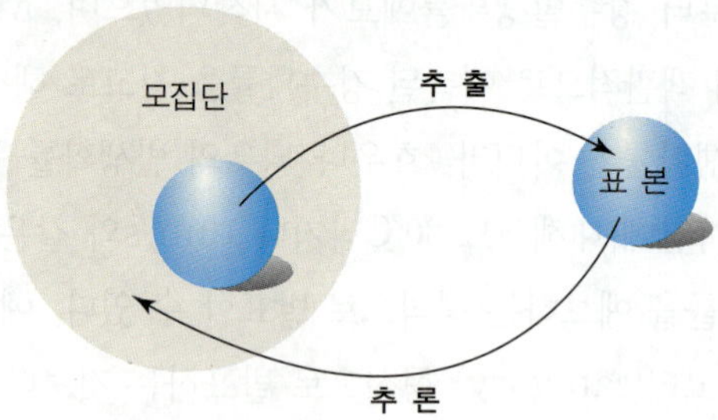

그림 1.1
모집단과 표본

표 1.1 모집단과 표본의 예

알고자 하는 정보	모집단	표본
유권자 성향	전국 유권자	표본 1500명
벤처 회사 1년 내 파산율	등록되었던 모든 벤처 회사	표본조사된 330개 회사
비타민 C의 감기 예방효과	모든 사람들	실험조사된 스키어들
대학생 한 달 용돈	전국 대학생	표본 100명

1.4 측정 척도

통계처리를 하려면 자료가 필요한데, 자료는 어떻게 얻을 것인가? 남이 만들어 놓은 자료를 이용하여 통계처리를 하는 경우가 많다. 하지만 남이 만들어 놓은 자료라 하더라도 어떻게 얻은 것인지 알아야 한다.

자료를 얻으려면 '재야 한다'. 키에 대한 자료는 키를 재야 한다. 우리가 무엇인가 재려면 '자'가 필요하며, 그 '자'에 의하여 크기를 가늠하게 된다. 즉, 그 '자'의 눈금이 센티미터나 인치로 되어 있는지, 숲에서 주운 나뭇가지인지, 아니면 자신의 보폭인지에 따라 우리가 얻는 자료의 형태가 달라지는 것이다. 측정 척도(scale of measurement)에 따라 다음과 같이 구분한다.

더하고, 빼고, 곱하고, 나누는 사칙연산 가능 여부에 따라 자료를 **질적 자료(qualita-tive data)**와 **양적 자료(quantitative data)** 또는 **비계량형 자료(nonmetric data)**와 **계량형 자료(metric data)**로 나눈다. 비계량형 자료는 다시 명목형 자료와 순서형 자료로 구분된다.

명목형 자료(**nominal data**)는 이름이나 문자로 나타내는 자료이며, 이들 자료 간에는 순서가 없는 자료이다. 즉, 혈액형 (A, B, O, AB) 과 같은 범주들을 문자로 나타내고, 이러한 범주들 간에 순서가 없는 자료를 명목형 자료라고 한다. 명목형 자료는 사칙연산이 불가능하므로 각 범주들의 분포 등을 이용하여 범주들 간의 관련성 등을 분석하게 된다.

자료
- 질적, 비계량형
  - 명목형
  - 순서형
  - *범주형
- 양적, 계량형
  - *숫자형

순서형 자료(**ordinal data**) 역시 이름이나 문자로 나타내는 자료이나 명목형 자료와는 달리 범주들 간에 순서가 있다. 즉, 학점(A, B, C, D, F) 등과 같이 문자로 나타내나 그 순서가 분명히 있는 자료를 순서형 자료라 한다. 순서형 자료는 순서가 있기 때문에 수치화하여 계산할 수는 있지만, 수치화를 하는 데 항상 주의할 필요가 있다. 예를 들어, '보통이다', '좋아한다', '아주 좋아한다' 이 세 범주에 대해 (1, 2, 3)으로 수치화하여 계산하는 경우와 (1, 2, 4)로 수치화하여 계산하는 경우 결과가 달라지게 된다. 즉, (1, 2, 3)으로 수치화하는 경우는 '보통이다'와 '좋아한다'의 차이가 '좋아한다'와 '아주 좋아한다'의 차이가 같다는 것을 나타내고, (1, 2, 4)로 수치화하는 경우는 '보통이다'와 '좋아한다'의 차이가 '좋아한다'와 '아주 좋아한다'의 차이의 절반이라는 것을 나타낸다.

숫자형 자료(**numerical data**)는 하루에 이동전화가 걸려 오는 횟수, 키, 몸무게, 소득 등과 같이 숫자로 측정되는 자료이다. 예를 들어, 키는 170(cm) 등과 같이 숫자로 나타낸다. 이러한 숫자형 자료는 사칙연산이 가능하므로 합계, 평균, 최댓값, 분산 등으로 자료를 정리할 수 있으며 비교도 가능하게 된다. 이러한 숫자형 자료 중 많은 경우는 정확한 수치보다는 반올림 등을 통해 나타내는데, 키가 170이라고 하는 것은 엄밀하게 말하면 정확한 측정값이라기보다는 169.5에서 170.5 사이의 값을 나타낸다.

숫자형 자료를 구간자료(interval data)와 비율자료(ratio data)로 세분하기도 한다.

명목형이나 순서형 자료는 정해진 범주(category) 중 하나의 값으로 측정되므로 **범주형 자료**(**categorical data**)라고도 한다. 명목형 자료와 순서형 자료는 질적 자료 또는 비계량형 자료이며, 숫자형 자료는 양적 자료 또는 계량형 자료이다.

표 1.2 자료 종류의 예

자료	종류
전문직업분류 (변호사, 의사, 회계사 등)	질적 자료, 비계량형 자료, 범주형 자료
몸무게	양적 자료, 계량형 자료, 숫자형 자료
학력 (초, 중, 고, 대)	질적 자료, 순서형 자료, 비계량형 자료, 범주형 자료
학력 (교육연한)	양적 자료, 계량형 자료, 숫자형 자료

숫자형 자료에는 배율을 쓸 수 없는 경우가 있다. 온도가 대표적인 예인데, 40도가 20도보다 두 배 뜨거운 것은 아니다. 40킬로그램이 20킬로그램의 두 배를 나타내는 것과 대조적이다. 섭씨온도는 물이 어는 온도를 0도, 끓는 온도를 100도로 정하고, 그 구간을 일정하게 나누어 온도의 기준을 정한 것이다. 이러한 자료를 **구간자료**(**interval data**)라고 한다. 몸무게와 같이 비율을 사용할 수 있는 자료를 **비율자료**(**ratio data**)라고 한다. 우리가 사용하는 거의 대부분의 자료는 비율자료이지만, 온도, IQ, 수능점수, TOEFL 점수 등의 자료는 구간자료이다.

통계분석 측면에서는 이 두 자료의 구분이 통계분석 도구의 선택이나 통계분석결과에 영향을 미치지 않는다.

1.5 자료의 계층

변형 가능 경로

숫자형 자료
↓
순서형 자료
↓
명목형 자료

자료에는 계층이 있는데 이를 **자료의 계층(hierarchy of data)**이라고 한다. 숫자형 자료는 순서를 갖고 있어 순서형 자료로 바꾸어 쓸 수 있다. 월급을 300만 원 이상, 200만 원 대, 100만 원 대, 100만 원 미만으로 바꾸면 순서형 자료로 바뀐다. 하지만 '아주 좋다' '아주 나쁘다' 등을 통계처리를 위하여 1과 5로 바꾸어 놓는다 하더라도, 더하거나 뺄 수 있는 숫자형 자료로 바뀔 수 없다. 마찬가지로 순서형 자료는 명목형 자료로 생각하여 통계처리를 할 수 있으나, 명목형 자료는 순서가 없으므로 순서형 자료가 될 수 없다. 따라서 명목형 자료가 계층의 제일 아래, 그 위로 순서형 자료, 그 다음 숫자형 자료가 된다.

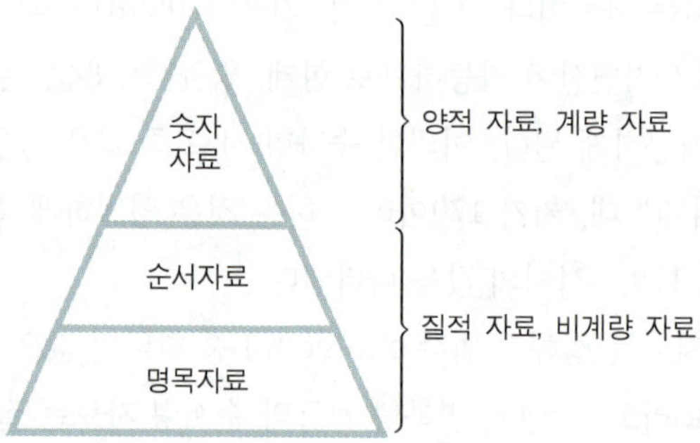

그림 1.2
자료의 계층

따라서 가장 아래 계층 자료에 대해 만들어진 통계분석 방법은 그 위 계층 자료에 사용될 수는 있으나 적합한 분석이라고는 할 수 없고, 가장 위 계층 자료에 대해 만들어진 통계분석 방법은 아래 계층 자료에 사용될 수 없다.

경우에 따라서 숫자형 자료를 비율자료와 구간자료로 세분하여 자료의 계층을 네 단계로 나누기도 한다. 통계분석을 할 때는 비율자료와 구간자료의 구분이 필요하지 않다.

자료의 계층에 따라 선택할 수 있는 통계분석 도구가 달라진다. 예를 들면, 나이는 연수로 표시되면 숫자형 자료이다. 연수로 표시된 나이는 평균과 분산을 구할 수 있고, 히스토그램 등의 그래프로 표시할 수 있다. 또 나이를 10년 단위로 그룹화하여 도수분포표와 막대그림 등으로 표시할 수 있다. 나이를 소년, 청년, 중년, 장년 등 순서형 자료로 표시하였다면 도수분포표와 막대그림은 가능하나 평균이나 분산은 구할 수 없다.

실제 통계자료를 분석할 때 '아주 좋다', '좋다', '보통이다', '나쁘다', '아주 나쁘다'의 다섯 단계 순서형 자료를 일상적으로 보통 1에서 5로 바꾸어 숫자형 자료를 사용한다. 하지만 통계 결과를 분석하고 해석할 때 특별한 주의를 기울어야 한다. 1에서 5는 같은 간격이지만 말로 표현된 선호도의 단계는 인간의 감성이므로 그 간격이 다를 수 있다.

1.6 시계열자료와 횡단면자료

시계열자료: 시간축 위의 자료
횡단면자료: 동시점에서의 자료

우리는 시간이라는 축 위에 살고 있다. 시간이 흐르면서 사랑이 불붙었다가 식고, 아파트 가격이 변하고, 국제사회에서 우리나라의 지위가 변하고, 사계절이 변하면서 날씨도 변한다. 이와 같이 시간의 변화에 따라 얻는 자료를 **시계열자료(time series data)**라고 한다. 이와 대비되어 동시간 대에 얻는 자료는 **횡단면자료(cross-sectional data)**이다. 남녀별 선호하는 여행지, 나이대별 외식에서의 한식 비율, 지역별 아파트의 가격, 작년 한 해 동안의 우리나라와 각 나라별 무역수지, 근속연수별 회사원의 한 달 평균 용돈 등과 같이 동시간대의 상태에서 얻는 자료가 횡단면자료이다.

표 1.3 시계열자료와 횡단면자료의 예

자료	예
시계열자료	연도별 이자율, 월별 평균 온도, 매 4년마다 우리나라 올림픽 메달수
횡단면자료	은행별 이자율, 도시별 온도, 역대 올림픽에서 금메달을 획득한 종목

시계열자료의 그림

다음은 1700년에서 1988년까지의 태양흑점의 수를 그래프로 그린 것이다.

sunspotyear.dat
sunspotyear.xlsx
datasets::sunspot.year

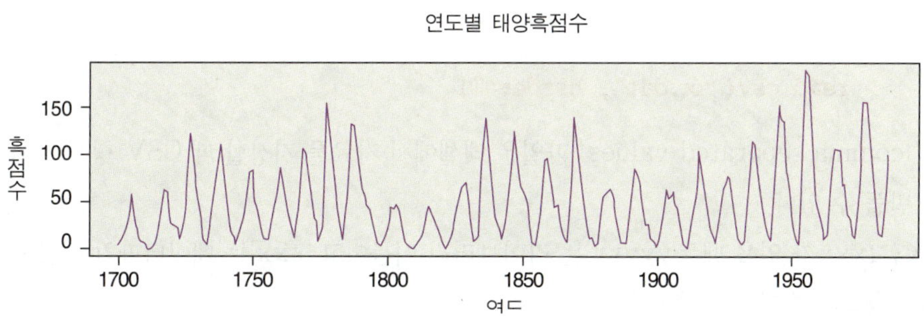

횡단면자료의 그림

다음은 검은 벚나무 높이(feet)를 측정한 자료를 히스토그램으로 표현한 것이다.

횡단면자료가 시간에 따라 나열되어 있는 것이 **패널자료(panel data)**이다. 아파트 가격이 지역별, 연도별로 되어 있으면 이를 패널자료라고 한다. 즉, 시계열자료와 횡단면자료가 동시에 있는 것이다.

trees.dat
trees.xlsx
datasets::trees

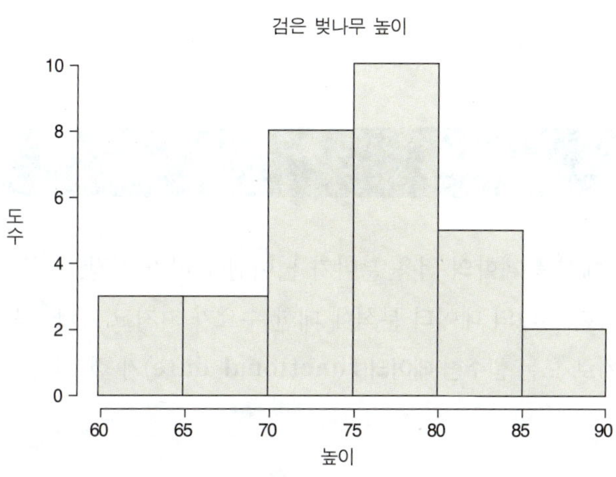

자료입력 정확히 하자!

모든 통계분석은 정확한 자료에 근거한다. Excell, R, SPSS 등 패키지에 자료를 입력할 때, 입력한 후 다시 한 번 확인하는 습관을 만들자. 틀린 자료에 대한 통계분석은 무용지물이다.

자료형식

책에서 사용한 자료는 web.yonsei.ac.kr/cekim 또는 자유아카데미 홈페이지(www.freeaca.com)의 [자료실]에서 얻을 수 있다. 연습문제에서 사용하는 자료파일의 이름을 해당 문제의 옆 가장자리에 표시하였다.

xxx.dat	text(ascii) 형식
xxx.xlsx	Excel 형식
xxx.sav	SPSS 형식
yyyyy::xxx	R 형식

yyyyy::xxx가 없는 것은 해당 파일이 R 패키지에 존재하지 않는 것이다. R에서 작업하려면 read.csv 명령문을 사용한다. 자료파일이 있는 곳으로 디렉토리 변경을 한 후 다음과 같이 한다.

```
> read.csv("xx.dat", header=T)
```

CSV(comma separated values) 파일은 엑셀에서 자료를 저장할 때 CSV 형식으로 저장하여 만들 수 있다.
yyyyy::xxx가 있을 때는'yyyyy'는 라이브러리 이름이고 'xxx'는 데이터파일 이름으로 R에서 사용하려면 다음과 같이 한다.

```
> library(yyyyy)
> xxx
```

라이브러리가 설치되지 않은 경우는 패키지 인스톨하여 라이브러리를 먼저 설치하여야 한다. 라이브러리가 'datasets'인 경우는 R의 시작과 같이 기본으로 장착되는 라이브러리이므로 `> library(datasets)` 명령문을 사용하지 않는다.

1.7 함수형 자료

데이터 사이언스에서 통계학의 적용 분야가 넓어짐에 따라 신장, 체중 등과 같은 수치 데이터와는 다른 다양한 형태의 데이터 분석에 대한 수요가 커지고 있다. 곡선, 혹은 이미지 자체를 하나의 관측치로 보는 **함수형 데이터(functional date)**가 한 예라고 볼 수 있다.

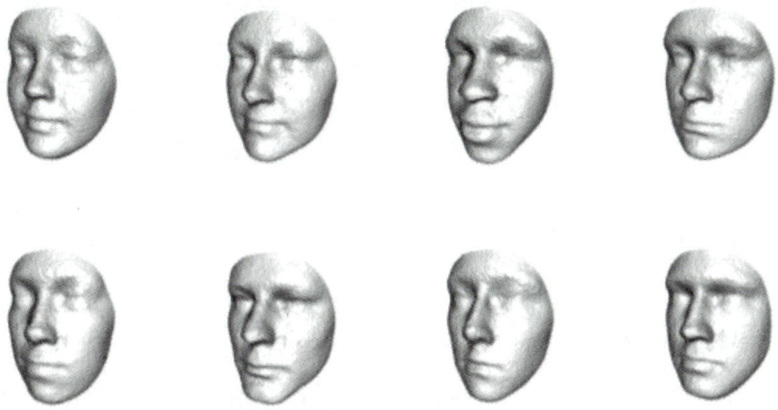

그림 1.3
3차원 얼굴 이미지 데이터

Kang et al.(2017)에서 분석한 3차원 얼굴 함수 데이터 예제를 살펴보도록 하자. 그림 1.3에서 우리는 8개의 얼굴 이미지를 가지고 있고, 각각의 얼굴 이미지는 1개의 관측치로 취급할 수 있다. 이때 8개의 얼굴 이미지의 평균, 분산은 어떻게 계산을 하고, 어떠한 의미를 가질 수 있을까? 함수적 데이터 분석은 이러한 관측된 이미지(혹은 곡선)을 다루는 전통적인 다변량 통계분석을 확장한 분야라고 볼 수 있다. 변수 간의 관계를 설명하거나, 데이터 패턴의 중요한 요인을 파악하는 등, 함수적 데이터 분석의 목적은 전통적인 통계학의 목표와 비슷하다. 하지만 함수적 데이터는 다변량 데이터와는 다르게 무한 차원의 공간에서 정의되므로 이를 기반으로 한 분석 기법들이 개발되어 왔다. 가령 그림 1.3의 얼굴 이미지 관측치가 나이, 성별, 키, 몸무게 등의 변수들과 어떠한 관계를 가지는지를 알기 위해 함수 선형 모형을 적합하고 이를 이용하여, 10년 후의 특정 인물의 얼굴 모습 등을 예측하여 볼 수 있다. shiny app(http://hkang.shinyapps.io/mad_face)을 통해 각자의 얼굴 모양이 성별, 키, 나이로 얼마나 잘 예측되는지 확인하여 보자.

출처:

Cresse, N. (1993). ***Statistics for spatial data. revised edition***. New York: A Wiley-Interscience Publication.

Kang, H. B., M. Reimherr, M. Shriver, and P. Claes (2017). Manifold data analysis with applications to high-frequency 3d imaging. *arXiv preprint arXiv*:1710.01619.

읽을거리 빅데이터와 통계적 추론

최근 빅데이터를 활용하여 정부 정책을 만들고 평가하거나 기업 경영에 반영하려는 시도들이 늘고 있다. 빅데이터를 활용하면 과거에는 수행할 수 없었던 분석이 가능하고 다양한 방법론을 적용할 수 있는 장점이 있다. 특히 방대한 양의 데이터를 요구하는 머신러닝(machine learning), 딥러닝(deep learning) 방법론들을 적용할 수 있다는 점에서 각광을 받고 있다. 그러나 대부분의 경우 빅데이터에 기반한 데이터 분석의 품질에 대한 평가는 제대로 이뤄지지 않고 있다.

과연 빅데이터를 분석한 결과를 얼마나 신뢰할 수 있을까? 이 물음에 대답하기 위해서는 빅데이터의 두 가지 측면을 살펴봐야 한다. 첫 번째는 빅데이터의 품질에 관한 것이다. 정보가 아무리 많더라도 측정 오차(measurement error)에 노출된 변수가 많거나 결측치(missing value)가 많다면 데이터로서의 활용 가치는 떨어진다. 예를 들어, 경상 소득의 경우 행정자료가 아닌 이상 제대로 된 값이 수집되는 경우가 드문데, 측정 오차가 있는 소득 자료를 통계 모형의 변수로 직접적으로 사용하게 될 경우 잘못된 분석 결과를 얻을 수 있다. 흔한 말로 "garbage in, garbage out"이 될 가능성이 큰 것이다.

두 번째로 빅데이터 자체는 일반적으로 비확률표본이라는 점이다. 아래 그림의 왼쪽 패널처럼 데이터가 확률표본으로 얻어진 경우, 표본추출 과정에서 모집단에 대한 구조에 대한 학습이 이뤄지기 때문에, 표본에서 얻은 관측값을 가지고 목표 모집단의 특성에 대한 통계적 추론을 어렵지 않게 수행할 수 있다. 하지만 빅데이터는 대부분 선택 편의(selection bias)에 노출된 비확률표본이다. 빅데이터의 작성 단위가 목표 모집단의 작성 단위와 같다면 목표 모집단에 대한 직접적인 분석이 가능하나 그렇지 않다고 하면 추가 정보를 활용해서 목표 모집단에 대한 통계적 추론을 진행하여야 한다.

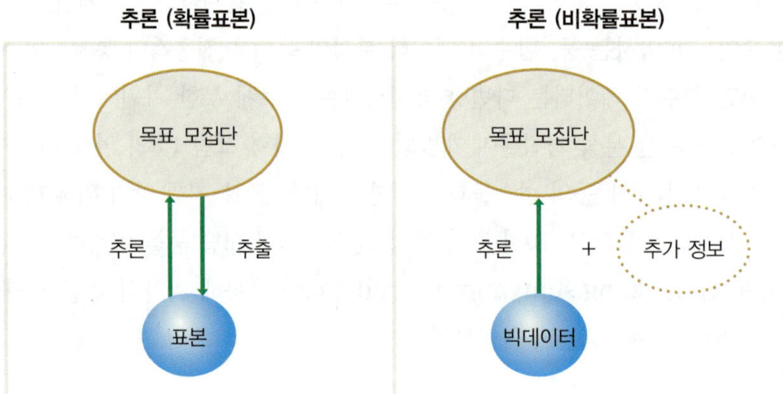

이해를 돕기 위하여 A라는 유통 회사에 가입된 고객이 있고, 그 고객들의 지난 1년간 구매 기록을 분석하여 우리나라 가구의 소비생활 패턴을 분석하는 경우를 생각하여 보자. 해당 기록을 분석하면 A 회사 가입자의 소비생활 패턴 분석이 되는 것이지, 우리나라 일반 가구의 소비생활 패턴을 분석하는 것이 아니다. 우선 우리나라의 모든 가구가 A라는 회사의 고객이 아닐뿐더러, 연령대나 지역에 따라서 가입률이 다를 수 있다. 두 번째는 A 유통 회사에 기록된 고객들의 정보는 가구 단위가 아니라 개인 단위이기 때문에, 직접적 가구 단위 분석은 힘들다는 것이다. 이러한 문제를 해결하기 위해서는 우리나라 가구의 인구학적 특성과 가구원과 가구 정보를 결합하여야 하는데, 결국 목표 모집단에 대한 추가 정보를 필요하게 된다는 것이다. 즉, 빅데이터가 아무리 크더라도 분석에 필요한 정보는 여전히 부족할 수 있다.

요약하면 빅데이터는 불(火)과 같다. 목적에 맞게 잘 활용하면 새로운 부가가치를 만들어 낼 수 있지만, 잘못 사용하면 잘못된 분석 결과로 독(毒)이 될 수도 있다. 빅데이터의 핵심은 데이터 크기 자체에 있는 것이 아니라, 보다 정확한 분석 결과를 얻기 위하여 더 많은 정보를 탐색하려는 방향성(bigger data)에 있음을 기억하여야 한다.

EXCEL · SPSS · R

이 책과 관련된 데이터, 정오표 등은 자유아카데미의 홈페이지(www.freeaca.com)나 web.yonsei.ac.kr/cekim에서 얻을 수 있다.

EXCEL

[데이터 분석 메뉴 추가하기]

Excel 메뉴에서 옵션에 있는 추가 기능에 분석 도구가 없으면 데이터 분석을 추가하여야 한다.

Step 1 **[파일]**을 클릭하고 옵션의 **[추가 기능]** 메뉴에서 Excel 추가 기능의 **[이동]**을 선택한 후, **[분석 도구 – VBA]**와 **[분석 도구 팩]**을 선택하고 **[확인]**을 누른다.

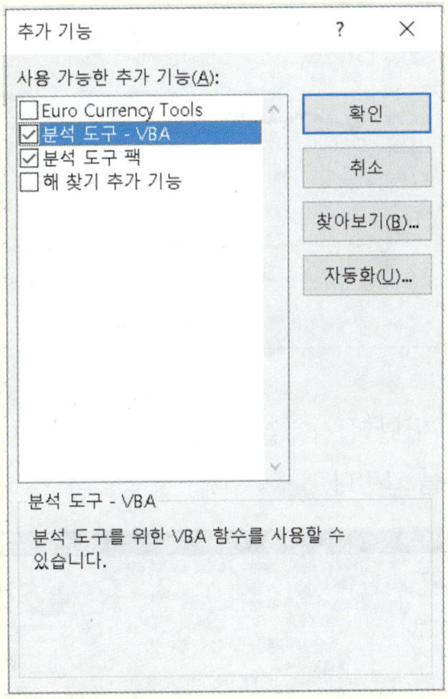

[시계열 그래프 그리기]

삼성전자와 LG전자의 주가 자료를 이용하여 시계열 그래프를 그려 보자.

Step 1 **[파일]**에서 **[열기]**를 선택하여 삼성엘지주가.xlsx 파일을 연다.

Step 2 파일의 **[데이터 범위]**를 드래그하여 지정한다. 이때 "삼성전자"(B1)와 "LG전자"(C1)를 같이 선택하면 그래프에 제목을 따로 입력할 필요가 없다.

Step 3 [삽입]을 선택하여 그리고 싶은 종류의 차트를 선택한다. **차트 종류는 꺾은선형, 차트 하위 종류는** 2차원 꺾은선형 중 맨 처음 것을 선택한다.

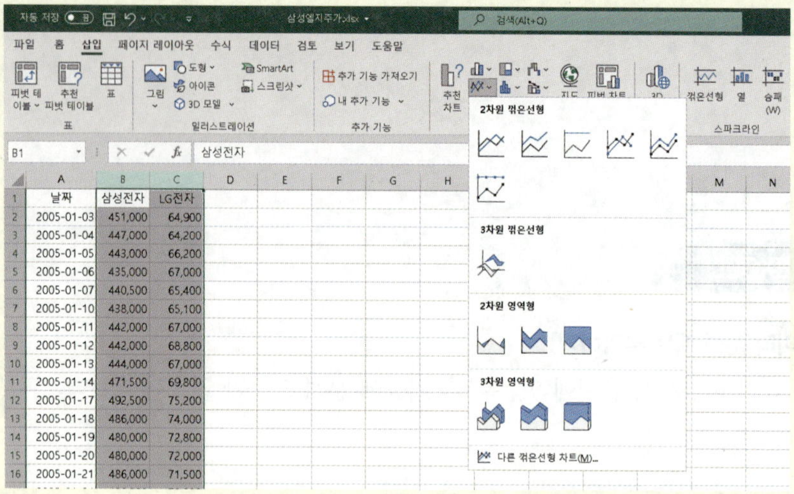

Step 4 다음의 그래프를 얻는다.

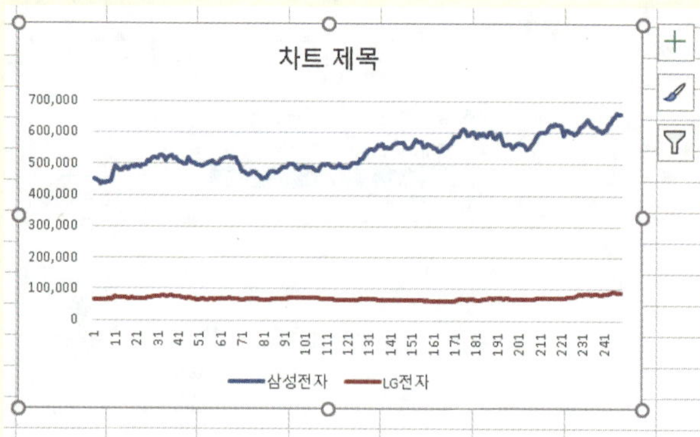

Step 5 만약 "삼성전자"만의 시계열 그래프를 그리기 원한다면 "삼성전자"만을 드래그 한 뒤 그래프를 그린다.

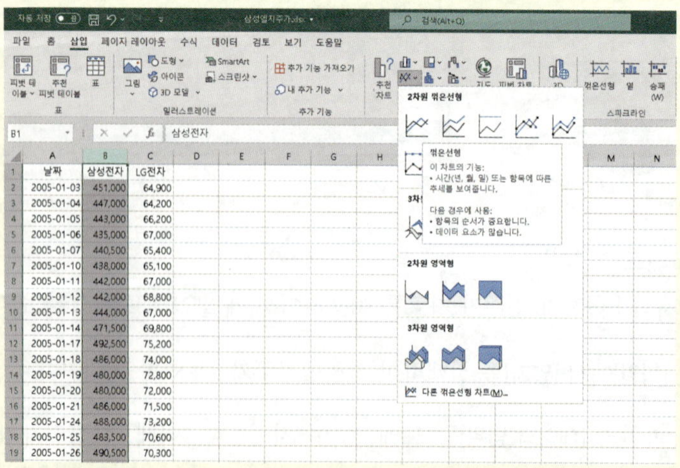

Step 6 다음의 "삼성전자" 시계열 그래프를 얻는다.

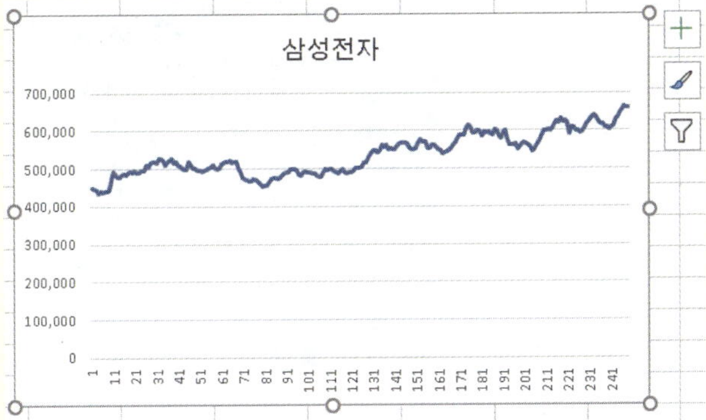

SPSS

[시계열 그래프 그리기]

삼성전자와 LG전자의 주가 자료를 이용하여 시계열 그래프를 그려 보자.

자료의 입력은 아래의 세 가지 방법으로 할 수 있다. 처음 방법은 자료를 SPSS에서 직접 자료를 입력하는 방법이고, 그 다음 두 가지 방법은 외부자료를 SPSS로 읽어오는 방법이다. 세 가지 방법 중 하나를 수행한 후 Step 4로 진행한다.

(자료입력 방법 1; 직접 입력)

Step 1 PASW Statistics 18 창에서 **데이터 입력**을 선택한 후 **확인**을 누른다.

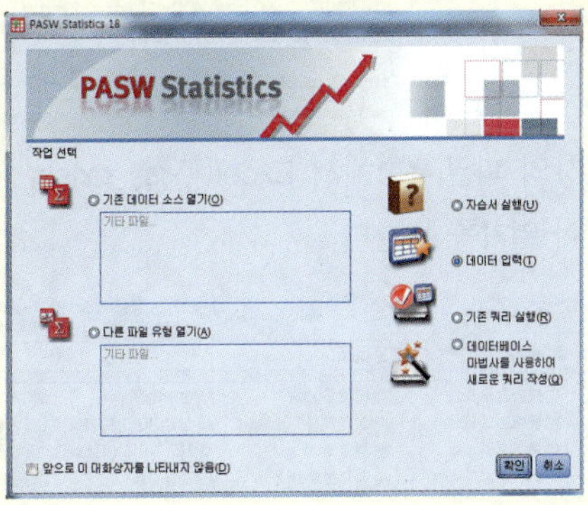

Step 2 PASW Statistics Data Editor 창의 하단에 있는 **변수 보기** 탭을 누른 후 다음과 같은 세 개의 변수를 만든다.

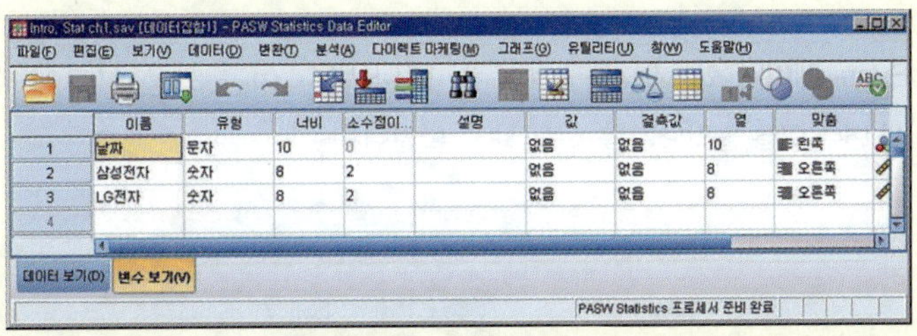

Step 3 PASW Statistics Data Editor 창의 하단에 있는 **데이터 보기** 탭을 선택한 후 다음과 같이 데이터를 입력한다.

	날짜	삼성전자	LG전자
1	2005/01/03	451000.00	64900.00
2	2005/01/04	447000.00	64200.00
3	2005/01/05	443000.00	66200.00
4	2005/01/06	435000.00	67000.00
5	2005/01/07	440500.00	65400.00
6	2005/01/10	438000.00	65100.00
7	2005/01/11	442000.00	67000.00
8	2005/01/12	442000.00	68800.00
9	2005/01/13	444000.00	67000.00
10	2005/01/14	471500.00	69800.00
11	2005/01/17	492500.00	75200.00

(자료입력 방법 2; 외부자료 불러오기)

Step 1 PASW Statistics 18 창에서 **기존 데이터 소스 열기**에서 삼성엘지주가.xls 자료파일을 선택하고 **확인**을 누르면 Step 3으로 가게 된다. 만일 삼성엘지주가.xls가 목록에 없으면 **기타 파일…** 을 선택하고 확인을 누른다.

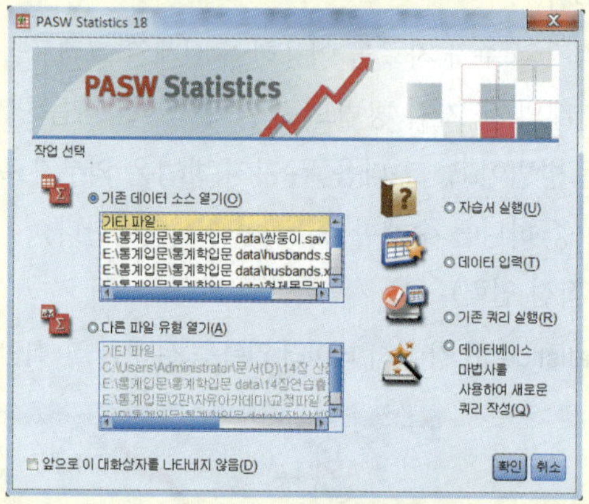

Step 2 **데이터 열기** 창의 **파일 유형**에서 Excel(*.xls, *.xlsx, *.xlsm)를 고른 후 삼성엘지주가.xls를 찾아 **열기**를 누른다.

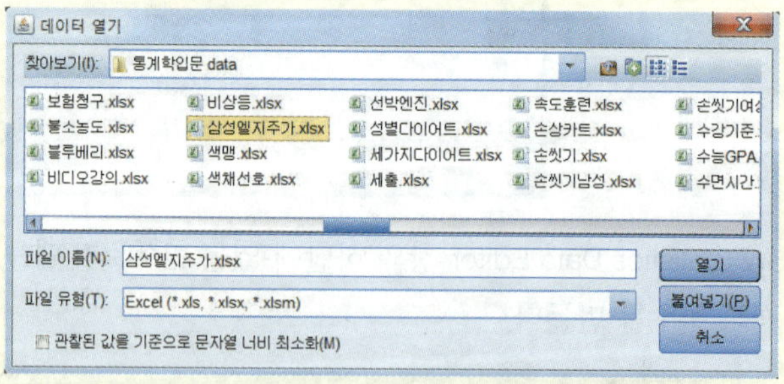

Step 3 Excel **데이터 소스 열기** 창에서 첫 행의 변수 이름 사용 여부에 따라 **데이터 첫 행에서 변수 이름 불러오기**를 선택하고 **확인**한다.

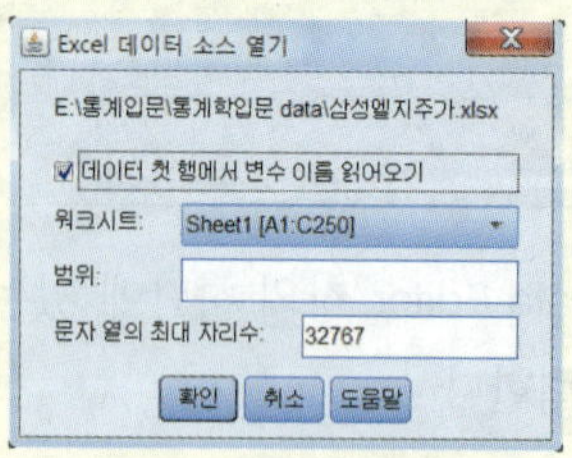

(자료입력 방법 3; 외부자료 불러오기)

Step 1 PASW Statistics 18 창을 닫고 PASW Statistics Data Editor 창에서 **[파일]** > **[열기]** > **[데이터]** 메뉴를 차례로 찾아간다.

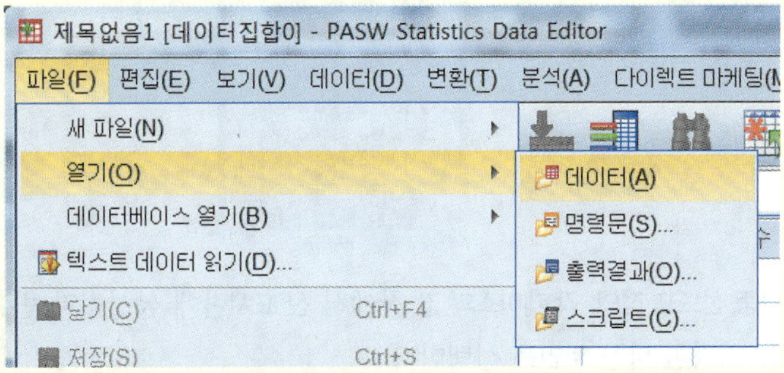

Step 2 와 **Step 3** 는 자료입력 방법 2와 같다.

** SPSS 안에서 자료를 입력하거나 외부자료를 불러온 후 또는 모든 작업을 마치고 SPSS를 닫기 전에 자료를 저장해두면 추가 작업 시 매우 편리하게 사용할 수 있다. PASW Statistics Data Editor 창의 **[파일]** > **[모든 데이터 저장]** 메뉴로 가면 SPSS에서 사용할 수 있는 .sav 데이터형식, 또는 엑셀과 SAS 프로그램에서 사용할 수 있는 형식으로 자료를 저장할 수 있다.

Step 4 PASW Statistics Data Editor 창의 **[그래프]** 메뉴의 **레거시 대화 상자**에서 **선도표**를 선택한다.

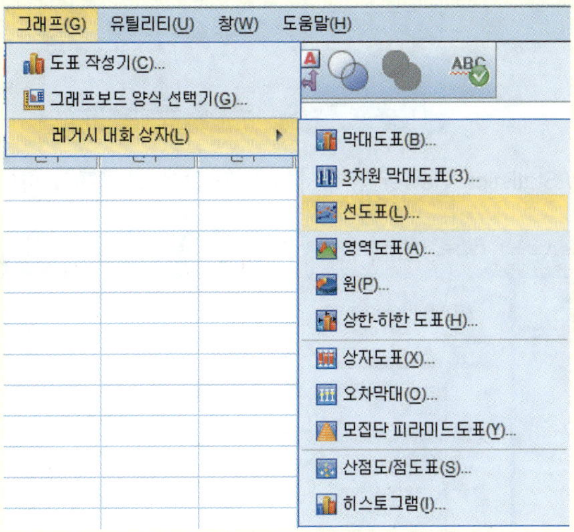

Step 5 **선도표** 창에서 상단에서는 **다중**을 선택하고, **도표에 표시할 데이터** 항목에서는 **각 케이스의 값**을 선택한 후, **정의**를 누른다.

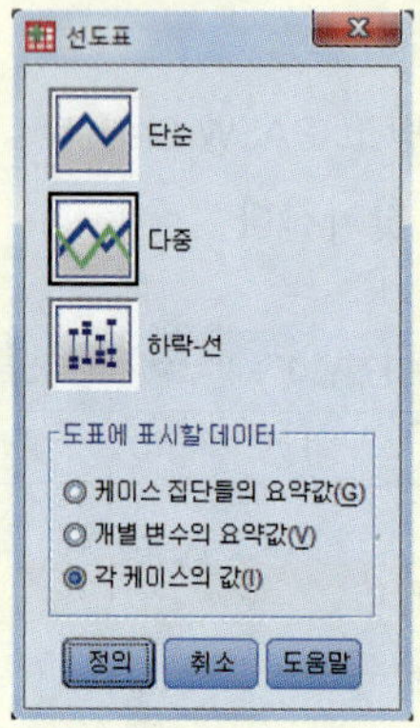

Step 6 **다중 선도표 정의: 각 케이스의 값** 창에서 **선 표시**란에 삼성전자 변수와 LG전자 변수를 지정한 다음 **확인**을 선택한다.

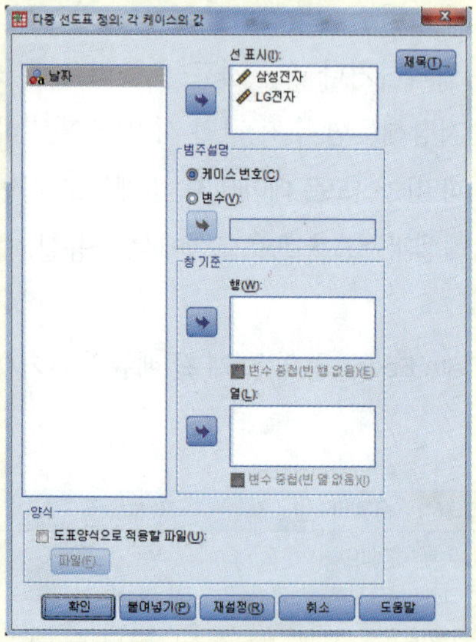

Step 7 PASW Statistics Viewer 창에서 다음과 같은 그래프를 확인할 수 있다.

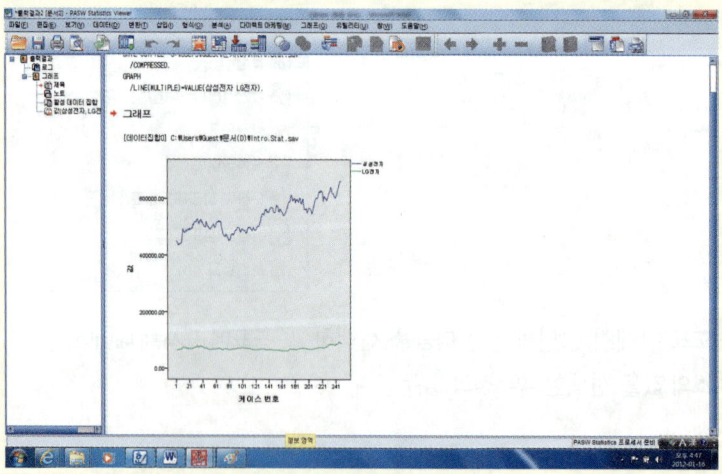

Step 8 만약 삼성전자 변수만의 시계열 그래프를 그리기 원한다면, Step 4의 **선도표** 창에서 **단순**과 **케이스의 값**을 선택한 후, 정의를 누른다.

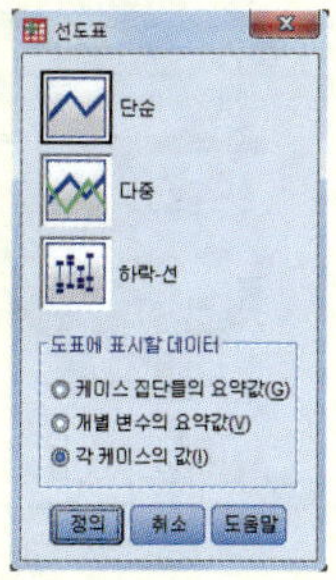

Step 9 **단순 선도표 정의: 각 케이스의 값** 창에서 **선 표시**란에 삼성전자를 지정한 다음, **확인**을 선택한다.

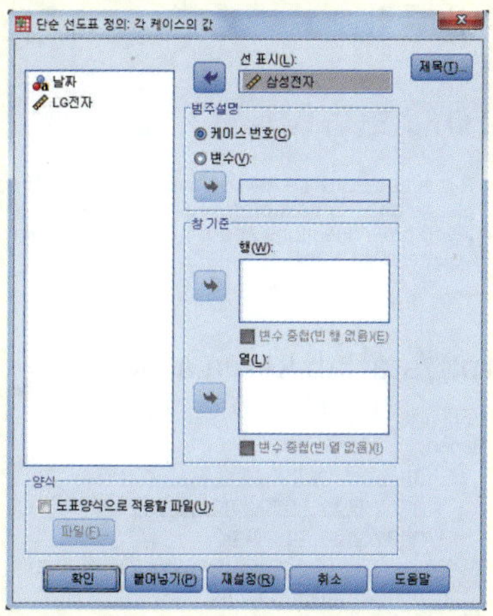

Step 10 PASW Statistics Data Editor 창에서 다음과 같은 그래프를 확인할 수 있다.

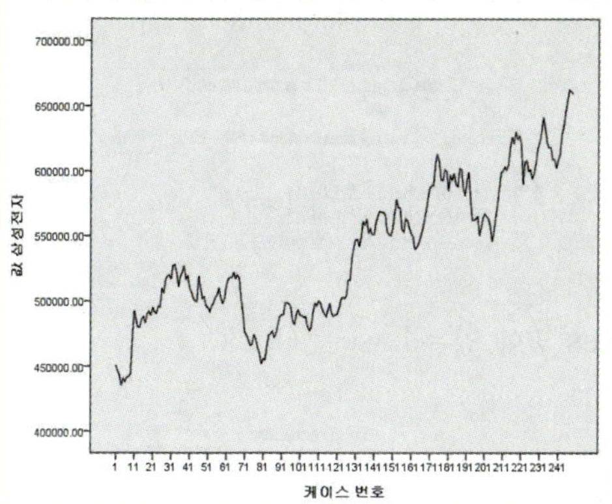

R

[R 설치]

Step 1 인터넷으로 www.r-project.org 사이트를 방문한다.

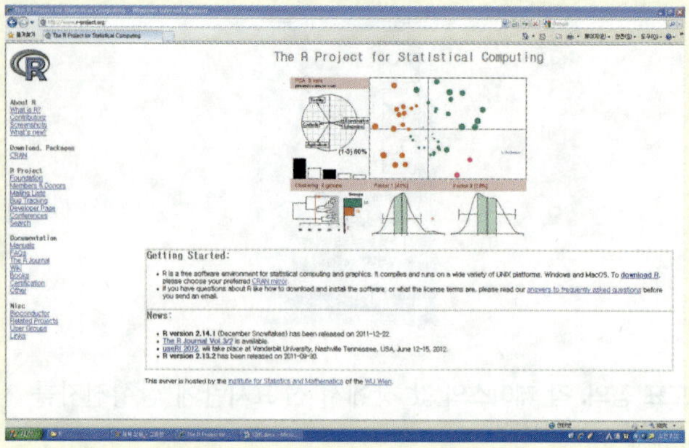

Step 2 Download 밑 CRAN을 클릭

Getting Started:

- R is a free software environment for statistical comput please choose your preferred CRAN mirror.
- If you have questions about R like how to download ar you send an email.

Step 3 Korea를 찾아 http://statlab.korea.ac.kr/R/를 Click!

Japan
 http://essrc.hyogo-u.ac.jp/cran/
 http://cran.md.tsukuba.ac.jp/
 http://cran.ism.ac.jp/
Korea
 http://cran.nexr.com/
Mexico
 http://cran.itam.mx/

Step 4 Download and Install R Box 안의 Download R for Windows를 Click!

Download and Install R

Precompiled binary distributions of the base system ar

- Download R for Linux
- Download R for MacOS X
- Download R for Windows

Step 5 Subdirectories 밑에 있는 base를 Click!

Subdirectories:

base
contrib
Rtools

Step 6 Download R x.y.z for Windows를 Click! (R x.y.z의 배포용 최신판)

Download R 2.14.1 for Windows (45 megabytes, 32/64 bit)
Installation and other instructions
New features in this version: Windows specific, all platforms.

Step 7 저장한 후 설치 Program을 실행 ➞ 설치 완료 후 실행

[디렉토리 변경]

Step 1 **파일** 메뉴 안에 있는 디렉토리 변경...Click!

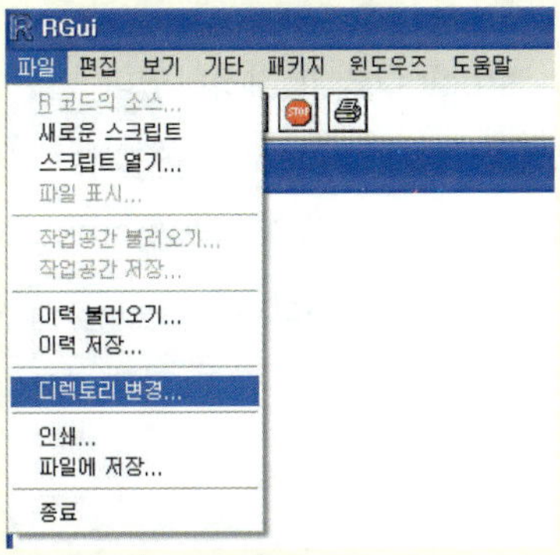

Step 2 본 교재에서는 C:₩를 디렉토리로 사용하겠다.

[시계열 그래프 그리기]

2005년 01월 03일부터 2006년 01월 02일까지의 삼성전자 주가 자료를 이용한다.

자료파일을 읽어 들일 때 예를 들어 디렉토리가 '통계입문'으로 변경되어 있는 경우는 "C:₩통계입문₩data1.dat"처럼 파일이름에 디렉토리를 포함하지 않고 간단히 "data1.dat"로 사용하면 된다(10쪽 자료형식 참조).

(방법 1: text 형식)

Text 형식 파일은 윈도우즈의 메모장을 이용하여 만들거나 아래아한글이나 워드 또는 엑셀에서 출력형식을 .txt 형태로 하여 만들 수 있다.

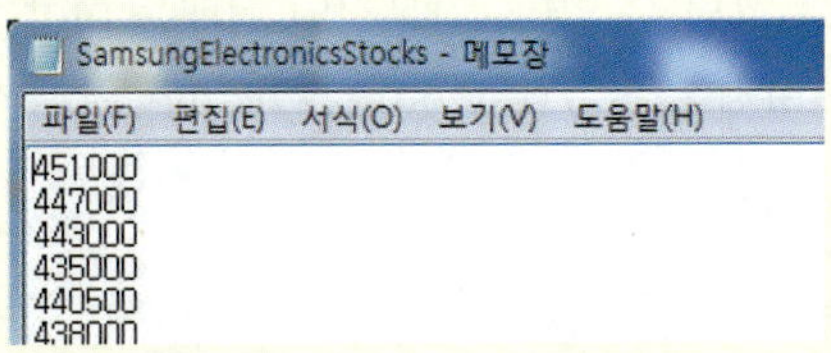

Step 1 보여진 삼성전자 주가 자료는 "SamsungElectronicsStocks.txt" 파일의 형태로 "C:₩"에 존재한다고 가정하자. 이런 경우에 scan 함수를 이용하여 다음과 같

이 직접 자료를 읽을 수 있다.

```
> stocks <- scan("SamsungElectronicsStocks.txt")
Read 250 items
```

data set의 이름을 "stocks" 라고 지정하였다.

주의: "C:₩SamsungElectronicsStocks.txt"로 입력할 경우 오류가 날 수 있다. 이를 방지하기 위해서 가급적 "C:₩₩SamsungElectronicsStocks. txt" 또는 "C:/SamsungElectronicsStocks.txt"로 입력하여야 한다.

length() 함수를 사용하여 다음과 같이 현재 dataset인 stock의 자료수를 알 수 있다.

```
> length(stocks)
[1] 250
```

(방법 2; csv 형식)

Step 1 엑셀에서 자료를 csv(comma separated values) 형태로 저장하여 .csv파일을 만들 수 있다.

```
> stocks <- read.csv("삼성엘지주가.csv", header=T)
```

옵션 **header=T**는 첫 줄에 변수이름이 들어 있을 때 사용한다. (**T=TRUE**)

Step 2 다음의 코드를 사용하여 시간 데이터를 생성하자. 1부터 시작되는 연속적인 숫자로 이루어진 변수를 만들기 위해서는 colon(:)을 사용하면 된다.

```
> times <- c(1:length(stocks))
> head(times)
[1] 1 2 3 4 5 6
```

head 함수는 처음 6개의 데이터를 출력하는 함수이다.

일반적인 수 "**a**"에서 시작하여 "**b**"까지 "**c**" 만큼씩 증가하는 일련의 수열을 만들고자 할 때에는 **seq(a,b,c)**을 사용한다.

```
> seq(1,10,3)
[1]  1  4  7  10
```

Step 3 두 변수 간 관계를 알아보는 방법의 첫 단계는 산점도를 그려 보는 것이다. 산점도는 plot 함수로 그릴 수 있다. 기본적인 형태는 plot(x,y)의 형태로 첫 번째 변수 x는 X축, 두 번째 변수 y는 Y축 변수가 된다.

```
> plot(times,stocks)
```

그래프에 들어갈 수 있는 옵션

xlab, ylab: X축과 Y축에 각각 label을 붙인다.

예 **xlab="Tensile strength, ylab" = "Abrasion loss"**

main : graph의 제목을 붙인다.

예 **main = "Scatter plot"**

xlim, ylim : X축과 Y축의 범위를 각각 정한다.

예 **xlim = c(0,10),ylim = c(0,10)**

type : graph 유형을 결정한다.

예 점 없이 선으로만 graph를 그리는 **type = "l"**이 있다.

시계열그래프를 그리는 방법

ts.plot 함수를 이용한다.

일반 plot 함수에 옵션 **type = "l"**을 추가한다.

Step 4 위의 두 가지 방법을 사용해 그린 그래프는 다음과 같다.

```
> par(mfcol = c(1,2))
> plot(times,stocks,main = "삼성전자 주가",type = "l")
> ts.plot(stocks,main = "삼성전자 주가")
```

R 익히기

R의 사용법을 익히려면 www.r-project.org의 Document > Manuals에 있는 파란 링크들 중에 contributed documentation으로 들어가 English Documents > Documents with fewer than 100 pages:에서 "The R Guide"(version 2.5) by Jason Owen(PDF 파일)를 다운받아 '그대로 따라 하기' 해보는 것을 권장한다. 수시로 새로운 도큐먼트나 새로운 버전이 올라와 있어 그것들을 참고하는 것도 좋을 것이다.

Help 사용하기

'?'표는 명령문의 사용법, '??'는 관련 명령문들을 찾아 준다. 다음을 실행시켜 보아라.

```
> ?plot
> ??plot
```

스크립트 파일 사용하기

메뉴에서 **파일** > **스크립트 열기..** 하여 Example 1.R 파일을 열어 보아라.

스크립트의 일부만 실행시킬 때는 〈Shift〉키로 일부를 지정한 후 〈Ctrl〉-R하여 실행할 수 있다. 전체를 실행하려면 〈Ctrl〉-A 〈Ctrl〉-R 한다. 여기서 R은 run(실행), A는 all(전부 선택)로 이해하면 외우기 쉽다.

스크립트를 새로 만들려면 **파일** > **새로운 스크립트**한 후 명령문들을 입력한다.

스크립트를 추가하거나 수정하려면 스크립트 창에서 추가, 수정하면 된다.

익힘문제

다음 괄호에 알맞은 말을 넣거나, 맞는 것을 선택하시오.

1 통계학의 목적은 ( )에서 얻은 정보를 이용하여 ( )에 대한 것을 알아보려는 것이다.

2 {전체, 일부분}인 표본을 이용하여 {전체, 일부분}인 모집단에 대한 것을 알아보려는 것을 통계적 ( ) (이)라고 한다.

3 통계학은 통계를 사용할 때 필연적으로 수반되는 ( )을(를) 계산하여 정보이용자나 의사결정자에게 제공한다.

4 자료의 척도형태를 크게 두 가지로 나누면 ( )와 ( )(으)로 나눌 수 있다. (주의: 해당되는 것을 모두 쓰시오.)

5 범주형 자료를 ( )와 ( )(으)로 구분할 수 있다.

6 자료의 계층을 높은 것에서 낮은 것으로 차례로 쓰시오.

7 {높은, 낮은} 계층의 자료를 {높은, 낮은} 계층의 자료로 바꾸는 것은 가능하나 그 반대로는 불가능하다.

8 시간의 측면에서 자료를 구분하면 ( )와 ( )(이)다.

9 위의 두 자료형태가 섞여 있는 자료가 ( )이다.

연습문제

1 관심 대상을 조사하기 위하여 그 대상 전체를 조사하지 못하고 일부만 조사하는 경우가 대부분인데, 그 일부를 무엇이라 하는가? 그 관심의 대상 전체를 무엇이라 하는가?

2 모집단에 대한 전수조사를 하지 않고 그 일부인 표본조사를 하는 이유를 설명하여라.

3 다음 조사에서의 모집단과 표본은 무엇인가?

a. 지하철에서 MP3플레이어를 이용하는 사람들이 어떤 콘텐츠를 재생하는지 알아보았다. 무작위로 MP3플레이어 사용자 100명을 조사하여, 음악 듣기, 외국어 학습, 드라마 시청, 전자책, 기타 등으로 분류하고, 나이대와 성별도 조사하였다.

b. 전국 지역별로 총 200개 품목에 대하여 30,000군데에서 소비자 물가를 조사하였다.

c. 동해, 서해, 남해에 소재한 각 10개 해수욕장에서 각각 5~10군데 민박집의 민박 가격을 조사하였다.

d. 학생 20명에게 세 가지 브랜드의 피자를 맛보게 한 후 순위를 매기도록 하였다.

4 위 문제의 자료들은 각각 어느 계층의 자료인가?

5 다음의 예들에서 모집단과 표본을 서술하여라.

a. '통일대학'에서는 군대를 다녀온 복학생과 다녀오지 않은 2학년 남학생의 평균 체중을 비교하기 위하여 각각 50명의 체중을 조사하였다.

b. 유가증권시장과 코스닥시장의 수익률을 비교하기 위하여 무작위로 각각 20개 증권의 수익률을 조사하였다.

c. '통일대학'의 여학생과 남학생의 합격률에 차이가 있는지 알아보기 위하여 과거 10년간의 합격률을 조사하였다.

d. 은행과 제이금융권의 주택담보 대출규모를 알아보려고 한다. 은행은 그 숫자가 많지 않아 각 은행별로 대출규모를 전부 조사하고, 제이금융권에서는 무작위로 50개를 추출하여 대출규모를 조사하였다.

6 다음 자료들은 어떤 척도의 종류에 속하는가? 자료의 계층에서 가능한 한 높은 계층으로 답하여라.

a. 종합주가지수
b. 지능지수
c. 유로화 환율
d. 각 시도별 출신 수험생의 서울소재 대학 합격률
e. 칠레산 포도주에 대한 선호도를 5점 척도로 조사한 자료

7 위 문제의 자료를 계량형 자료와 비계량형 자료로 구분하여라.

8 다음 각 자료가 속하는 계층 수준은 무엇인가?

a. 승용차의 엔진 기통수
b. 중국 음식점에서 점심시간 동안 팔린 음식
c. 파운드로 잰 몸무게
d. 화씨로 잰 정오의 온도
e. 간단하게 데워 먹을 수 있는 단팥죽 네 개 제품에 대한 소비자들의 선호도

9 위 문제 자료를 양적 자료와 질적 자료로 구분하여라.

10 다음 자료들의 계층은 무엇인가?

a. 10개 브랜드별 디지털 카메라의 무게
b. 우리나라 대통령의 나이를 알고 있는지 20명에게 물었다.
c. 설문지에 마을회관 건설 후보지 5곳에 대한 선호 순서를 차례대로 적도록 한 자료
d. 제품별로 조사된 AA 건전지 10개씩의 수명

11 위의 자료들을 양적 자료와 질적 자료로 분류하여라.

12 다음 세 단계의 자료 계층 구조를 완성하고, 양적 자료와 질적 자료로 구분하여라.

(　　　) 자료 → 순서형 자료 → (　　　) 자료

13 다음 각 자료를 양적 자료와 질적 자료로 구분하여라.

a. 각 시중은행의 가계대출의 부도율

b. 소비자들이 고구마피자보다 감자피자를 더 좋아하는지 조사한 자료
c. 피자 가게에서 주중에 팔린 피자수에 대한 주말에 팔린 피자수의 비율
d. 나이
e. 초등학교 졸업 이하, 중학교 졸업 이하, 고등학교 졸업 이하, 대학교 이상으로 구분하여 조사한 학력

14 위 문제의 자료를 세 단계의 자료 계층으로 구분하여라.

15 다음 각 자료를 양적 자료와 질적 자료로 구분하여라.
a. 남녀별로 초능력을 믿는지 믿지 않는지 여부에 대하여 조사한 자료
b. 나라별 동계올림픽에서의 금메달수
c. 역대 대통령의 임기 동안 임기 년수를 고려한 강남 아파트값의 증가율
d. 과거 십 년간 서해안에서의 적조 발생수
e. 지방자치단체별 일 년간 홈페이지 방문수

16 위 문제의 자료를 세 단계의 자료 계층으로 구분하여라.

17 다음 물음에 답하여라.
a. 어느 한 시점에서 얻은 자료를 무슨 자료라고 하는가?
b. 매시간, 매일, 매달 등 시간의 흐름에 따라 조사한 자료를 무슨 자료라고 하는가?

18 다음 자료들을 시계열자료와 횡단면자료로 구분하여라.
a. 1시간 간격으로 환자의 체온을 잰 자료
b. 제주시와 서귀포시에서 도시와 농촌으로 구분하여 각 100가구씩 무작위로 추출하여 각 가구의 작년 소득을 조사하였다.
c. 과거 100년간 연중 태양흑점의 수를 조사하였다.
d. 대학별 장학금 수혜 학생들의 평균 장학금 수혜액
e. 서울, 경기 · 강원, 충청, 전라, 경상, 제주 등 6개 권역에 소재하는 대학교의 수
f. 경기, 강원, 충청, 전라, 경상, 제주의 6개 권역에 소재하는 무인도와 유인도의 수
g. 과거 30년간 남아 대 여아의 출생 비율

19 다음 자료를 시계열자료와 횡단면자료로 분류하여라.
a. 과거 30년간의 무역 수지
b. 그램 표시를 하지 않은 20개 음식점에서의 삼겹살 1인분의 무게
c. 10개 대학의 과거 5년간 등록금 액수
d. 국민들의 정당 선호도

프로젝트

20 통계청 웹사이트에서 각자 전공하는 분야에 대한 통계가 있는지 알아보아라.

21 웹 검색엔진을 이용하여 각자의 전공 분야와 관련된 통계가 어떻게 사용되는지 두 가지 이상의 사례들을 수집하여라.

22 시계열자료와 횡단면자료를 하나씩 구하여 그래프를 그려라.

실습 문제

23 대학교 3학년에 재학 중인 학생들의 흡연실태를 알아내기 위해서 조사원을 고용하여 "지난 한 주 동안 학생은 평균적으로 하루에 몇 개비의 담배를 피웠는가?"를 조사하였다. 30명의 학생들이 조사원들의 설문에 응답을 하였고, 기록된 결과는 다음과 같다.

담배.dat
담배.xlsx

28,	13,	32,	0,	16,	4,	39,	28,	7,	19,
47,	17,	46,	43,	0,	36,	0,	1,	28,	0,
0,	4,	0,	15,	36,	1,	34,	1,	0,	2,

a. 위와 같은 상황에서 모집단과 표본을 식별하여라.
b. 위에서 최초로 조사된 자료(원시자료 raw data)의 유형은 무엇인가?
c. 조사된 관찰치들을 모두 합산하고, 관찰치의 개수인 30으로 나누어 관찰치들의 평균을 구하여라.

이제 조사원들은 조사된 자료를 가지고 학생들의 응답을 다음과 같이 분류하기로 하였다.

비흡연자(0개비)
약한 흡연자(1～5개비)
보통 흡연자(6～20개비)
심각한 흡연자(21개비 이상)

그리고 다음과 같이 정리되었다.

비흡연자	7
약한 흡연자	6
보통 흡연자	6
심각한 흡연자	11
합계:	30

d. 위와 같이 분류된 자료는 어떠한 자료의 유형에 속하는가?
e. 이러한 유형의 자료가 가진 중요한 특징을 말하여라.
f. 위와 같은 자료로 산술평균을 구하는 것이 의미가 있을 것인지에 대하여 말하여라.

최종적으로 조사원들은 조사된 자료를 바탕으로 흡연률을 계산하여 보고하기로 하였다. 그래서 다음과 같이 자료를 다시 정리하였다.

비흡연자	7
흡연자	23
합계:	30

g. 위와 같이 정리된 자료는 어떠한 유형의 자료가 되었는가?
h. 이러한 자료의 유형이 가지는 중대한 특징은?

위의 흡연량 조사에서 알 수 있는 '자료의 계층'에 대하여 논의하여 보자.

i. 자료의 계층이란 무엇인가?

j. 자료의 계층에 따라 자료가 변환될 수 있는 방향에 대하여 생각하여 보라.

k. 자료의 계층에 근거해서, 하위계층의 자료가 상위계층의 자료로 변환되지 못하는 이유는 무엇인가?

24 어느 시의 시청은 시민들의 가구(households)별 연간 소득액을 조사하기로 하였다. 시간과 비용의 제약 때문에 모든 시민의 연간 소득액을 조사할 수는 없어서, 일단 표본으로 80가구를 선정하여 각 가구별 연간 소득액을 가구주가 직접 조사표에 기입하는 방식으로 조사가 이루어졌다. 조사된 가구들의 연간 소득액의 자료는 다음과 같다.

연간소득.dat
연간소득.xlsx

114610000, 121310000, 23680000, 31160000, 57820000, 114800000, 21890000,
129410000, 121790000, 3638000, 27950000, 29950000, 10330000, 3031000,
118070000, 118030000, 36810000, 99450000, 30830000, 30970000, 67230000,
136430000, 126450000, 24110000, 30510000, 26950000, 27480000, 52510000,
111371000, 118650000, 10060000, 10400000, 20940000, 70670000, 10050000,
113010000, 118040000, 5032000, 22330000, 78720000, 11080000, 121500000,
148280000, 147460000, 5478000, 21910000, 80090000, 61370000, 4553000,
118000000, 111306700, 22260000, 47040000, 8354000, 109900000, 49540000,
122320000, 123500000, 4906000, 13110000, 48200000, 31430000, 3196000,
114677000, 119740000, 5494000, 19190000, 31460000, 65930000, 118900000,
138640000, 165970000, 16040000, 21290000, 60590000, 59730000, 46310000,
124750000, 11910000, 46740000

a. 이 조사에서 모집단과 표본은 무엇인가?

b. 위와 같이 조사된 있는 그대로의 자료(raw data)는 어떠한 유형의 자료이고, 자료의 계층은 무엇인가?

c. 조사된 연간 소득액의 평균을 구하여라.

d. 조사된 연간 소득액을 순서대로 정렬하고 최솟값과 최댓값 그리고 가운데 위치한 중앙값을 찾아보라.

시민들의 연간 소득액 표본조사를 실시한 시청 당국은 이제 소득액을 일정한 구간으로 나누어 소득 최상위계층, 상위계층, 중간계층, 하위계층, 최하위계층 5단계로 나누기로 하였다.

최상위계층: 연간 소득액 1억 2천만 원 이상
상위계층: 연간 소득액 6천만 원 이상~1억 2천만 원 미만
중간계층: 연간 소득액 3천만 원 이상~6천만 원 미만
하위계층: 연간 소득액 1천만 원 이상~3천만 원 미만
최하위계층: 연간소득액 1천만 원 미만

조사된 연간 소득액자료를 소득구간별로 정리한 결과는 다음과 같다.

소득구간	가구수
₩ 120,000,000 이상	2

₩ 60,000,000 ~ 120,000,000 미만	13
₩ 30,000,000 ~ 60,000,000 미만	19
₩ 10,000,000 ~ 30,000,000 미만	34
₩ 10,000,000 미만	12
합계	80

e. 위와 같이 정리된 자료의 유형은 무엇이고, 자료의 계층은 무엇인가?

f. 이러한 자료의 특징은 무엇인가?

g. 위에서 정리된 결과에 근거해서 다음을 계산해 보자. 소득구간의 중간값((구간최솟값+구간최댓값)/2)에 해당 도수를 곱하고, 모두 총합하여 총도수로 나누어서 평균 연간소득액을 구하여라.

h. b에서 구한 평균값과 g에서 구한 평균값의 차이가 있는가? 이러한 차이는 왜 생겼는지 생각하여 보아라.

시청 복지담당부서는 연간소득액 7백 50만 원 미만의 저소득가구를 시청에서 집행하는 사회복지지출인 생계보조금 수령대상으로 정하였다. 이를 위해 조사된 표본가구 중에서 생계보조금을 지급받을 가구수가 얼마인지 알아내기 위하여, 다시 다음과 같이 분류하였다.

조사된 가구가 사회복지지출 수혜대상이다	11
조사된 가구가 사회복지지출 수혜대상이 아니다	69
합계	80

i. 위와 같이 다시 정리된 결과 얻어지는 자료의 유형은 무엇이고, 자료의 계층은 무엇인가?

j. 이러한 자료의 특징은 무엇인가?

k. 사회복지 수혜대상 가구수를 표본조사 가구수로 나눈 사회복지 수혜대상 가구의 비율은 얼마나 되는가?

2 표와 그래프 기술통계

John Wilder Tukey(1915～2000)

미국 매사추세츠 New Bedford에서 출생. Princeton 대학과 Bell 연구소에서 일함. 1977년, Exploratory Data Analysis 책을 지으며 탐색적 자료분석 분야를 개척함. 줄기-잎 전시와 상자그림은 Tukey가 제안한 것임.

자료를 요약하여 기술하는 기법은 통계학에서 중요한 위치를 차지한다. 자료가 대략 어떻게 이루어졌는지 알아보는 것은 그것 자체가 목표가 될 수도 있고, 더욱 세밀한 분석을 하기 위한 기초 단계도 될 수 있다. 자료를 기술하는 것을 기술통계(descriptive statistics)라 한다. 평균이나 분산 등 수치에 의하여 자료를 정리, 요약하여 기술(numerical description)하는 것도 중요하지만, 그래프와 표에 의하여 자료를 기술(graphical and tabular description)하는 것도 매우 중요하다. 정형화된 수식에 의하여 찾아내거나 전달할 수 없는, 자료 속에 있는 정보를 그래프나 표를 이용하면 아주 명료하게 찾아내고, 다른 사람들에게 쉽게 전달할 수 있다.

통계학의 목적은 1장에서 언급하였듯이 표본을 이용한 모집단의 추론이다. 추론은 표본이 추출되는 과정에서의 확률을 이용하게 된다. 추론과정에서의 통계를 **추론통계(inferential statistics)**라고 한다. '적은' 표본에서 '큰' 모집단의 정보를 얻으려는 과정에서 표본이 뽑혀지는 과정을 완벽하게 통제할 수 없는 경우는 일반적으로 받아들일 수 있는 가정을 하게 된다. 가정 사항들이 표본에 의해 어느 정도 뒷받침되는지 알아보기 위하여, 자료의 특성에 따라 통계적 모형을 세우기 위하여, 또는 추론통계에서 필요한 값을 얻기 위하여 표본에 대한 단순한 표(table)와 그래프(graph)에 의한 정리 또는 요약(summary)하거나, 수치에 의한 서술 또는 기술(description)하는 것을 **기술통계(descriptive statistics)**라고 한다. 기술통계는 **표 기술통계(tabular descriptive statistics)**, **그래프 기술통계(graphical descriptive statistics)**, **수치 기술통계(numerical descriptive statistics)**로 나눌 수 있다.

수없이 많은 숫자가 나열된 표본을 표로 정리하거나 그래프로 나타내면 자료의 특성과 패턴을 직관적이고 쉽게 알아볼 수 있다. 자료의 척도 구분에 따라 적정한 표와 그래프가 다르다.

2.1 도수분포표

자료
- 질적, 비계량형
  - 명목형
  - 순서형
  - *범주형
- 양적, 계량형
  - *숫자형

동호인마을.dat
동호인마을.xlsx

자료의 전체적인 구성형태를 파악하기 위하여 같은 항목, 같은 숫자 자료가 몇 개 있는지 정리한 **도수분포표(frequency distribution)**를 만든다. 또는 빈도분포라고 하기도 한다. 너무 많은 항목이 있으면 몇 개의 그룹으로 모으거나, 서로 다른 숫자들이 너무 많은 경우는 구간으로 묶어 개수를 세어 표로 만든다.

범주형 자료

범주형 자료(categorical data, 명목형 자료나 순서형 자료)는 그 값들을 그대로 사용하거나 그 종류가 너무 많으면 비슷한 값들을 묶어 사용한다.

어떤 부류의 동호인들이 동호인 마을을 이루고 있는지 13마을을 조사하였다.

음악, 미술, 미술, 영화, 역술,
음악, 음악, 영화, 미술, 영화,
미술, 음악, 음악

이렇게 조사된 자료를 표로 정리하여 아래의 도수분포표를 만들었다.

표 2.1 동호인 마을의 도수분포표

동호인 마을	도수
음악	5
미술	4
영화	3
역술	1
합계	13

각 **도수**(**빈도, frequency**)를 전체 자료의 수(**n**)로 나누어 비율로 나타낸 것이 **상대도수**(**relative frequency**)이고, 이를 표로 만든 것이 **상대도수분포**(**relative frequency distribution**) 표이다.

$$\text{계급의 상대도수} = \frac{\text{계급도수}}{n}$$

표 2.2 동호인 마을의 상대도수분포표

동호인 마을	도수	상대도수
음악	5	0.38
미술	4	0.31
영화	3	0.23
역술	1	0.08
합계	13	1.00

'동호인 마을은 음악, 미술, 영화, 역술의 네 종류가 있다', '음악인 마을이 38%로 제일 많고, 역술인 마을이 8%를 차지하고 있다' 는 식의 분석이 가능하다.

숫자형 자료

숫자형 자료(**numerical data**) 또는 계량형 자료는 도수분포표를 만들기 위하여 우선 자료의 전체 범위를 몇 개의 **계급**(**class**)으로 나누어야 한다. 몸무게 자료를 50 kg 미만, 50 kg 이상에서 60 kg 미만, 60 kg 이상에서 70 kg 미만, 70 kg 이상 등과 같이 처음과 나중의 계급을 제외하고, 중간에는 동일한 크기의 **계급구간**(**class interval**) 또는 계급폭(class width)으로 계급을 구성한다. 계급구간을 동일한 크기로 하지 않으면 도수분포표를 이용하여 히스토그램을 그릴 때 왜곡된 그림을 그리게 된다. 그리고 이들 계급에 들어가는 자료가 몇 개인지 – 도수 또는 빈도가 얼마인지 – 조사하여 표를 만들게 된다.

다음과 같이 100명의 몸무게(kg)에 대한 자료를 얻었다.

몸무게.dat
몸무게.xlsx

68.5	77.3	62.5	73.0	72.6	61.0	69.4	66.7	74.2	71.9
65.5	63.2	71.5	71.5	75.0	64.5	71.5	71.7	71.5	69.2
75.7	69.2	66.7	64.0	80.7	71.2	68.9	68.4	63.8	73.2
65.5	71.6	67.0	63.6	74.9	64.1	70.5	71.9	71.0	67.8
75.8	68.6	69.4	62.5	71.2	68.5	74.6	60.7	63.2	55.6
69.7	66.2	63.6	69.6	64.6	72.7	72.8	68.1	73.9	65.7
67.2	65.7	66.7	63.6	71.9	68.5	63.5	60.9	63.3	70.4
72.9	67.6	71.1	67.8	69.6	73.0	75.5	63.7	63.5	65.9
62.6	65.5	64.5	66.3	69.4	65.2	83.0	69.9	59.4	72.4
71.1	80.8	74.2	60.8	64.2	67.1	64.4	57.4	73.5	66.9

원래의 자료가 숫자형이지만 계급으로 나누어지면 범주형 자료가 된다.

이 자료를 아래의 도수분포표로 정리하기 위하여 계급구간을 5 kg으로 하기로 하고, 55 이상~60 이하, 60 이상~65 이하, … 등으로 계급을 정하였다. 그리고는 각 계급에 속하는 값이 몇이나 되는지 세어 표를 만들면 아래와 같다.

표 2.3 몸무게(단위, kg)의 도수분포표

몸무게	도수	상대도수	누적도수	상대누적도수
55 이상 ~ 60 이하	3	0.03	3	0.03
60 이상 ~ 65 이하	24	0.24	7	0.27
65 이상 ~ 70 이하	35	0.35	62	0.62
70 이상 ~ 75 이하	30	0.30	92	0.92
75 이상 ~ 80 이하	5	0.05	97	0.97
80 이상 ~ 85 이하	3	0.03	100	1.00
합계	100	1.00		

앞의 표에서는 아래의 값에서부터 차례로 도수를 누적시키며 구하는 누적도수(cumulative frequency)와 누적도수의 상대도수인 누적상대도수도 포함하였다.

$$\text{계급의 누적상대도수} = \frac{\text{계급누적도수}}{n}$$

위의 도수분포표를 만들 때, 아래와 같이 자료를 순서화 또는 크기순정렬(sorting)로 하였다면, 차례대로 숫자를 보면서 계급간에 속하는 개수를 세면 되므로 표를 만들기 쉬웠을 것이다.

55.6	57.4	59.4	60.7	60.8	60.9	61.0	62.5	62.5	62.6
63.2	63.2	63.3	63.5	63.5	63.6	63.6	63.6	63.7	63.8
64.0	64.1	64.2	64.4	64.5	64.5	64.6	65.2	65.5	65.5
65.5	65.7	65.7	65.9	66.2	66.3	66.7	66.7	66.7	66.9
67.0	67.1	67.2	67.6	67.8	67.8	68.1	68.4	68.5	68.5
68.5	68.6	68.9	69.2	69.2	69.4	69.4	69.4	69.6	69.6
69.7	69.9	70.4	70.5	71.0	71.1	71.1	71.2	71.2	71.5
71.5	71.5	71.5	71.6	71.7	71.9	71.9	71.9	72.4	72.6
72.7	72.8	72.9	73.0	73.0	73.2	73.5	73.9	74.2	74.2
74.6	74.9	75.0	75.5	75.7	75.8	77.3	80.7	80.8	83.0

자료를 순서화할 때, 작은 수에서부터(증가정렬, increasing sort) 혹은 큰 수에서부터(감소정렬, decreasing sort) 순서화하는 두 가지 방법으로 할 수 있으나, 통상적으로 아무 얘기가 없으면 작은 수부터의 순서화를 말한다.

위의 정렬된 자료를 다음과 같은 형태로 바꾸었다면, 각 계급에 속하는 자료의 수를 세기가 더욱 쉬웠을 것이다.

55.6 57.4 59.4

60.7 60.8 60.9 61.0 62.5 62.5 62.6 63.2 63.2 63.3
63.5 63.5 63.6 63.6 63.6 63.7 63.8 64.0 64.1 64.2
64.4 64.5 64.5 64.6

65.2 65.5 65.5 65.5 65.7 65.7 65.9 66.2 66.3 66.7
66.7 66.7 66.9 67.0 67.1 67.2 67.6 67.8 67.8 68.1
68.4 68.5 68.5 68.5 68.6 68.9 69.2 69.2 69.4 69.4
69.4 69.6 69.6 69.7 69.9

70.4 70.5 71.0 71.1 71.1 71.2 71.2 71.5 71.5 71.5
71.5 71.6 71.7 71.9 71.9 71.9 72.4 72.6 72.7 72.8
72.9 73.0 73.0 73.2 73.5 73.9 74.2 74.2 74.6 74.9

75.0 75.5 75.7 75.8 77.3

80.7 80.8 83.0

2.2 막대그림과 파이그림

명목형 자료를 그래프로 표시하려면 **막대그림(bar chart)**이나 **파이그림(pie chart)**을 이용한다.

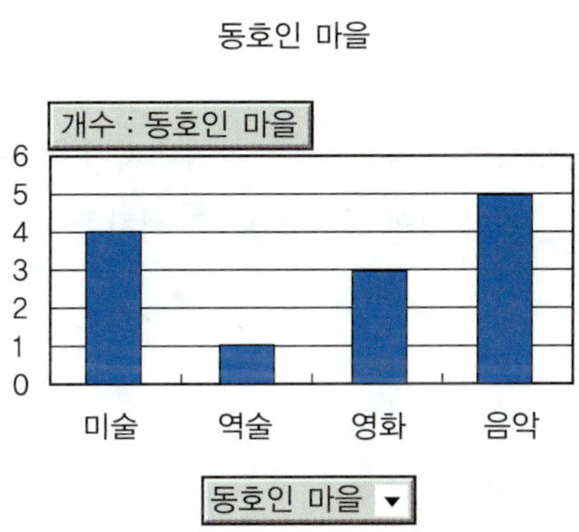

그림 2.1
막대그림

파이그림에서 한 항목이 차지하는 크기는 상대도수의 크기를 파이의 가운데에서의 각도의 크기로 바꾸어 계산하여 그린 것이다.

$$\text{각 항목의 각도} = 360^\circ \times \text{상대도수}$$

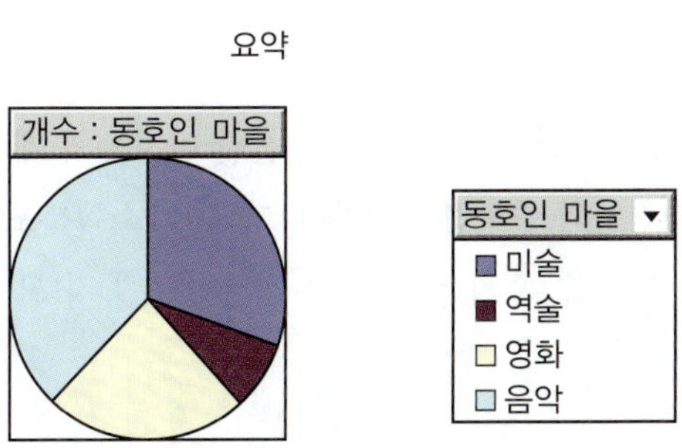

그림 2.2
파이그림

2.3 히스토그램

숫자형 자료(양적 자료)를 도수분포표를 이용하여 그래프 형태로 나타낸 것이 **히스토그램**(**histogram**)이다. 히스토그램은 자료에 대한 정보를 몇 가지 특징적인 형태로 나타낸다. 전체적인 모양을 파악할 때 가장 먼저 눈에 들어오는 것은 대칭(symmetry)인지, 아니면 한쪽으로 쏠려 있는지(몰려 있는지)일 것이다. **왜도**(**skewness**)는 어느 방향으로 얼마나 쏠려있는지 보는 것이다. **양의 왜도**(**positively skewed, right skewed, skewed to the right**)는 왼쪽으로 크게 있으면서 오른쪽으로 길게 늘어져 있는 모양을 나타내며, **음의 왜도**(**negatively skewed, left skewed, skewed to the left**)는 오른쪽에 크게 있으면서 왼쪽으로 길게 늘어진 모양을 가리킨다.

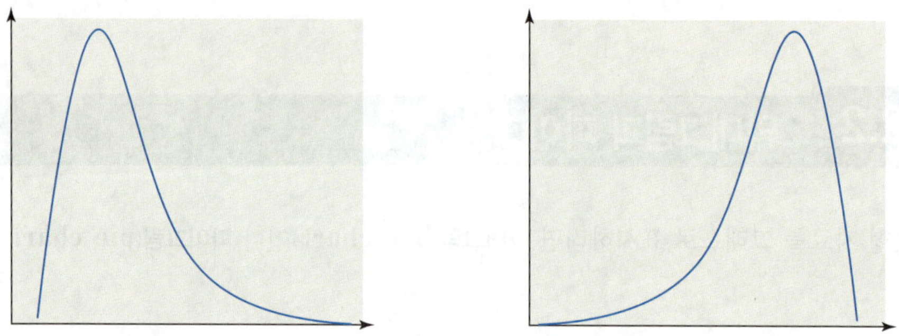

그림 2.3
왜도가 있는 그래프

대부분의 히스토그램이 종모양(bell shape)을 나타내지만 가끔 L자 모양(L shape)을 보이는 것도 있다. 이론적으로는 U자 모양(U shape)도 생각할 수 있으나 실제 자료에서는 거의 찾아보기 힘들다.

종모양, U자 모양 } 대칭형
L자 모양 → 양의 왜도

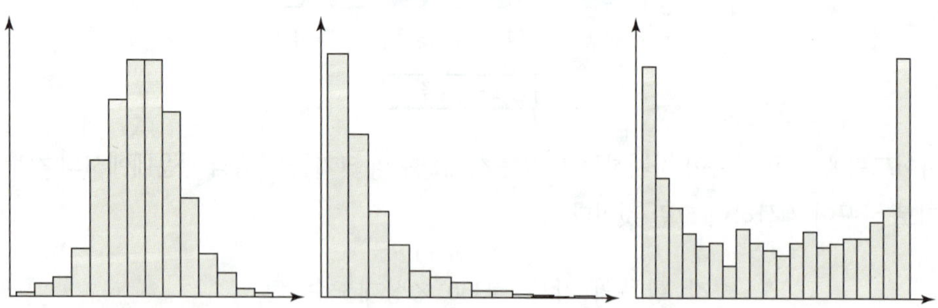

그림 2.4
히스토그램의 여러 가지 모양

몸무게나 키를 잰 자료, 정교한 공정을 거쳐 생산된 나사못의 계량형 자료, 로그변환한 증권가격 등은 전형적인 대칭형의 종모양 분포를 나타내며, 소득분포(income distribution), 기계 부품의 수명, 특정 암 수술 후의 잔여 생존 기간 등은 L자 모양 또는 양의 왜도 형태를 보인다.

히스토그램에서 자료가 가장 많이 있는 부분을 나타내는 봉우리가 하나인 것이 대부분이다. 이와 같이 단봉의 모양(unimodal shape)이 대부분이지만 봉우리가 두 개인 이봉의 모양(bimodal shape)을 보이는 것도 있다. 그것은 자료 본래의 특성에 기인한 것일 수도 있고, 남학생과 여학생을 구별하지 않고 키를 조사한 자료, 서울 강남과 강원도 삼척의 아파트 가격처럼, 두 개의 상이한 집단에서 얻은 자료가 섞여 있을 때 봉우리가 두 개로 나타날 수 있다.

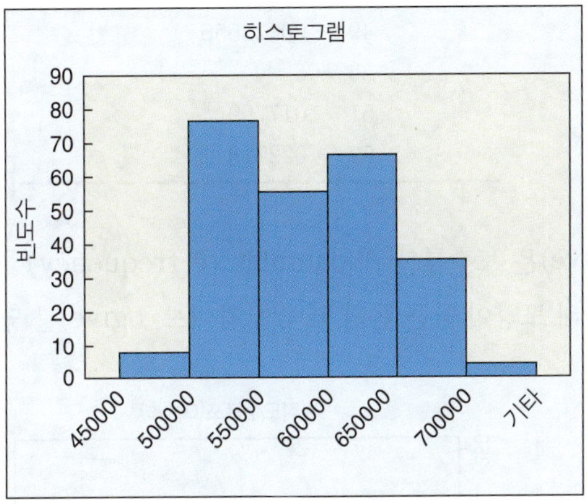

그림 2.5
2005년 삼성전자의 주식시세
(249일 자료)

막대그림은 명목형 자료를 그리므로 막대들이 서로 떨어져 있다. 히스토그램은 숫자 구간 위에 그리므로 자료가 없는 구간을 빼고는 히스토그램의 막대는 서로 붙여 그려야 한다. 순서형 자료로 히스토그램을 그릴 수 있으나 순서형 자료의 항목들이 같은 구간 너비를 갖고 있다는 가정이 추가로 필요하다. 예를 들면, '보통이다'와 '좋다'의 차이와 '좋다'와 '아주 좋다'의 좋아하는 정도의 차이가 같은 것인지 생각하여 보아야 한다. 몸무게나 온도는 체중계와 온도계로 잴 수 있으나, 감정이 언어로 표출된 것을 객관적으로 측정하기는 매우 어렵다.

막대그림과 히스토그램의 차이: 히스토그램의 막대들은 서로 붙어 있음. 막대는 단순히 높이를 보는 것이고, 히스토그램은 면적을 보기 위한 것이다.

2.4 줄기–잎 전시

줄기–잎 전시(stem–and–leaf display)는 히스토그램을 옆으로 돌려 놓은 것과 같아 히스토그램에서의 점검사항을 그대로 적용할 수 있다. 그리고 줄기–잎 전시는 추가 정보를 더 얻을 수 있다.

한 줄기(stem)에 0에서 9까지의 잎(leaf)이 올 수도 있고, 0에서 4와 5에서 9의 잎을 가진 두 줄기로 나뉠 수도 있고, 0과 1, 2와 3, 4와 5, 6과 7, 8과 9의 잎을 가진 다섯 줄기로 나뉠 수도 있다. 어떠한 방식을 택할 지는 자료의 특성에 따라 달라지며, 자료의 특성을 잘 나타낼 수 있도록 줄기의 수가 너무 많거나 적으면 안 된다.

〈표 2.4〉에서 43, 44, 45 등이 줄기이고, 43 옆의 5와 8 있는 부분이 잎들이다. 46은 줄기만 있고 잎이 없다. 46만 원대에는 자료가 없기 때문이다.

표 2.4 삼성전자의 2005년 1~2월 주식시세

Stem & Leaf Display
Stems & Leaves
43 → 58
44 → 022347
45 → 1
46
47 → 1
48 → 0036689
49 → 00122556
50 → 6
51 → 017799
52 → 022778

누적도수곡선(ogive)은 도수를 누적(cumulative frequency)하여 꺾은선그래프 형태로 그린 것이다. 그 형태 모양이 둥근 돔의 뼈대(오자이브, ogive)를 닮아 그렇게 부른다.

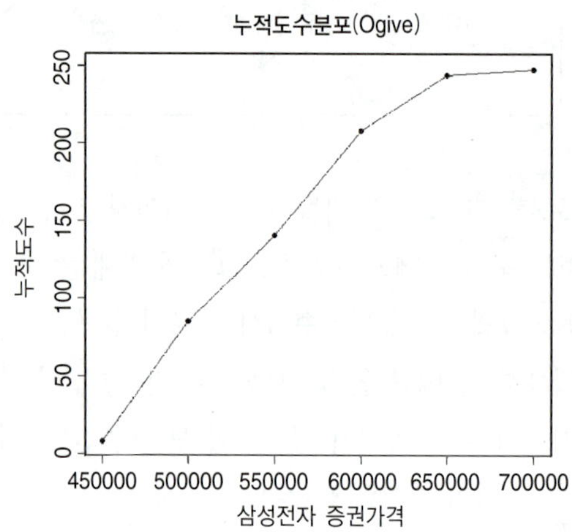

그림 2.6
삼성전자 증권시세 누적도수곡선

2.5 상자그림

상자를 위에서 보면 사각형에 가운데 줄이 그어져 있다.

whisker는 사람에게는 구렛나루를 뜻하지만, 고양이과 동물이나 메기에 나는 수염을 뜻한다.

자료를 개괄적으로 알아보기 위하여 **다섯숫자요약(five-number summary)**을 할 수 있다. 자료의 **최솟값**, **일사분위수(first quartile)**, **중앙값**, **삼사분위수(third quartile)**, **최댓값**으로 자료 전체의 값을 요약하는 것이 다섯숫자요약이다. 이들 숫자의 자세한 내용은 3장을 참조하라.

다섯숫자요약을 이용하여 그래프로 그린 것이 **상자수염그림(box-and-whisker plot)** 또는 **상자그림(box plot)**이다. 일사분위수와 삼사분위수로 상자의 길이가 결정된다. 중앙값 위치에 상자의 가운데 선을 그리고, 최댓값과 최솟값까지 수염을 그리면 상자그림이 완성된다. 상자는 전체 자료의 가운데 50%가 위치하고 있는 곳을 나타내고 중앙값의 위치에 따라 분포의 대칭성을 가늠할 수 있다.

다음은 1871년에서 1970년까지 이집트 아스완에서 잰 나일강 유량의 다섯숫자요약이다.

Min.	1st Q.	Median	3rd Q.	Max.
456.0	798.5	893.5	1032.0	1370.0

Nile.dat
Nile.xlsx
datasets::Nile

이를 상자그림으로 그림으로 그린 것이 그림 2.7이다. 약간은 오른쪽으로 길게 늘어진 (right-skewed) 형태를 보이고 있다.

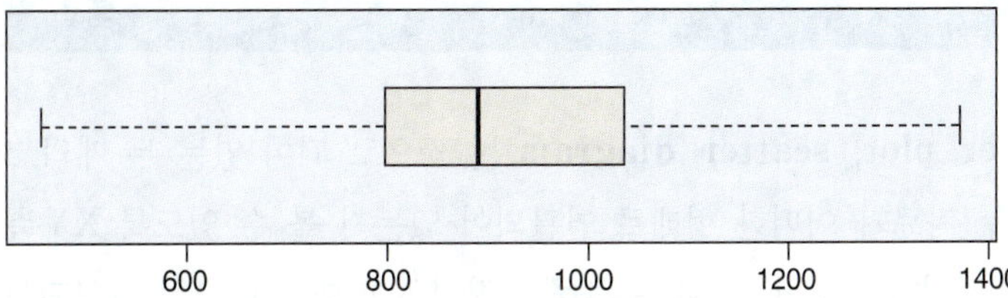

그림 2.7
나일강 유량 상자그림

그림 2.8은 태양흑점의 상자그림이다. 이것은 John W. Tukey가 제안한 방법에 의하여 그린 상자그림이다. 자세한 내용은 Exploratory Data Analysis(John W. Tukey, 1970, Addison-Wesley Publishing Co.)을 참조하기 바란다.

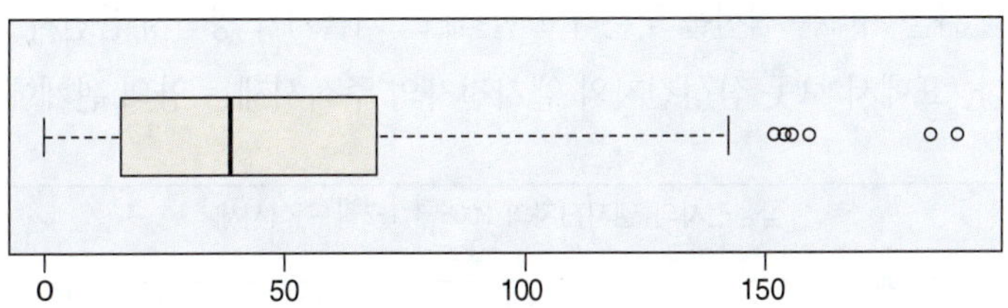

그림 2.8
태양흑점 상자그림

중앙값이 상자의 왼쪽에 위치하고 왼쪽 수염은 짧고 오른쪽 수염은 매우 길어 심하게 오른쪽으로 길게 늘어진 형태를 보이고 있다. 동그라미로 표시된 자료는 아주 특이한 값(특잇값, outlier)을 나타낸다.

2.6 시계열그림

매년 태양의 복사량, 계절에 따른 온도의 변화, 각 분기별 소비물가지수, 매일의 증권시세

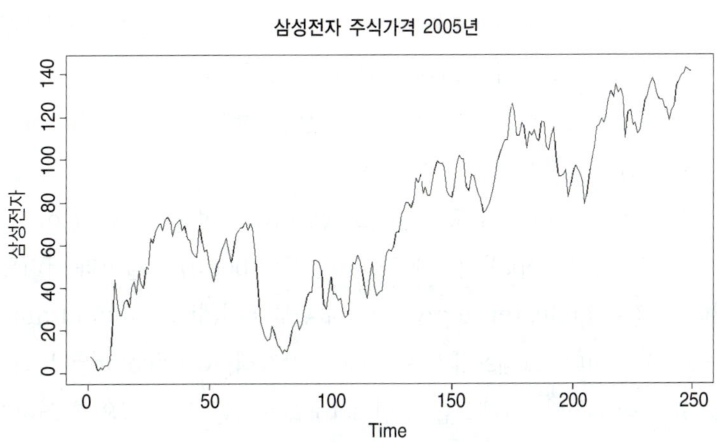

그림 2.9
삼성전자 주가 시계열그림

등 시간의 변화에 따라 얻게 되는 자료가 많은데, 이러한 자료들을 **시계열자료(time series)**라고 한다. 이러한 자료의 시간 변화에 따른 특성은 X축에 시간, Y축에 해당 자료를 그린 시계열그림(time series plot)에 잘 나타나게 된다.

2.7 산점도

산점도(scatter plot, scatter diagram)는 짝으로 되어 있는 두 개의 자료를 나타낼 때 사용한다. 두 자료가 어떠한 형태로 연관되어 있는지 볼 수 있도록 XY축 위에 점으로 각각의 자료를 표시한다. 자료 중에는 점들이 직선의 형태로 나란히 나열되어 있는 선형성(linearity)을 보이는 것이 많다. 점들이 왼쪽 밑에서 오른쪽 위로의 방향으로 나열되어 있으면 이를 **양의 선형관계(positive linear relationship)**에 있다고 하고, 왼쪽 위에서 오른쪽 아래 방향으로 나열되어 있으면 **음의 선형관계(negative linear relationship)**에 있다고 한다. 점들 위를 지나는 직선을 긋는다고 할 때 그 기울기가 양인지 음인지 생각하면 그 방향을 알 수 있다. 표에서 보듯 삼성전자와 엘지전자의 주식시세는 양의 관계에 있다.

삼성엘지주가.dat
삼성엘지주가.xlsx

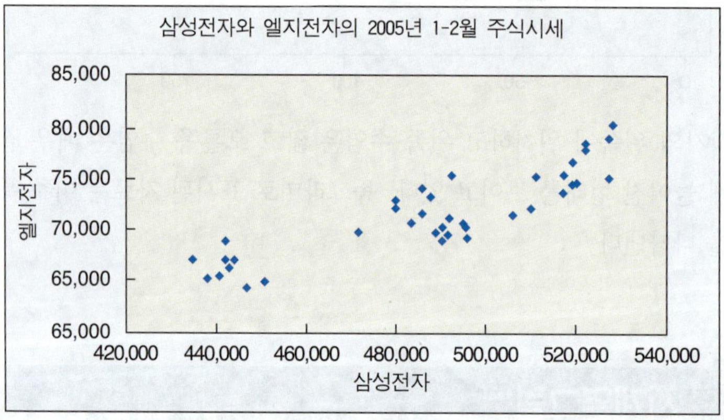

그림 2.10
삼성전자와 엘지전자의 주식시세 산점도

산점도행렬

3개 이상의 변수가 있을 때 두 개씩의 조합으로 산점도를 그리려면 여러 번 그려야 하는데, 변수의 수가 많아질수록 가능한 조합의 가지수는 매우 빠른 속도로 늘어나게 되어 작업해야 하는 양이 많아지며, 각각 따로 그려진 여러 산점도를 동시에 보면서 전체적으로 변수들 상호 간의 관계를 알아 보기가 쉽지 않게 된다. **산점도행렬(scatter plot matrix)**은 가능한 모든 조합에 대한 산점도를 행렬 형태로 보여 준다.

다음 그림은 붓꽃(iris)에 대한 자료의 산점도행렬이다. setosa, versicolor, virginica라는 세 종류 붓꽃의 꽃받침(sepal)의 길이와 너비, 꽃잎(petal)의 길이와 너비를 잰 자료의 산점도행렬이다. 군집분석(cluster analysis)이나 판별분석(discriminant analysis)의 예로 많이 사용되는 자료이다. 그래프에서 setosa는 빨간색, versicolor는 녹색, virginica는 파란색으로 표시되어 있다. 그래프를 보면 setosa는 다른 두 종류와 확연하게 구분되어

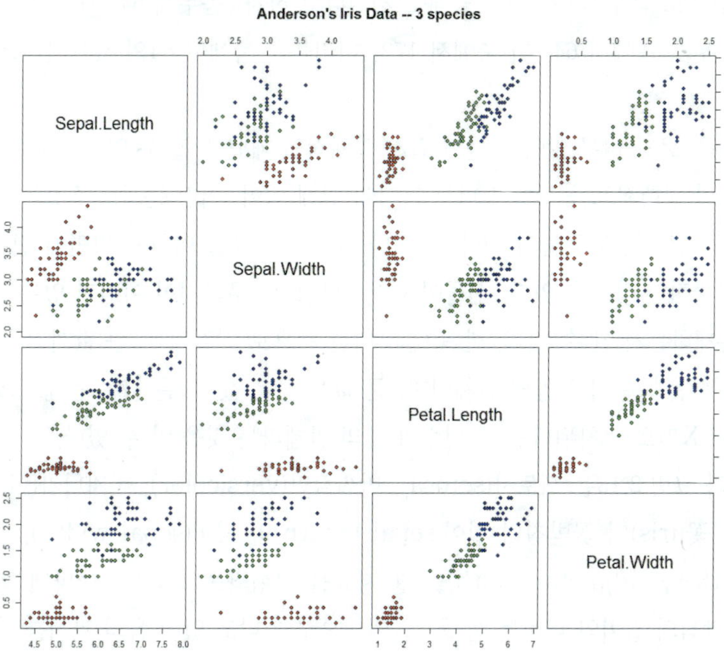

그림 2.11
붓꽃의 산점도행렬

있다. setosa는 꽃받침의 길이와 너비, 꽃잎의 길이와 너비의 모든 변수에서 다른 두 종에 비하여 특별히 다른 값을 가지고 있다. versicolor와 virginica는 겹치는 부분도 있으나 네 개의 변수를 모두 고려한다면 어느 정도 구분이 되는 형태를 보여 주고 있다.

변수의 수가 많아지고, 표시하여야 할 자료의 수가 많아지면 산점도행렬의 자료들이 겹쳐지고 심하면 아예 덩어리로 뭉쳐지게 되어 자세한 형태를 알아 볼 수 없게 된다. 그렇게 되면 부분 행렬로 나누어 그려야 한다. 또한 자세히 보아야 할 것은 두 변수만의 산점도를 따로 그려보아야 할 것이다. 만일 산점도행렬 그래프에서 맨 아래 오른쪽 끝의 꽃잎의 길이(Petal Length)와 너비(Petal Width) 그래프에서 setosa부분이 뭉쳐 있어 이를 자세히 보고 싶다면 꽃잎의 길이(Petal Length)와 너비(Petal Width)만의 산점도를 그려보면 된다.

2.8 평행좌표그림

평행좌표그림(parallel coordinates plot)은 1885년에 Maurice d cagne가 처음 고안하였고, 1959년에 Al Inselberg가 재발견하고 대중화하였다. 그러나 통계분야에서의 사용은 오랜 시간이 흐른 후인 1990년에 Edward J. Wegman이 〈Hyperdimensional Data Analysis Using Parallel Coordinates〉란 제목의 논문을 발표한 것이 기폭제가 되었다.

평행좌표그림은 여러 가지 단점이 있음에도 불구하고 다변량 자료를 이차원 평면에 나타내고, 그 해석을 직관적으로 할 수 있다는 편리성 때문에 널리 사용되고 있는 그래프 기법이다. 각 변수(변량)를 평행으로 늘어 놓고 다변량 개별 자료를 선으로 이어 놓은 것이다. 예를 들어, 각 사람별로 몸무게, 키, 허리둘레를 재었다고 하자. 몸무게 64, 키 172, 허리둘레 84의 자료는 몸무게 축에서 64, 키 축에서 172, 허리둘레 축에서 84의 값을 선으로 연결하는 것이다.

평행좌표는 자료가 너무 많아 선들이 겹쳐 전체적인 패턴을 볼 수 없는 경우도 있고, 변수가 너무 많으면 평행좌표들 사이가 너무 가까이 있게 되어, 어떤 순서로 좌표를 그리는 것이 좋은지 알기 어렵다는 단점들이 있다. 그러나 다변량 자료를 이차원 평면에 전부 나타내고 그 해석이 직관적인 장점이 있다. 선들이 같은 패턴으로 무리지어 이어져 있는 것으로 자료에 군집이 존재하는지 알 수 있고, 한 축에서 다른 축으로 연결될 때 큰 값끼리, 작은 값끼리 연결된다면 두 변수는 서로 양의 관계이며, 큰 값은 작은 값, 작은 값은 큰 값으로 연결된다면, 즉 선들이 X자로 교차된다면 두 변수가 음의 관계라는 것을 알 수 있다.

iris.dat
iris.xlsx
datasets::iris

그림 2.12와 그림 2.13은 세토사(setosa), 버씨칼라(versicolor), 버지니카(virginica) 종 각각 50개 붓꽃(iris)의 꽃받침의 길이(sepal length)와 너비(sepal width), 꽃잎의 길이(petal length)와 너비(petal width)를 잰 자료를 평행좌표그림으로 나타낸 것이다. 그림 2.12에서 꽃받침의 길이와 너비는 선들이 X자형으로 지나고 있어 음의 관계를 나타내며, 꽃잎의 길이와 너비는 겹쳐지지 않고 평행으로 이어져 양의 관계를 나타내고 있는 것을 볼 수 있다. 꽃받침의 너비와 꽃잎의 길이는 X자형으로 지나고 있어 음의 관계이다. 꽃잎의 너비와 꽃받침의 너비길이의 관계는 한 칸 건너 뛰어 있어 바로 볼 수는 없으나, 선들을 따라 모양을 살피면 음의 관계임을 알 수 있다. 직접 보기 위해서는 축의 순서를 바꾸어 다시 그려야 한다. 그림 2.13은 각각의 종을 따로 그려 놓은 것이다.

그림 2.12
붓꽃자료의 평행좌표그림

붓꽃 세토사

붓꽃 버씨칼라

붓꽃 버지니카

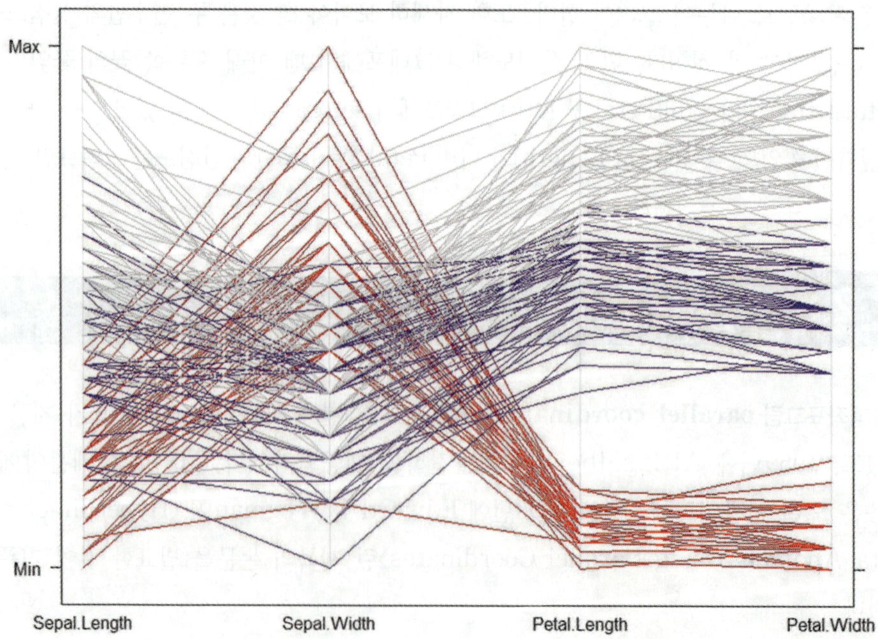

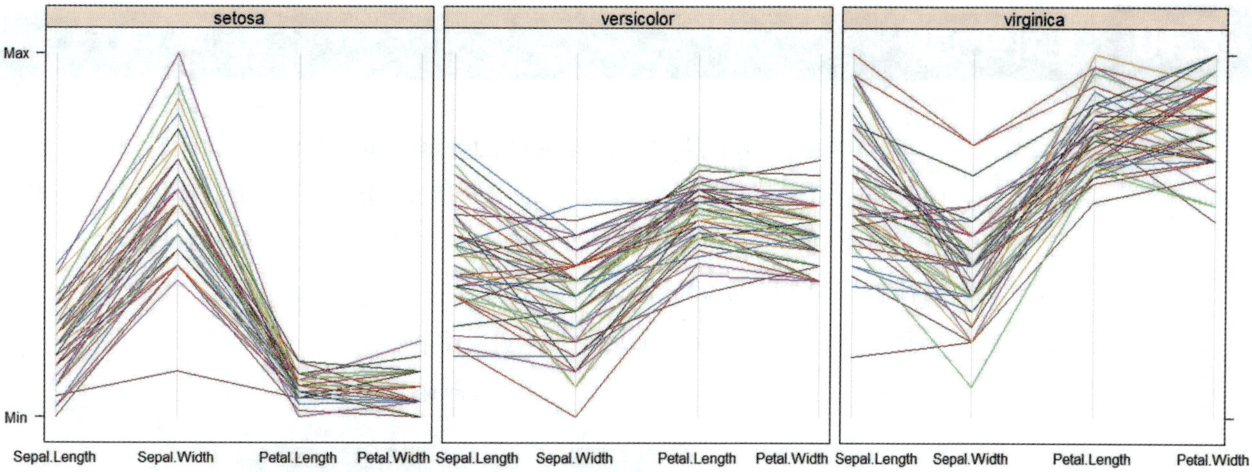

그림 2.13
붓꽃의 종류별 평행좌표그림

2.9 분할표

둘 이상의 변수가 명목형 자료 또는 순서형 자료라면 이 자료들에 대한 이차원 또는 다차원 형태의 도수분포표를 만들어 놓은 것이 **분할표(contingency table, cross table)**이다. 다음은 여러 부류의 사람들에게 초능력의 존재를 믿는지 조사하여 다음과 같은 표를 얻었다면 이는 이차원 분할표(two-dimensional contingency table, two-way table)이다.

표 2.5

		부류				
		예술인	전문직장인	일반직장인	주부	초등학생
초능력	믿는다	32	48	127	26	28
	믿지 않는다	14	59	145	23	87

다음 예는 학력별, 남녀별로 초능력의 존재를 믿는지에 대한 범주형 변수들에 대해 조사한 자료를 요약한 삼차원 분할표(three-dimensional contingency table, three-way table)이다. 이러한 분할표를 이용하여 각 범주들에 속하는 확률을 구할 수 있고, 이들 확률을 통해 범주형 자료들 간의 관련성에 대해서 알 수가 있다(12장).

표 2.6

	학력	대학생		초등학생	
	성별	남	여	남	여
초능력	믿는다	24	16	18	25
	믿지 않는다	13	17	12	26

분할표의 차원은 어떤 항목들을 조사하는지에 따라 무한히 커질 수 있다. 만일 위의 표를 경기도와 제주도로 구분하여 조사하였다면 사차원 분할표를 만들 수 있다.

2.10 모자익그림

범주형 자료를 나타내는 그림으로 **모자익그림(mosaic plot)**을 사용한다. 각 범주별 도수(frequency, count)의 크기를 사각형의 면적으로 나타내어 시각적인 비교가 가능하도록 한 것이다. 막대그림이나 파이그림은 거의 일차원 자료에 국한되어 있으나 모자익그림은 일차원에서 다차원 모두 가능하다.

동호인 마을 자료를 모자익그림으로 나타내었다.

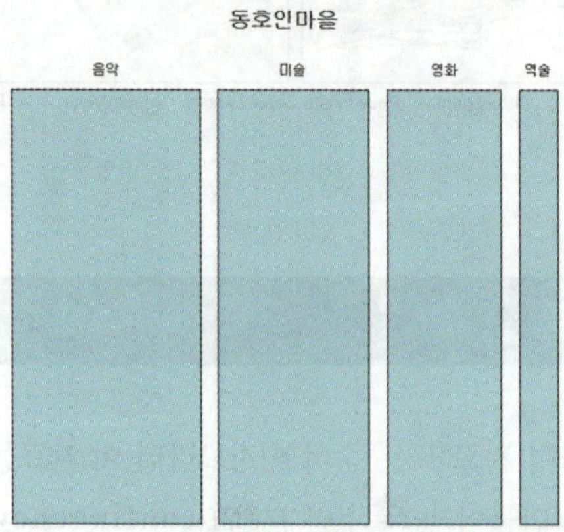

그림 2.14
일차원 모자익그림

범주가 너무 많아지거나 차원이 높아지면 모자이크가 작고 너무 많아져 한 눈에 알아보기 힘들게 될 수 있다. 그리는 변수의 순서에 따라 기준되는 변수가 다르게 되어 시각적인 인식에 쉽게 또는 어렵게 영향을 줄 수 있어 분석하려는 방향에 따라 적정한 변수의 순서를 찾아 그려야 한다.

표 2.5의 자료를 부류 기준으로 그린 그림 2.15는 부류를 기준으로 해석하기에, 초능력 믿음 여부 기준으로 그린 그림 2.16은 초능력 믿음 여부를 기준으로 해석하기가 용이하다.

같은 면적을 정사각형과 직사각형으로 나타냈을 때나 다른 색을 사용하였을 때 다르게 인식할 수 있고, 같은 직사각형이더라도 수평으로 누운 것과 수직으로 서 있는 것을 다르게 인식하는 등 인간의 시각적 인식이 정확하지 않아 면적으로 도수의 크기를 나타낸 모자익그림을 잘못 해석할 여지가 있어 조심하여야 한다.

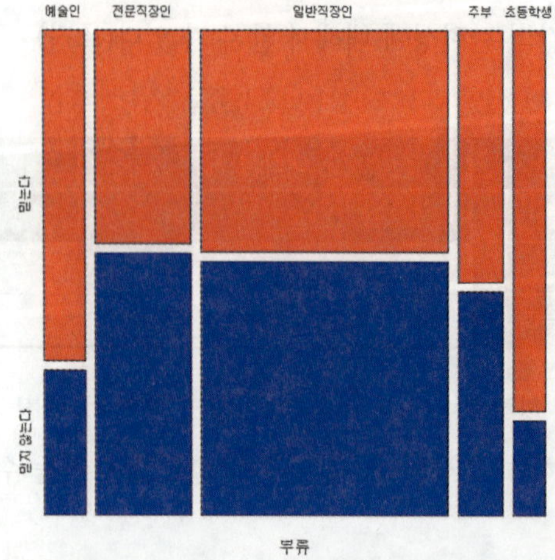

그림 2.15
초능력 믿음 여부 모자익그림
(부류 기준)

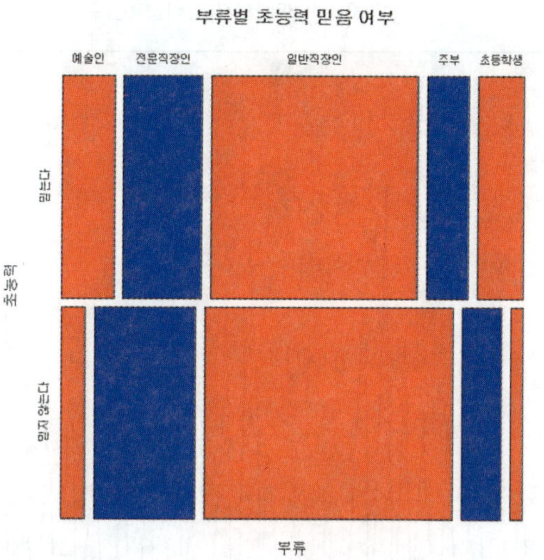

그림 2.16
초능력 믿음 여부 모자익그림 (믿음 여부 기준)

2.11 종횡비

그래프를 그릴 때 우상향 방향으로의 증가 또는 우하향 방향으로의 감소 경향이 있는 자료를 그리게 되는 경우가 많다. 이때 **종횡비(aspect ratio)**에 따라 시각적인 느낌이 많이 달라진다. 그래프의 종횡비는 X축과 Y축의 척도에 대한 것이 아니고, 실제 그려 놓은 그래프의 X축과 Y축의 비율을 뜻한다. 그래프의 X축과 Y축의 눈금은 그대로 있고, 그리고 난 후의 실제 그래프의 세로와 가로의 비율을 뜻한다. 예를 들면, 센티미터 단위의 키(X축)와 킬로그램 단위의 몸무게(Y축)를 산점도로 그린다고 할 때, 자료에서의 최댓값, 최솟값에 의하여 적당한 X축은 150에서 190, Y축은 60에서 85로 정하였다고 하자. 종횡비를 5대 5로 그린 그래프와 8대 7로 그린 그래프가 주는 시각적인 정보가 서로 다를 수 있다. 우리의 눈을 통해 들어 오는 정보를 인지하여 해석하는 데 영향을 받을 수 있다. 두 개의 평행선이 다른 선들로 인하여 가운데가 불룩하게 보이거나 끝없이 평행인 두 기차 선로가 먼 곳에서 한 점으로 모아지는 것처럼 보이는 현상과 같은 맥락이다. 증가나 감소의 경향을 잘 나타내는 종횡비는 증가 또는 감소의 경향이 양 또는 음의 방향으로 45도가 되도록 그리는 것이 좋다고 알려져 있다.

그림 2.17과 그림 2.18은 1700년부터 1988년까지의 태양흑점수의 그래프이다. 그림 2.17은 종횡비를 1:1로 그린 그래프이고, 그림 2.18은 종횡비 1:10 이상으로 그린 그래프이다. 두 그래프가 주는 느낌은 아주 다르다. 그림 2.17은 최댓값과 최솟값을 찾기는 쉽지만 그림 2.18에서는 약 11년 주기의 태양흑점수의 변동을 볼 수 있고, 한 주기 내에 증가와 감소의 시간이 거의 비슷한 경우가 몇 개 있으나, 전체적으로 증가할 때는 빠르게 증가하지만, 감소하는 시간은 그보다 오래 걸린다는 것을 눈으로 확인할 수 있다.

sunspotyear.dat
sunspotyear.xlsx
datasets::sunspot.year

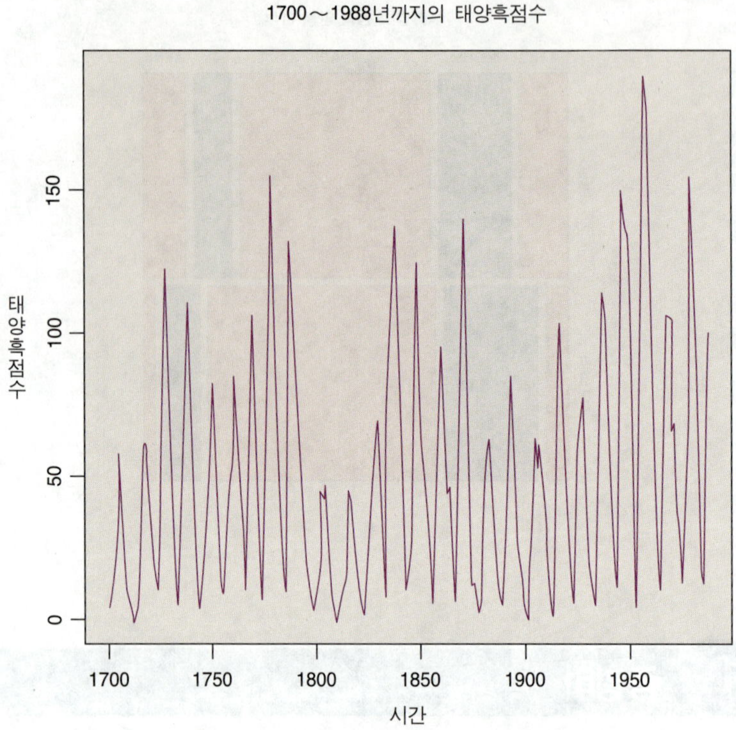

그림 2.17
태양의 흑점(종횡비 1:1)

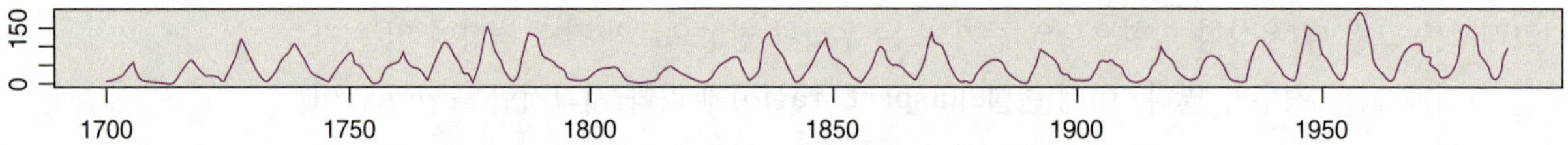

그림 2.18
태양의 흑점(종횡비 1:10 이상)

그림 2.17은 증가 또는 감소 방향이 45°보다 아주 크게 되어 있고, 그림 2.18은 45°에 가깝도록 그려져 있다.

2.12 특잇값

자료에는 다른 값들에 비하여 특이하게 아주 크거나 아주 작은 값이 들어가 있는 경우가 있다. 몸무게 자료에 씨름 선수나 경주말 선수의 몸무게가 들어 있다든지, 키를 잰 자료에 센터 포지션의 농구 선수의 키가 들어 있게 된다면, 이들 값은 다른 자료와 아주 많이 다른 값을 가질 것이다.

이러한 특잇값(outlier) 또는 이상값은 자료를 기입하거나 정리할 때 잘못된 경우가 있으므로, 특잇값이 발견되면 기입오류인지 확인하고, 기입오류인 경우에는 맞는 값으로 고치거나 그것이 불가능한 경우는 통계분석에서 제외시켜야 한다.

하지만 단순오류에 의하지 아니한 특잇값을 자료분석에서 제외할 때는 신중하여야 한다. 어떠한 경우에는 특잇값을 넣고 한 통계분석과 빼고 한 통계분석 결과를 동시에 보고하고, 어떤 것에 얼마나 더 비중을 두어야 하는지 분석자의 판단을 같이 보고해야 할 경우도 있을 것이다.

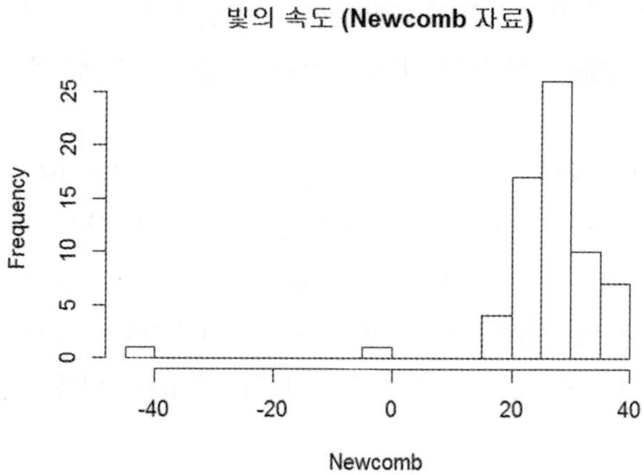

그림 2.19
빛의 속도 측정자료

그림 2.19는 Simon Newcomb이란 과학자가 1878년 빛을 거울에 반사시켜 7400미터를 돌아오는 시간을 재어 빛의 속도를 측정한 자료이다. 히스토그램에는 제일 작은 값이 다른 측정값과 아주 상이하고 두 번째 작은 값도 20에서 40 사이에 있는 다른 값과 차이가 난다. Newcomb은 빛의 속도를 평균값으로 추정하기 위하여 제일 작은 값을 제외하였다. 측정 시 기계의 오작동 또는 실험자의 실수가 있었을 수 있다. 단순한 기록 실수일 수도 있고 측정 기계의 부정확성에 기인한 순수한 확률적인 우연 변동에 의하여 그렇게 되었을 수도 있다. 원인이 어찌되었던지 자료로서 적정한 값이 아니라고 판단하였던 것이다.

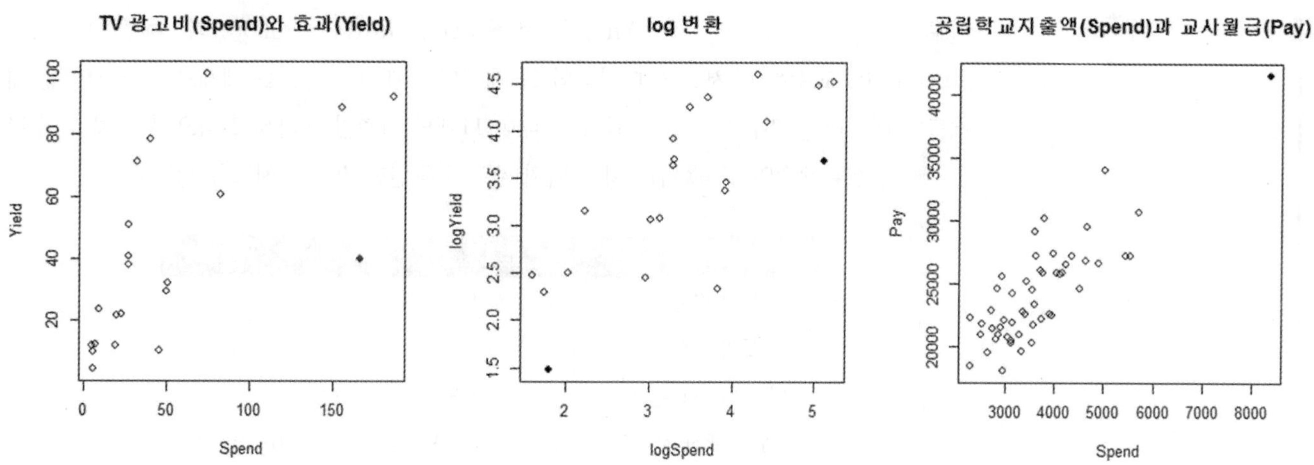

그림 2.20
산점도와 특잇값

그림 2.20의 왼쪽 두 개는 여러 회사들이 TV광고로 사용한 비용(Spend)과 광고의 효과(Yield)를 측정한 자료이다. 오른쪽 중간쯤에 검은 점으로 표시된 회사는 다른 회사들이 보여 주는 패턴에서 상당히 떨어져 있다. 검은 점으로 표시된 회사는 Y 변수에서는 거의 중간에 위치하고 X 변수만 보면 큰 값에 속하지만 혼자만 멀리 떨어진 위치는 아니다. 이처럼 1차원 자료에서는 특잇값이 아니더라도 2차원 공간에서 특잇값이 있을 수 있다. 다변량 자료에서 4차원 이상의 공간을 '볼 수 있는 형태'로 그릴 수 없기 때문에 다변량 자료의 특잇값을 찾기는 쉽지 않다. 가운데 그래프는 X 변수와 Y 변수를 로그변환을 한 후 다시 그린 산점도이다. 이전의 특잇값은 다른 점들에 가까이 위치하게 되었고, 왼쪽 아래에 새로이 특잇값이

출현하였다. 로그변환하기 전에는 왼쪽 아래에 있는 자료들은 상당히 밀집된 형태를 보이던 곳이었다. 이처럼 변수변환을 한 후에 이전의 특잇값이 없어지고 새로운 특잇값이 나타날 수 있다.

그림 2.20의 세 번째 그래프는 미국 51개 주의 공립학교 한 학생당 지출하는 비용(Spend)과 교사의 월급(Pay)을 조사한 자료이다. 오른쪽 위의 특잇값은 알라스카 주의 자료이다. 알라스카 주는 분명히 다른 주에 비하여 상당히 멀리 떨어져 있음에도 불구하고 X 변수와 Y 변수의 직선 관계식으로 나타내려는 회귀분석을 하는 데는 아무 문제가 되지 않는 자료이다. 전체적인 직선형 패턴에서 잘 맞는 자리에 위치하고 있기 때문이다. 회귀분석의 자세한 내용은 14장에서 다룬다.

위의 여러 경우처럼 특잇값은 특정한 공식에 의해 정의되는 것이 아니다. 평균값을 계산하는 것인지 회귀분석을 그냥 하는 것인지 변수변환을 한 후에 하는 것인지 등 분석의 목적과 방법에 따라 특잇값의 존재여부가 달라지고 통계분석에서의 제외여부가 결정된다. 그래프의 커다란 장점이 직관적인 것이기는 하나 많은 자료분석을 통하여 경험을 쌓아야 한다.

읽을거리 Anscombe의 사인방(quartet)

예일대학교 통계학 교수였던 F. J. Anscombe는 1973년에 데이터 시각화와 관련된 연구 결과를 통계저널 〈The American Statistician〉에 발표하였다. 해당 연구에서 Anscombe 교수는 네 세트의 데이터와 그 데이터에 대한 그래프를 예제로 소개하였다. 네 세트의 데이터는 모두 두 변수 X와 Y에 대한 11개의 관측값을 가지고 있으며 각 변수의 평균, 분산, 상관계수와 선형회귀모형의 회귀 계수가 동일한 값을 가지도록 생성되었다.

통계량	값
X와 Y의 평균	9.0, 7.5
X와 Y의 분산	11.0, 4.1
X와 Y의 상관관계	0.816
X, Y에 대한 선형회귀모형	$E(Y \mid X=x)=3.0+0.5x$

해당 연구에서 Anscombe 교수는 산점도와 회귀 적합 라인을 그래프로 그려서 네 세트의 데이터를 비교하였다. 동일한 수치 기술통계값을 가지더라도 자료의 구조가 다를 수 있음을 보여준 것이다. 첫 번째 데이터는 회귀 적합 라인을 중심으로 골고루 퍼져 있는 형태이며, 두 번째 데이터는 X와 Y의 관계가 2차 형식인 것을 알 수 있으며, 세 번째 데이터는 10개의 값이 직선 라인에 적합 가능하지만 하나의 이상값(outlier)이 있는 것을 확인할 수 있다. 네 번째 데이터의 경우에는 하나의 값을 제외하고는 X 변수에 대한 관측값은 모두 같다는 점을 확인할 수 있다.

결국 Anscombe 교수의 사인방 예제는 데이터 시각화가 얼마나 중요한지, 수치 기술통계값에만 의존하는 것이 얼마나 위험할 수 있는지를 보여주는 사례로 이해할 수 있다. 실제 데이터 분석 과정에서 데이터 시각화를 생략하거나 간소하게 실행되는 경우가 많은데 데이터를 입체적으로 분석하기 위해서는 수치 기술통계, 표와 그래프를 이용한 기술통계가 모두 종합적으로 실행되어야 할 것이다.

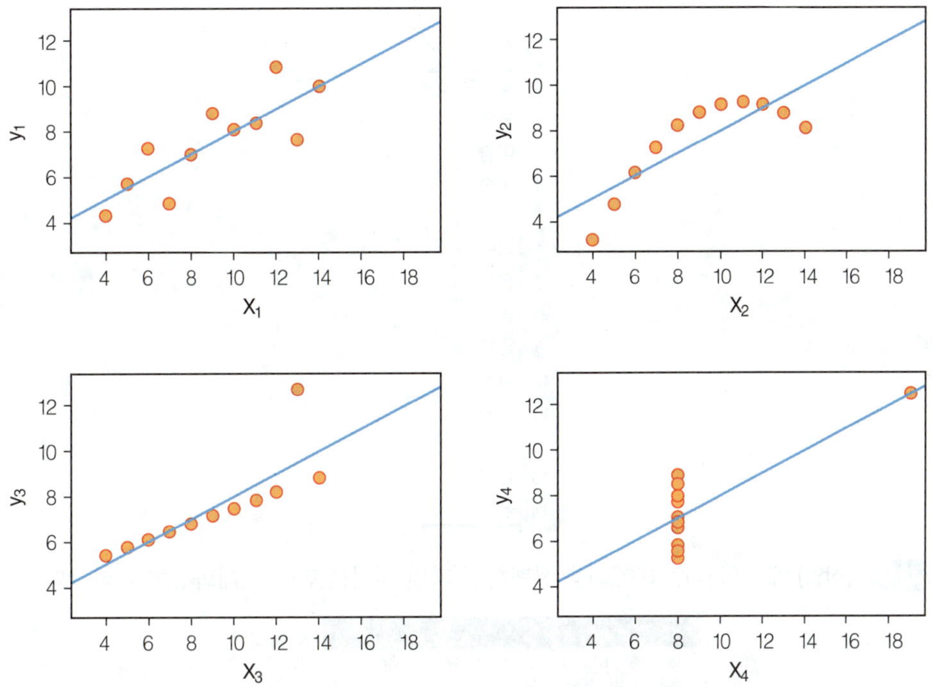

출처: F.J. Anscombe (1973). Graphs in Statistical Analysis. The American Statistician, 27, 17–21.

EXCEL · SPSS · R

이 책과 관련된 데이터, 정오표 등은 자유아카데미의 홈페이지(www.freeaca.com)나 web.yonsei.ac.kr/cekim에서 얻을 수 있다.

동호인 마을 13군데를 방문하여 어떤 동호인들이 모여 사는지 조사하였다.

음악, 미술, 미술, 영화, 역술,
음악, 음악, 영화, 미술, 영화,
미술, 음악, 음악

이 자료의 변수명은 '동호인 마을'로 사용하려 한다.

EXCEL

Step 1 첫 행에 변수명을 먼저 입력한 후 그 밑에 차례로 자료를 시트에 입력한다.

※ 주의 : 변수명을 첫 행에 꼭 입력하여라.

※ 주의 : 자료입력 후 정확한지 꼭 점검하여라!

	A
1	동호인 마을
2	음악
3	미술
4	미술
5	영화
6	역술
7	음악
8	음악
9	영화
10	미술
11	영화
12	미술
13	음악
14	음악

Step 2 **[삽입]** 메뉴의 **[피벗 테이블]**을 선택하면 피벗 테이블 만들기 대화창이 나타난다.

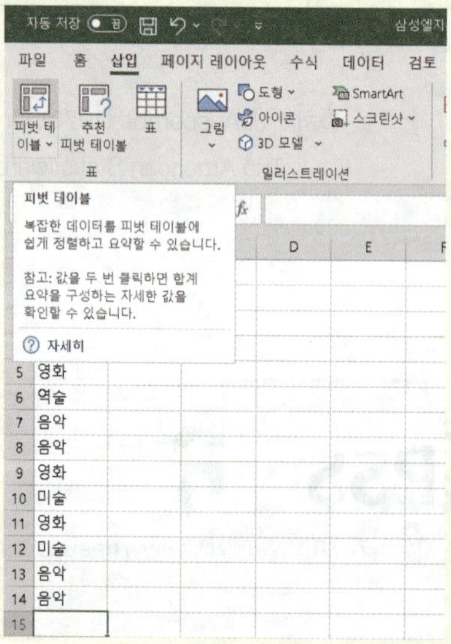

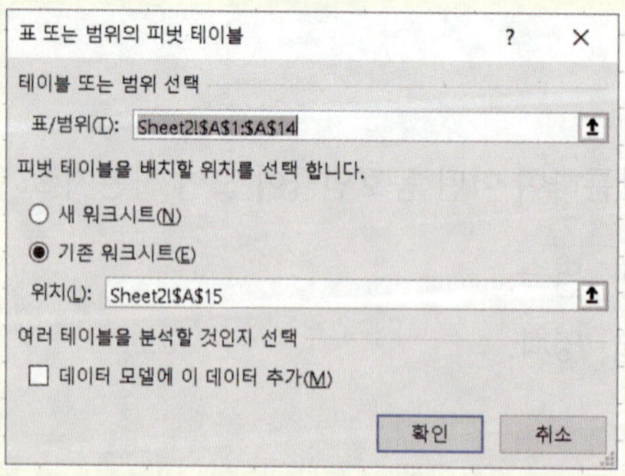

Step 3 **[테이블 또는 범위 선택]**을 위해 표/범위의 오른쪽 네모난 탭을 클릭하면 데이터를 입력할 창이 나온다.

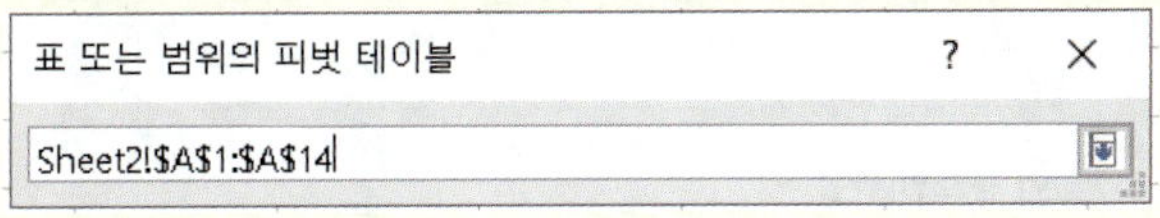

Step 4 **피벗 테이블** 대화창에서 피벗 테이블 보고서 작성 위치를 **기존 워크시트**로 선택하고, C3 셀을 지정한 후 **확인**을 선택한다.

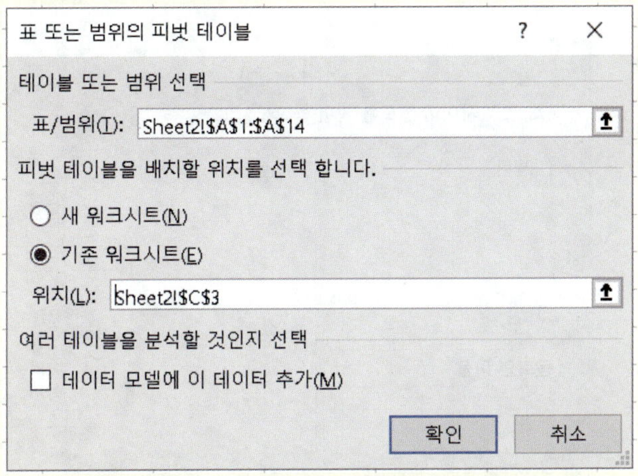

Step 5 워크시트에 다음과 같이 나타난다.

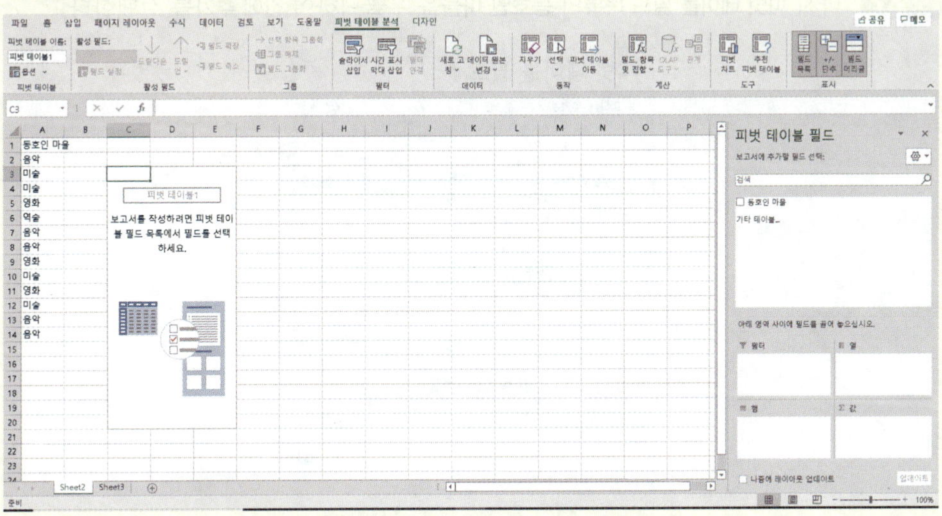

Step 6 **피벗 테이블 필드 목록**의 "보고서에 추가할 필드 선택"에 **동호인 마을**을 선택하면 **행 레이블**에 동호인 마을이 나타난다.

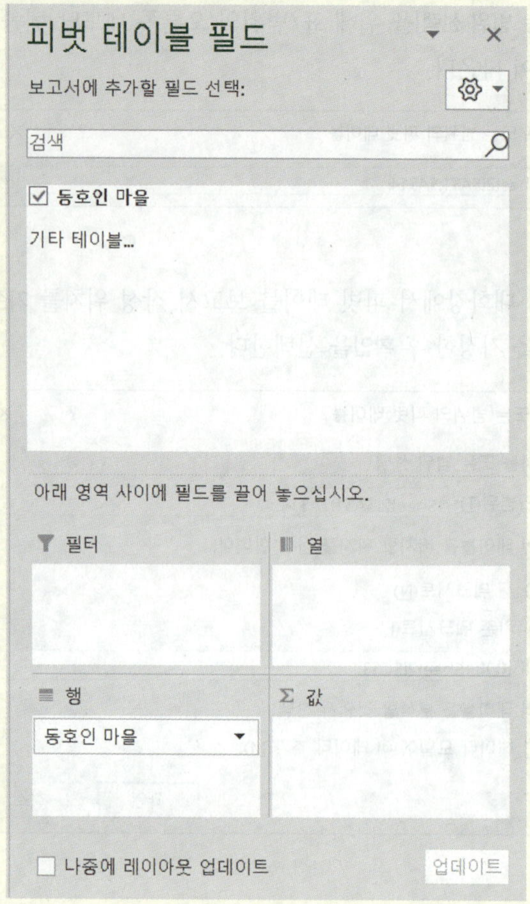

Step 7 다시 **피벗 테이블 필드 목록**의 **동호인 마을**을 우클릭하여 **값에 추가**를 선택한다.

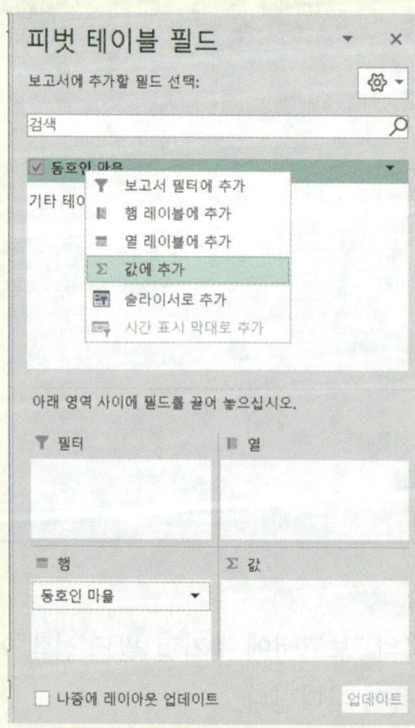

Step 8 그러면 도수분포표의 역할을 하는 피벗 테이블이 완성된다.

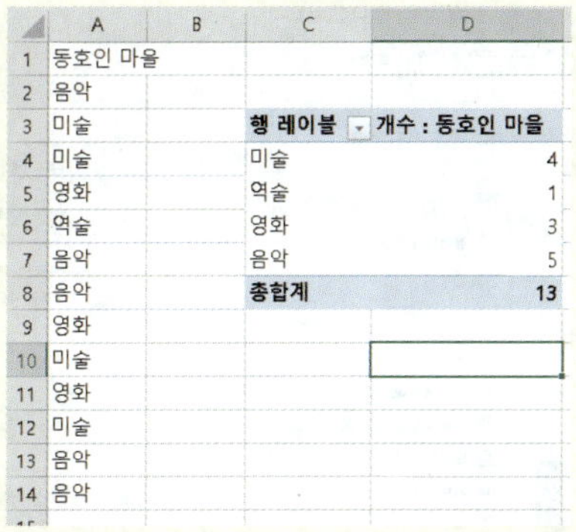

Step 9 **행 레이블**을 클릭한 상태에서 **[삽입]**의 **[피벗 차트]**를 선택한다.

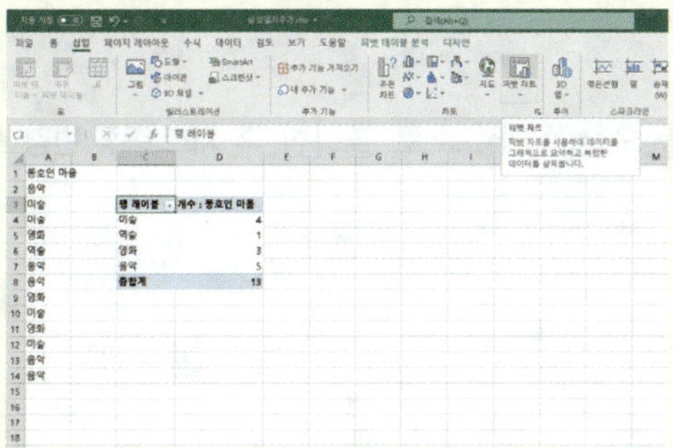

Step 10 **세로 막대형** 중 첫 번째 것을 선택한 후 **확인**을 누른다.

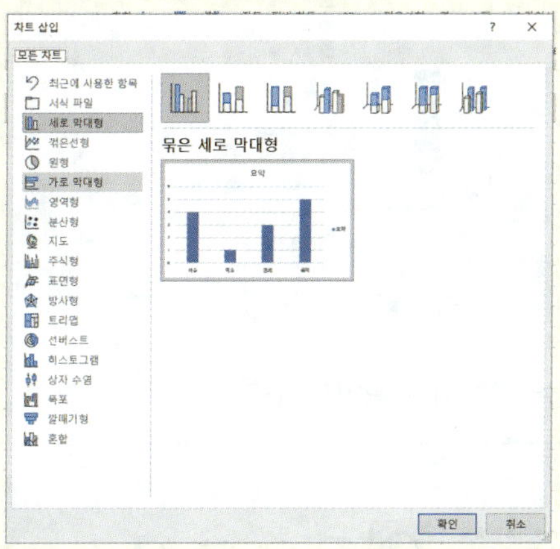

Step 11 그러면 Chart1에 다음과 같은 히스토그램이 그려진다.

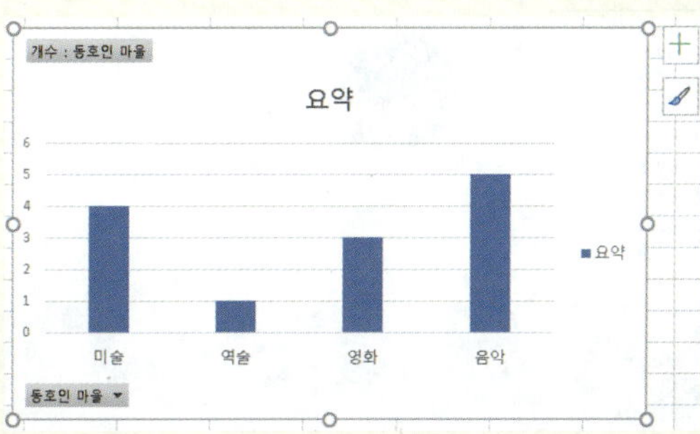

Step 12 오른쪽 마우스 버튼을 이용하여 하나 더 **복사**한다.

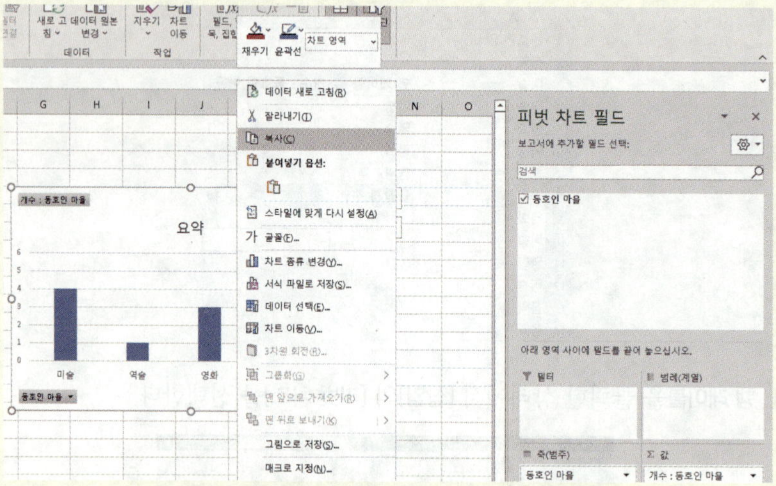

Step 13 복사한 차트를 오른쪽 마우스로 클릭한 후 **차트 종류 변경**을 선택한다.

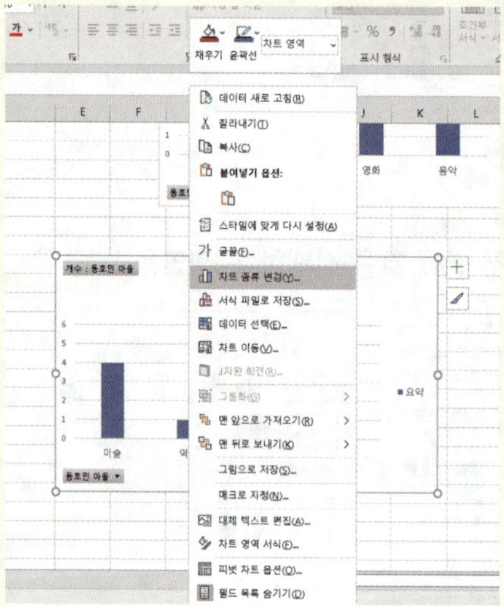

Step 14 **차트 종류 : 원형**을 선택하고 **확인**을 누른다.

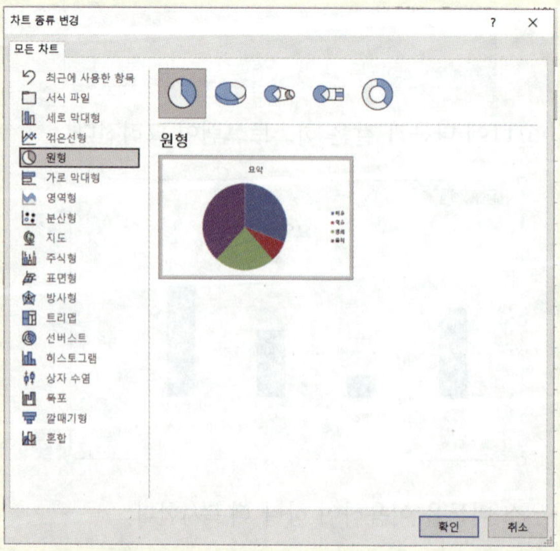

Step 15 결과로 얻어진 히스토그램과 파이그림

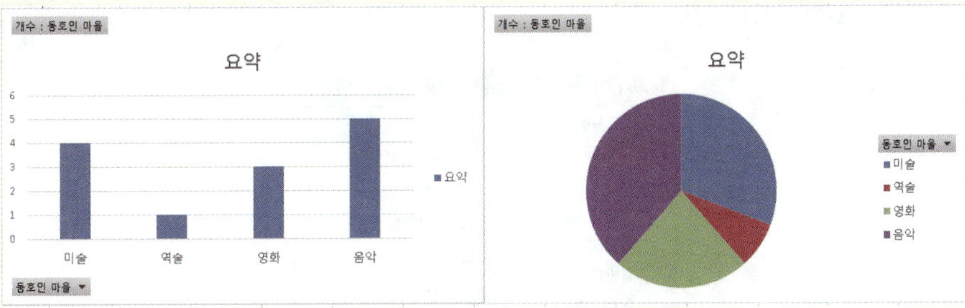

SPSS

[피벗테이블]

Step 1 PASW Statistics Data Editor 창에서 **변수 보기**를 선택한다. 그리고 첫째 행의 이름 열에 변수의 이름을 입력한다. 그리고 나면 입력하는 변수의 성격에 알맞게 다른 열들을 바꿔 준다.

※ 주의 : 자료가 문자형 자료이므로, 데이터의 유형을 숫자형이 아닌 문자형으로 지정하여라.

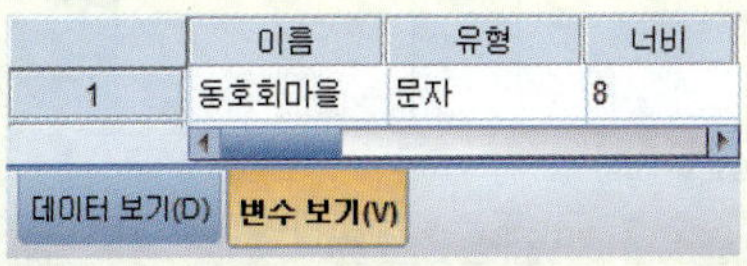

Step 2 PASW Statistics Data Editor 창 하단의 **[데이터 보기]** 탭을 선택한 후, 데이터를 입력한다.

※ 주의: 자료입력 후 정확한지 꼭 점검하여라!

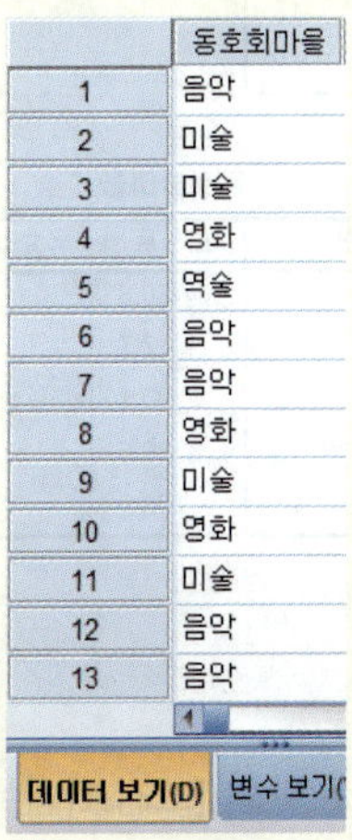

Step 3 PASW Statistics Data Editor 창의 **[분석]** 메뉴에서 **기술통계량**을 선택하여 **빈도분석**을 선택한다.

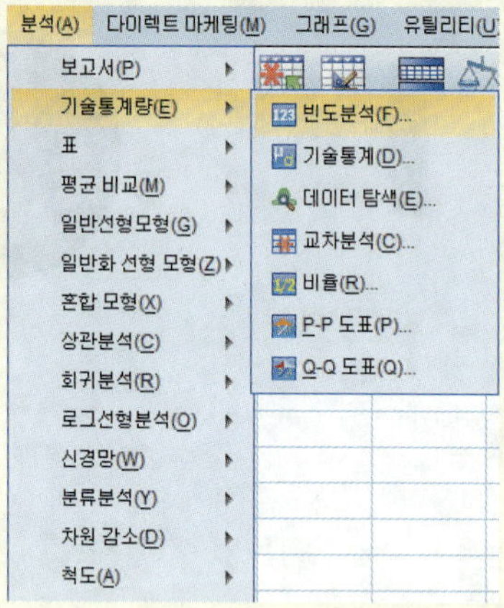

Step 4 **빈도분석**창에서 **변수**란에 동호인 마을 변수를 화살표를 이용해 입력한 다음 **확인**을 누른다.

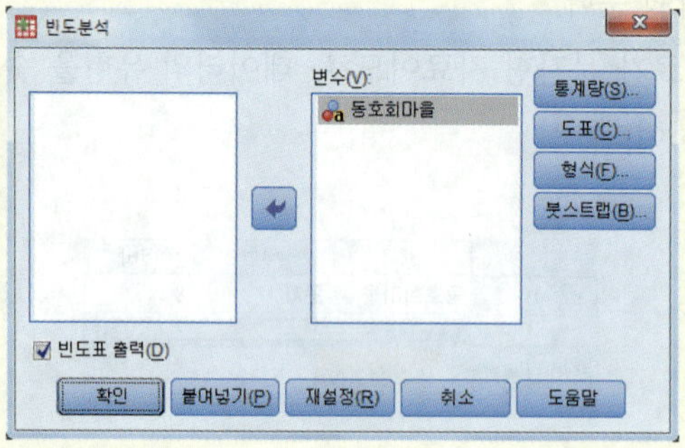

Step 5 PASW Statistics Viewer 창에서 다음과 같은 도수분포표를 얻는다.

통계량

동호회마을

N	유효	13
	결측	0

동호회마을

		빈도	퍼센트	유효 퍼센트	누적퍼센트
유효	미술	4	30.8	30.8	30.8
	역술	1	7.7	7.7	38.5
	영화	3	23.1	23.1	61.5
	음악	5	38.5	38.5	100.0
	합계	13	100.0	100.0	

[막대도표]

Step 1 PASW Statistics Data Editor 창의 **[그래프]**메뉴에서 **레거시 대화 상자**를 열고 **막대도표**를 선택한다.

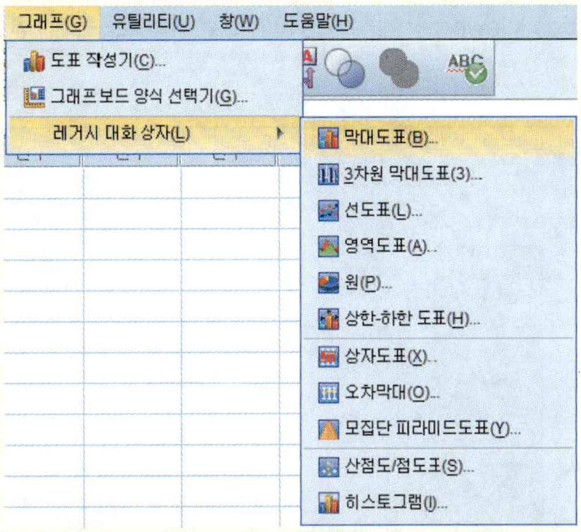

Step 2 다음에 나타난 **막대도표** 창에서 **단순**과 **케이스 집단들의 요약값**을 선택한 후 **정의**를 누른다.

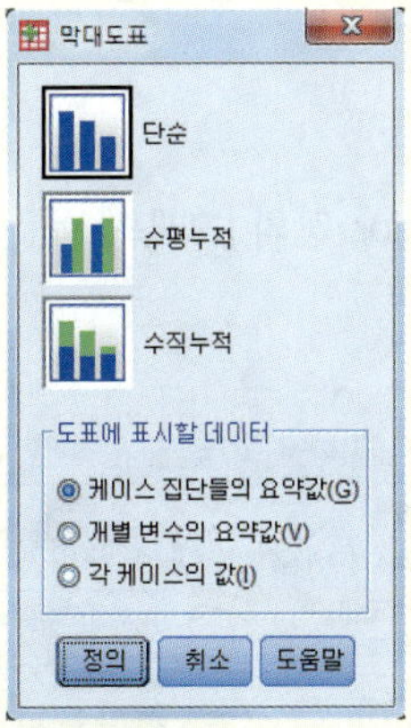

Step 3 다음에 나타난 **단순 막대도표 정의 : 케이스 집단들의 요약값** 창에서 **범주축** 항목에 **동호인 마을 변수**를 화살표를 이용하여 기입한다. 그 후 **확인**을 누른다.

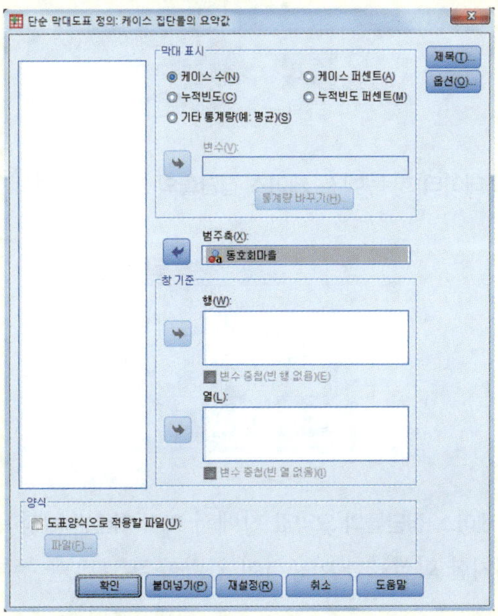

Step 4 PASW Statistics Viewer 창에서 다음과 같은 막대도표를 얻는다.

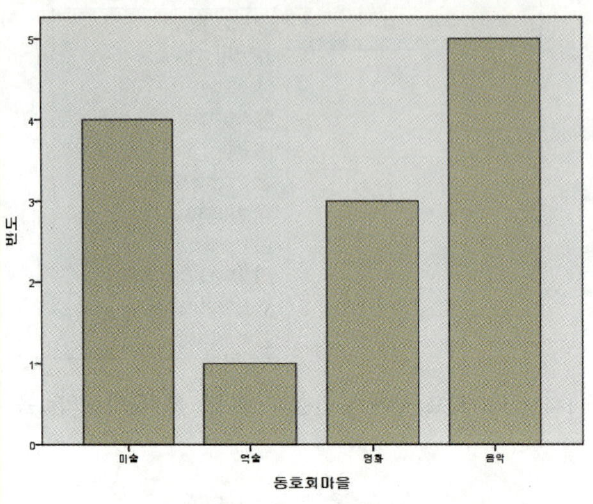

[파이그림]

Step 1 PASW Statistics Data Editor 창의 **[그래프]** 메뉴의 **레거시 대화 상자**에서 **원**을 선택한다.

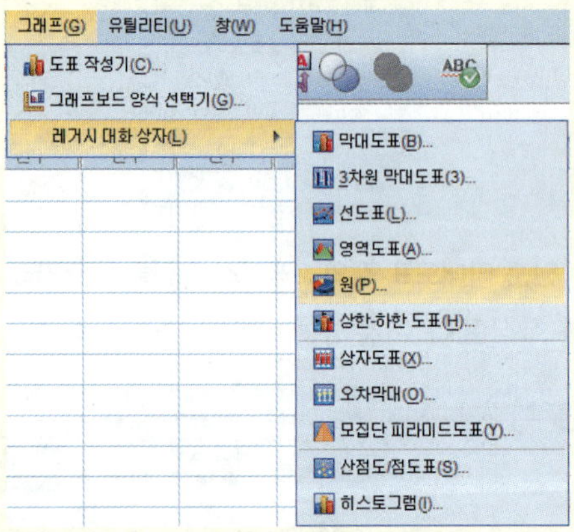

Step 2 **도표에 표시할 데이터** 항목에서 **케이스 집단들의 요약값**을 선택한 후, **정의**를 누른다.

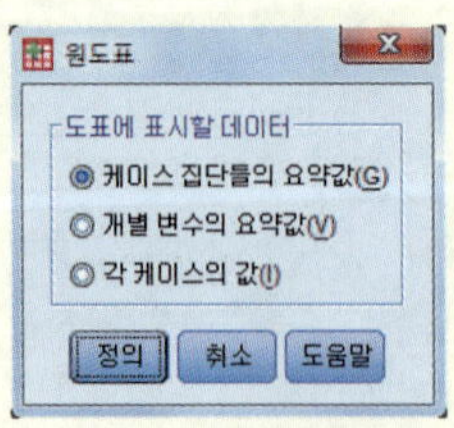

Step 3 **원도표 정의: 케이스 집단들의 요약값** 창에서 **조각 기준변수** 항목에 **동호인 마을** 변수를 가운데에 위치한 화살표를 이용하여 입력한 후, **확인**을 누른다.

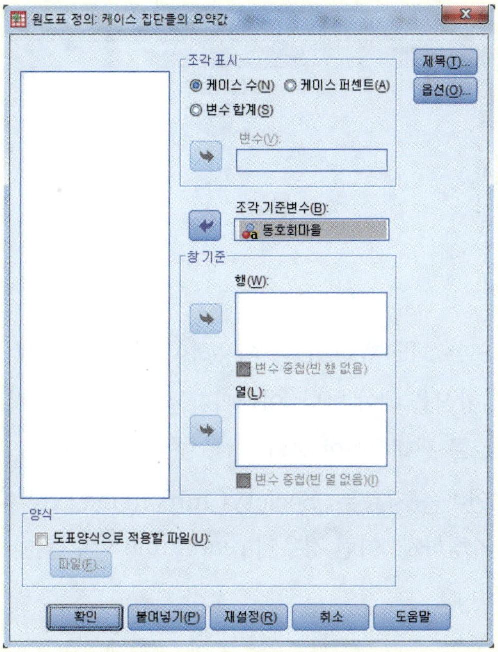

Step 4 PASW Statistics Viewer 창에서 다음과 같은 결과를 확인할 수 있다.

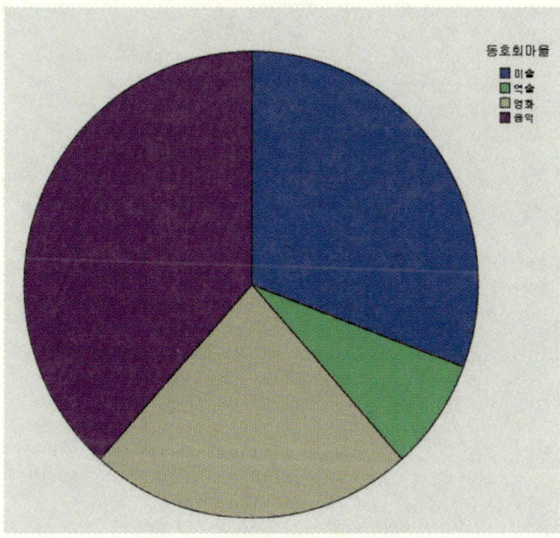

R

[동호인 마을]

Step 0 R을 시작하여 **파일**>**디렉토리 변경**..으로 스크립트와 데이터 파일이 있는 디렉토리를 지정한다.

Step 1 메모장 (**시작**>**모든 프로그램**>**보조프로그램**>**메모장**)을 사용하여 첫 행에 변수명을 먼저 입력한 후, 밑에 차례로 자료를 입력한다.

※ 주의: 자료입력 후 정확한지 꼭 점검하여라!

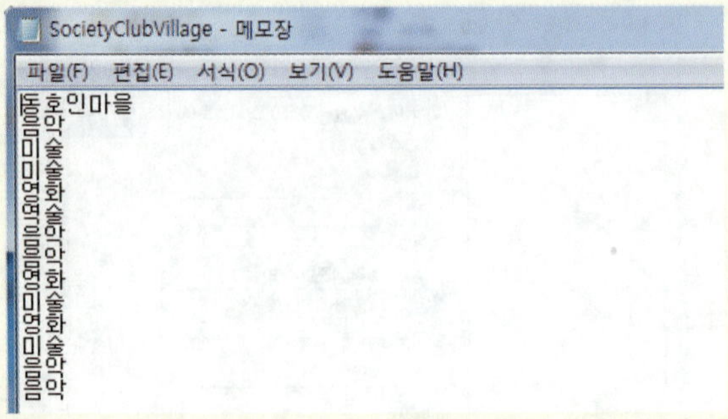

아래아한글 또는 MS WORD를 이용하여 자료를 입력하는 경우는, 저장할 때 ASCII 파일 형식을 해야 한다. 아래아한글은 텍스트 문서(*.txt), MS WORD는 일반텍스트를 선택하여야 한다.

Step 2 보여진 동호인마을 자료는 "SocietyClubVillage.txt" 파일의 형태로 "C:\"에 존재한다고 가정하자. 이런 경우에 read.table 함수를 이용하여 옆과 같이 자료를 읽을 수 있다.

```
> club <- read.table("SocietyClubVillage.txt", header=T)
> club
   동호인마을
1        음악
2        미술
3        미술
4        영화
5        역술
6        음악
7        음악
8        영화
9        미술
10       영화
11       미술
12       음악
13       음악
```

※ 주의 : 여기에서 반드시 **header=T**로 설정하여야 맨 윗줄이 변수명으로 인식된다. 만일 **header=F**로 설정하거나 이를 생략할 경우, R은 임의로 변수명을 만들어 맨 윗줄의 변수명 자체를 자료로 인식하게 되므로 주의하여야 한다.

Step 3 함수 "table"은 자료의 각 범주에 도수(자료의 수)를 표시하는 것이다. 다음의 결과는 미술 4명, 역술 1명, 영화 3명, 음악 5명을 의미한다.

```
> table(club)
club
미술   역술   영화   음악
  4      1      3      5
```

Step 4 범주형 자료에 대한 그림으로 가장 흔하게 볼 수 있는 것이 바로 막대그림표이다. 막대그림표는 막대의 높이로 각 범주에 대한 도수나 상대도수를 나타내는 graph인데, 함수 "barplot"으로 그릴 수 있다. 주의할 점은 그릴 대상이 table화되어 있어야 하므로, barplot(table())의 형태로 써야 오류가 나지 않는다.

```
> barplot(table(club),xlab="동호인 마을",main="요약")
```

막대그림표에 들어갈 수 있는 옵션

`xlab, ylab` : X축과 Y축에 각각 label을 붙인다.

예 `xlab="Tensile strength, ylab="Abrasion loss"`

`main` : graph의 제목을 붙인다.

예 `main="Scatter plot"`

Step 5 범주형 자료에 대한 그림으로 흔하게 쓰이는 또 하나의 그림은 파이그림이다.이는 함수 pie로 그릴 수 있다. 주의할 점은 그릴 대상이 table화되어 있어야 하므로, pie(table())의 형태로 써야 오류가 나지 않는다. 명령문 x11()은 이전에 그린 그래픽 파일이 지워지지 않도록 한다.

```
> x11()
> pie(table(club),xlab="동호인 마을",main="요약")
```

파이그림에 들어갈 수 있는 옵션

`xlab, ylab` : X축과 Y축에 각각 label을 붙인다.

예 `xlab="Tensile strength, ylab="Abrasion loss"`

`main` : graph의 제목을 붙인다.

예 `main="Scatter plot"`

결과 저장

R Console 창에 있는 결과는 <Shift>키로 지정하여 아래아한글 또는 MS WORD에 복사할 수 있다. R Graphics 창에 있는 결과는 오른쪽 마우스를 눌러 metafile 또는 bitmap 형식으로 복사한 후, 아래아한글에서 붙이기, MS WORD에서 붙여넣기하여 파일에 넣을 수 있다. metafile 또는 postscript 형식으로 그래프만 파일로 저장할 수도 있다.

익힘문제

다음 괄호에 알맞은 말을 넣거나, 맞는 것을 선택하시오.

1 숫자형 자료를 도수분포표로 작성하려면 자료의 전체 범위를 몇 개의 (　　　)(으)로 나누어야 한다.

2 도수분포표의 계급은 처음과 마지막을 제외하고 그 (　　　)이(가) 같아야 한다.

3 도수분포표에서 각 계급에 속하는 표본의 수를 (　　　)(이)라 한다.

4 각 도수를 전체 자료수로 나눈 것을 (　　　)(이)라 한다.

5 도수분포표에서 (　　　)를 더하면 1이 된다.

6 도수분포표 계급의 길이는 처음과 끝을 제외하고 {모두 같아야 한다, 정수 배만큼 달라도 된다}.

7 상대도수를 누적한 것을 (　　　)(이)라 한다.

8 상대도수를 합하면 (　　　)이 된다.

9 누적도수곡선을 둥근 돔의 모양을 따서 (　　　)(이)라 한다.

10 막대그림은 (　　　)형 자료, 히스토그램은 (　　　)형 자료를 나타낼 때 사용한다.

11 막대그림의 사각형들은 {붙어, 떨어져} 있다.

12 파이차트는 {명목형, 순서형, 숫자형} 자료를 나타내기 좋은 그래프이다.

13 파이차트는 각 항목의 {도수, 상대도수}의 크기만큼 {각도, 반지름}의 크기로 변환하여 그린 그림이다.

14 히스토그램의 사각형은 {붙어, 떨어져} 있는 것이 보통이나 특잇값이 있는 경우는 {붙어, 떨어져} 있을 수 있다.

15 히스토그램은 자료의 (　　　)을(를) 알아보기 좋은 그래프이다. 자료가 오른쪽으로 길게 늘어진 형태를 (양, 음)의 (　　　)가 있다고 한다.

16 히스토그램은 구간의 너비의 크기에 따라 그 형태가 {변한다, 변하지 않는다}.

17 히스토그램의 전체 면적은 1 {이다, 아니다}.

18 히스토그램의 사각형 높이를 전부 더하면 {표본수, 표본수/구간너비, 1} 이(가) 된다.

19 히스토그램은 다차원으로의 확장이 {가능, 불가능} 하다.

20 줄기-잎 전시는 (　　　)와 거의 같은 기능을 하지만 자료의 값을 직접 표시한다는 점에서 다르다. 또한 (　　　)는 구간 너비의 선택에 자유로우나 줄기-잎 전시는 10을 정수로 나눌 수 있는 크기로 {줄기, 잎, 깊이}가 정해지는 것이 다르다. (주의: 두 괄호에는 같은 말이 들어감)

21 줄기-잎 전시에서 사용하는 깊이는 최댓값에서 최솟값으로의 크기 순서와 {일치, 불일치}한다.

22 줄기-잎 전시는 자료를 로그변환한 후 사용할 수 {있다, 없다}.

23 상자그림은 (　　　), (　　　), (　　　), (　　　), (　　　)의 다섯 숫자요약을 기본으로 그려지게 된다.

24 상자그림의 원래 이름은 상자 (　　　) 그림이다.

25 상자그림에서 상자는 자료의 {50, 75, 90}%를 표시한다.

26 상자그림에서 상자 안의 (　　　) 위치에 따라 자료의 대칭성 또는 비대칭의 방향을 알 수 있다.

27 상자그림에서 수염이 {없을 수 있다, 어느 한 쪽은 꼭 나와야 한다}.

28 산점도는 두 변수 사이의 관계를 알아보기 좋은 것으로 왼쪽 아래에서 오른쪽 위 방향으로 점들이 흩어져 있으면 {양, 음}의 관계가 있는 것이다.

29 산점도에서 (X축 자료의 평균, Y축 자료의 평균) 점은 자료의 가운데에 {존재하게 된다, 없을 수 있다}.

30 산점도를 행렬의 형태로 모아 놓은 것을 (　　　)(이)라 한다.

31 명목형 자료를 표의 형태로 정리한 것이 (　　　)(이)다.

32 다차원 범주형 자료를 도수분포표 형태로 만든 것을 (　　　)(이)라 한다.

33 분할표에서 표 내의 각 칸(cell)을 전부 합하면 {1, 표본수, 표본수/차원} 이(가) 된다.

34 분할표는 사차원 이상의 범주형 자료에 적용할 수 {있다, 없다}

35 분할표 이외의 추가정보가 없을 때 차원이 높은 분할표에서 차원이 낮은 분할표를 만드는 것이 {가능, 불가능} 하다. 차원이 낮은 분할표에서 차원이 높은 분할표를 만드는 것이 {가능, 불가능} 하다.

36 시계열그림은 각 시점을 {일정한, 변화량 상대적 크기} 간격으로 그린다.

37 시계열그림은 각 시점의 값을 {연결, 그대로} 한다.

38 횡단면자료의 그래프는 각각의 점을 {연결, 그대로} 한다.

39 평행좌표그림에서 엇갈리는 선이 많은 두 변수의 관계는 {양, 음}의 관계가 있는 것이다.

40 평행좌표그림에서 각 축의 끝은 (　　　)와(과) (　　　)을(를) 표시한다.

41 평행좌표그림은 자료가 너무 많아지면 연결된 선들이 (　　　)(하)게 되어 선들의 연결 상황을 알아볼 수 없게 된다.

42 평행좌표그림에서 선들이 엇갈리지 않고 수평의 형태가 많은 두 변수는 {양, 음}의 관계가 있는 것이다.

43 평행좌표그림에서 두 변수가 양의 관계에 있으면 연결선들이 주로 {엇갈린다, 수평이다}.

44 평행좌표그림에서 멀리 떨어져 그려진 두 변수의 관계를 알아보기 {쉽다, 어렵다}.

45 평행좌표그림에서 각 축에서의 값이 연결되므로 이상점은 표시 {된다, 안 된다}.

46 그래프 내에 추세가 있는 경우 그 추세 방향이 (　　　)도가 되도록 (　　　)을(를) 조절하여 그리는 것이 좋다.

47 그래프의 X축과 Y축의 비율을 (　　　)(이)라 한다.

48 범주형 자료를 나타내기 적당한 그래프는 (　　　)(이)다.

49 모자익그림에서 수평축과 수직축에 어느 변수를 그리느냐에 따라 분석이 {쉽게 된다, 상관없다}.

50 특잇값은 수학적으로 명확히 정의되어 {있다, 있지 않다}.

연습문제

1 왼쪽으로 길게 뻗은 분포 모양의 자료에 5를 더하였다. 다음 중 옳은 것은?

a. 왼쪽으로 길게 뻗은 정도가 5배로 심하게 된다.

b. 도수부포표 도수가 5씩 증가한다.

c. 분포의 위치가 오른쪽으로 5만큼 이동한다.

d. 상자그림에서 왼쪽 수염의 길이가 5만큼 늘어난다.

e. 왼쪽 길게 뻗은 쪽이 오른쪽으로 5만큼 이동하여 길게 뻗은 정도가 완화된다.

프로젝트

2 우리나라 국민의 학력분포 자료를 구하여 파이그림을 그려라. 자료의 출처를 밝히고, 특성을 간단히 요약하여라.

3 우리나라의 종교별 신도 비율을 조사하여 파이그림을 그려라. 자료의 출처를 밝히고, 특성을 간단히 요약하여라.

4 과거 100 거래일 간의 코스피지수와 코스닥지수의 자료를 인터넷에서 구하여 산점도를 그리고 선형적 관계에 대하여 조사하여라.

5 과거 20년간 이자율과 총국민생산(GNP)의 산점도를 그리고 선형적 관계에 대하여 조사하여라.

6 통계청의 '사회조사' 최근 자료에서 워킹맘과 전업맘의 주관적 만족감에 대한 5개 만족 단계별 파이 그래프를 각각 그려라. 주관적 만족감의 정의는 무엇이며 어느 집단이 만족도가 높은가?

7 과거 로또 1등 당첨금의 액수에 대한 자료를 구하여 시계열그림을 그려라. 그래프의 전체 패턴에서 특이한 사항은 없는가?

8 서울과 각 도별로 종교별 신도 비율을 인터넷을 통하여 조사하여 이차원 분할표로 만들고, 각 도별로 종교별 신도 비율에 대하여 그래프로 나타내고 간략하게 분석하여라. 서울 이외의 특별시는 각 도로 포함하여라.

실습 문제

9 여자의 20%는 보이프랜드가 살이 찌면 차버리겠다고 한 반면에, 남자의 47%가 걸프랜드가 몸무게가 너무 많이 나가게 되면 차버린다고 답한 조사가 있다. 이 내용을 그래프로 나타내어라.

10 한국방송 국민패널 (http://survey.kbs.co.kr/) 의 조사에 의하면 새해의 자기계발 계획은 다음과 같다.

운동, 다이어트 (19.3%)

외국어 공부 (14.6%)
저축, 재테크 (13.6%)
자격증 취득 (11.1%) ⋯.

위의 내용을 그래프로 표현하여라.

11 아래의 내용은 미국에서의 조사 내용이다.

a. 미국 여성잡지 〈Cosmopolitan〉의 2010년 조사에 의하면, 여자에게서 다음과 같은 답을 받았다.

> 33%는 한 주에 적어도 한 번 운다.
> 75%가 한 달에 적어도 한 번 운다(위의 내용 포함).
> 남자의 99%가 운다고 믿는다.

위의 내용을 그래프로 나타내어라.

b. AskMan.com이 남자들을 조사하여 다음과 같은 결과를 얻었다.

> 남자의 5%는 어떤 경우도 절대 울지 않아야 한다. 39%는 사랑하는 사람이 죽는 등의 비극적인 상황에서만 울 수 있고, 27%는 어느 경우에나 감정에 순응하는 것이 괜찮다고 하였다. 나머지 29%는 공개된 장소가 아니라면 울어도 괜찮다고 하였다.

위의 내용을 그래프로 나타내어라.

12 아래의 내용은 미국 여성잡지 〈Cosmopolitan〉에서 1400명의 여성을 조사하여 헤어지는 이유를 알아본 기사 내용이다.

> 헤어지는 이유는?
> 사랑 이야기는 여러 가지 일이 꼬이거나 문제들로 가득 차게 마련이다. 아무리 지키려고 노력해도 여러 가지 요인으로 관계가 끝날 수 있다.
> 최근 로맨틱 관계가 끝난 이유를 1400명 여자들에게 조사한 결과, 주된 원인은 사랑의 감정이 식기 때문이었다. 사랑하는 두 사람이 갈라지는 이유들은
> 1. 서로 사랑하지 않아서 (39.7%)
> 2. 치팅, 다른 여자를 만나서 (36.6%)
> 3. 상대방이 거짓말을 하여 신뢰가 떨어져서 (29.1%)
> 4. 상대방이 더 이상 로맨틱하지 않아서 (21.1%)
> 5. 마음은 다른 여자에게 있어서 (21.1%)
> 6. 상대방이 자기 커리어에 대한 야망이 약하여 (20.6%)
> 7. 둘 중 하나가 다른 곳으로 이사 (20.2%)
> 8. 친구와 가족과 친하지 않아서 (18.9%)
> 추가로 재미있는 것은 남자가 한 단계 높은 관계를 원하는데, 여자는 원하지 않아서 (12.7%)와 그 반대의 경우(9.1%)였다.

그리고 단 1%의 여자만이 최후통첩(ultimatum, 여기서는 결혼할 것인지 결단 하라고)을 하였기 때문에 헤어졌다고 답하였다.

a. 8가지 이유에 대하여 하나의 파이차트로 그릴 수 있는가? 없다면 그 이유는 무엇인가?
b. 그래프를 이용하여 8가지 이유에 대한 퍼센트 비율을 표시하여라.

몸무게.dat
몸무게.xlsx

13 본문 33쪽 100명의 몸무게 자료의 히스토그램과 누적도수곡선을 그려라. 자료의 특성을 간단히 요약하여라.

diamond.dat
diamond.xlsx
UsingR::diamond

14 다음은 다이아몬드 반지의 크기(carat)와 가격(price)을 조사한 자료 “diamond”이다.

Carat	*price*	*Carat*	*price*	*Carat*	*price*
0.17	355	0.17	353	0.16	328
0.18	438	0.17	350	0.17	318
0.18	325	0.18	419	0.25	642
0.17	346	0.16	342	0.15	315
0.15	322	0.17	350	0.19	485
0.32	918	0.21	483	0.32	919
0.15	323	0.15	298	0.18	462
0.16	339	0.28	823	0.16	338
0.16	336	0.23	595	0.20	498
0.23	553	0.23	595	0.17	345
0.29	860	0.33	945	0.12	223
0.25	655	0.26	663	0.35	1086
0.25	750	0.18	443	0.27	720
0.25	678	0.18	468	0.25	675
0.16	345	0.15	287	0.17	352
0.26	693	0.16	332	0.15	316

a. 위에서 조사된 다이아몬드 크기 단위인 캐럿(carat)자료의 분포를 파악하기 위해, 다음과 같이 주어진 구간으로 하여 관찰된 도수와 상대도수를 포함하는 도수분포표를 작성하여라.

(0.10, 0.15]
(0.15, 0.20]
(0.20, 0.25]
(0.25, 0.30]
(0.30, 0.35]

여기서 (0.10, 0.15] 표시는 0.10 초과, 0.15 이하를 표시한다. 즉, $0.10 <$ 캐럿 ≤ 0.15를 나타낸다.

b. carat에 대한 히스토그램을 그리고, 여기서 볼 수 있는 자료의 분포가 대칭(symmetric)인지에 대하여 말해보아라.
c. price에 대한 히스토그램을 그려보고, 그 분포형태에 대하여 말해보아라.
d. carat의 분포를 관찰된 값과 함께 보일 수 있는 통계 그래프를 각각 그려 보아라.

e. price 의 분포 특징을 상자그림을 통하여 알아보아라.

f. 이제 우리는 "diamond" 자료 속의 다이아몬드 크기와 다이아몬드 가격은 어떠한 관계를 보일 것인가에 관심을 가진다. 즉, 두 변수 carat과 price 간의 연관성(association)을 조사하고자 하는 것인데, 이를 위해 적절한 그래프를 선택하고 그려 보아라.

15 삼성전자와 엘지전자의 증권 시세 자료를 이용하여

a. 각기 히스토그램으로 그리고 그 특성을 비교, 분석하여라.

b. 매일 증권 가격에 대한 산포도를 그리고 그 특성을 기술하여라.

c. 자료에 특잇값이 있는지 조사하여라.

16 자료 "fat"은 남성 252명의 체지방을 2가지 방법으로 측정하고, 조사된 남성들의 나이와 신체 정보를 기록한 것이다. 다음은 "fat" 자료의 일부분이다.

fat.dat
fat.xlsx
UsingR::fat

변수명	변수설명
body.fat	체지방 퍼센티지
body.fat.siri	Siri 방식으로 계산한 체지방 퍼센티지
age	연령
weight	체중 (파운드)
height	신장 (인치)
BMI	Body Mass Index (체질량 지수)

a. body.fat 자료에 대해서, 다음의 계급(class)을 참고하여 도수분포표(도수, 상대도수, 누적도수, 누적상대도수로 구성)를 작성하고,

(0, 5]
(5, 10]
…
(40, 45]
(45, 50]

히스토그램과 누적도수분포그래프를 그려라.

b. 연령(age) 자료에 대해서 분포와 자료의 관찰값을 동시에 볼 수 있는 통계그래프를 그려라.

c. 신장(height), 체중(weight), BMI의 자료를 가지고 각각의 상자그림을 그려 분포의 특성을 파악하고, 각 자료별로 특이한 관찰치가 있는지 조사하여라.

d. body.fat과 body.fat.siri 자료는 체지방 퍼센티지의 계산방식 때문에 차이가 있는지 적절한 통계그래프를 함께 그려 조사하여라.

e. body.fat은 연령(age)과 연관성이 있는지 조사하여라.

f. BMI는 신장(height)과 체중(weight) 중 어느 것과 강한 연관성을 보이는지 적절한 그래프를 그려 조사하여라.

17 아래의 자료 "twins"는, 일란성 쌍둥이 중 입양되어 양부모에 의해 키워진 한 아이의 지능지수 (*Foster*)와 친부모가 기른 나머지 한 아이의 지능지수(*Biological*)를 조사한 것이다. 이 자료에는 또한 친부모의 사회적 지위(*Social*)가 상, 중, 하로 분류되어 기록되어 있다.

twins.dat
twins.xlsx
UsingR::twins

Foster	*Biological*	*Social*	*Foster*	*Biological*	*Social*
82	82	high	80	90	high
88	91	high	108	115	high
116	115	high	117	129	high
132	131	high	71	78	middle
75	79	middle	93	82	middle
95	97	middle	88	100	middle
111	107	middle	63	68	low
77	73	low	86	81	low
83	85	low	93	87	low
97	87	low	87	93	low
94	94	low	96	95	low
112	97	low	113	97	low
106	103	low	107	106	low
98	111	low			

a. Foster에 대한 도수분포표를 작성하여라. 계급 (class) 은 60부터 시작하여 계급구간 크기를 10으로 하여 140까지 8개 계급으로 나누어 만들고, 해당 계급에서 포함되는 도수와 상대도수(relative frequency)를 기록하여라.

b. Biological에 대한 도수분포표도 a에서와 같은 계급으로 나누어 작성하는데, 도수와 상대도수뿐 아니라 누적도수(cumulative frequency)와 누적상대도수(relative cumulative frequency)를 포함시켜 만들어라.

위의 "twins" 자료에 포함된 각각의 관찰자료들에 대하여 단변량(univariate) 그래프를 그려 보자.

c. 양부모(Foster)에 의해 양육된 쌍둥이의 지능지수 측정값과 지능지수의 분포를 동시에 보여 줄 수 있는 통계그래프 방법을 선택하여라.

d. 친부모(Biological) 에 의해 양육된 쌍둥이의 지능지수 측정값과 지능지수의 분포를 동시에 보여 줄 수 있는 통계그래프 방법을 선택하여라.

e. 친부모의 사회적 지위(Social)에 대한 자료의 관찰된 도수를 기록하고, 이를 막대(bar) 그래프와 파이(pie) 그래프로 표현하여라.

이제 위의 "twins" 자료를 가지고 일란성 쌍둥이가 서로 떨어져서 양부모와 친부모에 의해 양육된 경우의 관찰된 지능지수를 비교하고자 한다.

f. 쌍둥이를 양육한 부모유형별 상자그림(boxplot)을 한 그래프 내에 함께 나란히 그리고 비교하여라.

g. 쌍둥이의 양육한 부모유형별 지능지수는 서로 어떤 연관관계를 가지는지 조사할 수 있는 그래프를 그려 보아라.

h. 쌍둥이 중 하나가 친부모에 의해 양육되었을 때, 이 쌍둥이의 지능지수가 친부모의 사회적 지위에 따라 차이가 나는지 상자그림을 이용하여 비교하여 보아라.

18 다음은 자동차보험 청구 횟수와 관련된 자료 "Insurance"이다.

Insurance.dat
Insurance.xlsx
Mass::Insurance

District	Group	Age	Holders	Claims	District	Group	Age	Holders	Claims
1	<1	<25	197	38	3	<1	<25	35	5
1	<1	25−29	264	35	3	<1	25−29	73	11
1	<1	30−35	246	20	3	<1	30−35	89	10
1	<1	>35	1680	156	3	<1	>35	648	67
1	1−1.5	<25	284	63	3	1−1.5	<25	53	10
1	1−1.5	25−29	536	84	3	1−1.5	25−29	155	24
1	1−1.5	30−35	696	89	3	1−1.5	30−35	240	37
1	1−1.5	>35	3582	400	3	1−1.5	>35	1635	187
1	1.5−2	<25	133	19	3	1.5−2	<25	24	8
1	1.5−2	25−29	286	52	3	1.5−2	25−29	78	19
1	1.5−2	30−35	355	74	3	1.5−2	30−35	121	24
1	1.5−2	>35	1640	233	3	1.5−2	>35	692	101
1	>2	<25	24	4	3	>2	<25	7	3
1	>2	25−29	71	18	3	>2	25−29	29	2
1	>2	30−35	99	19	3	>2	30−35	43	8
1	>2	>35	452	77	3	>2	>35	245	37
2	<1	<25	85	22	4	<1	<25	20	2
2	<1	25−29	139	19	4	<1	25−29	33	5
2	<1	30−35	151	22	4	<1	30−35	40	4
2	<1	>35	931	87	4	<1	>35	316	36
2	1−1.5	<25	149	25	4	1−1.5	<25	31	7
2	1−1.5	25−29	313	51	4	1−1.5	25−29	81	10
2	1−1.5	30−35	419	49	4	1−1.5	30−35	122	22
2	1−1.5	>35	2443	290	4	1−1.5	>35	724	102
2	1.5−2	<25	66	14	4	1.5−2	<25	18	5
2	1.5−2	25−29	175	46	4	1.5−2	25−29	39	7
2	1.5−2	30−35	221	39	4	1.5−2	30−35	68	16
2	1.5−2	>35	1110	143	4	1.5−2	>35	344	63
2	>2	<25	9	4	4	>2	<25	3	0
2	>2	25−29	48	15	4	>2	25−29	16	6
2	>2	30−35	72	12	4	>2	30−35	25	8
2	>2	>35	322	53	4	>2	>35	114	33

a. 보험금 청구 횟수(claims) 자료를 가지고 도수분포표를 작성하고, 히스토그램과 누적도수분포 그래프를 그려 보아라(계급은 0부터 시작하여 구간범위를 50으로 잡아서 8개의 계급으로 나누고, 도수, 상대도수, 누적도수, 상대누적도수를 나타내고, 누적도수분포 그림을 그려라).

b. 보험가입자수(Holders)의 상자그림을 그려서 자료분포의 특징에 대해서 말해보고, 자료가 가진 특이한 점을 지적하여라.

c. 보험가입자수와 보험금 청구자수에는 어떤 관계를 보이는지 적절한 그래프를 그려라.

d. 보험가입자수와 보험금 청구자수의 비교를 상자그림으로 하는 것이 부적절한 이유는?

19 다음의 자료 "reaction.time"은 운전 중 이동전화(핸드폰, cell phone)로 통화 중이었는지의 여부에 따라, 돌발상황에 대한 반응시간의 차이가 있는지를 알아보기 위해 실험이 실시되었다.

reactiontime.dat
reactiontime.xlsx
UsingR::reaction.time

조사된 자료는 피험자의 연령(age), 성별(gender), 이동전화 사용 중 여부(control), 반응시간(time)의 순으로 정리되어 있다.

	age	*gender*	*control*	*time*		*age*	*gender*	*control*	*time*
1	16−24	F	T	1.360075	31	25+	F	C	1.475851
2	16−24	M	T	1.467939	32	25+	F	T	1.475456
3	16−24	M	T	1.512036	33	25+	M	C	1.312376
4	16−24	F	T	1.390647	34	25+	F	T	1.447160
5	16−24	M	T	1.384208	35	25+	M	T	1.463118
6	16−24	M	C	1.393875	36	25+	M	C	1.293425
7	16−24	M	T	1.419043	37	25+	F	C	1.402860
8	16−24	F	T	1.461187	38	25+	M	C	1.245497
9	16−24	F	T	1.382461	39	25+	F	T	1.475806
10	16−24	M	C	1.260152	40	25+	M	T	1.520106
11	16−24	M	T	1.292917	41	25+	F	T	1.437079
12	16−24	F	T	1.331092	42	25+	F	C	1.583610
13	16−24	M	T	1.369171	43	25+	F	T	1.499246
14	16−24	F	C	1.330471	44	25+	M	C	1.436701
15	16−24	F	T	1.344506	45	25+	F	T	1.524056
16	16−24	M	C	1.357869	46	25+	F	T	1.510929
17	16−24	F	T	1.520244	47	25+	F	C	1.522563
18	16−24	M	T	1.352397	48	25+	M	C	1.462412
19	16−24	F	T	1.348420	49	25+	F	C	1.313935
20	16−24	F	T	1.373000	50	25+	F	T	1.440382
21	25+	M	C	1.306813	51	25+	M	T	1.444503
22	25+	F	C	1.384192	52	25+	F	C	1.316956
23	25+	M	T	1.345643	53	25+	M	T	1.517435
24	25+	M	C	1.594901	54	25+	M	T	1.536446
25	25+	M	T	1.341972	55	25+	M	T	1.444865
26	25+	F	T	1.472212	56	25+	M	C	1.442599
27	25+	F	T	1.440685	57	25+	M	C	1.355206
28	25+	M	T	1.502757	58	25+	F	T	1.614979
29	25+	F	T	1.501541	59	25+	M	T	1.527699
30	25+	F	T	1.562813	60	25+	M	T	1.466591

a. 위의 자료에서 피실험자의 2가지 연령대 ('16~24세', '25세 이상')에 대한 도수를 기록하고, 이를 막대그래프로 그려라.

b. 위의 자료에서 피실험자의 성별에 대한 도수를 기록하고, 이를 파이그래프로 나타내라.

c. 위의 자료에서 피실험자가 이동전화로 통화 중인 경우는 'T'로 그렇지 않은 경우는 'C'로 표시하였다. 이러한 정보를 가진 control에 대하여 도수를 기록하고, 파이그래프와 막대그래프로 표현하여라.

d. 표본자료의 특성을 더 알아보기 위해 피실험자들에 대한 정보를 가지고 분할표(contingency table) 를 작성하기로 하였다. 연령대(age)와 성별(gender)을 이용하여 분할표를 만들어 보아라. 이 실험의 구성(디자인)에 대해서 작성된 분할표가 알려주는 바는 무엇인가?

e. age와 control, gender와 control 간의 분할표들을 추가로 만들어 보고, 앞서 a에서 작성

한 분할표와의 차이에 대해서 말하여라.

f. time에 대한 도수분포표를 작성하되, 다음과 같이 주어진 계급(9개)으로 작성하여라.

(1.20, 1.25]
(1.25, 1.30]
…
(1.55, 1.60]
(1.60, 1.65]

g. time에 대한 도수분포표를 작성하되, 이번에는 더 적은 계급(5개)을 적용하여 작성하여라.

(1.2, 1.3]
(1.3, 1.4]
(1.4, 1.5]
(1.5, 1.6]
(1.6, 1.7]

h. 앞에서 작성한 2개의 도수분포표들을 가지고 각각의 히스토그램을 그려보고, 비교하여라.

i. f에서 작성한 도수분포표에 근거하여 누적도수 그래프와 상대누적도수 그래프를 그려라.

j. 이동전화사용 중 여부(control)가 운전 중 반응시간(time)의 차이를 보이는지 알아보기 위해서, 반응시간을 이동전화 사용 중 여부에 따라 분리하여 상자그림으로 그려 비교하여라.

k. 피실험자의 반응시간이 성별(gender)로 차이가 있는지 알아보기 위한 상자그림을 그려보고 비교하여라.

l. 피실험자의 반응시간이 연령별(age)로 차이가 있는지 알아보기 위한 상자그림을 그려보고 비교하여라.

m. 피실험자의 성별과 연령별을 동시에 고려하는 경우, 반응시간의 차이가 있는지 상자그림을 그려서 비교하여라.

20 다음은 타이타닉호에 탔던 사람들의 운명에 관한 자료이다. 승객 등급(Class), 성별(Sex), 나이(Age), 생존여부(Survived)를 조사한 자료이다.

(1) 나이＝어린이, 생존여부＝No

	성별	
승객 등급	남성	여성
1st	0	0
2nd	0	0
3rd	35	17
Crew	0	0

(2) 나이＝성인, 생존여부＝No

	성별	
승객 등급	남성	여성
1st	118	4
2nd	154	13
3rd	387	89
Crew	670	3

(3) 나이=어린이, 생존여부=Yes

	성별	
승객 등급	남성	여성
1st	5	1
2nd	11	13
3rd	13	14
Crew	0	0

(4) 나이=성인, 생존여부=Yes

	성별	
승객 등급	남성	여성
1st	57	140
2nd	14	80
3rd	75	76
Crew	192	20

a. 승객 등급=3rd, 성별=남성으로 주어졌을 때, 나이와 생존여부의 분할표를 만들고 간단히 분석하여라.

b. 성별=여성, 생존여부=No로 주어졌을 때, 승객 등급과 나이의 분할표를 만들고 간단히 분석하여라.

samhda.dat
samhda.xlsx
UsingR::samhda

21 자료 "samhda"에는 600명의 학생들의 건강실태를 조사한 자료이다.

변수명	변수설명
wt	표본선정 시 적용된 가중치
gender	성별(1=남, 2=여, 7=미기록)
grade	미국식 학제에 의한 학년 (1=6학년, 2=8학년, 3=10학년, 9=미상)
live.with.father	아버지와 함께 거주하는지의 여부(1=예, 2=아니오)
amt.smoke	지난 30일 중 담배를 피운 날 수 (1=30일, 2=20−29일, 3=10−19일, 4=6−9일, 5=3−5일, 6=1−2일, 7=0일)
alcohol	음주 경험 여부(1=예, 2=아니오)
amt.alcohol	지난 30일 중 음주한 날 수
marijuana	마리화나 흡연경험 여부(1=예, 2=아니오)
amt.marijuana	지난 30일 동안의 마리화나 흡연량 (1=전혀 한 적 없다, 2=30일, 3=20−29일, 4=10−19일, 5=6−9일, 6=3−5일, 7=1−2일, 8=피운적은 있으나 지난 30일간은 아님)

a. 표본조사대상인 학생들의 기본적인 특징을 알아보기 위해서, 성별(gender)과 학년(grade) 자료를 이용하여 이차원의 분할표(contingency table)를 작성하여라.

b. 성별(gender), 학년(grade), 아버지와의 동거 여부(live.with.father)의 자료를 가지고 삼차원의 분할표를 작성하여라.

c. gender, grade, live.with.father 등 3개의 조사자료를 가지고, 파이그래프와 막대그래프를 그려라.

자료 "samhda"에 포함된 학생들의 건강에 악영향을 주는, 일탈행동(담배, 술, 마약)에 대한 요인에 관심을 가진다.

d. 성별, 학년별, 음주 여부에 대한 삼차원 분할표를 만들고, 성별, 학년별 또는 성과 학년을 동시에 고려했을 때 음주 여부가 어떻게 다른지 설명하여라.

e. 성별, 학년별, 마리화나 경험 여부에 대한 삼차원 분할표를 만들고, 성별, 학년별 또는 성과 학년을 동시에 고려했을 때 마리화나 경험 여부가 어떻게 다른지 설명하여라.

f. 흡연 여부와 마리화나 경험 여부의 연관성을 조사하여라.

g. 음주 여부와 마리화나 경험 여부의 연관성을 조사하여라.

h. 아버지와의 거주 여부와 음주경험과 마리화나 경험 여부의 연관성을 조사하여라.

22 다음 자료 "goalspergame"(gpg)은 1946년부터 1998년까지 미국 프로 아이스하키리그에서 한 경기당 기록한 골의 수에 대한 기록이다. 이 자료에 덧붙여진 decade 열의 '4'는 40년대, '5'는 50년대, …, '9'는 90년대를 의미한다.

goalspergame.dat
goalspergame.xlsx
UsingR::goalspergame

	year	*gpg*	*decade*		*year*	*gpa*	*decade*
1	1946	6.32	4	28	1973	6.47	7
2	1947	5.86	4	29	1974	6.85	7
3	1948	5.43	4	30	1975	6.82	7
4	1949	5.47	4	31	1976	6.64	7
5	1950	5.42	5	32	1977	6.59	7
6	1951	5.19	5	33	1978	7.00	7
7	1952	4.79	5	34	1979	7.03	7
8	1953	4.80	5	35	1980	7.68	8
9	1954	5.04	5	36	1981	8.03	8
10	1955	5.07	5	37	1982	7.73	8
11	1956	5.38	5	38	1983	7.89	8
12	1957	5.60	5	39	1984	7.77	8
13	1958	5.80	5	40	1985	7.94	8
14	1959	5.90	5	41	1986	7.34	8
15	1960	6.00	6	42	1987	7.43	8
16	1961	6.02	6	43	1988	7.48	8
17	1962	5.95	6	44	1989	7.37	8
18	1963	5.55	6	45	1990	6.91	9
19	1964	5.75	6	46	1991	6.96	9
20	1965	6.08	6	47	1992	7.24	9
21	1966	5.96	6	48	1993	6.39	9
22	1967	5.58	6	49	1994	5.97	9
23	1968	5.96	6	50	1995	6.29	9
24	1969	5.81	6	51	1996	5.83	9
25	1970	6.24	7	52	1997	5.26	9
26	1971	6.13	7	53	1998	5.27	9
27	1972	6.55	7				

a. 1946년부터 1998년까지의 경기당 득점수의 추이를 시계열그림(time series plot)으로 표현하여 보고, 이 그래프에서 보이는 특징을 말해보아라.

b. 경기당 득점수를 50년대, … , 90년대 별로 나누어 상자그림을 이용해 비교하여 보고, 각 연대별로 보이는 분포의 특징에 대해서 말해보아라.

warpbreaks.dat
warpbreaks.xlsx
datasets::warpbreaks

23 자료 "warpbreaks"는 직조기에 연결된 실이 공정 중에 끊어진 횟수를 기록한 자료이다.

	breaks	*wool*	*tension*		*breaks*	*wool*	*tension*
1	26	A	L	28	27	B	L
2	30	A	L	29	14	B	L
3	54	A	L	30	29	B	L
4	25	A	L	31	19	B	L
5	70	A	L	32	29	B	L
6	52	A	L	33	31	B	L
7	51	A	L	34	41	B	L
8	26	A	L	35	20	B	L
9	67	A	L	36	44	B	L
10	18	A	M	37	42	B	M
11	21	A	M	38	26	B	M
12	29	A	M	39	19	B	M
13	17	A	M	40	16	B	M
14	12	A	M	41	39	B	M
15	18	A	M	42	28	B	M
16	35	A	M	43	21	B	M
17	30	A	M	44	39	B	M
18	36	A	M	45	29	B	M
19	36	A	H	46	20	B	H
20	21	A	H	47	21	B	H
21	24	A	H	48	24	B	H
22	18	A	H	49	17	B	H
23	10	A	H	50	13	B	H
24	43	A	H	51	15	B	H
25	28	A	H	52	15	B	H
26	15	A	H	53	16	B	H
27	26	A	H	54	28	B	H

a. 직조공정 중 실이 끊어진 횟수(breaks)에 대한 도수분포표를 작성하여라(계급시작값 10, 계급간격 10, 계급마지막값 70으로 하라). 상대도수분포 그래프를 그려라.

b. 직조기에 걸린 모직실의 종류 (wool)와 실의 장력(팽팽함의 크기, tension) 자료에 대하여 분할표를 만들어라.

c. 두 개의 상자그림을 하나의 그래프에 나란히 그려서 실의 끊어짐 횟수에 대해서 실의 종류별로 비교하여라.

d. 실의 끊어짐 횟수에 대해서 실에 가해진 세 가지 장력별로 비교하여라.

24 자료 "salmonharvest"는 1980년부터 1998까지 매년마다 잡힌 연어수를 5가지 연어 종류별로 정리한 자료이다.

salmonharvest.dat
salmonharvest.xlsx
UsingR::salmonharvest

Year	*Chinook*	*Sockeye*	*Coho*	*Pink*	*Chum*
1980	675	33296	3115	63304	9603
1981	823	36348	3416	60090	12613
1982	877	28954	6049	64849	11090
1983	828	52874	3653	60343	10222
1984	667	38428	5374	76277	13105
1985	721	38960	5730	90351	10566
1986	616	32207	6293	77304	12510
1987	680	35431	3493	46493	10527
1988	589	30038	4473	50357	15102
1989	572	44139	4650	96869	7895
1990	666	52771	5478	88252	8008
1991	613	44620	6145	124124	9752
1992	607	58713	7089	60510	9764
1993	650	64660	6040	109710	12180
1994	670	52790	9560	116720	16150
1995	646	63510	6375	128100	18900
1996	500	50270	6150	97310	21856
1997	650	30910	2900	71280	15620
1998	560	22650	4590	104790	18920

a. Chinook과 Coho의 시계열그림을 각각 보이고, 두 시계열의 추이를 비교하여라.

b. Sockeye, Pink, Chum의 시계열그림을 한 그래프에 그려보고, 그 특징을 설명하여라.

25 자료 "Seatbelts"는 영국에서 1969년 1월부터 1984년까지 매월 관찰된 자동차사고 사망자수와 부상자들의 수를 조사한 것이다. 참고로 영국에서는 1983년 1월 31일부터 안전벨트 착용이 의무화되었다.

Seatbelts.dat
Seatbelts.xlsx
datasets::Seatbelts

a. 자료 내의 사망한 운전자수(Driverskilled)와 부상한 뒷좌석 승차자(rear)에 대한 시계열그림을 그려라.

b. 자료 내의 부상한 운전자수(drivers)와 부상한 앞좌석 승차자(front)에 대한 시계열그림을 그려라.

c. a와 b에서 그린 시계열그림을 비교하여라. 안전벨트 착용의무화에 영향을 받은 것으로 보이는 자료는 무엇인가?

26 본문의 붓꽃의 산점도행렬 그래프에 대하여 답하여라.

a. 붓꽃 종류를 구분하지 않는다면 어느 두 변수의 조합이 제일 강한 직선형태의 관계를 보여 주고 있는가?

b. 붓꽃의 세 종류를 구분하여 각각 따로 판단하였을 때 어느 두 변수의 조합이 세 종류 모두에서 제일 강한 직선형태의 관계를 보여 주고 있는가?

c. 꽃잎의 길이(Petal Length−Y축)와 너비(Petal Width−X축)만의 산점도를 그려 보아라. 점들이 수직선으로 나열된 형태를 볼 수 있는 데, 그 이유는 무엇인가? 입력된 자료를 보면 알 수 있다.

27 본문의 붓꽃에 대한 두 개의 평행좌표그림을 보고 다음을 답하여라.

a. 세 개의 종이 한꺼번에 그려진 그림에서 갈색, 파란색, 빨간색은 각각 어느 종을 나타내는가?

b. 특잇값이 있는 곳은 어느 종의 어느 변수인가? 그 특잇값은 다른 값에 비하여 큰 값인가, 작은 값인가?

c. Sepal.Length가 Sepal.Width에 비하여 상대적으로 작은, 즉 꽃받침이 상대적으로 제일 넓은 종은 어느 것인가?

d. 꽃잎(petal)이 제일 큰 종은 어느 것인가? 제일 작은 종은 어느 것인가?

e. Sepal.Width가 Petal.Width보다 큰 종은 어떤 것인가?

28 본문 표 2.6의 자료를 모자익그림으로 그려 보아라.

29 다음은 승객과 승무원 2201명 중 1490명이 사망한 타이타닉호의 사망여부와 관련된 범주형 변수에 대한 모자익그림이다. 1등칸과 2등칸에 탔던 아이들은 모두 살고 사망자가 없었는데 모자익그림에서는 가는 선으로 표시되어 있다. 승무원(Crew) 중에는 아이들이 없어 아이 승무원에 해당하는 부분에는 모두 가는 선으로 표시되어 있다.

{ }표시된 항목은 고르기 문제이다.

Survived (Yes, No)

Sex (Female, Male)

Age (Child, Adult)

Class (1st, 2nd, 3rd, Crew): 1, 2, 3등칸 승객과 승무원

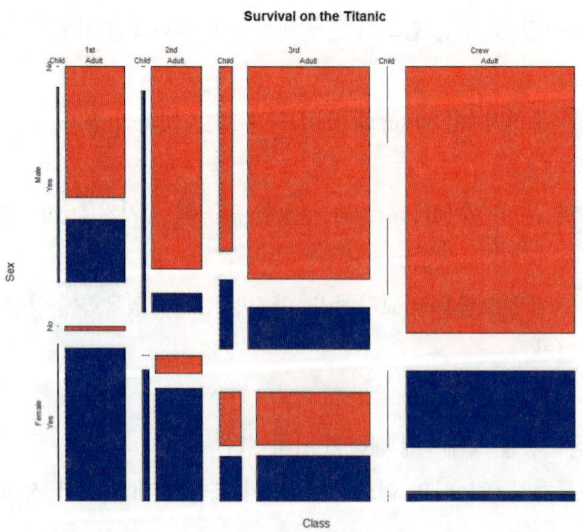

a. 어느 집단에서 제일 많은 사망자가 발생하였는가? 범주형 변수들의 각 범주의 조합으로 답하여라.

b. 그래프에서 생존자는 {빨간색, 파란색}으로 표시되고 사망자는 {빨간색, 파란색}으로 표시되었다.

c. 전체적으로 볼 때 여자의 생존율이 남자보다 높은가?

d. 성별(Sex)과 나이(Age)를 통합하여 볼 때 1등칸에서, 2등칸, 3등칸으로 갈수록 사망률은 {증가한다, 감소한다, 특별 경향 없다}.

e. 3등칸 남자 승객 중 아이들의 생존율이 어른들 보다 {높다, 거의 같다, 낮다}.

f. 3등칸 여자 승객 중 아이들의 생존율이 어른들 보다 {높다, 거의 같다, 낮다}.

g. 3등칸의 남자 승객 사망률은 남자 승무원의 사망률보다 {높다, 거의 같다, 낮다}.

h. 세부적인 범주로 나누어 볼 때 여자의 생존율이 남자보다 낮은 집단이 있는가? 있다면 어느 집단인가?

30 다음은 통계학을 수강하는 592명의 학생 남녀별 머리카락과 눈 색깔에 대한 모자익그림이다(외국 자료).

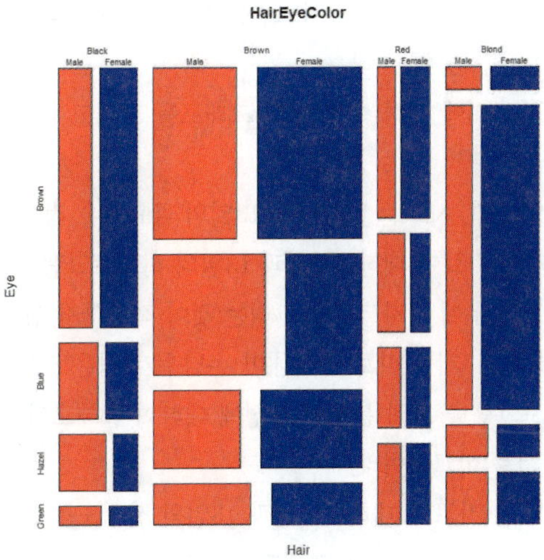

a. 빨간색과 파란색은 각각 어느 범주를 표시하는가?

b. 머리카락의 색 중 제일 많은 것은 어떤 것인가?

c. 눈의 색 중 Blue와 Green 중 어느 것이 많은가?

d. 머리카락과 눈의 색이 같은 집단의 머리카락과 눈의 색은 무엇인가?

e. 검은 머리카락의 학생 중 눈 색깔은 어느 것이 제일 많은가?

f. 눈 색깔이 상대적으로 제일 고르게 분포하고 있는 머리카락 색의 범주는 무엇인가?

g. 눈과 머리카락의 색을 동시에 고려할 때 어느 범주에서 남자의 성비가 제일 높은가?

h. 눈과 머리카락의 색을 동시에 고려할 때 어느 범주에서 여자의 성비가 제일 높은가?

31 서양에서 13일의 금요일 악운이 있는 날로서 기독교와 관련된 것으로 알려져 있다. 예수가 못 박힌 날이 금요일이고 12제자와 마지막 저녁을 먹은 날이 13일이기 때문이다. Good Friday(성금요일, 수난일)는 예수가 못 박힌 날을 기억하는 날인데, 예수 이전의 로마시대에도 13일은 불행이나 죽음과 연관된 날로 여겨졌다는 기록이 있다. Scanlon(1993) 등은 England 지역에서 금요일 13일에 일어난 자동차 통행량과 사고건수, 쇼핑건수 등의 자료를 모아 분석하였다. 날씨 또한 점검하였으나 특이 사항은 없었다.

Friday.dat
Friday.xlsx

Dataset
traffic: M25도로의 교차로 7과 8 사이, 교차로 9와 10 사이의 통행량
shopping: England 남동부 지역 9개의 슈퍼마켓의 고객수
accidents: South West Thames region 에서 자동차 사고로 병원에 온 건수
Dates: 13일의 금요일이 있었던 달
X6th: 13일의 금요일이 있었던 달의 6일 금요일의 자료
X13th: 13일의 금요일의 자료
Location: 자료의 조사 장소

a. 13일의 금요일이 다른 날보다 '재수 없는 날'인지 알아 보기 위하여 일주일 전인 6일 금요일 자료를 같이 조사하였다. 왜 같은 금요일을 비교 대상으로 삼았다고 생각하는가? 왜 일주일 전인가? 일 주 후면 분석 내용이 달라졌을 수도 있는가?
b. 6일과 13일의 traffic 자료를 산점도로 그려라. 45도 각도의 보조선을 그려라. 두 자료가 같으면 45도 선 상에 점들이 있게 되고 어느 한 쪽으로 쏠리게 되면 차이가 있음을 보여 준다. 6일과 13일의 차이로 히스토그램과 상자그림을 그려라. 세 개의 그래프로 금요일 13일에 자동차 통행량이 줄었는지 분석하여라.
c. 위의 b와 같이 accidents에 대하여 세 개의 그래프를 그리고 금요일 13일에 자동차 사고가 많았는지 분석하여라.
d. 자동차통행량은 줄었는데, 사고는 많았다면 13일의 금요일은 정말 '재수 없는 날'인가?
e. Dataset 중 shopping 자료에 대하여 6일과 13일의 히스토그램을 그리고 분포의 특성에 대하여 말해보아라. 이 경우에 상자그림을 그리는 것이 적정한지 생각하여라.
f. 손님수가 많은 슈퍼마켓 3개를 따로 골라내어 손님수가 적은 6개와 많은 3개에 대하여 6일과 13일 각각 히스토그램을 그려 분포의 특성에 대하여 말해보아라. 6일과 13일, 손님수 적은 곳과 많은 곳을 서로 비교하여라.
g. Dataset 중 shopping 자료에 대하여 6일과 13일의 산점도를 그리고 45도 보조선을 그려라. 6일과 13일의 차이에 대한 히스토그램과 상자그림을 그리고 손님수가 차이가 있는지 알아보아라.
h. 이제까지의 분석을 간단히 요약하고 13일의 금요일이 '재수 없는 날'인지 결론을 내어라. 3장 본문 뒤의 [읽을거리 – 상관과 인과관계]를 읽어 보아라.

3 수치 기술통계

Karl Pearson(1857～1936)

Sir Francis Galton의 제자. 1911년, 전 세계에서 처음으로 University College London에 통계학과 설립. 상관계수 만듦. 분할표 검정에 쓰이는 카이제곱검정법 제시. 1901년에 Weldon, Galton과 같이 Biometrika라는 학술지 창간. 원래 이름은 Carl이었으나 22세 때 독일 하이델베르크대학에 유학하면서 학교의 잘못으로 Karl로 바뀌고 본인도 Karl이란 이름을 그대로 씀.

그래프를 이용하는 것과 달리 숫자를 이용하여 자료의 정보를 요약 기술하는 것을 수치 기술통계(numerical descriptive statistics)라고 한다. 자료의 평균이나 표준편차, 둘 이상의 항목에 대하여 조사한 자료에서는 공분산이나 상관계수 등의 계산값을 기술통계량이라고 한다.

3.1 중심위치의 척도

자료에 대하여 제일 먼저 알고 싶어하는 사항은 자료들이 대략 어떠한 값을 갖는 것인지 알아보는 일일 것이다. 자료들이 수치로 되어 있으므로—숫자로 되어 있지 않은 것이라면 통계처리를 위하여 숫자로 바꾸어야 한다—그러한 자료들을 $-\infty$에서 $+\infty$의 수직선 상 위에 자료들이 대략 어디에 위치하고 있는지 알아 보는 것과 같다. 그러한 이유로 **위치(location)**라는 용어를 쓴다. 자료들이 대략 어느 위치를 **중심(중심위치: central location)**으로 모여 있는지 나타내는 척도로 **평균(mean)**, **중앙값(median)**, **최빈값(mode)** 등이 있다.

평균

모든 자료의 값을 다 더한 후 전체 개수로 나눈 평균은 중심위치를 나타내는 척도 중에서 단연 제일 많이 사용되는 통계량이다. **산술평균(mathematical average, mathematical mean)** 또는 줄여서 **평균(mean)**이라고 한다. 평균은 통계이론에서도 중요한 역할을 한다.

n: 표본수
N: 모집단수

표본평균

$$\bar{x} = \frac{\sum_{i=1}^{n} x_i}{n} \tag{3.1}$$

만일 모집단수가 ∞ 경우는 이 식을 사용할 수 없다(6장 참조).

모평균

$$\mu = \frac{\sum_{i=1}^{N} x_i}{N} \tag{3.2}$$

μ: mu
σ: sigma
ρ: rho
부록 C.2 그리스 문자표 참조

일반적으로 표본과 관계된 통계량은 $\overline{X}$, S^2, r 등 영문자로 나타내며, 모집단에 관계된 수치는 μ, σ^2, ρ 등의 그리스 문자(부록 C)로 나타낸다. Σ는 합(sum)을 나타내는 기호로 $\sum_{i=1}^{n} x_i \equiv x_1 + x_2 + \cdots + x_n$로 사용된다.

표본의 수는 소문자인 n으로, 모집단의 수는 대문자 N으로 표시하여 사용한다.

예제 3.1

다음과 같은 자료에서 평균은

3, 5, 7, 7, 8, 8, 10 → 평균$=(3+5+7+7+8+8+10)/7=6.86$

3, 5, 7, 7, 8, 8, 100 → 평균$=(3+5+7+7+8+8+100)/7=19.71$

제일 많이 사용되는 것이 평균이긴 하지만 위의 예에서 두 번째 것처럼 자료에 특이하게 작거나 큰 값이 들어 있게 되면, 평균값을 자료의 위치를 나타내는 요약값 또는 대푯값으로 사용하는 것이 부적절한 경우가 있게 된다. 몸무게 자료에 씨름 선수나 경마 선수가 들어 있다든지, 키 자료에 농구선수가 들어 있는 경우이다. 증권 가격 자료에 IMF 때의 증권 가격 자료가 들어 있는 경우 그대로 평균을 사용한다면 문제가 될 것이다.

중앙값

특이하게 작거나 큰 값에 영향을 받지 않고 사용할 수 있는 것이 **중앙값(중간값, 중위수; median)**이다. 중앙값은 자료를 크기순으로 늘어 놓았을 때, 가운데에 해당하는 값이다. 자유로를 가다보면 양쪽 차선 사이에 배수로가 있다. 배수로의 역할도 겸하고 있는 중간 안전지대가 길을 분리하고 있다. 이러한 곳을 median of the road라고 한다. 길에서의 중앙과 자료에서의 중앙값은 같은 의미이다. 소득 계층을 정하는 기준으로 중위소득이 사용되고 있다.

자유로의 median

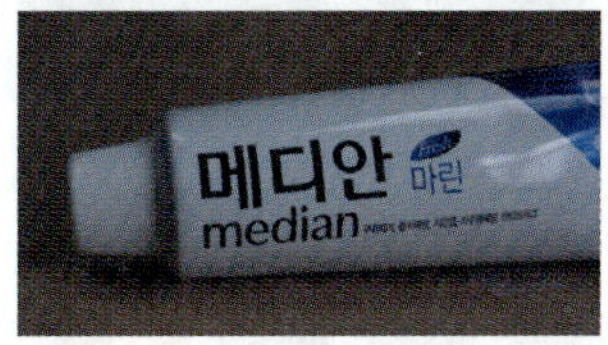

메디안 치약

자료가 다섯 개라면 세 번째 크기에 해당하는 값이 중앙값이다. 큰 값에서부터 세나(내림차순, descending order), 작은 값에서부터 세나(오름차순, ascending order) 세 번째 크기의 자료는 같은 것이다. 특별한 언급이 없으면 작은 값에서부터의 순위로 이야기하는 것이 일반적이다. 만일 자료가 짝수 개라면 정 가운데 값은 자료에서 존재하지 않는다. 이러한 경우는 가운데 있는 두 개 값의 가운데 값으로 중앙값을 나타낸다. 만일 자료의 개수가 10개라면 5번째와 6번째 크기에 해당하는 값의 가운데 값이 중앙값이다.

중앙값

$$\text{중앙값}=\begin{cases}\dfrac{n+1}{2}\text{번째 크기순 자료}(n\text{이 홀수일 때}) \\ \text{가운데 있는 두 개 값의 가운데 값}(n\text{이 짝수일 때})\end{cases}$$

주의 : $\frac{n}{2}$이 아님

중앙값은 특이하게 작거나 큰 값이 자료에 있어도 이들 값의 크기에 영향을 받지 않게 된다.

예제 3.2

4, 5, 7, 8, 8, 9 → 중앙값=7.5
2, 4, 7, 8, 8, 340 → 중앙값=7.5

위의 예에서 다른 자료들에 비하여 유난히 큰 값인 340이 자료에 들어 있다 하여도 중앙값은 7.5로 영향을 받지 않는 것을 볼 수 있다.

최빈값

최빈값(mode)은 자료 중에서 그 빈도수가 최대인 값을 의미한다. 자료가 연속형인 경우에는 도수분포표를 만들어 빈도가 최대인 계급의 중앙값이 최빈값이 된다. 평균이나 중앙값을 계산하는 것이 아무 의미가 없는 경우가 있는데, 이때는 최빈값으로 자료를 대표할 수 있다.

명목형 자료에서는 평균과 중앙값이 아무 의미가 없다. 동호인 마을을 조사하여 미술동호인 마을이 5개, 음악인 마을이 3개, 영화인 마을이 1개라 하였을 때의 평균이나 중앙값은 아무 의미가 없다. 미술동호인 마을은 1, 음악동호인 마을은 2, 영화인 마을을 3이라 표시하기로 한 후 평균을

$$\frac{1\times5+2\times3+3\times1}{9}=\frac{14}{9}=1.56$$

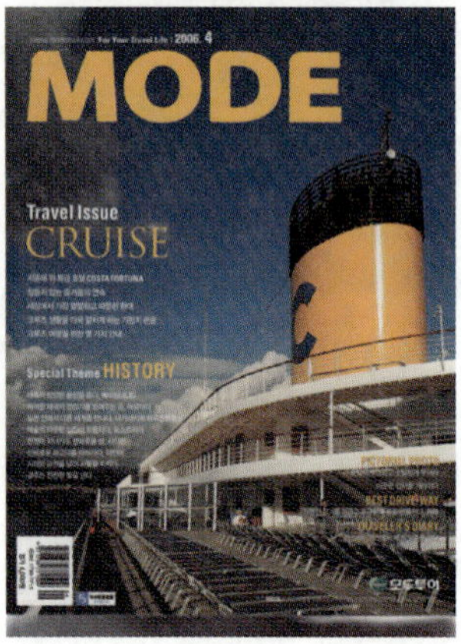

로 구하였다면 이 숫자는 해석이 불가능하다. 각각의 명목형 자료에 숫자를 임의로 부여하였기에 그 숫자들을 더하거나 빼는 것이 아무 의미가 없기 때문이다. 자료에는 1이 다섯 개로 제일 많으므로 최빈값은 1, 즉 '미술동호인 마을이 제일 많다'는 것은 자료에 대한 대략적인 정보를 알려주는 것이 된다. 지금은 폐간되었지만 미국에서는 〈MODE〉라는 이름의 여성 패션 잡지가 있었다. '다가올 시즌의 패션 모드가 무엇인가?'를 알려주는 잡지라는 뜻일 것이다. 아주 잘 지은 이름이라 생각한다. 만일 빨간색 옷을 입은 사람이 4명, 노란색이 7명, 보라가 2명이라 할 때, 빨강, 노랑, 보라의 평균값은 무엇인가? 어떻게 평균을 구하는지도 모르겠거니와 억지로 구하였다 할지라도 구한 사람 이외는 무슨 의미인지 모를 것이다. 최빈값인 노랑이 자료를 대표하는 값이다. 다가올 시즌의 '모우드' 색은 노랑인 것이다. 우리나라에는 모두투어라는 여행사가 있는데, 이 모두투어를 영어로 쓰면 All Tour가 아니고 놀랍게도 Mode Tour이다. 이 여행사에서는 Mode라는 여행잡지를 발행하였다. 신혼여행은 어느 곳으로 제일 많이 가는지, 얼마의 비용으로 가는지, 그 mode값들을 알고 있는 회사일 것이다.

최빈값

최빈값 = 빈도가 최대인 값

자료의 수가 너무 적은 경우에는 최빈값을 찾는 것이 무의미할 수 있다. 주사위를 다섯 번 던져서 1이 두 번 나오고 3, 5, 6이 한 번씩 나왔을 때 1을 최빈값으로 삼아 자료를 대표하거나 요약하는 척도로 삼기 어렵기 때문이다. 또한 최빈값은 하나가 아니고 여러 개 나올 수 있다. 주사위를 10번 던졌을 때 3과 5가 각각 3번씩 제일 많이 나왔다면 이 자료의 최빈값은 3과 5이다.

사분위수

미국 동전의 Quarter는 25센트이다. 즉, 1달러의 사분의 일이다.

자료를 크기순으로 늘어 놓은 후 똑같은 크기의 네 덩어리로 만들 때 그 경계에 해당하는 값이 **사분위수(quartile)**이다. 일사분위수(Q1, the first quartile), 이사분위수(Q2, the second quartile), 삼사분위수(Q3, the third quartile)의 세 개가 생긴다. 사사분위는 정의하지 않는다. 굳이 사사분위를 정의한다면 그 값은 자료에서 제일 큰 값(최댓값)이 되기 때문이다.

사분음표 : 온음의 $\frac{1}{4}$

자료의 1/4, 2/4, 3/4, 즉 25%, 50%, 75%에 해당하는 값이 어떠한 것인지 알려주는 것이 사분위수이다. 이사분위수는 중앙값과 같아 Q2라는 표기는 사용하지 않는다. 즉,

$Q1=0.75$, 중앙값=2.5, $Q3=5.5$라는 식으로 표현한다.

Q_1, Q_3

$$Q1=(n+1)\frac{1}{4}=(n+1)\frac{25}{100}\text{번째 순윗값}$$

$$Q3=(n+1)\frac{3}{4}=(n+1)\frac{75}{100}\text{번째 순윗값}$$

주의 : $Q1=n\cdot\frac{1}{4}$ 아님

$Q3=n\cdot\frac{3}{4}$ 아님

예제 3.3

다음과 같은 자료를 얻었다고 하자.

1, 0, 7, 5, 3, 2, 0, 1, 8, 4

그러면 자료들을 크기순으로 나열한다.

0, 0, 1, 1, 2, 3, 4, 5, 7, 8,

$Q1$은 (10+1)25/100=2.75번째에 해당하므로 두 번째인 0과 세 번째인 1 사이의 길이에 0.75에 해당하는 수, 즉 0.75가 된다.

이와 같이 계산하는 것을 보간법(interpolation)이라 한다.

$$0+(1-0)\times 0.75=0.75$$

$Q2$는 (10+1)50/100=5.5번째에 해당하므로 다섯 번째인 2와 여섯 번째인 3 사이의 길이에 0.5에 해당하는 수, 즉 2.5가 된다. 중앙값은 $(n+1)/2=(10+1)/2$ 번째에 해당하는 수이고, 이는 $Q2$ 구하는 식 (10+1)50/100와 일치함을 확인하여라.

만일 같은 두 숫자의 사이 값을 계산하여야 하는 경우는 당연히 그 값을 사용하면 된다.

$$2+(3-2)\times 0.5=2.5$$

$Q3$는 (10+1)75/100=8.25번째에 해당하므로 여덟 번째인 5와 아홉 번째인 7 사이의 길이에 0.25에 해당하는 수, 즉 5.5가 된다.

$$5+(7-5)\times 0.25=5.5$$

3.2 변동성 척도

통계자료는 자료 모두가 하나의 같은 값이 아니고, 둘 이상의 다른 값들이 있게 된다. 매일 온도를 재거나, 주식 가격을 조사한다고 할 때 그 값은 변동할 것이다. 100명에게서 수학 시험 점수자료를 얻었는데, 모두 83점을 받았다든가, 키를 쟀더니 모두 173센티미터가 되었다든가 하는 경우는 이론적으로 가능할지 몰라도 실제 상황에서는 나타날 수 없다. 즉, 통계자료는 서로 다른 값을 갖는다. 자료는 변동하는 것이고 그 변동하는 정도가 얼마나 되는지 나타내는 방법이 **변동성 척도**(measure of variability)이다. 만일 자료들을 $-\infty$에서$+\infty$

모의 시험 점수의 변동이 심한 학생을 진학지도하는 고3 담임은 골치가 아플 것이다. 변동이 심한 증권을 산다면 졸지에 부자가 되든지 쫄딱 망하든지 할 것이다.

사이의 수직선 위에 자료를 표시한다고 했을 때 자료들이 한 곳에 모이지 않고—물론 겹치게 표시되는 자료도 있지만—흩어져 표시될 것이다. 즉, 자료가 퍼져 있는데 얼마나 퍼져 있는지 표시하는 척도가 **퍼짐 척도(measure of spread)**이다. 즉, 변동성 척도나 퍼짐 척도는 같은 것을 의미한다. 변동성 척도에는 범위, 사분위간 범위, 분산, 표준편차 등이 있다.

사례 3.1 증권 가격의 변동성 측정

과거자료를 이용하여 증권 가격의 변동성(volatility)을 측정하는 공식은

$$s=\sqrt{\frac{1}{n-1}\sum_{i=1}^{n}(u_i-\overline{u})^2}$$

이다. 단, $\overline{u}$는 u_i의 평균이며,

$$u_i=\ln\frac{S_i}{S_{i-1}}$$

이고, S_i는 i번째 날의 주식 종가이다. 증권 가격의 변동성은 다름 아닌 표준편차이다. 다만 증권 가격을 그대로 사용하지 않고 전날 가격과의 비율에 자연로그를 취하여 자료를 변환시킨 후 사용하는 것이다. 증권을 분석하는 사람들이 사용하는 용어가 다를 뿐 개념은 같은 것이다. 변동성이 큰 주식일수록 올라가고 내려가는 가격 변동의 폭이 큰 주식이다. 변동성이 큰 주식일수록 투자위험이 높으므로 그 주식에 대한 옵션 가격은 높게 형성된다.

범위

변동성과 퍼짐의 척도로 사용할 수 있는 것 중 제일 간단한 형태가 제일 작은 값(최솟값)과 제일 큰 값(최댓값)의 거리일 것이다. 이것을 **범위(range)**라고 한다. 자료의 수가 너무 많아 어느 값이 최대이고, 어느 값이 최소인지 금방 찾을 수 없는 경우를 빼고는 쉽고 빠르게 구할 수 있는 값이다.

범위

범위 = 최댓값 − 최솟값

범위를 변동성 또는 퍼짐의 정도로 사용할 때 문제가 발생할 수 있는데, 그중 하나는 이상값이 존재할 때이다. 매우 특이하게 작거나 큰 값이 자료에 있을 때, 그 한 값에 의하여 자료의 범위가 왜곡된다. 또한 자료가 단 두 개일 때 구한 범위와 자료가 여러 개일 때 구한 범위가 같게 나올 때, 범위가 이들 자료의 변동성을 대표한다고 하기가 어렵다. 자료 하나하나가 전부 포함되는 변동성 척도가 필요하게 된다.

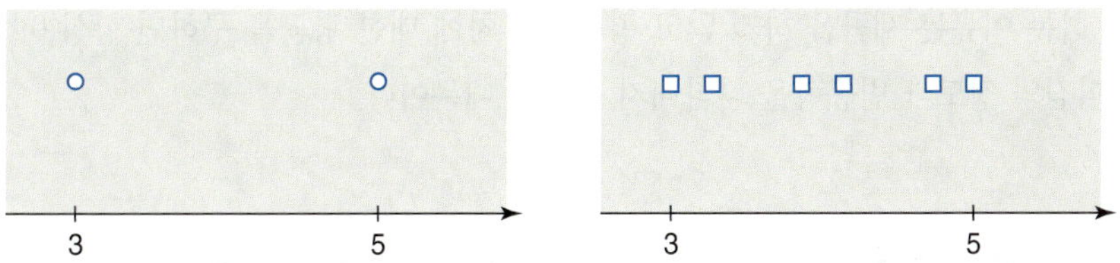

그림 3.1
범위: 변동성 측도

위 그림 중 왼쪽의 경우는 자료가 3과 5, 두 개의 값만 갖는다. 그러나 오른쪽의 경우는 3과 5 말고도 그 중간에 다른 여러 값도 있으면서 변동하므로 그 변동의 정도가 왼쪽의 그것과 같다고 하기가 어렵다.

사분위간 범위

범위에 의한 변동성 척도가 특잇값에 의하여 왜곡된다면 **사분위간 범위(interquartile range, IQR)**를 변동성의 척도로 사용할 수 있다. 사분위간 거리는 일사분위수와 삼사분위수의 거리이다.

범위

$$IQR = Q3 - Q1$$

일사분위나 삼사분위는 양쪽 극단값(extreme values, 최솟값과 최댓값)에서 자료의 25퍼센트씩 안쪽으로 들어와 있는 값이므로 특잇값이 아주 많지 않다면—양쪽 각각 또는 어느 한쪽으로 25%를 넘지 않는다면—그들 값에 영향을 받지 않게 된다.

분산과 표준편차

자료 하나하나의 값이 전부 고려되어 구해진 변동성 척도가 **분산(variance)**과 **표준편차(standard deviation)**이다. 모든 자료가 그 평균으로부터 떨어져 있는 거리를 제곱한 것의 평균값이 분산이고, 이러한 분산의 제곱근을 구한 것이 표준편차이다. 두 집단의 변동성을 비교할 때 표준편차와 분산 중 어느 것을 사용하여도 상관없지만, 분산을 더 많이 쓰게 된다.

모집단분산

$$\sigma^2 = \frac{\sum_{i=1}^{N}(x_i - \mu)^2}{N}$$

$N = \infty$인 경우 이 식을 사용할 수 없다(6장 참조).

표본분산

$$s^2 = \frac{\sum_{i=1}^{n}(x_i - \bar{x})^2}{n-1}$$

제곱을 하는 이유는 제곱을 하지 않고 평균과의 차에 대한 평균을 구하면 항상 0이 나오기 때문에, 퍼짐의 정도나 변동량을 나타내지 못하기 때문이다.

$$\sum(x_i-\bar{x})\equiv 0$$

표준편차

표본표준편차: $s=\sqrt{s^2}$

모집단표준편차: $\sigma=\sqrt{\sigma^2}$

제곱근을 하는 이유: 분산은 제곱하여 계산한 값이므로 제곱근을 하면 원래의 단위로 돌아온다. kg 단위로 잰 몸무게 자료에서 분산은 kg^2, 여기에 제곱근을 한 표준편차는 kg으로 되돌아온다.

변동성은 크거나 작은 쪽으로 나타날 수 있으므로 제곱을 하여—제곱하면 전부 양의 값이 되므로—평균을 내는 것이다. 범위, 사분위간 범위와 마찬가지로 분산과 표준편차는 음수가 될 수 없다. 이론적으로 또는 모든 자룟값이 똑같은 경우에는 0이 나올 수 있으나 거의 모든 실제 상황에서는 양의 값이 계산된다.

변동계수

변동계수(**coefficient of variation**)는 변동성을 평균에 대한 상대적인 값으로 표시한 것이다. 표준편차를 평균으로 나누어 표시하는데, 일반적으로 퍼센트 개념으로 사용하므로 100을 곱하여 퍼센트 단위로 표시한다.

변동계수

$$\left(\frac{\text{표준편차}}{\text{평균}}\times 100\right)\%$$

변동계수는 표준편차를 평균에 대한 상대적인 값으로 '표준화'시킨 일종의 표준화된 표준편차이다.

예를 들어, 아버지는 40대의 중견회사원이고 아들은 중학생인 경우, 매달 쓰는 용돈의 변동성에 대해 생각하여 보자. 아버지가 쓰는 용돈이 당연 아들보다 많을 것이다. 평균적으로 60만 원과 5만 원을 쓴다고 하자. 그런데 우리의 관심은 매달 변하는 변동성이다. 아버지가 쓰는 용돈이 많기 때문에 다달이 변동하는 폭도 더욱 클 것이다. 어느 달은 경조사가 몰리거나 저녁 약속 등으로 많은 용돈을 지출할 수 있고, 어느 달은 바쁜 회사 일 때문에 용돈 쓸 시간조차 없을 수도 있다. 이렇다면 다달이 변동하는 폭이 중학생 아들에 비하여 매우 클 것이다. 그런데 각자의 표준편차를 평균으로 나누어 변동계수를 비교한다면 그 상황이 달라질 수 있다.

회원수가 많은 A 이동통신사의 매월 통화수의 변동량과 상대적으로 적은 회원의 B 이동통신사의 통화수 변동량은, A 이동통신사가 많을 것이나 변동계수로 비교하면 '규모의 효과'를 상쇄하고 비교할 수 있다. 1960년대 우리나라의 무역수지 변동량과 2000년대의 무역수지 변동량을 비교할 때, 경제 규모 자체가 매우 다른 상태에서 변동량을 단순히 비교하는 것보다 변동계수로 '표준화'하여 비교하는 것이 더 의미가 있다.

3.3 특잇값의 발견

2.11 특잇값 절에서 이미 다루었듯이 특잇값을 통계적, 수학적으로 명확하게 정의할 수는 없으나 z-스코어(z-score)값이 −2에서 2 사이의 범위를 벗어나거나 또는 −3에서 3을 벗어나는 경우를 특잇값으로 생각할 수 있다. 그러나 일률적으로 z-스코어값에 의하여 판단하면 안되고, 그 외에 다른 요소, 즉 자료의 종류와 형태 등에 따라 종합적으로 판단하여야 한다.

무엇이 또는 어떻게 된 것이 특이하고 특이하지 않은지 그때 그때의 경우마다 전부 다르므로 수학적으로 정의할 수 없다.

z-스코어는 자료에서 그 평균을 빼고 표준편차로 나눈 값이다. 이렇게 자료를 변환시키면 평균은 0, 표준편차와 분산은 1인 표준화된(standardized) 자료가 된다. 몸무게를 킬로그램 단위로 얻은 자료와 그램 단위로 얻은 자료는 다른 값을 갖게 되지만, z-스코어값은 단위에 상관없이(unit-free) 똑같은 값이 된다.

Z-Score

$$z_i = \frac{x_i - \bar{x}}{s}$$

$z_i = x_i$에 대한 z-score, $\bar{x}$ = 표본평균, s = 표본표준편차.

그림 2.18 빛의 속도 측정 자료에서

맨 왼쪽 특잇값 z-스코어 = −6.53
두 번째 왼쪽 특잇값 z-스코어 = −2.62

이다. 그림 2.18에서 시각적으로 특잇값을 판단하였는데 z-스코어 = −6.53는 숫자 크기에 의하여 특잇값을 정의할 수 있게 해 준다. z-스코어 = −2.62는 ±3 기준으로는 특잇값이 아니지만 ±2 기준으로는 특잇값이다.

그림 2.19 TV광고 효과 자료에서

우측 중앙 특잇값	Spend z-스코어 = 2.14
	Yield z-스코어 = −0.01

이다. 로그변환 후에는

우측 중앙 특잇값	Spend z-스코어 = 1.57
	Yield z-스코어 = 0.35
좌측 아래 특잇값	Spend z-스코어 = −1.45
	Yield z-스코어 = −2.16

로 우측 중앙 자료는 로그변환 후에 특이 정도가 감소하였고, 좌측 아래에 새로운 특잇값이 출현하였다.

그림 2.19 오른쪽 그래프의

$$\text{알래스카 주 특잇값} \quad \text{Spend } z\text{-스코어} = 4.41$$
$$\text{Pay } z\text{-스코어} = 4.09$$

로 Spend와 Pay에서 동시에 4가 넘는 z-스코어가 계산되어 특잇값임을 보이고 있으나 알래스카는 회귀분석 관점에서는 전체 패턴에 부합하는 주이다.

일반적인 거리가 기하학적인 개념이라면 z-스코어는 평균과 표준편차를 고려한 통계적인 거리라고 할 수 있다. z-스코어의 절댓값이 클수록 자료의 중심부에서 통계적으로 멀리 떨어진 값이다. 다변량 자료의 z-스코어를 다차원 공간에서의 통계적인 거리를 계산하는 마할라노비스거리(Mahalanobis distance) 등으로 정의하여 사용할 수 있다(전문서적 참조).

3.4 연관성 척도

둘 이상의 항목에 대한 숫자형 자료를 분석할 때, 각 자료의 상호 연관성(association)을 측정하는 것 자체가 목적이 될 수도 있고, 또한 **연관성 척도(measure of association)**의 결과를 이용하여 다음 단계의 분석으로 넘어갈 수도 있다. 아버지의 키와 아들의 키가 연관이 있는지, 이자율과 국민총생산이 서로 연관이 있는지, 회사의 자금 회전율과 연구개발비(R&D)가 연관이 있는지 알아보는 것 자체가 목적이 될 수도 있고, 또 그것을 이용하여 차후에 다루게 될 회귀분석이나 다른 통계분석의 기초 단계로 이용할 수도 있다. 분할표(contingency table)에서의 연관성 척도는 매우 다양하게 개발되어 있다. 순서형 자료에 대한 연관성 척도는 17장의 스피어맨 순위 상관계수를 참조하라. 여기에서는 연속형 자료의 선형적 관계(linear relationship)에 대한 것만 다루기로 한다. 선형적 관계의 연관성을 나타내는 측도는 공분산과 상관계수 등이 있다.

예를 들어, 광고비 지출(promotion)과 매출액(sales)은 어떤 연관성을 갖고 있을까? 표 3.1은 광고비 지출과 매출액에 관한 자료이다. 그림 3.2는 표 3.1의 산점도(scatterplot)를 보여 주고 있는데, 그림 3.2에서 보는 바와 같이 광고비와 매출액의 연관성은 선형적 관계를 나타내고 있다. 그림 3.2에서 얻을 수 있는 정보는 전반적으로 광고비가 증가하면 매출액이 증가하는 것을 알 수 있다. 광고비와 매출액은 정확하게 수학에서 사용하는 1차 직선의 식으로 표현하기엔 무리가 있으나, 전반적으로 판단하면 선형적 관계가 존재함을 알 수 있다.

광고비.dat
광고비.xlsx

표 3.1 광고비와 매출액 연관성 비교 자료 (단위 : 억 원)

광고비	5	6	7	8	9	11	12	13	14	15
매출액	16	19	18	20	24	26	30	32	31	34

두 연속형 변수 사이의 선형적 연관성을 측정하기 위한 통계량(statistic)은 공분산(covariance)과 상관계수(correlation coefficient) 등이 있다. 우선 공분산에 대하여 알아 보기로 한다. **모집단공분산(population covariance)**은 다음과 같이 정의된다.

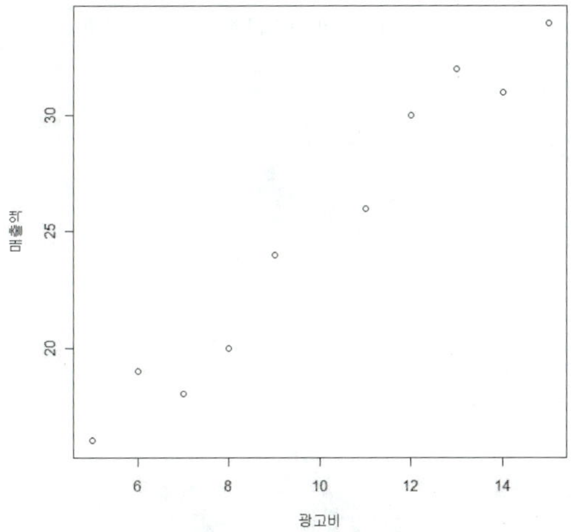

그림 3.2
광고비와 매출액 연관성 비교 자료
(단위 : 억 원)

X와 Y의 모집단공분산

$$\sigma_{xy} = \frac{1}{N}\sum_{i=1}^{N}(x_i - \mu_x)(y_i - \mu_y)$$

여기서 $\mu_x = x$의 모평균(population mean), $\mu_y = y$의 모평균(population mean)

X와 Y의 모집단공분산 속성

1. $\sigma_{XY} > 0$: X와 Y는 양의 선형적 관계(positive linear relationship)를 의미한다.
2. $\sigma_{XY} < 0$: X와 Y는 음의 선형적 관계(negative linear relationship)를 의미한다.
3. $\sigma_{XY} = 0$: X와 Y는 선형적 관계를 갖지 않는 것으로 해석된다.

공분산$(-\infty, \infty)$
크기 : 선형적 관계의 강도(세기)
부호 : 선형적 관계의 방향

n개의 관측된 자료 (x_1, y_1), (x_2, y_2), $\cdots$ (x_n, y_n)를 이용하여 구한 모집단공분산의 추정치인 **표본공분산(sample covariance)**은 다음과 같다.

X와 Y의 표본공분산

$$s_{xy} = \frac{\sum_{i=1}^{n}(x_i - \bar{x})(y_i - \bar{y})}{n-1}$$

여기서 $\bar{x} = x$의 표본평균(sample mean), $\bar{y} = y$의 표본평균(sample mean)

X와 Y의 표본공분산 속성

1. $s_{xy} > 0$: x와 y는 양의 선형적 관계를 의미한다.
2. $s_{xy} < 0$: x와 y는 음의 선형적 관계를 의미한다.
3. $s_{xy} = 0$: x와 y는 선형적 관계를 갖지 않는 것으로 해석된다.

표 3.1의 자료를 이용하여 광고비와 매출액의 선형적 연관성을 측정하기 위하여 표본공분

약한 양의 선형관계

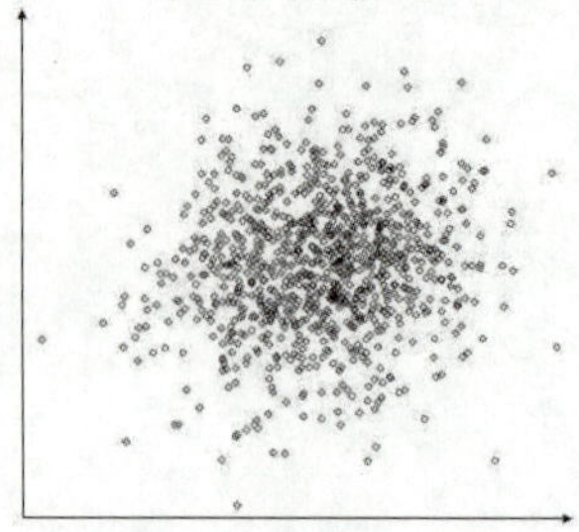

그림 3.3

아주 약하게 양의 선형관계를 보여 주고 있다. 이런 경우 공분산은 0에 가까운 값을 갖게 된다.

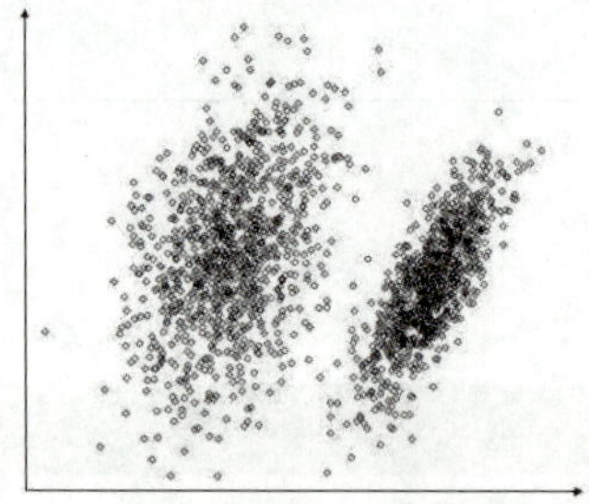

양의 공분산의 크기 비교

그림 3.4

두 집단은 모두 양의 값을 갖는 공분산을 갖고 있다. 왼쪽의 것은 선형성이 오른쪽의 것보다 약하다. 따라서 왼쪽의 공분산 값은 오른쪽의 공분산 값보다 작다.

산을 구하면 다음의 표 3.2와 같다. 표본공분산 22.44는 광고비와 매출액 사이의 양의 선형적 관계가 성립하는 것으로 판단된다.

표 3.2 표본공분산의 계산

	광고비(x_i)	매출액(y_i)	$x_i-\bar{x}$	$y_i-\bar{y}$	$(x_i-\bar{x})(y_i-\bar{y})$
	5	16	−5	−9	45
	6	19	−4	−6	24
	7	18	−3	−7	21
	8	20	−2	−5	10
	9	24	−1	−1	1
	11	26	1	1	1
	12	30	2	5	10
	13	32	3	7	21
	14	31	4	6	24
	15	34	5	9	45
합	100	250	0	0	202

$$s_{xy}=\frac{\sum_{i=1}^{n}(x_i-\bar{x})(y_i-\bar{y})}{n-1}=\frac{202}{10-1}=22.44(\text{억 원}^2)$$

이때 주목할 점은 표본공분산 22.44의 단위는 억원의 제곱으로 양의 선형적 관계에 대한 객관적인 판단 기준으로 해석상 혼돈의 여지가 충분하다. 왜냐하면 공분산은 단위를 포함하고 있어 단위수가 큰 자료의 경우 당연히 공분산이 크게 나오게 되어, 어느 정도의 강도(strength)로 선형적인가에 대한 판단 기준으로는 명확하지 않기 때문이다. 따라서 자료의 단위를 상쇄할 필요가 있다.

두 숫자형 변수 사이의 선형적 강도를 나타내기 위한 통계량으로 공분산을 각 변수의 표준편차로 나눈 **피어슨곱적률상관계수(Pearson product moment correlation coefficient)**를 많이 사용하고 있다. 피어슨곱적률상관계수는 줄여서 **피어슨상관계수(Pearson correlation coefficient)** 또는 **곱적률상관계수(product moment correlation coefficient)**라고도 한다. 보통 다른 언급 없이 상관계수라고 할 때 피어슨곱적률상관계수를 뜻한다.

3장 표지의 피어슨 소개를 참조

공분산이 두 변수의 표준편차의 곱에 대하여 표준화된 것이 피어슨곱적률상관계수이다.

X와 Y의 모집단상관계수

$$\rho_{XY}=\frac{\sigma_{XY}}{\sigma_X\sigma_Y}$$

여기서 $\sigma_{XY}=(X, Y)$의 모집단공분산, σ_X, $\sigma_Y=X$와 Y의 표준편차

공분산은 계측단위에 따라 그 크기가 달라질 수 있으나 상관계수는 표준화된 척도로 계측단위에 영향을 받지 않는다. 예를 들면, 사람의 키(X)와 몸무게(Y)를 cm와 kg으로 나타낸 자료와 inch와 pound로 나타낸 자료의 상관계수는 같은 값을 갖는다. 여러 종류의 상관계수가 있으나(16장에 순위 상관계수가 소개되어 있다) 곱적률상관계수를 단연 많이 사용하고 있으며, 특별한 주의사항 없이 상관계수의 용어를 사용한다면 곱적률상관계수를 뜻하는 것으로 이해하면 된다. 피어슨의 곱적률상관계수는 다음과 같은 성질이 있어 널리 애용되고 있다.

X와 Y의 모집단상관계수 성질

1. $-1\leq\rho_{XY}\leq+1$
2. 모집단상관계수는 단위가 없다.
3. $0<\rho_{XY}\leq+1$: X와 Y는 양의 선형적 관계를 의미한다.
4. $-1\leq\rho_{XY}<0$: X와 Y는 음의 선형적 관계를 의미한다.
5. $\rho_{XY}=0$: X와 Y는 선형적 관계가 존재하지 않는다.

상관계수[−1, 1]
크기: 선형적 관계의 강도
부호: 선형적 관계의 방향

그림 3.5는 두 연속형 변수 X와 Y의 상관계수가 의미하는 네 가지 예들을 보여 주고 있다. (a)는 X와 Y의 관계가 양의 선형적 관계를, (b)는 음의 선형적 관계를 보여 주고 있으며, (c)는 X와 Y 사이에 선형적 관계가 없음을 그리고 (d)는 X와 Y의 관계가 완벽한 양의 선형적 관계를 하고 있음을 보여 주고 있다. 공분산에서와 마찬가지로 상관계수는 부호에 의하여 관계의 방향, 절댓값 크기에 의하여 관계의 크기, 여기서는 관계의 강약을 나타내게 된다. 절댓값이 0∼0.1이면 관계없음, 0.2∼0.4 사이이면 약한 관계, 0.5∼0.7이면 중간 관계, 0.8∼1.0이면 강한 관계라고 한다.

$0\leq\lvert\rho\rvert\leq0.1$	관계없음
$0.2\leq\lvert\rho\rvert\leq0.4$	약한 관계
$0.5\leq\lvert\rho\rvert\leq0.7$	중간 관계
$0.8\leq\lvert\rho\rvert\leq1$	강한 관계

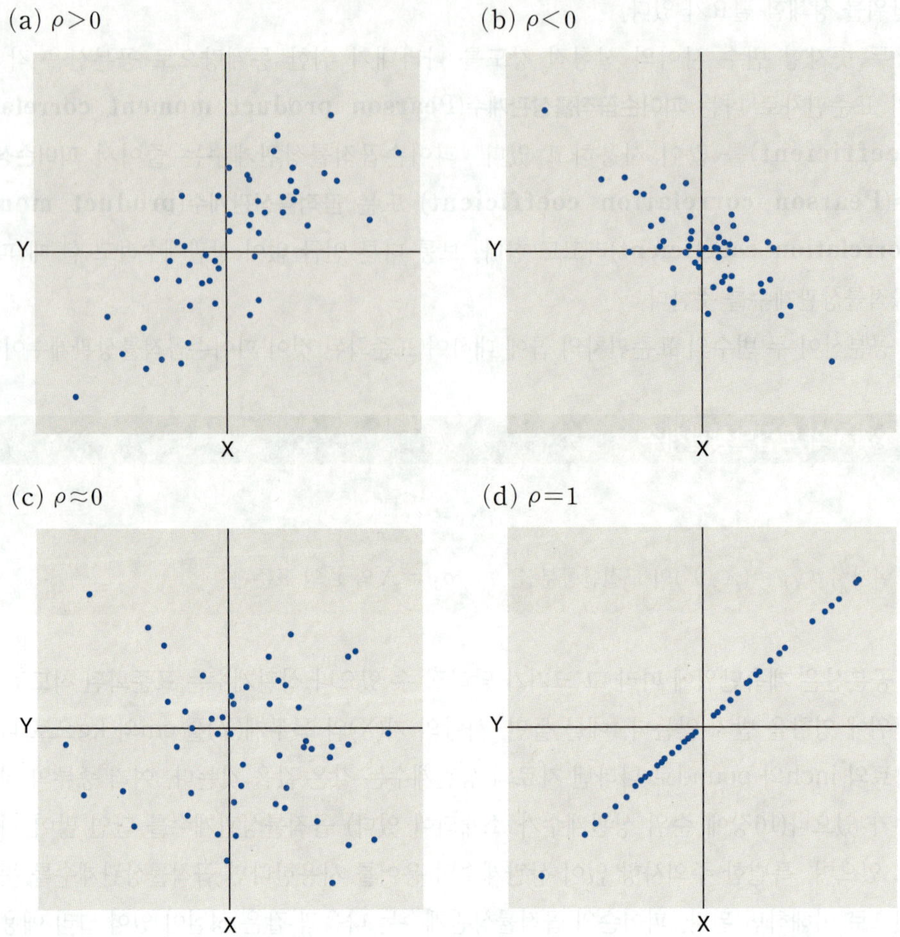

그림 3.5
상관계수 해석

n개의 관측된 자료 (x_1, y_1), (x_2, y_2), $\cdots$, (x_n, y_n)를 이용하여 구한 모집단상관계수의 추정치인 **표본상관계수(sample correlation coefficient)**는 다음과 같다.

X와 Y의 표본상관계수

$$r_{xy} = \frac{s_{xy}}{s_x s_y}$$

여기서 $s_{xy}=(x, y)$표본공분산, s_x, $s_y=x$와 y의 표본표준편차

X와 Y의 표본상관계수 속성

1. $-1 \le r_{xy} \le +1$
2. 표본상관계수는 단위가 없다.
3. $0 < r_{xy} \le +1$: x와 y는 양의 선형적 관계를 의미한다.
4. $-1 \le r_{xy} < 0$: x와 y는 음의 선형적 관계를 의미한다.
5. $r_{xy}=0$: x와 y는 선형적 관계가 존재하지 않는다.

광고비와 매출액의 표본상관계수를 계산하면 다음과 같다.

$$r_{xy}=\frac{s_{xy}}{s_x s_y}=\frac{22.44}{(3.496)(6.532)}=0.98$$

광고비와 매출액의 표본상관계수는 0.98로 그림 3.3에서 보는 바와 같이 양의 선형관계가 매우 강한 것으로 판단된다.

두 연속형 변수 x와 y의 표본상관계수가 0인 경우 또는 0에 매우 근접한 경우 x와 y의 관계가 없다고 판단을 내릴 수 있을까? 그림 3.6은 상관계수 해석에 있어서 오류를 범할 수 있는 예를 보여 주고 있다. 그림 3.6은 x와 y의 관계가 포물선인 2차 방정식의 관계를 나타내고 있다. 이럴 경우 상관계수는 $r_{xy}=0$ 또는 0에 매우 근접한 값이 된다.

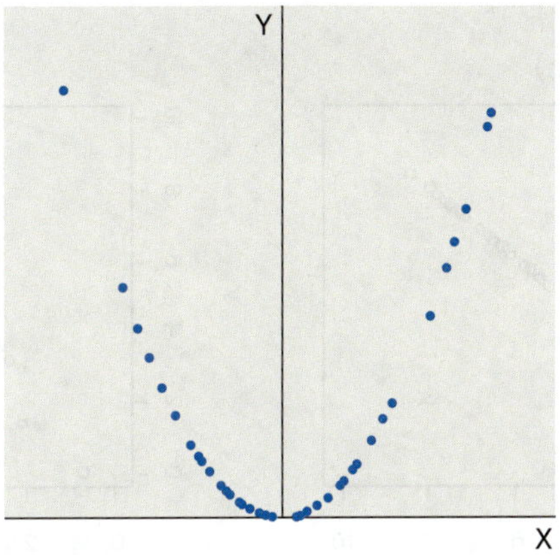

그림 3.6
비선형적 관계일 경우 $r_{xy}=0$

그림 3.6으로부터 기억하여야 할 점은 상관계수는 두 숫자형 변수 사이의 선형적 강도와 방향을 나타내는 통계적 지표라는 사실이다. 비록 상관계수가 0 또는 0에 근접한 값이라 해도 두 변수 사이에 선형적 관계가 아닌 비선형적 관계(nonlinear relationship)가 존재할 수 있다는 가능성을 검토해야 한다. x와 y의 산점도(scatterplot)는 이러한 상관계수의 부적절한 사용을 방지하기에 유용하다. 상관계수를 해석할 때 유의하여야 할 점은 상관계수는 선형 관련성 정도만을 나타내는 것이다.

> 상관계수를 구할 때, 산점도도 항상 그려보아야 한다.

그림 3.7은 상관계숫값을 소수 셋째 자리에서 반올림한 값이 0.90으로 거의 같은 네 가지 경우를 보여 주고 있다. 그래프에서 보듯이 네 자료에서 두 변수의 관계가 전부 다르다. 상관계수가 의미 있게 쓰이고 있는 경우는 (a)뿐이다. 이 그래프는 허명회의 『R을 이용한 탐색적 자료분석』(자유아카데미, 2007) 176쪽을 참조하였다. 상관계수를 구하기 전에 산점도를 그려 보아야 한다.

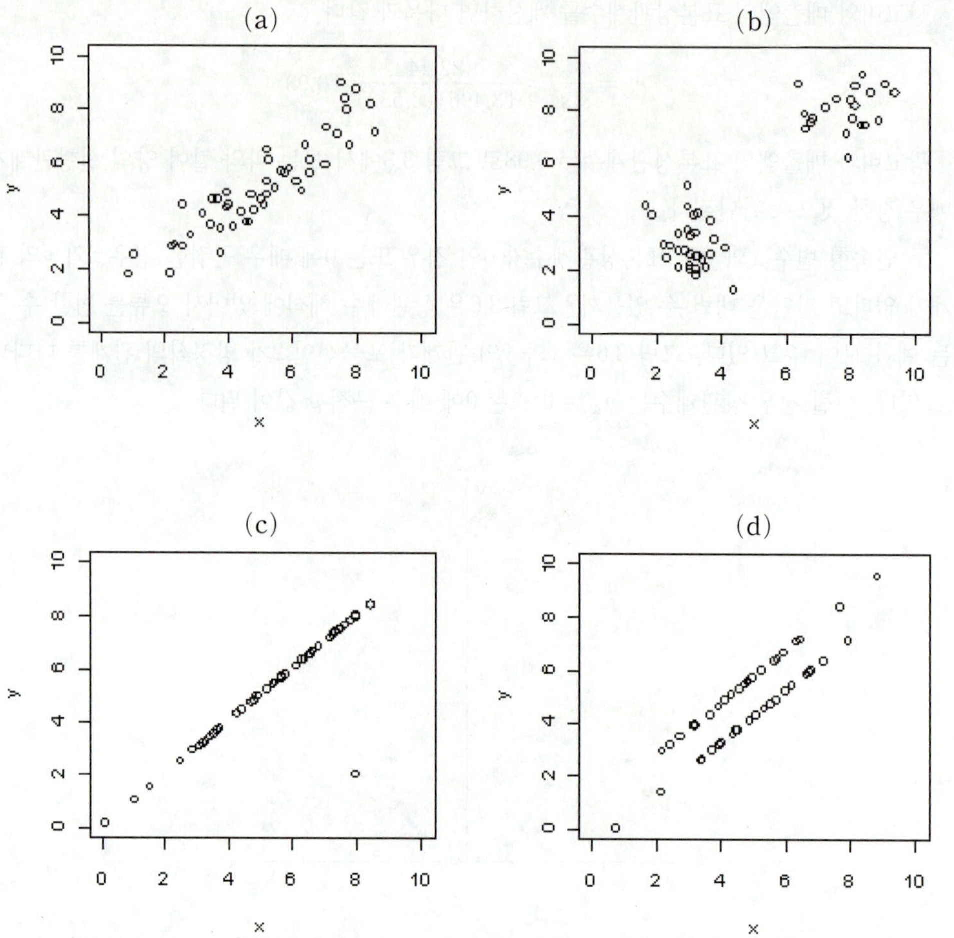

그림 3.7
상관계수 $r=0.90$ 값을 갖는 여러 경우

또한 상관계수는 두 변수 간의 인과관계를 나타내는 것은 아니다. 철수가 아침에 일어나는 시간과 그날 종합주가지수와의 상관계수가 1에 가깝다고 해서 "철수가 아침에 일찍 일어나면 그날 주가는 오른다"라고 해석할 수는 없다. 우연하게 그렇게 된 것이다. 마찬가지로 수능점수와 본고사와의 상관계수가 1에 가깝다고 해서 "수능을 잘 보면 본고사도 잘 본다"라고 해석할 수는 없는 것이다. 즉, 만일 앞의 해석이 가능하다면 거꾸로 "본고사를 잘 보면 수능도 잘 본다" 라는 해석도 가능하게 된다. 시간을 거꾸로 거슬러 인과관계를 설정할 수 없다. 즉, 인과관계는 단순히 상관계수만으로 결론지을 수는 없는 것이다.

선험적으로 또는 정립된 이론에 의하여 성립된 인과관계를 통계적으로 검증 또는 확인할 수는 있으나, 거꾸로 통계적인 상관계수 수치를 인과관계로 확대 해석할 수 없다. '공급이 많아지면 가격이 싸진다'라는 경제 이론을 실제자료의 통계분석으로 검증할 수 있으나, 단순한 통계분석으로 경제이론을 거꾸로 만들어 내는 것은 매우 위험한 일이다.

3.5 그룹자료의 평균과 분산

자료가 도수분포표의 형태와 같이 그룹으로 모아져 있는 경우에는 개개의 원자료가 없으므로, 계급의 중앙값을 그 계급에 속한 자료들의 대푯값으로 사용한다. 그룹의 수는 k이다.

그룹자료의 표본평균

$$\bar{x}=\frac{\sum_{i=1}^{k} f_i M_i}{n}$$

M_i=계급 i의 중앙값

f_i=계급 i의 도수

n=표본수

그룹자료의 표본분산

$$s^2=\frac{\sum_{i=1}^{k} f_i (M_i-\bar{x})^2}{n-1}$$

그룹자료의 모집단평균

$$\mu=\frac{\sum_{i=1}^{k} f_i M_i}{N}$$

그룹자료의 모집단분산

$$\sigma^2=\frac{\sum_{i=1}^{k} f_i (M_i-\mu)^2}{N}$$

아래의 표는 2장에서 구한 몸무게의 도수분포표이다. 원 자료가 없고 도수분포표의 형태로 그룹화되어 있을 때 평균과 분산을 구하여 보자.

몸무게의 도수분포표

몸무게	도수	상대도수	누적도수	상대누적도수
55 이상 ~ 60 미만	3	0.03	3	0.03
60 이상 ~ 65 미만	24	0.24	27	0.27
65 이상 ~ 70 미만	35	0.35	62	0.62
70 이상 ~ 75 미만	30	0.30	92	0.92
75 이상 ~ 80 미만	5	0.05	97	0.97
80 이상 ~ 85 미만	3	0.03	100	1.00
합계	100	1.00		

평균과 분산을 구하기 위하여 각 급간의 대푯값을 구하고 도수와 곱셈을 하여 표로 만들면 다음과 같다.

M_i : middle of class i
f_i : frequency of class i

그룹자료의 표본평균과 분산

몸무게의 도수분포표

몸무게	M_i	f_i	f_iM_i	$(M_i-\bar{x})^2$	$f_i(M_i-\bar{x})^2$
55 이상 ~ 60 미만	57.5	3	172.5	119.9025	359.7075
60 이상 ~ 65 미만	62.5	24	1500.0	35.4025	849.6600
65 이상 ~ 70 미만	67.5	35	2362.5	0.9025	31.5875
70 이상 ~ 75 미만	72.5	30	2175.0	16.4025	492.0750
75 이상 ~ 80 미만	77.5	5	387.5	81.9025	409.5125
80 이상 ~ 85 미만	82.5	3	247.5	197.4025	592.2075
합계		100	6845.0		2734.75

$\bar{x}=6845/100=68.45$

$s^2=2734.75/99=27.62$

읽을거리 상관과 인과관계

여자들의 치마 길이가 짧아지면 경기가 좋아진다는 설도 있고, 반대로 경기가 좋아지면 여자 치마 길이가 짧아진다는 주장도 있다. 여자들의 치마 길이가 짧아지면 경기가 좋아진다는 것을 관측한 것만으로 둘 사이의 상관이 의미가 있는 것으로 해석하면 안 된다. 이와 같은 것을 **허위상관** 또는 **가짜상관(spurious correlation)**이라고 한다.

통계분석 결과를 **인과관계(causal relationship)**의 정립에 대한 도구로 삼으면 안 된다. 정립된 인과관계를 통계를 이용하여 실증적으로 확인(confirmatory data analysis)할 수 있으나, 통계적 관측사실을 근거로만 인과관계를 도출할 수는 없다.

부모의 혈우병이 자식에게 유전되는 인과관계는 부모의 혈우병과 자식의 혈우병 통계를 통하여 확인할 수 있다. 생물학적, 유전학적 이론에 의하여 혈우병 유전에 대한 인과관계가 정립되어 있는 것을 통계적으로 검정한 것이다.

Greger Mendel(1822~1884)은 다윈의 진화론을 증명하려고 완두콩을 심은 후, 통계분석을 통하여 진화론의 가설을 뒤집는 유전법칙을 발견하였다. 그가 죽은 뒤에 후세의 생물학자들에 의해 확고한 이론이 정립되었다. 멘델의 경우처럼 통계적 사실이 새로운 이론 정립에 단초를 제공하는 도움을 줄 수는 있지만, 통계적 분석 결과를 곧바로 인과관계에 대한 증거로 사용할 수 없다. 아이스크림의 소비량과 범죄율의 상관관계로 이 둘 사이의 인과관계를 정립하는 것은 어불성설이다. 기온이 오르면 아이스크림의 소비가 증가하는 것을 상식적으로 알 수 있다. 기온이 오르면 범죄율이 증가하는 현상의 결과로 아이스크림과 범죄율의 상관관계로 나타난 것일 뿐이지, 둘 사이의 인과관계는 없는 것이다. 큰 아들의 키와 작은 아들의 키의 상관관계가 있다고 큰 아들의 키가 작은 아들의 키에 영향을 주었다고 생각할 수 없다. 같은 집에서 자라난 형제이니 부모의 유전자에 의한 영향과 음식 섭취에 의한 영향에 의하여 형제의 키가 상관관계가 높은 것으로 나타난 것이다. 기온상승, 부모 유전자처럼 제3의 숨어 있는 요인을 중첩요인(교락요인, confounding factor) 또는 잠복변수(lurking variable)라고 한다.

3장에서 다룬 상관계수와 14, 15장에서 다룰 회귀분석의 결과를 해석할 때, 인과관계로 확대 해석하는 것은 매우 위험한 일이다.

EXCEL · SPSS · R

이 책과 관련된 데이터, 정오표 등은 자유아카데미의 홈페이지(www.freeaca.com)나 web.yonsei.ac.kr/cekim에서 얻을 수 있다.

EXCEL

2장에서 사용한 몸무게 자료를 이용하여 기술통계학을 구하여 보자.

Step 1 자료를 입력한다.

주의 : 자료를 입력한 후에 항상 맞는지 꼭 확인해 보아야 한다. 자료를 잘못 입력하면 분석을 아무리 잘 한다고 하여도 소용없는 일이다.

	A
1	68.5
2	77.3
3	62.5
4	73
5	72.6
6	61
7	69.4
8	66.7
9	74.2
10	71.9
11	65.5
12	63.2
13	71.5
14	71.5
15	75
16	64.5
17	71.5
18	71.7

Step 2 [데이터]의 [데이터 분석]을 선택한 후 [통계 데이터 분석] 창에서 **기술 통계법**을 선택하고 [확인]을 누른다.

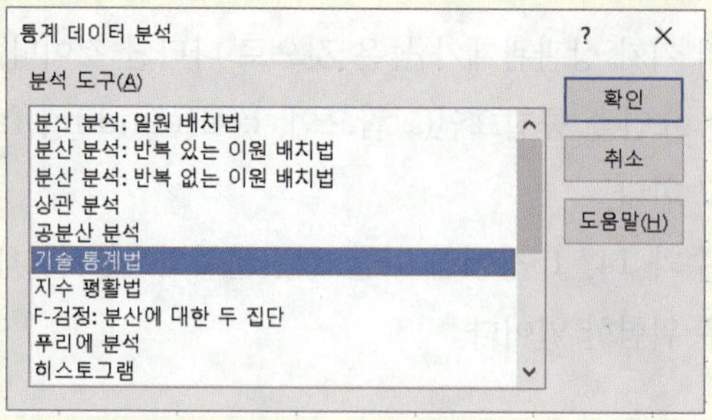

Step 3 **기술 통계법** 창에서 **입력 범위**를 $A$1:$A$100, **출력 범위**를 $C$3를 지정하고 **요약 통계량**을 선택한 후 **확인**을 누른다.

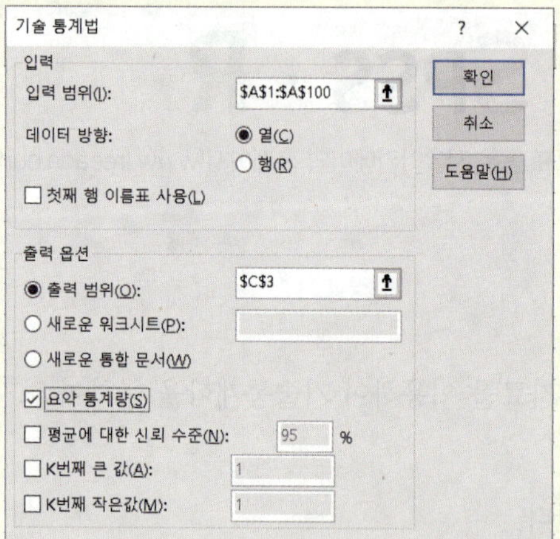

Step 4 다음의 요약 통계량을 얻는다.

C	D
Column1	
평균	68.498
표준 오차	0.497466
중앙값	68.5
최빈값	71.5
표준 편차	4.974663
분산	24.74727
첨도	0.271823
왜도	0.192766
범위	27.4
최소값	55.6
최대값	83
합	6849.8
관측수	100
	0

Step 5 **[데이터]>[데이터 분석]>[요약 통계량]**을 이용하지 않고 **[함수]**를 이용하려면 C3 셀에서 C7 셀까지 평균, 중앙값, 최빈값, 분산, 표준편차를 입력한 후 D3에서 D7까지 =AVERAGE(A1:A100), =MEDIAN(A1:A100), =MODE.SNGL(A1:A100), =VAR.S(A1:A100), =STDEV.S(A1:A100)를 차례로 입력하여 다음 결과를 얻는다.

C	D
평균	68.498
중앙값	68.5
최빈값	71.5
분산	24.74727
표준편차	4.974663

히스토그램을 그리기 위하여 계급구간을 입력하여야 하는데, 만일 사용자가 지정하지 않으면 엑셀에서 최댓값과 최솟값을 이용하여 적당한 구간으로 나누어 놓는다. 엑셀에서 지정한 계급구간은 최댓값을 나타낸다. 그리고 지정한 최댓값 다음에는 '기타'라는 계급구간을 만든다.

Step 6 C 컬럼에 계급구간의 최댓값을 넣는다.

Step 7 **[데이터]>[데이터 분석]>[히스토그램]>[확인]** 후 **입력 범위**:A1:A100 입력, **계급구간**에는 C2:C8 지정, **출력 범위**:D1지정, 차트 출력 옵션을 선택한다.

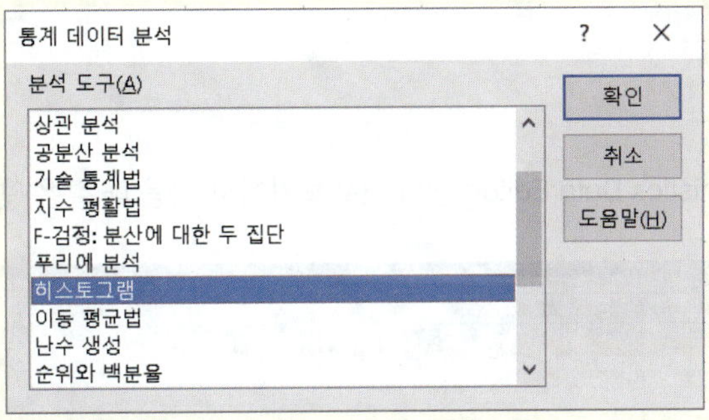

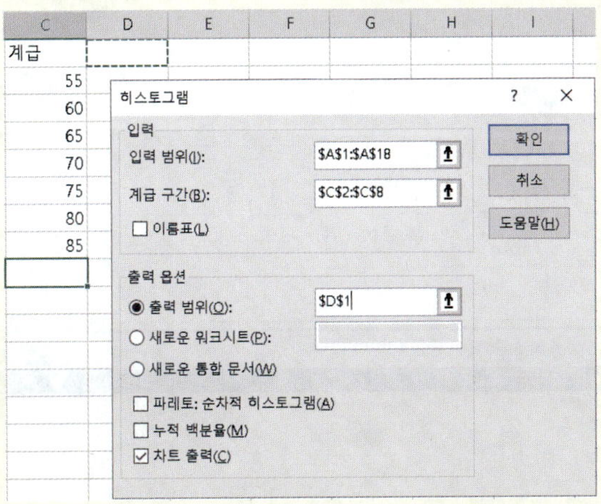

Step 8 **확인**하면 다음 결과를 얻는다.

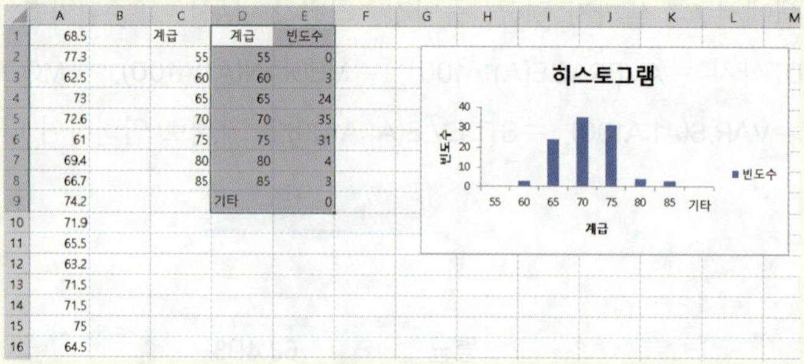

눈썰미가 있는 독자들은 도수분포표가 2장 본문에 있는 것과 다르다는 것을 알 것이다. 계급 75와 80의 빈도수가 30과 5에서 31과 4로 바뀌어 있다. 2장 본문에서는 50 이상~55 미만, 55 이상~60 미만 식으로 구간을 정하였지만, 엑셀은 지정된 값까지 포함하여 사용한다. 즉, 엑셀은 ~55 이하, 55 초과~60 이하 식으로 구간을 정하여 사용한다. 자료에 정확히 75되는 자료가 있어 본문에서 구간 정하는 식과 엑셀이 정하는 식에 따라 위 구간에 속하기도 하고, 아래 구간에 속하기도 하여 다른 도수분포표가 만들어진 것이다. 굳이 본문에서 만들었던 도수분포표를 만들고 싶다면 C 컬럼에서 계급 최댓값을 입력할 때, 54.999, 59.999, 64.999 하는 식으로 입력하면 될 것이다. 하지만 도수분포표의 계급 셀과 히스토그램의 X축에 54.999, 64.999 등으로 표기되어 보기에 좋은 모양이 아니다.

SPSS

Step 1 PASW Statistics Data Editor 창의 **변수 보기**에서 다음과 같은 변수를 만든다.

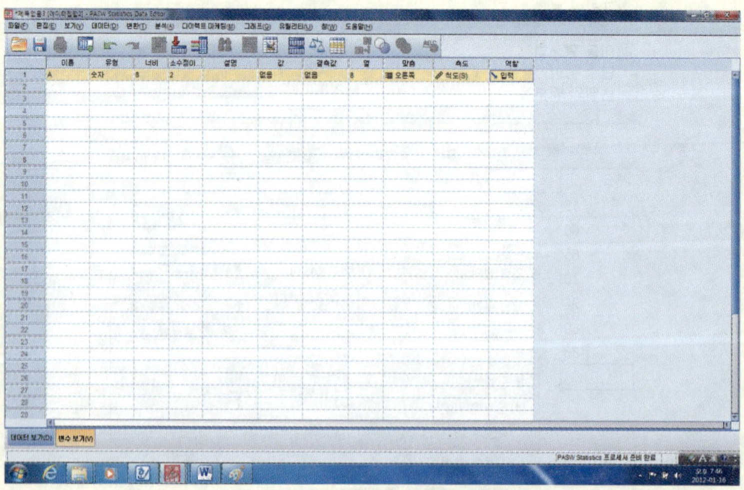

Step 2 PASW Statistics Data Editor 창의 **데이터 보기**에서 다음과 같이 데이터를 입력한다.

	A
1	68.50
2	72.60
3	61.00
4	73.00
5	72.60
6	61.00
7	69.40
8	66.70
9	74.20
10	71.90
11	65.50
12	63.20
13	71.50

Step 3 PASW Statistics Data Editor 창의 **[분석]** 메뉴의 **기술통계량**에서 **기술통계**를 선택한다.

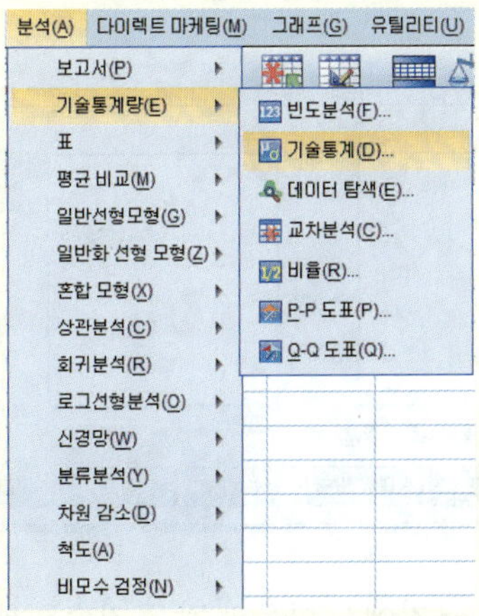

Step 4 **기술통계** 창에서 기술통계량을 구하고자 하는 변수를 화살표를 이용하여 **변수**란에 입력한 후 **옵션**을 누른다.

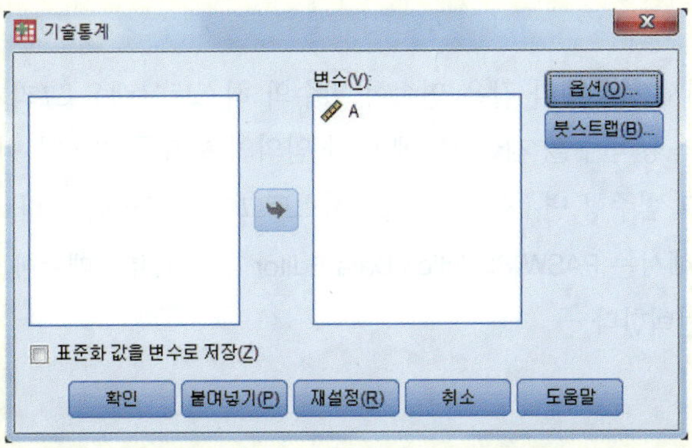

Step 5 **기술통계 : 옵션** 창에서 구하고자 하는 기술통계량들을 체크한 후, **계속**을 누른다.

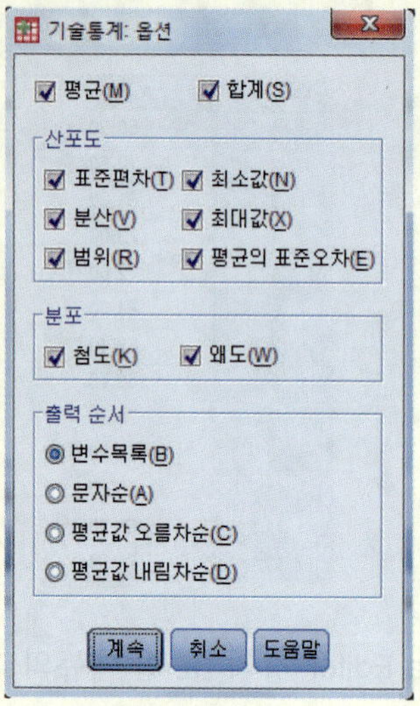

Step 6 **기술통계** 창의 하단에 있는 **확인**을 누른다.

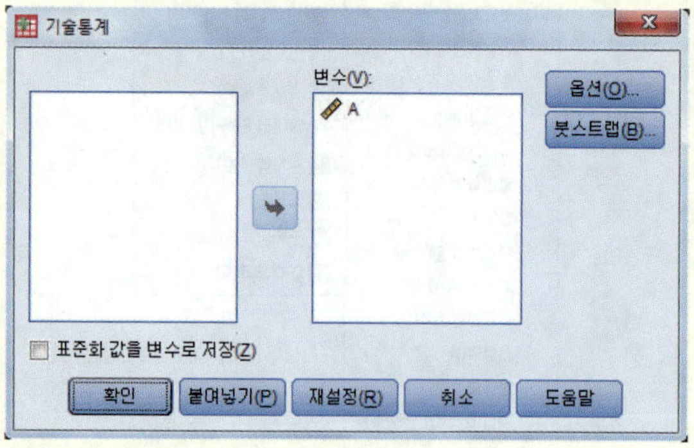

Step 7 PASW Statistic Viewer 창에서 다음과 같은 기술통계량들을 확인할 수 있다.

기술통계량

	N	범위	최소값	최대값	합계	평균		표준편차	분산	왜도		첨도	
	통계량	통계량	통계량	통계량	통계량	통계량	표준오차	통계량	통계량	통계량	표준오차	통계량	표준오차
A	100	27.40	55.60	83.00	6837.30	68.3730	.49634	4.96336	24.635	.187	.241	.267	.478
유효수 (목록별)	100												

Step 8 SPSS에서 몸무게와 같은 연속형 변수의 히스토그램을 그리기 위해서는, 우선 대상 연속형 변수를 계급구간에 따라 임의의 숫자를 지정한 범주형 변수를 생성한 후, 그 범주형 변수들을 가지고 히스토그램을 그려야 한다. 범주형 변수를 만들기 위해서는 PASW Statistics Data Editor 창의 **[변환]** 메뉴에서 **다른 변수로 코딩변경**을 선택한다.

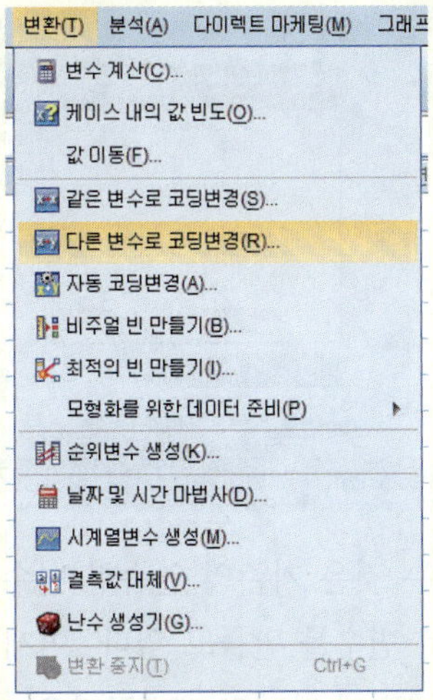

Step 9 **새로운 변수로 코딩변경** 창의 **숫자 변수 → 출력변수**란에 범주화시킬 변수를 화살표를 이용하여 입력한다.

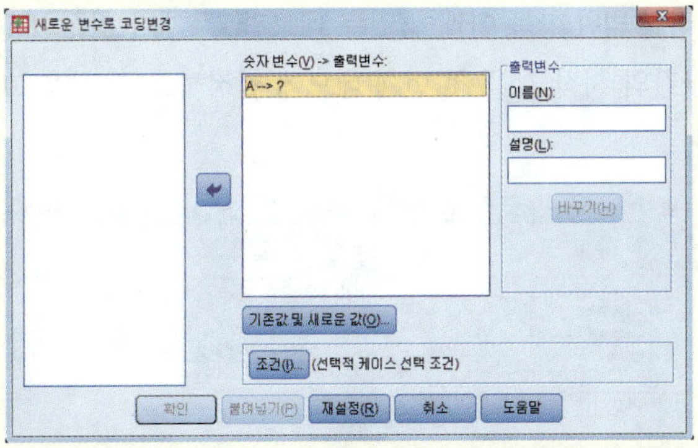

Step 10 새로 만들어질 범주 변수의 이름을 **출력변수**의 **이름**란에 입력한 후 바꾸기를 누른다. 여기서는 범주화 변수라는 이름을 사용하였다.

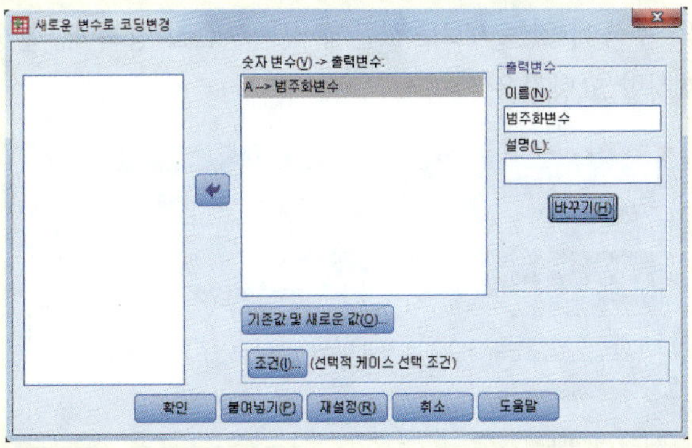

Step 11 그리고 나서 **숫자 변수 → 출력변수** 항 아래에 있는 **기존값 및 새로운 값** 버튼을 선택한다.

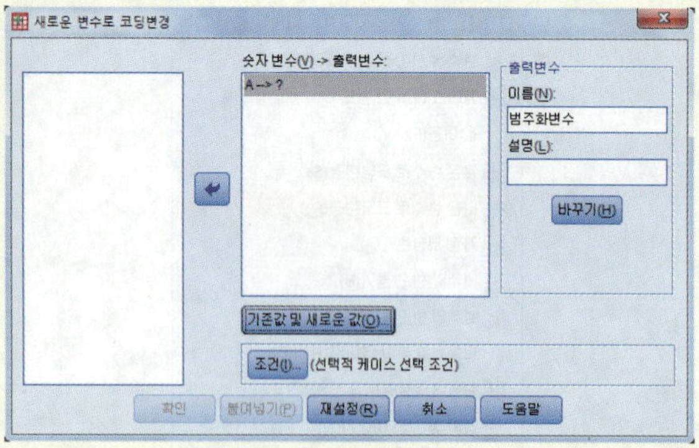

Step 12 지금 우리가 하고 있는 것은 기존의 연속형 변수를 계급구간에 따른 범주형 변수로 변환시킨 새로운 변수를 만들고 있다. 이제 연속형 변수를 어떤 계급구간으로 나눌지 그리고 그렇게 나눠진 계급구간을 어떤 코딩값을 지정할지를 결정한다.

새로운 변수로 코딩: 기존값 및 새로운 값 창의 좌측에 있는 **기존값**의 **범위** 항목을 선택한다. 그러면 **범위** 항목 아래에 있는 네모칸 두 개가 활성화된다. 설정하고자 하는 계급구간의 시작 값을 첫 번째 네모에 지정하고 끝 값을 그 아래 있는 네모에 지정한다.

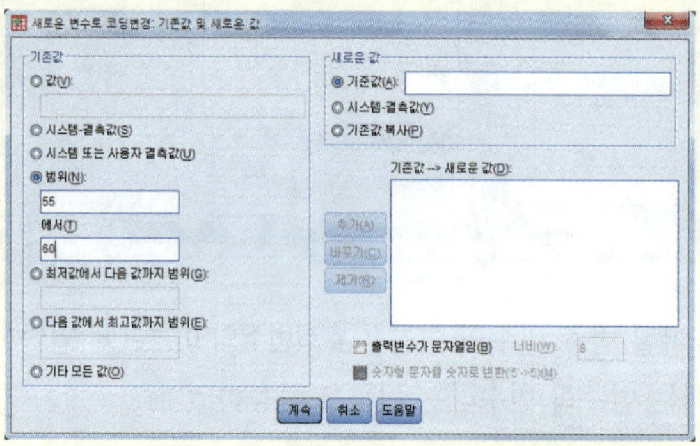

Step 13 **기존값**란의 우측에 있는 **새로운 값**란에 있는 **기존값** 항목에, 설정하고자 하는 계급구간을 지칭할 코딩값을 쓴다.

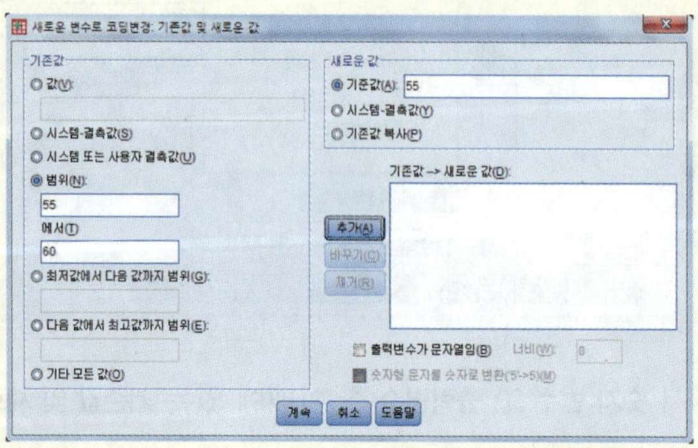

Step 14 그 후 **새로운 변수로 코딩: 기존값 및 새로운 값** 창의 중앙부에 있는 **추가** 버튼을 눌러서 **기존값 → 새로운 값** 항목에 넣는다. 이는 기존 변수 중에 설정한 계급구간에

해당하는 값들이 전부 55라는 범주 변수로 지정된다는 것을 의미한다.

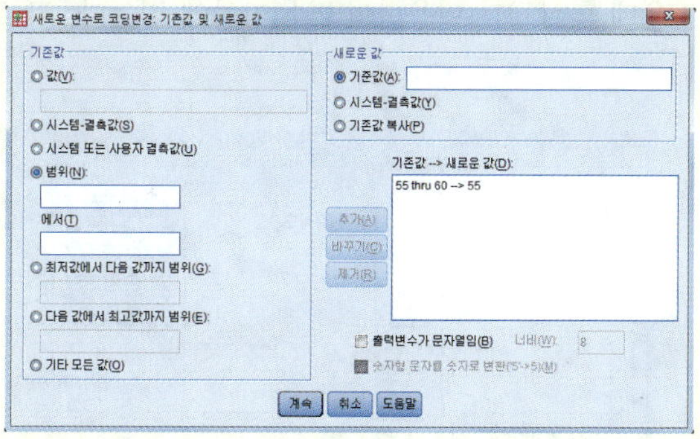

Step 15 이러한 과정을 반복하여 기존 연속형 변수의 계급구간을 전부 계급구간별 범주 변수로 설정한다. 그 후 **계속**을 누른다.

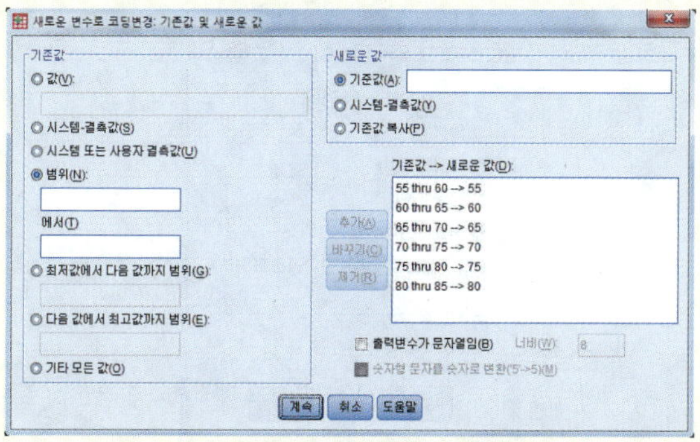

Step 16 **새로운 변수로 코딩변경** 창에서 **확인**을 누르면 PASW Statistics Data Editor 창에 기존 변수의 구간별 변수가 새로 생겼음을 볼 수 있다.

	A	범주화변수
1	68.50	65.00
2	72.60	70.00
3	61.00	60.00
4	73.00	70.00
5	72.60	70.00
6	61.00	60.00
7	69.40	65.00
8	66.70	65.00
9	74.20	70.00

Step 17 PASW Statistics Data Editor 창의 **[분석]** 메뉴에서 **기술통계량**의 **빈도분석**을 선택한다.

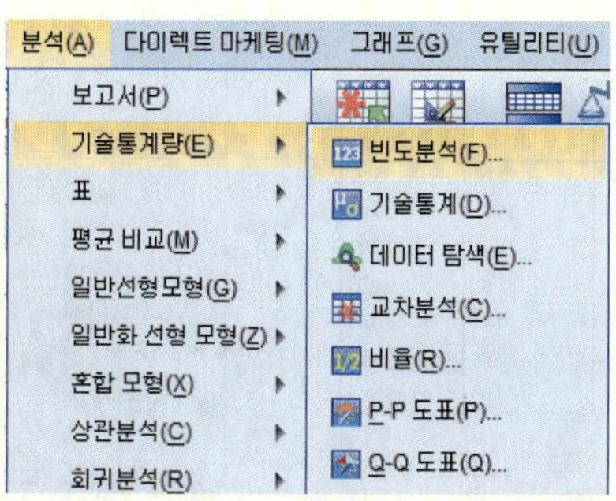

Step 18 **빈도분석** 창에서 기존에 있던 연속형 변수가 아닌, 새로 생긴 범주화된 변수를 선택한 후, 가운데 화살표를 이용하여 **변수** 항목에 넣는다. 그 후 우측에 **도표**를 클릭한다.

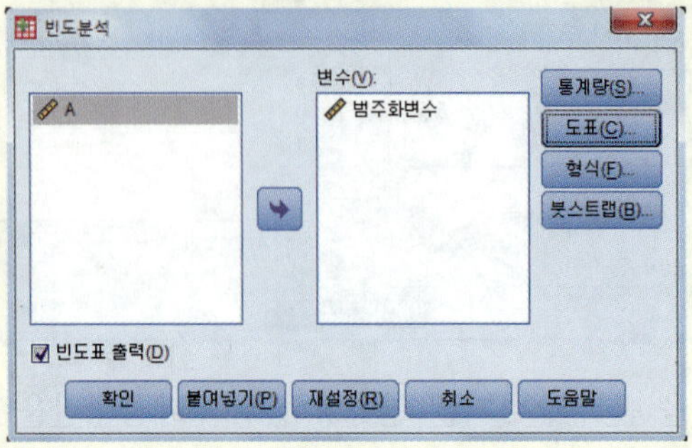

Step 19 **빈도분석: 도표** 창에서 **히스토그램**을 선택한 후 **계속**을 누른다.

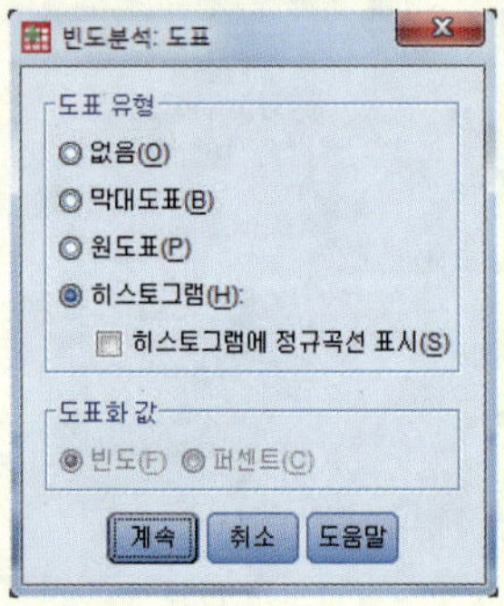

Step 20 **빈도분석** 창에서 **확인**을 선택한다.

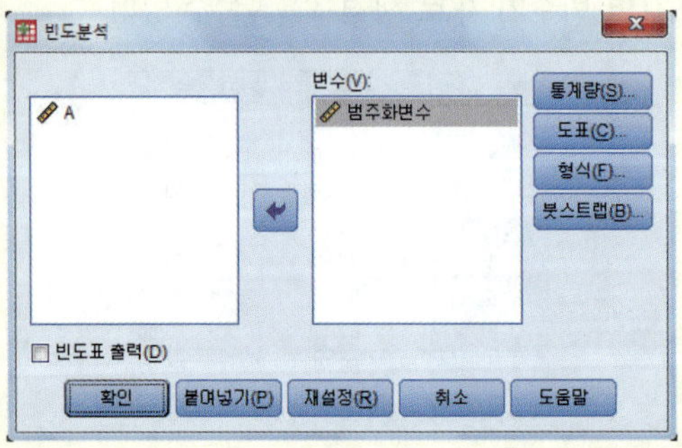

Step 21 PASW Statistics Viewer 창에서 도수분포표와 히스토그램을 볼 수 있다.

범주화변수

		빈도	퍼센트	유효 퍼센트	누적퍼센트
유효	55.00	3	3.0	3.0	3.0
	60.00	25	25.0	25.0	28.0
	65.00	34	34.0	34.0	62.0
	70.00	32	32.0	32.0	94.0
	75.00	3	3.0	3.0	97.0
	80.00	3	3.0	3.0	100.0
	합계	100	100.0	100.0	

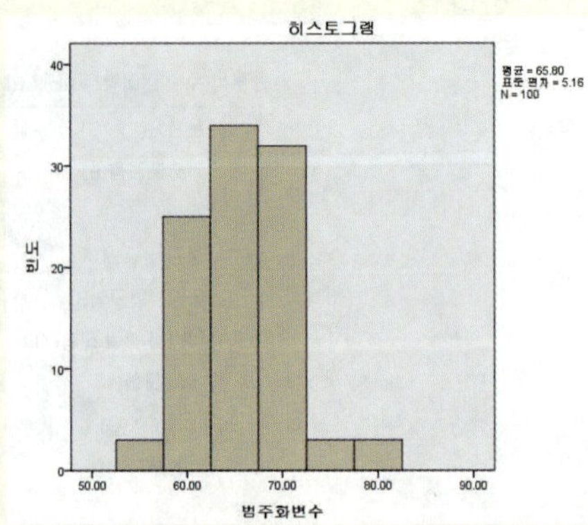

R

[몸무게 자료의 기술통계]

Step 0 R을 시작하여 **파일** > **디렉토리 변경..**으로 스크립트와 데이터 파일이 있는 디렉토리를 지정한다.

Step 1 3장의 파일을 참조하자. (BodyWeight.dat) 3장의 파일을 c:\\에 저장하자.

Step 2 scan 함수를 이용하여 다음과 같이 자료를 읽어들이자.

```
> body <- scan("BodyWeight.txt")
Read 100 items
> head(body)
[1] 68.577.362.573.072.661.0
```

head(body) 함수는 처음 6개의 데이터를 출력하는 함수이다.

Step 3 R에서는 직접 함수를 정의하여 사용할 수 있다. 여기서는 Description 함수를 정의하여 기술통계량을 출력하여 본다.

```
description <- function(x){
mx=mean(x)
se=sd(x)/sqrt(length(x))
med=median(x)
mode=as.numeric(names(which.max(table(x))))
sx=sd(x)
vx=var(x)
kurt=mean((x-mean(x))^4)/(mean((x-mean(x))^2))^2-3
skew=mean((x-mean(x))^3)/(mean((x-mean(x))^2))^1.5
range=max(x)-min(x)
cat("column1","₩n","평균",mx,"₩n",
    "표준오차",se,"₩n",₩
    "중앙값",med,"₩n",
    "최빈값",mode,"₩n",
    "표준편차",sx,"₩n",
    "분산",vx,"₩n",
    "첨도",kurt,"₩n",
    "왜도",skew,"₩n",
    "범위",range,"₩n",
    "최솟값",min(x),"₩n",
    "최댓값",max(x),"₩n",
    "합",sum(x),"₩n",
    "관측수",length(x),"₩n")
}
```

위에서 **mean**은 평균을, **med**는 중앙값을, **var**는 분산을 출력하는 명령어이다.

표준편차는 **sd**를 사용하며, 표준오차는 정의에 의해 sd(x)/sqrt(length(x))로 사용한다.

왜도와 첨도의 수학적 정의에 의하여

첨도는 mean((x−mean(x))^4)/(mean((x−mean(x))^2))^2−3

왜도는 mean((x−mean(x))^3)/(mean((x−mean(x))^2))^1.5

min은 자료의 최솟값을, **max**는 최댓값을 출력하는 함수이다.

sum은 자료의 합을 출력하는 함수이다.

범위는 **max−min**으로 정의한다.

mode는 최빈값을 뜻하며, 이를 정의하기 위해서는 조금 복잡한 과정을 거친다. 우선 **table** 함수로 빈도를 설정한 뒤 이것의 **max**를 구한 후 이 **max**의 위치를 찾는 경로로 되어 있다(**which.max** 함수 사용). 이 위치의 이름을 찾은 후(**name** 함수), 더불어 이를 수치형 자료로 인식시키기 위해 **as.numeric**이라는 함수를 사용한다.

cat 함수는 해당하는 내용을 화면에 출력하는 함수로, 글자 그대로 출력하려면 ""로 묶어서 나타내며, 변숫값을 나타내고 싶으면 해당 변수를 따옴표 없이 입력한다. "Wn"은 밑으로 한 줄씩 내려가라는 명령어이다.

body 자료를 정의한 **description** 함수에 적용해 보면 다음과 같은 출력값을 얻는다.

```
> description(body)
column 1
평균  6.498
표준오차  0.4974663
중앙값  68.5
최빈값  71.5
표준편차  4.974663
분산  24.74727
첨도  0.1990144
왜도  0.1898622
범위  27.4
최솟값  55.6
최댓값  83
합  6849.8
관측수  100
```

Step 4 도수분포표를 그리기 위해서 다음과 같은 함수를 생각하여 보자. seq 함수를 사용하여 55−85 사이를 5 간격으로 나눈 class라는 변수를 만든 후, 변숫값이 빈 공간으로 남겨진 class와 length가 같은 frequency라는 변수를 만들자. 이 둘을 결합하여 테이블로 만들어진 것을 freq.table이라고 하자.

빈 공간으로 남겨진 frequency에 값을 할당하여 주도록 하자. body의 값에 따라 각 class에 할당한 후 이것의 개수를 세어 frequency에 할당하면 아래와 같은 결과를 얻을 수 있다.

```
> class <- seq(55,85,5)
> frequency <- as.numeric(rep("",length(class)))
> freq.table <- cbind(class,frequency)
> for(i in 1:length(class)) freq.table[i,2] <-
        length(body[body>(class[i]-5)&body<=class[i]])
> freq.table
     class  frequency
[1,]    55          0
[2,]    60          3
[3,]    65         24
[4,]    70         35
[5,]    75         31
[6,]    80          4
[7,]    85          3
```

Step 5 Histogram을 그리기 위해서는 hist 함수를 사용한다.

```
> hist(body)
```

익힘문제

다음 문제에 답하시오. 해당 괄호에 알맞은 말을 넣거나, 맞는 것을 전부 선택하시오. 선형변환은 x를 $ax+b$, $a\neq 0$로 변환하는 것을 뜻한다.

1 분포의 위치를 나타내는 척도는 어떤 것이 있는가?

2 표본평균의 수식을 쓰시오.

3 중앙값은 몇 번째 순위의 값인가?

4 명목형 자료에서는 {평균, 중앙값, 최빈값}이 의미가 없다.

5 자료를 선형변환한 후 변하지 않는 것은 {평균, 중앙값, 최빈값, 중앙값 순위}이다.

6 자료를 로그변환한 후 변하지 않는 것은 {평균, 중앙값, 최빈값, 중앙값 순위}이다.

7 본포의 퍼짐이나 변동성을 나타내는 척도는 어떤 것이 있는가?

8 범위의 정의는 무엇인가?

9 IQR은 무엇의 약자인가?

10 일사분위수와 삼사분위수는 몇 번째 순위의 값인가?

11 표본분산의 정의식과 간편식을 쓰시오.

12 표본표준편차의 정의식과 간편식을 쓰시오.

13 표본분산과 표본표준편차의 관계식을 쓰시오.

14 자료를 선형변환한 후의 분산은 원래의 분산과 {같다, 다르다}.

15 자료를 로그변환한 후의 분산은 원래의 분산과 {같다, 다르다}.

16 변동계수의 수식을 쓰시오.

17 변동계수는 표준편차를 (　　　)에 대한 상대적인 값으로 {표본화, 표준화, 모집단화} 시킨 값이다.

18 변동계수는 분포의 {위치, 변동성}을 나타내는 척도이다.

19 z-스코어의 수식을 쓰시오.

20 연관성 척도는 어떤 것이 있는가?

21 표본공분산 수식을 쓰시오.

22 공분산은 1보다 큰 값이 나올 수 {있다, 없다}.

23 표본공분산이 양의 값이면 두 변수 사이에 {양, 음}의 {선형, 비선형} 관계를 의미한다.

24 두 개의 표본공분산이 양의 값일 때 큰 표본공분산은 작은 표본공분산보다 선형관계가 {약한, 강한} 관계임을 나타낸다.

25 표본상관계수의 수식을 쓰시오.

26 표본상관계수의 부호는 선형적 관계의 (　　　)을(를) 나타내고, 크기는 그 (　　　)을(를) 나타낸다.

27 표본상관계수는 (　　　)와(과) (　　　) 사이의 값만 가질 수 있다.

28 표본상관계수가 0 또는 0에 가까우면 두 변수의 선형관계가 존재 {한다, 하지 않는다}.

29 두 변수가 같은 척도로 그린 그래프에서 45도 선상 위에 나열되어 있을 때만 표본상관계수가 1 {이다, 아니다}.

연습문제

1 14명의 여행가방의 무게(kg)는 다음과 같다.

13, 25, 26, 4, 12, 17, 19, 22, 19, 7, 3, 19, 0, 17

위의 자료 중 0은 여행가방이 없는 여행자의 자료이다. 평균, 중앙값, 최빈값, 최댓값, 최솟값을 구하여라. 구할 수 없는 것은 없다고 답하여라.

2 거리를 지나는 11명의 옷 색깔을 관찰하여 다음과 같은 자료를 얻었다.

검은색, 흰색, 검은색, 검은색, 노란색, 흰색, 흰색, 흰색, 파란색, 흰색, 노란색

평균, 중앙값, 최빈값, 최댓값, 최솟값을 구하여라. 구할 수 없는 것은 없다고 답하여라.

3 다음과 같은 자료가 있다.

2, 2, 3, 3, 3, 3, 4, 4, 5, 7, 10

a. 수직선 위에 점그림으로 표시하고 어느 쪽으로 길게 늘어진 것인지 판단하여라.

b. 평균, 최빈값, 중앙값을 구하고, 그 크기를 비교하여라.

4 다음 세 가지 형태의 분포 모양과 관계있는 것을 ㈎～㈒에서 각각 찾아라.

a.

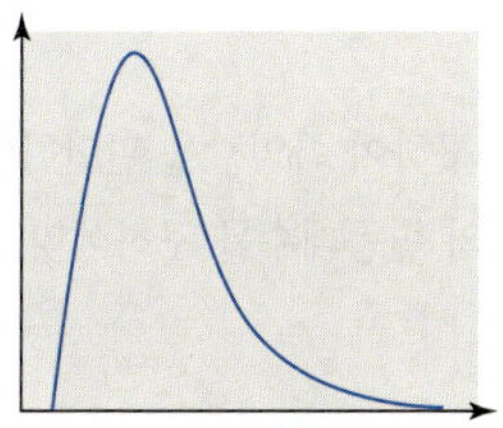

양의 왜도

b.

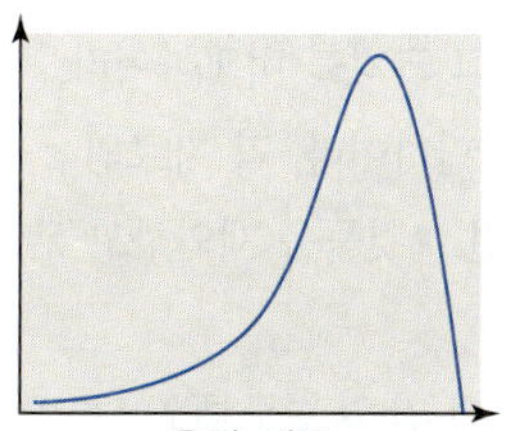

음의 왜도

c.

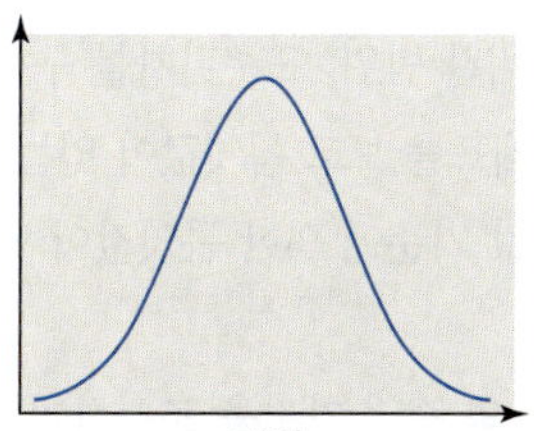

대칭

㈎ 최빈값＜평균＜중앙값　　㈏ 최빈값＝평균＝중앙값

㈐ 평균＜중앙값＜최빈값　　㈑ 중앙값＜평균＜최빈값

㈒ 최빈값＜중앙값＜평균

5 다음 중 사분위범위를 구하는 것으로 맞는 것은?

a. Q1−Q3　　b. Q3−Q1

c. (Q1+Q3)/2　　d. (Q3−Q1)/2

6 최솟값과 최댓값이 24와 37인 표본이 있다. 이 표본 각각의 값을 전부 반으로 줄였다면 이때 새 표본의 범위는?

7 왼쪽 길게 뻗은 분포를 따르는 확률변수에 5배를 하였다. 다음 중 옳은 것은?
2장 연습문제 4번과 비교하여 보아라.

a. 평균이 왼쪽으로 5만큼 이동한다.

b. 평균이 왼쪽으로 평균의 5배만큼 이동한다.

c. 분산이 5배 커진다.

d. 분산이 25배 커진다.

8 5개의 표본에 구한 평균과 분산이 7과 13이다.
각 자료를 3배하여 새로운 자료를 만들었다.

a. 새 자료의 평균과 분산은 얼마인가?

b. 새 자료의 표준편차는 얼마인가?

c. 새로운 자료를 표준화하였다. 표준화된 새 자료의 평균과 분산은 얼마인가?

d. 원 자료를 표준화하였다면 이 자료의 평균과 분산은 얼마인가?

9 다음과 같이 두 자료를 얻었다.

자료 A: 4, 7, 5, 3, 3, 6

자료 B: 8, 12, 9, 2, 10, 15

a. 두 자료가 쉽게 구분이 가도록 첫 번째 자료는 동그라미, 두 번째는 네모로 표시하여 같은 축 위에 자료별로 위아래로 거리를 적당히 띄워 표시하여라. 같은 값은 겹치지 않도록 바로 위로 포개어 표시하여라.

b. 그래프를 보고 어느 자료가 전체적으로 작은 값을 갖고 있는지 판단하고, 각 자료의 평균, 중앙값을 구하여 그 크기를 비교하여라.

c. 그래프를 보고 어느 자료가 전체적으로 더 많이 퍼져 있는지 판단하고, 각 자료의 범위, 사분위간 범위, 표준편차를 구하여 그 크기를 비교하여라.

d. 그래프를 보고 특잇값이 있는지 판단하여라. 각 자료의 z-값을 구하여 특잇값을 판단하여라.

e. z-값 기준에 의한 특잇값이 있다면 그것들을 제외하고 두 자료의 변동계수를 구하여라.

10 회사들의 증권 가격을 조사하여 다음과 같은 도수분포표를 얻었다.

(단위 : 만 원)

급간	빈도수
10 미만	30
10 이상 ~ 20 미만	170
20 이상 ~ 30 미만	120
30 이상 ~ 40 미만	92
40 이상 ~ 50 미만	19
50 이상	5

a. 평균과 분산을 계산하여라.

b. 히스토그램을 그리고 좌우대칭을 이루고 있는지 판단하여라.

11 공분산에 대한 설명 중 맞는 것을 전부 골라라.

a. 공분산은 두 변수의 값이 공통의 크기로 변할 때만 구할 수 있다.

b. 공분산은 모든 값, 즉 $-\infty$에서 ∞ 사이의 값을 갖는다.

c. 공분산은 분산이 0인 경우를 가리킨다.

d. 공분산이 양의 값을 갖는 경우 두 변수는 양의 선형적 관계에 있음을 나타낸다.

12 아래의 세 그래프는 약한 양의 공분산, 강한 양의 공분산 보통 음의 공분산을 갖는 것들이다. 각각을 그래프에서 확인하여라.

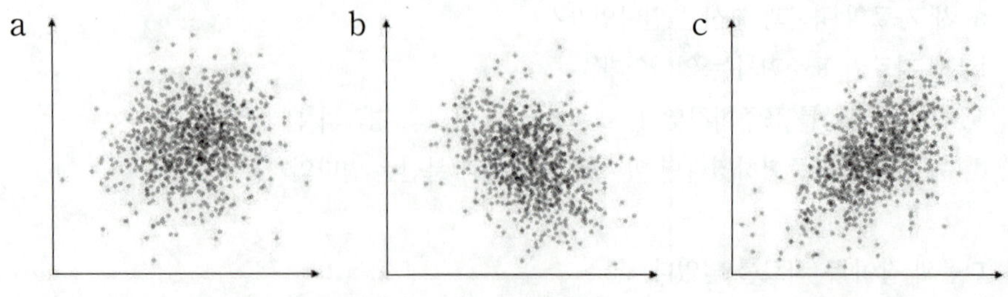

13 상관계수에 대한 설명 중 맞는 것을 전부 골라라.

a. 0보다 같거나 크고 1보다 같거나 작은 값을 갖는다.

b. 선형적 관계가 강할수록 1에 가까운 값, 선형적 관계가 약할수록 −1에 가까운 값을 갖는다.

c. 선형적 관계의 정도와 방향을 계수화한 것으로 비선형적 관계에 대한 정보는 전달하지 못한다.

d. 선형적 관계에서 그 기울기가 가파를수록 1에 가까운 값을 갖고, 수평에 가까울수록 0에 가까운 값을 갖는다.

실습 문제

14 2장 연습문제 19번에서 이용한 자료 "reaction.time"에 대해서 다음 물음에 답하여라.

reactiontime.dat
reactiontime.xlsx
UsingR::reaction.time

a. time 전체 (60개) 자료에 대한 주요 기술통계량(최소, 평균, 중앙값, 최대, 분산, 표준편차)을 구하여라.

b. 나이(age)와 실험(control)의 조합(4가지)별로 time에 대해 a에서와 같이 기술통계량을 구하고, 간단히 자료의 특장을 설명하여라.

c. 성별(gender)과 실험(control)의 조합(4가지)별로 time에 대해 a에서와 같이 기술통계량을 구하고, 간단히 자료의 특장을 설명하여라.

d. 나이(age)와 성별(gender)의 조합(4가지)에 따라 time에 대해 a에서와 같이 기술통계량을 구하고, 간단히 자료의 특장을 설명하여라.

15 2장 연습문제 23번에서 이용한 자료 "warpbreaks"에 대하여 다음 물음에 답하여라.

warpbreaks.dat
warpbreaks.xlsx
datasets::warpbreaks

a. 직조공정 중 실이 끊어진 횟수(breaks)의 최솟값, 최댓값, 평균, 중앙값, IQR, 분산, 표준편차를 구하여라.

b. 직조기에 걸린 실의 종류(wool)에 따라 실끊김 횟수에 대한 변동계수를 구하여라.

c. 직조기에 걸린 실의 장력(팽팽함, tension)에 따라 실끊김 횟수에 대한 변동계수를 구하여라.

16 자료 "Traffic"은 특정도로에 대한 속도제한의 여부가 교통사고 발생횟수에 영향을 미치는 것에 대한 실험자료의 기록이다.

Traffic.dat
Traffic.xlsx
MASS::Traffic

limit: 속도제한의 여부 yes, no
y: 속도제한 여부와 함께 관찰된 교통사고수

a. 교통사고 발생수(y) 전체에 대한 자료의 범위, 평균과 분산, 표분편차를 구하라.

b. 해당도로에 속도제한을 강제로 적용한 경우(limit="yes"), 교통사고 발생수에 대한 최댓값, 최솟값, 평균, 분산, 표준편차를 구하여라.

c. 해당도로에 속도제한을 적용하지 않은 경우(limit="no"), 교통사고 발생수에 대한 최댓값, 최솟값, 평균, 분산, 표준편차를 구하여라.

d. b와 c의 경우를 그래프로 비교하기 위해 상자그림(boxplot)을 나란히 그려라.

17 자료 "smokyph"는 미국의 Great Smoky mountain 내의 75곳에서 채취한 물의 산성도를 조사한 자료이다.

smokyph.dat
smokyph.xlsx
UsingR::smokyph

a. 물 산성도(waterph)에 대한 자료의 범위(range)와 IQR(interquartile range)을 구하여라.

b. 표본자료 Waterph에 대한 평균(mean), 중앙값(median), 분산(variance), 표준편차(standard deviation), 변동계수(coefficient of variation)를 구하여라.

c. 표본조사된 물의 산성도(waterph) 자료에 대하여 줄기-잎 디스플레이(stem-and-leaf plot)를 그려보고, 자료의 분포에 대해 말하여라.

d. Waterph에 대한 히스토그램과 boxplot을 그려보고, 각각의 그래프에서 발견되는 자료의 분포상 특징에 대해 말하여라.

e. 표준화 z-값이 -2 또는 $+2$가 넘는 관찰치를 이상치(outlier)로 판정한다면, waterph 자료에서는 몇 개의 이상치를 발견하는가? 이들을 boxplot에서 발견한 이상치의 갯수와 비교한다면?

beaver.dat
beaver.xlsx
boot::beaver

18 주어진 자료 "beaver"는 100마리의 비버의 체온을 조사한 것이다. 첫 번째 열에는 체온(temp temperature)이, 두 번째 열에는 체온측정 시 활동성(active activity) 여부가 0(비활동), 1(활동) 으로 구분되어 기록되어 있다.

	temp	*activ*		*temp*	*activ*		*temp*	*activ*
1	36.58	0	34	37.28	0	67	38.19	1
2	36.73	0	35	37.44	0	68	38.35	1
3	36.93	0	36	37.51	0	69	38.25	1
4	37.15	0	37	37.64	0	70	37.86	1
5	37.23	0	38	37.51	0	71	37.95	1
6	37.24	0	39	37.98	1	72	37.95	1
7	37.24	0	40	38.02	1	73	37.76	1
8	36.90	0	42	38.24	1	74	37.60	1
9	36.95	0	43	38.10	1	75	37.89	1
10	36.89	0	43	38.10	1	76	37.86	1
11	36.95	0	44	38.24	1	77	37.71	1
12	37.00	0	45	38.11	1	78	37.78	1
13	36.90	0	46	38.02	1	79	37.82	1
14	36.99	0	47	38.11	1	80	37.76	1
15	36.99	0	48	38.01	1	81	37.81	1
16	37.01	0	49	37.91	1	82	37.84	1
17	37.04	0	50	37.96	1	83	38.01	1
18	37.04	0	51	38.03	1	84	38.10	1
19	37.14	0	52	38.17	1	85	38.15	1
20	37.07	0	53	38.19	1	86	37.92	1
21	36.98	0	54	38.18	1	87	37.64	1
22	37.01	0	55	38.15	1	88	37.70	1
23	36.97	0	56	38.04	1	89	37.46	1
24	36.97	0	57	37.96	1	91	37.46	1
25	37.12	0	58	37.84	1	92	37.56	1
26	37.13	0	59	37.83	1	93	37.55	1
27	37.14	0	60	37.84	1	94	37.75	1
28	37.15	0	61	37.74	1	95	37.76	1
29	37.17	0	62	37.76	1	96	37.73	1
30	37.12	0	63	37.76	1	97	37.77	1
31	37.12	0	64	37.64	1	98	38.01	1
32	37.17	0	65	37.63	1	99	38.04	1
33	37.28	0	66	38.06	1	100	38.07	1

a. 이 자료 속에 포함된 두 개의 열에 기록되어 있는 자료의 유형을 구분하면?
b. 표본조사 자료 내의 각 열(temp, activ)에 대하여 의미 있는 기술통계량(최솟값, 일사분위수, 평균, 중앙값, 최빈치, 삼사분위수, 최댓값, Interquartile range, 분산, 표준편차)을 조사하여라.
c. 전체 체온측정치의 분포를 파악하기 위해 적절한 통계그래프를 그려라. 그리고 분포와 해당 관찰값을 동시에 알 수 있는 그래프를 그려라. 이러한 그래프 방법(graphical approach)을 통해서 자료에 대해 우리가 알아낼 수 있는 것은?
d. 비버의 체온측정치를 activ 기록에 근거하여 비활동('0'), 활동('1') 두 개의 범주로 나누고 각각의 범주에 대하여 '다섯숫자요약'(five-number summary)에 해당되는 기술통계량을 다시 구하여라.
e. activ 두 개의 범주별로 따로 그린 boxplot을 한 그래프 안에 나란히 나타내고 비교하여라.
f. 범주별로 구분한 체온자료에 대하여 이상치(outliers)는 해당 관찰치의 z-값이 2보다 크거나 −2보다 작을 경우로 판정한다고 했을 때, 몇 개의 이상치가 발견되는가?

19 삼성전자와 엘지전자 자료를 이용하여, 다음 물음에 답하여라.

삼성엘지주가.dat
삼성엘지주가.xlsx

a. 각 회사별 증권 가격의 중심 위치와 변동량의 측도를 구하고 비교하여라. 특잇값이 있는지 조사하여라.
b. 삼성전자와 엘지전자의 증권 가격의 변동계수를 구하여 비교하여라.
c. 삼성전자와 엘지전자의 증권 가격의 공분산과 상관계수를 구하여라.
d. 산포도를 그려라.
e. 직선 관계인가? 양의 관계인가? 관련 정도는 강한가?

20 다음 자료는 Anscombe's Quartet이라 알려져 있는 자료이다. ($x1$, $y1$), ($x2$, $y2$), ($x3$, $y3$), ($x4$, $y4$)의 네 자료에 대하여 각각 산점도를 그리고 상관계수를 계산하여라. 그 결과에 대하여 간단한 설명을 하여라.

anscombe.dat
anscombe.xlsx
datasets::anscombe

	$x1$	$x2$	$x3$	$x4$	$y1$	$y2$	$y3$	$y4$
1	10	10	10	8	8.04	9.14	7.46	6.58
2	8	8	8	8	6.95	8.14	6.77	5.76
3	13	13	13	8	7.58	8.74	12.74	7.71
4	9	9	9	8	8.81	8.77	7.11	8.84
5	11	11	11	8	8.33	9.26	7.81	8.47
6	14	14	14	8	9.96	8.10	8.84	7.04
7	6	6	6	8	7.24	6.13	6.08	5.25
8	4	4	4	19	4.26	3.10	5.39	12.50
9	12	12	12	8	10.84	9.13	8.15	5.56
10	7	7	7	8	4.82	7.26	6.42	7.91
11	5	5	5	8	5.68	4.74	5.73	6.89

twins.dat
twins.xlsx
UsingR::twins

21 2장 연습문제 17번에서 이용한 자료 "twins"를 이용하여 다음 물음에 답하여라.

a. 쌍둥이가 양육된 형태(Foster, Biological)별로 구분하여, 각각의 경우에 대한 쌍둥이 지능지수의 최솟값, 최댓값, 평균, 분산, 표준편차를 구하여라.

b. 친부모에 의해서 양육된 쌍둥이의 지능지수(Biological) 자료를 그 친부모의 사회적 지위(Social)에 따라 다시 묶었을 때, 각 범주의 평균과 분산, 표준편차를 계산하여라.

c. 다른 환경에서 양육된 쌍둥이들 간의 지능지수의 연관성 조사를 위해서 공분산과 상관계수를 구하여라.

fat.dat
fat.xlsx
UsingR::fat

22 2장에서 이용한 자료 "fat"에 대하여 다음 물음에 답하여라.

a. body.fat, weight, height, BMI 자료에 대해서 각각 최솟값, 최댓값, 평균, 중앙값, 분산, 표준편차, IQR 등 기술통계량을 구하여라.

b. body.fat과 height, body.fat과 weight 사이의 연관성을 조사하여라.

c. age와 body.fat 간의 연관성을 조사하여라.

d. age와 BMI 연관성을 조사하여라.

e. body.fat과 BMI의 연관성을 조사하여라.

mcyle.dat
mcycle.xlsx
Mass::mcycle

23 오토바이 운전자의 헬멧파괴 가상실험(simulation) 자료 "mcycle"은 다음과 같은 실험 관찰치가 기록되어 있다.

times : 오토바이 교통사고로 가정된 충격 발생 후의 시간(백만분의 1초 단위)
accel : 오토바이 운전자 머리 부위에 미치는 중력가속도(head accelerationing)

에 대하여 다음 물음에 답하여라.

a. times와 accel 사이의 공분산과 상관계수를 구하여 두 관찰치 간의 연관성을 조사하여라.

b. times와 accel에 대한 산점도(scatter plot)를 그려서 a에서 구한 연관성의 기술통계량이 일관성 있는 의미를 가지는지 판단하여라.

Rubber.dat
Rubber.xlsx
Mass::Rubber

24 아래의 자료 "Rubber"에 대하여 다음 물음에 답하여라.

	loss	*hard*	*tens*		*loss*	*hard*	*tens*
1	372	45	162	16	196	68	173
2	206	55	233	17	128	75	188
3	175	61	232	18	97	83	161
4	154	66	231	19	64	88	119
5	136	71	231	20	249	59	161
6	112	71	237	21	219	71	151
7	55	81	224	22	186	80	165
8	45	86	219	23	155	82	151
9	221	53	203	24	114	89	128
10	166	60	189	25	341	51	161
11	164	64	210	26	340	59	146
12	113	68	210	27	283	65	148
13	82	79	196	28	267	74	144
14	32	81	180	29	215	81	134
15	228	56	200	30	148	86	127

loss: 타이어 마찰에 의한 손실(gm/hr)
hard: 타이어 테두리부분의 단단함의 정도(hardness)
tens: 장력(kg/sq m)(tension)

a. 세 변수(loss, hard, tens)에 대한 최솟값, 일사분위수, 평균, 중앙값, 삼사분위수, 최댓값 등의 기술통계량을 각각 구하고 비교하여라.
b. 각 변수별로 줄기-잎 디스플레이를 작성하여라. 각각의 분포 특징에 대해서 말하여라.
c. 세 변수 간의 가능한 조합으로 어느 두 변수 간의 연관성을 조사하고자 한다. 각 조합에 대하여 공분산과 상관계수를 구하여라.
d. c에서의 변수조합을 가지고 각 조합의 산포도를 그려 연관성의 강도(strength)를 그래프를 통해 조사하여라.

25 자료 "fatherson"에 대하여 다음 물음에 답하여라.

fatherson.dat
fatherson.xlsx

fheight: 아버지의 키
sheight: 아들의 키

a. fheight의 다섯숫자요약 통계량(five-number summary statistics)을 구하여라.
b. sheight의 다섯숫자요약 통계량(five-number summary statistics)을 구하여라.
c. fheight와 sheight의 분포를 각각 히스토그램으로 그리고, 또 이들의 분포적 특성을 나란히 비교할 수 있는 boxplot을 그려 비교하여라.
d. fheight를 x축에 나타내고, sheight는 y축에 나태내어 산점도(scatter plot)을 그려보라. 이 그래프를 통해 알 수 있는 것은?
e. d에서 나타나는 두 변수 간의 관계를 나타내는 기술통계량을 구하여라.

26 다음의 자료 "trees"는 검은체리나무(black cherry trees)의 둘레(girth), 높이 (height), 부피(volume)를 측정하여 기록한 것이다.

trees.dat
trees.xlsx
datasets::trees

	Girth	*Height*	*Volume*		*Girth*	*Height*	*Volume*
1	8.3	70	10.3	17	12.9	85	33.8
2	8.6	65	10.3	18	13.3	86	27.4
3	8.8	63	10.2	19	13.7	71	25.7
4	10.5	72	16.4	20	13.8	64	24.9
5	10.7	81	18.8	21	14.0	78	34.5
6	10.8	83	19.7	22	14.2	80	31.7
7	11.0	66	15.6	23	14.5	74	36.3
8	11.0	75	18.2	24	16.0	72	38.3
9	11.1	80	22.6	25	16.3	77	42.6
10	11.2	75	19.9	26	17.3	81	55.4
11	11.3	79	24.2	27	17.5	82	55.7
12	11.4	76	21.0	28	17.9	80	58.3
13	11.4	76	21.4	29	18.0	80	51.5
14	11.7	69	21.3	30	18.0	80	51.0
15	12.0	75	19.1	31	20.6	87	77.0
16	12.9	74	22.2				

a. 나무둘레(girth), 나무길이(height), 부피(volume) 각각의 측정치에 대해서 다섯숫자요약 통계량(five-number summary statistics)을 구하여라.

b. 부피(volume)와 나무둘레(girth) 및 부피(volume)와 나무길이(height)의 연관성을 그림으로 파악하기 위해서 각각 적절한 통계그래프를 그려라.

c. b에서 보이는 두 가지 연관성의 강도를 측정하는 기술통계량을 구해 비교하여라.

d. 나무길이와 둘레 간의 연관성을 측정하는 기술통계량을 계산하고, 그림으로 이를 확인하여라.

kidweight.dat
kidweight.xlsx
UsingR::kid.weight

27 자료 "kid.weight"에는 250명의 어린이들의 나이, 몸무게, 키, 성별이 기록되어 있다.

a. 성별(gender)기록에 근거해 볼 때 남자 어린이와 여자 어린이의 조사된 인원수는 얼마인가? 이를 막대그래프나 파이그래프로 나타내어라.

b. 조사된 어린이들의 나이(age, 월 단위로 기록)에 대한 기록에 따르면, 어린이들의 나이 범위와 IQR 중 어느 것이 더 큰가? 그리고 그 이유를 말하여라.

c. 조사된 어린이들의 키(height)와 몸무게(weight)의 기술통계(descriptive statistics)로 평균, 중앙값, 분산, 표준편차를 구하여라.

d. 어린이들의 키(height)와 몸무게(weight)자료를 성별로 구분하여, 기술통계량인 평균, 중앙값, 분산, 표준편차, 변동계수를 구하여라.

e. 성별로 구분된 키의 자료를 두 개의 상자그림을 나란히 그려 비교해 보고, 각각의 분포에 나타나는 특징을 말하여라.

f. 성별로 구분된 몸무게의 자료를 두 개의 상자그림을 나란히 그려 비교해 보고, 각각의 분포에 나타나는 특징을 말하여라.

g. 어린이들의 나이(개월 수로 측정)와 키의 연관성을 조사하고자 한다. 관련 통계그래프를 그리고, 공분산과 상관계숫값을 보여라.

h. 어린이들의 나이(개월 수로 측정)와 몸무게의 연관성을 조사하고자 한다. 관련 통계그래프를 그리고, 공분산과 상관계숫값을 보여라.

i. 조사된 키와 몸무게 사이의 연관성에 관심을 가진다고 할 때 산점도를 그리고, 공분산과 상관계숫값을 계산하여라.

j. 성별로 조사된 어린이들을 구분할 때 위의 g, h, i를 반복하고, 간단히 결과를 설명하여라.

samhda.dat
samhda.xlsx
UsingR::samhda

28 2장 연습문제 21번에서 이용한 자료 "samhda"에 대하여 다음 물음에 답하여라.

a. 학생들이 지난 30일간 담배를 피운 날의 수가 amt.smoke에 다음과 같은 계급(class)에 따라 기록되어 있는데,

1=30일; 2=20~29일; 3=10~19일; 4=6~9일;
5=3~5일; 6=1~2일; 7=0일
(주 : 자료에 들어 있는 98이나 99는 기록불명이나 누락을 의미하는 것이니 제외함)

각 계급의 도수를 조사하고, 이 자료로부터 평균(grouped mean)과 분산(grouped variance)를 구하여라.

b. amt.alcohol과 amt.marijuana의 최빈치는 얼마인가?(98이나 99 관찰값은 제외함)

c. 음주경험 여부(alcohol)에 따른 아래에 주어진 마리화나 흡연 일수(amt. marijuana)의 범주(계급)

2=30일; 3=20~29일; 4=10~19일;
5=6~9일; 6=3~5일; 7=1~2일
(주: 범주 1, 8, 9, 99 경우는 제외함)
에 따라 2×2 분할표를 만들고, 음주를 경험한 학생들의 경우에 한하여 지난 30일 동안 마리화나를 흡연한 평균일수와 표준편차를 구하여라.

29 자료 "cereals.txt"는 슈퍼마켓에 진열된 씨리얼들의 영양 정보를 수집한 것이다.

cereals.txt

a. 설탕(sugars)과 탄수화물(carbo)의 상관계수를 구하여라.

b. 설탕(sugars)과 소금(sodium)의 상관계수를 구하여라.

c. Atwater는 식품마다 다르기는 하지만 탄수화물(carbo)과 단백질(protein) 1그램은 각각 4칼로리, 지방(fat) 1그램은 9칼로리를 낸다고 하였다(Atwater's coefficient).

$$\text{atwater} = 4 \times \text{carbo} + 4 \times \text{protein} + 9 \times \text{fat}$$

을 계산하여 그 값과 칼로리의 산점도를 그리고 상관계수를 구하여 1이 되는지 알아보아라.

4 확률

Reverend Thomas Bayes(1702～1761)

영국의 수학자이며 장로교 목사. 베이즈 통계학의 근간이 되는 역확률(inverse probability)의 개념과 베이즈 정리를 증명한 논문 〈Essay Towards Solving a Problem in the Doctrine of Chance〉(1763)는 그가 죽은 후에 발표되었다.

통계자료를 분석하기 위하여는 통계이론이 필요하고, 통계이론은 확률을 바탕으로 확립된다. 우리가 분석하려는 자료는 확률에 의하여 얻어진다. 동전이나 주사위를 던지는 것은 물론이고, 신입사원의 급여 자료를 얻는 것도 확률에 의한다. 표본으로 뽑힌 신입사원들은 모집단 전체(우리나라 신입사원 전체)에서 각자 뽑힐 확률이 균등하게 정해진 상태에서 특정한 표본추출 방법에 의하여 확률적으로 뽑힌 것이다.

어떤 사건(event)이 일어날 **확률(probability)**을 정의하려면 먼저 일어날 수 있는 사건이 전부 어떤 것인지 정확히 정의하여야 한다. 이렇게 일어날 수 있는 모든 가능한 **단순사건(simple event)**을 모아 집합(set)으로 표시한 것이 **표본공간(sample space)**이다. 표본값에서 일어날 수 있는 사건 **전부를 포함하여야 하고(exhaustive)**, 그 사건들은 **상호배반(mutually exclusive)**적이어야 한다. {1, 2, 3, 7보다 작은 양의 짝수}는 주사위를 던져 얻는 표본공간이 아니다. '2'와 '7보다 작은 양의 짝수'가 겹치는 부분이 있으니 상호배반이 안되고, '5'가 들어 있지 않으니 전부를 포함하고 있지 않다. 또한 '7'보다 작은 양의 짝수'는 단순 사건이 아니다. {1, 3, 5, 6}은 겹치는 것이 없으니 상호배반이지만 전부 들어 있지 않아 표본공간이 아니다. 주사위를 던지는 것에 대한 표본공간은 {1, 2, 3, 4, 5, 6}이다. 주사위를 던져서 나올 수 있는 수를 전부 포함하고 있으며, 각각이 겹치는 것이 없다.

표본자료를 분석하여 추정값을 만들어 내고 이를 이용하여 모집단의 모수를 추정하고 이에 따른 오차를 계산하기 위하여는 모집단에서 표본이 어떻게 뽑혔는지 알아야 하는데, 표본이 뽑히는 과정이 확률에 의한 것이다. 즉, 어떤 표본들이 무작위로 뽑혔다는 것은 그 뽑힌 표본들은 모두 같은 확률로 추출되었다는 것이다.

통계를 하기 위하여는 확률이 필요하며 그 시발점으로 확률에 대한 정의를 내려야 하고, 확률의 기본 조건과 여러 규칙을 알아야 한다.

사례 4.1 강수확률예보

아래의 내용은 기상청에서 강수확률예보를 설명하는 글이다. 글 내용 중 확률의 정의에 관련된 부분이 같이 들어 있다.

기상청 http:www.kma.go.kr/
HOME > 지식과 소통 > 기상백과 > 키워드 검색: 확률예보

(이전 생략)……일기 예보의 내용 중 가장 많은 관심을 끄는 것은 강수유무이다.

현재 일상적으로 행하여지고 있는 강수예보법은 기후예보법, 범주예보법, 확률예보법이다. 기후예보는 강수 발생의 기후적 통곗값을 예봇값으로 표현하는 것으로, 예를 들면 8월 한달 중 평균 강수일은 10일이라고 예보하는 것이다. 범주예보는 '강수 있음', '강수 없음' 둘 중 하나로 예보하는 것이고, 강수확률예보는 더 자세히 비올 확률 몇 %로 나타내는 것이다. 그러므로 확률예보는 똑같은 상황에 대해 범주 예보보다 더 많은 정보를 포함하게 된다.

우리나라에서는 1987년부터 강수확률예보가 시작되었고, 그 후 '오늘은 비가 올까?' 보다는 '오늘 비올 확률은 몇 %인가?'라는 질문이 나올 정도로 우리 생활에 밀접히 관련된 반면, 그에 대한 이해는 아직 정확하지 않은 것 같다. 강수확률예보의 한 예를 들어보자. 이를테면 {오늘 서울 지방의 강수확률이 70%}라는 예보의 뜻은 서울의 어느 곳에서나 비가 올 가능성이 70%라는 뜻이고, 서울의 총 면적 중 70% 가량

의 면적에 비가 온다는 뜻은 아니다. 그리고 하루 24시간 중 비가 오는 시간의 비율이 70%라는 뜻도 아니다. 즉, 강수확률예보는 예보기간에 지정된 장소에서 일정량의 강수가 발생하는 것을 확률로 나타낸 것이다.

그런데 예보에 확률적 표현이 포함되면 그 확률을 결정하는 문제가 제기된다. 일반적으로 확률을 결정하는 데는 두 가지 방법이 있는데, 그중 하나는 상대 빈도 해석이고, 다른 하나는 주관적 해석이다. 강수확률이 40%라고 하자. 이때 상대 빈도 해석은 현재와 같은 기상 상태가 수없이 반복될 때 약 40%의 경우에는 비가 온다고 판단한다. 이것은 동전을 수없이 반복하여 던졌을 때 앞면이 나올 확률이 약 1/2임과 같이 거의 확실한 것이라 할 수 있다. 그러나 실제의 대기 현상은 비록 시간을 달리하는 두 가지 기상 현상이 매우 유사할지라도 그 각각을 독특한 것으로 간주해야만 한다. 따라서 확률예보를 상대 빈도의 의미로 설명하기는 매우 어렵다.

강수확률 40%를 주관적 해석으로 나타내면 예보자의 주관적 판단으로 비가 올 가능성과 비가 안 올 가능성은 4 : 6이 된다. 일기예보에서는 주관적 확률 해석이 더 적절한 것으로 간주되는데, 이는 앞에서 말한 바와 같이 기상 현상은 어떠한 경우에도 똑같은 현상으로 나타나지 않음을 생각할 때 매우 당연한 것이다. 확률의 주관적 해석법은 예보자가 예보 결정(확률값 결정) 과정에서 기후적 상대 빈도뿐 아니라 다른 모든 기상 자료와 정보를 종합하여 이용하게 된다.

강수확률예보는 두 가지 이점을 가지고 있다. 첫째, 확률예보는 수요자들이 합리적인 결정을 하는 데 필요한 정보를 제공하며, 이것은 상당한 경제적 가치를 도출한다. 둘째로 확률은 일기예보의 불확실성을 가능한 한 정밀하게 표현한다. ……(이하 생략)

다음 사이트에도 확률예보에 대한 내용을 볼 수 있다.
http://www.cimms.ou.edu/~doswell/probability/Probability.html
http://www.spc.noaa.gov/products/outlook/probinfo.html

4.1 확률의 정의

확률의 정의 : 전통적 접근
상대적 접근
주관적 접근

확률은 표본공간의 원소들을 0에서 1 사이의 숫자로 연결시키는 함수인데, 그 정의는 한 가지로 내려지지 않는다. 논리적 또는 전통적 접근, 상대적 비율 접근, 주관적 접근에 의하여 확률을 정의하고 있다.

주사위를 던지면 모두 여섯 가지의 숫자가 같은 가능성으로 나타나므로 각각의 확률은 1/6이다. 앞뒤로 나올 가능성이 똑같은 동전을 던져 앞과 뒤가 나올 확률은 각기 1/2이다. 이와 같이 똑같은 가능성의 사건을 똑같은 확률값을 갖도록 정의하는 것을 **전통적 접근(classical approach)**에 의한 확률의 정의라고 한다. 이러한 방법은 똑같은 가능성이 아닌 경우, '비가 올 확률과 맑을 확률은 1/3과 2/3이다' 라는 식의 확률에는 사용할 수 없다.

주사위를 무수히 많이 계속 던지면서 그때마다 전체 던진 횟수에 대한 '5'가 나온 상대적 비율(relative frequency)을 계속 기록해 나갈 때 그 수열이 어떤 값으로 수렴해간다면, 그 값을 '5'가 나올 확률이라고 정의하는 것이 **상대적 비율 접근(relative frequency approach)** 방법이다. 주사위를 던져 다음과 같은 자료를 얻었다고 하자.

3, 6, 1, 5, 4, 5, 3, 2, 3, 2, 2, 5, 5, 1, 4, 6, 6

그러면 각 자료에 대한 상대적 비율은 5인지 아닌지에만 관심이 있으므로, 5가 아닌 수가 나오면 ?로 표기하면서

자료 ?, ?, ?, 5, ?, 5, ?, ?, ?, ?, ?, 5, 5, ?, ?, ?, ?, …

상대적 비율 $\frac{0}{1}, \frac{0}{2}, \frac{0}{3}, \frac{1}{4}, \frac{1}{5}, \frac{2}{6}, \frac{2}{7}, \frac{2}{8}, \frac{2}{9}, \frac{2}{10}, \frac{2}{11}, \frac{3}{12}, \frac{4}{13}, \frac{4}{14}, \frac{4}{15}, \frac{4}{16}, \frac{4}{17}, \cdots$

으로 구하여지며, 이 수열이 수렴하는 값이 주사위를 던져 5가 나오는 확률이 되는 것이다.

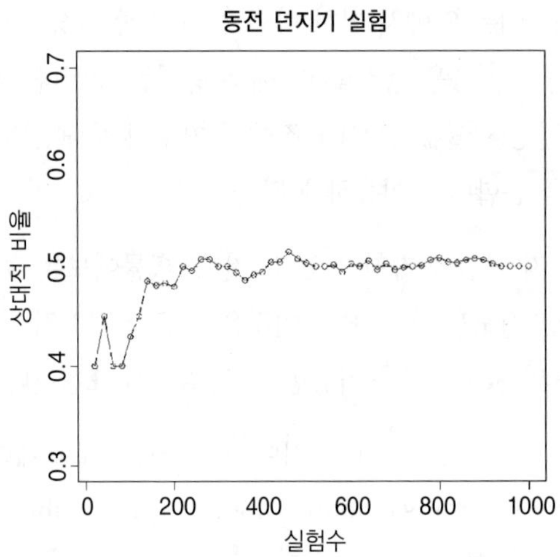

그림 4.1
상대적 비율 접근

또한 확률이란 각자 생각하고 있는 어떤 사건이 일어날 가능성에 대한 믿음의 정도(degree of belief)라고 정의할 수 있는데, 이는 **주관적 접근(subjective approach)** 방법이다. 내가 내일 비가 올 가능성에 대한 믿음이 강하면 내가 생각하는 내일 비 올 확률은 높은 값이고, 비 올 가능성이 적다고 생각하면 그 확률은 작은 것이다. 믿음은 각자 다른 것이고, 그 정도에 따라 확률이 정의되므로 내일 비 올 확률은 각자 다른 값을 갖게 된다.

전통적 접근에 의한 확률의 정의는 그 정의가 가능한 부분에 대하여는 상대적 비율 접근이나 주관적 접근에서도 그대로 받아들여질 수 있는 부분이다. 상대적 비율 접근은 무수히 많은 실험이 가능하지 않으니 어떻게 실제로 확인할 수 있느냐의 문제점을 갖고 있다. 아직 한 번도 일어나지 않은, 상대적 비율을 구할 수 없는, 예를 들어 태양계에 문제가 생겨 내일 해가 떠오르지 않을 확률이나 우리나라가 5년 내에 노벨 화학상을 탈 확률 등이 필요하면 주관적으로 확률을 정의하면 유용하다. 하지만 주관적으로 확률을 정의하게 되면 사람들마다 다른 확률값을 생각한다. 내일 비가 올 확률이 사람마다 다른 것이다. 또한 사람들이 완벽하

게 논리적으로 생각할 수 없다면 모순된 확률을 사용하게 될 것이다. '비가 올 확률'은 0.34, '비가 오지 않을 확률'은 0.52와 같이 모든 경우의 합이 1이 되지 않거나, 넘는 확률을 생각할 수 있다. 심리학에서는 인간이 비논리적으로 생각하는 경우에 대한 예를 많이 연구하고 있다.

통계학자들은 상대적 비율 접근을 택하는 학자(**빈도론자: Frequentist**)들과 주관적 접근을 택하는 학자(**베이지안: Bayesian**)들로 나뉘어 있다. 지구촌 사람들이 불교, 기독교, 마호메트교 등의 서로 다른 종교를 믿는 부류로 나뉘어 있는 것과 같다. 확률에 대한 정의를 서로 다르게 한다 하더라도, 확률에 대한 이론 체계는 집합에 기초한 수학적 체계이므로 어느 접근을 택하던지 공통되는 부분이므로 양쪽 학자들 사이에 이견이 없다. 하지만 확률의 정의 자체가 다르므로 통계이론의 전개와 분석에서 근본적인 차이가 있다. 이 책에서는 상대적 비율 접근에 의한 확률의 정의에 의하여 통계이론을 전개하고 있다.

표본공간이 사건(event) $\{E_1, E_2, \cdots, E_n\}$들로 이루어졌을 때 각각의 확률은 0과 1 사이에 있어야 하고, 이들 확률을 전부 더하면 1이 되어야 한다.

확률 할당의 기본 필요조건

1. $0 \leq P(E_i) \leq 1$ for all i (4.1)
2. $P(E_1)+P(E_2)+\cdots+P(E_n)=1$ (4.2)

(4.1) (4.2) (4.3)을 확률의 공리(Axioms of probability)라 한다.

비가 오는 확률은 1에서 비가 오지 않는 확률을 뺀 것과 같다. 이러한 것을 **여집합 규칙(complement rule)**이라 한다.

여집합 규칙

$$P(A)=1-P(A^C) \quad (4.3)$$

여집합 규칙의 다른 표현
$P(A)+P(A^C)=1$

합집합(union)에 대한 확률은 각각의 확률에 교집합(intersection) 확률을 뺀 것과 같다. 이를 **합 규칙(addition rule)**이라고 한다.

합 규칙

$$P(A\cup B)=P(A)+P(B)-P(A\cap B) \quad (4.4)$$

합 규칙의 다른 표현
$P(A\cup B)+P(A\cap B)$
$\quad =P(A)+P(B)$
$P(A\cap B)$
$\quad =P(A)+P(B)-P(A\cup B)$

사건 A와 B가 서로 겹치는 부분이 없을 때, 즉 공집합(u)일 때 **상호배반(mutually exclusive)**이라 한다. 주사위를 던져 2가 나오는 사건과 홀수가 나오는 사건은 서로 겹치는 부분이 없으므로 상호배반이다. 상호배반사건의 교집합의 확률은 발생 가능성이 없으므로 0이다.

사건이 서로 상호배반이라면 교집합의 확률이 0이 되므로 합 규칙에서 교집합을 빼는 부분이 필요 없다.

상호배반 사건의 합 규칙

$$P(A \cup B) = P(A) + P(B) \tag{4.5}$$

교집합의 확률을 **결합확률(joint probability)**이라 한다. **주변확률(marginal probability)**은 두 개의 변수를 동시에 고려하는 상황에서 어느 한쪽만을 생각할 때의 확률이다.

예제 4.1

주사위를 던져 발생하는 사건을 다음과 같이 정의하자.

사건 A : 3보다 큰 수 {4, 5, 6}

사건 B : 짝수 {2, 4, 6}

사건 C : 1이 나오는 경우 {1}

그러면 $A \cap B = \{4, 6\}$이 되어

$$\mathrm{P}(A \cup B) = \mathrm{P}(\{2, 4, 5, 6\}) = \frac{4}{6}$$

$$\mathrm{P}(A) + \mathrm{P}(B) - \mathrm{P}(A \cap B) = \frac{3}{6} + \frac{3}{6} - \frac{2}{6} = \frac{4}{6}$$

그러므로 합 규칙 $\mathrm{P}(A \cup B) = \mathrm{P}(A) + \mathrm{P}(B) - \mathrm{P}(A \cap B)$가 성립하는 것을 확인할 수 있다.

A와 C는 겹치는 부분이 없으므로 상호배반이다.

따라서 $\mathrm{P}(A \cap C) = \mathrm{P}(\{\ \}) = 0$이며

$$\mathrm{P}(A \cup C) = \mathrm{P}(\{1, 4, 5, 6\}) = \frac{4}{6}$$

$$\mathrm{P}(A) + \mathrm{P}(C) = \mathrm{P}(\{4, 5, 6\}) + \mathrm{P}(\{1\}) = \frac{3}{6} + \frac{1}{6} = \frac{4}{6}$$

으로 $\mathrm{P}(A \cup C) = \mathrm{P}(A) + \mathrm{P}(C)$가 된다.

사건	사건		Total
	B_1	B_2	
A_1	$P(A_1 \cap B_1)$	$P(A_1 \cap B_2)$	$P(A_1)$
A_2	$P(A_2 \cap B_1)$	$P(A_2 \cap B_2)$	$P(A_2)$
Total	$P(B_1)$	$P(B_2)$	1

결합확률

주변확률

그림 4.2
결합확률: 교집합의 확률

예제 4.2

다음은 어느 대학 졸업생들의 졸업 직후 취업 상황에 대한 확률을 표로 만든 것이다.

	일반직	전문직	대학원	미결정	주변확률
남학생	0.35	0.08	0.09	0.06	0.58
여학생	0.25	0.07	0.08	0.02	0.42
주변확률	0.60	0.15	0.17	0.08	

여학생의 주변확률은 여학생의 취업상황의 확률을 전부 더한 값과 같다.

$$\begin{aligned}\Pr\{\text{여학생}\} &= \Pr\{\text{여학생, 일반직}\} + \Pr\{\text{여학생, 전문직}\} \\ &\quad + \Pr\{\text{여학생, 대학원}\} + \Pr\{\text{여학생, 미결정}\} \\ &= 0.25 + 0.07 + 0.08 + 0.02 = 0.42\end{aligned}$$

위의 표에서 보는 바와 같이 주변확률은 표의 주변(margin)에 있는 확률이다.

확률을 이야기할 때 어떤 상황이 조건으로 걸려 있는 상태에서의 확률을 사용하게 되는 경우가 있다. 학점이 좋은 상황이 조건으로 걸려 있을 때에 원하는 회사에 취업이 될 확률은 학점에 대한 아무 조건이 없을 때와 다른 확률값을 갖게 된다. 이와 같이 조건이 걸려 있는 **조건확률(conditional probability)**은 결합확률을 조건으로 걸려 있는 확률값으로 나눈 것이다.

조건확률

$$P(A|B) = \frac{P(A \cap B)}{P(B)} \text{ 또는 } P(B|A) = \frac{P(A \cap B)}{P(A)} \tag{4.6}$$

조건확률식에서 $P(B)$ 또는 $P(A)$가 0이 되면 나눌 수 없으므로 조건확률은 정의되지 않는다.

예제 4.2(계속)

여학생 중 전문직으로 취업한 확률은

$$P(\text{전문직} \mid \text{여학생}) = \frac{P(\text{전문직} \cap \text{여학생})}{P(\text{여학생})} = \frac{0.07}{0.42} = 0.167$$

어느 사건이 다른 사건과 일어나는 확률이 서로 무관할 때 이 두 사건을 **독립사건(independent events)**이라 한다. 동전이 앞, 뒤가 나오는 것과 주사위가 어떤 것이 나오는지는 서로 무관하며, 주사위가 무엇이 나오는지 조건을 걸어도 동전이 앞, 뒤 나오는 것은 전혀 영향을 받지 않는다. 동전을 조건으로 걸고 주사위에 대한 확률을 구하여도 조건에 상관없다. 독립이 아닌 경우는 **종속사건(dependent events)**이라 한다.

독립사건과 상호배반사건을 혼동하지 마시오.

독립사건의 정의

$$P(A|B)=P(A) \text{ 또는 } P(B|A)=P(B) \tag{4.7}$$

독립사건과 상호배반사건을 혼동하는 경우가 많다. 통계학에서의 독립은 '속하지 않는다' 또는 '겹치지 않는다'의 의미가 아니라, '두 사건이 연관지어 발생하지 않는다'는 의미이다. 이자율 변동이 비가 오는 것과 독립이면, 비 오는 것에 상관없이 이자율이 변하는 것이니 비 오는 날 변할 수도, 변하지 않을 수도 있다. 전체적으로 A학점 받을 확률이 0.2이고 안경 쓴 학생 중 A학점 받는 확률이 또한 0.2이라면 이 두 사건은 독립이다. 안경 쓰고 A학점 받은 학생이 한 명이라도 있다면 이 두 사건은 상호배반이 아니다. 만일 안경 쓰고 A학점 받은 학생이 한 명도 없다면 이 두 사건은 상호배반이며 종속적이다. 확률이 0인 사건의 경우는 예외적으로 다른 사건과 상호배반이면서 독립이다.

예제 4.2(계속)

졸업생의 취업형태는 남학생과 여학생이 다른 패턴을 보여 주고 있다. 즉, 졸업생의 성별과 직장형태는 독립이 아니다.

$$P(\text{전문직}\,|\,\text{여학생})=0.167 \neq P(\text{전문직})=0.15$$

예제 4.3

다음과 같이 어느 직장의 승진이 이루어졌다.

	승진	미승진	합계
남성	46	184	230
여성	16	64	80
합계	62	228	310

사건 A를 남성, 사건 B를 승진으로 표기하면

$$\mathrm{P}(A/B)=\frac{46}{62},\ \mathrm{P}(A)=\frac{230}{310}$$

으로 P(A/B)=P(A)이므로 남성(A)과 승진(B)은 독립사건이다. 성별과 승진 여부는 무관하다.

조건확률의 정의를 이용하면 **곱셈 규칙(multiplication rule)**으로 바꾸어 쓸 수 있다.

독립여부에 관계없이 항상 성립

곱셈 규칙

$$P(A\cap B)=P(B)P(A|B) \text{ 또는 } P(A\cap B)=P(A)P(B|A) \tag{4.8}$$

예제 4.2(계속)

여학생 전문직 확률은 여학생 확률과 여학생 중 전문직 확률을 곱한 것과 같다.

$$P(\text{전문직} \cap \text{여학생}) = 0.07$$
$$P(\text{여학생})\,P(\text{전문직} \mid \text{여학생}) = (0.42)(0.1667) = 0.07$$

독립이면 조건확률은 조건에 영향을 받지 않으므로 곱셈 규칙 식에서 조건 확률부분을 바꾸어 독립사건의 곱셈 규칙으로 바꿀 수 있다.

독립사건의 곱셈 규칙

$$P(A \cap B) = P(A)P(B) \tag{4.9}$$

독립일 때만 성립

독립사건의 곱셈 규칙은 위의 곱셈 규칙(4.8)에 독립사건의 정의(4.7)를 적용하여 얻은 결과이다. (4.9)를 독립사건의 정의로 받아들이면 (4.7)을 결과로 얻을 수 있다.

동전 던지는 것과 주사위 던지는 것은 독립이므로 동전과 주사위를 동시에 던져서 앞면과 3이 나올 확률은, 동전 앞면이 나올 확률과 주사위 3이 나올 확률을 각각 구하여 서로 곱하여 얻으면 된다.

$$P(\text{앞면} \cap 3) = P(\text{앞면})\,P(3) = \frac{1}{2} \times \frac{1}{6} = \frac{1}{12}$$

그러나 졸업생의 성별과 직장종류는 독립이 아니므로 위의 등식이 성립하지 않는다.

$$P(\text{전문직} \cap \text{여학생}) = 0.07 \neq P(\text{전문직})\,P(\text{여학생}) = (0.15)(0.42) = 0.063$$

예제 4.2(계속)

앞의 예제 4.1에서 사건 A와 사건 C는 상호배반이었다. 사건 D를 새로 정의하자.

사건 D : 5보다 크거나 같은 수 {5, 6}

그러면 $P(B \cap D) = P(\{6\}) = \frac{1}{6}$

$$P(B)\ P(D) = \frac{3}{6} \times \frac{2}{6} = \frac{1}{6}$$

따라서 $P(B \cap D) = P(B)\ P(D)$가 되어 사건 B와 사건 D는 독립이다.

4.2 베이즈 정리

보통 어떠한 원인에 대한 결괏값에 대한 확률은 알려져 있는 경우가 많다. 예를 들면, 자동차의 고장원인에 따른 증상들에 대한 확률 등은 구할 수 있게 된다. 하지만 실제적으로는 자동차가 고장이 났을 때 그 증상만으로 어떠한 원인인지를 알아내야 하며, 반대로 증상에 따른 원인들에 대한 확률이 필요하게 된다. 즉, 어떤 조건확률을 구할 때 그 조건 상황이 역으로 되어 있는 확률을 이용하는 것이 **베이즈 정리(Bayes' theorem)**이다(4장 도입 부분 사진 설명 참조).

어느 대학에 합격한 신입생들 중 남학생의 확률을 구한다고 하자. 그런데 신입생 중 남학생의 확률이 바로 쉽게 구할 수가 없는 상황이라고 하자. 하지만 응시한 학생들 중 여학생과 남학생의 비율, 응시한 여학생들의 합격률과 응시한 남학생의 합격률이 사용 가능하다면, 이를 베이즈 정리를 이용하면 원하는 확률인 합격 신입생들 중 남학생의 확률을 구할 수 있다. 예를 들어, 다음과 같이 남녀 각각 합격률이 P(합격|남자)=0.2, P(합격|여자)=0.4라고 알려져 있다고 하면 우리가 구하고자 하는 합격한 신입생들 중 남학생의 확률은 P(남자|합격)이 된다. 또한 이 P(남자|합격)를 구하기 위해서는 전체 응시자 중 남자의 비율을 알아야 하므로 P(남자)=0.7이라고 하자.

남자(0.7)	**합격**	0.2
	불합격	0.8
여자(0.3)	**합격**	0.4
	불합격	0.6

그러면 만일 전체 응시자를 100명이라고 한다면 남자합격자수는 100*0.7*0.2=14명이 되고, 여자합격자수는 100*0.3*0.4=12명이 된다. 따라서 합격자 중 남자일 확률은 14/(14+12)=7/13로 구할 수 있다. 즉, 남자의 경우 합격률이 여자인 경우보다 낮지만, 전체 응시자 중 남자의 비율이 높으므로 전체 합격자 중 남자일 확률이 7/13로 높게 나오게 된다. 위의 계산결과는 전체 응시자수를 다르게 하더라도 전체 합격자수는 변동이 있지만 합격자 중 남자일 확률은 변동이 없게 된다. 이러한 계산을 전체 응시자수를 가정하지 않고 확률만으로 구할 수 있는데, 다음과 같이 일반적인 방법을 이용하여 구할 수 있게 되고, 이를 **베이즈 정리**라고 한다.

남학생은 A_1, 여학생은 A_2로 나타내고, 합격을 B라고 표시하자. 우리가 원하는 확률은 $P(A_1/B)$이다. 그러면 조건확률의 정의에 의하여

$$P(A_1/B)=\frac{P(A_1\cap B)}{P(B)}$$

가 된다. 분자 $P(A_1\cap B)$는 곱셈 규칙에 의하여 $P(A_1\cap B)=P(A_1)P(B|A_1)$로 쓸 수 있다. 분모 $P(B)$는 $P(B)=P(A_1\cap B)+P(A_2\cap B)$로 되어 각각에 곱셈 규칙을 다시 적용하면

$$\begin{aligned}P(B)&=P(A_1\cap B)+P(A_2\cap B)\\&=P(A_1)P(B|A_1)+P(A_2)P(B|A_2)\end{aligned}$$

가 되므로, 분자와 분모의 식을 바꾸어 넣으면 베이즈 정리를 얻는 것이다.

베이즈 정리(두 사건)

$$P(A_1|B)=\frac{P(A_1)P(B|A_1)}{P(A_1)P(B|A_1)+P(A_2)P(B|A_2)} \tag{4.10}$$

$$P(A_2|B)=\frac{P(A_2)P(B|A_2)}{P(A_1)P(B|A_1)+P(A_2)P(B|A_2)} \tag{4.11}$$

베이즈 정리의 등호 왼쪽에서의 조건 걸리는 상황이 등호 오른쪽에서는 바뀌어져 있다. $P(A_1)$와 $P(A_2)$는 B 사건이 일어나기 전, 즉 대학에 응시하기 전(a priori=former, previous, before)의 확률이므로 **사전확률(prior probabilities)**, $P(A_1/B)$와 $P(A_2/B)$는 B 사건이 일어난 후, 즉 합격하고 난 후(posterior=later, after)의 확률이므로 **사후확률(posterior probabilities)**이라고 한다.

두 사건의 베이즈 정리는 여러 사건의 경우로 쉽게 확장할 수 있다.

베이즈 정리(일반화)

$$P(A_i|B)=\frac{P(A_i)P(B|A_i)}{P(A_1)P(B|A_1)+P(A_2)P(B|A_2)+\cdots+P(A_n)P(B|A_n)} \tag{4.12}$$

베이즈 정리를 통계적 추론의 문제로 바꾸어 생각하여 통계이론을 전개하는 것이 **베이즈 통계(Bayesian statistics)**이다. 1990년대에 많이 연구된 MCMC(Markov Chain Monte Carlo) 방법이 베이즈 통계의 약점으로 알려졌던 계산상의 복잡함을 해결하였고, 2000년대 이후에 응용분야에서의 관심이 비약적으로 높아지고 그 실용성이 괄목할 성과를 보고 있다.

읽을거리 Monty Hall Puzzle

1950~60년대 미국에서 인기리에 방영됐던 〈Price is Right〉이라는 게임쇼가 있었다.

일반인 출연자 중에서 물건값을 제일 잘 맞추는 최종 출연자 한 사람이 남는다. 이 출연자는 세 문 중 하나를 고를 수 있다. 문을 열면 상품이 나오고 그 상품을 타가게 된다. 문 하나에는 자동차나 여행 상품 등 좋은 상품이 숨어 있고, 다른 두 문 뒤에는 별로 좋지 않은 상품이 숨어 있다.

출연자가 문을 하나 고르면 그 문을 바로 열지 않고 쇼의 진행자인 Monty Hall이 다른 두 문 중에 하나를 열어 보여 준다. Monty Hall이 보여 주는 문에는 항상 좋지 않은 상품이 있다. 이때 Monty Hall은 출연자에게 자기가 골랐던 문을 버리고 다른 문을 선택할 수 있는 기회를 준다. 이때 출연자는 자기가 골랐던 문을 그대로 유지하는 것과 다른 문으로 바꾸는 것 중 어느 것이 유리한가? 또는 그대로 유지하는 것과 바꾸는 것이 확률적으로 차이가 없는가?

A, B, C 세 문 중 상품이 있을 확률은 각기 1/3이다. 출연자가 A를 골랐다고 하자. 그러면 진행자가 B를 열 확률을 다음과 같이 구할 수 있다.

상품이 A에 있을 때 진행자가 B를 열 확률은 P(B를 연다/A)=1/2.

상품이 B에 있을 때 진행자가 B를 열 확률은 P(B를 연다/B)=0.

상품이 C에 있을 때 진행자가 B를 열 확률은 P(B를 연다/C)=1.

따라서 B를 열 확률은

$$\begin{aligned} P(\text{B를 연다}) &= P(A)*P(\text{B를 연다}/A)+P(B)*P(\text{B를 연다}/B) \\ &\quad +P(C)*P(\text{B를 연다}/C) \\ &= \frac{1}{3}\times\frac{1}{2}+\frac{1}{3}\times 0+\frac{1}{3}\times 1 \\ &= \frac{1}{6}+0+\frac{1}{3}=\frac{1}{2}. \end{aligned}$$

진행자가 B를 열었을 때 A에 상품이 있을 확률은 베이즈 정리에 의하여

$$P(A/\text{B를 연다})=\frac{P(A)*P(\text{B를 연다}/A)}{P(\text{B를 연다})}=\frac{\frac{1}{3}\times\frac{1}{2}}{\frac{1}{2}}=\frac{1}{3}.$$

진행자가 B를 열었을 때 C에 상품이 있을 확률은

$$P(C/\text{B를 연다})=\frac{P(C)*P(\text{B를 연다}/C)}{P(\text{B를 연다})}=\frac{\frac{1}{3}\times 1}{\frac{1}{2}}=\frac{2}{3}.$$

즉, 출연자가 A를 선택하고 진행자가 B를 열었을 때 A를 유지하면 상품을 탈 확률은 1/3, C로 바꾸면 2/3의 확률이 된다. 그러므로 문을 바꾸어야 상품을 탈 확률이 높은 것이다.

4.3 나무그림

복잡한 문제를 도표로 그려 이해하기 쉽게 한 것이 **나무그림(수형도, tree diagram)**이다. 복잡한 확률문제를 도표로 그려 놓으면 전체적인 틀을 이해하기 쉽다.

의사들은 마약을 하기 쉬운 환경에 놓여 있다. 환자들을 위하여 준비해 놓은 마약에 쉽게 접근하기 때문이다. 수련의(인턴과 레지던트)들이 얼마나 마약을 하고 있는지 직접 조사하려 한다면 정확한 결과를 기대하기 어렵다. 사람들이 대답하기 꺼려하는 민감한 문제를 조사할 때 답하기를 꺼려하거나, 거짓말을 할 것이므로 우회적으로 답을 얻는 방법을 사용한다. 우선 아무도 모르게 본인 스스로 동전을 던지게 한다. 그리고 동전의 앞면이 나오면 마약을 하는지 하지 않는지 '예'와 '아니오'로 답하게 한다. 동전의 뒷면이 나오면 본인의 생일(본인 생일이 알려져 있다면 어머니의 생일)이 홀수 날일 때 '예', 짝수 날일 때 '아니오'라고 답하게 한다. 이렇게 '예'와 '아니오'로 답을 얻으면 그 답이 마약을 하는 것에 대한 답인지, 생일날에 대한 답인지 모르므로 답한 사람의 프라이버시를 보장하면서 답을 얻을 수 있다. 각 수련의가 마약을 하는지 직접 조사를 하지 않지만, 전체적으로 얼마나 마약을 하고 있는지 알 수 있다. 아래는 이 상황의 수형도이다.

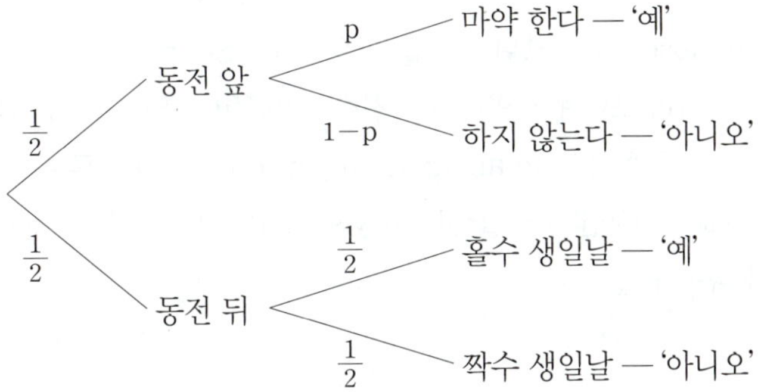

만일 '예'의 비율이 0.28이라면 수련의 중 마약을 하는 비율이 얼마인가? '예'의 비율은 동전 앞이 나와 마약을 하는 비율과 동전 뒤가 나와 홀수 생일일 때 '예'로 답한 비율의 합이다. 즉,

$$0.28=\frac{1}{2}\times p+\frac{1}{2}\times\frac{1}{2}$$

이므로 수련의 중 마약을 하는 비율은

$$p=(0.28-0.25)\times 2=0.06$$

이다.

마약을 하는 비율은 $0\leq p\leq 1$이므로 가능한 '예'의 비율은

$$\left(\frac{1}{2}\times 0+\frac{1}{2}\times\frac{1}{2},\ \frac{1}{2}\times 1+\frac{1}{2}\times\frac{1}{2}\right)=(0.25,\ 0.75)$$

범위이다. 하지만 이는 조사수가 많을 때의 경우이고 조사수가 적으면 동전 앞과 뒤가 나오

는 비율이 $\frac{1}{2}$이 되지 않고, 생일도 홀수일과 짝수일이 각각 $\frac{1}{2}$이 되지 않을 수 있기 때문에 '예'의 비율이 위의 범위를 벗어나게 되고 p값을 정확히 구하지 못할 수도 있다.

만일 '예'의 비율이 0.19라면 마약하는 비율은

$$p=(0.19-0.25)\times 2=-0.12$$

로 음수가 나온다. 그러므로 이 방법은 조사수가 많은 경우에만 사용할 수 있는 방법이다.

나무그림(수형도)은 이러한 프라이버시를 보호하면서 조사하는 경우에만 사용하는 것은 아니고 복잡한 문제를 도표형태로 그릴 때 사용하면 편리하다.

읽을거리 심슨의 역설

심슨의 역설(Simpson's Paradox)은 통계 또는 확률적인 결과를 인과관계로 연결시켜 설명하려는 과정에서 발생하는 현상이다. 패러독스라는 이름이 붙은 이유는 그룹으로 묶어 놓으면 그룹으로 묶여 있지 않을 때와 상황이 반전되기 때문이다. 이러한 현상은 주로 사회과학이나 의학 분야의 통계자료에서 많이 발견되고 있다.

이미 1903년 Udny Yule이 이와 관련된 논문을 발표하였으나, Colin Blyth가 1972년에 Edward H. Simpson의 1951년 논문을 인용하면서 Simpson's paradox라는 이름을 붙인 것이 유래되어 널리 쓰이게 되었다. 율-심슨 효과(Yule-Simpson effect), 반전역설(reversal paradox), 합동역설(amalgamation paradox) 등의 다른 이름으로도 불린다.

1986에 발표된 자료에 의하면 간장 결석(kidney stone)에 대한 A, B 두 처치(treatment) 방법에 대한 결과가 다음과 같았다.

표 1

	A 방법	B 방법
시술환자수	350	350
성공환자수	273	289
성공률	0.78	0.83

이 결과로 성공률이 높은 B 방법이 더 좋은 방법임을 알 수 있다. 하지만 각 방법을 작은 결석과 큰 결석으로 나누면 결과가 달라진다.

표 2

	A 방법			B 방법			
	시술환자수	성공환자수	성공률	시술환자수	성공환자수	성공률	주변성공률
작은 결석	87	81	0.93	270	234	0.87	0.88
큰 결석	263	192	0.73	80	55	0.69	0.72

결석의 크기를 작은 결석과 큰 결석으로 나누어 각각의 성공률을 비교하면 양쪽 다 A 방

법이 더 좋은 방법임을 알 수 있다. 결석의 크기가 반전을 일으키는 변수가 되었는데, 이러한 변수를 혼선변수(confounding variable, 중첩변수) 또는 잠복변수(lurking variable)라고 한다.

A 방법은 경피콩팥절개결석제거술(percutaneous nephrolithotomy)이라고 하는 배를 절개하지 않고 1cm 정도의 작은 구멍으로 가는 관을 삽입하여 결석을 제거하는 새로운 시술법이고, B 방법은 배를 절개하고 하는 방법이다. 위의 표에서 다음 상황을 알 수 있다.

1. 결석의 크기에 따라 시술환자수가 각기 다른 방법에 몰려 있다. 의사들은 큰 결석인 경우에는 A 방법이 좋음을 알고 그 시술방법을 택하였고, 작은 결석일 경우에는 B 방법을 택하였다.
2. 결석의 크기가 방법의 차이보다 성공률에 더 큰 영향을 미치고 있다.

성공률에 지대한 영향을 주는 결석의 크기가 빠진 [표 1]에서는 그 결과가 달리 계산되었던 것이다.

최근 연구에 의하면 이 예처럼 $2\times2\times2$ 분할표(12장 참조)인 경우 순순하게 확률적으로 표가 만들어진다면 심슨의 역설이 발생할 확률은 약 1/60이다.

교훈: 우리는 통계분석을 할 때 분석 대상과 관련된 중요한 변수들이 무엇인지 빠짐없이 찾아내어 같이 분석하여야 한다. 통계분석을 하기 위하여는 그 자료가 만들어진 관련분야의 지식이 필수적이다. 의학, 생물, 경영, 경제, 사회, 심리, 공학 등 각 분야의 통계를 분석할 때는 각기 그 해당 분야의 지식이 있어야 한다. 예를 들어, 20이란 숫자는 통계처리 과정에서는 단순한 숫자 20에 불과하나, 그것이 나이 20세인지, 몸무게 20킬로그램인지, 손실액 20억원인지, 섭씨 20도인지, 정부정책 지지율 20퍼센트인지 등에 따라 그 해석 상의 의미는 사뭇 달라질 것이다.

익힘문제

다음 괄호에 알맞은 말을 넣거나, 맞는 것을 선택하시오.

1 확률은 {단순, 복잡}사건으로 이루어진 (   )에서 정의된다. (   )의 원소인 사건은 {전부, 일부} 포함되어야 하고, {표본추출, 모집단추출, 상호배반, 독립} 이어야 한다.

2 상호배반사건은 두 사건이 겹치는 부분이 {없다, 있을 수 있다}.

3 확률의 정의를 위한 접근은 무엇들이 있는가?

4 통계학자들을 두 부류로 나누어라.

5 확률의 기본 조건을 써라.

6 여집합 확률 규칙을 써라.

7 여집합의 확률은 1 {보다 작다, 이 될 수도 있다}.

8 합집합 확률 규칙을 써라.

9 합집합의 확률은 1을 {넘을 수 있다, 넘지 못한다}.

10 조건확률의 정의식을 써라.

11 조건 자체의 확률이 아주 작으면 조건확률은 1을 {넘을 수 있다, 넘지 못한다}.

12 독립사건의 정의식을 써라.

13 독립사건은 두 사건이 겹치는 부분이 {없다, 있을 수 있다}.

14 곱셈규칙을 써라.

15 독립사건의 곱셈규칙을 써라.

16 간단한 형태의 베이즈 정리를 써라.

17 베이즈 정리는 {사전, 사후}확률을 이용하여 {사전, 사후}확률을 찾는 정리이다.

18 베이즈 정리를 추론의 체계로 이용하는 것이 (　　　)통계이다.

19 (　　　)는 복잡한 확률 문제를 나무 형태로 표시하여 전체적인 구조를 알기 쉽도록 한 것이다.

다음 보기에서 아래 문제에 해당하는 것을 모두 고르시오.

공집합, 전체집합, 일반적인 부분집합

20 공집합과 상호배반인 것은?

21 전체집과 상호배반인 것은?

22 공집합과 독립인 것은?

23 전체집합과 독립인 것은?

연습문제

1 확률을 정의하는 접근 방법들의 차이점에 대하여 설명하여라.

2 다음의 예들을 전통적 접근, 상대적 비율의 접근, 주관적 접근에 의한 확률의 정의와 연관시켜라.

a. 주사위는 6개의 면을 갖고 있고, 그 각각이 나올 가능성은 모두 같으니 확률은 1/6이다.

b. "오늘 무릎이 쑤시는 것을 보니 비가 오겠구나."

c. 트럼프 카드는 하트, 스페이드, 다이아몬드, 클로버의 네 가지 무늬로 되어 있고 각각 13장씩의 카드로 되어 있으니, 잘 섞어진 카드에서 한 장을 뽑았을 때 하트가 뽑힐 확률은 1/4이다.

d. 무작위로 1000명에게 대통령에 대한 지지를 물으니 286명이 지지한다고 하였다. 이를 근거로 현재 대통령에 대한 국민의 지지도는 28.6%라고 추정하였다.

e. "나는 10년 이내에 남북통일이 될 가능성이 매우 희박하다고 생각한다"

3 베이지안 접근 방법에 의한 확률을 정의할 때, 해당하는 것을 전부 골라라.
a. 무한히 많은 실험 또는 관찰이 필요하다.
b. 내일 비가 올 확률은 사람마다 다른 값을 생각할 수 있다.
c. 적은 수의 실험이나 관찰로 확률을 정의할 수 있다.
d. 실험이나 관찰이 불가능한 상황도 확률을 정의할 수 있다.
e. $P(A)+P(A^C)=1$이 꼭 성립할 필요는 없다.

4 상대적 비율에 의한 확률을 정의할 때, 해당하는 것을 전부 골라라.
a. 내일 비가 올 확률은 누구에게나 똑같은 값으로 정의되어야만 한다.
b. $P(A)+P(A^C)=1$이 꼭 성립하여야 한다.
c. 실험이나 관찰에 의한 상대적 비율로 나열한 무한한 수열이 0과 1 사이의 값으로(0과 1을 포함하여) 수렴하여야 한다.
d. 각자의 경험과 생각이 다르므로 어떤 사건에 대한 확률값은 다르게 정의될 수 있다.

5 $P(A)=0.3$일 때 다음 확률들을 구하여라.
a. $P(A^C)$
b. $P(A\cup A^C)$
c. $P(A\cap A^C)$

6 $P(A)=0.3$, $P(A\cap B)=0.2$, $P(A\cup B)=0.35$라면, $P(B)$는 얼마인가?

7 A와 B가 독립이고 $P(A)=0.2$, $P(B)=0.3$이면 다음 확률값
a. $P(A\cap B)$는 얼마인가?
b. $P(A\cup B)$는 얼마인가?
c. $P(A|B)$는 얼마인가?

8 A와 B가 독립이고 $P(A)=0.2$, $P(B)=0.4$이면 다음 확률값
a. $\mathrm{P}(A^C\cap B)$는 얼마인가?
b. $P(A\cup B^C)$는 얼마인가?
c. $P(B|A)$는 얼마인가?

9 $P(A)=0.3$, $P(A|B)=0.4$, $P(A\cap B)=0.2$이면 다음 확률값은 얼마인가?
a. $P(B)$
b. $P(A\cup B)$
c. $P(B|A)$

10 $P(A)=0.3$, $P(B^C|A)=0.6$, $P(A\cup B)=0.42$이면 다음 확률값은 얼마인가?
a. $P(B|A)$
b. $P(A\cap B^C)$
c. $P(A\cap B)$

d. $P(B)$
e. $P(A|B)$

11 $P(A|B)=0$이면
a. A와 B는 독립인가?
b. $P(A)=0$인가?
c. $P(B)=0$인가?
d. $P(A)>P(B)$인가?

12 $P(A\cup B)=0$이면
a. A와 B는 독립인가? 상호배반인가?
b. $P(A)=0$인가?

13 $P(A\cap B)=0$이면
a. A와 B는 독립인가? 상호배반인가?
b. $P(A)=0$인가?

14 A와 B가 독립이면 다음 중 맞는 것은?
a. $P(A|B)=0$
b. $P(A\cup B)=0$
c. $P(A\cap B)=0$
d. $P(A)\neq P(B)$
e. 위의 어느 것도 아니다.

15 A와 B가 독립이고 $P(A)=0.3$, $P(B)=0.2$ 면 $P(A\cup B)$의 값은?

16 A와 B가 상호배반이고 $P(A)=0.3$, $P(B)=0.2$ 면 $P(A\cap B)$의 값은?

17 다음 물음에 답하여라.
a. ϕ과 ϕ은 서로 독립인가? 상호배반인가?
b. Ω와 Ω은 서로 독립인가? 상호배반인가?
c. Ω와 ϕ은 서로 독립인가? 상호배반인가?

18 남아와 여아의 태어나는 확률이 똑같이 $\frac{1}{2}$이라고 할 때
a. 장남, 차녀, 삼녀의 세 아이가 태어날 확률을 구하여라.
b. 1남 2녀가 태어날 확률을 구하여라.
c. 세 딸이 태어날 확률을 구하여라.
d. (a), (c) 두 경우 중 어느 상황이 더 발생하기 희박한가?

19 다음 사실이 맞으면 증명을 하고 틀리면 그 예를 들어라.
a. 상호배반적 두 사건은 독립인가?
b. 독립인 두 사건은 상호배반인가?

20 주사위 두 개를 던졌다. 다음 각 경우에 해당하는 두 사건을 상호배반사건, 독립사건, 그 이외의 사건으로 구분하여라.

a. 한 주사위에서는 짝수, 다른 주사위에서는 홀수가 나오는 경우

b. 한 주사위에서는 짝수, 다른 주사위에서는 3 이상 나오는 경우

c. 두 주사위에서 둘 다 1이 나오는 경우

d. 두 개의 합이 7이 되는 경우

e. 한 주사위에서 홀수 또는 짝수가 나오면 다른 주사위에서는 그 반대로 짝수 또는 홀수로 나오는 경우

21 다음 경우에 해당하는 두 사건을 상호배반사건, 독립사건, 그 이외의 사건으로 구분하여라. 왜 그렇게 생각하는지도 같이 답하여라.

a. 다음 주에 로또 1등에 당첨될 사건과 아닐 사건

b. 다음 주에 로또 1등에 당첨될 사건과 동전을 던져 앞면이 나오는 사건

c. 10년 이내에 통일이 될 사건과 아닐 사건

d. 10년 이내에 통일이 될 사건과 10년 이내로 황사 발생 건수가 30% 줄 사건

e. 우리나라의 포도주 생산량 증가와 우리나라와 자유무역협정을 맺고 있는 나라의 포도주 생산량 증가

f. 올해 4월 우리나라의 이상기온 현상과 브라질의 이상기온 현상

22 주사위를 던지는 실험을 한 후 사건 A, B, C, D를 다음과 같이 정의하였다.

$A=\{x;x>3\}$ $\qquad$ $B=\{x;x\text{는 짝수}\}$

$C=\{x;x\text{는 홀수}\}$ $\qquad$ $D=\{x;2\leq x\leq 4\}$

a. $P(A\cap B)$와 $P(A\cap B^C)$를 구하여라.

b. $P(A)$를 구하고 a에서 구한 $P(A\cap B)+P(A\cap B^C)$와 같음을 확인하여라.

c. $P(A\cap D)$와 $P(A\cup D)$를 계산하여라.

d. $P(A)+P(D)-P(A\cap D)=P(A\cup D)$임을 각각의 확률값으로 계산하여 확인하여라.

23 아래의 주변확률을 구하여라.

	B_1	B_2	B_3	**주변확률**
A_1	0.35	0.18	0.02	
A_2	0.25	0.17	0.03	
주변확률				

24 결합확률과 주변확률을 구하여 아래의 표를 완성하여라.

	B_1	B_2	B_3	**주변확률**
A_1	0.15	0.18		
A_2	0.23		0.03	
주변확률		0.22		

25 다음 세 표를 완성할 수 있는 경우의 수를 불가능, 1개, 무한개로 답하여라.

a.

	취직	대학원진학	미결정	주변확률
남학생	0.12			0.4
여학생			0.25	0.6
주변확률	0.3	0.2		

b.

	취직	대학원진학	미결정	주변확률
남학생	0.12			0.4
여학생			0.4	0.6
주변확률	0.3	0.2	0.5	

c.

	취직	대학원진학	미결정	주변확률
남학생			0.15	0.4
여학생		0.1		0.6
주변확률	0.3	0.2	0.5	

d.

	취직	대학원진학	미결정	주변확률
남학생		0.1		0.4
여학생				0.6
주변확률	0.3	0.2	0.5	

26 두 곳 이상의 값이 서로 다르도록 두 개 표로 완성하여라.

	일반직	전문직	대학원	미결정	주변확률
남학생					0.4
여학생			0.12		
주변확률	0.3	0.1			

27 성별과 취업직종이 독립일 때 위의 표를 완성하여라. 두 개의 표가 가능한가?

28 어느 제조업자가 직물공장과 조립공장을 각각 가지고 있다고 하자. 이 제조업자의 노동자들은 직물공장에 60%, 조립공장에 40% 비율로 고용되어 있다. 작년에 35%의 직물공장 노동자들이 작업 중 부상을 입었고, 20%의 조립공장 노동자들이 조업 중 부상을 입었다고 조사되었다.

a. 이 기간 동안 모든 노동자들 중 부상을 입지 않은 노동자들의 퍼센티지(%)는 얼마인가?

b. 어느 한 노동자가 부상을 입었다고 하였을 때, 이 노동자가 조립공장에서 일하는 노동자일 확률은?

29 어느 보험회사에서는 고객(보험계약자)들의 60% 정도가 저위험군(low-risk class), 40%가 고위험군(high-risk class)으로 분류될 수 있음을 알고 있다. 과거 기록에 따르면, 지난 1년 동안 저위험군의 보험계약자들 80%가 보험금청구를 하지 않았으며, 15%는 한 번의 보험금청구를, 5%는 보험금청구를 두 번하였던 것으로 나타나 있었다. 그리고 고위험군의 경우는 0번, 1번, 2번의 보험금 청구율이 각각 50%, 30%, 20%였다.

a. 위의 문제에서 주어진 상황을 나무그림(수형도)으로 표현하여라.

b. 만일 해당보험사의 보험계약자가 지난 한 해 동안 보험금청구를 하지 않았을 경우, 이 보험계약자가 저위험군에 속해 있을 확률은?

c. 만일 어떤 보험계약자가 지난 한 해 동안 2번의 보험금청구를 하였을 경우, 이 보험계약자가 고위험군에 속해 있을 확률은?

30 역대 크리스마스 날씨를 조사하였는데 다음과 같이 정리된 결과를 얻었다.

날씨(기상상태)	상대도수
맑고 건조함	0.20
흐리고 건조함	0.30
비가 내림	0.40
눈이 내림	0.10

위의 표에 나타난 정보에 근거하여,

a. 다음 번 크리스마스가 건조한 날씨를 보일 확률은 얼마인가?

b. 다음 번 크리스마스에 비가 내리는 날씨이거나 흐리고 건조한 날씨일 확률은?

c. 다음 번 크리스마스가 건조할 것이라고 가정해 볼 때, 그 날이 또한 흐린 날일 확률은?

31 어느 인터넷 서비스 회사는 다음과 같은 고객들의 이용실태를 파악하였다.

1개월당 서비스 이용시간	성별	
	남	여
20시간 미만	500	450
20시간 ~ 40시간	800	300
40시간 이상	350	100

a. 인터넷을 사용하는 고객이 여성이라는 것을 전제하였을 때, 이 고객이 20~40시간 정도 인터넷 서비스를 이용할 확률은?

b. 월 사용시간이 40시간 이상인 고객이 있다고 하였을 때, 그 고객이 여성일 확률은?

32 테러범에 의하여 비행기가 폭파되는 것을 매우 두려워하는 사람이 있다. 이 사람은 한 비행기에 두 테러범이 동시에 폭발물을 갖고 타는 것은 아주 드물 것이라고 생각하여, 본인이 폭발물을 직접 가지고 타면 다른 테러범이 또 폭발물을 갖고 탈 확률이 아주 적을 것이라고 생각하였다. 조건부 확률과 독립사상으로 이 이야기를 비판하여라.

33 다음과 같이 결합 확률값이 주어졌다고 하자.

	A	B
a	0.2	0.3
b	0.4	0.1

a. $P(A|a)$를 구하여라.
b. $P(A)$를 구하여라.
c. A와 a는 독립인가? 답의 근거는 무엇인가?
d. A와 a는 상호배반인가? 답의 근거는 무엇인가?
e. A와 B는 상호배반인가? 답의 근거는 무엇인가?
f. $P(A|\text{a})$를 구하는 베이즈 정리를 쓰고 위에서 주어진 확률값을 대입하여 그 결과가 a와 같음을 보여라.

34 다음은 어느 대학의 지원자와 합격자수에 대한 자료이다.

〈지원자수〉

	문과대학	이과대학
남학생	400	700
여학생	800	300

〈합격자수〉

	문과대학	이과대학
남학생	100	400
여학생	220	200

다음과 같이 집합을 정의하고 아래의 물음에 답하여라.

B: 남학생이 합격하는 사건
G: 여학생이 합격하는 사건
A: 문과대학생이 합격하는 사건
S: 이과대학생이 합격하는 사건

a. 남학생과 여학생의 전체 합격률을 구하고 비교하여라.
b. 문과대학의 남녀 학생 합격률을 구하고 비교하여라.
c. 이과대학의 남녀 학생 합격률을 구하고 비교하여라.
d. (a)의 결과와 (b), (c)에서의 결과를 비교하고 그 이유를 설명하여라.

35 베이즈 정리 증명과정 중 $P(B)=P(A_1\cap B)+P(A_2\cap B)$를 다음과 같이 얻었다.

$$\begin{aligned} P(B) &= P(\Omega\cap B) \\ &= P([A_1\cup A_2]\cap B) \\ &= P([A_1\cap B]\cup[A_2\cap B]) \\ &= P(A_1\cap B)+P(A_2\cap B) \end{aligned}$$

a. 세 번째 등호는 집합의 무슨 성질(법칙)을 이용한 것인가?
b. 네 번째 등호는 확률의 무슨 법칙인가?

36 어느 대학을 응시한 남학생과 여학생의 비율이 각각 0.54와 0.46이다. 여학생의 합격률은 0.63이고, 남학생의 합격률은 0.48이라고 할 때 합격한 남학생의 비율을 얼마인가?

37 미국의 왕복 우주선 챌린저호는 1986년 1월 28일, 우주인들을 태우고 이륙하는 중 폭발하는 불운을 맞이하였다. 그 원인은 O자 모양의 고무(O-ring)가 제 기능을 발휘하지 못하였던 것으로 밝혀졌다. 날씨가 추우면 고무가 굳어져 고무의 기능을 저하시킨 것이다. 다음은 가상의 확률이다. 날씨가 추울 확률과 춥지 않을 확률이 각각 0.3과 0.7이라고 하자. 추울 때 오링이 작동하지 않을 확률은 0.2, 춥지 않을 때 오링이 작동하지 않을 확률은 0.08이라고 하자. 그러면 오링이 작동하지 않을 때, 그 날의 날씨가 추웠을 확률을 구하여라.

38 어느 대학의 여학생 비율이 전체의 43%이다. 또 이 대학의 재학생 중 자기 집에서 다니는(자가 통학) 학생의 비율이 55%이며, 자기 집이 아닌 곳에서 다니는 남학생이 27%일 때, 여학생 중 자가 통학하는 학생의 비율은 얼마인가?

39 우리나라 기업 중 부채 비율이 낮은 회사는 전체 회사의 30%라고 하자. 부채비율이 낮은 회사 중 5년 이내에 망하는 비율은 4%이고, 부채 비율이 높은 회사는 그 비율이 26%이다. 5년 단위로 조사하였을 때, 망하지 않은 회사 중 부채 비율이 높은 회사는 몇 %인가?

40 감기 환자 중 76%가 열이 나고, 말라리아 환자 중 98%가 열이 난다고 하자. 감기는 1000명 중 160명이, 말라리아는 5명이 걸린다고 한다. 어느 환자가 열이 있을 때, 이 환자가 말라리아에 걸렸을 확률을 구하여라.

41 2004년에서 2007년까지 3년 동안 주가를 조사하였다. 은행 이자보다 높은 수익을 낸 회사 중 23%의 회사가 은행 이자보다 두 배 이상의 수익(주가 상승과 배당에 의한)을 내었다. 이들 회사 중 2003년에 상종가로 마감한 날이 5일 이상인 회사가 29%이었다. 3년 동안 은행 이자의 2배보다 적은 수익을 낸 회사 중 2003년에 상종가로 마감한 날이 5일 이상인 회사는 18%이었다. 경제상황이 그대로 유지된다면 2007년에 5일 이상 상종가를 기록한 회사는 2010년까지 은행이자의 두 배 이상 수익을 올릴 가능성이 얼마인가?

42 신용카드 사용자 중 신용불량자의 48%가 신용불량이 되기 세 달 전부터 갑자기 부채가 늘어난다고 하자. 신용불량자가 아니더라도 부채가 늘어날 수 있는데, 그 비율은 17%이다. 세 달 동안 갑자기 부채가 늘어난 신용카드 사용자 중 신용불량자의 비율은 얼마인가? 신용불량자는 전체 카드 사용자 중 1.5% 발생한다고 한다.

43 어느 컴퓨터생산 회사에서 필요한 전자부품을 세 개의 부품회사(X, Y, Z)로부터 공급받고 있다고 하자. 이 컴퓨터 제조회사의 해당부품의 전체 소요량에 대해서 X사가 30%, Y사가 20% 그리고 Z사가 50%의 비율로 부품을 공급하여 왔다. 과거의 기록을 검토해본 결과, 컴퓨터생산 회사측은 X사가 공급한 부품의 3%, Y사가 공급한 부품의 5%, Z사가 공급한 부품의 4% 정도가 불량품이었다는 것을 알았다. 이제 컴퓨터생산 공장의 노동자가 필요한 전자부품을 조립하기 전에 불량여부를 검사해보니, 그 부품이 불량품이라는 것을 알았다. 이 부품이 Y사가 공급

한 부품이었을 확률은 얼마인가?

44 침입자 경보시스템은 0.90의 확률로 침입자를 색출해낼 수 있도록 설계되었다고 한다. 그런데 침입자가 생겼다는 전제하에, 경보시스템이 침입자를 제대로 찾아낸 날들의 75%는 날씨가 맑은 날이었으며, 20%는 흐린날, 5%는 비가 오는 날이었다. 경보시스템이 침입자를 찾아내는데 실패한 경우, 이런 날들은 맑은 날이 60%, 흐린 날이 30%, 비오는 날이 10%였다. 이제 주어진 정보하에서, 비가 오는 기상조건에서 침입자를 찾아내게 될 확률은 얼마인가?

45 어느 대형 가전매장의 소비자상담실에서는 소비자들의 불만사항을 처리해오고 있다. 소비자상담실은 접수된 소비자 불만사항을 품질보증기간의 만료 여부에 따라 다음과 같이 정리하였다.

품질보증기간 만료 여부	소비자 불만사항		
	전자적인 작동불만	기계적인 작동불만	상품의 외형 불만
품질보증기간 이내	18%	13%	32%
품질보증기간 이후	12%	22%	3%

어느 소비자의 불만사항이 접수되었을 경우, 소비자불만이 아직 보증기간 이내라는 전제하에 상품의 외형에 대한 불만이 원인일 확률은 얼마가 되겠는가?

5 이산형 확률변수

Jacob Bernoulli(1654~1705)

스위스 Basel에서 출생. 아버지의 뜻에 따라 신학을 공부하고 성직자가 되었으나, 수학과 물리학을 공부. 『Ars Conjectandi(Art of Conjecture)』를 저술. 우표에 있는 대수의 법칙을 발견하고 베르누이 시행을 연구.

이산형 확률변수가 무엇인지 알아보기에 앞서 확률변수가 무엇인지 먼저 알아보아야 한다. 확률변수는 그 자신이 취할 수 있는 값의 형태에 따라 이산형 확률변수와 연속형 확률변수로 나뉜다. 태어난 아기의 성별, 증권 가격이 오르고 내리고, 날씨가 맑고, 흐리고, 눈오고, 비오고 등 몇 개의 범주로 나누어지거나 일 년 동안 암으로 사망하는 사람의 수, 10년간 나타난 태양의 흑점의 수 등 셀 수 있는 숫자의 형태로 된 확률변수가 이산형 확률변수이다.

2장과 3장에서 자료를 표나 그래프, 또는 수치에 의해 정리하고 요약하는 방법들에 대하여 알아 보았다. 이러한 과정들은 자료 자체에 대한 정보를 알기 위한 것이지만, 자료 자체로 국한하지 않고 모집단에 대한 정보인 것처럼 사용하는 경우가 대부분이다. 200명 초등학생들의 몸무게(표본)를 조사하여 비만 정도가 심각해진다는 결과를 얻었을 때, 그 결과는 200명에 대한 것뿐이지 초등학생 전체에 대한 것이 아니다. 조사해 보지도 않은 수백만 명의 초등학생 전체(모집단)에 대한 비만 문제로 해석할 수 있는 근거는 무엇인가? 그렇게 해석하는 데에 따른 근거와 오차를 제공하는 것이 통계학이다. 그렇게 하기 위하여는 모집단에서 어떤 확률로 표본들이 뽑히는 것인지 알아야 거꾸로 표본을 이용하여 모집단을 추론할 수 있다.

5장과 6장에서는 모집단에 대한 내용이다. 우리가 사용하는 표본자료들은 다양한 형태의 모집단의 분포들에서 나오게 된다. 모집단 분포들의 형태나 특성을 알고 확률계산을 할 수 있어야 표본을 이용한 추론이 가능하다.

표본자료의 분석으로 모집단에 대한 것을 알아보려면 – 모집단을 추론하려면 – 모집단의 확률분포(probability distribution)를 알거나 가정하여야 하는데, 확률이 지정되는 방식에 따라 이산형과 연속형으로 구분한다.

주사위를 던져 나오는 숫자는 1에서 6까지 6개의 숫자이다. 6개의 숫자에 전부 더하면 1이 되면서 각각의 값이 0에서 1 사이인 확률값들이 지정되어 있다면 이는 **이산형 확률분포(discrete probability distribution)**이다. 하지만 몸무게는 각각의 값에 확률값을 지정할 수 없다. 50 kg과 60 kg 사이에는 셀 수 없이 무수히 많은(uncountable) 숫자가 있기 때문에 아무리 작은 확률값을 지정하더라도 셀 수 없이 많아서 다 더하면 1이 넘기 때문이다. 하지만 50 kg에서 50.5 kg 사이의 구간으로는 확률값 지정이 가능하다. 이와 같이 한 점에는 확률값을 지정할 수 없고 구간으로만 확률 지정이 가능한 것을 **연속형 확률분포(continuous probability distribution)**라고 한다.

우리나라에서 발생한 연간 교통사고 발생 건수는 한 사람이 여러 번 사고를 당할 수도 있기 때문에 무한대로 가능하다. 이 경우는 셀 수 있는(countable) 경우이기 때문에 각각의 사고 건수에 기하급수적으로 작아지는 확률값을 지정하게 되면 무한대의 사고 건수라고 하더라도 모든 사고 건수에 확률값 지정이 가능하다. 이산형 확률분포로는 균일분포, 베르누이분포, 이항분포, 다항분포, 음이항분포, 포아송분포 등이 있다.

5.1 확률변수

확률변수(random variable)는 확률 실험(random-experiment)의 결과 또는 결과물(output)에 대한 숫자적 표현이다. 예를 들어, 동전을 던졌을 때 가능한 실험의 결과는 '앞면' 또는 '뒷면'이다. 이때 우리가 '앞면'을 1이라 표현하고, '뒷면'을 0이라 표현하면, 이는 실험 결과의 숫자적 표현이고 확률변수의 한 예라 하겠다. 만약 다른 사람이 똑같은 동전 실험에 대하여 '앞면'을 1로 표현하고, '뒷면'을 −1로 표현하면 이는 또 다른 확률변수를 정의하게 된다. 그러면 사람마다 다르게 확률변수를 정의하게 되어 혼란스러울 것을 걱정할 필요는 없다. 관습적으로 또는 그 실용성 때문에 모든 사람이 공통적으로 사용하게 되는 유일한 확률변수가 정해지게 된다. 이러한 확률변수들은 X나 Y처럼 대문자 알파벳을 사용하여 표기하게 되고, 확률변수가 취하게 되는 특정한 값을 표기할 때는 x나 y처럼 소문자 알파벳을 사용하게 된다.

확률변수는 표본공간과 실수(−∞, ∞)를 연결시키는 함수이다.

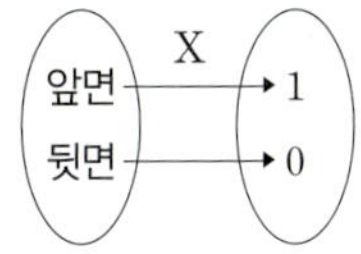

결과 또는 결과물을 숫자로 바꾸는 이유는 자료의 처리를 편하게 하기 위함이다. 순수한 숫자로 바꾸어 놓으면 계산을 마음대로 할 수 있기 때문이다. 동전을 던져 앞면 3번, 뒷면이 2번 나왔다면 평균값은 얼마인가? (앞면+앞면+앞면+뒷면+뒷면)/5의 값은 무엇인가? 앞면을 1, 뒷면을 0으로 하는 확률변수라면 그 평균은 (1+1+1+0+0)/5=0.6으로 계산할 수 있다. 지난 달에 번개가 7번 있었고 이번 달에는 3번 있었다. 번개치는 횟수에 대한 확률변수는 7번을 7, 3번을 3으로 단위를 떼어버리고 순수한 숫자로 숫자화하는 것이다. 즉, 단위가 있는 숫자를 단위가 없는 숫자로 바꾸는 것이 확률변수이다. 단위가 붙어 있는 숫자는 제곱, 제곱근을 구하거나 로그값을 구하거나 할 때 문제가 생기기 때문이다. 3센티미터를 제곱하여 9제곱센티미터로 될 때처럼 길이가 면적으로 바뀌면서 그 의미가 살아 있는 경우도 있지만, '3번'을 제곱하면 '9제곱번'처럼 아무 의미가 없게 되기 때문이다. 자료의 통계처리를 위하여 확률변수를 사용하게 되는 것이다.

확률변수는 그것이 취할 수 있는 값들이 하나, 둘 셀 수 있느냐 또는 없느냐에 따라 **이산형 확률변수(discrete random variable)**와 **연속형 확률변수(continuous random variable)**로 구분할 수 있다. 유한(finite) 개이거나 셀 수 있는 무한한(countable) 값을 갖는 확률변수를 일컬어 이산형 확률변수라고 한다. 이산형 확률변수의 예로는 '박지성 선수가 한 경기에서 넣는 골수', '금년 3월 1일 하루 동안 신세계 백화점 강남점에서 물건을 구입한 고객의 수', '오는 일요일 대한항공 시카고행 비행기의 탑승객수' 등이 될 수 있다. 반면 무한 개의 셀 수 없는 가능한 값을 갖는 확률변수를 연속형 확률변수라 하고, 대표적인 연속형 변수로는 시간, 길이, 무게, 온도 등에 대한 측정값들이 있다. 조금 더 구체적인 예를 들면 '갓 태어난 신생아의 몸무게' 또는 '서울과 부산을 자동차로 운전할 때 걸린 시간' 등을 생각할 수 있다.

확률변수
- 이산형 확률변수
- 연속형 확률변수

number
- finite number
- infinite number
  - countable number
  - uncountable number

위의 이산형 확률변수와 연속형 확률변수의 구분은 연속형 확률변수의 정확한 측정의 어려움 때문에, 실제에서 항상 명확한 것은 아니다. 예를 들어, 확률변수 X를 공항에서 수화물을 찾기 위해 기다려야 되는 시간이라 했을 때, 이론상 X가 취할 수 있는 값은 양의 실수상의 임의의 값이 되어야 하나 실제 측정은 초단위로 기록될 것이다. 이때 이를 어떤 이는 이산형 확률변수라고 주장할 수도 있을 것이다. 이 책에서는 특별히 언급되지 않는 한 이러한 변수들을 연속형 확률변수로 간주할 것이다.

사례 5.1 확률변수의 예

다음 표는 이산형 확률변수와 연속형 확률변수의 예들을 보여 준다.

표 5.1

종류	실험 또는 관찰	결과	확률변수 (X)가 취하는 값
이산형	자동차 고객	남자, 여자	0(여자), 1(남자)
	주사위 던짐	눈 하나), (눈 둘),⋯, (눈 여섯)	1, 2, ⋯., 6
			1(셋 이하), 0(넷 이상)
연속형	공정 소요 시간	분으로 계산된 시간	(0, ∞) 사이의 숫자
	제품의 불량률	0%~100% 사이의 불량률	[0, 100] 사이의 숫자

확률변수의 이해

통계학이란 확률변수에 대한 학문이라고 할 수 있을 정도로 확률변수는 통계학을 공부하는 데 매우 중요한 개념이지만 처음 배우는 학생들에게는 그리 쉽게 이해되지 않을 수 있다. 표본공간과 실수집합을 연결하는 함수라는 확률변수의 수학적 정의와 다른 관점에서 확률변수를 이해할 수 있는 방법을 찾아 보아야 한다.

확률변수는 '실험하기 전' 또는 '관찰하기 전'이라고 이해하자. 동전을 던지기 전에 앞면과 뒷면의 확률이 있는 것이다. 동전을 던지기 전에 앞면도 나올 수 있고 뒷면도 나올 수 있는 상태에 대하여 확률을 이야기할 수 있는 것이지 던지고 난 후 결과를 본 순간 확률은 없어진다. 동전을 던져 앞면이 나왔다면 그 상황은 이미 사실이 되었으므로 확률과 관계없다. 억지로 확률과 연관시킨다면 이미 벌어진 일이 진실 그 자체이므로 확률 1이다. 사실 그 자체에 대한 확률은 맞으면 1, 틀리면 0 밖에 없다. 확률 0.3, 0.5 등과 같은 것은 없다.

0과 1 사이의 확률 값은 가능한 두 가지 이상의 상황이 관찰되기 전 또는 실험하기 전에 그 상황들에 대하여 확률이 존재하게 된다. 주사위를 던지기 전에 1에서 6까지 나올 가능성이 있기에 각각 1/6의 확률을 이야기 할 수 있고, 내일이 되기 전에 맑고 흐리고 비올 가능성이 있기에 날씨 각각에 대한 확률을 이야기할 수 있는 것이다.

통계는 관찰 또는 실험된 결과인 표본을 이용하여 모집단에 대하여 알아 보려는 학문이다. 표본을 이용하려면 우선 표본이 어떤 경로로 나온 것인지 알아야 하는 데, 그 경로에 확률이 관계되고 있는 것이다. 이미 벌어진 것은 확률이 1이지만 그것이 벌어지는 과정이 확률적 과정인 것이다.

5.2 이산형 확률분포

$P(X=x)$: 확률변수 X가 값 x를 갖는 확률.

확률변수가 취할 수 있는 값들에는 확률이 대응되어 있고, 이를 **확률분포(probability distribution)**라고 하는데, 특별히 이산형 확률변수에 대응되는 확률분포를 **이산형 확률분포(discrete probability distribution)**라고 한다. 이산형 확률변수 X가 주어졌을 때 이의 확률분포 또는 **확률질량함수(probability mass fuction)**는 $f(x)$로 표기되고, 이는 확률변수 X가 값 x를 갖는 확률로 해석할 수 있다.

일반적으로 확률변수가 K개의 값 $x_1, x_2, \cdots, x_K$를 가질 때 그에 대응하는 확률을 $f(x_1), f(x_2), \cdots, f(x_K)$라고 하면 X의 확률분포는 다음의 표 5.2와 같이 표현할 수 있다.

표 5.2

X의 값	확률질량함수 $f(x)$	누적확률함수 $F(x)=P(X \le x)$
x_1	$f(x_1)$	$F(x_1)$
x_2	$f(x_2)$	$F(x_2)$
$\vdots$	$\vdots$	$\vdots$
x_K	$f(x_k)$	$F(x_k)=1.00$
합계	1.00	

위의 표에서 각각의 사건 x에 대하여 $f(x)$는 그 사건이 일어날 확률이고, 따라서 $f(x)$는 0과 1 사이의 값을 취해야 한다. 또 모든 가능한 사건의 전체 확률은 1이므로 $f(x)$들의 총합은 1이 된다. 따라서 이산형 확률변수 X의 확률질량함수 $f(x)$는 아래의 조건을 만족시켜야 한다. 또 역으로 아래의 조건을 만족시키는 함수 $f(x)$가 존재할 때, $f(x)$를 확률질량함수(또는 확률분포)로 갖는 이산형 확률변수가 존재함을 알 수 있다.

이산형 확률질량함수의 조건

이산형 확률변수 X의 확률질량함수 $f(x_k)=P(X=x_k)$는 다음을 만족시킨다.

(1) 모든 x_k에 대하여 $f(x_k) \ge 0$이다.

(2) 모든 사건에 대한 확률의 합은 1이다. 즉, $\sum_{all\ x} f(x)=1$.

이산형 확률변수 X의 누적확률분포함수 $F(x)$는 확률변수 X가 x보다 작거나 같은 확률을 의미하고 다음과 같이 정의된다.

누적확률분포함수

$$F(x)=P(X \le x)=\sum_{X \le x} f(x) \tag{5.1}$$

예제 5.1

[어느 대리점의 자동차 판매 대수]

자동차 판매.xlsx

이산형 확률변수와 그의 확률질량함수에 대한 예로, 한 대리점에서 자동차 판매자료에 대하여 생각해 보자. 이 대리점에서는 과거 300일의 영업 중 한 대도 판매하지 못한 날의 수는 54일, 1대 판매한 날의 수는 117일, 2대 판매한 날의 수는 72일, 3대 판매한 날의 수는 42일, 4대 판매한 날의 수는 12일 그리고 5대를 판매한 날의 수는 3일이었다. 만일 우리가 X=하루 동안 판매한 자동차의 대수에 관심이 있다고 하자. 이

자료로부터 우리는 확률변수 X가 이산형 확률변수임을 알 수 있고, 이의 확률질량함수 $f(x)$는 〈표 5.3〉과 같이 표현된다.

표 5.3

X의 값	도수	$f(x)$	$F(x)$
0	54	0.18	0.18
1	117	0.39	0.57
2	72	0.24	0.81
3	42	0.14	0.95
4	12	0.04	0.99
5	3	0.01	1.000
합계	300	1.000	

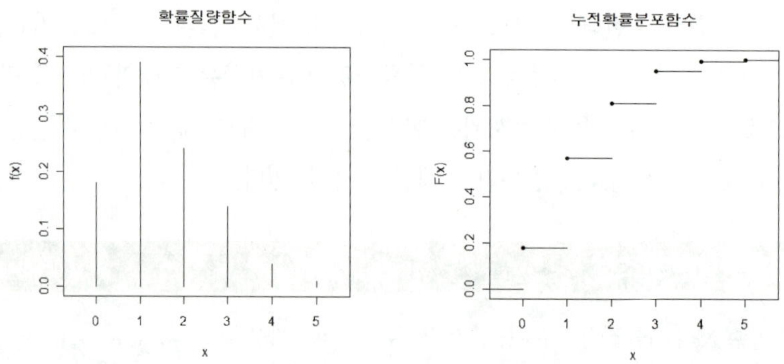

5.3 평균과 표준편차

평균은 그 확률변수의 중심 위치(location)에 대한 측도 중 하나이고, 표준편차는 퍼진 정도(spread) 또는 변동성(variability)을 나타내는 측도이다. 평균은 그 확률변수 자신의 기댓값이며, 분산은 확률변수와 평균의 차이 제곱의 기댓값이며, 이를 제곱근하여 구한 값이 표준편차이다.

기댓값(expected value, expectation)은 연산 부호(operator) E로 나타낸다. X의 평균은 $E(X)$이며, X의 분산은 $E([X-E(X)]^2)$이다. X의 평균은 자기 자신, 즉 X의 기댓값이며, X의 분산은 확률변수와 평균의 차이 제곱, 즉 $[X-E(X)]^2$의 기댓값이다. 평균은 μ, 분산은 σ^2, 표준편차는 σ로 표시한다.

평균

평균은 분포의 위치를 나타내는 위치 측도(a measure of location)

민지는 1월 첫째 주에 우연히 최고 상금이 일억 원인 100,000명의 행운권 중 상금이 아래와 같은 행운권 한 장을 5000원을 주고 사게 되었다. 이때 민지의 기대 상금은 얼마인가?

상금 (만 원)	당첨 장수
10,000	1
1,000	5
100	15
1	180
0	99,799
계	100,000

민지의 기대 상금은 전체 상금 액수를 상품권의 장수로 나눈 금액일 것이고, 따라서

$$\text{기대 상금} = \frac{10000\times1+1000\times5+100\times15+1\times180+0\times99799}{100000} = 0.1668(\text{만 원})$$

이 된다. 3.5절에서 그룹 자료의 평균과 분산에서 평균을 구하였던 식과 같은 것임을 확인하여라. 따라서 민지는 5000원을 지불하고 1668원짜리 행운권을 구입한 것이라 생각할 수 있을 것이다. 위의 기대 상금의 공식을 약간만 변형시키면 우리는 이산형 확률변수의 기댓값에 대한 일반식을 유도해 낼 수 있다. 즉,

$$\begin{aligned}\text{기대 상금} &= 10000\times\frac{1}{100000}+1000\times\frac{5}{100000}\\ &\quad +100\times\frac{15}{100000}+1\times\frac{180}{100000}+0\times\frac{99799}{100000}=0.1668(\text{만 원}).\end{aligned}$$

따라서 기대 상금은 상금액과 해당 상금액을 받을 확률을 곱하여 모두 합한 것이다. 이를 일반화시키면 아래와 같은 이산형 확률변수의 기댓값의 정의를 얻을 수 있다.

이산형 확률변수의 기댓값

$$E(X)=\mu=\sum_{\text{모든 } x} x\cdot f(x) \tag{5.2}$$

예제 5.2

주사위를 던졌을 때 나오는 눈의 수를 X라 하면 $f(x)=1/6$, $x=1, \cdots, 6$이므로 X의 기댓값은 3.5이다.

$$E(X)=\mu=\sum_{\text{모든 } x} x\cdot f(x)=1\cdot\frac{1}{6}+2\cdot\frac{1}{6}+3\cdot\frac{1}{6}+4\cdot\frac{1}{6}+5\cdot\frac{1}{6}+6\cdot\frac{1}{6}=\frac{21}{6}=3.5$$

예제 5.2(계속)

앞 5.2절에서 소개된 자동차 판매 대수 예제를 보면 판매 대수의 기댓값은 정의에 의하여

x	frequency	$f(x)$	$x \cdot f(x)$	$x^2 \cdot f(x)$	$(x-1.5)^2 \cdot f(x)$
0	54	0.18	0	0	0.405
1	117	0.39	0.39	0.39	0.0975
2	72	0.24	0.48	0.96	0.06
3	42	0.14	0.42	1.26	0.315
4	12	0.04	0.16	0.64	0.25
5	3	0.01	0.05	0.25	0.1225
합계	300	1.00	1.5	3.5	1.25

으로

$$E(X)=\mu=0\cdot 0.18+1\cdot 0.39+2\cdot 0.24+3\cdot 0.14+4\cdot 0.04+5\cdot 0.01=1.50$$

이다. 즉, 일일평균 판매 대수는 1.5대이다.

표준편차

표준편차나 분산은 변동성 또는 퍼짐의 정도를 나타내는 측도(measure of variability, measure of spread)

기댓값이 확률변수의 중심에 대한 정보를 축약하고 있다면 분산과 표준편차는 확률변수가 어느 정도의 변동을 가지는지를 나타낸다. 확률변수의 분산은 편차를 기댓값으로부터 떨어진 정도 $(x-\mu)$라 할 때, 편차 제곱의 기댓값을 의미한다. 표준편차는 분산을 제곱근한 것이다. 이산형 확률변수의 분산과 표준편차의 식은 다음과 같다.

이산형 확률변수의 분산과 표준편차

$$Var(X)=\sigma^2=\sum(x-\mu)^2\cdot f(x)=E(X^2)-E(X)^2 \tag{5.3}$$

$$SD(X)=\sigma=\sqrt{Var(X)}. \tag{5.4}$$

식 (5.3)에서 마지막 등식은 분산 계산을 위한 간편 식이다. 이에 대한 증명은 부록을 참조하라.

$$\begin{aligned} Var(X) &= E([X-E(X)]^2) \\ &= \sum(x-\mu)^2\cdot f(x) && \text{[정의식]} \\ &= \sum x^2 f(x)-\mu^2 && \text{[간편식]} \\ &= E(X^2)-E(X)^2 \end{aligned}$$

예제 5.3

보험청구.xlsx

다음 표는 한 보험 회사가 운전자 보험에 가입한 400명의 가입자의 5년 동안 보험청구 건수 기록을 정리한 것이다.

청구 건수 (x)	해당 고객수 (n)
0	180
1	102
2	68

3	13
4	25
5	12
6 이상	0

위의 자료에 의한 확률분포를 보험 청구 건수 X의 실제 확률분포라고 간주하고, 평균과 표준편차를 구하여라.

풀이

청구 건수 (x)	$f(x)$	$x \cdot f(x)$	$x^2 \cdot f(x)$	$(x-\mu)^2 \cdot f(x)$
0	0.4500	0	0	0.53710
1	0.2550	0.2550	0.2550	0.00218
2	0.1700	0.3400	0.6800	0.14000
3	0.0325	0.0975	0.2925	0.11825
4	0.0625	0.2500	1.0000	0.52835
5	0.0300	0.1500	0.7500	0.45805
6 이상	0.0000	0.0000	0.0000	0.00000
합계	1.0000	1.0925	2.9775	1.78393

따라서 기댓값은 1.093, 분산은 $Var(X)=E(X^2)-E(X)^2=2.9775-1.0925^2$ $=1.784$이다. 정의식에 의한 계산값과 일치함을 확인하여라. 표준편차는 $SD(X)=\sqrt{1.784}=1.336$이다.

예제 5.1 (계속)

다른 예제로 5.2절에서 소개된 자동차 판매 예제에서 판매량의 분산은

$$\begin{aligned} Var(X) &= (0-1.5)^2 \cdot 0.18+(1-1.5)^2 \cdot 0.39 \\ &+(2-1.5)^2 \cdot 0.24+(3-1.5)^2 \cdot 0.14 \\ &+(4-1.5)^2 \cdot 0.04+(5-1.5)^2 \cdot 0.01=1.25 \end{aligned}$$

이다. 이는 약식 계산인

$$E(X^2)=0^2 \cdot 0.18+1^2 \cdot 0.39+2^2 \cdot 0.24+3^2 \cdot 0.14+4^2 \cdot 0.04+5^2 \cdot 0.01=3.5$$
$$Var(X)=E(X^2)-E(X)^2=3.5-1.5^2=1.25$$

와 일치한다.

이 예를 뒤에서 엑셀 작업으로 하는 것을 연습한다.

예제 5.4

[이산형 확률분포]

이산형 확률변수의 확률질량함수가 다음과 같다고 하자.

$$f(x)=c\cdot x^2, \qquad x=1, 2, \cdots, n$$

먼저 상수 c를 n의 함수로 표현하고, X의 평균을 구하여라.

풀이

$f(x)$가 확률질량함수가 되기 위해서는 $\sum_{x=1}^{n} f(x)=1$이어야 하므로, 이 식으로부터 상수 $c=1/\sum_{x=1}^{n} x^2=6/[n(n+1)(2n+1)]$이다. 따라서 평균은

$$E(X)=\sum_{x=1}^{n} x\cdot f(x)=c\cdot \sum_{x=1}^{n} x^3=c\cdot\left[\frac{n(n+1)}{2}\right]^2=\frac{3n(n+1)}{2(2n+1)}$$

로 계산된다.

5.4 이항분포

이 절에서는 실험이 오직 두 가지의 결과만을 갖는 경우를 설명하기 위한 분포로 이항분포를 소개한다.

이항분포를 소개하기 이전에 이항분포의 근간이 되는 **베르누이 시행(Bernoulli trial)**을 먼저 살펴보자. 베르누이 시행은 다음의 두 가지 성질을 통하여 정의된다.

표시 : $X\sim Ber(p)$

베르누이 시행의 결과를 실제 의미와 상관없이 '성공(success)'과 '실패(failure)'로 구분하는 것이 통상적이다.

베르누이 시행

1. 각 시행은 성공과 실패로 표현될 수 있는 두 가지 결과만을 갖는다.
2. 각 시행에서 성공의 확률은 p이고, 실패의 확률은 $1-p$이다.

특별히 위에서 정의된 베르누이 실험을 독립적으로 반복하여 나온 결과를 **베르누이 확률 과정(Bernoulli stochastic process)**이라고 한다. 베르누이 시행에서 우리의 주된 관심사는 'n번의 서로 독립적으로 반복된 베르누이 시행'(이후로는 간단히 'n번의 베르누이 시행'이라 하겠다) 중에서 성공의 횟수이다. 이 성공 횟수를 확률변수 X라고 하면, X는 0, 1, 2, $\cdots$, n의 값을 취하는 이산형 확률변수이고, 이 확률변수의 확률분포를 이항분포라고 한다.

사례 5.2 차기 대선에서의 특정 후보에 대한 지지율 조사

만일 차기 대선에 출마한 A후보에 대한 대중 지지율 조사를 위해 확률 추출된 1000명의 유권자에게 A후보를 지지하는지를 묻는다. 이때 각 유권자의 결정을 하나하나의 시행이라 생각하면 이들은 서로 영향을 주지 않기 때문에 독립이라고 할 수 있고, 그 결과가 '지지한다' 또는 '지지하지 않는다'의 두 가지이므로 베르누이 확률과정이라고 생각할 수 있다.

사례 5.3 신약에 대한 임상 실험

어떤 질병에 효과가 있으리라 여겨지는 새로운 치료법이 실제 환자들에게 효과가 있는지 알아보기 위해, 20명의 환자를 확률 추출하여 이 치료법을 시술하고 그 결과를 살피는 실험을 한다. 이때 각 환자는 '병의 호전' 또는 '효과 없음'의 두 가지 결과만을 갖게 되고, 각 환자들의 치료에 대한 반응은 서로 영향을 주지 않는다고 여겨지므로 이 또한 베르누이 확률과정이라고 할 수 있다.

사례 5.4 생산 공정의 품질관리

자동차 부품을 생산하는 공장에서는 제작된 부품들이 연속적으로 생산 벨트를 타고 흘러서 출고가 된다. 이때 이 공장의 품질관리팀은 생산된 제품을 일정 간격으로 뽑아 이 제품이 불량인지 정상인지를 판별하여 기록하게 된다. 여기서 추출된 완제품을 하나의 시행들로 보면 불량유무의 검사결과는 베르누이 확률과정을 따른다는 가정을 하고(물론 제품과 제품 사이의 독립성을 가정하고 있다), 연속적으로 K개 이상의 불량품이 나오면 공정에 이상이 있다고 판단한다. 여기서 적절한 K값을 정하는 것이 이 분야의 주된 관심사가 되어 왔다.

이제 이항분포의 확률질량함수를 구해 보자. 일반 식을 유도하기 전에 다음의 예제를 통해 베르누이 시행에서의 확률 계산에 대한 이해를 높여 보도록 한다.

예제 5.5

[베르누이 시행에서 확률 계산]

4개의 문항으로 구성된 참/거짓의 시험문제에서 한 학생이 무작위로 답을 적어 넣는다고 하자. 이때 이 학생의 답 중 정답의 개수를 X라 했을 때, X의 확률분포를 구하여라.

풀이

이 학생이 정답을 맞추었을 경우를 'S'라 하고, 그렇지 않은 경우를 'F'라 하였을 때, 모든 가능한 결과를 열거해 보면 다음과 같이 16가지이다.

SSSS;
SSSF SSFS SFSS FSSS;
SSFF SFSF SFFS FFSS FSFS FSSF;
FFFS FFSF FSFF SFFF;
FFFF;

위의 각각의 결과들은 일어날 가능성이 $\frac{1}{16}$로 모두 같으므로, X의 확률분포는 다음 표와 같다.

X의 확률분포

x	0	1	2	3	4
$P(X=x)$	$\frac{1}{16}$	$\frac{4}{16}$	$\frac{6}{16}$	$\frac{4}{16}$	$\frac{1}{16}$

이제 예제 5.5의 결과를 일반화하여 이항분포의 확률질량함수의 일반적인 공식을 유도하여 보자. 즉, n개의 베르누이 시행에서 성공의 횟수가 x개일 확률을 계산하려고 한다.

성공의 횟수가 x인 경우 중 하나인, 처음부터 x번째까지의 실험이 모두 성공이고, 나머지 $(n-x)$번의 시행이 모두 실패일 확률은

$$P(S_1S_2\cdots S_xF_1F_2\cdots F_{n-x})=p^x(1-p)^{n-x}$$

이번에는 처음부터 $n-x$번째까지의 실험이 모두 실패이고, 나머지 x번의 시행이 모두 성공일 확률을 구해 보면, 여전히 같은 확률을 얻을 수 있음을 알 수 있다.

$$P(F_1F_2\cdots F_{n-x}S_1S_2\cdots S_x)=p^x(1-p)^{n-x}$$

$\binom{n}{x}$와 ${}_nC_x$ "n choose x" 또는 "n combination x"라고 읽는다.

결국 특정한 x번의 실험에서 성공을 그리고 나머지 $n-x$번의 실험에서 실패를 얻을 확률은 성공과 실패의 순서에 상관없이 항상 $p^x(1-p)^{n-x}$임을 알 수 있다.

한편, x번의 성공과 $n-x$번의 실패를 한 줄로 늘어 놓는 경우의 수는 $\binom{n}{x}$이므로, 다음의 이항분포의 확률질량함수를 얻게 된다.

이항분포 표시 : $X\sim B(n, p)$ 또는 $X\sim Bin(n, p)$

이항분포의 확률질량함수

$$f(x)=\binom{n}{x}p^x(1-p)^{n-x},\ x=0, 1, \cdots, n \tag{5.5}$$

위의 확률질량함수를 갖는 확률변수 X를 '모수가 $(n,\ p)$인 이항분포를 따른다'하고 $X\sim B(n,\ p)$라 표현한다. 그림 5.1은 $n=10$인 이항분포의 확률질량함수의 형태를 모수 p값을 변화시키며 그려 보았다. 또한 $p=0.3$으로 고정하고 n을 변화시켜 보았다.

주의: 그림 5.1은 확률질량함수이므로 막대형식으로 그려야 하지만, 여러 분포를 구분하기 위하여 선으로 연결하여 그렸다.

이항분포의 확률질량함수에 대한 이해를 돕기 위하여 다음 예제들을 연습하여 보자.

예제 5.6

확률변수 X가 이항분포 $B(10,\ 1/3)$을 따를 때, $P(X\le2)$와 $P(X\ge3)$를 구하여라.

풀이

$$P(X\le2)=P(X=0)+P(X=1)+P(X=2)$$

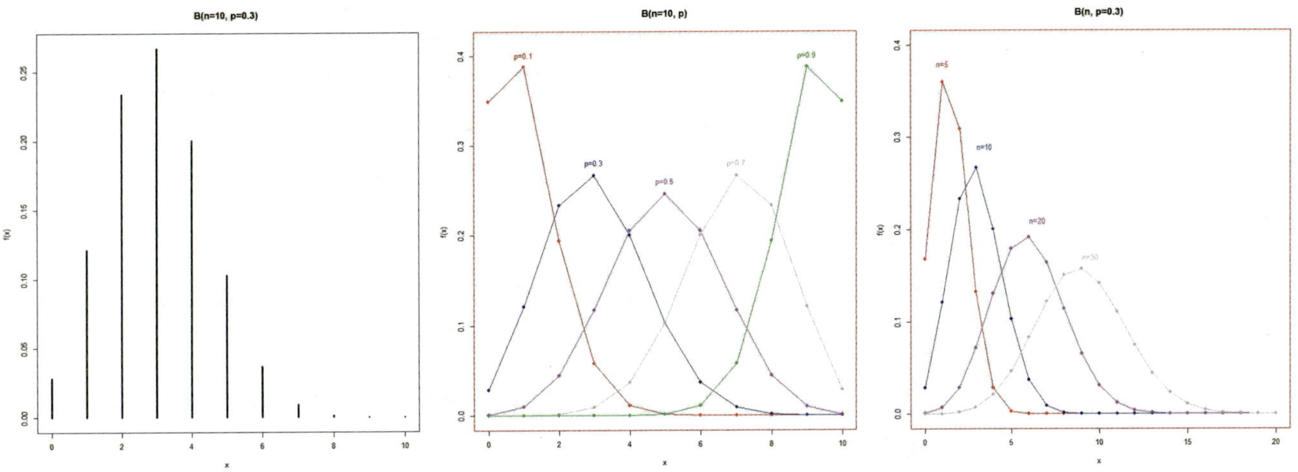

그림 5.1
$n=10$인 이항분포의 확률질량함수

$$=\binom{10}{0}\left(\frac{1}{3}\right)^0\left(\frac{2}{3}\right)^{10}+\binom{10}{1}\left(\frac{1}{3}\right)^1\left(\frac{2}{3}\right)^9+\binom{10}{2}\left(\frac{1}{3}\right)^2\left(\frac{2}{3}\right)^8$$

$$=0.2991$$

$$P(X\geq 3)=1-P(X\leq 2)=1-0.2991=0.7009$$

$\binom{10}{0}={}_{10}C_0=1$

예제 5.7

어떤 병이 새로운 치료법으로 치료될 확률이 20%라고 한다. 15명의 환자에게 이 치료법을 적용하였을 때 4명 이상 7명 이하가 치료될 확률을 구하여라.

풀이

확률변수 X를 15명의 환자 중 치료된 환자의 수라 하면 X는 이항분포 B(15, 0.2)을 따르게 된다. 따라서,

$$P(4\leq X\leq 7)=P(X=4)+P(X=5)+P(X=6)+P(X=7)$$

$$=\binom{15}{4}(0.2)^4(0.8)^{11}+\binom{15}{5}(0.2)^5(0.8)^{10}$$

$$+\binom{15}{6}(0.2)^6(0.8)^9+\binom{15}{7}(0.2)^7(0.8)^8$$

$$=0.3476$$

이항분포의 확률은 베르누이 시행의 반복 횟수인 n이 커짐에 따라 그 계산이 번거롭게 된다. 이때는 이미 계산되어 있는 이항분포표(부록 A.1)를 사용할 수 있다. 이항분포표는 각각의 $n(=1, 2, \cdots, 25)$와 $p(=0.1, 0.2, \cdots, 0.9)$의 경우에 임의의 $c=0, 1, 2, \cdots, n$에 대하여 $P(X\leq c)$가 주어진다. 이 표를 이용해 확률 계산을 할 때 아래의 관계를 알아두면 편리하다.

$$P(X=a)=P(X\le a)-P(X\le a-1)$$
$$P(X\ge a)=1-P(X\le a-1)$$
$$P(a\le X\le b)=P(X\le b)-P(X\le a-1)$$
$$P(a<X<b)=P(X\le b-1)-P(X\le a)$$

이제 [예제 5.7]의 확률을 이항분포표를 이용하여 다시 계산하여 보면

$$P(4\le X\le 7)=P(X\le 7)-P(X\le 3)=0.9958-0.6482=0.3476$$

이 된다.

5.2절에서 제시된 평균과 분산의 공식을 이용하면 다음의 이항분포에 대한 평균과 분산의 식을 얻을 수 있다.

이항확률분포의 평균과 분산

$$E(X)=\mu=n\cdot p \tag{5.6}$$
$$Var(X)=n\cdot p\cdot(1-p) \tag{5.7}$$

평균과 분산의 유도식은 부록 C.1을 참조하라.

예제 5.8

어떤 암은 초기 상태에 발견될 경우 3년 이상 생존할 확률이 80%라고 한다. 어느 대학 병원에 올해 초 100명이 암 초기로 진단되었을 경우, 3년 이상 생존자수의 평균과 분산을 구하여라.

풀이

확률변수 X를 생존 환자의 수라 하면, 이는 이항분포 $B(100,\ 0.8)$를 따르게 되고, 따라서 $E(X)=100\cdot 0.8=80$이고, $V(X)=100\cdot 0.8\cdot 0.2=16$이 된다.

예제 5.9

[아이들의 성별 분포]

여섯 명의 아이들을 가진 다섯 가족이 있다고 할 때, 네 명 이상의 딸들을 가진 가족이 세 가족 이상일 확률을 구하여라. 또 이 다섯 가족 중 몇 가족이 네 명 이상의 딸을 가질 것이라 기대되는가? 단, 각각의 아이가 남자 또는 여자일 확률은 0.5씩이다.

풀이

먼저 각 가족이 네 명 이상의 딸을 가질 확률을 구해 보자. Y_k를 k번째 가족의 딸의 수라면 이는 이항분포 $B(6,\ 1/2)$를 따르고

$$P(Y_k\ge 4)=P(Y_k=4)+P(Y_k=5)+P(Y_k=6)$$
$$=\binom{6}{4}\frac{1}{2^6}+\binom{6}{5}\frac{1}{2^6}+\binom{6}{6}\frac{1}{2^6}=\frac{11}{32}.$$

여기서 네 명 이상의 딸을 가진 가족의 수, X는 이항분포 $B(5,\ 11/32)$을 따르게 된다. 따라서 구하는 확률은

$$\begin{aligned}&P(X=3)+P(X=4)+P(X=5)\\&=\binom{5}{3}\left(\frac{11}{32}\right)^3\left(\frac{21}{32}\right)^2+\binom{5}{4}\left(\frac{11}{32}\right)^4\left(\frac{21}{32}\right)^1+\binom{5}{5}\left(\frac{11}{32}\right)^5\left(\frac{21}{32}\right)^0\\&=0.226.\end{aligned}$$

다섯 가족 중 네 명 이상의 딸을 가진 가족수의 기댓값은 X의 기댓값, 즉

$$E(X)=n\cdot p=5\cdot\frac{11}{32}=\frac{55}{32}$$

이다.

이항분포의 확률질량함수가 제일 큰 값이 되는 최빈값은 $(n+1)p$이 정수인 경우는 $(n+1)p$와 $(n+1)p-1$이 되어 두 개의 최빈값이 생긴다. 만일 정수가 아닌 경우는 소수점 이하를 버린 값에서 최빈값이 된다. 이항분포는 성공의 수를 세는 분포이므로 정수 값만 있으므로 소수가 있는 수에서 최빈값이 있을 수 없다. 만일 np가 정수이면 평균, 최빈값, 중앙값이 모두 np이다. np가 정수가 아니면 중앙값은 np의 소수를 올림 또는 내림 한 정수 값이다. 이항분포가 아니더라도 중앙값은 평균과 최빈값 사이에 있게 된다.

그림 5.1 두 번째 그래프의 이항분포들은 모두 np가 정수여서 평균, 최빈값, 중앙값이 같다.

그림 5.1 세 번째 그래프 중 B(5, 0.3)의 경우는 $np=1.5$로 정수가 아니어서 소수점 이하를 버린 1에서 최빈값이 된다. 중앙값은 $np=1.5$의 소수를 올림 또는 내림한 정수인데, 여기서는 1이 중앙값이다.

이항분포의 가법성

이항분포의 중요한 성질 중 하나는 독립인 두 확률변수의 **가법성(additivity)**에 있다. 자세히 표현하자면, 확률변수 U과 V 각각은 서로 독립이고, $B(n,\ p)$와 $B(m,\ p)$를 따른다고 하면, 이때 $U+V$의 분포는 이항분포 $B(n+m,\ p)$가 된다. 예를 들어, 성공확률이 p인 동전을 n번 먼저 던져 성공횟수 (U)를 기록하고, 이어서 m번을 더 던져 나온 성공의 수(V)를 기록하였다고 하자. 여기서 성공횟수의 합 $U+V$는 처음부터 총 $n+m$번을 던져 나온 성공의 수를 기록하는 것과 같으므로, 이항분포 $B(n+m,\ p)$를 따름은 당연하다고 할 것이다. 이에 대한 증명은 부록을 참조하라.

(암기용)
$B(n,p)+B(m,p)=B(n+m,p)$
확률분포를 더 하는 것이 아니고 확률변수를 더하는 것이므로, 위와 같이 쓰는 것은 옳지 않으나 오른쪽의 논의를 이렇게 기억하면 편할 것이다. 독립 조건에 유의!

이항분포의 가법성

$$\text{X}\sim B(n,\ p),\ \text{Y}\sim B(m,\ p)\text{이고, X와 Y가 독립이면}$$

$$\text{X}+\text{Y}\sim B(n+m,\ p)$$

예제 5.10

어느 백화점에서 화장품 코너를 이용하는 남성 고객의 비율을 알아보고자, 특정한 주말 동안 화장품을 구매한 남성 고객과 여성 고객의 수를 기록하였다(표 참조). 아래 표에 의하면 토요일과 일요일의 총 고객수는 각각 $100(=n)$과 $98(=m)$이므로 토요일의 남성 고객수$(=U)$는 이항분포 $B(100, p)$을 따르고, 일요일의 남성 고객수$(=V)$는 이항분포 $B(98, p)$을 따르게 된다. 마지막으로 총 고객의 수$(n+m)$는 198명이므로 실제 남성 고객의 비율을 p라고 할 때, 전체 남성 고객의 수는 $B(198, p)$를 따르게 된다.

	토요일	일요일
남성 고객	38	32
여성 고객	62	66
합계	100	98

5.5 포아송분포

Siméon Denis Poisson

프랑스의 수학자이자 물리학자였던 Siméon Denis Poisson(1781~1840)이 발견한 **포아송분포(Poisson distribution)**는 고정된 지역, 시간 또는 부피 등에서 관심 있는 사건의 관찰수 또는 발생 횟수 X를 표현하는 데 자주 사용된다. 포아송확률변수 X의 예를 들어 보면

1. 오늘 하루 우리 학교 컴퓨터에 접속한 사용자의 수
2. 어느 주말 일요일에 발생한 교통사고 사망자의 수
3. 어느 보험 회사의 주말 동안의 보험 클레임 건수
4. 어느 하루 동안 지정된 생산라인에서 발생한 불량품의 개수
5. 전국에서 조류독감 '리'단위 발생지역의 수

등이 있다.

자연 상수(Napier's constant)
$e=2.718281828\cdots\cdots$

포아송분포의 확률질량함수

$$f(x)=\frac{\lambda^x e^{-\lambda}}{x!}, \quad x=0, 1, \cdots, \quad \lambda>0 \tag{5.8}$$

λ : lambda
부록 C.2그리스 문자표 참조

포아송분포의 확률질량함수는 λ(lambda)에 의하여 결정되고 우리는 모수 λ를 갖는 포아송확률분포 또는 평균 λ인 포아송확률분포라고 한다. 그리고 이 확률변수의 평균과 분산은 λ로 같다. 하지만 평균은 위치를 대표하는 값이고, 분산은 퍼짐이나 변동을 대표하는 값으로, 같은 값이라 하여도 그 의미가 다름을 상기하자.

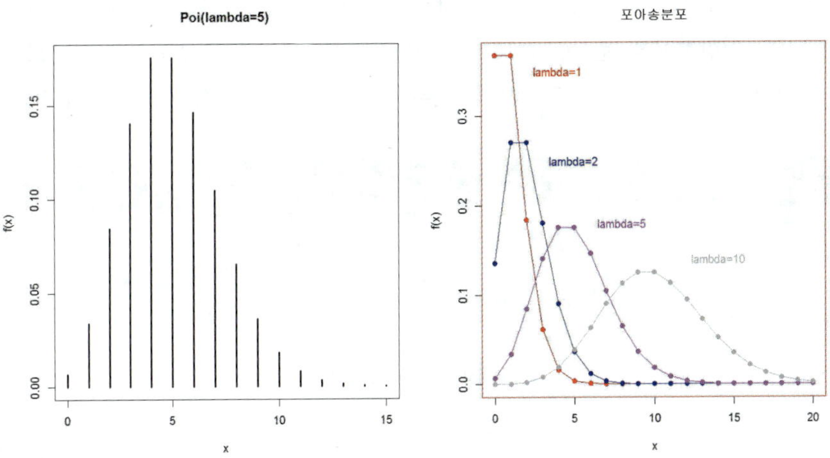

그림 5.2
포아송확률질량함수

예제 5.11

S 보험회사의 자동차 보험 가입자에게 한 해 동안 발생하는 자동차 사고의 수는 $\lambda=1/2$인 포아송분포를 따른다. 이때 이 보험 가입자가 어느 특정한 연도에 적어도 한 건 이상의 사고를 당할 확률을 구해 보자.

풀이

확률변수 X를 보험 가입자가 당해 연도에 당한 자동차 사고의 수라 하면 구하는 확률은

$$P(X\geq 1)=1-P(X=0)=1-\frac{(0.5)^0 e^{-0.5}}{0!}=1-\exp(-1/2)=0.393$$

이다.

$\exp\left(-\frac{1}{2}\right)=e^{-\frac{1}{2}}$
$0!=1$

예제 5.12

전국 고속도로에 버려진 자동차는 매주 평균 2.2대의 포아송분포를 따른다고 알려져 있다. 이때 다음의 확률을 구하여라.

(1) 다음 주에 버려진 차가 한 대도 없을 확률
(2) 다음 주에 적어도 2대의 자동차가 버려져 있을 확률

풀이

확률변수 X를 다음 주 동안 고속도로에 버려진 차량이라 한다면 구하는 확률은 다음과 같다.

(1) $P(X=0)=\exp(-2.2)=0.1108$

(2) $P(X\geq 2)=1-P(X=0)-P(X=1)$
$=1-\exp(-2.2)-2.2\exp(-2.2)=0.6454$

포아송분포는 이항분포 $B(n,\ p)$에서 n이 충분히 크고, p가 아주 작은 경우에 만들어 지

는 근사분포이다. 근사분포로 만들어진 포아송분포의 평균값은 이항분포의 평균값과 같은 $\lambda=np$이 되며, 이항분포의 분산은 $np(1-p)=k(1-\lambda/n)$이 되므로 n이 무한대로 커지면 분산값은 λ값으로 수렴한다. 즉, 근사분포인 포아송분포의 평균과 분산은 모두 λ이다.

이항분포의 포아송분포 근사

$$B(n,\,p)\xrightarrow[\substack{n\to\infty\\ p\to 0\\ np\to \text{고정}}]{}\mathrm{Poi}(\lambda=np) \tag{5.9}$$

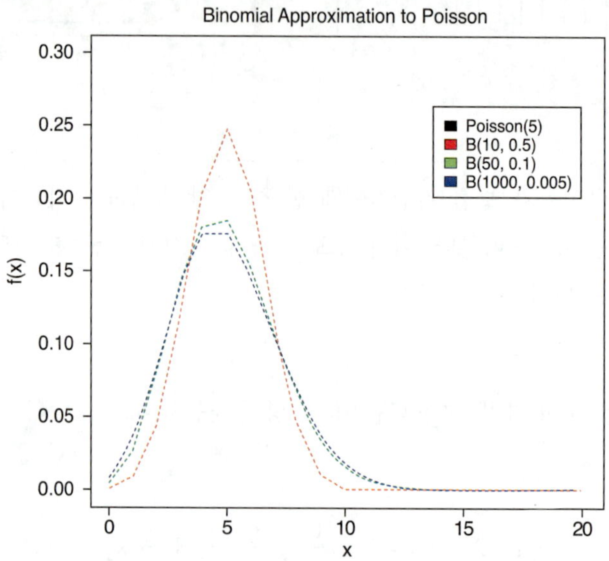

그림 5.3
이항분포의 포항송분포 근사 그림

*n*이 아주 크고 *p*가 작은 경우에 이항분포 식을 그대로 하여 계산하려면, 수치계산상의 심각한 오차 문제가 발생하므로 포아송 근사가 오히려 정확한 값을 보장한다.

이항분포의 근사로서의 포아송분포를, 품질관리의 예를 사례 5.4를 통해 좀 더 살펴 보자. 이 공장의 생산라인이 하루 100,000개($=n$)의 생산품을 생산하고 각 생산품의 불량률이 1/20,000($=p$)이라 한다면, 하루동안의 불량품의 개수 X는 이항분포 B(100,000, 1/20,000)을 따르게 되고, $\lambda=np=5$일 때

$$P(X=k)=\binom{n}{k}p^k(1-p)^{n-k}=\binom{100000}{k}\left(\frac{1}{20000}\right)^k\left(1-\frac{1}{20000}\right)^{100000-k}$$
$$\approx e^{-\lambda}\lambda^k/k!=\frac{e^{-5}\cdot 5^k}{k!}$$

그림 5.3은 이항분포의 포아송분포 근사를 그림을 통해서 표현하였다. 그림 5.3에서 Poisson(5)와 B(1000, 0.005)는 거의 완벽하게 겹쳐보인다. 포아송분포의 평균과 분산은 λ이다. 부록 C.1 참조.

주의: 그림 5.3의 그래프는 이산형확률들이므로 막대형식으로 그려야 하지만, 서로 다른 분포를 구분하기 위하여 연결된 선으로 표시하였다.

포아송분포의 평균과 분산

$$E(X)=\lambda,\qquad V(X)=\lambda \tag{5.10}$$

포아송분포의 최빈값은 평균 λ가 정수이면 λ와 $\lambda-1$이 되어 두 개의 최빈값이 있게 되고, 정수가 아니면 소수를 내림한 정수 값이 최빈값이 된다. 중앙값(ν) 또한 λ와 $\lambda-1$ 사이의 정수 또는 λ의 소수를 내림한 정수 값이 된다. 그림 5.2 왼쪽 그래프에서는 $\lambda=5.6$이므로 최빈값과 중앙값은 5이다. 오른쪽 그래프에서는 λ가 전부 정수여서 각각 λ와 $\lambda-1$에서 최빈값이 두 개 임을 볼 수 있다.

포아송분포의 몇 가지 성질들

포아송분포는 다른 분포들과는 다른 몇 가지 중요한 성질을 가지고 있는데, 아래에서는 이에 대하여 살펴보려고 한다.

• 포아송분포의 가법성(additivity)

첫째, 만약 $X_1, X_2, \cdots, X_n$이 서로 독립인 포아송분포이고 각각의 평균이 $\lambda_1, \lambda_2, \cdots, \lambda_n$이라 하면, $X_1+X_2+\cdots+X_n$은 평균이 $\lambda_1+\lambda_2+\cdots+\lambda_n$인 포아송분포를 따른다.

(암기용)
$\text{Poi}(\lambda_1)+\text{Poi}(\lambda_2)=\text{Poi}(\lambda_1+\lambda_2)$
독립 조건 유의!

예제 5.13

[포아송분포의 가법성의 적용 예]

만약 '타짜' 고니가 이길 확률이 $\frac{1}{10}$인 게임을 100번, 확률이 $\frac{1}{20}$인 게임에 200번 그리고 확률이 $\frac{1}{40}$인 게임에 400번을 베팅하였을 때, 고니가 이긴 게임의 수는 근사적으로 어떤 분포를 따르는가? 단 각각의 게임은 서로 독립이다.

풀이

먼저 X_1, X_2, X_3 확률 $\frac{1}{10}$, 확률 $\frac{1}{20}$ 그리고 확률 $\frac{1}{40}$인 게임에서 고니가 이긴 게임의 수라 하면, 각각은 이항분포 $B(100, \frac{1}{10})$, $\text{B}(200, \frac{1}{20})$, $\text{B}(400, \frac{1}{40})$를 따르게 된다. 따라서 전체 이긴 게임의 수 $X=X_1+X_2+X_3$는 서로 p값이 다른 이항분포들의 합으로 그 형태를 구체적으로 쓰려면 특별한 패턴이 없어 $x=0, 1, \cdots, 700$에 대한 모든 경우를 일일이 나열하여야 한다. 하지만 이 절의 처음 부분에 언급한 이항분포의 포아송 근사를 고려하면 X_1, X_2, X_3 각각은 근사적으로 서로 독립인 포아송분포가 되고, X 또한 근사적으로 평균이 $100\cdot\frac{1}{10}+200\cdot\frac{1}{20}+400\cdot\frac{1}{40}=30$인 포아송분포가 된다.

• 포아송분포의 확산성

기본 단위(예: 면적, 길이, 시간)당 관심 있는 사건의 발생수가 평균이 λ인 포아송분포를 따른다면 t 단위당 발생하는 사건의 수는 평균이 $t\cdot\lambda$인 포아송분포를 따른다.

(암기용)
$\text{t}\cdot\text{Poi}(\lambda)=\text{Poi}(t\lambda)$

예제 5.14

[포아송분포의 확산성의 적용 예]

어느 지역의 지하수가 특별한 종류의 박테리아를 1 mL당 두 마리꼴로 포함하고 있다고 하자. 만일 10 mL의 지하수 물을 꺼내어 접시에 담았을 때, 적어도 한 마리의 박테리아가 접시에서 검출될 확률을 계산하여라.

풀이

접시에서 검출된 박테리아의 수를 X라 하였을 때, X는 평균이 $t\cdot\lambda=10\cdot 2=20$인 포아송분포를 따르게 된다. 따라서

$$p(X\geq 1)=1-P(X=0)=1-e^{-20}\approx 1$$

이다.($e^{-20}=0.0000000206$)

예제 5.15

전체가 200쪽으로 구성된 책이 있다고 하자. 이 책 각 쪽의 오타수는 평균이 0.01인 포아송분포를 따르고 서로 독립임이 알려져 있다.

(가) 오타가 있는 쪽의 수의 평균과 분산을 구하여라.

(나) 이 책이 두 쪽 이상에서 오타가 있을 확률을 근사적으로 구하여라.

풀이

(가) 먼저 어느 한쪽에 오타가 발생할 확률 p는 포아송확률분포의 공식으로부터

$p=1-P(\text{오타가 없을 확률})=1-\dfrac{\lambda^0 e^{-\lambda}}{0!}=1-e^{-0.01}=0.00995$이므로,

오타가 있는 쪽의 수를 X라 하면, X는 이항분포 $B(200,\ 1-e^{-0.01})$을 따른다. 따라서 이항분포의 평균과 분산 공식으로부터 평균은 $E(X)=200\cdot(1-e^{-0.01})=1.99$이고 분산은 $V(X)=200\cdot e^{-0.01}\cdot(1-e^{-0.01})=1.97$이다.

(나) 다음으로 두 쪽 이상에서 오타가 있을 확률은

$$\begin{aligned}P(X\geq 2)&=1-P(X=0)-P(X=1)\\&=1-\binom{200}{0}(1-e^{-0.01})^0(e^{-0.01})^{200}\\&\quad+\binom{200}{1}(1-e^{-0.01})^1(e^{-0.01})^{199}=0.5926\\&\approx 1-\frac{(1.99)^0e^{-1.99}}{0!}-\frac{(1.99)^1e^{-1.99}}{1!}\ (\text{포아송분포로의 근사식})\\&\approx 0.5913\end{aligned}$$

이다.

참고: 위에서 이항분포의 평균은 1.99이고 분산은 1.97로 값이 비슷하다. 이는 이항분포가 평균과 분산이 같은 포아송분포로 접근하여 있음을 간접적으로 확인하여 준다.

읽을거리 머신러닝과 통계학

통계학의 유관 학문으로 머신러닝(machine learning)이라는 분야가 있다. 머신러닝이란 특정 목적을 위한 알고리즘을 사용자가 세부적으로 규칙화하지 않고 데이터를 통해서 컴퓨터가 경험적으로 학습할 수 있게끔 연구하는 분야를 통칭한다. 통계학에서도 데이터 분석에 기반한 의사결정이 목적이므로 통계학과 머신러닝 사이에는 많은 교점이 있다. 그렇다면 통계학과 머신러닝의 차이는 무엇일까?

오늘날 통계학은 종합학문으로 발전하였다. 학자들은 통계학이 독자적 분과학문으로 제도화되기 시작한 시점을 일반적으로 19세기 말에서 20세기 초 정도로 본다. 우리가 오늘날 학교에서 배우는 현대 통계학의 기본 골자가 대부분 이 무렵 정립되었다. 그 이전까지 통계학은 수학, 철학, 우생학 등의 분야에서 하위분과로서 발전하였기 때문에, 여러 학문 분야들과 다자관계를 갖는 종합 학문적 성격으로 자리매김하는 것은 자연스러운 행보였다. 이 시기에 통계학은 농학, 천문학, 유전학 등의 분야에서 올바른 의사결정을 위한 적절한 모형을 수립하고 분석하기 위한 도구로서 작용하되, 철학적 측면에서의 당위성도 함께 만족시켜야 하였다. 이해와 해석 가능성의 여부가 중요하였으므로, 사용자에 의해 적절한 가정 사항하에서 합당한 모형의 수립을 수반하여야 하였으며, 이러한 목적을 위해 학제적 수준에서 철학적 엄밀성을 추구하는 게 필수적이었다. 컴퓨터가 존재하지 않던 시절이기 때문에 인간이 이해할 수 있는 범주 내에서 엄밀성을 추구함이 중요하였다. 사람이 이해할 수 있는 방식의 의사결정을 지향하였기에 그에 대한 불확실성을 측정하는 것 역시 중요한 고려 대상이었다.

반면 머신러닝은 컴퓨터의 출현이 도래한 20세기 중반 이후 의사결정을 위한 컴퓨터 알고리즘의 자동화에 초점을 맞추어 발전하여왔다. 통계학에서 사람이 하던 일 중 많은 부분을 컴퓨터가 자동적으로 처리하게끔 맡기고 세부사항은 굳이 이해하려고 시도하지 않는 접근이다. 따라서 모형의 해석적 측면은 간과하되 의사결정에 있어 컴퓨터의 도움을 받아 오류를 최소화하는 방식으로 발전되어왔다. 오류를 줄이고자 함이 목적이므로 불활실성을 측정하는 것은 주된 관심사가 아니었다. 이와 같이 통계학과 머신러닝은 올바른 의사결정을 위한다는 공통된 목적을 추구하면서도 이데올로기적 측면에서 큰 차이를 두고 있었다.

이러한 동향은 20세기 중후반 개인용 컴퓨터가 보급되고 계산능력이 향상됨에 따라 과거와 비교하면 약해졌지만 대체로 오늘날까지 유지되고 있다. 통계학자들은 컴퓨터의 도움을 받아 전통적 통계학 방법론들의 비현실적 가정들을 완화하면서 통계학을 발전시켜왔는데, 이 과정에서 머신러닝에서의 지향점과 일부 뜻을 같이하는 기조가 형성되었다. 하지만 통계학의 종합학문으로서의 성격과 설명 가능성은 계속해서 강조되어왔기 때문에 머신러닝과는 여전히 차별성을 갖는다. 머신러닝은 해석 불가능성에 대한 지속적인 비판으로 인해 과거와는 비교적 다른 양상의 연구 방향성을 보이는데, 최근에는 통계학에서와 비슷하게 해석적 측면과 불확실성 측정의 중요성이 대두되는 실정이다.

종합 학문적 성격의 통계학에서 컴퓨터 과학적인 측면에 집중한다면 오늘날 통계학과 머신러닝은 상당히 많은 부문에서 공통점을 갖는다. 다소 비약적으로 말하자면 피상적 수준에서는 큰 차이가 없다고도 볼 수 있다. 하지만 비슷한 목적을 가짐에도 각자의 지향점은 여전히 다르며 이 사실이 각각의 분야를 특색있게 한다. 서로가 긍정적 영향을 주고받으며 발전해온 만큼 앞으로도 과학기술 발전의 약진을 위한 동반자적 관계를 유지하여 나가는 것이 중요과제라고 생각한다.

EXCEL · SPSS · R

이 책과 관련된 데이터, 정오표 등은 자유아카데미의 홈페이지(www.freeaca.com)나 web.yonsei.ac.kr/cekim에서 얻을 수 있다.

EXCEL

예제 5.1

Step 1 다음 값을 입력한다.

	A	B	C	D	E	F	G
1	x	frequency	f(x)	F(x)	x*f(x)	x^2*f(x)	(x-1.5)^2*f(x)
2	0	54	=$B2/$B$8	=SUM($C$1:C2)	=$A2*$C2	=($A2)^2*$C2	=($A2-1.5)^2*C2
3	1	117	=$B3/$B$8	=SUM($C$1:C3)	=$A3*$C3	=($A3)^2*$C3	=($A3-1.5)^2*C3
4	2	72	=$B4/$B$8	=SUM($C$1:C4)	=$A4*$C4	=($A4)^2*$C4	=($A4-1.5)^2*C4
5	3	42	=$B5/$B$8	=SUM($C$1:C5)	=$A5*$C5	=($A5)^2*$C5	=($A5-1.5)^2*C5
6	4	12	=$B6/$B$8	=SUM($C$1:C6)	=$A6*$C6	=($A6)^2*$C6	=($A6-1.5)^2*C6
7	5	3	=$B7/$B$8	=SUM($C$1:C7)	=$A7*$C7	=($A7)^2*$C7	=($A7-1.5)^2*C7
8	합계	300	=SUM(C2:C7)				
9	평균				=SUM(E2:E7)		
10	분산						=SUM(G2:G7)
11	표준편차						=SQRT(G10)
12							

Step 2 위의 값을 계산하면 다음의 결과를 얻는다.

	A	B	C	D	E	F	G
1	x	frequency	f(x)	F(x)	x*f(x)	x^2*f(x)	(x-1.5)^2*f(x)
2	0	54	0.18	0.18	0	0	0.405
3	1	117	0.39	0.57	0.39	0.39	0.0975
4	2	72	0.24	0.81	0.48	0.96	0.06
5	3	42	0.14	0.95	0.42	1.26	0.315
6	4	12	0.04	0.99	0.16	0.64	0.25
7	5	3	0.01	1	0.05	0.25	0.1225
8	합계	300	1				
9	평균				1.5		
10	분산						1.25
11	표준편차						1.118033989

예제 5.6

Step 1 BINOM.DIST(2, 10, 0.33333, TRUE)를 입력한다.

	A	B	C	D
1	=BINOM.DIST(2, 10, 0.33333, TRUE)			

Step 2 셀 A2에 =1−A1을 입력하여 다음의 결과를 얻는다.

	A
1	0.299149
2	0.700851

예제 5.7

Step 1 다음 값을 입력한다.

	A	B	C	D	E	F
1	=BINOM.DIST(7, 15, 0.2, TRUE) - BINOM.DIST(3, 15, 0.2, TRUE)					

Step 2 위의 값을 계산하면 0.347598을 얻는다.

예제 5.12

Step 1 다음 값을 입력하여 0.1108을 얻는다.

	A	B	C
1	=POISSON.DIST(0, 2.2, FALSE)		

Step 2 다음을 입력하여 0.6454를 얻는다.

	A	B	C	D
1	0.110803			
2	=1 - POISSON.DIST(1, 2.2, TRUE)			

SPSS

예제 5.6

Step 1 PASW Statistics Data Editor 창의 **변수 보기**에서 변수 두 개를 만든다.

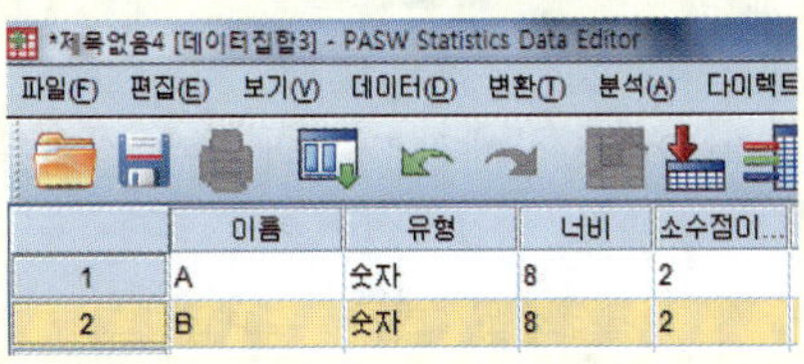

Step 2 하단의 **데이터 보기**를 선택한 후 생성된 변수의 데이터들을 아무 숫자나 하나씩만 입력한다. 데이터 보기에 아무 숫자가 없으면 아래에서 변수 계산한 값이 저장되지 않는다.

	A	B
1	1.00	2.00

Step 3 $P(X \leq 2)$를 구하기 위해서는 PASW Statistics Data Editor의 **[변환]** 메뉴에서 **변수 계산**을 선택한다.

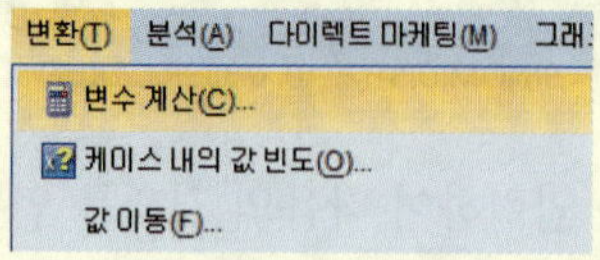

Step 4 **변수 계산** 창에서 좌측 상단의 **대상 변수**란에 생성된 변수 중 하나의 이름을 쓴다. 그리고 우측 중단의 **함수 집단**란에서 **CDF 및 비중심 CDF**를 선택하고, 우측 하단의 **함수 및 특수 변수**란에서 CDF.Binom를 선택한 후, 위를 향한 화살표를 클릭한다. 또는 CDF.Binom를 두 번 클릭한다. 그러면 **변수 계산** 창의 상단의 **숫자표현식**란에 CDF.Binom(?,?,?)라는 명령어가 입력된 것을 볼 수 있다. 괄호 안의 물음표에 각각 2, 10, 0.3333을 입력한 후 확인을 누른다.

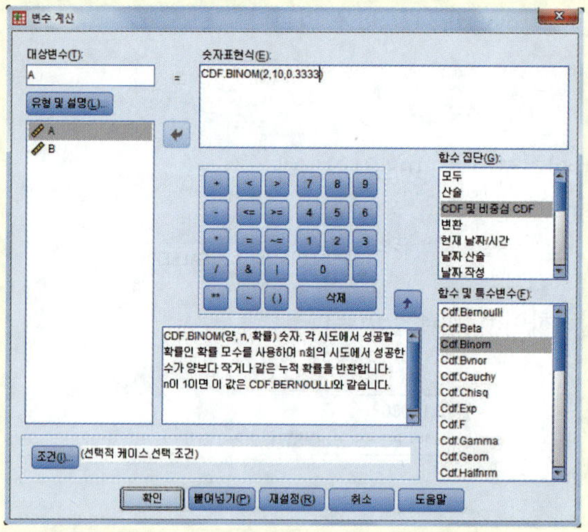

Step 5 **기존 변수를 바꾸겠습니까?** 하는 물음이 적힌 창이 뜨면 **확인**을 누른다.

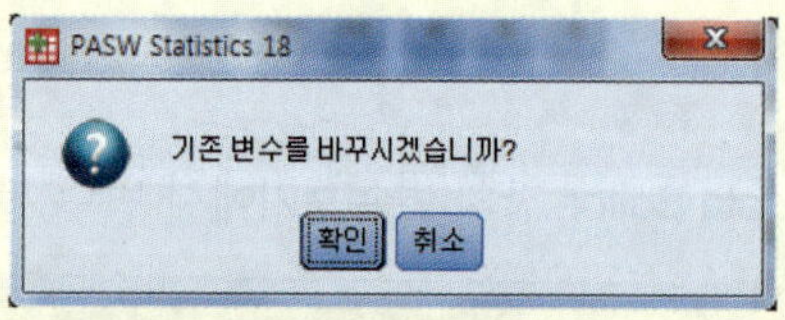

Step 6 PASW Statistics Data Editor 창에서 다음과 같은 결과를 확인할 수 있다.

	A
1	.30

Step 7 $P(X \geq 3)$를 구하기 위해서는 $P(X \leq 2)$를 구할 때와 마찬가지의 과정을 거치면 된다. 다만 **대상 변수**에는 위에서 사용하지 않은 변수의 이름을 넣고, **숫자표현식**란에는 1−CDF.Binom(2,10,0.3333)을 입력하여야 한다.

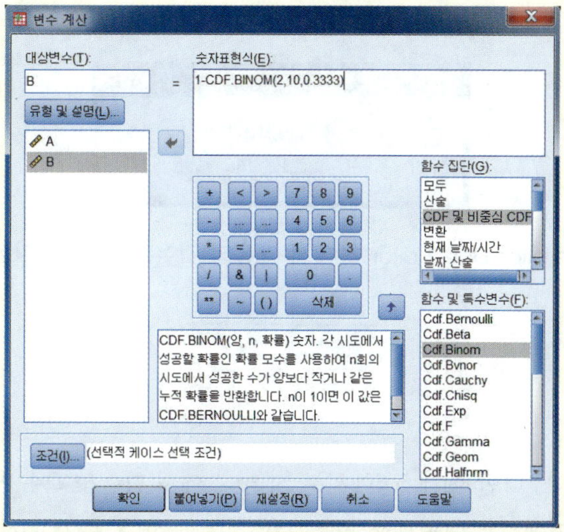

Step 8 그러면 PASW Statistics Data Editor 창에서 다음과 같은 결과를 확인할 수 있다.

B
.70

예제 5.7

Step 1 PASW Statistics Data Editor 창에서 **변수 보기**를 클릭한 후 변수 한 개를 만든다.

	이름	유형	너비
1	A	숫자	8

Step 2 하단의 **데이터 보기**를 선택한 후 생성된 변수에 데이터를 하나 입력한다.

	A
1	1.00

Step 3 PASW Statistics Data Editor의 **[변환]** 메뉴에서 **변수 계산**을 선택한다.

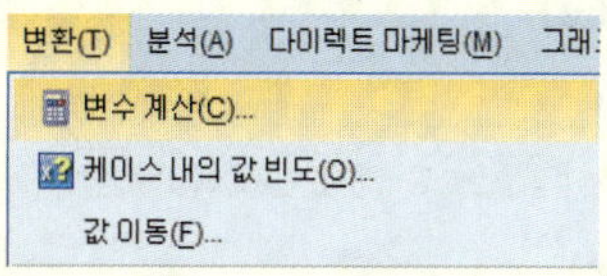

Step 4 **변수 계산** 창에서 좌측 상단의 **대상 변수**란에 생성한 변수의 이름을 쓴다. 그리고 우측 중단의 **함수 집단**란에서 CDF 및 비중심 CDF를 선택하고, 우측 하단의 **함수 및 특수 변수**란에서 CDF.Binom를 선택한 후, 위를 향한 화살표를 누른다. 그러면 변수 계산 창의 상단의 숫자표현식란에 CDF.Binom(?,?,?)라는 명령어가 입력된 것을 볼 수 있다. 괄호 안의 물음표에 각각 7, 15, 0.2를 입력한다. 이러한 방법을 이용하여 숫자표현식란에 CDF.BINOM(7,15,0.2)–CDF.BINOM (3,15,0.2)를 입력한 후 확인을 누른다.

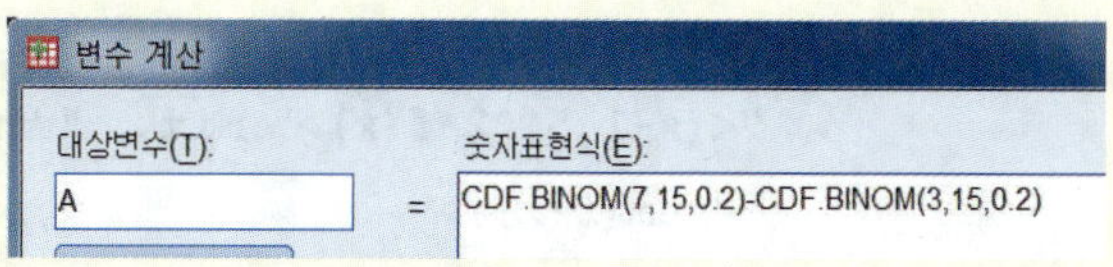

Step 5 **기존 변수를 바꾸겠습니까?** 하는 물음이 적힌 창이 뜨면 확인을 누른다.

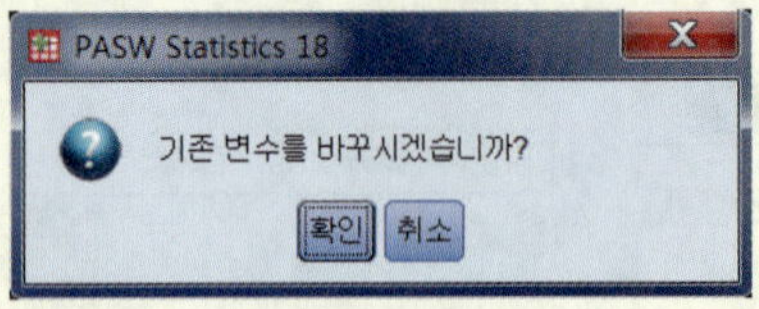

Step 6 PASW Statistics Data Editor 창에서 다음과 같은 결과를 확인할 수 있다.

예제 5.12

예제 5.6과 동일하다. 다만 예제 5.6에서는 Step 4.에서 **함수 및 특수 변수**로 CDF.Binom을 선택한 반면에, 여기에서는 CDF.Poisson을 선택하여야 한다. 숫자표현식의 물음표에 차량 대수와 주어진 분포의 평균인 2.2를 입력한다.

R

예제 5.1

Step 1 다음의 함수를 사용하여 예제 5.1의 값을 구해 본다. total 함수를 정의하여 5.4에 나온 값들을 한 번에 나오도록 만들었다.

```
x1 <- rbind(0,1,2,3,4,5)
freq <- rbind(54,117,72,42,12,3)
total <- function(x,y){
     fx=y/sum(y)
     cdf=cumsum(fx)
     prob=sum(fx)
     xfx=x*fx
     mean=sum(xfx)
     x2fx=x^2*fx
     mix=(x-1.5)^2*fx
     variance=sum(mix)
     s.d=sqrt(variance)
     cat(" <x>      0 1 2 3 4 5 ","₩n",
                  "<f(x)>                 ",fx,"₩n",
                  "<F(x)>                 ",cdf,"₩n",
                  "<x*f(x)>               ",xfx,"₩n",
                  "<x^2*f(x)>             ",x2fx,"₩n",
                  "<(x-1.5)^2*f(x)>",mix,  "₩n","₩n",
                  "<sum(f(x))>            ",prob,"₩n",
```

```
                    "<E(x)>                    ",mean,"₩n",
                    "<V(x)>                    ",variance,"₩n",
                    "<S(x)>                    ",s.d,"₩n")
}
```

위에서 fx는 확률질량함수를 표현하기 위하여 각각의 y값을 전체 y값으로 나눠줬다.

cdf는 누적확률함수를 표현하기 위하여 fx의 값들을 **cumsum**함수를 통하여 구하였다. **Cumsum**이라는 함수는 누적 도수를 구하는 함수이다.

Prob는 이 자료가 이산형 확률질량함수의 조건을 만족하는지 확인하기 위해, 모든 사건에 대한 확률이 합이 1이 됨을 보기 위함이다.

기댓값은 x값들과 x들의 확률을 모두 곱하여 합한 것이다. 여기서는 xfx가 x값들과 x들의 확률을 곱한 것이고, mean은 그 값들 합한 것이다.

분산은 확률변수의 분산을 구하는 방법 중에서 정의식을 사용하여 구하였다. Mix의 값들을 모두 합하면 정의식이랑 같은 모양이 된다.

표준편차는 분산을 제곱근한 것이므로, **sqrt** 함수를 사용하여 분산의 제곱근을 구하였다.

total 함수 스크립트를 실행한 후 x1자료에 함수를 실행한다.

```
> total(x1,freq)
```

예제 5.6

Step 1 pbinom함수는 이항분포의 확률값을 구해 주는 함수이다. **pbinom(x, n, p)**의 형태로 입력하면 된다.

```
> pbinom(2, 10, 0.3333)
[1] 0.2992194
> 1-pbinom(2, 10, 0.3333)
[1] 0.7007806
```

예제 5.7

Step 1 pbinom함수는 이항분포의 확률값을 구해 주는 함수이다. **pbinom(x, n, p)**의 형태로 입력하면 된다.

```
> pbinom(7, 15, 0.2) - pbinom(3, 15, 0.2)
[1] 0.3475981
```

예제 5.12

Step 1 ppois함수는 포아송분포의 확률값을 구해 주는 함수이다. **ppois(x, λ)**의 형태로 입력하면 된다.

```
> ppois(0,2.2)
[1] 0.1108032
> 1-ppois(1,2.2)
[1] 0.6454299
```

익힘문제

다음 괄호에 알맞은 말을 넣거나, 맞는 것을 선택하시오.

1 통계자료, 예를 들어 좋고 싫음을 1과 0의 숫자로 바꾸어 수학적인 계산이 가능하도록 변형시켜 얻은 것을 (　　　)라고 한다.

2 확률변수는 (　　　)과 (　　　)를 연결시키는 함수이다.

3 확률변수는 세는 것의 가능성 여부에 따라 (　　　)와 (　　　)(으)로 구분한다.

4 이산형 확률변수의 확률을 나타낸 것을 {확률질량함수, 확률밀도함수}라고 한다.

5 확률질량함수의 조건을 쓰시오.

6 이산형 확률변수의 누적확률분포를 정의하시오.

7 이산형 확률변수의 평균을 정의하시오.

8 이산형 확률변수의 분산을 정의하시오.

9 분산을 X와 X^2의 기댓값으로 나타내시오.

10 이항분포는 (　　　) 시행이 {독립적, 종속적}으로 반복되었을 때 {성공, 실패} 횟수의 분포이다.

11 베르누이 시행은 {한 가지, 두 가지, 세 가지 이상} 결과만 갖는다.

12 각 시행의 성공 확률은 {점차 수렴한다, 변하지 않는다}.

13 이항분포의 확률질량함수를 쓰시오.

14 이항분포는 p가 (　　　)일 때 대칭형이다.

15 이항분포의 평균과 분산을 쓰시오.

16 이항분포의 가법성을 쓰시오.

17 단위 시간 또는 공간에서 발생하는 사건의 수는 (　　　)분포를 하는 경우가 많다.

18 위 분포의 확률질량함수를 쓰시오.

19 포아송분포의 평균과 분산을 쓰시오.

20 이항분포가 포아송분포로 근사되는 조건은 무엇인가?

21 포아송분포의 가법성을 쓰시오.

22 포아송분포의 확산성을 쓰시오.

연습문제

1 아래 각각의 예가 연속형 확률변수인지 이산형 확률변수인지를 말하여라.

a. 하루 동안 학교 구내식당의 이용객수

b. 이번 학기 통계학입문을 수강하고 있는 수강생의 수

c. 서울시민이 하루 사용한 전력량

d. 현대자동차의 일일 주가 변동량

e. 리히터 스케일에 나타난 지진의 강도

2 다음의 변수들이 연속형인지 이산형인지 말하여라.

a. 어느 하루 신문에 난 북한 관련 기사의 수

b. 올해 우리나라의 총 수출액

c. 3월 2일 하루 동안 거래된 한국통신의 주식수와 거래량

d. 현대자동차의 일일 수출 대수

e. 작년 사법시험에 최종 합격한 어느 대학 출신 합격자의 수

3 신문을 정기 구독하는 사람 중 임의로 3명을 뽑아 조선, 중앙 또는 동아일보를 구독하는지를 조사하였다. 이들 3명 중 위의 세 신문을 구독하는 사람의 수를 X라 할 때, 모든 가능한 실험의 결과와 그에 대응하는 확률변수 X의 값을 기술하여라.

4 다음의 표는 이산형 확률변수 X의 확률밀도함수를 나타낸다. 만일 X가 홀수일 경우 모두 같은 확률을 가진다면 아래의 표를 완성시켜라.

x	$f(x)$
1	( )
2	0.1
3	( )
4	0.2
5	( )
6	0.3

5 확률변수 X의 확률밀도함수가 $f(x)=c\cdot\binom{4}{x}$, $x=1, 2, 3, 4$일 때, 다음을 구하여라.

a. 상수 c의 값을 구하여라

b. $P(X=2)$를 구하여라.

6 흰공 8개, 검은공 4개가 들어 있는 항아리에서 2개의 공을 무작위로 선택한다. 여기서 선택된 검은공에 대해서는 각각 1000원씩 받고, 흰공에 대해서는 500원을 준다. X를 받은 돈의 총액이라 할 때 X의 확률질량함수와 누적확률분포함수를 구하여라.

7 1에서 10의 숫자가 적혀 있는 카드를 임의로 일렬로 나열할 때 X를 가장 처음 나온 짝수의 위

치라고 하자. 예를 들어, 만일

$$5 \rightarrow 3 \rightarrow 1 \rightarrow 6 \rightarrow 4 \rightarrow 10 \rightarrow 9 \rightarrow 2 \rightarrow 7 \rightarrow 9$$

의 순으로 카드가 정렬된다면 X는 4의 값을 취하게 된다. X의 누적분포함수 $F(x)=P(X \leq x)$를 구하여라.

8 문제 **6**에서 구한 확률들을 이용하여 확률변수 X의 누적확률분포함수 $F(x)=P(X \leq x)$를 구하여라.

9 정수의 값을 갖는 이산형 확률변수 X의 확률질량함수를 $p(x)$라 하고, 누적확률분포함수를 $F(x)$라 할 때, 아래 질문에 답하여라.

a. 확률질량함수 $p(x)$를 누적확률분포함수 $F(x)$를 이용하여 표현하여라.

b. 누적확률분포함수 $F(x)$를 확률질량함수 $p(x)$를 이용하여 표현하여라.

10 일반적인 이산형 확률변수에 대하여 문제 **9**에 답하여라.

11 동전을 n번 던져 앞면이 나타나면 길동이가 향단에게 1000원을, 뒷면이 나오면 향단이가 길동에게 1000원을 준다고 하자. 확률변수 X를 길동이가 획득한 돈이라 할 때,

a. X의 가능한 값은 무엇인가?

b. 동전을 3번 던질 때, X가 각각의 값을 취할 확률은 얼마인가?

c. X의 누적확률분포함수를 구하여라.

12 한 개의 주사위를 두 번 던질 때, 다음 확률변수들의 확률질량함수를 구하여라.

a. 두 번 던져 나타난 수 중 최댓값

b. 두 번 던져 나타난 수 중 최솟값

c. 두 번 던져 나타난 수의 합

d. 첫 번째 나타난 수에서 두 번째 나타난 수를 뺀 값

13 주사위의 확률이 다음과 같다고 할 때 위 문제의 질문에 답하여라.

X	1	2	3	4	5	6
$P(X=x)$	1/3	1/3	1/12	1/12	1/12	1/12

14 한 상자가 $2n$개의 공을 포함하고 있다. 이 $2n$개의 공은 n개의 다른 색으로 이루어져 있고, 각 색의 공이 2개씩 포함되어 있다. 이 상자로부터 공을 꺼내는 실험을 하는데 같은 색의 공이 두 번 추출될 때까지 복원추출을 통하여 꺼낸다고 하자. 확률변수 X를, 꺼낸 전체 공의 개수라 할 때, 양의 정수 k에 대하여 $P(X>k)$를 구하여라.

15 다음 표에 주어진 분포의 $f(x)$와 $F(x)$의 그래프를 그리고 평균과 표준편차를 구하여라.

x	$f(x)$
0	0.2
1	0.1
2	0.3
3	0.3
4	0.1

16 확률변수 X의 확률질량함수가 다음과 같이 주어져 있다.

$$f(x)=c\cdot\frac{1}{x},\quad x=1, 2, 3, 4, 5.$$

상수 c값을 찾고 이 분포의 평균과 표준편차를 구하여라.

17 지하층과 지상 10층으로 이루어진 건물이 있다고 한다. 만약 3명의 사람이 지하층에서 승강기에 올라탔을 때 확률변수 X를 이 승강기가 정차하는 층의 수라고 하자. 지하층에서 탄 각 사람은 어느 한 층에서 내리고 중간에 올라탄 사람이 없다고 가정할 때 X의 기댓값을 구하여라.

18 어느 선물 가게의 주인이 발렌타인데이를 맞이하여 b개의 초콜렛바를 주문하려고 한다. 만약 하나의 초콜렛바를 팔았을 때 이득이 π원이고, 이것이 팔리지 않아 발렌타인데이 이후 덤핑 처리할 때 손실이 λ원이라 할 때, 이 주인은 이득을 최대화하는 방향으로 사려고 하는 물품의 개수 b를 정하려 할 것이다. 이때 어려운 점은 발렌타인데이의 실제 판매량 Y가 랜덤이고, 그 확률분포만 경험적으로 알고 있다는 것이다.

a. 먼저 b개를 구입하고 판매량이 y일 때 손실함수가

$$L(y, b)=\begin{cases}-\pi y+\lambda(b-y) & \text{if } y\le b\\ -\pi b & \text{if } y>b\end{cases}$$

임을 보여라.

b. 기대손실함수 $E(L(y, b))$를 최소화하는 b의 값을 찾아라.

19 한국시리즈에서 삼성과 롯데가 경기를 하게 되었다. 이전의 기록을 보면 각 경기에서 삼성이 이길 확률이 p라고 할 때, 기대되는 총 경기의 수를 p의 함수로 표현하여라. 한국시리즈는 7경기 중 4경기를 먼저 이기면 우승을 한다.

20 현재 황교수는 1000만 원을 가지고 있으며 삼성전자의 주식이 한 주에 50만 원에 판매되고 있다. 만일 불안정한 국제 반도체 시장으로 기인하여 일주일 후의 주식 가격은 1/2의 확률로 한 주당 20만 원이 되거나 또는 100만 원이 되리라 기대된다.

a. 일주일 후에 가진 돈의 기대량을 최대화하는 것이 목적이라면 어떤 전략이 필요한가?

b. 일주일 후에 가진 주식수의 기대량을 최대화하는 것이 목적이라면 어떤 전략이 필요한가?

21 1에서 10까지의 숫자 중 무작위로 선택된 하나의 숫자가 있다고 하자. 이 숫자를 추정함에 있

어 단지 "예-아니오"로 대답할 수 있는 질문들만 사용할 수 있다. 만일 i번째 질문에서 "선택된 숫자가 i인가?" ($i=1, 2, 3, 4, 5, 6, 7, 8, 9, 10$)라는 질문을 할 경우 기대되는 질문의 수는 얼마인가?

22 준용이는 처음 뒷면이 나타날 때까지 동전을 던져 만일 n번째 시행에서 뒷면이 나타나 2^n달러를 받는 게임을 한다. 확률변수 X를 준용이가 받게 되는 금액이라하면, $E[X]=+\infty$가 됨을 보여라. 즉, 준용이의 기대수익은 무한한 것이다. 아래의 질문에 답하고 그 이유를 설명하여라.

a. 이 게임을 한 번 하기 위해 백만 달러를 기꺼이 지불하겠는가?

b. 만일 원하는 만큼 게임을 계속할 수 있고 게임을 끝낼 때는 돈을 지불하여야 한다면, 각 게임에 백만 달러를 기꺼이 지불하겠는가?

c. 그렇다면 이 패러독스에 대한 각자의 답을 제시하여 보아라.

23 어떤 기계의 고장에 대해 두 가지 가능한 원인이 있다. 첫 번째 가능성을 검사하기 위해 필요한 비용이 C_1이고, 만일 그것이 고장의 원인이었다면 그 기계의 수리비용은 R_1이다. 마찬가지로, 두 번째 가능성에 관한 비용은 각각 C_2와 R_2이다. p와 $1-p$를 각각 첫 번째와 두 번째 원인에 의해 고장이 발생할 확률이라고 하자. 기계가 고장이 났을 때, p, C_i, R_i, $i=1, 2$의 어떤 조건 하에서, 기계를 작동시키기 위해 소요될 것으로 기대되는 비용을 최소화하기 위해, 작업순서에 있어서 먼저 첫 번째 고장의 가능한 원인을 검사하고 나서 두 번째 고장의 원인을 검사하여야 하는가? 단, 첫 번째 검사에서 고장의 원인을 찾지 못하면, 다른 가능성을 여전히 검사하여야 한다.

24 총 5대의 버스가 160명의 학생을 학교에서 축구 경기장까지 운송한다. 그 버스들은 각각 25, 28, 32, 35, 40명의 학생을 운송할 수 있다. 학생들 중 한 명을 무작위로 선택하여, 선택된 학생이 타고 있는 버스에 승차한 학생의 수를 X라고 하자. 5대의 버스 운전자 중에서 무작위로 한 명을 선택하여 그 운전자의 버스에 타고 있는 학생의 수를 Y라고 하자.

a. $E(X)$와 $E(Y)$ 중 어느 것이 더 크다고 생각하는가? 이유를 설명하여라.

b. $E(X)$와 $E(Y)$를 계산하여 비교하여라.

25 20개의 제품 중 4개의 불량품이 포함되어 있는 한 상자에서 무작위로 3개의 표본을 추출한다. 표본 중 불량 제품의 기대 개수를 구하여라.

26 확률변수 X가 $\text{Bin}(n, p)$의 이항분포를 한다. $p=0.5$이면 $\Pr(X=x)=\Pr(X=n-x)$가 되는 것을 보여 $p=0.5$일 때 이항분포 확률질량 함수가 대칭이 됨을 보여라.

27 확률변수 X가 이항분포를 따르고 $n=5$, $p=0.3$일 때 다음의 확률을 구하여라.

a. $P(X\leq 2)$

b. $P(X>3)$

c. $P(X=5)$

28 이항분포표를 이용하여 다음의 확률을 구하여라.

a. $p=0.3$일 때, 15번의 시행 중 4번 성공
b. $p=0.7$일 때, 15번의 시행 중 4번 실패
c. (a)과 (b)의 답이 같은 이유를 설명하여라.

29 어떤 사람이 초감각적 지각을 가지고 있다고 한다. 테스트를 하기 위해 동전을 10번 던지는 실험에서 미리 그 결과를 예측하도록 하였다. 그는 10번 중 8번을 옳게 예측하였다. 만일 그가 초감각적인 지각을 가지고 있지 않다고 할 때, 그가 적어도 이 정도로 잘 (8번 이상) 예측할 수 있을 확률은 얼마인가?

30 네 명의 아이를 가진 가족이 있다. 물론 각각의 아이가 남자 또는 여자일 확률은 절반씩이다. 이때 이 가족의 여자아이의 수의 확률질량함수를 구하여라.

31 주사위를 8번 굴린다 하자. 만일 이 8번의 시도 중 "6"이 3번 나왔다는 사실을 안다면 첫 5번의 시도 중 "6"이 2번 나왔을 확률은 얼마인가?

32 사수가 과녁을 향해 10번의 사격을 한다고 하자. 각각의 사격은 서로 독립이고, 이 사수가 과녁을 맞출 확률이 0.7이라고 알려져 있다. 이때 다음의 질문에 답하여라.
a. 이 사수가 정확히 4발을 명중시킬 확률은 얼마인가?
b. 이 사수가 두 발 이상을 명중시켰다는 사실을 알 때, 정확히 4발을 명중시킬 확률은 얼마인가?

33 어느 터널의 통행료가 승용차는 1000원이고, 그 밖의 차량은 2000원이다. 경험적으로 이 터널을 지나는 차량의 약 70%가 승용차임이 알려져 있다. 어느 금요일 이 터널을 지나간 차량의 대수가 5000대일 때 터널 관리소의 통행료 수입의 기댓값은 얼마인가?

34 다음은 광고에서 많이 선전하는 L회사의 카드 소유 여부를 서울시에 사는 사람들에게 물은 결과를 백분율로 나타낸 것이다. 다음 확률변수의 기댓값과 분산을 구하여라.

	L회사 카드	
	소유	무소유
남자	16	35
여자	9	40

a. 확률변수 X는 100명을 뽑았을 때 L회사의 카드를 소유한 '남자'의 수
b. 확률변수 Y는 100명을 뽑았을 때 L회사의 카드를 소유한 '여자'의 수
c. 확률변수 Z는 100명을 뽑았을 때 L회사의 카드를 소유한 '사람'의 수

35 어느 지역에 24개에 염색 공장이 밀집하여 있다. 이 중 무작위로 공장 3곳을 방문하여 환경 기준에 맞게 배수 처리를 하고 있는지 조사하려 한다. 실제 5곳이 환경 기준에 맞게 하지 않고 있다.
a. 방문 조사한 공장 3곳 모두 환경 기준에 맞는 곳일 확률을 구하여라.
b. 공장 2곳 이상 환경 기준에 맞지 않을 확률을 구하여라.

36 어떤 회사에서 생산되는 DVD가 불량품일 확률은 서로 독립적으로 0.01임을 알고 있다. 그 회사는 1상자에 DVD 10개씩 포장하여 판매하는데, 만일 1상자에 포장된 10개의 DVD 중 2개 이상 불량품이 포함되어 있으면 돈을 환불하여 준다. 만일 어떤 사람이 3상자를 구입하였을 때 반품이 없을 확률을 구하여라.

37 어느 상자에 1000개의 공이 들어 있는데, 이 중 2개만이 검은공이고 나머지는 흰색이다. 만약 1000개의 공을 복원추출하였을 때 다음 두 사건 중 어느 쪽이 가능성이 큰가?

사건 A : 뽑힌 검은공의 개수가 2개 미만이다.
사건 B : 뽑힌 검은공의 개수가 2개 이상이다.

38 모수 (n, p)가 다음과 같은 이항분포의 확률질량함수를 그려라.

a. $(10^6, 10^{-6})$
b. $(10^6, 2\times10^{-6})$
c. $(3284, 10^{-4})$
d. $(1000, 0.998)$

39 한 씨리얼 회사가 자사에서 생산되는 상자 중 95%의 상자에만 사은품을 포함시키고는 모든 상자에 사은품이 들어 있다고 광고를 한다고 한다. 만일 기호네 가족이 일 년동안 매주 씨리얼 한 상자씩을 산다고 할 때, 이들이 45개 이상의 사은품을 모을 확률을 계산하여라.

40 1에서 n까지 번호가 붙은 n개의 상자와 공들이 있다. 이 공들을 한 상자에 하나씩 랜덤하게 넣을 때 M을 공의 번호와 상자의 번호가 일치하는 쌍의 개수라 하자. M의 평균과 분산을 구하여라.

41 어느 상자에 4개의 빨간공과 4개의 흰공이 들어 있다. 이 상자에서 임의로 3개의 공을 비복원추출을 한다고 하자.

a. 표본공간(모든 가능한 결과물의 집합)은 무엇인가?
b. 각 결과물(outcome)에 대한 확률을 구하여라.
c. 확률변수 X를 추출된 3개의 공 중 흰공의 개수라 할 때, X는 어떤 분포를 따르는가?

42 한국 남성 중 1% 정도가 195센티미터 이상의 키를 가지고 있다고 보고되었다. 만약 200명의 랜덤하게 뽑힌 사람들 중 적어도 한 사람 이상이 키가 195센티미터 이상 될 확률을 구하여라.

43 컴퓨터의 부품 생산 업체에서 메인 보드를 만들기 위한 평평한 보드를 구입하는데, 이 보드가 0.1 mm 이상 파인 부분이 있으면 생산된 메인 보드의 성능에 영향을 주게 되고 이를 결점이라고 한다. 평상시 보드를 구입하였을 때 이 결점의 수는 1 평방 센티미터당 하나의 포아송분포를 따르게 된다. 만일 가로 2 cm, 세로 2 cm의 보드가 있을 때 여기에서 결점의 수가 2개 이상일 확률을 구하여라.

44 5개의 생산품으로 구성된 제품에 2개의 불량품이 있다 하자. 감독관이 5개의 제품을 하나씩 검사한다고 할 때, 확률변수 T_1을 첫 번째 불량품을 찾아낼 때까지 검사한 제품의 수, 그리고 T_2를 두 번째 불량품을 찾아낼 때까지 검사한 제품의 수라고 하자. 이 때 아래의 확률들을 구하여라.

a. T_1의 확률밀도함수를 구하여라.

b. $6-T_2$의 확률밀도함수는 a를 이용하면 바로 알 수 있는지 설명하여라.

c. b의 결과를 이용하여 T_2의 분포를 구하여라.

45 어느 출판사로부터 출간된 책들에서는 1쪽당 1개꼴로 오타가 생긴다고 알려져 있다. 이 출판사에서 출간한 통계학 책이 300쪽으로 구성되어 있을 때 5개 이상의 오타를 가진 쪽의 수가 적어도 한쪽 있을 확률은 얼마인가?

46 확률변수 X가 모수가 λ인 포아송분포를 따른다고 할 때 $3X+5$의 평균과 분산을 구하여라.

47 확률변수 X가 평균이 5인 포아송분포를 따를 때 $P(X=0)$과 $P(X\geq 1)$을 구하여라.

48 어느 옷 가게에서 어느 단위 시간(1시간)당 남자 손님과 여자 손님의 수가 각각 평균이 5와 10인 서로 독립인 포아송분포를 따른다. 이때 다음에 답하여라.

a. 이 단위 시간당 전체 손님의 수가 15명일 확률을 구하여라.

b. 어느 10분 동안 손님의 수가 2명 이상일 확률을 구하여라.

c. 정해진 30분 동안 손님의 수가 10명일 때 여자 손님의 수가 2명 이상일 확률을 계산하여라.

49 성공확률이 0.02인 서로 독립인 베르누이 시행을 500번 반복하였을 때, 다음 각각의 사건의 확률을 포아송 근사를 통하여 구하여라.

a. 1번의 성공

b. 2번 이하의 성공

c. 3번 이상의 성공

50 어느 회사에서 생산된 초코칩 쿠키에는 하나의 초코칩 쿠키당 들어 있는 초콜릿 조각의 수는 평균이 2.5인 포아송분포를 따른다.

a. 이 회사에서 생산된 어느 한 개의 쿠키에 초콜릿 조각이 하나도 들어 있지 않을 확률은 얼마인가?

b. 이 회사에서 생산된 하나의 제품에는 20개의 초코칩 쿠키가 들어 있다. 이 20개가 모두 각각 적어도 한 개의 초코렛 조각을 포함하고 있을 확률은 얼마인가?

51 다음의 확률밀도함수 그래프는 이항분포 B(5, 0.3), B(10, 0.52), B(20, 0.32), B(20, 0.72)의 일부 또는 전체를 그린 것이다. 각 그래프는 어떤 이항분포를 그린 것인가?

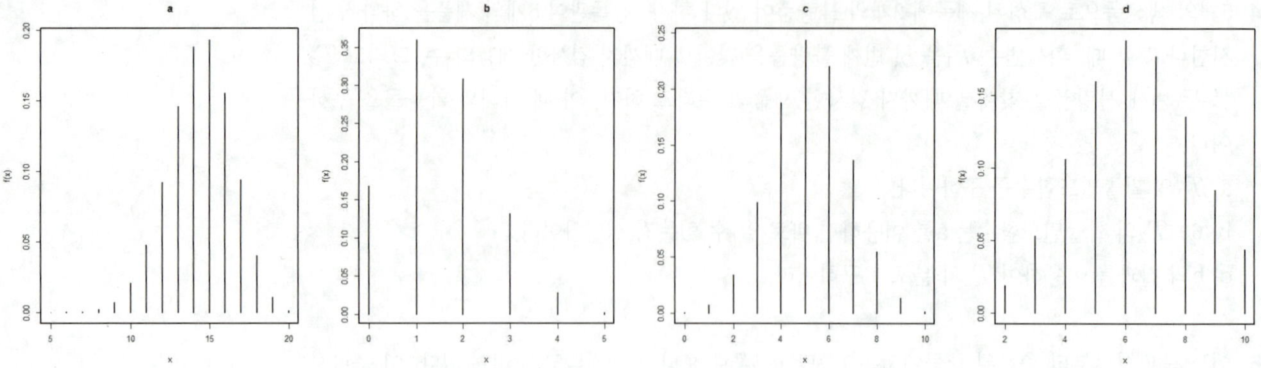

52 다음 각각의 그래프는 이항분포의 일부 또는 전체를 그린 것이다. 표본수 n은 5, 10, 30 중에 하나이고, 확률 p는 0.3, 0.5, 0.7 중 하나이다. 각각 그래프는 어떤 이항분포를 그린 것인가?

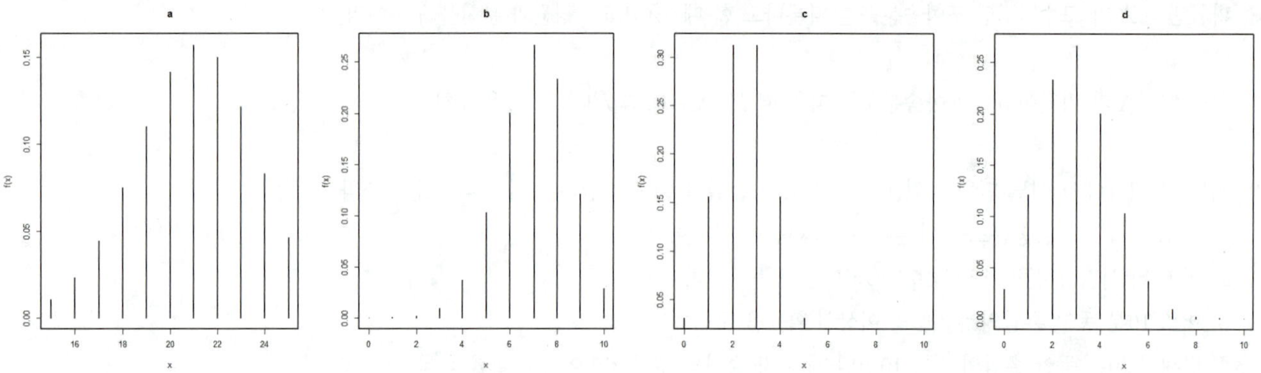

53 다음의 확률밀도함수 그래프는 포아송분포 Poi(1.3), Poi(5.7), Poi(20)의 일부를 그린 것이다. 각 그래프는 어떤 포아송분포인가?

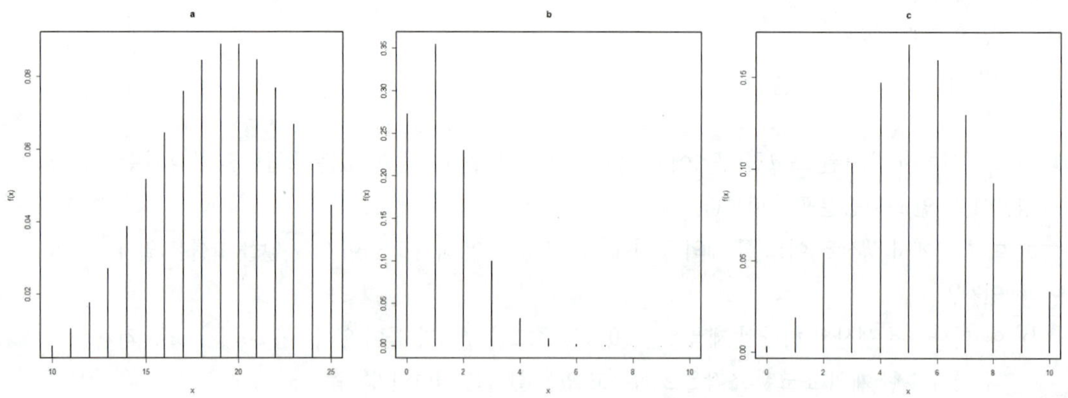

54 다음의 그래프는 포아송 확률밀도함수이다. 모수 lambda 값은 정수라고 할 때 lambda 값은 얼마인가?

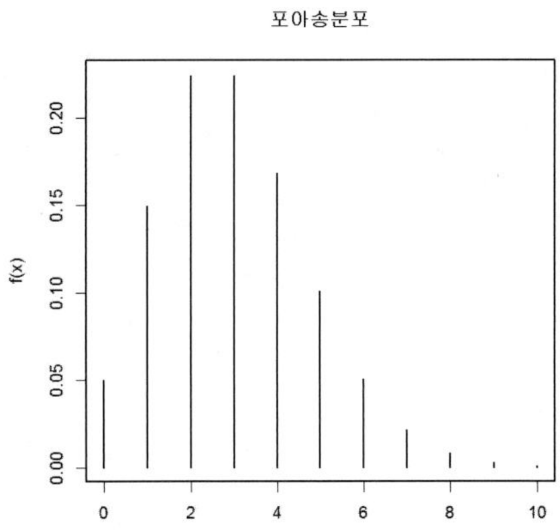
포아송분포
f(x)
0.00
0.05
0.10
0.15
0.20
0
2
4
6
8
10

6 연속형 확률변수

온도, 몸무게, 고속도로에서의 각 도시들 간의 거리 등과 같이 연속적으로 변화하는 것이 연속형 확률변수이다. 증권 가격이나 부과된 세금은 원 단위 또는 십원 단위에서 끊어지고, 연 단위로 조사한 결혼 연령 등은 엄밀하게 연속적이지는 않지만 연속형 확률변수로 취급하는 것이 편리하다.

Abraham de Moivre(1667～1754)

프랑스 수학자. de Moivre 공식 창시자. 하루에 15분씩 잠자는 시간이 늘어나는 것에 착안하여 본인이 죽을 날을 예언하였고, 바로 그날인 1754년 11월 7일에 죽음. 1733년, 정규분포를 발표. 1738년, 이항분포가 n이 커지면 정규분포에 근접하는 것을 증명.

5장에서 잠깐 언급하였듯이 셀 수 없이 많은(uncountable) 숫자에 확률값을 지정할 수 없고 구간에만 확률값 지정이 가능한 확률분포를 **연속형 확률분포(continuous probability distribution)**라고 한다. 연속형 확률변수 숫자 각각은 확률값이 모두 0이기 때문에 이산형 경우처럼 각각의 확률을 더하기 할 수 없고 주어진 구간에 대한 적분으로 확률이 얻어진다. 이산형 확률변수의 평균과 분산은 더하기로 정의되었는데, 연속형 확률변수의 평균과 분산은 적분으로 정의된다.

숫자 각각은 확률이 0이지만 구간 확률이 크냐 작으냐에 따라 밀도(density)가 다르게 된다. 우리나라 성인 남자의 몸무게 50 kg과 60 kg은 각각 확률이 0이다. 하지만 50에서 50.1 kg 구간의 확률은 60에서 60.1 kg 구간의 확률보다 작으므로 50 kg의 밀도가 60 kg의 밀도보다 작다. 밀도는 그 자체로는 확률이 아니지만 확률과 직접 연관되어 있다. 밀도를 적분하면 확률이 된다.

연속형 확률변수의 분포는 확률함수가 아니라 밀도함수로 나타내게 된다. 연속형 확률분포로는 균일분포, 정규분포, 지수분포, 베타분포, 감마분포, t분포, 카이제곱분포, F분포 등이 있다.

6.1 연속형 확률변수

수 ─ 실수(real number) / 허수(imaginary number)

이 절에서는 연속형 확률변수의 일반적인 성질에 대하여 이야기하고자 한다. 확률변수 X가 취할 수 있는 값의 수가(표본공간의 원소수가) 셀 수 없이 많을 때 X를 연속형 확률변수라고 하고, 이는 **확률밀도함수(probability density function)** 또는 간단히 **밀도함수(density function)**를 통하여 정의된다.

확률변수 X가 연속형 확률변수라고 할 때 모든 실수 a와 b에 대하여

확률밀도함수 $f(x)$

$$P(a \le X \le b) = \int_a^b f(x)dx \qquad (6.1)$$

참고 : 이산형 확률변수

$$P(a \le X \le b) = \sum_{x=a}^{b} f(x)$$

를 만족시키는 $f(x)$를 X의 확률밀도함수라고 한다. 즉, 확률변수 X가 어느 구간 (a, b)에 포함될 확률은 확률밀도함수의 아래쪽 양의 영역의 면적과 일치한다.

역으로 실수 상에서 정의된 함수 $f(x)$가 어떤 확률변수의 확률밀도함수가 되기 위해서는 다음 두 성질을 만족시켜야 한다.

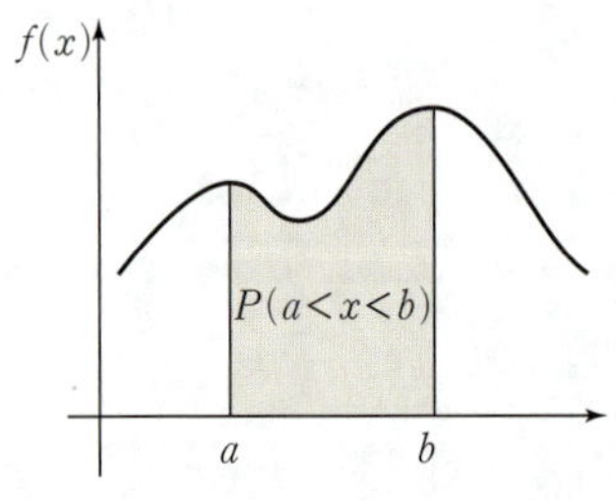

가) 모든 실수의 값 x에 대하여 $f(x) \ge 0$이어야 한다.

나) $\int_{-\infty}^{\infty} f(x)dx = 1$을 만족시킨다.

연속형 확률밀도함수는 이산형 확률변수와는 다르게 임의의 상수 a에 대하여

$$P(X=a)=\int_a^a f(x)dx=0$$

이고, 따라서 연속형 확률변수 X가 어느 상숫값을 가질 확률은 0이고,

$P(a<X<b)=P(a\le X<b)=P(a<X\le b)=P(a\le X\le b)$이다.

연속형 확률함수는 무한 개의 표본공간 원소를 갖고 있으므로, 각 원소에 아무리 작은 값이라도 0보다 큰 확률값을 주게 되면 0보다 큰 값이 무한 개 있으므로 이들 값을 다 더하면 무한값이 된다. 1보다 큰 확률은 우리가 사용하려는 확률의 정의에 맞지 않으므로 결국 각 원소 한 점에서의 확률값은 0이 될 수밖에 없다. 확률이 0이면 표본공간에 존재하지 않게 되는가? 확률이 0이라도 표본공간에 존재하게 된다. 각 원소에 해당하는 확률값은 0이더라도 이들 원소들이 구간을 이루며 모여 있을 때에는 확률값을 갖는다. 모순처럼 들리는 이러한 상황은 무한이라는 것 때문에 생기는 현상이다. 무한이라는 것은 우리가 사용할 수 있는 숫자가 아니라 숫자로 표시될 수 없이 많은 '상태'를 나타내기 때문이다. 그래서 각 원소에서의 확률함수는 전부 0이지만 각 원소별로 다른 밀도함수를 갖게 되는 것이다.

[헛소리: 존재의 이유]
내 몸무게는 68 kg이고, 몸무게는 연속형 확률변수이므로 몸무게가 68 kg일 확률은 0이므로 나는 존재하지 않는가? 내 몸무게가 67.5 kg에서 68.5 kg 사이에 있다고 생각하면 확률이 0보다 커진다. 그러므로 나는 존재한다!

[생각해 봐야 할 것]
만일 몸무게를 소수점 10자리, 아니 소수점 100자리까지 정확히 잴 수 있다면 정확히 68 kg의 몸무게를 갖고 있는 사람이 있을까?

예제 6.1

실수 구간 [0, 1]에서 한 점을 무작위로 선택하여 그 값을 x라고 하자. 확률변수 X는 0과 1 사이의 값을 동일한 확률로 취하게 되고, 임의의 구간 $[a, b]$에 포함될 확률은 구간 [0, 1]에 대한 구간 $[a, b]$의 길이의 비가 된다. 따라서 임의의 $0\le a\le b\le 1$에 대하여 $P(a\le X\le b)=b-a$가 된다. 이때 확률밀도함수 $f(x)=1,\ 0\le x\le 1$이 된다.

예제 6.2

확률변수 X의 확률밀도함수가 아래와 같을 때,

$$f(x)=\begin{cases}\frac{1}{2} & 0\le x\le 2\\ 0 & \text{otherwise}\end{cases}$$

확률 $P(0.5\le X\le 1.5)$를 계산하여 보자.

풀이

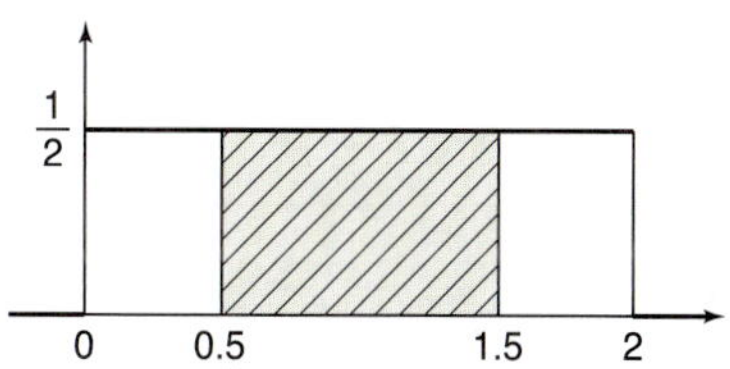

위의 그림에서 0.5와 1.5 사이의 확률밀도함수 아래쪽의 직사각형(빗금친 부분)의 면적이 구하고자 하는 확률이므로, 이를 계산하면 0.5이다. 이는 정적분과 면적의 관계를 통하여도 계산할 수 있는데, 이는 다음과 같다.

$$P(0.5\le X\le 1.5)=\int_{0.5}^{1.5}\frac{1}{2}dx=0.5$$

가 된다.

$0 \leq F(x) \leq 1$

$\lim_{x \to -\infty} F(x) = 0$

$\lim_{x \to \infty} F(x) = 1$

확률변수 X의 확률밀도함수가 $f(x)$일 때, **누적분포함수(cumulative distribution function)** 또는 간단히 **분포함수(distribution function)**라고 한다. $F(x)$는 $F(x) = \int_{-\infty}^{x} f(x)dx$로 정의된다. 이 정의는 $F'(x) = f(x)$라는 누적분포함수 $F(x)$와 확률밀도 함수 $f(x)$의 도함수 관계를 보여 준다.

누적분포함수 $F(x)$

$$F(x) = P(-\infty < X \leq x) = \int_{-\infty}^{x} f(x)dx \tag{6.2}$$

예제 6.2(계속)

예제 6.2에서 누적분포함수는 예제 6.2의 결과를 이용하여

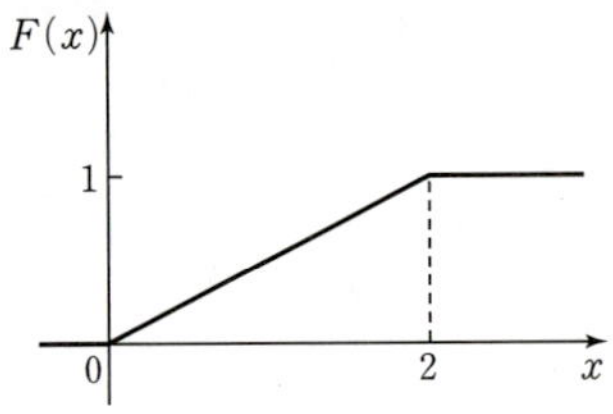

$$F(x) = \int_{-\infty}^{x} f(x)dx = \begin{cases} 0 & \text{x} < 0\text{이면} \\ \dfrac{x}{2} & 0 \leq \text{x} \leq 2\text{이면} \\ 1 & 2 < \text{x}\text{이면} \end{cases}$$

임을 알 수 있다.

이산형 확률변수에서와 유사하게 평균과 분산은 아래와 같이 정의된다.

$$\text{평균}: \mu = E(X) = \int_{-\infty}^{\infty} x \cdot f(x)dx, \tag{6.3}$$

$$\text{분산}: \sigma^2 = V(X) = \int_{-\infty}^{\infty} (x-\mu)^2 \cdot f(x)dx \tag{6.4}$$

$$\begin{aligned} V(X) &= E[(X-\mu)^2] = \int_{-\infty}^{\infty} (x-\mu)^2 \cdot f(x)dx \\ &= E[X^2] - (E[X])^2 = \int_{-\infty}^{\infty} x^2 f(x)dx - \left(\int_{-\infty}^{\infty} x \cdot f(x)dx\right)^2 \end{aligned}$$

예제 6.3

[연속형 확률변수의 기본 성질]

확률변수 X의 확률밀도함수가

$$f(x) = \begin{cases} 3x^2, & 0 \leq \text{x} \leq 1 \\ 0, & \text{otherwise} \end{cases}$$

일 때, $P(X \leq 0.5)$, 평균 그리고 분산을 구하여라.

풀이

우선 확률변수 X가 0.5보다 작을 확률을 구하면

$$P(X \le 0.5) = \int_0^{0.5} f(x)dx = \int_0^{0.5} 3x^2 dx = \frac{1}{8}$$

이다. 평균은 $E(X) = \int_0^1 x \cdot f(x)dx = \int_0^1 x \cdot 3x^2\,dx = \int_0^1 3x^3\,dx = \frac{3}{4}$가 된다.

또한 $E(X^2) = \int_0^1 x^2 \cdot f(x)dx = \int_0^1 x^2 \cdot 3x^2\,dx = \int_0^1 3x^4\,dx = \frac{3}{5}$이므로, 분산은

$V(X) = E(X^2) - E(X)^2 = \frac{3}{5} - \left(\frac{3}{4}\right)^2 = \frac{3}{80}$으로 계산된다.

6.2 균일분포

갑돌군이 갑순양과 연애를 하는데 갑순양은 항상 약속시간에 조금씩 늦는 경향이 있다. 이에 갑돌군은 갑순양이 늦는 시간을 지켜보니 어떠한 특별한 경향이 없고 0분과 60분 사이에 랜덤하게 골고루 퍼져 있음을 알게 된다. 여기서 시간이란 연속형 확률변수이고, 갑순양이 늦는 시간을 X의 특성인 '0분과 60분 사이에 랜덤하게 골고루'를 표현하는 확률변수로, **균일분포**(**uniform distribution**, **균등분포** 또는 **일양분포**)를 이 절에서 소개하고자 한다.

uni는 하나, form은 형태나 모양이므로 하나의 모양, 같은 모양을 뜻한다.

확률변수 X가 어느 구간 (a, b)에서 정의되고, 그 구간에서 확률밀도함수가 똑같은 높이로 일정한 확률분포를 균일분포라 하고 $U(a, b)$로 표시한다. 즉, 구간 (a, b)에서 정의된 균일분포의 확률밀도함수는

균일분포

$$f(x) = \begin{cases} \frac{1}{b-a}, & a \le x \le b \\ 0 & \text{otherwise} \end{cases} \tag{6.5}$$

이다.

그림 6.1

균일분포

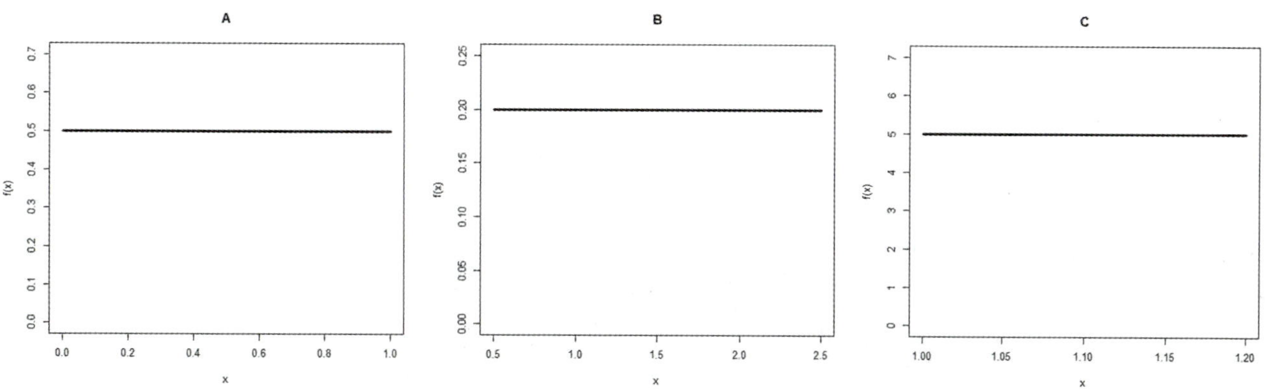

확률밀도함수의 정의로부터 균일분포의 확률은 $a \le c \le d \le b$를 만족하는 c와 d에 대하여

$$P(c \le X \le d) = \int_c^d f(x)dx = \frac{1}{b-a}\int_c^d 1\ dx = \frac{d-c}{b-a}$$

이다. 따라서 균일분포에서는 확률변수 X가 어떤 A구간에 들어갈 확률은 구간 A의 길이와 전체 표본 공간의 길이의 비로 표현된다(예제 6.1과 예제 6.2 참조).

균일분포의 누적분포함수

$$F(x) = \int_{-\infty}^{x} f(x)dx = \begin{cases} 0 & x < a \\ \dfrac{x-a}{b-a} & a \le x \le b \\ 1 & b < x \end{cases} \qquad (6.6)$$

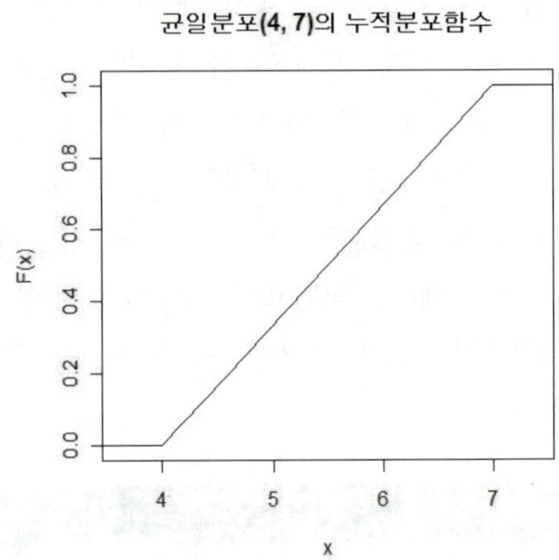

그림 6.2
균일분포의 누적분포함수

6.1절의 연속형 확률변수의 평균과 분산의 일반적 정의를 이용하면 구간에서 정의된 균일분포의 평균과 분산은

균일분포의 평균과 분산

$$E(X) = \frac{a+b}{2} \text{ 이고 } \quad V(X) = \frac{(b-a)^2}{12} \qquad (6.7)$$

이다.

따라서 위의 갑순양 예에서 갑순양이 늦는 시간의 평균은 $\frac{0+60}{2} = 30$분이고, 분산은 $\frac{(60-0)^2}{12} = \frac{60^2}{12} = 300$분이다.

6.3 정규분포

정규분포(normal distribution)는 1700년대 초반 프랑스의 Abraham de Moivre (1667~1754)가 처음 제안한 분포로, 그 분포식이나 의미 해석에 있어서 많은 이론적, 실용적 좋은 특성으로 인해 지금까지도 통계학을 포함한 여러 분야에서 널리 쓰이고 있다. 1800년대 초에 오차에 대한 연구에 정규분포를 도입하여 세상에 널리 알린 Johann Carl Friedrich Gauss(1777~1855)의 업적을 기려 **가우시안 분포(Gaussian distribution)**라고도 한다.

정규분포

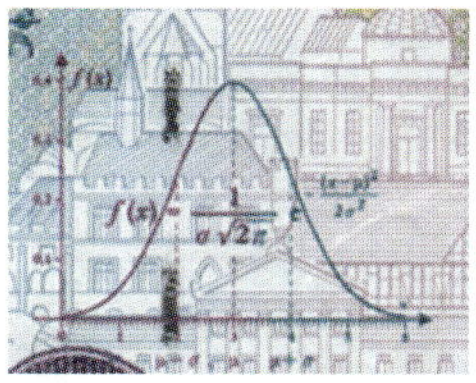

독일 10마르크 화폐에 들어 있는 정규분포 밀도함수와 그래프 부분. 전체 모양은 8장 첫 쪽에서 볼 수 있다.

정규곡선

정규분포의 확률밀도함수의 형태는 그림 6.3에서처럼 종모양(bell-shaped)의 정규곡선(normal curve)으로 표현된다.

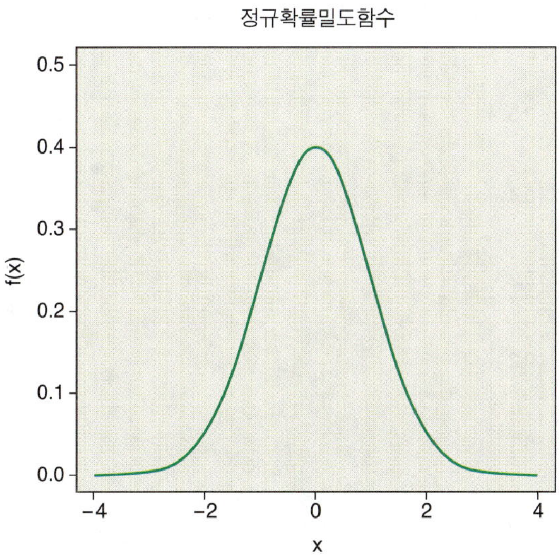

그림 6.3
정규곡선

이러한 종형 곡선을 이루는 확률밀도함수는 구체적으로 다음과 같이 정의된다.

정규분포의 확률밀도함수

$$f(x)=\frac{1}{\sigma\sqrt{2\pi}}\exp\left(-\frac{(x-\mu)^2}{2\sigma^2}\right),\ -\infty<x<\infty,\ -\infty<\mu<\infty,\ \sigma>0 \quad (6.8)$$

$\exp(x)=e^x$
$e=2.71828......$
수학상수, 자연상수, 오일러의 수, 네이피어 상수 등의 이름으로 불리는, 수학 문제에서 발생하는 상수

식 6.8을 확률밀도함수로 갖는 확률변수 X를 평균이 μ이고, 분산이 σ^2인 정규분포라고 하고, $N(\mu,\ \sigma^2)$으로 표현한다. 평균과 분산의 도출은 부록 C.1 참조.

정규확률분포는 다음과 같은 특성이 있다.

(가) 정규곡선 식 6.8은 평균 μ에서 가장 큰 값을 가진다. 즉, μ가 최빈값이다.

(나) 정규곡선은 평균 μ에 대하여 대칭이고 중앙값은 μ이다.

정규분포: 평균=최빈값=중앙값

(다) 그림 6.4는 분산은 같고, 평균이 서로 다른 정규분포의 정규곡선들을 표현하였다.

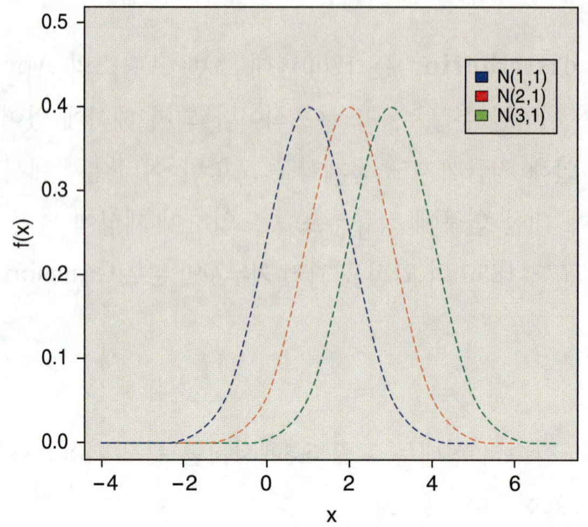

그림 6.4
분산은 같고 평균이 서로 다른 정규분포의 정규곡선

(라) 그림 6.5는 평균은 같고, 서로 다른 분산을 갖는 정규곡선들을 표현하였다.

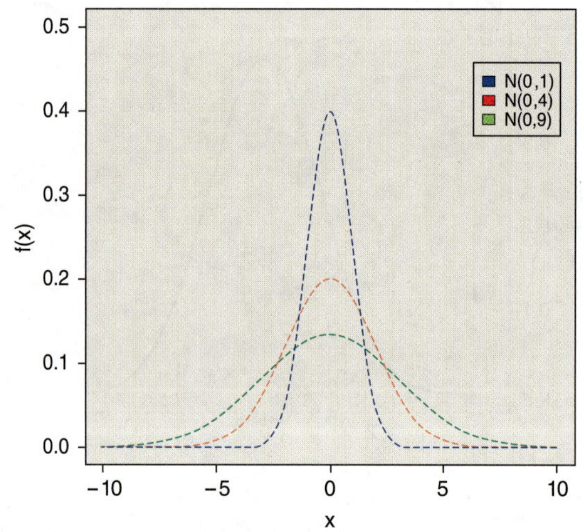

그림 6.5
평균은 같고 서로 다른 분산을 갖는 정규분포의 정규곡선

(마) 확률밀도함수의 정의에 의하여 $N(\mu,\ \sigma^2)$를 따르는 확률변수 X가 구간 $(a,\ b)$의 값을 가질 확률은 정규곡선의 $(a,\ b)$구간의 아래 부분 영역의 넓이에 해당된다. 따라서 정규곡선 아래 전체의 넓이는 1이고, 정규곡선의 대칭성에 의하여 X가 μ보다 크거나 작을 확률은 각각이 1/2씩이다.

(바) 다음은 자주 사용되는 구간에 대한 확률들이다.
평균이 μ이고 분산이 σ^2인 정규분포를 따르는 확률변수 X가 $(\mu-\sigma,\ \mu+\sigma)$구간에 포함되는 확률은 0.683, 구간 $(\mu-2\sigma,\ \mu+2\sigma)$에 포함되는 확률은 0.954 그리고 구간 $(\mu-3\sigma,\ \mu+3\sigma)$에 포함되는 확률은 0.997이다.

외워두세요!
$\mu\pm\sigma$: 68.3%
$\mu\pm1.96\sigma$: 95%
$\mu\pm2\sigma$: 95.4%
$\mu\pm3\sigma$: 99.7%

그림 6.6은 위의 구간에 대한 확률을 그림을 통하여 표현하였다.

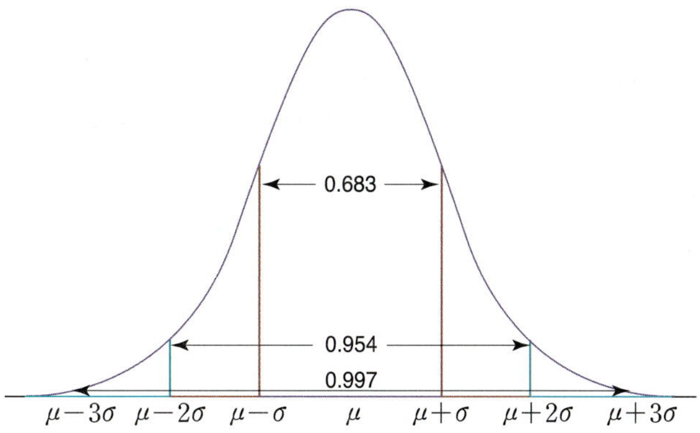

그림 6.6
정규확률변수의 구간과 확률

표준정규분포

평균이 0이고 분산이 1인 정규분포를 **표준정규분포(standard normal distribution)** 라고 한다. 표준정균분포를 따르는 확률변수를 특별히 Z라 표기하고, 그 확률밀도함수와 누적분포함수를 $\phi(z)$와 $\Phi(z)$로 표기한다. 여기서 확률밀도함수 $\phi(z)$는 식 6.8에서 $\mu=0$와 $\sigma^2=1$을 대입시켜

표준정규분포

$$\phi(z)=\frac{1}{\sqrt{2\pi}}\exp\left(-\frac{1}{2}z^2\right) \qquad -\infty<z<\infty \tag{6.9}$$

가 된다.

확률변수 X가 평균이 μ, 분산이 σ^2인 정규분포를 따를 때 X가 구간 (a, b)에 포함될 확률은 많은 문제에서 중요히 쓰이지만, 정규분포의 정적분함수를 구할 수 없으므로 이에 대한 일반적인 공식이 존재하지 않는다. 이를 위하여 우리는 일반적인 정규분포와 위에서 정의된 표준정규분포 사이의 관계를 정의하고, 컴퓨터로부터 계산된 표준정규분포의 누적분포함숫값을 사용하게 된다.

다른 연속인 확률변수들처럼 표준정규분포를 따르는 확률변수 Z가 구간 (a, b)에 포함될 확률은 구간 (a, b)에 해당되는 확률밀도함수 곡선의 아래 부분에 대한 영역으로 표현되고, 이는 아래와 같이

$$P(a\le Z\le b)=P(Z\le b)-P(Z\le a)=\Phi(b)-\Phi(a)$$

이며, 표준정규분포의 누적분포함수를 통하여 계산된다.

표준정규분포의 누적분포함수는 수치적으로 계산하게 되고 이는 부록 A.2에 제시되었다. Excel과 R, SPSS, SAS, MINITAB 등의 통계패키지는 정규분포 누적확률분포함수를 계산해 주는 함수들이 있다. 반복적인 작업이나 시뮬레이션 등을 할 경우 이들 패키지를 쓰는 것이 편리하겠으나 간단한 1회 작업은 부록 A.2의 표를 이용하는 것이 빠르고 편리하다. 또한 부록 A.2표의 이용법을 배우는 것은 밀도함수, 누적분포함수, 확률계산, 뒤에 다루게 될 구간추정, 검정 등의 개념을 확립하는 데도 매우 중요한 역할을 한다.

$P(-\infty < Z \leq z)$의 값을 제시한 표들도 있다.

이제 부록 A.2의 '표준정규확률분포표'를 어떻게 사용하는지에 대하여 배워보도록 하자. 표 6.1은 표준정규확률분포표의 일부를 잘라낸 것으로 각 칸의 값들은 0으로부터 지정된 z값까지의 표준정규곡선 아래의 영역, 즉 $P(0 \leq Z \leq z)$값을 주게 된다. 예를 들어, Z가 0과 1.21 사이에 포함될 확률은 아래 표에서 맨 왼쪽 열에서 1.2를 찾고 맨 위쪽 행에서 0.01을 찾아 이들이 교차하는 곳의 수를 읽으면 된다. 따라서 이 경우 구하는 확률은 0.3869가 된다.

표 6.1 표준정규분포

z	.00	.01	.02
⋮		⋮	
0.9	.3159	.3186	.3212
1.0	.3413	.3438	.3461
1.1	.3643	.3665	.3686
1.2	.3849	.3869	.3888
⋮		⋮	

이번에는 Z가 구간 -1.00과 0.00 사이에 있을 확률을 계산하여 보자. 표준정규확률밀도함수는 서로 대칭이다. 따라서 구하는 확률은 Z가 구간 0.00과 1.00 사이에 있을 확률과 같고 이는 표 6.1로부터 0.3413이 된다. $P(-1 < Z < 0) = P(0 < Z < 1) = 0.3413$

다음으로 표준정규분포를 따르는 확률변수가 구간 -1.00과 1.21에 있을 확률을 구해보자. $P(-1.00 \leq Z \leq 1.21) = P(-1.00 \leq Z \leq 0.00) + P(0.00 \leq Z \leq 1.21)$이므로 구하는 확률은 $0.3413 + 0.3869 = 0.7282$ 가 된다.

마지막으로 Z가 -1.21보다 작을 확률을 구하여 보자. 표준정규분포의 대칭성에 의하여 구하는 확률은 Z가 1.21보다 클 확률과 같고, 이는

$$\begin{aligned} P(Z \geq 1.21) &= 1 - P(Z \leq 1.21) = 1 - [P(Z \leq 0.00) + P(0.00 \leq Z \leq 1.21)] \\ &= 1 - 0.5 - 0.3869 = 1 - 0.8869 = 0.1131 \end{aligned}$$

이다.

위의 계산들에서 보듯이 표준정규분포표를 이용한 확률 계산을 행함에 있어 몇 가지 규칙을 알아두면 편리하다.

[규칙 1] $P(Z \leq 0) = P(Z \geq 0) = \frac{1}{2}$

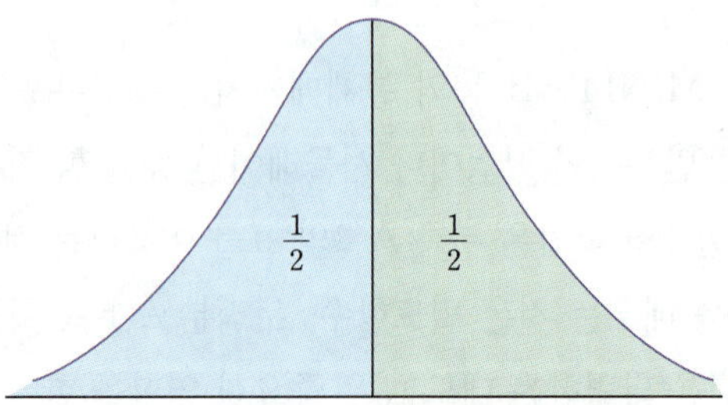

[규칙 2] $P(Z \leq -z) = P(Z \geq z)$

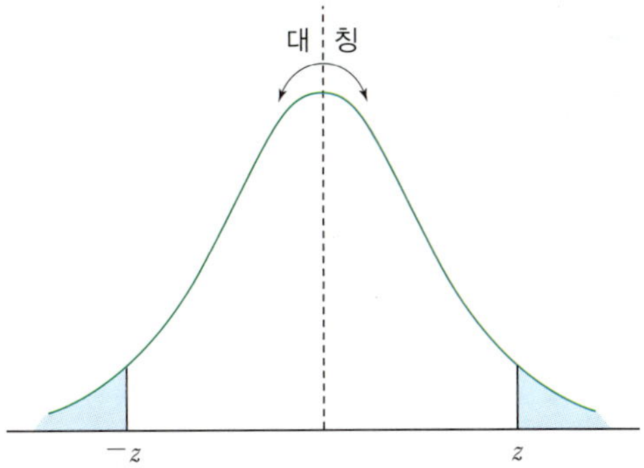

[규칙 3] $P(Z \leq -z) = 1 - P(Z \leq z)$, $P(Z \geq z) = 1 - P(Z \leq z)$

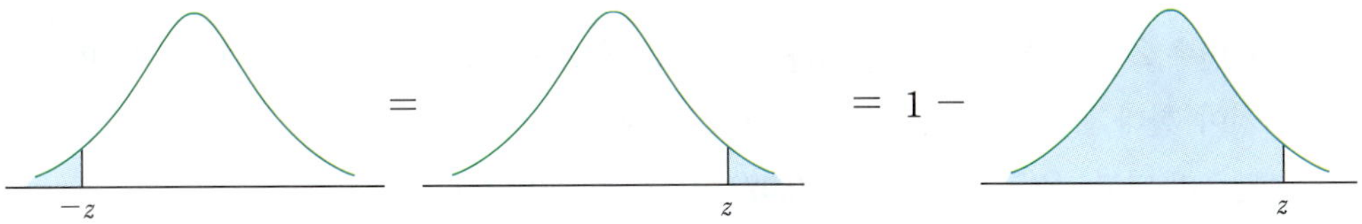

[규칙 4] $P(|Z| \leq z) = 2 \times [P(Z \leq z) - 0.5]$

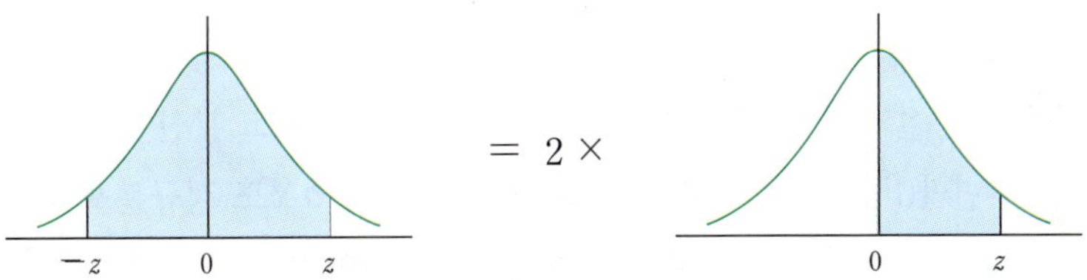

표준정규분포표의 사용에 익숙해지기 위하여 다음의 예제들을 연습하여 보자.

예제 6.4

$P(Z \leq 1.67)$과 $P(Z \geq 1.67)$을 계산하여라.

풀이

표준정규분포표로부터 $P(Z \leq 1.67) = 0.9525$이고 (규칙 2)를 이용하면 $P(Z \geq 1.67)$는 $1 - P(Z < 1.67)$이므로 $P(Z \geq 1.67) = 1 - P(Z < 1.67) = 1 - P(Z \leq 1.67) = 0.0475$이다.

예제 6.5

$P(Z < -0.155$ 또는 $Z > 1.6)$를 구하여라.

풀이

$P(Z < -0.155$ 또는 $Z > 1.6) = P(Z < -0.155) + P(Z > 1.6)$이므로 $P(Z < -0.155)$과 $P(Z > 1.6)$을 각각 구하여 더하면 된다. 먼저 $P(Z < -0.155)$를 계산함에 있어 표준정규분포표에는 $P(Z \leq -0.15)$와 $P(Z \leq -0.16)$의 값은 있

으나 $P(Z \le -0.155)$의 값은 없음을 알 수 있다. 따라서 우리는 그 중간값을 이용하여 아래와 같은 근삿값을 계산하게 된다.

$$P(Z \le -0.155) \approx \frac{1}{2}\{P(Z \le -0.15) + P(Z \le -0.16)\} = 0.4384$$
$$P(Z > 1.6) = 0.0548$$
$$P(Z < -0.155 \text{ 또는 } Z > 1.6) = 0.4384 + 0.0548 = 0.4932$$

예제 6.6

$P(-z \le Z \le z) = 0.95$을 만족시키는 양의 실수 z를 구하여라.

풀이

확률변수 Z는 좌우 대칭인 분포를 가지므로 $P(Z \le -z) = P(Z \ge z) = 0.025$를 만족시켜야 한다. 그러므로 표준정규분포표로부터 $P(Z \le -z) = 0.025$를 만족시키는 z를 찾으면 되고, $P(Z \le -1.96) = 0.025$이므로 $z = 1.96$이다.

이제 위에서 배운 표준정규확률분포표를 이용하여 일반 정규분포에 관련된 확률을 구하는 방법에 대하여 배워보도록 하자.

정규분포의 중요한 성질 중의 하나는 확률변수 X가 평균이 μ이고 분산이 σ^2인 $N(\mu, \sigma^2)$을 따르면 이의 선형변환(linear transformation)인 $Y = a + bX$도 정규분포를 따르고, 이의 평균은 $a + b\mu$이고 분산은 $b^2\sigma^2$가 된다. 이 성질을 이용하여 일반적인 정규분포는 표준정규분포의 선형함수로서 표현이 가능하고, 이를 일반 정규분포의 표준화(standardization)라 한다.

확률변수 X가 평균이 μ분산이 σ^2인 정규분포로부터 나왔다하면 $Z = \dfrac{X-\mu}{\sigma}$는 표준정규분포를 따르게 된다. 따라서 확률변수 X가 구간 (a, b)에 포함될 확률은

$$\begin{aligned} P(a \le X \le b) &= P\left(\frac{a-\mu}{\sigma} \le \frac{X-\mu}{\sigma} \le \frac{b-\mu}{\sigma}\right) \\ &= P\left(\frac{a-\mu}{\sigma} \le Z \le \frac{b-\mu}{\sigma}\right) \\ &= \Phi\left(\frac{b-\mu}{\sigma}\right) - \Phi\left(\frac{a-\mu}{\sigma}\right) \end{aligned}$$

가 된다.

예제 6.7

어느 저울의 성질을 알아보기 위하여 질량이 1 kg인 추를 반복적으로 잰다고 하자. 이때 측정된 질량은 평균이 1 kg이고, 표준편차가 20그램인 정규분포를 따른다고 한다. 이러한 측정을 계속 반복할 때 측정된 값이 1 kg으로부터 10그램 이내에 있는 비율은 얼마인가?

풀이

X가 측정된 확률변수일 때

$$P(990 \le X \le 1010) = P\left(\frac{990-1000}{20} \le \frac{X-\mu}{\sigma} \le \frac{1010-1000}{20}\right)$$
$$= P(-0.5 \le Z \le 0.5)$$
$$= 2[\Phi(0.5) - 0.5]$$
$$= 0.3829$$

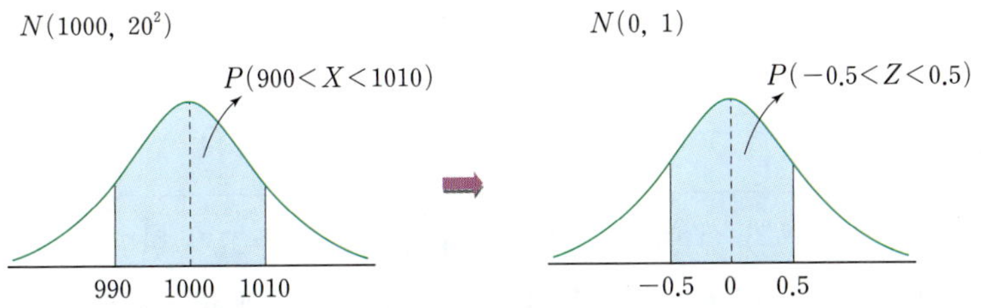

마지막으로 정규분포의 **백분율**(percentage point)에 대하여 살펴보자. 확률변수 X가 평균이 μ, 분산이 σ^2인 정규분포를 따를 때 이의 $100(1-\alpha)\%$ 백분율 η_α는

η : eta

$$P(X \le \eta_\alpha) = 1-\alpha$$

의 해이다. 위의 식에서

$$P(X \le \eta_\alpha) = P\left(\frac{X-\mu}{\sigma} \le \frac{\eta_\alpha - \mu}{\sigma}\right)$$
$$= P\left(Z \le \frac{\eta_\alpha - \mu}{\sigma}\right)$$
$$= 1-\alpha$$

따라서 표준정규분포의 $100(1-\alpha)\%$ 백분율 z_α로 표시하면,

$$\frac{\eta_\alpha - \mu}{\sigma} = z_\alpha \text{이고,}$$
$$\eta_\alpha = \mu + \sigma \times z_\alpha \tag{6.10}$$

이 된다.

표준정규분포의 백분율은 표준정규분포표 부록 A.2를 역으로 읽음으로써 구할 수 있는데, 잠시 이를 구하는 연습을 해보도록 하자.

먼저 90% 백분율을 계산하여 보면 $P(Z \le 1.28) = 0.8997$이고, $P(Z \le 1.29) = 0.9015$이므로 90% 백분율은 1.28과 1.29 사이의 값이다. 따라서 0.9가 1.28의 누적확률 0.8997에 보다 가까우므로 1.28을 취하든지 선형 근사에 의하여

$$1.28 + (1.29 - 1.28) \times \frac{0.4 - 0.3997}{0.4015 - 0.3997} = 1.2817$$

을 사용하면 된다(표 6.2 참조).

표 6.2

z	.07	.08	.09
⋮		⋮	
1.1	.3790	.3810	.3830
1.2	.3780	.3997	.4015
1.3	.4147	.4162	.4177
1.4	.4292	.4306	.4319
⋮		⋮	

예제 6.8

어느 우체국에서 부칠 수 있는 소포의 무게에 상한을 두고자 한다. 이 상한을 너무 높게 잡으면 그 실효성이 없고, 너무 낮게 잡으면 많은 고객이 불편을 겪게 될 것이므로 고심을 하다가 기존 고객이 부치는 짐의 무거운 쪽으로 5% 정도를 제한하기로 하였다. 만약 기존 고객들이 부치는 짐들의 무게의 분포가 평균이 5 kg이고, 표준편차가 1 kg인 정규분포를 따른다면 이 상한선은 얼마로 정해져야 하는가?

풀이

무게의 상한선은 예제에서 제시된 평균이 5 kg이고, 표준편차가 1 kg인 정규분포의 95% 백분율이 되고, 이는 $\eta_{0.05}=5+1\times$(표준정규분포의 95% 백분율) $=5+1\times1.645=6.645$가 된다.

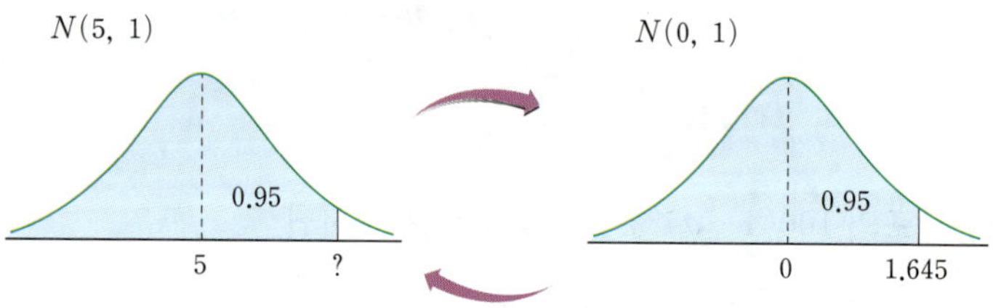

이항분포의 정규근사

정규분포는 5장에서 배운 이항분포의 확률에 대한 근사 계산을 제공한다. 확률 X가 이항분포 $B(n, p)$를 따르는 확률변수라 할 때

$$P(a\le X\le b)=\sum_{k=a}^{k=b}\binom{n}{k}p^k(1-p)^{n-k}$$

를 계산하고자 한다. 이때 n이 작은 경우에는 이항분포표를 이용하든가 아니면 그리 많지 않은 항의 합이므로 직접 계산하면 된다. 하지만 n이 큰 경우 또는 위 확률의 정확한 값을 굳이 알 필요가 없는 경우에는 위 확률을 직접 계산하는 것은 $\binom{n}{k}$를 계산하기 위하여, 아주 큰 순차제곱 또는 계승(factorial)값들도 계산하여야 하므로 정확한 값을 구하기 어렵고, 또한 더하기 항이 많은 경우 비효율적인 일일 것이다. 따라서 이 경우 정규분포를 이용한 근사

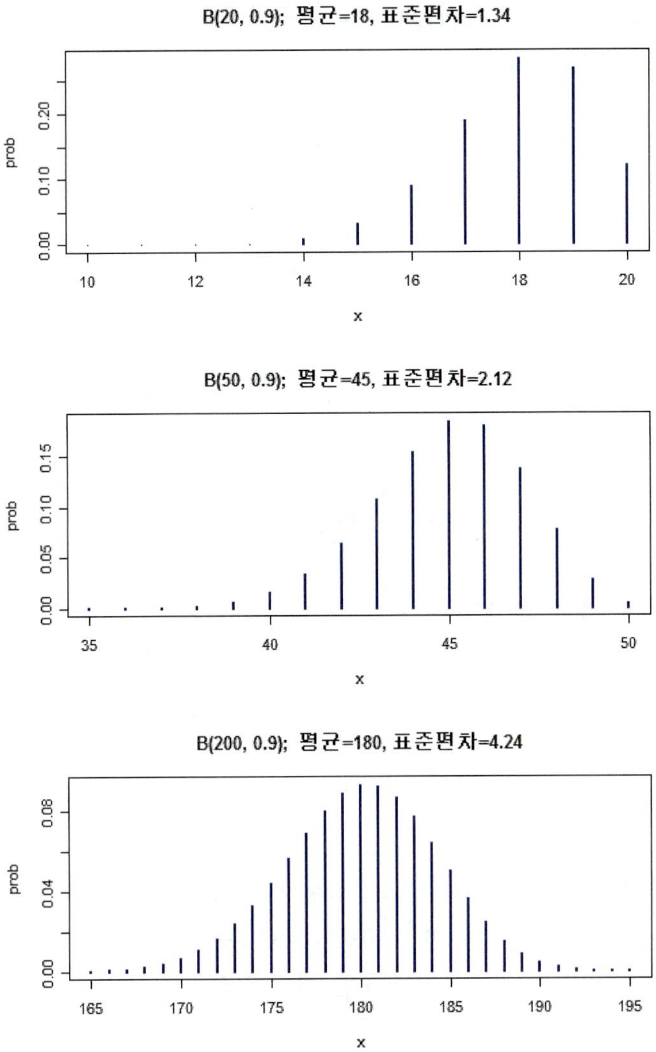

그림 6.7
이항분포의 정규근사

계산을 하게 된다. $np \geq 5$와 $n(1-p) \geq 5$의 두 조건이 동시에 만족되어야 근사식이 어느 정도 유용하다. $p=0.5$인 경우는 $n \geq 10$, $p=0.1$ 또는 $p=0.9$인 경우는 $n \geq 50$ 정도로 비교적 적은 수의 표본이 필요하지만, $p=0.001$ 또는 $p=0.999$인 경우는 $n \geq 5000$으로 p가 0 또는 1에 가까우면 매우 많은 수의 표본이 필요하다.

그림 6.7에서 보듯이 이항분포의 확률질량함수는 n이 증가함에 따라 종모양의 정규분포에 가까워지고, $\mu=np$이고 $\sigma=\sqrt{np(1-p)}$일 때

$$\begin{aligned} P(a \leq X \leq b) &= P\left(\frac{a-\mu}{\sigma} \leq X \leq \frac{b-\mu}{\sigma}\right) \\ &= P\left(\frac{a-\mu}{\sigma} \leq Z \leq \frac{b-\mu}{\sigma}\right) \\ &\approx \Phi\left(\frac{b+0.5-\mu}{\sigma}\right) - \Phi\left(\frac{a-0.5-\mu}{\sigma}\right) \end{aligned} \tag{6.11}$$

이다. 여기서 더하고 빼진 0.5는 이산형 분포를 연속형 분포에 근사시키면서 생기는 오차를 보정하는 **연속성 수정계수(correction coefficient for continuity)**이다(그림 6.8 참조).

독자들의 이해를 돕기 위하여 부등식 형태가 다른 구간에 대한 근사를 살펴보면

$$P(a \le X < b) \approx \Phi\left(\frac{b-0.5-\mu}{\sigma}\right) - \Phi\left(\frac{a-0.5-\mu}{\sigma}\right)$$

$$P(a < X \le b) \approx \Phi\left(\frac{b+0.5-\mu}{\sigma}\right) - \Phi\left(\frac{a+0.5-\mu}{\sigma}\right)$$

$$P(a < X < b) \approx \Phi\left(\frac{b-0.5-\mu}{\sigma}\right) - \Phi\left(\frac{a+0.5-\mu}{\sigma}\right)$$

이다.

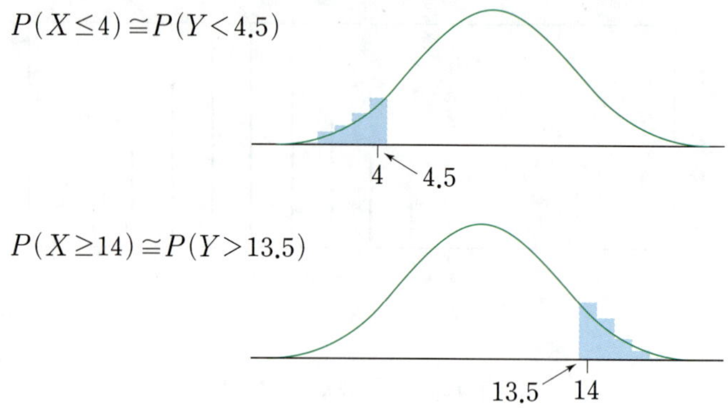

그림 6.8
이항분포 X변수의 정규분포 Y변수 근사 계산

예제 6.9

한국 성인의 50%는 정기적으로 알코올 성분의 음료를 마시는 것으로 조사되었다고 한다. 이 비율이 실젯값이라 한다면 1000명의 확률추출된 표본에서 알코올 성분의 음료를 정기적으로 마시는 사람의 수가 480명보다 작을 확률은 얼마인가?

풀이

확률변수 X를 1000명의 표본 중 알코올 성분의 음료를 정기적으로 마시는 사람의 수라 하면, 이는 이항분포 B(1000, 0.5)를 따르게 된다. $np=1000\times0.5=500\ge5$와 $n(1-p)=1000\times(1-0.5)=500\ge5$의 조건을 만족한다. 따라서 이항분포의 정규근사를 이용하면

$$P(X<480)\approx P(X\le479.5)=P\left(\frac{X-500}{\sqrt{250}}\le\frac{479.5-500}{\sqrt{250}}\right)$$
$$\approx P(Z\le-1.30)=0.0968$$

예제 5.15(계속)

예제 5.15의 (나) 문제는 X가 이항분포 B(200, 0.00995)를 할 때 $\Pr(X\ge2)$를 포아송분포에 근사하여 답을 구하였다. 이번에는 정규분포에 근사하여 구해 보자. 평균은 1.99이고 분산은 1.97이므로

$$\Pr(X\ge2)\approx\Pr\left(Z=\frac{2-0.5-1.99}{\sqrt{1.97}}\right)\approx\Pr(Z\ge-0.3491)=0.167$$

로 구해진다. 이 값은 정확한 값 0.5926과 포아송 근사로 구한 값 0.5913과 많이 차이가 나는데, 그 이유는 $np=1.99$로 근사 조건의 하나인 $np \geq 5$를 만족시키지 못하기 때문이다.

6.4 지수분포

많은 분야에서 중요히 다루어지는 개념 중의 하나는 랜덤 시간이다. 랜덤 시간의 예를 들어 보면

가) 수술 후 환자가 완전히 회복될 때까지 걸리는 시간
나) 어느 방사능 원소가 분해될 때까지 걸리는 시간
다) 공장에서 특별한 조립 과정에서 소요되는 시간
라) 전구의 수명

등이 있다.

이러한 랜덤 시간의 분포를 설명하기 위한 분포 중의 하나로 **지수분포(exponential distribution)**가 있다. 확률변수 X의 확률밀도함수가

지수분포

$$f(x)=\theta e^{-\theta x},\ x \geq 0,\ \theta>0 \quad (6.12)$$

어느 사건이 평균적으로 $\frac{1}{\theta}$시간마다 발생한다면 거꾸로 단위시간당 발생 건수는 θ가 될 것이다. θ를 발생률 또는 발생률 모수(rate parameter)라 부르는 이유이다.

일 때 X는 **발생률(incident rate)**이 θ인 지수분포 또는 평균이 $1/\theta$인 지수분포를 따른다고 한다. 아래 그림 6.9에서 볼 수 있듯이 지수분포의 확률밀도함수는 $X=0$에서 최댓값을 갖고 X값이 커짐에 따라 기하급수적으로 급격히 감소한다.

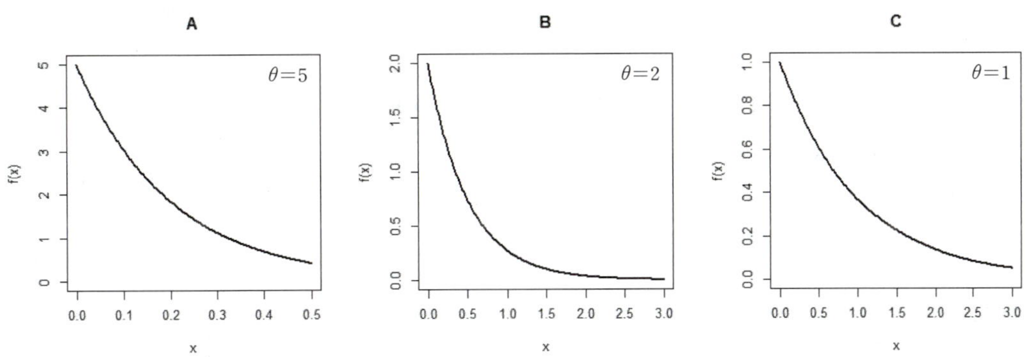

그림 6.9
지수밀도함수

발생률이 θ인 지수분포를 따르는 확률변수 X가 구간 (a, b)에 포함될 확률은 확률밀도함수의 정의로부터

$$P(a \leq X \leq b)=\int_a^b f(x)dx=\int_a^b \theta \cdot e^{-\theta x}dx=e^{-\theta a}-e^{-\theta b}$$

이다. 따라서 특별히 $b=\infty$이면 $P(a \le X)=\mathrm{e}^{-\theta a}$이고, $a=0$인 경우는 $P(0 \le X \le b)=P(X \le b)=1-\mathrm{e}^{-\theta\beta}$가 된다.

지수분포의 평균과 분산은 6.1절에서 소개된 연속형 확률변수의 일반식에 의하면 각각

지수분포의 평균과 분산

$$E(X)=\frac{1}{\theta}, \quad V(X)=\frac{1}{\theta^2} \tag{6.13}$$

이 된다(부록 C.1 참조). 지수분포의 최빈값은 그림 6.9에서 보듯이 0이다.

예제 6.10

어떤 특별한 종류의 기계 부품 수명은 평균이 100시간인 지수분포를 따른다고 한다. 최근 이 부품을 새것으로 교환하였을 때 이것의 수명이 50시간도 되지 않을 확률은 얼마인가?

풀이

지수분포의 평균이 100이므로 그 발생률 $\theta=1/100=0.01$이다. 따라서

$$P(X<50)=1-\exp\left(-50\cdot\frac{1}{100}\right)=1-\exp(-0.5)$$

이다.

예제 6.11

발생률이 θ인 지수분포의 $p\times 100^{th}$백분위수를 계산하여라.

풀이

해당 지수분포의 $p\times 100^{th}$백분위수를 η_p라 하면, η_p는 방정식 $P(X\le\eta_p)=1-\exp(-\theta\cdot\eta_p=p$의 해이므로 $\eta_p=-(1/\theta)\log(1-p)$로 계산된다.

지수분포의 중요한 성질 중 하나는 **무기억성(memoryless property)**을 가진다는 것이고 연속형 확률변수 중에서는 지수분포만이 이러한 무기억성 성질을 가진다. 즉, 양의 실수 s와 t에 대하여

$$P(X>t+s \mid X>s)=P(X>t) \tag{6.14}$$

의 관계가 성립한다.

$$P(X>t+s \mid X>s)=\frac{P(X>t+s,\ X>s)}{P(X>s)}=\frac{P(X>t+s)}{P(X>s)}$$
$$=\frac{e^{-\theta(t+s)}}{e^{-\theta s}}=e^{-\theta t}=P(X>t)$$

예를 들어, 10년 동안 교통사고를 당하지 않은 경우 앞으로 1년간 교통사고를 당할 확률

이나, 방금 교통사고를 당한 경우 앞으로 1년간 교통사고를 당할 확률은 같다고 가정하자. 그러면 교통사고를 당하는 데 걸리는 시간은 메모리리스이고, 연속형이므로 지수분포를 한다고 할 수 있다.

무기억성에 의하면 새로 산 전구나 1000시간을 사용한 전구나 남은 수명이 똑같다. 1000시간을 사용하였으니 무엇인가 닳았을 것이고, 그렇다면 새것과 똑같은 잔여 수명을 갖는다고 하는 것을 받아들일 수 없으니, 결론적으로 전구의 수명은 지수분포를 따른다고 할 수 없다고 생각하는 것이 상식적이다. 하지만 닳은 정도가 아주 적다면 잔여 수명을 거의 같다고 하여도 크게 잘못된 것이 아니다. 실제 자료가 통계분석을 함에 있어서 무기억성을 보이는 자료들이 많이 있다.

지수분포와 포아송분포

지수분포는 어떤 사건이 발생하는 시간과 관련된 분포이고, 포아송분포는 주어진 단위 시간 안에 어떤 사건이 일어나는 개수에 대한 분포이다. 버스정거장에서 본인이 타려고 하는 번호의 버스를 기다리는 시간은 지수분포를 하게 된다. 반면에 한 시간 동안 그 번호의 버스가 몇 대 지나가는지 조사한다면 이는 포아송분포를 하게 된다. 같은 사건에 대하여 '발생시간'을 조사하면 연속형 변수인 지수분포가 되고, '발생건수'를 조사하면 이산형 변수인 포아송분포가 되는 것이다.

버스가 한 시간 동안 한 대가 지나갔다면, 포아송 변수 X로 이 확률을 표시하면

$$P(X=1)=\frac{\lambda^1 e^{-\lambda}}{1!}=\lambda e^{-\lambda}$$

버스가 한 시간 동안 한 대가 지나갔다면, 처음 한 대가 지나가는 데 걸리는 시간은 한 시간 이하이고, 두 번째 버스가 지나가는 데 걸리는 시간은 한 시간 초과이다. 이를 지수분포 변수 Y_1, Y_2로 표시하면

$$\begin{aligned}
&P(Y_1<1,\ Y_1+Y_2>1)\\
&\quad = P(0<Y_1<1,\ 1-Y_1<Y_2<\infty)\\
&\quad =\int_0^1\int_{1-y_1}^{\infty}\theta e^{-\theta y_2}dy_2\,\theta e^{-\theta y_1}dy_1\\
&\quad =\int_0^1 e^{-\theta(1-y_1)}\theta e^{-\theta y_1}dy_1\\
&\quad =\int_0^1 \theta e^{-\theta}\,dy_1\\
&\quad =\theta e^{-x}
\end{aligned}$$

$\lambda=\theta$라면 이 두 확률은 같다.

$$P(X=1)=P(Y_1<1,\ Y_1+Y_2>1)$$

일반적인 증명은 통계입문 수준을 넘어서므로 생략한다. 하지만 한 사건의 발생 시간으로 표시하는 것은 지수분포, 단위 시간당 발생 건수로 표시하는 것은 포아송분포를 한다는 것을 기억하자.

읽을거리 정규분포

통계학에서 제일 중요한 역할을 하는 정규분포는 1733년, Abraham De Moivre(6장 첫 쪽의 사진)가 발견하였다. 1667년, 프랑스 샴페인 지방에서 태어난 De Moivre는 캘빈교 신자로 18세에 영국으로 건너가 생을 마칠 때까지 영국에서 살았다. 그는 1733년, 라틴어로 쓰여진 〈Approximatio ad Summan Terminorum Biniorum Binomii in $\overline{\mathrm{a+b}}^n$ Seriem expansi〉 논문에서 이항분포의 확률값이 정규분포로 접근한다는 것을 보였다. 라플라스(1장 사진)에 의해 다시 정리된 이 정리는 De Moivre-Laplace theorem으로 알려지게 되었다. $n \rightarrow \infty$이고 x가 np의 근첫값이면

$$\binom{n}{x}p^x(1-p)^{n-x} \approx \int_{x-0.5}^{x+0.5} \frac{1}{\sqrt{2\pi np(1-p)}} e^{-(x-np)^2/2np(1-p)}dx$$

이는 중심극한정리(central limit theorem)의 특별한 경우이다.

정규분포(normal distribution)라는 이름은 Charles Sanders Peirce가 1873년에 정규분포를 normal law라고 부른 것이 최초로 여겨진다. Sir Francis Galton(14장 사진)은 law of frequency of error 또는 law of deviation from an average라고 부르기도 하였다. 최초 발견자인 De Moivre의 이름을 따서 이름이 붙여지지 못한 정규분포는 오히려 Carl Friedrich Gauss(8장 사진)의 이름을 딴 Gaussian distribution으로 불린다. Gauss는 천체 관측에서 나온 자료를 분석하면서 오차에 대한 연구를 발표하였다(1809년). 오차는 양의 오차와 음의 오차가 나오므로 좌우대칭이고, 맞게 관측될 때가 제일 많을테니 오차가 0일 때 제일 높고, 아주 큰 오차는 나오기 힘드므로 좌우 끝에서 0으로 가는 분포를 생각해 냈는 데 이것이 정규분포이다.

표준정규분포의 누적확률 $Pr(X \leq x) = \Phi(x)$는 다항식 형태의 다음 수식으로 근사적으로 구할 수 있다.

$$2[1-\Phi(x)] \approx [1+0.196854x+0.115194x^2+0.000344x^3+0.019527x^4]^{-4}$$

이 근사식은 0.00025 이내의 오차로 누적확률값을 계산한다. 또한 주어진 확률값 $\Phi(x)$에 대한 분위수 x를 찾으려면 다음 근사식을 사용한다. $\Phi(x)=1-p$, $y=-\log(2p)$라면

$$x_p \approx \left[\frac{\{(4y+100)y+205\}y^2}{\{(2y+56)y+192\}y+131} \right]^{1/2}$$

이 근사식은 $10^{-7} < p < 0.5$에 대하여 0.00013 이하의 오차로 계산한다.

위 두 식을 사용하면 최소한 소수 셋째 자리까지 정확성이 확보되므로 정규분포표를 사용하지 않고 원하는 값을 얻을 수 있다. 엑셀이나 통계패키지에서 정규확률값이나 분위수를 계산하는 것은 더욱 높은 정확성을 보장하기 위하여 이보다 정교한 근사식을 사용한다.

EXCEL · SPSS · R

이 책과 관련된 데이터, 정오표 등은 자유아카데미의 홈페이지(www.freeaca.com)나 web.yonsei.ac.kr/cekim에서 얻을 수 있다.

EXCEL

예제 6.5

Step 1 다음 값을 입력한다.

	A	B	C	D	E	F
1	=NORM.S.DIST(-0.155, TRUE) + (1 - NORM.S.DIST(1.6, TRUE))					

Step 2 위의 값을 계산하면 다음의 결과를 얻는다.

	A
1	0.49321

예제 6.6

Step 1 다음 값을 입력한다.

	A	B
1	=NORM.S.INV(0.025)	

Step 2 위의 값을 계산하면 다음의 결과를 얻는다.

	A
1	-1.95996

예제 6.7

Step 1 다음 값을 입력한다.

	A	B	C	D	E	F	G
1	=NORM.DIST(1010, 1000, 20, TRUE) - NORM.DIST(990, 1000, 20, TRUE)						

Step 2 위의 값을 계산하면 다음의 결과를 얻는다.

	A
1	0.382925

SPSS

예제 6.5

Step 1 예제 5.6과 유사하다. 다만 예제 5.6은 Step 4.에서 함수 및 특수 변수로 CDF.BINOM을 선택한 반면에, 예제 6.5에서는 CDF.NORMAL을 선택하여야 하고, 숫자

표현식에 CDF.NORMAL(−0.155,0,1)+(1−CDF.NORMAL(1.6,0,1))라고 적는다.

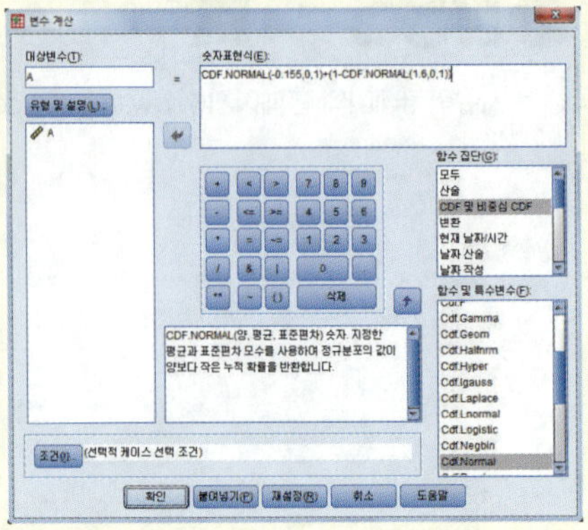

위와 같은 계산을 하면 다음의 결과를 얻는다.

	A
1	.49

예제 6.6

Step 1 예제 5.6과 유사하다. 다만 예제 5.6은 Step 4.에서 우측 중단의 **함수 집단**란의 **CDF 및 비중심 CDF**를 선택한 후, 우측 하단의 **함수 및 특수 변수**란에서 CDF.Binom를 선택한 반면, 여기에서는 **함수 집단**란에 분포함수의 역함수를 의미하는 **역 DF**를 선택한 후, **함수 및 특수 변수**란에서는 IDF.Normal을 선택하여야 한다. 그 후 **숫자표현식**란에는 IDF.NORMAL(0.025,0,1)라고 적으면 된다.

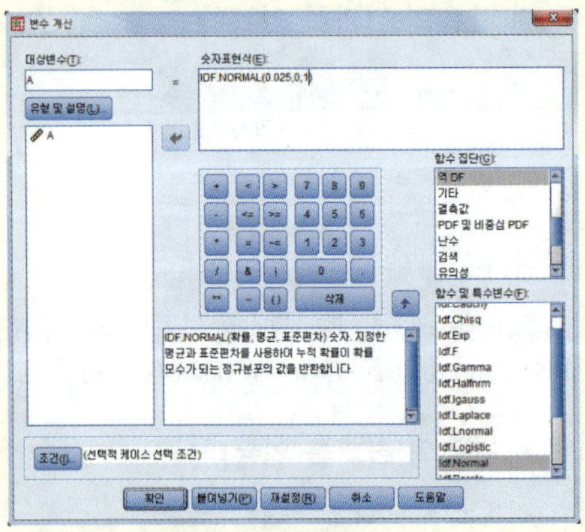

위와 같은 계산을 하면 다음의 결과를 얻는다.

	A
1	-1.96

예제 6.7

Step 1 예제 6.5와 유사하다. 다만 **숫자표현식**에 CDF.NORMAL(1010,1000,20)−CDF.NORMAL(990,1000,20)라고 적어야 한다.

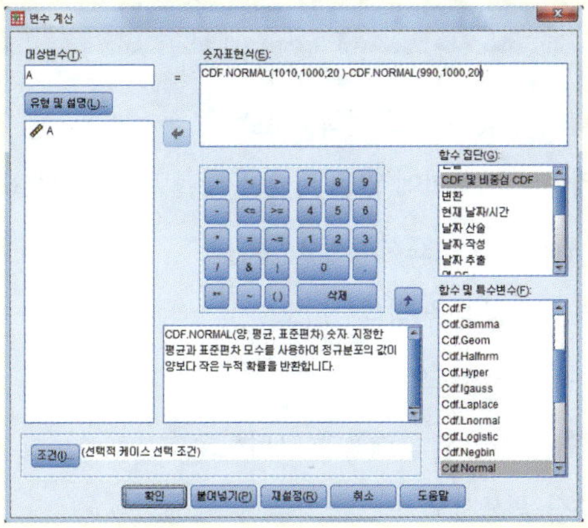

위와 같은 계산을 하면 다음의 결과를 얻는다.

	A
1	.38

R

예제 6.5

Step 1 **pnorm**함수는 정규분포의 확률값을 구해 주는 함수이다. **pnorm(x, mean=a, sd=b)**의 형태로 입력하며, 뒤의 **mean**과 **sd** 항목을 생략하면 **mean=0, sd=1**의 표준정규분포의 확률값을 구하는 것으로 인식하게 된다.

```
> pnorm(-0.1555)+1-pnorm(1.6)
[1] 0.4930129
```

예제 6.6

Step 1 **qnorm**함수는 확률값을 입력하였을 때 그에 해당하는 표준정규분포를 따르는 변수 Z값을 구해 주는 함수이다. **qnorm(p)**의 형태로 입력하면 된다.

```
> qnorm(0.025)
[1] -1.959964
```

예제 6.7

Step 1 **pnorm**함수는 정규분포의 확률값을 구해 주는 함수이다.
pnorm(x, mean=a, sd=b)의 형태로 입력하며, 뒤의 **mean**과 **sd** 항목을 생략하면 표준정규분포의 확률값을 구하는 것으로 인식하게 된다.

```
> pnorm(1010,mean=1000,sd=20)-pnorm(990,mean=1000,sd=20)
[1] 0.3829249
```

익힘문제

다음 괄호에 알맞은 말을 넣거나, 맞는 것을 선택하시오.

1 연속형 확률변수 X가 a와 b 사이에 있을 확률을 확률밀도함수로 표시하시오.

2 누적분포함수를 확률밀도함수로 표시하시오.

3 연속형 확률변수의 평균과 분산을 정의하시오.

4 균일분포의 확률밀도함수를 쓰시오.

5 균일분포의 누적밀도함수를 쓰고 그래프를 그리시오.

6 균일분포의 평균과 분산을 쓰시오.

7 정규분포는 (   )분포라고 불리기도 한다.

8 정규분포의 확률밀도함수를 쓰시오.

9 정규분포의 평균과 분산을 쓰시오.

10 확률변수에서 (   )을(를) 빼고 (   )(으)로 나누는 것을 {일반, 표준, 특별}화 한다고 한다. 정규분포 확률변수를 {일반, 표준, 특별}화 하면 {일반, 표준, 특별} 정규분포가 되는데, 이때의 평균은 (   )이고 분산은 (   )이다.

11 정규분포는 {평균, 중앙값, 최빈값}을 기준으로 대칭형이다.

12 정규확률변수가 $\mu \pm 1.96\sigma$ 사이에 있을 확률은 (   )이고, $\mu \pm 3\sigma$에 있을 확률은 (   )이다.

13 정규확률변수의 확률은 {일반, 표준, 특별}화하여 {일반, 표준, 특별}정규분포표를 이용하거나 엑셀 또는 통계패키지를 사용한다.

14 이항분포가 정규분포로 근사되는 데 필요한 조건을 쓰시오.

15 이항분포가 정규분포로 근사될 때 $p=0.5$이면 $p=0.9$인 경우보다 표본수가 많아지면서 {빨리, 천천히} 근사된다.

16 연속성 수정계수값은 얼마인가?

17 (   )분포는 시간에 관련된 분포에 많이 적용된다.

18 지수분포의 밀도함수를 쓰시오.

19 지수분포의 평균과 분산을 쓰시오.

20 지수분포 확률변수 X가 a와 b 사이에 있을 확률을 구하시오.

21 지수분포의 무기억성을 수식으로 표현하시오.

22 지수분포는 {발생건수, 시간}에 관련된 분포이고 (   )분포는 {발생건수, 시간}에 관련된 분포이며, 이 두 분포는 서로 연관되어 있다.

연습문제

1 어떤 박테리아 군집이 반지름이 1인 둥근 원판 위에 균일 확률을 따르는 한 점 위에서 출현한다고 하자. 이 점으로부터 원판의 중심까지의 거리를 R이라고 할 때 R의 확률밀도함수를 구하여라.

2 확률분포 X의 확률밀도함수가 아래의 $f(x)$ 같을 때 다음의 질문에 답하여라.

$$f(x)=\begin{cases} 1/(1+x^2), & \text{if } x>0 \\ 0, & \text{otherwise.} \end{cases}$$

a. 확률변수 X가 3보다 클 확률을 구하여라.

b. X_1, X_2, X_3, X_4가 서로 독립이고, 위의 X와 같은 확률분포를 따를 때, 이 중 정확히 두 개가 3보다 클 확률을 구하여라.

c. X의 평균을 구하여라.

3 확률변수 X의 확률밀도함수가

$$f(x)=\begin{cases} cx(1-x), & \text{if } 0<x<1 \\ 0, & \text{otherwise.} \end{cases}$$

일 때 c의 값을 구하고, 확률변수 X가 1/2보다 작을 확률을 구하여라.

4 확률변수 X의 누적분포함수가 다음과 같다.

$$F(x)=\begin{cases} 0 & x<-1 \\ \dfrac{x+1}{2} & -1\le x\le 1 \\ 1 & x>1 \end{cases}$$

a. X의 확률밀도함수를 구하여라.

b. X의 평균를 구하여라.

c. $P\left(-\frac{1}{2}\le x\le\frac{1}{2}\right)$를 구하여라.

d. X의 90번째 백분위수를 구하여라.

5 확률변수 X의 표준편차를 $\mathrm{SD}(X)$라 표시하자. 만일 X의 분산이 σ^2이면 $\mathrm{SD}(aX+b)$를 σ의 함수로 표시하여라.

6 길이가 10센티미터인 선분 상에서 무작위로 한 점을 택한다. 이 점에 의해 양분된 선분 중 짧은 선분과 긴 선분의 차이의 확률밀도함수를 구하여라.

7 앞면이 나올 확률이 $\frac{1}{2}$인 동전을 두 번 던져 한 번 앞면이 나올 확률과 200번 던져 100번 앞면

이 나올 확률을 구하고, 그 값을 비교하여라.

8 확률변수 X가 구간 $(0, 1)$에서 연속 균일분포를 하는 확률변수일 때, 다음 확률을 구하여라.

a. $P(X<0.4)$

b. $P(X>0.6)$

c. $P(0.3<X<0.6)$

9 X가 (a, b) 위에서의 연속형 균일확률분포를 따를 때 평균과 분산을 구하여라.

10 버스가 15분 간격으로 정류장에 도착한다고 할 때, 어떤 승객이 버스 시간을 확인하지 않고 임의의 시간에 정류소 A에 나간다고 한다. 다음에 답하여라.

a. 버스를 5분 미만 기다릴 확률을 구하여라.

b. 버스를 10분 이상 기다려야 할 확률을 구하여라.

11 길동과 향단은 12:00에서 12:30분 사이에 시청 앞 광장에서 만나기로 하였다. 둘 모두 이 시간 사이의 임의의 시간에 도착하고, 각각 도착한 이후 정확히 10분만 기다린다고 할 때 둘이 만날 확률은 얼마인가?

12 행선지 A로 향하는 열차는 오전 7시부터 15분 간격으로 역에 도착하고, 행선지 B로 향하는 열차는 오전 7시 5분부터 15분 간격으로 역에 도착한다. 어떤 승객이 오전 7시와 8시 사이에 균일하게 분포된 어느 시간에 역에 도착하여 먼저 도착하는 열차를 탄다면, 승객이 행선지가 A와 B인 열차 중 어느 쪽을 탈 확률이 큰가?

13 [미적분 필요함] 확률변수 U_1, U_2가 서로 독립이고, 각각이 0과 1 사이의 균일분포를 따른다고 한다. 이때 U_1+U_2 확률밀도함수를 구하여라.

14 [미적분 필요함] 확률변수 U_1, U_2, U_3가 서로 독립이고, 각각이 0과 1 사이의 균일분포를 따른다고 한다. 이때 $\max(U_1, U_2, \mathrm{U}_3)$의 평균을 구하여라.

15 확률변수 Z가 표준정규분포를 따를 때, 다음을 만족시키는 상수를 구하여라.

a. $P(Z<c)=0.7$

b. $P(Z>c)=0.7$

c. $P(|Z|<c)=0.95$

d. $P(|Z|>c)=0.5$

16 확률변수 Z가 표준정규분포를 따를 때, 다음 확률을 구하여라.

a. $P(Z<1)$

b. $P(Z>-1)$

c. $P(|Z|<1.96)$

d. $P(|Z|>1.5)$

17 X는 평균이 5인 정규확률변수이다. $P(X>9)=0.2$일 때, $V(X)$의 근삿값을 구하여라.

18 확률변수 Z가 표준정규분포를 따를 때, 확률 $P(0<Z<0.01)$와 $P(1<Z<1.01)$를 구하여라.

19 품질 관리사가 어느 금속 제품의 무게를 반복해서 측정한다고 할 때, 측정된 무게는 서로 독립이고 평균이 12 g이며, 표준편차가 1.1 g인 정규분포를 따른다고 하자.
a. 어느 한 번의 측정값이 11.8 g과 12.2 g 사이에 있을 확률은 얼마인가?
b. 어느 한 번의 측정값이 10.9 g과 13.1 g 사이에 있을 확률은 얼마인가?

20 X는 평균이 12이고 분산이 4인 정규확률변수이다. $P(X>c)=0.10$인 c의 값을 구하여라.

21 무작위로 선택한 IQ 검사자의 점수는 평균이 100이고, 표준편차가 25인 정규분포를 근사적으로 따른다. 그런 사람의 검사 점수가 다음의 확률을 계산하여라.
a. 125를 초과할 확률
b. 90과 110 사이일 확률
c. 120 이하일 확률

22 한 뮤추얼 펀드의 연간 수익률은 평균이 10%이고, 표준편차가 20%인 정규분포를 따른다.
a. 시장의 상황이 비슷하다고 할 때, 이 뮤추얼 펀드의 수익률이 내년에 15% 이상이 될 확률은 얼마인가?
b. 이 뮤추얼 펀드가 내년에 손실을 볼 확률은 얼마인가?

23 미국 텍사스주 달라스의 연간 평균 온도는 평균이 30도이고 표준편차가 0.4인 정규분포를 근사적으로 따른다. 이때 다음 각 확률을 구하여라.
a. 다음 해의 연 평균 온도가 31도를 초과할 확률은 얼마인가?
b. 앞으로 다가올 10년 중 연간 평균 온도가 30.5도를 초과한 해가 3년 이상일 확률은 얼마인가? 연간 평균 온도들은 서로 독립임을 가정한다.

24 어떤 종류의 자동차 타이어 수명은 평균이 50,000킬로미터이고 표준편차가 26,000킬로미터인 정규확률분포를 따른다.
a. 같은 종류의 타이어를 100,000킬로미터 이상을 사용할 수 있는 확률은 얼마인가?
b. 30,000킬로미터를 사용하였다고 할 때, 10,000킬로미터를 더 사용할 조건부 확률은 얼마인가?

25 아이들이 한 살이 되었을 때 발의 크기는 평균이 10 cm이고, 표준편차가 2 cm인 정규분포를 따른다고 하자. 소아과 의사들은 발의 크기가 아주 작은 경우 아이의 발의 성장에 문제가 있다고 진단한다. 구체적으로 어느 기준 c가 있어서 c보다 작으면 성장에 문제가 있다 하여 수술을 권하게 된다. 만일 이 기준 c보다 작은 아이의 비율이 0.5%일 때 c의 값을 구하여라.

26 2006년 1월 1일부터 시작하여 t날 이후의 갑 회사채의 이자율을 r_t라 하고, 1보다 큰 t에 대하여 확률변수 X_t는 $\log(r_t/r_{t-1})$로 정의된다. 이러한 X_t는 종종 평균이 0이고, 표준편차가 σ인 정규분포를 따른다고 가정하게 된다. 이 정규분포 가정이 맞을 때 $|X_t|$가 3보다 클 확률을 σ의 함수로 표현하여라.

27 어떤 특정한 반도체 공장에서 생산되는 컴퓨터 칩의 수명은 모수가 $\mu=1.4$시간이고, $\sigma=0.2$인 정규분포를 따른다. 10개의 칩 중에서 수명이 1.8보다 작은 칩을 적어도 2개 포함할 확률은 얼마인가?

28 어떤 휴대폰 제조 회사는 공정의 제어를 위하여 생산된 제품의 무게를 사용한다. 생산된 제품의 무게가 평균 290 g이고 300 g을 넘어가면 불량품으로 처리하게 된다. 이 기준을 적용하였을 때 이 회사의 경험적 불량률이 1% 정도라 한다면 생산된 휴대폰 무게의 표준편차는 얼마인가?

29 우리나라 t년의 실업률을 r_t라 하면, $x_t=\log r_t$ 평균이 1.5(이를 고용 안정 상태라 하자)이고 표준편차가 1인 정규분포를 따른다고 하자. 만일 x_t 2.5 이상이 되면, 정부는 고용 불안이 있다 하여 고용 촉진 정책을 펴게 된다. 실제 고용 안정 상태인데 x_t 2.5 이상으로 나올 확률을 구하여라.

30 두랄루민 단조물의 홈의 넓이(단위: 인치)는 평균이 $\mu=1.0000$이고, $\sigma=0.003$인 정규분포를 따른다. 설계 명세서의 허용범위는 1.000 ± 0.005로 주어졌다.

a. 단조물이 불량품일 확률은 얼마인가?

b. 넓이의 평균이 $u=1.0000$이고, 표준편차가 σ인 정규분포를 따를 때, 100개 중 불량품의 개수가 1개 이하일 확률이 0.95 이상이 되는 σ의 최댓값은 얼마인가?

31 어느 건물 지하에 있는 편의점에서 하루 팔리는 사발면의 개수는 평균이 150이고, 표준편차가 25인 정규분포를 따른다. 이 편의점 관리자는 사발면이 모두 팔릴 확률이 10%를 초과하지 않게 일일 주문량을 맞춘다. 이 관리자가 하루 주문하는 사발면의 수는 대략 얼마인가?

32 한 위성 사진을 인공(man-made)과 자연(natural)의 두 영역으로 분할한다. 인공 영역에서 무작위로 선택한 한 점으로부터의 판독은 $\mu=4$이고 $\sigma^2=4$인 정규분포를 따르는 반면, 자연 영역에서 무작위로 선택한 한 점으로부터의 판독은 모수가 $\mu=6$이고 $\sigma^2=9$인 정규분포를 따른다. 그 이미지에서 한 점을 무작위로 선택하여 5로 판독하였다. 만일 이미지의 인공 비율이 a이면, 그 점이 인공 혹은 자연 영역에 있었다고 결론 내리거나 오류를 범할 확률이 같아지는 a의 값은 얼마인가?

33 김 대리가 집에서 사무실까지 출근하는 데 걸리는 시간은 평균 40분이고, 표준편차가 7분인 정규분포를 따른다고 하자. 사무실에서 오전 10시에 만나기로 한 약속에 늦지 않을 것으로 99% 확신하고자 하면, 집에서 늦어도 몇 시 몇 분에 출발하여야 하는가?

34 통계학 시험에서 학생들의 점수분포가 평균이 μ이고 분산이 σ^2인 정규분포를 따른다고 가정하

자. 이때 A학점을 받으려면 $\mu+\sigma$보다 커야 하고, B학점은 μ와 $\mu+\sigma$ 사이인 경우로 하고, C는 $\mu-\sigma$와 μ 사이를, D학점은 $\mu-2\sigma$와 $\mu-\sigma$ 사이를, F학점은 $\mu-2\sigma$보다 작은 경우에 각각 학점을 부여한다고 할 때, 한 학급이 100명인 학과에서 각 학점은 대략 몇 명씩 받게 되는가?

35 어느 공장에서 두 종류의 동전을 생산하는데 하나는 앞면과 뒷면이 나타날 확률이 같은 정상적인 동전이고, 다른 하나는 앞면이 나타날 확률이 0.55인 편향된 동전이다. 이 동전 중에서 하나를 택하는데, 그것이 어떤 종류의 동전인지는 모른다고 하자. 택한 동전이 어떤 종류의 동전인지 알기 위하여 다음과 같은 통계적 실험을 한다. 동전을 1000번 던져 앞면이 K번 미만 나오면 정상적인 동전이라고 판정한다. 그 동전이 정상적인 동전임에도 불구하고, 잘못 판정할 확률을 0.05 이하로 만드는 K의 값은 얼마인가?

36 X를 공정한 동전을 100번 던져서 앞면이 나타난 횟수라 하자.

a. X=50일 확률을 구하여라. 정규근사를 이용하여 구한 값과 정확한 값을 비교하여라.

b. X의 값이 30에서 60 사이일 확률을 구하여라.

37 어느 지방 도시에 거주하는 사람들 중 65%는 현 정부의 세금인상정책에 반대한다. 100명의 확률표본에서 다음을 만족할 확률의 근삿값을 구하여라.

a. 적어도 50명이 인상안에 찬성

b. 60명과 70명 사이가 인상안에 찬성

c. 75명 미만이 인상안에 찬성

38 인구의 10%가 왼손잡이라면 학생 200명 중에 적어도 20명이 왼손잡이일 확률의 근삿값을 구하여라.

39 우리나라의 비오는 날의 비율이 0.21이라고 가정하고, 철수는 100일 동안 비가 오는 날을 세어 보기로 하였다. 비가 오는 날이 5 이하일 확률은 얼마인가?

40 대한항공은 그동안의 기록으로부터 90%의 예약 승객이 제 시간에 공항에 도착한다는 사실을 알고 있다. 인천을 출발하여 달라스로 가는 대한항공편은 300좌석을 가지고 있는데, 324석이 예약되어 있다고 하자. 이때 다음에 답하여라.

a. 각각의 예약승객들이 제 시간에 공항에 도착하는 사건이 서로 독립이라 할 때 이 항공편이 초과 예약되어 있을 확률은 얼마인가? 즉, 공항에 제 시간에 도착한 승객의 수가 300명을 초과할 확률을 구하여라.

b. 만약 예약 승객들이 그룹으로 움직인다면 이 확률은 증가하겠는가 아니면 감소하겠는가? 설명하여라.

41 공정한 동전을 10,000번 던질 때 앞면이 나온 횟수를 X라 하면 X가 $5000-m$과 $5000+m$ 사이에 있을 확률이 근사적으로 $\frac{2}{3}$가 되는 m의 값을 구하여라.

42 확률변수 X는 $\theta=0.25$인 지수분포를 따른다. $x=1,\ 2,\ 4,\ 6,\ 8,\ 10,\ 15,\ 20$에 대한 $f(x)$점들을 표시하고 연결하면서 X의 확률분포함수를 그래프로 그려라.

43 어떤 기계를 수리하는 데 걸린 시간(단위: 시간)은 모수가 $\theta=0.5$인 지수확률변수이다.

a. 수리시간이 2시간을 초과할 확률은 얼마인가?

b. 수리시간이 9시간을 초과하였다고 할 때, 수리시간이 적어도 10시간 소요될 조건부 확률은 얼마인가?

44 한국통신의 보고에 따르면 시내 통화 시간은 $\theta=0.1$(통/분)인 지수분포를 따른다. 이때 다음에 답하여라.

a. 10분 이상 통화할 확률을 구하여라.

b. 10분 이상 20분 이하 통화할 확률을 구하여라.

45 식 6.14를 보여라.

46 어떤 라디오의 수명(단위: 년)은 모수가 $\theta=\frac{1}{8}$인 지수분포를 따른다. 어떤 사람이 중고 라디오를 구입하였다면, 앞으로 8년 이상 더 사용할 확률은 얼마인가?

47 평균적으로 10만 km를 사용할 수 있는 자동차 타이어가 있다.

a. 3만 km 이상 사용할 확률을 구하여라.

b. 8만 km 이상 사용할 확률을 구하여라.

c. 5만 km를 이미 사용하고 3만 km를 더 사용할 확률을 구하여라.

d. 세 확률 중 서로 같은 것이 있는가?

48 어느 자동차는 엔진오일을 가득 채운 후, 오일이 소멸되기 전에 주행할 수 있는 거리는 평균 10,000마일인 지수분포를 따른다고 한다. 만일 어떤 사람이 15,000마일 거리의 여행을 계획하고 있다면, 오일을 교환하지 않고 여행을 마칠 확률은 얼마인가?

49 갑 회사에서 생산된 자동차의 첫 고장이 있기까지의 시간은 확률밀도함수가

$$f(x)=\begin{cases}\dfrac{1}{100}e^{-x/100} & x\geq 0\\ 0 & x<0\end{cases}$$

인 연속확률변수이다.

a. 첫 고장까지의 시간이 50시간과 150시간 사이일 확률은 얼마인가?

b. 첫 고장까지의 시간이 100시간 미만일 확률은 얼마인가?

50 맥도날드의 테이크 아웃 창구에는 손님들이 평균이 1분당 1명인 포아송확률과정을 따라서 도착한다. 이때 다음에 답하여라.

a. 정오 이후 5분 동안 손님이 없을 확률은 얼마인가?

b. 첫 번째 손님이 5분 후에 도착할 확률은 얼마인가?

c. 정오 이후 세 번째 손님이 도착할 때까지의 시간이 6분 이상 걸릴 확률은 얼마인가?

51 확률변수가 평균이 2인 지수분포를 따를 때, 이의 90th 백분위수를 구하여라.

52 어느 통계학 과목 담당 교수는 수업을 준비하는 데 평균 2시간 반이 걸린다고 한다. 이 교수의 준비 시간이 지수분포를 한다면, 7:00에 수업 준비를 시작하였을 때 9:00에 시작하는 독일과의 월드컵 경기를 늦지 않게 준비를 끝낼 확률은 얼마인가?

53 어느 휴대용 라디오는 한 개의 건전지로 작동되고, 건전지는 그 수명이 40시간인 지수분포를 따른다. 갑순이는 여행을 가면서 두 개의 건전지를 준비하였는데 이 휴대용 라디오를 3일 이상 쓸 수 있는 확률은 얼마인가?

54 서울시민이 집에서 직장까지 이동하는 평균 시간은 70분이 걸린다고 한다. 출근 시간이 지수분포를 따를 때 30분 미만의 출근 시간을 갖는 서울시민의 비율은 얼마인가?

7 표본추출과 표집분포

Jerzy Neyman(1894 ~ 1981)

러시아 출생의 Polish-American. 수학자, 통계학자. 1934년, Stratified Sampling 방법과 Purposive Selection 방법을 발표하여 근대 과학적 표집 방법을 개척. 1937년에 신뢰구간을 처음 소개.

자료(표본)을 수집하여 분석하는 것이 통계라면 표본추출은 통계 작업의 시작이며, 표본이 어떻게 추출되었느냐에 따라 그 분석 방법이 달라진다. 가장 기본적인 단순확률추출 이외에 자료의 효율성을 높이기 위하여(분산을 작게 하기 위하여) 또는 경비 절감이나 편의성을 이유로 층화추출, 집락추출, 계통추출 방법 등을 이용한다. 자료를 통하여 얻은 평균, 비율, 분산값 등을 통계량이라고 하고, 이들의 분포를 표집분포라고 한다. 표집분포는 추정과 검정의 근간이 된다.

표본의 추출 과정을 알아야 모집단에 대한 추론이 가능하다. 표본을 뽑을 때 시간과 공간의 제약, 사용 가능한 비용, 조사원 등 경제적 제약 때문에 실제 표본을 뽑는 과정에서 여러 문제들이 발생할 수 있다. 대규모의 표본을 뽑을 때는 당연하겠고 소규모의 표본을 뽑을 때도 같은 문제들이 발생할 수 있다. 우리나라 인구를 조사하는 데 몇 년씩 걸린다면 조사하는 도중에 인구수의 변동이 있게 된다. 즉 모집단 자체가 변하기 전에 빠른 시간 내에 조사를 마쳐야 한다. 일반적인 표본추출에서는 몇 천억의 비용이 들어가는 인구조사처럼 모든 지역을 대상으로 표본을 뽑을 수 없다. 시간과 비용의 제약이 있는 표본조사에서는 섬 지역이나 교통이 불편한 오지는 표본추출 가능 지역에서 제외 된다. 여러 가지 제약이 있는 상황에서 어떻게 뽑힌 표본이 효율적인가? 뽑힌 표본을 어떻게 이용하는가? 등은 통계학에서 매우 중요한 부분이다.

표본을 뽑으면 모집단을 추론하기 위하여 표본평균이나 표본분산 등을 계산하게 되는데 이들 표본통계량들의 분포를 알아야 한다. 모집단 분포의 모수를 추정할 때 단순한 추정값만 제시하는 것이 아니고 추정값의 오차, 즉 모수와 추정값의 가능한 차이 또한 제시하려는 것이 통계의 목적인데, 이러한 추정오차를 계산하려면 표본통계량의 분포가 필요하다. 표본통계량의 분포를 **표집분포(sampling distribution)**라고 한다.

7.1 사례–인구주택총조사와 경제활동인구조사

인구주택총조사의 비용은 2005년 1500여 억 원, 2010년 1800여 억 원이 지출되었다. 2015년에는 일반 사항은 행정자료를 이용하여 전수조사하고 추가로 20% 표본조사를 병행하여 비용이 1000여 억 원으로 줄었다. 그 중 인건비는 600여 억 원으로, 2020년에는 모바일을 포함한 인터넷조사와 방문 면접조사를 계획하고 있다.

우리나라 통계청에서는 매 5년마다 인구주택총조사를 실시한다. 한국 내의 모든 가구들을 대상으로 나이, 혼인상태, 주택건평 등의 기초적인 인구 및 가구에 관한 사항을 질문하며, 조사원이 직접 가구를 방문하여 조사한다. 이 조사는 전국의 인구 규모와 분포를 제시함으로써 각종 정책 입안을 위한 기초자료로 사용되며, 거의 모든 통계조사에서 기초자료로 활용된다. 하지만 본 조사의 활용도와 비중이 매우 큼에도 조사비용과 시간이 너무 많이 소요되어, 우리나라에서는 5년에 한 번씩만 조사를 하고 있으며, 국가 규모가 큰 선진국들은 이와 같은 인구주택총조사를 약 10년에 한 번씩 하고 있다. 우리나라에서 실시되는 인구주택총조사에는 전국의 가구가 조사대상에 포함되어 있으며, 약 6개월에 걸쳐 조사, 집계된다.

이외에 통계청에서 실시하는 중요 조사 중 하나인 경제활동인구조사는, 관심집단 전체(전체 가구)가 아닌 일부분(일부 가구)만을 표본으로 선정하여 조사한다는 점에서 위의 인구주택총조사와 차이가 난다. 이 조사는 국민의 경제활동, 즉 취업, 실업과 같은 경제적 특성을 조사하여 거시경제분석 등의 경제정책입안 자료로 활용된다. 주요 조사 항목은 취업여부, 취업시간, 직업 등의 경제활동에 관한 내용이며, 약 3만 3천 가구를 추출하여 표본조사를 한다. 국가의 경제관련 정책은 시의적으로 적절한 정보로 갱신하는 것이 매우 중요하기에 경제활동인구조사는 매월 1차례씩 실시하고 있다. 한국 내 모든 가구를 조사하지 않고, 일부만을 조사하기에 이처럼 자주 조사를 실시할 수 있으며, 조사 시 질문사항도 인구주택총조사 때보다는 더 다양하고, 자세한 사항이 포함되어 있다.

이번 장에서는 위의 예처럼 전체집단을 모두 조사하는 조사방법과 전체집단의 일부분만을 대상으로 하는 조사방법의 차이를 알아보고, 전체집단이 아닌 그 일부 표본만을 사용할 때의 한계점과 그 활용방안에 대한 내용을 담고 있다.

7.2 표본조사와 전수조사

앞 절의 예에서 2006년 4월 1일의 국민 전체의 취업률을 알고자 할 때, 우리는 다음과 같은 두 가지 방법을 사용할 수 있다. 하나는 모든 국민들의 취업여부를 조사하여서 실제 취업률을 구하는 방법이며, 둘째는 일부 국민을 뽑아서 이들의 취업률을 조사한 후, 이를 바탕으로 전체 국민의 취업률을 추정하는 방법이다. 첫째 방법은 모든 국민으로부터 자료를 수집하므로 두 번째 방법보다 상대적으로 정확한 실업률을 계산할 수 있지만, 조사비용이 너무 많이 든다는 단점을 가지고 있다. 반면에, 둘째 방법은 조사비용을 줄일 수 있는 데 반해, 실제 취업률과는 동떨어진 추정값을 계산할 위험성이 커진다는 한계를 가지고 있다.

현재 우리의 관심대상인 국민 전체의 실제 취업률과 같은 집단의 특성을 통계학에서는 **모수(parameter)**라고 말하며, 이 사례에서 대한민국 국민을 통계학에서는 **모집단(population)**이라고 말한다.

모집단: 관심의 대상이 되는 원소들 전체의 집합

표본: 조사가 이루어지는 모집단의 부분집합

모수: 모집단의 특성을 나타내는 양적 척도

둘째 방법처럼 전체 국민들 중 조사에 참여한 일부 국민을 **표본(sample)**이라 하고, 표본으로 얻어진 자료로부터 계산되는 통계를 **통계량(statistic)**이라고 하며, 이 통계량이 모수의 추정에 사용하게 되면 **추정량(estimator)**이 되는 것이다. 실제 자료에서 추정량이 구현된 값은 **추정값(estimate)**이 된다. 즉, 표본조사에서는 전수조사처럼 모집단을 전부 관찰하지 못하므로 모수를 정확히 알 수는 없고, 모수의 추정량을 표본으로부터 계산해 내게 된다. 주어진 표본으로부터 하나의 모수에 대하여 여러 가지 추정량이 구현될 수 있으며, 그중 제일 좋은 추정량을 찾아내는 것이 통계학의 주요 목적 중의 하나일 것이다.

statistic(통계량): 확률변수
statistics(통계): 관찰값
; $\overline{X}$와 $\overline{x}$의 차이. 학문으로서의 통계학은 statistics이다.

추정값: 표본으로부터 관측된 자료로부터 계산된 모수의 예측값

추정량: 추정값을 구현하는 통계량

추정량(확률변수)
추정값(관찰값)
;$\overline{X}$와 $\overline{x}$의 차이

첫 번째 방법과 같이 모집단의 모든 구성원을 대상으로 조사하는 것을 **전수조사(census)**라고 하며, 두 번째 방법과 같이 모집단의 일부 구성원만을 뽑아서 조사하는 것을 **표본조사(sample survey)**라고 한다.

sample: 표본
sampling: 표집, 표본추출

전수조사: 모집단의 모든 구성원에 대하여 조사하여 얻은 자료를 바탕으로 모집단의 특성을 분석하는 방법

표본조사: 모집단의 일부분, 즉 표본을 추출하여 이 표본에서 얻은 정보(통계량)를 가지고 모집단의 특성을 추정하는 방법

표 7.1 표본조사의 장단점

장 점	단 점
1. 비용절감 2. 시간단축 3. 조사의 적합성 – 조사단위가 파괴되는 경우, 전수조사 불가능 4. 오차관리 가능 – 추정값의 오차를 계산함으로써 현재 추정값의 불확실성에 대한 정보 제공	1. 표집오차 발생 2. 희소항목에서는 표본조사 불가능 – 전수조사를 해야만 함 3. 시간의 흐름에 따라 잘못된 추정가능 – 표본은 보통 여러 해 동안 고정되어 있고, 모집단은 해마다 변동하기 때문에 시간이 지남에 따라 표본의 추정값은 실제를 반영 못할 수 있음

7.3 표본조사의 특성

2000년 미국 대선 시, 출구조사로 추정한 후보 득표율과 실제 득표율의 차이가 나면서 혼란이 일어났다. 출구조사란 개표소 밖에서 선거를 마치고 나오는 유권자 중 일정 인원을 뽑아서 어떤 후보에게 투표하였는지 물어보는 것이다. 모든 방송사는 선거종료시간이 끝나면, 출구조사 결과를 분석하여 어떤 후보가 당선될지 예상을 한다.

출구조사가 실제 득표율과 차이가 나는 경우도 있지만, 2002년 한국에서 치러진 대선 출구조사는 2.3% 차이로 노무현 당선자가 이회창 후보를 이길 것이라고 예측하였으며, 당시 표본조사는 그 차이까지 거의 정확히 예측하였다.

이처럼 출구조사가 실제 현상을 잘 맞추기도 하고, 실제와는 전혀 다른 추정값이 계산되는 현상은, 모집단의 모든 원소를 조사하지 않고, 일부 표본만을 조사하면서 발생된다. 즉, 표본조사는 몇몇 표본에서 전체의 특성을 추정하기에 당연히 "실제와는 다른 예측을 하게 될 위험"을 항상 가지고 있다. 전체가 아닌 부분만을 조사하는 표본조사의 특성 때문에 표본에서 얻은 추정값은 반드시 실젯값과 차이를 갖게 된다. 표본조사의 목적은 정해진 조사비용 내에서 이러한 차이를 되도록 작게 만드는 것이다.

오차 ┌ 표집오차
　　 └ 비표집오차

표본조사를 실시할 경우, 일부 표본만으로 전체 모집단의 특성을 추정하기 때문에 추정량과 모수와의 차이가 생긴다. 주어진 추정량과 모수와의 차이를 그 추정량의 **오차(error)**라고 한다. 추정량의 오차는 **표집오차(sampling error)**와 **비표집오차(nonsampling error)**로 나누어질 수 있다. 표집오차는 모집단의 부분집합인 표본만을 관측하기 때문에 발생하는 오차이고, 비표집오차는 모집단을 다 조사하여도 발생할 수 있는 오차로 무응답, 거짓 응답, 설문 문항의 이해 부족으로 인한 잘못된 응답 또는 자료입력오류 등 여러 가지 원

인으로 발생한다.

일반적으로 표집오차는 표본의 크기가 클수록 작아지지만, 표본크기의 증가는 비용과 조사기간의 증가를 의미하므로, 이렇게 주어진 표본수(또는 비용) 내에서 표집오차를 최소화하는 표본추출법과 그 추정량을 찾아내는 것이 중요한 문제가 된다. 전수조사는 표본조사와는 달리 모집단 전체에 대하여 조사를 하므로 표집오차가 없다. 그러나 실제로는 많은 대상을 조사하므로 관리가 어려워지고, 조사가 부실하게 되어 비표집오차가 증가하게 된다. 예를 들어, 통계청에서 실시하는 인구주택총조사의 경우 많은 수의 조사원이 필요하므로, 조사원의 경험이 부족하여 무응답이나 응답 거절 비율이 다른 표본조사보다 높게 된다. 표본조사도 비표집오차가 존재하지만 전수조사보다는 훨씬 적은 대상을 조사하므로, 조사원 훈련 및 표본 관리가 용이하여 비표집오차를 줄일 수 있게 된다. 잘 설계되고 준비된 표본조사가 전수조사보다도 더 정확한 추정을 할 수 있다는 것이 여러 실험을 통해서 알려져 있다. 미국 센서스국에서는 인구주택총조사 후에 사후조사(추적조사, follow-up survey)라는 표본조사를 실시하여 센서스가 얼마나 정확하였는지를 평가하고, 이 센서스 값들을 보정하기도 한다.

7.4 확률표본

표본조사를 위해서는 모집단으로부터 표본을 뽑아야 할 것이다. 표본추출 유형에는 두 가지 종류가 있는데, 비확률표본추출과 확률표본추출이다. 확률표본추출법(probability sampling)은 모집단의 각 원소가 뽑힐 확률을 미리 지정하고, 그 값들이 모두 0보다 크게 되는 표본추출법을 지칭한다. 표본으로 뽑힐 확률을 모르거나 그렇지 않더라도 어느 원소들은 그 추출확률이 0이 된다면 이를 비확률표본추출이라고 한다.

표본 ┌ 확률표본
　　 └ 비확률표본

확률표본의 정의

(1) 모집단의 각 원소가 표본으로 뽑힐 확률이 부여되고

(2) 그 확률이 0보다 커야 함.

비확률표본추출은 모집단으로부터 조사 대상을 추출하는 데 빠르고, 쉽고, 값싼 방법을 제공하지만 주관적 선택방법을 사용한다. 비확률적으로 추출된 표본은 그 추출 과정의 주관성 때문에 모집단을 대표하지 못할 수가 있고, 또한 얻어진 추정값들에 대해 어떠한 통계적인 결론을 내리기 힘들게 된다. 예를 들어, 서울의 한 방송국에서 여론을 알아보기 위해서 임의로 그 방송국 앞을 지나가는 행인들을 붙잡고 조사를 한다면, 그 여론이 전국의 여론을 대표한다기보다는 서울의 여론을 대표할 수 있다는 위험이 있을 뿐만 아니라, 조사 대상자들의 표본추출확률(sampling probability)을 모르기 때문에 추론에 한계가 있을 것이다.

비확률표본은 자의적으로 생길 수도 있으나 표본을 뽑는 사람이 표본추출 과정에서 발생

하는 예상하지 못한 상황 때문에 생길 수도 있다. 낮시간에 가구를 방문하였을 때 가구원들이 모두 일하러 나간다면 그 가구는 표본으로 뽑힐 확률이 0이다.

또한 낮시간에 유선전화를 건다면 주부들이 전화를 많이 받게 되고, 주로 주부들의 의견만 반영된 표본을 얻게 될 것이다.

확률표본추출은 좀 더 복잡하고 오래 걸리며, 보통 비확률표본추출보다 비용이 더 든다. 확률표본추출법은 각 단위가 선택될 확률을 계산할 수 있고, 이를 바탕으로 **편향(bias)**이 없는 추정량 산출이 가능해진다는 장점이 있다. 또한 많은 경우에 표본추출오차의 추정도 가능해져서, 모집단에 관한 통계적 추론이 이루어질 수 있다는 이유로 더 선호된다. 확률표본추출법에 의해서 얻어진 표본을 **확률표본(probability sample)**이라고 한다.

확률표본의 장점

(1) 표본추출의 주관성을 배제
(2) 편향(bias)이 없는 추정량 산출이 가능
(3) 확률표본에 대해 많은 통계적 이론이 개발됨. 따라서 이를 적용함으로써 모집단에 관한 객관성 있는 통계적 추론이 가능

확률표본추출법은 여러 가지가 있으며 어떠한 표본추출법을 선택하는가는 조사 목적과 비용, 조사 방법과 사전 정보 등에 따라 달라진다. 모집단에 대해 사전 정보가 없을 때에는, 가장 간단하게는 모집단의 모든 원소를 동일한 확률로 뽑는 방법이 있을 것이다. 이를 단순확률추출이라고 하는데, 다음 절에서 좀 더 자세히 다루기로 한다.

7.5 단순확률추출

N개의 원소를 가지고 있는 모집단에서 n개의 원소로 이루어진 표본을 뽑고자 할 때 가능한 모든 표본의 수는 ${}_NC_n=\dfrac{N!}{n!(N-n)!}$이다. 이 가능한 표본의 경우의 수 중 하나의 경우를 무작위로 뽑는 경우 특정 표본이 뽑힐 확률은 $\dfrac{1}{{}_NC_n}$이 될 것이다. 이렇게 주어진 표본수로부터 동일한 확률로 뽑는 추출방법을 **단순확률추출(simple random sam-pling)**이라고 하는데, 여기서 단순(simple)이라 함은 **등확률(equal probability)**의 개념으로 이해하면 될 것이다.

예제 7.1

[비복원 추출 – 유한모집단]

1~5까지의 카드에서 2장을 뽑아서 그 평균을 확인하는 방법에 대해서 알아보자.

1~5까지의 카드를 1장을 뽑을 때의 카드의 분포는

$$P(X=x)=0.2, \quad x=1, 2, 3, 4, 5$$

로 균일분포를 하게 된다. 카드 숫자 X의 기댓값(평균)은 3이며, 이것의 분산은 2이다.

$$E[X]=\sum xf(x)=(1+2+3+4+5)/5=15/5=3$$
$$E[X^2]=\sum x^2f(x)=(1^2+2^2+3^2+4^2+5^2)/5=55/5=11$$
$$Var[X]=E(X^2)-(E(X))^2=11-3^2=11-9=2$$

또한 우리는 이 중에서 2장의 카드를 비복원으로 뽑을 때(Sampling without replacement) 가능한 경우의 수는 ${}_5C_2=10$가지의 경우가 있고, 이들 모두 동일한 확률로 뽑히므로 표본 카드들의 확률분포를 표로 나타내면 다음과 같다.

표 7.2 추출카드의 확률분포

추출카드	추출확률	추출카드	추출확률
(1, 2)	0.1	(2, 4)	0.1
(1, 3)	0.1	(2, 5)	0.1
(1, 4)	0.1	(3, 4)	0.1
(1, 5)	0.1	(3, 5)	0.1
(2, 3)	0.1	(4, 5)	0.1

유한모집단(여기서는 $N=5$)에서 표본을 뽑는 경우에는 구현될 수 있는 표본의 경우의 수가 유한하므로, 표본의 확률분포가 이산형 확률변수의 확률분포로 표현된다. 즉, 표본의 확률분포는 취할 수 있는 표본의 경우와 그 추출률이 된다. 당연히 추출확률은 그 합이 1이어야 하고, 단순확률추출에는 추출률이 모두 동일하다.

표 7.2와 같이 나올 수 있는 표본의 경우와 그 추출확률로 표현된 표를 **표본분포표(sample distribution table)**라고 한다. 표본분포표는 결국 표본의 확률분포를 표로 나타낸 것이다. 단순확률추출은 표 7.2에서와 같이 가능한 표본의 크기(표본 원소수)가 동일하고 각 표본의 추출확률이 또한 동일하게 각 표본에 부여된다. 위의 표본분포표에서 우리는 단 하나의 표본을 확률적으로 뽑게 되는 것이다. 이를 위해서는 난수표를 사용하거나 컴퓨터에서 난수(random number)를 발생시켜야 하는데, 표 7.4에서와 같이 누적추출확률을 구하고 추출 구간을 누적추출확률을 사용하여 구한 후에, 난수가 추출 구간에 들어가는 경우에 해당되는 표본을 추출하면 된다.

표 7.3 난수표

89465406	52896240	37337133	98373982	91801274	51515294
93606594	72781934	07376756	35758025	69734484	50193502
27287231	76565691	20587156	86441937	67108401	38027225
93227753	86109479	58600048	96272593	86340488	50862385
76085040	40652132	42648885	33298517	71971359	98202443

예제 7.1(계속)

[난수에 의한 단순확률추출]

예를 들어, 난수가 0.214가 나오면 표본 카드는 (1, 4)가 되고, 난수가 0.967이 나오면 표본 카드는 4와 5가 될 것이다.

표 7.4 추출카드의 확률분포

추출카드	추출확률	누적추출확률	추출 구간
(1, 2)	0.1	0.1	(0, 0.1)
(1, 3)	0.1	0.2	(0.1, 0.2)
(1, 4)	0.1	0.3	(0.2, 0.3)
(1, 5)	0.1	0.4	(0.3, 0.4)
(2, 3)	0.1	0.5	(0.4, 0.5)
(2, 4)	0.1	0.6	(0.5, 0.6)
(2, 5)	0.1	0.7	(0.6, 0.7)
(3, 4)	0.1	0.8	(0.7, 0.8)
(3, 5)	0.1	0.9	(0.8, 0.9)
(4, 5)	0.1	1.0	(0.9, 1.0)

단순확률추출에서는 모집단의 각 원소가 뽑힐 확률도 동일하다. 예를 들어, 앞의 사례에서 제4번 카드가 표본으로 뽑힐 확률은 0.4가 됨을 확인할 수 있는데, 일반적으로 N개의 모집단에서 n개의 표본을 단순확률추출로 뽑는 경우, 임의의 모집단 원소가 뽑힐 확률은 n/N으로 동일하다.

단순확률추출

(1) 크기가 N인 모집단에서 크기가 n인 표본을 $\frac{1}{{}_N C_n}$의 확률로 추출

(2) 표본의 확률분포는 총 ${}_N C_n$개의 크기가 n인 표본에 각각 $\frac{1}{{}_N C_n}$의 확률이 부여되는 이산형 확률분포를 가짐.

이렇게 해서 표본이 뽑혀지면 이 표본으로부터 모집단에 대해 추론을 하게 된다. 표본으로부터 관측된 자료를 바탕으로 통계량을 계산하게 되는데, 이때 계산되는 통계량은 확률 구조를 가지는 확률변수가 된다. 즉, 통계량이 취하는 값은 어떤 표본이 뽑히느냐에 따라 달라지며, 그 값을 취할 확률은 주어진 표본추출확률에 따라 달라진다. 이렇게 통계량이 취할 수 있는 값과 그 확률을 통계량의 확률분포라고 한다. 통계량의 확률 구조가 결국은 표본추출 또는 표집(sampling)에 의해서 결정되므로 통계량의 **표집분포(sampling distribution)**라고도 한다. 단순확률추출의 경우 표본평균이 대표적인 모평균의 추정에 대표적으로 사용되는 통계량이 될 것이다. 이 표본평균의 표집분포를 다음의 예를 통해서 알아보기로 하자.

예제 7.2

[표본평균의 표집분포]

예제 7.1에서 관심 모수가 모집단의 총 카드값 평균이라 하고, 이를 표본평균으로 추정한다고 할 때 이 통계량의 확률분포는 표 7.4와 같이 될 것이다. 예를 들어, 표본평균이 2.5가 되는 경우는 추출 카드가 (1, 4)인 경우와 (2, 3)인 경우의 두 가지 경우가 있으므로, 표본평균이 2.5가 될 확률은 이 두 가지 경우에 대한 확률의 합으로 계산되는 것이다.

표 7.5 표본평균의 확률분포표(표본평균의 표집분포)

표본평균 $\bar{x}$	1.5	2	2.5	3	3.5	4	4.5
확률 $f(\bar{x})$	0.1	0.1	0.2	0.2	0.2	0.1	0.1

표 7.4의 확률분포표를 사용하여 $\overline{X}$ 기댓값을 계산하면 다음과 같다.

$$E(\overline{X})=\sum \bar{x}f(\bar{x})$$
$$=1.5\times0.1+2\times0.1+2.5\times0.2+3\times0.2+3.5\times0.2+4\times0.1+4.5\times0.1=3$$

이고 이는 모평균과 일치한다.

$$E(\overline{X})=3=\mu$$

또한 $\overline{X}$의 분산은 0.75이고, 표준오차는 0.866임을 확인할 수 있다.

$$E(\overline{X}^2)=\sum \bar{x}^2f(\bar{x})=1.5^2\times0.1+2^2\times0.1+2.5^2\times0.2+3^2\times0.2$$
$$+3.5^2\times0.2+4^2\times0.1+4.5^2\times0.1$$
$$=9.75$$
$$Var(\overline{X})=E(\overline{X}^2)-E(\overline{X})^2=9.75-3^2=0.75$$
$$SD(\overline{X})=\sqrt{0.75}=0.866$$

이때 기댓값의 의미는 표 7.2의 표본추출확률로 표본을 반복하여 추출하게 되면, 반복 추출의 횟수가 늘어남에 따라 그때 얻어지는 표본평균의 평균이 3의 값으로, 표본평균들의 표준오차는 0.866으로 수렴하게 된다는 것이다.

여기서 모집단의 크기는 $N=5$이고 표본수는 $n=2$이다. 예제 7.1에서 모분산은 $\sigma^2=Var(X)=2$로 계산되었다. 모분산과 표본평균의 분산은 다음과 같은 관계식이 성립한다.

$$\left(\frac{N-n}{N-1}\right)\frac{\sigma^2}{n}=\left(\frac{5-2}{5-1}\right)\frac{2}{2}=0.75=Var(\overline{X})$$

크기가 N인 유한모집단의 관심값을 $X_1, X_2, \cdots, X_N$이라 하면 그 모집단의 모평균(μ)과 모분산(σ^2)은 다음과 같이 정의된다.

$$\mu=\frac{1}{N}\sum_{i=1}^{N}X_i,\ \ \sigma^2=\frac{1}{N}\sum_{i=1}^{N}(X_i-\mu)^2.$$

유한모집단에서의 단순확률추출로 구한 표본평균 $\overline{X}$의 기댓값과 분산은 다음과 같음이 알려져 있다.

단순확률추출: 표본평균 $\overline{X}$의 기댓값의 분산(유한모집단; 비복원추출)

$$E(\overline{X})=\mu$$

$$Var(\overline{X})=\left(\frac{N-n}{N-1}\right)\frac{\sigma^2}{n} \tag{7.1}$$

위에서 $\frac{N-n}{N-1}$을 **유한모집단수정인수(finite population correction factor)**라 한다.

여기서 표본평균의 분산과 모분산을 구분할 필요가 있다. 표본평균의 분산은 표 7.5에서와 같이 표본평균의 분포로부터 얻어지는 분산이고, 모분산은 모집단에서 하나의 자료를 뽑을 때 얻어지는 분산이다. 즉, $n=1$인 표본평균의 분산이 모분산이 되는 것이다. 이때 모분산의 제곱근 σ는 **표준편차(standard deviation)**라고 하는 데 반해, 표본에서 얻은 추정량의 분산의 제곱근 $\sigma_{\hat{\theta}}=\sqrt{Var(\hat{\theta})}$은 **표준오차(standard error)**라고 한다.

> **표준편차**: 모집단에 속해 있는 하나의 자료가 가지고 있는 흩어짐의 정도. 모분산의 제곱근.
> **표준오차**: 표본에서 얻은 추정량이 가지고 있는 흩어짐의 정도. 추정량 분산의 제곱근.

단순확률추출에서 표본평균 $\overline{X}$의 분산의 형태를 좀 더 살펴보기로 한다. 먼저 표본크기 n을 고정시키고 모집단 크기 N을 무한대로 늘리면, 또는 복원추출(sampling with replacement)을 하면 유한모집단은 무한모집단으로 바뀔 것이다. 이렇게 되면 $\overline{X}$의 분산에서 유한모집단수정인수가 1로 된다.

$$Var(\overline{X})=\left(\frac{N-n}{N-1}\right)\frac{\sigma^2}{n} \xrightarrow[N\to\infty]{} \frac{\sigma^2}{n}$$

단순확률추출: 표본평균 $\overline{X}$의 기댓값의 분산(무한모집단; 복원추출)

$$E(\overline{X})=\mu$$

$$Var(\overline{X})=\frac{\sigma^2}{n} \tag{7.2}$$

이때 모분산(σ^2)은 유한모집단에서의 모분산의 극한 개념으로 생각할 수 있다. 유한모집단이란 모집단의 크기가 유한인 경우로, 대부분의 사회과학에서 다루는 모집단은 유한모집단이다. 한편 무한모집단은 크기가 무한인 경우로, 자연과학이나 생산공정에서 현재의 조건으로 무한하게 가공을 반복할 때의 제품 특성 등을 추정하는 경우 등에 사용된다.

예제 7.3

[복원추출 – 무한모집단]

2장의 카드를 복원으로 뽑을 때(sampling with replacement) 가능한 경우의 수는 $5\times5=25$가지의 경우가 있고 이들 모두 동일한 확률로 뽑히므로 표본 카드 평균들의 확률분포를 표로 나타내면 다음과 같다.

표 7.6 추출 카드 평균의 확률분포

추출카드	평균	추출확률	추출카드	평균	추출확률
(1,1)	1	1/25	(2,5) (3,4) (4,3) (5,2)	3.5	4/25
(1,2) (2,1)	1.5	2/25	(3,5) (4,4) (5,3)	4	3/25
(1,3) (2,2) (3,1)	2	3/25	(4.5) (5,4)	4.5	2/25
(1,4) (2,3) (3,2) (4,1)	2.5	4/25	(5,5)	5	1/25
(1,5) (2,4) (3,3) (4,2) (5,1)	3	5/25			

$$E(\overline{X})=1\times\frac{1}{25}+1.5\times\frac{2}{25}+2\times\frac{3}{25}+2.5\times\frac{4}{25}+3\times\frac{5}{25}+3.5\times\frac{4}{25}$$
$$+4\times\frac{3}{25}+4.5\times\frac{2}{25}+5\times\frac{1}{25}=3$$
$$Var(\overline{X})=(1-3)^2\times\frac{1}{25}+(1.5-3)^2\times\frac{2}{25}+(2-3)^2\times\frac{3}{25}+(2.5-3)^2\times\frac{4}{25}$$
$$+(3-3)^2\times\frac{5}{25}+(3.5-3)^2\times\frac{4}{25}+(4-3)^2\times\frac{3}{25}$$
$$+(4.5-3)^2\times\frac{2}{25}+(5-3)^2\times\frac{1}{25}=\frac{25}{25}=1$$

5장 카드 세트에서 2장 카드 표본을 반복하여 뽑는 것은 1~5 카드가 같은 비율로 무한개의 카드가 있는 모집단에서 표본을 2개 뽑는 경우와 같다. 표본평균의 평균은 모집단 평균인 3과 같고, 표본평균의 분산은 모집단 분산을 n으로 나눈 것이다.

$$E(\overline{X})=3=E(X)=\mu$$
$$Var(\overline{X})=1=\frac{2}{2}=\frac{Var(X)}{n}=\frac{\sigma^2}{n}$$

또한 모집단 크기 N을 고정시키고 표본크기 n을 늘리면 결국에는 전수조사가 되어, 분산이 0이 되고 표본추출의 의미가 없어진다. 만약 표본 비율 n/N을 고정시키고 N과 n을 함께 무한대로 늘리면 표본평균 $\overline{X}$의 분산은 점점 줄어들어 0으로 수렴할 것이다. 표본수를 늘림에 따라 추정량의 분산값이 줄어든다는 것은 추정량의 표본추출로 발생하는 변동이 줄어든다는 것으로 바람직한 성질이라 할 것이다. 이는 추정량의 일치성과 밀접한 관련이 있는데, 다음 절에서 보다 자세히 다루게 될 것이다.

7.6 표본추출방법

표본추출
- 단순확률추출
- 층화추출
- 집락추출
- 계통추출

우리는 지금까지 표본을 무작위로 뽑는 경우에 대한 표본추출에 대해서만 논의하였다. 그러나 실제로는 이러한 무작위 방식 이외에도 추정값과 모수 특성에 따라 다양한 방법의 표본추출방법을 사용한다.

단순확률추출(Simple Random Sampling)

지금까지 논의하였던 무작위 추출 방법을 말한다. 가장 기본적인 추출 방법으로 어떤 제한도 없는 모집단 전체에서 확률적으로 표본을 추출하는 방법이다. 즉, 대상집단의 모든 구성요소에 대해 동등한 확률을 부여하여 표본을 추출하는 방법을 의미한다. 표본의 추출에 있어 조사자의 주관이 개입되지 않도록 난수표나 추첨을 통해 표본을 랜덤하게 추출한다.

층화추출(Stratified Sampling)

전체 모집단을 몇 개의 부차 모집단으로 나눈 후 각 부차 모집단에서 독립적으로 표본을 추출하는 방법을 의미한다. 각 부차 모집단을 **층**(**stratum**, 복수형=**strata**)이라고 하고, 여기서 독립적이라는 표현은 어느 한 층에서 표본을 뽑는 결과가 다른 층의 표본추출에 영향을 미치지 않는다는 뜻이다. 만약 각 층 내에서 동질적이고 유사한 개체들로 묶이도록 각 층을 형성하는 경우에는, 층화추출이 단순확률추출보다 더 효율적인 추출이 된다. 층화추출에서는 단순확률추출과는 달리 층별 표본수가 미리 결정되므로, 부차 모집단별로 일정 수준 이상의 정도(precision)를 원하는 추정을 구현할 수 있다는 장점이 있다.

> **층화**: 모집단을 여러 개의 서로 중복되지 않는 부차 모집단(층)으로 나누는 것
>
> **층화추출**: 모집단의 특성값을 추정하기 위해 층화를 한 다음 각 층에서 독립적으로 표본을 선출하는 방법

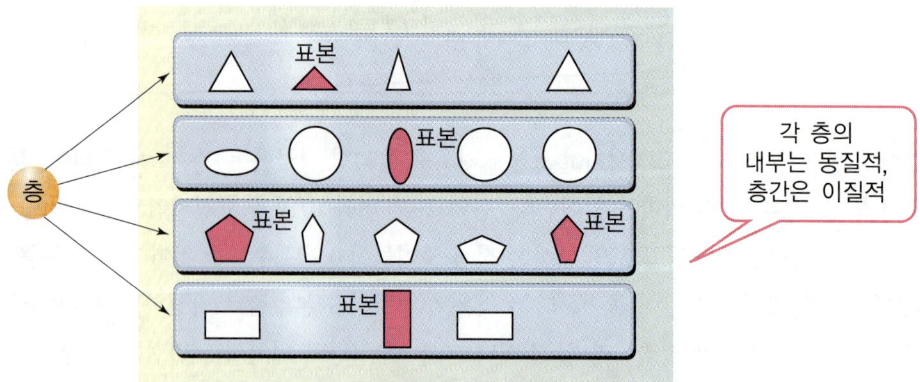

그림 7.1
층화추출의 예

대통령 후보자에 대한 선호도, 정치 현안에 대한 의견 조사 등을 할 때, 남녀를 구분하고, 20대, 30대, 40대 등으로 나이를 구분하여 조사한다면 이는 층화추출의 예이다. 남자와 여자가 전체를 성별 두 개의 층으로 나누는 것이고, 10대, 20대 등으로 나이별 층을 나누는 것

이다. 남녀별, 나이별 선호도나 정치성향을 따로 분석할 수 있다. 나라 전체로 규합할 때는 남녀의 수, 나이별 인구수로 가중치를 두어 합치게 된다. 층화변수의 선택을 잘하게 되면 추정치의 정확성을 높일 수 있다.

집락추출(Cluster Sampling)

표본을 뽑는 단위를 **표본추출단위**(**sampling unit**)라 하고, 설문 조사 등 조사를 실시하는 단위를 **관측단위**(**observation unit**)라고 하는데, 표본추출단위와 관측단위가 일치하는 경우를 **원소추출**(**element sampling**)이라고 한다. 이와는 달리 관측단위의 묶음이 표본추출단위가 되는 경우를 **집락추출**(**cluster sampling**)이라고 한다. 예를 들어, 학생들의 학업성취도를 알아보기 위하여 학교를 추출한 후, 그 학교의 학생들에게 시험을 치르게 한 경우에는 학교가 표본추출단위이고, 학생이 관측단위이므로 학교를 **집락**(**cluster**)으로 하는 집락추출이 된다. 집락추출은 추정의 효율과 관련이 있다기보다는 비용이나 편향성 문제 때문에 흔히 사용되는 추출법이다.

> **집락**: 조사단위의 집합체
>
> **집락추출**: 조사단위 대신 집락을 추출단위로 하는 추출방법

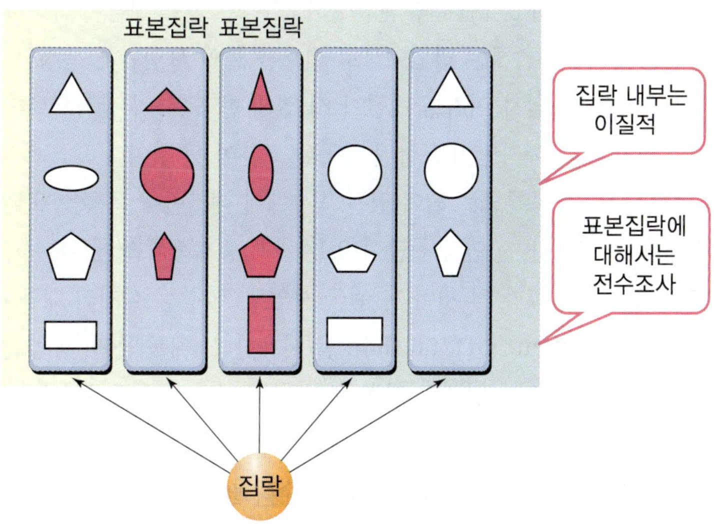

그림 7.2
집락추출의 예

농가 가계소득을 조사하기 위하여 번지(예를 들면, '리' 단위)를 추출한 후 같은 번지에 있는 모든 농가를 조사한다고 하면 이는 집락추출 방법이다. 같은 번지 내에서 전부 조사하므로 면접조사의 경우에 여러 지역을 많이 옮겨 다니지 않아도 되므로 비용과 시간을 절약하면서 한꺼번에 많은 표본을 얻을 수 있다. 같은 표본크기의 단순확률표본에 비하여 추정치의 정확성이 떨어질 수 있으나 조사의 편리성 때문에 많이 이용하게 된다.

계통추출 (Systematic Sampling)

계통추출이란 **추출간격**(**표집간격**, **sampling interval**) k를 정하여 매 k번째가 되는 단위들을 표본으로 선정하는 방법을 말한다. 실제 상황에서는 난수를 발생시키는 단순확률추출

법을 적용하기 힘든 경우가 발생하여, 이러한 단점을 보완하기 위해서 계통추출법을 사용하게 된다. 표본을 시간적으로나 공간적으로 일정한 간격을 두고 추출하는 표본추출 과정으로 매우 간편하고, 조사현장에서도 직접 적용될 수 있으며, 모집단 전체에서 골고루 표본이 추출되는 장점이 있다. 크기 N인 모집단으로부터 크기 n인 표본을 추출한다고 할 때 $k=N/n$을 추출간격이라고 한다. 소수점이 나오면 버리고 정수로 만든다. 이때 모집단에서 처음과 k번째 사이의 추출단위에서 확률적으로 하나를 추출하고, 다음부터는 매 k번째마다 표본을 추출해 나가는 것이다. 실제 절차는 다음과 같다.

계통추출법 절차

1. 모집단의 모든 원소(제품)에 1에서 N까지 번호를 매긴다.
2. N을 n으로 나누어서 얻은 값의 정수부분 값을 간격 k로 한다.
3. 1~k 중에서 확률적으로 숫자를 뽑아서 그 숫자를 처음 뽑은 원소의 숫자(a)로 한다.
4. $a, a+k, a+2k, \cdots, a+(n-1)k$ 번째의 원소를 표본으로 추출한다.

예를 들어, 1부터 10,000까지의 단위가 있는 모집단에서 500개의 단위를 계통추출하려면 $k=10{,}000/500=20$이므로 처음 1부터 20번 사이에서 확률적으로 하나를 추출한다. 만일 첫 번째 단위로 17번을 선택하였다면 다음엔 37, 57, 77, … 번째 제품이 뽑힌다.

이 방법은 일정간격으로 추출하는 방법이므로 번호를 붙인 모집단에 특정한 경향성이 존재하면 안 된다. 예를 들어, 남자 여자를 번갈아 서 있게 한 후, 4의 간격으로 계통추출한다면 모든 표본에는 남자 혹은 여자만이 포함된 잘못된 표본이 될 것이다.

전화번호부, 회원명부 등 목록으로 되어 있는 명부에서 매 5번째 목록을 표본으로 뽑는다면 계통추출의 예가 될 것이다. 공연장에 앉아 있는 관객 중 3번째 열에 있는 사람들을 표본으로 뽑는 것도 계통추출의 예가 될 것이다. 전국 사업체 조사 등 실제의 대규모조사에서는 계통추출법을 보완한 **절삭법(cut-off method)**을 사용한다. 예를 들면, 종업원수를 기준으로 전국 상위 5% 내의 대규모 기업체는 전부 조사하고, 나머지는 등록업체 명부에서 계통추출을 하는 것이다.

통계학의 입문 수준(이 책의 8장 이후)에서는 단순확률추출에 의한 표본으로 추정과 검정의 문제를 다룬다. 층화추출과 집락추출에 의한 표본의 경우는 표본조사론(sampling theory) 과정에서 자세히 다루게 되므로 관심 있는 독자들은 이 분야의 책을 참고하기 바란다. 계통추출의 의한 표본은 단순확률표본으로 간주하여 추정과 검정을 할 수 있다.

7.7 표본조사절차

이 절에서는 표본조사의 대략적인 절차를 순서에 따라 살펴본다. 표본조사절차의 구체적 내용은 표본조사론(sampling theory)이나 조사방법론(survey methodology)에 관한 전문서를 참조하기 바라며, 여기서는 핵심적인 내용만을 간략하게 요약해 놓았다.

조사목적의 설정

조사목적은 명확하고 구체적이어야 한다. 이것은 너무도 당연한 얘기지만 일반적으로 실제 조사에서는 이러한 원칙이 지켜지지 않는 경우가 많이 있다. 실제 조사에서 발생하는 많은 제약조건에 의해 조사 진행 중에 처음의 목적과는 다른 방향으로 진행되는 경우가 자주 발생한다. 하지만 조사목적에 따라서 조사내용, 표본의 크기, 조사방법 등의 차이가 발생하므로, 조사 초기에 조사목적을 명확하게 설정하는 것이 중요하다.

사례 7.1 표본조사 결과의 신뢰성을 떨어뜨리는 예

– 조사목적을 불분명하게 설정하는 경우

"대학생들의 생활실태조사"라고 조사목적을 설정할 경우, 대학생들의 범위가 불분명하고, 생활실태라는 내용 역시 너무 추상적이고 광범위해서, 표본조사의 다음 단계들(모집단 설정, 조사표 작성)을 실행하는 데 장애요인이 된다. 다음에 소개할 조사표 작성 시 "생활실태"를 알기 위해서 어떠한 항목을 넣어야 하는지 막연하게 된다.

모집단의 설정

조사목적이 결정되면 이에 따라 모집단에 결정된다. 이때 조사목적에 부합하는 이상적인 모집단을 **목표모집단**(**target population**)이라고 한다. 예를 들어, 전국민을 대상으로 여론조사를 하고자 할 때 목표모집단은 어느 특정시점에 대한민국 영토에 거주하는 모든 국민으로 정의할 수 있다. 이러한 목표모집단이 정해진 후에 이 목표모집단으로 확률추출을 하고자 할 경우에는 표본추출확률을 미리 정해야 하고, 이를 위해서는 모집단의 리스트가 있어야 할 것이다. 목표모집단의 정확한 리스트를 구한다는 것은 거의 불가능한 일이다. 예를 들어, 위의 경우에 목표모집단은 정신 병원이나 감옥 또는 군대에 거주하는 사람들도 포함하기 때문이다. 또한 조사 시점에 태어나거나 죽고, 해외 여행간 사람은 조사할 수 없다. 따라서 실제 조사하고자 할 때는 조사의 대상이 되는 모집단을 따로 정해야 하는데, 이를 **표집모집단**(**sampled population, survey population, study population, actual population**)이라고 한다. 표집모집단은 구체적이면서 현실적으로 규정하여야 하며, 조사원이 현지에서 쉽게 모집단을 판단할 수 있는 기준을 마련해 주어야 한다. 즉, 조사목적과 마찬가지로 표집모집단 역시 명확하고, 실사가 가능한 범위로 정의내려야 한다.

표본조사 절차

조사목적
↓
모집단 설정
↓
조사표 설계
↓
표집설계
↓
관찰방법결정
↓
표집틀 확보
↓
예비조사
↓
실제조사

조사표의 설계

조사표(**설문지, questionnaire**)란 조사목적을 달성하기 위해서 질문하고자 하는 항목들을 일정한 양식으로 나열한 표를 의미한다. 조사표에 들어갈 항목들은 조사목적에 부합해야 하기에, 필요 없는 항목을 넣거나, 필요한 항목이 빠져서는 안 된다. 일반적인 설문지 조사에서 조사표에 불필요한 항목을 많이 넣는 경우가 있는데, 이는 중요항목의 조사를 소홀히 하게 되고, 비용의 증가 등으로 오히려 조사의 질을 저하시킬 수 있다.

표집설계

표집설계(sampling design)란 다음과 같은 요소들을 결정하는 과정이다.

① **표본추출방법 결정**: 앞 절에서 소개한 단순확률추출, 층화추출, 집락추출, 계통추출 등의 방법을 정한다.

② **목표 정밀도의 결정**: 정밀도(precision)란 조사 결과의 정확성의 수준을 의미하며, 흔히 추정량의 표준오차 또는 상대표준오차를 사용하여 표현한다.

③ **표본의 크기 결정**: 목표 정밀도가 결정되면 이를 구현하기 위해 필요한 표본수를 결정할 수 있다.

관찰 방법의 결정

피조사자들의 응답을 얻기 위한 시기, 기간, 방법 등을 결정한다. 일반적으로 우편조사, 전화조사, 면접조사 등의 방법이 사용된다. 집 전화조사는 대표성의 문제로 이동 전화와 병행하여 조사하며, 인터넷 조사도 증가하고 있다.

표집틀의 확보

표본을 추출하기 위해서는 모집단을 추출할 수 있는 형태로 정의내리게 되며, 이를 **표집단위(sampling unit)**라고 한다. 또한 이러한 표집단위의 목록을 **표집틀(sampling frame)**이라고 한다. 예를 들어, A대학 재학생들의 특성조사를 한다고 할 경우, A대학 구내를 지나다니는 아무에게나 조사를 할 수는 없다. 왜냐하면, A대학 내에서 만났다는 이유만으로 그 피조사자가 A대학 재학생이라고 할 수 없으며, 또한 A대학 재학생이라 하더라도 조사위치에 따라서 특정 학과나 학년에 편중된 표본이 얻어질 수 있기 때문이다.

정확한 표본추출틀을 사용하는 것은 표본조사의 정확성에 매우 중요한 요소이다. 특히 표본추출틀이 모집단의 원소들을 심각하게 누락시키고 있는 경우에는, 아무리 좋은 표본설계와 조사를 하더라도 모집단에 대해 정확한 추정을 할 수 없다. 표본추출틀이 모집단과 일치하지 않음으로써 발생하는 오차를 **포함오차(coverage error)**라고 하는데, 다음의 예는 그 포함오차의 심각성이 알려지게 된 역사적인 사건이다.

사례 7.2 표본조사 결과의 신뢰성을 떨어뜨리는 예

미국에서는 19세기 말부터 20세기 초에 걸쳐 선거예측에 대한 관심이 높아져 〈뉴욕 헤럴드 트리뷴〉지(誌)를 비롯한 많은 신문 · 잡지가 모의투표를 경쟁적으로 실시하였다. 그 가운데서도 〈리터러리 다이제스트(Literary Digest)〉지는 1916년 이후 대대적으로 실시하였으며, 대규모 자료에 의한 예측의 정확도를 보여 주고자 하였다. 〈리터러리 다이제스트〉지는 전화 · 자동차의 등록자명부를 바탕으로 다량의 모의투표 용지를 보낸 뒤, 회신되어 온 자료들을 모아서 분석하는 방법을 사용하였는데, F.D. Roosevelt와 A.M. Landon이 겨룬 1936년 대통령선거 때는 약 1000만부의 모의투표용지를 보내어 약 1/4을 회수하였다. 이렇게 수집된 자료에서 얻어진 결과

는 다음과 같이 공화당 후보자인 Alf Landon이 President Roosevelt을 이길 것 이라고 예측하였다.

Landon 57%　　　　Roosevelt 43%

하지만 개표가 끝난 후, 집계된 실제 결과는 다음과 같았다.

Landon 37%　　　　Roosevelt 63%

무려 1천만 명을 대상으로 한 설문지를 통해 실시한 이 조사는 오차가 20%나 되는 여론 조사 사상 최대의 오차로 인해 이 잡지의 신용은 매우 떨어지게 되었다.

이에 반해 George Horace Gallup(1901 ~ 1984)이 세운 〈미국여론조사소(American Institute of Public Opinion)〉는 각 주별로 인구비에 따라서 표본수를 설정하는 비례할당법을 사용하여, 위의 조사보다 훨씬 적은 5천명의 표본을 사용하여 Roosevelt의 승리를 1% 내의 오차로 거의 정확히 예측하였다. 이후부터는 대량조사에 대한 신뢰가 사라지고, 정확한 모집단 및 표집틀 설정을 하는 것이 표본조사에서 더 중요한 이슈로 등장하게 되었다.

위에서 소개한 선거 여론조사의 실수는 바로 표집틀을 정확하게 결정하지 못한 데에서 발생하였다. 당시 우편 여론조사에 사용된 조사틀은 전화번호부와 자동차등록부에서 얻어진 주소를 근거로 하였다. 1936년 경에 자동차나 전화를 소유한 미국인들은 부유하고 공화당에 투표하는 경향이 있었다. 하지만 선거 유권자의 많은 비율은 전화와 자동차가 모두 없었고, 이들은 민주당에 투표하는 경향이 있었다. 따라서 위 조사에서 리터러리 다이제스트가 사용한 표집틀은 전체 모집단을 대표하는 데 문제가 있었고, 이러한 점이 선거결과예측을 실패하게 하는 계기로 작용된 것이다.

예비조사

실제조사 전에 소규모 표본을 미리 추출하여 조사항목에 대한 조사를 시험적으로 실시하는 것을 **예비조사(pilot survey, preliminary survey)** 또는 시험조사(test survey)라고 한다. 예비조사를 통해 조사표가 잘 작성되었는지, 조사원들의 훈련이 잘 되었는지, 조사방법이 적절한지 등에 대한 사항을 검토한다.

실사(실제조사)

사전에 준비한 설문지 등을 이용하여 정해진 크기의 표본을 대상으로 실사를 실시한다.

7.8 평균의 표집분포

7.5절에서 $\overline{X}$의 표집분포에 대하여 간단히 살펴보았다. 표본분포(sample distribution)는 표본의 확률분포이고, 표집분포(sampling distribution)는 통계량의 분포이다. 표본분

포는 표본추출방법에 따라 만들어지는 하나의 분포만 있게 되지만, 표집분포는 관심 있는 통계량이 무엇이냐에 따라 무수히 만들어 지는 분포이다. 표본에서 만들 수 있는 통계량은 $\bar{X}$, S^2, $\bar{p}$ 등 무수히 많다. 따라서 표집분포는 무슨 통계량에 대한 표집분포인지 정해져야 하며, 따라서 그 분포의 모양도 다르게 된다.

무작위(단순임의추출)로 추출된 표본에서 표본평균으로 모평균을 추정하는 것은 표본평균이 모평균에 가까운 값을 줄 것이라는 믿음 때문이다. 이는 표본평균이 모평균에서 멀리 떨어진 값을 줄 수도 있지만, 그 확률이 작다는 생각을 하고 있기 때문이다. 이와 같이 표본평균은 모평균에서 조금이라도 벗어날 확률이 아주 작고, 표본수가 커질수록 점차 그 확률이 작아져 0에 가까워진다. 이러한 성질을 **대수의 법칙(law of large numbers)**이라고 한다. 우리가 가위바위보 게임을 할 때 여러 번 하여 승자를 결정하려고 하는 것이나, 보험회사에 보험상품의 평균보험료를 계산하여 고객들에게 판매하는 것도 이러한 대수의 법칙을 전제로 하기 때문이다.

벗어날 확률이 0으로 되는 것, 즉 확률적 수렴과 수학에서의 수렴은 다르다. 수학적 수렴은 확률적 수렴이지만 그 반대는 성립하지 않는다.

대수의 법칙

단순임의 추출한 $\bar{X}$가 모평균에서 조금이라도 벗어날 확률은 표본수가 커짐에 따라 점차 0으로 작아진다.

추정량이 실젯값과 얼마나 다른지 그 확률을 정확히 계산하려면 추정량의 분포를 알아야 하고, 추정량의 분포를 정확히 밝혀내는 작업은 반드시 모집단의 분포에 대한 지식을 요구한다.

먼저 모집단의 분포가 정규분포 $N(\mu, \sigma^2)$인 경우를 생각하여 보자. 이 경우 표본의 크기를 달리하며, $\bar{X}$의 분포를 그려보면 다음과 같다.

그림 7.3

정규분포 모집단에 대한 $\bar{X}$ 분포

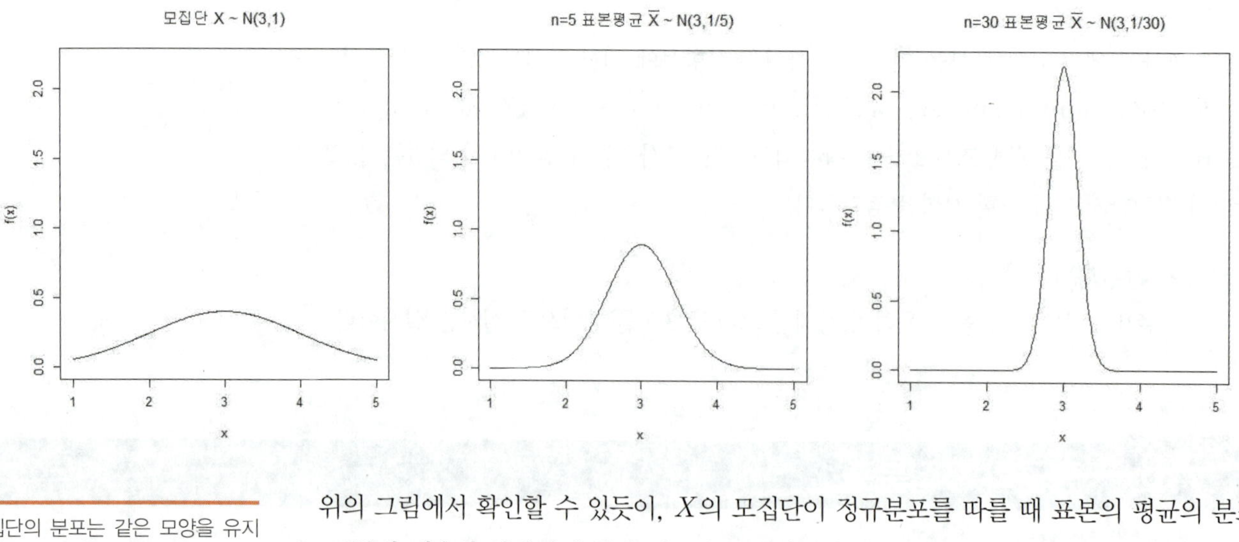

모집단의 분포는 같은 모양을 유지하고 있으나, $\bar{X}$의 표집분포는 표본 수 n에 따라 좁아지는 형태이다.

위의 그림에서 확인할 수 있듯이, X의 모집단이 정규분포를 따를 때 표본의 평균의 분포는 표본의 개수와 상관없이 항상 정규분포를 따른다. 평균은 모평균과 같으며 분산은 모분산의 $\frac{1}{n}$로 줄어들어 대수의 법칙이 작용하는 것을 볼 수 있다. 여기서는 위의 그림만을 살펴보고 이런 성질의 증명은 수리통계학 책에서 참고하기 바란다.

하지만 모집단의 분포가 정규분포가 아니어도, 표본의 크기 n이 충분히 클 때 표본평균의 분포는 대략적으로 정규분포를 하게 되는데, 이는 다음의 여러 경우에서 확인할 수 있다.

한 주사위로 n번 던졌을 때 나오는 평균의 분포를 구해보려고 한다. 이는 무한개의 주사위가 이미 던져 있는 모집단에서 n개의 무작위 표본을 뽑아 평균을 구하는 것과 같다. 우선 모집단 분포인 주사위 한 개 X의 분포는 균일분포이다.

x	1	2	3	4	5	6
$f(x)$	1/6	1/6	1/6	1/6	1/6	1/6

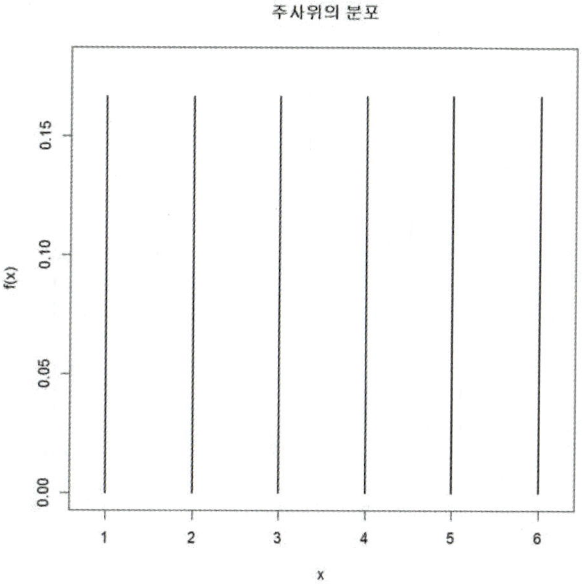

그림 7.4a
주사위 모집단 분포

평균 $\mu_X = E(X) = 1(1/6) + 2(1/6) + \cdots + 6(1/6) = 3.5$

분산 $\sigma_X^2 = V(X) = (1-3.5)^2(1/6) + (2-3.5)^2(1/6) + \cdots + (6-3.5)^2(1/6)$
$= 2.91667$

주사위를 두 번 던져 나오는 평균값, 즉 $n=2$의 표본평균 $\overline{X}_2$의 분포를 구하여 보자.

표본	평균	표본	평균	표본	평균
1, 1	1.0	3, 1	2.0	5, 1	3.0
1, 2	1.5	3, 2	2.5	5, 2	3.5
1, 3	2.0	3, 3	3.0	5, 3	4.0
1, 4	2.5	3, 4	3.5	5, 4	4.5
1, 5	3.0	3, 5	4.0	5, 5	5.0
1, 6	3.5	3, 6	4.5	5, 6	5.5
2, 1	1.5	4, 1	2.5	6, 1	3.5
2, 2	2.0	4, 2	3.0	6, 2	4.0
2, 3	2.5	4, 3	3.5	6, 3	4.5
2, 4	3.0	4, 4	4.0	6, 4	5.0

2, 5	3.5	4, 5	4.5	6, 5	5.5
2, 6	4.0	4, 6	5.0	6, 6	6.0

$\bar{x}$	1	1.5	2	2.5	3	3.5	4	4.5	5	5.5	6
$f(\bar{x})$	$1/6^2$	$2/6^2$	$3/6^2$	$4/6^2$	$5/6^2$	$6/6^2$	$5/6^2$	$4/6^2$	$3/6^2$	$2/6^2$	$1/6^2$

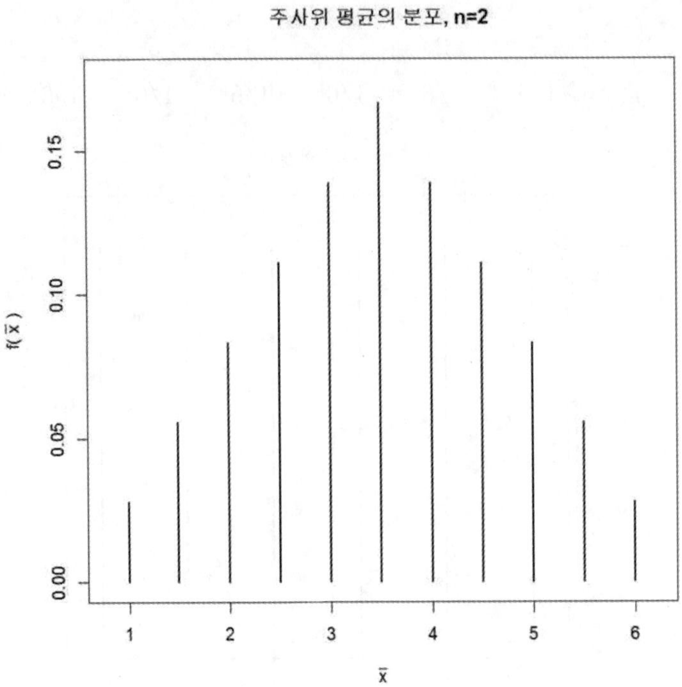

그림 7.4b
$n=2$ 주사위 표본평균 분포

평균 $\mu_{\bar{X}_2}=E(\bar{X}_2)=1(1/6^2)+1.5(2/6^2)+\cdots+6(1/6^2)=3.5$

분산 $\sigma^2_{\bar{X}_2}=V(\bar{X}_2)=(1-3.5)^2(1/6^2)+(1.5-3.5)^2(1/6^2)+\cdots+(6-3.5)^2(1/6)$
$=1.45833$

X와 $\bar{X}_2$의 평균과 분산은 다음 관계가 있다.

$$\mu_{\bar{X}_2}=3.5=\mu_X$$
$$\sigma^2_{\bar{X}_2}=1.45833=\frac{2.91667}{2}=\frac{\sigma^2_X}{2}=\frac{\sigma^2_X}{n}$$

$n=5$의 표본평균 $\bar{X}_5$의 분포는 다음과 같이 구해진다.

주사위 5개 표본	평균	경우의 수	확률
{1, 1, 1, 1, 1}	1.0	1	$1/6^5$
{1, 1, 1, 1, 2}	1.2	5	$5/6^5$
…	…	…	…

$\bar{x}$	1.0	1.2	1.4	1.6	1.8	2.0	2.2	2.4	2.6
$f(\bar{x})$	$1/6^5$	$5/6^5$	$15/6^5$	$35/6^5$	$70/6^5$	$126/6^5$	$205/6^5$	$305/6^5$	$420/6^5$

$\bar{x}$	2.8	3.0	3.2	3.4	3.6	3.8	4.0	4.2	4.4
$f(\bar{x})$	$540/6^5$	$651/6^5$	$735/6^5$	$780/6^5$	$780/6^5$	$735/6^5$	$651/6^5$	$540/6^5$	$420/6^5$

$\bar{x}$	4.6	4.8	5.0	5.2	5.4	5.6	5.8	6.0
$f(\bar{x})$	$305/6^5$	$205/6^5$	$126/6^5$	$70/6^5$	$35/6^5$	$15/6^5$	$5/6^5$	$1/6^5$

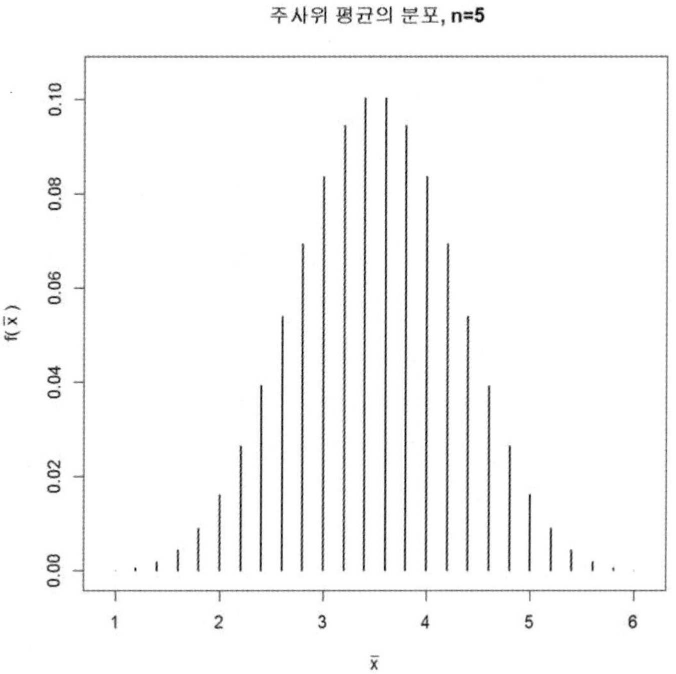

그림 7.4c
$n=5$ 주사위 표본평균 분포

평균 $\mu_{\bar{X}_5}=E(\bar{X}_5)=1(1/6^5)+1.2(5/6^5)+\cdots+6(1/6^5)=3.5$

분산 $\sigma^2_{\bar{X}_5}=V(\bar{X}_5)=(1-3.5)^2(1/6^5)+(1.2-3.5)^2(1/6^5)+\cdots+(6-3.5)^2(1/6^5)$
$=0.58333$

X와 $\bar{X}_5$의 평균과 분산은 다음 관계가 있다.

$$\mu_{\bar{X}_5}=3.5=\mu_X$$
$$\sigma^2_{\bar{X}_5}=0.58333=\frac{2.91667}{2}=\frac{\sigma^2_X}{5}=\frac{\sigma^2_X}{n}$$

주사위 표본평균의 분포에 대한 관찰

1. 모집단 분포가 대칭이면 표본평균의 분포도 대칭이다.
2. 표본수 n이 커지면서 표본평균의 분포는 종모양(bell-shaped)으로 변한다.
3. 표본수 n이 커지면서 표본평균의 평균값($\mu_{\bar{X}_n}=\mu_X$)은 그대로이고, 분산($\sigma^2_{\bar{X}_n}=\sigma^2_X/n$)은 $1/n$로 작아져 분포의 형태가 모평균 주위로 점점 모아지고 있어 대수의 법칙이 작용하고 있다.

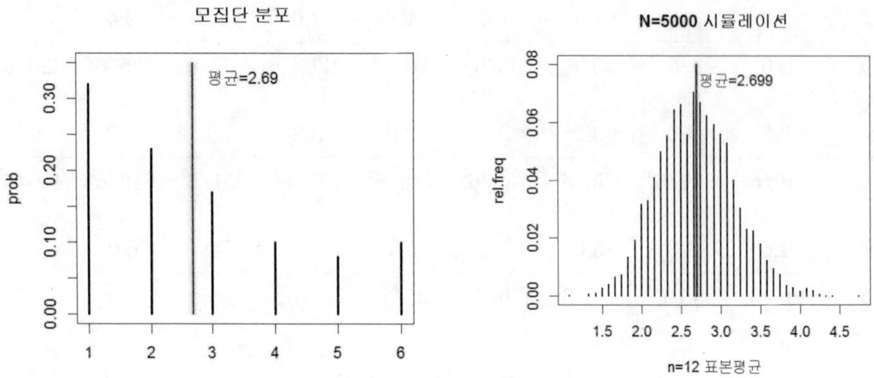

그림 7.5
비균등 주사위를 12회 던지고 나온 수의 평균

그림 7.5의 왼쪽은 다음의 확률값을 갖는

x	1	2	3	4	5	6
$f(x)$	0.32	0.23	0.17	0.10	0.08	0.10

비균등 주사위의 분포이다. 오른쪽은 $n=12$일 때의 평균의 분포를 시뮬레이션의 결과로 표현한 것이다. 왼쪽에서 보듯이 주사위의 분포는 정규분포 형태와 전혀 같지 않은 모양이다. 하지만 $n=12$의 그리 많지 않은 표본수라 하더라도 평균의 분포는 오른쪽에 보듯이 모집단의 평균값은 2.69를 중심으로 분포하는 좌우대칭에 가까운 분포 모양을 보이고 있다. 표본수 n을 늘이면 표본평균의 분포는 점점 정규분포의 형태로 된다.

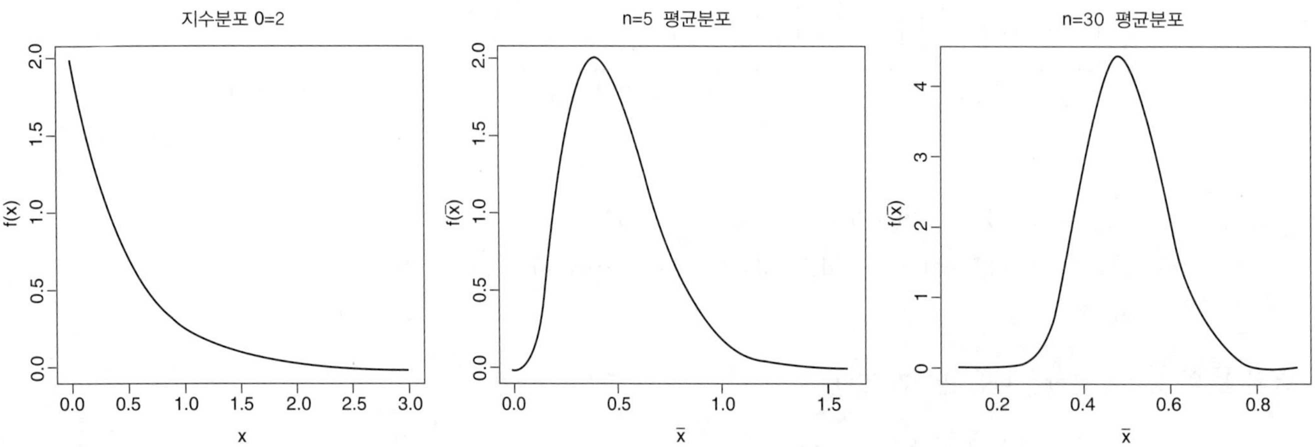

그림 7.6
지수분포와 표본평균의 분포

$\theta=2$인 지수분포와 $n=5$와 $n=30$인 표본평균에 대한 분포는 그림 7.6과 같다. 이들 분포의 평균과 분산은 다음과 같다.

지수분포	$n=5$ **표본평균 분포**	$n=30$ **표본평균 분포**
평균=0.5	평균=0.5	평균=0.5
분산=0.25	분산=0.05	분산=0.008333

지수분포 표본평균에 대한 관찰

1. 모집단 분포가 대칭이 아니어도 표본수 n이 커지면서 표본평균의 분포는 대칭형 종모

양(bell-shaped)으로 변한다.

2. 표본수 $n=30$의 표본평균 분포는 대칭형 종모양에 상당히 가깝다.
3. 표본수 n이 커지면서 평균은 그대로 유지되나($\mu_{\bar{X}_n}=\mu$), 분산은 점점 작아져 ($\sigma^2_{\bar{X}_n}=\sigma^2/n$) 분포 형태가 모평균 주위로 점점 모아지고 있어 대수의 법칙이 작용하고 있다.

유한모집단에서 단순확률추출로 표본을 추출하는 경우에도 표본의 크기만 크다면 위의 여러 경우처럼 표본평균은 정규분포에 가까운 분포를 가지며, 이와 같은 현상을 **중심극한정리(central limit theorem)**라고 한다. 모집단의 분포를 모르는 경우는 당연하고 모집단 분포를 안다고 하여도 일반적으로 통계량의 표집분포를 구할 수 없지만, 통계량이 표본평균인 경우는 중심극한정리에 의해 대략적으로 정규분포를 이용할 수 있게 된다.

중심극한정리

모집단이 정규분포가 아니더라도 평균 μ 분산 σ^2일 때, 무작위 표본의 크기 n이 충분히 크면 $\bar{X}$의 분포는 근사적으로 정규분포 $N\left(\mu, \dfrac{\sigma^2}{n}\right)$를 따른다.

위의 결과들을 종합하면, $\bar{X}$의 표집분포는 모집단이 평균 μ와 분산 σ^2의 정규분포를 따르면 정확히 $N\left(\mu, \dfrac{\sigma^2}{n}\right)$의 분포가 되고, 모집단의 평균이 μ, 분산이 σ^2이며 정규분포를 따르지 않지만 표본이 충분히 많으면 근사적으로 $N\left(\mu, \dfrac{\sigma^2}{n}\right)$의 분포가 된다. 표본크기가 30이상이면 왠만한 경우 정규분포에 상당히 근접한다. 모집단의 분포가 정규분포는 아니지만 대칭형일 경우는 표본크기가 30보다 훨씬 적어도 (15 ~ 20) 평균의 분포가 정규분포에 근사한다.

표본평균 $\bar{X}$의 분포

(1) 모집단이 $N(\mu, \sigma^2)$일 때: $\bar{X} \sim N\left(\mu, \dfrac{\sigma^2}{n}\right)$

(2) 모평균이 μ, 모분산이 σ^2, 표본크기 $n \geq 30$일 때: $\bar{X} \sim$ 근사 $N\left(\mu, \dfrac{\sigma^2}{n}\right)$

예제 7.4

ABC대학의 한 건물의 엘리베이터에는 다음과 같은 문구가 적혀 있다. "정격 하중 1,350 kg" "정원 20명." 통계학을 수강하는 한 학생은 20명의 몸무게가 과연 1,350 kg을 넘을 확률이 얼마나 될지 궁금하였다. ABC대학 구성원들의 몸무게의 평균은 64 kg이고, 표준편차는 10 kg인 것을 가정하여라.

풀이

20명의 몸무게가 1350 kg을 넘는 확률이나 평균몸무게가 $1350/20=67.5$ kg을 넘는 확률은 같으므로, 평균의 문제로 바꾸어 생각할 수 있다. 중심극한정리에 의하여 평균은 근사적으로 정규분포를 따르는 것을 이용하자. $n=20$으로 추천하는 표본수 30보다 적더라도 몸무게가 대칭형 분포라면 중심극한정리를 적용하는 데 큰 무리가 없다.

$$P(\overline{X}>67.5)=P\left(\frac{\overline{X}-\mu}{\sigma/\sqrt{n}}>\frac{67.5-64}{10/\sqrt{20}}\right)\approx P(Z>1.5652)=0.05876$$

ABC대학의 엘리베이터에 20명이 탔을 때 정격 하중을 넘을 확률은 약 0.059이다.

표본의 합계는 표본평균에 n을 곱하여 얻어지므로 표본합의 평균은 표본평균의 평균에 n배를 하고, 분산은 표본평균의 분산에 n^2배를 하여 얻는다.

$$E[\sum X_i]=E[n\overline{X}]=nE[\overline{X}]=n\mu$$
$$V[\sum X_i]=V[n\overline{X}]=n^2V[\overline{X}]=n^2\frac{\sigma^2}{n}=n\sigma^2$$

모집단이 정규분포를 하지 않을 때 표본합 또한 중심극한정리가 작용한다.

표본합 $\sum X_i$의 분포

(1) 모집단이 $N(\mu, \sigma^2)$일 때 : $\sum X_i \sim N(n\mu, n\sigma^2)$

(2) 모평균이 μ, 모분산이 σ^2, 표본크기 $n \geq 30$일 때 : $\sum X_i \sim$근사 $N(n\mu, n\sigma^2)$

이 절에서 다룬 대수의 법칙과 중심극한정리는 표본평균에 적용되는 것이며, 이를 일반화시켜 표본중앙값, 표본최빈값, 표본최댓값 등 다른 모든 통계량에 기계적으로 적용할 수 없다. 다음 절의 표본비율은 표본평균의 특수한 경우에 속하여 중심극한정리가 적용된다.

7.9 비율의 표집분포

비율은 0과 1로 된 자료의 평균이다.

정부정책에 대한 찬성률, 어느 정당에 대한 지지율, 벤처기업의 파산 비율, 생산제품의 불량률, 현재 소유하고 있는 차와 같은 자동차를 다시 사겠다는 소비자의 비율 등 비율의 표집분포는 평균의 표집분포를 얻는 과정과 비슷하다. 왜냐하면 비율은 평균의 특수한 경우이기 때문이다.

정부정책에 찬성하는 사람이 5명 중 2명이라면 찬성 비율은 0.4이다. 이는 찬성을 1로, 반대를 0으로 표기하여 그 값들의 평균을 구한 것과 같다.

$$\overline{p}=0.4=\frac{1+1+0+0+0}{5}=\frac{x_1+x_2+x_3+x_4+x_5}{n}=\overline{x}$$

n개의 표본을 추출하여 조사한 결과, '성공'의 수가 X라면, X는 베르누이 시행 X_i가 n개 모인 것이며, 성공확률을 p로 하는 이항분포를 따르게 된다. 이항분포의 평균과 분산은

$$E(X)=\mu=n\cdot p,\quad V(X)=\sigma^2=n\cdot p\cdot(1-p)$$

이다. **표본비율(sample proportion)** $\overline{p}$은 다음과 같이 구해진다.

$$\overline{p}=\frac{\sum_{i=1}^{n}X_i}{n}=\frac{X}{n}$$

따라서 $\overline{p}$의 평균과 분산은

$$E(\overline{p})=\frac{E(X)}{n}=\frac{n\cdot p}{n}=p,$$

$$Var(\overline{p})=\frac{Var(X)}{n^2}=\frac{n\cdot p\cdot(1-p)}{n^2}=\frac{p\cdot(1-p)}{n}$$

이다.

모집단이 베르누이 시행(또는 이항분포)이면 $\overline{p}$는 표본크기가 충분히 클 때 대수의 법칙과 중심극한정리를 적용할 수 있다. 비율의 경우에는 정규분포에 가까우려면 $n\cdot p\geq 5$과 $n\cdot(1-p)\geq 5$의 조건이 동시에 맞아야 한다.

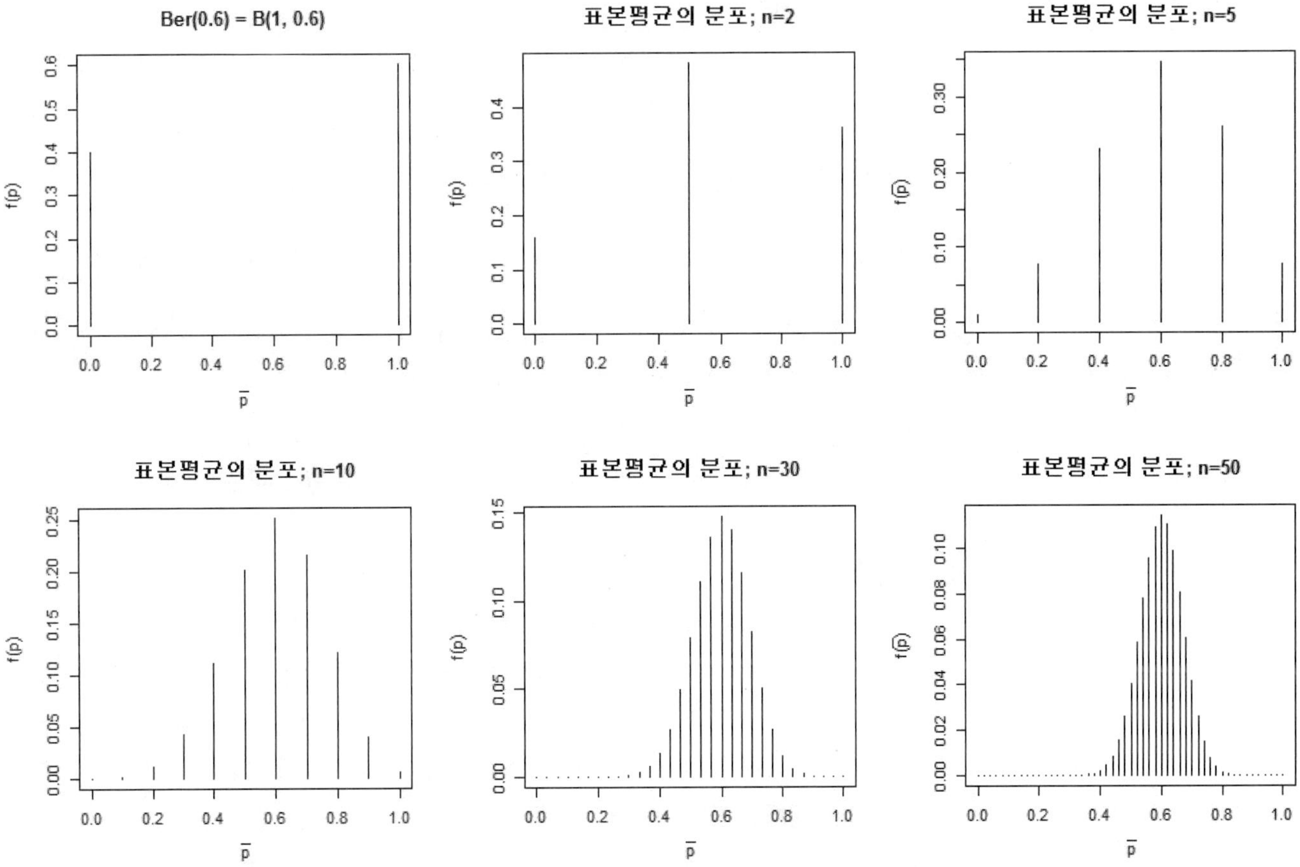

그림 7.7
베르누이 시행의 표본평균 분포

베르누이 시행의 표본평균은 이항분포를 이용하여 확률값을 직접 구할 수 있다. 만일 모집단이 $\Pr\{X=0\}=0.4$, $\Pr\{X=1\}=0.6$의 베르누이 시행을 하는 분포라면, $n=2$의 표본 $\{x_1, x_2\}$은 $\{0,0\}$, $\{0,1\}$, $\{1,1\}$의 조합으로 가능하고, 해당 확률은 $\binom{n}{x}p^x(1-p)^{n-x}$의 이항분포식으로 구할 수 있다. 여기서 $x=\sum x_i$이다.

모집단 분포

x	0	1
prob	0.4	0.6

$n=2$ **표본평균 분포**

표본	{0,0}	{0,1}	{1,1}
x	0	1	2
prob	0.09	0.42	0.49
$\bar{x}$	0	0.5	1

n=5 **표본평균 분포**

표본	{0=5개, 1=0개}	{0=4개, 1=1개}	{0=3개, 1=2개}	{0=2개, 1=3개}	{0=1개, 1=4개}	{0=0개, 1=5개}
x	0	1	2	3	4	5
prob	0.00243	0.02835	0.13230	0.30870	0.36015	0.16807
$\bar{x}$	0	0.2	0.4	0.6	0.8	1

예를 들면, $n=5$일 때 표본평균이 0.4가 될 확률은

$$\Pr\{\bar{X}_5=0.4\}=\Pr\{X=2 \mid X\sim \text{Bin}(5, 0.6)\}=\binom{5}{2}0.6^2(1-0.6)^{5-2}=0.13230$$

으로 계산된다. 이와 같은 계산으로 $n=10$, $n=30$일 때의 표본평균의 분포를 그린 것이다. 그림 7.7에서 보듯이 모집단의 분포는 모평균 0.6을 중심으로 하는 대칭형과는 거리가 멀다. 그러나 표본평균의 분포는 n이 커지면서 모평균 0.6을 중심으로 모아지고 있으며 대칭형 종 모양에 가까워진다. 대수의 법칙과 중심극한정리가 작동하고 있는 것을 알 수 있다.

예제 7.5

어느 대학의 사회계열 학생들을 대상으로 하는 통계학입문 강의는 70명씩 10개반으로 나누어 진행되고 있다. 사회계열 학생들은 각자 수강하려는 모든 과목들의 시간표를 고려하여 다른 교양과목이나 전공과목들과 시간이 겹치지 않도록 10개의 반 중 어느 하나를 수강하여야 한다. 어느 특정 통계학입문 반의 여학생수가 과반이 될 확률을 구하여라. 사회계열 전체 여학생의 비율은 0.54이다.

풀이

① $\bar{p}$가 0.5보다 클 확률을 구하는 문제이다. $np=70\times 0.54=37.8\geq 5$이고 $n(1-p)=70\times 0.46=32.2\geq 5$이므로 중심극한정리를 이용할 수 있다.

$$P(\bar{p}>0.5)=P\left(\frac{\bar{p}-p}{\sqrt{\frac{p(1-p)}{n}}}>\frac{0.5-0.54}{\sqrt{\frac{0.54(1-0.54)}{70}}}\right)$$

$$\approx P(Z>-0.6715)=0.7490$$

여학생이 과반일 확률은 0.7490이다.

② $X\sim$Bin(70, 0.54)일 때, P($X\geq$36)을 구하는 문제.
이항분포로 직접 계산하면

$$P(X\geq 36)=0.7100$$

③ 6.3절에 있는 이항분포의 정규근사를 이용하면

$$P(X\geq 36)\approx P\left(Z\geq\frac{35.5-70(0.54)}{\sqrt{70(0.54)(1-0.54)}}\right)=P(Z\geq-0.5516)=0.7094$$

①과 ③의 차이는 연속성 보정계수의 사용여부이다. ③을 ① 식의 형태로 바꾸면

$$P\left(Z\geq\frac{35.5-70(0.54)}{\sqrt{70(0.54)(1-0.54)}}\right)=\Pr\left(Z\geq\frac{35.5/70-0.54}{\sqrt{\frac{0.54(1-0.54)}{70}}}\right)$$

$$=\Pr\left(Z\geq\frac{0.5071-0.54}{\sqrt{\frac{0.54(1-0.54)}{70}}}\right)$$

이 되기 때문이다. 0.5와 0.5071의 차이로 확률값이 다르게 계산되었다.

읽을거리 표준오차

모분산(population variance)의 제곱근은 모집단 표준편차(population standard deviation)이고, 표본을 구성하는 확률변수들로 계산한 표본분산(sample variance)의 제곱근이 표본표준편차(sample standard deviation)이다. 모집단표준편차를 줄여 표준편차(standard deviation)라고 한다. 수식으로는 다음과 같은 차이가 있다.

표준편차: $\sigma=\sqrt{Var(X)}=\sqrt{\sigma^2}$

표본표준편차: $s=\sqrt{s^2}=\sqrt{\frac{\sum(X_i-\bar{X})^2}{n-1}}$

여기에 혼란스러움을 가중시키는 것이 **표준오차(standard error)**이다. 표준오차는 추정량이 갖는 분산의 제곱근이므로 추정량의 표준편차인 것이다. 통계하는 사람들은 '추정량 표준편차'라는 용어를 사용하지 않고 표준오차라는 용어를 사용한다. 같은 모수에 대하여 사용하는 추정량은 하나가 아니고 여러 개인 경우가 많다. 모수 μ를 추정하기 위하여 표본평균

$(\overline{X})$ 또는 표본중앙값(X_{med})을 사용할 수 있다. 어떠한 추정량을 사용하는지, 어떤 분포를 하는 모집단인지에 따라 표준오차의 값은 달라지므로, 추정량의 일반적 표현인 $\hat{\theta}$에 대한 수식 표현은 아래의 형태보다 더 자세히 쓸 수 없다.

$$\text{추정량 } \hat{\theta}\text{의 표준오차} = \sigma_{\hat{\theta}} = \sqrt{Var(\hat{\theta})}$$

추정량을 단순확률표본의 표본평균에 한정시키는 경우는 식 (7.1) 또는 식 (7.2)에서 분산을 구하였으므로, 보편적인 표현으로 표준오차를 나타낼 수 있다. 무한모집단의 경우는 아래와 같다.

$$\text{표본평균의 표준오차} = \sigma_{\overline{X}} = \sqrt{Var(\overline{X})} = \frac{\sigma}{\sqrt{n}}$$

하지만 표본중앙값을 추정량으로 선택한다면 표본중앙값의 표준오차는 모집단 분포에 따라 다르므로 보편적인 수식으로 표현할 수 없다. 참고로 정규분포 $N(\mu, \sigma^2)$를 따르는 모집단에서 추출한 표본중앙값의 표준오차는 다음과 같다.

$$\text{표본중앙값의 표준오차} = \sigma_{X_{\text{med}}} = \sqrt{\frac{\pi}{2}}\frac{\sigma}{\sqrt{n}}$$

통계는 일부분(표본)으로 전체(모집단)를 유추 또는 추론하는 학문이며, 이때 발생하는 오차를 줄이는 방법을 연구하고, 선택된 추정량의 오차를 계산하여 새로운 현상의 규명이나 의사결정의 기저로 제공하여야 하므로, 표준오차는 통계학에서 중요한 용어 및 개념이다.

읽을거리 대수의 법칙(7.8절 참조)

영국의 수학자인 John Kerrich는 코펜하겐대학(University of Copenhagen)에서 강의하고 있던 중 2차세계대전이 일어났고, 수용소에 갇혀 지내다 전쟁 후에는 남아공의 Witwatersrand 대학의 수학과 교수로 일하였다. 아래 표는 그가 수용소에서 동전 던지기를 하여 얻은 결과이다. 시간이 많았던 그는 동전을 만 번 던지면서 앞면의 수를 기록하였다.

Kerrich.xlsx

던진 동전수	앞면의 수	차이	앞면의 비율	던진 동전수	앞면의 수	차이	앞면의 비율
10	4	−1	0.400	600	312	12	0.520
20	10	0	0.500	700	368	18	0.526
30	17	2	0.567	800	413	13	0.516
40	21	1	0.525	900	458	8	0.509
50	25	0	0.500	1,000	502	2	0.502
60	29	−1	0.483	2,000	1,013	13	0.507
70	32	−3	0.457	3,000	1,510	10	0.503
80	35	−5	0.438	4,000	2,029	29	0.507
90	40	−5	0.444	5,000	2,533	33	0.507

100	44	−6	0.440	6,000	3,009	9	0.502
200	98	−2	0.490	7,000	3,516	16	0.502
300	146	−4	0.487	8,000	4,034	34	0.504
400	199	−1	0.498	9,000	4,538	38	0.504
500	255	5	0.510	10,000	5,067	67	0.507

위의 표에서 차이는 앞면의 수에서 총 던진 수의 반을 뺀 차이이다. 아래의 그래프는 총 던진 수와 차이를 나타낸다. X축의 던진 수는 로그변환하여 표시하였다. 즉, 1, 2, 3, 4는 각각 10^1, 10^2, 10^3, 10^4를 나타낸다. 그래프에서 쉽게 볼 수 있듯이 동전 앞면의 수는 던지면 던질수록 총 던진 수의 반에서 점점 멀어지고 있다.

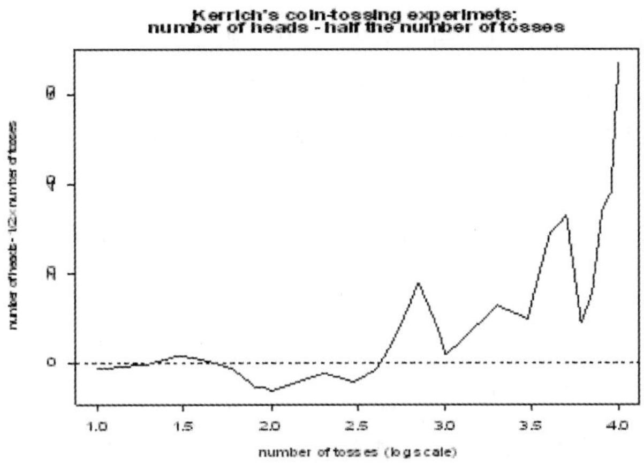

하지만 총 던진 수에 대한 앞면의 비율은 던진 수가 많아지면서 점점 0.5에 가까이 가는 것을 볼 수 있다.

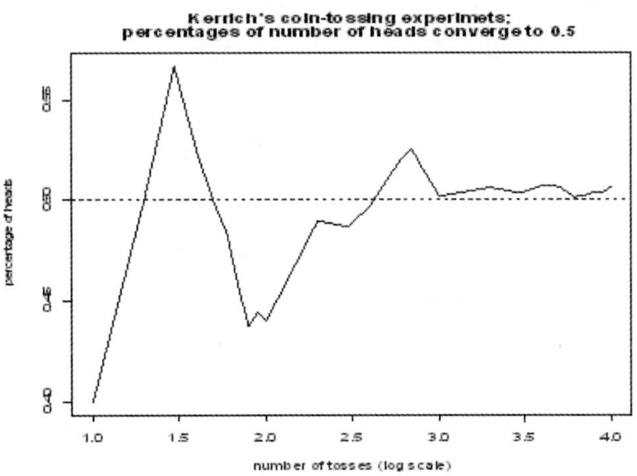

비율은 평균이고 평균값은 표본수가 커짐에 따라 점점 모수인 $p=0.5$로 접근해 가는 것을 볼 수 있다. 즉, 대수의 법칙이 작용하는 것을 볼 수 있다.

읽을거리 [밀물썰물] 주식 투자

박태성 논설위원

통계학에서 '다수의 법칙(the law of large numbers)'이라는 용어가 있다. 한 개인이 평생 동안 1조 원의 재산을 모으는 것이 확률적으로는 어렵지만, 수천만의 사람을 대상으로 그중 한 사람이 1조 원의 재산을 모을 가능성을 따져 본다면 그렇게 어려운 일이 아니라는 것이다.

복권 당첨과 주식투자 대박 기대와 같이 특정 다수에서 생길 수 있는 가능성을 본인의 확률로 착각하는 경우이다.

주식가격은 '제멋대로의 걸음마'를 뜻하는 랜덤 워크(random walk)로 표현되기도 한다. 주식투자의 도박적 속성이다. 영국의 인류학자 거다 리스는 "21세기 인간은 모두 도박자"라고 말한다. 사람들이 습관적으로 복권을 사고, 경마장에서 죽치고, 사무실에서 사다리 타기를 하는 사실을 떠올리면, 그의 신조어 '호모 알레아토르(homo aleator), 즉 도박적 인간'이 설득력 있다.

그는 주식투자도 차라리 이렇게 속 시원히 말하라고 한다. "이것은 도박이다. 그런데도 사람들은 경제 지식으로 치장하려 든다. 필요한 것은 단지 동물적 감각이다. 주식가격이 오르내린다. 베팅하라!"

하지만 자본주의는 주식 거래와 증권거래소가 없다면 지탱할 수 없는 제도이다. 주가 예측은 매우 어렵지만, 예측하려고 노력하면서 기업 정보가 생산된다. 결국에는 생산성이 높은 기업으로 자금이 흘러들어 간다. 투자가 이뤄지며 경제가 발전하는 것이다. 최근 증권사에서 빚을 내 주식투자하는 신용융자거래가 사상 처음으로 7조원에 이르고 있다고 한다. 부동산 투기에 이어 주식투자 열풍이 다시 불어 닥치고 있다. 투자를 넘어 투기가 되면 폐해가 심각해진다. 주식투자도 '다수의 법칙'을 기억하면서 경제 공부 좀 한다는 생각을 가져야 할 것 같다. 그런데 이 또한 '투기적 사회'가 끊임없이 재생산하는 '도박적 인간'의 속성을 간과한 것인지 알 수가 없다.

출처: 부산일보 / 입력시간: 2007.06.22. 10:18

주: 위 글에서 다수의 법칙은 본문 7.8절의 대수의 법칙(the law of large numbers)과 전혀 다른 내용이다. Persi Diaconis와 Frederick Mosteller(1989)는 위에서 이야기하고 있는 내용처럼 아무리 작은 확률의 사건도 표본수가 많아지면 발생할 수 있다는 것을 the law of truly large numbers라고 명명하였다. 대수의 법칙은 표본수가 20 ~ 30일 때 적용할 수 있는 법칙인 데 반하여 the law of truly large numbers에서의 표본수는 10,000이나 그보다 훨씬 큰 수에 관한 것이라 이름을 그렇게 붙인 것이다. '거대 다수의 법칙' 또는'진정 다수의 법칙'으로 번역할 수 있겠다. (Diaconis, P.; Mosteller, F. (1989) "Methods of Studying Coincidences", Journal of American Statistical Association 84(408), 853-861.)

EXCEL · SPSS · R

이 책과 관련된 데이터, 정오표 등은 자유아카데미의 홈페이지(www.freeaca.com)나 web.yonsei.ac.kr/cekim에서 얻을 수 있다.

'평균 μ, 표준편차 σ인 임의의 모집단에서 추출한 표본평균 $\overline{X}$의 표집분포는, 추출 횟수가 증가함에 따라 평균 μ, 분산 σ^2/n(또는 표준편차 $\sigma/\sqrt{n}$)인 정규분포에 가까워진다'는 중심극한정리를 시뮬레이션에 의해 확인해 보기로 한다.

시뮬레이션에 사용하는 난수들이 그때그때 다르게 생성될 것이므로 결과는 여기에서와 조금씩 다르게 나온다.

"$\overline{X}$가 모평균에서 조금이라도 벗어날 확률은 표본수가 커짐에 따라 점차 0으로 작아진다"라는 대수의 법칙과 "모집단이 정규분포가 아니더라도, 평균 μ, 분산 σ^2인 모집단에서 추출한 표본평균 $\overline{X}$의 표집분포는 표본수가 증가함에 따라 평균 μ, 분산 σ^2/n인 정규분포에 가까워진다"라는 중심극한정리를 엑셀을 이용하여 확인해 보기로 한다.

$X \sim U(0,2)$는 평균이 1, 분산은 $\frac{1}{3}$이다(6.2절 참조). 따라서 $\overline{X}$는 $n=5$, 10, 30, 100일 때 평균은 1이며 분산은 각각 $\frac{1}{15}=0.066667$, $\frac{1}{30}=0.033333$, $\frac{1}{90}=0.011111$, $\frac{1}{300}=0.003333$이며(식 7.2 참조) 분포의 모양은 n이 커짐에 따라 점점 정규분포의 형태로 변하게 된다. $X \sim U(0,2)$일 때 $\overline{X}$의 이론적인 분포를 정확히 구하기 어려우므로 $n=5$, 10, 30, 100일 때 각각 100번의 시뮬레이션을 하여 평균, 분산을 구하여 이론적인 값과 비교하고 히스토그램을 그려 n이 커짐에 따라 점점 $\overline{X}$ 값이 모평균 값으로 수렴하는지(대수의 법칙), $\overline{X}$의 분포가 정규분포에 가까운 모양으로 변하는가(중심극한정리) 확인한다.

난수의 생성은 그때그때 다른 값이 만들어지므로 독자들이 실행할 때는 결과가 조금씩 다르게 나타날 것이다. 특히 n이 작은 경우는 많은 차이가 날 수 있다.

EXCEL

Step 1 랜덤 표본추출

- **[데이터]** 메뉴를 누르고 **[데이터 분석]**을 선택한다.
- **[난수 생성]**을 선택하고 **[확인]**을 누른다.
- **[난수 생성]** 대화상자 창이 나타나면 다음과 같이 입력한다.

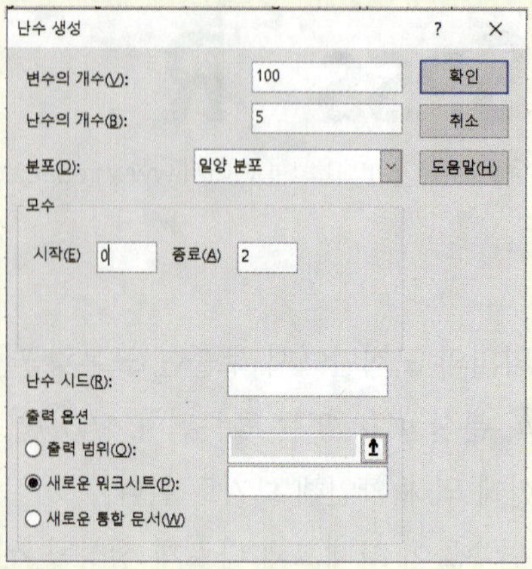

이는 $U(0,\ 2)$를 따르는 모집단에서 표본크기 5인 표본을 100번 추출하는 것을 의미한다.

- **[확인]**을 누르면 5행, 100열의 난수가 생성된다. A열에서 CV열까지 독자들이 할 때는 그때마다 다른 난수들이 생길 것이다.

Step 2 **$\bar{x}$의 계산**

- 표본크기 5의 평균을 구하기 위해 A7 셀에 다음 수식을 입력한다.

= AVERAGE(A1:A5)

A7 =AVERAGE(A1:A5)

	A	B	C	D	E	F
1	0.892483	0.604816	0.836756	0.642415	0.895596	0.601032
2	1.570727	0.789819	0.173284	1.305521	1.845271	0.064638
3	0.390881	1.834712	0.635884	0.78695	1.813044	1.866024
4	1.444014	1.815241	1.950743	1.045625	0.509659	1.112278
5	1.564013	0.843532	0.938993	1.146275	1.155797	1.896298
6						
7	1.172423					

⟨Enter⟩를 친 후 이 수식을 B7:CV7 범위에 복사한다. 그러면 100개의 표본평균을 얻게 된다.

Step 3 **히스토그램**

- 계급구간을 설정하기 위해 CX1부터 CX14에 각각 0.35, 0.45, ⋯, 1.65를 입력한다.

CV	CW	CX
0.959624		0.35
1.922178		0.45
0.826868		0.55
1.216346		0.65
0.588885		0.75
		0.85
1.10278		0.95
		1.05
		1.15
		1.25
		1.35
		1.45
		1.55
		1.65

0.35 계급 구간은 0.35 이하 값을, 0.45 계급 구간은 0.35를 초과하고 0.45 이하 값을 나타낸다. 가능한 전 구간을 표함하려면 0.05, 0.15, …, 1.95를 입력하여야 하지만 평균값이 0.25 이하 또는 1.75 이상 나올 가능성이 매우 적다. 지정된 범위를 벗어나면 여기서는 1.65를 초과하는 값은 히스토그램의 '기타' 계급에 속하게 된다.

- **[데이터]**>**[데이터 분석]**>**[히스토그램]**을 선택한다.

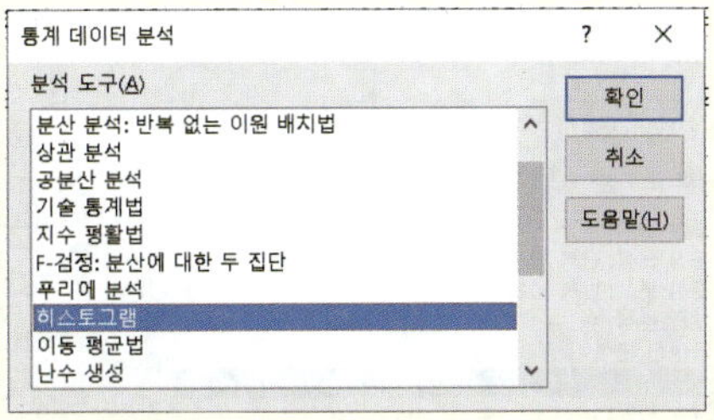

- **히스토그램** 대화상자 창이 나타나면 **입력 범위**: $A$7:$CV$7, **계급 구간**: $CX $1:$CX$14를 지정하거나 직접 입력하고 **차트 출력**을 선택한 후 **[확인]**을 누른다.

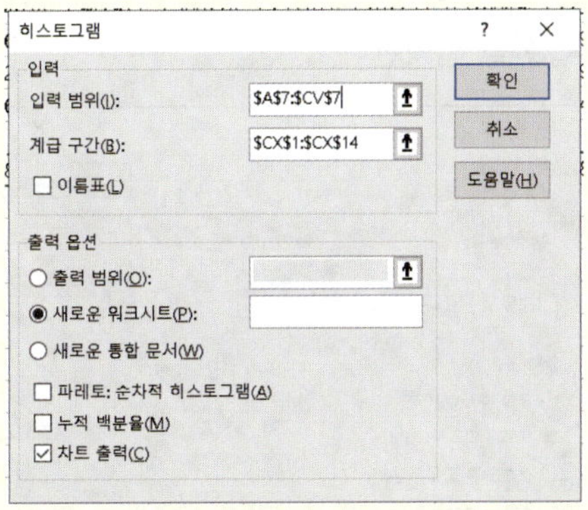

이는 A7부터 CV7까지 100개의 표본평균에 대해 계급 크기는 0.1로 히스토그램을 그리는 명령이다.

- **[확인]**을 누르면 다음과 같이 도수분포표와 히스토그램이 나타난다.

	A	B
1	계급	빈도수
2	0.35	0
3	0.45	0
4	0.55	1
5	0.65	4
6	0.75	12
7	0.85	6
8	0.95	15
9	1.05	14
10	1.15	15
11	1.25	18
12	1.35	11
13	1.45	4
14	1.55	0
15	1.65	0
16	기타	0
17		

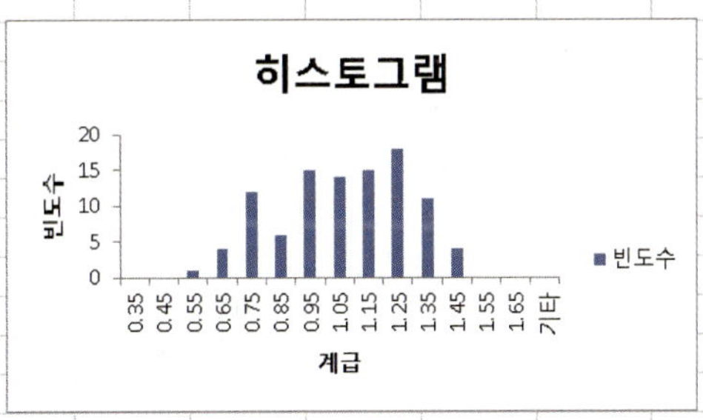

U(0,2) 분포는 대칭형이므로 $n=5$의 작은 표본수임에도 불구하고 가운데 부분인 1.1 계급구간이 특이하게 적게 그려진 것을 제외하면 전체적으로 정규분포의 모양에 가까운 것을 볼 수 있다.

Step 4 평균과 분산의 확인

- 생성된 데이터가 있는 sheet로 돌아와서 표본평균들의 평균과 분산을 계산하기 위해 **[데이터]**>**[데이터분석]**>**[기술 통계법]**을 선택한 후 **[확인]**을 누른다.

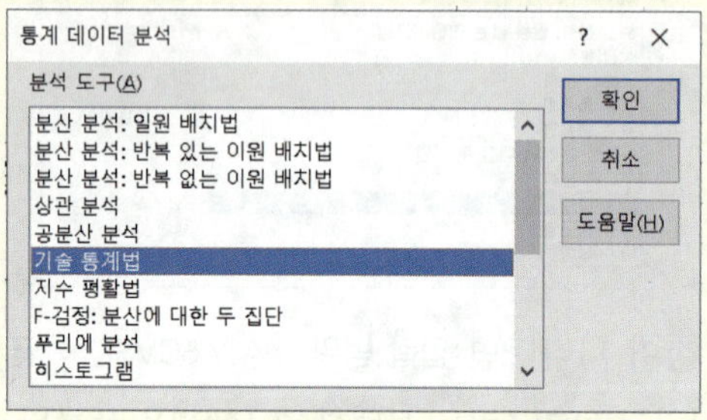

- **기술 통계법** 대화상자가 나타나면 다음과 같이 **입력 범위**에 A7:CV7을 입력하고, **데이터 방향**에 행을 〈**요약 통계량**〉 옵션을 선택한다.

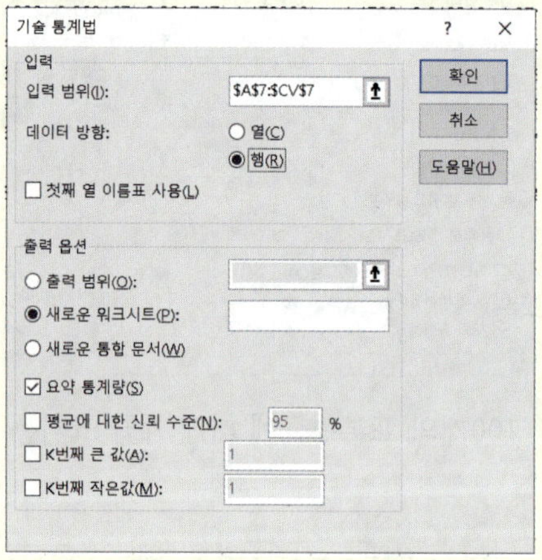

- **[확인]**을 누르면 **새로운 워크시트**에 다음과 같이 100개의 표본평균들에 대한 기술 통계들이 계산된다.

	A	B
1	Row1	
2		
3	평균	1.01704
4	표준 오차	0.021655
5	중앙값	1.037074
6	최빈값	#N/A
7	표준 편차	0.216551
8	분산	0.046894
9	첨도	-0.78499
10	왜도	-0.26137
11	범위	0.899576
12	최소값	0.540287
13	최대값	1.439863
14	합	101.704
15	관측수	100

중심극한정리에 의하면 표본평균 $\overline{X}$의 분포는 이론적으로

평균이 $\mu=\frac{0+2}{2}=1$, 분산이 $\sigma^2/n=\frac{(2-0)^2}{12}\times\frac{1}{5}=\frac{1}{15}=0.06667$이다.

계산된 요약 통계량을 보면 평균=1.027, 분산=0.070으로, 이론값과 근사적으로 같다는 것을 확인할 수 있다.

Step 5 아래 결과는 각각의 시뮬레이션 결과를 편집한 것이다. 이론적으로 구한 분산값 0.066, 0.033, 0.011, 0.0033을 시뮬레이션 결과가 잘 반영하고 있다. 평균과 중앙값은 1 부근에 있고, 표준편차나 분산은 점점 작아져 0으로 수렴하고 있다. 모집단 분포 U(0,2)가 대칭형이므로 n의 값이 작더라도 평균과 중앙값이 거의 같은 값이지만, 만일 모집단 분포가 심한 비대칭이었다면 중앙값이 n이 커지면서 평균값과 드라마틱하게 같아지는 것을 볼 수 있었을 것이다. 최솟값은 점점 커지면서 1로 가고 있고 최댓값은 점점 작아지면서 1로 가고 있다. 값이 점점 1로 가까이 모아지고 있어 대수의 법칙이 작동하고 있음을 알 수 있다.

	A	B	C	D	E	F	G	H	I	J	K
1	n=5			n=10			n=30			n=100	
2	평균	1.01704		평균	0.969209		평균	0.999412		평균	0.999833
3	중앙값	1.037074		중앙값	0.965929		중앙값	0.9955		중앙값	1.001836
4	표준 편차	0.216551		표준 편차	0.169837		표준 편차	0.092975		표준 편차	0.060746
5	분산	0.046894		분산	0.028845		분산	0.008644		분산	0.00369
6	최소값	0.540287		최소값	0.58413		최소값	0.778743		최소값	0.859313
7	최대값	1.439863		최대값	1.380334		최대값	1.218531		최대값	1.174762

아래는 히스토그램을 모아 놓은 것이다. 위의 통계량들의 변화 추이에서 알 수 있는 상황들과 대수의 법칙 및 정규분포 형태로의 근사를 히스토그램에서 볼 수 있다.

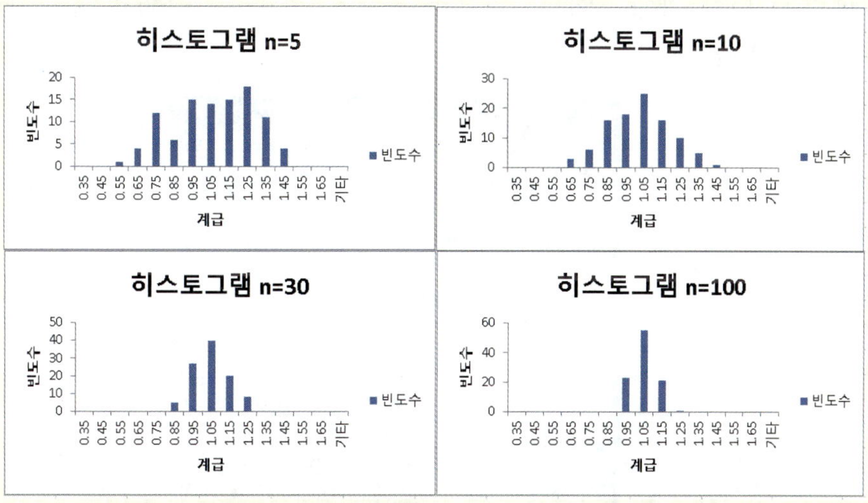

SPSS

시뮬레이션의 내용은 엑셀 앞 부분에 있으니 이를 먼저 읽어 보아라.

SPSS에서는 **변환** 메뉴에서 **변수계산**을 선택하면 **함수집단**에서 **난수** 함수를 선택하여 난수를 생성할 수 있다. 하지만 시뮬레이션을 하려면 반복적인 작업을 해야 하므로(여기서는 400번!) 이미 만들어진 파일을 이용한다. 시뮬레이션 스크립트(명령문들을 프로그래밍하여 만든 것)를 작성하여 실행시킬 수도 있겠다.

Step 1 **파일>열기>데이터** 메뉴를 선택하여 “7장 중심극한정리($n=5$).sav” 파일을 연다.

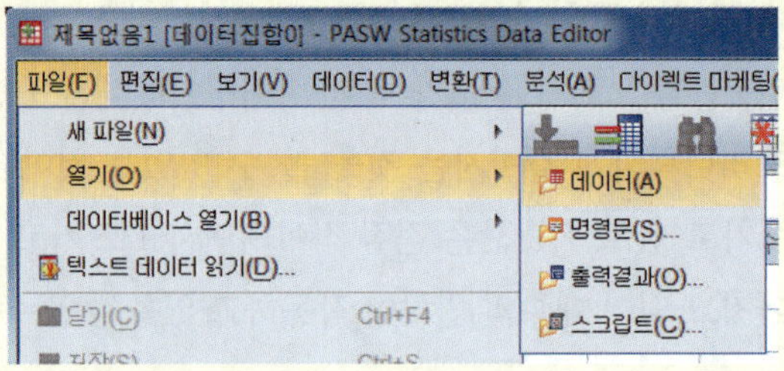

Step 2 변수 v1에서 v100까지 각각 5개의 난수가 있고 case 7에는 평균값이 저장되어 있다.

	V1	V2	V3	V4	V5	V6
1	.7640	.2014	1.1930	1.7982	1.7692	1.9169
2	.6004	1.6044	1.3922	.5430	1.8081	.0782
3	1.1795	1.1698	.9940	.2210	1.1861	1.1178
4	.5303	1.6206	.4019	.9085	.8164	1.8711
5	.7959	1.4775	.2026	1.3963	1.6712	.3876
6	.	.	.	.	.	.
7	.7740	1.2147	.8367	.9734	1.4502	1.0743

Step 3 **데이터>데이터 전치** 메뉴를 선택하고 **전치** 창에서 v1 ~ v100 변수를 선택하고 **[확인]**을 누른다.

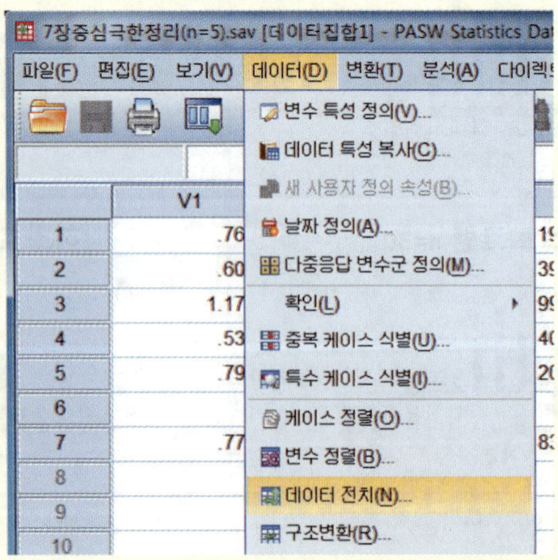

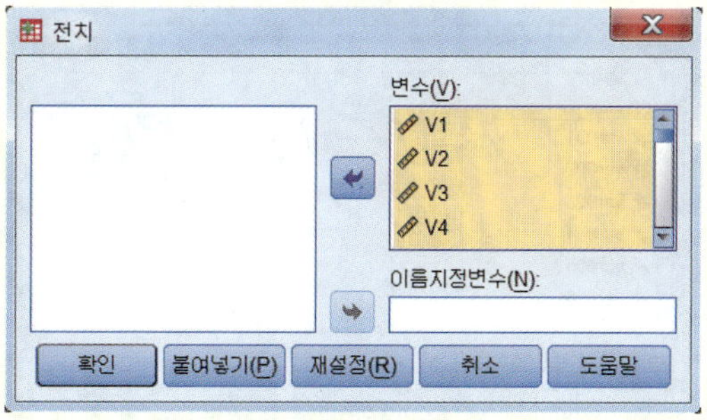

Step 4 윈도우즈 작업표시줄에 있는 SPSS 아이콘에 마우스를 올려 놓으면 작업 창들이 뜨는 데 **제목없음 2**창을 선택한다.

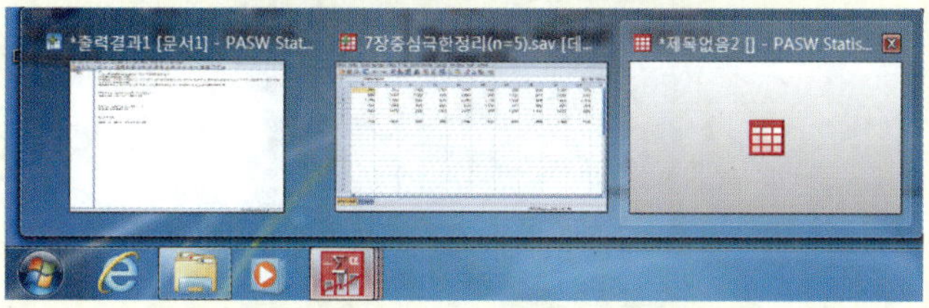

Step 5 원래의 자료파일이 전치(transpose)되어 있는 것을 볼 수 있다.

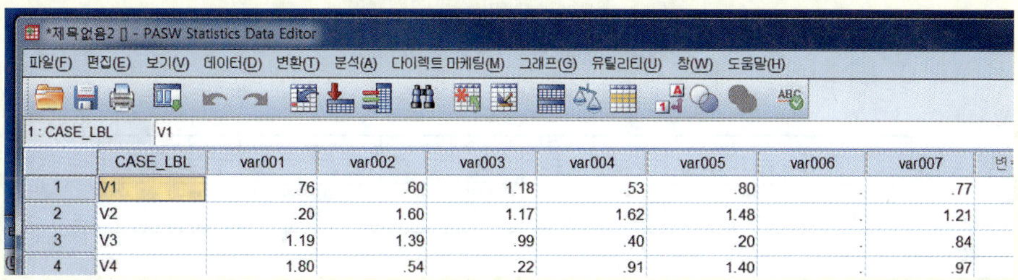

	CASE_LBL	var001	var002	var003	var004	var005	var006	var007
1	V1	.76	.60	1.18	.53	.80	.	.77
2	V2	.20	1.60	1.17	1.62	1.48	.	1.21
3	V3	1.19	1.39	.99	.40	.20	.	.84
4	V4	1.80	.54	.22	.91	1.40	.	.97

Step 6 **분석>기술통계량>기술통계**를 선택하고 **기술통계** 창에서 **var007**을 선택한 후 옵션을 눌러 **기술통계:옵션** 창에서 **분산, 첨도, 왜도**를 추가로 선택한 후, **계속**을 누른다. **기술통계** 창에서 **확인**을 눌러 결과를 얻는다.

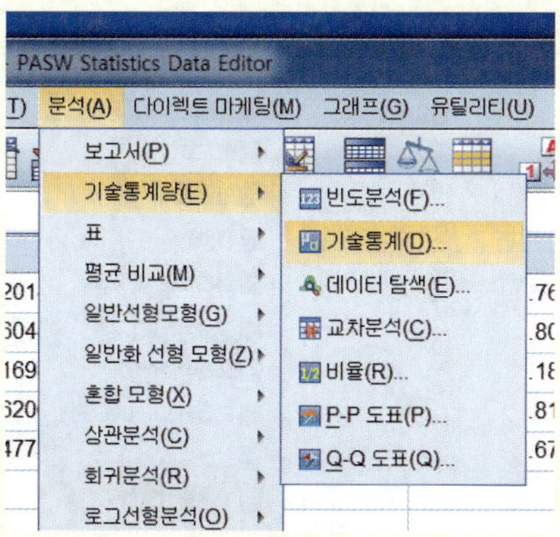

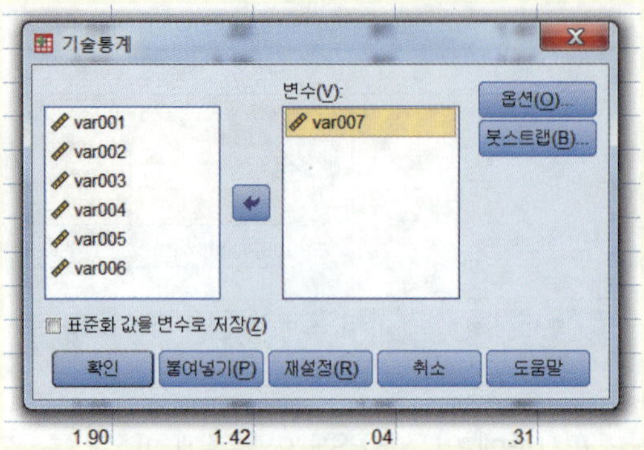

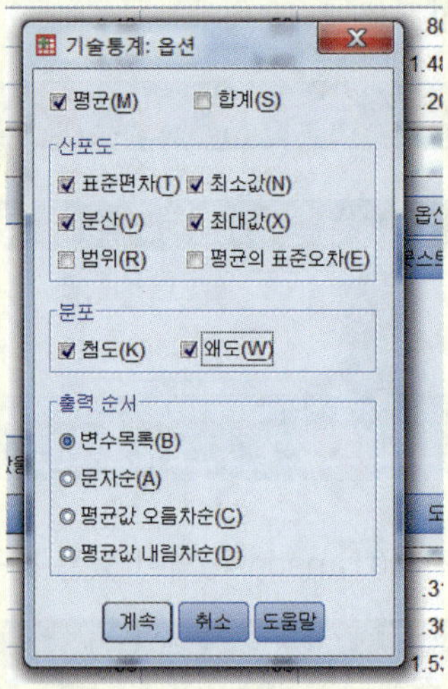

기술통계량

	N	최소값	최대값	평균	표준편차	분산	왜도		첨도	
	통계량	통계량	통계량	통계량	통계량	통계량	통계량	표준오차	통계량	표준오차
var007	100	.51	1.65	1.0280	.26491	.070	.254	.241	-.464	.478
유효수 (목록별)	100									

Step 7 **그래프** > **레거시 대화상자** > **히스토그램**에서 var007을 선택하고 **제목** 창으로 가서 제목 첫째 줄에 '$n=5$' 제목을 달고 **확인**을 눌러 그래프를 얻는다.

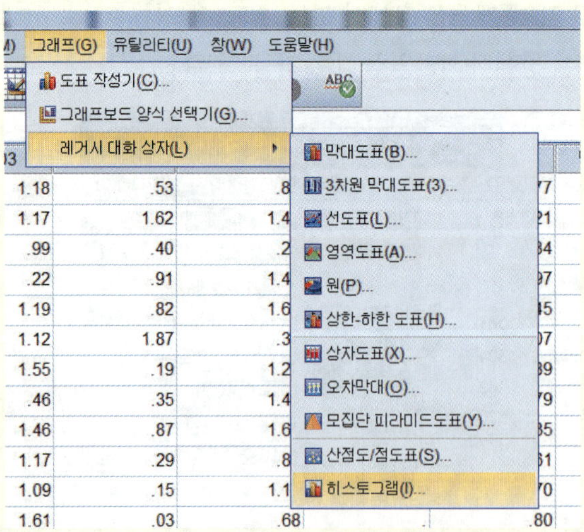

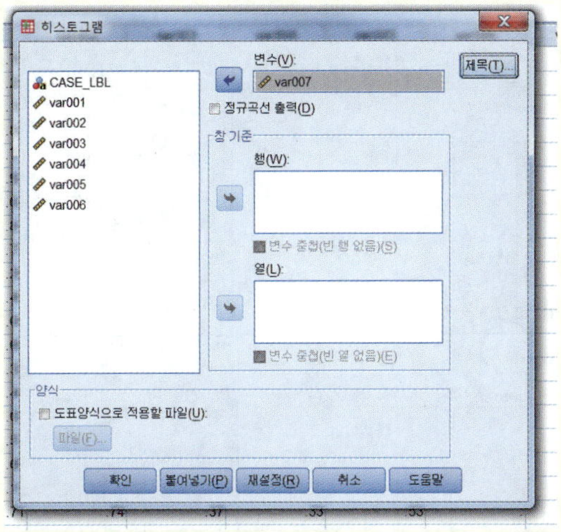

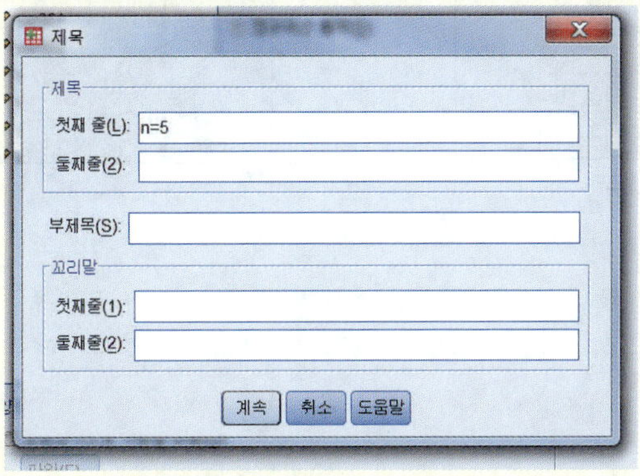

$n=10$, $n=30$, $n=100$ 파일에 대하여 같은 작업을 수행한다. 각각 var12, var32, var102 변수에 대하여 기술통계와 히스토그램을 얻는다. 아래는 **출력결과** 창에 있는 것들을 모아 놓은 것이다. 히스토그램은 각각 Y축(빈도수)과 X축의 범위가 다르게 그려지므로 비교할 때 주의하여야 한다. 기술통계와 히스토그램에 대한 설명은 엑셀 Step 5를 참고하여라.

기술통계량

	N	최소값	최대값	평균	표준편차	분산	왜도		첨도	
	통계량	통계량	통계량	통계량	통계량	통계량	통계량	표준오차	통계량	표준오차
var007	100	.51	1.65	1.0280	.26491	.070	.254	.241	-.464	.478
유효수 (목록별)	100									

기술통계량

	N	최소값	최대값	평균	표준편차	분산	왜도		첨도	
	통계량	통계량	통계량	통계량	통계량	통계량	통계량	표준오차	통계량	표준오차
var012	100	.66	1.40	.9973	.16370	.027	.194	.241	-.254	.478
유효수 (목록별)	100									

기술통계량

	N	최소값	최대값	평균	표준편차	분산	왜도		첨도	
	통계량	통계량	통계량	통계량	통계량	통계량	통계량	표준오차	통계량	표준오차
var032	100	.73	1.23	1.0046	.10561	.011	-.298	.241	-.200	.478
유효수 (목록별)	100									

기술통계량

	N	최소값	최대값	평균	표준편차	분산	왜도		첨도	
	통계량	통계량	통계량	통계량	통계량	통계량	통계량	표준오차	통계량	표준오차
var102	100	.84	1.14	.9927	.05824	.003	-.176	.241	-.307	.478
유효수 (목록별)	100									

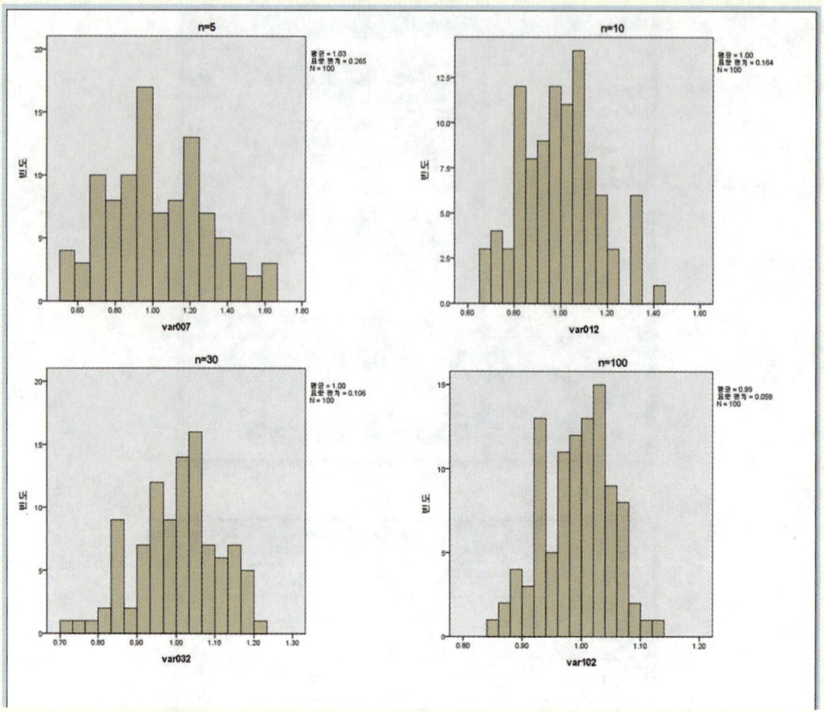

R

시뮬레이션의 내용은 엑셀 앞 부분에 있으니 이를 먼저 읽어 보아라.

Step 1 메뉴에서 **파일 > 스크립트 열기...** 하여 스크립트(Example 7.R)를 실행하여 히스토그램을 그려 표본수의 증가에 따른 변화를 관찰한다.

```
###
### [히스토그램]
### 난수발생에 따라 평균값이 xlim=c(0.3,1.7)를 벗어나거나, 도수가 40보
    다 많아
### ylim=c(0,40)의 범위를 벗어나는 경우가 있을 수 있다.
> par(mfrow=c(2,2))
column_1 <- c()
for (i in 1:100) column_1[i] <- mean(runif(5,0,2))
hist(column_1, border="white", col="blue", main="mean of 5
    samples", xlim=c(0.3,1.7), ylim=c(0,40), xlab="Class",
    ylab="Frequency")
column_2 <- c()
for (i in 1:100) column_2[i] <- mean(runif(10,0,2))
hist(column_2, border="white", col="blue", main="mean of 10
```

```
    samples", xlim=c(0.3,1.7), ylim=c(0,40), xlab="Class",
    ylab="Frequency")
column_3 <- c()
for (i in 1:100) column_3[i] <- mean(runif(30,0,2))
hist(column_3, border="white", col="blue", main="mean of 30
    samples", xlim=c(0.3,1.7), ylim=c(0,40), xlab="Class",
    ylab="Frequency")
column_4 <- c()
for (i in 1:100) column_4[i] <- mean(runif(100,0,2))
hist(column_4, border="white", col="blue", main="mean of 100
    samples", xlim=c(0.3,1.7), ylim=c(0,40), xlab="Class",
    ylab="Frequency")
```

Step 2 아래 스크립트(Example 7.R)를 실행하여 표본수의 증가에 따른 기술통계들의 변화를 관찰한다.

```
###
### [기술통계]
stat_1 <- c(mean(column_1), var(column_1), median(column_1),
        min(column_1), max(column_1))
stat_2 <- c(mean(column_2), var(column_2), median(column_2),
        min(column_2), max(column_2))
stat_3 <- c(mean(column_3), var(column_3), median(column_3),
        min(column_3), max(column_3))
stat_4 <- c(mean(column_4), var(column_4), median(column_4),
        min(column_4), max(column_4))
SimStat <- cbind(stat_1, stat_2, stat_3, stat_4)
rownames(SimStat) <- c("mean", "var", "median", "min", "max")
colnames(SimStat) <- c("n=5", "n=10", "n=30", "n=100")
SimStat
```

결과의 해석은 엑셀 Step 5를 참조하라.

익힘문제

다음 괄호에 알맞은 말을 넣거나, 맞는 것을 선택하시오.

1 조사에는 일부만 조사하는 ( )와 전체를 조사하는 ( )가 있다. 전자는 후자에 비해 ( )와(과) ( )이 적게 드는 장점이 있지만 ( )가 수반되는 단점이 있다.

2 모수를 추정하는 통계량을 ( )이라 하고 표본에서 계산된 값을 ( )이라고 한다.

3 추정량의 오차는 ( )와(과) ( )(으)로 구분된다.

4 확률표본의 장점을 쓰시오.

5 대수의 법칙이란 무엇인가?

6 정규모집단에서 뽑은 확률표본의 평균의 분포는 무엇인가?

7 중심극한정리란 무엇인가?

8 대수의 법칙은 {이산형, 연속형} 확률변수에 해당하는 법칙이고, 중심극한정리는 {이산형, 연속형} 확률변수에 해당하는 법칙이다.

9 모집단 분포가 {대칭, 비대칭}일 때 중심극한 근사가 표본수가 커지면서 {빨리, 느리게} 이루어진다.

10 표본비율은 ( )의 특수한 경우로 확률표본에서의 ( )에 적용되는 대수의 법칙과 중심극한정리가 적용된다. (* 괄호에는 같은 단어)

11 확률표본에서의 표본비율이 중심극한 근사되기 위한 조건은?

연습문제

1 유한모집단에서 어느 특정 원소가 표본으로 뽑힐 확률이 0인 경우에 모집단 평균에 대한 비편향추정량을 구현할 수 있겠는가? 그 이유를 설명하여라.

2 복원추출로 (1, 3, 5)에서 두 숫자를 추출할 때 다음에 답하여라.

a. 모든 가능한 표본을 구하고, 각각 표본평균과 표본분산을 구하여라.

b. 표본평균의 분포를 구하고 이로부터 표본평균의 평균과 분산을 구하여라.

c. 만약 복원추출이 아니라 비복원추출로 두 숫자를 추출한다고 할 때 표본평균의 분포를 구하고, 이로부터 표본평균의 평균과 분산을 구하여라. 표본평균의 분산이 복원추출에서의 그것과 비교해 볼 때 어떻게 달라지는가?

3 평균이 μ이고 분산이 σ^2인 유한모집단에서 복원추출로 크기가 n인 표본을 뽑을 경우, 그 표본으로부터 얻어지는 표본평균을 $\overline{X}$라 할 때 다음을 보여라.

$$E(\overline{X})=\mu, \quad Var(\overline{X})=\frac{\sigma^2}{n}$$

4 위의 2번 문제를 이용하여 비복원추출 $\overline{X}$의 분산이 복원추출 $\overline{X}$의 분산보다 항상 작거나 같음을 보여라. 언제 두 분산이 같아지는가?

5 크기가 N인 유한모집단에서 크기가 n인 표본을 단순확률추출로 뽑을 때 표본추출 지시변수 I_i를 원소 i가 표본으로 뽑히면 1, 아니면 0의 값을 취하는 지시변수로 정의하기로 할 때 다음의 물음에 답하여라.

a. $E(I_i)=n/N$임을 보여라.

b. $\mathrm{Cov}(I_i, I_j)$을 구하여라. 공분산(covaniamce)은 $\mathrm{Cov}(X, Y)=E[(X-E[X])(Y-E[Y])]$로 정의한다.

6 문제 **5**번에서 정의된 표본추출 지시변수를 이용하면 표본평균이 $\overline{X}=\frac{1}{n}\sum_{i=1}^{N} x_i I_i$으로 표현됨을 이용하여 식 (7.1)을 증명하여라.

7 평균제곱오차(MSE, mean squared error)가 0인 추정은 어떠한 경우에 가능한지 논하여라.

8 표본의 크기가 커짐에 따라 MSE가 0으로 수렴하는 경우 추정량의 일치성이 유도될 수 있음을 다음의 체비세프 부등식을 이용하여 증명하여라.

$$\Pr(|X-c|>a)<\frac{E[(X-c)^2]}{a^2}, \quad a>0$$

9 7.2절의 표 7.1에는 표본조사의 장단점이 정리되어 있다. 참고문헌을 조사하거나 인터넷 검색으로 추가 장단점을 찾아보아라.

10 모집단이 $U=\{x_1, x_2, x_3, x_4\}$인 경우 이 중 2개의 표본을 뽑고자 할 때 x_1, x_2, x_3 중에서 하나를 1/3의 확률로 뽑고, x_4는 무조건 표본으로 뽑아 두 개의 표본을 구성하여 모평균을 추정하고자 하는 경우에 다음의 물음에 답하여라.

a. 표본평균의 편향을 구하여라.

b. 비편향추정량을 구현하여라.

11 문제 **10**번에서 구현된 표본추출법이 같은 크기의 단순확률추출보다 더 효율적이 될 조건을 구하여라.

12 어느 제과회사에서 생산하는 과자의 무게는 평균 505그램이고 표준편차가 10그램인 정규분포를 갖는다고 한다. 회사는 소비자 단체와의 마찰을 피하기 위해 과자의 무게를 500이라고 표시하여 판매한다. 다음 물음에 답하여라.

a. 과자 무게가 500그램 이하일 확률은 얼마인가?

b. 16개의 과자를 표본을 선택하였을 때, 표본평균이 502그램보다 작을 확률은 얼마인가?

c. 표본의 크기가 16인 경우 과자의 평균 무게가 500그램 이하가 될 확률이 0.05 이하가 되기

위해서는 과자의 무게를 몇 그램으로 표시해야 하는가?

13 도시지역 근로자의 한달 수입은 평균이 250만 원이고, 표준편차는 50만 원이라고 한다.

a. 100명을 표본으로 추출하였을 때, 표본평균의 분포는 어떻게 되는가?

b. 이 표본평균이 300만 원보다 더 크게 나올 확률은 얼마인가?

14 어떤 대학의 남학생 키는 평균이 175 cm이고, 표준편차가 14 cm라고 한다. 만약 남학생 49명을 랜덤하게 추출하였을 때, 그들의 평균 신장이 178 cm를 넘을 확률은 얼마인가?

15 어떤 과일의 무게는 평균이 500그램이고 표준편차가 100그램인 정규분포를 따른다고 한다. 크기가 100인 표본을 임의로 선택하였을 때 무게의 평균이 490그램에서 515그램 사이일 확률은 얼마인가?

16 현금지급기에서 한 사람이 일을 처리하는 데 걸리는 시간은 평균이 2분이고, 표준편차가 0.6분인 분포를 따른다고 한다. 36명을 랜덤하게 추출하였을 때 평균 처리시간이 1.85분에서 2.1분 사이일 확률은 얼마인가?

17 주머니 속에 1, 2, 3, 3, 4, 4의 숫자가 적힌 구슬이 6개 들어 있다. 다음 물음에 답하여라.

a. 주머니에서 한 개의 구슬을 선택하여 나온 숫자를 x라고 하면, x의 분포는 무엇인가?

b. x의 평균(모평균)을 구하여라. 6개의 숫자의 평균과 일치하는가? 그 이유를 설명하여라.

c. 주머니에서 4개의 구슬을 선택한다면 가능한 모든 표본을 나열하고, 각 표본의 표본평균을 계산하여라. 표본평균의 분포는 무엇인가?

d. c에서 선택된 4개의 구슬이 1, 4, 4, 2가 나왔다면 표본평균의 변동과 편향을 계산하여라.

18 통계청 자료에 따르면 2000년 3/4분기 우리나라 도시가계 평균 소득(월)은 2443천 원이다. 도시가계 소득의 표준편차가 500천 원이라 가정하면, 임의로 400가구를 뽑았을 때 구해지는 월소득의 표본평균의 평균과 표준오차를 구하여라.

19 P식품의 특정 상품에 대해 식품의약청은 한 팩당 독성의 함유량이 20 ppb를 초과하는 제품은 판매할 수 없다고 규제하고 있다. 회사의 과거 자료에 의하면 이 상품의 독성함유량은 한 팩당 평균 15 ppb, 표준편차 2 ppb로 정규분포를 이루고 있다.

a. 이 상품의 몇 %가 식품의약청의 규격을 초과하고 있는가?

b. 독성 함유량이 18 ppb 이상 20 ppb 이하인 제품의 비율은?

c. 식품의약청에서는 주기적으로 25개를 표본조사하여 평균이 17 ppb를 초과하면 생산과 판매를 금지하고 있다. 식품의약청의 조사에서 제제를 받을 확률은?

20 모집단의 분포가 $N(50,\ 36)$일 때 크기 $n=25$인 표본평균 $\overline{X}$의 분포는 어떠한 분포를 따르는가? 그리고 다음을 만족하는 확률을 구하여라.

a. $P(\overline{X} \leq 49)$

b. $P(49 \leq \overline{X} \leq 52)$

21 위 문제 **20**번에서 $n=100$인 경우에 대해서 구하여라.

22 A대학 6000명의 한달 평균 용돈 확률변수 X는 평균 29만 원, 9만 원인 정규분포를 이룬다고 한다. 무작위로 49명의 표본을 뽑았을 때 $\overline{X}$가 31만 원 이상일 확률은?

23 정규모집단 $N(\mu, \sigma^2)$에서 추출한 크기 n인 표본의 표본평균 $\overline{X}$는 $N(\mu, \sigma^2/n)$인 분포를 따른다. 이때 $Z=\dfrac{\overline{X}-\mu}{\sigma/\sqrt{n}}$는 어떤 분포를 따르는가?

24 D대학 학생의 몸무게 분포가 $N(45, 4^2)$을 따른다고 할 때 49명의 표본을 추출하여 몸무게를 측정할 경우, 표본의 평균 몸무게가 46 kg 이상일 확률을 구하여라.

25 어떤 공장에서 생산하는 전구의 수명은 평균이 800시간이고, 분산이 40^2시간인 정규분포를 따른다. 이 공장에서 만든 전구 중에서 임의로 표본 $n=16$개를 추출할 때 뽑혀진 표본전구의 평균 수명이 780시간 미만이 될 확률을 구하여라.

26 어떤 집단의 평균 신장이 170 cm이고 표준편차는 6 cm라고 한다. 이들 중 임의로 추출한 36명의 신장이 168 cm와 172 cm 사이에 있을 확률을 구하여라.

27 500개 나사가 평균 5.02온스, 표준편차 0.3온스의 무게를 가지고 있다. 이들로부터 100개의 나사를 임의로 추출하였을 때 평균의 표집분포의 표준편차는?

28 어느 제조공장에서 생산된 전체 제품 1000개의 평균 무게가 100 g이고, 분산은 5 g으로 알려져 있다. 50개의 제품을 표본으로 추출하였을 때, 표본평균의 분산을 구하여라.

29 A대학에서 사회학을 전공하고 있는 학생들의 지능점수는 평균이 120이고 표준편차가 8인 정규분포를 따른다고 하자. 이 학생들로부터 임의로 16명의 학생들을 추출하여 얻은 지능점수의 평균이 125 이상이 될 확률을 구하여라.

30 모집단의 평균 μ, 표준편차 σ, 표본크기 n이 다음과 같을 때 표본평균의 분포를 구하여라.

a. $\mu=80$, $\sigma=10$, $n=15$

b. $\mu=15$, $\sigma=3$, $n=45$

c. $\mu=100$, $\sigma=5.5$, $n=100$

31 어느 전자제품 생산공정에서는 그 제품의 평균 사용시간이 $\mu=1200$시간 이상이 되도록 생산관리를 하고 있다. 실제로 이 조건을 만족하는지를 알아보기 위하여 $n=9$인 표본을 추출하여 조사한 결과 $\overline{x}=1100$시간과 $s=104$시간을 얻었다. 실제로 이 제품의 평균 사용시간을 1200시간이라고 가정했을 때 $\overline{x}$가 1100시간 이하로 나올 확률을 구하여라.

32 모집단의 평균 μ, 표준편차 σ, 표본크기 n이 다음과 같을 때 표본평균의 분포를 구하여라.

a. $\mu=180$, $\sigma=10$, $n=115$

b. $\mu=25$, $\sigma=5$, $n=15$

c. $\mu=54$, $\sigma=8.5$, $n=75$

33 경부고속도로에서 주행하는 승용차의 속도는 평균 109 km/h이고, 표준편차는 9 km/h인 정규분포를 따른다. 어느 날 주행하는 30대의 차량의 평균 속도의 분포와 중심극한정리와의 관계를 설명하여라.

34 표본의 크기 n이 30보다 작을 때, 표본평균 $\overline{X}$는 어떤 분포를 따르겠는가?

35 1부터 9까지의 카드가 한 장씩 들어 있는 상자에서 무작위 복원추출을 하는 경우 다음 각각에 대하여 표본합의 기댓값, 표본합의 표준오차, 표본평균의 기댓값, 표본평균의 표준오차를 구하여라.

a. 표본크기 25

b. 표본크기 100

c. 표본크기 400

36 2가 적힌 카드가 두 장, 1과 3이 적힌 카드가 한 장씩 들어 있는 상자로부터 200회 무작위 복원추출을 한다. 다음에 대하여 참, 거짓을 판별하고 설명하여라.

a. 표본평균의 기댓값은 2이다.

b. 표본평균은 2이다.

c. 상자의 평균은 2이다.

37 1개의 평균 중량 350 g, 표준편차 10 g인 사과가 있다. 그 가운데 무작위로 16개를 뽑아 16개 용량의 박스를 만들고 있다. 이 박스를 저울에 재어 무거운 쪽에서 30%를 '특상', 다음의 40%를 '특', 나머지 30%를 '상'으로 판매하려고 한다. 각각 몇 그램을 경계로 하면 좋겠는가? 단, 사과의 무게는 정규분포를 따른다고 가정하자.

38 빌딩의 엘리베이터를 이용하는 사람의 몸무게 평균은 64.74 kg, 표준편차는 11.34 kg이다. 이 엘리베이터에는 정원 16명, 적재량 1000 kg라고 쓰여 있다. 16명이 탔을 때 1000 kg을 초과할 확률은 얼마인가?

39 어느 대학의 학생들의 흡연율(p)을 조사해 보니 225명 중 100명이 흡연자였다.

a. p의 추정량인 표본비율은 얼마인가?

b. p의 추정량의 분포는 무엇인가?

c. p의 추정량과 p와의 차이가 0.05 이내일 확률은 얼마인가?

40 우리나라 학부모의 60%가 현행 입시제도에 반대하고 있다. 400명의 학부모를 무작위 추출할 경우, 다음 물음에 답하여라.

a. 반대하는 학부모의 수가 몇 명이 될 것으로 생각하는가?

b. 400명의 표본추출에서 반대하는 학부모의 비율을 $\overline{p}$라고 하자, 400명의 표본을 여러 번 반복

추출할 경우 $\bar{p}$의 평균과 표준편차는 어떻게 될 것으로 생각하는가?

41 N사의 생산직 근로자 40명 중 40%가 여성이다. 10명의 표본추출에서 여성의 비율을 $\bar{p}$라고 하자. 10명의 표본추출을 여러 번 반복할 경우 $\bar{p}$의 평균과 표준편차는 어떻게 되겠는가?

42 어떤 도시에서 가구의 60%가 저녁뉴스시간에 M방송을 시청한다고 하자. 만약 그 도시에서 150가구를 랜덤하게 추출한다면 그때 그 시간에 M방송을 시청하는 표본비율이 0.52보다 클 확률은 얼마인가?

43 5개 중 하나의 정답을 가진 객관식 문제가 64문항인 어떤 시험이 있다. 각 문항에 대해 정답을 랜덤으로 택한다고 할 때, 정답의 수가 16개보다 많을 확률을 구하여라.

44 모비율 p와 표본크기 n이 다음과 같을 때 표본비율의 분포를 구하여라.

a. $p=0.25$, $n=20$
b. $p=0.75$, $n=30$
c. $p=0.13$, $n=100$
d. $p=0.33$, $n=50$

45 모비율 p와 표본크기 n이 다음과 같을 때 표본비율의 분포를 구하여라.

a. $p=0.12$, $n=25$
b. $p=0.55$, $n=30$
c. $p=0.35$, $n=85$
d. $p=0.45$, $n=50$

실습 문제

46 4명의 타자수를 뽑아 오타를 점검한 결과 다음과 같았다.

타자수	오타수
A	3
B	2
C	1
D	4

이들 중 2명의 표본을 단순확률추출로 뽑을 경우 표본평균의 분포를 구하여라.

47 어떤 공장에서는 상품을 조립하는 데 한 번에 한 개씩만 할 수 있으며, 한 개를 조립하는 데 걸리는 시간은 평균 106시간, 표준편차가 4시간이다.

a. 100개를 조립한다면 100개의 개당 평균 조립시간이 161시간 이하일 확률을 구하여라.
b. 100개를 조립한다면 100개의 개당 평균 조립시간이 158시간 이상일 확률을 구하여라.

c. 100개를 조립한다면 100개의 개당 평균 조립시간이 159.5시간 이상 160.5시간 이하일 확률을 구하여라.

48 우리나라 대학생의 30%가 신용카드를 보유하고 있다고 한다. 20명을 표본추출하여 조사한 결과 신용카드를 보유한 사람의 수는 $X=5$명이었다.

a. 여기서 π, p, n의 값은 얼마인가?

b. $E(X)$와 $Var(X)$의 값은?

49 주머니에 숫자가 쓰여진 구슬이 10개가 있다. 숫자는 각각 1이 세 개, 2가 두 개, 3이 세 개, 4가 두 개이다. 이 주머니에서 구슬을 3개 꺼낼 때 구슬에 쓰여진 숫자의 평균에 대한 분포를 구하여라.

50 평균이 3, 분산이 1.2인 정규분포로부터 100개의 난수를 발생시켜 표본으로 삼고, 이 표본의 분포가 모집단 분포와 어떤 관계를 갖고 있는지 보여라.

51 평균 3인 포아송 모집단에서 난수를 발생하여 추출한 평균의 성질을 알아보고자 한다.

a. 평균 3인 포아송분포의 확률질량함수를 그리고 분포의 대칭성을 설명하여라(확률이 0.01 이하로 떨어지는 이후는 생략한다).

b. $n=5$, 10, 30, 100으로 변화시키면서 각각 100개씩 표본평균을 구하여 대수의 법칙과 중심극한정리를 확인하여라.

c. n이 커짐에 따라 표본평균의 중앙값이 평균에 가까이 가는 것을 확인하여라.

8 추정

Johann Carl Friedrich Gauss(1777 ~ 1855)

독일의 수학자, 과학자. 계측 오차에 대한 분포로 정규분포에 대한 연구를 하였으며, 이로 인하여 정규분포를 Gaussian distribution이라고 함. 1993년에 발행된 독일 10마르크 지폐는 유로 통화가 나오기 전까지 통용되었으며, 표준정규분포 그래프와 밀도함수 공식이 들어 있다.

표본에서 얻은 통계량(statistic)으로 모수(parameter)를 추론하는 데 사용한다면 이것은 추정량(estimator)으로 불린다. 이와 같이 표본에서 얻은 정보를 이용하여 모집단에 대하여 알아보려고 하는 것을 추론(inference)이라고 한다. 추론에는 추정과 검정이 있다. 추정은 모수(parameter)를 점(point) 또는 구간(interval)으로 추측하려는 것이다. 검정(testing) 또는 가설검정(hypothesis testing)은 모집단에 대한 가설을 세운 후 그 가설이 표본에 의해 입증되는지 알아보려는 것이다.

사과가 떨어지는 특정한 현상을 관찰하여 만유인력이라는 일반적인 과학 현상을 유추하는 것이 **과학적 추론(scientific inference)**의 형태라면 실험이나 관찰을 통하여 얻은 자료를 분석하여 모집단에 대한 정보를 유추(educated guess, 지식에 의한 추측)하는 것이 **통계적 추론(statistical inference)**이다. 통계적 추론은 과학적 추론의 일종이다. 통계적 추론은 **추정(estimation)**과 **검정(testing)**으로 나뉜다. 추정은 모집단에 대한 유추이고, 검정은 모집단에 대한 예상 또는 주장을 자료가 얼마나 뒷받침하느냐를 파악하는 것이다. 예를 들어, 대학 졸업 후 처음 취직하는 사람들의 평균 월급(모수)이 어느 정도인가를 파악하기 위하여 표본자료를 이용하여 표본평균(추정치)을 구하였다면 이러한 과정이 추정이다. 아들 자랑을 하고 싶은 어머니가 '우리 아들은 훌륭해서 Q원이나 받는다.'라고 주장할 때, 그 Q원이 같은 또래의 월급보다 많은 지 표본을 추출을 통하여 판가름한다면 가설검정이 된다.

검정은 모수에 대한 추측(parameter estimation)뿐 아니라 모집단 분포의 추측(density estimation), 모집단 모형의 추측(model estimation) 등 여러 분야로 나누어 질 수 있으나 여기서 다루려는 것은 가장 기본적이며 많이 쓰이는 모수추정(parameter estimation)에 국한한다.

통계적 추론
- 추정
  - 점추정
  - 구간추정
- 검정

추정(estimation)은 그 형태에 따라 점추정과 구간추정 두 가지로 구분된다. **점추정(point estimation)**이란 모수를 어떤 하나의 값(point)으로 추정하는 것을 말하며, **구간추정(interval estimation)**은 어떤 구간(interval)으로 추정하는 것이다. 예를 들어, 피그미족(Pygmy tribe)의 평균 키는 모수 μ이다. 표본을 추출하여 평균을 구해 보니 135 cm였다. 이때 모수 μ에 대한 점추정값은 135 cm이다. 이와 같이 하나의 값으로 모수 μ를 추정하는 것이 점추정이다. 추정값은 햇(hat)을 붙여 표기한다.

$\hat{\mu}$: mu-hat

$$\hat{\mu}=\overline{X}=135\text{ cm}$$

이와는 달리 '피그미족의 키는 평균이 120 cm에서 150 cm 사이이다'라고 표현한다면, 이는 구간추정이다. 즉, 추정에 따른 필연적 오차의 범위가 반영되어 구간으로 표현된다.

$$\hat{\mu}\in(120,\ 150)$$

모집단에 대한 특성, 즉 모수는 상황에 따라 여러 가지를 생각할 수 있으나, 이 책에서는 주로 평균 μ와 분산 σ^2 그리고 모비율 p를 다룬다. 예를 들어, 어느 할인매장의 연간 매출액과 새로 개발된 자동차의 연비(휘발유 $1l$ 당 주행거리), 서울에서 대전까지 자동차로 가는데 걸리는 시간 등의 모평균 μ에 대한 추정을 고려할 수 있다. 또 앞의 경우들에 대하여 그 변동폭에 관심을 가질 수도 있는데, 이때는 분산 σ^2에 대한 추정문제가 된다. 재무관리나 금융공학에서는 특정 주가의 변동성(분산)에 관심이 크다. 등록된 벤처기업 중 파산하는 비율 p에 대한 추정이 정책수립에 필요할 수도 있다.

이와 같이 모집단의 특성값으로 정의되는 모수에 대한 **추정**이란 그림 8.1에서 보는 바와 같이, 무한개 또는 N개의 원소로 구성된 모집단에서 n개의 표본을 추출한 후, 이를 토대로 통계량의 계산 등 필요한 작업을 통하여 모집단의 해당 모수의 값을 추측하는 과정이다.

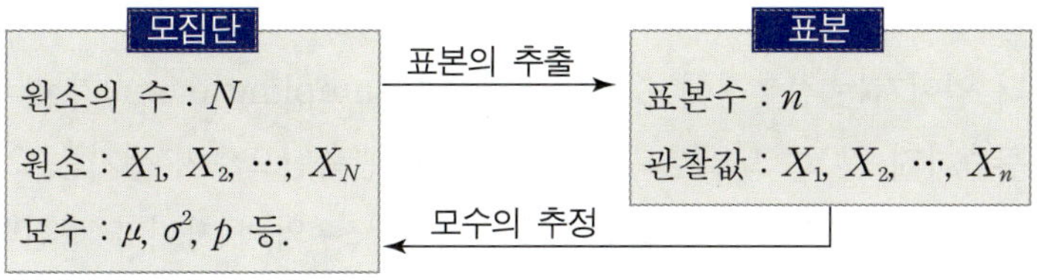

그림 8.1
모수에 대한 추정

이 장에서는 점추정에 대해서 설명하고, 점추정이 갖추어야 할 몇 가지 바람직한 특성들을 살펴본다. 또한 모평균 μ와 모비율 p에 대한 구간추정에 대하여 다룬다.

8.1 점추정

점추정이란 표본에서 얻어지는 정보를 이용하여 미지인 모수(parameter)의 참값으로 생각되는 하나의 값을 일정한 기준에 따라 택하게 되는 과정이다. 여기서 미지의 모수는 하나의 숫자(상수, constant)이므로 이 모수를 추정하기 위해서 표본의 값들을 통계량을 통해 하나의 값으로 나타내어야 하는데, 이와 같이 통계량을 추정에 이용하는 경우, 이를 **추정량(estimator)**이라고 한다. 모평균의 추정에 표본평균 또는 표본중앙값 등을 사용하는 것이 점추정의 한 예가 될 것이다.

> **점추정**: 선정된 추정량을 추출된 표본자료에 대입하여 얻은 단일추정값에 의하여 모수를 추정하는 방법
>
> **점추정량** (point estimator): 점추정에 사용된 통계량
>
> **점추정값** (point estimate): 표본에서 구한 점추량의 값

일반적으로 모수를 그리스 문자로 표현한다. 만일 모수를 θ라고 하면, 그 추정량은 모수의 θ에 모자(햇, hat)를 씌워 $\hat{\theta}$으로 쓰고, 'θ－햇'(θ－hat)으로 읽는다. 모수 평균 μ와 분산 σ^2 그리고 모비율 p에 대한 추정량은 각각 $\hat{\mu}$, $\hat{\sigma}^2$, $\hat{p}$로 나타낸다. 만일 μ를 추정하는 데 표본평균 $\overline{X}$를 사용한다면 $\hat{\mu}=\overline{X}$로 쓰고, 표본중앙값(X_{med})을 사용한다면 $\hat{\mu}=X_{med}$로 쓰면 된다.

추정량은 표본이 얻어진 이후에는 하나의 숫자를 갖지만, 표본이 얻어지기 전에는 어떠한 값이 나올지 모르는 하나의 확률변수이다. 하나의 모수에 대해서 수많은 추정량이 존재하는데, 우리는 이 중 좋은 추정량을 선택해서 사용하여야 할 것이다. 예를 들어, 정규분포의 모평균을 표본 중 제일 큰 값으로 추정하려고 하지는 않을 것이나, 표본평균으로는 추정하려고 할 것이다. 즉, 이러한 추정량의 선택에 있어 먼저 고려되는 것은 추정량이 모수에 얼마나 가까운 값들을 만들어 내느냐라고 할 수 있다. 추정량과 모수의 가까운 정도는 추정량의 기댓값과 분산을 통해 나타낼 수 있다.

좋은 추정량의 기준
비편향성
효율성
일치성

비편향성

표본으로부터 얻어지는 점추정에는 항상 표집오차(sampling error)가 생긴다. 이는 모집단 전체를 관측하지 않고 그 일부분인 표본에서만 관측함으로써 생기는 오차로써, 아무리 좋은 점추정량이라 하더라도 표집오차로 인하여 모수와의 차이가 생긴다. 모집단 관심 모수 θ에 대한 추정량을 $\hat{\theta}$라 하면 추정량의 (표집)오차는 $\hat{\theta}-\theta$로 정의되고, 이는 **변동**(**variation**)과 **편향**(**bias, 치우침**)으로 분해될 수 있다.

> **추정량 $\hat{\theta}$의 표집오차** $=\hat{\theta}-\theta=$ 변동 $+$ 편향
>
> **변동** $=\hat{\theta}-E(\hat{\theta})$
>
> **편향** $=E(\hat{\theta})-\theta$
>
> **비편향추정량**: 편향이 0인 추정량

비편향성은 우리가 추정하려고 하는 것을 정말로 추정하고 있는지, 즉 엉뚱하게 다른 것을 추정하고 있는 것은 아닌지 판단하려는 것이다.

추정량의 편향이 0이 되는 추정량을 **비편향추정량**(**unbiased estimator**)이라고 한다. 비편향추정량을 사용하면 그 추정량이 모수와 일치한다는 보장은 없지만, 동일한 작업에서 그러한 추정량을 반복하여 사용할 경우 평균적으로는 모수와 일치하게 된다는 점에서 바람직한 추정 방법이라 할 수 있을 것이다. 확률추출을 사용하면 항상 이러한 비편향추정량을 구현할 수 있다는 것이 알려져 있다. 일반적으로 점추정량에 대하여 가장 먼저 점검하게 되는 특성이 **비편향성**(**unbiasedness**)이다.

> **비편향추정량**
>
> 만약 $E[\hat{\theta}]=\theta$이면, $\hat{\theta}$은 θ에 대한 비편향추정량이다.

그림 8.2의 (a)에서 $E[\hat{\theta}]$이 θ와 일치한다. 즉, 비편향추정량의 경우를 보여 준다. 한편 (b)에서는 $E[\hat{\theta}]$이 모수 θ와 일치하지 않는데, 이러한 추정량을 **편향추정량**(**biased estimator**)이라고 한다.

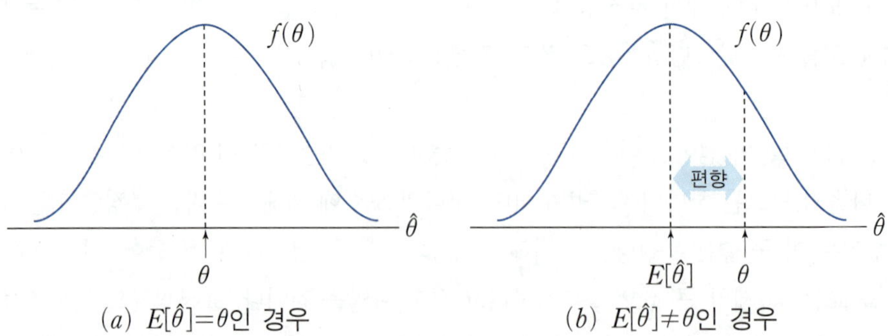

그림 8.2
비편향추정량과 편향추정량

이때 모수와 추정량의 기댓값과의 차이를 편향(bias)이라고 한다.

$$\text{편향}=E[\hat{\theta}]-\theta$$

예제 8.1

모수 μ에 대한 점추정량으로서 표본평균 $\overline{X}$에 대한 비편향성 여부를 판단하여라.

풀이

표본평균 $\overline{X}$의 기댓값을 구하면 모수 μ와 일치한다.

$$E(\overline{X})=E\left(\frac{X_1+\cdots+X_n}{n}\right)$$
$$=\frac{1}{n}\Big[E(X_1)+\cdots+E(X_n)\Big]=\frac{1}{n}(\mu+\cdots+\mu)=\mu$$

따라서 표본평균 $\overline{X}$는 모평균 μ에 대한 비편향추정량이 된다.

표본평균과 마찬가지로 표본중앙값(X_{med}) 또한 모평균 μ에 대한 비편향추정량이다(증명은 수리통계학 책 참조). 비편향추정량이라는 관점에서는 두 추정량이 동등한 급에 있다. 표본비율 $\overline{p}$는 평균의 특수한 경우라 하였고, 위의 예제와 같은 논리로 모비율 p의 비편향추정량임을 알 수 있다.

표본분산 S^2를 정의할 때 n으로 나누지 않고 $n-1$로 나누는 이유는, n으로 나누면 편향추정량이 되고 $n-1$로 나누어야지만 비편향추정량이 되기 때문이었다(수리통계학 참조).

효율성

한편 비편향추정량을 사용하여도 변동은 아직 남아 있을 수 있고, 때로는 어느 정도의 편향을 감수하더라도 변동을 줄이는 것이 더 중요한 문제일 수 있다. 추정량 변동의 제곱의 기댓값은 그 추정량의 분산으로 표현될 수 있고, 따라서 변동이 작으려면 추정량의 분산이 작아야 된다. 어느 한 추정량의 분산이 다른 추정량의 분산보다 작은 경우 이를 '상대적 효율성(relative efficiency)이 높다' 또는 '상대적으로 더 효율적이다'라고 표현한다.

통계학에서의 효율은 추정량의 작은 분산을 뜻한다.

비편향성과 효율성 관계는 그림 8.3과 같이 화살의 과녁에 비유할 수 있다.

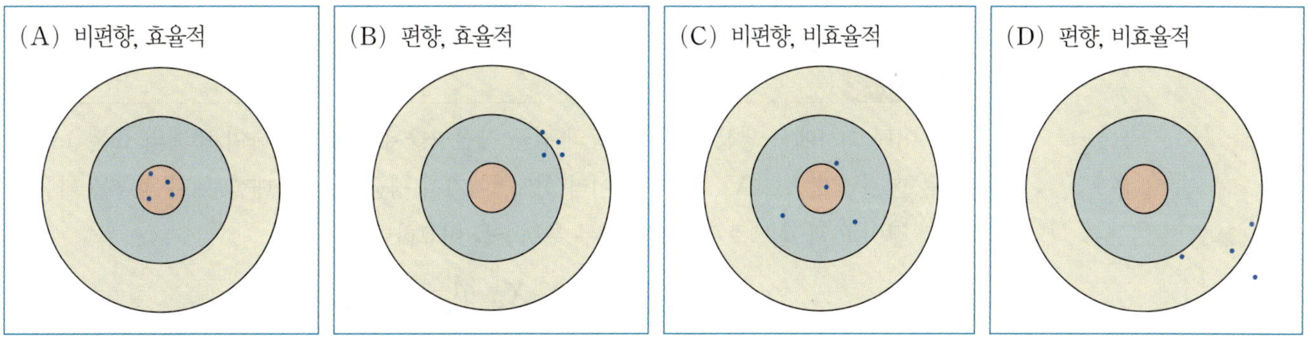

그림 8.3

그림 8.3에서 (A)의 경우는 알고자 하는 모수를 정확히 맞추면서, 표준오차도 작은 경우이다. 즉, 추정량이 비편향성과 효율성을 모두 만족시키는 경우의 예이다. 그에 반해 (B)와 (C)의 경우는 각각 효율성과 비편향성만을 만족시키는 경우의 예이며, (D)의 경우는 추정량에 편향이 있고, 효율성도 떨어지는 경우를 보여 준다.

추정량의 분산이 작다는 것은 표본을 여러 번 추출하여 추정량들을 각각 구해 보았을 때 그 변동폭이 작다는 뜻이다. 일반적으로 점추정량은 그 분산이 작을수록 정확하다. 예를 들어, 두 추정량 $\hat{\theta}_1$과 $\hat{\theta}_2$의 확률밀도함수가 그림 8.4에서 보는 바와 같다고 가정하자.

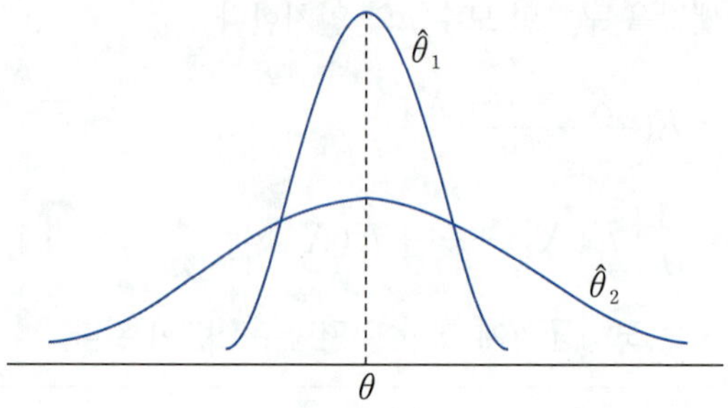

그림 8.4
추정량의 분산

그림 8.4에서 추정량 $\hat{\theta}_1$과 $\hat{\theta}_2$ 모두 비편향추정량이지만 $\hat{\theta}_1$의 분산이 $\hat{\theta}_2$의 분산보다 작다. $\hat{\theta}_1$에 대한 분포는 상대적으로 중심인 θ에 가깝게 몰려 있으므로, 표본에서 $\hat{\theta}_1$을 구하면 그 값은 비교적 θ에 가까운 값이 될 가능성이 높으나, $\hat{\theta}_2$의 분포는 중심으로부터 넓게 퍼져 있어서, $\hat{\theta}_2$값은 표본에 따라 θ에 가깝거나 멀 수 있으므로 부정확한 추정량이다. 이때 $\hat{\theta}_1$은 $\hat{\theta}_2$보다 더 효율적인 추정량이라고 한다.

추정량이 같은 형태의 표본함수라면, 표본수 n이 클 때 분산은 작아진다. 예를 들어, 모평균을 추정할 때 10개의 평균보다는 100개의 평균이 더 믿을 만하다고 상식적으로 느껴진다. 이는 통계학적 표현으로 10개의 평균에 대한 분산($\sigma^2/10$)보다 100개 평균에 대한 분산($\sigma^2/100$)이 더 작기 때문이다. 또한 같은 표본에서 도출된 비편향추정량 중에서 분산이 최소가 되는 추정량이 있다면, 이를 **최소분산비편향추정량(minimum variance unbiased estimator)**이라 하며, 이는 일반적으로 점추정에서 가장 이상적으로 추구하는 추정량의 하나이다.

정규확률표본:

$$Var(\overline{X})=\frac{\sigma^2}{n}$$

$$Var(X_{med})=\frac{\pi}{2}\cdot\frac{\sigma^2}{n}$$

표본평균과 표본중앙값은 모평균 μ에 대한 비편향추정량이다. 그러나 표본중앙값은 일반적으로 표본평균보다 분산이 크므로 비효율적이다. 즉, 표본중앙값은 최소분산비편향추정량이 될 가능성이 없는 것이다.

예제 8.2

어떤 회사에서 생산하는 베어링의 평균 직경 μ를 추정하기 위하여 10개의 표본을 추출한 결과가 $X_1, X_2, \cdots, X_{10}$이라 하자. 여기서 평균 직경에 대한 두 추정량을 다음과 같이 $\hat{\theta}_1$과 $\hat{\theta}_2$으로 정의할 때, 두 추정량을 비교하여라.

$$\hat{\theta}_1=\frac{1}{10}\sum_{i=1}^{10}X_i,\quad \hat{\theta}_2=\frac{1}{5}\sum_{i=1}^{5}X_i$$

풀이

모평균이 μ이고 모분산이 σ^2일 때, 추정량 $\hat{\theta}_1$과 $\hat{\theta}_2$의 평균과 분산은 다음과 같다.

$$E[\hat{\theta}_1]=\mu,\ Var[\hat{\theta}_1]=\frac{1}{10}\sigma^2$$

$$E[\hat{\theta}_2]=\mu,\ Var[\hat{\theta}_2]=\frac{1}{5}\sigma^2$$

위에서 보는 바와 같이 두 추정량 모두 비편향추정량이나, $\hat{\theta}_1$의 분산이 더 작으므로 μ에 대한 추정량으로 $\hat{\theta}_1$을 선호하게 된다. 즉, 표본크기가 클수록 그에 따른 표본평균은 더 효율적인 추정량이다.

일치성

이제 추정량의 **일치성**(**consistency**)에 대하여 알아보도록 하자. 비편향성은 이를 만족하는 추정량이 존재하지 않거나 또는 극소수만 존재할 수도 있어 너무 강한 조건이라고 할 수 있다. 즉, 비편향추정량이 하나만 존재하는 경우 그 추정량의 분산이 아무리 크다고 하더라도 그 추정량은 분산이 작은 다른 편향추정량보다 좋다는 평가를 받게 된다. 따라서 좋은 추정량이 갖추어야 할 최소한의 조건으로 다음과 같은 일치성을 생각할 수도 있다.

일치성은 추정량의 모수로의 확률적 수렴성을 뜻한다.

앞에서 표본평균 $\overline{X}$의 분산은 표본크기가 늘어나면 0으로 수렴한다는 것을 살펴보았다(중심극한정리). 어느 추정량의 분산이 0으로 수렴한다는 것은 그 추정량의 표본추출로 인한 변동이 점차 줄어들고, 결국 그 추정량의 평균으로 수렴함을 의미한다. 확률변수의 수렴은 수학에서의 수렴과 다르다. 예를 들어, $\overline{X}$는 표본크기와 상관없이 모평균에서 3 이상 벗어난 값을 가질 수 있지만, 표본크기가 커짐에 따라 모평균에서 3 이상 벗어날 확률이 점차 작아져 0이 되게 된다. 또한 3이 아니라 모평균에서 아무리 작은 값 이상 벗어날 확률 역시 표본크기가 커짐에 따라 0이 되게 되는데, 이러한 경우 표본평균은 모평균에 확률적으로 수렴한다고 한다. 따라서 확률변수의 수렴을 확률적인 관점에서 수렴을 정의할 때 이를 **확률적 수렴**(**convergence in probability**)이라고 한다. 추정량 $\hat{\theta}$가 모수 θ로 확률적으로 수렴한다는 개념은 다음과 같이 정의된다.

일치성

임의의 양의 상수 ε에 대하여 $\lim_{n\to\infty} \Pr(|\hat{\theta}-\theta|>\varepsilon)=0$이 성립한다.

$\Pr(\hat{\theta}=\theta) \xrightarrow[n\to\infty]{} 1$이 되는 $\hat{\theta}$은 일치추정량이다.

예제 8.3

모평균 μ에 대한 추정량으로 아래의 $\hat{\mu}$을 고려할 때, 이에 대한 비편향성 및 일치성 여부를 판단하여라.

$$\hat{\mu}=\frac{1}{n-1}\sum_{i=1}^{n} X_i$$

풀이

추정량 $\hat{\mu}$의 기댓값은 다음과 같이 계산된다.

$$E(\hat{\mu})=E\left(\frac{X_1+\cdots+X_n}{n-1}\right)=\frac{n}{n-1}\mu\neq\mu$$

여기서 $E(\hat{\mu})$이 모수 μ와 같지 않으므로 $\hat{\mu}$은 편향추정량이다. 그러나 표본의 수 n을 무한히 크게 하면 $n/(n-1)=1$이 되므로 $\hat{\mu}$은 μ에 대한 점근적 비편향추정량

(asymptotically unbiased estimator)이다.

$\hat{\mu}$은 $\frac{n}{n-1}\overline{X}$이므로 중심극한정리에 의하여 $N\left(\frac{n}{n-1}\mu, \left(\frac{n}{n-1}\right)^2\frac{\sigma^2}{n}\right)$의 근사분포를 하게 되고, n이 무한이 커지면 $\hat{\mu}$의 평균은 μ, 분산은

$$\left(\frac{n}{n-1}\right)^2\frac{\sigma^2}{n}=\frac{n}{(n-1)^2}\sigma^2 \xrightarrow[n\to\infty]{} 0$$

이 되어, $\hat{\mu}$은 확률적으로 μ가 된다. 즉,

$$\Pr(\hat{\mu}=\mu) \xrightarrow[n\to\infty]{} 1$$

이므로, $\hat{\mu}$은 일치추정량이다.

표본평균, 표본중앙값 또는 위의 예처럼 $n-1$로 나눈 평균은 모두 μ에 대한 **일치추정량**(**consistent estimator**)이다. 또한 평균의 특수한 경우인 표본비율 $\overline{p}$는 모비율 p의 일치추정량이다. 표본분산 S^2는 모분산 σ^2의 일치추정량이며, 표준편차 S는 모표준편차 σ의 일치추정량이다(자세한 증명은 수리통계학 참조).

점추정량

이 책에서 우리가 기본적으로 관심이 있는 것은 모평균, 모분산, 모비율, 이 세 가지 모수에 대한 추정량이다. 추정량이 갖추어야 할 바람직한 성질들로 비편향성, 효율성, 일치성을 만족하는 추정량들을 살펴보았다. 일반적으로 어느 한 추정량이 이들 바람직한 성질에 대하여 모든 가능한 다른 추정량에 비하여 우수한 경우를 찾는 것은 불가능하다. 또한 이들 바람직한 성질들 중 어느 것이 더 중요한가에 대한 논란의 여지가 충분하다. 그러나 여러 가지를 고려할 때 모평균은 표본평균, 모비율은 표본비율, 모분산은 표본분산, 모표준편차는 표본표준편차로 점추정값을 선택하는 것이 일반적이다.

통계 연구자나 전문가의 입장에서는 여러 가지 바람직한 기준에 의하여 점추정량을 사용하는 것이지, 단지 '모'자가 '표본'으로 바뀌었다고 기계적으로 사용하는 것이 아니다. 하지만 비전문가나 일반인에게는 단순히 용어에서 오는 느낌만으로 사용하는 것이 더 편리할 수는 있겠다.

점추정량

모수	점추정량
μ	$\overline{X}$
σ^2	S^2
σ	S
p	$\overline{p}$

8.2 구간추정

구간추정(interval estimation)이란 모수를 하나의 값으로 추정하는 것이 아니라, 오차의 크기가 고려된 구간으로 나타내는 것이다. 예를 들어, 모평균 μ에 대한 구간추정은 다음과 같은 형태이다.

점추정: 점(한 값)으로 추정
구간추정: 구간으로 추정

$$\hat{\mu}=(a,\ b)$$

구간추정을 통하여 얻어지는 구간 $(a,\ b)$를 **신뢰구간**(confidence interval)이라 하는데, 신뢰수준과 구간의 크기가 중요한 문제로 대두된다. **신뢰수준**(confidence level)이란 "여러 번 구한 신뢰구간 중 추정하고자 하는 모수를 포함하는 신뢰구간의 비율"을 의미한다. 따라서 신뢰구간은 신뢰수준이 높을수록 좋고, 간편성의 원칙(principle of parsimony)를 따른다면 구간의 크기는 작을수록 좋다.

신뢰구간 및 신뢰수준의 의미

- 모평균 μ에 대한 95% 신뢰구간을 $(a,\ b)$라고 하자.
  이는, 만일 똑같은 방법으로 100차례 표본을 추출하여 신뢰구간을 구하였을 때, 그 100개의 신뢰구간 중 95개가 모수 μ를 포함하게 됨을 의미한다.
- 여기서 신뢰구간이 모수를 포함할 비율, 즉 95%를 구간추정의 신뢰수준이라고 한다.

즉, 모수는 변하는 값이 아니고, 비록 우리가 모르긴 하지만 불변의 값이다. 이를 추정하기 위하여 표본을 추출한다면, 매번 추출할 때마다 그 표본에 의한 신뢰구간이 달라질 것이다. 그림 8.5에서 표본에 따라 신뢰구간이 달라지는 예를 보여 준다. 표본 5와 6은 신뢰구간이 μ를 포함하지 않고, 나머지 표본들은 μ를 포함하는 경우이다. 이와 같이 신뢰구간은 표본에 따라 달라질 수 있지만, 모수의 값은 변하는 것이 아니므로 '모수가 신뢰구간에 포함될 확률'이 아니라 '**신뢰구간이 모수를 포함할 비율**'을 고려하게 되고, 이 비율이 바로 신뢰수준이다.

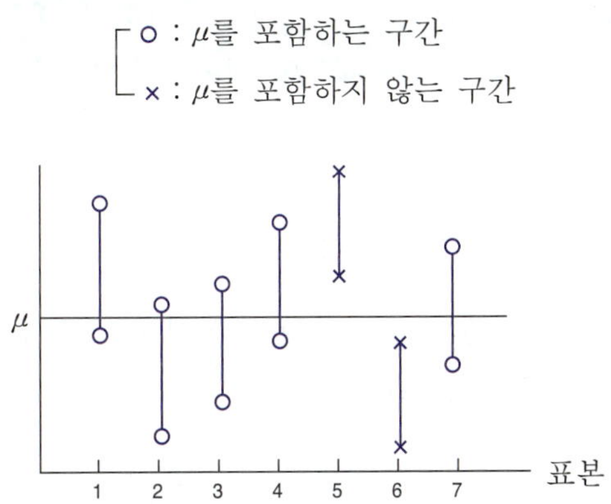

그림 8.5
신뢰구간의 의미

한편 구간의 크기(interval size)는 신뢰구간의 폭을 의미하는데, 위의 경우에서는 $(b-a)=2d$가 바로 구간의 크기이다. 이때 정밀한 구간추정이 되기 위해서는 구간크기가 작아야 함은 물론이다. 여기서 신뢰구간 폭의 절반인 d를 **오차한계(error bound)**라고 한다.

이상에서 언급하였듯이 신뢰수준은 높을수록 그리고 구간의 크기는 작을수록 바람직하다. 그러나 신뢰구간을 구성하는 두 가지 요소인 신뢰수준과 구간의 크기는 서로 상충되는 것이 문제이다. 신뢰수준을 높이고자 하면 구간이 커지게 되고, 반대로 정교한 구간추정을 위하여 구간의 크기를 작게 하면 신뢰수준이 떨어지는 문제가 발생한다. 따라서 구간추정에서는 이렇게 서로 상충되는 두 가지 요소인 신뢰수준과 구간의 크기에 대하여 어떠한 형태의 절충이 요구된다. 일반적으로 문제의 특성에 따라 신뢰수준을 먼저 고정시켜 놓고, 그 신뢰수준을 만족하면서 구간의 크기를 가장 작게 하는 신뢰구간을 도출한다. 같은 신뢰수준에서 신뢰구간의 크기는 점추정량의 분산과 관련되고, 이 분산은 표본수에 의하여 좌우된다. 따라서 신뢰구간을 작게 하기 위해서는 표본수를 늘려야 한다. 하지만 표본수를 경제적, 시간 등의 제약으로 무한정 늘릴 수는 없으므로 적절한 조정이 필요하다.

모집단의 분포가 종모양의 대칭인 경우 모평균에 대한 신뢰구간은 $(\bar{x}\pm d)$의 형태로 표본평균을 중심으로 같은 거리만큼 가감하는 것이 효율적이다. 예를 들어, 평균이 μ이고 분산이 σ^2인 정규분포를 따르는 모집단에서 모평균 μ에 대한 구간추정의 경우를 살펴보자. 점추정값은 $\bar{x}$이므로, 그림 8.6에서 보는 바와 같이 모평균 μ에 대한 신뢰구간은 $(\bar{x}\pm d)$의 형태로 설정되는 것이 주어진 신뢰수준하에서 구간의 크기를 최소로 하게 된다.

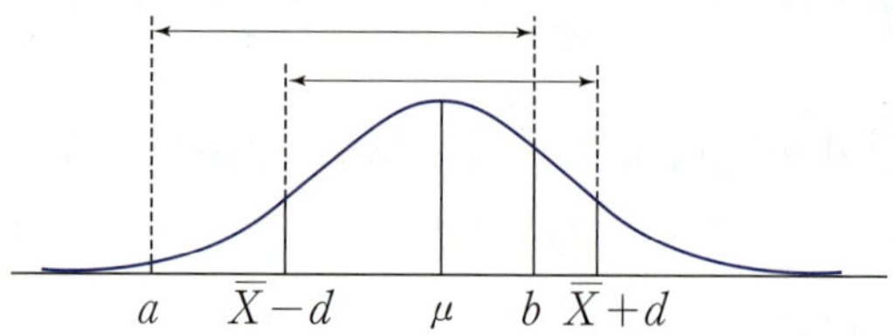

그림 8.6
신뢰구간의 형태

위의 그림에서 신뢰구간 (a, b)도 신뢰수준은 만족하고 있으나, 구간의 크기가 $(\bar{x}\pm d)$의 경우보다 크다.

8.3 모평균 μ에 대한 구간추정

여기서는 모평균 μ의 구간추정값을 어떻게 구하는지에 대하여 다룬다. 8.1절에서 설명 하였듯이 μ의 점추정량은 표본평균 $\bar{X}$이다. 만일 모집단이 정규분포를 한다면 $\dfrac{\bar{X}-\mu}{\sigma/\sqrt{n}}$의 확률분포는 표준정규분포를 하게 된다. 따라서 이러한 확률분포로부터 표본평균 $\bar{X}$에 대한 $100(1-\alpha)\%$ 확률구간을 구하면 다음과 같다.

$$\left(\mu-z_{\alpha/2}\frac{\sigma}{\sqrt{n}},\ \mu+z_{\alpha/2}\frac{\sigma}{\sqrt{n}}\right)$$

이 확률구간을 모평균 μ에 대한 구간처럼 만들면 (위에서 이야기했듯이 μ가 구간에 포함될 확률로 생각하면 안 되지만, μ를 부등식의 가운데로 바꾸어 표시한 것이다.) 다음과 같은 구간이 얻어진다.

$$\left(\overline{X}-z_{\alpha/2}\frac{\sigma}{\sqrt{n}},\ \overline{X}+z_{\alpha/2}\frac{\sigma}{\sqrt{n}}\right)$$

이 구간을 표본이 얻어진 후 표본평균값($\overline{X}$의 실측치 $\overline{x}$)으로 대체한 것이 모평균 μ에 대한 $100(1-\alpha)\%$ 신뢰구간이 된다.

$$\left(\overline{x}-z_{\alpha/2}\frac{\sigma}{\sqrt{n}},\ \overline{x}+z_{\alpha/2}\frac{\sigma}{\sqrt{n}}\right)$$

또한 모분산을 모르는 경우 $\dfrac{\overline{X}-\mu}{s/\sqrt{n}}$($s$는 표준편차이다.)는 $\dfrac{\overline{X}-\mu}{\sigma/\sqrt{n}}$와는 달리 표준정규분포와 조금 다른 형태의 분포인 ***t*분포(*t* distribution)**를 하는데, 이 t분포는 표본수에 따라 분포 모양이 조금씩 달라지게 되는데, 이는 **자유도(degree of freedom**, 8장 뒷부분 설명 참조) $\nu=n-1$에 따라 t분포의 모양이 결정되기 때문이다. 이 t분포는 표본수가 커짐에 따라 표준정규분포와 모양이 비슷해지므로, 표본수가 어느 정도 큰 경우($n\geq 0$)에는 표준정규분포를 이용해 확률을 구하여도 큰 차이를 보이지 않는다.

t분포는 Student라는 필명으로 Guiness 맥주 공장에서 일하던 William Gosset(297쪽)에 의해 발표되었다.

ν:nu
부록 c.2 그리스 문자 참조

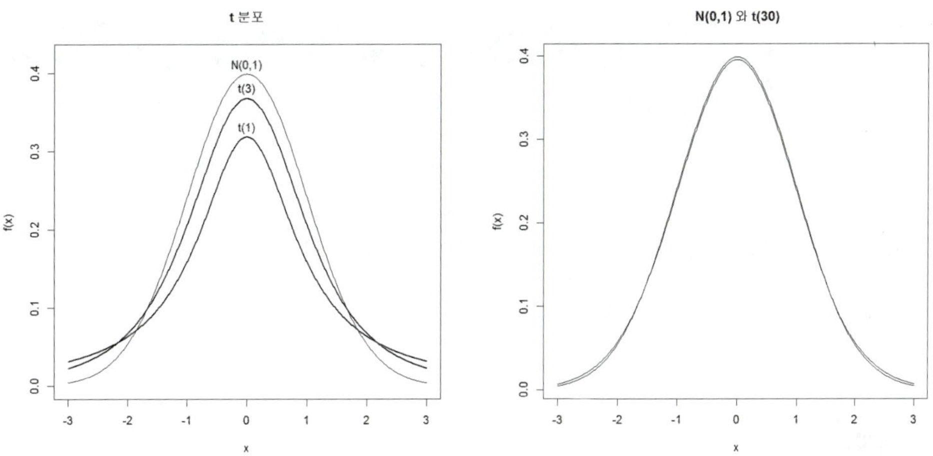

오른쪽 그래프에서 자유도 30인 t분포와 표준정규분포의 차이가 거의 없음을 볼 수 있다.

그림 8.7
표준정규분포와 t분포

t분포는 그림 8.7에서 보듯 표준정규분포와 전체적인 형태는 같으나 옆으로 넓게 퍼진 형태를 취하고 있다. t분포는 자유도가 클수록 점점 퍼짐의 정도가 작아져 자유도가 ∞가 되면 정규분포와 같아진다.

t 분포

정규분포 모집단에서 추출한 표본평균을 표본 표준편차로 표준화하면 자유도 $n-1$인 t분포를 하게 된다.

$$\frac{\overline{X}-\mu}{s/\sqrt{n}}\sim t(n-1)$$

t분포를 이용하여 표본평균에 대한 $100(1-\alpha)\%$ 확률구간을 구하면 다음과 같게 되고,

$$\left(\mu-t_{\alpha/2,\,n-1}\frac{s}{\sqrt{n}},\ \mu+t_{\alpha/2,\,n-1}\frac{s}{\sqrt{n}}\right)$$

마찬가지로 표본평균이 얻어진 후 모분산을 모르는 경우에 모평균 μ에 대한 $100(1-\alpha)\%$ 신뢰구간은 다음과 같다.

$$\left(\overline{x}-t_{\alpha/2,\,n-1}\frac{s}{\sqrt{n}},\ \overline{x}+t_{\alpha/2,\,n-1}\frac{s}{\sqrt{n}}\right)$$

μ에 대한 $100(1-\alpha)\%$ 신뢰구간

μ에 대한 신뢰구간을 그림 8.8에서 보여 준다. 여기서 $\alpha=0.05$이면 95% 신뢰구간이 된다.

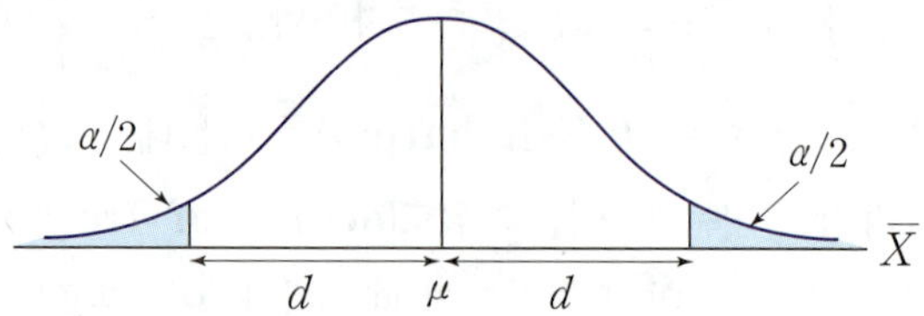

그림 8.8
μ에 대한 $100(1-\alpha)\%$ 신뢰구간

위 그림에서 오차한계 d를 구할 때, 만약 σ를 알면 표준정규분포의 z값을 사용하고, σ를 모르면 t분포의 t값을 사용하는데 신뢰구간은 다음과 같이 도출된다.

μ에 대한 $100(1-\alpha)\%$ 신뢰구간

- σ를 알 경우 : $\left(\overline{x}-z_{\alpha/2}\frac{\sigma}{\sqrt{n}},\ \overline{x}+z_{\alpha/2}\frac{\sigma}{\sqrt{n}}\right)$
- σ를 모를 경우 : $\left(\overline{x}-t_{\alpha/2,\,n-1}\frac{s}{\sqrt{n}},\ \overline{x}+t_{\alpha/2,\,n-1}\frac{s}{\sqrt{n}}\right)$

  여기서 n은 표본크기이고, s는 표준편차로써 다음과 같다.

$$s=\sqrt{\sum_{i=1}^{n}(x_i-\overline{x})^2/(n-1)}$$

예제 8.4

베어링.dat
베어링.xlsx

다음은 베어링의 평균 직경을 알아보고자 9개의 베어링 표본을 대상으로 조사한 것이다.

3.4 3.3 4.2 4.4 3.7 4.5 4.6 3.8 4.1

평균 직경에 대한 95% 신뢰구간을 구하여라.

풀이

(a) 만약 과거 자료로부터 $\sigma=0.4$로 알려졌다면 95% 신뢰구간은 다음과 같이 구해진다.

$$\mu=\overline{x}\pm z_{0.025}\frac{\sigma}{\sqrt{n}}=4.0\pm1.96\frac{0.4}{\sqrt{9}}$$
$$=4.0\pm0.26$$

(b) 만약 σ가 알려지지 않았다면 s를 이용한다.

$$s^2=\sum(x_i-\overline{x})^2/(n-1)=0.225$$

따라서 위의 두 번째 신뢰구간 식을 이용하여 다음과 같이 구해진다.

$$\mu=\overline{x}\pm t_{0.025,\,8}\frac{s}{\sqrt{n}}=4.0\pm 2.31\frac{0.4743}{9}=4.0\pm 0.37$$

유의사항

1. 위의 신뢰구간에서 σ를 모를 경우의 t값은 t분포표(부록 A.3)에서 찾는데, $n-1$은 자유도이고, $\alpha/2$는 확률값을 나타낸다.

2. 위에서 σ를 모르더라도 표본수 n이 커지면 s가 σ와 비슷해지고, 또 t분포는 z분포에 근접한다. 따라서 표본수가 크면(일반적으로 $n\geq 30$) σ를 모르는 경우의 신뢰구간은 σ를 아는 경우의 신뢰구간과 비슷해진다.

3. 모집단이 정규분포를 따를 때, 위의 결과는 이론적으로 정확하다. 그러나 X_i가 정규분포를 따르지 않더라도 표본수가 크면, 중심극한정리에 의하여 $\overline{X}$의 분포는 정규분포에 근접한다. 따라서 정규분포 표본이 아니더라도 표본수가 크면 위의 결과를 근사적으로 사용할 수 있다.

4. σ를 아는 경우란 일반적으로 과거의 데이터나 연구결과에 의하여 σ에 대한 믿을만한 정보가 있다는 뜻이다.

5. 위 신뢰구간 공식에서 표본수 n이 커지면, 구간이 좁아지는 것을 알 수 있다. 따라서 오차한계의 크기를 어떤 범위 안에 들도록 해야 되는 경우라면, 표본수 n을 필요한 만큼 늘려야 한다(8.5절 참조).

모집단이 정규분포를 하는 경우에 σ^2값을 알고 있으면 Z값, σ^2값을 몰라서 s^2으로 대체하여 사용할 경우는 t값을 사용한다. 만일 모집단이 정규분포를 하지 않는 경우는 표본수가 많다면 중심극한정리를 적용하여 근사적으로 Z값을 사용한다. 이때 σ^2을 알고 있으면 그것을 사용하고, 모른다면 S^2으로 사용한다. 정규분포를 하지 않고 표본수가 적은 경우는 그때 그때 분포 모양에 따라 계산된 값을 사용하거나 비모수통계(17장) 방법 등을 이용하여야 한다.

모평균의 구간추정에 사용하는 통계량

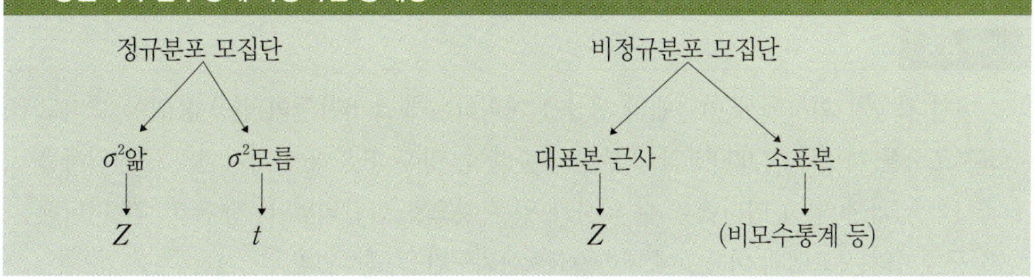

비정규 모집단이나 표본수가 많고, s^2를 사용하는 경우 t분포에 근사하여 구간추정에 사용하기도 한다(t분포의 강건성). 그러나 표본수가 크면 t는 Z와 차이가 거의 없다.

8.4 모비율 p에 대한 구간추정

평균이 일반적인 자료들의 대푯값이라면 표본비율은 0과 1로된 특수한 자료의 평균이다.

8.1절 비율의 점추정에 대하여 논할 때 비율은 평균의 개념과 같다고 하였다. 따라서 모비율의 구간추정은 평균의 구간추정방법과 거의 동일하다. 모비율 p를 추정하기 위하여 n개의 표본을 추출하여 조사한 결과, '성공'의 수가 X라면, 모비율 p의 점추정량인 **표본비율(sample proportion)** $\bar{p}$은 다음과 같이 구해진다.

$$\bar{p}=\frac{X}{n}, \quad X=0,\ 1,\ \cdots,\ n$$

위의 식에서 표본의 수 n이 커진다면 확률변수 X는 다음과 같은 평균과 분산을 갖는 정규분포를 근사적으로 따르게 된다.(6.3절 이항분포의 정규근사)

$$X \dot{\sim} N(np,\ np(1-p))$$

따라서 표본비율 $\bar{p}$은 근사적으로 다음과 같은 정규분포를 따른다.

$$\bar{p} \dot{\sim} N\left(p,\ \frac{p(1-p)}{n}\right)$$

모비율 p에 대한 신뢰구간

모비율 p에 대한 $100(1-\alpha)\%$ 신뢰구간은 모평균의 경우와 마찬가지로 모비율에 대한 점추정량인 $\bar{p}$의 확률분포를 이용하면 다음과 같이 도출된다.

모평균의 구간추정:

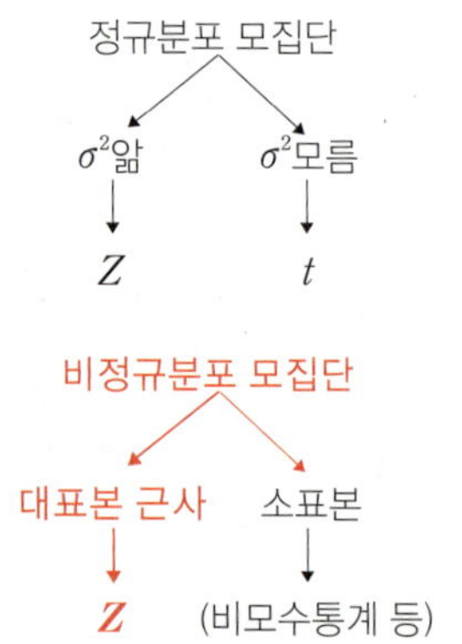

모비율 p에 대한 $100(1-\alpha)\%$ 신뢰구간

$$\bar{p} \pm z_{\alpha/2}\sqrt{\frac{\bar{p}(1-\bar{p})}{n}}$$

모비율에 대한 위의 신뢰구간은 표본의 크기가 충분히 클 때, 즉 $np \geq 5$와 $n(1-p) \geq 5$를 만족할 때에만 의미가 있다. 하지만 p를 추정하려고 하는 상황이므로 p의 추정값인 표본비율 $\bar{p}$를 이용하여 표본크기의 조건을 점검한다.

예제 8.5

어떤 자동차 회사에서 미니밴의 생산을 계획하는데 소비자들의 반응을 알아 보려고 표본조사를 하였다. 1,000명의 표본을 추출하여, 향후 5년 내에 미니밴의 구매의사를 조사한 결과 40명이 미니밴을 살 의사가 있는 것으로 판단되었다. 향후 5년간 미니밴을 구매하려는 고객의 비율 p에 대한 95% 신뢰구간을 구하여라.

풀이

구매자 비율의 추정값은 다음과 같다.

$$\bar{p}=x/n=40/1000=0.04$$

$n\bar{p}=1000\cdot\dfrac{40}{1000}=40\geq 5,\ n(1-\bar{p})=1000\cdot\dfrac{960}{1000}=960\geq 5$ 로 표본크기의 조건을 만족하므로 근사식을 이용할 수 있겠다. 따라서 p의 95% 신뢰구간은 앞에 나온 공식에서 다음과 같이 계산된다.

$$\begin{aligned}p&=\bar{p}\pm z_{0.025}\sqrt{\frac{\bar{p}(1-\bar{p})}{n}}=0.04\pm 1.96\sqrt{\frac{0.04(1-0.04)}{1000}}\\&=0.04\pm 0.012\end{aligned}$$

모비율 p에 대한 구간추정을 하려고 할 때 표본수가 충분하지 못하면 중심극한정리에 의한 근사 방법을 사용할 수 없다. 이때는 정확분포(exact distribution)에 의한 방법으로 할 수 있으나 입문 수준을 넘어선다. 표본수를 충분히 확보하여 근사 방법을 사용할 것을 권장한다.

8.5 표본수의 결정

앞의 8.3절에서 신뢰구간의 폭의 절반인 오차한계 d는 표본수 n이 증가할수록 줄어든다는 사실을 언급하였다. 예를 들어, σ를 알 때 μ에 대한 $100(1-\alpha)\%$ 신뢰구간은 다음과 같았다.

$$\bar{x}\pm z_{\alpha/2}\frac{\sigma}{\sqrt{n}}$$

여기서 오차한계 d는 다음과 같다.

$$d=z_{\alpha/2}\frac{\sigma}{\sqrt{n}}$$

위의 n이 커지면 d는 $\dfrac{1}{\sqrt{n}}$만큼 작아진다. 위의 식을 n에 대한 식으로 바꾸면

$$n=\left(z_{\alpha/2}\frac{\sigma}{d}\right)^2$$

이와 같이 추정하려는 모수의 특성이나 규격 등에 따라 오차한계 d가 주어지면, 이를 만족시키는 표본수 n을 구할 수 있다. 8.3절과 8.4절에 나오는 신뢰구간에서 오차한계 d와 이

를 만족시키는 n은 다음과 같이 정리된다.

오차한계 d를 만족시키는 표본수 n

추정 모수 및 조건	오차한계(d)	표본수(n)
(1) σ를 알 경우의 μ	$d=z_{\alpha/2}\dfrac{\sigma}{\sqrt{n}}$	$n=\left(z_{\alpha/2}\dfrac{\sigma}{d}\right)^2$
(2) σ를 모를 경우의 μ	$d=t_{\alpha/2,\,n-1}\dfrac{s}{\sqrt{n}}$	$n=\left(t_{\alpha/2,\,n-1}\dfrac{s}{d}\right)^2$
(3) 모비율 p	$d=z_{\alpha/2}\sqrt{\dfrac{p(1-p)}{n}}$	$n=z^2_{\alpha/2}\dfrac{p(1-p)}{d^2}$

위의 (1)과 (2)는 정규모집단을 가정하고 있다. 정규모집단이 아닌 경우 (1) 또는 (2)를 근사적으로 사용한다.

위에서 표본수 n을 계산할 때, 아직 표본을 추출하지 않은 상태이므로 s나 p 등을 모른다. 따라서 근삿값들을 활용하여 대략적인 n값을 구하는데, 아래와 같은 요령들을 생각할 수 있다.

$p=0.5$는 오차의 한계를 제일 크게 하는 p이며 n이 큰 값으로 계산되게 한다.

1. σ, s 또는 p는 과거의 경험이나 연구 결과 또는 예비조사로부터 얻어질 수 있다. 아니면 대략 짐작되는 값을 이용하기도 한다. p의 경우 사전정보가 전혀 없다면 0.5를 이용하기도 한다.
2. 위의 σ를 모를 경우에서 표본수 n을 모르면 $t_{\alpha/2,\,n-1}$을 구할 수 없다. 이 때는 대략적인 n값을 이용하여 새로운 n을 구하고, 반복하면 $t_{\alpha/2,\,n-1}$에 사용된 n값과 새로 구한 n값을 접근시킬 수 있다.

위의 2에서 처음에 사용하는 대략적인 n값은 $z_{\alpha/2}$를 이용할 수 있다.

예제 8.6

앞에 나오는 예제 8.4와 예제 8.5에서 오차한계 d가 각각 0.2와 0.01이라면 표본수 n은 얼마가 되어야 하는가? ($\alpha=0.05$)

풀이

예제 8.4 (a) $\sigma\approx0.4$로 알려졌다면 n은 다음과 같이 계산된다.

$$n=\left(z_{\alpha/2}\frac{\sigma}{d}\right)^2=\left(1.96\frac{0.4}{0.2}\right)^2\approx16$$

(b) $d.f=n-1=15$를 이용하면

$$n=\left(t_{\alpha/2,\,n-1}\frac{s}{d}\right)^2=\left(2.131\frac{0.4}{0.2}\right)^2\approx18$$

(c) $d.f=n-1=17$을 이용하면

$$n=\left(t_{\alpha/2,\,n-1}\frac{s}{d}\right)^2=\left(2.110\frac{0.4}{0.2}\right)^2\approx18$$

따라서 $n=18$이면 적절하다고 본다.

예제 8.5 $p=0.5$를 사용하면 n은 다음과 같이 구해진다.

$$n=z^2\frac{p(1-p)}{d^2}=(1.96)^2\frac{(0.5)(0.5)}{(0.01)^2}\approx 9604$$

그러나 소비자의 50%가 미니밴을 산다는 것은 상식적으로 불가능하므로 $p=0.1$을 사용하여 보자.

$$n=z^2\frac{p(1-p)}{d^2}=(1.96)^2\frac{(0.1)(0.9)}{(0.01)^2}\approx 3458$$

예제 8.7

앞면이 나올 확률 p가 알려지지 않은 동전에서 p를 추정하기 위하여 이 동전을 n번 던져서 앞면이 나온 비율 $\bar{p}$를 계산하게 된다. 이때 $\bar{p}$가 참값 p로부터 0.1 이내에 있을 확률이 99% 이상이 되도록 하기 위한 n의 값은 얼마인가?

풀이

먼저 표준정규분포에서 $P(-z\le Z\le z)=99\%$을 만족시키는 z값을 찾아보면, 이는 $\Phi(z)=0.995$의 해이고, $z\approx 2.575$이다. 이항분포의 정규근사에 의하여 시행횟수 n이 충분히 클 때

$$P\left(p-2.575\sqrt{\frac{p(1-p)}{n}}\le\hat{p}\le p+2.575\sqrt{\frac{p(1-p)}{n}}\right)=99\%$$

이고 $p(1-p)\le 0.25$이므로 $\bar{p}$와 p의 차이는 $2.575\times 0.5/\sqrt{n}$보다 작거나 같다. 따라서 구하는 n은 $2.575\times 0.5/\sqrt{n}=0.1$의 해로 $n=\left(\frac{2.575\times 0.5}{0.1}\right)^2=165.77$이다.

8.6 데이터 종속성의 중요성

통계 분석의 많은 경우 데이터의 독립성 가정을 바탕으로 하며, 이는 통계추론의 과정을 매우 간단하게 한다. 하지만 실제 데이터는 독립성 가정이 성립하지 않는 경우가 많다. 예를 들면, 시간의 흐름에 따라 관측된 시계열 데이터, 지리적 좌표계에서 수치값으로 관측되는 공간 데이터 등의 경우 독립성 가정은 성립하지 않으며, 추론과정에서 종속성을 고려하는 것은 매우 중요하다. 이를 고려하지 않는 경우 통계추론이 정확하지 않을 수 있고, 특히 추정치의 변동성을 과소추정할 수 있다. 구체적으로 Cresse(1993)의 간단한 예제를 살펴보도록 하자. 가령 확률변수 $Z_1, \cdots, Z_n$가 서로 독립이고 동일하게 $(i.i.d)$ $N(\mu, \sigma^2)$ 분포를 따른다고 하자. 이때 모수 μ의 추정치 $\hat{\mu}$과 95% 신뢰구간은

$$\hat{\mu}=\frac{1}{n}\sum Z_i,\ \text{신뢰구간: } \left(\hat{\mu}-1.96\frac{\sigma}{\sqrt{n}},\ \hat{\mu}+1.96\frac{\sigma}{\sqrt{n}}\right)$$

으로 구할 수 있다. 하지만 반대로 확률변수 $Z_1, \cdots, Z_n$가 서로 종속이고 모든 $i,j=1, \cdots, n$와 $\rho\in(0,1)$에 대하여 공분산이 $Cov(Z_i,Z_j)=\sigma^2\rho^{|i-j|}$ 값을 가진다고 하자. 이때 Z_i와 Z_j의 공분산은 $|i-j|$가 작을수록 커지게 된다. 가령 오늘의 주가지수는 일주일 전의 주가지수보다 어제의 주가지수와 더 큰 상관관계를 갖는 것과 같은 이치이다. 이러한 공분산 구조를 바탕으로 추정치 $\hat{\mu}$의 분산은

$$\begin{aligned}\mathrm{Var}(\hat{\mu})&=\frac{1}{n^2}\sum_{i=1}^{n}\sum_{j=1}^{n}Cov(Z_i,Z_j)\\&=\frac{\sigma^2}{n}\left(1+2\left(\frac{\rho}{1-\rho}\right)\left(1-\frac{1}{n}\right)-2\left(\frac{\rho}{1-\rho}\right)^2\frac{(1-\rho^{n-1})}{n}\right)\end{aligned}$$

으로 계산된다. 가령 $n=10$, $\rho=0.26$의 경우 위의 식에 대입하여 $\hat{\mu}$ 분산값을 계산하면 $\mathrm{Var}(\hat{\mu})=1.608\sigma^2/n$가 된다. 이를 이용한 95% 신뢰구간은

$$\left(\hat{\mu}-2.485\frac{\sigma}{\sqrt{n}},\ \hat{\mu}+2.485\frac{\sigma}{\sqrt{n}}\right)$$

으로 계산이 된다. 이처럼 변수간의 종속성이 있을 경우, 독립인 경우에 비해 신뢰구간이 커지게 된다. 따라서 종속 데이터의 경우, 독립성을 가정하여 신뢰구간을 구하게 되면 변동성을 과소추정하게 되는 것이다. 이는 데이터 종속성이 커질수록(공분산의 ρ값이 커질수록), 더욱 심해진다. 따라서 정확한 통계추론을 위해서는 계산을 수행하기 이전에 데이터의 종속성을 확인하는 탐색적 자료 분석이 필요하다.

읽을거리 자유도

자유도(degree of freedom)는 말 그대로 '자유스러운 정도'이다. 자유도에 대한 수학적 정의는 몇몇 특정 분포에서 그 분포의 모양을 결정하는 모수(매개변수, parameter)이다. 8장에서 다루는 t분포, 11장에서의 카이제곱분포, F분포의 모수로 자유도가 들어가게 된다.

통계를 엄격한 수학적인 틀에서 다루는 수리통계학(Mathematical Statistics)이라는 통계학 전공과목을 배우기 전까지는, '자유도는 모수이다'라는 수학적 정의 자체만으로는 자유도의 의미가 도무지 다가오지 않을 것이다. 여기서는 직관적으로 이해할 수 있도록 전혀 다른 방향에서 예를 들어 그 의미를 찾아보자.

표본 3개를 뽑아 평균을 계산하였더니 5라고 하자. 그렇다면 다음 빈칸을 채워 표본평균이 5가 되도록 표본을 구성하여 보아라.

(　　　), (　　　), (　　　)

"뭐, 이런 문제가 있나?"하고 의문을 품을 것이다. 제일 간단한 답은 (5), (5), (5) 일 것이다. 상상력을 좀 발휘한다면 (3), (5), (7)일 것이고, 상상력을 더 발휘하면 (−218), (96), (137) 일 것이다. 상상력을 발휘하였던, 하지 않았던 분명한 것이 하나 있다. 세 개

의 빈칸 중 두 개는 마음대로 채울 수 있으나 나머지 하나는 평균을 5로 만들기 위하여 마음대로 채워 넣을 수가 없다. '자유롭게 채워 넣을 수 있는 빈칸의 수'는 두 개이다.

표본수 n인 표본에서 표본평균 $\bar{x}$가 정해져 있다면 표본값 $x_1, \cdots, x_n$ 중 '자유롭게 변할 수 있는' 또는 '자유롭게 관찰될 수 있는' 것은 $n-1$개의 표본이다. $n-1$개의 표본값이 정해지면 나머지 하나는 자유롭게 값을 정할 수 없다. 표본분산을 구할 때

$$s^2=\frac{\sum_{i=1}^{n}(x_i-\bar{x})^2}{n-1} \tag{1}$$

를 사용한다. 만일 모평균을 알고 있다면

$$\hat{\sigma}^2=\frac{\sum_{i=1}^{n}(x_i-\mu)^2}{n} \tag{2}$$

를 사용하는 것이 더 좋을 것이나 μ를 모르니 $\bar{x}$로 대체하여 사용하는 것이다. 수식 (2)를 사용할 때는 $x_1, \cdots, x_n$ 모두가 아무 값이나 자유롭게 들어가 계산이 되지만, 수식 (1)을 사용할 때는 주어진 $\bar{x}$를 맞추어 주어야 한다면 $x_1, \cdots, x_n$ 중 어느 하나는 자유롭게 들어 갈 수 없다. 또한 표본분산을 비편향추정량으로 만들어 주기 위하여 표본수 n으로 나누지 않고 자유도 $n-1$으로 나누어 준 것도 주목하라.

$\dfrac{\bar{X}-\mu}{\sigma/\sqrt{n}}$는 표준정규분포를 하지만, 모분산을 몰라 σ가 s로 대체된 $\dfrac{\bar{X}-\mu}{s/\sqrt{n}}$는 자유도가 $n-1$인 t분포를 한다.

모분산에 대한 추정(10장 참조), 분할표 검정(12장 참조), 분산분석(13장 참조), 회귀분석(14, 15장 참조)을 할 때 χ^2 분포, F 분포를 이용하는 데, 이들 분포도 자유도에 의해 모양이 결정된다.

읽을거리 신뢰구간과 확률구간

8.3절에서 정규분포를 따르는 확률표본으로 모수를 추정할 때 모평균 μ에 대한 **100(1−α)%** 신뢰구간은

$$\left(\bar{x}-z_{\alpha/2}\frac{\sigma}{\sqrt{n}},\ \bar{x}+z_{\alpha/2}\frac{\sigma}{\sqrt{n}}\right) \tag{1}$$

으로 구하였다. 이때 구한 신뢰구간을 "μ가 $\left(\bar{x}-z_{\alpha/2}\frac{\sigma}{\sqrt{n}},\ \bar{x}+z_{\alpha/2}\frac{\sigma}{\sqrt{n}}\right)$의 구간에 존재할 확률은 $1-\alpha$이다"로 해석할 수 없다.

신뢰구간(confidence interval)은 **확률구간(probability interval)**이 아니므로, 확률과 연관지을 수 없고 **신뢰수준(confidence level)**과 연관되어 있다.

주사위 던지는 실험을 한다고 하자. 주사위를 던지기 전에는 무엇이 나올지 정해져 있지 않다. 주사위를 던져 3 이상 5 이하가 나올 확률은 1/2이다. [3, 5] 구간에 주사위의 눈이 가

능한 것이 {3, 4, 5}이므로 6개 중 3개가 가능하여 1/2의 확률이라 하였던 것이다. 주사위 던지는 실험에서 (2.5, 5.7)와 같은 구간(interval)은 확률과 연결되어 있는 구간이다.

$$P(2.5 < X < 5.7) = P(X = 3,\ 4,\ \text{or}\ 5) = 1/2$$

주사위 던지는 실험이던 또는 정규분포를 하는 확률변수이던, 확률변수가 어떤 특정한 주어진 구간에 속한 값들을 가질 수 있는 확률은 0과 1 사이(0, 1 포함)이다. 하지만 모수(parameter)와 연관된 구간은 확률과 연관되어 있지 않다. 빈도론자(frequentist)에게는 모수가 "모르지만 고정된 상수(unkonown but fixed constant)"이다. 그러면 빈도론자 입장에서 모르지만 고정된 상수에 대한 확률을 생각하여 보자. 원주율 π는 무한소수이므로 그 값을 정확히는 모르지만 고정되어 있는 상수이다. π가 3과 4 사이에 있을 확률, 즉 (3, 4) 구간에 있을 확률을 생각하여 보자. π가 3과 4 사이의 값이므로, π가 구간 (3, 4)에 있을 확률은 1이다.

$$P(3 < \pi < 4) = 1$$

π는 165과 179 사이에 없으므로

$$P(165 < \pi < 179) = 0$$

이다. 임의의 a와 b값으로 이루어진 (a, b) 구간에 θ가 속할 확률은 θ가 (a, b) 구간 안에 있으면 1, 없으면 0으로 1과 0 이외의 다른 확률값, 예를 들면 0.95 또는 0.99 등으로 표현되는 (a, b) 구간은 존재하지 않는다.

빈도론자들의 입장을 취하면 원주율, 우주에 있는 별의 수, 만년 전의 한반도 인구수 등은 그 값을 모르지만, 주사위의 눈이나 정규분포 확률변수처럼 확률적으로 변하는 것이 아니고 상수라고 생각하므로, 0과 1 이외의 확률값을 갖는 구간이 없다. 그렇다면 모수 θ에 대하여

$$P(\mathrm{a} < \theta < \mathrm{b}) = 0.95$$

와 같은 식으로 쓸 수 없다. 그러나

$$\Pr\{\overline{X} - z_{0.025}\frac{\sigma}{\sqrt{n}} \le \mu \le \overline{X} + z_{0.025}\frac{\sigma}{\sqrt{n}}\} = 0.95$$

은 맞는 수식이다. 왜냐하면 확률변수 $\overline{X}$에 관련된 구간이기 때문이다. 이는 μ에 대한 확률 수식이 아니고, 확률변수 $\overline{X}$가 $\mu - z_{0.025}\frac{\sigma}{\sqrt{n}}$보다 크고, $\mu + z_{0.025}\frac{\sigma}{\sqrt{n}}$보다 작을 확률은 0.95이기 때문이다.

$$\begin{aligned}&\Pr\{\overline{X} - z_{0.025}\frac{\sigma}{\sqrt{n}} \le \mu \le \overline{X} + z_{0.025}\frac{\sigma}{\sqrt{n}}\}\\ &= Pr\{\mu - z_{0.025}\frac{\sigma}{\sqrt{n}} \le \overline{X} \le \mu + z_{0.025}\frac{\sigma}{\sqrt{n}}\}\\ &= 0.95\end{aligned}$$

그러나 확률변수 $\overline{X}$의 관찰값인 표본평균 $\overline{x}$로 대체하여

$$\Pr\{\bar{x}-z_{0.025}\frac{\sigma}{\sqrt{n}} \le \mu \le \bar{x}+z_{0.025}\frac{\sigma}{\sqrt{n}}\}=0.95$$

로 쓰는 것은 불가능하다. $\Pr\{\bar{x}-z_{0.025}\frac{\sigma}{\sqrt{n}} \le \mu \le \bar{x}+z_{0.025}\frac{\sigma}{\sqrt{n}}\}$의 값은 위의 π값의 예와 같이 0과 1만 가능하기 때문이다. 그러면 95%의 95는 퍼센트이므로 소수로 나타내면 0.95이고, 0.95는 어떠한 숫자인가? 확률값이 아니란 말인가? 아니다! 95%의 0.95는 (1)의 수식에 의하여 구간을 구하면 표본을 뽑을 때마다 표본의 구성이 확률적으로 매번 달라지므로, $\bar{x}$값이 그때그때마다 달라지게 되어 구간의 길이는 변하지 않으나 구간의 위치가 달라지게 되어, 주어진 표본에 의해 구해진 구간에 모수가 있을 수도 있고 없을 수도 있는데, 표본을 뽑고 그것으로 95% 신뢰구간을 구하는 과정을 무수히 반복하면 전체의 95%는 모수를 포함하고, 나머지 5%는 포함하고 있지 않는다. 여기서의 95%는 모수 μ에 대한 직접적인 확률이 아니므로, 확률이라 못하고 신뢰수준이라고 부르는 것이다(271쪽 그림 8.5 참조). 실제로는 표본을 뽑아 신뢰구간을 구하는 과정을 여러 번 하지 않는다. 한 번의 표본추출에 의한 신뢰구간은 실제 모수 μ를 포함하던지 하지 않던지 둘 중 하나이지만, 그 신뢰구간은 주어진 신뢰수준만큼 신뢰할 수 있는 구간이다.

베이지안(Bayesian)에게는 모수도 확률변수이다. 원주율 π를 3.14까지만 알고 있는 사람에게는 그 다음 숫자가 무엇인지 모르니, $\Pr\{3.148<\pi<3.149\}$의 확률은 0.1이다. 3.14 다음에 분명 8 아니면 9인데, 그중 어느 것인지 분명하지 않은 사람에게는 $\Pr\{3.148<\pi<3.149\}$의 확률은 0.5이다. 실제 π값은 3.141592…이나 베이지안에게 확률은 본인이 갖고 있는 **개인적 믿음의 정도(personal degree of belief)**이다.

베이지안도 구간추정을 하며, 베이지안은 모수도 확률변수로 취급하므로 베이지안이 추정한 구간은 확률구간이다. 이는 **신용구간(credible interval**, 신뢰구간)이라 불린다.

EXCEL · SPSS · R

이 책과 관련된 데이터, 정오표 등은 자유아카데미의 홈페이지(www.freeaca.com)나 web.yonsei.ac.kr/cekim에서 얻을 수 있다.

EXCEL

예제 8.4

Step 1 다음의 값을 입력하거나 '베어링.xlsx'를 연다.

	A
1	3.4
2	3.3
3	4.2
4	4.4
5	3.7
6	4.5
7	4.6
8	3.8
9	4.1

Step 2 다음의 값을 입력하여 평균을 구한다.

```
B2  =AVERAGE(A1:A9)
```

Step 3 다음의 값을 입력하여 신뢰구간의 평균에서의 좌우범위를 구한다.

```
C2  =CONFIDENCE.NORM(0.05, STDEV.P(A1:A9), 9)
```

Step 4 B1과 C1을 이용하여 신뢰구간을 구하자. D2에 =B2−C2, E2에 =B2+C2를 입력한다.

	A	B	C	D	E
1	3.4				
2	3.3	4	0.292174	3.707826	4.292174
3	4.2				
4	4.4				
5	3.7				
6	4.5				
7	4.6				
8	3.8				
9	4.1				

Step 5 모집단의 표준편차를 모를 경우 표본의 표준편차를 구하고 t분포를 이용하자.

```
C7  =STDEV.S(A1:A9)
```

Step 6 앞에서 구한 표본의 표준편차로부터 t값으로 좌우범위를 계산한다.

```
C8  =CONFIDENCE.T(0.05, C7, 9)
```

Step 7 D8에 =B2−C8, E8에 =B2+C8을 입력하여 신뢰구간을 구한다.

	A	B	C	D	E
1	3.4				
2	3.3	4	0.292174	3.707826	4.292174
3	4.2				
4	4.4				
5	3.7				
6	4.5				
7	4.6		0.474342		
8	3.8		0.364611	3.635389	4.364611
9	4.1				

SPSS

예제 8.4

Step 1 PASW Statistics Data Editor 창의 **변수 보기**에서 **베어링변수**를 하나 만든다.

	이름	유형	너비
1	베어링	숫자	8

Step 2 PASW Statistic Data Editor 창의 **데이터 보기**에서 만들어진 변수에 예제 8.4의 데이터를 입력한다.

Step 3 PASW Statistics Data Editor 창의 **분석** 메뉴에서 **평균비교**의 **일표본 T검정**을 선택한다.

Viewer 창에서 표준편차=0.47434와 '차이의 95% 신뢰구간' 하한=3.6354, 상한=4.3646을 얻을 수 있다. 이는 모분산이 알려지지 않은 경우이다.

Step 4 모분산이 알려진 경우는 **변환** 메뉴의 **변수 계산** 창에서 **대상 변수**란에 a라고 입력한다. 그리고 **숫자 표현식**란에서 4.0−1.96_0.4/SQRT(9)라 쓰고, **확인**을 누른다. 같은 방법으로 b의 값 4.0+1.96_0.4/SQRT(9)를 계산한다.

R

예제 8.4

Step 1 다음의 코드를 이용하여 [예제 | 8.4]의 데이터를 입력하자.

```
> x = c(3.4, 3.3, 4.2, 4.4
+ 3.7, 4.5, 4.6, 3.8, 4.1)
```

Step 2 z.test함수를 사용하기 위하여 TeachingDemos 패키지를 설치한다.

R 메뉴에서 **패키지** 클릭 후 **패키지인스톨**을 클릭한다.

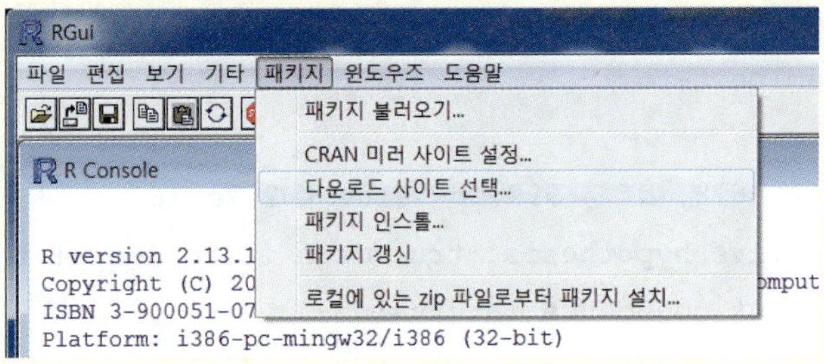

CRAN mirror 창이 뜨면 Korea를 선택하고 OK를 누른다.

Packages 창이 뜨면 TeachingDemos를 선택하고 OK를 누른다.

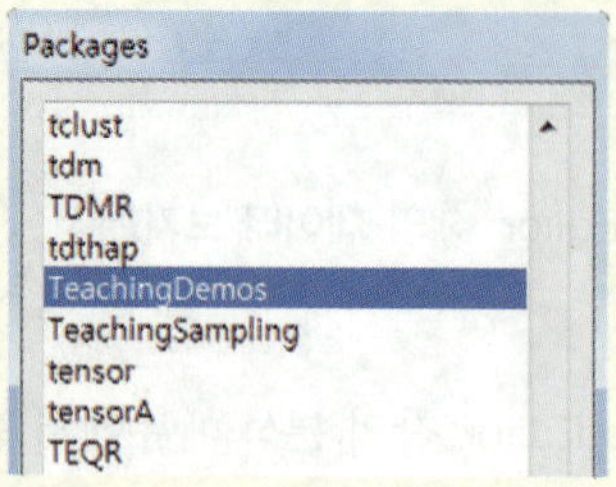

Step 3 다음의 코드를 이용하여 신뢰구간을 구해 보자.

```
> library(TeachingDemos)
Warning message:
패키지 'TeachingDemos'는 버전 2.13.2의 R미만에서 작성되었습니다
> z.test(x, sd=0.4, 9)
One Samlpe z-test
data: x
w = -592.164, n = 1.0e+03, Std. Dev. = 4.0e-01, Std. Dev. of
the sample mean = 1.3e-02, p-value < 2.2e-16
alternative hypothesis: true mean is not equal to 9
95 percent confidence interval:
 1.484861 1.534444
sample estimates:
mean of x
 1.509653
```

Step 4 다음의 코드를 이용하여 모집단의 표준편차를 모를 때의 신뢰구간을 구해 보자.

```
> t.test(x)
One Samlpe t-test
data: x
t = 164.9678, df = 999, p-value < 2.2e-16
alternative hypothesis: true mean is not equal to 0
95 percent confidence interval:
 1.491695 1.527610
sample estimates:
mean of x
 1.509653
```

예제 8.5

Step 1 다음의 코드를 통하여 신뢰구간을 구해 보자.

```
> k = 40
> n = 1000
> pbar = k/n
> SE = sqrt(pbar*(1-pbar)/n)
```

```
> E = qnorm(.975)*SE
> pbar + c(-E, E)
[1] 0.02785455 0.05214545
```

예제 8.6

Step 1 다음의 코드를 통하여 [예제 | 8.4]에서 표준편차가 알려져 있을 때 자유도를 각각 15, 17로 사용할 때의 n의 개수를 구해 보자.

```
> zstar = qnorm(.975)
> sigma = 0.4
> E = 0.2
> zstar^2 * sigma^2/ E^2
[1] 15.36584
>
> zstar = qt(.975, 15)
> sigma = 0.4
> E = 0.2
> zstar^2 * sigma^2/ E^2
[1] 18.17231
>
> zstar = qt(.975, 17)
> sigma = 0.4
> E = 0.2
> zstar^2 * sigma^2/ E^2
[1] 17.80529
```

따라서 n값은 18이면 적절하다고 본다.

Step 2 [예제 | 8.5]에서 $p=0.5$로 생각하고 n을 구해 보자.

```
> zstar = qnorm(.975)
> p = 0.5
> E = 0.01
> zstar^2*p*(1-p)/E^2
[1] 9603.647
```

Step 2 이어서 $p=0.1$로 생각하고 n을 구해 보자.

```
> zstar = qnorm(.975)
> p = 0.1
> E = 0.01
> zstar^2*p*(1-p)/E^2
[1] 3457.313
```

예제 8.7

Step 1 다음의 코드를 통하여 n을 구해 보자.

```
> zstar = qnorm(.995)
> p = 0.5
> E = 0.1
> zstar^2*p*(1-p)/E^2
[1] 165.8724
```

익힘문제

다음 괄호에 알맞은 말을 넣거나, 맞는 것을 선택하시오.

1 통계적 추론은 (   )와(과) (   )으로 구분된다.

2 추정은 (   )와(과) (   )으로 구분된다.

3 점추정은 모집단의 특성을 나타내는 (   )를 일정한 기준으로 예상하려는 것이다.

4 좋은 점추정량은 (   ), (   ), (   )을 갖추고 있는 추정량이다.

5 모수와 추정량의 기댓값의 차이를 (   )(이)라고 한다.

6 편향을 수식으로 표시하여라.

7 표본평균은 모평균의 (   )추정량이다. 표본비율은 평균의 특수한 경우로 표본비율 또한 모비율의 (   )추정량이다.

8 편향이 없는 추정량이라 하더라도 (①)이 남아 있다. (①)이 작으려면추정량의 (②)이 작아야 한다. 한 추정량의 (②)이 다른 추정량의 (②)보다 작은 것을 (   )이 높다고 한다. (주의: ①과 ②는 각각 같은 말)

9 표본분산을 계산할 때 n으로 나누지 않고 (   )(으)로 나누는 이유는 표본분산이 모분산의 (   )이 되게 하려는 것이다.

10 비편향추정량중에서 분산이 최소가 되는 추정량을 (   )추정량이라고 한다.

11 확률적 수렴을 정의하여라.

12 모수에 확률적으로 수렴하는 추정량을 (   )추정량이라고 한다.

13 표본평균은 (   ), 표본비율은 (   ), 표본분산은 (   ), 표본표준편차는 (   )의 일치추정량이다.

14 표본평균을 계산할 때 n으로 나누거나, $n-1$로 나누어도 둘 다 모평균에 대한 (   )추정량이 된다.

15 모수의 하나의 값으로 추정하는 것은 (   )이고, 오차의 크기가 고려된 (①)으로 추정하는 것이 (①)추정이다. (주의: ①은 같은 말)

16 구간추정을 통하여 얻어지는 구간을 (   )구간이라고 한다.

17 “여러 번 구한 신뢰구간 중 추정하고자 하는 모수를 포함한 신뢰구간의 비율”을(　　　)(이)라고 한다.

18 구간추정에서 (　　　)이 높을수록, (　　　)이 짧을수록 바람직하다.

19 신뢰구간 폭의 절반을 (　　　)(이)라고 한다.

20 신뢰수준을 높이면 구간은 {커지게, 작아지게} 된다.

21 구간을 작게 하면 신뢰수준은 {높아지게, 낮아지게} 된다.

22 일반적으로 (　　　)을 먼저 정하고 그에 맞는 (　　　)이 {최대, 최소}가 되게 하려는 전략으로 접근한다.

23 표본수를 늘이면 신뢰구간의 길이를 {길게, 짧게} 할 수 있다.

24 모집단의 분포가 종모양의 (　　　)인 경우는 (　　　)을 중심으로 같은 거리만큼 가감하는 것이 구간 크기를 {최대, 최소}로 하게 한다.

25 정규분포 모집단에서 추출한 표본의 평균은 평균 (　　　), 표준편차 (　　　)의 (　　　)분포를 하므로 모평균에 대한 $(1-\alpha)100\%$ 신뢰구간은 (　　　)로 얻어진다.

26 위의 경우 모분산을 모르는 경우는 모분산의추정량인 (　　　)을(를) 사용하게 되고 표본평균를 표준화한 (　　　)는 (　　　)분포를 하게 된다. 이 때 자유도는 (　　　)이다.

27 t분포는 (　　　)이(가) 커질수록 (　　　)분포로 수렴하게 된다.

28 정규분포 모집단에서 추출한 표본에서 모분산을 모르는 경우 t분포를 이용하여 구한 모평균에 대한 $(1-\alpha)100\%$ 신뢰구간은 (　　　)이다.

29 모평균의 구간추정은 비정규모집단인 경우에 표본수가 (　　　)개 보다 많으면 (　　　)정리를 적용할 수 있다. 표본수가 적으면 (　　　) 등을 이용한다.

30 모비율 p의 모집단에서 추출한 표본평균의 근사분포는 평균이 (　　　), 분산이 (　　　)인 (　　　)분포이다. 이때 표본크기의 조건을 써라.

31 모표준편차 값을 아는 정규 모집단에서 표본을 추출할 때 모평균에 대한 $(1-\alpha)$ 100% 신뢰수준에서 오차한계 d를 만족시키기 위한 표본수의 수식을 써라.

32 모표준편차 값을 모르는 정규 모집단에서 표본을 추출할 때 모평균에 대한 $(1-\alpha)$ 100% 신뢰수준에서 오차한계를 만족시키기 위한 표본수의 수식을 써라.

33 모비율 p에 대한 % 신뢰수준에서 오차한계 d를 만족시키기 위한 표본수의 수식을 써라.

연습문제

1 평균 μ, 분산 σ^2의 모집단을 가정하자. 그러면 단순확률추출에 의해 10개 표본의 평균은 평균 μ, 분산 σ^2/n의 정규분포를 하게 된다. 이때 모평균의 추정량으로서의 표본평균의 변동, 편향, 표집오차를 구하여라.

2 평균 μ, 분산 σ^2의 모집단에서 표본 10개를 단순확률추출하여 각 표본에서 3을 더한 후 평균을

내고, 이를 모평균의 추정량으로 삼으려고 한다. 이때 표본평균의 편향, 변동, 표집오차를 구하여라.

3 평균 μ, 분산 σ^2의 모집단에서 표본 10개를 단순확률추출하여 각 표본에서 17을 뺀 후 평균을 내고, 이를 모평균의 추정량으로 삼으려고 한다. 이때 표본평균의 편향, 변동, 표집오차를 구하여라.

4 모수 θ에 대해 두 가지 추정량 $\hat{\theta}_1$, $\hat{\theta}_2$이 있고, $\hat{\theta}_1$의 bias가 $\hat{\theta}_2$의 bias의 두 배라고 할 때 θ의 비편향추정량을 구현하여라.

5 평균 μ, 분산 σ^2의 모집단에서 단순확률추출 표본 1개를 뽑아 모평균 μ에 대한 추정량으로 사용하는 경우와 단순확률추출 표본 10개를 뽑아 표본평균으로 추정량으로 사용하는 경우의 효율성을 비교하여 어느 것이 더 효율적인지 판단하여라.

6 평균 μ, 분산 σ^2의 모집단에서 단순확률추출 표본 각각 5개, 10개, 100개를 평균 내어 모평균 μ에 대한 추정량을 사용하려고 한다.

a. 이들 세 표본평균은 비편향성이 보장되는가?

b. 세 표본평균 중 최소분산비편향추정량은 어떤 것인가?

7 단순확률추출에 의한 표본평균은 표본수가 많아지면 모집단의 분포에 상관없이 모평균 μ로 수렴한다. 이러한 법칙을 무슨 법칙이라 하는가? 이는 추정량의 비편향성, 효율성, 일치성 중 어느 것과 관계가 있는가?

8 n개의 단순확률추출한 표본에 평균을 내고 $1/n$을 더하여 새로운 추정량 $\overline{X}+\frac{1}{n}$을 만들었다.

a. 이 추정값의 비편향성을 점검하여라.

b. 이 추정값의 효율성을 추정량 $\overline{X}$와 비교하여라.

c. 이 추정값의 일치성을 점검하여라.

9 단순확률추출한 표본에서 평균을 구한 후 $\overline{X}$, $\overline{X}+\frac{1}{100}$, $\overline{X}+\frac{1}{n}$의 세 추정량을 만 들었다.

a. 세 추정량의 비편향성을 점검하고 비교하여라.

b. 세 추정량 중 효율성이 제일 높은 것을 찾아라.

c. 세 추정량의 일치성을 점검하고 비교하여라.

10 어느 마을에서 시내로 관통하는 굴을 뚫는 공사에 대하여 주민들이 찬성하는지 조사하였는데 찬성률이 0.26이었다. 정규분포근사에 의하여 구간추정을 하려 한다면 최소 몇 개의 표본수가 있었어야 하는가?

11 어느 섬마을에서 선착장 확장 공사에 대한 찬성률을 조사하여 구간추정하려고 한다. 사전 조사에 의한 찬성률이 86%라면 최소 몇 개의 표본수가 정규분포근사를 이용할 수 있는 적절한 표

본수인가?

12 어느 인기 드라마의 시청률을 연속 20일간 조사하였다. 20일간의 평균 시청률이 64%이었다. 연속 20일간 조사를 단순확률추출로 간주하여라.

a. 정규분포근사의 조건에 부합되는가?

b. 95% 신뢰수준으로 모집단 시청률을 구간추정하여라.

c. 20일간의 연속 조사가 단순확률추출이 되지 못하는 이유를 생각하여 보아라.

13 확률추출된 확률표본 40개의 표본평균은 25이고 표준편차는 5였다.

a. 평균의 표준오차는?

b. 95% 확률에서 오차한계는?

14 어느 가게에서는 한 여름철에 하드아이스바를 하루 평균 35개 팔고 있다. 이 가게 주인이 다 팔고 없어 못 파는 날이 열흘에 이틀 이하를 유지하려고 한다면, 하드아이스바를 몇 개 이상 준비하여야 하는가? 하루에 파는 아이스바의 분산은 200이며 정규분포를 가정하여라.

15 코레일(KORAIL)에서는 30개 역사들을 개조하여 렌터카 사업을 연계할 수 있도록 하는 프로젝트를 구상 중이다. 각 역사를 개조하는 데 평균 75억원의 비용이 드는 것으로 예상된다면 100억 원 이상의 비용이 소요되는 역사의 개수는 몇 개인가? 표준편차 25억원의 정규분포를 가정하여라.

16 매번 유행하는 감기 바이러스는 그때마다 다르다고 하며, 한 번 걸렸던 특정 감기 바이러스에는 면역이 생긴다고 한다. 지난 20년간 36종의 서로 다른 바이러스에 의해 감기가 유행하였다. 몸을 잘 관리하는 철수는 매번 감기 걸릴 확률이 0.15이다. 철수가 지난 20년 동안 감기 걸린 수를 95% 신뢰수준으로 구간추정하여라.

17 응급실에 들어오는 환자의 수를 단순확률추출한 30일 동안 관찰하였다. 응급 환자수의 평균은 207.6이고 표준편차는 35.8이었다. 응급 환자수에 대한 95% 신뢰구간을 구하여라.

18 어느 특정 정치 현안에 대하여 80명의 주민에게 찬성률을 조사하였더니 찬성률이 63.4%이었다.

a. 95% 신뢰수준에서 오차의 한계를 계산하여라.

b. 99% 신뢰수준에서 오차의 한계를 계산하여라.

19 아래의 조건에서 t값을 구하여라.

a. 자유도 18일 때의 위 꼬리 확률 .05

b. 자유도 22일 때의 아래 꼬리 확률 .10

20 어떤 연구에서 모집단이 정규분포를 따른다고 가정할 때, 확률추출된 20개의 관측값의 표본평균은 17.25이고, 표본표준편차는 3.3이다. 모평균의 90%, 95%, 99% 각각의 신뢰구간을 구하

여라.

21 어떤 공장에서 새로운 생산방식을 시험하는 데 22명의 근로자들을 임의로 선택하여 시도해 보았다. 생산량의 표본평균은 시간당 126상자였고, 표본표준편차는 12상자였다. 모집단은 정규확률분포를 따른다고 가정하고, 새로운 방법에서 생산량의 모평균의 90% 및 95% 신뢰구간을 구하여라.

22 어떤 대학원으로부터 입학 허가를 받은 학생들 120명을 대상으로 조사한 결과, 학부 평량 평균의 평균은 3.37이었다. 작년의 자료를 토대로 구해진 모표준편차 σ=.28이다. 이 대학원 합격자들의 학부 성적 평균에 대한 95% 신뢰구간을 구하여라.

23 단순임의로 10번 재어 본 땅콩 한 되의 무게는 평균 1.2 kg, 표준편차 0.3 kg이었다. 정규분포를 가정하고,

a. 90% 신뢰수준으로 모평균을 구간추정하여라.
b. 95% 신뢰수준으로 모평균을 구간추정하여라.
c. 99% 신뢰수준으로 모평균을 구간추정하여라.
d. 신뢰수준이 커지면서 추정한 구간의 길이는 어떻게 변하는가?

24 서울시 강남구에서 단순확률추출한 120 m^2에서 130 m^2 사이 크기의 36개 아파트의 평균 가격은 12억 3천만 원이고, 표준편차는 2억 8천만 원이었다.

a. 90% 신뢰수준으로 강남구 아파트 가격의 모평균을 추정하여라.
b. 95% 신뢰수준으로 강남구 아파트 가격의 모평균을 추정하여라.
c. 99% 신뢰수준으로 강남구 아파트 가격의 모평균을 추정하여라.
d. 신뢰수준이 커지면서 추정한 구간의 길이는 어떻게 변하는가?

25 자장면 한 그릇에 들어가는 국수의 무게는 평균 600 g으로 조사되었다. 표준편차는 80 g이다. 95% 신뢰수준으로 모평균을 추정하여라.

a. 표본수가 50인 경우
b. 표본수가 100인 경우
c. 표본수가 200인 경우
d. 표본수가 커질수록 구간추정의 범위는 어떻게 되는가?

26 단순확률추출한 참치 김밥 10줄을 조사하여 물기를 제거한 참치 무게의 평균과 표준편차를 계산하였더니 15.3 g과 1.6 g이었다. 정규분포를 가정하고 참치의 평균 무게를 구간추정하여라.

a. 95% 신뢰수준으로
b. 99% 신뢰수준으로

27 규격 크기 이내의 가방은 비행기 기내로 들고 들어갈 수 있다. 기내에 들고 들어오는 가방을 단순확률추출하여 무게를 쟀다. 62개의 가방의 평균 무게는 12.3 kg이고 표준편차는 4.9 kg이다. 모평균에 대한 구간추정을 하여라.

a. 95% 신뢰수준으로
b. 99% 신뢰주순으로

28 의원 선거에 출마한 후보가 지역구 유권자들의 자신에 대한 지지율을 추정하려고 한다. 확률추출된 1000명의 유권자들을 대상으로 한 조사에서 600명으로부터 지지하겠다는 답변을 얻어냈다. 지지자에 대한 모비율의 추정량과 그에 대한 95% 신뢰구간을 구하여라.

29 700명의 직장인을 대상으로 주 5일 근무로 인해 확보된 여가 시간을 어떻게 소비하는지에 대한 설문조사를 실시한 결과, 252명이 여행을 간다고 응답하였다. 여행을 갈 것이라고 응답한 직장인 비율에 대한 점추정과 95% 신뢰수준하에서 이 추정의 오차한계를 구하여라.

30 한 백화점에서 소비자들의 올해 추석명절 선물 인터넷 구입 비율을 조사한 결과 16%였다. 1285명이 조사에 참여하였다면 인터넷으로 선물을 구입한 소비자의 모비율을 95% 신뢰수준을 사용하여 구하여라.

31 어떤 자동차회사에서 새로운 소형차량을 기획하고 있는데, 연령대별 소비자들의 구매 의사를 사전에 예상하기 위해 향후 3년 이내 소형차를 구입할 것인지에 대한 조사를 실시하여 다음과 같은 결과를 얻었다. 각 연령대별 구매비율에 대한 95% 신뢰구간을 구하여라.

구 분	20대	30대	40대
표본수	500	500	500
구매의사가 있다고 응답한 수	90	40	10

32 어떤 인터넷 포털 사이트 업체에서 1000명의 국민을 대상으로 새로운 정보를 얻는 매체에 대한 설문을 실시한 결과, 인터넷으로부터 가장 많이 얻고 있다는 응답이 680명이었다. 인터넷으로부터 가장 많이 얻고 있는 국민의 모비율에 대한 95% 신뢰구간을 구하여라.

33 어느 통계학 수업 수강생 60명 중 15명이 토익(TOEIC) 시험을 보았다고 한다. 학생들의 토익 응시율에 대한

a. 90% 신뢰수준에서의 구간추정은?
b. 95% 신뢰수준에서의 구간추정은?
c. 99% 신뢰수준에서의 구간추정은?
d. 신뢰수준이 커질수록 구간추정의 범위는 어떻게 되는가?

34 근대 통계학의 선구자인 Karl Pearson은 4040번 동전을 던져 2048번 앞면이 나왔다. 동전의 앞면 나올 확률에 대한 신뢰수준 95%로 구간추정하여라. 신뢰구간은 1/2값을 포함하고 있는가?

35 Conte de Buffon이라는 프랑스인은 24,000번 동전을 던져 12,012번 앞면이 나왔다. 이 동전

의 앞면 나올 확률에 대한 신뢰수준 95%로 구간추정하여라. 신뢰구간은 1/2값을 포함하고 있는가?

36 수학자 John Kerrich는 2차세계대전 중 독일 지배하의 덴마크 포로수용소에서 동전 던지는 실험을 하였다. 10,000번을 던져 5067번 앞면을 기록하였다. John Kerrich가 던진 동전의 앞면이 나오는 확률에 대한 구간추정을 하여라.

a. 95% 신뢰수준으로

b. 99% 신뢰수준으로

37 한 조사에서 모비율 p를 .35로 계획하였다. 오차한계 .05하에서 95% 신뢰구간에 있다고 만족할 경우, 표본의 크기를 구하여라.

38 모표준편차가 25라고 가정할 때, 오차한계가 5이고, 95% 신뢰수준을 갖기 위해서 필요한 표본의 크기를 구하여라.

39 어느 학과 학생들의 취업 후 첫 월급은 200만 원 정도로 생각된다. 평균 월급을 95% 신뢰수준으로 추정하였을 때 그 오차한계를 각기 50만 원과 20만 원 이내로 하기 위하여 필요한 표본의 크기를 각각 구하여라. 표준편차는 65만 원으로 가정하여라.

40 후보자의 당선 가능성을 예측하기 위하여 여론조사를 하려고 할 때 95% 신뢰수준에서 ±3%의 오차의 한계를 유지하기 위하여 필요한 표본수를 계산하여라. 또 95% 신뢰수준에서 ±5%의 오차의 한계를 유지하기 위하여 필요한 표본수를 계산하여라.

41 버스 전용 차로제 실시로 인해 도색 재료를 사용하여 차선을 새로 그려야 한다. 과거의 경험치를 볼 때 재료가 마르는 데 걸리는 시간의 표준편차는 약 5분이라고 생각된다. 마르는 데 걸리는 시간이 정규분포를 따른다고 가정할 때 95%의 신뢰수준을 가지고, 이 평균시간의 오차가 1분 이내가 되도록 하는 표본의 크기를 구하여라.

42 어떤 기업이 새로운 전문 경영인을 4월에 예정된 주주총회에서의 투표로 선발하기로 하였다(모두 한 표씩만 행사할 수 있다고 가정한다). 한 조사기관에서 1월에 180명의 표본을 대상으로 후보 선호도에 대한 사전 조사를 실시해보았다. 이 조사의 첫 번째 목적은 각 후보에 대한 모선호 비율의 추정이다. 95% 신뢰수준하에서 p=.50를 가정하여 다음을 구하여라.

a. p=.50를 사용하여 이번 선호도 조사에서의 오차한계를 구하여라.

b. 이후 조사를 시기별로 더 실시할 경우, 다음의 오차한계를 바탕으로 표본의 크기를 구하여라.

조사 시기	오차 한계
2월	.04
3월	.03
총회 1주일 전	.02

43 전체 인구수에 대한 교통사고에 의한 사망률을 조사하기 위하여 필요한 표본수를 계산하여라. 정규분포근사로 95% 신뢰수준에서 0.03% 이상 차이나지 않도록 하고 싶다. 만일 교통사고 사망률이 약 0.01% 정도라고 하는 전문가의 의견이 추가된다면 필요한 표본수는 몇 개인가?

44 어느 대도시의 B형 간염 보균자의 비율을 조사하려고 한다. 95% 신뢰수준에서 2%이상 차이가 나지 않도록 하려면 표본수를 몇 개로 하여야 하는가? 의학 전문가로부터 우리나라 B형 간염 보균자가 15%라는 의견을 들었다면, 이 의견에 근거한 표본수는 몇 개인가?

45 야간 경영대학원 학생들의 주간 직장에서의 월급 수준을 95% 신뢰수준에서 30만 원의 오차 범위에서 추정하기 위한 표본수를 계산하여라. 표준편차 200만 원의 정규분포를 가정하여라.

실습 문제

46 다음의 자료는 정규분포를 따른다고 가정한다.

연습문제 8.46.dat
연습문제 8.46.xlsx

4.0 4.1 3.9 4.2 4.1 4.3 4.1 3.8 4.0 4.2

a. 모평균과 모표준편차의 점추정을 구하여라.

b. 모평균에 대한 95% 신뢰구간을 구하여라.

47 어떤 조미료 생산공장에서 조미료 한 봉지의 무게는 정규분포를 따른다고 한다. 평균 무게를 구간추정하기 위하여 12개의 표본을 확률추출하였다. 모표준편차를 알 수 없을 경우, 모평균의 95% 신뢰구간을 구하여라.

조미료무게.dat
조미료무게.xlsx

4.0 4.1 3.9 4.2 4.1 4.3 4.1 3.8 4.0 4.2 4.1 4.0 4.1

48 어떤 원료를 통해 만들어지는 제품의 순도를 구간추정하려고 한다. 10개의 표본으로 순도를 알아본 결과 다음과 같다. 순도는 정규분포를 따른다고 가정하고 순도의 모평균에 대한 95% 신뢰구간을 구하여라.

순도.dat
순도.xlsx

96.8 97.4 97.6 96.4 98.0 98.1 97.3 97.2 97.6 98.1

49 A가전회사는 애프터서비스 센터의 친절도에 대한 정보를 얻기 위해 특정일에 52명의 방문 고객들을 대상으로 10점 만점의 친절도 설문을 배포하여 응답을 받았다. 결과는 다음과 같았다. 모평균의 95% 신뢰구간을 구하여라.

친절도.dat
친절도.xlsx

6	1	7	7	6	6	9	8	7	10	8	7	8
8	7	8	2	7	5	9	6	5	7	3	7	5
7	5	8	10	8	9	5	8	6	8	8	10	6
9	4	4	4	9	6	5	7	4	9	7	4	9

50 25명의 학생들을 대상으로 일주일간 매일 수면 시간에 대한 조사를 실시하였다. 평균값을 구하여 아래와 같은 자료를 얻었다. 모집단이 정규분포를 이룬다고 가정할 때, 모평균의 95% 신뢰구간은 무엇인가?

수면시간.dat
수면시간.xlsx

6.9	7.6	6.5	6.2	5.3	7.6	7.2	7.7	6.0
7.8	7.0	5.5	7.6	6.7	7.1	6.0	7.1	8.6
7.3	6.6	6.8	6.5	7.2	6.9	5.8		

손상카트.dat
손상카트.xlsx

51 어느 대형 마트의 매니저는 망가져 수리가 필요한 쇼핑카트수가 몇 개인지 관심이 있다. 확률추출한 10주를 골라 각각 일주일 동안 망가지는 카트수의 자료를 만들었다.

주	1	2	3	4	5	6	7	8	9	10
손상 카트수	10	15	14	13	13	16	12	16	12	11

a. 95% 신뢰수준으로 손상 카트수를 구간추정하여라.

b. 구간추정을 하기 위하여 추가로 필요한 가정 사항은 무엇인가?

c. 95%의 의미는 무엇인가?

9 가설검정

William Sealy Gosset(1876 ~ 1937)

영국 Canterbury에서 출생. Dublin의 Guinness & Sons 맥주공장에 일하는 동안 Student라는 필명으로 t분포를 발표하여 Student t distribution으로 불림. Karl Pearson과 Ronald Fisher와 친분이 있음.

추정이 직접적인 방법이라면 검정은 간접적인 방법이라고 할 수 있다. 검정은 모집단에 대한 가설을 세운 후, 가설을 표본이 얼마나 뒷받침하고 있는지 판단하여 모집단에 대한 정보를 얻으려는 방법이다.

통계적 추론 ┌ 추정
└ 가설검정

자료분석
┌ 탐색적 자료분석
(exploratory data analysis)
└ 확증적 자료분석
(confirmatory data analysis)

통계적 추론에는 추정과 가설검정의 두 가지 형태가 있다. 8장에서 다루었듯이 모수의 값을 몰라서 표본으로부터 그 값이 얼마인가를 짐작하는 것은 추정이다. 그러나 이 장에 나오는 **가설검정(hypothesis testing)**은 모집단의 어떤 현상에 대한 예상 또는 주장이 옳은지 틀린지를 표본자료를 이용하여 판단하는 것이다. 모집단에 대한 예상 또는 주장을 **통계적 가설(statistical hypothesis)**이라고 한다. 예를 들어 대학 졸업 후 처음 취직한 아들을 둔 어머니가 '우리 아들은 훌륭해서 Q원이나 받는다'라고 주장할 때, Q원이 같은 또래의 월급보다 많은지를 표본을 추출을 통하여 판가름하는 것이 가설검정이 되므로 가설검정은 주어진 가설을 확증하는 **확증적 자료분석(confirmatory data analysis)**이다.

예를 들어, 월급의 평균 $\overline{X}$에 대한 분포가 그림 9.1과 같을 때 평균 월급에 대한 95% 신뢰구간은 (a, b)이다.

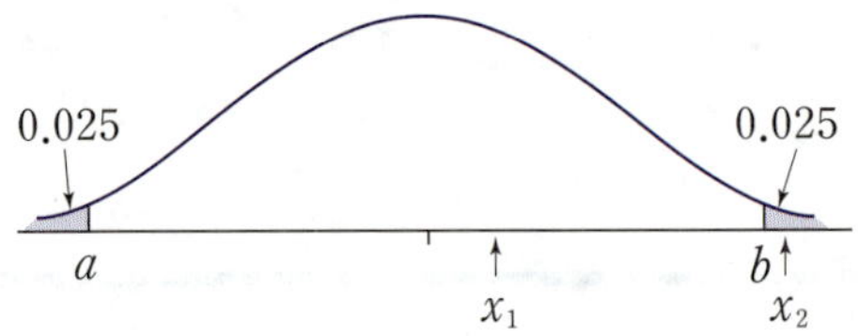

그림 9.1
신뢰구간과 가설의 주장과의 관계

그런데 아들의 월급이 x_1과 같이 신뢰구간 속에 포함이 되면 아들의 월급이 평균과 근사하다고 볼 수 있으므로, 어머니의 주장은 신빙성이 없다고 볼 수 있다. 또 x_2와 같이 신뢰구간에 포함되지 않는다면 아들의 월급이 평균보다 더 많거나 작다고 생각할 수 있다.

가설을 검정하는 데 필요한 중요 단계는 다음과 같다.

가설검정의 단계

▶ 모집단의 특성에 대한 주장, 즉 가설을 설정한다.
▶ 검정의 유의수준 α를 정한다.
▶ 표본을 추출하여 검정통계량을 계산한다.
▶ 검정통계량에 대한 p값을 구하여 가설에 대한 결론을 내린다.
또는 기각역에 속하는지를 검토하여 가설에 대한 결론을 내린다.

9.1 가설검정의 요소들

가설검정을 하는 데 사용되는 몇 가지 개념을 정리해 본다.

가설

통계적 가설(statistical hypothesis)이란 모집단의 특성 또는 모수에 대한 대립되는 두 가지 주장에 대하여 통계적으로 다루기에 편리하도록 정리하여 놓은 것이다. 어느 유제품

제조회사에서 만든 특정 아이스크림에 생우유가 50% 들어 있다고 주장을 하였다고 하자.

생우유의 함유량은 50%이다.

가설 ┌ 귀무가설
　　 └ 대립가설

이러한 주장을 **귀무가설(null hypothesis)**이라고 한다. 귀무가설은 일반적으로 과거이론이나 또는 경험적으로 참이라고 믿어지지만 검정되어야 하는 가설이라고 할 수 있다. 예의 경우 유제품 제조회사 나름대로 제품생산에서 생우유를 50% 쓰고는 있겠지만, 객관적으로 실제 제품들의 생우유 함유량을 조사하여 검정되어야 한다.

한편 귀무가설에 대립하여 설정되는 또 다른 가설을 **대립가설(alternative hypothesis)**이라고 한다. 대립가설은 귀무가설이 참이 아닌 경우 참이라고 믿어지는 가설을 나타낸다. 위에 예로 든 회사의 주장에 대한 대립가설의 예는 다음과 같다.

생우유의 함유량은 50%가 아니다.

이때 귀무가설은 H_0, 대립가설은 H_1 또는 H_a로 표기하는데, 앞의 가설을 통계적인 기호를 이용하여 나타내면 다음과 같다.

$$H_0 : p = 0.5$$
$$H_a : p \neq 0.5$$

만일 실제 표본조사에 의한 함유량, 즉 표본비율이 0.5, 즉 50%에 많이 못 미치거나 50%를 훨씬 넘어 버리면, 생우유 함유량이 50%라는 회사의 주장을 의심하게 되는 것이다. 즉, 귀무가설인 H_0의 진실성을 의심하게 된다.

이렇게 귀무가설과 대립가설이 정해진 후 가설검정은 표본 또는 검정통계량이 귀무가설의 주장을 뒷받침하지 못하는 상황이 되면 귀무가설을 기각하게 된다. 물론 강한 증거가 제시되지 않는 경우에는 귀무가설을 기각하지 못한다.

이러한 귀무가설과 대립가설은 아무렇게나 세울 수 있는 것은 아니고 특별한 증거 없이는 현재로서는 참이라고 여겨지는 가설을 귀무가설로 하여야만 한다. 이는 법원에서의 귀무가설은 "피고는 무죄이다"이고, 대립가설은 "피고는 유죄이다"가 되고 있는 것과 일맥상통한다. 이 경우는 유죄 쪽으로 강한 증거가 제시되어야만 귀무가설을 기각할 수 있게 되지만, 만일 법원에서의 귀무가설은 "피고는 유죄이다"이고 대립가설은 "피고는 무죄이다"라면 무죄 쪽으로 강한 증거가 제시되지 않으면 피고는 자동적으로 억울하게 유죄가 될 수 있다.

앞의 예에서 만일 소비자의 입장에서 생우유 함유량이 50%보다 작다는 것을 의심한다면 다음과 같은 대립가설을 세울 수 있다.

생우유의 함유량은 50%보다 작다.

이 경우 통계적인 기호를 이용하여 나타내면 다음과 같다.

$$H_0: p = 0.5$$
$$H_a: p < 0.5$$

검정 종류 ┌ 양측검정
└ 단측검정

이렇게 대립가설이 한쪽만으로 나타낼 때 이를 **단측검정(one-sided test)**이라고 한다. 이러한 경우 만일 생우유의 함유량은 50%보다 훨씬 더 많은 60%로 조사되었다 하더라도, 대립가설 쪽으로 강한 증거가 되지 못하기 때문에 귀무가설을 기각할 수 없게 된다. 하지만 만일 대립가설이 양측검정이라면 귀무가설이 기각될 수 있게 된다. 따라서 대립가설의 방향은 귀무가설을 기각할 수 있는 검정통계량의 방향을 제시하여 준다.

아이스크림을 표본조사한 결과는 그때그때 우연의 결과로 나타나는 것으로 유제품회사의 주장, 즉 H_0가 사실이라 하더라도 실제 표본비율이 항상 0.5로 나타나지 않고, 확률적 우연변동에 의하여 그 근처의 값으로 얻어질 것이다. 그러면 문제는 얼마만큼 모자라거나 넘치는 것이 정말로 모자라거나 넘치는 것인지 그 한계를 어떻게든 정해야 하는 것이다. 표본비율이 0.5에서 멀어진 것이 우연변동에 의한 것인지 원래 0.5가 아니어서 그리된 것인지 결정하여야 한다. 그 한계는 귀무가설과 대립가설의 설정, 유의수준 α의 크기, 표본수에 따라 달라지며 기각역과 채택역의 경계로 나타난다.

표본자료를 분석하기 전에 반드시 해당가설을 설정하여야 하는데, 일반적으로 통계적 가설을 설정하는 요령을 정리하면 다음과 같다.

가설검정의 단계

① 귀무가설은 모수를 특정한 값으로 표현한다. → $H_0: \theta = \theta_0$

② 대립가설은 귀무가설에서 지적한 모수의 값이 아닌 어떤 영역으로 나타내는데, 양쪽을 다 고려하는 양측검정과 한쪽만 고려하는 단측검정이 있다.

$H_a: \theta \neq \theta_0$ → 양측검정

$H_a: \theta > \theta_0$ → 단측검정

$H_a: \theta < \theta_0$ → 단측검정

이때 대립가설에서 '≠'의 형태로 모수의 영역을 표시하면 귀무가설의 θ_0보다 작거나 큰 양쪽 영역을 다 포함하므로 **양측검정(two-sided test)**이라고 하고, '>' 또는 '<'와 같이 부등호로 표시하면 한쪽 영역만 고려하므로 **단측검정(one-sided test)**이라고 한다.

검정통계량

검정에 사용하기 위하여 표본자료에서 구한 통계량이 **검정통계량(test statistic)**이다. 검정통계량은 일반적으로 검정하려는 모수의 점추정량이 되기도 하고, 이 점추정량을 표준화한 것을 사용하기도 한다. 검정모수와 이에 따른 검정통계량의 예를 보면 표 9.1과 같다.

정규모집단이 아닌 경우는 표본수를 충분히 하여 근사적으로 중심극한정리에 의한 검정통계량을 구할 수 있다.

표 9.1 검정모수와 검정통계량

검정하려는 모수		표준화된 검정통계량
μ (정규분포 모집단)	σ를 알 때	$Z=\dfrac{\overline{X}-\mu_0}{\sigma/\sqrt{n}} \sim N(0, 1)$
	σ를 모를 때	$t=\dfrac{\overline{X}-\mu_0}{s/\sqrt{n}} \sim t(n-1)$
p	$np\geq 5$이며, $n(1-p)\geq 5$	$Z=\dfrac{\overline{p}-p_0}{\sqrt{p_0(1-p_0)/n}} \doteq N(0, 1)$

검정오류

검정 종류 ┌ 제1종 오류
　　　　 └ 제2종 오류

가설의 검정은 '이다, 아니다'의 문제가 아니고 정도의 문제(a matter of degree)이다. '가설이 맞다', '가설이 틀리다'의 형태로 단적인 답을 얻을 수 없다. '가설이 틀리다고 할 만한 강력한 증거가 없다'에서 '강력한'은 정도를 나타낸다. 수학에서의 증명처럼 '이다, 아니다'로 답을 얻을 수 없다. 통계적 검증은 확률적으로 나타나는 표본에 근거를 두고 판단하여야 하기 때문에, 그 결론도 확률적일 수밖에 없기 때문이다. 즉, 표본조사로부터 분석한 결과에서 귀무가설이 틀릴 '가능성'이 큰 경우에는 귀무가설을 기각하고, 그러지 못하는 경우에는 귀무가설을 기각하지 못한다. 그러므로 가설은 기각하거나 하지 못할 때 확률적으로 맞을 가능성이 얼마이다'라는 표현을 포함하는 것이 정확할 것이다. 통계학에서는 맞을 가능성보다는 틀릴 가능성에 대하여 논한다. 이것을 **검정오류(test error)**라고 한다. 검정오류는 제1종 오류와 제2종 오류로 구분된다.

제1종과 제2종 오류

제1종 오류(type I error)란 귀무가설이 맞는데도 잘못하여 이를 기각함으로써 발생하는 오류이다. **제2종 오류(type II error)**는 제1종 오류와는 반대로 대립가설이 사실임에도 불구하고 귀무가설을 기각하지 못하는 오류를 말한다.

위 두 종류의 오류는 마치 여사건(complementary event)처럼 생각될 수도 있으나 그렇지 않다. 선량한 사람을 도둑으로 몰아 잡아들이는 것이 제1종 오류라면, 도둑을 도둑이 아니라고 놓아주는 오류는 제2종 오류라고 할 수 있다. 이 오류들은 선량한 사람 집단과 도둑무리 내에서 각기 따로 발생하는 별개의 오류이다.

제1종 오류가 발생할 확률을 α로 표기하고, 검정의 **유의수준(significance level)**이라고 한다.

$$\alpha=\Pr\{\text{제1종 오류}\}=\Pr\{H_0 \text{ 기각} \mid H_0 \text{ 사실}\}$$

대립가설이 사실임에도 불구하고 귀무가설을 기각하지 못하게 되는 제2종 오류의 확률은 β로 표기한다.

$$\beta=\Pr\{\text{제2종 오류}\}=\Pr\{H_0 \text{ 기각 못함} \mid H_0 \text{ 사실}\}$$

그러나 앞에서 살펴 본 바와 같이 대립가설은 모수의 특정값이기보다는 모수의 영역으로 표현되므로, 대립가설 H_a이 사실일 때 실제 모수의 값이 H_0에서처럼 어떤 한 개의 값으로 주어지지 않는다. 따라서 대립가설 H_a의 영역에서 대표적인 또는 관심 있는 모수의 값을 정하여 제2종 오류를 생각하여 보기로 한다.

검정력

이제 가설검정의 결과가 올바른 결정이 될 확률을 다룬다. 대립가설이 사실일 때 귀무가설을 기각할 확률 $(1-\beta)$를 **검정력(power of the test)**이라고 한다. 귀무가설이 사실일 때 이를 기각하지 못하는 확률은 $1-\alpha$이다.

지금까지 언급한 귀무가설의 진위와 이의 기각여부에 따른 사항을 정리하면 다음의 표 9.2와 같다.

표 9.2 귀무가설의 진위와 의사결정

귀무가설 진위	의사결정	
	H_0의 기각 불가	H_0의 기각
H_0 사실	올바른 결정 확률$=1-\alpha$	제1종 오류 확률$=\alpha$ 유의수준
H_0 거짓	제2종 오류 확률$=\beta$	올바른 결정 확률$=1-\beta$ 검정력

가설의 검정에서는 두 가지 검정오류인 α와 β를 최소로 하는 기각역을 구하는 것이 최선일 것이다. 그러나 α를 너무 작게 하려다 보면 β가 너무 커지는 모순관계가 있다. 예를 들어, $H_0: \mu=\mu_0$, $H_a: \mu>\mu_0$의 가설에서 H_a 대푯값을 μ_1이라고 하자. 그러면 그림 9.2와 같이 두 가설에 대한 분포에서 임곗점 c에 의하여 α와 β가 정해진다.

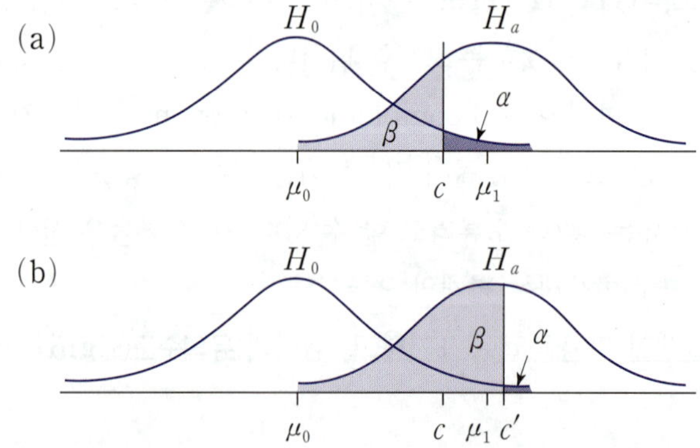

그림 9.2
임곗점의 위치와 α, β

그림 9.2의 (a)에서 임곗점 c를 오른쪽으로 c'으로 이동하면 그림 (b)와 같이 H_0를 잘못 기각할 가능성 α가 작아진다. 그렇지만 β는 증가한다. 또한 극단적으로 c를 ∞로 이동한다면, 어떠한 경우에도 H_0을 채택하게 되어 $a=0$이 되므로 제1종 오류 측면에서는 이상적이라고 할 수 있다. 그러나 H_0를 절대로 기각할 수 없는, 즉 $\beta=1$이 되는 넌센스가 발생한다. 이때 검정력은 0이 될 것이다.

α와 β를 동시에 작게 하는 것이 가장 이상적인 목표가 되겠으나, α와 β를 동시에 다루기

가 매우 어렵다. 그래서 실제 문제에서는 주어진 α를 고정시키고 이를 만족시키는 기각역 중에서 β를 최소로 하는 기각역을 택한다. $(1-\beta)$를 검정력이라고 부르는 이유도 바로 여기에 있다. β가 작아질수록 $(1-\beta)$는 커지므로, 같은 α에 대하여 $(1-\beta)$를 크게 하는 검정을 선호한다. 즉, $(1-\beta)$가 클수록 검정력이 크다.

검정오류에 영향을 미치는 또 다른 변수는 표본수이다. 표본수가 커지면 일반적으로 모수 추정량의 분산이 작아지므로 그림 9.3에서와 같이 고정된 α에 대하여 표본수 n이 증가함에 따라 임곗점이 왼쪽으로 이동하므로 β가 작아진다.

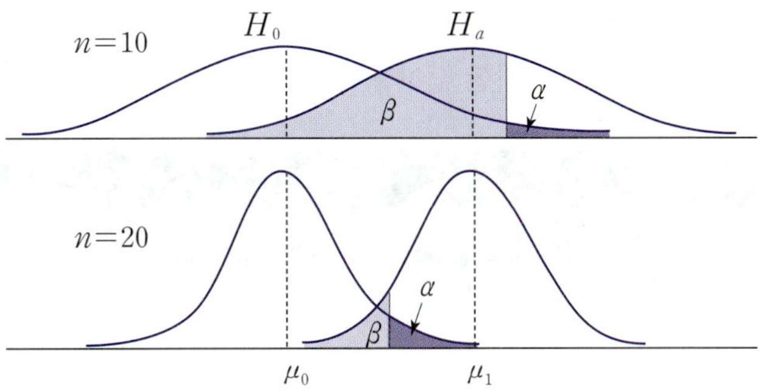

그림 9.3
고정된 α에 대하여 표본수 증가에 따른 β의 변화

유의수준 α의 결정

유의수준의 결정은 자료와 관련된 학문 분야에서 이미 사용하고 있는 유의수준 또는 선행 연구논문을 참고하여 유의수준을 결정하면 된다. 하지만 그런 사전정보가 없는 경우는 새로 정하여야 한다. 통계학자들이 관습적으로 제일 많이 사용하는 것이 $\alpha=0.05$값이다. 이 책의 필자들은 전문학술지에 실린 논문 중 $\alpha=0.05$보다 작은 값은 있어도 큰 값으로 보고된 논문이 있다는 것을 알지 못한다. 석사나 박사학위 논문에서도 $\alpha=0.05$값은 이론의 여지가 없는 표준으로 여기고 있다.

공학이나 자연과학 분야에서 얻어지는 실험자료는 모든 조건들이 엄격하게 통제된 실험실에서 정교하게 이루어진 실험의 결과로 얻어지는 자료들이 대부분이고, 고도의 정밀 기계로 생산된 제품도 생산 단계에서 오차의 여지를 극도로 줄인 공정을 거치게 되므로, 여기서 얻어진 자료들은 그 변동폭, 즉 표본오차가 아주 작아, 이러한 자료들에는 $\alpha=0.01$을 사용하며 $\alpha=0.001$을 사용하는 경우도 있다. 그러나 사회, 심리, 인문, 경제 및 경영 분야 등의 자료들은 사람의 생각이나 행동거지 및 그에 관련된 산물의 결과로 나타난 자료를 다루게 된다. 따라서 이러한 자료들은 변동폭이 매우 큰 자료들도 나타나게 된다. 완벽하게 논리적이지 못한 사람의 심리를 다루는 심리학이나, 자료를 인위적인 실험으로 얻을 수 없는 사회 현상에 대한 자료를 분석할 때는 유의수준 $\alpha=0.05$는 너무 적은 값이 될 수도 있다. 자료가 '정제'되지 않은 상태로 수집되어 확률적인 요인 이외의 요인에 의한 오차가 너무 많이 섞여 있거나, 인위적으로 자료수를 늘릴 수 없기 때문이다. 그런 경우는 $\alpha=0.10$으로 사용하거나 심지어 $\alpha=0.20$으로 사용하여야 할 경우도 있을 것이다. 다만 여기서는 실용적인 측면에서 통계 입문 학도들에게는 사회과학 분야의 자료는 $\alpha=0.05$, 자연과학 분야의 자료는 $\alpha=0.01$

α값의 선택
사회과학 분야: 0.05
자연과학 분야: 0.01 또는 0.001

이라는 기본적인 가이드라인을 제시한다.

p값과 기각역

가설의 판정 ┌ p값
└ 기각역

p값에 의한 판정

p값(p-value)은 귀무가설이 사실이라고 가정하고 계산한, 표본에서 나온 결과보다 더 극단적으로 나올 확률값이다. 여기서 '더 극단적'이라 함은 대립가설 방향으로의 극단적임을 뜻하는 것이다. 아이스크림의 예에서 표본조사 결과 함유량이 48.3% 나왔다고 하자. 만일 대립가설이 단측으로 H_a:p<0.5였다면 p값은 p=0.5(H_0를 가정)일 때 표본비율이 48.3%보다 작을 확률이 되고, 대립가설이 양측검정인 H_a:$p \neq 0.5$였다면 표본비율이 48.3%보다 작을 확률과 51.7%보다 클 확률을 더한 값이 된다.

p값

귀무가설이 사실일 때, 표본이 대립가설 방향으로 검정통계량의 값보다 더 극단적인 확률

따라서 p값이 작게 나온 경우는 귀무가설이 참일 때 나오기 힘든 경우가 나온 것이라고 할 수 있다. 즉, p값은 작을수록 귀무가설에서 나온 것이 아니라는 쪽으로, 즉 H_0를 기각하는 쪽으로 신뢰를 갖게 한다. 그러면 얼마나 나오기 힘든 경우가 나왔을 때 H_0를 기각한다고 결정하여야 할까? 그 기준이 검정에서 우리가 감수하여야 하는 오류 중에 하나인 제1종 오류확률 α이다. 즉, p값과 α를 비교하여 최종 결론을 내리게 된다.

통계분석자는 최종적으로 p값을 계산하는 것으로 가설검정 절차를 마칠 수 있다. 즉, 귀무가설을 기각할지 여부는 추후 최종 의사결정권자에게 넘기게 된다. 하지만 만일 p값을 이용하여 최종 판정까지 한다면 다음과 같이 한다.

p값$\geq\alpha$이면, H_0 기각 못함
p값$<\alpha$이면, H_0 기각

p값은 **관측유의수준(observed level of significance)**이라고도 한다.

기각역에 의한 판정

기각역(rejection region)이란 H_0가 사실이 아니라고 기각하게 되는 검정통계량의 영역을 말한다. 만일 귀무가설의 값보다 많이 떨어진 값이 나오게 되면 귀무가설을 기각하게 될 것이다. 따라서 이때 얼마나 많이 떨어지면 H_0를 기각할지에 대한 영역을 기각역이라고 한다. 따라서 이렇게 기각역을 먼저 정해 놓고 표본에 의한 값이 이 기각역에 속하는지에 따라 판정하게 된다. 즉, 먼저 유의수준에 따라 기각역을 먼저 정하고, 검정통계량값이 이러한 기각역에 속하면 H_0를 기각한다.

과거에는 가설검정이나 통계방법론에서 가설에 대한 판정을 내릴 때 확률분포표를 이용하여 기각역을 많이 사용하였다. 그러나 근래에는 컴퓨터 통계패키지를 많이 사용하게 되고,

패키지의 결과에서 p값이 주어지므로, 확률분포표를 이용하지 않고도 가설의 기각 여부를 결정할 수 있다. 만일 컴퓨터를 사용할 수 없는 경우에는 확률분포표에서 대략적인 p값을 알 수 있다. p값에 의한 판정은 확률분포표를 사용하지 않아도 되고 의사결정자가 임의로 α를 정할 수 있기 때문에 p값을 사용하는 것이 더 편리하므로 기각역은 별로 이용되지 않는다.

'기각한다(reject)'의 반대말로 '채택한다(accept)'를 사용하는 통계학 교과서들이 많은데, 이는 편리성 때문이다. 기각역(rejection region)의 여사상으로 채택역(acceptance region)을 사용하는 것이 자연스럽다. 하지만 엄밀히 말하면 가설검정에서는 '기각한다(reject)'의 반대는 '채택한다(accept)'가 아니고 '기각하지 못한다(do not reject)'이다. 경찰이 도둑 용의자를 잡았지만 충분한 증거가 없으면 '도둑이라는 충분한 근거가 없으므로' 풀어주게 된다. 도둑이라는 충분한 근거가 없는 것과 '선량하다'라는 것과는 동일한 것이 아니다. 이러한 논리적 허점에도 불구하고 '기각'과 '채택'을 사용하는 통계학 책들도 많다.

9.2 모평균 μ에 대한 검정: σ를 아는 경우

가장 기본적인 정규분포를 따르는 모집단의 모평균 μ에 대한 가설검정을 설명한다. 추정의 경우와 마찬가지로 모집단의 표준편차 σ를 아는 경우에는 정규분포를 이용하며, 모수 μ를 검정하기 위한 검정통계량은 앞 절에서 설명하였듯 다음과 같다.

$$Z=\frac{\bar{X}-\mu_0}{\sigma/\sqrt{n}}$$

모집단이 정규분포를 따르지 않더라도 표본수가 충분히 크다면($n\geq 30$) 중심극한정리에 의하여 근사적으로 위와 같은 검정통계량을 사용할 수 있다.

위의 검정통계량은 평균 0, 분산 1의 정규분포, 즉 표준정규분포를 한다.

모평균에 대한 검정통계량 :

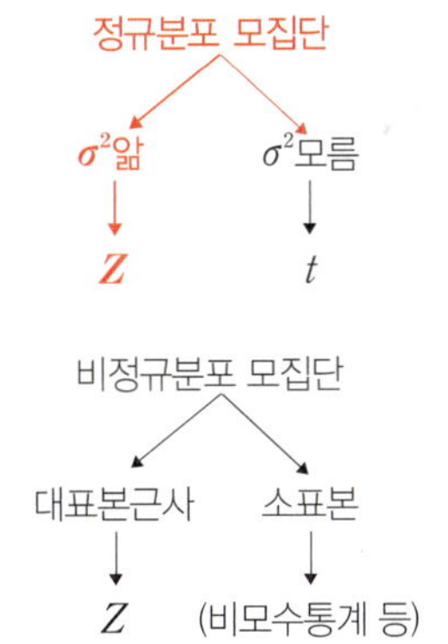

단측검정

단측검정은 다음의 가설 중 한 가지가 된다.

아래 꼬리 검정	위 꼬리 검정
$H_0: \mu=\mu_0$	$H_0: \mu=\mu_0$
$H_a: \mu<\mu_0$	$H_a: \mu>\mu_0$

다음의 예를 생각해 보자. 한국 청소년들의 하루 평균 TV 시청 시간에 대하여 가설검정을 한다. 한편은 시청 시간이 하루 3시간이라고 주장하고, 다른 한편은 공부하느라 시청 시간이 3시간이 안 될 것이라고 주장한다. 그래서 100명의 청소년을 대상으로 시청 시간을 조사해 본 결과 아래와 같은 결과가 나왔다.

$$\bar{x}=2.75\text{시간}$$

여기서 $\sigma=1$로 알려져 있다고 가정하자. 이 경우 가설은 다음과 같이 된다.

$$H_0: \mu=3.0$$
$$H_a: \mu<3.0$$

한편 검정통계는 다음과 같다.

$$z=\frac{\bar{x}-\mu_0}{\sigma/\sqrt{n}}=\frac{2.75-3.0}{1/\sqrt{100}}=-2.5$$

*p*값

위의 예에서 p값을 구하면 대립가설의 방향에 따라 다음과 같이 구한다.

$$p\text{값}=\Pr(Z<-2.5)$$

표준정규분포표(부록 A.2)를 보면 $z=2.5$에 대한 확률은 .4938이다. 따라서 p값은 $.5000-.4938=.0062$이다. 그림 9.4는 $\bar{x}=2.75$와 $z=-2.5$의 관계를 보여 주고, $p=.0062$인 것을 보여 준다. p는 $\alpha=.05$보다 작으므로 H_0는 기각된다.

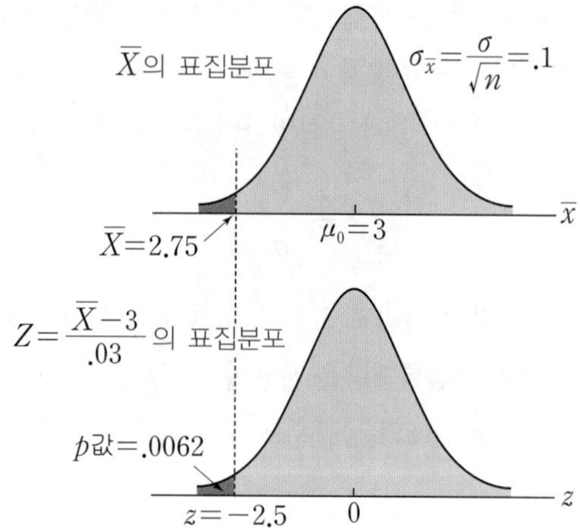

그림 9.4
평균 TV 시청 시간에 대한 p값

기각역

위의 예에서는 $\alpha=0.05$이므로 표준정규분포표에서 아래 꼬리 확률이 .05가 되는 z값은 $z=-1.645$이다. 따라서 그림 9.5에서와 같이 H_0 이하가 될 확률은 $\alpha=.05$이다. 즉, 기각역은 $(-\infty,\ -1.645)$이다. 이는 표본으로부터 얻은 검정통계량의 값 z가 -1.645보다 작으면 H_0를 기각한다는 뜻이다.

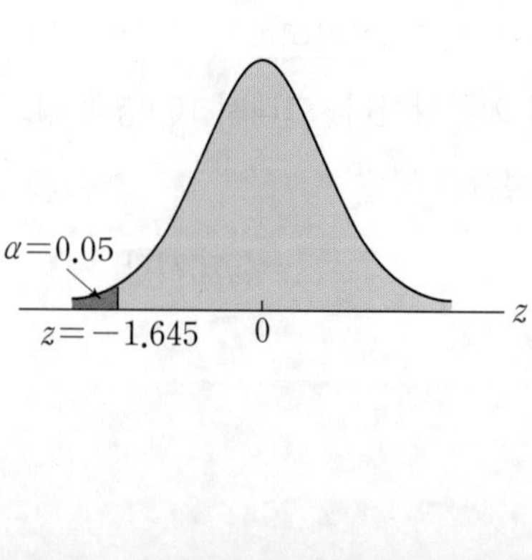

그림 9.5
평균TV 시청 시간에 대한 기각역

양측검정

앞의 TV 시청 시간에 대한 예에서 "청소년들의 하루 평균 TV 시청 시간이 3.0시간이다"라는 주장에 반하여 "그렇지 않다"라는 주장이 있다고 하자. 이때에는 양측검정이 되는데 가설은 다음과 같다.

$$H_0:\ \mu=\mu_0$$
$$H_a:\ \mu\neq\mu_0$$

여기서는 표본평균 $\bar{x}$의 값이 μ_0에 비하여 아주 작거나 크면, 즉 $\bar{x}$의 값이 μ_0에서 멀리 떨어진 값이라면, $\bar{x}$는 μ_0를 평균으로 갖는 분포 또는 그러한 모집단에서 나왔다고 생각하기보다는, μ_0가 아닌 다른 값을 평균으로 갖는 분포에서 나왔다고 생각할 수 있다. 즉, H_0를 뒷받침하기 힘든 상황이 되는 것이다.

***p*값**

양측검정에서는 검정통계량의 값이 양쪽 꼬리의 끝에 가까울수록 귀무가설을 뒷받침하지 못하는 것을 보여 준다. 그런데 p값은 귀무가설이 사실일 때, 검정통계량의 값보다 더 귀무가설이 사실이 아닌 것처럼 나타날 확률이다.

위의 예에서 검정통계량의 값은 $z=-2.5$였다. 이때 양측검정의 값은 다음과 같이 계산된다.

$$p\text{값}=\Pr(Z<-2.5)+\Pr(Z>2.5)$$
$$=2\times.0062=.0124$$

그림 9.6에서 p값의 영역을 보여 준다.

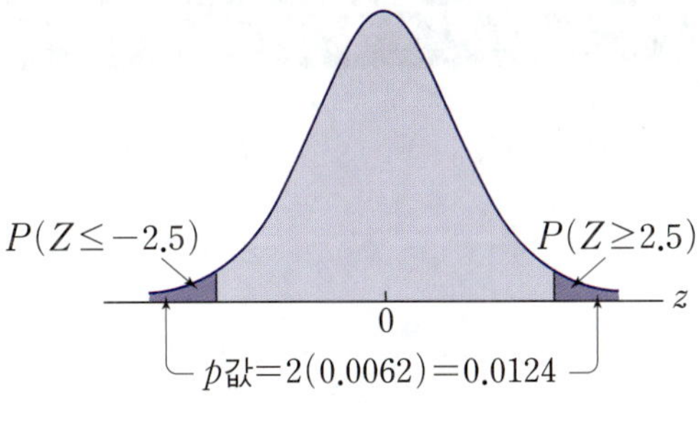

그림 9.6
TV 시청 시간 예에서 양측검정에 대한 p값

위와 같이 양측검정에서 p값을 구하는 과정은 아래와 같이 요약된다.

1. 검정통계량 z를 구한다.
2. 만약 $z>0$이면, 위 꼬리에서 단측검정의 p값을 구한다.
   만약 $z<0$이면, 아래 꼬리에서 단측검정의 p값을 구한다.
3. 위의 한쪽 꼬리 p값에 2를 곱하여 양측검정의 p값을 구한다.

통계 패키지에서는 단측인지 양측검정인지에 따라 자동적으로 위의 과정을 거쳐 p값을 계산하여 준다.

기각역

양측검정에서 기각역은 다음과 같이 구해진다.

$$z < -z_{\alpha/2} \text{ 와 } z > z_{\alpha/2}$$

만약 $\alpha = .05$이면 정규분포표에서 위 꼬리 확률이 $\alpha/2 = .025$가 되는 z값은 1.96이므로 기각역은 다음과 같다.

$$z < -1.96 \text{ 과 } z > 1.96$$

앞의 예에서 $z = -2.5$이므로 $\alpha = .05$라면 위의 기각역에 속한다. 위 기각역을 그림 9.7에서 보여 준다.

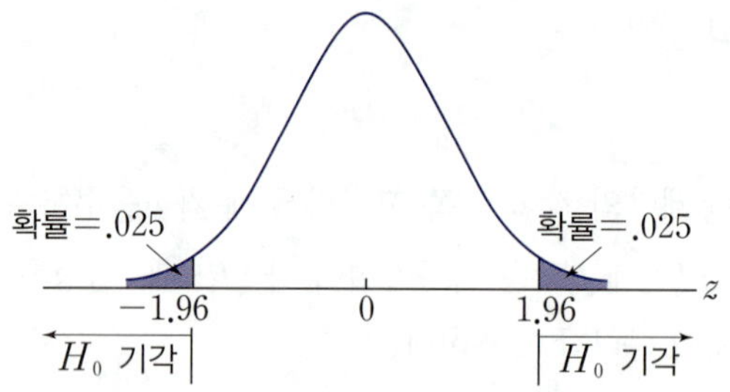

그림 9.7
$\alpha = .05$일 때 양측검정의 기각역

σ를 알 때 μ에 대한 검정 요약

앞에서 모평균 μ에 대한 가설검정을 단측검정과 양측검정에 대하여 설명하였다. 이들 가설검정과정을 요약해 보면 표 9.3과 같다. 여기서 μ_0는 H_0가 사실일 때의 값이다.

표 9.3 σ를 알 때 μ에 대한 가설검정 요약

구분	단측검정		양측검정
	아래 꼬리	위 꼬리	
가설	$H_0: \mu = \mu_0$ $H_a: \mu < \mu_0$	$H_0: \mu = \mu_0$ $H_a: \mu > \mu_0$	$H_0: \mu = \mu_0$ $H_a: \mu \neq \mu_0$
검정통계량	$Z = \dfrac{\overline{X} - \mu_0}{\sigma/\sqrt{n}}$		
p값 사용	p값$< \alpha$이면, H_0 기각		
기각역 사용	$z < -z_\alpha$	$z > z_\alpha$	$z < -z_{\alpha/2}$ 또는 $z > z_{\alpha/2}$

또한 가설검정의 순서는 다음과 같이 요약된다.

가설검정의 순서

1. 귀무가설과 대립가설을 설정한다.
2. 주어진 문제의 특성에 따라 유의수준을 결정한다.
3. 표본자료를 이용하여 검정통계량을 계산한다.

p값 사용

4. 검정통계를 사용하여 p값을 구한다.
5. p값$\le\alpha$이면 H_0를 기각한다.

기각역 사용

4. 유의수준에 따라 기각역을 구한다.
5. 검정통계가 기각역에 속하면 H_0를 기각한다.

예제 9.1

[단측검정]

어떤 이들은 한국 청소년들의 하루 평균 TV 시청 시간이 3시간이라 주장하고, 다른 이들은 공부하느라 시청 시간이 3시간이 안될 것이라 주장하고 있다. 어느 편이 맞는 지 알아보기 위하여 단순임의 추출한 100명을 조사한 결과 평균이 2.75시간이었다. TV 시청 시간은 정규분포를 하며 분산은 과거 조사에서 1로 알려져 있다.

주의 : 단측인지 양측인지에 따라 귀무가설의 기각여부가 달라질 수 있다.

풀이

우선 가설을 다음과 같이 세운다.

$$H_0 : \mu=3.0$$
$$H_a : \mu<3.0$$

유의수준은 $\alpha=0.05$로 정한다. 검정통계량은 다음과 같다.

$$Z=\frac{\overline{X}-\mu_0}{\sigma/\sqrt{n}}=\frac{2.75-3.0}{1/\sqrt{100}}=-2.5$$

- **p값 사용**: 검정통계량이 $Z=-2.5$이므로, 정규분포표에서

$$p\text{값}=\Pr(Z<-2.5)=0.5-\Pr(Z<2.5)=0.5-0.4938=0.0062$$

  로 계산되므로 p값 $<\alpha$가 되어 귀무가설을 기각한다.
- **기각역 사용**: $\alpha=0.05$일 때, 표준정규분포표에서 아래 꼬리 확률이 0.05가 되는 Z값은 -1.645이고 기각역은 $(-\infty, -1.645)$이다. 따라서 표본의 검정통계량의 값 Z가 -1.645보다 작아 기각역에 속하므로 귀무가설을 기각한다.

[양측검정]

3시간이라고 주장하는 이들과 3시간이 아니라고 주장하는 이들이 있다.

풀이

가설은 다음과 같다.

$$H_0 : \mu=3.0$$
$$H_a : \mu\neq3.0$$

유의수준은 $\alpha=0.05$로 정한다. 검정통계량은 위와 같이 그대로이다.

$$Z = \frac{\overline{X} - \mu_0}{\sigma/\sqrt{n}} = \frac{2.75 - 3.0}{1/\sqrt{100}} = -2.5$$

- **p값 사용**: 양측검정이므로, 위의 단측검정에서 계산한 것을 이용하여

$$p\text{값} = 2 \times \Pr(Z < -2.5) = 2 \times 0.0062 = 0.0124$$

  로 계산되므로 p값 $< \alpha$가 되어 귀무가설을 기각한다.
- **기각역 사용**: $\alpha = 0.05$일 때, 표준정규분포표에서 양쪽 확률이 0.05가 되는 Z값은 ± 1.96이고 기각역은 $(-\infty, -1.96) \cup (1.96, \infty)$이다. 따라서 표본의 검정통계량의 값 Z가 -1.96보다 작아 기각역에 속하므로 귀무가설을 기각한다.

9.3 모평균 μ에 대한 검정: σ를 모르는 경우

모평균에 대한 검정통계량 :

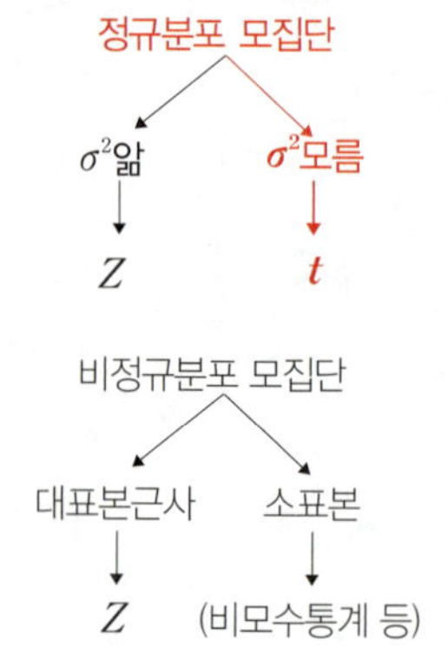

모집단이 정규분포를 따르지만 σ를 모를 때 모평균 μ에 대한 가설검정을 다룬다. 이때에는 σ를 알 때와 비교하여 아래의 변화가 생긴다.

$$\sigma \rightarrow S$$
$$Z \rightarrow t$$

즉, σ의 추정량 S를 대신 사용하고, 표준정규분포의 Z 대신 t분포의 값을 검정통계량으로 사용한다. 이때 t분포의 자유도는 $n-1$이다. 검정통계량 t는 다음과 같다.

$$t = \frac{\overline{X} - \mu_0}{S/\sqrt{n}}$$

단측검정

예를 들어, 아침 출근 시간대에 성산대교에서 성수대교까지 올림픽대로를 지나가는 데 걸리는 시간을 고려하여 보자. 어떤 사람이 1시간 이상 걸린다는 주장을 하여 다음과 같은 가설을 설정한다.

$$H_0: \mu = 60$$
$$H_a: \mu > 60$$

주말을 제외하고 9일간 실험을 해본 결과 다음과 같다.

$$\overline{x} = 65(\text{분}),\ s = 10(\text{분})$$

이때 검정통계는 다음과 같이 계산된다.

$$t=\frac{\overline{X}-\mu_0}{s/\sqrt{n}}=\frac{65-60}{10/\sqrt{9}}=1.5$$

그런데 자유도가 $n-1=9-1=8$일 때의 t분포표는 다음과 같다(부록 A.3 참조).

위 꼬리 면적	.20	.10	.05	.025	.01	.005
t값(자유도8)	.883	1.397	1.860	2.306	2.896	3.355

위에서 검정통계량 t값인 1.5는 1.397과 1.860 사이에 위치하므로 위 꼬리 면적, 즉 p값이 .05와 .10 사이에 있다. 따라서

$$p\text{값} > \alpha=0.05$$

이므로 H_0를 기각하지 못하게 된다. 한편 기각역을 구하면 자유도가 8일 때이므로 다음과 같다.

$$t > 1.860$$

예제 9.2

건강한 성인의 콜레스테롤 수치는 220 이하라고 한다. 콜레스테롤이 높은 사람은 심장마비가 발생할 가능성이 더 높은 것으로 알려져 있다. 이를 확인하여 보기 위해 30명의 심장마비 환자를 조사하여 평균 콜레스테롤이 231이며, 표준편차가 20인 것을 알아냈다. 심장마비 환자들의 평균 콜레스테롤은 정상인의 평균 콜레스테롤보다 높은 수치라고 결론 내릴 수 있는가?

$$H_0 : \mu=220$$
$$H_a : \mu>220$$

검정통계량은

$$t=\frac{\overline{X}-\mu}{s/\sqrt{n}}=\frac{231-220}{20/\sqrt{30}}=\frac{11}{3.6515}=3.0125$$

이므로

$$\text{기각역} : t>1.699\text{이면 } H_0 \text{ 기각}$$

으로 구해지며, p값은

$$p\text{값}=P(t>3.0125)=0.0027$$

으로 구해지므로, $\alpha=0.05$라면 α와 비교하여

$$p\text{값}<\alpha$$

이 되어 H_0를 기각하게 되어 심장마비 환자들의 평균 콜레스테롤은 정상의 평균 콜레스테롤보다 높다고 결론을 내린다.

양측검정

앞의 예에서 올림픽대로에서 걸리는 시간이 60분이 아니라는 주장을 생각하자. 즉, 60분보다 빠르거나 느리다는 뜻이다. 이때 양측검정의 가설을 다음과 같이 설정된다.

$$H_0 : \mu = 60$$
$$H_0 : \mu \neq 60$$

앞 절에 나오는 σ를 알 때의 검정과 마찬가지로 양측검정의 p값은 단측검정값의 두 배이다. 즉, p값은 다음 두 값의 사이에 있다.

$$0.1 < p\text{값} < 0.2$$

그런데 $\alpha = .05$라면 p값$> \alpha$이므로 H_0를 기각하지 못하게 된다. 한편 기각역을 구하면 자유도가 8일 때 $t_{\frac{\alpha}{2}} = t_{.025} = 2.306$이므로 다음과 같다.

$$t < -2.306 \text{ 또는 } t > 2.306$$

그림 9.8에서 양측검정의 기각역과 값을 보여 준다.

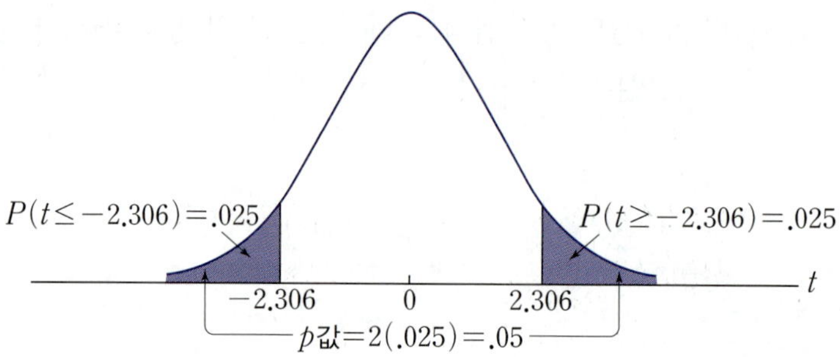

그림 9.8
올림픽대로 예에서의 양측검정의 기각역과 p값

σ를 모를 경우 모평균에 대한 검정 요약

표 9.4에서 σ를 모를 때 모평균 μ에 대한 가설검정 과정을 요약한다.

유의사항

1. σ를 모를 때의 가설검정은 모집단이 정규분포를 따라야 한다.
2. 표본수 n이 커지면 자유도 $n-1$도 커진다. t분포는 자유도가 증가하면서 정규분포에 수렴한다. 따라서 표본수가 크면($n \geq 30$), σ를 모를 때라도 σ를 s로 대치하여 정규분포를 사용하고 σ를 알 경우의 검정을 사용해도 큰 무리가 없다.

표 9.4 σ를 모를 때의 가설검정

구분	단측검정		양측검정
	아래 꼬리	위 꼬리	
가설	$H_0: \mu=\mu_0$ $H_a: \mu<\mu_0$	$H_0: \mu=\mu_0$ $H_a: \mu>\mu_0$	$H_0: \mu=\mu_0$ $H_a: \mu\neq\mu_0$
검정통계량	$t=\dfrac{\overline{X}-\mu_0}{S/\sqrt{n}}$		
p값 사용	p값$<\alpha$이면, H_0 기각		
기각역 사용	$t<-t_{n-1,\ \alpha}$	$t>t_{n-1,\ \alpha}$	$t<-t_{n-1,\ \alpha/2}$ 또는 $t>t_{n-1,\ \alpha/2}$

9.4 모평균 μ에 대한 검정: 대표본근사

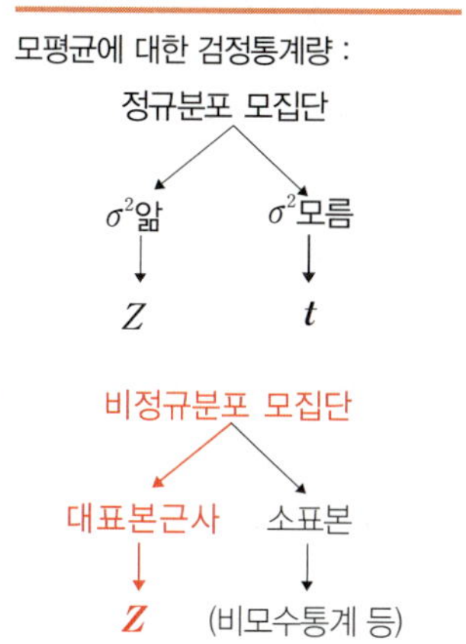

모집단이 정규분포를 하지 않더라도 표본수가 많은 경우($n\geq30$)는 7.8절의 중심극한정리에 의하여

$$\frac{\overline{X}-\mu}{\sigma/\sqrt{n}}$$

은 근사적으로 정규분포를 따른다. 따라서 9.2절에 있는 내용을 그대로 근사적으로 적용한다. 만일 σ를 몰라서 표본에서 구한 s로 대체하였더라도, S가 표본수가 많으면 σ로 접근하므로

$$\frac{\overline{X}-\mu}{S/\sqrt{n}}$$

또한 근사적으로 표준정규분포를 하게 된다. 그러므로 σ를 s로 대체한 경우도 표본수가 크면 역시 9.2절을 그대로 근사적으로 적용할 수 있다. 모집단이 정규분포를 하지 않고 표본수도 적은 경우는 17장 비모수 방법이나 정확 검정(exact test, 입문수준 넘어섬) 등을 이용하여야 한다.

표본수가 어느 정도 많아야 충분히 많은지는 논란의 여지가 있다. 정규분포로의 근사가 어느 정도까지가 근사하였다고 할 수 있는지 수학적으로 명확히 정의되지 않기 때문이다. 여러 경우를 고려하였을 때 통계학자들 사이에 의견이 모아진 것이 $n\geq30$이나 이 기준은 실제 자료분석 시 그 타당성에 도전을 받지 않고 거의 무차별적으로 사용되고 있다. 그러나 최빈값이 가운데에 있는 대칭분포인 경우는 정규분포로의 수렴이 빠르게 이루어진다. 그러므로 모집단이 정규분포에 가까운 대칭이거나 거의 대칭에 가까운 분포인 경우는 $n\geq15$나 $n\geq20$을 사용할 수도 있다. 예를 들면, $p=0.5$인 이항분포나 모평균값이 매우 큰 포아송분포의 경우 등이다. 하지만 비대칭 정도가 심한 경우는 $n\geq30$으로는 충분하지 않아 $n\geq50$이나 $n\geq100$을 사용하여야 한다. 인구 10만 명에 한두 명 발행하는 희소병이나 벼락에 맞을

확률 등과 같이 비대칭 정도가 극도로 심하다면 백만 개의 표본수도 적을 것이다. 실제 통계 분석을 할 때 비용과 시간이 허락하는 한 충분히 많은 표본을 얻어야 하고, 어쩔 수 없이 작은 표본을 사용해야 하는 경우는 정규분포로의 근사에 대한 타당성을 조심스럽게 검토하여야 한다.

9.5 모비율 p에 대한 검정

모평균에 대한 검정통계량 :

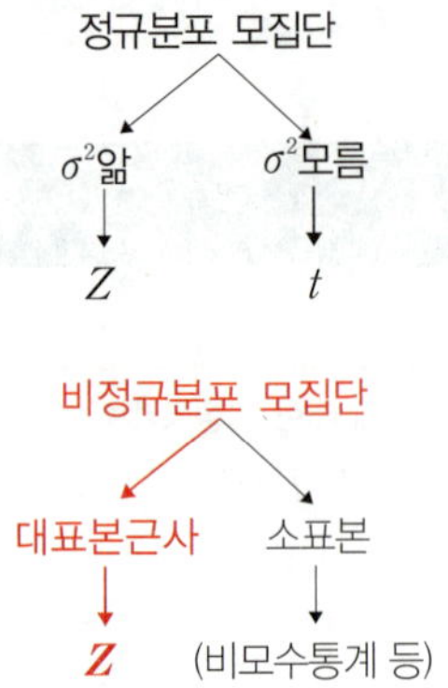

표본비율은 표본평균의 특수한 경우이다.

$np_0 \geq 5$와 $n(1-p_0) \geq 5$의 조건을 동시에 만족하지 못하는 경우는 정확 검정(exact test) 등 다른 방법을 써야 한다.

이 절에서는 모비율에 대한 가설검정을 다룬다. 8.1절 비율의 점추정에 대하여 논할 때 비율은 평균의 개념과 같다고 이미 이야기한 바 있다. 따라서 모비율에 대한 검정 역시 앞 절의 평균에 대한 검정 방법과 거의 동일하다. p_0라는 값이 가설을 만드는 데 주어졌다면, 가설은 다음과 같이 세 가지를 고려할 수 있다.

$$\begin{cases} H_0: p=p_0 \\ H_a: p<p_0 \end{cases} \qquad \begin{cases} H_0: p=p_0 \\ H_a: p>p_0 \end{cases} \qquad \begin{cases} H_o: p=p_0 \\ H_a: p\neq p_0 \end{cases}$$

위의 첫 번째 가설은 아래 꼬리 단측검정이고, 두 번째 가설은 위 꼬리 단측검정, 세 번째 가설은 양측검정이다.

모비율에 대한 가설검정은 표본비율 $\bar{p}$와 가설의 비율 p_0 사이에 얼마나 차이가 있느냐에 따른다. 여기에 쓰여지는 검정 방법은 모평균에 대한 검정과 비슷하다. 단지 차이는 검정통계량을 구하는 데 표본비율 $\bar{p}$와 표준편차를 사용한다는 것이다.

표본의 크기가 충분히 클 때, 즉 $np_0 \geq 5$와 $n(1-p_0) \geq 5$를 만족할 때 귀무가설 H_0가 사실일 때 $\bar{p}$의 근사 분포는 다음과 같다.

$$\bar{p} \,\dot{\sim}\, N\left(p_0,\ \frac{p_0(1-p_0)}{n}\right)$$

따라서 검정통계량은 표준화하여 다음과 같이 된다.

근삿값 Z의 조건
$np_0 \geq 5$이며
$n(1-p_0) \geq 5$

모비율 검정의 검정통계량

$$Z=\frac{\bar{p}-p_0}{\sqrt{\dfrac{p_0(1-p_0)}{n}}} \,\dot{\sim}\, N(0,\ 1)$$

8.4절의 구간추정에서 $\sqrt{\dfrac{\bar{p}(1-\bar{p})}{n}}$ 부분이 여기서는 $\sqrt{\dfrac{p_0(1-p_0)}{n}}$ 으로 바뀐 것에 주의하자.

다음과 같은 예를 생각하자. 어떤 공장에서 LCD 모니터를 생산하는데, p는 불량률이다. 생산자는 불량률이 $p=.02$라고 주장하는데, 소비자는 불량률이 .02보다 크다고 생각한다. 이때 가설은 다음과 같다.

$$H_0: p=.02$$
$$H_a: p>.02$$

이를 검정하기 위하여 400개의 LCD 모니터를 대상으로 조사한 결과 15개의 LCD 모니터가 불량이었다. 이때 $\bar{p}$는 다음과 같다.

$$\bar{p}=\frac{15}{400}=0.0375$$

$np=400\times.02=8\geq5$와 $n(1-p)=400\times.98=302\geq5$의 조건이 된다. 따라서 검정통계는 다음과 같이 구해진다.

$$Z=\frac{0.0375-0.02}{\sqrt{\frac{0.02(1-0.02)}{400}}}=2.5$$

여기서 대립가설이 위 꼬리를 고려하므로, p값은 Z가 2.5보다 클 확률이다. 표준정규분포표(부록 A.2)에서 Z가 0과 2.5 사이에 있을 확률이 0.4938이므로 값은 다음과 같이 계산된다.

$$p\text{값}=0.5-0.4938=0.0062$$

그림 9.9에서 이 경우 p값을 보여 준다.

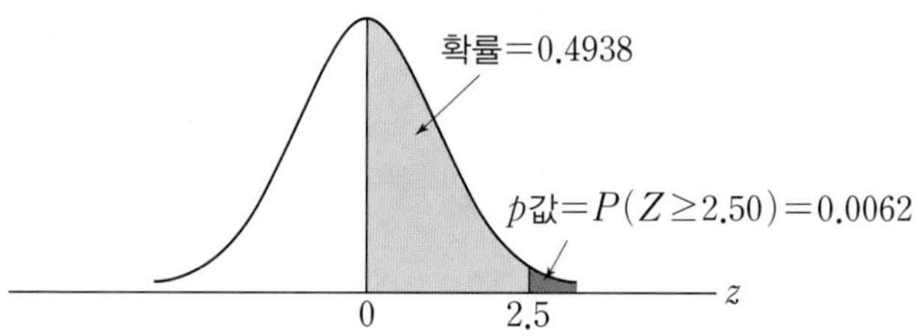

그림 9.9
PC불량률 검사에서의 p값

만약 $\alpha=0.05$로 주어졌다면, $p=0.0062<\alpha=0.05$이므로 H_0는 기각된다. 즉, LCD 모니터의 불량률은 0.02보다 높다는 판정이다.

한편 기각역을 이용하면 1.645이므로 아래와 같이 기각역이 구해진다.

$$z>1.645$$

그러나 여기서 $z=2.5$이므로 기각역에 속한다. 따라서 p값을 이용할 때와 마찬가지이며 H_0는 기각된다.

모비율 p에 대한 가설검정 요약

표 9.5에서 지금까지 설명한 σ에 대한 가설검정 과정을 요약한다.

표 9.5 σ에 대한 가설검정 요약

구분	단측검정		양측검정
	아래 꼬리	위 꼬리	
가설	$H_0: p=p_0$ $H_a: p<p_0$	$H_0: p=p_0$ $H_a: p>p_0$	$H_0: p=p_0$ $H_a: p\neq p_0$
검정통계량	$Z=\dfrac{\overline{p}-p_0}{\sqrt{\dfrac{p_0(1-p_0)}{n}}}$		
p값 사용	p값$<\alpha$이면, H_0 기각		
기각역	$z<-z_\alpha$	$z>z_\alpha$	$z<-z_{\alpha/2}$ 또는 $z>z_{\alpha/2}$

예제 9.3

경기도 어떤 지역에 새로운 지역 신문을 발행하기 위해서는 구독률이 12%를 넘어야 광고주를 안정적으로 확보할 수 있다고 한다. 새로운 지역 신문의 발행을 고심하는 한 신문사에서는 400명의 주민을 대상으로 만약 신문이 발행되면 구독을 할 것인지를 물어서 58명이 구독할 것이라는 답을 얻었다. 새로운 지역 신문의 구독률이 12%를 초과할 것이라고 결론 내릴 수 있는가?(유의수준 5% 사용)

풀이

관심 대상인 모수는 비율인 p이다. 가설을 다음과 같이 세운다.

$$H_0: p=0.12$$
$$H_1: p>0.12$$

표본비율은

$$\overline{p}=58/400=0.145$$

이며, 기각역은

$$z>z_{.05}=1.645$$

으로 설정된다. 검정통계량은

$$Z=\frac{\hat{p}-p_0}{\sqrt{p_0(1-p_0)/n}}=\frac{0.145-0.12}{\sqrt{0.12(1-0.12)/400}}=1.54$$

으로 계산되므로 기각역에 포함되지 않아 귀무가설을 기각할 수 없다.

p값을 계산하면 $P(Z>1.54)=.0618$이 되어 유의수준 0.05를 초과하므로 귀무가설을 기각하지 못한다. 즉, 새로운 지역 신문은 구독률이 12%를 초과할 것이라고 결론 내릴 수 없다. 표본비율이 14.5%로 최소 구독률 12%보다 높게 조사되었으나 통계적으로 유의적이지 못한 결과이다.

예제 9.4

대통령 선거나 국회의원 선거가 있을 때면 각 방송사에서는 출구 조사를 통하여 한 선거구의 당선자를 예측한다. 후보자가 2명인 한 선거구에서 임의로 뽑힌 한 출구 조사의 응답자는 1번과 2번 후보 중에 자기가 투표하였던 후보를 답하게 된다. 총 765명의 출구 조사 응답자 중 1번 후보의 투표자는 407명이었다. 1번 후보의 득표율은 50%를 초과하여 당선되었다고 말할 수 있는가?

풀이

관심 대상인 모수는 비율인 p이다. 가설은

$$H_0 : p = .50$$
$$H_1 : p > .50$$

이며, 표본비율은

$$\bar{p} = 407/765 = .532$$

으로 계산된다. 기각역은 5% 유의수준에서

$$z > z_{.05} = 1.645$$

으로, 검정통계

$$Z = \frac{\bar{p} - p_0}{\sqrt{p_0(1-p_0)/n}} = \frac{0.532 - 0.5}{\sqrt{0.5(1-0.5)/765}} = 1.77$$

이 기각역에 포함된다. 귀무가설은 기각된다.

p값으로 비교하여도 p값$= P(Z > 1.77) = .0382$이 $\alpha = 0.05$보다 작다. 즉, 1번 후보가 당선될 것이라고 말할 수 있다. 표본비율이 53.2%로 당선가능 비율 50%를 초과하였고, 통계적으로 유의적인 결과였다(예제 9.3과 비교하여 보아라).

읽을거리 가설검정의 역사

가설검정의 개념이 처음 사용된 시기는 17세기 Pierre-Simon Laplace의 시대까지 거슬러 올라가지만 제대로 정립되고 대중화된 것은 20세기에 들어서다. Karl Pearson이 chi-squared 검정법을 만들고 William S. Gosset이 t분포를 이용한 소표본에서의 검정법을 개발한 것을 시작으로 20세기 초 가설검정 분야에서 많은 연구가 이루어졌는데, 이 시기 가설검정에 큰 공헌을 한 사람 중 한 명이 Ronald A. Fisher이다. 그는 오늘날 가설검정이라 부르는 절차의 기본을 정립하고 이것을 유의성검정(significance testing)이라고 불렀다. 가설검정(hypothesis testing)이라는 용어는 그보다 후에 Jerzy Neyman과 Egon Pearson(Karl Pearson의 아들)이 Fisher의 유의성 검정을 개선하기 위한 연구를 하는 과정에서 제시하였다.

Fisher의 유의성검정과 Neyman-Pearson의 가설검정은 세부적으로 많은 점에서 달랐고 사용하는 용어도 상이하였다. Fisher의 유의성검정은 귀무가설을 설정하고 그것을 기각할 것인지 기각하지 않을 것인지 결정하는 절차였다. 대립가설이라는 것은 없었기 때문에 제2종 오류의 개념 또한 존재하지 않았고, 단순히 p값을 이용하여 귀무가설을 검정하는 것이 목적이었다. Neyman과 Pearson은 Fisher의 아이디어를 개선하기 위한 목적으로 다른 방식을 제시하였는데, 귀무가설과 대립가설 중 하나를 선택하는 방식을 고안하였고 이것을 가설검정이라 명명하였다. 따라서 Neyman-Pearson의 관점에서는 대립가설을 채택한다는 개념이 유효하였다. 제1종 오류와 제2종 오류도 Neyman-Pearson에 의해 가설검정과 함께 제시된 개념이다.

Neyman과 Pearson은 그들의 방식을 유의성 검정의 개선된 형식으로 보았다. 동시에 Neyman은 아주 뛰어난 수학자여서 가설검정의 이론을 전개하는 데 있어 Fisher보다 수학적 엄밀성 추구하였고 Fisher의 결과가 불완전하다고 보았다. 반면 Fisher는 실제 과학 연구에서 그러한 엄밀한 가정사항들을 만족할 수 없다는 이유로 Neyman-Pearson의 방식이 실용적이지 못하며 잘못된 결론으로 오도할 수 있다고 생각하였다. 이들의 논쟁은 철학적 수준에서 상당히 격렬하게 진행되었는데 불행히도 1962년 Fisher가 사망할 때까지도 의견 차이는 좁혀지지 못하였다.

우리가 오늘날 배우는 가설검정은 상당히 다른 이 두 가지 견해가 후대 과학자들에 의해 적절하게 합쳐진 것이다. 본서를 비롯하여 대부분의 통계학입문 교재들이 소개하는 가설검정은 Fisher가 제시한 유의성검정의 개념에 더 가까우나 대립가설과 제1종, 2종 오류들의 개념을 포함한다는 점에서 Neyman-Pearson의 견해가 섞여 있다. 학부 고학년과 대학원 과정에서 배우는 수리통계학 과목에서 Neyman과 Pearson이 가설검정을 수리적으로 어떻게 제도화하였는지 살펴볼 수 있다.

읽을거리 재현성 위기와 값에 관한 최신 논쟁

1. 들어가며

2015년 1월 응용심리학 및 사회심리학에서 잘 알려진 학술지 중 하나인 〈Basic and Applied Social Psychology〉에서는 앞으로 출판 심사 요청이 들어온 논문들이 자신들의 주장을 입증하기 위해 통계 가설검정을 사용하는 것을 금지한다고 공지하였다. 다음은 이 공지와 관련된 Q&A에서 발췌한 내용이다(Trafimow and Marks, 2015).

질문 1. p값을 사용한 원고는 자동으로 출판 거부되나?

답변 1. 사전 심사를 통과한 원고는 출판 최종 검토를 위해 발송된다. 하지만 출판 전에 저자는 통계 가설검정과 관련된 모든 흔적 예를 들면 p값, 검정통계량 등을 출판 원고에서 반드시 제거하여야 한다.

질문 2. p값 대신에 신뢰 구간을 사용할 수 있나?

답변 2. 95%의 신뢰 구간의 의미는 관심 있는 모수가 구간 내에 있을 확률이 95%임을 나타내지 않는다. 오히려 95%의 신뢰 구간은 무한한 수의 샘플을 추출해서 무한한 수의 신뢰 구간을 계산하였을 때, 계산된 신뢰 구간의 95%가 모집단의 모수를 포함한다는 의미이다. 이는 통계 가설검정이 귀무가설을 기각하는 확률을 제시하지 못하는 것과 유사하고, 신뢰 구간은 관심 있는 모수가 명시된 범위 내에 있을 가능성이 있다는 결론을 내릴 수 있는 증거를 제공하지 않는다고 판단할 수 있다. 따라서 신뢰구간도 우리 학술지에서는 금지된다.

질문 3. 추론 통계 절차가 필요한가?

답변 3. 아니다. 아직 가설검정을 대체할 최신 이론이 제시되지 않았기 때문이다. 그러나 우리 학술지에서는 표본 수의 효과 크기를 포함한 다양한 설명 통계를 필요로 한다. 또한 가능한 많은 빈도 및 분포 데이터를 제시하는 것이 좋다. 마지막으로 일반적으로 심리학 연구에서 사용하는 표본크기를 사용하도록 권장한다. 표본크기가 증가함에 따라 기술통계가 좀 더 안정적이 되고 표본추출 오류 문제도 줄어들기 때문이다.

이 공지는 다음과 같은 결론을 내린다. “일부 연구자들은 가설검정 금지로 인해 연구자들이 학술지에 원고를 게재하는 것이 쉬워질 것으로 간주하나 실제로는 그렇지 않다. 반대로 p값이 0.05보다 작다는 기준은 너무 통과하기 쉬우며, 때때로 낮은 품질의 연구를 변명한다고 생각한다. 우리는 가설검정을 금지하여 창의적 사고에 대한 중요한 장애물을 제거함으로써 투고된 원고의 질을 높이는 효과를 기대한다.”

위 학술지에서 가설검정을 금지한 가장 큰 이유는 **재현성(replicability)** 위기 현상 때문이다. 재현성 위기 현상은 통계적으로 유의미한 새로운 발견 주장이 같은 모집단을 대상으로 한 다른 실험에서 재현이 되지 않는 현상을 의미한다. 재현성 위기 현상은 가장 먼저 심리학에서 지적되었고, 현재 심리학, 의학, 그리고 생물학 등등의 다수의 과학 분야에서 겪고 있는 위기 현상이다. 미국 언론 매체인 〈슬레이트(Slate)〉의 ‘암 연구가 잘 작동하고 있지 않다’라는 기사에 따르면 2012년에 Glen Begley와 동료들은 암 생물학 분야에서 10년간 보고된 53개의 중요한 연구 중에서 단지 6개(11%)만이 재현에 성공했다고 주장하였다. 또한 세계적인 제약회사인 바이엘에서 진행한 재현 시도에서 다수의 암 연구 중 대략 25%만 재현에 성공하였다고 한다(박준석, 2016). 그럼 우선 재현성 위기의 원인이 무엇인지 알아보도록 하자.

2. 재현성 위기의 원인

재현성 위기의 원인으로는 크게 출판 편향 및 p-해킹이 있다.

a. 출판 편향: 출판 편향은 학자들이 “무엇을 발견하였다” 혹은 “어떤 인과관계를 입증하였다” 등의 양성 연구 결과만 출판하고, “무엇을 발견하지 못하였다” 혹은 “어떤 현상간에 인과관계가 없다”라는 등의 음성 연구 결과를 출판하지 않는 현상을 말한다.

대개 학술지 측에서는 양성 연구가 독자의 흥미를 더 이끌 수 있으므로 양성 연구 결과만 출판하려고 한다. 연구자가 음성 연구 결과를 투고하였을 경우 대부분, 학술지 측에서는 출판을 거절한다.

출판 편향은 어떤 현상이 실제로는 음성이지만 연구 결과에서는 양성으로 나왔을 때 거짓 양성(false positive) 문제가 발생한다. 이 경우 학술지는 거짓인 결론을 출판하게 되고 다른 연구자들은 잘못된 결론에서 새로운 연구를 시작하는 잘못된 방향으로의 연구의 연쇄 현상이 나타난다.

b. p-해킹: 일반적인 통계 가설검정의 경우 p값을 사용한다. p값은 귀무가설이 맞다고 가정하였을 때, 연구에서 얻은 데이터보다 극단적인 값을 얻을 확률을 의미한다. 즉, p값이 설정된 가설검정 임곗값보다 작으면 귀무가설을 기각하게 된다. 이 때 주로 사용되는 임곗값은 0.05이다. Ronald Fisher(영국의 통계학자)가 이 임곗값으로 0.05를 도입하였을 때, 이 값은 수학적이나 통계적으로 의미 있는 값은 아니며 임의로 선택된 값임을 강조하였다. 하지만 현재 과학계에서는 이 임곗값 0.05를 절대적인 기준으로 사용하고 있다.

연구자들이 가설에 유리하게 p값을 인위적으로 작게 만드는 것 아니면 작은 p값을 골라서 학술지에 보고하는 것을 p-해킹이라고 한다. p값을 인위적으로 작게 만드는 방법으로 다음과 같은 방법이 있다. 첫째, 분석에 사용하는 표본 수가 커지면 커질수록 p값은 작아지므로 연구자는 p값이 0.05보다 작아질 때까지 데이터를 계속해서 수집할 수 있다. 둘째, 연구자들이 종속변수에 영향을 줄 수 있는 독립변수들을 한꺼번에 조사한 다음, 통계적으로 유의한 결과만 골라 보고할 수 있다. 셋째, 여러 가설검정 방법 중에서, 자신의 가설을 가장 지지하는 가설검정 방법만을 선택적으로 보고할 수 있다.

3. 재현성 위기로 인해 생기는 문제들

현재 재현성 위기 현상은 사회과학, 생물학 등의 모든 학문 분야에 만연하여 있다. 재현성 위기 현상으로 인해 생기는 문제는 크게 다음과 같이 요약된다.

a. 발견된 결과가 다른 실험에서 재현되지 않는다면 연구에 대한 신뢰가 실추된다. 현재 여러 나라에서 학술 연구에 투입하는 자원은 막대하다. 대한민국의 경우 1년에 투입하는 연구개발사업 예산은 2021년 현재 26조 원을 넘어서고 있다. 재현되지 않은 연구에 이 엄청난 액수의 투자가 지속하지는 않을 것이고 연구투자에 대한 회의가 만연할 것이다.

b. 연구자들은 일반적으로 과거에 입증된 실험 결과를 기반으로 후속 연구를 설계 진행한다. 만약 다른 연구자들이 재현되지 않는 연구 결과를 기반으로 후속 연구들을 진행한다면 이는 결국 이들 연구자의 시간과 노력을 낭비하게 된다.

4. 재현성 위기에 대한 대책

지금까지 재현성 위기의 원인과 그로 인해 생기는 문제들에 대해 알아보았다. 이 재현성 위기에 대한 대책을 논의하기 위해 최근 통계학, 심리학, 경제학, 의학 등 다양한 분야의 연구자 72명이 모여 원탁회의를 진행하였고, 그 논의 결과를 논문으로 요약 출간하였다(Benjamin et al., 2018).

72명의 학자는 Ronald Fisher가 가설검정에서 가설검정 임곗값으로 0.05를 도입하였을 때, 이 값이 임의로 선택된 값이라고 지적하였다. 이들은 재현성 위기에 대한 여러 원인은 진단이 되었으나 궁극적인 원인과 해결책이 제시되지는 않았다고 주장하였다. 이들은 재현성 위기의 궁극적인 원인은 많은 과학 분야에서 새로운 발견을 주장하는 증거의 통계적 기준이 너무 낮고, 통계적으로 유의한 결과로 임곗값을 0.05를 사용한다면, 실험 절차 및 보고에 문제가 없는 경우에도 높은 비율의 위양성(false positive) 결과가 나타난다고 지적하였다.

이들은 새로운 발견에 대한 통계적 유의성을 정의하는 임곗값으로 0.05 대신에 0.005를 사용하는 것으로 변경하는 것을 제안한다. 임곗값을 0.005로 낮추는 간단한 변화만으로 많은 분야에서 과학 연구의 재현성을 바로 향상할 수 있으리라고 판단하였다. 그리고 이런 임곗값은 새로운 효과를 발견할 때 사용할 수 있지만, 확증적 자료분석 및 현재 주장에 대한 모순적 복제에 대한 적절한 임곗값으로 사용할 수 없다고 단언하였다.

출처: D. Trafimow and M. Marks. Editorial. Basic and Applied Social Psychology, 37:1–2, 2015.
박준석. 실험 재현성의 위기. 사이언스온. 2016.
Benjamin et al. Redefine Statistical Significance. Nature Human Behavior, 2:6–10, 2018

EXCEL · SPSS · R

이 책과 관련된 데이터, 정오표 등은 자유아카데미의 홈페이지(www.freeaca.com)나 web.yonsei.ac.kr/cekim에서 얻을 수 있다.

EXCEL

예제 9.2

Step 1 다음 값을 입력한다.

	A	B	C	D
1	=STANDARDIZE(231, 220, 20/SQRT(30))			
2	=T.INV.2T(0.1, 29)			
3	=T.DIST.RT(A1, 29)			
4	=IF(A3<0.05, "reject Ho", "accept Ho")			

("T.INV.2T"함수는 양쪽 꼬리를 가지는 t분포를 이용하므로 우리가 비교하기 원하는

probability=0.05의 두 배의 값을 입력하여야 한다.)

Step 2 위의 값을 계산하면 다음의 결과를 얻는다.

	A
1	3.012474
2	1.699127
3	0.002665
4	reject Ho

3.012474>1.699127이므로 귀무가설을 기각함을 알 수 있다. 또한 p값=0.002665가 0.05보다 작으므로 역시 귀무가설을 기각함을 알 수 있다.

예제 9.3

Step 1 다음 값을 입력한다.

	A	B	C	D	E
1	=STANDARDIZE(0.145, 0.12, SQRT(0.12*(1-0.12)/400))				
2	=NORM.S.INV(0.95)				
3	=IF(A1 > A2, "reject Ho", "accept Ho")				
4	=1-NORM.S.DIST(A1,TRUE)				

Step 2 위의 값을 계산하면 다음의 결과를 얻는다.

	A
1	1.538644
2	1.644854
3	accept Ho
4	0.061946

1.538644<1.644854이므로 귀무가설을 기각하지 못함을 알 수 있다. 또한 p값=0.061946이 0.05보다 크므로 역시 귀무가설을 기각하지 못함을 알 수 있다.

예제 9.4

Step 1 다음 값을 입력한다.

	A	B	C	D	E
1	=STANDARDIZE(0.532, 0.5, SQRT(0.5*(1-0.5)/765))				
2	=NORM.S.INV(0.95)				
3	=IF(A1 > A2, "reject Ho", "accept Ho")				
4	=1 - NORM.S.DIST(A1, TRUE)				

Step 2 위의 값을 계산하면 다음의 결과를 얻는다.

	A
1	1.770153
2	1.644854
3	reject Ho
4	0.038351

1.770153>1.644854이므로 귀무가설을 기각함을 알 수 있다. 또한 p값=0.038351이 0.05보다 작으므로 역시 귀무가설을 기각함을 알 수 있다.

SPSS

예제 9.2

Step 1 PASW Statistics Data Editor 창의 **변수 보기**에서 변수를 하나 만든다. 그리고 4번째 열인 **소수점 이하 자리**의 숫자를 4로 바꾼다.

	이름	유형	너비	소수점이...
1	A	숫자	8	4

Step 2 PASW Statistic Data Editor 창의 **데이터 보기**에서 만들어진 변수에 임의의 데이터를 입력한다.

	A
1	1.0000

Step 3 PASW Statistics Data Editor 창의 **[변환]** 메뉴에서 **변수 계산**을 선택한다.

Step 4 **변수 계산** 창에서 **대상 변수**란에 Step 1에서 생성한 변수의 이름을 입력한다. 그리고 **함수 집단**에서 CDF 및 비중심 CDF를 선택한다. 그리고 **함수 및 특수 변수**에서는 Cdf.T를 선택한다. 그리고 **숫자 표현식**란에서 물음표 2개를 각각 (231−220)/(20/sqrt(30)),29로 바꾸고 Cdf.T 앞에 1−를 붙인다. 즉, **숫자 표현식**란에 1-CDF.T((231−220)/(20/sqrt(30)),29)라고 입력한다. 그 후 **확인**을 누른다.

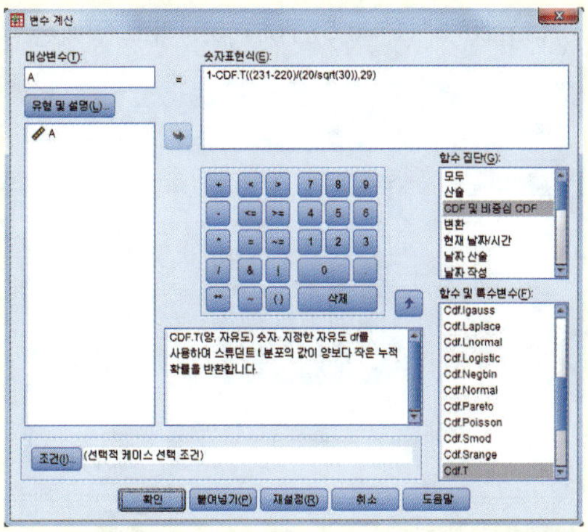

그러면 Step 2에서 기입한 데이터가 231의 t-test의 p값인 0.0027로 바뀌었음을 확인할 수 있다. 이 값은 0.05보다 작으므로 귀무가설을 기각한다.

	A
1	.0027

예제 9.3

Step 1 예제 9.2와 전반적으로 동일하다. 하지만 예제 9.2의 Step3에서 **함수 및 특수 변수**란에서 Cdf.T를 선택한 것과는 다르게 Cdf.Normal을 선택하여야 한다. 그 후 **숫자 표현식**란에 1-CDF.NORMAL((0.145−0.12)/(sqrt(0.12*(1−0.12)/400)),0,1)라고 입력한 후 **확인**을 누른다.

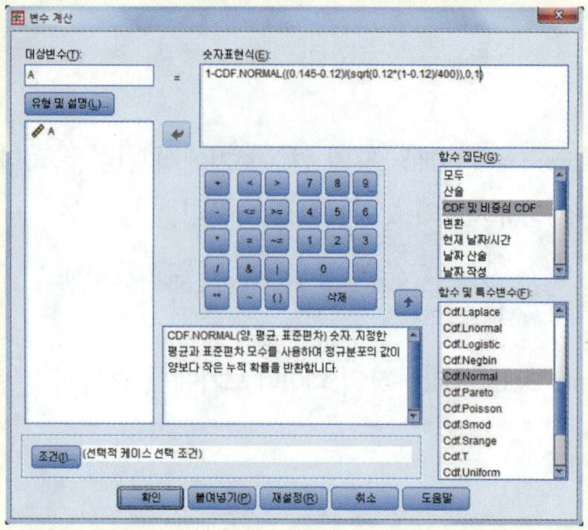

위의 값을 계산하면 다음의 결과를 얻는다. 주어진 표본 비율인 .145의 p값인 0.0619로 데이터가 바뀌어 있음을 알 수 있다. 이 값은 0.05보다 크므로 유의수준 0.05 조건 아래에서, 귀무가설을 기각할 수 없다.

	A
1	.0619

예제 9.4

Step 1 예제 9.3과 전반적으로 동일하다. 다만 **숫자 표현식**란에 1-CDF. NORMAL ((0.532−0.5)/(sqrt(0.5*(1−0.5)/765)),0,1)라고 입력한 후 **확인**을 누르면 된다.

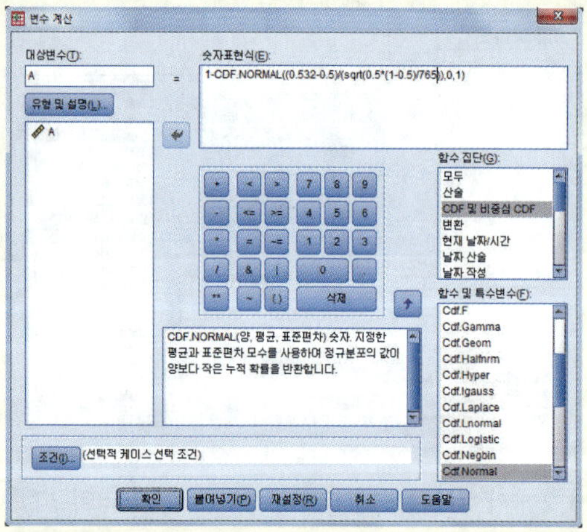

위의 값을 계산하면 다음의 결과를 얻는다. 주어진 표본 비율인 0.532의 p값인 0.0384로 데이터가 바뀌었음을 알 수 있다. 이 값은 0.05보다 작으므로 유의수준 0.05 조건 아래에서, 귀무가설을 기각한다.

	A
1	.0384

R

예제 9.2

Step 1 모평균의 단측검정(분산 모름)에 대한 함수를 만든다.

```
> t_test = function(alpha, mu0, xbar, s, n){
+     se = s/sqrt(n)
+     t = (xbar-mu0)/se
+     cr = qt(1-alpha, df=n-1)
+   p_value = pt(t, df= n-1, lower.tail=F)
+   if(p_value < alpha) result="Reject H0" else
+     result="Accept H0"
+   print(paste("Hypothesis testing for H0: mu= ",mu0,"or
+         Ha: mu > ",mu0))
+   print(c(paste("t Statistics is ", round(t,4),
+         "and Critical Region is ", round(cr, 4)),
+         paste("p-value =", round(p_value,4))))
+  print(paste(result, t significance level", alpha))
+ }
```

Step 2 정의한 함수에 분석 data 적용 및 결과

```
> t_test(0.05, 220, 231, 20, 30)
[1] "Hypothesis testing for H0: mu = 220 or Ha: mu > 220"
[1] "t statistics is 3.0125 and Critical Region is 1.6991"
[2] "p-value = 0.0027"
[1] "Reject H0 at significance level 0.05"
```

3.0125>1.6991이므로 귀무가설을 기각함을 알 수 있다. 또한 p값=0.0027이 0.05보다 작으므로 역시 귀무가설을 기각함을 알 수 있다.

예제 9.3

Step 1 모비율의 단측검정에 대한 함수를 만든다.

```
> prop_test = function(alpha, p, N, n){
+    phat = n/N
+    se = sqrt((p*(1-p))/N)
+    z = (phat - p)/se
+    cr = qnorm(1-alpha)
+    p_value = pnorm(z, lower.tail=F)
+    if(p_value < alpha) result = "Reject H0" else
+      result = "Accept H0"
+    print(paste("Hypothesis testing for H0: mu = ",p,"or
+          Ha: mu > ",p))
```

```
+ print(c(paste("p_hat is", round(phat,5), "/ Z
+        Statistics is ", round(z,4),
+        "and Critical Region is ", round(cr, 4)),
+        paste("p-value =", round(p_value,4))))
+ print(paste(result, "at significance level", alpha))
+}
```

Step 2 정의한 함수에 분석 data 적용 및 결과

```
> prop_test(0.05, 0.12, 400,58)
[1] "Hypothesis testing for H0: mu = 0.12 or Ha: mu > 0.12"
[1] "p_hat is 0.145 / Z Statistics is 1.5386 and
    Critical Region is 1.6449"
[2] "p_value = 0.0619"
[1] "Accept H0 at significance level 0.05"
```

1.5386 < 1.6449이므로 귀무가설을 기각하지 못함을 알 수 있다. 또한 p값 = 0.0619가 0.05보다 크므로 역시 귀무가설을 기각하지 못함을 알 수 있다.

예제 9.4

```
> prop_test(0.05, 0.5, 765, 407)
[1] "Hypothesis testing for H0: mu = 0.5 or Ha: mu > 0.5"
[1] "p_hat is 0.53203 / Z Statistics is 1.7716 and
   Critical Region is 1.6449"
[2] "p_value = 0.0382"
[1] "Reject H0 at significance level 0.05"
```

1.7716 > 1.6449이므로 귀무가설을 기각함을 알 수 있다. 또한 p값 = 0.0382가 0.05보다 작으므로 역시 귀무가설을 기각함을 알 수 있다.

익힘문제

다음 괄호에 알맞은 말을 넣거나, 맞는 것을 선택하시오.

1 통계적 추론에는 추정과 (　　　　)이 있다.

2 검정에서 모집단에 대한 예상 또는 주장을 (　　　　)이라고 한다.

3 가설검정은 주어진 가설을 확증하는 (　　　　) 자료분석이라고 할 수 있다.

4 검정을 하려면 (　　　　)가설과 이에 대립하는 (　　　　)가설을 세워야 한다.

5 귀무가설은 (　　　　), 대립가설은 (　　　　)의 기호로 표시한다.

6 표본 또는 검정에 사용하는 통계량이 {귀무, 대립}가설을 뒷받침하지 못하는 상황이 되면 {귀

무, 대립} 가설을 {기각, 기각 못}하게 된다.

7 특별한 증거없이 현재로서 참이라 여겨지는 가설을 {귀무, 대립}가설로 세워야 한다.

8 대립가설이 한쪽만으로 나타나면 {단측, 양측}검정이라고 한다.

9 대립가설의 방향은 {귀무, 대립}가설을 기각할 수 있는 검정통계량의 방향을 알려준다.

10 검정에 사용하기 위하여 표본자료에서 구한 통계량을 (　　　　)통계량이라고 한다.

11 가설검정은 '이다, 아니다'의 문제가 아니고 (　　　　)의 문제이다.

12 귀무가설이 틀릴 가능성이 큰 경우는 귀무가설을 {기각, 기각 못}한다.

13 검정에서는 맞을 가능성보다는 틀릴 가능성에 대하여 논하는데, 이를 (　　　　)라고 한다.

14 검정오류는 (　　　　)와 (　　　　)로 구분된다.

15 제 (　　　　)오류는 귀무가설이 맞는데도 잘못하여 귀무가설을 {기각, 기각 못}함으로써 발생하는 오류이다.

16 제 (　　　　)오류는 대립가설이 맞는데도 잘못하여 귀무가설을 {기각, 기각 못}하는 오류이다.

17 제1종과 제2종 오류는 {　　　　}사건처럼 생각할 수 있으나 그렇지 않다. 귀무가설과 대립가설에서 각기 따로 발생하는 별개의 오류이다.

18 제1종 오류의 확률을 (　　　　)(으)로 표기하고 검정의 (　　　　)(이)라고 한다.

19 제2종 오류의 확률을 (　　　　)(으)로 표기하고 1에서 뺀 것을 (　　　　)(이)라고 한다.

20 제1종 오류와 제2종 오류는 {클수록, 작을수록} 좋으므로, 둘 다 [늘이는, 줄이는] 방향으로 검정의 절차가 이루어져야 하는데, 하나를 줄이면 다른 것은 늘어나게 되어 쉽지 않다.

21 통상 (　　　　)을(를) 고정시키고 (　　　　)을(를) 최소화하는 전략으로 검정의 절차가 이루어지게 된다. (　　　　)을(를) 최소화하는 것은 (　　　　)을(를) 최대화하는 것이다.

22 검정의 유의수준 α의 값은 통상 (　　　　)(으)로 한다. 자연과학이나 공학 분야에서는 (　　　　)나 (　　　　)을(를) 사용하기도 한다.

23 검정의 판정에 사용되는 p값은 {귀무, 대립}가설이 사실이라고 가정하고 계산한 표본에서 나온 결과보다 더 {보통, 극단적}으로 나올 확률값이다.

24 표본에서 나온 결과보다 더 {보통, 극단적}으로 나온다는 것은 {귀무, 대립}가설 방향임을 뜻한다.

25 p값은 표본이 얼마나 {귀무, 대립}가설을 {지지, 부정}하는가의 확률이다. 따라서 값이 보다 작으면 {귀무, 대립}가설을 {지지, 부정}하지 못하는 것이므로 귀무가설을 {기각, 기각 못}한다.

26 p값을 {이론, 관측}유의수준이라고도 한다.

27 (　　　　)이란 H_0이 사실이 아니라고 기각하게 되는 검정통계량의 영역을 말한다.

28 먼저 {신뢰, 유의}수준에 따라 {기각역, 채택역}을 먼저 정하고 검정통계량값이 이러한 {기각역, 채택역}에 속하면 {H_0, H_1}을 기각한다.

29 컴퓨터의 사용이 일반화되면서 {p값, 기각역}에 의한 판정이 주류가 되었다. 패키지가 {p값, 기각역}을 계산하여 주기 때문이다. {p값, 기각역}에 의한 판정은 확률분포표를 이용하지 않아도 되고, 의사결정자가 임의로 α를 정할 수 있기 때문이다.

30 정규분포 모집단의 표준편차 σ를 아는 경우에 모수 μ를 검정하기 위한 검정통계량은 (　　　　)

이고, 이 검정통계량은 평균 (   ), 분산 (   )인 (   )분포를 한다.

31 비정규분포 모집단의 표준편차 σ를 아는 경우에 표본수가 (   )개 이상이면 모수 μ를 검정하기 위하여 위와 같은 검정통계량을 쓸 수 있는데, 그 근거를 제공하는 정리는 (   ) 정리이다.

32 양측검정에서의 p값 계산은 {가운데, 꼬리 끝} 가까운 쪽으로 계산을 한 후 $\left\{2,\ \frac{1}{2}\right\}$배한다.

33 정규분포 모집단의 표준편차 σ를 모르는 경우에 모수 μ를 검정하기 위한 검정통계량은 (   )이고, 이 검정통계량은 자유도 (   )인 (   )분포를 한다.

34 비정규분포이고 σ를 모르더라도 표본수가 충분히 크면 (   )정리를 적용하여 모수 μ를 검정하기 위한 검정통계량을 (   )로 쓸 수 있다. 이 검정통계량은 근사적으로 (   )분포를 한다.

35 모집단이 정규분포를 하지 않고 표본수도 적은 경우는 (   )방법 등을 이용한다.

36 분포가 정확히 정규분포가 아니더라도 종모양의 {대칭형, 비대칭형}이라면 표본수가 (   ) 보다 적더라도 중심극한정리를 적용하여 검정을 수행할 수 있다. 하지만 {대칭, 비대칭} 정도가 극도로 심한 경우는 표본수가 (   )보다 훨씬 많아 한다.

37 모비율에 대한 검정은 표본 비율의 분포가 {정규, 비정규}분포를 하므로 표본수가 많으면 (   )정리를 적용할 수 있다. 표본 비율은 표본 {평균, 중앙값, 분산}의 특수한 경우이므로 표본 {평균, 중앙값, 분산}과 같은 절차를 적용할 수 있다.

38 H_0: $p=p_0$이 사실이면 표본 비율의 분포는 근사적으로 평균 (   ), 분산 (   )인 (   )분포를 하게 된다. 이를 표준화한 검정통계량 (   )은 근사적으로 (   )분포를 한다.

39 H_0: $p=p_0$이 사실이면 근사가 되기 위한 조건은 (   )과 (   )이다.

연습문제

1 다음 사항들을 통계적 검정하려고 한다. 단측검정과 양측검정 중 어느 것이 타당한지 판단하여라.

a. 통계학 입문을 가르치고 있는 김교수는 매주 숙제를 내주는 대신, 일주일에 한 번 10분 시험으로 대체하는 것을 새로 시도하였다. "10분 시험"이 우수한지 알아보기 위하여 기말고사 성적 자료를 분석하려고 한다.

b. 100원짜리 동전을 던져 동전 앞면 나오는 확률이 1/2인지 알아보려고 한다.

c. 새로운 당뇨병 약을 개발한 제약 회사가 기존의 약보다 우수하다는 것을 보이려고 한다.

d. 비타민 C가 감기 예방에 좋다는 것을 보이려고 한다.

e. 우리나라의 기후가 아열대성으로 변하여 기온이 올라가고 있는 것을 보이려고 한다.

f. 전구의 평균 수명이 1000시간으로 선전하는 회사의 주장을 검증하려고 한다.

g. 새로 개발된 심장병 수술 기법이 기존의 방법보다 생존율을 높인다는 주장을 검증하려고 한다.

h. 쌀과 밀의 비타민 B1 함량이 같은지 검정하려고 한다.

I. 어느 회사의 남성과 여성 직원의 승진율이 같은지 점검하려고 한다.

j. 특정 지역의 수질 조사를 하여 칼슘 함량을 다른 지역과 비교하려고 한다.

2 우리나라 대학생들은 신문을 읽는 데 하루에 평균 9.5분을 소비한다고 한다. 어떤 대학의 총학생회는 그 대학의 대학생들은 우리나라 대학생들보다 신문을 읽는 데 더 많은 시간을 소비한다고 생각하여, 표본을 임의대로 추출하여 다음과 같은 가설을 설정하였다.

$$H_0: \mu = 9.5$$
$$H_a: \mu > 9.5$$

a. 이 상황에서 제1종 오류는 무엇인가? 이러한 오류가 왜 발생하였는가?

b. 이 상황에서 제2종 오류는 무엇인가? 이러한 오류가 왜 발생하였는가?

3 학생부 성적이나 시험을 보고 대학 입학 여부를 판가름하는 것은 입학한 후 공부를 잘 할 수 있는 학생을 선발하기 위함이다. 공부를 잘하는 학생이지만 입학시험에 어이 없는 실수로 떨어진다면 제1종 오류와 제2종 오류 중 어느 것에 해당한다고 할 수 있는가? 만일 실력은 없지만 운이 좋게 알고 있는 문제가 출제되어 입학이 되었다면 이는 어느 오류에 속한다고 할 수 있는가?

4 선량한 시민을 도둑으로 모는 것과 도둑을 도둑이 아닌 것으로 판단하여 놓아 주는 것을 제1종 오류와 제2종 오류로 분류하여라.

5 칼슘의 과다 섭취가 해가 되는 사람이 우유를 많이 마시는 것과 칼슘이 많이 필요한 사람이 그것을 모르고 있는 것은 각기 어떤 종류의 오류를 범하고 있는 것과 같다고 할 수 있는가?

6 수술이 필요 없는 환자를 수술하는 경우와 수술이 급한 환자를 수술하지 않는 경우는 각기 어떤 종류의 오류에 속한다고 할 수 있는가?

7 철수가 이용하는 지하철은 출근시간에는 1분 30초 간격으로 운행하는 것으로 알려져 있다. 운행간격 1분 30초를 귀무가설, 1분 40초를 대립가설로 세우고, 1분 36초 이 후에 다음 차가 오면 귀무가설을 기각하기로 하였다. 제1종 오류 확률과 제2종 오류 확률을 계산하여라. 운행 시간은 지수분포를 한다고 가정하여라.

8 우리나라 1970년대 약 12.6도이던 연평균 기온이 2000년에 13.6도로 높아졌다고 한다. 철수는 이를 확인하기 위하여 2000년 기상청자료에서 10일간의 기온을 단순확률추출하여 평균이 13도를 넘으면 2000년에 기온이 높아졌다는 것을 믿기로 하였다. 우리나라 일년 동안의 기온 변화에 의한 표준편차는 11.3도라고 하자. 제1종 오류 확률과 제2종 오류 확률을 계산하여라. 자료가 정규분포를 한다고 가정하여라.

9 두 후보가 경쟁하는 어느 지역구에서 당선확정을 빨리 보고 받고 싶은 후보자를 위하여 참모들은 개표가 진행되면서 처음 100개 투표지에서 52표 이상 나오면 '당선'을 보고하기로 하였다.

a. 귀무가설과 대립가설은 무엇인가?
b. 제1종 오류와 제2종 오류의 확률을 구하여라.

10 남아공으로 배낭여행을 떠난 철수는 어느 부족 마을에서 공예품을 사면서 앞면에 새겨진 조각이 매우 튀어 나온 나무로 만든 돈을 거스름으로 받았다. 철수는 앞면의 조각 때문에 앞면으로 떨어질 확률이 0.5보다 적은 0.4가 될 것이라 생각하여 10번을 던져 네 번 이하로 앞면이 나오면 0.4가 맞는 것으로 정하였다. 앞면 확률이 0.5인 것을 귀무가설로 하였다. 제1종 오류 확률과 제2종 오류 확률을 구하여라. 정규분포로의 근사를 사용하지 말고 부록의 이항분포표나 엑셀 등을 이용하여 정확한 확률값을 구하여라.

11 기존의 근육통 완화제는 평균적으로 4.2분의 시간이 걸려 효과가 나타난다. 새로 개발한 근육통 완화제의 효과를 추정하여 평균 3.7분, 표준편차 1.2분의 자료를 얻었다.
a. 새로운 근육통 완화제의 효과를 입증하기 위하여 필요한 가정사항은 무엇인가?
b. 귀무가설과 대립가설을 세워라.
c. 신뢰수준 0.05로 검정하여라.
d. 신뢰수준 0.01로 검정하여라.
e. p값을 구하여라.
f. 새로 개발한 근육통 완화제는 효과가 있는가?

12 350 mL 음료수 캔에 실제 들어 있는 음료의 용량이 작다는 소비자 고발이 있어 46개의 캔을 조사하였다. 평균은 334.1 mL이고 표준편차는 5.4 mL이다.
a. 양측검정으로 p값을 구하여라.
b. 단측검정으로 p값을 구하여라.
c. 두 p값을 비교하여라.
d. 양측과 단측검정 중 어느 것이 타당하며 결론은 무엇인가?

13 다음과 같이 가설이 설정되어 있고, 검정통계량이 각각의 문제와 같다고 할 때, p값을 구하고, 유의수준 $\alpha=0.05$하에서 가설검정하여라.

$$H_0: \mu=5$$
$$H_a: \mu\neq5$$

a. $z=$ 1.80
b. $z=$ $-.45$
c. $z=$ 2.05
d. $z=$ -3.50
e. $z=$ -1.00

14 표본의 수가 100이고, 모집단의 표준편차가 13일 때 다음의 가설을 유의수준 $\alpha=0.05$하에서 검정통계량을 구하고 검정하여라.

$$H_0: \mu=26$$
$$H_a: \mu<26$$

a. $\bar{x}=22.0$

b. $\bar{x}=24.0$

c. $\bar{x}=23.5$

d. $\bar{x}=22.8$

15 16개의 정규분포 표본에서 평균은 11, 표준편차는 3이고, 다음과 같은 가설이 설정되었다.

$$H_0: \mu=10$$
$$H_a: \mu>10$$

a. 유의수준 $\alpha=.02$하에서 기각역은 무엇인가?

b. 검정통계량을 구하고 결론을 내려라.

16 어느 회사의 형광등의 수명은 평균 1000시간 그리고 표준편차가 100으로 알려져 있다. 이 회사의 경영진은 종업원들의 근로의욕 저하로 지금까지 알려져 온 평균수명에 의문을 제기하였다. 이에 따라 64개의 형광등을 무작위로 추출하여 수명검사를 한 결과 평균 975시간으로 나타났다. 이러한 표본정보는 이 회사에서 생산되는 형광등의 평균수명이 1000시간과 다르다는 것을 의미하는가? 유의수준 $\alpha=0.1$하에서 가설검정하여라.

17 6개의 정규분포 표본자료는 18, 20, 16, 19, 17, 18로 나타나 있고, 다음과 같은 가설이 설정되었다.

$$H_0: \mu=20$$
$$H_a: \mu\neq20$$

a. 표본평균을 구하여라.

b. 표본표준편차를 구하여라.

c. 유의수준 $\alpha=0.02$하에서 기각역은 무엇인가?

d. 검정통계량을 구하고 결론을 내려라.

18 다음과 같은 가설이 설정되어 있고, 16개의 정규분포 표본에서 각각의 검정통계량은 다음과 같이 나타나 있다. 각 문제에서 p값의 대략적인 범위를 예측하여라.

$$H_0: \mu=50$$
$$H_a: \mu>50$$

a. $t=2.602$

b. $t=1.341$

c. $t=1.960$

d. $t=1.055$

e. $t=3.261$

19 우리나라 농가에서 2004년 가구당 평균 소득이 654만 원이라는 발표가 있었다. 어느 마을에서 가구당 평균 소득이 전국의 평균 소득과 차이가 있는지를 알아보기 위하여, 10가구를 추출하여

조사한 결과 표본평균이 620만 원, 표본표준편차는 120만 원을 얻었다. 이 마을의 평균 소득이 전국의 평균 소득과 다른지를 유의수준 $\alpha=0.05$하에서 가설검정하여라. 이 문제를 풀기 위하여 추가로 필요한 가정사항이 무엇인지도 말하여라.

약물IQ.dat
약물IQ.xlsx

20 어느 지역 청소년이 평균 IQ가 110이라고 알려져 있다. 이 지역에서 약물 복용으로 체포된 청소년의 IQ가 평균 IQ보다 떨어지는지를 알아보기 위하여, 15명의 약물 복용 청소년에 대한 IQ 검사를 한 결과가 다음과 같다.

125	105	117	109	118	104	98	111
107	108	135	94	90	100	99	

약물 복용자의 평균 IQ는 이 지역의 IQ보다 떨어지는지를 유의수준 $\alpha=0.05$하에서 가설검정하여라. 이 문제를 풀기 위하여 추가로 필요한 가정사항이 무엇인지도 말하여라.

21 평균 수명 1000시간이라 선전하는 전구 20개의 수명을 직접 관찰하였다. 평균은 1216시간에 표준편차는 495시간이었다.

a. 이 문제를 풀기 위해서 필요한 가정사항들은 무엇인가?

b. 수명 1000시간의 주장은 뒷받침되는가? 유의수준 5%로 검정하여라.

c. p값을 구하여라.

22 30분 안에 피자를 배달해 준다고 선전하는 피자 체인점의 자료를 모았다. 20번 피자를 시켜 평균 25.4분, 표준편차 3.6분의 자료를 얻었다고 하자.

a. 이 문제를 풀기 위하여 필요한 추가 가정사항들은 무엇인가?

b. 자료를 이용하여 30분 이내 배달의 주장이 자료에 의해 뒷받침되는지 설명하여라.

23 40개의 표본에서 평균은 16.5 그리고 표준편차는 7이고, 다음과 같은 가설이 설정되어 있다.

$$H_0: \mu=15$$
$$H_a: \mu>15$$

a. 유의수준 $\alpha=0.05$하에서 임곗값과 기각역은 무엇인가?

b. 검정통계량을 구하여라.

c. p값을 구하여라.

d. 유의수준 $\alpha=0.05$하에서 검정하여라.

24 중고차 협회에 의하면 우리나라 평균 중고차 가격은 930만 원이라고 한다. 서울의 한 중고차 시장에서 100대를 추출한 결과 평균이 1019만 원, 표준편차가 350만 원이라고 할 때, 다음의 가설을 유의수준 $\alpha=0.05$하에서 검정하여라.

$$H_0: \mu=930$$
$$H_a: \mu<930$$

a. 임곗값과 기각역은 무엇인가?

b. 검정통계량을 구하여라.

c. 가설검정의 결과는 무엇인가?

25 우리나라 한 가정의 월 평균 소비액은 166만 원으로 나타났다. 서울에서 40개의 가정을 표본추출한 후 월 평균 소비액은 181만 원, 표준편차는 33만 원으로 조사되었다.

a. 서울의 한 가정의 월 평균 소비액이 우리나라 한 가정의 월 평균 소비액보다 많은지 검정하기 위하여 귀무가설과 대립가설을 설정하여라.

b. 검정통계량을 구하여라.

c. p값을 구하여라.

d. 유의수준 $\alpha=0.01$하에서 검정하여라.

26 50개의 표본에서 평균은 14.2, 표준편차는 5이고, 다음과 같은 가설이 설정되었다.

$$H_0: \mu=15$$
$$H_a: \mu\neq 15$$

a. 유의수준 $\alpha=0.02$하에서 기각역은 무엇인가?

b. p값을 구하여라.

c. 가설검정의 결과는 무엇인가?

27 다음과 같이 가설이 설정되어 있고, 표준편차는 10, 표본의 크기는 80이라고 할 때, 유의수준 $\alpha=0.05$하에서 각각의 문제에서 검정통계량을 구하고 가설검정하여라.

$$H_0: \mu=25$$
$$H_a: \mu\neq 25$$

a. $\bar{x}=22.0$

b. $\bar{x}=27.0$

c. $\bar{x}=23.5$

d. $\bar{x}=28.0$

28 포장기계가 과자 봉지에 400 g의 과자를 넣도록 설계되어 있는데, 과자의 양이 적어졌다고 불평하는 소비자들이 많아 표본조사를 통해 소비자들의 불평이 근거가 있는지를 검정하여 보고자 한다.

a. 회사 관점에서의 가설을 세우고 가설을 설정한 이유를 기술하여라.

b. 표본의 크기는 36이고, 표본평균이 390, 표본의 표준편차는 30으로 계산되었다. 유의수준이 몇 % 이상일 때, 소비자들의 불평이 근거가 없다고 판단되겠는가? 사용하려는 검정통계량은 어떠한 근거로 선택하였는지 밝혀라.

29 흥부는 올해 오리를 논에 풀어 농사를 지었다. 단순확률추출한 2 m×2 m의 논 10군데를 선정하여 병충해 피해율을 조사하여 평균 8.4%의 자료를 얻었다. 오리 농법을 도입하기 전에는 18.9%의 병충해 피해를 입고 있었다.

a. 오리 농법이 우수한지 유의수준 5%로 검정하여라.

b. p값을 구하여라.

c. (a)와 (b)에서 기본 가정과 결과에 문제는 없는가?

d. 흥부가 얻은 자료가 50군데에서 얻은 것이었다면 (a)의 결과는 달라지는가?

30 숙제를 내주는 대신 일주일에 한 번 '10분 시험'을 보는 윤교수는 통계학 입문을 수강한 학생들의 기말성적 자료를 분석하였다. 60명의 성적은 평균 72.3, 표준편차 14.6이었다. 과거 학생들의 기말성적은 평균이 71.4이다. 기말 시험의 난이도는 매번 일정하다고 가정하여라. '10분 시험'으로 수업을 수강한 학생들의 성적이 과거와 다른지 검정하여라.

a. p값을 구하여라.

b. 결론은 무엇인가?

31 초등학교 남학생 72명의 몸무게를 조사하여 평균 48.2 kg, 표준편차 3.8 kg의 자료를 얻었다. 과거 10년 전의 전국 규모의 조사에서는 평균 46.9 kg, 표준편차 3.6 kg이었다. 현재의 초등학교 남학생의 몸무게가 과거 10년 전에 비하여 늘었는지 검정하여라.

a. 과거 전국 규모 조사에서의 표준편차를 모집단표준편차로 사용하는 것이 타당한가?

b. p값을 구하고 결론을 도출하여라.

32 표본비율이 $\bar{p}=0.57$, 표본의 크기는 200으로 알려져 있고, 가설은 다음과 같이 가설이 설정되어 있다.

$$H_0: p=50$$
$$H_a: p>50$$

a. 유의수준 $\alpha=0.05$하에서 기각역은 무엇인가?

b. 검정통계량값을 구하고 결론을 내려라.

33 표본비율이 $\bar{p}=0.175$로, 표본의 크기는 400으로 알려져 있고, 다음과 같이 가설이 설정되어 있다.

$$H_0: p=0.2$$
$$H_a: p\neq 0.2$$

a. 유의수준 $\alpha=0.05$하에서 기각역은 무엇인가?

b. 검정통계량을 구하고 결론을 내려라.

34 다음과 같이 가설이 설정되어 있고, 300개의 표본이 선정되었다. 각각의 문제를 유의수준 $\alpha=0.05$하에서 검정통계량과 p값을 구하고 결론을 내려라.

$$H_0: p=0.75$$
$$H_a: p<0.75$$

a. $\bar{p}=.68$

b. $\bar{p}=.72$

c. $\bar{p}=.70$

d. $\bar{p}=.77$

35 어느 공장에서 생산된 제품 중에서 100개를 확률추출하여 조사한 바 불량품이 3개였다. 이 공장에서 제조된 제품은 불량률이 2%라고 할 수 있는가? 유의수준 $\alpha=0.05$하에서 검정하여라. 검정하는 과정에 문제점은 없는가?

36 지난 달 어느 TV방송국의 저녁 시간의 시청률이 38%로서 상당히 높은 것으로 나타났다. 이 시청률이 이 달에도 변함이 없는지 알아보기 위해 200세대를 전화번호부에서 랜덤하게 뽑아 조사한 결과, 그중 64세대가 이 방송국의 뉴스를 시청하고 있는 것으로 나타났다. 시청률이 변동되었다는 근거가 있는가? 유의수준 $\alpha=0.05$하에서 검정하여라.

37 근대 통계학의 선구자인 Karl Pearson은 4040번 동전을 던져 2048번 앞면이 나왔다. 이 동전의 앞면 나올 확률은 $\frac{1}{2}$인지 알고 싶다(8장 연습문제 33번 참조).

a. 유의수준 0.05로 임곗값을 구하여라.

b. p값을 구하여라.

c. 동전의 앞면이 나올 확률은 $\frac{1}{2}$인가?

38 Conte de Buffon이라는 프랑스인은 24,000번 동전을 던져 12,012번 앞면이 나왔다. 이 동전의 앞면 나올 확률은 $\frac{1}{2}$인지 알고 싶다(8장 연습문제 34번 참조).

a. 유의수준 0.05로 임곗값을 구하여라.

b. p값을 구하여라.

c. 동전의 앞면이 나올 확률은 $\frac{1}{2}$인가?

39 수학자 John Kerrich는 2차세계대전 중 독일 지배하의 덴마크 포로수용소에서 동전 던지는 실험을 하였다(7장 읽기자료 참조). 10,000번을 던져 5067번 앞면을 기록하는데, Kerrich가 던진 동전의 앞면 나오는 확률이 1/2인지 검정하여라(8장 연습문제 35번 참조).

40 기상 예보에서 예보관의 주관적 비 올 확률을 발표하지만 방송 매체에서는 '비가 온다' '비가 오지 않는다'로 발표한다. 예보관이 생각하는 비 올 확률이 0.3 이하면 비 예보를 하지 않고, 0.4 이상이면 비가 온다고 예보한다. 비 올 확률을 소수 첫째 자리까지만 발표하므로 주관적 비 올 확률이 0.35 이상일 때 비 예보를 하는 것이 된다. 그러므로 비가 온다고 예보된 날의 65%가 실제로 비가 와야 예보관의 생각이 맞는 것이다. 철수는 비가 온다고 예보된 날 70일을 조사하였더니 31일 실제 비가 왔었다. 철수의 자료에 의하여 0.05 유의수준으로 예보관이 예보를 잘 하고 있는지 검정하여라.

41 어느 통계학과의 여학생 비율은 정원 60명 중 특정연도에 28명이었다. 이 학과의 여학생 비율이 1/2인지 유의수준 0.05로 검정하여라.

42 2006년 통계청 조사에 의하면 우리나라 30대 연령대 중 16.2%가 장남 또는 맏며느리가 노부모를 부양해야 한다고 대답하였다. 노부모 부양에 대한 문항은 '스스로 해결', '장남 또는 맏며느리', '아들 또는 며느리', '딸 또는 사위', '모든 자녀', '자식 중 능력 있는 자', '가족과 정부 사회', '정부 사회', '기타'이다. 20대 연령대 100명에게 조사한 결과는 12.9%이었다. 20대의 생각이 30대의 생각과 같은지 검정하여라.

a. 95% 신뢰수준으로 검정하여라.

b. p값을 구하고 20대와 30대의 생각이 같은지 판단하여라.

43 어느 도시의 시장은 4년 전 56%의 지지율로 당선이 되었다. 임기가 끝나는 즈음 다시 시장에 도전하려고 한다. 여론 조사를 하였는데 300명의 유권자를 단순확률추출하여 의견을 물으니 158명이 지지한다고 하였다.

a. 재선의 가능성은 어느 정도인가?

b. 4년 전에 비하여 지지율이 내려 갔다고 할 수 있는가?

44 벼멸구는 벼농사에 피해를 주는 해충이다. 벼멸구 피해가 5%를 넘으면 살충제를 뿌려야 한다. 하지만 농촌 지도소에서는 살충제로 인한 자연 환경 오염과 사람과 가축 등에 대한 부작용 등을 염려하여 되도록이면 살충제 사용을 억제하려고 한다. 400군데를 조사하였더니 31군데에서 벼멸구가 발견되었다. 유의수준은 0.01이다.

a. 농촌 지도소 입장에서 가설을 세우고 검정하여라.

b. 농부의 입장에서 가설을 세우고 검정하여라.

c. 농촌 지도소 입장과 농부의 입장에서 각각 p값을 구하고 비교하여라.

10 두 모집단 추론

Andrey Andreyevich Markov(1856 ~ 1922)

러시아 수학자. 확률과정론의 기초가 되는 Markov chain 발표. 최근에는 이것에 기초한 Markov chain Monte Carlo 기법이 널리 응용되고 있음. 회귀분석에서 최소제곱법의 타당성을 제공하는 Gauss-Markov 정리를 발견.

남학생과 여학생의 한 달 평균 용돈의 차이, 40 ~ 50대와 20 ~ 30대의 어느 특정 대통령 후보에 대한 지지율의 차이 등과 같이, 자료를 통하여 두 모집단에 대한 비교 분석을 위하여 정보를 얻으려는 경우가 많다. 두 집단을 비교할 때 여러 가지 측면을 고려할 수 있는데, 평균과 비율의 차이를 알아보는 것이 가장 대표적인 것이다.

국가에서는 국민의 삶의 질을 고루 향상시키기 위하여 다양한 정책들을 내놓는다. 이러한 정책들은 현재 계층, 지역 간 삶의 질의 차이에 대한 관찰에서 시작될 것이다. 만일 도시지역과 농촌지역의 소득에 차이가 있는지 알아보고자 한다면, 평균의 비교가 가장 쉽게 떠오르는 방법일 것이다. 도시지역을 모집단 1, 농촌지역을 모집단 2라 하고, 각 모집단의 평균을 μ_1과 μ_2라고 한다면, '$\mu_1=\mu_2$'라고 할 수 있는가 없는가를 판단하면 된다. 물론 도시지역과 농촌지역 전체를 조사하여 모평균을 구하면 정확한 정보를 얻을 수 있겠지만, 인구와 상황은 끊임없이 변하며 시간과 비용이 한정되어 있으므로, 표본을 추출하여 표본으로부터 얻은 정보를 통해 소득의 차이가 있는가를 조사할 것이다.

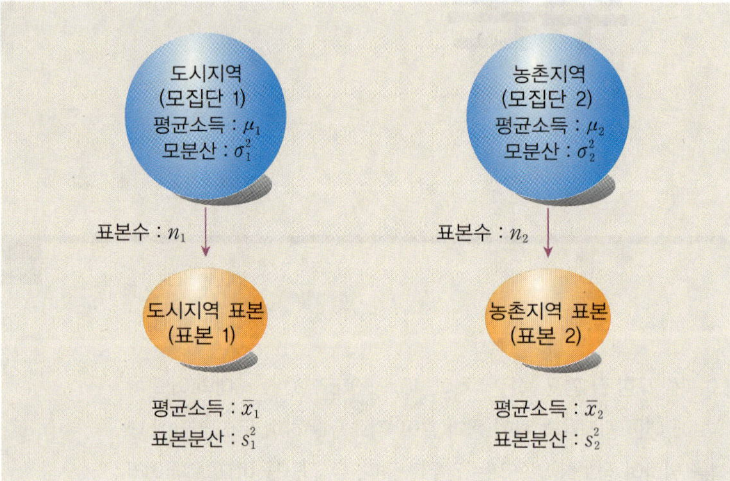

그림 10.1
두 모집단의 비교

즉, 위의 그림과 각 모집단에서 n_1, n_2명으로 이루어진 표본을 독립적으로 추출한다. 여기서 독립적으로 추출한다는 것은 도시와 농촌의 표본추출 과정이 별개로 이루어진 것을 뜻한다.

농촌과 도시의 소득이 다른지 알아보기 위하여 평균소득에 대한 추정 또는 검정을 한다고 할 때, 그림 10.2와 같이 가설을 세우고 각각 농촌과 도시의 소득 분포를 비교한다고 하면 두 분포를 동시에 고려하면서 추정 또는 검정을 해야 한다. 그러나 표 10.1과 같이 평균 차이가 0인지 또는 0보다 큰지의 문제로 바꾸면 마치 하나의 분포를 다루는 문제로 변하게 된다.

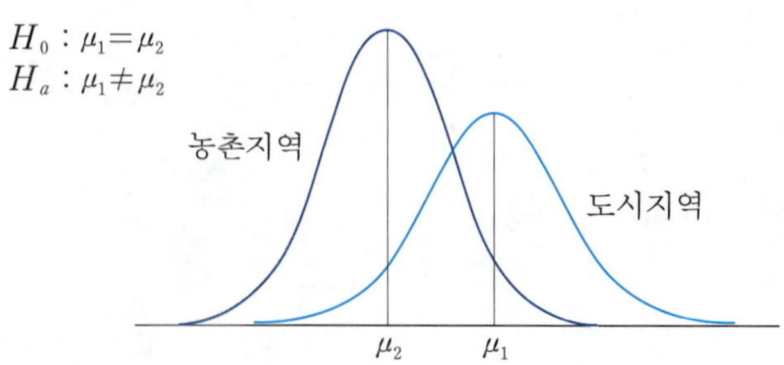

그림 10.2
농촌과 도시의 평균소득의 비교

표 10.1 두 모집단의 평균에 대한 가설의 변화

$H_0: \mu_1=\mu_2$ $H_a: \mu_1\neq\mu_2$	OR	$H_0: \mu_1-\mu_2=0$ $H_a: \mu_1-\mu_2\neq 0$	양측검정
$H_0: \mu_1\leq\mu_2$ $H_a: \mu_1>\mu_2$	OR	$H_0: \mu_1-\mu_2\leq 0$ $H_a: \mu_1-\mu_2>0$	위 꼬리검정
$H_0: \mu_1\geq\mu_2$ $H_a: \mu_1<\mu_2$	OR	$H_0: \mu_1-\mu_2\geq 0$ $H_a: \mu_1-\mu_2<0$	아래 꼬리검정

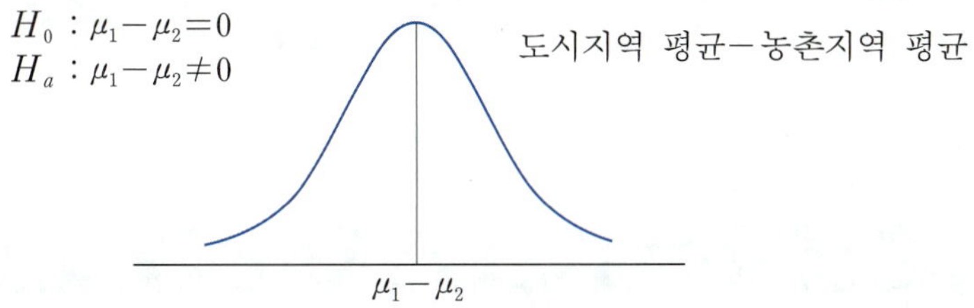

그림 10.3
농촌과 도시의 소득 차이가 없는지 검정

key Idea: 두 모집단을 비교하려면 각 모집단별 분포를 따로 다루어야 하지만, 두 모수의 차이에 대한 분포는 하나이므로 하나의 분포로 바뀌게 된다. 두 모수의 비율에 대한 분포도 하나이므로 이것 또한 key Idea이며, 11장 분산에 대한 추론에서 이용하게 된다.

각 표본으로부터 표본평균 $\bar{x}_1$, $\bar{x}_2$를 얻을 수 있고, 이것은 두 모평균의 추정값으로서 우리가 알고자 하는 $\mu_1-\mu_2$의 추정값은 $\bar{x}_1-\bar{x}_2$이다. 따라서 $\mu_1-\mu_2$의 추론을 위해 $\bar{X}_1-\bar{X}_2$의 분포를 알아보자.

10.1 $\bar{X}_1-\bar{X}_2$의 표집분포

도시지역과 농촌지역의 평균 소득을 비교함에 있어서는 몇 가지 가정이 필요하다. 지역적인 근접성과 같은 요소들이 있지만, 이러한 요소들을 무시하여야 한다. 즉, 두 모집단에서 서로 독립적으로 자료를 뽑는다. 또한 집단 내 각 표본들은 무작위 추출에 의해 뽑아야 하며, 두 모집단은 기본적으로 정규분포를 따르는 정규모집단임을 가정한다.

a. 두 모집단에서 서로 독립적으로 자료를 뽑는다.
b. 각 모집단 내에서 표본은 확률 추출을 한다.
c. 각 모집단은 정규분포를 따른다.
c′. 표본수가 많으면 정규분포 가정을 무시할 수 있다.(중심극한정리)

$\bar{X}_1-\bar{X}_2$의 기댓값과 분산은 다음과 같다.

$\overline{X}_1-\overline{X}_2$의 기댓값

$$E(\overline{X}_1-\overline{X}_2)=\mu_1-\mu_2$$

$\overline{X}_1-\overline{X}_2$의 분산

두 표본이 독립이면 $\text{Cov}(\overline{X}, \overline{X}_2)=0$

$$\begin{aligned}Var(\overline{X}_1-\overline{X}_2)&=Var(\overline{X}_1)+Var(\overline{X}_2)-2Cov(\overline{X}_1, \overline{X}_2)\\&=Var(\overline{X}_1)+Var(\overline{X}_2)\\&=\frac{\sigma_1^2}{n_1}+\frac{\sigma_2^2}{n_2}\end{aligned}$$

$\overline{X}_1-\overline{X}_2$의 표준편차

$$\sigma_{\overline{X}_1-\overline{X}_2}=\sqrt{\frac{\sigma_1^2}{n_1}+\frac{\sigma_2^2}{n_2}}$$

$\overline{X}_1-\overline{X}_2$의 분포

$$\overline{X}_1-\overline{X}_2\sim N\left(\mu_1-\mu_2,\ \frac{\sigma_1^2}{n_1}+\frac{\sigma_2^2}{n_2}\right)$$

10.2 두 모평균의 차이에 대한 추론: σ_1^2, σ_2^2를 아는 경우

모평균 차이 추론

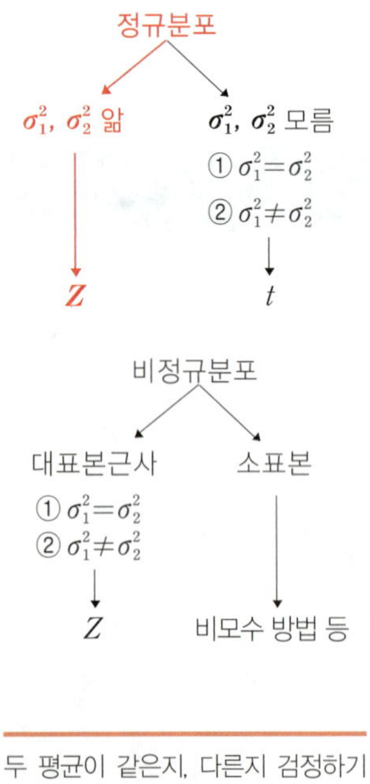

$\overline{X}_1-\overline{X}_2$를 표준화시킨 Z는 표준정규분포를 한다.

$$Z=\frac{(\overline{X}_1-\overline{X}_2)-(\mu_1-\mu_2)}{\sqrt{\frac{\sigma_1^2}{n_1}+\frac{\sigma_2^2}{n_2}}}\sim N(0, 1) \tag{10.1}$$

Z는 그 자체로 검정통계량이 되며, 표준정규분포를 따르므로 이를 이용하여 신뢰구간을 구할 수 있다.

신뢰수준 $(1-\alpha)\times 100\%$에서의 모평균 차이의 신뢰구간

$$\left(\bar{x}_1-\bar{x}_2-z_{\alpha/2}\sqrt{\frac{\sigma_1^2}{n_1}+\frac{\sigma_2^2}{n_2}},\ \bar{x}_1-\bar{x}_2+z_{\alpha/2}\sqrt{\frac{\sigma_1^2}{n_1}+\frac{\sigma_2^2}{n_2}}\right) \tag{10.2}$$

두 평균이 같은지, 다른지 검정하기 위하여 평균의 차이가 0인지 아닌지의 문제로 바꿈.

도시지역 거주자의 평균소득과 농촌지역 거주자의 평균소득의 차이를 검정하기 위해 식 10.1의 검정통계량 Z를 이용한다. Z가 표준정규분포를 따른다는 점에 착안하여 유의수준을 정하여 검정을 실시한다. 이때 귀무가설은 $H_0: \mu_1-\mu_2=0$이 되며, 대립가설에 따라 기각역이 달라진다.

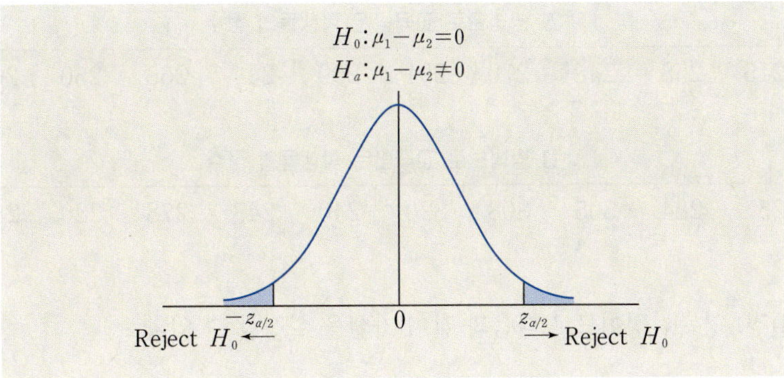

그림 10.4
양측검정

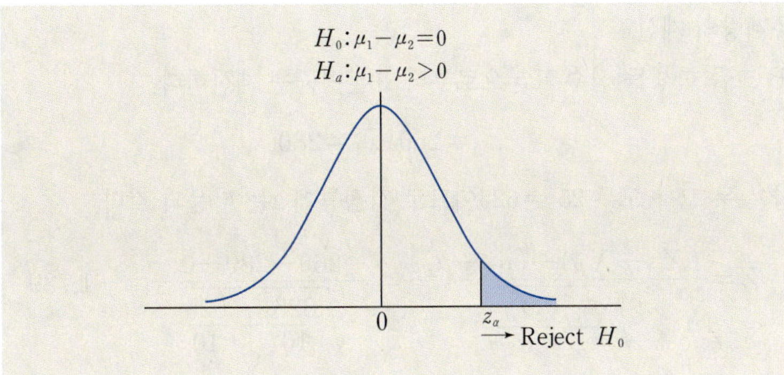

그림 10.5
우측검정

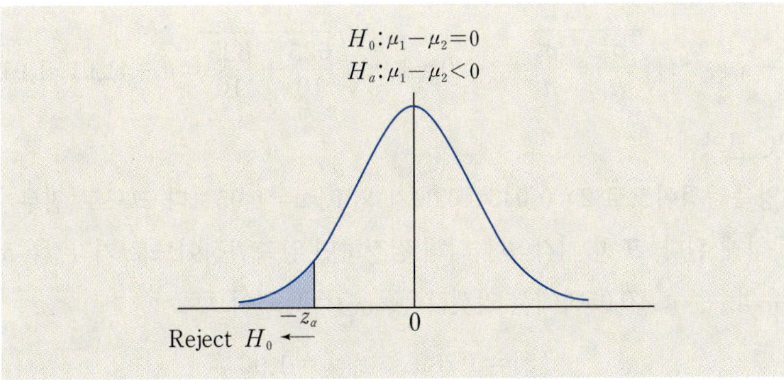

그림 10.6
좌측검정

위 그림을 정리하면 다음과 같이 나타낼 수 있다.

대립가설	기각	
$H_a: \mu_1 - \mu_2 \neq 0$	$\|z\| > z_{\alpha/2}$	p값 $< \alpha$
$H_a: \mu_1 - \mu_2 > 0$	$z > z_\alpha$	
$H_a: \mu_1 - \mu_2 < 0$	$z < -z_\alpha$	

예제 10.1

교육방식.dat
교육방식.xlsx

어느 학교에서 학생들을 두 가지 교육방식 (A, B)에 의해 교육을 한 뒤, 각 그룹에서 무작위로 10명씩의 시험성적 표본을 얻었다. 학생들의 시험성적은 정규분포이며, 분산이 25^2으로 알려져 있다고 할 때, 두 교육방식에 의한 성적 차이에 대한 95% 신뢰구간을 구하고, 두 집단 간 성적에 차이가 있는지를 양측검정하려 한다.

A 방법으로 교육받은 학생들의 점수									
215	258	248	270	291	299	244	265	250	260

B 방법으로 교육받은 학생들의 점수									
257	284	305	308	320	240	248	278	280	280

풀이

① 가설설정: 양측검정이므로 다음과 같이 가설을 설정할 수 있다.

$$H_0 : \mu_A - \mu_B = 0 \quad vs. \quad H_a : \mu_A - \mu_B \neq 0$$

② 검정통계량의 계산

A와 B 그룹 학생들 점수 표본으로부터 표본평균을 계산한다.

$$\bar{x}_A = 260,\ \bar{x}_B = 280$$

② 모분산은 두 그룹 모두 $25^2 = 625$이므로 검정통계 z는 다음과 같다.

$$Z = \frac{(\bar{X}_A - \bar{X}_B) - (\mu_A - \mu_B)}{\sqrt{\frac{\sigma_A^2}{n_A} + \frac{\sigma_B^2}{n_B}}} = \frac{260 - 280 - 0}{\sqrt{\frac{625}{10} + \frac{625}{10}}} = -1.789$$

신뢰구간이 0을 포함하고 있음에 주목하라. 이는 귀무가설을 기각하지 못하는 검정의 결과와 일맥상통한다.

③ 신뢰구간의 계산

$$\bar{x}_1 - \bar{x}_2 \pm z_{\alpha/2}\sqrt{\frac{\sigma_1^2}{n_1} + \frac{\sigma_2^2}{n_2}} = -20 \pm 1.96\sqrt{\frac{625}{10} + \frac{625}{10}} = (-41.91,\ 1.91)$$

④ 검정 및 결과해석

p값은 양측검정이므로 $2 \times 0.045 = 0.09$가 되고, $\alpha = 0.05$보다 크므로 귀무가설을 기각하지 못하게 된다. 또한 기각역에 의해 검정하면 양측검정이므로 기각값은 $z_{\alpha/2}$를 사용한다. 유의수준 $\alpha = 0.05$하에서 임곗값은 $z_{0.025} = 1.96$이므로

$$|z| = 1.789 < z_{0.025} = 1.96$$

따라서 귀무가설을 기각하지 못한다. 즉, A와 B 교육방법에 의한 학생들 성적은 차이가 있다고 할 수 없다.

10.3 두 모평균의 차이에 대한 추론: σ_1^2, σ_2^2를 모르는 경우

앞 절의 경우는 모분산 σ_1^2, σ_2^2를 알고 있는 경우의 예이다. 그렇다면 모분산을 모르는 경우에는 어떻게 해야 할까? 두 집단의 모분산을 모르는 경우 표본에서 추정한 표본분산을 이용하여 모평균 차에 대한 추론을 할 수 있다. 단, 이 경우는 두 집단의 모분산이 서로 동일한가 아닌가에 따라 그 추론 과정이 다르다. 각기 모집단의 분산을 모르는 상황에서 두 가지 가정을 할 수 있다. 두 분산이 같다와 다르다의 두 가지 가정을 하게 된다. 같은지 다른지의

가정에 따라 분산의 추정이 달라진다. 같으면 양쪽의 정보를 같이 이용하고, 다르면 각기 따로 정보를 이용하여야 한다.

두 모분산이 같다고 가정할 때 : $\sigma_1^2=\sigma_2^2=\sigma$ (등분산 가정)

만약 두 집단의 모분산을 알지는 못하지만 서로 같은 분산을 갖고 있다는 정보를 알고 있다면, 또는 같다고 가정한다면 $\sigma_1^2=\sigma_2^2=\sigma^2$(**등분산, equal variance, equivariance**)을 이용하여 좀 더 정확한 추론을 할 수 있을 것이다. 표본으로부터 얻은 두 집단 모분산의 추정량인 표본분산이 각각 S_1^2, S_2^2라고 하면, 공통 모분산 σ^2의 추정량 S_p^2은 S_1^2, S_2^2의 자유도인 n_1-1과 n_2-1의 가중평균의 형태로서

$$\frac{(n_1-1)}{(n_1-1)+(n_2-1)}S_1^2+\frac{(n_2-1)}{(n_1-1)+(n_2-1)}S_2^2=\frac{(n_1-1)S_1^2+(n_2-1)S_2^2}{(n_1+n_2-2)}$$

가 되며 이렇게 계산된 표본분산을 **합동표본분산(pooled sample variance)**이라고 한다. 이때의 자유도는 n_1+n_2-2이다.

$$S_p^2=\frac{(n_1-1)S_1^2+(n_2-1)S_2^2}{n_1+n_2-2},\quad df=n_1+n_2-2 \tag{10.3}$$

이제 합동표본분산을 이용하여 $\overline{X}_1-\overline{X}_2$의 분산을 추정하면,

$$\begin{aligned}Var(\overline{X}_1-\overline{X}_2)&=\frac{\hat{\sigma}_1^2}{n_1}+\frac{\hat{\sigma}_2^2}{n_2}=\frac{\hat{\sigma}^2}{n_1}+\frac{\hat{\sigma}^2}{n_2}\\&=\hat{\sigma}^2\left(\frac{1}{n_1}+\frac{1}{n_2}\right)=S_p^2\left(\frac{1}{n_1}+\frac{1}{n_2}\right)\end{aligned}$$

평균은 빼기이지만 분산은 각각의 분산을 더한다. 독립가정으로 공분산은 0이 되어 없어진다.

을 얻을 수 있다.

모집단의 분포가 독립이고 등분산 정규분포를 하는 경우 $\overline{X}_1-\overline{X}_2$를 표준화한 검정통계량인 $\dfrac{(\overline{X}_1-\overline{X}_2)-(\mu_1-\mu_2)}{\sqrt{S_p^2\left(\frac{1}{n_1}+\frac{1}{n_2}\right)}}$는 자유도가 n_1+n_2-2인 t분포를 따르게 된다. 따라서 이러한 확률분포를 이용하여 신뢰구간과 가설검정을 할 수 있다.

정규분포인 경우 : $\sigma_1^2=\sigma_2^2=\sigma^2$

검정통계량 :

$$t=\frac{(\overline{X}_1-\overline{X}_2)-(\mu_1-\mu_2)}{\sqrt{S_p^2\left(\frac{1}{n_1}+\frac{1}{n_2}\right)}}\sim t_{n_1+n_2-2}$$

$\mu_1-\mu_2$의 $100(1-\alpha)\%$ 신뢰구간:

$$\bar{x}_1-\bar{x}_2\pm t_{n_1+n_2-2,\,\alpha/2}\sqrt{s_p^2\left(\frac{1}{n_1}+\frac{1}{n_2}\right)}$$

기각역 :

대립가설	기각	
$H_a: \mu_1-\mu_2 \neq 0$	$\lvert t\rvert > t_{\alpha/2}$	
$H_a: \mu_1-\mu_2 > 0$	$t > t_\alpha$	p값$<\alpha$
$H_a: \mu_1-\mu_2 < 0$	$t < -t_\alpha$	

예제 10.2

초등생.dat
초등생.xlsx

초등학교 1학년 남자와 여자의 혈압에 차이가 있는지 확인하기 위해 남자아이 16명과 여자아이 9명에 대해 혈압을 측정한 결과가 각각 다음과 같다. 이 자료를 통해서 초등학교 1학년 남자의 평균 혈압과 여자의 평균 혈압에 차이가 있는가 검정하고, 평균 차의 95% 신뢰구간을 구하여라. 단 남녀 아이의 혈압은 각기 정규분포를 하며 분산은 같다고 가정한다.

남자(X) : 114 96 80 102 94 94 98 92 94 100 108 110 90 90 82 106

여자(Y) : 108 98 88 86 100 98 104 102 94

풀이

$\bar{x}=96.875 \qquad s_x^2=90.65$

$\bar{y}=97.5556 \qquad s_y^2=51.7778$

$$s_p^2=\frac{(n_1-1)s_1^2+(n_2^2-1)s_2^2}{n_1+n_2-2}=\frac{15\times 90.65+8\times 51.7778}{23}=77.1292$$

① 가설 설정 : $H_0: \mu_x-\mu_y=0$ vs $H_a: \mu_x-\mu_y\neq 0$

② 검정통계 계산 : $t=\dfrac{(96.875-97.5556)}{\sqrt{77.1292\left(\dfrac{1}{16}+\dfrac{1}{9}\right)}}=-0.18598$

③ 기각역 설정 : $\lvert t\rvert > t_{23,\ 0.025}=2.069$

④ 결과해석 : 귀무가설을 기각할 수 없다. 즉, 남녀간의 혈압 평균에는 차이가 없다.

⑤ 신뢰구간의 계산: $\bar{x}-\bar{y}\pm t_{(n_1+n_2-2),\ \alpha/2}\sqrt{s_p^2\left(\dfrac{1}{n_1}+\dfrac{1}{n_2}\right)}$

$$=-0.6806\pm 2.069\sqrt{77.1292\left(\frac{1}{16}+\frac{1}{9}\right)}$$

$$=(-8.25,\ 6.89)$$

신뢰구간이 0을 포함하므로 ④의 해석으로 귀결.

만일 모집단의 분포가 정규분포가 아닌 다른 분포를 하는 경우에는 모집단의 분포에 따라 이 검정통계량의 표집분포를 구해야 하지만, 일반적으로 이 표집분포를 구하기가 쉽지는 않다. 하지만 만일 표본의 수가 많다면($n_1\geq 30$이고 $n_2\geq 30$) 모집단의 분포에 관계없이 독립 가정하에서 이 검정통계량은 중심극한정리에 따라 근사적으로 표준정규분포를 따르게 되고, 이를 이용하여 신뢰구간과 가설검정을 할 수 있다. 이렇게 표본수가 큰 경우에는 근사적인 정규분포를 이용하더라도 실제 표집분포를 이용하였을 때와 큰 차이가 나지 않는다.

대표본의 경우 ($n_1 \geq 30$이고 $n_2 \geq 30$): $\sigma_1^2 = \sigma_2^2 = \sigma^2$

검정통계량 :

$$Z = \frac{(\bar{X}_1 - \bar{X}_2) - (\mu_1 - \mu_2)}{\sqrt{S_p^2\left(\frac{1}{n_1} + \frac{1}{n_2}\right)}} \;\dot{\sim}\; N(0,\, 1)$$

$\mu_1 - \mu_2$의 $100(1-\alpha)\%$ 신뢰구간:

$$\bar{x}_1 - \bar{x}_2 \pm z_{\alpha/2}\sqrt{s_p^2\left(\frac{1}{n_1} + \frac{1}{n_2}\right)}$$

기각역 :

대립가설	기각	
$H_a: \mu_1 - \mu_2 \neq 0$	$\lvert z \rvert > z_{\alpha/2}$	p값$< \alpha$
$H_a: \mu_1 - \mu_2 > 0$	$z > z_\alpha$	
$H_a: \mu_1 - \mu_2 < 0$	$z < -z_\alpha$	

정규분포이면서 대표본인 경우는 앞의 t검정통계량을 사용하여도 좋고, 근사적으로 Z통계량을 사용할 수 있다. t분포는 자유도가 커지면서 표준정규분포로 근사하며, 이러한 이유로 t분포표가 자유도가 30보다 큰 경우는 자세히 나와 있지 않다.

두 모분산이 다르다고 가정할 때 : $\sigma_1^2 \neq \sigma_2^2$ (이분산 가정)

두 집단의 모분산이 같은 경우는 공통분산을 추정하여 모평균 차에 대한 추론을 하였으나, 다른 경우는 통계량 구하기가 더 간단하다. 두 모집단의 독립성에 의해서

$$Var(\bar{X}_1 - \bar{X}_2) = \frac{\sigma_1^2}{n_1} + \frac{\sigma_2^2}{n_2}$$

으로 표현되며, 이를 추정하기 위해서는 각 모분산 σ_1^2, σ_2^2의 추정량인 S_1^2, S_2^2를 그대로 사용한다. 따라서 검정통계량은 다음과 같다.

$$\frac{(\bar{X}_1 - \bar{X}_2) - (\mu_1 - \mu_2)}{\sqrt{\frac{S_1^2}{n_1} + \frac{S_2^2}{n_2}}}$$

모집단이 정규분포일 때에는 검정통계량의 표집분포와 큰 차이를 보이지 않는 분포를 이용할 수 있는데, 이 경우는 다음과 같은 다소 복잡한 계산식에 의해 근사 자유도를 얻을 수 있다.

$$v = \frac{(s_1^2/n_1 + s_2^2/n_2)^2}{\frac{(s_1^2/n_1)^2}{n_1 - 1} + \frac{(s_2^2/n_2)^2}{n_2 - 1}}$$

자유도의 소수점 이하는 버리고 정수부분만 사용한다.

정규분포인 경우 : $\sigma_1^2 \neq \sigma_2^2$

검정통계량 :

$$t=\frac{(\overline{X}_1-\overline{X}_2)-(\mu_1-\mu_2)}{\sqrt{\frac{S_1^2}{n_1}+\frac{S_2^2}{n_2}}} \sim t_v,\quad v=\frac{(s_1^2/n_1+s_2^2/n_2)^2}{\frac{(s_1^2/n_1)^2}{n_1-1}+\frac{(s_2^2/n_2)^2}{n_2-1}}$$

$\mu_1-\mu_2$의 $100(1-\alpha)\%$ 신뢰구간:

$$\bar{x}_1-\bar{x}_2\pm t_{v,\,\alpha/2}\sqrt{\frac{s_1^2}{n_1}+\frac{s_2^2}{n_2}}$$

기각역 :

대립가설	기각	
$H_a: \mu_1-\mu_2\neq 0$	$\lvert t\rvert > t_{v,\,\alpha/2}$	p값$<\alpha$
$H_a: \mu_1-\mu_2>0$	$t>t_{v,\,\alpha}$	
$H_a: \mu_1-\mu_2<0$	$t<-t_{v,\,\alpha}$	

예제 10.3

3개월이 지난 후 음식 조절 A안 참여자 5명의 평균 감량은 4.6 kg, 표준편차 2.3 kg, B안 참여자 7명의 평균 감량은 5.4 kg, 표준편차 3.5 kg이었다. B안이 A안보다 감량 효과가 크다고 할 수 있는가?

풀이

체중 감량은 정규분포를 한다고 가정하자.

① 가설설정 $H_0: \mu_A=\mu_B$ $H_1: \mu_A<\mu_B$

또는 $H_0: \mu_A-\mu_B=0$ $H_1: \mu_A-\mu_B<0$

② 검정통계 $t=\dfrac{4.6-5.3}{\sqrt{\dfrac{2.3^2}{5}+\dfrac{3.5^2}{7}}}=-0.4177$

$$df=\frac{(2.3^2/5+3.5^2/7)^2}{\frac{1}{5-1}\left(\frac{2.3^2}{5}\right)^2+\frac{1}{7-1}\left(\frac{3.5^2}{7}\right)^2}=9.97=9$$

③ p값$=P(t<-0.4177)=0.3429$

④ p값이 크므로 H_0를 기각할 수 없다. 즉, B안이 A안보다 감량 효과가 크다고 할 수 없다.

모집단의 분포와 상관없이 표본의 수가 많은 경우에는 중심극한정리에 의해 대략적으로 표준정규분포를 하게 되는데, 실제의 표집분포와 큰 차이를 보이지 않게 된다. 따라서 이를 이용하여 신뢰구간과 기각역을 구하면 다음과 같다.

대표본의 경우 : $\sigma_1^2 \neq \sigma_2^2$

검정통계량 :

$$Z = \frac{(\overline{X}_1 - \overline{X}_2) - (\mu_1 - \mu_2)}{\sqrt{\frac{S_1^2}{n_1} + \frac{S_2^2}{n_2}}} \;\dot{\sim}\; N(0, 1)$$

$\mu_1 - \mu_2$의 $100(1-\alpha)\%$ 신뢰구간:

$$\overline{x}_1 - \overline{x}_2 \pm z_{\alpha/2}\sqrt{\frac{s_1^2}{n_1} + \frac{s_2^2}{n_2}}$$

기각역 :

대립가설	기각	
$H_a: \mu_1 - \mu_2 \neq 0$	$\lvert z \rvert > z_{\alpha/2}$	p값$< \alpha$
$H_a: \mu_1 - \mu_2 > 0$	$z > z_\alpha$	
$H_a: \mu_1 - \mu_2 < 0$	$z < -z_\alpha$	

예제 10.4

사교육에 따른 성적 차이가 있는가를 알아보기 위하여, K중학교 3학년 학생 중에서 과외수업을 받는 학생 100명(표본 1)과 과외수업을 따로 받지 않는 학생 90명(표본 2)을 확률추출하여 동일한 시험을 시행하여 보았다. 결과는 다음과 같다.

	표본 1	표본 2
표본평균	81.2	76.4
표본표준편차	7.6	8.2

과외수업을 받는 학생들과 그렇지 않은 학생 전체의 평균 성적에 차이가 있는가에 대해 유의수준 5%에서 검정하고, 평균성적의 차이에 대한 신뢰수준 95%의 신뢰구간도 구하여라.

풀이

① 가설설정

K중학교에서 과외수업을 받는 학생들 전체를 모집단 1, 과외수업을 받지 않은 학생들 전체를 모집단 2라고 하고, 각 모집단의 평균 성적을 각각 μ_1, μ_2라고 하면, 검정하려는 가설은 다음과 같다.

$$H_0: \mu_1 = \mu_2 \quad \text{vs.} \quad H_a: \mu_1 \neq \mu_2$$

② 검정통계량의 계산

검정통계량의 관측값은

$$Z = \frac{(\bar{x}_1 - \bar{x}_2) - 0}{\sqrt{\frac{s_1^2}{n_1} + \frac{s_2^2}{n_2}}} = \frac{(81.2 - 76.4) - 0}{\sqrt{\frac{7.6^2}{100} + \frac{8.2^2}{90}}} = 4.17$$

③ 신뢰구간의 계산

$$\left(\bar{x}_1 - \bar{x}_2 - z_{\alpha/2}\sqrt{\frac{\sigma_1^2}{n_1} + \frac{\sigma_2^2}{n_2}},\ \bar{x}_1 - \bar{x}_2 + z_{\alpha/2}\sqrt{\frac{\sigma_1^2}{n_1} + \frac{\sigma_2^2}{n_2}}\right)$$

$$= \left(4.8 - 1.96\sqrt{\frac{7.6^2}{100} + \frac{8.2^2}{90}},\ 4.8 + 1.96\sqrt{\frac{7.6^2}{100} + \frac{8.2^2}{90}}\right)$$

$$= (2.544,\ 7.056)$$

신뢰구간이 0을 포함하고 있지 않음에 주목하라.

④ 검정 및 결과해석

조사한 표본의 크기가 각각 $n_1 = 100$, $n_2 = 90$으로 충분히 크므로, 분푯값은 $z_{\frac{\alpha}{2}}$를 사용한다. 유의수준 $\alpha = 0.05$하에서 분푯값은 $z_{0.025} = 1.96$으로, 유의수준 5%의 기각역은 $|z| > z_{0.025} = 1.96$이다. 그런데 검정통계량 z는 4.17로 기각역에 포함된다. 따라서 유의수준 5%에서 귀무가설을 기각할 수 있다. 즉, 과외수업을 받는 학생들과 받지 않는 학생들의 성적 차이는 있다고 할 수 있다.

하지만 만일 표본수가 작은 경우에는 검정통계량의 실제 표집분포와 표준정규분포는 차이를 보이게 되므로, 표준정규분포를 이용하지 못하게 된다.

정규분포를 따르지 않는 소표본의 경우는 검정통계량의 분포를 계산하기 힘들다. 16장에 있는 비모수적 방법 등을 이용하여야 한다.

10.4 짝 모집단의 평균 차이에 대한 추론

어떤 실험의 효과를 측정하기 위해 앞 절에서 다룬 바와 같이, 실험 대상과 비 실험 대상의 측정 결과를 두 모집단의 표본으로 간주하고 평균 비교를 추론할 수도 있지만, 다이어트하기 전과 다이어트 한 달 후의 몸무게처럼 동일한 개체에 대해 실험 전과 실험 후의 측정값의 차이를 추론함으로써, 더욱 정확한 실험효과를 측정할 수 있을 것이다. 이런 경우에는 두 집단, 즉 실험 전과 실험 후가 독립이 아니므로 독립인 경우의 분석에 추가적으로 두 집단의 표본평균의 공분산을 고려하여야 한다. 하지만 이렇게 공분산을 고려하여 분석을 하는 것이나 각각 측정값의 차이를 구해 분석하는 것이나 같은 결과이므로, 측정값의 차이를 추론하는 것이 편리하다고 할 수 있다. 야구에서 투수들의 공 던지는 팔의 길이와 글러브 끼는 팔의 길이, 남편과 아내의 키, 식이요법 전과 후의 몸무게 등 실생활에서 **짝자료(paired data)**를 많이 접할 수 있다.

한 제약회사에서 신약을 개발하였다. 이 약은 고혈압 환자들의 혈압을 크게 낮출 수 있다고 한다. 이를 확인하기 위해서는 각 고혈압 환자의 혈압을 측정하고, 약을 투여한 후 다시 혈압을 측정하여 신약의 투여 전과 후에 차이가 있는가를 보는 것이 현명하다. 고혈압 환자의 기존 혈압을 X_{11}, X_{12}, X_{13}, …라 하고, 신약 투약 후의 혈압을 X_{21}, X_{22}, X_{23}, …라고 할 때 약물 투여 전과 후의 차이인 $D_i = X_{1i} - X_{2i}$, $i=1, 2, 3, \cdots$의 모평균 μ_D 관한 추론이 신약의 효과를 확인하는 방법이라고 할 수 있다.

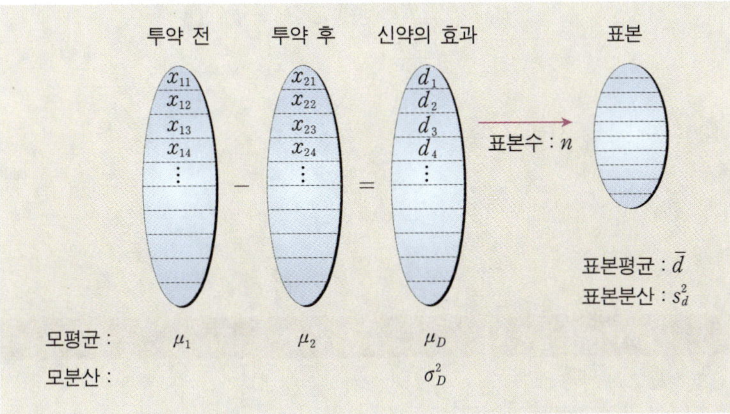

위 그림에서 볼 수 있듯이 투약 전과 투약 후 두 집단의 모평균의 차이를 구하기 위해 신약의 효과라고 하는 새로운 변수의 모평균에 대한 추론을 통해 해석하고 있다. 이 경우는 9장에서 다룬 바와 같이 D라고 하는 새로운 단일변수의 모평균 μ_D 0인가에 대한 문제이다.

μ_D의 추정량으로 가장 적합한 것은 역시 표본평균 $\overline{D}$이고, 모분산의 추정량은 D의 표본분산 S_d^2이다. 따라서 $\overline{D}$의 표집분포는 다음과 같다.

μ_D의 추정

1. $\overline{D}$의 기댓값

$$E(\overline{D}) = \mu_D$$

2. $\overline{D}$의 분산 추정량

$$\hat{\sigma}^2_{\overline{D}} = \frac{\hat{\sigma}^2_D}{n} = \frac{S^2_D}{n}$$

3. $\overline{D}$의 표준편차 추정량

$$\hat{\sigma}_{\overline{D}} = S_{\overline{D}} = \sqrt{\frac{S^2_D}{n}}$$

$\overline{D}$를 표준화하면 다음과 같은 결과를 얻는다.

$$t_{\overline{D}} = \frac{\overline{D} - \mu_D}{\sqrt{\frac{S^2_D}{n}}} \sim t_{n-1}$$

위는 '전'과 '후'의 분포가 각기 정규분포를 할 때의 결과이다. 하지만 정규분포를 하지 않는 경우라도 표본수가 많으면 $(n \geq 30)$ 중심극한정리에 의해 위의 결과를 근사적으로 이용할 수 있다. 이렇게 얻은 검정통계량과 분포를 이용하여 신뢰구간과 $H_0 : \mu_D = 0$에 대한 가설검정을 실시할 수 있다.

짝 모집단의 평균 차에 대한 검정

검정통계량 :

$$t_{\overline{D}} = \frac{\overline{D} - \mu_D}{\sqrt{\frac{S_D^2}{n}}} \sim t_{n-1},\ df = n-1$$

$\mu_1 - \mu_2$의 $100(1-\alpha)\%$ 신뢰구간:

$$\bar{d} \pm t_{\alpha/2,\ n-1} \sqrt{\frac{S_d^2}{n}}$$

기각역 :

대립가설	기각	
$H_a : \mu_D \neq 0$	$\lvert t_{\bar{d}} \rvert > t_{n-1,\ \alpha/2}$	p값$<\alpha$
$H_a : \mu_D > 0$	$t_{\bar{d}} > t_{n-1,\ \alpha}$	
$H_a : \mu_D < 0$	$t_{\bar{d}} < -t_{n-1,\ \alpha}$	

예제 10.5

불소농도.dat
불소농도.xlsx

국제환경연구회가 1978년에 발간한 학술잡지에 벨기에의 서부지역에서 공장지대가 환경에 미치는 영양에 관한 연구 결과가 발표되었다. 그 일대에 방목되는 가축들의 소변에서 불소의 농도를 방목초기와 일정기간 후에 측정하기로 하고, 11마리를 랜덤추출하여 조사한 결과가 다음과 같았다. 과연 공장지대에서 일정기간 방목된 가축의 소변에 나타나는 불소의 농도가 떨어진다는 증거가 있는가?

가축	1	2	3	4	5	6
방목초기	24.7	46.1	18.5	29.5	26.3	33.9
일정기간 후	12.4	14.1	7.6	9.5	19.7	10.6

가축	7	8	9	10	11
방목초기	23.1	20.7	18.0	19.3	23.0
일정기간 후	9.1	11.5	13.3	8.3	15.0

풀이

우선 문제를 풀기 위하여 '전'과 '후'의 분포가 각기 정규분포를 한다는 가정을 추가하자. 그리고 방목초기의 불소 농도를 μ_1, 일정기간 후의 불소 농도를 μ_2라고 하면, 불소 농도의 변화량은 $\mu_d = \mu_1 - \mu_2$가 되고, 불소 농도가 떨어질 것이라는 주장에 대해 다음과 같은 가설을 세울 수 있다.

① 가설설정: $H_0 : \mu_D = 0$ vs. $H_a : \mu_D > 0$

② 기초통계 계산: $\overline{d} = 13.8182$, $s_{\overline{d}}^2 = 66.7916$

③ 검정통계 계산: $t_{\overline{d}} = \dfrac{\overline{d} - \mu_d}{\sqrt{\dfrac{s_d^2}{n}}} = \dfrac{13.81812}{\sqrt{\dfrac{66.7316}{11}}} = 5.6077$

④ 기각역설정: $t_{\overline{d}} > t_{0.05,\ 10} = 1.812$

⑤ 결과해석: 검정통계량이 기각역에 해당하는 분폿값보다 크므로 귀무가설을 기각한다. 즉, 불소 농도의 확연한 감소가 존재한다.

10.5 두 집단 모비율의 차이에 대한 추론

예를 들어, A, B 두 공장에서 전구를 생산한다고 하자. A공장에서 생산된 전구의 불량률과 B공장에서 생산된 전구의 불량률 중 어떤 공장의 불량률이 더 높다고 할 수 있는지 또는 같다고 말할 수 있는지 확인하고자 할 때 비율의 차이에 대한 추론을 할 수 있다.

모비율 차이의 표집분포

8.1절 비율의 점추정에 대하여 논할 때 비율은 평균의 개념과 같다고 하였고, 8장과 9장에서 모비율의 추정 및 검정을 평균의 추정 및 검정과 거의 비슷한 방법으로 하는 것임을 배웠다. 모비율 차이에 대한 추론 역시 모평균 차이에 대한 추론과 거의 비슷한 틀에서 하게 된다. A공장의 불량률을 p_1, 표본으로 뽑힌 생산품으로부터 추정한 불량률을 $\overline{p}_1$이라고 하고, B공장의 불량률을 p_2, 표본 생산품으로부터 추정한 불량률을 $\overline{p}_2$라고 하면, 각 공장의 불량 상태의 분산은 $p_1(1-p_1)$, $p_2(1-p_2)$이다.

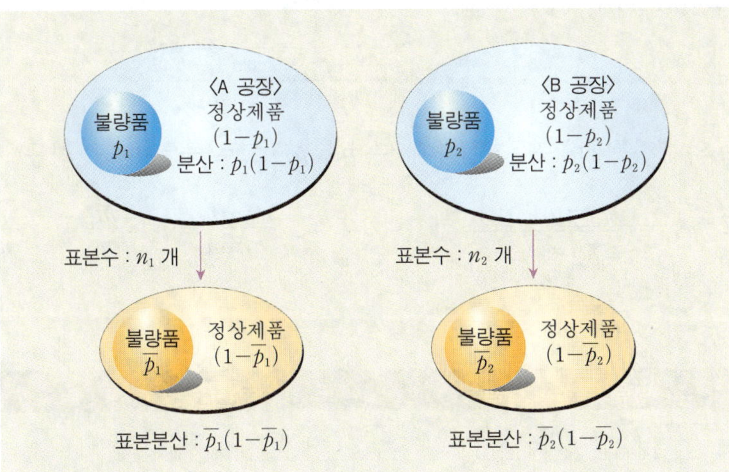

따라서 모불량률의 차이 $p_1 - p_2$의 추정량인 $\overline{p}_1 - \overline{p}_2$의 기댓값은 $p_1 - p_2$이고, 분산은 $Var(\overline{p}_1 - \overline{p}_2) = \dfrac{p_1(1-p_1)}{n_1} + \dfrac{p_2(1-p_2)}{n_2}$이다. 그런데 p_1과 p_2를 알지 못하므로 분산의

추정량으로써 $S^2_{\bar{p}_1-\bar{p}_2}=\dfrac{\bar{p}_1(1-\bar{p}_1)}{n_1}+\dfrac{\bar{p}_2(1-\bar{p}_2)}{n_2}$를 사용한다.

모비율 차이의 추정

1. $\bar{p}_1-\bar{p}_2$의 기댓값

$$E(\bar{p}_1-\bar{p}_2)=p_1-p_2$$

2. $\bar{p}_1-\bar{p}_2$의 분산 추정량

$$S^2_{\bar{p}_1-\bar{p}_2}=\frac{\bar{p}_1(1-\bar{p}_1)}{n_1}+\frac{\bar{p}_2(1-\bar{p}_2)}{n_1}$$

3. $\bar{p}_1-\bar{p}_2$의 표준편차 추정량

$$S_{\bar{p}_1-\bar{p}_2}=\sqrt{\frac{\bar{p}_1(1-\bar{p}_1)}{n_1}+\frac{\bar{p}_2(1-\bar{p}_2)}{n_1}}$$

모비율 차이의 추론

모비율 차이의 추정량 $\bar{p}_1-\bar{p}_2$의 분포는 대표본인 경우 근사적으로 정규분포를 따른다. 비율의 분포를 추론할 때 대표본 여부를 확인하는 방법은 n_1p_1, $n_1(1-p_1)$, n_2p_2, $n_2(1-p_2)$가 모두 5보다 크거나 같아야 한다.

대표본의 경우 ($n_1p_1, n_1(1-p_1), n_2p_2$와 $n_2(1-p_2)\geq 5$)

대표본이론(중심극한정리)에 의하면,

$$Z=\frac{(\bar{p}_1-\bar{p}_2)-(p_1-p_2)}{\sqrt{\dfrac{\bar{p}_1(1-\bar{p}_1)}{n_1}+\dfrac{\bar{p}_2(1-\bar{p}_2)}{n_2}}}\ \dot{\sim}\ N(0,1)$$

신뢰구간은 각각의 비율을 이용하여, 검정에서는 공통 비율을 이용하여 분산을 계산한다.

$100(1-\alpha)\%$ 신뢰구간:

$$\bar{p}_1-\bar{p}_2\pm z_{\alpha/2}\sqrt{\frac{\bar{p}_1(1-\bar{p}_1)}{n_1}+\frac{\bar{p}_2(1-\bar{p}_2)}{n_2}}$$

$H_0: p_1=p_2$의 검정통계량(귀무가설하에서는 $p_1=p_2$이므로 공통 비율을 사용):

$$Z=\frac{\bar{p}_1-\bar{p}_2}{\sqrt{\bar{p}(1-\bar{p})\left(\dfrac{1}{n_1}+\dfrac{1}{n_2}\right)}}\qquad \text{여기서, } \bar{p}=\frac{m_1+m_2}{n_1+n_2},\ \bar{p}_1=\frac{m_1}{n_1},\ \bar{p}_2=\frac{m_2}{n_2}$$

기각역 :

대립가설	기각	
$H_a: p_1-p_2\neq 0$	$\lvert z\rvert > z_{\alpha/2}$	p값$<\alpha$
$H_a: p_1-p_2>0$	$z>z_\alpha$	
$H_a: p_1-p_2<0$	$z<-z_\alpha$	

예제 10.6

요즘은 누구나 그 효용성을 인정하는 소아마비 예방 백신(Salk polio vaccine)에 대한 임상 실험이 1954년에 있었다. 백신의 효용성에 대한 올바른 평가를 위해서 백신이 아닌 가짜 약(placebo)을 접종 받는 어린이들로 구성된 대조집단(control group)과 백신을 접종 받는 처리집단(treatment group)을 대상으로 이중 눈가림실험(double blind experiment)이 행하여졌다. 접종 후에 마비 증세를 보이는 어린이들의 수를 관측한 결과가 다음과 같았다. 대조집단과 처리집단의 어린이들이 마비 증세를 보이는 비율을 각각 p_1, p_2라고 할 때 p_1-p_2의 추정값과 95% 신뢰구간을 구하고, 소아마비 백신이 효과가 있다고 할 수 있는지 유의성검정을 하여라.

Jonos E. Salk(1914～1995) 미국 피츠버그 대학 의과대학의 연구원으로 재직 중 백신연구. 1960년 Salk Institute 설립.

	표본크기	마비증세가 나타난 어린이의 수
대조집단	201,229	110
처리집단	200,745	33

풀이

모비율 p_1과 p_2의 추정값이 각각 $\overline{p}_1=110/201229=5.47\times10^{-4}$, $\overline{p}_2=33/200748=1.64\times10^{-4}$이므로 p_1-p_2의 추정값은 $\overline{p}_1-\overline{p}_2=3.83\times10^{-4}$이다.

이 추정값의 표준오차는

$$\begin{aligned} s_{\hat{p}_1-\hat{p}_2} &= \sqrt{\overline{p}_1(1-\overline{p}_1)/201229+\overline{p}_2(1-\overline{p}_2)/200745} \\ &= 0.59\times10^{-4} \end{aligned}$$

로 주어지며, p_1-p_2의 95% 신뢰구간은

$$\begin{aligned} &(3.83\times10^{-4}-1.96\times0.59\times10^{-4},\ 3.83\times10^{-4}+1.96\times0.59\times10^{-4}) \\ &=(2.67\times10^{-4},\ 4.99\times10^{-4}) \end{aligned}$$

이다.

모비율의 비교를 위한 가설은

$$H_0: p_1-p_2=0 \quad \text{vs.} \quad H_a: p_1-p_2>0$$

이다. 귀무가설하에서의 공통 모비율의 추정값을 구하면

$$\overline{p}=\frac{110+33}{201229+200745}=3.56\times10^{-4}$$

이고, 이를 이용하여 검정통계량의 관측값을 구하면

$$z=\frac{5.47\times10^{-4}-1.64\times10^{-4}}{\sqrt{\overline{p}(1-\overline{p})\left(\dfrac{1}{n_1}+\dfrac{1}{n_2}\right)}}=6.436$$

오른쪽 단측검정의 기각역은 $z>z_{0.05}=1.645$이므로 귀무가설을 기각한다. 즉, 1954년 임상실험의 결과는 소아마비 백신의 예방 효과가 뚜렷함을 시사하고 있다. 이러한 통계적 검증을 거쳐 사용되기 시작한 소아마비 백신은 오늘날 그 효능을 인정받고 있다.

읽을거리 비타민 C의 감기 예방효과

Charles W. Marshall, Ph.D.
(Edited by Stephen Barrett, M.D)

In 1972, Dr. Terence Anderson and colleagues at the University of Toronto published the results of a 3−month double−blind study of 818 volunteers aged 10 to 65. Half received 1,000 mg of vitamin C daily before colds and 4,000 mg per day during the first 3 days of a cold, while the other half received "equivalent" placebos [15]. This study was designed to test Pauling's claims that ingestion of 1,000 mg of vitamin C daily would reduce the frequency of colds by 45% and the total days of illness by 60%. These claims were certainly not supported by the study's outcome. In the vitamin group, 74% had one or more colds during the study period while 82% of the placebo group had one or more colds. The difference, which amounted to "one−tenth of a cold per person," was judged by Dr. Anderson to be "of no practical importance." The severity, as measured by days confined indoors, averaged 1.36 days for the vitamin group and 1.87 days for the placebo group − a 30% difference that Anderson decided to explore further. At the end of this trial, before the double−blind code was opened, all volunteers were asked whether they had experienced any unusual feelings of well−being [euphoria] during the trial. Nineteen percent of both groups said yes − an interesting example of the placebo effect.

출처 : http://www.quackwatch.org

(번역)
비타민 C: 대량복용이 감기를 예방하는가?
Charles W. Marshall, Ph.D.
(Stephen Barrett, M.D 편집)

1972년, 토론토 대학의 Dr. Terence Anderson과 동료들은 3개월 동안 실시한 10세와 65세 사이 818명의 자원자들에 대한 이중눈가림 연구결과를 발표하였다. 절반은 감기 걸리기 전에는 비타민 C 1,000밀리그램을 받았고, 감기 첫 3일 동안 4,000밀리그램을 받았다. 나머지 반은 그에 상응하는 가짜약을 받았다. 이 연구는 비타민 C 1,000밀리그램을 먹으면 감기 걸리는 횟수가 45% 줄고, 감기 앓는 기간이 60% 줄어든다는 Pauling의 주장을 검정하려는 것이었다. 연구결과는 이 주장과 확실히 달랐다. 비타민 그룹은 74%가 한 번 이상 감기에 걸렸고, 가짜약 그룹은 84%가 한 번 이상 감기에 걸렸다. Anderson은 "한 사람당 10%의 차이는 실질적인 중요성이 없다"고 판단하였다. 집안에 있어야 할 정도로 심한 평균

기간은 비타민 그룹은 1.36일, 가짜약 그룹은 1.87일이었다. 이는 30% 차이가 나는 것으로 Anderson은 추가조사를 하기로 하였다. 누가 가짜약 그룹인가를 알리기 전에 실험기간 동안 도취증상을 느꼈는지 물아 보았다. 양쪽 그룹 모두 19%가 그렇다고 답하였다. 이는 가짜약 효과의 흥미로운 예이다.

주: Linus Pauling은 비타민 C의 감기 예방효과를 역설한 화학자이다. double−blind method(이중눈가림 방법, 이중맹검법)은 약을 먹는 사람은 물론이고 약을 나누어 주는 사람도 어느 것이 진짜약인지 또는 가짜약(placebo, 위약)인지 모르도록 하고 실험을 하는 것이다. 가짜약과 진짜약을 똑같이 만들어 눈으로는 구분이 가지 않도록 한다. 자료를 분석하는 사람도 모르도록 하는 것을 triple-blind method라고 한다. placebo effect(가짜약 효과)는 가짜약이라도 효과가 있다고 믿는 사람에게는 정말 효과가 있는 것처럼 느끼는 효과이다. 할머니가 배가 아픈 아이의 배를 쓰다듬으면 아이가 배가 아픈 것을 덜 느끼게 된다. 주술에 의하여 병을 고치는 것도 가짜약 효과이다.

주: 통계학에서의 두 집단 비교는 자료가 서로 다른 두 모집단에서 나온 표본으로 간주할 수 있을 만큼 충분한 증거를 제시하느냐에 대한 통계적인 답을 하는 것이지, 그것이 실제적인 의미가 있는 것인지는 내용에 따라 판단하여야 할 문제이다. 위의 내용 중 "of no practical importance"는 감기가 치명적인 병도 아닌데 비타민 C를 복용한 집단은 74%가 한 번 이상 감기에 걸리고, 가짜약을 복용한 집단이 82%가 한 번 이상 감기에 걸렸다면 그 차이가 실질적인 의미가 없다는 것이다. 10.5절을 참고하여 비타민 C의 효과를 단측검정하면 $n_1=409$, $\bar{p}_1=0.82$, $n_2=409$, $\bar{p}_2=0.74$, $\bar{p}=0.78$이므로,

$$Z=\frac{\bar{p}_1-\bar{p}_2}{\sqrt{\bar{p}(1-\bar{p})\left(\frac{1}{n_1}+\frac{1}{n_2}\right)}}=\frac{0.82-0.74}{\sqrt{(0.78)(0.22)\left(\frac{1}{409}+\frac{1}{409}\right)}}=2.712$$

따라서 p값은 0.0034이므로 유의수준 0.05 또는 0.01에서 비타민 C의 효과가 없다는 귀무가설을 기각하여야 한다. 하지만 감기가 죽을 병도 아닌데, 감기 걸리는 확률이 74%와 82%라면 이를 실질적인 효과가 있다고 판단하기는 어렵다는 것이다. 감기는 약을 먹으면 7일만에 낫고, 푹 쉬면서 몸조리하면 일주일 만에 낫는다는 우스개 소리가 있다. '뭐에는 뭐가 좋다'하여 전부 먹다가는 하루에 수천, 수만 알을 먹어야 할 것이다. 우리나라 사람들은 약을 너무 많이 먹는다는 자성의 소리도 높다. 실제적 유의성(practical significance)은 통계적 유의성(statistical significance)과 구별되어야 한다.

EXCEL · SPSS · R

이 책과 관련된 데이터, 정오표 등은 자유아카데미의 홈페이지(www.freeaca.com)나 web.yonsei.ac.kr/cekim에서 얻을 수 있다.

EXCEL

예제 10.1

Step 1 자료를 시트에 입력한다.

	A	B	C	D	E
1	A방법	B방법			
2	215	257		=VAR.P(A2:A11)	
3	258	284		=VAR.P(B2:B11)	
4	248	305			
5	270	308			
6	291	320			
7	299	240			
8	244	248			
9	265	278			
10	250	280			
11	260	280			

Step 2 [데이터] 메뉴를 누르고 [데이터 분석]에서 〈*z*-검정: 평균에 대한 두 집단〉을 선택한다.

Step 3 *z*-검정: 평균에 대한 두 집단 창에서 다음과 같이 지정 또는 입력한다.

- 변수 1 입력 범위: $A$2: $A$11
- 변수 2 입력 범위: $B$2: $B$11
- 출력 범위: $F$2
- 가설 평균차 : 0(입력하지 않으면 0으로 인식)
- 변수 1의 분산 — 기지값: 513.6
- 변수 2의 분산 — 기지값: 618.2

Step 4 다음과 같은 결과를 얻는다.

z-검정: 평균에 대한 두 집단		
	변수 1	변수 2
평균	260	280
기지의 분산	513.6	618.2
관측수	10	10
가설 평균차	0	
z 통계량	-1.879945031	
P(Z<=z) 단측 검정	0.030057785	
z 기각치 단측 검정	1.644853627	
P(Z<=z) 양측 검정	0.06011557	
z 기각치 양측 검정	1.959963985	

예제 10.2

Step 1 자료를 시트에 입력한다.

	A	B
1	남자	여자
2	114	108
3	96	98
4	80	88
5	102	86
6	94	100
7	94	98
8	98	104
9	92	102
10	94	94
11	100	
12	108	
13	110	
14	90	
15	90	
16	82	
17	106	

Step 2 **[데이터]** 메뉴를 누르고 **[데이터 분석]**에서 **⟨*t*-검정: 등분산 가정 두 집단⟩**을 선택한다.

Step 3 ***t*-검정: 등분산 가정 두 집단** 창에서 다음과 같이 지정 또는 입력한다.

–변수 1 입력 범위: **$A$2: $A$17**

–변수 2 입력 범위: **$B$2: $B$10**

–출력 범위: **$D$2**

Step 4 다음과 같은 결과를 얻는다.

t-검정: 등분산 가정 두 집단		
	변수 1	변수 2
평균	96.875	97.55556
분산	90.65	51.77778
관측수	16	9
공동(Pooled) 분산	77.12923	
가설 평균차	0	
자유도	23	
t 통계량	-0.18598	
P(T<=t) 단측 검정	0.427046	
t 기각치 단측 검정	1.713872	
P(T<=t) 양측 검정	0.854091	
t 기각치 양측 검정	2.068658	

예제 10.5

Step 1 자료를 시트에 입력한다.

	A	B
1	방목초기	방목후
2	24.7	12.4
3	46.1	14.1
4	18.5	7.6
5	29.5	9.5
6	26.3	19.7
7	33.9	10.6
8	23.1	9.1
9	20.7	11.5
10	18	13.3
11	19.3	8.3
12	23	15

Step 2 [데이터] 메뉴를 누르고 [데이터 분석]에서 〈*t*-검정: 쌍체비교〉를 선택한다.

Step 3 *t*-검정: 등분산 가정 두 집단 창에서 다음과 같이 지정 또는 입력한다.

- 변수 1 입력 범위: $A$2: $A$12
- 변수 2 입력 범위: $B$2: $B$12
- 출력 범위: $D$2

Step 4 다음과 같은 결과를 얻는다.

t-검정: 쌍체 비교		
	변수 1	변수 2
평균	25.73636	11.91818
분산	69.03255	12.43964
관측수	11	11
피어슨 상관 계수	0.250485	
가설 평균차	0	
자유도	10	
t 통계량	5.607718	
P(T<=t) 단측 검정	0.000113	
t 기각치 단측 검정	1.812461	
P(T<=t) 양측 검정	0.000225	
t 기각치 양측 검정	2.228139	

SPSS

예제 10.1

SPSS에서는 두 집단의 평균 차에 관한 Z검정을 제공하지 않는다. 일반적으로 샘플의 개수가 많으면 t분포가 Z분포로 근사하기 때문에 SPSS에서 제공하는 t검정을 이용할 수 있다. 하지만 예제 10.1의 경우 모분산이 알려져 있기 때문에 앞에서와 같은 방법도 이용할 수 없다. 따라서 번거롭더라도 다음과 같은 절차를 따라야 한다.

Step 1 PASW Statistics Data Editor의 **변수 보기** 창에서 다음과 같이 두 개의 변수를 만든다.

	이름	유형	너비
1	A방법	숫자	8
2	B방법	숫자	8

Step 2 PASW Statistics Data Editor 창의 **데이터 보기**에서 자료를 입력한다.

	A방법	B방법
1	215.00	257.00
2	258.00	284.00
3	248.00	305.00
4	270.00	308.00

Step 3 PASW Statistics Data Editor의 **분석, 기술통계량, 기술통계** 메뉴를 차례로 들어간다.

Step 4 **기술통계** 창에서 **A방법 B방법**을 **화살표**를 이용하여 변수 칸에 옮기고 **확인**을 누른다.

기술통계량

	N	최솟값	최댓값	평균	표준편차
A방법	10	215.00	299.00	260.0000	23.88863
B방법	10	240.00	320.00	280.0000	26.20857
유효수 (목록별)	10				

Step 5 PASW Statistics Data Editor 창의 **[변환]** 메뉴의 **변수 계산**을 선택한다.

Step 6 **변수 계산** 창에서 다음과 같이 **대상 변수**란에는 **Z검정값**이라고 입력하고, **숫자표현식**란에는 (260−280)/*sqrt(625/10+625/10) 라고 입력한 후 **확인**을 누른다.

Step 7 **변수 계산** 창에서 **대상 변수** 칸에는 **좌측신뢰구간**이라고 입력하고, **숫자표현식**란에는 (−20)−IDF.NORMAL(0.975,0,1)*sqrt(625/10+625/10) 라고 적고, **확인**을 누른다.

변수 계산 창에서 **대상 변수** 칸에 **우측신뢰구간**이라고 입력하고, **숫자표현식**란에 (−20)+IDF.NORMAL(0.975,0,1)*sqrt(625/10+625/10)라고 적고 **확인**을 누른다.

예제 10.2

분산이 동일하다고 가정된 두 집단 사이의 평균의 차이 검정은 SPSS에서 지원하는 검정 방법이다. 따라서 예제 10.1보다 편하게 처리할 수 있다.

Step 1 PASW Statistics Data Editor 창의 변수 보기에서 **혈압**과 **성별** 변수를 만들고 **데이터 보기**에서 다음과 같은 데이터를 입력한다. 남자는 1, 여자는 2로 코딩하였다.

	A	B
1	남자	여자
2	114	108
3	96	98
4	80	88
5	102	86
6	94	100
7	94	98
8	98	104
9	92	102
10	94	94
11	100	
12	108	
13	110	
14	90	
15	90	
16	82	
17	106	

Step 2 PASW Statistics Data Editor 창에 있는 **[분석]** 메뉴의 **평균 비교**에서 **독립 표본 T 검정**을 선택한다.

Step 3 **독립 표본 T 검정** 창에서 **검정 변수**란에 혈압을 화살표를 이용해 입력하고, **집단 변수란**에 **성별** 변수를 입력한다.

Step 4 **집단정의** 창에서 **지정값 사용**을 선택한 후 **집단 1**에 1을 **집단 2**에 2를 쓴 후 **계속**을 누른다.

t-검정: 등분산 가정 두 집단		
	변수 1	변수 2
평균	96.875	97.55556
분산	90.65	51.77778
관측수	16	9
공동(Pooled) 분산	77.12923	
가설 평균차	0	
자유도	23	
t 통계량	-0.18598	
P(T<=t) 단측 검정	0.427046	
t 기각치 단측 검정	1.713872	
P(T<=t) 양측 검정	0.854091	
t 기각치 양측 검정	2.068658	

Step 5 Step 3에서 볼 수 있었던, **독립표본 T 검정** 창의 **집단 변수**란에 기입된 **성별** 옆에 있던 괄호의 물음표 두 개가 1 2로 바뀐 것을 알 수 있다. **확인**을 누른다.

Step 6 PASW Statistics Viewer 창에서 검정 결과와 신뢰구간을 알 수 있다.

예제 10.5

Step 1 PASW Statistics Data Editor 창의 **변수 보기**에서 **방목초기**, **방목 후** 두 변수를 만들고 **데이터 보기**에서 데이터를 입력한다. 이때 주의할 점은 두 개씩 짝이 달라지지 않도록 한다.

	A	B
1	방목초기	방목후
2	24.7	12.4
3	46.1	14.1
4	18.5	7.6
5	29.5	9.5
6	26.3	19.7
7	33.9	10.6
8	23.1	9.1
9	20.7	11.5
10	18	13.3
11	19.3	8.3
12	23	15

Step 2 PASW Statistics Data Editor 창의 **[분석]** 메뉴에서 **평균 비교**의 **대응표본 T 검정**을 선택한다.

Step 3 **대응표본 T 검정** 창에서 **대응 변수**란에 다음과 같이 1행의 첫 열에 **방목초기** 변수를 넣고, 둘째 열에 **방목 후** 변수를 넣은 후 **확인**을 누른다.

Step 4 PASW Statistic Viewer 창에서 결과를 볼 수 있다.

t-검정: 쌍체 비교		
	변수 1	변수 2
평균	25.73636	11.91818
분산	69.03255	12.43964
관측수	11	11
피어슨 상관 계수	0.250485	
가설 평균차	0	
자유도	10	
t 통계량	5.607718	
P(T<=t) 단측 검정	0.000113	
t 기각치 단측 검정	1.812461	
P(T<=t) 양측 검정	0.000225	
t 기각치 양측 검정	2.228139	

R

예제 10.1

Step 1 모평균 차의 신뢰구간 및 가설검정에 대한 함수(짝 모집단)를 만든다.

```
> Z_conf = function(alpha, a, b, s_a, s_b){
+    xbar_a = mean(a)
+    xbar_b = mean(b)
+    n_a = length(a)
+    n_b = length(b)
+    st = sqrt((((s_a)^2)/n_a)+(((s_b)^2)/n_b))
+    cr = qnorm(1-(alpha/2))
```

```
+     lower = (xbar_a - xbar_b) - cr*st
+     upper = (xbar_a - xbar_b) + cr*st
+     z = ((xbar_a - xbar_b)-0) / st
+     p_value = 2*pnorm(abs(z), lower.tail=F)
+     if(p_value < alpha) result = "Reject H0" else
+       result = "Accept H0"
+
+     print(paste(100*(1-alpha),
+     "% Confidence Interval : (",round(lower, 3), ",",
+     round(upper, 3), ")"))
+     print("Hypothesis testing for H0: mu_A - mu_B = 0")
+     print(c(paste("absolute Z Statistics is",
+     abs(round(z,4)),
+     "and Critical Region is", round(cr, 4)),
+     paste("p-value =", round(p_value,4))))
+     print(paste(result, "at significance level", alpha))
+     }
```

Step 2 다음의 코드를 통하여 분석 data 입력 및 결과를 출력한다.

```
> a = c(215, 258, 248, 270, 291, 299, 244, 265, 250, 260)
> b = c(257, 284, 305, 308, 320, 240, 248, 278, 280, 280)
> Z_conf(0.05, a, b, 25, 25)
[1]  "95 % Confidence Interval : ( -41.913 , 1.913 )"
[1]  "Hypothesis testing for H0: mu_A - mu_B = 0"
[1]  "absolute Z Statistics is 1.7889 and Critical Region
     is 1.96"
[2]  "p_value = 0.0736"
[1]  "Accept H0 at significance level 0.05"
```

예제 10.2

Step 1 다음의 코드를 통하여 분석 data를 입력한다.

```
> 남자 = c(114, 96, 80, 102, 94, 94, 98, 92, 94, 100, 108,
+    110, 90, 90, 82, 106
> 여자 = c(108, 98, 88, 86, 100, 98, 104, 102, 94)
```

Step 2 다음의 코드를 사용하여 신뢰구간과 t검정(등분산 가정)을 구한다.

```
> t.test(남자, 여자, var.equal=TRUE)
One Samlpe t-test
data:  남자 and 여자
w = -0.186, df = 23, p-value = 0.8541
```

```
alternative hypothesis: true difference in mean is not
equal to 0 95 percent confidence interval:
 -8.250398  6.889287
sample estimates:
mean of x mean of y
 96.87500  97.55556
```

예제 10.5

Step 1 다음의 코드를 통하여 분석 data를 입력한다.

```
> 방목초기 = c(24.7, 46.1, 18.5, 29.5, 26.3, 33.9, 23.1,
+             20.7, 18.0, 19.3, 23.0)
> 방목후 = c(12.4, 14.1, 7.6, 9.5, 19.7, 10.6, 9.1, 11.5,
+            13.3, 8.3, 15.0)
```

Step 2 다음의 코드를 사용하여 신뢰구간과 t검정(쌍체비교)을 구한다.

```
> t.test(방목초기, 방목후, paired=TRUE)
Paired t-test
data:  방목초기 and 방목후
t = 5.6077, df = 10, p-value = 0.0002253
alternative hypothesis: true difference in mean is not
equal to 0 95 percent confidence interval:
 8.327744  19.308619
sample estimates:
mean of the differences
 13.81818
```

익힘문제

다음 괄호에 알맞은 말을 넣거나, 맞는 것을 선택하시오.

1 두 모집단의 평균에 대한 추론은 평균의 (   )에 대한 추론으로 바꾸면 두 모집단의 추론 문제를 단일 확률변수 문제로 바꿀 수 있어 편리하다.

2 두 모집단 자료에 대한 가정 – 아래 문제들에 모두 적용

a. 두 모집단에서 {독립, 종속}적으로 자료를 뽑는다.

b. 각 모집단 내에서는 {확률, 비확률} 추출한다.

c. 각 모집단은 (   )분포한다.

(c). 표본수가 많으면 (　　　)분포 가정을 무시할 수 있다. [(　　　)정리]

3 $N(\mu_1, \sigma_1^2)$에서 뽑은 $\overline{X}_1$와 $N(\mu_2, \sigma_2^2)$에서 뽑은 $\overline{X}_2$의 차이 $\overline{X}_1 - \overline{X}_2$의 분포는 평균이 (　　　), 분산이 (　　　)인 (　　　)분포를 한다.

4 위의 분포를 표준화시킨 (　　　)는 (　　　)를 한다.

5 위는 그 자체가 검정통계량이 되며, 이를 이용하여 신뢰수준 $(1-\alpha)\times 100\%$하에서의 모평균 차이의 신뢰구간을 써라.

6 σ_1^2, σ_2^2를 모르는 경우는 두 가지 가정을 할 수 있는데, 하나는 두 분산이 (　　　)이고, 하나는 두 분산이 (　　　)이다. 이는 분산을 추정하는 방법이 달라지기 때문이다.

7 두 분산이 같다는 가정, 즉 (　　　)가정에서는 (　　　)표본분산으로 모분산을 추정한다.

8 합동표본분산 식을 써라.

9 등분산 가정에서의 검정통계량은 (　　　)이고 자유도 (　　　)의 (　　　)분포를 한다.

10 $\mu_1 - \mu_2$의 $100(1-\alpha)\%$신뢰구간 식을 써라.

11 모집단이 정규분포가 아니지만 표본수가 각각 (　　　)이상이면 검정통계량은 (　　　)이고 (　　　)분포를 한다.

12 두 분산이 다르다는 가정, 즉 (　　　) 가정에서는 각각의 (　　　)으로 각기 모분산을 추정한다. 이때의 자유도는 다소 복잡한 근사식으로 표현된다.

13 이분산 가정에서의 검정통계량은 (　　　)이고 (　　　)분포를 하는데 자유도는 다소 복잡한 식이다.

14 비정규 모집단이지만 표본수가 많으면 검정통계량은 (　　　)이고 (　　　)정리에 의하여 근사적으로 (　　　)분포를 한다.

15 짝자료에 대한 추론은 각각의 짝을 이룬 자료에서 {차이, 곱}을(를) 계산하여 마치 {짝, 단일}자료에 대한 추론으로 접근한다.

16 '전'과 '후'의 분포가 각기 (　　　)분포를 하거나, 표본수가 많을 때 중심극한정리에 의한 근사로 짝자료의 검정통계량은 (　　　)이고 자유도 (　　　)의 (　　　)분포를 한다.

17 모비율 차이에 대한 추론으로 사용하는 통계량은 (　　　)이고 근사 (　　　)분포를 한다.

18 근사가 되기 위한 조건을 써라.

19 $p_1 - p_2$에 대한 $100(1-\alpha)\%$ 신뢰구간을 써라.

20 H_0: $p_1 = p_2$ 검정은 공통비율 (　　　)를 사용하여 검정통계량은 (　　　)이고 (　　　)분포를 한다.

연습문제

1 기계A와 B에서 만들어진 두 개의 로트(lot)에서 표본 12개씩을 독립적으로 추출하여 그 길이를 측정한 결과, $\overline{x}_1 = 5.62$ mm, $\overline{x}_2 = 5.58$ mm이었다. 두 모집단의 길이는 정규분포를 따르며 $\sigma_1 = 0.03$ mm, $\sigma_2 = 0.04$ mm라고 한다. 기계A의 성능이 기계B보다 우수하다고 할 수 있는가

를 유의수준 5%로 검정하여라.

2 A, B 두 회사로부터 원료를 구입하기 위하여 각 회사로부터 표본 10개씩을 추출하여 측정한 결과 $\bar{x}_A=80$, $\bar{x}_B=75$이었다. 두 회사 제품의 표준편차는 $\sigma_A=\sigma_B=2$라는 것을 알고 있을 때 신뢰수준 90%로 모평균의 차를 추정하여라.

3 옛날 기계로 만든 전구에서 15개의 확률표본을 뽑았더니 평균 수명이 40시간이다. 또, 새로운 기계로 만든 전구에서 뽑은 10개 확률표본의 평균 수명은 45시간이다. 각 기계에서 만든 전구의 수명은 각각 정규분포를 이루고, 옛날 기계로 만든 전구 수명의 분산은 $\sigma_1^2=25$이며, 새 기계로 만든 전구 수명의 분산은 $\sigma_2^2=30$이라고 한다. μ_1, μ_2를 각각 옛날 기계와 새 기계로 만든 전구의 모평균이라 할 때, $\mu_1-\mu_2$의 90% 신뢰구간을 구하여라.

4 다음의 자료는 남성과 여성의 사춘기 연령을 조사한 결과이다. 두 집단의 사춘기 연령의 평균 차이 $(\mu_1-\mu_2)$에 대한 95% 신뢰구간을 구하여라.

	남성	여성
표본평균	$\bar{x}_1=14.6$	$\bar{x}_2=13.4$
모분산	$\sigma_1^2=16$	$\sigma_2^2=25$
표본수	$n_1=100$	$n_2=100$

5 유럽에서 15명의 성인을 임의로 뽑아 몸무게를 잰 결과 평균이 $\bar{x}_1=154$파운드이고, 미국에서 임의로 뽑은 18명의 성인 평균 몸무게가 $\bar{x}_2=162$파운드이었다. 과거 조사에 의하면 유럽 성인의 몸무게의 분산은 $\sigma_1^2=100$이고, 미국인 성인의 몸무게의 분산은 $\sigma_2^2=169$이다. 이 두 곳의 성인의 몸무게는 차이가 있다고 할 수 있는가? $\alpha=0.05$로 하고 몸무게들은 각각 정규분포를 이룬다고 가정한다.

6 한 회사에서는 12명의 판매원을 임의 선정하여 야간 경영대학원에 등록시켜 최신 판매기법을 1년 동안 수강토록 하였다. 다음 해 이들 판매원들은 평균 435,000달러, 표준편차 56,000달러어치의 판매실적을 기록하였다. 같은 기간 동안 판매기법을 수강하지 않은 15명의 판매원을 독립적으로 추출하여 조사한 결과 평균 408,000달러, 표준편차 43,000달러의 판매 실적을 달성하였다. 두 모집단이 정규분포를 따르며 같은 분산을 갖는다고 가정할 때 모평균 차에 대한 95% 신뢰구간을 구하여라.

7 두 가지 담배 T와 M의 니코틴 함량을 비교한다고 하자. T담배 10개비의 평균 니코틴 함량은 3.1 mg, 표준편차는 0.5 mg이고, 한편 M담배 8개비의 평균 니코틴 함량은 2.7 mg, 표준편차는 0.7 mg이다. 이상의 값들이 등분산을 갖는 정규모집단으로부터 추출한 임의표본에서 얻은 값이라면, 담배 T와 M의 평균 니코틴 함량의 참값에 대한 95% 신뢰구간을 구하여라.

8 어느 회사에서 직업훈련을 10명에게 실시하였다. 그들이 훈련을 받은 후 제품A를 생산하는 데 평균 12.1시간 걸렸으며, 훈련을 받지 않은 사람 16명을 대상으로 제품A를 생산하는 데 걸리

는 시간을 측정한 결과 14.2시간 걸렸다. 이 결과로부터 직업훈련의 효과가 있다고 할 수 있는지를 유의수준 0.05하에서 검정하여라. 각 집단의 표준편차는 각각 4시간으로 동일하다고 가정하자.

9 H초등학교 학생 16명, T초등학교 학생 14명을 임의로 추출하여 IQ검사를 한 결과 다음과 같았다. 유의수준 0.01과 0.05에서 이 두 초등학교 학생들의 IQ에 차이가 있는지 검정하여라. 단 H와 T초등학교 학생들의 IQ는 각각 정규분포를 하고 모분산은 같다고 가정한다.

학교	표본의 크기	평균 IQ	표준편차
H 초등학교	16	107	10
T초등학교	14	112	8

10 두 정규분포로부터 독립적인 확률표본을 추출하여 다음과 같은 결과를 얻었다.

표본 1	표본 2
$n_1=12$	$n_2=16$
$\bar{x}_1=35$	$\bar{x}_2=43$
$s_1=4.2$	$s_2=3.7$

a. σ^2의 합동분산을 계산하여라.

b. 이 자료는 $\mu_1 \neq \mu_2$를 주장할 충분한 근거를 제공하는가? $\alpha=0.05$로 검정하여라.

c. 두 모평균의 차 $(\mu_1-\mu_2)$에 대한 95% 신뢰구간을 구하여라.

11 A사와 B사의 제품 각각 10개, 12개씩 무작위로 추출하여 길이를 측정한 결과 $\bar{x}_A=3.87$, $\bar{x}_B=3.23$이었다. A사 제품의 표준편차는 4이고, B사 제품의 표준편차는 6일 때, 다음을 구하여라.

a. 두 제품의 모평균 차에 대한 90% 신뢰구간을 구하여라.

b. 두 제품의 모평균에 있어 차가 있다고 할 수 있겠는가? 유의수준은 5%이다.

12 어떤 회사는 관리자들의 민감성을 증진할 두 교육프로그램을 평가하고자 한다. 원래의 프로그램은 리더와의 질문-답변 형식으로 격식을 차리지 않는 수업으로 구성되어 있고, 새로운 프로그램은 전문적인 심리학자와의 공식적인 접촉을 통하는 수업으로 구성되어 있다. 새로운 교육방법이 민감성 증진에 큰 기여를 하였는지 5%의 유의수준으로 검정하여라.

새로운 방법	원래의 방법
$n_1=12$	$n_2=15$
$\bar{x}_1=92\%$	$\bar{x}_2=84\%$
$s_1=15\%$	$s_2=19\%$

13 인산 비료를 5개의 구획에 주고, 질소 비료를 6개의 구획에 주었을 때, 각 구획에서의 밀의 생산량은 다음과 같다. $\mu_1-\mu_2$의 98% 신뢰구간을 구하여라. 단, μ_1은 모든 가능한 구획에 인산 비료를 주었을 때의 평균이고, μ_2는 질소 비료를 주었을 때의 평균이다.

안산비료.dat
안산비료.xlsx

인산 비료	질소 비료
40	50
49	41
38	53
48	39
49	40
	47

14 D대학 1학년 재학생 중 S학과 재학생 12명과 C학과 재학생 15명을 임의로 추출하여 통계학 성적을 조사한 결과가 다음과 같다. S학과 재학생이 C학과 재학생에 비해 통계학 성적이 우수한지를 유의수준 0.05%에서 검정하여라. 이때 통계학 성적은 정규분포를 따른다고 한다.

	표본의 크기	통계학 평균 성적	표준편차
S학과	12	78	6
C학과	15	74	8

15 10개의 A구역에 대해 질소비료를 주었더니 어떤 곡식의 평균 생산량이 $\bar{x}_1=82.5$ kg이고, 표준편차가 $s_1=20$ kg으로 나타났다. 질소 비료를 주지 않은 10개의 B구역은 평균 생산량이 $\bar{x}_2=64.9$ kg이고, 표준편차가 $s_2=14$ kg이었다면, 유의수준 0.05%에서 해당 곡식에 대해 비료의 차이가 있다고 할 수 있는지를 검정하여라.

16 두 품질의 담배 레종과 라크의 니코틴 함량을 비교하기 위해 레종 담배에서 49개 표본을, 라크 담배에서 25개 표본을 검사하였더니 그 결과가 다음과 같았다. 5% 유의수준에서 볼 때 두 담배의 니코틴 함량은 차이가 있다고 할 수 있는가?

	표본평균	표본분산
레종	15.4	3
라크	16.8	4

17 한 공장에서 같은 일을 하는 남자 작업자와 여자 작업자 사이에 월급 차이가 있는지 조사하였다. 남자 작업자 50명을 추출하여 계산한 결과 평균은 200만 원, 표준편차는 50만 원이었다. 여자 작업자 70명을 추출하여 계산한 결과 평균은 150만 원, 표준편차는 80만 원이었다. 남녀 작업자 간 월급차의 95% 신뢰구간을 구하여라.

18 법학개론은 학생들의 요구에 따라 두 가지 교육방식을 구분하여 실시하고 있다. 이 과목을 수강한 200명의 학생 중 주입식 교육을 받은 학생 40명을 추출하여 평균 시험점수를 보니 320점이었고, 표준편차는 54.53이었다. 한편 토론식 교육을 받은 학생 61명을 추출하여 평균 점수를 보니 305점이었고, 표준편차는 62.61이었다. 모평균 점수차에 대한 95% 신뢰구간을 구하여라.

19 주간과 야간 모두 있는 어느 경영대학원에서는 일반적으로 예습과 복습의 시간이 부족한 야간

학생에 비해 주간학생의 시험성적이 좋아 10점 정도는 차이가 있다고 말한다. 이 차이가 사실인지 확인하기 위하여 같은 시간에 같은 문제로 통계학을 시험 본 야간학생 40명을 추출하여 그들의 평균 점수를 계산한 결과 평균은 70점, 표준편차는 10점이었다. 한편 주간학생 50명을 추출하여 그들의 평균 점수를 계산한 결과 평균은 83점, 표준편차는 12점이었다. 주 · 야간 학생들의 성적 차이가 10점이라고 말할 수 있는가를 유의수준 10%로 검정하여라.

20 A회사의 전구 150개를 표본으로 뽑아 수명을 조사하였더니 평균은 1400시간, 표준편차는 120시간이었다. 또한 B회사의 전구 200개를 표본으로 뽑아 조사한 결과 평균은 1200시간, 표준편차 80시간이었다. 두 회사의 전체 전구의 평균 수명의 차에 대하여 99% 신뢰구간을 구하여라.

21 A, B 두 공장에서 생산하는 전구 중에서 100개씩 표본을 임의로 추출하여 수명을 조사한 결과 다음과 같다. 두 공장에서 생산한 전구의 수명이 차이가 없다고 할 수 있는가? 유의수준 5%로 검정하여라.

A공장 : 평균 2035(시간), 표준편차 64(시간)
B공장 : 평균 1920(시간), 표준편차 84(시간)

22 아스팔트와 시멘트 노면의 파손량을 조사한 결과가 다음과 같다. 실제 두 도로의 평균 파손량의 차이에 대한 95% 신뢰구간을 구하여라.

	아스팔트	시멘트
표본평균	$\overline{x}_1=36500$	$\overline{x}_2=23800$
표본분산	$s_1^2=2200$	$s_2^2=1500$
지역수	$n_1=40$	$n_2=36$

23 4년제 대학생이 2년제 대학생보다 더 열심히 공부한다고 보는가? 이러한 질문에 대한 대답을 얻기 위하여 4년제 대학생 47명과 2년제 대학생 36명에게 주당 과제물을 수행하는 데 몇 시간을 투자하는지 물어보았다. 조사 그룹별 평균 및 표준편차는 아래와 같다. 이 자료를 근거로 4년제 대학생이 2년제 대학생보다 더 열심히 공부한다고 할 수 있는가? ($\alpha=0.01$을 사용하여라) 또한 이 검정에서 p값은 무엇인가?

4년제 대학생	2년제 대학생
$\overline{x}_1=18.6$	$\overline{x}_2=14.7$
$s_1^2=22.4$	$s_2^2=20.9$

24 서울시에 거주하는 300세대와 경기도에 거주하는 200세대를 임의로 추출하여 12월 한 달간의 물 소비량을 측정한 결과, 서울시에 거주하는 세대의 평균 물 소비량은 7리터, 표준편차는 2리터인 반면, 경기도에 거주하는 세대의 평균 물 소비량은 5리터, 표준편차는 1.5리터로 조사되었다. 이를 근거로 서울시에 거주하는 세대와 경기도에 거주하는 세대 간 12월 한 달간의 물 소비량에 차이가 있다고 할 수 있는지를 유의수준 5%로 검정하여라.

25 지금까지의 경험으로 보아 A회사에서 만드는 전구의 평균 수명은 B회사에서 만드는 것보다 200시간 길다고 한다. A전구회사에서 169개의 표본을 뽑아 평균 수명을 조사하였더니 1400시간이었고 표준편차는 130시간이었다. B회사에서는 144개를 뽑았는데 표본의 평균 수명은 1300시간이었고 표준편차는 120시간이었다. A회사의 전체 전구의 평균 수명이 B회사 전구보다 200시간 길다는 것을 유의수준 5%에서 검정하여라.

26 '맛있어' 주식회사는 조미료 시장점유율을 확대하기 위하여 6개월 동안 광고캠페인을 실시하였다. 실시 전과 후의 변화를 평가하기 위하여 실시 전과 후에 똑같은 백화점과 일반 가게 등에서 판매한 1,200상자씩을 독립적으로 추출하여 조사한 결과, 전에는 54상자였던 것이 후에는 90상자로 증가하였다. 광고 전의 '맛있어' 조미료가 차지하는 비율을 p_1이라 하고 후의 비율을 p_2라고 할 때

a. 두 모비율의 차이(p_1-p_2)에 대한 95% 신뢰구간을 구하여라.

b. 시장점유율의 증가가 광고캠페인의 결과라고 주장할 수 있는지 유의수준 5%로 검정하여라.

27 영국에서 발행되는 잡지에 실리는 상업광고 중 203개의 표본을 추출하여 조사한 결과 52개는 익살스러운 내용이었고, 미국에서 발행되는 잡지 중 270개의 상업광고를 추출하여 조사한 결과 56개가 익살스러운 내용이었다. 두 나라 잡지의 광고 중 익살스러운 광고의 비율이 같은지 유의수준 5%로 검정하여라.

28 2060명의 소비자를 표본으로 추출하여 조사한 결과 그중 13%가 평화 소주를 선호하는 것으로 나타났다. 앞으로 3개월 동안 광고캠페인을 벌여 평화 소주가 맛대회에서 우승하여 상을 받는 장면을 보여 주려고 한다. 회사측은 캠페인 결과 시장점유율이 적어도 5%는 증가하리라 기대하고 있다. 캠페인이 끝나 5000명의 소비자를 조사한 결과 19%가 평화 소주를 선호하는 것으로 나타났다고 할 때

a. 유의수준 5%로 가설을 검정하여라.

b. 캠페인 후 평화 소주를 선호하는 소비자들의 모비율의 증가에 대한 95% 신뢰구간을 구하여라.

29 어느 벽돌공장에서는 두 가지 다른 공정을 통해서 벽돌을 생산한다. 두 공정 사이에 파손율에 차이가 있는지 평가하기 위하여, 첫 공정에서 200개의 벽돌을 표본으로 추출하여 조사한 결과 노 속에서 굽는 과정에 파손된 벽돌이 20개였다. 한편 두 번째 공정에서 300개의 벽돌을 표본으로 추출하여 조사한 결과 노 속에서 파손된 벽돌이 45개였다. 두 공정 간 노 속 파손율에 차이가 있는지 유의수준 2%로 검정하여라.

30 한 칫솔 제조업체는 TV 광고에서 적어도 다섯 명의 치과의사 중 4명은 자사 제품을 추천한다고 주장하였다. 이러한 광고 내용을 증명하기 위하여 소비자보호연맹에서는 400명의 치과의사를 표본으로 추출하여 조사하였더니, 310명의 치과의사가 이 제품을 추천한다는 사실을 알았다. 5%의 유의수준하에서 제조업자의 주장을 철회시킬 수 있는 충분한 근거가 있는지 검정하여라.

31 한국항공은 자사의 강점으로 정시 도착률을 강조하면서 자사 비행기의 경우, 모든 비행일정의 10% 미만이 정시에 도착하지 못한다고 주장한다. 이를 위해 표본으로 70편의 비행 일정을 조사하였더니 단지 60편만이 정시에 일정대로 도착하였다. 이 표본조사를 바탕으로 한국항공의 주장이 잘못이라고 결론을 내릴 수 있는가? 유의수준은 10%를 가정하여라.

32 가나다 제약회사는 감기 예방약을 제조하는 회사이다. 이 회사의 감기 예방약에 대한 효능을 검정하기 위하여, 1000명을 표본으로 추출하였다. 그중 500명에게는 예방약을 주사하였으며, 나머지 500명에게는 예방약을 주사하지 않았다. 3개월 동안 감기에 걸린 경우를 각 그룹별로 조사하였더니 다음과 같은 결과를 얻었다.

조건	예방약	
	주사함	주사하지 않음
감기 걸림	80	120
안 걸림	420	380

이러한 자료는 감기 예방약이 감기를 예방하는 데 효과가 있다는 충분한 근거를 제공한다고 할 수 있는가? 유의수준 5%로 검정하여라.

33 똑같은 종류의 제품을 만드는 기계 A, B가 있다. 이 기계들은 각각 다른 공장에서 만들어졌는데, 어느 기계가 더 우수한지 알아보기 위해 기계 A가 생산해 낸 제품과 기계 B가 생산해 낸 제품에서 각각 100개를 뽑아 불량품의 개수를 조사하였다. 그 결과 기계 A로 만든 제품에서는 10%, 기계 B로 만든 제품에서는 7%의 불량품이 나왔다. 두 기계가 만든 제품 전체의 불량품 비율의 차에 대해 95% 신뢰구간을 구하여라.

34 조사 결과 어느 대학에서 150명의 교수 중 48명이 담배를 피우고, 300명의 학생 중 114명이 담배를 피운다고 한다. p_1을 모든 교수 중에서 담배 피우는 비율이라고 하고, p_2를 모든 학생들 중에서 담배 피우는 비율이라고 할 때 p_1-p_2에 대한 95% 근사적인 신뢰구간을 구하여라.

35 A, B 두 지역에 있어서 각각 80호 및 70호의 농가를 표본추출하여 트랙터의 소유상황을 조사하였더니 A 지역은 10호, B 지역은 5호가 각각 소유하고 있었다. A 지역과 B 지역과의 트랙터 소유율에 차가 있는지 유의수준 5%에서 검정하여라.

36 120마리의 파리가 들어 있는 항아리에 살충제 A를 뿌렸더니 95마리가 죽었다. 145마리의 파리가 들어 있는 다른 항아리에 살충제 B를 뿌렸더니 124마리가 죽었다. 2% 유의수준에서 볼 때 두 살충제의 효과가 차이가 있는가?

37 민주당과 공화당은 자기 당의 대선 후보에 대한 지지율을 파악하기 위하여, 각각 독자적으로 전국에서 무작위로 추출한 1000명의 유권자를 대상으로 전화여론조사를 실시하였다. 여론조사 결과 두 후보 간의 지지율은 각각 47.5%, 46.7%로 나타났다. 이 결과를 토대로 두 당의 대선 후보의 지지율 간에 차이가 있다고 볼 수 있는지 여부를 유의수준 5%에서 검정하여라.

실습 문제

38 A사와 B사의 제품 표본을 각각 10개씩 추출하여 그 길이를 측정한 결과 다음과 같은 자료를 얻었다. A사 제품의 표준편차 σ는 2이고, B사 제품의 표준편차 σ는 3일 때 두 제품의 모평균의 차 $(\mu_1 - \mu_2)$에 대한 95% 신뢰구간을 구하여라.

제품길이.dat
제품길이.xlsx

A사	24	27	25	26	24	26	25	27	26	28	258
B사	20	21	29	22	23	20	22	24	21	20	222

39 A사와 B사 제품의 로트(lot)에서 각각 10개와 8개를 추출하여 순도를 측정한 결과 다음과 같은 자료를 얻었다. 두 제품의 순도는 정규분포를 따르는데 표준편차는 모르지만 거의 같다고 한다.

순도.dat
순도.xlsx

a. 두 회사제품의 모평균의 차에 대한 99% 신뢰구간을 구하여라.

b. 두 회사제품의 모평균 간에 차이가 있는지 유의수준 5%로 검정하여라.

A회사	23	32	27	28	20	24	26	23	30	28
B회사	16	19	22	25	19	17	23	13		

40 선박용 엔진을 두 종류의 기계를 이용해서 생산하는 회사에서, 기존의 A기계와 새로 도입한 B기계의 작업시간에 대해 조사한 결과는 다음과 같다. 99%의 신뢰도로 두 기계의 평균 작업시간의 차를 추정하여라. 단, 두 모집단이 정규분포를 이루고, 모집단의 분산이 동일하며 두 모집단은 서로 독립적이다.

선박엔진.dat
선박엔진.xlsx

A 기계 : 55.4, 56.9, 60.1, 54.2, 51.3, 52.3, 50.9, 46.8, 50.1, 55.6, 53.4, 55.9, 57.8, 50.1, 49.9

B 기계 : 46.2, 44.3, 41.8, 47.2, 50.3, 44.9, 43.8, 54.3, 43.2, 47.8, 46.5, 48.8

41 대학교 신입생을 대상으로 쌍을 이루는 두 사람은 IQ가 비슷하게 해서 10쌍을 골랐다. 각 쌍의 임의의 한 사람에게는 교수방법 A로, 다른 사람에게는 교수방법 B로 통계학을 가르친 후 시험을 본 결과가 아래와 같다. 두 교수방법의 점수 차이에 대한 진짜 평균의 95% 신뢰구간을 구하여라. 점수의 차에 대한 분포는 정규분포라고 가정한다.

교수방법.dat
교수방법.xlsx

쌍	1	2	3	4	5	6	7	8	9	10
A방법	76	60	85	58	91	75	82	64	79	88
B방법	81	52	87	70	86	77	90	63	85	83

42 출하 측과 수입 측에서 어떤 금속의 함유량을 분석하게 되었다. 분석법에 차이가 있는지를 검토하기 위하여 표준표본을 양측이 10개씩 추출하여 분석한 결과 다음의 자료를 얻었다.

금속.dat
금속.xlsx

표준표본	1	2	3	4	5	6	7	8	9	10
출하 측	52.33	51.98	51.72	52.04	51.90	51.92	51.96	51.90	52.14	52.02
수입 측	52.11	51.90	51.78	51.89	51.60	51.87	52.07	51.76	51.82	51.91

a. 양측의 분석값에 차가 있는가? $\alpha = 0.05$로 검정하여라.

b. 차가 있다면 그 차를 신뢰수준 95%로 구간을 추정하여라.

암기법.dat
암기법.xlsx

43 두 가지 종류의 암기법이 서로 차이가 있는지를 알아보기 위하여, 두 집단의 어린 아이에게 각각의 방법으로 외국어 단어를 가르친 후, 암기하고 있는 단어가 몇 개인가를 알아보았더니 다음과 같았다.

암기법 A	5	2	4	7	4	4	8	3	7	6	$n_1=10$
암기법 B	6	5	4	9	4	6	8	5	6	7	$n_2=10$

위의 자료를 기초로 하여 두 암기법이 서로 차이가 있는지를 유의수준 1%에서 검정하여라. 두 모집단의 분포는 정규분포이고, 두 모분산은 같다고 가정한다.

수면제.dat
수면제.xlsx

44 10명의 환자에게 A, B 두 종류의 수면제를 투약한 후 수면시간의 연장을 측정하여 다음과 같은 결과를 얻었다. 이 경우 A, B의 결과가 같은지 1% 유의수준에서 검정하여라.

환자	1	2	3	4	5	6	7	8	9	10
A	0.7	−1.6	−0.2	−1.2	−0.1	3.4	3.7	0.8	0.0	2.0
B	1.9	0.8	1.1	0.1	−0.1	4.4	5.5	1.6	4.6	3.4

작업능률.dat
작업능률.xlsx

45 어느 회사에서 직업 훈련이 근로자의 능률 향상에 효과가 있는지를 알고 싶다고 하자. 이를 위해 16명의 근로자를 뽑아서 직업 훈련을 하기 전과 후의 작업능률 점수를 알아보았더니 다음과 같았다. 이 조사 결과로써 훈련 전과 후의 능률이 같다고 할 수 있는가? 유의수준 1%에서 검정하여라.

번호	1	2	3	4	5	6	7	8	9	10	11	12	13	14	15	16
후	80	90	92	75	86	90	81	70	89	88	82	79	91	90	78	89
전	75	83	96	77	81	90	82	67	94	85	78	82	96	80	87	81

식이요법.dat
식이요법.xlsx

46 어느 의사가 개발한 식이요법을 따르면, 체중이 줄 것이라고 주장한다. 다음의 자료는 지원자 5명의 식이요법 전과 후의 체중을 측정한 자료이다. 이 자료를 이용하여 5% 유의수준으로 검정하여라.

	1	2	3	4	5
식이요법 후	170	169	133	132	143
식이요법 전	175	168	140	130	150

다이어트.dat
다이어트.xlsx

47 H 건강 연구소에서 개발한 다이어트 프로그램의 효과를 측정하기 위하여, 프로그램을 수료한 10명을 무작위로 추출하여 프로그램 시작 전의 체중과 프로그램 수료 후의 체중을 조사한 결과는 다음과 같다.

표본	시작전	수료후	표본	시작전	수료후
A	53	52	F	48	45
B	61	56	G	56	56
C	52	50	H	58	55
D	46	46	I	54	56

E	45	42	J	60	57

$\alpha=0.05$에서 다이어트 프로그램 수료 후에 체중이 줄었다고 할 수 있는가?

48 금연운동본부에서 금연교육을 실시하고 그 효과를 파악하기 위하여 교육을 받은 16명을 무작위로 1일 흡연량을 조사한 결과는 다음과 같다.

금연교육.dat
금연교육.xlsx

표본	교육 전	교육 후	차이	표본	교육 전	교육 후	차이
A	15	20	−5	I	15	10	5
B	30	10	20	J	10	15	−5
C	25	20	5	K	25	25	0
D	10	0	10	L	30	15	15
E	40	20	20	M	35	10	25
F	18	10	8	N	40	30	10
G	15	0	15	O	45	30	15
H	30	20	10	P	50	38	12

a. $\alpha=0.05$에서 교육 전과 교육 후의 흡연량에 차이가 있다고 할 수 있는가?

b. $\alpha=0.05$에서 교육 전과 교육 후의 흡연량의 차이가 5개비 이상이라고 할 수 있는가?

49 15명의 학생들을 무작위로 선발하여 새로운 영어 학습법을 배우기 전과 배운 후의 성적을 조사하여 다음과 같은 결과를 얻었다. 새로운 학습법과 기존 학습법 간에 차이가 존재하는지, 그리고 새로운 학습법이 기존 학습법에 비해서 더 우수하다고 할 수 있는지를 유의수준 5%에서 각각 검정하여라.

영어학습법.dat
영어학습법.xlsx

전	87	92	75	84	95	77	80	65	71	73	86	90	85	77	80
후	90	93	80	83	97	82	81	70	76	71	83	93	87	75	79

50 운전 중에 휴대폰 통화가 교통사고에 미치는 영향을 파악하고자 12명을 무작위로 추출하여 운전자가 통화중일 경우와 정상 운전하고 있을 경우의 물체에 대한 반응시간을 측정한 결과는 다음과 같다.

운전중통화.dat
운전중통화.xlsx

운전자	정상 운전	통화 중 운전	운전자	정상 운전	통화 중 운전
A	0.36	0.40	G	0.39	0.35
B	0.32	0.36	H	0.42	0.50
C	0.35	0.38	I	0.40	0.47
D	0.30	0.32	J	0.38	0.46
E	0.31	0.35	K	0.29	0.31
F	0.37	0.43	L	0.36	0.38

$\alpha=0.05$에서 통화 중 운전 시의 반응속도가 정상 운전 시의 반응속도에 비해 늦다고 할 수 있

는가?

brain-waves.txt

51 캐나다의 감옥에서 20명을 랜덤하게 10명씩 나누어 한쪽을 독방(confined)에 있게 하였다. 독방 생활이 인지능력에 영향이 있는지 알아보기 위하여 뇌의 알파파(alpha-wave)를 조사하였다. P. Gendreau et al., “Changes in EEG Alpha Frequency and Evoked Response Latency During Solitary Confinement,” Journal of Abnormal Psychology 79 [1972]: 54–59)

독방과 공동방(Nonconfined) 수감자의 알파파의 차이가 있는지 그래프와 검정으로 분석하여라.

housing-prices.txt
mosaicData::SaratogaHouses

52 미국 뉴욕주의 사라토가 카운티(Saratoga County)의 2006년 집값 자료이다.

price = price (US dollars)
fireplaces = number of fireplaces

a. 벽난로(fireplaces)의 존재 여부에 따라 집값(price)의 차이가 있는가? 상자그림으로 비교하여라.
b. 벽난로가 없는 집단과 하나 이상의 집단이 집값에서 차이가 나는지 검정하여라.

baseball-2016

53 2016년 미국 프로 야구경기의 자료이다.

http://www.baseball-reference.com/leagues/MLB/2016.shtml

a. 내셔널리그(NL)와 아메리칸리그(AL)의 게임당 점수(Runs.per.game)가 차이가 나는지 상자그림으로 비교하고 평균 차이 검정을 하여라.
b. 내셔널리그(NL)와 아메리칸리그(AL)의 홈런수(HR.per.game)가 차이가 나는지 상자그림으로 비교하고 평균 차이 검정을 하여라.

11 분산에 대한 추론

George Waddel Snedecor(1881 ~ 1974)

미국 통계학자. 분산분석, 실험계획 분야의 선구자. F분포를 스네덱커의 F분포(Snedecor F distrib–ution)라고도 함. 1913년, Iowa State University에 미국 최초의 통계학과를 만들었으며, 그가 쓴 통계교과서 『Statistical Method』는 1970년대를 풍미함.

이제까지 모평균과 모비율에 대한 추론을 살펴보았다. 만일 모집단의 변동성이나 퍼짐에 관심이 있다면, 모분산이 추론의 대상이 될 것이다. 모분산에 대한 추론은 의사결정의 중요한 정보로 이용되는 경우가 많다. 증권 가격의 분석 또는 금융공학 분야에서는 변동성(분산)이 매우 중요한 역할을 한다. 층화 추출시 층별 표본수의 결정이나 평균이나 비율의 분석에 분산이 중요한 역할을 한다.

예를 들어, 일정한 규격의 볼 베어링을 생산하는 경우에 제조공정에서 지름의 변이도가 크면, 평균적으로 규격에 맞아도 불량품이 많아지는 심각한 문제가 야기된다. 따라서 생산되는 베어링 지름의 변이도를 확인하여 특정 허용범위를 넘지 않도록 생산공정을 조절하여야 할 것이다. 이런 경우 베어링 지름의 변동성를 확인하는 방법으로써 모분산에 대한 추론을 하게 되고, 이는 생산공정을 유지할 것인지 조정할 것인지를 결정하는 중요한 정보로 작용할 것이다. 다른 예로는 주식 가격의 변동성을 들 수 있다. 통계학에서는 **분산(variance)**이라고 하는 것을 주식 가격을 이야기할 때는 **변동성(volatility)**이라고 한다. 변동성의 정확한 예측은 주식 투자의 포트폴리오 구성(위험분산)에 매우 중요한 역할을 하며, 옵션거래에서는 변동성이 가격 결정에 막대한 영향을 미친다.

우선 한 모집단의 분산에 대한 추론을 다루고, 이어서 두 모집단의 분산에 대한 추론을 위해 쓰이는 과정을 살펴볼 것이다.

11.1 모분산에 대한 추론

평균이 관찰값 자체의 평균이라면 분산은 변동량 또는 퍼짐량의 평균이다.

Y식품은 캔음료를 생산하는 공장을 운영하고 있다. Y식품은 350 mL 캔음료를 가장 많이 생산하고 있다. 생산공정은 캔에 평균 350 mL의 음료가 담기도록 생산공정을 조절하고 있었음에도 불구하고, 표기된 용량보다 적다는 소비자들의 불만이 접수되었다. 평균 350 mL가 주입되지만, 모든 캔에 음료가 정확히 350 mL는 아니다. 전체 캔 중에서 표본을 추출하여, 담겨진 용량의 표본분산을 계산할 수 있다. 이 값이 생산과정에 의해 만들어진 제품들의 모분산을 대표할 것이다. 표본분산이 극히 크다면, 평균이 정확히 350 mL라고 하더라도 과다용량과 과소용량이 나타나게 된다. 이러한 경우에는 용량의 변동성을 줄이기 위하여 생산공정에 조정이 필요할 것이다.

S^2을 구할 때 n으로 나누지 않고 $n-1$로 나누는 것은 σ^2의 비편향 추정치를 얻기 위함이다.

모집단의 캔에 담긴 음료의 양이 정규분포를 따른다고 가정하고, 모집단에서 표본으로 뽑힌 n개의 캔에 담긴 음료의 용량을 각각 x_1, x_2, $\cdots x_n$라고 하자. 음료의 용량 평균을 $\bar{x}$라고 할 때 모분산 σ^2의 점추정값은 표본분산

$$s^2 = \frac{\sum_{i=1}^{n}(x_i - \bar{x})^2}{n-1}$$

이다. 모분산에 대한 추론을 하는 데에 있어 점추정값인 표본분산의 성질을 규명하거나 모분산에 대한 구간추정 또는 검정을 하기 위하여 $(n-1)S^2/\sigma^2$의 표집분포가 유용한데, 그 표집분포는 **χ^2분포(카이제곱분포, chi-square distribution)**를 따른다.

$\dfrac{(n-1)S^2}{\sigma^2}$의 표집분포

모분산이 σ^2인 정규모집단으로부터 n개를 단순확률추출한 표본의 분산이 S^2인 경우

$\frac{(n-1)S^2}{\sigma^2}$의 표집분포는 자유도가 $n-1$인 χ^2분포를 따른다.

$$\frac{(n-1)S^2}{\sigma^2} \sim \chi^2_{(n-1)}$$

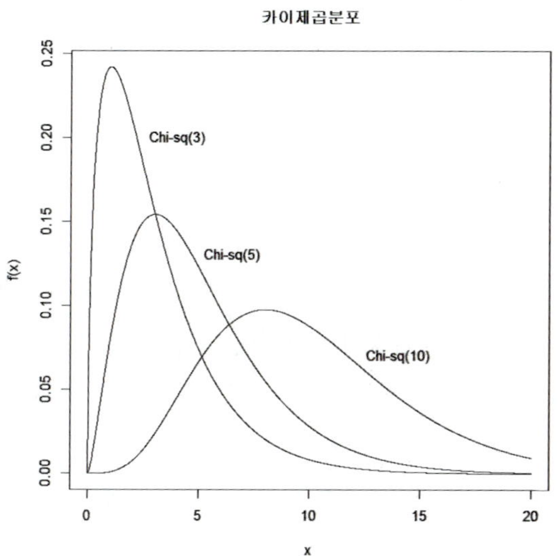

그림 11.1
χ^2분포

모분산에 대한 추론을 할 경우 모집단이 정규분포를 따르고, 단순확률추출을 해야 한다는 조건을 만족하여야 함을 유의하여야 한다.

모집단이 정규분포를 할때만 χ^2분포가 만들어진다.

$(n-1)S^2/\sigma^2$의 표집분포가 χ^2분포를 하므로 정규모집단에서 n개의 표본이 단순확률추출된 경우에는, 모분산에 대한 구간추정 또는 가설검정을 할 때 χ^2분포를 이용할 수 있다.

χ^2분포는 [그림 11.1]과 같이 양의 왜도를 갖는 분포이다.

모분산의 신뢰구간

χ^2분포는 그림 11.2와 같은 형태로, $\chi^2_{v,\,\alpha}$는 자유도가 v인 χ^2분포에서 확률변수가 $\chi^2_{v,\,\alpha}$보다 클 확률이 α인 값을 의미한다. $\chi^2_{v,\,\alpha}$의 값은 χ^2분포표를 통해 알아낼 수 있다. 10장의 모평균과 모비율의 추정에서 쓰인 정규분포와는 달리 χ^2분포는 비대칭형으로, χ^2분포를 따르는 $(n-1)S^2/\sigma^2$의 $100(1-\alpha)\%$ 신뢰구간은 그림 11.2에서 볼 수 있듯이

$$(\chi^2_{n-1,\ 1-\alpha/2},\ \chi^2_{n-1,\ \alpha/2})$$

이며, 모분산 σ^2의 $100(1-\alpha)\%$ 신뢰구간은 다음과 같다.

모분산 σ^2의 $100(1-\alpha)\%$신뢰구간

$$\left(\frac{(n-1)s^2}{\chi^2_{n-1,\,\alpha/2}},\ \frac{(n-1)s^2}{\chi^2_{n-1,\,(1-\alpha/2)}}\right) \tag{11.1}$$

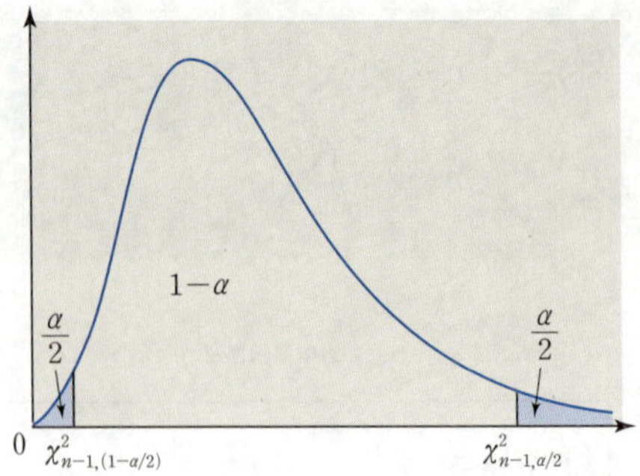

그림 11.2
자유도가 $n-1$인 χ^2분포의 유의수준 α의 신뢰구간

예제 11.1

χ^2분포가 모분산의 신뢰구간을 추정하는 데에 어떻게 사용되는지 알아보기 위해, 앞에서 소개된 Y회사의 음료 주입과정에 적용하여 보자. 25개의 캔이 단순확률추출되었고, 표본분산은 4(mL^2)로 계산되었다. 그러나 25개로 이루어진 표본에서 얻은 분산이 전체 음료 용량의 모분산의 정확한 값이라고 기대할 수 없으므로, 모분산의 신뢰구간을 추정하게 된다. 모분산 σ^2의 95% 신뢰구간을 구하고자 한다.

풀이

표본크기가 25이므로 자유도가 24인 χ^2분포표에서 $\chi^2_{24,\ 0.025}=39.3641$와 $\chi^2_{24,\ 0.975}=12.4011$를 찾아내면 식 11.1을 이용하여

$$\left(\frac{24\cdot 4}{39.3641},\ \frac{24\cdot 4}{12.4011}\right)$$

와 같이 구할 수 있다. 즉, Y회사의 음료 용량의 모분산 σ^2의 95% 신뢰구간은

$$(2.4388,\ 7.7412)$$

이고, 여기에 제곱근을 취하면 모표준편차 σ의 95% 신뢰구간을

$$(1.5617,\ 2.7823)$$

와 같이 구할 수 있다.

모분산에 대한 가설검정

모분산의 신뢰구간 식 11.1에서 $(n-1)S^2/\sigma^2$의 분포가 χ^2분포임을 이용하였듯이 이를 통해 모분산 σ^2에 대한 가설검정을 실시할 수 있다. 검정통계량은 χ^2분포를 따르는 $(n-1)S^2/\sigma^2$가 되고, 자유도가 $n-1$인 χ^2분포를 이용하여 검정을 실시하게 된다. σ_0^2이 가설에서 쓰일 모분산값이라고 할 때,

[우측검정] $H_0: \sigma^2=\sigma_0^2$ vs $H_a: \sigma^2>\sigma_0^2$
[좌측검정] $H_0: \sigma^2=\sigma_0^2$ vs $H_a: \sigma^2<\sigma_0^2$
[양측검정] $H_0: \sigma^2=\sigma_0^2$ vs $H_a: \sigma^2\neq\sigma_0^2$

와 같이 세 가지의 가설검정 형태가 있을 수 있다. 모평균과 모비율의 가설검정에서 살펴본 바와 같이 가설에 따라 검정에서 차이가 나타난다. 모분산에 대한 가설검정을 할 때 보통 $\sigma^2=\sigma_0^2$를 가정하여, 검정통계량은 다음과 같다.

모분산 σ^2에 대한 가설검정을 위한 검정통계량

$$\chi^2=\frac{(n-1)S^2}{\sigma_0^2}$$

검정통계량 χ^2를 구한 후, p값이나 임곗값을 이용하는 방법으로 검정할 수 있다.

예제 11.2

Y식품의 음료 용량 문제로 돌아가 보자. Y식품은 모분산이 2.25 이하이면 현재의 생산과정를 유지하기로 하였다. 그렇다면 가설

$$H_0\!:\sigma^2=2.25 \quad \text{vs} \quad H_a\!:\sigma^2>2.25$$

를 통해 생산과정 조정여부를 결정할 수 있을 것이다.

풀이

우선 귀무가설, 즉 모분산이 Y식품이 정한 기준 2.25 이하일 것이라고 가정한다. 만일 모분산이 기준을 초과한다는 증거가 충분하다면 귀무가설 H_0를 기각하고, Y식품은 모분산을 줄이기 위한 조정 방법을 찾을 것이다.

유의수준 5%에서 가설검정을 하고자 하고, 검정통계량값은 다음과 같다.

$$\chi^2=\frac{(n-1)S^2}{\sigma_0^2}=\frac{(25-1)4}{2.25}=42.67$$

$\chi^2_{24,\ 0.05}$값은 39.4151이므로, 귀무가설을 기각한다.

χ^2분포표를 통해 p값으로 가설검정을 할 수도 있는데, χ^2분포표는 t분포표와 비슷하게 p값을 정확하게 제시하여 주지 않는다. 하지만 p값의 범위를 알 수 있다. 자유도가 24인 χ^2분포표를 살펴보면

$\chi^2_{24,\ 0.1}$	$\chi^2_{24,\ 0.05}$	$\chi^2_{24,\ 0.025}$	$\chi^2_{24,\ 0.01}$	$\chi^2_{24,\ 0.005}$
33.1963	36.4151	39.3641	42.9798	45.5585

검정통계량의 값이 42.67이므로 이에 해당하는 p값은 0.025보다 작을 것이다. p값이 유의수준 0.05보다 작으므로 귀무가설을 기각하며, 이에 대한 대책으로 Y식품은 캔에 음료를 주입하는 공정에 조정을 하여야 할 것이다.

실제 모분산에 대한 가설검정에서는 우측검정이 가장 흔하게 쓰인다. 버스의 도착 시간, 한 제품당 생산 시간 등은 작은 분산이 선호되며, 분산이 크면 조정이 필요하다. 일반적으로 허용 가능한 모분산의 최댓값을 기준값으로 정하고, 모분산이 기준값 이하라는 귀무가설, 반대로 기준값을 초과한다는 대립가설을 세운다. 그리고 귀무가설을 기각하면, 즉 모분산이 기준값보다 크다는 결론이 나면, 이에 대한 조치를 취하게 될 것이다.

예제 11.3

모분산에 대한 양측검정을 생각하여 보자. H고등학교의 수학 선생님들은 최근 새로운 입시에 알맞은 시험 방식을 도입하고자 한다. 적절한 변별력을 유지하기 위해 새로운 시험 방식도 종전까지 사용된 시험 방식과 같이 200이라는 시험 점수의 분산을 유지하고자 한다. H고등학교 학생들의 시험 점수는 정규분포를 따른다고 가정하고, 새로운 시험 방식에서의 시험 점수의 분산을 평가하기 위한 가설은

$$H_0: \sigma^2 = 200 \quad \text{vs} \quad H_a: \sigma^2 \neq 200$$

이 될 것이다. 만일 귀무가설을 기각하게 되면, 즉 새로운 시험 방식이 기존 시험의 변별력을 유지하지 못한다면, 기존의 방식과 비슷한 분산 수준으로 조정을 할 것이다. 새로운 시험의 변별력을 검정하기 위하여, 학생들 중 30명을 단순확률추출하여 새로운 방식의 시험을 치르게 하였으며, 10% 유의수준에서 검정을 한다. 30명이 응시한 시험 점수의 분산은 정규분포를 따르며 175이었다.

풀이

표본이 30명이므로 자유도가 29인 χ^2분포표에서 유의수준 10%에서 임곗값은 요약 11.1에서 볼 수 있듯이 $\chi^2_{29,\ 0.95}$과 $\chi^2_{29,\ 0.05}$이며, 각각 17.7083, 42.5569이라는 값을 갖는다. 따라서 검정통계량 χ^2의 값이 17.7083보다 작거나 42.5569보다 크면 귀무가설을 기각한다. σ_0^2는 귀무가설에서 가정하고 있는 200이며, 검정통계는

$$\chi^2 = \frac{(30-1)\cdot 175}{200} = 25.375$$

와 같이 계산된다. 이는 기각역에 해당하지 않으므로, 귀무가설을 기각할 만큼 통계적 증거가 없다. 따라서 새로운 시험 방식이 기존의 방식과 비교하여 변별력이 떨어진다고 할 수 없다.

요약 11.1 정규모집단의 분산에 대한 가설검정

$$\text{검정통계량: } \chi^2 = \frac{(n-1)S^2}{\sigma_0^2}$$

[우측검정] 유의수준 α의 모분산 α^2에 대한 가설검정

$H_0: \sigma^2 = \sigma_0^2$ vs $H_a: \sigma^2 > \sigma_0^2$

기각역 : $\chi^2 > \chi^2_{n-1,\,\alpha}$

p값 $< \alpha$이면, H_0 기각

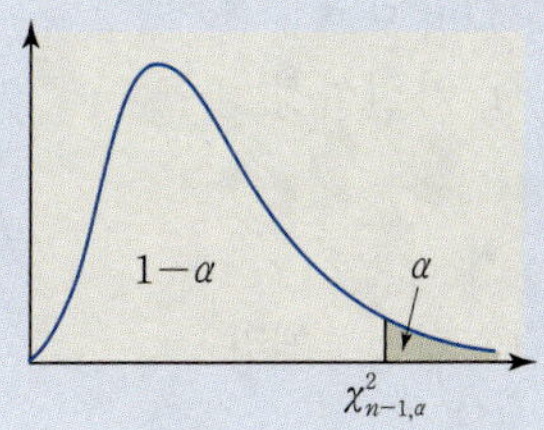

[좌측검정] 유의수준 α의 모분산 α^2에 대한 가설검정

$H_0: \sigma^2 = \sigma_0^2$ vs $H_a: \sigma^2 < \sigma_0^2$

기각역 : $\chi^2 < \chi^2_{n-1,\,(1-\alpha)}$

p값 $< \alpha$이면, H_0 기각

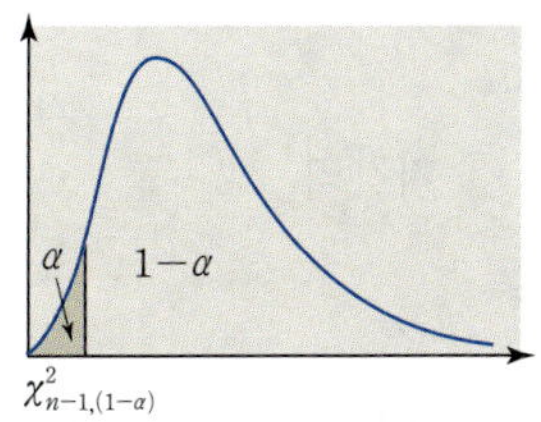

[양측검정] 유의수준 α의 모분산 α^2에 대한 가설검정

$H_0: \sigma^2 = \sigma_0^2$ vs $H_a: \sigma^2 \neq \sigma_0^2$

기각 : $\chi^2 < \chi^2_{n-1,\,(1-\alpha/2)}$ 또는 $\chi^2 > \chi^2_{n-1,\,\alpha/2}$

p값 $< \alpha$이면, H_0 기각

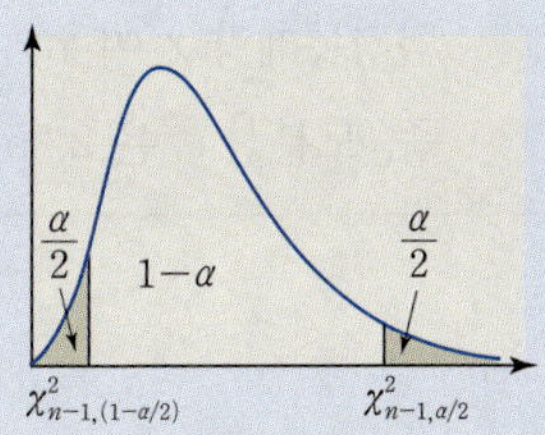

예제 11.4

단일 기계에서 생산된 플라스틱 판 두께의 분포가 정규분포를 따른다고 하자. 완성된 플라스틱 판들에 대한 두께의 분산이 2.25 mm^2 이상이면, 이는 공정에 이상이 있는 것이라고 한다. 생산된 제품 중 10장의 확률표본을 추출하여 두께를 측정하였더니 다음과 같았다.

226 226 232 227 225 228 225 228 229 230

이 자료를 통해 모분산의 95% 신뢰구간을 구하고, $\sigma^2 \geq 2.25$인지 여부를 유의수준 5%로 검정하여라.

풀이

1. 기초통계량

$$\bar{x} = \frac{1}{10}\sum_{i=1}^{n} x_i = 227.6$$

$$s^2 = \frac{1}{n-1}\sum_{i=1}^{n}(x_i - \bar{x})^2 = \frac{1}{9}\sum_{i=1}^{n}(x_i - 227.6)^2 = 46.4/9 = 5.1556$$

2. 신뢰구간

$$\left(\frac{(n-1)s^2}{\chi^2_{n-1,\,\alpha/2}},\ \frac{(n-1)s^2}{\chi^2_{n-1,\,(1-\alpha/2)}}\right)$$
$$= \left(\frac{9\times 5.1556}{19.0228},\ \frac{9\times 5.1556}{2.7004}\right)$$
$$= (2.4392,\ 17.1828)$$

3. 가설검정

① 가설설정

$$H_0 : \sigma^2 = 2.25 \quad \text{vs} \quad H_a : \sigma^2 > 2.25$$

② 검정통계량

$$\chi^2 = \frac{9 \times 5.1556}{2.25} = 20.6224$$

③ 기각역

$$\chi^2 > \chi^2_{9,\ 0.05} = 16.919$$

④ 결론

검정통계량 χ^2이 $\chi^2_{9,\ 0.95}$보다 크므로 귀무가설을 기각한다.

즉, 모분산 σ^2은 2.25보다 크므로, 이상이 있다는 결론이 난다.

11.2 두 모집단의 분산에 대한 추론

서로 다른 투자 포트폴리오에 관련된 위험들을 비교하여 선택하는 경우와 같이 서로 다른 두 모집단의 분산을 비교하고자 할 때가 있다. 두 개의 공장에서 생산되는 베어링의 품질을 유지하기 위하여 베어링의 크기가 일정하게 생산되고 있는지 비교할 필요가 있다. 또 10장에서는 소표본으로 두 모평균을 비교할 때, 등분산을 가정하고 t분포를 사용하여 추론을 하였다. 이때 등분산 가정에 대한 강한 의문이 제기되어 등분산 가정이 적합한지에 대한 분석이 선행되어야 하는데 이러한 경우에도 사용될 수 있다. 그러나 등분산 가정에 대한 검정과 모평균 차이에 대한 검정을 동시에 하게 되면 전체 유의수준은 각각의 유의수준보다 커지게 된다. 전체 유의수준의 계산은 통계입문 수준을 벗어 나므로 통계입문학도에게는 등분산 가정의 타당성 점검을 통계적 검정이 아닌 선험적 판단력에 의할 것을 권유한다.

두 모집단의 비교
- 평균, 비율 : 차이=0 ?
- 분산 : 비율=1 ?

평균이나 비율의 경우는 그 차이를 이용하여 차이가 0이 되면 두 모평균이나 두 비율이 같은 상태를 나타내는 방법으로 추론을 하였으나, 모분산의 경우에는 그 비율이 1이 되면 두 분산이 같은 상태를 나타낸다. 이렇게 다른 방법으로 두 모수가 '같음'을 나타내는 이유는 그렇게 해야 쉽게 표집분포를 얻을 수 있기 때문이다.

정규모집단 1과 정규모집단 2로부터 추출된 각각 n_1개, n_2개의 독립 단순임의표본을 x_{11}, x_{12}, $\cdots x_{1n_1}$과 x_{21}, x_{22}, $\cdots x_{2n_2}$라고 하자. 두 모집단을 비교하기 위해서 표본으로부터 얻은 정보를 이용하게 되는데, 두 모분산 σ_1^2, σ_2^2에 대한 추론은 모분산의 점추정량인 두 표본분산 S_1^2, S_2^2에서 출발한다. 두 분산을 비교하기 위하여 두 모분산의 상대적 크기 σ_1^2/σ_2^2를 모수로 정하고, S_1^2/S_2^2를 이용하여 σ_1^2/σ_2^2에 대한 추론을 하게 된다. 여기서 $(S_1^2/\sigma_1^2)/(S_2^2/\sigma_2^2)$의 표집분포가 유용하게 사용된다.

$\dfrac{S_1^2/\sigma_1^2}{S_2^2/\sigma_2^2}$의 표집분포

모분산이 각각 σ_1^2, σ_2^2인 두 정규모집단으로부터 n_1, n_2개 단순확률추출된 표본의 분산이 S_1^2와 S_2^2인 경우, $\dfrac{S_1^2/\sigma_1^2}{S_2^2/\sigma_2^2}$의 표집분포는 분자자유도가 n_1-1, 분모자유도가 n_2-1인 F분포를 따른다.

$$\frac{S_1^2/\sigma_1^2}{S_2^2/\sigma_2^2} \sim F_{n_1-1,\, n_2-1}$$

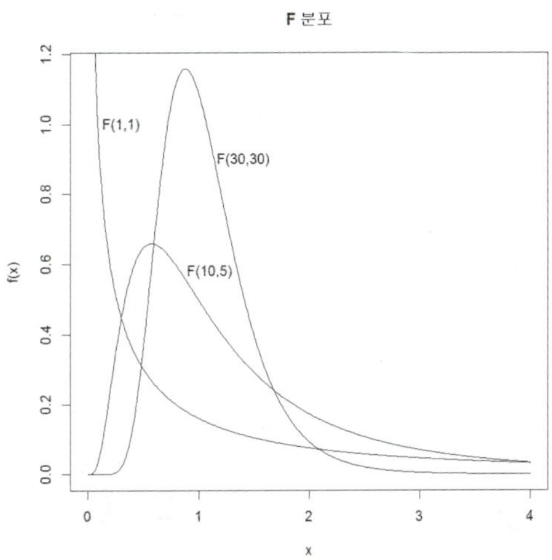

그림 11.3 F분포

두 모집단의 모분산을 비교하는 경우에도 두 모집단이 정규분포를 따르고, 독립적인 단순확률추출을 해야 한다는 조건을 만족하여야 한다.

$(S_1^2/\sigma_1^2)/(S_2^2/\sigma_2^2)$의 표집분포가 F분포를 따른다는 것이 이미 알려져 있으므로, 두 정규모집단에서 n_1, n_2개의 두 개의 표본이 단순확률추출된 경우에는 구간추정 또는 가설검정을 할 때 F분포를 이용하면 된다.

F분포

F분포(F distribution)는 χ^2분포와 마찬가지로 표본분산과 밀접한 관련이 있는 확률분포이다. 그러나 F분포는 χ^2분포와는 다른 용도로 사용된다. χ^2분포가 한 정규모집단의 모분산을 추론하는 데 사용된다면, F분포는 두 정규모집단의 분산을 비교하는 데 사용된다. 그뿐만 아니라 F분포는 13장의 분산분석과 14장 이후에 다룰 회귀분석에서 핵심적인 역할을 하는 매우 중요한 확률분포이다. 우선 F분포의 일반적인 정의를 살펴본 후, 이 F변수를 두 정규모집단의 분산을 비교하는 데 사용하는 방법에 관하여 알아보기로 한다.

독립인 두 모집단이 정규분포로 하는 경우에만 F분포가 만들어진다.

F분포의 발생

자유도가 각각 v_1, v_2인 두 χ^2변수 $\chi^2_{v_1}$과 $\chi^2_{v_2}$이 있다고 하자. 만일 이 두 변수가 상호 독립이면, 이 두 변수의 함수인

F분포는 그림 11.4처럼 양의 왜도를 갖는다.

$$F_{v_1, v_2} = \frac{\dfrac{\chi^2_{v_1}}{v_1}}{\dfrac{\chi^2_{v_2}}{v_2}}$$

은 분자자유도가 v_1, 분모자유도가 v_2인 F분포를 갖는다.

만일 두 정규모집단으로부터 추출된 표본이 서로 독립이면, 이들로부터 산출되는 S_1^2과 S_2^2도 독립이다. 또한 S_1^2와 S_2^2의 함수인 $(n_1-1)S_1^2/\sigma_1^2$과 $(n_2-1)S_2^2/\sigma_2^2$도 자유도가 각각 (n_1-1)과 (n_2-1)인 독립적인 χ^2분포를 갖는다. 그러므로 F변수의 정의에 따라

$$F_{v_1, v_2} = \frac{\dfrac{\chi^2_{v_1}}{v_1}}{\dfrac{\chi^2_{v_2}}{v_2}} = \frac{\dfrac{(n_1-1)S_1^2}{\sigma_1^2(n_1-1)}}{\dfrac{(n_2-1)S_2^2}{\sigma_2^2(n_2-1)}} = \frac{\dfrac{S_1^2}{\sigma_1^2}}{\dfrac{S_2^2}{\sigma_2^2}}$$

은 자유도가 $v_1=(n_1-1)$과 $v_2=(n_2-1)$인 F분포를 갖는다.

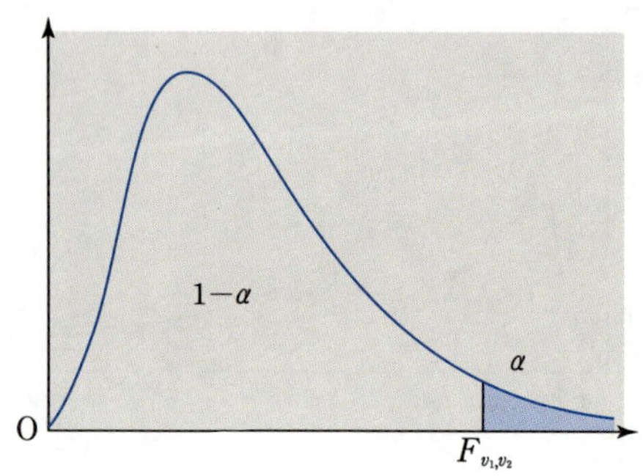

그림 11.4
분자자유도 v_1과 분모자유도 v_2인 F분포

그림 11.4는 F분포의 전형적인 형태를 보여 주고 있다. 그림에서 $F_{v_1, v_2, \alpha}$는 $P(F_{v_1, v_2} > F_{v_1, v_2, \alpha}) = \alpha$를 만족시키는 값을 가리킨다.

F분포와 분자와 분모를 바꾸면 자유도가 뒤바뀐 형태의 F분포가 되므로 $F_{v_1, v_2}F_{v_2, v_1}=1$ 이 되어 $P(F_{v_1, v_2} > F_{v_1, v_2, \alpha}) = P\left(\dfrac{1}{F_{v_2, v_1}} > F_{v_1, v_2, \alpha}\right) = \alpha$이 된다.

따라서 $P\left(\dfrac{1}{F_{v_1, v_2, \alpha}} > F_{v_2, v_1}\right) = 1-\alpha$이므로 $F_{v_2, v_1, 1-\frac{\alpha}{2}} = \dfrac{1}{F_{v_1, v_2, \frac{\alpha}{2}}}$가 된다. 이러한 성질을 이용하면 F분포에서 위쪽 확률분포표만으로 아래쪽 확률도 구할 수 있게 된다.

두 모분산의 비 σ_1^2/σ_2^2의 신뢰구간

두 모분산의 비 σ_1^2/σ_2^2의 $100(1-\alpha)\%$ 신뢰구간을 구할 때,

$$\frac{\dfrac{S_2^2}{\sigma_2^2}}{\dfrac{S_1^2}{\sigma_1^2}} = \frac{S_2^2\sigma_1^2}{S_1^2\sigma_2^2} = F_{n_2-1, n_1-1}$$

가 성립하므로, 분자자유도 $v_1=(n_2-1)$와 분모자유도 $v_2=(n_1-1)$인 F분포를 이용하여 구하게 된다. 즉,

$$F_{n_2-1,\, n_1-1,\, 1-\alpha/2} \le \frac{S_2^2\sigma_1^2}{S_1^2\sigma_2^2} \le F_{n_2-1,\, n_1-1,\, \alpha/2}$$

로부터 다음의 신뢰구간이 유도된다.

σ_1^2/σ_2^2의 $100(1-\alpha)\%$ 신뢰구간

$$F_{n_2-1,\, n_1-1,\, 1-\alpha/2}\frac{s_1^2}{s_2^2} \le \frac{\sigma_1^2}{\sigma_2^2} \le F_{n_2-1,\, n_1-1,\, \frac{\alpha}{2}}\frac{s_1^2}{s_2^2}$$

또는

$$\frac{1}{F_{n_1-1,\, n_2-1,\, \frac{\alpha}{2}}}\frac{s_1^2}{s_2^2} \le \frac{\sigma_1^2}{\sigma_2^2} \le F_{n_2-1,\, n_1-1,\, \frac{\alpha}{2}}\frac{s_1^2}{s_2^2}$$

예제 11.5

두 집단에 대해 각각 31개와 21개의 독립표본을 얻어 각각에 대한 표본분산 $s_1^2=9.4$와 $s_2^2=7.0$을 얻었다. $\frac{\sigma_1^2}{\sigma_2^2}$에 대한 95% 신뢰구간을 구하여라.

풀이

$$\frac{1}{F_{n_1-1,\, n_2-1,\, \frac{\alpha}{2}}}\frac{s_1^2}{s_2^2} \le \frac{\sigma_1^2}{\sigma_2^2} \le F_{n_2-1,\, n_1-1,\, \frac{\alpha}{2}}\frac{s_1^2}{s_2^2}$$

$$\frac{1}{F_{30,\, 20,\, 0.025}}\frac{s_1^2}{s_2^2} \le \frac{\sigma_1^2}{\sigma_2^2} \le F_{20,\, 30\, ,\, 0.025}\frac{s_1^2}{s_2^2}$$

$$\frac{1}{2.35}\frac{9.4}{7.0} \le \frac{\sigma_1^2}{\sigma_2^2} \le 2.2\frac{9.4}{7.0}$$

그러므로 $\frac{\sigma_1^2}{\sigma_2^2}$에 대한 95% 신뢰구간은 (0.57, 2.95)가 된다. 이 신뢰구간이 1을 포함하고 있음에 주의하자.

두 모분산에 대한 가설검정

두 모분산 비의 신뢰구간에서 $S_1^2\sigma_2^2/S_2^2\sigma_1^2$의 분포가 F분포임을 이용하였듯이, 두 모분산 σ_1^2과 σ_2^2를 비교하는 가설검정을 실시하는 데에도 F분포가 사용된다. 가설에 따라

[단측검정] $H_0: \sigma_1^2=\sigma_2^2$ vs $H_a: \sigma_1^2>\sigma_2^2$

[양측검정] $H_0: \sigma_1^2=\sigma_2^2$ vs $H_a: \sigma_1^2\ne\sigma_2^2$

와 같이 두 가지의 가설검정 형태가 있을 수 있다. 가설검정을 할 때, 즉 두 모분산을 비교할 때는 $\sigma_1^2=\sigma_2^2$를 가정하여 검정통계량은 다음과 같다.

두 모분산 σ_1^2, σ_2^2에 대한 가설검정을 위한 검정통계량

$$F = \frac{S_1^2}{S_2^2}$$

두 모분산이 같은지, 다른지, 검정은 두 모분산의 비율이 1인지 아닌지의 문제로 생각할 수 있다. 두 평균이 같은지는 그 차이가 0인지 검정하는 것으로 바꾸었었다.

표본분산 S_1^2과 S_2^2이 각각 σ_1^2과 σ_2^2의 추정량이므로 표본으로부터 얻은 s_1^2과 s_2^2을 비교하여, 만일 둘의 차이가 상당히 크다면 귀무가설을 기각하게 된다. 따라서 σ_1^2과 σ_2^2의 상대적 크기에 대한 추론을 위한 검정통계량으로 S_1^2/S_2^2이 사용될 수 있음을 직관적으로 알 수 있다. 즉, s_1^2/s_2^2의 값이 1에서 충분히 멀어지면 귀무가설을 기각할 수 있다.

요약 11.2 두 정규모집단의 분산에 대한 가설검정

$$\text{검정통계량 : } F = \frac{S_1^2}{S_2^2}$$

[단측검정] 유의수준 α의 두 모분산 σ_1^2, σ_2^2에 대한 가설검정

$$H_0 : \sigma_1^2 = \sigma_2^2 \quad \text{vs} \quad H_a : \sigma_1^2 > \sigma_2^2$$

기각역 : $F > F_{n_1-1,\, n_2-1,\, \alpha}$

p값 $< \alpha$이면, H_0 기각

[양측검정] 유의수준 α의 두 모분산 σ_1^2, σ_2^2에 대한 가설검정

$$H_0 : \sigma_1^2 = \sigma_2^2 \quad \text{vs} \quad H_a : \sigma_1^2 \neq \sigma_2^2$$

기각역 : $F < F_{n_1-1,\, n_2-1,\, 1-\alpha/2}$과 $F > F_{n_1-1,\, n_2-1,\, \alpha/2}$

p값 $< \alpha$이면, H_0 기각

예제 11.5(계속)

첫 번째 집단의 분산이 두 번째보다 큰지 유의수준 0.05로 검정하여라.

풀이

① 가설설정

$$H_0 : \sigma_1^2 = \sigma_2^2 \quad \text{vs.} \quad H_1 : \sigma_1^2 > \sigma_2^2$$

② 검정통계량

$$F = \frac{s_1^2}{s_2^2} = \frac{9.4}{7.0} = 1.3428$$

③ p값

$$p\text{값} = \Pr(F > 1.3428) = 0.248$$

④ 결론

p값이 유의수준 0.05보다 크므로 귀무가설을 기각하지 못한다. 즉, 첫 번째 집단은 두 번째 집단보다 분산이 크다고 할 수 없다.

예제 11.6

데스크탑과 노트북 두 종류의 서로 다른 컴퓨터의 고장 횟수를 조사하기 위해 각각 11대씩을 추출하여 조사한 결과, 분산이 $s_A^2=0.033$, $s_B^2=0.061$이었다. 각기 정규분포를 가정하고 유의수준 0.05에서 두 컴퓨터의 고장 횟수에 대한 분산 간에 유의한 차이가 있는지 검정하고, $\frac{\sigma_A^2}{\sigma_B^2}$의 95% 신뢰구간을 구하여라.

풀이

① 가설설정

$$H_0: \sigma_A^2=\sigma_B^2 \quad \text{vs} \quad H_a: \sigma_A^2 \neq \sigma_B^2$$

② 검정통계량

$$F=\frac{s_A^2}{s_B^2}=\frac{0.033}{0.061}=0.5409$$

③ 기각역

$$F>F_{10,\,10,\,0.025}=3.72 \text{ 또는 } F<\frac{1}{F_{10,\,10,\,0.025}}=\frac{1}{3.72}=0.2688$$

④ 결론

검정통계량이 기각역에 포함되지 않으므로 귀무가설을 기각하지 못한다. 즉, 두 컴퓨터의 고장 횟수에 대한 분산간에 유의한 차이가 있다고 말할 수 없다.

⑤ 신뢰구간의 계산

$$\begin{aligned} &\frac{1}{F_{n_1-1,\,n_2-1,\,\frac{\alpha}{2}}}\frac{s_1^2}{s_2^2} \le \frac{\sigma_1^2}{\sigma_2^2} \le F_{n_2-1,\,n_1-1,\,\frac{\alpha}{2}}\frac{s_1^2}{s_2^2} \\ \Longleftrightarrow\ &\frac{1}{F_{10,\,10,\,0.025}}\frac{0.033}{0.061} \le \frac{\sigma_1^2}{\sigma_2^2} \le F_{10,\,10,\,0.025}\frac{0.033}{0.061} \\ \Longleftrightarrow\ &0.1454 \le \frac{\sigma_1^2}{\sigma_2^2} \le 2.0121 \end{aligned}$$

신뢰구간이 1을 포함하는 것은 ④ 에서 결론과 상통한다.

읽을거리 **텍스트 마이닝: COVID-19 의학 논문을 활용한 토픽 간의 관계 분석 및 시각화**

우리 주변에는 다양한 유형의 데이터가 존재한다. 다양한 유형의 데이터는 크게 숫자로 표현된 정형 데이터(structured data)와 소리, 이미지, 또는 텍스트로 표현되는 비정형 데이터(unstructured data)로 나뉜다. 비정형 데이터는 숫자로 표현되지 않기 때문에 직접적인 통계 분석이 어려우므로 이를 정형화하여 통계 분석을 진행한다. 예를 들어, 소리 데이터의 경우에는 주파수를 계산하여 음폭의 높낮이를 수치화하고 이를 정형화하여 분석하며,

이미지의 경우에는 이미지를 구성하고 있는 명암, 색채 등의 픽셀값으로 변환하여 분석을 진행한다. 텍스트 데이터의 경우에는 단어의 출현 빈도 또는 한 문장에 단어가 동시에 등장한 횟수 등으로 데이터를 수치화함으로써 분석을 진행한다. 텍스트 데이터는 실생활에서 쉽게 접해볼 수 있으며 인터넷 뉴스, SNS에 올라오는 피드들, 여러 학계의 논문 등이 이에 해당한다.

이처럼 텍스트 데이터를 정형화하면 다양한 통계 분석 기법들을 접목해 유의미한 결과를 도출할 수 있다. 텍스트 데이터를 다루는 간단한 방식으로는 EDA(Exploratory Data Analysis, 탐색적 자료분석)를 통해 단어 빈도의 현황 등을 시각적으로 파악하는 것이다. 예를 들어, 신문 기사에서 등장한 단어의 횟수를 도수분포표로 살펴볼 수 있다. 이때 '야구', '결승전', '스카우트', '홈런' 등의 단어가 다른 단어에 비해 높은 빈도를 가진다면, 해당 뉴스 기사는 야구 스포츠와 관련된 내용이라는 것을 유추할 수 있다.

하지만 단순 빈도를 이용한 텍스트 분석에는 한계가 있다. 예를 들어, '구름', '사람', '하늘', '여름' 등의 보편적인 단어가 빈번하게 나타나는 경우, 해당 기사가 여름철 휴가에 관한 이야기인지, 아니면 날씨에 관한 이야기인지를 구분하기 어렵다. 즉, 흔하게 자주 사용되는 단어나 혹은 추상적인 단어들은 빈도만으로는 텍스트 분석을 할 수 없다. 이러한 한계를 극복하기 위해 단어들의 긍정 및 부정의 감성 정보를 추가로 활용하는 방법, 혹은 특정 단어를 기점으로 빈번하게 같이 언급되는 단어들의 연결망을 분석할 수 있다. 특히 한 문서당 단어들의 출현 양상을 기반으로 패턴을 분석한다면, 해당 문서에 대한 정보를 요약해서 살펴볼 수 있다.

한 예시로 코로나와 관련된 의학 논문을 요약한다면, 어떤 주제들이 코로나와 관련되어 연구되고 있는지를 쉽게 볼 수 있다. 무수히 많은 의학 저널들을 하나하나 다 읽고 해석하고 파악한다는 것은 많은 시간이 필요할 뿐만 아니라, 전문적인 지식도 필요하므로 코로나 연구 주제들의 관계를 파악하는 것 역시 어렵다. 따라서 논문에 나와 있는 단어들의 패턴을 파악하고 두드러지는 패턴을 발견하면, 모든 문서를 다 읽는 것이 아닌, 단어의 발현만으로 코로나에 관한 전반적인 연구 행태를 이해할 수 있다.

Jeon et al(2021) 논문에 따르면, 방대한 양의 코로나 논문을 분석하기 위해 무수히 많은 의학 논문에서 단어들이 함께 등장한 단어쌍(bi-term)의 패턴을 파악함으로써 논문의 큰 주제들을 발견하였다. 즉, 논문에서 이야기되는 맥락을 단어 쌍의 군집으로 해석하는 Topic Modeling을 진행하였다. 이를 통해 총 20개의 주제가 코로나와 관련되어 연구되는 것을 알 수 있었으며, 네트워크 기법을 접목해 토픽(topic)들이 서로 어떤 상호작용(interaction)을 하는지 시각적으로 살펴보았다(visualization). 다음은 COVID-19 의학 논문을 활용한 토픽 간의 관계 분석을 시각화한 그림이다. 분석 결과를 살펴보면, 코로나 발생과 관련된 주제들이 중앙에 위치하여 있으며 (A), 시계 반대 방향에 따라 코로나에 대한 사회적 변화 (B), 코로나 치료에 대한 연구 및 증상 (C), 코로나로 인한 신체 내부적 변화 (D), 마지막으로 생물학적 메커니즘 (E)에 대한 토픽들이 서로 근접하게 연관된 것을 알 수 있다.

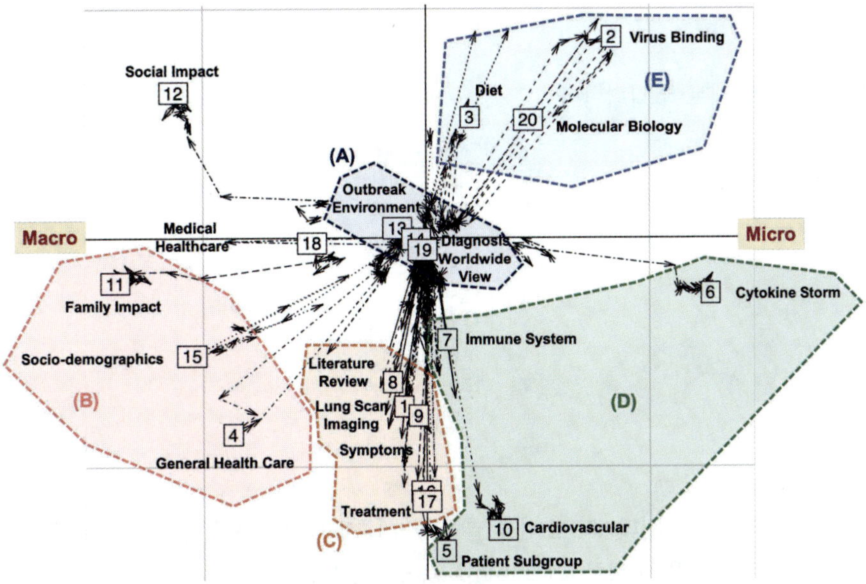

이처럼, 텍스트 데이터라는 비정형 데이터를 정형화함으로써 다양한 분석이 가능하고 이는 다양한 해석과 유의미한 결과를 발견하는 데 도움을 준다. 그뿐만 아니라, 분석의 결과를 시각화함으로써 해석을 용이하게 하는 것을 확인할 수 있다.

출처: Jeon, Y., Chung, D., Park, J., & Jin, I. H. (2021). Network–based Trajectory Topic Interaction Map for Text Mining of COVID–19 Biomedical Literature. arXiv preprint arXiv:2106.07374

EXCEL · SPSS · R

이 책과 관련된 데이터, 정오표 등은 자유아카데미의 홈페이지(www.freeaca.com)나 web.yonsei.ac.kr/cekim에서 얻을 수 있다.

다음은 남녀 학생들의 100 m 달리기 기록이다. 두 집단의 분산을 비교할 때 여학생의 분산이 남학생의 분산보다 크다고 할 수 있는가를 유의수준 5%에서 검정하여라.

남녀달리기.dat
남녀달리기.xlsx

남학생	14.2	12.7	13.6	12.5	13.1	12.6	13.9	13.4	13.0
여학생	15.2	16.0	14.3	13.5	18.0	17.0	15.8	11.8	12.1

EXCEL

Step 1 자료를 시트에 입력한다.

	A	B
1	남학생	여학생
2	14.2	15.2
3	12.7	16
4	13.5	14.3
5	12.5	13.5
6	13.1	18
7	12.6	17
8	13.9	15.8
9	13.4	11.8
10	13	12.1

Step 2 **[데이터]** 메뉴의 **[데이터 분석]**을 클릭하여 **[통계 데이터 분석]** 창에서 **⟨*F*-검정: 분산에 대한 두 집단⟩**을 선택하고 **[확인]** 버튼을 클릭한다.

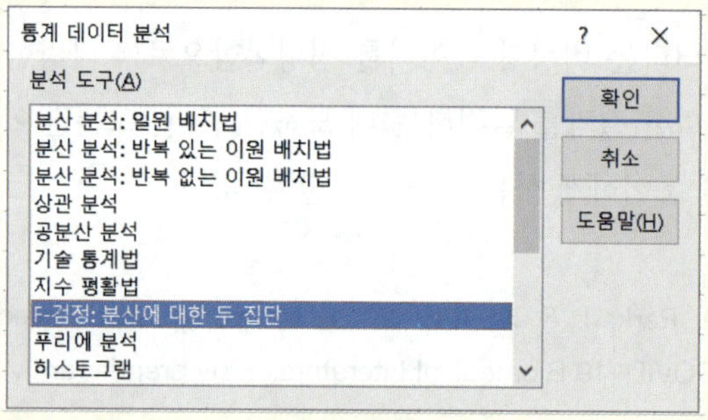

Step 3 다음의 **[*F*-검정: 분산에 대한 두 집단]** 창에서

- **[입력]**의 **[변수 1입력 범위(1)]**에는 첫 번째 자료의 위치인 **"$A$1:$A$10"**을
- **[변수 2의 입력 범위(2)]**에는 두 번째 자료의 위치인 **"$B$1:$B$10"**을 입력한다.

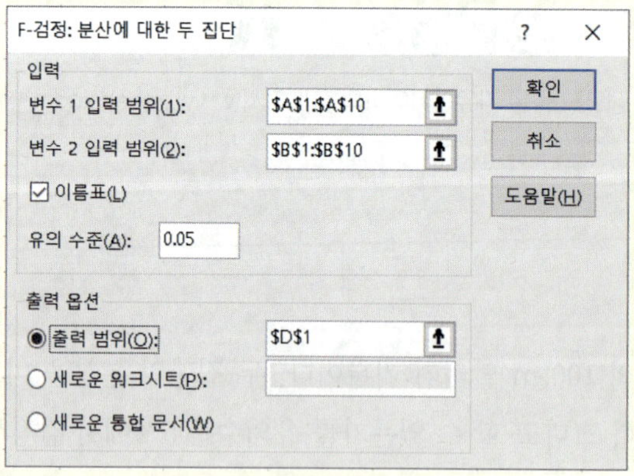

- 자료의 값 중 셀 A1과 A2는 자료의 각 이름이므로 **[이름표]**에 체크를 한다.
- **[유의수준]**은 0.05를 그대로 사용하고
- **[출력 옵션]**에서 **[출력 범위]**를 같은 워크시트에 하기 위하여 **"$D$1"**이라고 입력하고 **[확인]**버튼을 클릭한다.

Step 4 다음과 같은 결과를 얻는다.

	A	B	C	D	E	F
1	남학생	여학생		F-검정: 분산에 대한 두 집단		
2	14.2	15.2				
3	12.7	16			남학생	여학생
4	13.5	14.3		평균	13.21111	14.85556
5	12.5	13.5		분산	0.346111	4.485278
6	13.1	18		관측수	9	9
7	12.6	17		자유도	8	8
8	13.9	15.8		F 비	0.077166	
9	13.4	11.8		P(F<=f) 단측 검정	0.000773	
10	13	12.1		F 기각치: 단측 검정	0.290858	

SPSS

SPSS에서는 두 집단의 분산 차이를 F분포를 이용해서 검정하는 것을 패키지로 제공하고 있지 않다. 그렇기 때문에 F검정통계량을 알기 위해 필요한 두 집단의 표본표준편차 값을 구하여 F검정을 해야 한다. "남녀달리기2" 자료를 이용한다('남녀달리기' 자료와 비교).

Step 1 PASW Statistics Data Editor 창의 **변수 보기**에서 다음과 같은 두 개의 변수를 만든다.

	이름	유형	너비
1	성별	숫자	8
2	기록	숫자	8

Step 2 PASW Statistics Data Editor 창의 **데이터 보기**에서 남학생의 자료의 경우 성별 열에 1을 입력하고, 기록 열에 자료의 값을 입력한다. 여학생의 자료의 경우에는 성별 열에 2를 입력하고 기록 열에 자료의 값을 입력한다.

	성별	기록
1	1.00	14.20
2	1.00	12.70
3	1.00	13.60
4	1.00	12.50

Step 3 PASW Statistics Data Editor 창의 **[분석]** 메뉴에서 **평균 비교**의 **집단별 평균 비교**를 선택한다.

Step 4 **평균** 창에서 **종속변수**란에 **기록변수**를 화살표를 통해 설정하고, **독립변수**란에는 **성별**을 입력한 후 **확인**을 누른다.

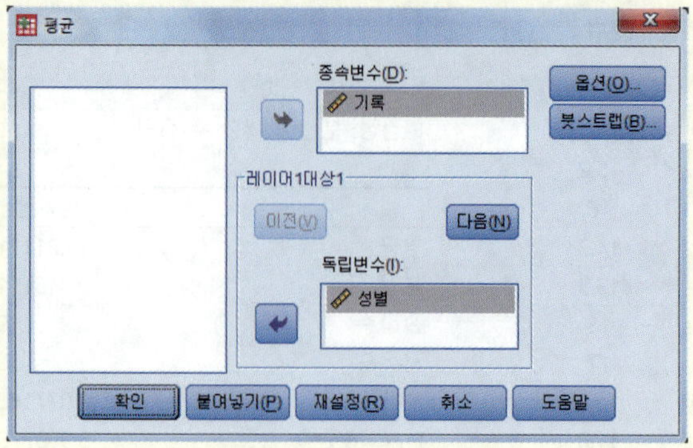

Step 5 PASW Statistics Viewer 창에서 다음과 같은 결과를 확인할 수 있다.

보고서

기록

성별	평균	N	표준편차
1.00	13.2222	9	.59535
2.00	14.8556	9	2.11785
합계	14.0389	18	1.72734

Step 6 이제 위의 결과에서 **보고서** 표에 있는 **표준편차** 값에 주목한다. F검정통계량은 두 집단의 표본분산의 비(Ratio)이므로 위의 표준편차 값을 이용하여 주어진 주어진 문제의 F검정통계량을 만들 수 있다. PASW Statistics Data Editor 창에서 **[변환]** 메뉴의 **변수 계산**을 선택한다.

Step 7 **변수 계산** 창에서 **대상 변수**란에는 p값이라 적고, **함수 집단**란에서는 CDF **및 비중심** CDF를 선택하고, **함수 및 특수변수**란에서는 CDF.F를 선택한 후 화살표를 이용해서 **숫자표현식**란에 입력한다. **숫자표현식**란에 입력된 수식의 물음표 부분을 0.59535**2/2.11785**2, 8, 8로 바꾼다. 여기서 처음 0.59535** 2/2.11785**2는 F 검정값이고, 뒤의 두 개의 8은 자유도이다. 그 후 **확인**을 누른다.

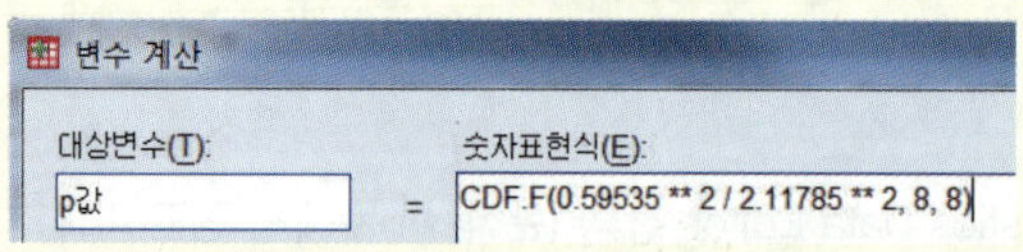

Step 8 다음과 같이 주어진 변수의 p값인 0.00084044966947을 확인할 수 있다. 이는 0.025보다 작으므로 주어진 귀무가설을 기각하여야 한다. 그러므로 두 집단의 분산은 다르다.

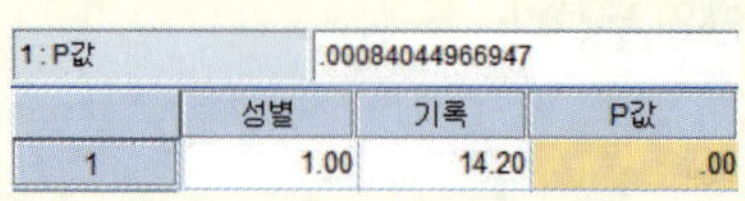

R

Step 1 다음의 코드를 이용하여 '남녀달리기' 데이터를 입력한다.

```
> 남학생 = c(14.2, 12.7, 13.5, 12.5, 13.1, 12.6, 13.9, 13.4, 13)
> 여학생 = c(15.2, 16, 14.3, 13.5, 18, 17, 15.8, 11.8, 12.1)
```

Step 2 다음의 코드를 이용하여 F검정을 실행한다.

```
> var.test(남학생,여학생, ratio=1, alternative=c("less"))

      F test to compare two variances

data: 남학생 and 여학생
F = 0.0772, num df = 8, denom df = 8, p-value = 0.0007726
alternative hypothesis: true ratio of variances is less than
1 95 percent confidence interval:
0.0000000 0.2653046
sample estimates:
ratio of variances
      0.07716604
```

p값이 0.0007726으로 0.05보다 작으므로 귀무가설을 기각한다.
여기서 귀무가설은'남학생과 여학생의 분산이 같다'이고, 대립가설은 '여학생의 분산이 남학생의 분산보다 크다'이다.

익힘문제

다음 문제에 답하시오. 해당 괄호에 알맞은 말을 넣거나, 선택하시오.

1 분산에 대한 추론은 정규 모집단에서 추출한 (　　　　)의 표집분포를 이용한다. 이 통계량은 자유도 (　　　　)인 (　　　　)분포를 한다.

2 모분산 σ^2의 $100(1-\alpha)\%$ 신뢰구간을 써라.

3 H_0: $\sigma^2=\sigma_0^2$에 대한 가설검정을 위한 검정통계량을 써라.

4 단일 분산에 대한 양측검정에서 위의 검정통계량이 (　　　　)에 가깝게 작거나, 아주 큰 값이 나오면 귀무가설을 기각한다.

5 두 모집단 분산에 대한 추론은 분산의 {차이, 비율}에 대한 추론으로 바꾸면 단일 변수에 대한 절차로 바꿀 수 있어 편리하다.

6 모분산이 각각 σ_1^2, σ_2^2인 두 정규모집단으로부터 n_1, n_2개를 단순임의추출된 표본의 분산이 S_1^2와 S_2^2인 경우, (　　　　)의 표집분포는 분자자유도 (　　　　), 분모자유도 (　　　　)인 (　　　　)분포를 한다.

7 F분포는 두 (　　　　)분포를 각각의 (　　　　)로 나눈 것의 비율로 얻어지는 분포이다.

8 $F_{v_2,\, v_1,\, 1-\alpha/2}=\dfrac{1}{(\quad)}$가 되는 성질을 이용하면 분포에서 위쪽 확률분포표만으로 아래쪽 확률을 구할 수 있게 된다.

9 σ_1^2/σ_2^2의 $100(1-\alpha)\%$ 신뢰구간을 써라.

10 두 모집단 분산에 대한 검정은 분산의 {차이, 비율}에 대한 추론으로 바꾸어 이것이 {0, 1}인지 검정하면 변수에 대한 절차로 된다.

11 H_0: $\sigma_1^2=\sigma_2^2$에 대한 가설검정을 위한 검정통계량을 써라.

12 두 분산에 대한 양측검정에서 검정통계량이 {0, 1}에서 멀어지면 두 분산이 서로 다르다는 것을 보이는 것이므로 귀무가설을 {기각, 기각 못}한다.

연습문제

주의: 모분산에 대한 추론은 정규분포의 가정이 필요하다. 아래 문제들에서는 특별한 언급이 없을지라도 표본들의 정규분포를 가정한다.

1 다음의 경우에 대해 표준편차의 점추정량을 구하여라.

a. $n=70$, $\sum(x_i-\overline{x})^2=215$

b. $n=140$, $\sum(x_i-\overline{x})^2=464$

2 자유도 12인 카이제곱분포의 왼쪽 꼬리의 면적 0.05에 대한 값을 구하여라.

3 어떤 농장에서 금년도 배의 수확량을 파악하기 위해 16그루를 임의로 추출하여 조사한 결과, 한 그루의 나무에 달린 배는 평균 45개, 표준편차 8개로 정규분포를 이루고 있었다. 이때 모분산의 95% 신뢰구간을 구하여라.

4 $n=30$, $s^2=64$일 때, σ^2에 대한 95% 신뢰구간을 구하여라.

5 A주식의 주간 수익률을 무작위로 추출한 10주간을 조사한 결과의 표준편차가 8% 였다.

a. 모집단 분산의 90% 신뢰구간을 구하여라.

b. 모집단 분산의 95% 신뢰구간을 구하여라.

c. 모집단 분산의 99% 신뢰구간을 구하여라.

d. 10주간을 조사한 것이 아니라 40주간을 조사한 결과라면, 앞의 세 문제의 답은 각각 어떻게 되겠는가?

6 정규분포 $N(\mu, \sigma^2)$으로부터 19개 확률표본을 추출하여 $\overline{x}$ 89.7, $s^2=11.72$를 얻었다.

a. 모분산에 대한 95% 신뢰구간을 구하여라.

b. 모표준편차에 대한 95% 신뢰구간을 구하여라.

7 어떤 공장에서 생산되는 건전지의 표준편차는 52시간이다. 신제품을 개발하여 그중에 30개의 건전지 수명을 측정한 결과, 표준편차는 60시간이었다. 유의수준 5%로 신제품 건전지의 표준편차는 52시간이라는 가설에 대해 검정하여라.

8 올림픽 공식 배구공으로 채택되기 위한 여러 가지 기준 중 배구공의 크기가 균일하도록 배구공들의 둘레길이에 대한 분산이 3 mm 미만이어야 한다는 조건이 들어 있다고 가정하자. 국내의 배구공 제조업체가 생산한 배구공 중 무작위로 30개를 추출하여 둘레길이를 조사한 결과 표본분산이 1.6 mm로 조사되었다. 이 제조업체가 올림픽 공식업체로 새로이 지정될 수 있는지 유의수준 5%에서 검정하여라.

9 주식투자는 높은 수익률을 얻을 수 있는 반면 위험도 그만큼 높은 것으로 알려져 있다. 위험에 대한 척도로서는 일반적으로 수익률의 분산을 사용한다. 즉, 분산이 낮을수록 위험이 낮고 분산이 높을수록 위험이 높다는 것을 의미한다. 이제 무작위로 추출한 50명의 주식투자자들의 수익률에 대한 표본분산이 25라고 할 때 모분산에 대한 95% 신뢰구간을 구하여라.

10 모대학 신입생들 41명에 대하여 IQ 검사를 실시한 결과 표본분산이 $s^2=258$이었다. 이 경우 모분산이 $\sigma^2=225$이라고 할 수 있는지 유의수준 5%에서 검정하여라.

11 어떤 화학제품 속에 포함된 불순물의 함유율의 분산이 4를 초과하게 되면 규정을 어기게 된다. 제품 20개를 추출하여 측정한 결과 함유율의 표본분산은 6.62였다. 유의수준 5%로 모분산이 4를 초과해서는 안된다는 귀무가설을 검정하여라.

12 특정한 종류의 나무가 기준 길이까지 자라는 데 걸리는 날짜수가 정규분포를 따른다고 한다. 이 나무 중에서 13개의 표본을 추출하여 평균 날짜수를 측정하였더니 18.97일이었다. 또한 표본분산은 128.41로 조사되었다.

a. 모분산에 대한 90% 신뢰구간을 구하여라.

b. 모표준편차에 대한 90% 신뢰구간을 구하여라.

13 어느 회사에서 만드는 통조림 무게의 표준편차가 작을수록 그 회사 제품은 동질성이 있으며, 품질관리가 잘 되어 있음을 나타낸다고 볼 수 있다. A회사의 생산부서에서는 통조림 무게의 표준편차가 16 g 정도라고 주장하고 있다. 품질관리 반에서는 생산부서의 주장을 확인하기 위하여, $n=28$인 표본을 임의로 선택하여 표본표준편차를 계산하여 본 결과 25라는 것을 알았다. 생산부서의 주장과는 달리 실제로는 모집단의 표준편차가 16 g보다 크다고 볼 수 있을 것인가? 통조림의 무게는 정규분포를 이룬다고 가정하고 유의수준 5%로 검정하여라.

14 어느 판매원이 자기 회사에서 만든 볼트의 반경은 표준편차가 0.1보다 작다고 주장한다. 11개의 볼트의 확률표본에서 모표준편차 σ의 추정값 s가 0.07로 계산되었다. 그 판매원의 주장이 타당한가를 유의수준 5%로 검정하여라.

15 어떤 지역의 소득분포의 모분산은 $\sigma^2=4400$이라고 한다. 지금 이 지역에서 11세대를 확률추출

하여 그 소득분포의 표본분산을 구하였더니 $s^2=5610$이었다. 이 표본 세대는 소득의 모분산이 $\sigma^2=4400$인 지역의 표본 세대로 보아도 좋은가? 유의수준 5%로 검정하여라.

16 F가 r_1과 r_2의 자유도를 갖는 F분포를 따른다고 할 때 다음을 구하여라.

a. $r_1=7$, $r_2=15$일 때, $P(F\leq 4.14)$

b. $r_1=6$, $r_2=15$일 때, $P(0.1323\leq F\leq 2.79)$

17 A중학교 3학년 학생 21명과 B중학교 3학년 학생 16명의 몸무게를 조사하였더니 표본분산이 각각 $s_1^2=6$, $s_2^2=4$로 나타났다. 모분산의 비 σ_1^2/σ_2^2의 98% 신뢰구간을 구하여라.

18 대형할인점에서 빠른 음악을 들려주는 날과 느린 음악을 들려주는 날의 고객 16명의 쇼핑시간을 조사한 결과, 표준편차는 40분과 30분이었다. 쇼핑시간은 일반적으로 정규분포를 이루고 있다.

a. 두 분산 비율의 90% 신뢰구간을 구하여라.

b. 두 분산 비율의 95% 신뢰구간을 구하여라.

c. 두 분산 비율의 99% 신뢰구간을 구하여라.

19 A사가 생산하는 건전지 15개의 수명의 표준편차는 25시간, B사의 건전지 20개의 수명의 표준편차는 20시간이었다. 건전지의 수명은 일반적으로 정규분포를 이루고 있다.

a. 두 회사 건전지 분산 비율의 90% 신뢰구간을 구하여라.

b. 두 회사 건전지 분산 비율의 95% 신뢰구간을 구하여라.

c. 두 회사 건전지 분산 비율의 99% 신뢰구간을 구하여라.

20 어느 공단에서 근무하는 근로자 64명을 조사한 결과 월 임금의 표준편차는 80,000원이었다. 전년도 같은 공단의 근로자 월 임금의 표준편차는 60,000원이었다.

a. 유의수준 10%에서 월 임금의 분산이 변했다고 할 수 있는가?

b. 유의수준 5%에서 월 임금의 분산이 작년에 비해 증가하였다고 할 수 있는가?

c. 유의수준 1%에서 월 임금의 분산이 작년에 비해 증가하였다고 할 수 있는가?

21 B주식의 주간 수익률을 무작위로 추출한 10주간을 조사한 결과 표준편차가 8%였다. 작년도 주간 수익률의 표준편차는 5%였다.

a. 유의수준 10%에서 주간 수익률의 분산이 변하였다고 할 수 있는가?

b. 유의수준 1%에서 금년의 수익률의 분산이 작년에 비해 증가하였다고 할 수 있는가?

22 A사가 생산하는 건전지 15개의 수명의 표준편차는 25시간, B사 건전지 20개의 수명의 표준편차는 20시간이었다. 건전지의 수명은 일반적으로 정규분포를 이루고 있다.

(1) 유의수준 5%에서 두 회사 건전지 수명의 분산이 다르다고 할 수 있는가?

(2) 유의수준 5%에서 A회사의 건전지 수명의 분산이 B회사 건전지 수명의 분산에 비해 크다고 할 수 있는가?

23 어느 고등학교에서 1학년 때에는 학생들 사이의 성적의 차이가 크나 2학년이 되면 성적의 차이가 작아질 것이라는 판단하에 실제로 그러한가를 알아보려고 한다. 두 학년의 성적분포는 정규분포를 따른다고 가정하자. 1학년에서 10명을 뽑고 2학년에서 15명을 뽑아서 각각의 성적 분산을 조사하여 본 결과, 1학년의 분산은 10.5, 2학년의 분산은 5였다. 이 두 집단의 분산은 같다고 볼 수 있는지 유의수준 5%로 검정하여라.

24 두 명의 실험자가 각각 5회에 걸쳐 같은 꽃에 비료를 주어 꽃의 무게를 측정하였더니 표본분산이 각각 $s_1^2=0.975$, $s_2^2=0.423$으로 나타났다. 비료를 줄 때, 두 사람 중 한 사람의 비료량의 변동에 차이가 있다고 할 수 있는지 유의수준 5%에서 검정하여라.

25 어떤 동물의 암컷과 수컷의 키가 각각 정규분포를 따른다고 가정하자. 임의로 선택한 암컷 26마리의 평균 키가 33.80이었고 표본분산은 4.88이었다. 그리고 임의로 선택한 수컷 31마리의 평균 키는 31.66, 표본분산은 5.81로 나타났다.

a. 암컷 키의 모분산과 수컷 키의 모분산이 서로 같다고 말할 수 있는가? 유의수준 2%로 검정하여라.

b. 암컷 키의 모분산과 수컷 키의 모분산의 비율의 98% 신뢰구간을 구하여라.

26 두 임상실험을 위하여 두 공급원 A, B로부터 공급된 흰 쥐의 무게가 동일한 형태의 분포를 갖는가를 보기 위하여 조사한 결과가 다음과 같다. 두 공급원에 의하여 공급되는 흰 쥐의 몸무게의 분산이 같다고 볼 수 있는지 10% 유의수준하에서 검정하여라.

연습문제11.26.dat
연습문제11.26.xlsx

공급원	표본의 수	표본평균	표본분산
A	13	4.21 g	0.049 g
B	18	4.18 g	0.019 g

27 최근 발행된 AAA급 채권 16가지를 표본으로 추출하여 조사한 결과 만기일의 표준편차는 11.11년이고, 최근 발행된 CCC급 채권 11가지를 조사한 결과 표준편차는 2.83년이었다. 두 모집단은 정규분포를 따른다고 할 때, 두 모분산이 같은지 유의수준 2%로 검정하여라.

28 냉동음식을 트럭으로 수송하는 데는 온도의 유지가 대단히 중요하다. 두 모델의 냉동시설에 대해 주어진 온도로부터 어느 정도 변동하는지 비교하려고 한다. 모델 1의 경우 온도의 표준편차가 1.44℃이었고, 모델 2의 경우 표준편차가 2.15℃이었다. 각 모델에 대해 표본크기는 16이었다.

a. 두 모분산 비율에 대한 95% 신뢰구간을 구하여라.

b. 유의수준 5%로 모델 2의 온도변동이 모델 1보다 현저하게 큰지 검정하여라.

29 자동차 제조회사의 품질관리 기사는 조립라인을 빠져 나오는 자동차의 결점수의 균일성에 관심을 갖고 있다. 그는 조립라인 A에서 20대의 자동차를 표본으로 추출하여 결점수를 조사한 결과 평균이 10이고 분산이 9임을 알아내었다. 또한 조립라인 B에서는 16대의 자동차를 추출하여 조사한 결과 평균이 11, 분산이 25이었다. 조립라인 B가 결점수에 있어 더 큰 변동을 보이는지 유의수준 5%로 검정하여라.

30 어느 보건학자는 대한민국 성인 남자의 신장의 분산과 성인 여자의 신장의 분산은 동일하다고 생각하고 있다. 이러한 생각의 타당성을 검증하기 위하여 대한민국 성인남자 9명과 성인여자 7명을 추출하여 신장을 조사한 결과 남자의 표준편차는 5.2(cm)이고, 여자의 표준편차는 8.7(cm)이다. 보건학자의 이론적인 가설을 유의수준 5%에서 검정하여라.

31 두 맥박수를 관측하는 데 사용하는 두 개의 기기 A, B가 있다. 동일한 대상을 A기기로 8번, B기기로 6번 측정한 결과 표본분산이 각각 62.5, 73.2이었다. 두 기기의 측정값의 오차는 각각 서로 독립이고 정규분포를 따른다고 가정하면 정밀도에 있어서 기기 A가 B보다 우수한지를 유의수준 5%로 가설검정하여라.

32 다음은 도시에 살고 있는 학생과 시골에 살고 있는 학생의 학력비교를 위하여 동일한 시험을 실시한 결과이다.

	표본크기	표본평균	표본분산
도시학생	13	76.4	4.88
시골학생	11	81.2	5.82

a. 두 집단의 모분산 비율에 대한 95% 신뢰구간을 구하여라.
b. 두 집단의 모분산이 같다는 주장에 대해 유의수준 5%에서 검정하여라.

실습 문제

정규표본.dat
정규표본.xlsx

33 정규분포를 이루는 모집단으로부터 9개 표본을 추출하여 다음과 같은 자료를 얻었다.

112, 99, 105, 108, 102, 110, 105, 107, 106

이를 기초로 하여 가설 $H_0 : \sigma^2 = 12$를 유의수준 5%로 검정하여라.

쥐무게.dat
쥐무게.xlsx

34 다음의 측정값들은 실험실에서 무작위로 6마리의 실험용 쥐들을 선택하여 무게를 측정한 결과이다. 쥐의 무게의 분산이 2.25보다 크다는 주장에 대해 유의수준 5%로 가설검정을 실시하여라.

무게: 12 8 7 12 14 13

기말고사평균.dat
기말고사평균.xlsx

35 통계학을 수강하는 학생들 중 11명의 기말고사의 평균 성적이다.

26.85 25.45 26.79 25.38 25.47 29.15 24.86 26.98 29.93 24.40 26.90

a. 기말고사 성적의 표준편차에 대한 점추정값을 구하여라.
b. 기말고사 성적의 표준편차에 대한 95% 신뢰구간을 구하여라.

중3체중.dat
중3체중.xlsx

36 A중학교 3학년 재학생 중에서 8명을 임의로 추출하여 이들의 체중을 측정한 결과가 다음과 같다. 그러면 A중학교 3학년 재학생 전체의 체중에 대한 분산을 95%의 신뢰도로 구간추정하여라(단, 체중의 분포는 정규분포를 따른다고 하자).

46.6, 46.1 45.8 47.0 46.1 45.9 45.2 46.0

37 다음은 어떤 농장에서 10일 동안 10마리의 젖소에서 생산한 우유의 양이다. 모표준편차에 대한 95%신뢰구간을 구하여라.

우유.dat
우유.xlsx

118 110 110 121 131 116 119 121 126 135

38 어떤 실험실에서 합성 반응을 12회 하였을 때, 원료 100 kg당 수율이 다음과 같이 조사되었다. 이 수율에 관해서 모분산의 95%신뢰구간을 구하여라.

합성수율.dat
합성수율.xlsx

38.0 37.9 35.1 38.3 36.3 37.8 36.8 35.9 37.7 38.2 35.7 38.6

39 Q대학 의료정보과에서는 특성과목에 사용되는 실습 기자재가 입하되었다. 첨부된 견적서에는 특성치 A의 표준편차는 0.02 mm로 되어 있다. 견적서가 바른가 어떤가를 확인하기 위하여 표본을 10개 뽑아 측정한 결과 다음의 데이터를 얻었다. 견적서의 값을 어떻게 판단하면 좋은가? 유의수준 5%로 검정하여라(단위: mm).

의료기자재.dat
의료기자재.xlsx

5.41 5.48 5.47 5.55 5.45 5.47 5.48 5.50 5.47 5.51

40 혈액 실험실에서 일하는 남학생 25명의 콜레스테롤 양을 측정하여 다음의 자료를 얻었다(데이터는 정규분포를 따른다고 가정하자).

콜레스테롤.dat
콜레스테롤.xlsx

164 272 261 248 235 192 203 278 268 230 242 305 286
310 345 289 326 335 297 328 400 228 194 338 252

a. 표본평균과 표본분산을 계산하여라.
b. $H_0 : \sigma^2 = 2000$ vs $H_a : \sigma^2 \neq 2000$를 유의수준 1%로 검정하여라.
c. 모분산의 90% 신뢰구간을 구하여라.

41 다음은 어느 날 금성 백화점에서 무작위로 추출한 여성 12명과 남성 10명의 장을 보는 데 소요된 시간(분)을 측정한 것이다.

백화점.dat
백화점.xlsx

여성	23.4	23.1	32.5	16.2	18.1	34.0	23.4	16.4	25.9	21.3	26.1	26.2
남성	15.8	19.8	18.6	20.4	19.0	24.1	17.5	20.5	26.2	21.3		

a. 두 집단의 모분산의 비에 대한 95% 신뢰구간을 구하여라.
b. 유의수준 5%에서 여성의 시간변동이 남성의 시간변동보다 더 큰지 검정하여라.

42 A, B 평행한 라인에서 같은 종류의 혈압계를 제조하고 있다. 양 공정으로부터 랜덤으로 12개씩 표본을 뽑아 강도를 측정한 결과 다음과 같았다.

혈압계.dat
혈압계.xlsx

A라인	0.40	0.50	0.59	0.51	0.56	0.32	0.54	0.45	0.56	0.57	0.59	0.52
B라인	0.43	0.67	0.58	0.46	0.62	0.46	0.58	0.58	0.72	0.35	0.61	0.54

이때 양 공정의 분산에는 차이가 있는지 유의수준 5%에서 검정하여라.

43 어떤 식물학자가 완두콩 줄기의 성장을 측정하였다. X의 관측값 11개의 자료와 Y의 관측값 13개의 자료는 다음과 같다.

완두콩.dat
완두콩.xlsx

X	0.8	1.8	1.0	0.1	0.9	1.7	1.0	1.4	0.9	1.2	0.5		
Y	1.0	0.8	1.6	2.6	1.3	1.1	2.4	1.8	2.5	1.4	1.9	2.0	1.2

X의 모분산과 Y의 모분산은 같다고 말할 수 있는가? 유의수준 5%에서 검정하여라.

타이록신.dat
타이록신.xlsx

44 다음의 데이터는 갑상선 기능저하로 진단된 16명의 어린이의 타이록신 수치이다. 증상의 정도에 따라 나누어진 두 그룹에서 가벼운 증상 그룹의 분산이 뚜렷한 증상 그룹의 분산보다 작다고 할 수 있는지를 유의수준 5%에서 검정하여라.

가벼운 증상	34	45	49	55	58	59	60	62	86
뚜렷한 증상	5	8	18	24	60	84	96		

대졸고졸소득.dat
대졸고졸소득.xlsx

45 대졸사원이 버는 소득의 변동이 고졸사원이 버는 소득의 변동보다 크다는 어느 사회학자의 주장을 확인하기 위하여 대졸사원 7명, 고졸사원 8명을 추출하여 조사한 결과 다음과 같은 자료를 얻었다. 유의수준 5%로 사회학자의 주장을 검정하여라.

대졸사원		고졸사원	
$18,500	19,250	$23,000	21,900
16,400	20,750	22,500	21,200
17,600	21,800	21,000	22,800
14,750		23,100	21,300

주식시장지식.dat
주식시장지식.xlsx

46 한 대학의 경영학과에서 남학생들이 여학생들보다 주식시장에 대한 지식이 많다는 주장에 대해 논쟁이 일어났다. 논쟁을 가라앉히기 위해 지도강사는 각 15명의 남녀를 독립적으로 표본추출하여 주식시장에 대한 지식 측정 검사를 하였다. 결과가 다음과 같을 때, 두 집단의 주식시장에 대한 지식의 산포가 다르다는 증거가 있는지 유의수준 5%에서 검정하여라.

남학생	57	78	42	44	91	65	63	60	97	85	92	42	86	81	64
여학생	73	96	74	55	91	50	46	82	43	79	79	50	46	81	83

태권도.dat
태권도.xlsx

47 A대학 태권도 선수에 대한 체중을 조사하였다. 여름에 랜덤하게 11명, 겨울에 랜덤하게 10명을 조사한 결과 다음과 같다(단위 : kg).

여름	80.4	78.2	80.1	77.1	79.6	80.4	81.6	79.9	84.4	80.9	83.1
겨울	80.0	81.2	79.5	78.0	76.1	77.0	80.1	79.9	78.8	80.8	

a. 위의 데이터로부터 여름과 겨울에 측정한 체중에 대한 분산 σ_1^2, σ_2^2 간에 차이가 있는지 유의수준 5%에서 검정하여라.

b. σ_2^2/σ_1^2의 비율에 관한 95% 신뢰구간을 구하여라.

배뇨.dat
배뇨.xlsx

48 다음은 심장질환의 여부에 따른 최고 배뇨를 조사한 데이터이다. 심장병을 가진 그룹과 그렇지 않은 그룹의 모분산이 같다고 할 수 있는지를 유의수준 5%에서 검정하여라.

심장병 여부									
유	263	288	432	890	450	1270	220	350
	283	274	580	285	524	135	500	120
무	60	119	153	588	124	196	14	23
	43	854	400	73				

49 어떤 두 집단에서 어린아이가 혼자 걷기 시작하는 나이에 차이가 있는지를 알아보기 위하여 다음과 같은 자료를 수집하였다. 이때 두 집단 간의 분산에 차이가 있는지에 대해 유의수준 5%로 검정하여라. (단위: 개월)

혼자걷기.dat
혼자걷기.xlsx

A집단	9.5	10.5	9.0	9.75	10.0	13.0	10.0	13.5	10.0	9.5	10.0	9.75
B집단	12.5	9.5	13.5	13.75	12.0	13.75	12.5	9.5	12.0	13.5	12.0	12.0

50 교육부는 서울 지역 고등학생과 타 지역 고등학생의 수학 실력에 차이가 있는지를 검정하고자 서울 지역 고등학생들과 타 지역 고등학생들로부터 독립적으로 각각 12명과 10명을 랜덤하게 추출하여 똑같은 수학시험을 실시한 결과 다음의 자료를 얻었다. 이때 두 지역 고등학생의 수학점수의 분산이 같다고 할 수 있는지에 대해 유의수준 5%에서 검정하여라.

수학시험.dat
수학시험.xlsx

서울	82	81	80	89	86	83	80	74	86	86	86	83
타지역	76	81	91	82	76	80	77	87	77	83		

12 카이제곱검정

Augustin Louis Cauchy(1789 ~ 1857)

프랑스 수학자. Mean value theorem, Cauchy integral theorem 등 수학분야에 많은 공헌. 통계분야에서는 Cauchy–Schwarz inequality, Cauchy distribution 등 발견.

날씨가 맑고, 흐리고, 눈 오고, 비 오고 등으로 조사되고, 직업이 전문직, 사무직, 노무직 등으로 분류되는 등 숫자가 아닌 범주형 형태로 얻어지는 자료를 분석하는 기본적인 도구로 카이제곱통계를 이용한다.

일표본 t검정, 이표본 t검정, 분산의 F검정, 분산분석 등은 숫자형 자료에 대한 것이었다. 여기서는 명목형 또는 순서형 자료에 대한 것을 다루고자 한다. 표본으로 얻어진 범주의 분포들이 주어진 분포에 부합하는지 알아보려는 적합도 검정, 범주형 변수들끼리의 독립성 여부를 알아보려는 독립성 검정, 두 개 이상의 집단에서의 분포가 같은지 알아보려는 동질성 검정을 할 수 있다.

12.1 범주형 변수와 분할표

자료의 계층
명목형 } 범주형
순서형 }
숫자형

범주형 자료(**categorical data**)란 측정값이 몇 가지 범주(category) 중 하나의 범주로 기록되는 자료를 말한다. 자료의 계층을 명목형, 순서형, 숫자형 자료로 구분한다면 명목형과 순서형이 범주형 자료이다. 예를 들면, 사람의 혈액형에 대해 측정하는 경우는 측정값은 숫자가 아니라(A, B, AB, O) 4가지 범주 중 하나의 범주가 되며, 또한 직업에 대한 만족도에 대해 측정하는 경우를 예로 들면(매우 불만족, 다소 불만족, 다소 만족, 매우 만족) 4가지 범주 중 하나의 범주를 택하게 된다. 혈액형은 **명목형 자료**(**nominal data**)이고 이러한 범주형 자료들 역시 범주들이 나타날 확률분포 또는 범주형 변수들 간의 관련성 등이 기본적인 관심이 된다.

혈액형은 (A, B, O, AB)로 이루어져 있는 범주형 변수라고 할 수 있다. 무작위로 추출한 20명에 대해 혈액형을 조사하여 다음과 같은 형태의 자료를 얻었다.

표 12.1 한 개 범주의 범주형 자료

일련번호	혈액형	일련번호	혈액형
1	A	11	B
2	B	12	B
3	B	13	B
4	O	14	A
5	O	15	O
6	A	16	A
7	AB	17	O
8	A	18	AB
9	B	19	A
10	B	20	B

위의 자료의 경우 각 혈액형의 분포에 관심이 있게 되고, 이에 따라 다음과 같이 요약할 수가 있다. 이는 2.1절에서 다루었던 범주형 자료의 도수분포표이다.

표 12.2 범주형 자료의 분포

혈액형	A	B	O	AB
인원수	6	8	4	2
비율	0.3	0.4	0.2	0.1

위 혈액형의 표본분포로 혈액형 모집단 분포를 추정할 수 있다. 그리고 만일 혈액형의 모집단 분포가 알려져 있다면 위 혈액형의 표본분포는 모집단의 분포와 비슷할 것이다.

다음은 성별이라는 변수를 추가적으로 조사하게 되면 다음과 같은 형태의 자료를 얻을 수 있다.

표 12.3 두 개 범주의 범주형 자료

일련번호	혈액형	성별	일련번호	혈액형	성별
1	A	M	11	B	M
2	B	F	12	B	M
3	B	F	13	B	F
4	O	M	14	A	F
5	O	F	15	O	M
6	A	F	16	A	M
7	AB	M	17	O	M
8	A	F	18	AB	F
9	B	F	19	A	F
10	B	M	20	B	M

위의 자료는 혈액형이 4개의 범주, 성별은 2개의 범주를 가지므로 모두 8개의 결합범주로 나눌 수 있으며, 아래와 같이 표로 나타낼 수 있는데, 이를 **분할표(contingency table)** 또는 **교차표(cross tabulation)**라고 한다. ( )안의 숫자는 **결합확률(joint probability)**을 나타낸다. 성별 M, 혈액형 O의 결합확률은 전체 자료 20에 대한 도수 3의 상대도수로 얻을 수 있다.

단어의 뜻을 잘 나타내려면 돌발표 또는 우연표라고 해야 하나 분할표로 널리 쓰인다.

$$P(M, O)=3/20=0.15$$

표 12.4 분할표

성별 \ 혈액형	A	B	O	AB	합
F	4 (0.2)	4 (0.2)	1 (0.05)	1 (0.05)	10
M	2 (0.1)	4 (0.2)	3 (0.15)	1 (0.05)	10
합	6	8	4	2	20

따라서 위의 표본 결합분포로 모집단의 결합분포를 추정할 수 있을 것이다. 만일 모집단의 결합분포를 안다면 위의 표본분포는 모집단의 결합분포와 비슷할 것이다.

두 개의 범주형 변수인 경우 두 변수 간의 독립성이 첫 번째 관심이 된다. 만일 두 범주형 변수가 독립인 경우 결합분포는 **주변확률(marginal probability)**의 곱으로 나타난다. 즉, 만일 혈액형과 성별이 독립이고 다음과 같이 성별의 주변확률이 (0.5, 0.5), 혈액형의 주변확률이 (0.34, 0.38, 0.12, 0.16)이라는 모집단의 주변확률을 아는 경우 다음과 같은 결합확률을 구할 수 있다.

독립 범주의 결합확률 =주변확률×주변확률

$$P(M, A)=P(M)\times P(A)=0.5\times 0.34=0.17$$

표 12.5 독립인 경우의 결합확률

성별 \ 혈액형	A (0.34)	B (0.38)	O (0.12)	AB (0.16)
F (0.5)	0.17	0.19	0.06	0.08
M (0.5)	0.17	0.19	0.06	0.08

따라서 표본의 결합확률도 위의 모집단 결합확률과 비슷하게 나타날 것이고, 만일 다르게 나타난다면 두 변수의 독립성을 의심할 수가 있다.

하지만 일반적으로는 모집단의 주변확률을 알 수가 없는 경우에는 주변확률을 표본으로부터 추정하여야 한다. 표 12.4의 경우 성별의 주변확률은 (0.5, 0.5), 혈액형의 주변확률은 (0.3, 0.4, 0.2, 0.1)로 추정할 수 있다. 예로 P(A)의 추정치는 전체 20명 중 A형 6명의 상대도수를 추정한다.

$$\hat{P}(\mathrm{A})=\frac{6}{20}=0.3$$

주변확률의 추정

성별 \ 혈액형	A	B	O	AB	합
F					0.5
M					0.5
혈액형 추정확률	0.3	0.4	0.2	0.1	

성별과 혈액형이 독립인 경우 결합확률은 다음과 같이 추정할 수 있다.

표 12.6 독립인 경우의 추정 결합확률

성별 \ 혈액형	A	B	O	AB	합
F	0.15	0.2	0.1	0.05	0.5
M	0.15	0.2	0.1	0.05	0.5
합	0.3	0.4	0.2	0.1	1

12.2 하나의 범주형 변수

주거형태, 주식의 등급, 나라별 속한 대륙, 사고발생 요일 등 하나의 범주형 변수의 경우 각 범주에 속하는 분포에 관심이 있을 수가 있다. 보통은 각 범주에 대해서 과거자료 또는 추측 등에 의해 이미 가정할 수 있는 분포가 있을 수 있는데, 이 경우 이를 실제 표본과 비교하여 가정된 분포가 맞는지를 알아보는 것이 주 관심사라고 할 수 있다. 즉, 가정된 분포하에서와 비슷한 표본들이 나와야지만, 가정된 분포를 옳다고 할 수 있게 된다. 이렇게 가정된 분포가 적합한지 검정하는 것을 **적합도 검정(goodness of fit test)**이라고 한다.

적합도 검정에 대한 가설은 다음과 같다.

H_0: 표본은 가정된 분포를 따른다.

H_1: 표본은 가정된 분포를 따르지 않는다.

표 12.7은 제품 4개에 대해 알려진 시장점유율과 실제 500명을 대상으로 사용하고 있는 제품의 사용자수를 나타낸 것이다.

시장점유율.dat
시장점유율.xlsx

표 12.7 제품의 시장점유율

제품	A	B	C	D	합계
시장점유율	20%	40%	10%	30%	100%
표본수	110	195	47	148	500

만일 알려진 시장점유율하에서 **기댓값(expected value)**과 실제 **관측값(observed value)**이 비슷하다면 알려진 시장점유율이 여전히 유효하다고 할 수 있다. 전체 범주의 수를 k라 하고, 가정된 분포, 기대되는 표본수, 실제 표본수를 다음과 같이 정의하기로 하자.

π_i : 전체 k개의 범주 중 i번째 범주의 가정된 확률

E_i : 표본수 n에 대해 i번째 범주에 기대되는 개수

O_i : 실제 표본으로부터 얻어진 i번째 범주에 대한 개수

그렇다면 가정된 분포하에서 i 범주의 기대되는 표본수는 전체 표본수 n에 확률 π_i를 곱하여 얻는다.

i 범주 기댓값

$$E_i = n\pi_i,$$

따라서 위의 자료의 경우 가정하에서 기대되는 표본수는 다음과 같다.

표 12.8 가정하에서의 기댓값

제품	A	B	C	D
시장점유율	20%	40%	10%	30%
기댓값	100	200	50	150

이제는 기댓값과 관측값과의 차이를 비교하여야 하는데, 표본이 가정된 분포를 따른다는 귀무가설 가정하에서 O_i는 대략적으로 평균이 E_i, 분산이 E_i인 포아송분포를 한다고 할 수 있으므로(뒤의 예제 12.1 참조), 기댓값과 관측값의 차이를 표준화하면 $\frac{\text{확률변수}-\text{평균}}{\text{표준편차}} = \frac{O_i - E_i}{\sqrt{E_i}}$이 되고 이를 제곱한 값은 $\frac{(O_i - E_i)^2}{E_i}$와 같다. 따라서 다음과 같이 이 값들의 합을 기댓값과 관측값과의 표준화된 차이로 정의할 수 있다.

$\chi^2=\sum\frac{(관측값-기댓값)^2}{기댓값}$

적합도 검정통계량의 근사분포

$$\chi^2=\sum\frac{(O_i-E_i)^2}{E_i} \dot{\sim} \chi^2_{k-1}$$

11.1절에서 정의한 $\chi^2=\frac{(n-1)S^2}{\sigma^2}$의 모양과 사뭇 다른 형태로 보이나 근사적으로 같은 것이다. 자세한 내용은 범주형 자료분석에 관한 전문서적을 참고하기 바란다.

기댓값과 관측값이 차이가 많이 나게 되면 $(O_i-E_i)^2$의 값이 커지게 되고 이들 값을 더한 χ^2 값은 큰 값을 갖게 되므로, 가정에서 벗어난다는 것을 나타낸다고 할 수 있다. 얼마 정도를 통계적으로 크다고 할 수 있는지는 범주의 개수에 따라 달라지게 되는데, 다음과 같이 자유도가 $k-1$인 카이제곱검정 분포를 기준으로 하면 된다.

$$p값=\Pr(\chi^2_{k-1}\geq\chi^2)$$

위의 예의 경우는 표 12.9에서와 같이 χ^2값은 1.33으로 계산된다.

표 12.9 실젯값과 기댓값의 차이

제품	A	B	C	D	합계
시장점유율	20%	40%	10%	30%	100%
제품수	110	195	47	148	500
기댓값	100	200	50	150	500
$\frac{(O_i-E_i)^2}{E_i}$	1	0.125	0.18	0.027	1.33

이에 따른 p값은 자유도가 $k-1=4-1=3$인 카이제곱분포에 따라 계산할 수 있는데, 부록 A.4에 의하면 0.5와 0.75 사이로 계산된다. 엑셀 또는 R 등을 통해서 정확한 값을 알 수 있는데 0.72이다. 따라서 알려진 시장점유율과 관측값이 크게 차이가 나지 않는다고 할 수 있다. 표본자료는 알려진 시장점유율을 통계적으로 부정할 만한 증거가 되지 못한다.

예제 12.1

만일 주사위의 각 면이 나올 확률이 같은지 알아보기 위해 1200번을 던졌으나 각 면이 200번으로 동일하게 나온 게 아니라 (210, 180, 185, 220, 195, 210)이 나왔다. 이에 대해 이 주사위의 각 면이 나올 확률이 동일한지 다음과 같이 검정할 수 있다.

주사위 횟수

주사위 면	1	2	3	4	5	6	합계
가정된 확률	1/6	1/6	1/6	1/6	1/6	1/6	1
관측수	210	180	185	220	195	210	1200
기댓값	200	200	200	200	200	200	1200
$\frac{(O_i-E_i)^2}{E_i}$	0.5	2.0	1.125	2.0	0.125	0.5	6.25

χ^2값은 6.25로 계산되고 이에 따른 p값은 자유도가 $6-1=5$인 카이제곱분포에 따라 부록 A에 있는 표에 의해 0.25와 0.5 사이의 값이며, 정확한 값은 엑셀 등에 의해 0.28로 구해진다. 이에 따라 우리는 주사위의 각 면이 나올 확률이 다르지 않다는 결론을 내릴 수 있게 된다. 각 면이 200번으로 나오지 않은 것은 확률적인 우연 변동일 뿐이지 주사위 각 면의 확률이 1/6이 아니라는 증거를 보이지는 못하였다.

만일, χ^2 값이 유의하며 귀무가설을 기각한 후 어느 범주에서 관측값과 기댓값의 차이가 많았는지 알아보려면 $\frac{(O_i-E_i)^2}{E_i}$ 또는 $\frac{O_i-E_i}{\sqrt{E_i}}$의 절댓값이 큰 것을 찾아 보면 된다. $\frac{O_i-E_i}{\sqrt{E_i}}$는 피어슨 잔차(Pearson residual)라고 한다.

12.3 적합도 검정

범주형으로 관측되는 자료의 도수가 특정한 가설분포로부터 나온 것이라고 볼 수 있을 것인지 검정하는 **적합도 검정(goodness of fit)**에 대해서 12.2절에서 알아보았다. 12.2절에서 다루었던 것은 표 12.7에서 시장점유율이 미리 알려져 있어 모집단분포가 완벽하게 정해진 상태로 적합도 검정을 한 경우이다. 예제 12.1의 주사위 문제에서도 각 면이 나오는 확률이 동일한지 검정하는 것으로 모집단의 분포가 완벽하게 정해진 경우이다. 그러나 일반적으로는 어떤 특정 분포만을 가정하고 그 분포의 모수는 알려지지 않은 상태에서 검정을 하게 된다. 즉, 아주 특별한 상황을 제외하면'초등 5학년 학생의 몸무게는 평균 30이고, 분산 225인 정규분포를 하는가?'에 대한 검정을 하지 않고,'초등 5학년 학생의 몸무게는 정규분포를 하는가?'에 대한 검정을 하게 된다. 평균과 분산의 값이 정해지지 않은 것이다. 추정이나 검정에 대한 문제에서 자료의 분포형태를 — 정규분포, 이항분포, 포아송분포 등 — 가정하고 모수에 대한 것은 추정과 검정을 하였었는데, 이 절에서는 가정사항으로 받아 들였던 것을 검정을 하여 확인해 볼 수 있는 방법을 알아보려 한다.

적합도 검정은 어떤 가설분포에 대해서도 일반적으로 적용할 수 있는데, 이 절에서는 이산형 분포인 포아송분포와 연속형 분포인 정규분포에 대해 적용하는 방법을 보다 자세히 살펴보고자 한다.

포아송분포

5.5절에서 소개되었듯이 포아송분포는 주어진 지역, 시간 또는 부피 등에서 발생하는 특정 사건의 관찰횟수에 대한 분포로 자주 사용된다. 예를 들어, 어느 의료영상기기 제조업체에 하루에 접수되는 AS수리 요청건수를 200일간 세어보았더니 AS접수건수당 **관측도수** 또는 **관측빈도(observed frequency)**는 다음과 같았다.

AS접수건수.xlsx

표 12.10 의료영상기기 AS접수건수

하루 AS접수건수	관측빈도
0	94
1	67
2	33
3	3
4	3
합계	200

이 자료로부터 하루에 발생하는 AS요청건수가 포아송분포를 따른다고 가정하는 것이 적절한지 적합도 검정을 수행할 수 있다. 이 경우 귀무가설 및 대립가설은

H_0: 하루에 발생하는 AS요청건수가 포아송분포를 따른다.
H_1: 하루에 발생하는 AS요청건수가 포아송분포를 따르지 않는다.

로 설정된다.

포아송분포는 다음과 같은 확률질량함수를 갖는다.

$$f(x)=\frac{\lambda^x e^{-\lambda}}{x!},\quad x=0, 1, \cdots,\quad \lambda>0$$

적합도 검정을 수행하기 위해서는 기대도수(expected freguency)를 계산하여야 하는데, 포아송분포 가정하에서 기대도수를 계산하게 된다. 혹시 모수 λ가 주어진 경우는 그대로 사용하면 되고, 모수 λ가 주어지지 않았다면 포아송분포의 평균인 λ를 자료의 표본평균으로부터 추정할 수 있다. 모수가 주어지지 않는 경우가 대부분인 이유는 어떤 자료가 포아송분포를 따르는지 알고 싶지, 포아송분포이면서 그 모수의 값이 어떤 특정한 값을 갖는다고 고정시키고 싶은 경우가 매우 드물기 때문이다. 즉, 다음과 같이 모수의 값을 지정하여 가설을 세우는 경우가 드물다.

H_0: 하루에 발생하는 AS요청건수가 "모수가 3.84인" 포아송분포를 따른다.

모수 k의 추정치는 표 12.10으로부터

$$(0\times94+1\times67+2\times33+3\times3+4\times3)/200=0.77$$

로 계산된다. 따라서 추정된 표본평균을 대입한 포아송분포의 확률질량함수는

$$f(x)=\frac{(0.77)^x e^{-(0.77)}}{x!},\quad x=0, 1, \cdots,\quad \lambda>0$$

이다. 이를 바탕으로 각 범주에 대한 **기대도수** 또는 **기대빈도(expected frequency)**를

$$\text{Exp}=n\times f(x)$$

로 계산할 수 있는데, 그 결과는 표 12.11과 같다. n은 전체 표본수이다. "5 이상" 범주가

추가되어 있는데, 이는 포아송분포에서 x가 이론적으로 ∞까지의 값을 가질 수 있고, 또한 $f(x)$값과 기대빈도의 합이 각각 1과 n이 되어야 한다는 사실로부터 구할 수 있다.

표 12.11 의료영상기기 AS접수건수의 기대빈도

x	기대빈도	$\text{Exp}=n\times f(x)$
0	0.4630	92.60
1	0.3565	71.30
2	0.1373	27.45
3	0.0352	7.05
4	0.0068	1.36
5 이상	0.0012	0.24
합계	1.0000	200.00

그런데 이산형 변수인 범주형 자료를 연속형 분포인 카이제곱분포를 근사적으로 이용한 적합도 검정은 각 범주의 기대빈도가 5보다 작은 경우에는 잘 맞지 않는다. 표 12.11에서도 범주 "4"와 "5 이상"에서 기대빈도가 5보다 작은데 이런 경우 기대빈도가 낮은 주위의 범주들을 하나의 범주로 묶어서 **붕괴된(collapsed) 빈도표**를 만들어 카이제곱 적합도 검정을 수행하게 된다. 세 범주 "3", "4", "5 이상"을 하나의 범주인 "3 이상"으로 묶은 결과는 아래와 같다.

표 12.12 붕괴된 기대빈도표(collapsed expected frequency table)

x	기대빈도	$\text{Exp}=n\times f(x)$
0	0.4630	92.60
1	0.3565	71.30
2	0.1373	27.45
3 이상	0.0432	8.65
합계	1.0000	200.00

관찰빈도가 기대빈도와 차이가 많이 날수록 관찰자료가 포아송분포에서 얻어진 것이 아니라는 증거가 된다. 어느 정도 차이가 통계적으로 유의적인가는

$$\chi^2=\sum\frac{(O_i-E_i)^2}{E_i}$$

의 카이제곱통계량을 구하여 계산하게 된다. 여기서 O_i와 E_i는 i번째 범주의 관찰빈도와 기대빈도를 나타낸다.

이로부터 표 12.13의 계산과정을 통하여 카이제곱검정값 $\chi^2=\sum\frac{(O_i-E_i)^2}{E_i}=2.2145$을 얻을 수 있다.

표 12.13 카이제곱통계량의 계산

x	관측도수(O_i)	기대도수(E_i)	$(O_i-E_i)^2/E_i$
0	94	92.60	0.0212
1	67	71.30	0.2593
2	33	27.45	1.1221
3 이상	6	8.65	0.8118
합계	200	200.00	2.2145

일반적으로 카이제곱 적합도 검정의 자유도는 $k-p-1$이 되는데, 여기에서 k는 범주의 개수이고, p는 추정된 모수의 개수이다. k는 원자료에서의 범주가 아니고 카이제곱통계량이 계산된 붕괴된 빈도표에서의 범주수이다.

χ^2 적합도 검정의 자유도

$$\text{자유도}=(\text{범주수})-(\text{추정 모수수})-1$$

$$\text{df}=k-p-1$$

포아송분포의 적합도 검정에서는 포아송분포의 평균인 λ를 추정하게 되므로 $p=1$이고, 따라서 자유도가 $k-1-1=k-2$인 카이제곱분포를 기준으로 하면 된다.

$$p\text{값}=\Pr(\chi^2_{k-1}\geq\chi^2)$$

위의 예의 경우는 범주의 수가 4이므로 자유도는 2이고, 이에 따른 p값은 $\Pr(\chi^2_2\geq 2.2145)=0.33$임을 엑셀이나 R 등을 이용해서 계산할 수 있다. 따라서 하루에 발생하는 AS요청건수의 분포가 포아송분포를 따른다는 귀무가설을 기각할 수 없다.

정규분포

통계적 추정이나 검정을 하는 경우에 자료의 정규성(normality)을 가정하는 경우가 많다. 정규성의 가정은 경험, 이론, 선행연구 등에 의하여 그 타당성이 보장되어야 하는데, 그렇지 못한 경우에는 카이제곱분포를 이용하여 정규성을 검정할 수 있다. 정규분포하는 자료는 연속형 변수이므로 이를 몇 개의 급간(class)으로 나누어 도수분포표를 만들어, 즉 이산형화(discretization)하여 카이제곱검정을 하게 된다.

어느 모자 제작업체가 야구모자를 제작하여 야구팬들을 대상으로 판매하려는 계획을 세웠다고 하자. 어떤 크기의 모자를 얼마나 많이 만들어야 할지 결정하기 전에 야구팬들의 머리둘레길이가 어떤 분포를 이루고 있는지 알아야 하였다. 이를 조사하기 위하여 야구장을 찾은 야구팬 중 임의로 50명을 선정하고 머리둘레를 재어서 다음과 같은 크기 순으로 정렬된 자료를 얻었다고 하자.

표 12.14 야구 팬의 머리둘레

51.92	52.10	52.25	52.41	52.48	52.64	53.02	53.39
53.40	53.77	54.00	54.04	54.30	54.42	54.77	54.78
54.85	55.31	55.33	55.38	55.49	55.51	55.68	55.69
55.80	55.85	56.03	56.05	56.10	56.18	56.22	56.26
56.29	56.32	56.35	56.45	56.57	56.64	56.71	56.84
56.91	57.03	57.14	57.18	58.00	58.07	58.32	58.66
59.26	59.37						

이 자료로부터 야구팬들의 머리둘레길이가 정규분포를 따른다고 가정하는 것이 적절한지 적합도 검정을 수행할 수 있다. 이 경우 귀무가설 및 대립가설은

H_0: 야구팬들의 머리둘레길이가 정규분포를 따른다.

H_1: 야구팬들의 머리둘레길이가 정규분포를 따르지 않는다.

로 설정된다.

가정된 정규분포의 평균과 분산에 대하여 미리 알려진 바가 없으므로 주어진 자료로부터 추정할 수 있다. 자료로부터 계산된 표본평균 $\overline{x}=55.55$와 표본표준편차 $s=1.859$를 이용하여, 자료가 평균 55.55와 표준편차 1.859를 가지는 정규분포로부터 나온 것인지 검정하고자 한다.

정규분포는 연속형 분포이므로 적합도 검정을 위해서는 원래 자료를 범주형 자료로 변환시키는 것이 필요한데, 이는 구간을 적절히 나누어 줌으로써 해결할 수 있다. 이 과정에서 한 가지 염두에 둘 점은, 일반적으로 카이제곱 적합도 검정에서 각 범주의 기대도수가 5 이상이 되도록 하는 것이 좋다는 것이다. 따라서 위의 예에서는 표본수가 50이므로 귀무가설 하에서 각 구간의 기대도수가 5가 되도록, 즉 각 구간의 확률이 0.1(10퍼센트)이 되도록 구간을 나눌 수 있다.

표 12.15 누적확률에 대한 x값 계산

누적확률	0.1	0.2	0.3	0.4	0.5	0.6	0.7	0.8	0.9
z값	−1.282	−0.842	−0.524	−0.253	0.000	0.253	0.524	0.842	1.282
x값	53.167	53.985	54.576	55.080	55.550	56.020	56.524	57.115	57.933

표준정규분포에서 누적확률에 대한 z값이 표 12.15의 두 번째 행과 같이 주어지므로 정규분포 $N(55.55,\ 1.859^2)$에서의 구간의 경곗값은 $x=55.55+1.859z$을 통해 표 12.15의 세 번째 행과 같이 계산할 수 있다. 이렇게 정해진 각 구간에서의 관측빈도와 기대빈도 및 카이제곱 적합도 검정통계량 $\chi^2=\sum\frac{(O_i-E_i)^2}{E_i}=10.0$을 표 12.16과 같이 얻을 수 있다.

표 12.16 카이제곱통계량의 계산

구간	관측도수(O_i)	기대도수(E_i)	$(O_i-E_i)^2/E_i$
~53.167	7	5	0.8
53.167~53.985	3	5	0.8
53.985~54.576	4	5	0.2
54.576~55.080	3	5	0.8
55.080~55.550	5	5	0.0
55.550~56.020	4	5	0.2
56.020~56.524	10	5	5.0
56.524~57.115	6	5	0.2
57.115~57.933	2	5	1.8
57.933~	6	5	0.2
합계	50	50	10.0

카이제곱 적합도 검정의 자유도는 $k-p-1$이 되는데, 평균과 표준편차를 추정하였으므로 추정된 모수의 개수 p는 2이다. 따라서 $k-2-1=k-3$인 카이제곱분포를 기준으로 하면 된다.

$$p\text{값}=\Pr(\chi^2_{k-3}\geq\chi^2)$$

위의 예에서 범주의 수 k는 10이므로 자유도는 7이고, 이에 따른 p값은 $\Pr(\chi^2_7\geq 10.0)=0.1886$임을 엑셀이나 R을 통해서 계산할 수 있다. 따라서 야구팬들의 머리둘레길이가 정규분포를 따른다는 귀무가설을 기각할 수 없다.

여기서의 예처럼 정확히 5의 기댓값이 되도록 구간을 이론적으로 구하지 않고 자료를 쉽게 구분하여 아래와 같은 표를 만들 수도 있다.

머리둘레
51~52
53~54
55~56
⋮

위의 표를 만들어 기대빈도를 계산한 후 표 12.12 포아송의 예처럼 기대빈도가 5보다 작은 구간이 있으면 이들을 합치기(붕괴, collapse)하여 새로이 표를 만들어 카이제곱값을 계산하면 된다.

12.4 두 개의 범주형 변수

독립성 검정

혈액형과 성별, 학년과 학점 등 두 개의 범주형 변수에 대해서는 먼저 두 변수 간의 관련성이 주된 관심이라고 할 수 있다. 즉, 두 변수가 독립인지 검정하게 되는데, 이를 **독립성 검정(test of independence)**이라고 한다. 예를 들어, 130명의 대학원생을 대상으로 학부학점과 대학원전공을 조사한 결과가 아래의 표와 같을 때 대학원전공과 학부학점 간의 관련이 있는지를 검정하고 싶다.

표 12.17 전공과 학점에 대한 분할표

학부성적 \ 대학원전공	사회과학	자연과학	공학	합계
3.5-4.5	30	13	16	59
2.5-3.5	8	16	7	31
1.5-2.5	12	11	17	40
합계	50	40	40	130

전공학점.dat
전공학점.xlsx

만일 두 변수가 독립이라면 서론에서 언급했듯이 결합확률이 독립이어야 한다. 따라서 독립인 경우 각 결합범주에 속하는 표본값이 어떠한 값을 가질지는 다음과 같다.

먼저 두 범주형 변수가 각각 I, J개의 범주를 갖는다고 할 때 두 변수의 결합에 따라 IJ개의 범주가 생성된다고 할 수 있고, 이에 따라 위의 표와 같이 요약할 수 있는데 이를 분할표라고 한다. 모집단의 결합확률 및 주변확률을 다음과 같이 정의하자.

결합확률 : $\pi_{ij}=ij$번째 범주의 분포

주변확률 : $\pi_i=\sum_{j=1}^{J}\pi_{ij},\ \ \pi_j=\sum_{i=1}^{I}\pi_{ij}$

만일 두 범주형 변수가 독립인 경우 다음이 성립된다.

$$\pi_{ij}=\pi_i\cdot\pi_j$$

하지만 일반적으로 모집단의 주변확률은 알 수가 없으므로 표본으로부터 추정하여야 한다. 실제표본으로 얻어진 표본수를 다음과 같다고 할 때,

O_{ij} : ij번째 결합범주의 표본수

$O_i=\sum_{j=1}^{J}O_{ij}$ (i번째 행의 합)

$O_j=\sum_{i=1}^{I}O_{ij}$ (j번째 열의 합)

전체 표본수를 n이라고 한다면 π_i, π_j는 다음과 같이 추정된다.

π_i의 추정값 : $\hat{\pi}_i = \dfrac{O_i}{n}$

π_j의 추정값 : $\hat{\pi}_j = \dfrac{O_j}{n}$

독립하에서의 π_{ij}의 추정값 : $\hat{\pi}_{ij} = \hat{\pi}_i \cdot \hat{\pi}_j = \dfrac{O_i}{n} \cdot \dfrac{O_j}{n}$

이에 따라 표 12.17에 대해 독립인 경우 결합확률을 추정하면 다음과 같다.

먼저 주변확률을 다음과 같이 구하고 $\hat{\pi}_{(3.5-4.5)} = \dfrac{59}{130} = 0.45$ $\hat{\pi}_{(\text{사회과학})} = \dfrac{50}{130} = 0.38$. 추정된 주변확률은 서로 곱하여 결합확률을 다음과 같이 구하여 $\hat{\pi}_{(3.5-4.5)(\text{사회과학})} = \dfrac{50}{130} \cdot \dfrac{59}{130} = 0.17$ 다음의 표를 완성할 수 있다.

표 12.18 독립인 경우 추정 결합확률

학부성적 \ 대학원전공	사회과학	자연과학	공학	합계
3.5-4.5	0.17	0.14	0.14	0.45
2.5-3.5	0.09	0.07	0.07	0.24
1.5-2.5	0.12	0.09	0.09	0.31
합계	0.38	0.31	0.31	1

따라서 독립인 경우 기대되는 표본수는 이 결합확률에 전체표본수를 곱해주면 되므로 ij 번째 범주에 기대되는 표본수는 다음과 같다.

$$\hat{E}_{ij} = n \cdot \hat{\pi}_{ij} = n \cdot \hat{\pi}_i \cdot \hat{\pi}_j = n \frac{O_i}{n} \frac{O_j}{n} = \frac{O_i O_j}{n}$$

앞에서와 마찬가지로 E_{ij}와 O_{ij}가 비슷한 경우 가정된 분포는 유효하다고 할 수 있고, 둘 간의 차이를 표준화하여 제곱한 값을 다음과 같이 정의할 수 있다.

$$\chi^2 = \sum \frac{(O_{ij} - E_{ij})^2}{E_{ij}}$$

독립성 검정통계량의 근사분포

$$\chi^2 = \sum \frac{(O_{ij} - E_{ij})^2}{E_{ij}} \;\dot{\sim}\; \chi^2_{(I-1)(J-1)}$$

만일 χ^2값이 크다면 기댓값과 실젯값이 차이를 보이는 것이므로 가정에서 벗어난다는 것을 나타낸다고 할 수 있다. 통계적으로 얼마 정도를 크다고 할 수 있는지는 범주의 개수에 따라 달라지게 되는데, 다음과 같이 자유도가 $(I-1) \times (J-1)$인 카이제곱검정 분포를 기준으로 하면 된다.

$$p\text{값} = \Pr(\chi^2_{(I-1)(J-1)} \geq \chi^2)$$

위의 예에서 만일 두 변수가 독립이라면 다음과 같은 값이 기대되며 이에 따른 카이제곱값은 표 12.19와 같다.

표 12.19 독립인 경우 기댓값(괄호 안은 카이제곱값)

학부성적 \ 대학원전공	사회과학	자연과학	공학	합계
3.5-4.5	22.69 (2.35)	18.15 (1.46)	18.15 (0.26)	59
2.5-3.5	11.92 (1.29)	9.54 (4.38)	9.54 (0.68)	31
1.5-2.5	15.38 (0.74)	12.31 (0.14)	12.31 (1.79)	40
합계	50	40	40	130 (13.09)

χ^2값인 13.09를 자유도가 $(3-1)\times(3-1)=4$인 카이제곱분포와 비교한 결과 p값을 0.011로 얻을 수 있다. 따라서 학부성적과 대학원전공이 독립이라는 가정을 기각하게 된다.

동질성 검정

범주형 자료의 분포에 대한 두 집단의 동질성 검정(test of homogeneity)을 카이제곱분포에 근사하여 수행할 수 있다. 범주형 자료는 이항분포나 다항분포를 하게 되고 이들 분포가 두 집단에서 같은지 검정하게 된다.

H_0: 범주형 자료의 두 집단 분포는 동일하다.

예제 12.2

다음은 남녀별 대학생의 전공자수를 조사하였다. 남학생은 45명 중 독문학, 불문학을 각각 30, 15명이 전공하고 있었고, 125명의 여학생은 각각 50, 75명이 전공하고 있었다. 남녀별 전공의 분포가 같은지 알아보고 싶다.

남학생(45명) : 독문학=30, 불문학=15

여학생(125명) : 독문학=50, 불문학=75

남학생 중 독문학과 불문학 전공자의 비율이 여학생 전공자의 비율과 같은지 알아보고 싶은 것이다. 즉, 남학생 집단에서의 전공에 대한 이항분포의 두 범주에 대한 확률, 즉 비율들이 여학생 집단에서의 전공비율과 각각 같은지에 대한 검정을 수행하려고 한다.

두 개의 범주를 갖는 이항분포의 확률질량함수는

$$f(x)=\binom{n}{x}p^x(1-p)^{n-x},\ x=0,\ \cdots,\ n$$

이다. 여기서 모수는 p로, 모수(parameter)의 수는 1개이다.

두 개의 이항분포가 같은지 검정하는 것은 두 개의 이항분포의 확률들이 같은지 검정하는 것과 같아 **등확률검정(test of equal probabilities)**이라고 한다. 집단 1에서의 이항분포 확률을 p_1라고 하고, 집단 2에서의 이항분포 확률을 p_2라고 하면

$$H_0: p_1=p_2$$

에 대한 검정을 수행하는 것이 동질성 검정이다.

그런데 두 집단에서 동일한 확률이므로 다음과 같이 바꾸어 쓸 수도 있다.

$$H_0: p_1=p_2=p$$

두 집단의 각 범주별 자료가 다음과 같이 얻어졌다고 하자.

x	범주 1(성공)	범주 2(실패)	합계
집단 1	x_{11}	x_{12}	n_1
집단 2	x_{21}	x_{22}	n_2

집단 1의 범주 j에 대한 확률 p_{1j}의 추정치는 $\hat{p}_{1j}=x_{1j}/n_1$로 구해진다. 하지만 동질성 가정하에서는 $p_{1j}=p_{2j}=p_j$이므로 추정치 $\hat{p}_{1j}=\hat{p}_{2j}=\hat{p}_j$는 두 집단의 자료를 함께 이용하여

$$\hat{p}_j=\frac{x_{1j}+x_{2j}}{n_1+n_2}$$

로 구해진다. 따라서 기대표본수는

$$\hat{E}_{1j}=n_1\cdot\hat{p}_j=n_1\cdot\frac{x_{1j}+x_{2j}}{n_1+n_2}$$

가 되어 카이제곱항은

$$\frac{(x_{1j}-n_1\hat{p}_j)^2}{n_1\hat{p}_j}$$

와 같이 계산되며 집단 1의 근사 카이제곱은

$$\sum_{i=1}^{2}\frac{(x_{1j}-n_1\hat{p}_i)^2}{n_1\hat{p}_i}$$

로 계산되며, $\{p_1,\ p_2\}$ 중 $p_2=1-p_1$이므로 1개의 모수를 추정한 것이고 자유도는 1이다.

집단 2에서도 같은 방식으로 카이제곱이 계산되어 전체 카이제곱통계량은

$$\sum_{i=1}^{2}\frac{(x_{1i}-n_1\hat{p}_i)^2}{n_1\hat{p}_i}+\sum_{i=1}^{2}\frac{(x_{2i}-n_2\hat{p}_i)^2}{n_2\hat{p}_i}=\sum_{i=1}^{2}\sum_{j=1}^{2}\frac{(x_{ij}-n_i\hat{p}_j)^2}{n_i\hat{p}_j}$$

이 된다. 이 통계량은 근사적으로 자유도가 1인 카이제곱분포를 한다. 집단 2에서는 집단1

에서 이미 두 집단 자료를 함께 이용한 추정치 $\hat{p}_{1j}=\hat{p}_{2j}=\hat{p}_j$를 사용하므로 추가로 추정된 모수가 없어 전체 자유도는 1이다.

예제 12.2(계속)

남학생 집단의 카이제곱값은 다음과 같이 계산된다.

범주	독문학	불문학	합계
관측값	30	15	45
추정 확률	$\frac{(30+50)}{(45+125)}=0.47$	$\frac{(15+75)}{(45+125)}=0.53$	1 (*)
기댓값	$45\times0.47=21.2$	$45\times0.53=23.8$	45
카이제곱	$\frac{(30-21.2)^2}{21.2}=3.65$	$\frac{(15-23.8)^2}{23.8}=3.25$	6.90

남학생의 불문학 전공 확률은 수식 $\frac{(15+75)}{(45+125)}=0.53$를 사용하였으나 이는 새로이 추정된 것은 아니고 $1-0.47=0.53$에서 얻어진 것과 같다. 추정된 확률은 독문학 전공 확률 0.47 하나이다. 따라서 추정된 기댓값도 하나이며 — 두 번째 기댓값은 전체에서 뺀 값으로 얻어지는 것과 같다 — 카이제곱의 자유도는 1이다.

여학생 집단의 카이제곱값은 다음과 같이 계산된다.

범주	독문학	불문학	합계
관측값	50	75	125
추정 확률	$\frac{(30+50)}{(45+125)}=0.47$	$\frac{(15+75)}{(45+125)}=0.53$	1 (**)
기댓값	$125\times0.47=58.8$	$125\times0.53=66.3$	125
카이제곱	$\frac{(50-58.8)^2}{58.8}=1.31$	$\frac{(75-66.2)^2}{66.2}=1.17$	2.48

남학생 집단에서 사용한 추정확률 (*)가 여학생 집단에서도 같은 추정확률 (**)이 사용되고 있는 것에 주의하자. 두 집단 전체의 카이제곱값은 $6.90+2.48=9.38$이다. 자유도 1의 카이제곱분포에서 구한 p값은 0.0021로 두 집단의 분포가 같다는 가정을 기각하게 된다.

이항분포에 대한 동질성 검정에 대한 카이제곱분포 도출 과정을 다항분포로 확장할 수 있다(범주형 자료분석 또는 비모수통계 등 전공서적 참조). 두 개의 범주를 갖는 이항분포의 동질성 검정은 자유도 1의 카이제곱검정을 하고, k개의 범주를 갖는 다항분포의 동질성 검정은 자유도 $k-1$의 카이제곱검정을 하게 된다.

만일 k개 범주의 두 집단의 자료를 통합하여 하나의 표로 만들면 다음 같은 분할표가 된다.

	범주 1	범주 2	…	범주 k	합계
집단 1	x_{11}	x_{12}	…	x_{1k}	n_1
집단 2	x_{21}	x_{22}	…	x_{2k}	n_2
합계	$x_{11}+x_{21}$	$x_{12}+x_{22}$	…	$x_{1k}+x_{2k}$	n

위의 표에서 독립성 검정의 분할표와 비교하면 집단 i의 합계 $n_i=O_i$, 범주 j의 합계 $x_{1j}+x_{2j}=O_i$가 된다. 독립성 가정하에서 집단 1의 범주 j의 기댓값은

$$\hat{E}_{1j}=n\cdot\hat{\pi}_{1j}=n\cdot\hat{\pi}_1\cdot\hat{\pi}_j=n\frac{O_1}{n}\frac{O_j}{n}=\frac{O_1O_j}{n}$$

로 계산되었고, 동질성 가정에서 계산된 기댓값은

$$\hat{E}_{1j}=n_1\cdot\hat{p}_j=n_1\cdot\frac{x_{1j}+x_{2j}}{n_1+n_2}=O_1\frac{O_j}{n}=\frac{O_1O_j}{n}$$

로 되어 독립성과 동질성의 서로 다른 가정하에서 구한 기댓값이 같은 값이 됨을 알 수 있다. 따라서 동질성 가정에서의 카이제곱과 독립성 가정에서의 카이제곱은 같은 값이 계산되어 p값이 동일하다. 동질성 검정은 두 집단의 일차원 자료(범주에 해당하는 확률변수가 하나)가 동일한 다항분포(이항분포 포함)를 하는가 검정하는 것이고, 독립성을 검정하는 분할표는 '집단'이라는 확률변수가 새로 추가된 이차원 자료(확률변수가 둘)라는 해석이 가능하다. 독립성 검정과 동질성 검정의 이론적인 틀은 다르지만 똑같은 통계량을 사용하고 그 결과 또한 같다.

예제 12.2(계속)

남학생과 여학생 집단의 비교를 다음과 같이 분할표로 만들어

	독문학	불문학	합계
남학생	30	15	45
여학생	50	75	125
합계	80	90	170

독립성 검정과 같은 절차로 기댓값을 구하고

	독문학	불문학	합계
남학생	21.17	23.82	45
여학생	58.82	66.18	125
합계	80	90	170

(*주의: 소수점 2자리 이후는 내림하였다.)

카이제곱값을 구하면

	독문학	불문학	합계
남학생	3.67	3.26	
여학생	1.32	1.17	
합계			9.44

(*주의: 소수점 2자리 이후는 내림하였다.)

카이제곱통계량이 9.44로 앞의 동질성 검정 9.38과 다르게 나왔다. 이는 계산과정을 보여 주기 위하여 표를 만들면서 반올림 때문에 생기는 오차가 누적된 것이다. 유효 숫자의 자릿수를 다섯 또는 일곱 자리까지 늘여 계산하면 카이제곱통계량이 정확하게 일치함을 알 수 있다. 정확히 계산한 값은 9.4444이다. 수식이 같으니 계산한 값도 같을 수 밖에 없다.

EXCEL · SPSS · R

이 책과 관련된 데이터, 정오표 등은 자유아카데미의 홈페이지(www.freeaca.com)나 web.yonsei.ac.kr/cekim에서 얻을 수 있다.

EXCEL

Excel에서 〈표 12.7〉의 "시장점유율" 자료를 처리하는 방법은 다음과 같다.

1) 먼저 가정하의 비율에 따라 기댓값을 구한다.
2) 이 기댓값과 실젯값과의 카이제곱값을 구한다.
3) CHISQ.DIST.RT를 이용하여 p값을 구한다.

	A	B	C	D	E
1	제품	시장점유율	표본수	기댓값	카이제곱
2	A	0.2	110	=$C$6*B2	=(C2-D2)^2/D2
3	B	0.4	195	=$C$6*B3	=(C3-D3)^2/D3
4	C	0.1	47	=$C$6*B4	=(C4-D4)^2/D4
5	D	0.3	148	=$C$6*B5	=(C5-D5)^2/D5
6	합	1	500	=SUM(D2:D5)	=SUM(E2:E5)
7	자유도				3
8	P값				=CHISQ.DIST.RT(E6, E7)

위의 절차에 따라 분석한 결과는 다음과 같다.

	A	B	C	D	E
1	제품	시장점유율	표본수	기댓값	카이제곱
2	A	0.2	110	100	1
3	B	0.4	195	200	0.125
4	C	0.1	47	50	0.18
5	D	0.3	148	150	0.026666667
6	합	1	500	500	1.331666667
7	자유도				3
8	P값				0.721627599

[엑셀을 이용하여 두 개의 범주형 자료의 독립성을 분석하는 방법] "전공학점" 자료

Excel에서 두 개의 범주형 변수에 대한 독립성 검정을 처리하는 방법은 다음과 같다.

1) 독립인 가정하에서 기댓값을 구한다.

2) CHISQ.TEST 함수를 이용하여 기댓값과 실젯값의 차이에 대한 p값을 계산한다.

	A	B	C	D	E
1	학부성적	사회과학	자연과학	공학	합계
2	3.5-4.5	30	13	16	=SUM(B2:D2)
3	2.5-3.5	8	16	7	=SUM(B3:D3)
4	1.5-2.5	12	11	17	=SUM(B4:D4)
5	합계	=SUM(B2:B4)	=SUM(C2:C4)	=SUM(D2:D4)	=SUM(E2:E4)
6					
7	학부성적	사회과학	자연과학	공학	합계
8	3.5-4.5	=B$5*$E2/$E$5	=C$5*$E$2/$E$5	=D$5*$E$2/$E$5	=SUM(B8:D8)
9	2.5-3.5	=B$5*$E3/$E$5	=C$5*$E$3/$E$5	=D$5*$E$3/$E$5	=SUM(B9:D9)
10	1.5-2.5	=B$5*$E4/$E$5	=C$5*$E$4/$E$5	=D$5*$E$4/$E$5	=SUM(B10:D10)
11	합계	=SUM(B8:B10)	=SUM(C8:C10)	=SUM(D8:D10)	=SUM(E8:E10)
12					
13	카이제곱합			=CHISQ.INV.RT(D15, D14)	
14	자유도			4	
15	P값			=CHISQ.TEST(B2:D4, B8:D10)	

위의 절차에 따라 분석한 결과는 다음과 같다.

	A	B	C	D	E
1	학부성적	사회과학	자연과학	공학	합계
2	3.5-4.5	30	13	16	59
3	2.5-3.5	8	16	7	31
4	1.5-2.5	12	11	17	40
5	합계	50	40	40	130
6					
7	학부성적	사회과학	자연과학	공학	합계
8	3.5-4.5	22.69230769	18.15384615	18.15384615	59
9	2.5-3.5	11.92307692	9.538461538	9.538461538	31
10	1.5-2.5	15.38461538	12.30769231	12.30769231	40
11	합계	50	40	40	130
12					
13	카이제곱합			13.08808229	
14	자유도			4	
15	P값			0.010853332	

SPSS

12장 2절의 표 12.7 자료 "시장점유율"

Step 1 PASW Statistics Data Editor 창의 하단에 있는 **변수 보기** 탭을 클릭해서 다음과 같은 두 개의 변수를 만든다. 이때 **제품** 변수는 문자변수로 지정한다.

	이름	유형	너비
1	제품	문자	8
2	선호도수	숫자	8

Step 2 PASW Statistics Data Editor 창의 하단에 있는 **데이터 보기** 탭을 클릭해서 다음과 같이 데이터를 입력한다.

	제품	선호도수
1	A	110.00
2	B	195.00
3	C	47.00
4	D	148.00

Step 3 PASW Statistics Data Editor 창의 **[분석]** 메뉴에서 **비모수검정**을 선택한 다음, **레거시 상자**에 있는 **카이제곱 검정**을 선택한다.

Step 4 **카이제곱 검정** 창에서 **검정변수**란에 선호도수 변수를 화살표를 이용하여 입력한 다음, **검정변수**란 아래에 있는 **기댓값**에서 **값** 항목을 선택한 다음, 옆에 있는 네모에 주어진 시장점유율에 맞는 기댓값을 하나씩 입력하여 **추가**를 누른다. 이 때 입력하는 순서는 표본수가 작은 순서대로 입력하여야 한다. 즉, 〈표 1〉의 경우 C 제품의 표본수인 47이 가장 작으므로 C 제품의 기댓값인 50을 가장 먼저 입력하고, 그 다음으로 A 제품의 표본수가 작으므로 A 제품의 기댓값인 100을 입력하여야 한다. 이러한 방법으로 4개의 기댓값을 모두 입력하고 나서 **확인**을 누른다.

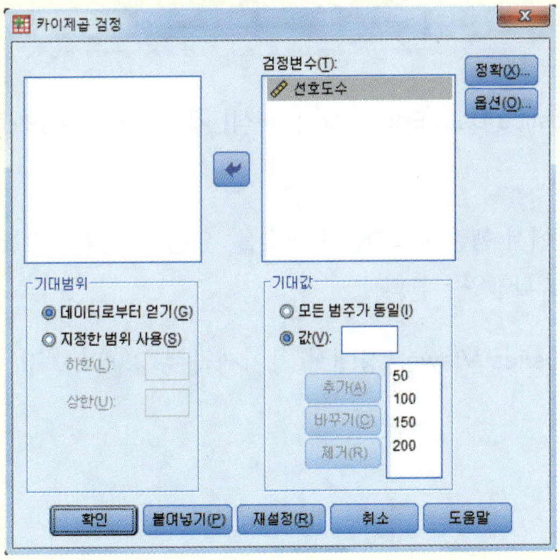

Step 5 PASW Statistics Viewer 창에서 p값$=0.722$를 확인할 수 있다.

[두 개의 범주형 자료의 독립성 분석] 표 12.17 "전공학점"

Step 1 PASW Statistics Data Editor 창의 **변수 보기**에서 다음과 같은 세 변수를 만든다. 이때 성적 변수와 전공 변수는 모두 문자 변수로 지정한다.

	이름	유형	너비
1	학부성적	문자	8
2	전공	문자	8
3	빈도수	숫자	8

Step 2 PASW Statistics Data Editor 창의 데이터 보기 창에서 다음과 같이 데이터를 입력한다.

	학부성적	전공	빈도수
1	3.5~4.5	사회과학	30.00
2	3.5~4.5	자연과학	13.00
3	3.5~4.5	공학	16.00
4	2.5~3.5	사회과학	8.00
5	2.5~3.5	자연과학	16.00
6	2.5~3.5	공학	7.00
7	1.5~2.5	사회과학	12.00
8	1.5~2.5	자연과학	11.00
9	1.5~2.5	공학	17.00

Step 3 PASW Statistics Data Editor 창의 **[데이터]** 메뉴에서 **가중 케이스**를 선택한다.

Step 4 **가중 케이스** 창에서 **가중 케이스 지정** 항목을 선택하고 **빈도변수**란에 빈도수 항목을 화살표를 이용해 입력한 후 **확인**을 누른다.

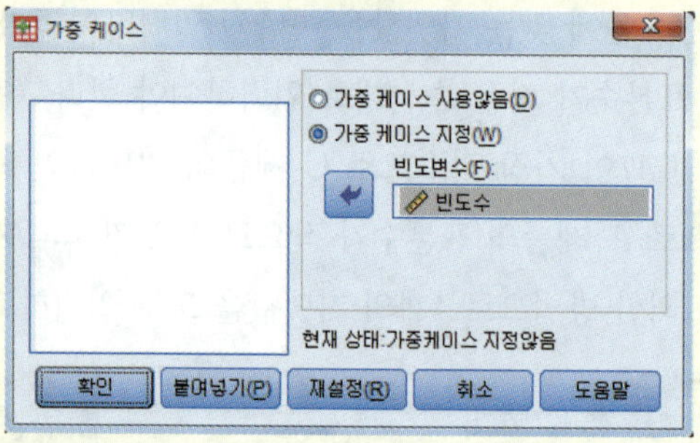

Step 5 PASW Statistics Data Editor 창의 **[분석]** 메뉴에서 **기술통계량**의 **교차분석**을 선택한다.

Step 6 **교차분석** 창에서 행란에 **학부성적** 변수를, **열**란에 **전공** 변수를 화살표를 이용해서 집어넣은 후 **확인**을 누른다.

Step 7 PASW Statistics Viewer 창에서 카이제곱=13.088, p값=0.011을 확인할 수 있다.

R

R을 이용한 적합도 검정

12.2절의 표 12.7의 "시장점유율" 자료에 대하여 적합도 검정을 실시하자.

Step 1 다음의 코드를 사용하여 적합도 검정을 한다.

```
> x<-c(110, 195, 47, 148)
> p<-c(0.2, 0.4, 0.1, 0.3)
> chisq.test(x, p=p)

        Chi-squared test for given probabilities
```

```
data: x
X-squared = 1.3317, df = 3, p-value = 0.7216
```

본문에서 계산한 자유도=3 인 X^2값 1.33과 같음을 확인하여라.

부록 A.4에 의하면 p값을 0.5와 0.75 사이 값으로밖에 알 수 없으나 R은 0.7216으로 그 값을 직접 계산하여 준다.

R을 이용한 범주형 자료의 독립성 분석

표 12.17 "전공학점" 자료에서 전공과 학점이 독립인지 검정하여 보자.

Step 1 다음의 코드를 이용하여 두 개의 범주형 변수의 독립성을 분석한다.

```
> y <-matrix(c(30, 13, 16,
+ 8, 16, 7,
+ 12, 11, 17),
+ nrow=3, ncol=3, byrow=T)
> dimnames(y) <-list(c("3.5-4.5","2.5-3.5","1.5-2.5"),
+ c("사회과학","자연과학","공학"))
> y
           사회과학  자연과학  공학
3.5-4.5       30        13    16
2.5-3.5        8        16     7
1.5-2.5       12        11    17
> chisq.test(y, correct=F)
    Pearson Chi-squared test
data: y
X-squared = 13.0881, df = 4, p-value = 0.01085
```

Step 2 독립 가정에서의 기댓값은 **chisq.test**함수의 출력값들 중 **expected** 값에 저장되어 있다. expected 값만 출력하기 위해 다음의 코드를 사용한다.

```
> x <-chisq.test(y, correct=F)
> x$expected
            사회과학     자연과학        공학
3.5-4.5   22.69231    18.153846    18.153846
2.5-3.5   11.92308     9.538462     9.538462
1.5-2.5   15.38462    12.307692    12.307692
```

Step 3 카이제곱값은 출력값들 중 피어슨 잔차(Pearson residuals)값이 저장된 residuals를 제곱하여 얻을 수 있다. 표 12.19와 비교하여 보아라.

```
> x$residuals^2
               사회과학      자연과학         공학
3.5-4.5      2.3533246     1.4631682     0.2555411
```

```
2.5-3.5    1.2908189    4.3771712    0.6755583
1.5-2.5    0.7446154    0.1389423    1.7889423
```

R 실습 스크립트(web.yonsei.ac.kr/cekim)

```
###
### 표 12.7 시장점유율 적합도 검정
###
x <- c(110, 195, 47, 148)
p <- c(0.2, 0.4, 0.1, 0.3)
(table12.7 <- chisq.test(x, p=p))  # Prints test summary

table12.7$observed  # observed counts
table12.7$expected  # expected counts under the null
table12.7$residuals # Pearson residuals == (Obs-Exp)/sqrt(Exp)
(chisq_i <- table12.7$residuals^2)
sum(chisq_i)        # chisq.test 결과와 비교

###
### 예제 12.1 주사위 - 균등분포 적합도 검정
###

p <- rep(1/6, 6)
x <- c(210, 180, 185, 220, 195, 210)

(example12.1 <- chisq.test(x, p=p))  # Prints test summary

###
### 표 12.10 AS접수건수 - 포아송분포 적합도 검정
###

x <- 0:4
Obs <- c(94, 67, 33, 3, 3)         # Observed frequency
(n <- sum(Obs))                    # sample size

(sample.mean <- drop(x%*%Obs/sum(Obs))) # %*% := inner product
                                        # drop := as scalar
prob <- dpois(x, lambda=sample.mean)
prob <- c(prob, 1-sum(prob))            # the rest of probability

Exp <- n * prob

x <- c(x, 5)
Obs <- c(Obs, 0)
```

```
cbind(x, Obs, prob, Exp)
(Exp >= 5)                # check if expected frequency >= 5

Obs[4] <- sum(Obs[4:6])   # collapse the categories
prob[4] <- sum(prob[4:6])
Exp[4] <- sum(Exp[4:6])

x <- x[1:4]               # erase the unnecessary categories
Obs <- Obs[1:4]
prob <- prob[1:4]
Exp <- Exp[1:4]

chisq <- (Obs-Exp)^2/Exp
cbind(x, Obs, prob, Exp, chisq)

sum.chisq <- sum(chisq)
(p.value <- 1 - pchisq(sum.chisq, df=4-1-1))

## vcd package --> does not collapse !!!
Obs <- c(94, 67, 33, 3, 3)
x.poi <- c(rep(0, 94), rep(1,67), rep(2,33), rep(3,3), rep(4,3))
library(vcd)                              ## loading vcd package
gf<-goodfit(x.poi,type= "poisson",method= "MinChisq")
summary(gf)
plot(gf,main="Count data vs Poisson distribution")
# 빈도수를 사용하지 않고 제곱근을 사용하는 이유는 전공서적 참조

###
### 표 12.14 머리둘레 - 정규분포 적합도 검정
###

x <- c(51.92, 52.10, 52.25, 52.41, 52.48, 52.64, 53.02, 53.39,
       53.40, 53.77, 54.00, 54.04, 54.30, 54.42, 54.77, 54.78,
       54.85, 55.31, 55.33, 55.38, 55.49, 55.51, 55.68, 55.69,
       55.80, 55.85, 56.03, 56.05, 56.10, 56.18, 56.22, 56.26,
       56.29, 56.32, 56.35, 56.45, 56.57, 56.64, 56.71, 56.84,
       56.91, 57.03, 57.14, 57.18, 58.00, 58.07, 58.32, 58.66,
       59.26, 59.37)

(x.mean <- mean(x))
(x.sd <- sd(x))
prob <- rep(0.1, 10)
```

```
p <- cumsum(prob)
(z <- qnorm(p, x.mean, x.sd))
z

count <- as.vector(10)
for (i in 1:10) {
  count[i] <- length(x[x < z[i]])
}
count
for (i in 10:2) {
  count[i] <- count[i] - count[i-1]
}
count

exp <- rep(5, 10)
chisq_i <- (count - exp)^2 / exp
cbind(count,prob,exp,chisq_i)
(chisq <- sum( chisq_i ))
1 - pchisq(chisq, 7)            # p-value


###
### 표 12.17 전공과 학점 분할표(독립성 검정)
###

y <- matrix(c(30, 13, 16,
               8, 16,  7,
              12, 11, 17), nrow=3, ncol=3, byrow=T)
dimnames(y) <- list(c("3.5-4.5","2.5-3.5","1.5-2.5"),
c("사회과학","자연과학","공학"))
y

margin.col <- c(50, 40, 40)
margin.row <- c(59, 31, 40)

(margin.col.prob <- margin.col / 130)              # 표 12.18
(margin.row.prob <- margin.row / 130)              # 표 12.18

(joint.prob <- margin.row.prob %o% margin.col.prob) # 표 12.18

(y.exp <- 130 * joint.prob)                    # 표 12.18 expected
(y.chisq <- (y - y.exp)^2 / y.exp)             # 표 12.18 chi-squares
sum(y.chisq)                          # 표 12.18 chi-square statistics
```

```
## -----------------------------------------  chisq.test::stats
(x <- chisq.test(y, correct=F))
x$expected
x$residuals^2

###
### 예제 12.2 Homogeneity Test 동질성 검정
###

homo <- matrix(c(124, 50, 26,
                 90, 38, 22), nrow=2, ncol=3, byrow=T)
dimnames(homo) <- list(c("남자","여자"), c("경영학","경제학","응용통계학"))
n.marginal <- rowSums(homo)

p.obs <- homo / n.marginal  # compute the est. prob. for men and women
p.obs

p.exp <- colSums(homo)/350   # compute the estimated homogeneous prob
p.exp

homo.exp <- n.marginal%o%p.exp # Exp values under the homogeneity hypothesis
homo.exp

homo.chisq <- (homo - homo.exp)^2 / homo.exp
homo.chisq
rowSums(homo.chisq)'

(xx <- chisq.test(homo))
xx$expected           # Exp values under the independence hypothesis
xx$residuals^2        # Chi-square values for each cell
sum(xx$residuals^2)
```

익힘문제

다음 괄호에 알맞은 말을 넣거나, 맞는 것을 선택하시오.

1 범주형 자료에는 {명목형, 순서형, 숫자형} 자료가 있다.

2 범주형 자료를 표로 정리한 것이 (　　　　)표 또는 (　　　　)표이다.

3 두 범주형 변수가 독립이면 결합확률은 주변확률의 {합, 곱}으로 나타난다.

4 표본의 결합확률이 독립 가정에서의 결합확률과 다르게 나타나면 {독립성, 종속성}을 의심하게 된다.

5 표본의 분포가 가정된 분포에 적합한지 검정하는 것을 ( ) 검정이라고 한다.

6 가정된 분포에서 계산된 ( )과 관측값이 통계적으로 유의한 차이를 보이면 가정된 분포를 {기각, 기각 못}한다.

7 k개의 범주에서 기댓값들이 E_i이고, 관측값들이 O_i일 때 적합도 검정통계량은 ( )이고, 자유도 ( )인 ( )분포를 한다.

8 적합도 검정에서 범주의 기대빈도가 ( )보다 작은 경우에는 범주를 묶어 ( )빈도표를 작성하여 검정을 수행한다.

9 특정 분포만 정해지고 모수의 값이 정해지지 않은 적합도 검정을 하는 경우에 모수를 추정하여야 하는데, 추정된 모수의 수가 p개라면, 이때의 자유도는 ( )이다.

10 적합도 검정은 ( )개의 범주형 변수에 수행되고 ( )개의 범주형 변수에는 독립성 검정이 수행된다.

11 각각 I, J개의 범주인 분할표 독립성 검정에서 자유도는 ( )이다.

12 두 집단의 범주형 자료의 분포가 같은지 검정하는 것을 ( ) 검정이라고 한다.

13 동질성 검정은 두 집단의 ( )분포나 ( )분포가 같은지 검정하는 것이다.

14 동질성 검정은 다항분포의 확률이 같은지 검정하는 ( )검정이라고도 한다.

15 k개의 범주인 두 집단에서의 동질성 검정의 자유도는 ( )이다.

16 동질성 검정은 두 집단의 ( )차원 범주형 자료가 동일한 ( )분포를 하는가에 대한 검정이고, 독립성 검정은 ( )차원 자료에서의 검정이다. 독립성 검정과 동질성 검정은 이론적인 틀은 다르지만 똑같은 ( )를 사용하고 그 결과 또한 같다.

연습문제

1 한 정당에서 어느 지역 지방자치단체 후보를 공천할지 말지를 결정하기 위해서 정당공천에 대한 지지도를 조사하였다.

공천 찬성	공천 반대	무관심/무응답
128명	104명	93명

위와 같은 정당공천에 대한 여론조사 결과, 공천에 있어서 찬성수와 반대수 사이에 차이가 있다고 할 수 있을지에 대해서 통계적으로 검정하여라(유의수준 5%).

2 주식의 월별 수익률이 정규분포를 하는지 알아보기 위해 100개의 월별 수익률을 구한 뒤 표본평균과 표본분산을 구해 월별 수익률을 표준화하였다.

Interval	Frequency
$Z < -1.5$	10
$-1.5 \le Z < -0.5$	18
$-0.5 \le Z < 0.5$	48
$0.5 \le Z < 1.5$	16
$1.5 \le Z$	8

a. 이를 구간에 따라 정리한 자료가 표와 같다. 정규분포를 따른다고 판단되는가?

b. −1.5, −0.8, 0.8, 1.5 기준으로 구간을 다르게 나누어 분석하면 결과가 달라지는가?

3 평균이 0, 분산이 1인 정규분포를 한다고 생각되는 모집단에서 100개의 표본을 추출하여 아래와 같이 구간에 따른 표본수을 구하였다. 이러한 표본의 정규성을 검정하려고 한다.

구간별 표본수

구간	−2 미만	[−2, −1)	[−1, 0)	[0, 1)	[1, 2)	2 이상	합계
표본수(O)	4	13	35	32	15	1	100

a. 이를 위해서는 먼저 가정된 분포가 적합한지는 가정하에서 기대되는 개수를 구하여 표본값과 비교하여야 한다. 가정하에서 기대되는 값을 구하기 위해서는 먼저 평균이 0, 분산이 1인 정규분포라는 가정하에서의 각 구간에 대한 확률을 구한 후 이에 전체 표본수를 곱하면 된다. 아래의 빈칸을 채워라.

표준정규분포하의 기댓값

구간	−2 미만	[−2, −1)	[−1, 0)	[0, 1)	[1, 2)	2 이상	합계
가정하에서의 구간확률값	0.0228	0.1359					1
기댓값(E)	2.28	13.59					100

b. 그리고 이 기댓값과 표본값을 비교한 카이제곱값을 구하면 다음과 같다. 빈칸을 채워라.

표본정규분포 가정하의 카이제곱값

구간	−2 미만	[−2, −1)	[−1, 0)	[0, 1)	[1, 2)	2이상	합계
가정하에서의 구간확률값	0.0228	0.1359					1
표본수(O)	4	13					100
기댓값(E)	2.28	13.59					100
$\frac{(O_i - E_i)^2}{E_i}$	1.31	0.03					

c. χ^2값, 자유도, p값을 구하고 정규성을 만족하는지 판단하여라.

4 정규분포를 한다고 생각되는 모집단에서 100개의 표본을 추출하여 아래 표와 같이 구간에 따른 표본수를 구하였다.

정규분포가정하의 표본수

범위	−2 미만	[−2, −1)	[−1, 0)	[0, 1)	[1, 2)	2 이상	합계
표본수(O)	4	13	35	32	15	1	100

a. 하지만 여기서는 앞의 문제와는 달리 평균과 분산까지는 가정되지 않았으므로, 구간확률값을 바로 계산할 수가 없게 된다. 따라서 표본에 의한 평균, 분산의 추정값을 이용하여 구간확률값을 구할 수밖에 없게 된다. 만일 100개 표본의 표본평균을 0.02, 표본분산을 1.03이라고 한다면 이에 따른 구간확률값과 기댓값은 다음과 같다. 빈칸을 채워라.

정규분포(평균 : 0.02, 분산 : 1.03)가정하의 기댓값

구간	−2 미만	[−2, −1)	[−1, 0)	[0, 1)	[1, 2)	2 이상	합계
가정하에서의 구간확률값	0.0233	0.1342					1
기댓값(E)	2.33	13.42					100

b. 따라서 실젯값과 기댓값의 차이에 대한 카이제곱값은 다음과 같다. 빈칸을 채워라.

범위	−2 미만	[−2, −1)	[−1, 0)	[0, 1)	[1, 2)	2 이상	합계
가정하에서의 구간확률값	0.0233	0.1342					1
표본수(O)	4	13	35	32	15	1	100
기댓값(E)	2.33	13.42					100
$\frac{(O_i-E_i)^2}{E_i}$	1.20	0.01					2.41

c. 이번 경우는 평균과 분산을 표본으로부터 추정하여 χ^2값을 구하였다. χ^2값, 자유도, p값을 구하고 정규성을 만족하는지 판단하여라.

5 제품에 대한 만족도가 성별에 따라 다른지 알아보고자 한다.

a. 두 변수가 독립인 경우 아래의 A, B, C, D, E, F가 가질 수 있는 값을 구하여라.

만족도 \ 성별	M	F	합계
불만족	A	D	20
보통	B	E	20
만족	C	F	60
합계	40	60	100

b. 위 표의 A, B, C, D, E, F는 다음의 합을 만족한다.

$$A+B+C=40$$
$$D+E+F=60$$
$$A+D=20$$
$$B+E=20$$
$$C+F=60$$

다음을 만족하는 A, B, C, D, E, F를 구하여라. 또한 이 값과 a에서의 값을 비교하여라.

A:D=B:E

B:E=C:F

c. 실제조사 결과 다음과 같은 자료가 얻어졌다. 두 변수 간의 독립성 여부에 대해 통계적 검정 결과를 이용하지 말고 자료만으로 추측하여 구하여라.

만족도 \ 성별	M	F	합계
불만족	6	14	20
보통	8	12	20
만족	28	32	60
합계	40	60	100

d. 카이제곱검정을 통해 두 변수 간의 독립성 여부를 검정하여라. 이 결과가 위에서의 추측과 차이가 나는지에 대해 논하여라.

실습 문제

6 세 지역의 고3 학생의 분포가 다음과 같다. 만일 한국대학에 합격한 고3 학생이 다음과 같을 때 합격자수가 지역별 분포에 비례하는가?

합격자 분포.dat
합격자 분포.xlsx

	A지역	B지역	C지역
고 3학생의 분포	20%	50%	30%
한국대학 합격자수	25	27	25

7 철수는 주사위의 각 면이 나올 확률이 동일하지 않다는 생각에 주사위를 1000번 던져 다음과 같은 결과를 얻었다. 철수는 어떠한 결론을 내릴 수 있는가?

주사위.dat
주사위.xlsx

면	1	2	3	4	5	6
빈도수	160	177	165	169	163	166

8 원주율의 소수점 이하 100째 자리까지의 분포가 다음과 같다.

원주율.dat
원주율.xlsx

숫자	0	1	2	3	4	5	6	7	8	9
빈도수	8	8	12	11	10	8	9	8	12	14

나타나는 숫자의 비율이 일정한지 검정하여라.

9 다음은 1년 중 태어난 아기들의 월별 빈도수이다. 월별 비율이 일정한지를 검정하여라.

탄생월.dat
탄생월.xlsx

	1월	2월	3월	4월	5월	6월	7월	8월	9월	10월	11월	12월
빈도수	8	19	11	12	16	8	7	5	8	3	8	8

결근형태.dat
결근형태.xlsx

10 어느 회사의 관리자는 직원들의 결근행태에 대해 관심을 가지고 있다. 그 관리자는 결근자수가 월요일부터 토요일까지 고르게 분포되어 있는지를 알기 위해서 표본조사를 실시하고, 아래와 같은 결과를 얻었다.

요일	결근자수
월	12
화	9
수	11
목	10
금	9
토	9

a. 12, 9, 11, 10, 9, 9라는 숫자들은 어떤 종류의 도수(frequency)들인가?
b. 위의 표본자료는 몇 개의 범주를 가지고 있는가?
c. 각 요일마다의 기대도수(expected frequency)는 얼마인가?
d. 관리자가 생각하는 결근자수의 분포에 대하여 유의수준 1%에서 카이제곱검정을 수행하라.

혈액형.dat
혈액형.xlsx

11 어느 지역 거주민들의 혈액형의 분포는 전통적으로 O형 45%, A형 41%, B형 10%, AB형 4%인 것으로 알려져 있다. 이 지역에 대해서 새로이 136명을 확률표본으로 선정하고, 이들의 혈액형을 조사한 결과

O형	A형	B형	AB형
43명	38	41	14

인 것으로 나타났는데, 그 지역에서 전통적으로 알려진 혈액형의 분포와 표본조사로 얻은 혈액형의 분포 사이에 유의적인 차이가 있는지 통계적으로 검정하여라(유의수준 0.05).

12 어느 제과회사가 생산하는 초콜릿 볼(chocolate ball)은 표면을 코팅한 색이 갈색 30%, 노란색 20%, 빨강색 20%, 초록색 20%, 오렌지색 10%의 비율로 생산된다고 한다. 어떤 소비자가 이 회사의 초콜릿 볼을 사서 색깔별로 세어본 결과 갈색이 67개, 노란색이 22개, 빨간색이 51개, 초록색이 24개, 오렌지색이 24개였다. 유의수준 5%에서, 과연 우리는 제과회사에서 주장하는 기대된 분포(expected distribution)에 동의할 수 있겠는가?

수강기준.dat
수강기준.xlsx

13 학부대학은 1학년 2학기에 1학년 학생들의 수강과목 결정요인을 연구하고 있다. 50명의 1학년 학생들이 표본으로 선정되어 자신의 수강과목 선택 기준에 대해서 답변하도록 하였는데, 그 결과는 다음과 같다.

강의주제에 대한 흥미	학점이수의 용이성	가르치는 강사	과목의 시간표
18명	17명	7명	8명

학부대학 측은 1학년 학생들이 수강과목을 결정할 때 위 4가지 요인 중 특별히 더 선호요인이 있는지의 여부에 관심을 가진다고 할 때, 유의수준 5%에서 통계검정을 수행하여라.

노트북색.dat
노트북색.xlsx

14 어느 컴퓨터 회사에서 5가지 색깔의 미니노트북(mini-notebook) 컴퓨터를 판매하는데, 어느 분기에 조사된 미니 노트북 컴퓨터 색깔별 판매대수는 다음과 같다.

검은색	빨강색	와인색	흰색	파란색
47대	12대	20대	35대	21대

이 회사의 디자인부서는 소비자들이 전통적으로 선호하는 색은 검은색 40%, 흰색 30%, 와인색 10%, 파란색 10%, 빨간색 10%라고 주장하고 있다. 위의 표본조사 결과가 디자인부서의 이같은 주장을 뒷받침하는지의 여부에 대하여 유의수준 5%로 통계적 검정을 수행하여라.

15 엑셀 또는 R에서 표준정규분포에서 100개의 표본을 추출한 후 이를 구간으로 나누어 정규분포를 하는지 검정하여라.

포아송검정.dat
포아송검정.xlsx

16 다음은 평균이 4인 포아송분포를 한다고 알려진 모집단에서의 표본이다.

	0	1	2	3	4	5	6	7	8	9 이상
빈도수	1	2	4	6	10	8	7	4	3	5

a. 가정된 분포가 맞는지 검정하여라.
b. 모집단분포의 평균은 알 수 없으나 포아송분포를 한다고 알려져 있다고 하자. 이러한 가정에 대해 검정하여라.

horse-kicks.dat
horse-kicks.xlsx

17 1875년에서 1894년 사이의 20년간 14개 프러시안 군단에서 연간 말에게 차여 사망한 군인의 수가 다음 표와 같이 나타났다. 연간 말에게 차여 사망한 군인의 수가 포아송분포를 따른다고 볼 수 있는가?

사망자수	0	1	2	3	4	>=5
빈도	144	91	32	11	2	0

horse-kicks 2.dat
horse-kicks 2.xlsx

a. 위의 자료로부터 연간 말에게 차여 사망한 군인의 수가 기대도수가 표본평균과 같은 포아송분포를 따른다고 볼 수 있는가?
b. 위의 14개 군단 중 4개의 군단은 다른 군단들에 비해 대표성이 떨어지는 것으로 밝혀졌다. 이 4개의 군단을 제외하고 다음과 같은 표를 얻었다.

사망자수	0	1	2	3	4	>=5
빈도	109	65	22	3	1	0

위의 자료로부터 연간 말에게 차여 사망한 군인의 수가 기대도수가 표본평균과 같은 포아송분포를 따른다고 볼 수 있는가?

행인.dat
행인.xlsx

18 어느 길목에서 1분당 지나가는 사람의 수를 총 두 시간 동안 세어서 다음과 같은 표를 얻었다.

행인의 수	0	1	2	3	4	5	6	7	8
도수	6	16	28	28	25	7	6	3	1

a. 분당 행인의 수가 포아송분포를 따른다고 볼 수 있는가?

b. 같은 자료로부터 분당 행인의 수가 2명인 포아송분포를 따른다고 볼 수 있는가?

강수량.dat
강수량.xlsx

19 다음은 어느 지방에 내린 3월 강수량을 30년간 측정한 자료이다. 이 지방의 3월 강수량이 정규분포를 따른다고 볼 수 있는가?

1.13	0.78	1.78	4.71	3.06	0.55	0.94	1.92	1.59	2.56
1.09	1.79	0.77	1.36	1.28	1.01	0.23	0.38	1.66	3.42
1.29	2.96	3.12	2.17	1.34	0.46	1.29	1.99	2.14	1.10

a. 위의 자료로부터 이 지방의 3월 강수량이 평균과 분산이 각각 표본평균과 표본분산인 정규분포를 따른다고 볼 수 있는가?

b. 위의 자료에 대해 $\sqrt{x}$의 변환을 한 자료는 정규분포를 따른다고 볼 수 있는가?

흡연심장병.dat
흡연심장병.xlsx

20 다음은 흡연 여부와 심장병 여부에 대한 자료이다.

흡연 \ 심장병	있음	없음
흡연	10	24
비흡연	30	60

a. 두 변수의 관련성에 대해 검정하여라.

b. 심장병에 따른 흡연비율은 각각 10/40=0.25, 24/84=0.29이다. 이 비율 간의 통계적 차이가 있는지를 z-test로 검정하여라. 또한 이 결과를 문제 a에서의 카이제곱검정 결과와 비교하여라.

학습법.dat
학습법.xlsx

21 다음은 학습법에 따라 학습 향상도를 나타낸 것이다. 학습법과 향상도의 독립성에 대해 검정하여라.

학습법 \ 향상도	향상	차이 없음	나빠짐
A	30	20	5
B	20	20	5
C	10	20	3

찬성분포.dat
찬성분포.xlsx

22 다음은 설문에 대한 찬성, 반대자들의 지역별 분포도이다.

지역 \ 동의여부	찬성	반대
경기	120	105
서울	143	132
강원	24	20
영남	22	18
호남	25	21

a. 지역과 동의여부 간의 독립성에 대해 검정하여라.

b. 각 지역별 찬성률은 다음과 같다. 전체 찬성률이 비슷한지 다음 통계량으로 검정할 수 있다. 이 통계량의 값과 문제 a에서의 카이제곱값을 비교하여라.

$$\sum = \frac{(\text{지역찬성률} - \text{전체찬성률})^2}{\sqrt{(\text{지역찬성률})}}$$

지역 \ 향상도	표본수	찬성률
경기	225	120/225
서울	275	143/275
강원	44	24/44
영남	40	22/40
호남	46	25/46
전체	628	332/628

23 철수와 영희가 철수네 집과 영희네 집에서 각각 100번씩 가위바위보 놀이를 한 결과를 기록하여 다음의 도수 자료를 얻었다. 장소에 따라 승률의 차이가 있다고 할 수 있는가?

가위바위보.dat
가위바위보.xlsx

	철수 승	영희 승	비김
철수네 집	40	30	30
영희네 집	30	35	35

24 심리학자는 개인의 성격과 그 개인의 색채선호 간의 관계를 연구한다. 개인의 성격을 외향적, 내향적 성격으로 구분하고, 이 개인이 좋아하는 색깔을 빨강, 노랑, 초록, 파랑 중 하나를 고르도록 하였다.

가위바위보.dat
가위바위보.xlsx

	빨강	노랑	초록	파랑
내향적 성격	20	6	30	44
외향적 성격	180	34	50	36

'어떤 개인의 색채선호는 그 개인의 성격과는 무관하다'는 주장에 대해 유의수준 5%에서 통계적 검정을 수행하여라.

25 어떤 연구자는 색맹(color blindness)은 성별과 관련된 유전자에 의해 유전된다고 생각하고 있다. 성별과 색맹 간의 관계를 조사해 보기 위해 1000명의 사람들로 구성된 표본을 선정하였고, 색맹검사를 실시하여 다음과 같은 결과를 얻었다.

색맹.dat
색맹.xlsx

	정상	적-록 색맹	기타 색맹
남자	320	70	10
여자	580	10	10

a. 이 연구자의 가설을 서술하여라.

b. 유의수준 5%에서 연구자의 가설을 통계적으로 검정하여라.

진로.dat
진로.xlsx

26 한 연구자가 대학에 재학 중인 1~4학년 학부생 중 랜덤하게 선정된 학생들에게 졸업 후의 진로에 대하여 설문조사를 하였는데, 다음과 같이 정리되었다.

	취직	대학원 진학	미결정
1학년	22	20	48
2학년	37	26	29
3학년	58	31	15
4학년	56	35	9

대학 학년과 졸업 후 진로에 대한 계획 사이에는 어떤 연관성이 있는지의 여부를 알아 보기 위해 유의수준 1%에서 통계적 검정을 수행하라.

학점분포.dat
학점분포.xlsx

27 다음 자료는 3명의 교수가 지난 2년간 자신이 가르친 과목 중에서 랜덤하게 선정된 과목에서 준 학점의 분포를 기록한 것이다.

	교수 X	교수 Y	교수 Z
A학점	18	36	20
B	25	44	15
C	85	73	82
D & F	17	12	8

유의수준 2.5%에서 '세 명의 교수가 준 학점의 분포는 동질적이다'라는 가설을 통계적으로 검정하여라.

배경음악.dat
배경음악.xlsx

28 식당 내의 배경음악이 고객의 소비형태에 영향을 줄 수 있다는 연구결과가 있다. 한 마케팅 전문가가 배경음악이 고객의 소비형태에 어떠한 영향을 주는지 알아보기 위해 실험을 진행하였다. 이 실험에서 3개의 배경음악(발라드, 댄스, 배경음악 없음)이 고려되었고, 각 배경음악하에서 고객들이 어떠한 종류의 술을 주문하는지 조사하였다. 아래는 배경음악과 주문한 술의 종류에 대한 분할표이다.

술 종류	발라드	댄스	배경음악 없음
맥주	30	26	39
소주	19	31	43
다른 종류	35	34	22

유의수준 5%에서 배경음악과 주문한 술의 종류 간의 독립성을 검정하여라.

29 확률적으로 선택된 스마트폰 이용자들로부터 현재 사용하고 있는 스마트폰의 제조회사를 조사하였다. 조사 결과 250명의 남성 스마트폰 이용자들 중에서 38%는 A회사의 제품을, 42%는 B회사의 제품을 그리고 나머지는 C회사의 제품을 사용하고 있었다. 그리고 150명의 여성 스마트폰 이용자들 중에서 54%는 A회사의 제품을, 36%는 B회사의 제품을 그리고 나머지는 C회사의 제품을 사용하고 있었다.

a. 스마트폰 제조회사 (A, B, C)와 성별의 범주형 자료를 분할표로 나타내어라.

b. 유의수준 5%에서 성별과 사용하는 스마트폰의 제조회사 간의 독립성에 대해 검정하여라.

30 한 대학교의 학생들을 대상으로 성별에 따라 다이어트 방법에 차이가 있는지 알아보기 위해 조사를 실시하였다. 236명의 여학생과 106명의 남학생을 대상으로 가장 선호하는 다이어트의 종류에 대하여 질문하였고, 다음과 같은 자료를 얻을 수 있었다.

성별 다이어트.dat
성별 다이어트.xlsx

다이어트 방법	여학생	남학생
저지방 다이어트	55	21
저탄수화물 다이어트	67	25
저염식 다이어트	71	29
다이어트 한 적 없음	A	B

a. 위 분할표의 A와 B를 구하여라.
b. 유의수준 5%에서 성별에 따른 다이어트 방법에 차이가 있는지 검정하여라.

31 수입차협회에 따르면 2011년 1분기 개인이 구입한 수입차 브랜드별 판매량을 비교한 결과 성별에 따라 선호도가 다르다고 발표하였다. 독일제 수입차 브랜드 빅3(BMW, 벤츠, 아우디)는 총 2861대가 팔렸으며, 이 가운데 남자가 1725대, 여자가 1136대를 구매한 것으로 나타났다. 남자에게 가장 인기 있는 수입차 브랜드는 BMW로 남성 1066명이 선택을 받아 1위를 차지하였다. 다음으로 남성에게 인기가 있었던 수입차 브랜드는 벤츠로 남성 408명이 선택하였다. 벤츠는 여성 486명의 선택을 받아 첫 번째로 인기를 끌었으며, 치열한 경쟁을 벌인 BMW는 여성 467명이 선택하여 두 번째로 인기를 끌었다.

a. 수입차 브랜드 빅3(BMW, 벤츠, 아우디)와 성별의 범주형 자료를 분할표로 나타내어라.
b. 유의수준 5%에서 성별에 따라 수입차 브랜드에 대한 선호도가 다르다는 수입차협회의 발표 결과를 검정하여라.

32 한 고등학생이 대학교 진학을 앞두고 두 대학의 상경대학 중에서 취업률이 높은 곳에 지원하기를 원한다. 다음은 올해 두 대학의 상경대학을 졸업한 학생들의 취업률 자료이다.

취업률0.dat
취업률0.xlsx

대학	취업	미취업	합계
대학교 1 상경대학	257	143	400
대학교 2 상경대학	262	138	400

a. 상경대학별 취업률을 계산하고 이 고등학생이 어느 대학을 지원할지에 대해 설명하여라.
b. 유의수준 5%에서 상경대학별로 취업률에 유의한 차이가 있는지 검정하여라.
c. 이 고등학생이 각 상경대학의 전공별 취업률을 비교해 보기 위해, 위의 자료를 전공별로 다음과 같이 나누었다. 각 분할표의 A, B, C, D를 채워 완성하여라.

취업률1.dat
취업률1.xlsx

대학교 1 상경대학

	취업	미취업
경영학	126	74
경제학	97	53
응용통계학	A	B

취업률2.dat
취업률2.xlsx

대학교 2 상경대학

	취업	미취업
경영학	31	19
경제학	96	54
응용통계학	C	D

d. 각 상경대학에서 전공별 취업률을 계산하여라.
e. 상경대학 간에 전공별로 취업률을 비교한 뒤, 이 고등학생의 선택에 어떠한 변화가 있을 것인지에 대해 논하여라.
f. 유의수준 5%에서 대학교 1의 상경대학에서 전공별로 취업률에 유의한 차이가 있는지 검정하여라.
g. 유의수준 5%에서 대학교 2의 상경대학에서 전공별로 취업률에 유의한 차이가 있는지 검정하여라.

손씻기.dat
손씻기.xlsx

33 한 미국의 여론조사기관에서 조사를 벌인 결과 상당수의 사람들이 공중화장실을 사용한 뒤 손을 씻지 않는다는 조사 결과가 나타났다. 그리고 남성이 여성에 비해 손을 씻지 않는 비율이 더 높다는 결과가 나타났다. 따라서 성별과 위생에 대한 독립성을 검정하기 위해 통계방법론을 수강중인 학생들이 서울시내에 있는 두 개의 공중화장실에서 다음과 같은 자료를 직접 수집하였다.

	손을 씻음	손을 씻지 않음	합계
남성	440	60	500
여성	516	84	600
합계	956	144	1100

a. 각 성별에서 손을 씻는 비율을 계산하고, 미국의 여론조사기관에서 발표한 조사 결과와 일관성이 있는지 비교하여라.
b. 유의수준 5%에서 성별과 손을 씻는지 여부 간의 독립성에 대해 검정하여라.
c. 실험에 참가한 한 학생이 조사자료에 문제점이 있다는 것을 발견하고, 위의 자료를 공중화장실별로 다음과 같이 나누었다.

손씻기 남성.dat
손씻기 남성.xlsx

[남성]

	손을 씻음	손을 씻지 않음	합계
공중화장실 1	188	42	230
공중화장실 2	252	18	270
합계	440	60	500

손씻기 여성.dat
손씻기 여성.xlsx

[여성]

	손을 씻음	손을 씻지 않음	합계
공중화장실 1	116	12	128
공중화장실 2	400	72	472
합계	516	84	600

각 성별에서 공중화장실별로 손을 씻는 비율을 계산하여라.

d. 공중화장실별로 자료를 나누었을 때, 결과가 어떻게 변하는지에 대해 설명하여라. 이처럼 총합에 의한 집단자료 분석의 오류를 심슨의 역설(Simpson's Paradox)이라고 한다.

e. 유의수준 5%에서 남성의 경우에 대해 공중화장실의 장소와 손을 씻는지 여부 간의 독립성을 검정하여라.

f. 유의수준 5%에서 여성의 경우에 대해 공중화장실의 장소와 손을 씻는지 여부 간의 독립성을 검정하여라.

13 분산분석

Sir Ronald Aylmer Fisher(1890 ~ 1962)

영국의 통계학자, 진화론생물학자. 근대 통계학의 기초를 확립. 통계 추론, 분산분석, 실험계획법 등의 분야에서의 선구자. 『Statistical Methods for Research Workers』(1925)와 『The Design of Experiments』(1935)라는 저서를 남김.

일원분산분석의 결과로 모집단의 평균이 다른 부분이 존재한다고 결론 내려지게 되면, 어떤 모집단의 평균이 다른 모집단과 차이를 보이고 있는지 등에 대해 분석할 수 있다. 이는 다중비교라는 방법으로 13.4절에서 다룰 것이다.

분산분석은 분산을 분석하기 때문에 지어진 이름이지만 그 목적은 평균을 분석하는 것이다. 여러 집단의 평균이 같은지, 아니면 하나라도 평균이 다른 집단이 있는지 판단하려는 것이 목적이다. 다중비교는 분산분석보다 더 상세한 정보를 얻을 수 있는 방법이다. 집단들을 서로 같은 것끼리 분류한다.

10장에서는 Z나 t 통계량 등을 이용하여 두 모집단의 평균 비교에 관한 내용을 공부하였다. 이 장에서는 3개 이상 모집단의 평균을 비교하는 **분산분석(analysis of variance, ANOVA, AOV)** 방법을 소개하고자 한다. 평균을 비교하는 데 이름이 분산분석으로 된 것은 평균이 같은지 분석하는 과정에서 분산의 역할이 중요하며 그리하여 이름이 분산분석이 된 것이다.

예를 들어, 서로 독립인 두 개의 모집단과 각 모집단의 평균을 μ_1과 μ_2라고 하자. 두 모집단으로부터 추출한 표본의 평균은 각각 $\bar{x}_1=45$와 $\bar{x}_2=50$이라고 하자. 이러한 두 개의 표본평균으로부터 $\mu_1 \neq \mu_2$라는 결론을 내릴 수는 없다. 왜냐하면 표본 내의 분산을 고려해야 하기 때문이다.

13.1 분산분석의 소개

분산분석은 잘못된 용어?
분산분석의 목적은 평균의 동일성을 검정하는 방법이므로 평균분석이 더 타당한 이름일 수 있다.

자동차 충돌실험에 관한 다음의 예제를 생각하여 보자.

예제 13.1

자동차 충돌실험을 통하여 등급별로 마네킹 인형의 머리 파손 정도를 조사하였다. 평균값만 비교하자면 668.8과 486.8은 매우 큰 차이가 나는 것처럼 느껴진다. 하지만 자동차의 등급에 따라 파손 정도가 정말로 통계적 차이가 있다고 결론 내릴 수 있을까? 충돌실험의 결괏값들을 엑셀을 이용하여 아래와 같은 그림으로 표현하였다. 각 자동차 등급별 파손 정도에 대한 관찰값들과 그 평균값을 점그림(dotplot)으로 그린 것이다.

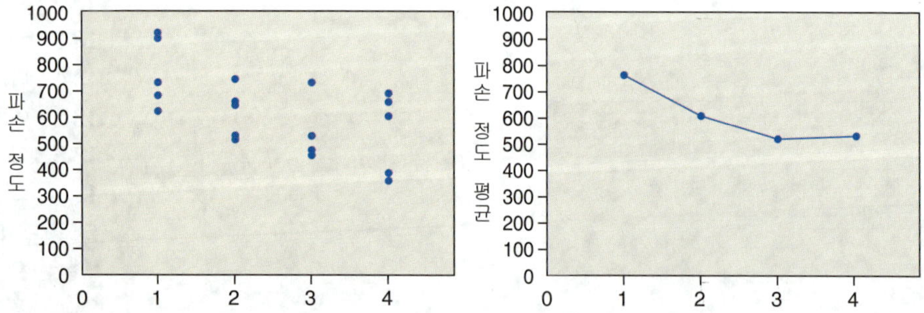

그림 13.1
자동차 등급별 파손 정도

위 그림에 의하면 머리 파손 정도는 자동차의 등급에 따라 약간의 차이가 있는 듯 하나, 자료가 서로 겹치는 부분이 많아서 그 근거가 미약한 것도 사실이다.

이상의 데이터를 사용하여 인형의 파손 정도는 자동차의 크기에 관계없이 동일하다는 귀무가설을 검정하려 한다. 소형차의 모집단을 모집단 1이라 하고, 준중형차는 모집단 2, 중형차는 모집단 3 그리고 대형차는 모집단 4라고 하자. 또한 μ_1, μ_2, μ_3, μ_4를 각 모집단의 파손

평균이라고 하자. 실제로 모집단의 평균들인 μ_1, μ_2, μ_3, μ_4값들은 알지 못하므로 표본의 통계량을 이용하여 다음과 같은 가설들을 검정하고자 한다.

$$H_0: \mu_1 = \mu_2 = \mu_3 = \mu_4$$
$$H_a: \text{모집단의 평균들 중 차이가 존재}$$

여기서 대립가설의 '모집단의 평균들 중 차이가 존재'라고 하는 것은 평균들이 전부 다른 경우만을 뜻하는 것이 아니라는 것을 주의할 필요가 있다. 전부 다를 수도 있고, 일부만 다를 수도 있다. 세 개는 같고 하나만 다른 경우, 두 개끼리만 서로 같은 경우 등 네 개가 전부 같은 경우가 아닌 그 이외의 모든 경우를 포함하고 있는 것이다.

분산분석은 관찰된 표본평균들의 차이가 귀무가설을 기각하기에 충분히 큰지 여부를 결정해 주는 통계적 절차라고 요약할 수 있다. 다음 그림은 위의 귀무가설이 참이 되는 경우에 대한 모집단의 분포를 보이고 있다. 이 경우 모집단은 정규분포를 따르며 분산이 모두 동일한 것으로 가정하고 있다.

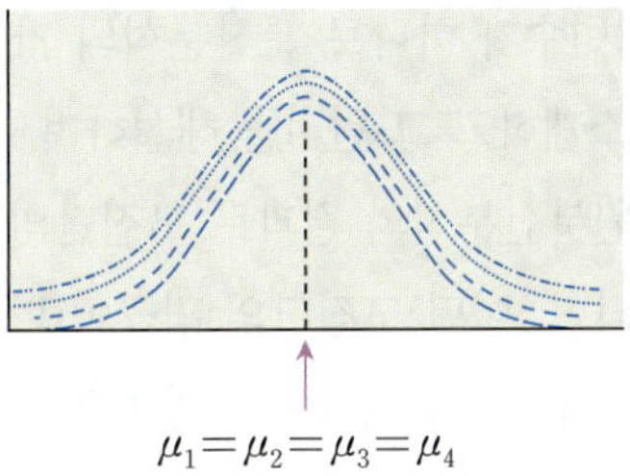

그림 13.2
평균이 모두 같은 경우
(실제는 네 개의 분포가 모두 같은 자리에 겹쳐 있어 하나의 분포로 보여야 하지만, 네 개의 분포를 나타내기 위하여 약간 다르게 표시하였다.)

반면 다음 그림은 귀무가설이 틀리는 여러 가지 경우 중 두 가지 예이다. 즉, 모집단 분포의 평균 중 하나만이라도 다른 평균과 차이가 있으면 귀무가설은 기각된다.

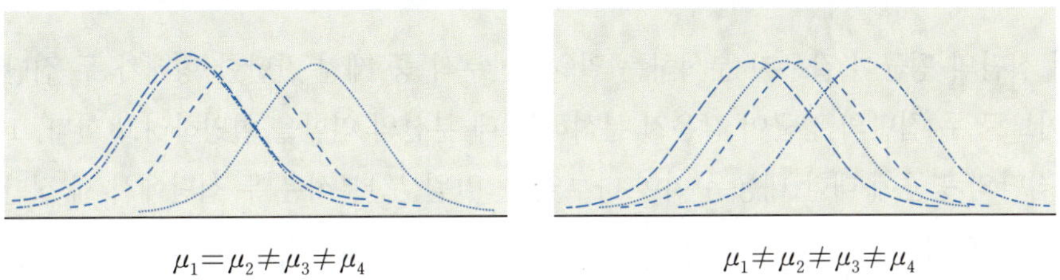

그림 13.3
평균이 같지 않은 경우
(실제 왼쪽 두 개의 분포는 완벽히 겹쳐야 하지만 두 개의 분포가 있다는 것을 보이기 위하여 약간 다르게 표시하였다.)

그러면 분산분석에서 사용되는 용어를 정리하여 보자. 위의 예제에서 사용된 2개의 변수는 '자동차 등급'과 '파손 정도' 등이다. 연구의 목적이 평균 파손 정도가 모집단별로 차이가 있는지 보는 것이므로 '파손 정도' 변수는 흔히 **종속변수(dependent variable)** 혹은 **반응변수(response variable)**라고 한다. '자동차 등급' 변수는 **독립변수(independent variable)** 혹은 **요인(factor)**이라고 한다. 관찰되는 요인의 구체적 값(여기서는 소형, 준중형, 중형, 대형)들은 **요인수준(factor levels)** 혹은 **처리(treatments)**라고 한다. 이러한 요인수준들은 비교대상이 되는 모집단을 정의하게 된다.

앞으로 소개될 분산분석 방법은 다음과 같은 **독립성(independence)**, **정규성(normality)**, **등분산성(equivariance, homoscedasticity)** 세 가지의 기본 가정사항이 필요하다.

분산분석을 위한 가정사항

1. **독립성 가정** : 모집단에서 추출된 표본은 각각 독립이다.
2. **정규성 가정** : 각 모집단의 반응변수는 정규분포를 따른다.
3. **등분산 가정** : 반응변수의 분산은 모든 모집단에서 동일하다.

강건하다고 하는 것은 가정사항의 위반이나 특잇값의 존재 등에 의하여 통계분석 결과가 크게 영향을 받지 않는 것을 뜻한다.

만약 독립성 가정이 성립되지 않는다면 분산분석 방법은 유효하지 못한 방법이 된다. 하지만 분산분석은 정규성 가정에 강건(robust)한 성질을 갖고 있어서 약간의 가정위반은 큰 문제가 되지 않는다. 마찬가지로 등분산 가정도 실험에 사용된 각 모집단의 표본크기가 비슷하다면 그 의미가 약해져서, 분산분석은 어느 정도의 가정위반에도 큰 영향을 받지 않는다고 알려져 있다. 일반적으로 **정규확률그림(normal probability plot)**은 정규성 가정에의 위반여부를 찾아내는 효과적인 방법으로 인식된다. 등분산 가정을 확인하는 것은 쉽지 않으므로 본 장에서는 최대표준편차와 최소표준편차의 비율이 2 이하인 경우에 등분산 가정이 만족하는 것으로 하는 간편한 방법을 사용하기로 하자.

정규성 : 정규확률그림

등분산성 : $\dfrac{\text{최대표준편차}}{\text{최소표준편차}} < 2$

13.2절에서는 요인 또는 독립변수가 하나로 분산분석의 가장 간단한 형태인 **일원분산분석(one-way ANOVA)** 방법을 소개하고 그 원리를 해설하며, 13.3절에서는 일원분산분석 방법의 실행절차를 기술한다. 일원분산분석의 결과로 모집단의 평균이 모두 같다는 귀무가설을 기각한다고 결론 내려지게 되면, 어떤 모집단의 평균이 다른 모집단과 차이를 보이고 있는지 등에 대해 분석할 수 있다. 이는 다중비교라는 방법으로 13.4절에서 다룰 것이다.

13.2 일원분산분석

평균의 동일성 검정
두 집단 : z-test, t-test
세 집단 : F-test

여러 집단의 평균이 같은지 분석하는 일원분산분석 중 제일 간단한 형태가 두 집단에 대한 것이므로 두 집단의 평균이 같은지 분석하는 데 분산의 역할을 설명하려고 한다. 10장에서 두 집단의 평균에 대한 내용은 이미 다루었다. 일원분산분석은 두 집단에서 세 집단 이상으로의 확장이다.

다음과 같은 가상의 데이터와 그에 따른 점그림(dotplot)을 고려하여 보자.

모집단1에서 추출한 표본	46	62	36	45	33	48
모집단2에서 추출한 표본	49	56	54	65	34	12

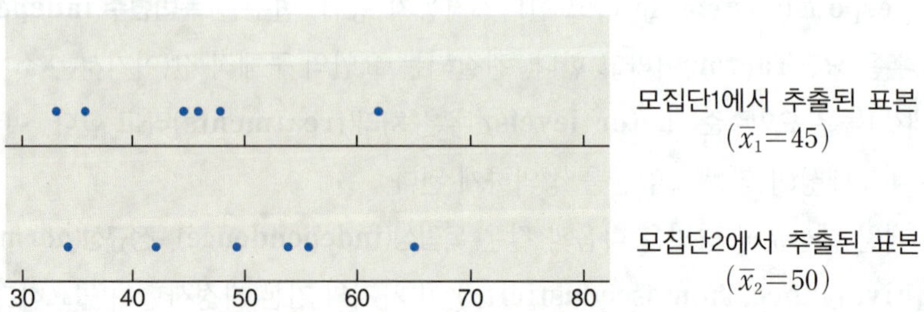

그림 13.4
두 집단의 점그림 – 분산이 큰 경우

비록 $\bar{x}_1=45$이며 $\bar{x}_2=50$으로 표본평균은 차이를 보이고 있지만, 표본의 분산이 과대하여 $\mu_1 \neq \mu_2$이란 결론을 내리기에는 무리가 따른다고 보인다. 하지만 다음과 같은 데이터와 점그림을 고려하여 보자.

모집단1에서 추출한 표본	46	62	36	45	33	48
모집단2에서 추출한 표본	49	56	54	65	34	12

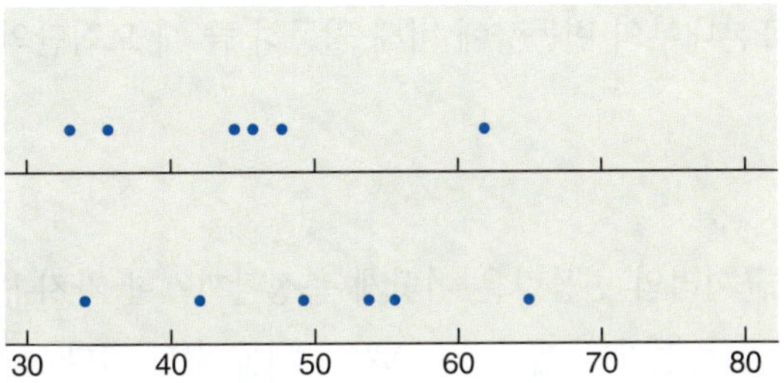

모집단1에서 추출된 표본 $(\bar{x}_1=45)$

모집단2에서 추출된 표본 $(\bar{x}_2=50)$

그림 13.5
두 집단의 점그림 – 분산이 작은 경우

이 경우에 두 모집단의 분산은 각각 매우 적다고 유추할 수 있다. $\bar{x}_1=45$와 $\bar{x}_2=50$이며 이 차이는 모집단 평균의 차이로부터 기인한 것임이 명확하므로 $\mu_1 \neq \mu_2$이라고 결론을 내릴 수 있을 것이다.

이상의 두 경우는 일원분산분석의 작동원리를 보이고 있다. 즉, 표본의 분산을 고려하면서 표본평균을 비교하여야 하는 것이다.

예제 13.1(계속)

자동차 충돌실험에서 사용된 가설

$$H_0: \mu_1=\mu_2=\mu_3=\mu_4$$
$$H_a: \text{모집단의 평균들 중 차이가 존재}$$

을 검정하기 위해서는 다음과 같은 절차를 거쳐 분석을 수행한다.

1. 4개의 자동차 등급군에서 각각 독립적으로 5대의 자동차를 임의로 추출한다. 총 자동차의 수는 20대이다.
2. 각 등급별로 표본의 평균과 분산을 계산한다.
3. 표본평균끼리의 차이가 표본분산에 비해 월등히 크다면 귀무가설을 기각한다.

이러한 과정은 다음의 그림에 도식화되어 있다.

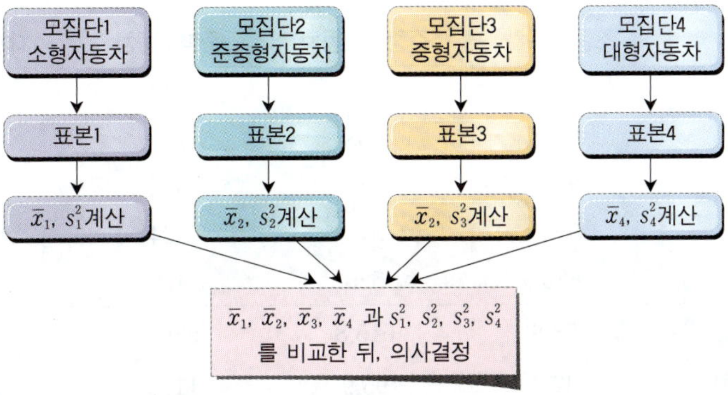

그림 13.6
분산분석 과정

표준오차=통계량의 표준편차

10장에서 두 모집단의 평균비교를 위하여 표본평균의 차이와 그것의 표준오차와의 비율에 의해 가설검정을 수행하였다. 모집단의 수가 k개이면 고려하여야 하는 표본평균의 차이의 개수는 ${}_kC_2$개로 많아진다. 따라서 많은 수의 표본평균 차이들을 통합하는 함수가 필요하다. 이를 **표본평균끼리의 변동량(그룹간 변동량, between group variation)**이라고 하기로 한다. k개의 표본분산들 역시 통합하여야 할 함수가 필요하다. 이를 **표본내부의 변동량(그룹내 변동량, within group variation)**이라고 하기로 한다. 결론적으로 표본평균끼리의 차이의 총합, 즉 그룹간 변동량이 각 표본내부의 변동량에 비해 월등히 클 때 모집단의 평균차가 존재한다고 결론 내리게 된다.

표본평균끼리의 변동량

표본평균의 차이 함수, 즉 표본평균끼리의 변동량은 어떻게 측정할까? 한 가지 방법으로는 표본평균값을 대상으로 분산이나 표준편차를 계산함으로써 구해볼 수도 있다. 하지만 실제 일원분산분석에서는 모집단을 무시한 모든 표본의 전체평균($\overline{x}$)으로부터 각 표본평균($\overline{x}_i$)까지의 거리의 제곱값을 가중평균하여 사용한다. 이 변동량은 **처리평균제곱(treatment mean square, MSTR)**이라고 하며 다음과 같이 정의된다.

처리평균제곱

$$MSTR=\frac{SSTR}{k-1}$$

여기서 k는 비교하고자 하는 모집단의 개수이며, **처리제곱합(treatment sum of squares)**이라고 하는 $SSTR$은 다음과 같이 정의된다.

$$\begin{aligned} SSTR &= n_1(\overline{x}_1-\overline{x})^2+n_2(\overline{x}_2-\overline{x})^2+\cdots+n_k(\overline{x}_k-\overline{x})^2 \\ &= \sum_{i=1}^{k} n_i(\overline{x}_i-\overline{x})^2 \end{aligned}$$

여기서 n_1, ⋯, n_k는 각 모집단으로부터 추출된 표본의 개수이다. 사실 처리평균제곱은 표본평균들의 분산과 매우 유사하다.

예제 13.1(계속)

자동차.dat
자동차.xlsx

자동차 충돌실험의 결과가 다음과 같다고 하자.

	소형자동차	준중형자동차	중형자동차	대형자동차
	681	643	469	384
	728	655	727	656
	917	742	525	602
	898	514	454	687
	620	525	459	360
평균	768.8	615.8	526.8	537.8
표준편차	132.4	95.9	115.5	154.6

이를 요약하면 $k=4$, $n_1=n_2=n_3=n_4=5$, $\bar{x}_1=768.8$, $\bar{x}_2=615.8$, $\bar{x}_3=526.8$, $\bar{x}_4=537.8$이 되고, 모든 표본의 전체평균($\bar{x}$)은

$$\bar{x}=\frac{\sum x}{n}=\frac{681+728+917+\cdots+687+360}{20}=\frac{12246}{20}=612.3$$

이다. 그러므로 처리제곱합은

$$\begin{aligned}SSTR&=n_1(\bar{x}_1-\bar{x})^2+n_2(\bar{x}_2-\bar{x})^2+\cdots+n_k(\bar{x}_k-\bar{x})^2\\&=5(768.8-612.3)^2+5(615.8-612.3)^2+5(526.8-612.3)^2\\&\quad+5(537.8-612.3)^2\\&=186825\end{aligned}$$

이 되고 처리평균제곱은

$$MSTR=\frac{SSTR}{k-1}=\frac{186825}{4-1}=62275$$

이다.

표본내부의 변동량

다음 단계로 k개 표본분산의 통합함수, 즉 표본내부의 변동량을 구하여 보자. 이 변동량은 **오차평균제곱(mean square due to error, MSE)**이라고 하며 다음과 같이 정의된다.

오차평균제곱

$$MSE=\frac{SSE}{n-k}$$

여기서 n은 총 표본의 수이며 SSE는 **오차제곱합(sum of squares due to error)**이라고 하고 다음과 같이 정의된다.

$$\begin{aligned}SSE&=(n_1-1)s_1^2+(n_2-1)s_2^2+\cdots+(n_k-1)s_k^2\\&=\sum_{i=1}^{k}\sum_{j=1}^{n_i}(x_{ij}-\bar{x}_i)^2\end{aligned}$$

참고로 오차평균제곱은 모집단의 공통분산인 σ^2의 추정값인 합동표본분산값(pooled sample variance)이다.

예제 13.1(계속)

자동차 충돌실험의 경우, $k=4$, $n_1=n_2=n_3=n_4=5$, $n=20$이며 표본분산은 각각 $s_1^2=17542.7$, $s_2^2=9202.7$, $s_3^2=13330.2$, $s_4^2=23905.2$이다. 따라서

$$\begin{aligned}SSE&=(n_1-1)s_1^2+(n_2-1)s_2^2+(n_3-1)s_3^2+(n_4-1)s_4^2\\&=(5-1)\cdot17542.7+(5-1)\cdot9202.7+(5-1)\cdot13330.2\\&\quad+(5-1)\cdot23905.2\\&=255923.2\end{aligned}$$

이 되고, 결론적으로

$$MSE = \frac{SSE}{n-k} = \frac{255923.2}{20-4} = 15995.2$$

이다.

두 변동량의 비교

표본평균끼리의 변동량이 각 표본내부의 변동량에 비해 월등히 클 때 모집단의 평균차가 존재한다고 결론 내리게 되므로, 표본평균의 변동량 $MSTR$과 표본내부 변동량 MSE를 비교해야 한다. 이를 위해 두 변동량의 비율을 계산하여 ***F*통계량**이라고 한다.

F통계량

$$F\text{통계량} = \frac{MSTR}{MSE}$$

F통계량의 값이 큰 경우에는 표본평균의 변동량이 표본내부 변동량보다 상대적으로 큰 것이 되므로, 모집단의 평균들이 동일하다는 귀무가설은 기각되어야 한다.

예제 13.1 (계속)

자동차 충돌실험에서 계산된 F통계량값은

$$F\text{통계량} = \frac{62275}{15995.2} = 3.8934$$

이다.

F통계량의 값이 모집단의 평균들이 동일하다는 귀무가설을 기각할 정도로 충분히 큰 값인지에 대한 기준이 필요하게 된다. 이를 위해 F통계량의 분포가 귀무가설이 사실이라는 가정하에 F분포를 따른다는 사실을 이용한다(이에 대한 증명은 이 책의 수준을 넘으므로 다루지 않기로 한다).

F 통계량의 분포

k개의 모집단에서 반응변수는 정규분포를 따르고 또한 표준편차는 같다고 하자. k개의 모집단에서 뽑은 독립적인 표본들에 대해, F통계량 변수는 만약 모평균이 같다는 귀무가설이 맞다면 자유도가 $(k-1,\ n-k)$인 F분포를 따른다. 여기서 n은 관찰값의 총 개수를 말한다.

F통계량의 분포

모평균이 같다는 귀무가설이 맞다면

$$F\text{통계량} \sim F(k-1,\ n-k)$$

가설의 검정 : p값 방법

F통계량의 값이 귀무가설을 기각할 정도로 충분히 큰 값인지 판단하기 위해서 p값을 흔히 사용한다. p값은 그림 13.7에서 보는 바와 같이 F분포상에서 F통계량값의 오른쪽 꼬리면적에 해당한다. 만약 F통계량의 값이 크다면 p값은 적게 되므로, p값이 적을수록 귀무가설을 기각할 가능성이 많아진다. 그러면 p값이 충분히 적은지에 대한 기준이 필요하게 되는데, 이 기준은 문제에 주어진 유의수준 α가 사용된다. 다시 말하여 p값이 유의수준 α보다 적으면 귀무가설을 기각한다.

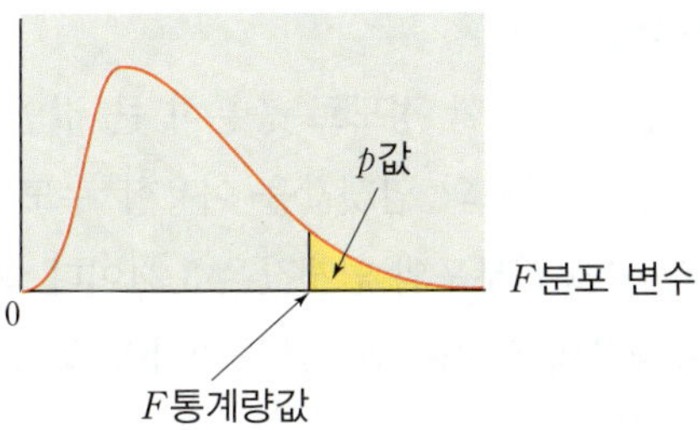

그림 13.7
F분포의 p값

F분포상에서 오른쪽 꼬리면적은 다음과 같이 엑셀을 이용하면 쉽게 구할 수 있다.

엑셀을 이용한 F 분포의 p값 계산

엑셀 구동 후 '삽입' → '함수' → 'FDIST'를 선택한다. F통계량값을 X의 자리에, $k-1$을 자유도 1의 자리에, $n-k$를 자유도 2의 자리에 입력한 후 확인을 누른다.

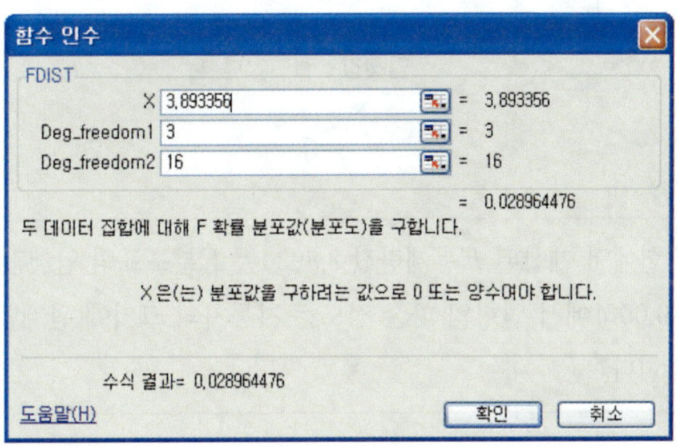

F분포상에서 오른쪽 꼬리면적을 직접 계산하는 것은 쉽지 않으나, 부록에 있는 F분포표를 이용해 볼 수도 있다. 다음 표는 자유도가 3과 16인 F분포표의 일부이다.

오른쪽 꼬리면적	0.10	0.05	0.025	0.01
F값 (자유도 1=3, 자유도 2=16)	2.46	3.24	4.08	5.29

예를 들어, 자유도가 3과 16인 F분포에서 F통계량값이 2.7이라면 해당하는 p값은 0.05와 0.10 사이의 값이다.

예제 13.1(계속)

자동차 충돌실험에서 계산된 F통계량값 3.8934는 F분포표의 3.24보다 크므로 해당하는 p값은 0.05보다 작다는 것을 알 수 있다. 더 나아가 F분포표의 4.08보다는 작으므로 해당하는 p값은 0.025와 0.05 사이의 값임을 알 수 있다. 결론적으로 유의수준 0.05하에서 인형의 파손 정도는 자동차의 크기에 관계없이 동일하다는 귀무가설을 기각한다.

가설의 검정 : 임곗값 방법

F통계량의 값이 귀무가설을 기각할 정도로 충분히 큰 값인지 판단하기 위해서 꼬리면적이 유의수준 α에 해당하는 F분포의 임곗값을 이용할 수도 있다. 예를 들어, 유의수준 $\alpha=0.05$에서 자유도가 3과 16인 F분포의 임곗값은 3.24이다. 계산된 F통계량값이 임곗값을 초과하는 경우에는 F통계량의 값이 귀무가설을 기각할 정도로 충분히 큰 값인 것으로 판단하여 귀무가설을 기각한다.

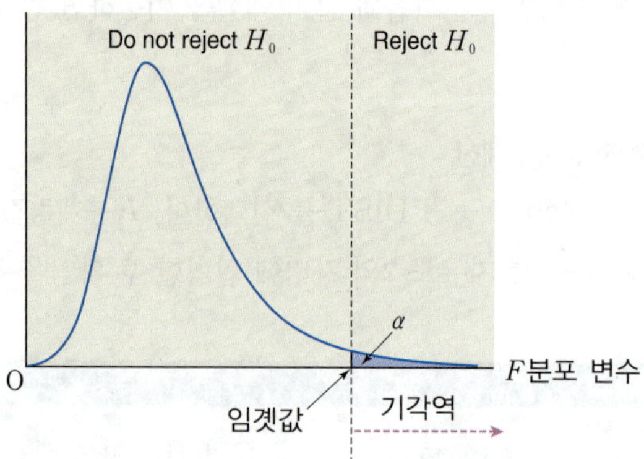

그림 13.8
F분포의 임곗값

예제 13.1(계속)

자동차 충돌실험에서 계산된 F통계량값 3.8934는 F분포표의 임곗값 3.24를 초과하므로, 유의수준 0.05하에서 인형의 파손 정도는 자동차의 크기에 관계없이 동일하다는 귀무가설을 기각한다.

검정기준을 다시 한 번 요약하면 다음과 같다.

> 가설의 검정 방법 : 다음의 두 방법 중 하나를 선택하여 사용한다.
> 1. 만약 'p값 $< \alpha$'이 성립하면, 귀무가설을 기각한다.
> 2. 만약 'F통계량값 $>$ 임곗값'이 성립하면, 귀무가설을 기각한다.

분산분석표

분산분석을 수행하기 위하여 필요로 했던 여러 가지 계산식을 아래와 같이 일목요연하게 정리한 표를 **분산분석표(ANOVA table)**라고 한다.

변동요인	자유도	제곱합	평균제곱합	F 통계량
처리	$k-1$	$SSTR$	$MSTR=\dfrac{SSTR}{k-1}$	$F=\dfrac{MSTR}{MSE}$
오차	$n-k$	SSE	$MSE=\dfrac{SSE}{n-k}$	
총계	$n-1$	SST		

처리 ⟷ 집단간(between)
오차 ⟷ 집단내(within)

총제곱합(total sum of squares, SST)은 다음과 같이 정의된다.

$$SST=\sum_{i=1}^{n}\sum_{j=1}^{n_i}(x_{ij}-\overline{x})^2.$$

SST를 $n-1$로 나누면 표본분산이 되므로 SST는 표본데이터의 총변동량을 의미하는 것이다.

위의 분산분석표에서 처리는 집단간(between), 오차는 집단내(within)로 표기하기도 한다.

예제 13.1(계속)

자동차 충돌실험의 경우,

$$\begin{aligned} SST &= \sum_{i=1}^{20}(x_i-\overline{x})^2 \\ &=(681-612.3)^2+(728-612.3)^2+\cdots+(360-612.3)^2 \\ &=442748.2 \end{aligned}$$

이다.

한 가지 주목할 점은 총제곱합은 처리제곱합과 오차제곱합의 합과 같다. 즉, $SST=SSTR+SSE$이다. 이 사실은 표본데이터의 총변동량은 표본평균끼리의 변동량과 표본내부의 변동량으로 **분해(decomposition)**됨을 의미한다.

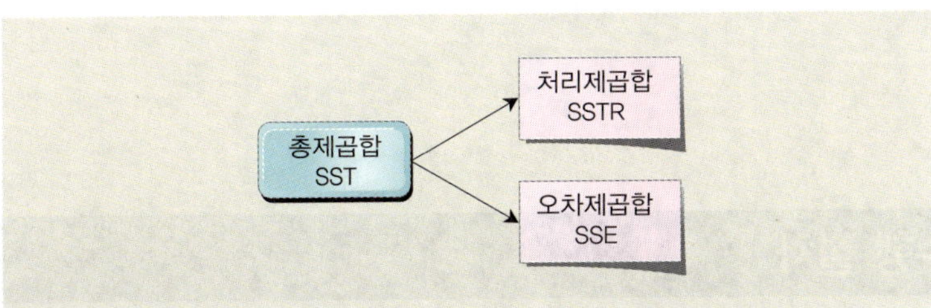

그림 13.9
총제곱합의 분해

자동차 충돌실험 예제를 이용한 분산분석표는 다음과 같다.

예제 13.1(계속)

[자동차 충돌실험 분산분석표]

변동요인	자유도	제곱합	평균제곱합	F통계량
처리	3	186825	62275	3.8934
오차	16	255923.2	15995.2	
계	19	442748.2		

간편 계산공식

일원분산분석을 계산기로 수행하기 위해서는 총제곱합, 처리제곱합, 오차제곱합 등의 세 가지 제곱합을 계산하여야 한다. 이를 위해 다음에 주어진 계산공식을 사용하면 간편하고 더 정확한 계산값을 구할 수 있다.

일원분산분석에서의 제곱합

k개의 모평균을 가진 일원분산분석에서, 세 가지 제곱합의 정의와 값을 구하는 공식은 다음과 같다.

제곱합	정의	간편 계산공식
총제곱합, SST	$\sum\sum(x-\overline{x})^2$	$\sum\sum x^2-(\sum\sum x)^2/n$
처리제곱합, $SSTR$	$\sum n_j(\overline{x}_j-\overline{x})^2$	$\sum(T_j^2/n_j)-(\sum\sum x)^2/n$
오차제곱합, SSE	$\sum(n_j-1)s_j^2$	$SST-SSTR$

위 표에서 n은 총 관찰값 개수이며, $\overline{x}$는 n개 관찰값의 전체 평균 그리고 $j=1, 2, \cdots, k$에 대하여

$n_j=j$번째 모집단의 표본개수
$\overline{x}_j=j$번째 모집단의 표본평균
$s_j^2=j$번째 모집단의 표본분산
$T_j=j$번째 모집단의 표본합

이다.

13.3 일원분산분석의 수행 절차

이번 절에서는 일원분산분석을 수행하기 위한 구체적 절차를 단계별로 기술하려 한다. 주의할 점은 F통계량이 충분히 커야 귀무가설을 기각하게 되므로 사용되는 가설검정방법은

항상 우측검정이다. 먼저 p값 방법을 사용한 일원분산분석 수행 절차이다.

일원분산분석 절차

가정사항:

1. 독립적인 표본
2. 모집단의 정규성
3. 모집단의 등분산성

단계 1. 귀무가설과 대립가설을 설정한다.

$$H_0: \mu_1 = \mu_2 = \cdots = \mu_k$$
H_a: 모집단 평균 중 차이가 존재한다.

단계 2. 신뢰수준(α)을 결정한다.

단계 3. 세 가지의 제곱합(SST, $SSTR$, SSE)을 구한다.

단계 4. F통계량을 구하기 위해 다음과 같은 일원분산분석표를 작성한다.

변동요인	자유도	제곱합	평균제곱합	F통계량
처리	$k-1$	$SSTR$	$MSTR = \frac{SSTR}{k-1}$	$F = \frac{MSTR}{MSE}$
오차	$n-k$	SSE	$MSE = \frac{SSE}{n-k}$	
계	$n-1$	SST		

단계 5. 계산된 F통계량값은 자유도가 $(k-1,\ n-k)$이다. 여기서 n은 관찰값의 총수를 말한다. 엑셀을 이용하여 정확한 p값을 구한다. 혹은 부록의 F분포표를 이용하여 p값의 범위를 구한다(그림 13.7 참조).

단계 6. 만약 p값$\leq \alpha$이면 H_0를 기각하고, 그렇지 않다면 H_0를 기각하지 않는다.

단계 7. 가설검정의 결과를 설명한다.

다음은 임곗값 방법을 사용한 일원분산분석 수행 절차이다.

일원분산분석 절차(임곗값 방법)

가정사항:

1. 독립적인 표본
2. 모집단의 정규성
3. 모집단의 등분산성

단계 1. 귀무가설과 대립가설을 설정한다.

$$H_0: \mu_1 = \mu_2 = \cdots = \mu_k$$
H_a: 모집단 평균 중 차이가 존재한다.

단계 2. 유의수준(α)을 결정한다.

단계 3. 세 가지의 제곱합(SST, $SSTR$, SSE)을 구한다.

단계 4. F통계량을 구하기 위해 다음과 같은 일원분산분석표를 작성한다.

변동요인	자유도	제곱합	평균제곱합	F통계량
처리	$k-1$	$SSTR$	$MSTR=\dfrac{SSTR}{k-1}$	$F=\dfrac{MSTR}{MSE}$
오차	$n-k$	SSE	$MSE=\dfrac{SSE}{n-k}$	
계	$n-1$	SST		

단계 5. 임곗값은 자유도가 $(k-1,\ n-k)$인 F분포로부터 구해진다. 여기서 n은 관찰값의 총수를 말한다. 부록의 F분포표를 이용하여 임곗값을 구한다(그림 13.8 참조).

단계 6. 만약 F통계량이 기각역에 있으면 H_0를 기각하고, 그렇지 않다면 H_0를 기각하지 않는다.

단계 7. 가설검정의 결과를 설명한다.

자동차 충돌실험 데이터를 이용한 일원분산분석 수행 과정은 다음과 같다.

예제 13.1(계속)

[자동차 충돌실험]

	소형자동차	준중형자동차	중형자동차	대형자동차
	681	643	469	384
	728	655	727	656
	917	742	525	602
	898	514	454	687
	620	525	459	360
합계	3844	3079	2634	2689

단계 1. 귀무가설과 대립가설을 다음과 같이 설정하였다.

$$H_0: \mu_1=\mu_2=\mu_3=\mu_4$$

H_a: 모집단 평균 중 차이가 존재한다.

단계 2. 신뢰수준(α)은 0.05로 결정하였다.

단계 3. 세 가지의 제곱합(SST, $SSTR$, SSE)을 다음과 같이 구하였다.

$$k=4$$

$n_1=5$	$n_2=5$	$n_3=5$	$n_4=5$
$T_1=3844$	$T_2=3079$	$T_3=2634$	$T_4=2689$

$n=5+5+5+5=20$

$\sum x=3844+3079+2634+2689=12,246$

$\sum x^2=(681)^2+(728)^2+(917)^2+\cdots+(687)^2+(360)^2=7,940,974$

$SST=\sum x^2-(\sum x)^2/n=7940974-(12246)^2/20=442748.2$

$$SSTR=\sum(T_j^2/n_j)-(\sum x)^2/n$$
$$=(3844)^2/5+(3079)^2/5+(2634)^2/5+(2689)^2/5-(12246)^2/20$$
$$=7685050.8-748225.8=186825$$

$SSE=SST-SSTR=442748.2-186825=255923.2$

단계 4. F통계량을 구하기 위해 다음과 같은 일원분산분석표를 작성하였다.

변동요인	자유도	제곱합	평균제곱합	F통계량
처리	3	186825	62275	3.8934
오차	16	255923.2	15995.2	
계	19	442748.2		

단계 5. p값 방법과 임곗값 방법 중 하나를 선택한다.

(p값 방법)

계산된 F통계량값 3.8934와 자유도 (3.16)을 이용하여 p값을 구하였다. 엑셀을 이용하여 정확한 p값은 0.029이며, (부록 A.5)의 F분포표를 이용하여 구한 p값은 (0.025, 0.05)의 범위에 있다.

(임곗값 방법)

유의수준이 0.05이며 자유도가 (3.16)일 때 (부록 A.5)의 F분포표를 이용하여 구해진 임곗값은 3.24이다.

단계 6. p값 방법과 임곗값 방법 중 하나를 선택하여 가설검정의 결과를 설명한다.

(p값 방법)

p값 0.029는 유의수준 0.05보다 적으므로 H_0를 기각한다.

(임곗값 방법)

F통계량값인 3.8934가 기각역에 있으므로 H_0를 기각한다.

단계 7. 자동차의 크기에 따른 등급은 인형모형의 파손 정도에 통계적으로 유의한 차이를 보인다라고 결론을 짓는다.

13.4 다중비교

일원분산분석 결과 귀무가설이 기각되어 모집단의 평균 중에는 차이가 존재한다고 결론을 내리게 되면, 그 차이를 보이는 모집단이 어떤 것들인지에 대한 분석이 추가적으로 필요하다. 이러한 분석절차를 **다중비교(multiple comparison)**라고 한다. 많은 다중비교 방법이 있지만, 본 교재에서는 Tukey(2장 사진 참조)의 방법을 소개하고자 한다. 이 외에도 Bonferroni, Fisher, Scheffe 등의 방법이 있다.

다중비교를 수행하는 한 방법은 모집단의 평균들을 2개씩 짝을 지어 평균의 차에 대한 신뢰구간을 구해보는 방법이 있다. 그렇게 되면 어떤 모집단의 평균이 다른 것들과 유의적인 차이를 보이는지 알 수 있기 때문이다. 만약 신뢰구간의 값이 0을 포함하지 않는다면 비교되는 두 모집단 평균은 유의적으로 차이가 있다고 결론을 내린다. Tukey의 다중비교 방법에 사용되는 신뢰구간은 10장에서 언급되었던 두 모집단 평균 차이에 대한 신뢰구간과 다르다. Tukey의 다중비교 방법은 모든 가능한 조합의 평균 차이에 대한 신뢰구간을 고려한다. 만일 5개의 모집단을 다중비교하려면 전부 $\binom{5}{2}=10$개 비교를 하여야 한다.

스튜던트화 범위 분포

Tukey의 다중비교 방법은 **스튜던트화 범위(Studentized range) 분포** 혹은 **q분포**에 기초한다. q분포를 따르는 변수는 다음과 같은 확률밀도함수의 모양을 갖고 이를 q curve라고 한다.

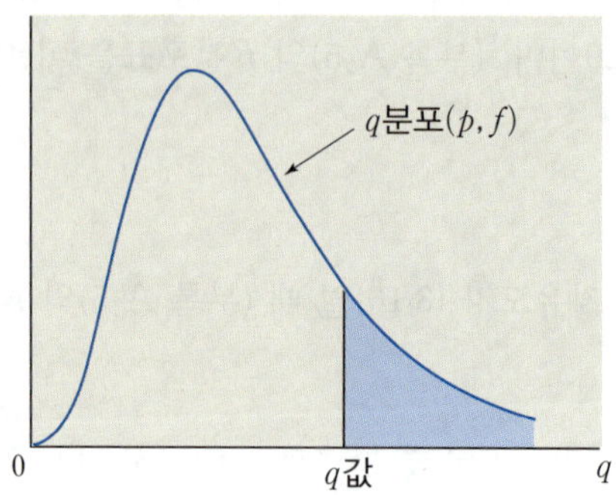

그림 13.10
q분포

참고로 q curve는 두 개의 모수 (p, f)에 의하여 모양이 결정된다. 이때 p는 모집단의 수, f는 자유도이다. 오른쪽 꼬리면적이 주어진 경우에 여러 가지 모수의 값에 따른 q값은 부록의 Studentized range 분포표에 나와 있다. 꼬리면적이 α인 경우에 해당하는 q값은 q_α라 쓰기로 한다.

꼬리면적이 α인 경우 q_α값 찾기

예제 13.1(계속)

$p=4$와 $f=16$의 모수를 갖는 q분포에서 $q_{0.05}$를 찾고자 한다. 즉, 오른쪽 영역이 0.05의 면적을 갖는 q값을 찾는 예제이다.

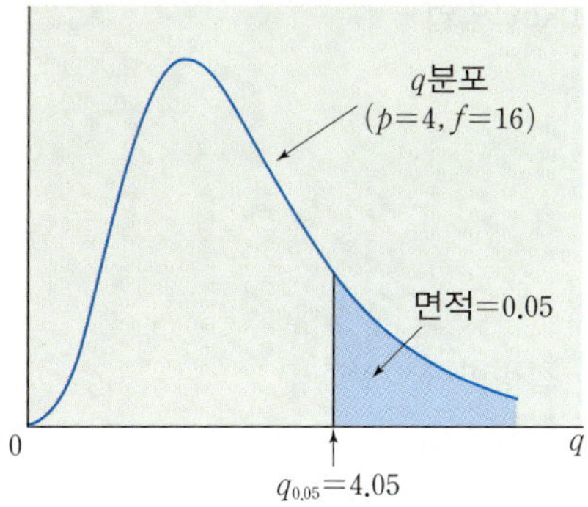

그림 13.11
q분포의 quantile

부록의 Studentized Range 분포표에서 $p=4$와 $f=16$인 경우를 찾는다. 먼저 "16"이라고 표시된 행까지 따라 내려간 후, 그 행에서 "4"라고 표시된 열로 가면 해당위치에 있는 숫자가 찾고자 하는 q값이다. 즉, 위의 그림에서 보는 바와 같이 $p=4$와 $f=16$의 모수를 갖는 q분포에서 오른쪽 영역이 0.05의 면적을 갖게 하는 q값이 4.05이다.

Tukey의 다중비교 방법

Tukey의 다중비교 방법에 사용되는 두 모집단 평균 차이에 대한 신뢰구간 공식은, 10장에서 언급되었던 t분포를 사용한 두 모집단 평균 차이에 대한 신뢰구간 공식과 유사한 면이 있다. 가장 근본적인 차이는 t분포 대신 q분포의 임곗값을 사용하는 것이다. Tukey의 두 모집단 평균 차이에 대한 신뢰구간 공식은 다음과 같다.

다중비교 신뢰구간

i번째 모집단과 j번째 모집단의 평균 차이에 대한 신뢰구간

$$(\bar{x}_i-\bar{x}_j)\pm\frac{q_\alpha}{\sqrt{2}}\sqrt{MSE\left(\frac{1}{n_i}+\frac{1}{n_j}\right)}$$

여기서 q_α은 Studentized range 분포상의 q값이고, MSE는 일원분산분석표에서 계산된 오차평균제곱(MSE, mean square due to error)이다. 이러한 신뢰구간을 모든 i와 j의 짝에 대하여 구하면 유의적 차이를 보이고 있는 모집단을 밝혀낼 수 있다.

13.2절과 13.3절에서는 자동차 충돌실험을 통하여 자동차의 크기에 따른 등급별로 평균 파손 정도가 동일한지에 대한 일원분산분석을 수행하였다. 구체적으로 유의수준 5%에서 다음과 같은 가설에 대한 검정을 수행한 바 있다.

$$H_0: \mu_1=\mu_2=\mu_3=\mu_4$$

H_a: 모집단 평균 중에서 차이가 존재한다.

일원분산분석 검정결과 위의 귀무가설을 기각되었다. 따라서 최소 2개 등급의 평균은 서로 유의적 차이를 보이고 있다는 것을 알 수 있었다. 그렇다면 Tukey의 다중비교 방법에 의해 어떤 등급들이 차이를 보이는지를 밝히고자 한다. 이를 위해 다음과 같은 절차를 거쳐 Tukey의 다중비교 방법을 수행한다.

k개의 모집단 평균비교–Tukey 방법

가정사항:

1. 독립적인 표본
2. 모집단의 정규성
3. 모집단의 등분산성

단계 1. 신뢰수준 $1-\alpha$을 결정한다.

단계 2. $p=k$와 $f=n-k$의 모수를 갖는 q분포에서 q_α를 찾는다. 이때 k는 고려되는 모집단의 개수이며 n은 총 관찰값의 개수이다.

단계 3. $\mu_i-\mu_j$의 신뢰구간을 다음과 같이 구한다.

$$(\bar{x}_i-\bar{x}_j)\pm\frac{q_\alpha}{\sqrt{2}}\sqrt{MSE\left(\frac{1}{n_i}+\frac{1}{n_j}\right)},$$

마찬가지로, $i<j$인 모든 평균의 짝에 대해 동일하게 반복한다.

단계 4. 만약 차이에 대한 위의 신뢰구간이 0을 포함하지 않는다면 두 모평균이 다르다고 결론짓고, 그렇지 않다면 두 모평균이 다르지 않다고 결론 내린다.

단계 5. 표본평균들을 가장 작은 것부터 가장 큰 것까지 순서대로 정렬하고 그 모평균이 서로 다르지 않은 것들을 선으로 연결하여 4단계에서 얻어진 결과들을 요약한다.

단계 6. 다중비교의 결과를 해석한다.

위의 절차에 따라 자동차 충돌실험 데이터에 Tukey의 다중비교 방법을 적용한 절차와 결과는 다음과 같다.

예제 13.1 (계속: 다중비교)

[자동차 충돌실험]

크기	소형자동차	준중형자동차	중형자동차	대형자동차
j	1	2	3	4
$\bar{x}_j$	768.8	615.8	526.8	537.8
n_j	5	5	5	5

단계 1. 이 응용문제에 대해 앞서 하였던 것과 마찬가지로 $\alpha=0.05$를 사용할 것이므로 신뢰수준은 0.95(95%)가 된다.

단계 2. $k=4$이고 $f=n-k=20-4=16$이다. 부록의 q분포표에서 $q_\alpha=q_{0.05}=4.05$이다.

단계 3. $q_\alpha=4.05$이며 MSE는 15995.2이므로 $\mu_1-\mu_3$에 대한 신뢰구간은

$$(768.8-615.8)\pm\frac{4.05}{\sqrt{2}}\sqrt{15995.2\left(\frac{1}{5}+\frac{1}{5}\right)}$$

이다. 즉, −75.85부터 381.85이다.

$\mu_1 - \mu_3$에 대한 신뢰구간은

$$(768.8 - 526.8) \pm \frac{4.05}{\sqrt{2}} \sqrt{15995.2\left(\frac{1}{5} + \frac{1}{5}\right)}$$

이다. 즉, 13.15부터 470.85이다.

같은 방식으로 계속하게 되면 나머지 신뢰구간들도 얻을 수 있다. 6개의 신뢰구간이 다음 표에 제시되어 있다.

	소형자동차	준중형자동차	중형자동차
준중형	(−75.85, 381.85)		
중형	(13.15, 470.85)	(−139.85, 317.85)	
대형	(2.15, 459.85)	(−150.85, 306.85)	(−239.85, 217.85)

위 표의 내용들은 각 열에 해당하는 평균과 각 행에 해당하는 평균의 차이에 대한 신뢰구간이다. 예를 들어, "준중형"에 해당하는 열과 "대형"에 해당하는 행에 있는 값은 (−150.85, 306.85)이다. 즉, 대형과 준중형 간의 평균적인 파손 정도의 차이인 $\mu_2 - \mu_4$의 신뢰구간이 −150.85부터 306.85인 것이다.

단계 4. 소형차와 중형차, 소형차와 대형차는 운전석의 인형 파손 정도가 유의적으로 차이가 있다. 하지만 준중형차, 중형차 그리고 대형차들은 유의적인 차이가 없는 것으로 결론 내릴 수 있다.

단계 5. 표본평균들을 가장 작은 것부터 가장 큰 것까지 순서대로 정렬하면 다음과 같다. 소형차와 준중형차는 모평균이 서로 다르지 않다고 결론 내리므로 선을 연결한다. 또한 준중형차, 중형차 그리고 대형차는 서로 다르지 않다고 결론 내리므로 선을 연결한다.

중형	대형	준중형	소형
526.8	537.8	615.8	786.8

단계 6. 다중비교의 결과를 해석하면 소형차의 평균적인 파손 정도는 중형차와 대형차에 비해 유의적으로 크며, 다른 등급차들의 평균들은 서로 다르지 않다고 결론 내릴 수 있다. 이와 같은 결론은 신뢰수준인 95%의 신뢰도를 가진다.

수학이나 논리학에서는 A=B이고, B=C이면 A=C이다. 그러나 다중비교에서는 A와 B가 통계적으로 다르지 않고 또한 B와 C가 통계적으로 다르지 않다 하여도 A와 C는 통계적으로 다를 수 있는 것이다. 위의 예처럼 평균값 526.8과 615.8은 통계적으로 다르지 않고 또한 615.8과 786.8도 통계적으로 다르지 않다 하여도 526.8과 786.8은 통계적으로 멀리 있는 값이 되는 것이다.

엑셀의 기능 중에는 Tukey의 다중비교를 포함한 많은 다중비교 방법들을 자동으로 수행하는 기능이 없다. 따라서 위의 예제에서 기술된 방법으로 직접 계산하여 다중비교를 수행하여야 한다. 통계전문 패키지인 MINITAB, SPSS, SAS와 같은 소프트웨어는 많은 다중 비교 방법들을 자동으로 수행할 수 있는 기능이 있다.

13.5 이원분산분석

자동차 충돌실험에 관한 다음의 예제를 다시 생각하여 보자.

예제 13.2

자동차 충돌실험에서 자동차의 크기에 따른 4가지 등급과 자동차 제조사별로 마네킹 인형의 머리 파손 정도를 조사하였다. 다음 표는 마네킹 인형의 파손 정도를 측정하여 요약 통계량을 구한 것이다.

	소형자동차	준중형자동차	중형자동차	대형자동차
A사 평균	760	610	520	530
B사 평균	770	620	530	540

위 표에 의하면 인형의 파손 정도는 자동차의 등급에 따라 차이가 나는 듯하며, 또한 제조사에 따라 차이가 나는 듯하다. 다만 그 차이가 크지 않아서 유의하지 않을 수도 있을 것 같다.

위의 예제와 같이 마네킹 인형의 파손 정도에 영향을 미치는 요인이 두 가지(자동차 등급과 제조사)인 경우의 분산분석을 **이원분산분석(two-way analysis of variance)**이라고 한다. 실생활에서 측정되는 많은 관찰값들은 하나 이상의 **요인(factor)**에 의하여 결정되는 경우가 상당히 많다. 이번 장에서는 요인의 개수가 2개인 경우에 해당하는 이원분산분석을 설명한다.

일반적으로 요인 1에 a개의 처리 그룹과 요인 2에 b개의 처리 그룹이 있다고 가정한다. 참고로 예제 13.2에서는 a=4이고 b=2이다. 그러면 총 ab개의 처리 조합이 생기게 된다. 이번 장에서는 모든 처리 조합마다 m개의 관찰값을 측정하는 **완전확률화실험(completely randomized experiment)**을 가정한다. 완전확률화실험은 연구의 대상이 되는 개체들이 모든 가능한 처리 그룹에 확률적으로 할당되어 독립성을 보장할 수 있다. 추가적으로 13.1절에 가정된 정규성 그리고 등분산 가정들은 이원분산분석에서도 그대로 유효하다. 즉, 각 처리 조합 내의 관찰값들은 분산이 같은 정규분포를 따르는 모집단에서 추출된 독립 표본임을 가정한다. 요인 1과 요인 2가 관찰값의 평균에 어떠한 종류의 차이를 보이는지 이해하기 위해 그림 13.12를 보도록 하자.

그림 13.12(a)와 같이 요인 1의 그룹평균은 유의한 차이를 보이나 요인 2의 그룹평균이 유의한 차이를 보이지 않는 경우도 있다. 반면 그림 13.12(b)처럼 요인 2만 그룹평균이 유의

한 차이를 보이는 경우도 있다. 물론 요인 1과 요인 2 모두 유의한 차이를 보이는 경우도 생각해 볼 수 있다. 이 경우 두 요인이 서로 독립적으로 차이를 보이는 경우는 그림 13.12(c)와 같고, 두 요인이 서로 연관되어 차이를 보이는 경우는 그림 13.12(d)와 같다.

일반적으로 한 요인이 가지는 평균에 미치는 영향이 다른 요인의 처리 그룹에 따라 달라지는 경우를 **상호작용(interaction)**이 존재한다고 한다. 그림 13.12(d)의 예를 들면, 요인 2의 각 처리 그룹별 평균은 요인 1에 따라 높아지기고 하고 낮아지기도 한다. 구체적으로 요인 2 그룹 2의 평균값은 요인 1 그룹 2에서는 높은 데 반해, 요인 1 그룹 1이나 그룹 3에서는 낮다. 이러한 경우 요인 1과 요인 2는 서로 상호작용이 있다고 말한다. 반면에 그림 13.12(a), (b), (c)에서 보이는 평행한 두 직선은 요인 1과 요인 2가 서로 상호작용이 없음을 보이고 있다.

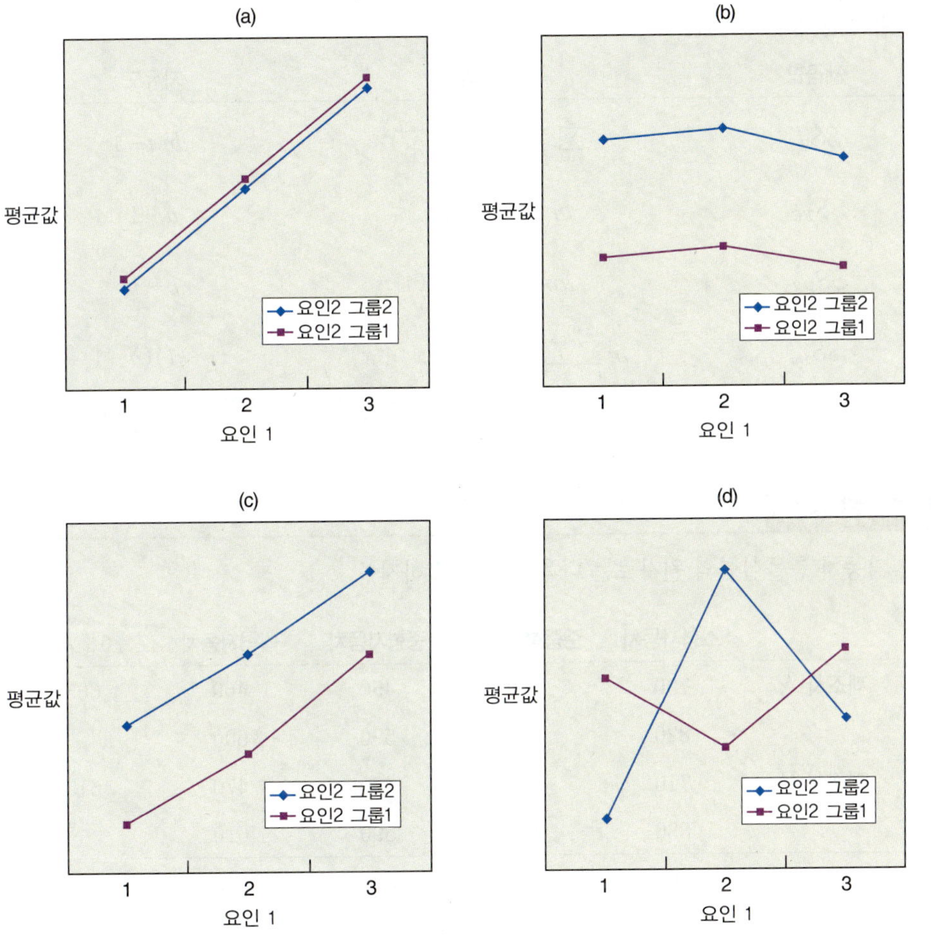

그림 13.12
평균의 비교

따라서 두 요인이 상호작용하는지를 그림을 통해서 알고자 한다면 그림 13.12와 같은 그림을 그려보고 두 직선이 서로 평행한지 확인하면 된다. 만약 두 라인이 거의 평행에 가깝다면, 요인 1과 2는 서로 상호작용이 없다고 결론지을 수 있다. 반대로 평행하지 않다면 상호작용을 의심할 수 있다. 이원분산분석의 계량적인 분석을 위해 다음 식을 미리 정의하여 보자.

x_{ijk} = 요인 1의 i번째 처리 그룹과 요인 2의 j번째 처리 그룹 조합에서 k번째 관찰값
$\overline{x}_{ij}$ = 요인 1의 i번째 처리 그룹과 요인 2의 j번째 처리 그룹 조합에서 m개 관찰값의 평균
$\overline{x}_{i\cdot}$ = 요인 1의 i번째 처리 그룹 내 모든 bm개 관찰값의 평균
$\overline{x}_{\cdot j}$ = 요인 2의 j번째 처리 그룹 내 모든 am개 관찰값의 평균
$\overline{x}$ = 모든 abm개 관찰값의 전체 평균

이원분산분석에서 SST(총제곱합)는 SS_{TR1}(요인 1 처리제곱합), SS_{TR2}(요인 2 처리제곱합), SS_{INT}(상호작용제곱합) 그리고 SSE(오차제곱합) 등으로 분해된다.

즉, $SST = SS_{TR1} + SS_{TR2} + SS_{INT} + SSE$이다. 각각의 제곱합을 구하는 공식은 다음과 같다.

이원분산분석에서 제곱합

제곱합	정 의	자유도
SST	$\sum_{i=1}^{a}\sum_{j=1}^{b}\sum_{k=1}^{m}(x_{ijk}-\overline{x})^2$	$abm-1$
SS_{TR1}	$bm\sum_{i=1}^{a}(\overline{x}_{i\cdot g}-\overline{x})^2$	$a-1$
SS_{TR2}	$am\sum_{j=1}^{b}(\overline{x}_{g\cdot j}-\overline{x})^2$	$b-1$
SS_{Int}	$m\sum_{i=1}^{a}\sum_{j=1}^{b}(\overline{x}_{ij}-\overline{x}_{i\cdot}-\overline{x}_{\cdot j}+\overline{x})^2$	$(a-1)(b-1)$
SSE	$SST-SS_{TR1}-SS_{TR2}-SS_{INT}$	$ab(m-1)$

예제 13.2(계속)

자동차 충돌실험의 원자료는 다음과 같다고 하자.

자동차제조사별.dat
자동차제조사별.xlsx

	소형자동차	준중형자동차	중형자동차	대형자동차	$\overline{x}_{\cdot j}$
제조사 A	700	540	450	460	605
	820	680	590	600	
제조사 B	710	530	470	470	615
	830	710	590	610	
$\overline{x}_{i\cdot}$	765	615	525	535	$\overline{x}=610$

여기서 $a=4$, $b=2$, $m=2$이다.

$$SST=(700-610)^2+(820-610)^2+\cdots+(610-610)^2=225{,}000$$
$$SS_{TR1}=4\times\{(765-610)^2+(615-610)^2+(525-610)^2+(535-610)^2\}$$
$$=147{,}610$$
$$SS_{TR2}=8\times\{(605-610)^2+(615-610)^2\}=400$$

$$SS_{INT}=2\times\{(760-765-605+610)^2+(610-615-605+610)^2+$$
$$\text{L}+(540-535-605+610)^2\}$$
$$=2\times\{0+0+0+0\}=0$$
$$SSE=225{,}000-147{,}600-400-0=77{,}000$$

13.2절과 마찬가지로 이원분산분석의 검정통계량을 구하기 위해서는 평균처리제곱합과 평균상호작용제곱합 그리고 평균오차제곱합을 아래와 같이 정의할 필요가 있다.

처리 1 평균제곱합	$MS_{TR1}=\dfrac{SS_{TR1}}{a-1}$
처리 2 평균제곱합	$MS_{TR2}=\dfrac{SS_{TR2}}{b-1}$
상호작용평균제곱합	$MS_{INT}=\dfrac{SS_{INT}}{(a-1)(b-1)}$
오차평균제곱합	$MSE=\dfrac{SSE}{ab(m-1)}$

예제 13.2(계속)

자동차 충돌실험의 경우,

$$MS_{TR1}=\frac{147{,}600}{4-1}=49{,}200$$

$$MS_{TR2}=\frac{400}{2-1}=400$$

$$MS_{INT}=\frac{0}{3}=0$$

$MSE=\dfrac{77{,}000}{8}=9{,}625$이다.

요인의 유의성 검정

자동차 충돌실험의 예처럼 제조사 요인과 차의 크기 요인 중 어느 것이 또는 두 요인의 상호작용이 마네킹 파손에 영향을 주고 있는지 알아보기 위하여, 즉 통계적으로 어느 요인 또는 상호작용이 유의적인지 알아보기 위하여, 각 그룹별로 평균의 차이가 존재하는지 검정하게 된다.

각 요인별로 처리평균제곱합이 평균오차제곱합에 비해 월등히 클 때, 해당 요인 처리 그룹 간 평균차가 존재한다고 결론 내리게 되므로, 처리평균제곱합과 평균오차제곱합의 비율을 계산하여 F통계량이라고 한다.

요인 1에 대한 F통계량 $=\dfrac{MS_{TR1}}{MSE}$

요인 2에 대한 F통계량 $=\dfrac{MS_{TR2}}{MSE}$

$$\text{상호작용에 대한 } F\text{통계량} = \frac{MS_{INT}}{MSE}$$

13.2절과 마찬가지로 각 F통계량은 분자와 분모에 해당하는 자유도를 가지는 F분포를 따른다. 따라서 p값 역시 해당 F분포로부터 구해진다.

요인의 유의성 검정 절차

이원분산분석에서는 상호작용의 효과에 대한 유의성 검정을 먼저 수행하여야 한다. 만약 상호작용의 효과가 유의적이지 않다면 각 요인에 대한 주효과의 검증을 수행할 수 있게 된다. 그러나 만약 상호작용의 효과가 유의적이라면 각 요인에 대한 주효과에 대한 검정은 의미가 없어진다. 상호작용이 존재한다면 한 요인의 평균값이 다른 요인과의 처리 조합에 따라 높을 수도 있고 낮을 수도 있기 때문이다. 따라서 다음과 같이 순서대로 가설을 검정하여야 한다.

1. H_0: 요인 1과 요인 2의 상호작용은 없다.
   H_a: 요인 1과 요인 2의 상호작용은 있다.

2. H_0: 요인 1의 처리 집단별 평균차는 없다.
   H_a: 요인 1의 처리 집단별 평균차는 존재한다.

2′. H_0: 요인 2의 처리 집단별 평균차는 없다.
   H_a: 요인 2의 처리 집단별 평균차는 존재한다.

예제 13.2(계속)

자동차 충돌실험에서 귀무가설과 F통계량은 다음과 같다.

1. H_0: 자동차 등급과 제조사 요인은 관찰값에 미치는 상호작용의 효과가 없다.
   H_a: 자동차 등급과 제조사 요인은 관찰값에 미치는 상호작용의 효과가 있다.

$$F\text{통계량} = \frac{MS_{INT}}{MSE} = \frac{0}{9{,}625} = 0$$

자유도 3과 8을 가지는 F분포상에서 계산한 p값도 1.0이다. 따라서 귀무가설을 기각할 수 없다.

2. H_0: 자동차 등급별로 평균은 유의한 차이가 없다.
   H_a: 자동차 등급별로 평균은 유의한 차이가 있다.

$$F\text{통계량} = \frac{MS_{TR1}}{MSE} = \frac{49{,}200}{9{,}625} = 5.11$$

자유도 3과 8을 가지는 F분포상에서 4.07에 해당되는 값의 p값은 0.05이고 5.42에 해당되는 p값은 0.025이다. 따라서 F통계량인 5.11은 p값이 0.025와 0.05 사이임을 알 수 있다. 결론적으로 유의수준 0.05하에서 귀무가설을 기각한다.

2′. H_0: 자동차 제조사별로 평균은 유의한 차이가 없다.

H_a: 자동차 제조사별로 평균은 유의한 차이가 있다.

$$F\text{통계량} = \frac{MS_{TR2}}{MSE} = \frac{400}{9,625} = 0.04$$

자유도 1과 8을 가지는 F분포상에서 3.46에 해당되는 값의 p값은 0.1이다. 따라서 F통계량인 0.04는 p값이 0.1보다 큰 수임을 알 수 있다. 결론적으로 유의수준 0.05하에서 귀무가설을 기각하지 못한다.

분산분석표

이원분산분석을 수행하기 위하여 필요하였던 여러 가지 계산값을 아래와 같이 분산분석표로 정리할 수 있다.

변동요인	자유도	제곱합	평균제곱합	F통계량
요인 1	$a-1$	SS_{TR1}	MS_{TR1}	$F=\frac{MS_{TR1}}{MSE}$
요인 2	$b-1$	SS_{TR2}	MS_{TR2}	$F=\frac{MS_{TR2}}{MSE}$
상호작용	$(a-1)(b-1)$	SS_{INT}	MS_{INT}	$F=\frac{MS_{INT}}{MSE}$
오차	$ab(m-1)$	SSE	MSE	
총계	$abm-1$	SST		

예제 13.2(계속)

자동차 충돌실험 예제를 이용한 분산분석 계산결과는 다음과 같다.

변동요인	자유도	제곱합	평균제곱합	F통계량
요인 1	3	147,600	49,200	5.12
요인 2	1	400	400	0.04
상호작용	3	0	0	0
오차	8	77,000	9,625	
총계	15	225,000		

13.6 이원분산분석의 수행 절차

이번 절에서는 이원분산분석을 수행하기 위한 구체적 절차를 소개하고자 한다. 일원분산분석과 마찬가지로 F통계량이 충분히 커야 귀무가설을 기각하게 되므로 사용되는 가설검정

방법은 항상 우측검정이다.

가정사항:

1. 독립적인 표본
2. 모집단의 정규성
3. 모집단의 등분산성

단계 1. 귀무가설과 대립가설을 설정한다.

가설1. H_0: 요인 1과 요인 2의 상호작용은 없다.
H_a: 요인 1과 요인 2의 상호작용은 있다.

가설2. H_0: 요인 1의 처리 집단별 평균차는 없다.
H_a: 요인 1의 처리 집단별 평균차는 존재한다.

가설3. H_0: 요인 2의 처리 집단별 평균차는 없다.
H_a: 요인 2의 처리 집단별 평균차는 존재한다.

단계 2. 유의수준(α)을 결정한다.

단계 3. 네 가지의 제곱합(SS_{TR1}, SS_{TR2}, SS_{INT}, SSE)을 구한다.

단계 4. F통계량을 구하기 위해 다음과 같은 이원분산분석표를 작성한다.

변동요인	자유도	제곱합	평균제곱합	F통계량
요인 1	$a-1$	SS_{TR1}	MS_{TR1}	$F=\frac{MS_{TR1}}{MSE}$
요인 2	$b-1$	SS_{TR2}	MS_{TR2}	$F=\frac{MS_{TR2}}{MSE}$
상호작용	$(a-1)(b-1)$	SS_{INT}	MS_{INT}	$F=\frac{MS_{INT}}{MSE}$
오차	$ab(m-1)$	SSE	MSE	
총계	$abm-1$	SST		

단계 5. 먼저 상호작용에 대한 귀무가설을 검정한다. 계산된 F통계량값은 자유도가 $(a-1)(b-1)$와 $ab(m-1)$인 F분포에서 p값을 구한다.

단계 5-1. 만약 p값이 유의수준보다 적으면 상호작용에 대한 귀무가설을 기각하고 단계 7로 이동한다. 만약 p값이 유의수준보다 크면 상호작용에 대한 귀무가설을 기각하지 못하고 단계 6으로 이동한다.

단계 6. 주요인에 대한 귀무가설을 검정한다. 요인 1에 대한 계산된 F통계량값은 자유도가 $(a-1)$와 $ab(m-1)$인 F분포에서 p값을 구하고, 요인 2에 대한 계산된 F통계량값은 자유도가 $(b-1)$와 $ab(m-1)$인 F분포에서 p값을 구한다.

단계 6-1. 만약 요인 1의 p값이 유의수준보다 적으면 요인 1에 대한 귀무가설을 기각하고, 크면 요인 1에 대한 귀무가설을 기각하지 못한다. 만약 요인 2의 p값이 유의수준보다 적으면 요인 2에 대한 귀무가설을 기각하고, 크면 요인 2에 대한 귀무가설을 기각하지 못한다.

단계 7. 가설검정의 결과를 설명한다.

13.7 확률화블록설계

연구의 대상이 되는 개체들이 모든 가능한 처리 그룹에 확률적으로 할당되는 실험을 **완전확률화실험(completely randomized experiment)**이라고 한다. 이러한 완전확률실험에서는 연구의 대상이 되는 개체들의 정보를 사용하지 않기 때문에, 실험에서 고려되지 않은 외부요인에 의한 변동을 제어하지 못한다. 따라서 실제로 처리 그룹 간에 평균의 차이가 있을지라도 이러한 변동으로 인해 오차항의 변동이 실제보다 더 커지게 되어, 유의적인 결과를 얻지 못할 수도 있다. **확률화블록설계(randomized block design)**는 연구의 대상이 되는 개체들에 대한 **외생변수(exogenous variable)**를 고려하여 이러한 변동을 어느 정도 제어함으로써 보다 정확한 결론을 내리는 데 사용된다.

먼저 **블록(block)**은 연구의 대상이 되는 개체들이 같거나 비슷한 특성을 갖는 그룹을 의미하며, 이는 실험이 진행되기 전에 정의되어야 한다. 확률화블록설계에서는 이렇게 정의된 블록 내에서 완전확률실험을 통해 관찰값을 측정한다. 즉, 연구의 대상이 되는 개체들은 개별적인 특성에 의해서 여러 개의 블록으로 나뉘어지고, 각각의 블록 내에서 개체들은 확률적인 순서에 따라 모든 가능한 처리 그룹에 할당되고, 관찰값이 측정되는 것이다.

이러한 확률화블록설계를 다음의 스마트폰 운영체계에 대한 실험 예제를 통해 생각해 보자.

예제 13.3

스마트폰.dat
스마트폰.xlsx

스마트폰 제조회사의 운영체계 개발자가 서로 다른 스마트폰 운영체계에서 사용되는 한글 입력기의 성능을 비교하는 실험을 진행하였다. 이 실험에서 총 3개의 스마트폰 운영체계에서 사용되는 한글 입력기가 고려되었고, 5명의 피험자가 확률적으로 선택되어 실험에 참가하였으며, 각각의 피험자가 3개의 한글 입력기를 확률적 순서로 사용하여 주어진 문장을 완성하는 데 걸리는 시간을 초단위로 측정하였다. 피험자들 간의 능력차이에 따른 변동을 오차항으로부터 제거하기 위하여 피험자들은 블록으로 정의되었다. 이 실험으로부터 다음과 같은 자료를 구하였다.

	운영체계A	운영체계B	운영체계C
피험자1	16	16	19
피험자2	19	17	18
피험자3	14	13	15
피험자4	13	12	14
피험자5	18	17	19

위 표의 행에 있는 피험자는 블록에 해당하고, 열에 있는 운영체계는 요인에 해당한다. 확률화블록설계하에서의 분산분석은 블록을 통해 외생변수에 의한 변동을 제어한 뒤, 요인수준에 따라 비교대상이 되는 모집단 간의 평균에 차이가 있는지를 분석하는 것을 목표로 한다.

확률화블록설계하에서의 분산분석에서 SST(총제곱합)는 $SSTR$(처리제곱합), SSB(블록제곱합) 그리고 SSE(오차제곱합) 등으로 분해된다. 즉, $SST=SSTR+SSB+SSE$로 계산된다. 확률화블록설계하에서 분산분석의 계량적인 분석을 위해 k개의 처리수준과 b개의 블록이 존재한다고 가정하고, 다음 식을 먼저 정의하여 보자.

x_{ij} = i번째 블록에서 j번째 처리 그룹의 관찰값
$\bar{x}_j$ = j번째 처리 그룹내 b개 관찰값의 평균
$\bar{x}_i$ = i번째 블록내 k개 관찰값의 평균
$\bar{x}$ = 모든 kb개 관찰값의 평균

위의 식을 이용하여 각각의 제곱합을 구하는 공식은 다음과 같다.

확률화블록설계하의 분산분석에서 제곱합

제곱합	정 의	자유도
SST	$\sum_{i=1}^{b}\sum_{j=1}^{k}(\bar{x}_{ij}-\bar{x})^2$	$kb-1$
$SSTR$	$b\sum_{i=1}^{k}(\bar{x}_j-\bar{x})^2$	$k-1$
SSB	$k\sum_{i=1}^{b}(\bar{x}_i-\bar{x})^2$	$b-1$
SSE	$SSE=SST-SSTR-SSB$	$(k-1)(b-1)$

예제 13.3(계속)

스마트폰 운영체계에 대한 실험 예제의 데이터를 이용하여 제곱합을 구하여 보자. 먼저 $k=3$ 그리고 $b=5$이며 각 평균값은 다음과 같이 계산된다.

	운영체계A	운영체계B	운영체계C	$\bar{x}_i$
피험자1	16	16	19	17
피험자2	19	17	18	18
피험자3	14	13	15	14
피험자4	13	12	14	13
피험자5	18	17	19	18
$\bar{x}_j$	16	15	17	$\bar{x}=16$

위의 표를 이용하여 제곱합은 다음과 같이 계산된다.

$$SST=(16-16)^2+(19-16)^2+\cdots+(19-16)^2=80$$
$$SSTR=5\times\{(16-16)^2+(15-16)^2+(17-16)^2\}=10$$
$$SSB=3\times\{(17-16)^2+(18-16)^2+(14-16)^2+(13-16)^2+(18-16)^2\}=166$$
$$SSE=80-10-66=4$$

일원분산분석과 이원분산분석에서와 마찬가지로 검정통계량을 구하기 위한 평균제곱합은 각각의 제곱합을 자유도로 나눈 것으로 정의되며, 공식은 다음과 같다.

처리평균제곱합 $$MSTR=\frac{SSTR}{k-1}$$

블록평균제곱합 $$MSB=\frac{SSB}{b-1}$$

오차평균제곱합 $$MSE=\frac{SSE}{(k-1)(b-1)}$$

예제 13.3(계속)

스마트폰 운영체계에 대한 실험 예제의 데이터를 이용하여 평균제곱합은 다음과 같이 계산된다.

$$MSTR=\frac{10}{3-1}=5$$

$$MSB=\frac{66}{5-1}=16.5$$

$$MSE=\frac{4}{(3-1)(5-1)}=0.5$$

확률화블록설계하의 분산분석에서는 블록을 통해 외생변수에 의한 변동을 제어한 뒤 요인에 대한 효과에 대해 검정을 하게 된다. 여기서 사용되는 귀무가설과 대립가설은 다음과 같이 설정된다.

$H_0: \mu_1=\mu_2=\cdots=\mu_k$, 즉 요인의 처리 집단별 평균 차이는 없다.
H_a: 요인의 처리 집단별 평균 차이가 존재한다.

이러한 가설을 검정하는 데 사용되는 F통계량은 처리평균제곱합과 오차평균제곱합의 비율로써 다음과 같이 계산된다.

$$F\text{통계량}=\frac{MSTR}{MSE}$$

위의 F통계량은 분자와 분모에 해당하는 자유도, 즉 $(k-1)$과 $(k-1)(b-1)$의 자유도를 가지는 F분포를 따르게 되고, p값은 이러한 F분포상에서 관찰되는 F통계량값의 오른쪽 꼬리부분에 해당하는 면적으로 구해진다. 요인의 처리 집단별 평균 차이가 클 경우, 처리평균제곱합이 오차평균제곱합에 비해 월등히 커져 F통계량값이 커지게 되고, 이에 따른 p값이 작아져 귀무가설을 기각할 수 있게 된다.

예제 13.3(계속)

스마트폰 운영체계에 대한 실험에서 귀무가설과 대립가설은 다음과 같다.

H_0: 운영체계별로 평균은 유의한 차이가 없다.
H_a: 운영체계별로 평균은 유의한 차이가 있다.

그리고 이러한 가설은 검정하는 통계량값은 다음과 같이 계산된다.

$$F\text{통계량} = \frac{5}{0.5} = 10$$

자유도 2와 8을 가지는 F분포상에서 8.65에 해당하는 p값은 0.01이다. 따라서 F통계량값인 10은 8.65보다 크기 때문에 p값은 0.01보다 작다는 것을 알 수 있다. 결론적으로 유의수준 0.05하에서 귀무가설을 기각한다.

지금까지 확률화블록설계하에서 분산분석을 수행하기 위해 필요로 하였던 여러 가지 계산식을 다음의 분산분석표를 통해 정리할 수 있다.

변동요인	자유도	제곱합	평균제곱합	F통계량
처리	$k-1$	$SSTR$	$MSTR=\frac{SSTR}{k-1}$	$F=\frac{MSTR}{MSE}$
블록	$b-1$	SSB	$MSB=\frac{SSB}{b-1}$	
오차	$(k-1)(b-1)$	SSE	$MSE=\frac{SSE}{(k-1)(b-1)}$	
총계	$kb-1$	SST		

외생변수의 영향을 어느 정도 제어하기 위해서 만든 블록이므로 블록에 대한 검정은 하지 않는다. 분산분석표에서 블록요인에 대한 F통계량을 구하지 않는 것에 유의하라.

예제 13.3(계속)

스마트폰 운영체계에 대한 실험 예제에서 분산분석표는 다음과 같다.

변동요인	자유도	제곱합	평균제곱합	F통계량
처리	2	10	5	10
블록	4	66	16.5	
오차	8	4	0.5	
총계	14	80		

확률화블록설계하의 분산분석에서는 완전확률실험에서 고려되지 않은 외생변수로 인한 변동을 블록을 통해 제어함으로써, 요인의 처리 집단별 평균의 동일성을 보다 정확히 검정

할 수 있다고 하였다. 즉, 외생변수로 인한 변동을 제어하지 않을 경우 대립가설이 사실일지라도 귀무가설을 기각하는 것을 실패할 수 있다. 13.2절의 일원분산분석에서 오차제곱합은 확률화블록설계하의 분산분석에서 블록제곱합과 오차제곱합으로 분해된다. 따라서 블록을 통해 외생변수로 인한 변동을 제어하지 않을 경우 오차제곱합이 더 커지게 되어, 이에 따른 F통계량값이 작아지게 된다. 이러한 경우 실제로 요인의 처리 집단별 평균 간의 차이가 존재할지라도 평균 간의 차이가 없다는 귀무가설을 기각하는 데 실패할 수 있는 것이다.

예제 13.3(계속)

스마트폰 운영체계에 대한 실험 예제에서 일원분산분석표는 다음과 같다.

변동요인	자유도	제곱합	평균제곱합	F통계량
처리	2	10	5	0.86
오차	12	70	5.83	
총계	14	80		

위의 표는 피험자 간의 능력차이를 고려하지 않고 운영체계별로 평균의 차이가 있는지를 검정하기 위하여, 13.3절의 일원분산분석 절차에 따라 작성되었다. 여기서 계산된 F통계량값은 자유도가 2와 12인 F분포를 따르고, 이러한 F분포상에서 2.81에 해당하는 p값은 0.1이다. 위의 표에서 계산된 F통계량값은 0.86으로서 2.81보다 작기 때문에 p값은 0.1보다 크다. 결론적으로 유의수준 0.05하에서 우리는 귀무가설을 기각하지 않게 되고, 이러한 결과는 외생변수로 인한 변동을 제어한 확률화블록설계하에서의 분산분석 결과와 정반대를 나타낸다. 따라서 보다 정확한 결과를 얻기 위해서는 블록을 통해 외생변수로 인한 변동을 제어함으로써, 표본내부의 변동량에 대한 올바른 추정이 요구된다.

마지막으로 확률화블록설계하의 분산분석표에서 계산된 F통계량은 요인의 처리 집단별 평균 간의 차이를 검정하기 위한 것이지, 블록별 평균 간의 차이를 검정하기 위한 것이 아니라는 것을 주목할 필요가 있다. 즉, 블록은 오차평균제곱합에서 외생변수로 인한 변동을 제거하기 위해서 정의된 것이므로, 블록별 평균 간의 차이가 있다는 것은 이미 가정된 것이고 이를 검정하는 것이 목표가 되지 않는다. 하지만 앞으로의 실험에서 같은 종류의 블록을 정의하는 것이 적절한지를 살펴보기 위해, 블록별 평균 간의 차이에 대한 유의성을 검정할 수 있다. 이러한 경우 블록평균제곱합과 오차평균제곱합의 비율로써 F통계량을 다음과 같이 계산한다.

$$F\text{통계량} = \frac{MSB}{MSE}$$

위의 F통계량은 $(b-1)$과 $(k-1)(b-1)$의 자유도를 가지는 F분포를 따르게 된다. 만일 블록별 평균 차이가 클 경우 F통계량값이 커지게 되고, 이에 따른 p값이 작아져 블록별로 평균은 유의한 차이가 없다는 귀무가설을 기각할 수 있게 된다.

예제 13.3(계속)

스마트폰 운영체계에 대한 실험 예제에서 블록별 평균 간의 차이가 없다는 귀무가설을 검정하는 통계량은 다음과 같다.

$$F\text{통계량} = \frac{16.5}{0.5} = 33$$

자유도 4와 8을 가지는 F분포상에서 7.01에 해당하는 p값은 0.01이므로, 위의 F통계량값에 해당하는 p값은 0.01보다 작다. 따라서 유의수준 0.05하에서 귀무가설을 기각한다.

확률화블록설계와 상호작용이 없는 이요인 완전확률화 실험의 통계 패키지 분석 결과는 일치한다. 둘은 개념적인 차이만 존재한다. 이용자의 의도에 따라 다르게 사용되는 것이다.

EXCEL · SPSS · R

이 책과 관련된 데이터, 정오표 등은 자유아카데미의 홈페이지(www.freeaca.com)나 web.yonsei.ac.kr/cekim에서 얻을 수 있다.

EXCEL

예제 13.1 엑셀을 활용한 일원분산분석

엑셀을 활용할 경우 앞의 계산과정 없이 손쉽게 결과를 얻을 수 있다. 엑셀을 활용한 분산분석 수행 절차를 단계별로 기술하였다.

Step 1 첫 번째 그룹의 관찰값들은 A열에 순서대로 입력하고, 두 번째 그룹의 관찰값들은 B열에 순서대로 입력하는 과정을 모든 그룹에 대하여 반복한다.

	A	B	C	D
1	소형	준중형	중형	대형
2	681	643	469	384
3	728	655	727	656
4	917	742	525	602
5	898	514	454	687
6	620	525	459	360

Step 2 **[데이터]**를 클릭한 후 **[데이터 분석]**을 선택한다.

Step 3 **[통계 데이터 분석]** 창에서 **〈분산 분석 : 일원 배치법〉**을 선택하고 **[확인]**을 누른다.

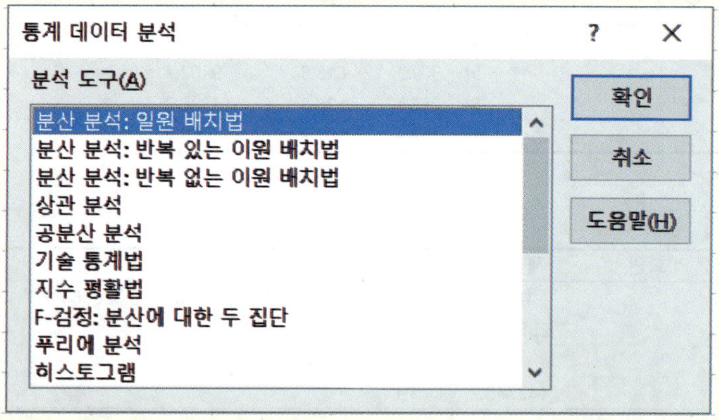

Step 4 **입력 범위**에서 전 데이터 범위를 선정한다. 각 열의 길이가 서로 다른 경우에도 모든 데이터가 포함되는 범위를 선정한다. 예를 들어, A, B, C, D 열에 각각 15, 99, 10, 20개의 값들이 입력되었다면, A1:D99의 영역이 적절한 데이터 범위이다.

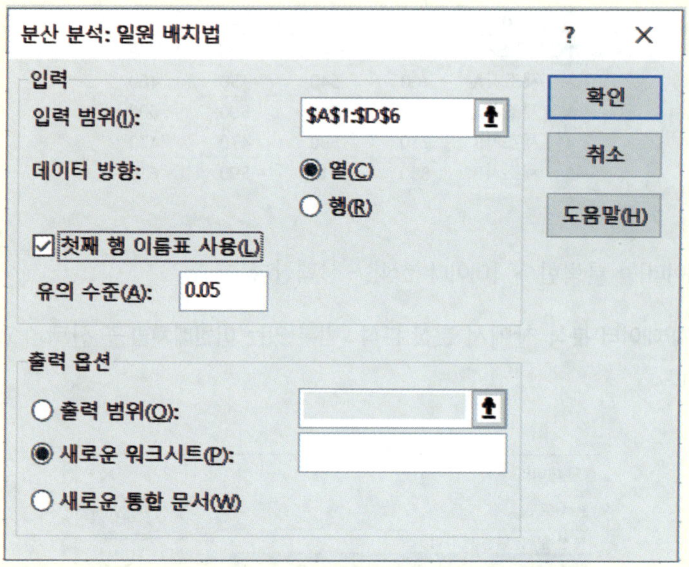

Step 5 **'데이터 방향'**에서 **'열'**이 선택되도록 하고, **'첫째 행 이름표 사용'**은 데이터 입력시 첫째 행에 이름을 사용한 경우에 체크한다.

Step 6 **'유의수준'**은 디폴트로 0.05의 값이 사용되나 이를 변경할 수 있다.

Step 7 **[확인]**을 누르면 일원분산분석이 수행된다.
자동차 충돌실험 data를 엑셀을 이용하여 일원분산분석한 결과이다.

	A	B	C	D	E	F	G
1	분산 분석: 일원 배치법						
2							
3	요약표						
4	인자의 수준	관측수	합	평균	분산		
5	소형	5	3844	768.8	17542.7		
6	준중형	5	3079	615.8	9202.7		
7	중형	5	2634	526.8	13330.2		
8	대형	5	2689	537.8	23905.2		
9							
10							
11	분산 분석						
12	변동의 요인	제곱합	자유도	제곱 평균	F 비	P-값	F 기각치
13	처리	186825	3	62275	3.893355507	0.028964488	3.238871517
14	잔차	255923.2	16	15995.2			
15							
16	계	442748.2	19				

예제 13.2 엑셀을 활용한 이원분산분석

Step 1 두 개 요인에 의한 관찰값을 행과 열로 입력한다. 예를 들어, 요인 1의 4개 처리그룹은 A, B, C, D 열에 입력하고, 요인 2의 2개 처리그룹은 2개 행에 입력한다.

	A	B	C	D	E
1	제조사	소형	준중형	중형	대형
2	제조사A	700	540	450	460
3	제조사A	820	680	590	600
4	제조사B	710	530	470	470
5	제조사B	830	710	590	610

Step 2 **[데이터]**를 클릭한 후 **[데이터 분석]**을 선택한다.

Step 3 **통계 데이터 분석** 창에서 **분산 분석 : 반복 있는 이원배치법**을 선택하고 **[확인]**을 누른다.

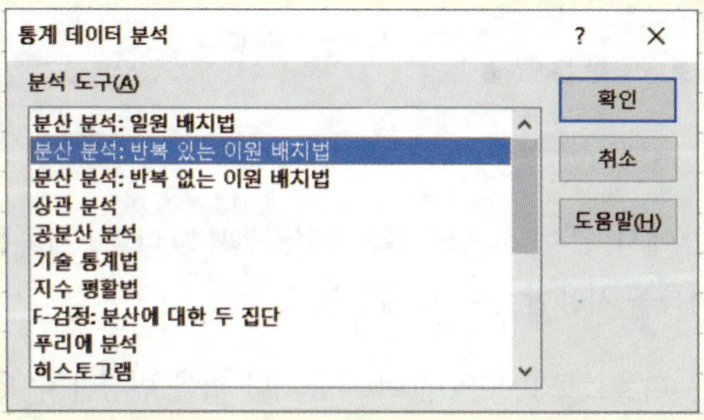

Step 4 **입력 범위**에서 전 데이터 범위를 선택한다. **표본당 행수**는 각 처리조합별로 관찰된 데이터의 수를 의미한다.

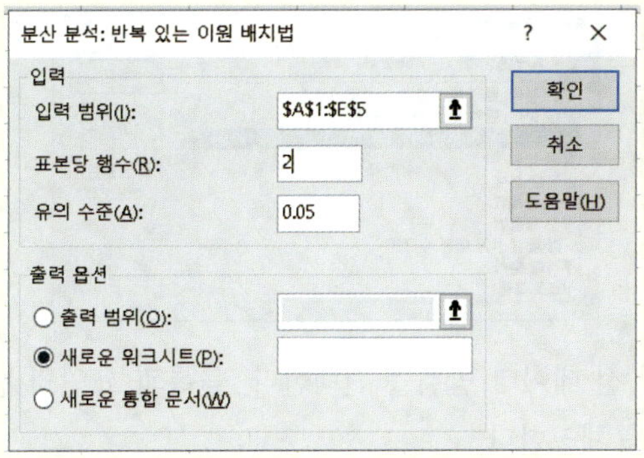

Step 5 **'유의수준'**은 디폴트로 0.05의 값이 사용되나, 이를 변경할 수 있다.

Step 6 **[확인]**을 누르면 이원분산분석이 수행된다. 자동차 충돌실험 데이터를 엑셀을 이용하여 이원분산분석을 수행한 결과이다.

	A	B	C	D	E	F	G
1	분산 분석: 반복 있는 이원 배치법						
2							
3	요약표	소형	준중형	중형	대형	계	
4	제조사A						
5	관측수	2	2	2	2	8	
6	합	1520	1220	1040	1060	4840	
7	평균	760	610	520	530	605	
8	분산	7200	9800	9800	9800	15771.43	
9							
10	제조사C						
11	관측수	2	2	2	2	8	
12	합	1540	1240	1060	1080	4920	
13	평균	770	620	530	540	615	
14	분산	7200	16200	7200	9800	16314.29	
15							
16	계						
17	관측수	4	4	4	4		
18	합	3060	2460	2100	2140		
19	평균	765	615	525	535		
20	분산	4833.333	8700	5700	6566.667		
21							
22							
23	분산 분석						
24	변동의 요인	제곱합	자유도	제곱 평균	F 비	P-값	F 기각치
25	인자 A(행)	400	1	400	0.041558	0.843554	5.317655
26	인자 B(열)	147600	3	49200	5.111688	0.02894	4.066181
27	교호작용	0	3	0	0	1	4.066181
28	잔차	77000	8	9625			
29							
30	계	225000	15				

예제 13.3 확률화블록설계의 분산분석

Step 1 블록과 요인에 의한 관찰값들을 행과 열에 입력한다. 예를 들어, 요인의 처리그룹은 A, B, C 열에 입력하고, 블록은 행에 입력한다.

	A	B	C	D
1		운영체계A	운영체계B	운영체계C
2	피험자1	16	16	19
3	피험자2	19	17	18
4	피험자3	14	13	15
5	피험자4	13	12	14
6	피험자5	18	17	19

Step 2 **[데이터]**를 클릭한 후 **[데이터 분석]**을 선택한다.

Step 3 **통계 데이터 분석** 창에서 **분산 분석: 반복없는 이원 배치법**을 선택하고 **확인**을 누른다.

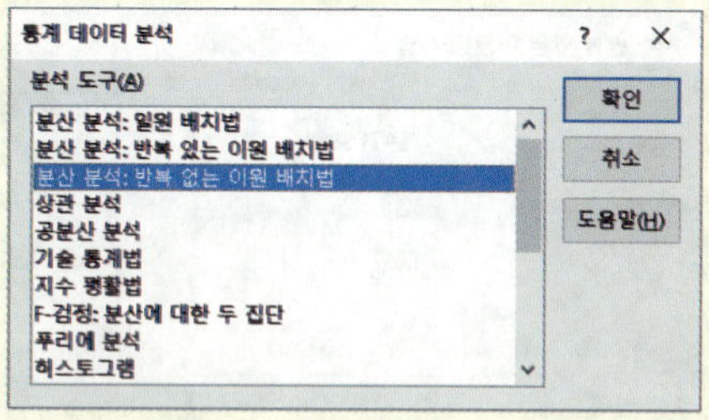

Step 4 **입력 범위**에서 전 데이터 범위를 선택한다. 블록과 요인의 변수명이 있을 경우 '**이름표**'의 박스를 체크한다.

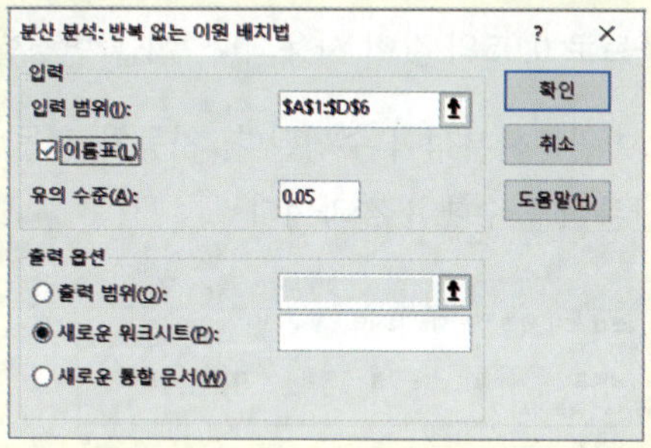

Step 5 '**유의수준**'은 디폴트로 0.05의 값이 사용되나, 이를 변경할 수 있다.

Step 6 **[확인]**을 누르면 확률화블록설계하의 분산분석이 수행된다. 다음은 스마트폰 운영체계에 대한 실험 예제의 자료를 가지고 엑셀을 이용하여 확률화블록설계하의 분산분석을 수행한 결과이다.

	A	B	C	D	E	F	G
1	분산 분석: 반복 없는 이원 배치법						
2							
3	요약표	관측수	합	평균	분산		
4	피험자1	3	51	17	3		
5	피험자2	3	54	18	1		
6	피험자3	3	42	14	1		
7	피험자4	3	39	13	1		
8	피험자5	3	54	18	1		
9							
10	운영체계A	5	80	16	6.5		
11	운영체계B	5	75	15	5.5		
12	운영체계C	5	85	17	5.5		
13							
14							
15	분산 분석						
16	변동의 요인	제곱합	자유도	제곱 평균	F 비	P-값	F 기각치
17	인자 A(행)	66	4	16.5	33	5.0874E-05	3.837853355
18	인자 B(열)	10	2	5	10	0.00666389	4.458970108
19	잔차	4	8	0.5			
20							
21	계	80	14				

SPSS

예제 13.1 SPSS를 활용한 일원분산분석

Step 1 PASW Statistics Data Editor 창의 **변수 보기**에서 다음과 같이 두 개의 변수를 만든다.

	이름	유형	너비	소수점...
1	차크기	숫자	8	0
2	실험결과	숫자	11	0

Step 2 PASW Statistics Data Editor 창의 **데이터 보기**에서 다음과 같이 데이터를 입력한다.

차크기 변수에서 소형은 1, 준중형은 2, 중형은 3, 대형은 4로 코딩되었다.

	차크기	실험결과
1	1	681
2	1	728
3	1	917
4	1	898
5	1	620
6	2	643
7	2	655
8	2	742

Step 3 [분석] 메뉴의 **평균 비교**에서 **일원배치분산분석**을 선택한다.

Step 4 **일원배치 분산분석** 창에서 **종속변수**란에는 실험결과 변수를, **요인분석**란에는 차크기 변수를 화살표를 이용해 입력한 후 **확인**을 누른다.

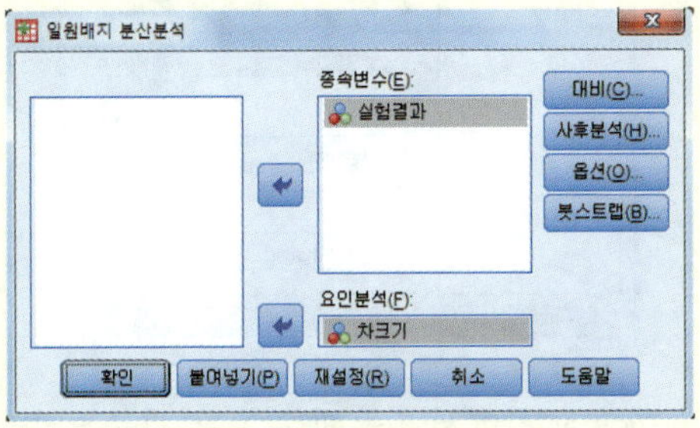

Step 5 PASW Statistics Viewer 창에서 $F=3.893$, p값$=0.029$를 확인할 수 있다.

예제 13.2 SPSS를 활용한 이원분산분석

Step 1 PASW Statistics Data Editor 창의 **변수 보기**에서 다음과 같이 세 개의 변수를 만든다.

	이름	유형	너비	소수점...
1	제조사	숫자	8	0
2	차크기	숫자	8	0
3	실험결과	숫자	11	0

Step 2 PASW Statistics Data Editor 창의 **데이터 보기** 창에서 다음과 같이 데이터를 입력한다.

이때 제조사 변수는 제조사가 A인 경우 1로, B인 경우는 2로 코딩하였고, 차크기는 소형은 1, 준중형은 2 중형은 3, 대형은 4로 코딩하였다.

	제조사	차크기	실험결과
1	1	1	700
2	1	1	820
3	1	2	540
4	1	2	680
5	1	3	450
6	1	3	590
7	1	4	460
8	1	4	600
9	2	1	710
10	2	1	830
11	2	2	530

Step 3 PASW Statistics Data Editor 창의 **분석** 메뉴에서 **일반선형모형**의 **일변량**을 선택한다.

Step 4 **일변량 분석** 창에서 **종속변수**란에는 실험결과 변수를, **모수요인**란에는 제조사 변수와 차크기 변수를 화살표를 통해 기입한 후 **확인**을 누른다.

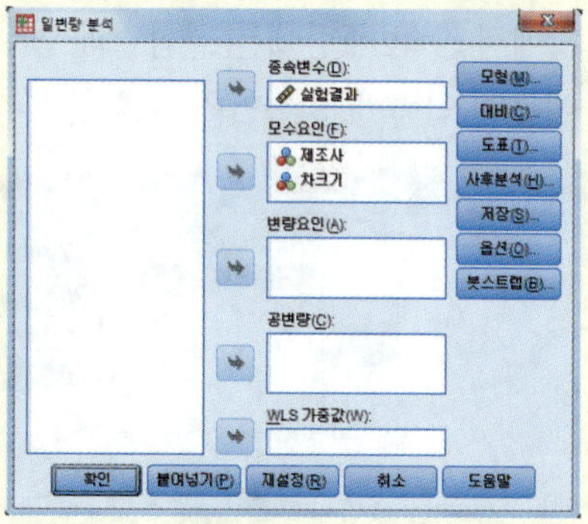

Step 5 PASW Statistics Viewer 창에서 다음과 같은 결과를 확인할 수 있다.

개체-간 효과 검정

종속 변수:실험결과

소스	제 III 유형 제곱합	자유도	평균 제곱	F	유의확률
수정 모형	148000.000[a]	7	21142.857	2.197	.146
절편	5953600.000	1	5953600.000	618.556	.000
제조사	400.000	1	400.000	.042	.844
차크기	147600.000	3	49200.000	5.112	.029
제조사 * 차크기	.000	3	.000	.000	1.000
오차	77000.000	8	9625.000		
합계	6178600.000	16			
수정 합계	225000.000	15			

a. R 제곱 = .658 (수정된 R 제곱 = .358)

R

예제 13.1 R을 활용한 일원분산분석

R을 활용할 경우 단계별 계산과정 없이 손쉽게 결과를 얻을 수 있다. R을 활용한 분산분석 수행하여 보자.

Step 1 예제 13.1 데이터 만들기

```
> y <- c(681, 728, 917, 898, 620,
+ 643, 655, 742, 514, 525,
+ 469, 727, 525, 454, 459,
+ 384, 656, 602, 687, 360)
> x <- rep(c("소형","준중형","중형","대형"),c(5,5,5,5))
> x <- factor(x)
> y
[1] 681 728 917 898 620 643 655 742 514 469 727 525 454 459
384 656 602 687 360
> x
[1] 소형 소형 소형 소형 소형 준중형 준중형 준중형 준중형 준중형 중형
[14] 중형 중형 대형 대형 대형 대형 대형
Levels : 대형 소형 준중형 중형
```

> x <- rep(c("소형","준중형","중형","대형"),c(5,5,5,5)) : 각 원소를 대응되는 숫자만큼 반복하라는 의미이다. 다음 코드를 대신하여 사용한다.

```
x = C("소형","소형","소형","소형","소형","준중형","준중형","준중형",
      "준중형","준중형","중형","중형","중형","중형","중형","대형",
      "대형","대형","대형","대형")
```

x <- facror(x): "*x*"의 원소들을 범주를 나타내는 "요인"으로 인식하라는 의미이다.

Step 2 다음의 코드를 사용하여 일원분산분석을 실행한다.

```
> aov.result=aov(y ~ x)
> summary(aov.result)
             Df  Sum Sq Mean Sq  F  value Pr(>F)
x             3  186825   62275   3.8934  0.02896  *
Residuals    16  255923   15995
---
Signif. codes : 0 '***' 0.001 '**' 0.01 '*' 0.05 '.' 0.1 '' 1
```

aov.result = aov(y~x): "*x*"를 평균 차이가 나는 "요인"으로, "*y*"를 요인에 따른 데이터로 인식하여 ANOVA를 수행하고, 그 결과를 "aov.result"라는 이름으로 저장하라는 의미이다.

summary(aov.result): ANOVA를 수행한 후 그 결과를 저장하였던 "aov.result"에는 많은 정보가 포함되어 있다. 그중 우리가 알고자 하는 정보만 출력하기 위하여 "summary(aov.result)"함수를 사용하였다.

예제 13.2 R을 활용한 이원분산분석

Step 1 예제 13.2 데이터 만들기

```
> y <- c(700, 820, 710, 830,
```

```
+ 540, 680, 530, 710,
+ 450, 590, 470, 590,
+ 460, 600, 470, 610)
> fac <- gl (n=4, k=4, length=16,
> labels=c("소형","준중형","중형","대형"))
> group <- gl(n=2, k=2, length=16,
+ labels=c("제조사A","제조사B"))
> data <- data.frame (y=y, factor=fac, group=group)
> data
     y  factor   group
1  700    소형  제조사A
2  820    소형  제조사A
3  710  준중형  제조사B
4  830  준중형  제조사B
5  540  준중형  제조사A
6  680  준중형  제조사A
7  530    중형  제조사B
8  710    중형  제조사B
9  450    중형  제조사A
10 590    중형  제조사A
11 470    중형  제조사B
12 590    중형  제조사B
13 460    대형  제조사A
14 600    대형  제조사A
15 470    대형  제조사B
16 610    대형  제조사B
```

Step 2 다음의 코드를 사용하여 이원분산분석을 실행한다.

```
aov.result <- aov(y ~ group * factor, data=data)
summary(aov.result)
             Df  Sum Sq Mean Sq  F  value Pr(>F)
group         1  400     400     0.0416 0.84355
factor        3  147600  49200   5.1117 0.02894  *
group:factor  3  0       0       0.0000 1.00000
Residuals     8  77000   9625
---
Signif. codes : 0 '***' 0.001 '**' 0.01 '*' 0.05 '.' 0.1 '' 1
```

예제 13.3 확률화블록설계의 분산분석

Step 1 메모장과 같은 텍스트 에디터를 열어서 첫 번째 행에 Factor, Block, Value라는 변수명을 영어로 입력하고, 두 번째 행부터 각 행에 요인의 처리 그룹, 블록 그리고 관찰값에 해당하는 자료를 입력한 뒤, 텍스트문서(.txt)로 저장한다. 예를 들면, 예제 13.3의 자료를 다음과 같이 입력한 뒤, C드라이브에 RBD.txt 라고 저장한다.

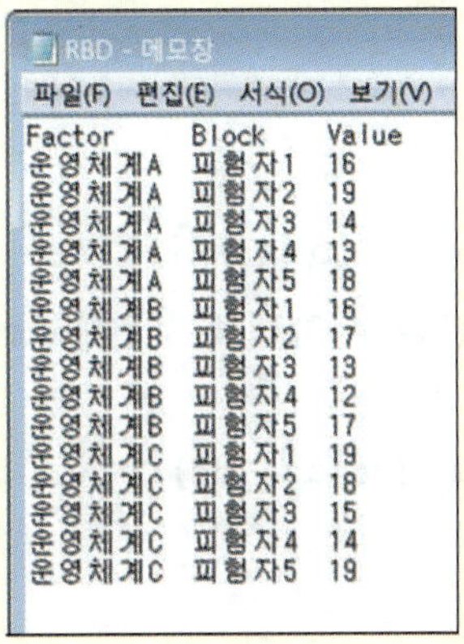
RBD - 메모장
파일(F) 편집(E) 서식(O) 보기(V)

```
Factor     Block    Value
운영체계A  피험자1  16
운영체계A  피험자2  19
운영체계A  피험자3  14
운영체계A  피험자4  13
운영체계A  피험자5  18
운영체계B  피험자1  16
운영체계B  피험자2  17
운영체계B  피험자3  13
운영체계B  피험자4  12
운영체계B  피험자5  17
운영체계C  피험자1  19
운영체계C  피험자2  18
운영체계C  피험자3  15
운영체계C  피험자4  14
운영체계C  피험자5  19
```

Step 2 R 콘솔 창에서 **read.table()** 함수를 이용하여 파일에 있는 자료를 읽는다. 파일에 변수명이 있을 경우, **header=T**라고 한다. 예를 들면, C드라이브에 있는 RBD.txt 파일을 Eg13.18이라는 자료명으로 다음과 같이 읽는다.

```
> Eg13.18 <- read.table("C:/RBD.txt", header=T)
```

Step 3 블록설계하의 분산분석은 **lm()** 함수와 **anova()** 함수를 이용하여 수행한다. 물결표시(~) 앞에는 관찰값에 해당하는 변수명을 입력하고, 물결표시 뒤에는 요인과 블록에 해당하는 변수명을 플러스표시(+)로 연결하여 입력한다. 예를 들면, Eg13.18 자료를 이용해 다음과 같이 블록설계하의 분산분석을 수행한다.

```
> anova(lm (Value ~ Factor + Block, data=Eg13.18))
```

R 실습 스크립트

```
###
### 예제 13.1  (일원분석)
###

damage <- matrix(c(681, 643, 469, 384,  # 자료입력 틀리지 않도록 항상 주의!
                   728, 655, 727, 656,
                   917, 742, 525, 602,
                   898, 514, 454, 687,
                   620, 525, 459, 360),
                 ncol=4, nrow=5, byrow=T,
                 dimnames=list(NULL, c("소형","준중형","중형","대형")))
damage.df <- data.frame(damage)
```

```
(damage.Means <- colMeans(damage.df))
plot(damage.Means, pch=19, lwd=5)          # '0'을 포함하지 않는 그래프
windows()
barplot(damage.Means)                      # '0'을 포함하는 그래프
                                           # 용도에 맞는 선택 신중하게!



## 평균값 크기에 따라 자료 순서를 바꾸려면
#damage.df <- damage.df[,c(1,2,4,3)]  # 첫번째 comma == to keep all the rows
#damage.df
#(damage.Means <- colMeans(damage.df))


damage <- as.vector(damage)
## gl == generate factor levels [(g)enerate (l)evels]
## n == the number of levels
## k == the number of replications
size <- gl(n=4, k=5, length=20, labels=c("1소형","2준중형","3중형","4대형"))
                                        # numbering to keep the order
damage.df <- data.frame(damage, size)
damage.df
# 자료들이 겹치는 부분 주의! 완벽하게 겹칠 수도 있다.
stripchart(damage ~ size, vertical=T, main="head damage by the size
       of car")

## 아래 작업을 하기 위하여 gplots 라이브러리가 있어야 한다. 없으면 install 한다.
## (메뉴에서) packages > install packages > 나라 지정 > gplots
##
## 아래 5줄은 책에 없는 내용
library(gplots)
plotmeans(damage ~ size)               # 95% confidence intervals
x11()
plotmeans(damage ~ size, bars=F)     # without confidence intervals
                                       # no group labels in x-axis ???


## 분산분석표
damage.aov <- aov(damage ~ size)    # ANOVA
summary(damage.aov)
```

```
## 참고
# pairwise.t.test(damage, size, "bonferroni")
# conservative results (보수적 결과; Ho를 잘 기각하지 않는다)

###
### 예제 13.2 (이원분석)
###
damage2 <- c(700, 540, 450, 460,    # 일원분석 예처럼 matrix로 입력 가능
             820, 680, 590, 600,    # 여기서는 'c' 함수로 자료 입력
             710, 530, 470, 470,    # 둘 다 가능
             830, 710, 590, 610)

size2 <- gl(n=4, k=1, length=16, labels=c("1소형","2준중형","3중형","4대형"))
make2 <- gl(n=2, k=8, length=16, labels=c("제조사A","제조사B"))

data2 <- data.frame (damage2, size2, make2)
data2

# 아래 작업을 하기 위하여 gplots 라이브러리가 있어야 한다. 없으면 install 한다.
library(gplots)
plotmeans(damage2 ~ interaction(size2, make2), connect=list(1:4, 5:8),
        bars=F, main="제조사 요인")
x11()
plotmeans(damage2 ~ interaction(make2, size2), connect=list(1:2, 3:4,
         5:6, 7:8), bars=F, main="크기 요인")

## plot함수를 이용하는 방법
## interaction을 '*' 표시로 사용 가능: plot(damage2 ~ size2 * make2)
##
plot(damage2 ~ interaction(size2, make2), connect=list(1:4, 5:8), bars=F,
          main="제조사 요인")
x11()
plot(damage2 ~ interaction(make2, size2), connect=list(1:2, 3:4, 5:6, 7:8),
          bars=F, main="크기 요인")

## ANOVA table (AOV table)
## 이원분석 aov 함수에서 교차항(interaction term) 모형 '*' 사용
damage2.aov <- aov(damage2 ~ size2 * make2)
summary(damage2.aov)
```

```
###
### 예제 13.3 확률화블록설계(randomized block design)
### 운영체계(Operating System) 한글 입력기 자료

time <- c(16, 16, 19,
          19, 17, 18,
          14, 13, 15,
          13, 12, 14,
          18, 17, 19)

OS <- gl(n=3, k=1, length=15, labels=c("A","B","C"))
subject <- gl(n=5, k=3, length=15, labels=1:5)

data3 <- data.frame (time, OS, subject)
data3

library(gplots)
plotmeans(time ~ interaction(OS, subject), connect=list(1:3, 4:6,
    7:9, 10:12, 13:15), main="피험자별 입력시간")
windows()
plotmeans(time ~ interaction(OS, subject), connect=list(c(1,4,7,10,13),
                                        c(2,5,8,11,14), c(3,6,9,12,15)),
      main="운영체계별 입력시간")

time.aov <- aov(time ~ OS + subject)  # '+' 사용; interaction이 모형에
     없다!
summary(time.aov)

## If there were no blocks ....
time.aov2 <- aov(time ~ OS)
summary(time.aov2)
x11()
plotmeans(time ~ OS, main="운영체계별 입력시간 w/o block")

###
###  엑셀 자료 읽기 - 연습문제 12번 장난감.xlsx
###  R은 엑셀파일을 직접 읽을 수 없어 csv 파일 형태로 바꾸어 저장한 후 작업하여야
###  한다. csv, comma-seperated values
###  컬럼별 자료의 수가 다르면 'NA'로 입력되나 통계분석에 영향을 주지 않는다.
###  엑셀파일을 직접 읽는 함수 realxl 라이브러리의 read_excel함수 사용 가능
```

```
###  >??excel 하면 다른 라이브러리도 찾아볼 수 있다.
###
y <- read.csv("장난감.csv")
toy.data <- data.frame(stack(y))
colnames(toy.data) <- c("price", "store type")
toy.data
```

익힘문제

다음 괄호에 알맞은 말을 넣거나, 맞는 것을 선택하시오.

1 두 모집단의 평균 비교는 {Z, t, x^2, F} 통계량 등을 이용하였다. 3 이상의 모집단의 평균 비교는 (　　　　)분석을 수행한다.

2 평균을 비교하는 것이 목적이지만, 그 과정에서 (　　　　)의 역할이 중요하다.

3 분산분석의 귀무가설은 '모든 평균이 같다'이고, 대립가설은 '평균의 차이가 존재한다'이다. 여기서 주의하여야 할 것은 대립가설이 평균들이 전부 (　　　　) 경우만을 뜻하는 것이 아니다.

4 대립가설은 (　　　　) 다를 수도 있고, (　　　　)만 다를 수도 있는 전부 같지 않는 모든 경우를 포함한다.

5 분산분석은 관찰된 표본평균들의 차이가 귀무가설을 {기각, 기각 못}하기에 충분히 큰지 여부를 결정하는 통계적 절차라 요약할 수 있다.

6 자동차 등급별로 파손 정도를 측정한 예에서 파손 정도는 (　　　　)변수 또는 (　　　　)변수라고 하고, 자동차 등급은 (　　　　)변수 또는 (　　　　)이라고 한다.

7 관찰되는 요인의 구체적 값(소형, 중형 등)들은 (　　　　) 또는 (　　　　)라고 한다.

8 분산분석의 세 가지 가정사항을 나열하라.

9 정규성 가정의 위반여부를 찾아내는 효과적인 그림은 (　　　　)그림이다.

10 등분산 가정의 위반여부는 (　　　　)와 (　　　　)의 비율이 (　　　　)인지 확인한다.

11 요인 또는 독립변수가 하나인 분산분석을 (　　　　)분산분석이라고 한다.

12 (　　　　)끼리의 차이가 (　　　　)에 비하여 월등히 크면 귀무가설을 기각한다.

13 표본평균끼리의 변동량은 {그룹간, 그룹내} 변동량이라고 하고, 표본내부의 변동량은 {그룹간, 그룹내} 변동량이라고 한다.

14 표본평균끼리의 변동량이 표본내부의 변동량보다 월등히 {클, 작을} 때 평균 차이가 존재한다고 결론 내리게 된다.

15 처리제곱합과 처리평균제곱을 써라.

16 오차제곱합과 오차평균제곱을 써라.

17 처리평균제곱을 오차평균제곱으로 나눈 것이 (　　　　)통계량이 되고, 귀무가설이 맞다면 자

유도 (   )인 (   )분포를 한다.

18 분산분석을 수행하기 위하여 정리한 표를 (   )라고 한다.

19 총제곱합을 써라.

20 총제곱합=(   )+(   )

21 위 와 같이 총제곱합이 둘로 나누어지는 것을 (   )라고 한다.

22 평균의 차이가 존재할 때 수행하는 방법이 (   )이다.

23 다중비교는 모집단 평균들을 (   )개씩 짝지어 비교하는 방법으로 평균 차이의 {신뢰구간, 기각역}에 0을 포함하는지 검토하는 것이다.

24 다중비교는 10장에서의 신뢰구간과 {같다, 다르다}. Tukey의 다중비교는 모든 가능한 (   )의 평균 차이에 대한 신뢰구간을 구한다.

25 Tukey의 다중비교는 (   )분포 혹은 (   )분포를 이용한다.

26 Tukey의 다중비교 신뢰구간을 써라.

27 모집단의 수가 k이고, 전체 관찰값의 수가 n일 때 q 분포에서

모집단의 수 p=(   ), 자유도 f=(   )로 q_{α}를 찾는다.

28 차이에 대한 신뢰구간이 (   )을 포함하지 않으면 두 모평균이 다르다.

29 다중비교에서는 A와 B가 다르지 않고 B와 C가 다르지 않다고 하여도 A와 C는 통계적으로 {다르지 않다, 다를 수 있다}.

30 요인이 두 개인 경우의 분산분석을 (   )분산분석이라고 한다.

31 연구의 대상이 되는 개체들이 모든 가능한 그룹에 확률적으로 할당되는 실험을 (   )실험이라고 한다.

32 (   )실험은 {독립성, 정규성, 등분산성}을 보장할 수 있다.

33 한 요인이 평균에 미치는 영향이 다른 요인의 처리 그룹에 따라 달라지는 경우를 (   )작용이 존재한다고 한다.

34 요인1의 평균을 요인2의 처리 그룹별로 그린 그림에서 {평행하면, 평행하지 않으면} 상호작용이 없는 것이고, {평행하면, 평행하지 않으면} 상호작용을 의심할 수 있다.

35 이원분석에서는 {상호작용, 요인의 주효과} 유의성 검정을 먼저 수행하여야 한다.

36 만일 (   )의 유의성 검정이 유의적이지 않으면 (   )에 대한 유의성 검정을 할 수 있다.

37 (   )의 유의성 검정이 유의적이면 (   )에 대한 유의성 검정은 의미가 없다. (   )이 존재하면 한 요인의 평균값이 다른 요인의 처리조합에 따라 높을 수도 있고 낮을 수도 있기 때문이다.

38 상호작용의 검정에서 귀무가설은 상호작용이 {있다, 없다} 이다.

39 요인의 검정에서 귀무가설은 요인의 처리 집단별 평균차가 {있다, 없다} 이다.

40 이원 분석은 일원분석과 마찬가지로 F값이 충분히 {커야, 작아야, 크거나 작으면} 귀무가설을 기각한다. 따라서 항상 {우측, 좌측, 양측} 검정이다.

41 완전확률화실험은 실험에서 고려되지 못한 외부요인에 의한 변동을 제어하지 못한다. ( )는 연구대상 개체들에 대한 ( )를 고려하여 어느 정도 고려함으로써 보다 정확한 결론을 내리는 데 사용된다.

42 ( )은 연구 대상 개체들이 같거나 비슷한 특성을 갖는 그룹을 의미한다. 이는 실험 진행 {전, 후}에 정의된다.

43 ( )는 정의된 ( ) 내에서 ( )을 통해 관찰값을 측정한다. 즉, 연구 대상 개체들은 개별적인 특성에 의해 여러 개의 ( )으로 나뉘고, 각각의 ( ) 내에서 {확률적, 고정적} 순서에 따라 처리 그룹에 할당되고 관찰값이 측정되는 것이다.

44 확률화블록설계에서 총제곱합을 분해하여라.

45 외생변수의 영향을 제어하기 위한 ( )이므로 ( )대한 검정은 하지 않는다.

46 일원분석에서의 오차제곱합은확률화블록설계에서 ( )제곱합과 ( )제곱합으로 분해된다. 따라서 블록을 통해 ( )변수로 인한 변동을 제어하지 않을 경우 오차제곱합이 더 {커지게, 작아지게} 되고, 그에 따른 F통계량이 {커지며, 작아지며} 귀무가설을 기각하는 데 {성공, 실패}할 것이다.

47 확률화블록설계와 상호작용이 없는 ( )의 통계패키지 결과는 {같다, 다르다}. 둘은 {개념적, 실질적} 차이만 존재한다.

연습문제

1 다섯 개 증권회사의 펀드운용 실적을 비교하고자 각 증권회사가 운용하고 있는 주식형 펀드의 수익률을 조사하였다. 각 증권회사당 5개의 펀드 수익률을 구하여 분산분석을 수행하였다. 그 결과 F통계량값은 3.6으로 계산되었다. 증권회사의 펀드 수익률은 서로 다르다고 결론지을 수 있는가?

2 하나의 요인에 5개의 처리가 있는 실험에서 각 처리마다 7개의 값을 관찰하였다. 분석결과 처리제곱합은 70이고 총제곱합은 200이라는 결과를 얻었다.
a. 평균처리제곱에 사용되는 자유도는 얼마인가?
b. 평균오차제곱에 사용되는 자유도는 얼마인가?
c. 오차제곱합은 얼마인가?
d. F통계량의 값은 얼마인가?
e. 일원분산분석표를 작성하여라.
f. p값과 임곗값을 각각 구하여라.
g. 5개 처리의 모집단 평균들이 모두 동일하다는 가설을 검정하고 통계적 결론을 도출하여라.

3 정규분포를 따르며 분산이 서로 같은 다섯 개의 모집단에서 각 50개씩의 표본을 추출하였다고 가정하자. 분석의 목적은 $\mu_1=\mu_2=\mu_3=\mu_4=\mu_5$이라는 귀무가설을 검정하고자 한다.
a. 10장의 방법을 이용하여 $\mu_1=\mu_2$, $\mu_1=\mu_3$, $\cdots$, $\mu_4=\mu_5$라는 짝을 이룬 귀무가설을 개별적으

로 검정하고자 한다면, 몇 개의 가설을 검정하여야 하는가?

b. 하나의 가설검정에서 제1종 오류를 범하지 않을 확률이 95%라고 한다면, 모든 가설에 대한 검정의 제1종 오류를 범하지 않을 확률은 얼마인가?

c. 만약 유의수준 5%에서 분산분석을 수행한다면 이 분석방법의 제1종 오류를 범하지 않을 확률은 얼마인가?

d. 제1종 오류를 범하지 않을 확률을 이용하여 짝을 이룬 방법과 분산분석 방법을 비교하여라.

4 다음과 같은 분산분석표(ANOVA table)는 분산분석의 기본가정들을 만족하는 4개의 모집단으로부터 얻은 4개의 표본자료를 가지고 얻어진 결과이다.

변동요인 (source of variation)	자유도 (degrees of freedom)	제곱합 (sum of squares)	평균제곱합 (mean square)	검정통계량의 값 (test stat)
집단간(between)				F = — = 4.07
집단내(within)	15		9.2154	
총합(Total)	18			

a. 위 분산분석표 속의 빈칸을 채워 표를 완성하여라.

b. 유의수준 5%에서 4개 모집단 평균은 모두 같다라는 가설에 대해서 통계적 검정을 수행하여라.

5 비교하고자 하는 그룹이 4개인 일원분산분석에서 각 그룹당 8개의 관찰값을 구하였다.

변동요인	자유도	제곱합	평균제곱합	F통계량
처리	?	?	80	?
오차	?	560	?	
계	?	?		

a. 다음의 분산분석표에 비어 있는 곳을 채워라.

b. 유의수준을 5%로 할 때 임곗값은 얼마인가?

c. 4개 그룹의 모집단 평균들이 모두 동일하다는 가설을 검정하고 통계적 결론을 도출하여라.

c. Tukey 다중비교 방법을 사용하려 한다. 적절한 자유도 p와 f는 각각 무엇인가? 그리고 유의수준 5%에서 적절한 q값을 구하여라.

6 펀드에 투자하고 있는 사람들을 직업의 종류에 따라 4개의 그룹으로 묶은 후 그룹별 연간 수익률을 비교하고자 분산분석을 수행하였다. 유의수준 5%에서 수익률이 동등하다는 귀무가설이 기각되었다고 가정하자. 평균오차제곱은 49.5이고 표본의 크기는 네 그룹 모두 31명이었다. 각 표본평균이 18, 11, 15, 14라면 평균에 유의적 차이가 존재하는 그룹은 무엇인지 Tukey 방법을 사용하여 밝혀라.

7 K씨는 지난 겨울 정년은퇴 후 의류 소매점을 인수하였다. 매장에서 취급하는 스웨터의 종류로 Irish, Peruvian, Shetland 중 하나를 선정하고자 한다. K씨는 내구성이 강한 스웨터를 선택하기로 하고, 위의 스웨터를 소유하고 있는 고객을 대상으로 닳아질 때까지의 사용기간을 조사하였다. Irish 스웨터는 20명의 고객을, Peruvian 스웨터는 18명, Shetland 스웨터는 21명의

고객을 수집하였다. 데이터는 독립인 3개의 스웨터 사용고객 모집단으로부터 임의로 추출된 것으로 가정하자. 분산분석결과 오차제곱합은 1240이며, 처리제곱합은 740으로 계산되었다.

a. 분산분석표를 완성하고 세 종류의 스웨터는 내구성이 동일한지 여부를 밝혀라.

b. 세 표본의 표본평균이 6.4, 2.5, 4.9라면 유의적 차이를 보이는 스웨터는 무엇인가?

실습 문제

8 일원분산분석에서 처리수준의 수가 2개이면 10장에 나오는 t검정과 동일한 결론을 내린다. 또한 (t통계량)^2=F통계량이 성립한다. 예를 들어, 19명의 동등한 학력의 학생들이 한 그룹에는 8명, 다른 그룹에는 11명으로 나뉘었다고 가정하자. 한 그룹은 비디오강의와 컴퓨터 실습을 병행한 방법으로 교육을 받고, 다른 그룹은 실제 강의와 컴퓨터 실습을 병행한 방법으로 교육을 받았다. 학기말에 시험성적을 비교하여 두 교육방법을 평가하고자 한다.

비디오강의.dat
비디오강의.xlsx

비디오강의와 컴퓨터 실습	38	34	46	44	34	32	57	43			
실제강의와 컴퓨터 실습	64	56	63	53	46	48	54	51	79	67	78

a. 일원분산분석을 이용하여 두 교육방법에 의한 학기말 평균 성적에 차이가 있는지를 검정하여라(유의수준 5%).

b. t통계량을 구하고 (t통계량)^2=F통계량임을 확인하여라.

c. t검정에 의한 p값과 일원분산분석에 의한 p값이 동일한지를 확인하여라.

d. 검정결과를 해석하여라.

9 어느 초등학교 5학년 학생 15명을 대상으로 교수방법의 차이에 따라 학생들의 학업성취도의 차이가 있는지를 알고자 실험을 하였다. 학생들은 3개 집단으로 나뉘어 같은 시험문항으로 시험을 치루었으며, 각 집단별 학생들의 성적은 다음과 같다.

교수방법.dat
교수방법.xlsx

방법 1	방법 2	방법 3
65	90	95
73	85	84
48	55	68
87	69	67
51	70	74

a. 위와 같은 실험에 대한 통계분석을 할 때 필요한 가정들에 대해서 말하여라.

b. 교수방법별로 학생들의 성취도의 차이가 있는지를 통계적으로 검정하여라(유의수준 0.05).

10 어느 식이요법 연구가는 확률표본으로 추출한 과체중인 피실험자 21명을 랜덤하게 3개 집단으로 나눈 후 세 가지의 다른 식단으로 생활하게 하였다. 2개월 후 피실험자들의 평균체중감소량이 식단별로 아래와 같이 기록되었다.

식단.dat
식단.xlsx

식단 1	식단 2	식단 3
15	11	9

8	16	17
11	9	11
7	13	8
22	24	11
12	17	6
8	19	14

a. 식이요법 식단별로 피실험자들의 평균체중감소의 차이가 있는지의 여부를 검정하기 위한 귀무가설과 대립가설을 설정하여라.

b. 위와 같이 주어진 표본자료를 이용하여 분산분석표를 작성하여라.

c. 유의수준 0.025에서 (a)에서 설정한 가설에 대해 검정하여라.

진통제.dat
진통제.xlsx

11 소비자단체는 세 가지 브랜드별 진통제의 약효가 나타나기까지, 소요되는 시간이 동일한지 아닌지에 대해서 조사하고자 한다. 세 가지 브랜드별 진통제를 먹은 환자들에게서 관찰한 약효발생까지 걸린 시간의 기록은 다음과 같다.

진통제 1	진통제 2	진통제 3
25	15	44
38	21	39
40	19	52
65	23	58
47		73
52		

2.5%의 유의수준하에서 세 가지 종류의 진통제가 약효를 내기까지 소요되는 시간은 모두 같다는 결론을 내릴 수 있겠는가?

청량음료.dat
청량음료.xlsx

12 어떤 청량음료회사에서는 새로운 제품을 출시하여 그 제품의 판매량을 극대화시키고자 한다. 판매량에 영향을 미치는 요인 중에는 음료병의 디자인이 중요하다고 생각되어 A, B, C라는 세 가지 디자인 중에 하나를 선택하려 한다. 이를 위해 청량음료회사는 세 가지 디자인의 음료병을 만들어서 하루 동안 판매하였다. 음료의 판매량이 매우 유사한 15개의 슈퍼마켓을 선정하여 임의로 A, B, C라는 세 가지 디자인 중에 하나를 배정하였다. 즉, 5개의 슈퍼마켓은 A음료병을, 다른 5개는 B음료병을, 마지막 5개 슈퍼마켓은 C음료병을 하루 동안 판매하였다. 판매된 음료병의 개수를 조사하여 얻은 데이터는 다음 표와 같다.

A	B	C
19	30	23
17	32	26
18	31	27
14	29	24
15	35	22

a. 이 실험에 있어서 반응변수, 요인 그리고 처리가 각각 무엇인지 밝혀라.

b. μ_A, μ_B, μ_C는 각각 세 종류의 음료병이 모든 수퍼마켓에서 하루에 판매되는 평균판매량이라고 하자. 유의수준 5%를 이용하여 μ_A, μ_B, μ_C가 모두 동일하다는 귀무가설을 검정하여라.

c. 세 디자인에 따라 음료 판매량이 달라진다고 결론지을 수 있는가?

d. 세 종류의 음료병 평균 판매량을 짝을 지어 비교하는 것을 고려하여 보자. 즉, Tukey 방법을 사용하여 다음과 같은 모집단의 평균차 $\mu_A - \mu_B$, $\mu_A - \mu_C$, $\mu_{\text{ㅠ}} - \mu_C$에 대한 신뢰구간을 각각 구하여라.

e. 어떤 음료병 디자인의 판매량이 유의적으로 차이를 보이고 있는가?

f. 회사의 경영진으로 새로운 제품의 음료병 디자인을 선택한다면 무엇을 선택하여야 하는가?

13 어떤 직업알선회사에서는 모든 고객에 대하여 적성검사를 시행하고 있다. 대학의 전공에 따라 적성검사 점수가 유의적으로 차이가 있는지를 검정하기 위해, 다음 표와 같이 5개의 전공분야마다 임의로 7명의 고객을 추출하고, 그 적성검사 점수를 다음과 같이 수집하였다.

적성검사.dat
적성검사.xlsx

대학전공

경영	이학	인문	예술	공학
75	49	59	31	43
69	34	53	41	51
59	45	48	28	49
74	59	47	31	46
68	48	51	35	47
71	44	54	39	54
67	55	56	38	52

일원분산분석을 이용하여 적절한 통계분석을 수행하여라. 필요하다면 다중비교를 수행하여라.

14 골프공은 제작 디자인에 따라 공이 날아가는 거리가 달라질 수 있다고 알려져 있다. 어떤 골프공 제작회사에서는 네 가지 골프공 디자인을 개발하여 그중 가장 비거리가 좋은 디자인을 주력 판매상품으로 하고자 한다. 이를 위해 각 디자인별로 10개의 골프공을 제작하여 골프로봇이 드라이버로 날려 보낸 비거리를 미터단위로 측정하였다. 그 결과를 요약하면 다음과 같다.

골프공디자인.dat
골프공디자인.xlsx

골프공 디자인

1	2	3	4
206	203	217	213
207	206	230	231
224	223	221	221
206	205	227	221
229	234	218	229
204	204	231	235
228	219	224	213
226	223	224	228
209	210	211	214
221	233	229	225

a. 골프공의 디자인에 따라 평균 비거리는 차이를 보이고 있다고 결론 내릴 수 있는가? (유의수준 5%를 이용하여 답하여라.).

b. 위 분석을 행하기 위한 가정사항은 무엇인가?

c. 만약 차이가 있다고 답하였다면, Tukey 방법을 이용하여 차이를 보이고 있는 디자인을 찾아라.

d. 이 회사는 주력상품으로 어떤 디자인의 골프공을 제조하여야 하는가?

15 위 문제에서 다음과 같은 변화가 생긴다면 분산분석을 다시 수행하여 각각 그 결과를 위 문제의 결과와 비교하여라.

a. 비거리의 단위가 미터에서 센티미터로 바뀌었다.

b. 모든 자료의 값에 상수 50이 더해졌다.

모형인형.dat
모형인형.xlsx

16 본문에서 언급되었던 자동차 충돌실험을 다시 고려하여 보자. 모형인형의 파손정도 대신 모형인형의 허벅지에 가해지는 하중을 다음과 같이 관찰하였다.

소형	준중형	중형	대형
595	1051	629	1085
1063	1193	1686	971
885	946	880	996
519	984	181	804
422	584	645	1376

유의수준 5%에서 자동차의 충돌시 허벅지에 가해지는 하중은 자동차의 등급에 관계없이 동일하다는 가설을 검정하여라. 필요하다면 다중비교를 수행하여라.

장난감.dat
장난감.xlsx

17 어떤 소비자 단체에서는 한창 인기를 끌고 있는 어린이 장난감의 가격이 인터넷 쇼핑몰과 대형할인점 그리고 백화점에서 비슷한 가격으로 판매되고 있는지 조사하고자 한다. 5개의 인터넷 쇼핑몰과 4개의 대형할인점 그리고 6개의 백화점을 선택하여 가격을 조사하였다.

인터넷쇼핑몰	대형할인점	백화점
12000	13500	14900
13000	13600	15500
12500	14000	16000
12400	13800	15000
13200		14900
		13500

유의수준 5%에서 장난감의 판매처에 따라 그 장난감은 유의적으로 다른 가격에 판매되고 있는지 밝혀라. 필요하다면 다중비교를 수행하여라.

다이어트.dat
다이어트.xlsx

18 한 비만관리 클리닉에서는 세 가지의 다이어트 프로그램을 개발하였다. 클리닉에서는 환자가 직접 다이어트 프로그램을 선택하도록 하였다. 가장 효과적인 다이어트 프로그램이 무엇인지 알아보기 위하여, 다이어트 프로그램을 3개월 사용한 환자를 대상으로 체중 감량치를 다음과

같이 구하였다.

A프로그램	B프로그램	C프로그램
5	6	7
7	7	8
5	7	9
4	5	8
4	6	9
	7	

유의수준 1%에서 세 가지 다이어트 프로그램의 효과에 차이가 있는지를 검정하여라. 필요하면 다중비교를 수행하여라.

19 모경찰서에 새로 취임한 경찰서장은 관내 범죄율을 줄이기 위해 관내지역의 특성을 조사하다 소득수준에 따라 관내구역을 네 개로 나눌 수 있다는 것을 발견하였다. 혹시 범죄가 더 많은 구역이 있다면 그 구역에 단속을 집중하는 것이 범죄를 줄이는 한 방편이 될 것이라 생각한 경찰서장은, 네 구역에서 발생했던 범죄의 수를 지난 6개월간 관찰하여 다음과 같은 표를 얻었다.

범죄수.dat
범죄수.xlsx

	A구역	B구역	C구역	D구역
1월	15	18	15	18
2월	13	13	14	17
3월	15	21	15	16
4월	14	19	13	15
5월	14	18	12	18
6월	15	19	12	20

범죄의 발생 빈도에서 각 구역간 유의적 차이가 있다고 결론지을 수 있는가? 유의수준 5%에서 답하여라. 만약 차이가 있다면 어떤 구역(들)이 유의적 차이를 보이고 있는가?

20 어떤 가전제품 공장에 TV를 생산하는 3개의 조립라인이 있다고 가정하자. 공장장 L씨는 각 조립라인별 생산률이 서로 다르다고 생각되어 각 조립라인별 생산대수를 조사하기로 하였다. 한 달의 기간 중에 각 조립라인마다 임의로 6일 동안의 생산량을 요약한 표는 다음과 같다.

요약 통계량

조립라인	조사일수	평균생산대수	분산
A 라인	6	41.667	0.267
B 라인	6	43.333	0.667
C 라인	6	41.500	0.700

엑셀을 이용하여 구한 분산분석표는 다음과 같다.

변동요인	제곱합	자유도	평균제곱합	F통계량
처리	12.333	2	6.167	11.327
오차	8.167	15	0.544	
계	20.500	17		

a. 엑셀을 활용하여 적절한 p값을 구하여라.
b. 유의수준 5%에서 F분포표를 이용하여 적절한 임곗값을 구하여라.
c. 유의수준 5%에서 각 조립라인별 생산률이 서로 다르다고 결론지을 수 있는가?
d. Tukey의 다중비교 방법을 사용하여 조립라인 B와 C의 평균생산량의 차이에 대한 99% 신뢰구간을 구하여라.

배달시간.dat
배달시간.xlsx

21 어떤 대학교의 정문앞에 있는 네 개의 중화요리 음식점은 서로 가장 빠른 배달서비스를 제공한다고 주장한다. 배달시간에 차이가 존재하는지를 알기 위하여 매일 임의로 한 음식점에 주문한 후 배달시간을 측정하였다. 16일 동안 실험을 한 결과 다음과 같은 요약 통계량을 도출하였다.

요약 통계량

중화요리 음식점	주문횟수	평균배달시간	분산
A 음식점	4	8.00	1.43
B 음식점	3	4.33	0.54
C 음식점	4	7.75	0.67
D 음식점	5	5.04	0.75

a. 총제곱량이 33이라고 할 때 적절한 분산분석표를 작성하여라.
b. 중화요리 음식점의 배달시간은 유의적으로 차이가 있다고 결론 내릴 수 있는가?
c. Tukey의 다중비교 방법을 사용하여 배달시간이 다른 음식점보다 유의적으로 빠른 음식점(들)을 찾아라.

건전지수명.dat
건전지수명.xlsx

22 시중에는 여러 브랜드의 건전지가 팔리고 있다. 광고에 의하면 건전지의 수명이 서로 가장 길다고 주장한다. 이를 비교하기 위해 장난감을 건전지의 수명을 조사하였다.

A브랜드	B브랜드	C브랜드	D브랜드
42	28	24	20
30	31	36	32
39	28	28	38
28	32	28	28
29	27	34	35
	31		20

건전지의 수명은 브랜드에 따라 유의적 차이가 있다고 결론지을 수 있는가? 유의수준 5%에서 답하여라. 만약 차이가 있다면 어떤 브랜드(들)가 유의적 차이를 보이고 있는가?

23 한 대형할인점의 각 매장마다 현금자동지급기가 설치되어 있다. 현금자동지급기 업체에서는 매장에 따라서 자동지급기 내에 준비해 두어야 할 현금액이 서로 다른지 검정하려 한다. 3곳의 매장이 선택되어 10일 동안 사용액을 조사하여 다음과 같은 요약 통계량을 얻었다.

요약 통계량

대형할인점	조사일수	평균현금지급액 (단위 : 백만 원)	분산
A 매장	10	82.5	1808.056
B 매장	10	54.0	921.111
D 매장	10	38.2	1703.733

엑셀을 이용하여 구한 분산분석표는 다음과 같다.

변동요인	제곱합	자유도	평균제곱합	F통계량
처리	10081.27	2	5040.633	3.411
오차	39896.10	27	1477.633	
계	49977.37	29		

a. 엑셀, SPSS, R 등의 프로그램을 활용하여 적절한 p값을 구하여라.

b. 유의수준 5%에서 F분포표를 이용하여 적절한 임곗값을 구하여라.

c. 유의수준 5%에서 각 매장별 평균현금지급액이 서로 다르다고 결론지을 수 있는가?

d. Tukey의 다중비교 방법을 사용하여 A 매장과 B 매장의 평균현금지급액의 차이에 대한 95% 신뢰구간을 구하여라.

24 골프선수협회는 4개의 골프공 브랜드별로 비거리가 차이가 있는지를 알아보기 위한 실험을 실시하였다. 로봇팔과 같은 기계장치에 연결된 동일한 드라이버가 골프공을 매번 같은 강도로 치게 된다. 이렇게 해서 각 골프공 브랜드별로 10개씩 쳐서 비거리를 조사한 결과는 다음과 같다.

골프공비거리.dat
골프공비거리.xlsx

브랜드 A	브랜드 B	브랜드 C	브랜드 D
251.2	263.2	269.7	251.6
245.1	262.9	263.2	248.6
248.0	265.0	277.5	249.4
251.1	254.5	267.4	242.0
260.5	264.3	270.5	246.5
250.0	257.0	265.5	251.3
253.9	262.8	270.7	261.8
244.6	264.4	272.9	249.0
254.6	260.6	275.6	247.1
248.8	248.8	266.5	245.9

a. 4가지 골프공 브랜드별 평균비거리를 비교하기 위한 통계적 검정을 수행하여라(유의수준 0.10).

b. 위의 통계분석결과 골프공 브랜드별 비거리의 차이가 있는 것으로 결론이 나왔다면, 95% 신뢰수준하에서 q 분포를 이용한 다중비교(multiple comparison)를 수행하여라(즉, Tukey 다중비교 방법 사용). 평균 비거리에 따라 골프공 브랜드를 묶고, 평균 비거리의 차이가 나는 골프공 브랜드는 무엇인지 밝혀보라.

통계학점수.dat
통계학점수.xlsx

25 다음 표에 들어 있는 표본자료는 3개 전공분야 출신의 9명의 학부생이 3명의 다른 강사로부터 통계학을 배우고나서 얻은 시험점수이다.

	강사 A	강사 B	강사 C
시장조사 전공	77	88	71
기업재무 전공	88	97	81
금융공학 전공	85	95	72

유의수준 5%에서, 두 가지 요인별 차이가 있는지 분산분석을 수행하여라.

미사일거리.dat
미사일거리.xlsx

26 다음 자료는 미사일에 주입된 연료와 발사대의 유형별로 미사일의 비행거리(마일, miles)를 기록한 것이다.

	연료 1	연료 2	연료 3	연료 4
발사대 X	45.9	57.6	52.2	41.7
발사대 Y	46.0	51.0	50.1	38.8
발사대 Z	45.7	56.9	55.3	48.1

a. 연료유형별 미사일 사거리의 차이에 대해서 통계적으로 검정하여라(유의수준 5%).
b. 발사대 유형별 미사일 사거리의 차이에 대해서 검정하여라(유의수준 5%).
c. 연료유형 및 발사대 유형별 미사일 사거리의 차이가 있는지를 알아보기 위해 이원분산분석을 수행하여라(유의수준 5%).

음식.dat
음식.xlsx

27 다음의 자료는 음식먹는 행위에 대한 특정 호르몬의 영향을 조사한 실험으로부터 얻어진 것이다. 남, 녀 피실험자들이 그 호르몬이 들어 있지 않은 알약을 먹거나, 그 호르몬이 소량 함유된 알약을 먹거나, 다량의 호르몬이 함유된 알약을 먹고 나서, 48시간 후에 섭취한 음식양을 조사하였다.

	호르몬 없는 약 복용	소량의 호르몬 약 복용	다량의 호르몬 약 복용
남자	1, 6, 1, 1, 1	7, 7, 11, 4, 6	3, 1, 1, 6, 4
여자	0, 3, 7, 5, 5	0, 0, 0, 5, 0	0, 2, 0, 0, 3

적절한 분산분석에 의해서 위에서 주어진 자료를 이용하여 통계적 추론을 하고(유의수준 5%), 호르몬을 함유한 약효 시간과 피실험자의 성별에 따른 약효의 차이, 상호작용 등에 관하여 주요 결과를 설명하여라.

과잉행동.dat
과잉행동.xlsx

28 과잉행동(hyperactivity)을 보이는 아동들은 통상적으로 상담을 통해서 혹은 약물요법에 의해서 또는 둘 다에 의해서 치료를 받는다. 다음의 자료는 이러한 치료방법들에 대한 유효성을 평가하기 위해서 실험적으로 얻은 자료이다. 관찰된 종속변수는 해당 아동에게 주어진 어떤 일에 대한 집중시간(분, minutes)에 대한 측정치이다.

	약물치료요법 적용	약물치료요법 적용않음
상담치료요법	14, 10, 13, 15	8, 6, 7, 4
적용	15, 12, 10, 8	5, 10, 9, 11

상담치료요법	11, 13, 12, 10	10, 13, 9, 6
적용않음	14, 8, 15, 9	12, 9, 7, 13

a. 위에서 주어진 자료를 평가하기 위해서 유의수준 5%에서 분산분석을 수행하여 분산분석표를 작성하여라.
b. 주어진 자료에 의하면 약물치료요법은 유의적인 효과가 있는가?
c. 상담치료요법의 효과는 어떠한가?
d. 약물치료요법과 상담치료요법의 상호작용은 영향이 있는가?

29 어떤 광고 회사에서는 TV 광고에 영향을 미칠 수도 있는 두 가지 요인에 대한 효과를 알아보고자 한다. 첫 번째 요인은 광고가 방영되는 시간대이며 두 번째 요인을 그 광고가 방영되는 기점(프로그램 시작 전, 프로그램 시작 후)이다. 아래의 표는 완전한 임의 실험에 의하여 두 가지 요인의 처리 조합별로 관찰된 값이다. 여기서 관찰값은 각 처리 그룹별 TV 광고의 반응도로서 높은 값일수록 좋은 반응을 받았음을 의미한다.

TV광고.dat
TV광고.xlsx

요인 2 / 요인 1	방송 기점	
	프로그램 시작 전	**프로그램 종료 후**
오전 11시대	62, 68, 64	51, 47, 48
오후 3시대	88, 85, 81	67, 60, 66
오후 8시대	127, 120, 126	105, 101, 107

a. 그래프를 이용하여 방영시간대와 방영기점 사이에 상호작용이 있는지를 분석하여라.
b. 유의수준 5%에서 방영시간대와 방영기점 사이에 상호작용이 있는지를 검정하여라.
c. 유의수준 5%에서 방영시간대별로 광고의 효과가 다르다고 결론 내릴 수 있는가?
d. 유의수준 5%에서 방영기점별로 광고의 효과가 다르다고 결론 내릴 수 있는가?
e. 광고의 효과를 극대화시키기 위해서는 어떠한 방영시간대나 방영기점이 유리하겠는가?

30 어떤 건설회사에서는 2명의 공사 현장 소장을 고용하여 세 종류의 주택 디자인으로 건축을 시행한다. 건설회사에서는 두 명의 공사 현장 소장이 세 종류의 디자인을 각각 2채씩 짓도록 하고 완성된 주택을 분양하였다. 다음 표는 매매된 주택에서 취한 이익을 공사 현장 소장과 주택 디자인별로 정리한 것이다.

주택건설.dat
주택건설.xlsx

(단위 : 백만 원)

요인 2 / 요인 1	주택 디자인		
	A	**B**	**C**
현장 소장 1	10.2	12.2	19.4
	11.1	11.7	18.2
현장 소장 2	9.7	11.6	13.6
	10.8	12.0	12.7

a. 그래프를 이용하여 현장 소장과 주택 디자인 사이에 상호작용이 있는지 분석하여라.
b. 유의수준 5%에서 현장 소장과 주택 디자인 사이에 상호작용이 있는지 검정하여라.

c. 유의수준 5%에서 현장 소장별로 이익이 다르다고 결론 내릴 수 있는가?

d. 유의수준 5%에서 주택 디자인별로 이익이 다르다고 결론 내릴 수 있는가?

e. 이익을 극대화하기 위해서 건설회사는 어떤 디자인과 어떤 현장 소장에게 주택 건설을 맡겨야 하겠는가?

블루베리.dat
블루베리.xlsx

31 유기농 블루베리를 생산하는 농가에서 유기질 비료와 토양에 따른 블루베리 생산량에 차이가 있는지 알아보기 위해 요인실험을 진행하였다. 이 실험에서 3개의 비료 종류와 5개의 토양 종류를 고려하였으며, 각 처리조합에 대해 2개의 블루베리 묘목을 심고 재배하였다. 비료와 토양 상태를 제외한 나머지 환경은 동일하다고 가정하자. 총 30개의 묘목에 대한 생산량 자료(단위 kg)는 다음과 같다. 검정은 유의수준 5%에서 실행하였다.

	비료 A	비료 B	비료 C
토양 1	5, 7	5, 5	3, 5
토양 2	5, 9	1, 3	2, 2
토양 3	6, 8	4, 8	2, 4
토양 4	7, 11	7, 9	3, 7
토양 5	6, 9	4, 6	3, 5

a. 그래프를 이용하여 비료와 토양 사이에 상호작용이 있는지 분석하여라.

b. 비료와 토양 사이에 상호작용이 있는지 검정하여라.

c. 비료별로 생산량에 차이가 있는지 검정하여라.

d. 토양별로 생산량에 차이가 있는지 검정하여라.

e. 생산량을 극대화하기 위해서 유기농 블루베리 생산농가는 어떤 비료와 토양으로 블루베리 묘목을 키워야 하는지 설명하여라.

함께식사.dat
함께식사.xlsx

32 사람들은 여러 명이 함께 식사를 할 때 더 많이 먹는다는 연구결과가 있다. 이러한 연구결과를 뒷받침하는 근거는 더 많은 사람들이 함께 식사를 하는 경우 식사시간이 길어진다는 것이다. 따라서 신촌과 대학로 그리고 강남역에서 3개의 식당을 경영하고 있는 박 사장은, 매출액을 높이기 위해 단체손님을 위한 테이블을 늘려야 하는지를 고민하였고, 이러한 문제를 대학교의 통계연구소에 의뢰하였다. 통계연구소의 최 조교는 같이 식사를 하는 사람수와 지점에 따라 식사시간의 차이가 있는지를 검정하기 위해 요인실험을 먼저 진행하였다. 각 처리조합에 대해 2개의 테이블을 확률적으로 선택해 식사시간(단위: 분)을 조사하였다. 모든 검정은 유의수준 5%에서 실행하였다.

	1명	2명	3명	4명	5명 이상
신촌	12.6	23.1	33.0	41.2	43.2
	11.2	21.8	28.2	34.5	45.2
대학로	10.7	18.2	18.4	29.7	35.9
	8.8	15.9	20.1	31.2	37.4
강남역	15.1	28.2	39.8	46.9	53.2
	14.8	23.4	31.4	39.7	49.8

a. 그래프를 이용하여 같이 식사를 하는 사람수와 지점 사이에 상호작용이 있는지 분석하여라.
b. 같이 식사를 하는 사람수와 지점 사이에 상호작용이 있는지 검정하여라.
c. 같이 식사를 하는 사람수에 따라 식사시간에 차이가 있는지 검정하여라.
d. 지점별로 식사시간에 차이가 있는지 검정하여라.
e. 같이 식사를 하는 사람수와 지점에 따른 식사시간의 차이에 대한 결과를 설명하여라.

33 헬스장에는 유산소 운동을 위한 다양한 기구가 있다. 운동기구에 따른 유산소 운동이 심장활동에 미치는 영향에 차이가 있는지 알아보기 위해, 건강한 남성 10명을 대상으로 다음과 같은 실험을 진행하였다. 각 남성은 헬스자전거(exercise bike), 런닝머신(treadmill) 그리고 계단오르기(stair stepper)의 운동기구들을 확률적 순서대로 하루에 하나씩 1시간 동안 이용한 뒤 1분당 심장박동수를 측정하였고, 다음과 같은 자료를 얻었다.

헬스.dat
헬스.xlsx

	헬스자전거	런닝머신	계단오르기
남성 1	205	199	180
남성 2	177	181	164
남성 3	166	184	167
남성 4	152	169	153
남성 5	142	162	159
남성 6	172	193	205
남성 7	191	184	156
남성 8	170	207	160
남성 9	181	177	175
남성 10	154	174	171

a. 이 실험은 확률화블록설계에 의해 진행되었다. 블록에 해당하는 변수가 무엇인지 찾고, 이 실험이 블록을 필요로 하는 이유에 대해 설명하여라.
b. 이 실험에서 모든 남성이 3개의 운동기구들을 같은 순서가 아닌 확률적 순서대로 이용한 이유에 대해 설명하여라.
c. 각 남성이 하루에 하나의 운동기구만을 이용해 유산소 운동을 하고, 심장박동수를 측정한 이유에 대해 설명하여라.
d. 블록을 고려하지 않을 경우, 유의수준 5%에서 운동기구별로 심장박동수에 차이가 있는지 검정하여라.
e. 유의수준 5%에서 운동기구별로 심장박동수에 차이가 있는지 검정하여라.
f. 유의수준 5%에서 앞으로의 실험에서 같은 종류의 블록을 정의하는 것이 적절한지를 검정하여라.

34 한 주유소를 경영하는 사장이 요일별로 매출액의 차이가 있는지를 조사하고자 한다. 아래는 지난 한달간 요일별 매출액 자료(단위: 만 원)이다.

주유소.dat
주유소.xlsx

	월요일	화요일	수요일	목요일	금요일	토요일	일요일
1 주	221	193	182	183	194	191	197
2 주	173	160	163	178	187	201	214

3 주	205	183	195	214	231	220	241
4 주	192	181	162	158	188	179	166

a. 이 실험은 확률화블록설계에 의해 진행되었다. 블록에 해당하는 변수가 무엇인지 찾고, 이 실험이 블록을 필요로 하는 이유에 대해 설명하여라.
b. 블록을 고려하지 않을 경우, 유의수준 5%에서 요일별로 매출액에 차이가 있는지 검정하여라.
c. 유의수준 5%에서 요일별로 매출액에 차이가 있는지 검정하여라.
d. 유의수준 5%에서 앞으로의 실험에서 같은 종류의 블록을 정의하는 것이 적절한지를 검정하여라.

bacterial-soap.txt

35 어떤 방법으로 손을 씻는 것이 박테리아를 없애는 것인지 실험하였다. 물로만 씻는 것(water), 보통 비누를 사용하는 것(soap), 항균비누(antibacterial soap), 65% 에탄올 스프레이(alcohol spray)의 4가지 방법을 아침마다 랜덤하게 사용한 후, 배양기에 손바닥을 눌러 박테리아를 옮겨 36도에서 이틀간 배양하고 박테리아의 수를 조사하였다. 씻는 방법(method)별로 그 효과를 비교할 수 있는 그래프를 그리고 비교하여라. 또한 박테리아 수(bacterial counts)의 평균이 같은지 분산분석으로 검정하여라.

cereals.txt

36 슈퍼마켓에 진열된 씨리얼들의 영양 정보를 수집하였다.
a. 선반(shelf)별로 칼로리(calories)가 다른지 그래프와 분산분석을 이용하여 분석하여라.
b. 선반별로 설탕(sugars) 함량이 다른지 그래프와 분산분석을 이용하여 분석하여라.
c. 선반과 중앙위치(middle)에 따라 칼로리가 다른지 그래프와 이원분산분석을 이용하여 분석하여라.
d. 선반과 중앙위치에 따라 설탕 함량이 다른지 그래프와 이원분산분석을 이용하여 분석하여라.

cars.txt

37 차와 관련된 사항들을 조사한 자료이다. Henderson and Velleman. (1981). "Building Regression Models Interactively". Biometrics 37, 400.
기통수(cylinders)가 각각 4, 6, 8인 세 그룹의 연비(MPG, miles per gallon)를 박스그림(boxplot)으로 비교하고 평균이 같은지 분석하여라. 기통수가 5인 차는 제외한다. 또한 기통수 4, 6, 8 그룹의 마력(horsepower)을 박스그림으로 비교하고 평균이 같은지 분석하여라.

14 단순선형회귀분석

Sir Francis Galton(1822 ~ 1911)

영국의 인류학자, 우생학자, 탐험가, 발명가, 기상학자. Charles Darwin과 사촌. 통계적 상관관계(correlation) 개념을 확립하고, 평균으로의 회귀(regression towards the mean) 현상에 대해 연구.

키와 몸무게, 국민 총생산과 이자율 등 두 변수 사이의 관계를 선형함수 관계로 분석하는 것이 회귀분석이다. 통계 방법론 중 가장 많이 사용되는 기법이라고 할 수 있다.

사회현상이나 자연현상에서 흔히 발생하는 관심사 중 하나가 어떤 속성이나 특성들에 대한 연관성 또는 함수적 관계를 파악하여 보고자 함이다. 예를 들면, 아버지와 아들의 키, 광고비와 매출액, 소득과 신용카드 사용금액, 온도와 기름 소비량, 닫혀진 공간에서의 온도와 기압과 같은 주변에서 일어나는 많은 것들이 관심의 대상이 된다고 할 수 있다. 여기서는 두 연속형(continuous) 변수 간의 연관성이나 함수적 관계에 관하여 공부하고자 한다. 두 변수 간의 관계를 수학에서의 X와 Y 변수처럼 **선형관계(linear relationship)**를 통계적으로 표현하는 단순선형회귀모형에 관한 논의를 하려고 한다. 수학에서처럼 모든 점들이 직선 상위에 있는 완벽한 선형관계가 아니고, 여기저기 흩어져 있는 형태이되 전체적인 모양이 직선인 선형관계인 것이다.

선형관계는 한 변수와 다른 한 변수 사이뿐 아니라 용돈과 나이, 성별, 월급의 관계 또는 이자율과 GNP, 무역수지, 화폐발행량, 대출량의 관계 등 한 변수와 여러 다른 변수 사이에서도 성립하게 된다. X 변수가 하나인 경우를 **단순선형회귀(simple linear regression)**, 여러 개인 경우를 **다중선형회귀(multiple linear regression)**라고 한다. 다중선형회귀는 다음 장에서 다룬다.

14.1 단순선형회귀

예제 14.1

모든 회귀분석을 산점도로 시작하여 잔차도로 끝난다.

예를 들어, 광고비 지출과 매출액은 어떤 연관성을 가지고 있을까? 표 14.1은 광고비 지출과 매출액에 관한 자료이다. 그림 14.1은 표 14.1의 **산점도(scatterplot)**를 보여 주고 있는데, 그림 14.1에서 보는 바와 같이 광고비와 매출액의 연관성은 선형관계를 나타내고 있다. 그림 14.1에서 얻을 수 있는 정보는 전반적으로 광고비가 증가하면 매출액이 증가하는 것을 알 수 있다. 광고비와 매출액은 정확하게(수학적 의미) 1차 직선의 식으로 표현하기엔 무리가 있으나, 산점도와 상관계수=0.98을 참고하여 전반적으로 판단하면 선형관계가 존재함을 알 수 있다.

광고비.dat
광고비.xlsx

표 14.1 광고비와 매출액 연관성 비교 자료 (단위 : 억 원)

광고비	5	6	7	8	9	11	12	13	14	15
매출액	16	19	18	20	24	26	30	32	31	34

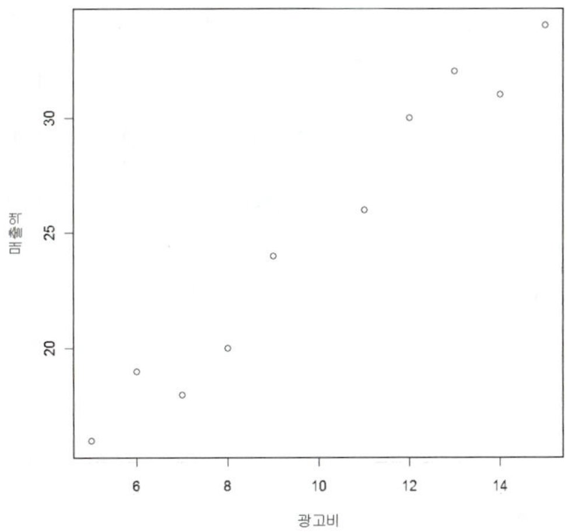

그림 14.1
광고비와 매출액 연관성 비교 자료 (단위 : 억 원)

단순회귀분석(simple linear regression)은 Y변수(Y variable)와 Y변수를 설명하기 위한 X변수(X variable), 두 개의 변수로 구성된다. Y변수는 **반응변수(response variable)** 또는 **종속변수(dependent variable)**로, X변수는 **설명변수(explanatory variable)**, **예측변수(predictor variable)** 또는 **독립변수(independent variable)** 등으로 부른다. 반응변수가 설명변수에 어떻게 연관되어 있는지 나타낸 식을 **회귀식(regression equation)**이라고 한다. **단순선형회귀모형(simple linear regression model)**은 하나('simple')의 설명변수가 반응변수에 직선의 방정식('linear')으로 표현할 수 있는 모형으로 다음과 같이 표현할 수 있다.

단순선형회귀모형

$$Y=\beta_0+\beta_1 X+\varepsilon$$

여기서, Y : 종속변수, X : 독립변수, β_0 : 절편, β_1 : 기울기, ε : 오차

모수 : β_0, β_1, σ^2
확률변수 : Y, ε
상수 : X

β_0는 미지의 모수(parameter)이며 y축의 **절편(intercept)**으로 $X=0$일 때 Y의 값이다. β_1은 미지의 모수인 **기울기(slope)**로 X가 1단위 증가할 때 Y의 변동량이다. 오차 ε은 확률변수(random variable)로 Y와 X의 선형관계로 설명할 수 없는 나머지 부분을 나타낸다. 또한 오차 ε은 평균 $\mu_\varepsilon=0$와 분산 σ^2이고, 독립변수 x와 연관성이 없는(uncorrelated) 것으로 가정한다. X변수는 그 이름을 변수(variable)라고 한다. 하지만 X변수는 확률변수가 아닌 주어진 상숫값 $x_1, \cdots, x_n$으로만 사용한다. 이는 회귀분석의 이론적 전개가 쉽도록 하기 위함이다. 특수한 경우를 제외하고는 회귀모형에서 X를 확률변수가 아닌 상숫값으로 가정한다(전문서적 참조).

단순선형회귀식

$$E(Y)=\beta_0+\beta_1 X$$

여기서 $E(Y)$는 Y의 기댓값(평균)이다.

우리나라 성인의 몸무게는 키에서 100을 빼고 0.9를 곱하면 된다고 한다. 이는

몸무게=(키−100)×0.9
=−90+0.9키

의 회귀식과 관련 있다.

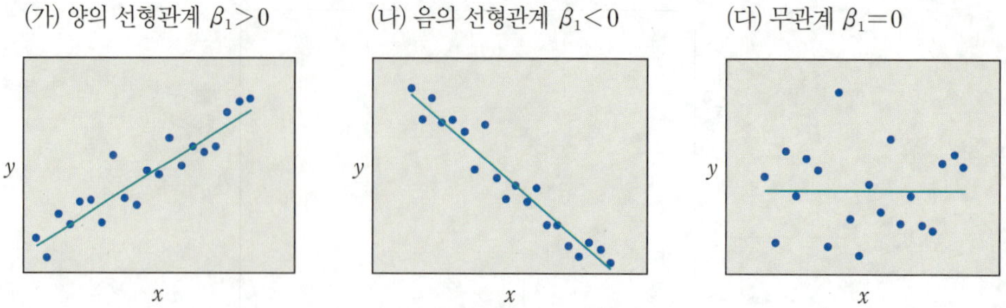

그림 14.2
단순선형회귀에서 가능한 회귀모형

그림 14.2는 단순선형회귀모형에서 가능한 회귀방정식들이다. (가)는 X가 Y에 양의 선형관계(positive linear relationship, $\beta_1>0$)를 나타내고, (나)는 X가 Y에 음의 선형관계(negative linear relationship, $\beta_1<0$)를 보여 주고 있다. 반면 (다)는 단순선형회귀모형에서 기울기 $\beta_1=0$로 X와 Y 사이에 아무런 연관성이 없다고 해석한다.

14.2 최소제곱추정법

회귀분석의 목적은 회귀식 $E(Y)=\beta_0+\beta_1X$에서 미지의 모수 β_0, β_1을 추정하는 것이다. b_0, b_1을 β_0, β_1의 추정값(estimated value)이라고 가정하면 추정된 단순선형회귀식을 다음과 같이 나타낼 수 있다.

β_0, β_1의 추정값의 표시로 b_0, b_1 대신 $\hat{\beta}_0$, $\hat{\beta}_1$을 사용하기도 한다.

추정된 단순선형회귀식

$$\hat{y}=b_0+b_1x$$

최소제곱법은 보통최소제곱법(OLS method, ordinary least squares method)이라고도 하는데, 이는 가중최소제곱법(weighted least squares method) 등 변형된 최소제곱법과 구분하기 위함이다.

그림 14.3은 β_0, β_1의 추정값 b_0, b_1의 가능성이 되는 두 가지 방정식의 예를 보여 주고 있다. 어떤 직선의 식이 X와 Y의 선형적 연관성을 효과적으로 설명할 수 있을까? β_0, β_1의 추정 방법으로 **최소제곱법(least squares method)**을 사용한다. 말 그대로 제곱한 것을 최소화시키는 방법이다. 여기서 제곱한 것은 오차의 제곱을 뜻하며 오차가 여러 개 있으므로 오차 제곱의 합을 최소화시킨다. 이 최소제곱법은 1805년, Legendre(15장 사진 참조)에 의해 처음 제시가 되었는데, 1차 연립 방정식을 푸는 데 있어 오차의 개념을 처음 도입하였다는 점에서 통계학의 시발점이라고 보고 있다. 또한 수학의 황제 Gauss(8장 사진 참조)는 이미 1805년 이전부터 최소제곱추정법을 써왔다고 주장하였지만, 문헌상의 기록이 없어 과학사에 있어 발견의 선후에 대한 논란의 예로 거론되기도 한다.

arg min은 argument minimum의 약자로 최소화시키는 변수(인수)를 찾는 것이다.

최소제곱추정법

β_0, β_1의 추정값 b_0, b_1을 $\sum_{i=1}^{n}\epsilon_i^2$가 β_0, β_1에 대하여 최소화되도록 찾아내는 방법을 최소제곱추정법이라고 한다.

$$(b_0, b_1)=\arg\min\sum_{i=1}^{n}\epsilon_i^2=\arg\min\sum_{i=1}^{n}(y_i-\beta_0-\beta_1x_i)^2 \text{ with respect to } (\beta_0, \beta_1)$$

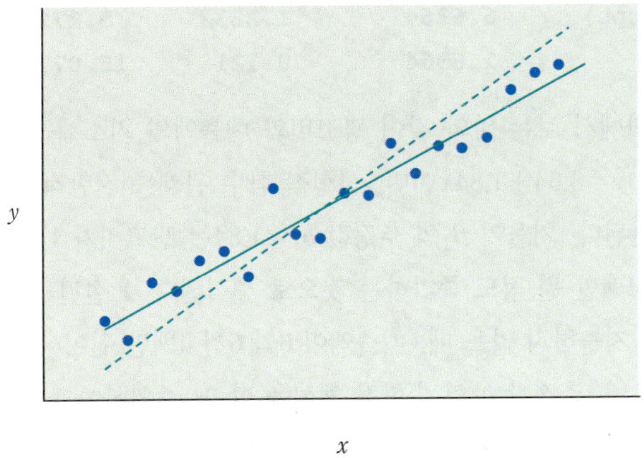

그림 14.3

β_0, β_1의 추정값 b_0, b_1의 가능성이 되는 두 개의 회귀식

최소제곱추정법은 그림 14.3의 두 직선의 예에서 보듯이, 많은 가능한 직선 중 오차의 제곱합을 최소화시키는 단순선형방정식의 모수 β_0, β_1의 추정값으로 b_0, b_1을 대입하여 선형회귀식을 추정하는 방법이다. 최소제곱추정법을 이용한 β_0, β_1의 추정값 b_0, b_1는 다음과 같이 주어진다.

최소제곱추정법을 이용한 β_0, β_1의 추정값 b_0, b_1

$$b_1 = \frac{\sum_{i=1}^{n}(x_i - \bar{x})(y_i - \bar{y})}{\sum_{i=1}^{n}(x_i - \bar{x})^2} = r_{xy}\frac{S_y}{S_x}$$

$$b_0 = \bar{y} - b_1\bar{x}$$

여기서, x_i=i-번째 설명변수 관찰값, y_i=i-번째 반응변수 관찰값, $\bar{x}$=x의 평균, $\bar{y}$=y의 평균, r_{xy}=x와 y의 표본상관계수, s_x=x의 표본표준편차, s_y=x의 표본표준편차, n=관찰값의 수

예제 14.1(계속)

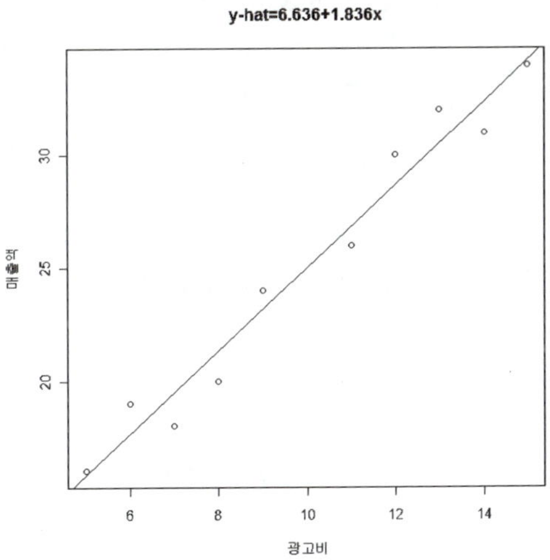

그림 14.4

최소제곱추정법에 의한 회귀추정

회귀식추정결과물

```
Coefficients:
            Estimate   Std. Error   t value   Pr(>|t|)
```

```
(Intercept)    6.6364     1.2832     5.172    0.000851
광고비          1.8364     0.1218    15.077    3.7e-07
```

회귀분석결과에서 보는 바와 같이 광고비와 매출액의 최소제곱추정법에 의한 선형 회귀 추정식은 $\hat{y}=6.64+1.84x$이며, 선형적 함수 관계를 전반적으로 잘 설명하고 있는 것으로 판단된다. 기울기 β_1의 추정값 $b_1=1.84$는 광고비가 1억 원 증가할 때 매출액이 1억 8천 4백만 원 정도 증가하는 것으로 해석된다. Y절편 β_0추정값 $b_0=6.64$는 광고비를 전혀 지출하지 않을 때, 매출액이 6억 6천 4백만 원이라는 수학적 해석이 가능하다. Y절편 β_0 추정값 b_0의 수학적 해석을 할 때 주의하여야 한다. 최소제곱 β_0추정법에 의한 회귀추정식은 광고비가 5억 원에서 15억 원까지의 정보를 바탕으로 $x=0$일 때 Y절편 추정값은 $b_0=6.64$인 것이다.

14.9절에서 x의 관찰값 범위를 벗어난 경우에 β_0의 추정값 b_0의 해석에 관한 논의를 계속할 것이다.

14.3 단순회귀모형의 가정사항

회귀모형의 가정사항은 설명변수와 반응변수의 함수적 연관성을 표현하는 회귀방정식과 함께 회귀식이 설명할 수 없는 오차(error)에 관한 내용을 포함하고 있다.

단순선형회귀모형의 가정

$$Y_i=\beta_0+\beta_1X_i+\varepsilon_i \qquad i=1, \cdots, n$$

1. 오차항(ε_i)의 평균은 0이고 분산은 σ^2이다.
   즉, $E(\varepsilon_i)=0$, $Var(\varepsilon_i)=\sigma^2$ ← (등분산 가정)
2. 오차항(ε_i)들은 서로 독립이다.
3. 오차항(ε_i)은 정규분포를 따른다 : $\varepsilon_i \sim N(0, \sigma^2)$.

X변수는 확률변수가 아니고 관찰된 상수로 취급한다. 이는 이론 전개를 쉽게 하기 위함이다.

위 1, 2, 3 가정을 다 합쳐

$$\varepsilon_i \sim iid \quad N(0, \sigma^2)$$

로 표기하기도 한다.

여기서 iid는 independent and identically distributed이다.

오차는 +방향으로도 생기고 또한 −방향으로도 생기는 것이므로, 오차의 평균은 0이 된다고 가정하는 것이 무리가 없을 것이다. 즉, $E[\varepsilon_i]=0$이다. 만일 $E[\varepsilon_i]=0$이 아니라면 +

또는 −방향으로 오차가 있다는 것이므로 회귀직선식이 위쪽 또는 아래쪽으로 치우쳐 구해졌다는 뜻이 될 것이다.

오차의 분산은 모두 같다고 가정한다. $\mathrm{Var}(\varepsilon_i)=\sigma^2$. ε에는 첨자가 있으나 σ^2에는 없다. 즉, 모든 ε_i에 대하여 분산이 같다는 것이다. 이를 **등분산(constant variance, equivariance, homoscedasticity)** 가정이라고 한다.

그림 14.5는 단순선형회귀모형의 가정사항을 살펴본 것이다. 회귀식의 계수를 추정하는 방법으로는 최소제곱추정법 외에도 다른 방법들이 많이 존재한다. 하지만 처음 두 가지 가정사항이 만족해야만 최소제곱추정량은 8장에서 공부한 추정량의 성질 중 비편향성을 만족하고, 반응변수의 선형결합으로 된 비편향추정량 중에서는 분산이 제일 작아 좋은 추정량이라고 할 수 있다. 따라서 이러한 가정사항이 위배된다면 최소제곱추정량은 더 이상 유효하지 못하므로 이러한 가정사항들을 반드시 점검하여야 한다. 또한 회귀계수에 대한 구간추정과 검정을 하려면 추정량의 표집분포에 대해 알아야 하는데, 이를 위해서는 반응변수의 확률분포를 알아야 한다. 따라서 반응변수의 확률분포가 정규분포일 때를 가정하여 회귀계수에 대한 구간추정과 검정을 하고자 한다. 또한 정규성까지 만족한다면 최소제곱추정량은 모든 비편향추정량 중 가장 분산이 작은 효율적 추정량이 된다.

ε_i가 평균 0, 분산 σ^2의 정규분포를 하고, 정규분포에 상수를 더하여도 계속 정규분포를 하므로

$$\mathrm{E}(Y_i)=\mathrm{E}(\beta_0+\beta_1 X_i+\varepsilon_i)=\beta_0+\beta_1 X_i$$
$$\mathrm{Var}(Y_i)=\mathrm{Var}(\beta_0+\beta_1 X_i+\varepsilon_i)=\mathrm{Var}(\varepsilon_i)=\sigma^2$$

이므로 $Y_i \sim N(\beta_0+\beta_1 X_i,\ \sigma^2)$이다.

Y_i 들의 평균은 다르므로 $Y_i \sim iid(\beta_0+\beta_1 X_x,\ \sigma^2)$ 아니고 $Y_i \sim\ indep\ N(\beta_0+\beta_1 X_i,\ \sigma^2)$, $i=1, \cdots, n$이다.

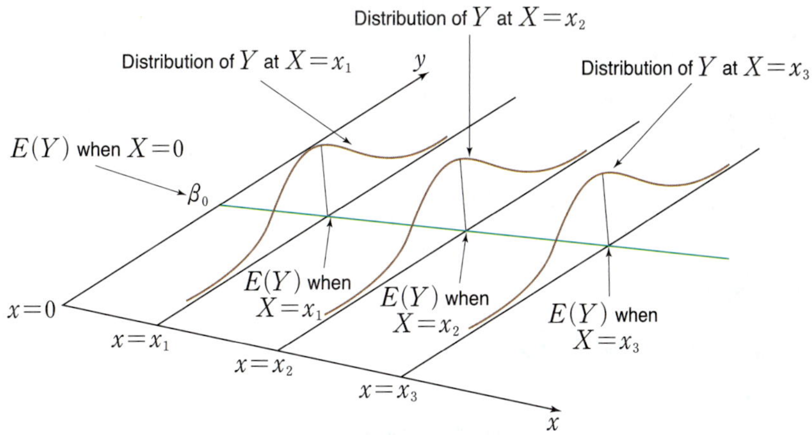

그림 14.5
회귀모형의 오차항에 대한 가정

14.4 회귀계수 유의성 검정

설명변수와 반응변수의 선형관계에 대한 존재여부에 대하여 검정하려는 것이 이 절의 내용이다. 만일 선형관계가 없다면 회귀계수 β_1의 값이 0일 것이며, 그렇게 되면 회귀식에서 설명변수는 없어지고 반응변수 하나만 남게 되어 더 이상 회귀식을 논할 이유가 없게 된다. 그래서 β_1의 값이 0인지 아닌지에 관심을 갖게 되는 것이다(그림 14.2의 (다) 참조).

단순회귀모형은 설명변수가 반응변수를 선형적으로 어떻게 설명할 수 있는가를 표현하는 모형이다. 관찰된 y_i는 다음과 같이 정리할 수 있다.

$$y_i-\bar{y} = \hat{y}_i-\bar{y}+y_i-\hat{y}_i$$

양변을 제곱하여 모든 관찰값에 대하여 더해주면 다음의 등식이 성립한다.

$$SST=\sum_{i=1}^{n}(y_i-\bar{y})^2=\sum_{i=1}^{n}(\hat{y}_i-\bar{y})^2+\sum_{i=1}^{n}(y_i-\hat{y}_i)^2=SSR+SSE$$

Y의 **총제곱합(SST, total sum of squares)**은 **회귀제곱합(SSR, regression sum of squares, sum of squares due to regression)**과 **오차제곱합(SSE, error sum of squares, sum of squares due to error)**으로 **분해(decomposition)**된다. 이들을 각기 적당한 자유도로 나누어 주면 분산이 되므로, 각각을 **총변동량(total variation)**, **회귀변동량(regression variation)**, **오차변동량(error variation)**이라고도 한다.

오차항(ε)의 분산 σ^2은 다음과 같이 **오차평균제곱(MSE, Mean Square due to Error)**으로 추정된다.

MSE(분산 σ^2의 추정값)

$$s^2=\hat{\sigma}^2=MSE=\frac{SSE}{n-2}=\frac{\sum(y_i-\hat{y}_i)^2}{n-2}$$

여기서 $n-2$는 자유도

예제 14.1(계속)

광고비와 매출액의 예에서 $s^2=\dfrac{SSE}{n-2}=\dfrac{13.05}{10-2}=1.63$이다.

분산분석결과물

Analysis of Variance Table
Response: 매출액

	Df	SumSq	Mean Sq	F value	Pr(>F)
광고비	137	0.9537	0.95	227.32	3.703e-07
Residuals	813.05	1.63			

MSE 자유도

$$\text{자유도} = \text{관찰값의 수} - \text{회귀계수의 수}$$

단순회귀분석에서 관찰값은 n개이고, 회귀계수는 β_0, β_1 2개이므로 자유도$=n-2$이다.

단순선형회귀모형에서 설명변수 X가 반응변수 Y에 선형적으로 연관성이 없다고 하면 $\beta_1=0$일 것이고, 연관성이 있다고 하면 $\beta_1 \neq 0$일 것이다. 이를 확인하려면 t검정(t-test)을 이용한 가설검정으로 모수의 통계적 유의성 검정을 실시한다.

기울기(β_1)에 대한 유의성 t검정

1. 귀무가설 및 대립가설

$$H_0: \beta_1=0 \quad \text{vs} \quad H_a: \beta_1 \neq 0$$

2. 검정통계량

$$t=\frac{b_1}{S_{b_1}} \sim t_{n-2}$$

여기서 $S_{b_1}=\dfrac{S}{\sqrt{\sum(x_i-\bar{x})^2}}$, $S=\sqrt{MSE}$, 그리고 t_{n-2}는 자유도가 $n-2$인 t분포

3. 검정 방법
   i. p값 이용 : 만약 p값 $\leq \alpha$이면, H_0 기각
   ii. 기각역 이용 : 만약 $t \leq -t_{n-2,\, \alpha/2}$ 또는 $t \geq t_{n-2,\, \frac{\alpha}{2}}$이면, H_0 기각
   위의 t분포에 대한 자유도는 MSE의 자유도 $n-2$와 같다.

광고비와 매출액 예에서 $t=\dfrac{1.84}{0.122}=15.077 \geq t_{8,\, 0.025}=2.306$이고, p값$=0.000$으로 유의수준 $\alpha=0.05$하에서 귀무가설 H_0:$\beta_1=0$을 기각한다. 광고비가 매출액에 통계적으로 유의적인 선형관계가 있는 것으로 해석할 수 있다.

p값$=0.000$은 정확히 0은 아니지만 소수 셋째까지 0이 나오는 아주 0에 가까운 값을 뜻한다.

β_1의 $(1-\alpha)100\%$ 신뢰구간

$$b_1 \pm t_{n-2,\, \alpha/2}\, s_{b_1}$$

광고비와 매출액 예에서 β_1의 95% 신뢰구간은

$$b_1 \pm t_{8,\, 0.025} s_{b_1} = 1.84 \pm 2.306 \times 0.122 = (1.56,\ 2.12)$$

이다. 신뢰구간에 0이 포함되어 있지 않음에 주의하자. 만일 5% 유의수준으로 β_1가 0인지 아닌지 검정한다면 H_0:$\beta_1=0$를 기각할 것이다.

회귀분석의 실제 응용에서는 특수한 상황을 제외하고는 Y절편 β_0에 대하여 가설검정이나 신뢰구간 추정을 하지 않는다. β_0는 x의 관찰 범위가 0을 포함하여야 의미가 있고, 특별한 경우가 아니면 통계적으로 비유의적이라 하더라도 회귀모형에 포함한다. 그 이유는 β_0를 회

귀모형에서 제외하는 것은 $\beta_0=0$를 인정하는 것과 마찬가지가 되며, β_0를 회귀모형에서 제외하면 추정된 회귀식이 자료를 잘 설명하지 못하기 때문이다.

키를 X변수, 몸무게를 Y변수로 한 회귀식에서 사람 키가 0이 될 수 없으므로, 키가 0일 때의 몸무게 추정값인 절편은 실질적인 의미가 없는 것이다. 온도가 X변수로 들어 있는 회귀식에서 온도를 절대온도로 사용하였을 때 절대온도 0도에 해당하는 Y값은 실질적인 의미가 없다. 그러므로 보통 경우는 절대온도 0도는 도달할 수 없으므로 $\beta_0=0$인지에 대한 가설검정은 하지 않는다.

다음은 F검정에 기초한 회귀모형의 유의성검정에 관한 내용이다. 앞에서의 t검정은 기울기 회귀계수 각각에 대한 것이고 반응변수와 설명변수 사이에 선형 연관성 또는 함수적 관계를 설정하여 모형화한 것이 타당하느냐에 대한 검정을 F통계량으로 하게 된다.

단순회귀모형에 대한 유의성 F검정

1. 귀무가설 및 대립가설

$$H_0: \beta_1=0 \text{ vs } H_a: \beta_1 \neq 0$$

2. 검정통계량

$$F=\frac{MSR}{MSE}=\frac{\sum_{i=1}^{n}(\hat{y}_i-\bar{y})^2/1}{\sum_{i=1}^{n}(y_i-\hat{y}_i)^2/(n-2)} \sim F_{1,\,n-2}$$

여기서, $SSR=\sum_{i=1}^{n}(\hat{y}_i-\bar{y})^2$, $MSR=\sum_{i=1}^{n}(\hat{y}_i-\bar{y})^2/1$,

$SSE=\sum_{i=1}^{n}(y_i-\hat{y}_i)^2$, $MSE=\sum_{i=1}^{n}(y_i-\hat{y}_i)^2/(n-2)$,

$F_{1,\,n-2}$는 자유도가 1, $n-2$인 F분포

3. 검정 방법

i. p값 이용 : 만약 p값 $\leq \alpha$이면, H_0 기각

ii. 기각역 이용 : 만약 $F \geq F_{1,\,n-2,\,\alpha}$이면, H_0 기각

표 14.2는 단순선형회귀모형의 분산분석(ANOVA, analysis of variance)표의 일반적인 형태이다.

표 14.2 단순선형회귀모형의 분산분석(ANOVA)표

변동요인	제곱합(SS)	자유도	제곱평균(MS)	검정통계량
회귀	SSR	1	MSR=SSR/1	F=MSR/MSE
잔차	SSE	$n-2$	MSE=SSE/$(n-2)$	
계	SST	$n-1$		

$t_{n-2}^2=F_{1,\,n-2}$

F검정은 회귀모형의 모든 기울기 모수의 유의성에 대한 **총체적 검정(overall test)**을 수행한다. 일반적으로 Y절편을 나타내는 β_0는 F검정에서 제외한다. β_0는 특별한 경우를 제외하고는 비유의적이더라도 회귀모형에 포함시키기 때문이다. 따라서 단순회귀모형에서는

β_1기울기 하나이므로 결국 H_0:$\beta_1=0$를 검정하는 것이 되어, 개별적 검정인 t검정과 총체적 검정인 F검정의 귀무가설과 대립가설이 동일한 형태가 되며 p값, H_0의 기각 여부 등 검정의 결과도 완벽하게 일치한다. 다중회귀에서는 t검정과 F검정이 다르다. 대개 많은 통계 패키지(Excel, SPSS, SAS, Mintab 등)의 기본 사항은 β_0를 제외한 F검정을 수행한 결과를 보여 주고 있다.

예제 14.1(계속)

광고비와 매출액 예의 분산분석표는 표 14.3이다. p값이 0.0000으로 매우 작으며, 유의수준 $\alpha=0.01$하에서 검정통계량 $F=227.32 > F_{1,8,0.01}=11.26$이므로 귀무가설 H_0:$\beta_1=0$이 기각된다. F검정을 이용한 경우에도 광고비는 매출액에 선형적으로 유의적인 의미를 갖는 것으로 해석된다.

표 14.3 광고비 및 매출액의 단순선형회귀모형의 분산분석(ANOVA)

변동요인	제곱합(SS)	자유도	제곱평균(MS)	검정통계량	p값
회귀	370.95	1	370.95	F=227.32	0.0000
잔차	13.05	8	1.63		
계	384.00	9			

여기서 $t^2=15.097^2=227.32=F$됨에 주목하자. 단순회귀모형에서는 β_0를 제외한 회귀계수가 β_1 하나이므로 개별 t검정과 총체적 F검정이 같다고 하였는데, 정확히 $t^2=F$의 관계에 있다. 또한 두 검정에서의 p값은 정확히 일치한다.

F검정의 대립가설은 $\beta_1 \neq 0$으로 양측방향으로 되어 있으나 모평균, 모분산의 검정에서 처럼 양측검정을 하면 안된다. β_1인 음수로 큰 값이거나 양수로 큰 값이거나 두 경우 모두 F값이 큰 값으로 나오므로 여기서 F검정은 오른쪽 단측검정이다.

14.5 결정계수

흩어져 있는 자료들을 하나의 직선으로 '정리' 또는 '요약'한 것이 회귀식이다. 그러면 그 회귀식이 얼마나 원래의 자료를 잘 정리 · 요약하여 반영하고 있는지 하나의 척도나 계수로 나타낼 수 있다면, 그 회귀식을 사용할 때 좋은 참고 지표가 될 것이다. Y의 총변동량(SST) 중 추정된 회귀식이 설명하는 변동량(SSR)의 비중이 크면 클수록 회귀식이 원래의 자료를 잘 정리 요약하여 반영하고 있다고 할 수 있다.

Y의 총변동량(SST)에 대한 추정된 회귀식이 설명하는 변동량(SSR)의 비율을 **결정계수(coefficient of determination)**인 R^2로 표기한다. 회귀모형의 **적합성(goodness of fit)**에 대한 중요한 판단 기준으로 사용한다.

$$R^2 = \frac{\text{회귀변동량}}{\text{총변동량}} = \frac{SSR}{SST}$$

보통은 R^2값에 100을 곱하여 % 단위로 표현한다. 그림 14.6에서 보듯이 R^2는 기울기의 크기, 즉 가파르고 완만한 정도와 상관없이 적합된 직선에 점들이 얼마나 가까이 있는가의 정도를 나타내는 척도이다. $R^2=100\%$는 모든 점들이 오차 없이 직선 위에 있는 상태이다. 그림에서 $R^2=99\%$이면 회귀식이 거의 모든 점들을 지나고 있다. $R^2=28\%$이면 점들은 적합된 직선과 멀리 떨어져 있게 된다.

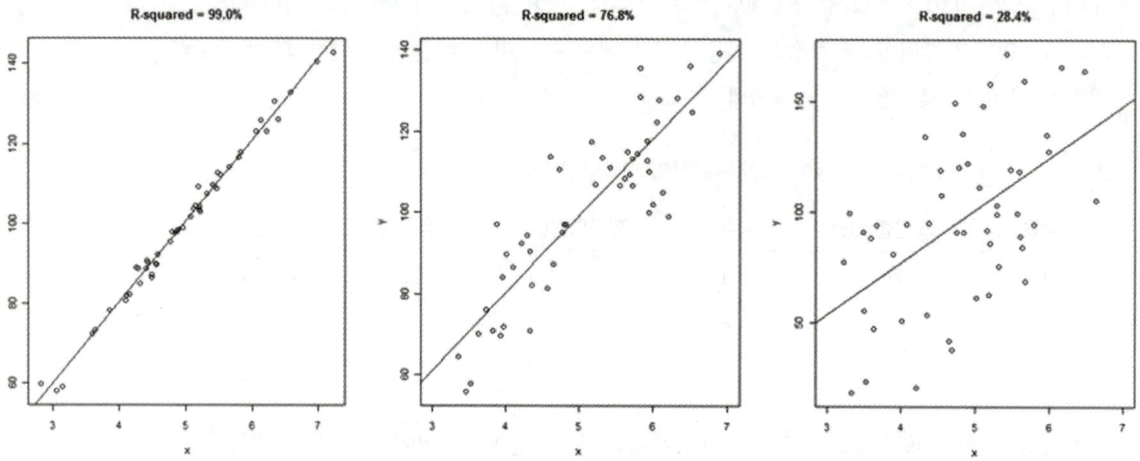

그림 14.6
R^2값

한편 결정계수 R^2값이 어느 정도가 되어야 추정된 회귀식이 회귀모형으로 적절한가에 대한 판단 기준은 없다. 다만 R^2값이 1에 가까운 큰 값일수록 적절한 회귀모형으로 해석된다. R^2는 0과 1 사이 값을 갖는다. R^2값의 적절성은 해당 자료의 특성에 따라 천차만별이므로 전형적인 기준이 제시되지 못한다. 자연과학이나 공학 계열의 자료는 99%를 넘는 것들이 많으며, 사회현상을 설명하는 자료는 R^2값이 80%만 넘어도 상당히 큰 값으로 생각될 것이다. 경영전략 분야의 논문에서는 R^2가 30% 정도인 것도 있다.

결정계수 R^2

$$R^2 = \frac{SSR}{SST} = 1 - \frac{SSE}{SST} = \frac{\sum_{i=1}^{n}(\hat{y}_i - \bar{y})^2}{\sum_{i=1}^{n}(y_i - y)^2}$$

1. $0 \le R^2 \le 1$
2. R^2이 1에 가까울수록 추정된 회귀식이 총변동량의 많은 부분을 설명한다.
3. R^2이 0에 가까울수록 추정된 회귀식이 총변동량을 적절하게 설명하지 못한다.

위의 R^2은 단순회귀의 경우

$$R^2 = \frac{[\text{Cov}(X, Y)]^2}{S_{x^2} S_{y^2}}$$

됨을 보일 수 있는데, 이는 3장에서 다루었던 상관계수 r의 제곱에 해당한다. r의 범위는 $-1 \le r \le 1$이었으므로 $0 \le R^2 \le 1$임을 확인할 수 있다.

결정계수 R^2이 회귀모형의 적절성을 나타내는 중요한 기준이나 유일한 절대 기준이 아닐 수 있다는 점을 명심하여야 한다. 회귀모형의 적절성에 대한 또 다른 판단 기준을 다음 절에서 논의할 것이다.

광고비 및 매출액 예에서 결정계수는 $R^2=\dfrac{370.95}{384.00}=0.966$로 단순회귀모형이 전체 총 변동량의 대략 97% 정도를 설명하는 것으로 해석된다. 그림 14.4를 보면 추정된 회귀식이 자료를 잘 반영하고 있다.

14.6 회귀모형을 이용한 예측

추정된 회귀식이 적절하다고 판단되면 x의 특정값에 대하여 y의 값을 추정 또는 **예측**(**prediction**)할 필요가 생긴다. 이 경우, 점추정(point estimation)과 구간추정(interval estimation)을 고려할 수 있다. 설명변수 X가 어떤 특정값 $X=x_0$셈 값일 때 반응변수 Y가 어떻게 추정되는가 알아 보자. 예를 들어, 광고비 및 매출액의 예에서 광고비가 10억 원일 경우 매출액을 추정하기 위한 점추정값은 추정된 회귀식에 $x=10$을 대입하여 매출액을 다음과 같이 25.04억 원으로 추정할 수 있다.

$$\hat{y}=6.64+1.84x=6.64+1.84(10)=25.04$$

설명변수 X가 어떤 특정값 $X=x_0$셈 값일 때 반응변수 Y의 평균은 다음과 같이 구간추정인 신뢰구간으로 추정한다.

반응변수 평균 $E(Y_0)$의 $(1-\alpha)100\%$ 신뢰구간

$$\hat{y}_0 \pm t_{n-2,\,\alpha/2}s_{\hat{y}_0}$$

여기서 $E(Y_0)=x_0$에서 Y의 평균값, $x_0=X$의 특정값, $\hat{y}_0=b_0+b_1x_0$

$$s_{\hat{y}_0}=s\sqrt{\frac{1}{n}+\frac{(x_0-\bar{x})^2}{\sum(x_i-\bar{x})^2}},\qquad s=\sqrt{MSE}=\sqrt{\frac{SSE}{n-2}}$$

광고비가 10억 원일 경우 평균 매출액은 다음과 같은 구간추정으로 제시할 수 있다.

$$25.04\pm(2.306)\sqrt{1.63}\sqrt{\frac{1}{10}+\frac{(0)^2}{110}}=25.04\pm0.931=(24.11,\ 25.97)$$

그림 14.7은 반응변수 평균의 신뢰구간을 보여 주고 있다. 신뢰구간에 $(x_0-\bar{x})^2$의 항이 들어 있으므로 설명변수가 평균 $\bar{x}$에 가까울수록 신뢰구간의 폭이 작아지고, 평균 $\bar{x}$에서 멀어질수록 신뢰구간의 폭이 커짐을 알 수 있다. 설명변수 X의 값이 원자료의 범위를 많이 이탈하는 경우, 주의를 하여야 함을 알려주고 있다. 평균 $\bar{x}$에서 너무 멀리 그리고 추정된 회귀식에 이용된 x의 범위를 많이 이탈하는 경우, 그 예측력에는 신뢰성이 떨어진다는 것을 의미한다.

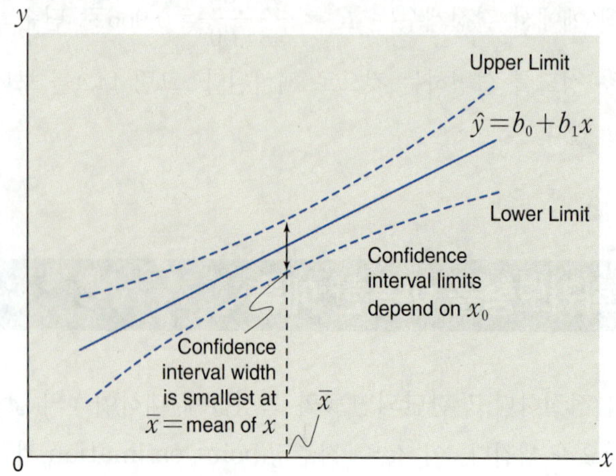

그림 14.7
반응변수 평균의 신뢰구간

X가 어떤 특정값 $X=x_0$의 값일 때 개별 Y의 값은 예측값인 $\hat{y}_0=b_0+b_1x_0$를 중심으로 $s^2_{\hat{y}_0}$에 개별 분산 s^2이 더해진다. 이는 오차 ε의 평균이 0이므로 $E(Y_0)$에는 오차항이 없어지고, 개별 Y_0에서는 오차항이 그대로 남아 있기 때문이다.

$$\begin{aligned} E(Y_0) &= E(b_0+b_1x_0+\varepsilon_0) \\ &= E(b_0+b_1x_0)+E(\varepsilon_0) \\ &= \beta_0+\beta_1x_0 \end{aligned}$$

개별 Y의 예측은 다음과 같이 **예측구간(prediction interval)**으로 추정한다.

평균의 예측구간에 비하여 수식에 1이 추가되었다.

개별 반응변수 값의 $(1-\alpha)100\%$ 예측구간

$$\hat{y}_0 \pm t_{n-2,\,\alpha/2}s_{pred}$$

여기서, $x_0=x$의 특정값, $y_0=b_0+b_1x_0$,

$$s_{pred}=s\sqrt{1+\frac{1}{n}+\frac{(x_0-\bar{x})^2}{\sum(x_i-\bar{x})^2}}, \quad s=\sqrt{MSE}=\sqrt{\frac{SSE}{n-2}}$$

광고비가 10억 원일 경우, 매출액은 다음과 같은 구간 예측값으로 제시할 수 있다.

$$25.04\pm(2.306)\sqrt{1.63}\sqrt{1+\frac{1}{10}+\frac{(0)^2}{110}}=25.04\pm3.09=(21.95,\ 28.13)$$

14.7 회귀모형 진단 및 처방

이제까지 단순회귀모형의 추정 및 그 속성에 대하여 알아 보았다. 추정된 회귀식을 어떻게 평가할 수 있을까? 다시 말해서 최소제곱법에 의한 단순회귀추정식 $\hat{y}_i=b_0+b_1x_i$이 설명변수와 반응변수 사이의 연관성을 얼마나 잘 설명하고 있을까 하는 의문이 생긴다. 이러한 의문은 회귀모형의 점검 또는 **진단(diagnostics)**에 관한 것이다.

회귀진단 항목

모형의 선형성(linearity)

오차의 정규성(normality), 등분산성(homoscedasticity), 독립성(independence),

특잇값(outlier)의 존재

영향관찰값(influential observation)의 존재

모형의 선형성의 적합 여부, 특잇값(outlier)의 존재 여부, 영향력이 큰 관찰값(influential observation, 영향관찰값)의 존재 여부는 XY산점도에서 볼 수 있으므로 회귀분석을 시작할 때 산점도를 꼭 그려보아 이러한 사항들을 점검하여야 한다.

모형의 선형성은 2차항이나 곡선형태로 변수를 변환한 후의 기울기에 대한 검정을 통하여 진단을 할 수도 있으나, 산점도가 우선되어야 하고 이러한 것들은 이차적인 방법이다. 특잇값의 존재나 영향관찰값의 존재도 통계적 검정을 할 수 있는 방법이 개발되어 있으나 산점도가 우선되어야 한다. 산점도는 통계적 유의성을 점검할 수 있는 수치를 제공하지 못하지만, 직관적인 판단이 가능하다. 통계적인 유의성을 계산하려면 분포의 형태나 독립성 등의 가정사항이 필요하다.

그림 14.8의 (1)과 (2)처럼 산점도에서 X변수와 Y변수가 비선형관계를 보이면 비선형 모형(전문 서적 참조)을 설정하거나, 16장에서 다룰 변수변환 기법을 사용하여 선형화한다. 그림 14.8의 (3)은 선형관계에 잘 맞는 형태를 보여 주고 있는 듯하나 조금이나마 위로 오목한 형태(convex)를 이루고 있는데, 이를 한눈에 알아보기 힘들다. 잔차그림에서 다시 설명한다.

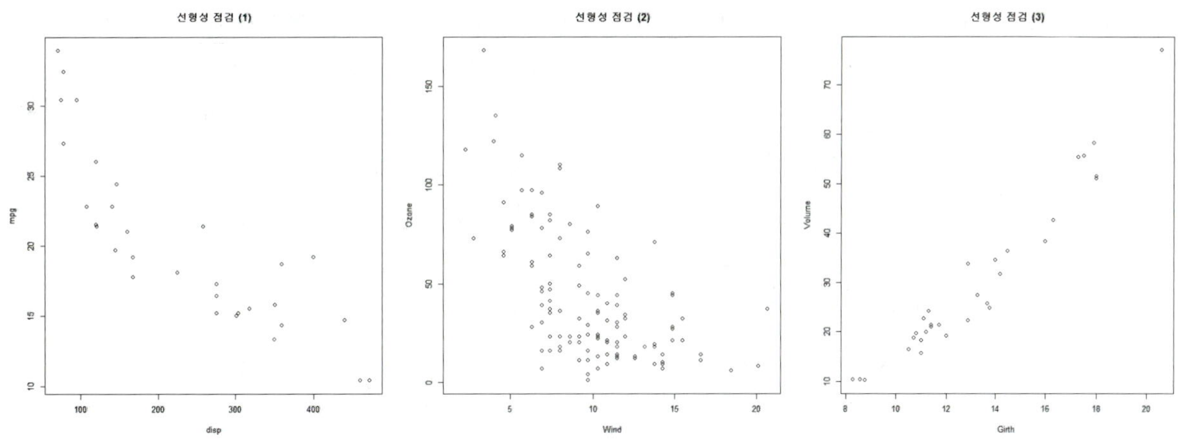

그림 14.8

그림 14.9에서 특잇값들이 화살표로 표시되어 있다. 산점도에서 특잇값이 있는 경우는 우선 단순 오기에 의한 실수인지 점검하고, 단순 오기가 아니라면 특잇값이지만 선형모형에 부합하는 것이면 그대로 사용하고(영향관찰값 아님), 선형모형의 적합을 왜곡하는 경우(영향관찰값)는 제거할 것인지 판단하여야 한다. 영향관찰값을 그대로 두고 모형 적합을 하는

경우와 빼고 하는 경우의 추정된 기울기값이 서로 다르며, t검정과 F검정의 수치들이 현저하게 달라진다. 영향관찰값의 통계적 영향력 계산 등은 전공 서적을 참조하기 바란다.

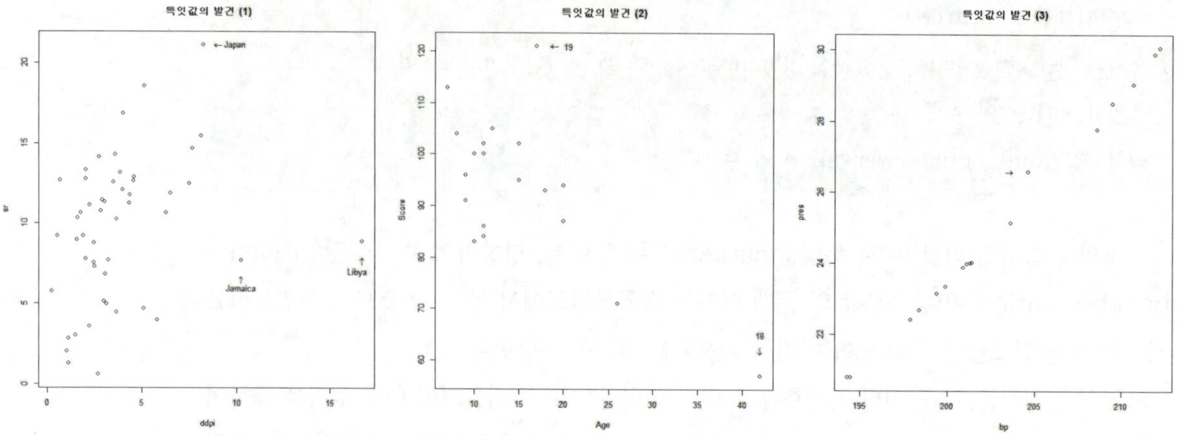

그림 14.9

오차에 대한 가정사항을 진단하려면 우선 **추정오차(estimated error)** 또는 **잔차(residual)**를 정의한다.

잔차

$$e_i = y_i - \hat{y}_i = i \text{ 번째 잔차}$$

여기서 $y_i = i$번째 반응변수 관찰값, $\hat{y}_i = i$번째 반응변수 추정값

ε_i는 확률변수이면서 모수이므로 그리스 문자로 e_i 회귀직선을 적합한 후 계산된(관찰된)값이니 알파벳으로 표기하였다. 계산된 잔차를 $\hat{\varepsilon}_i$으로 표기하기도 한다.

잔차는 남아 있는 오차라는 뜻이며 추정된 회귀식이 반응변수 관찰값을 설명하지 못하는 부분이다. 잔차 e_i는 오차 ε_i에 대한 최상의 정보를 제공하고 있다. 즉, 좋은 추정값이다. 따라서 잔차를 이용하여 14.4절에서 논의한 오차의 가정사항을 점검할 필요가 있다. 만일 오차의 가정들이 만족되지 못할 경우 추정된 회귀식이 적절하지 못하다는 추론을 할 수 있는 근거가 된다. 오차의 가정사항을 점검하는 가장 기본적이면서 중요한 것이 **잔차그림(잔차도, residual plot)**이다. 횡축(horizontal axis)에 설명변수 X나 추정된 반응변수 추정값 $\hat{y}$을, 종축(vertical axis)에 잔차 e를 대입한 그림이 잔차그림이다. 그림 14.10은 잔차그림의 몇 가지 유형을 보여 주고 있다. 수평축 0을 중심으로 위아래로 위생밴드나 띠 모양의 형태로 퍼져있는 (가)의 경우 어떠한 패턴을 보이고 있지 않는데, 이것은 추정된 회귀식이 설명변수와 반응변수 간의 회귀모형을 적절하게 설명하는 이상적인 유형을 나타낸다. 잔차는 회귀식이 설명하지 못하여 남아 있는 부분이고, 설명하지 못한 부분에 별로 특이한 것이 남아 있지 않다는 것은, 회귀식에 의해 설명된 부분이 설명변수와 반응변수의 관계를 '다 가져갔다'는 뜻이 된다.

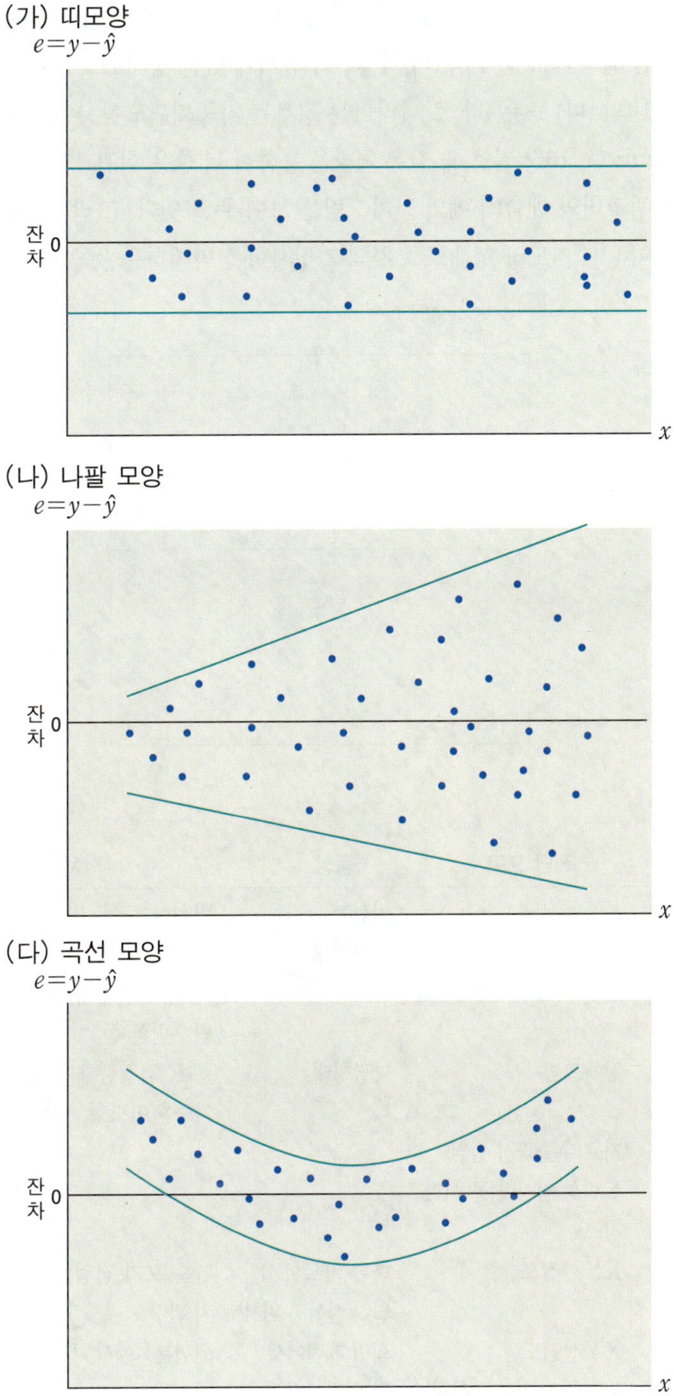

그림 14.10
잔차그림의 유형

homo는 same, equal의 뜻을 hetero는 other, different 뜻을 갖는 그리스어의 접두사

(나)는 x의 값이 증가할수록 잔차의 분산이 커지는 나팔과 같은 형태를 보이고 있다. 이것은 오차의 등분산 가정을 위배하는 것으로 **이분산(heteroscedasticity)**이라고 하고, 추정된 회귀식이 설명변수와 반응변수 간의 관계를 적절하게 설명하지 못하는 유형을 나타낸다. (다)는 잔차가 x와 비선형관계, 다시 말해서 이차(quadratic) 내지 고차방정식(polynomial equation) 유형을 보여 주고 있다. 이 경우 추정된 단순선형회귀식이 설명변수와 반응변수 간의 함수관계를 적절하게 설명하지 못하고 있으며, 선형관계보다는 X^2을 추가하거나 비선

형(nonlinear) 모형으로 가정하고 재분석하는 것이 더 좋은 회귀분석을 할 수 있다는 근거를 제시하여 준다. 실제 자료분석 시 (나)와 (다)가 동시에 있는 형태로도 나타날 수 있다. 잔차그림이 그림 14.10의 (나) 또는 (다)로 나타나는 경우는 가중회귀모형, 비선형회귀모형, 변수변환(transformation, 16장 참조)과 같은 처방을 통하여 더 좋은 회귀모형을 제시할 수 있다.

모든 회귀분석은 산점도로 시작하여 잔차도로 끝난다.

그림 14.11은 광고비와 매출액 예의 잔차그림을 보여 주고 있다. 그림 14.10의 잔차그림에서 보는 바와 같이 (가) 띠모양 형태로 오차의 가정사항을 만족하는 것으로 판단된다.

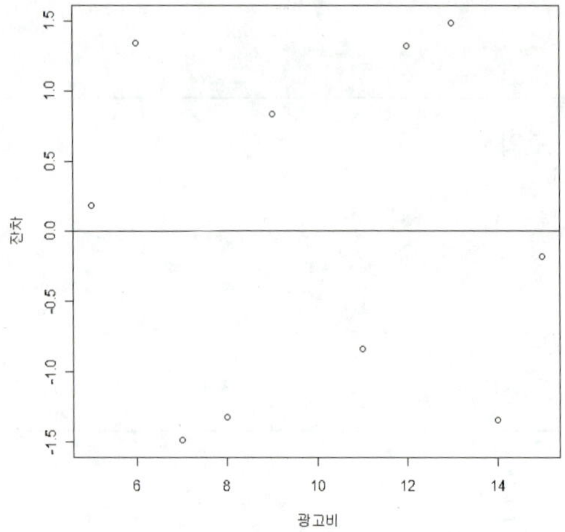

그림 14.11
광고비와 매출액의 잔차그림

진단 항목	진단 도구	증상	처방
모형의 선형성	XY산점도 잔차그림	비선형 곡선형태	비선형 모형, 변수변환 등
오차의 정규성	잔차 히스토그램	종모양 아님	t, F 검정통계량 사용 주의 변수변환 등
등분산성	잔차그림	나팔형태	t, F 검정통계량 사용 주의 가중회귀모형, 변수변환 등
독립성	자료 추출과정 점검 독립성 검정(전공 서적 참조)		
특잇값	XY산점도	다른 자료에서 멀리 떨어진 위치	단순 오기 점검, 회귀분석에 포함할지 판단
영향관찰값	XY산점도 판단통계량(전공 서적 참조)	회귀 패턴에서 멀리 떨어진 위치	회귀분석에서 제거

14.8 실증예제

이제까지의 단순회귀분석을 위한 논의를 기초로 하여 실제 자료분석을 실시한다.

검은체리나무 자료

검은체리나무 31그루의 Girth(단위: 인치), Height(단위: 피트), Volume(단위: 입방피트)을 측정한 자료가 있다. 나무의 체적(volume)을 재려면 나무를 잘라야 한다. 만일 체적을 둘레(girth, 지상 4피트 6인치에서 측정)와 높이(height)로 된 회귀식으로 나타낼 수 있다면 숲을 전부 베어내지 않고 전체 체적을 추정할 수 있을 것이다. 이 자료는 16장에서 다시 사용된다.

Volume을 반응변수, Girth를 설명변수로 하여 회귀식을 추정하면 다음과 같다.

$$\widehat{\text{Volume}} = -32.943 + 5.066\text{Girth}$$

```
Analysis of Variance Table
Response:  Volume
            Df     Sum Sq     Mean Sq     F value      Pr(>F)
Girth        1     7581.8      7581.8      419.36      <2.2e-16 ***
Residuals   29      524.3        18.1
---
Signif.codes: 0 '***' 0.001 '**' 0.01 '*' 0.05 '.' 0.1 ' ' 1
```

회귀식의 F값(=419.36)이 아주 크고 p값이 거의 0으로 상당히 유의적인 결과이다.

Volume과 Girth의 산점도를 그린 것이 그림 14.8의 (3)이다. 산점도에서 위로 오목한 형태가 있다고 하였다. 아래 그림은 산점도에 추정한 회귀식을 같이 표시한 것이다.

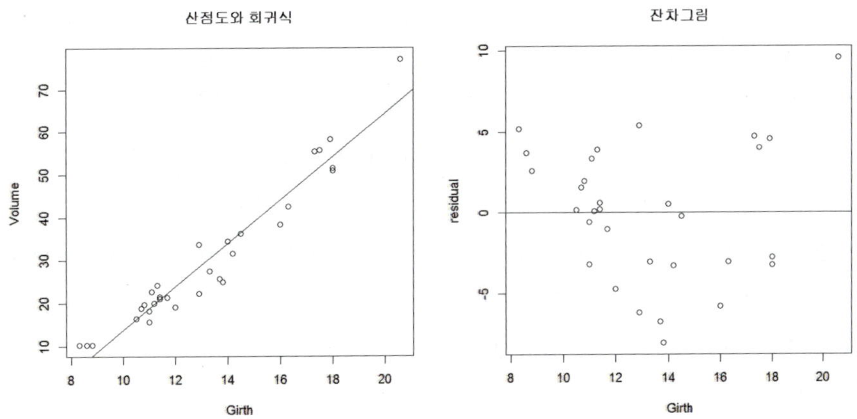

그림 14.12

산점도의 왼쪽 아래 부분에서는 자료들이 회귀선 위에 있고, 중간 부분에서는 회귀선 아래에 있고, 오른쪽 위 부분에는 회귀선 위에 있어 자료들의 오목한 패턴을 회귀식으로 인하여 좀 더 잘 볼 수 있다. 이러한 형태를 더욱 확대하여 보여 주는 것이 오른쪽의 잔차그림이다. 그림 14.10 (다)의 위로 오목한 곡선형태를 보여 주고 있다. 잔차그림은 현미경이라고 할 수 있다. 아주 작은 것을 크게 확대하여 보여 주는 것이 현미경이듯이 자료의 패턴과 회귀선의 차이(잔차)를 확대하여 보여주는 것이 잔차그림이다. 지금 추정된 회귀식은 상당히 잘 맞지만 16장에서 다룰 변수변환(transformation)을 통하여 더욱 적합성이 높은 회귀식을 찾게 될 것이다.

Volume을 Height에 회귀한 결과는 다음과 같다.

$$\hat{\text{Volume}} = -87.124 + 1.543\text{Height}$$

```
Analysis of Variance Table
Response: Volume
           Df   Sum Sq   Mean Sq   F value   Pr(>F)
Height      1   2901.2   2901.19    16.165   0.0003784 ***
Residuals  29   5204.9    179.48
---
Signif.codes: 0 '***' 0.001 '**' 0.01 '*' 0.05 '.' 0.1 ' ' 1
```

그림 14.12는 Volume과 Height의 산점도와 잔차그림이다. 여기서의 잔차그림은 그림 14.10의 (나)나팔 모양 형태를 보이고 있다.

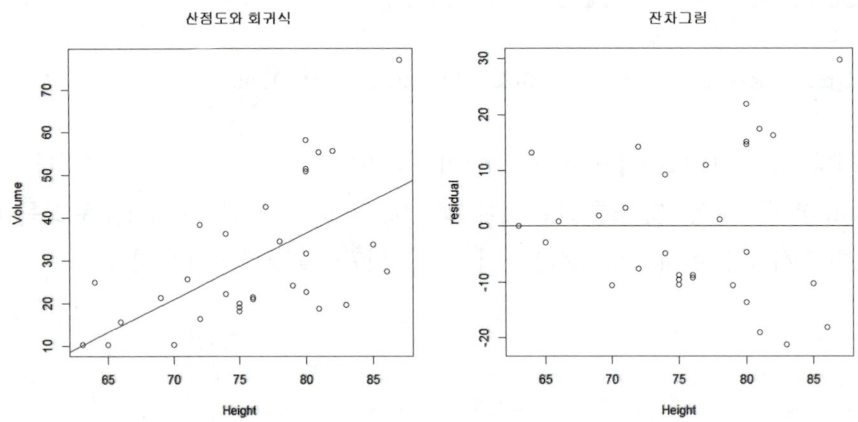

그림 14.13

위의 분산분석 결과는 오차의 정규성, 등분산성, 독립성 가정에서 도출한 것이다. 여기서는 잔차그림에서 등분산 가정으로부터의 이탈을 보여 주고 있어 t통계량과 분산분석표의 F통계량을 이용할 때 주의가 필요하다. 이분산(unequal variance, heteroscedasticity) 문제를 해결하려면 가중최소제곱법으로 회귀식을 추정하거나 또는 이분산을 모형에 포함하거나(ARCH model 등) 16장의 변수변환 등을 해야 한다.

성장패턴 자료

어린이들의 성장속도는 어떨까? 어린이의 성장속도를 알아 보기 위하여 이집트에 있는 Kalama 지역에 거주하는 생후 18개월부터 29개월까지 161명의 어린이의 키(측정단위 cm)를 매달 측정해서 평균을 기록한 자료가 다음의 표 14.4와 같다.

Kalama.dat
Kalama.xlsx

표 14.4 Kalama 지역 161명의 어린이 성장 자료

나이	18	19	20	21	22	23	24	25	26	27	28	29
키	76.1	77.0	78.1	78.2	78.8	79.7	79.9	81.1	81.2	81.8	82.8	83.5

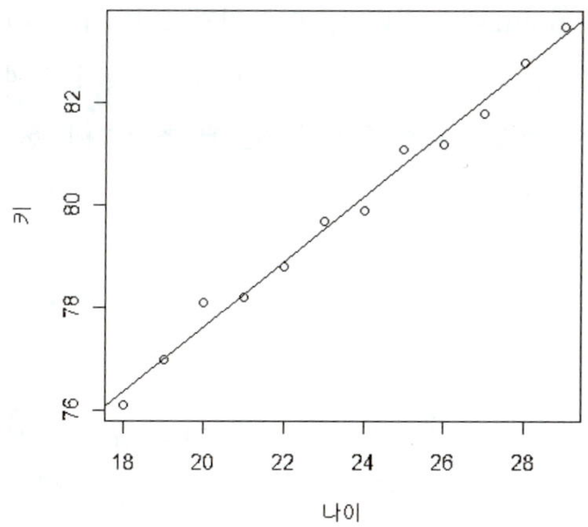

그림 14.14
Kalama 지역 어린이 성장패턴 자료 그림

그림 14.9는 단순선형회귀식이 합리적인 모형이 된다는 것을 알 수 있다.

$$키=\beta_0+\beta_1 나이+\varepsilon$$

최소제곱추정법에 의한 추정된 회귀식은 다음과 같고, 결정계수는 $R^2=0.99$로 매우 큰 값을 갖는다.

$$\widehat{키}=65+0.64나이$$

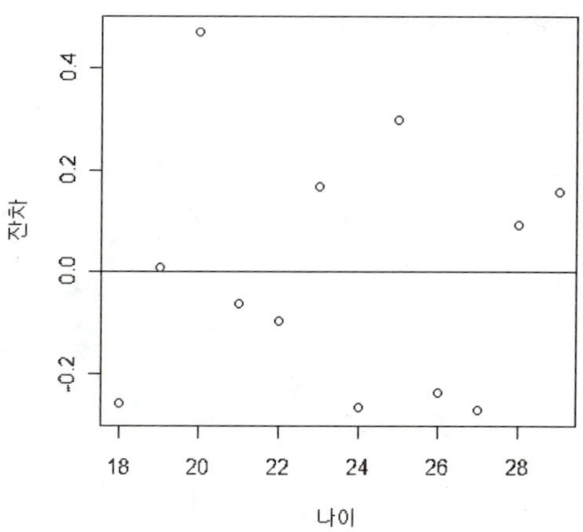

그림 14.15
Kalama 지역 어린이 성장패턴 자료 잔차그림

모형의 적절성 판단의 기준인 잔차그림 그림 14.10은 0을 중심으로 위와 아래에 고루 퍼져 있어 가정사항을 비교적 만족스럽게 추정된 회귀모형임을 알 수 있다. 이와 같이 비교적 좋은 모형을 이용하여 성장속도를 예측하기 위하여 세 가지 나이의 키를 예측하여 보기로 한다.

1. 30개월 때의 평균 키는?

$$\widehat{키}=65+0.64(30)=84.2$$

30개월 때의 평균 키는 84.2 cm로 추정되며, 비교적 합리적인 예측값이 된다.

2. 20살 때의 키를 추정하면?

$$\widehat{키}=65+0.64(240)=218.6$$

20살은 240개월로 218.6 cm로 추정된다. 평균 키가 2미터 18센티미터나 되는 것은 상식적으로 받아들이기 어려운 추정값이다. 이 예제에서 추정된 회귀식은 생후 18개월부터 29개월까지 어린이들의 성장 속도를 측정한 것으로 측정값의 범위를 너무 벗어난 240개월의 추정은 무리가 있게 된다.

3. 출생 당시의 키는?

$$\widehat{키}=65+0.64(0)=65$$

출생아의 신장은 보통 40~55 cm로 60 cm만 초과하여도 '대형아'라는 말을 듣는다.

출생 당시는 0개월로 Y절편 β_0의 추정값 $b_0=65$ cm로 추정된다. 이것 또한 상식적으로 받아들이기 쉽지 않은 추정값이다. 출생 당시는 $x=0$개월로 이 예제에서 추정된 회귀식이 $18 \leq x \leq 9$의 범위를 벗어난 어린이들의 성장 속도를 측정한 것으로, 0개월의 추정 또한 무리가 있게 된다.

성장패턴 자료의 추정된 단순선형회귀방정식을 이용한 추정 및 예측의 예가 주는 교훈은 관측된 설명변수의 범위(range)가 중요하다는 것이다. 그림 14.11은 비선형(nonlinear)모형을 선형모형으로 근사 추정한 경우를 보여 주고 있다. 관찰된 설명변수 X의 범위 내에서 비선형관계를 선형모형의 근삿값(approximation)으로 추정하는 것은 비교적 합리적으로 보인다. 그러나 설명변수의 관찰된 x의 범위를 벗어난 값의 경우에 단순선형회귀식으로 추정하는 것은 합리적이지 못함을 보여 주고 있다.

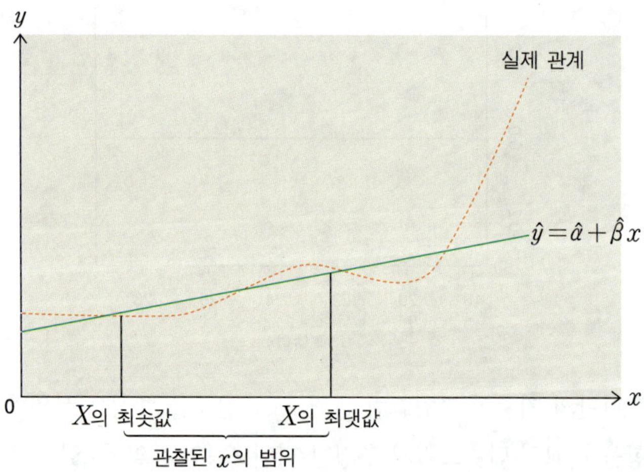

그림 14.16
비선형모형을 선형모형으로 근사 추정한 경우

읽을거리 회귀분석의 어원

큰 콩을 심었는데도 큰 콩이 열리지 않는 것을 관찰하여 'regression towards mediocrity'(평범으로의 회귀) 현상에 주목하고 있었던 영국의 인류학자이자 우생학자인 Sir. Francis Galton은 부모와 자식의 키에 대한 자료를 모아 1886년, 인류학 학술지인 〈Journal of the Anthropological Institute에 Regression Towards Mediocrity in Hereditary Stature〉라는 논문을 발표하여, 205명의 부모와 그 성장한 자식들 930명의 키에 대한 자료를 분석하여 회귀계수가 2/3임을 보였다(그림 참조). 만일 부모의 키가 그대로 자식에게 유전된다면 회귀계수가 1이어야 되는데, 그렇지 않다는 것이다. 남녀의 키를 그대로 사용하면 문제가 있으므로 여자의 키에는 1.08을 곱하여 사용하였다. 자료의 단위는 인치를 사용하였다. 평범으로의 회귀현상이 있으므로 유전적인 요소가 전혀 없어진다는 것으로 오해하면 안 된다. 회귀계수가 2/3나 되는 것은 상당히 유전적인 영향이 있는 것을 알 수 있다.

그림에서도 보이듯이 Galton은 최소제곱법을 사용하지 않고 타원을 적합시켜 그 축의 기울기를 2/3로 찾아낸 것이다. 키가 큰 부모의 자식이나 키가 작은 부모의 자식이 중간으로 회귀(돌아감, regress)하는 현상은 유전에서뿐만 아니라 여러 경우에서 발견할 수 있다. 야구에서 Rookie of the Year(신인상)을 탄 선수가 다음 해에는 별로 두각을 나타내지 못하는 것이나, 첫번 시험을 못 본 학생 중에 다음 시험에는 잘 하는 학생이 나타나는 현상도 전부 평범으로의 회귀 현상이다. 하지만 평범으로의 회귀를 믿고 다음 번에는 성적이 잘 나오겠지 하고 통계학 공부를 하지 않는다면, 그때는 회귀가 아니라 관성의 법칙이 작용하여 성적표에 F를 발견하게 될지도 모른다.

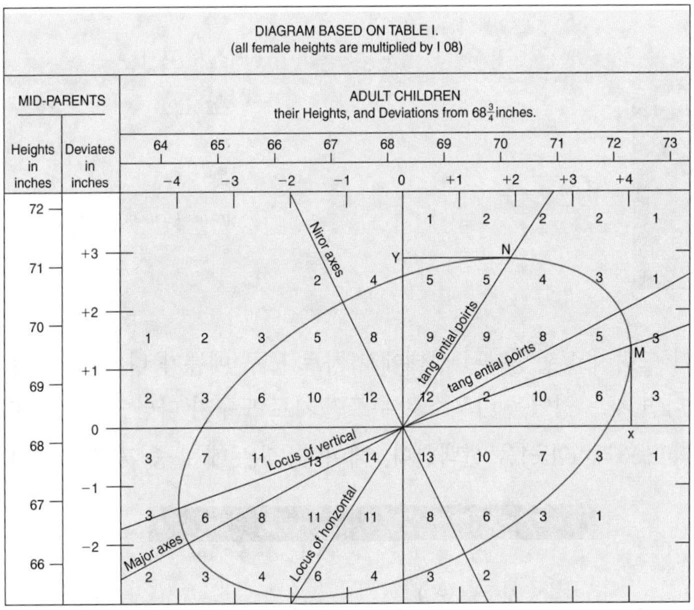

참고: Francis Galton (1886). “Regression Towards Mediocrity in Hereditary Stature”. *Journal of the Anthropological Institute* **15** : 246-263.

EXCEL · SPSS · R

이 책과 관련된 데이터, 정오표 등은 자유아카데미의 홈페이지(www.freeaca.com)나 web.yonsei.ac.kr/cekim에서 얻을 수 있다.

EXCEL

산점도 그리기

모든 회귀 분석은 산점도로부터 시작한다.

Step 1 "광고비" 자료를 열고, '광고비'열과 '매출액'열을 선택한 후 삽입 > 차트: 분산형 > 표식만 있는 분산형을 선택한다.

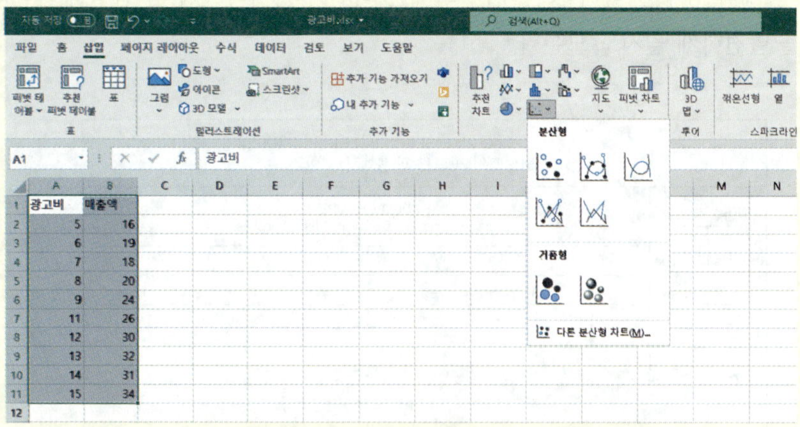

Step 2 그림이 그려지고 활성화된 상태에서 차트 도구 메뉴가 나타나게 되는 데, 그렇지 않다면 차트 영역을 마우스로 누르면 차트 도구가 나타난다. **차트 디자인 > 빠른 레이아웃: 레이아웃1**을 선택한다. 레이아웃1은 메뉴 중 제일 왼쪽의 것이다.

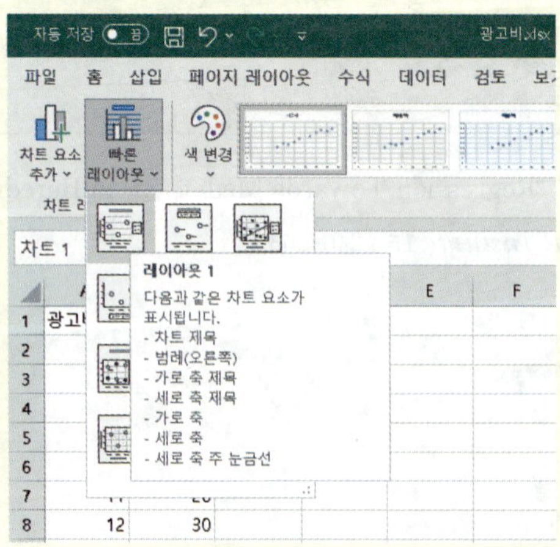

Step 3 차트에서 Y축과 X축의 축 제목을 마우스로 눌러 '광고비'와 '매출액'으로 변경한다. 오른쪽의 범례항목은 삭제한다. 차트 제목을 적정한 것으로 변경한다. 차트 제목이 너무 크게 되면 폰트 크기를 적당한 것으로 변경한다.

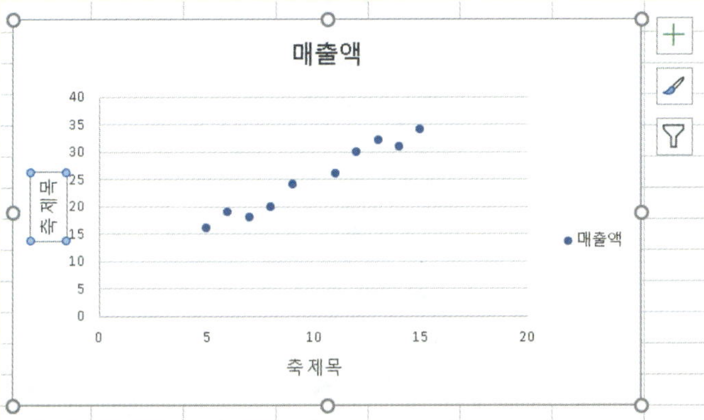

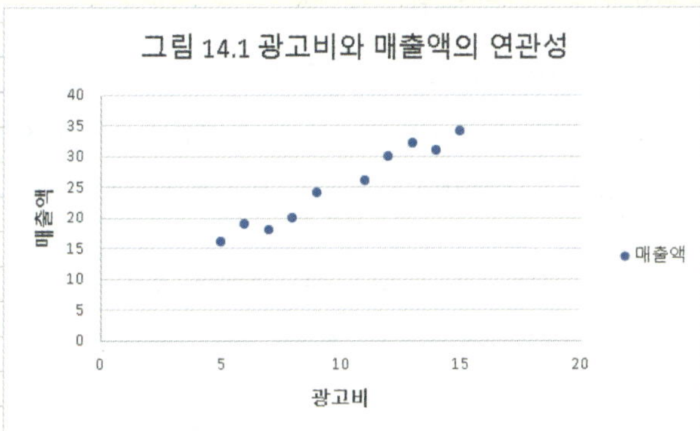

Step 4 차트의 가로축을 클릭하여 **축 서식** 창을 열고 **축 옵션**을 클릭한다.

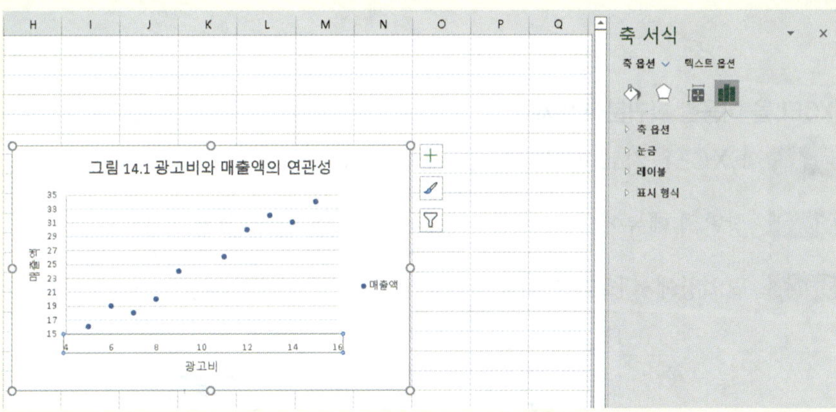

Step 5 경계의 최솟값을 4.0, 최댓값을 16.0으로 변경한다. 최솟값을 변경하면 최댓값은 자동으로 자료의 최댓값으로 변경된다.

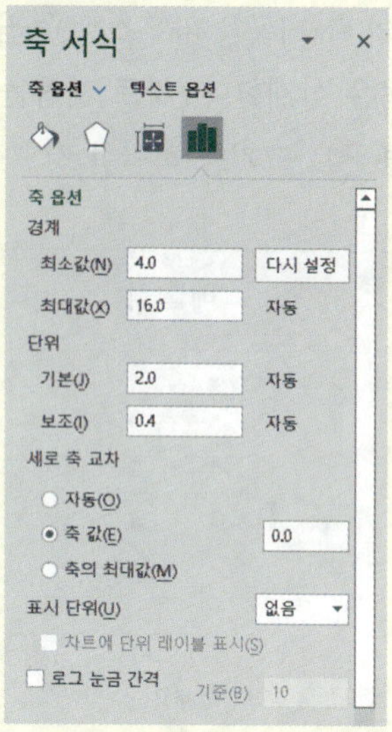

Step 6 같은 방법으로 Y축의 범위를 15에서 35로 조정한다.

Step 7 광고비와 매출액의 전반적으로 선형관계이다. 이를 잘 보이기 위하여는 45도 선으로 점들이 배치되어 있어야 눈으로 보기에 좋으므로 차트 영역의 가로세로의 길이를 조정한다. 2장 10절의 종횡비 부분을 참조하여라.

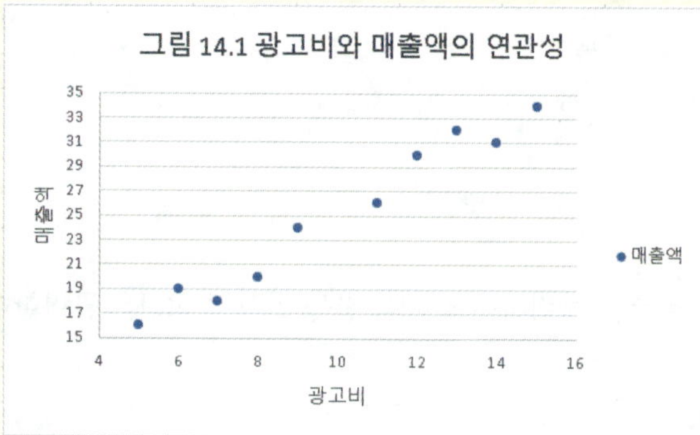

EXCEL을 이용한 회귀분석 예제

Step 1 EXCEL 자료 파일 **광고비.xlsx**를 load한다.

Step 2 상단의 메뉴에서 **[데이터]** > **[데이터 분석]**을 클릭한다.

Step 3 팝업창에서 **[회귀 분석]**을 클릭하고, **[확인]**을 클릭한다.

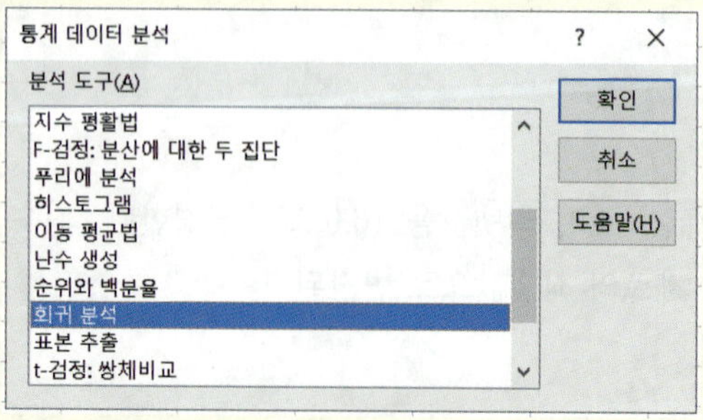

Step 4 팝업창에서 '**이름표**'에 체크한 후 **Y축 입력 범위**를 클릭한다. B1셀에서 B11셀까지 드래그하면 Y축 입력 범위에 $B$1:$B$11이 입력된다.

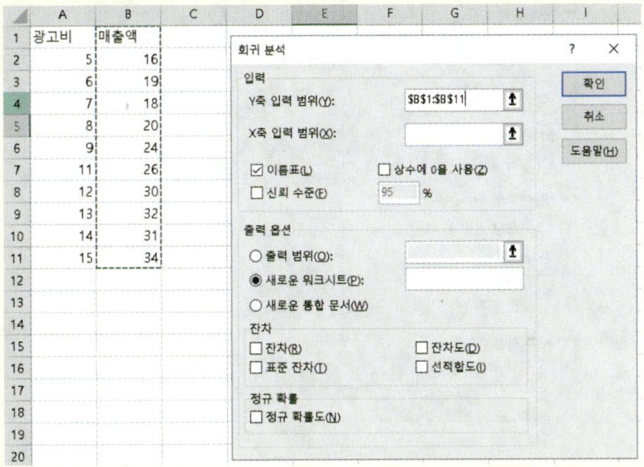

Step 5 **X축 입력 범위**를 클릭한 후, A1셀에서 A11셀까지 드래그하면 X축 입력 범위에 $A$1:$A$11이 입력된다.

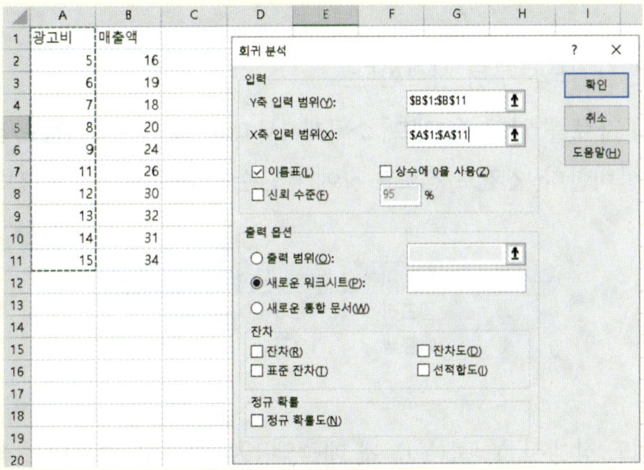

Step 6 확인을 클릭하면 아래와 같은 결과물을 얻는다.

요약 출력

회귀분석 통계량	
다중 상관계수	0.982854917
결정계수	0.966003788
조정된 결정계수	0.961754261
표준 오차	1.27742639
관측수	10

분산 분석

	자유도	제곱합	제곱 평균	F 비	유의한 F
회귀	1	370.9454545	370.9454545	227.3203343	3.70316E-07
잔차	8	13.05454545	1.631818182		
계	9	384			

	계수	표준 오차	t 통계량	P-값	하위 95%	상위 95%	하위 95.0%	상위 95.0%
Y 절편	6.636363636	1.283219737	5.171650222	0.000851414	3.677253617	9.595473655	3.677253617	9.595473655
광고비	1.836363636	0.121797827	15.07714609	3.70316E-07	1.555497343	2.11722993	1.555497343	2.11722993

Step 7 Step 5의 **회귀분석** 창에서 **잔차도**를 선택하여 잔차도를 그릴 수 있다. **정규 확률도**를 선택하면 잔차의 정규성을 점검할 수 있다(정규 확률도의 자세한 내용은 전문 서적 참고). 잔차도를 그린 후 앞의 '산점도 그리기'에서와 같이 **차트 도구**를 사용하여 **축 제목, 제목,** 가로 세로 **축 범위** 등을 조정한다.

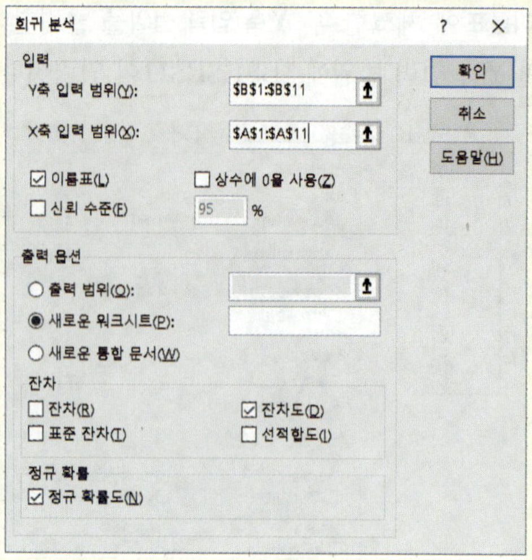

SPSS

산점도 그리기

모든 회귀분석은 산점도로부터 시작한다.

Step 1 "광고비" 자료를 열고, **[그래프]** > **[레거시 대화 상자]** > **[산점도/점도표]** > **[단순 산점도]**를 선택한다. **산점도/점도표** 창에서 **단순 산점도**를 고르고 **[정의]**를 누른다.

	이름	유형	너비
1	광고비	숫자	8
2	매출액	숫자	8

Step 2 **단순 산점도** 창에서 Y-축(Y): 에 매출액, X-축(X): 광고비를 넣고 적당한 제목을 붙인 후 **[확인]**한다.

	광고비	매출액
1	5	22
2	6	24
3	7	26
4	8	25
5	9	27
6	11	26
7	12	30
8	13	32
9	14	30
10	15	34

Step 3 Viwer 창에서 종횡비를 조정한다. 엑셀연습산점도 그리기 Step 7 참조.

Step 4 **이변량 상관계수** 창에서 **변수**란에 **매출액** 변수와 **광고비** 변수를 기입한 다음, **확인**을 누른다.

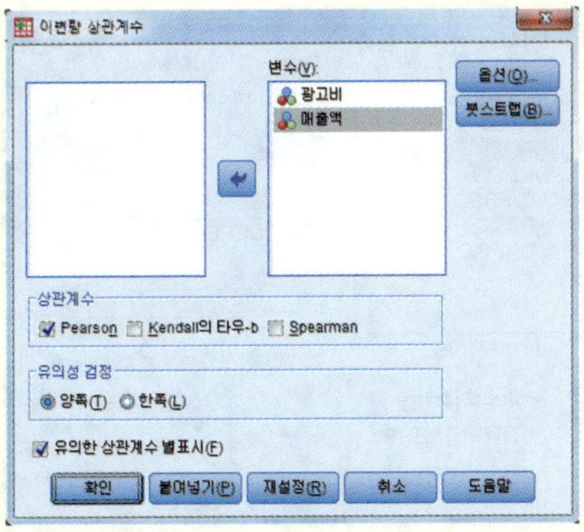

Step 5 PASW Statistics Viewer 창에서 상관계수=0.983을 확인할 수 있다.

SPSS를 이용한 회귀분석 예제

Step 1 PASW Statistics Data Editor 창의 **[분석]** 메뉴의 회귀분석에서 **선형**을 선택한다.

Step 2 **선도표 회귀 모형** 창에서 **종속변수**란에 **매출액** 변수를, **독립변수**란에 **광고비** 변수를 화살표를 이용하여 입력한 후 **확인**을 누른다.

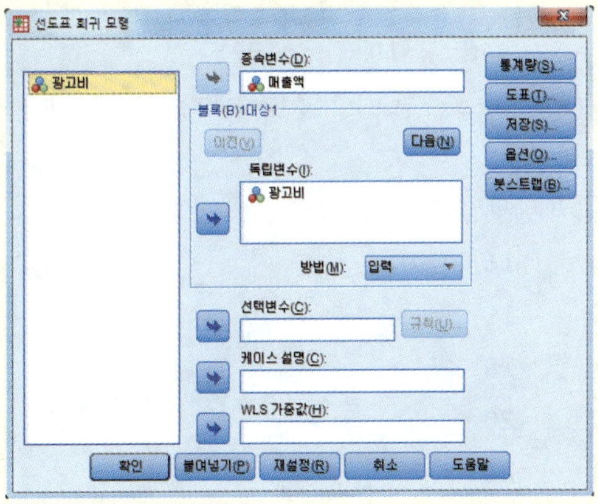

Step 3 PASW Statistics Viewer 창에서 회귀분석 결과를 확인할 수 있다.

Step 4 잔차도를 그리려면 선도표 회귀 모형 창에서 **[도표]**를 눌러 **선형 회귀분석: 도표** 창에서 **Y**:에 DEPENDNT **X**:에 *ZRESID을 입력하고 **[계속]**을 누른다. DEPENDNT는 dependent variable 즉 Y변수이고, *ZRESID는 표준화잔차(standardized residual)를 나타낸다. **표준화 잔차도표**의 **히스토그램** 또는 **정규확률도표**를 골라 잔차의 정규성을 판단할 수도 있다(정규확률도표는 전문서적 참조).

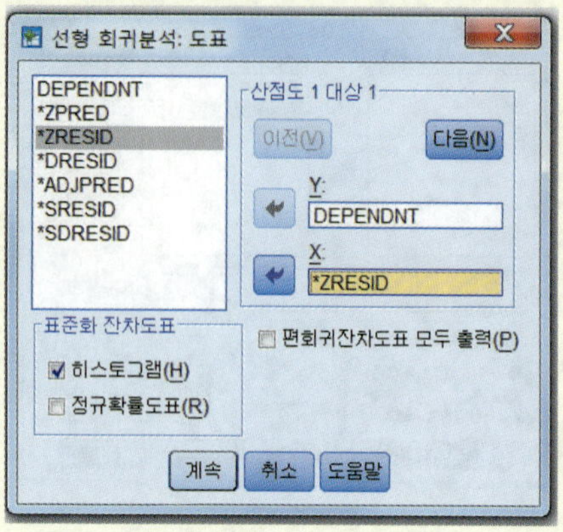

R

R을 이용하여 상관계수 구하기: [표 14.1] "광고비"자료

주의: 현재의 R 버전에서는 한글 사용이 완벽하지 않아 결과물에서 각 컬럼들의 정렬이 매끄럽지 않다.

Step 1 다음의 코드를 이용하여 [표 14.1] 데이터 만들기

```
> x <- matrix(c(5, 6, 7, 8, 9, 11, 12, 13, 14, 15,
+               16, 19, 18, 20, 24, 26, 30, 32, 30, 34),
+               nrow=10, ncol=2)
> colnames(x) <- c("광고비","매출액")
> x
      광고비 매출액
 [1,]     5     16
 [2,]     6     19
 [3,]     7     18
 [4,]     8     20
 [5,]     9     24
 [6,]    11     26
 [7,]    12     30
 [8,]    13     32
 [9,]    14     31
[10,]    15     34
```

matrix(c(a, b, c,…), nrow,ncol): c( )안의 원소를 갖는 행렬 "x"를 nrow='행의 수', ncol='열의 수' 에 따라 만든다.

byrow=T 옵션을 쓰지 않음에 주의하라.

colnames(x) <- c("A","B")는 행렬 "x"의 열 이름을 "A"와 "B"로 인식한다.

Step 2 다음의 코드를 이용하여 상관계수 구하기

```
> x <- data.frame(x)
> attach(x)
> cor(광고비, 매출액)
```

```
[1] 0.9828549
```

`x <- data.frame(x)`: "x"라는 행렬을 "x"라는 이름의 데이터 테이블로 인식한다.

`attach(x)`: 상관계수를 구하기 위한 데이터 "x"의 변수에 접근하기 위한 명령어이다.

`cor(var1, var2)`: 변수 var1과 var2 간의 상관계수를 구한다.

위의 결과를 통하여 구한 광고비와 매출액의 표본상관계수는 0.98이다.

R을 이용한 회귀분석 예제

앞의 작업에서 만든 x 데이터 프레임을 계속 이용한다.

Step 1 산점도는 다음 plot 명령문 중 하나를 사용한다.

```
plot(매출액~광고비)
plot(광고비, 매출액)
```

종횡비는 2장 10절을 참조하라.

Step 2 다음의 코드를 이용하여 단순선형회귀분석을 수행한다.

```
fit <- lm(매출액~광고비)
fit

Call
lm(formula=매출액~광고비)

Coefficients:
(Intercept)        광고비
     6.636         1.836
```

`fit <- lm(매출액~광고비)`: "매출액"을 종속변수, "광고비"를 설명변수로 인식하여 단순선형회귀분석을 수행한 후 그 결과를 "fit"에 저장한다.

Step 3 다음의 코드를 이용하여 단순선형회귀분석의 결과를 출력한다.

```
> summary(fit)                # 회귀 결과 출력
call:
lm(formula=매출액~광고비)
Residuals:
   Min      1Q  Median      3Q     Max
-1.491  -1.205   0.000   1.205   1.491
Coefficients:
            Estimate  Std. Error  t value   Pr(>|t|)
(Intercept)   6.6364      1.2835    5.172   0.000851  ***
광고비         1.8364      0.1218   15.077   3.7e-07   ***
```

```
---
Signif. codes: 0 '***' 0.001 '**' 0.01 '*' 0.05 '.' 0.1 '' 1
Residual standard error: 1.227 on 8 degrees of freedon
Multiple R-squarde: 0.966, Adjusted R-squared: 0.9618
F-statistic: 227.3 on 1 and 8 DF, p-value: 3.703e-07
> anova(fit)            # 분산분석표
Analysis of Variance Table
Response: 매출액
            DF   Sun Sq  Mean Sq  F value   Pr(>F)
광고비        1   370.95   370.95   227.32   3.703-07   ***
Residuals    8    13.05     1.63
---
Signif. codes: 0 '***' 0.001 '**' 0.01 '*' 0.05 '.' 0.1 '' 1
> confint(fit)            # 신뢰구간 계산
                 2.5%      94.5%
(Intercept)  3.677254   9.595474
광고비        1.555497   2.117230
```

anova(fit): 단순선형회귀분석을 수행하도록 지정된 "fit"에 대한 분산분석 결과를 출력한다.

summary(fit): 단순선형회귀분석을 수행하도록 지정된 "fit"에 대한 회귀분석 결과를 요약하여 출력한다.

confint(fit): 계수와 절편의 신뢰구간을 출력한다. (confidence interval)

Step 4 잔차그림을 그린다.

```
> plot(광고비, fit$residuals, ylab="잔차")
> abline(0,0)
```

fit$residuals: 회귀분석의 수행결과 중 잔차를 저장하고 있다.

abline(0, 0): 절편 0, 기울기 0인 직선, 즉 y=0을 지나는 수평선을 그려 준다.

R 실습 스크립트

```
###
###    14장 회귀분석
###

## trees 자료에 대한 회귀분석
## Volume을 Girth로 추정하는 식
```

```
?trees
attach(trees)

## 회귀분석은 *항상* 산점도로 시작한다.
plot(Volume~Girth)           # 선형회귀의 시각적 타당성 검토

## 상관계수; 상관계수의 절댓값이 1에 가까울수록 적합이 잘되는 회귀직선식을 얻을 수 있다.
cor(Girth, Volume)

(fit <- lm(Volume~Girth))      # lm == linear model (선형모형)
abline(fit$coefficient[1],fit$coefficient[2])

## 회귀계수의 t검정, 잔차분산의 추정값, 결정계수 R^2
summary(fit)
# 회귀식의 유의성검정 - 분산분석표
anova(fit)

## 95% 신뢰구간
confint(fit)

##
## 예측
##
## Prediction Interval of Y at all values of the X-variable
(predint <- predict(fit, interval="prediction"))
lines(predint[,2]~Girth, type="l", lty=2)
lines(predint[,3]~Girth, type="l", lty=2)

## Prediction Interval of Mean of Y at Girth=10, 15, 20
new <- data.frame(Girth=c(10, 15, 20))
predict(fit, new, interval="confidence")

## Prediction Interval of Y at Girth=10, 15, 20
predict(fit, new, interval="prediction")
## Y 평균의 예측과 Y 예측의 점추정값은 같으나 신뢰구간이 다름에 주의


##
## 잔차에 의한 진단(diagnostics)
##
```

```
## 잔차도
windows()
plot(Girth, fit$residuals, ylab="잔차")  # 띠모양 판단
abline(0,0)
# 곡선형태를 보이고 있다. ==> X변수나 Y변수의 변수변환 필요

## 잔차의 정규성 진단 - 줄기잎전시, 히스토그램, 상자그림
stem(fit$residuals)
windows()
boxplot(fit$residuals)
## boxplot은 잔차들이 거의 대칭으로 분포한 것을 보여준다.
windows()
hist(fit$residuals)
## 실제 회귀분석을 수행한다면 trees 자료의 경우는 잔차도에서 곡선형태를 보여
## 이미 변수변환이 필요한 상태이므로 정규성 진단을 추가로 실행할 필요는 없다.

## summay 함수에서 얻은 잔차 통계량을 참고하여 histogram의 구간의 바꾸어보자.
## 잔차가 -8.06에서 9.58사이에 있으므로 구간크기를 4 또는 3으로 하여보자.
##    Residuals:
##       Min      1Q  Median      3Q     Max
##    -8.065  -3.107  0.152  3.495  9.587
windows()
hist(fit$residuals, breaks=c(-10,-6,-2,2,6,10))
windows()
hist(fit$residuals, breaks=c(-10.5,-7.5,-4.5,-1.5,1.5,4.5,7.5,10.5))
## 자료수가 31개로 많지 않은 것을 감안하면
## 히스토그램도 종모양이고 어느 정도 대칭형태를 보인다고 판단할 수 있다.
```

익힘문제

다음 괄호에 알맞은 말을 넣거나, 맞는 것을 선택하시오.

1 어떤 속성이나 특성들의 (　　　　) 또는 (　　　　)를 통계적으로 파악하려는 것이 회귀분석이다.

2 회귀분석은 특수한 경우를 제외하고 {이산형, 연속형} 변수에 적용한다.

3 단순선형회귀는 X변수가 {한, 여러} 개이고, {선형, 비선형} 관계를 모형화하는 것이다.

4 두 변수의 연관성을 직관적으로 파악하기 좋은 그래프는 (　　　　)이다.

5 선형회귀에서 Y변수를 (　　　　)변수 또는 (　　　　)변수로, X변수를 (　　　　)변수,

(　　　　)변수 또는 (　　　　)변수라고 한다.

6 단순선형회귀모형을 써라.

7 β_0는 미지의 {변수, 모수}이며 y축의 (　　　　)으로 $x=$(　　　　)일 때 y의 값이다.

8 β_1은 미지의 {변수, 모수}인 (　　　　)로 x가 (　　　　)단위 증가할 때 y의 변동량이다.

9 (　　　　)ε은 {상수, 확률변수}로 y와 x의 선형관계로 설명할 수 없는 (　　　　) 부분을 나타낸다. 또한 ε은 평균 $\mu_\varepsilon=$(　　　　)와 분산 σ^2이고 독립변수 x와 연관성이 없는(uncorrelated) 것으로 가정한다.

10 X변수는 그 이름을 변수(variable)라고 한다. 하지만 X변수는 확률변수가 아닌 주어진 (　　　　)값 $x_1, \cdots, x_n$으로만 사용한다. 이는 회귀분석의 이론적 전개가 쉽도록 하기 위함이다.

11 $\beta_1>0$이면 x가 y에 {양, 음}의 선형관계를 나타내고, $\beta_1<0$이면 x가 y에 {양, 음}의 선형관계를 나타낸다.

12 $\beta_1=0$이면 x와 y 사이에 아무런 {독립성, 연관성}이 없다고 해석한다.

13 β_0, β_1의 추정 방법으로 (　　　　)을 사용한다. 말 그대로 (　　　　)한 것을 (　　　　)화 시키는 방법이다.

14 최소제곱법은 (　　　　)의 제곱을 뜻하며 (　　　　)가 여러 개 있으므로 (　　　　)제곱의 {합, 차}을(를) 최소화시킨다. (* 전부 같은 말)

15 최소제곱추정법을 이용한 β_0, β_1의 추정치 b_0, b_1를 써라.

16 단순선형회귀모형의 가정

오차항 (ε_i)의 평균은 (　　　　)이고 분산은 σ^2이다.

오차항 (ε_i)들은 서로 (　　　　)이다.

오차항 (ε_i)은 (　　　　)분포를 따른다.

17 설명변수가 반응변수에 영향을 주지않는다면 회귀계수 β_1의 값이 (　　　　)일 것이며 그렇게 되면 회귀식에서{설명, 반응}변수는 없어지고 {설명, 반응}변수 하나만 남게 되어 더 이상 회귀식을 논할 이유가 없게 된다. 그래서 β_1의 값이 (　　　　)인지 아닌지에 관심을 갖게 되는 것이다.

18 Y의 총제곱합은 (　　　　)제곱합과 (　　　　)제곱합으로 분해된다.

19 Y의 총제곱합의분해식을 써라.

20 분산 추정식을 써라.

21 단순회귀분석에서 관찰값은 (　　　　)개이고, 회귀계수는 (　　　　)개이므로 MSE(분산 추정값)의 자유도는 (　　　　)이다.

22 기울기 (β_i) 대한 유의성 검정의 귀무가설과 대립가설을 써라.

23 검정통계량을 쓰고 어떤 분포를 하는지 밝혀라.

24 β_1의 $(1-\alpha)100\%$ 신뢰구간을 써라.

25 회귀분석의 실제 응용에서는 특수한 상황을 제외하고는 (　　　　)에 대하여 가설검정이나 신뢰구간 추정을 하지 않는다. (　　　　)는 x의 관찰 범위가 (　　　　)을 포함하여야 의미가

있고 특별한 경우가 아니면 통계적으로 ( )이라 하더라도 회귀모형에 포함한다.

26 ( )를 회귀모형에서 제외하는 것은 ( )=0를 인정하는 것이며, ( )를 제외하면 추정된 회귀식이 자료를 잘 설명하지 못한다.

27 ( )검정는 회귀계수 각각에 대한 검정이고, ( )검정은 회귀모형 전체에 대한 검정이다.

28 F검정의 귀무가설과 대립가설을 써라.

29 F통계량을 쓰고, 어떤 분포를 하는지 밝혀라.

30 단순회귀모형에서 F검정은 결국 $H_0 : \beta_0 = 0$를 검정하는 것이 되어 개별적 검정인 ( )검정과 ( )검정인 F검정의 귀무가설과 대립가설이 동일한 형태가 되며, p값, ( )의 기각여부 등 검정결과도 일치한다.

31 회귀분석에서 F검정은 {왼쪽 단측, 오른쪽 단측, 양측} 검정이다.

32 Y의 총변동량(SST)에 대한 추정된 회귀식이 설명하는 변동량(SSR)의 비율을 ( )(이)라고 한다. 회귀모형의 {독립성, 등분산성, 적합성}에 대한 중요한 판단 기준으로 사용한다.

33 R^2는 기울기의 크기, 즉 가파르고 완만한 정도와 상관없이 적합된 직선에 점들이 얼마나 {가까이, 멀리} 있는가의 정도를 나타내는 척도이다.

34 R^2는 ( )과 ( )사이 값을 갖는다.

35 추정된 회귀식에 의하여 X의 특정값에 대하여 Y값을 추정하는 것을 ( )이라고 한다.

36 x_0에서 Y 평균을 예측할 때 표준편차를 써라.

37 x_0에서 Y 평균의 $(1-\alpha)100\%$ 신뢰구간을 써라.

38 x_0에서 개별 Y 값을 예측할 때 표준편차를 써라.

39 x_0에서 개별 Y 값의 $(1-\alpha)100\%$ 예측구간을 써라.

40 추정된 회귀식에 대한 점검을 ( )이라고 한다.

41 회귀 진단항목

a. 모형의 ( )

b. 오차의 ( ), ( ), ( )

c. ( )의 존재

d. ( )관찰값의 존재

42 모형의 ( ), ( ), ( )관찰값의 존재 여부는 일차적으로 ( )에 의해 점검하여야 한다.

43 오차에 대한 가정사항을 진단하려면 ( ) 또는 ( )를 정의한다.

44 잔차의 식을 써라.

45 오차를 점검하는 가장 기본적인 것은 ( )그림이다. 횡축에 ( )나 ( )을 종축에 ( )를 그린다.

46 잔차그림에서 ( )을 중심으로 위아래로 ( ) 모양의 형태로 퍼져있으면 추정된 회귀식의 적정성을 보여 주는 이상적인 유형이다.

47 나팔 모양의 잔차그림은 분산의 (　　　　) 가정이 위배된 것으로 (　　　　)분산이라고 한다.

48 이차 또는 고차식의 형태를 보이는 잔차그림은 (　　　　)을 추가하거나 (　　　　)모형으로 분석하는 것을 제시한다.

49 관찰된 설명변수 X의 범위 내에서 비선형관계를 선형모형의 근사치(approximation)로 추정하는 것은 비교적 {합리적, 비합리적}이다. 그러나 설명변수의 관찰된 x의 범위를 벗어난 값의 경우에 단순선형회귀식으로 추정하는 것은 {합리적, 비합리적}이다.

연습문제

1 어느 작은 초등학교에 다니는 학생수(x)와 그 학교에 배정하는 연간 예산액(y) 사이에는 선형관계가 있다고 가정하자.

a. 학생수와 예산액 사이의 선형관계를 묘사할 수 있는 '모집단 회귀모형'(a popula-tion regression model)을 써보라.

b. a에서 나타낸 식에서 무슨 변수가 설명변수이며, 독립변수는 무엇인지 밝혀라.

c. a의 식에서 고정비용에 해당되는 모수가 무엇인지 말하고, 그 이유를 말해보라.

d. a의 식에서 어떤 모수가 학생수가 늘어날수록 이에 상응하는 학교 예산액이 어떻게 변할지를 보여 주는가? 그리고 이 모숫값의 예상부호는 무엇인가?

e. 몇몇 초등학교에서 수집된 실제 자료(data)들은 직선에 정확히 들어맞지는 않는다고 하자. a에서 보인 모형에서 무엇을 추가하여야 같은 규모의 초등학교들 간에 보이는 변동을 모형화할 수 있을 것인가?

2 모숫값으로 $\beta_0=200$, $\beta_1=5.0$, and $\sigma=4$를 가지는 단순선형회귀모형을 고려하여 보자.

a. 이 회귀방정식을 이용하여 $X=10$, 20, 40에 대한 Y값들의 분포를 각각 그려라.

b. 이 회귀모형의 경우 $X=0$인 경우를 포함한다고 가정하면, 이때 모수 β_0와 β_1의 의미를 설명하여라.

3 다음의 주어진 정보는 어느 모집단으로부터 확률표본으로 추출한 80개의 관찰치로 얻어진 것이다.

$$SS_{xx}=380.592,\ S_e=0.961,\ \text{y-hat}=5.48-2.70x$$

a. 기울기의 모수 (β_1) 추정치에 대한 95% 신뢰구간을 설정하여라.

b. 유의수준 1%에서 β_1 이 음수인지의 여부에 대하여 검정하여라.

c. 유의수준 1%에서 β_1 이 0과 유의적으로 다른지의 여부를 검정하여라.

d. β_1이 -1.25보다 작은지의 여부에 대하여 유의수준 0.02에서 검정하여라.

4 수학 성적과 통계학 성적 간의 관련성을 알아보기 위한 실험이 진행되었다. 통계학 과목을 수강한 82명의 학생들을 대상으로 학기가 시작하기 전 수학시험을 치루었고, 학기가 끝난 뒤 각 학생의 통계학 기말고사 성적을 기록하였다. 이렇게 수집된 자료를 가지고 수학 성적(x)으로

통계학성적(y)을 예측하는 단순선형회귀식을 최소제곱추정법으로 추정하였고, 추정된 회귀식은 다음과 같다.

$$\hat{y}=9.7+0.76x$$

기울기의 표준오차는 0.44로 계산되었다.

a. 수학 성적이 90점인 학생의 통계학성적을 추정하여라.

b. 유의수준 5%에서 수학 성적이 통계학 성적에 선형적으로 연관성이 없다는 귀무가설을 검정하여라.

c. 유의수준 5%에서 수학 성적으로 통계학 성적을 예측하는 단순선형회귀식의 기울기가 양인지를 검정하여라.

5 단순회귀식 $Y=\alpha+\beta X+\varepsilon$에서 회귀계수를 최소제곱법으로 추정한 경우 아래에 주어진 명제가 참임을 수학적으로 증명할 수 있다. 다음 명제에 대하여 수학적으로 증명하거나, 주어진 자료를 이용하여 명제가 참임을 확인하여라.

a. 단순선형회귀모형에서 최소제곱법으로 구한 잔차의 합은 0이다.

b. 단순선형회귀모형에서 최소제곱법으로 구한 잔차의 x에 대한 가중합은 0이다.

$\left(\text{즉, } \sum_{i=1}^{n} x_i e_i=0\right)$

c. Y와 Y의 추정값 사이의 표본상관계수는 1이다.

d. $H_0:\beta=0$ vs $H_a:not\ H_0$에 대한 F검정과 t검정은 동일한 결과를 보인다.

e. 결정계수는 항상 0과 1 사이의 값을 갖는다.

f. 단순선형회귀모형에서 결정계수는 두 변수 사이의 표본상관계수의 제곱이다.

g. y를 $\hat{y}$으로 회귀시킨 회귀모형 $(y=\gamma_0+\gamma_1\hat{y}+\varepsilon)$의 절편은 0이고 기울기는 1이다.

6 교육과학기술부는 30개 학군을 대상으로 1인당 연간 소득(x_i)과 1인당 연간 교육비 지출(y_i)에 대해 조사한 결과는 아래와 같다. $y=\beta_0+\beta_1 x+\varepsilon$형태의 단순선형회귀모형을 가정하고 물음에 답하여라.

$$\sum_{i=1}^{30}(y_i-\bar{y})^2=239 \qquad \sum_{i=1}^{30}(x_i-\bar{x})^2=867$$

$$\sum_{i=1}^{30}(x_i-\bar{x})^2(y_i-\bar{y})^2=349 \qquad \bar{x}=239,\ \bar{y}=78$$

a. 아래의 ANOVA표를 완성하여라.

	자유도	제곱합	제곱 평균	F 비	p값
회귀					
잔차					
계	29				

b. 아래의 회귀계수추정표를 완성하여라.

	계수	표준 오차	t 통계량	p값	하위 95%	상위 95%
Y절편						
X						

c. x=300일 때, 평균적인 y값을 90% 신뢰구간으로 예측하여라.
d. x=300일 때, y값을 90% 신뢰구간으로 예측하여라.

7 통계방법론을 수강하는 62명 학생들의 중간고사와 기말고사 성적에 대한 요약 통계량이 다음과 같다.

	중간고사	기말고사
표본평균	88.63	84.44
표본표준편차	11.46	13.70

통계방법론을 강의하는 '박통일' 교수는 중간고사의 성적으로 기말고사의 성적을 예측하는 단순선형회귀모형을 가정하고, 단순선형회귀분석을 통해 다음과 같은 분산분석표를 구하였다.

	자유도	제곱합	제곱평균	F비
회귀				
잔차		1236.1		
계		11460.9		

a. 위의 분산분석표를 완성하여라.
b. 중간고사 성적이 기말고사 성적을 선형적으로 어떻게 설명할 수 있는지 결정계수를 이용하여 설명하여라.
c. 유의수준 5%에서 단순회귀모형에 대한 유의성을 F검정을 이용해 검정하여라.
d. 중간고사와 기말고사 성적 간의 표본상관계수를 계산하여라.
e. 단순선형회귀모형에서 오차항의 표준편차를 추정하여라.
f. 단순선형회귀모형의 모수인 절편과 기울기를 추정하여라.
g. 기울기에 대한 유의성을 검정을 이용해 검정하고, 단순선형회귀모형에 대한 검정과의 관계에 대해 설명하여라.
h. 단순선형회귀모형의 기울기에 대한 95% 신뢰구간을 구하여라.
i. 중간고사 성적이 85점인 경우, 평균 기말고사 성적에 대한 95% 신뢰구간을 구하여라.
j. 중간고사 성적이 85점인 경우, 개별적인 기말고사 성적에 대한 95% 예측구간을 구하여라.

실습 문제

8 쌀로 만든 녹말(전분)의 두께(X, inches/10000)와 파괴강도(breaking strength) (Y, grams)이다. 회귀선을 적합시켜라.

starch.dat
starch.xlsx

X	Y
556.7	7.1
552.5	6.7
397.5	5.6
532.3	8.1
…	

9 영국의 어느 특정 지역에서의 1987년과 1988년 식료품 가격이다.

food.dat
food.xlsx

Food(quantity)	1987 price(pence)	1988 price(pence)
Fish(5 lb)	856	943
Milk(20 pints)	496	516
Cheese(5 lb)	663	732
Bread(20 loaves)	478	511
Breakfast cereal(10 lb)	753	802
Potatoes, old(70 lb)	659	617
Apples(20 lb)	685	711
Frozen peas(20 lb)	750	891
Beef(5 lb)	823	896
Margarine(5 lb)	407	427

a. 산점도를 그려 선형성을 판단한 후 두 가격의 선형회귀선을 추정하여라.

b. 추정된 회귀선을 산점도에 겹쳐 그리고 적합성에 대하여 설명하여라.

c. 추정된 회귀계수 b값을 식료품 물가상승률로 사용하는 것에 대하여 설명하여라.

절도범죄.dat
절도범죄.xlsx

10 어느 범죄학 연구자가 인구밀도와 절도발생률 간의 관계를 연구하면서 다음의 16개 도시의 자료를 수집하였다. X는 해당도시의 단위면적당 인구밀도를, Y는 이전년도의 10만 명당 절도범죄의 발생 횟수를 조사한 것이다.

X	Y
59	209
49	180
75	195
54	192
78	215
56	197
60	208
82	189
69	213
83	201
88	214
94	212
47	205
65	186
89	200
70	204

a. 위의 두 변수 간의 관계를 가지고 회귀식을 추정하여라. 추정된 회귀식과 자료를 가지고 그림을 그려 나타내 보고, 선형 회귀방정식이 잘 들어맞는지에 대해 말하여라.

b. 다음의 점추정치를 구하여라.

(1) 인구밀도 한 단위당 달라지는 평균 절도범죄율의 차이

(2) 인구밀도 $X=60$인 도시에서의 평균 절도범죄율

(3) 오차항의 모분산 σ^2

husbands.dat
husbands.xlsx

11 맞선 정보회사의 김 과장은 결혼하는 두 남녀의 신장이 상대적으로 유사한지에 대한 의문이 생겼다. 만일 결혼하는 두 남녀 사이의 신장이 유사하다면 맞선 주선 시 신장이 비슷한 두 남녀를 소개시키는 것이 결혼 성사율을 높일 것이다. 자료는 1980년, 영국에서 성인의 몸무게와 키를 조사한 자료 중 무작위로 뽑은 199쌍의 남편과 부인의 키(mm)이다(*표시는 응답거부).

a. 부부 간의 신장에 대한 표본상관계수를 계산하여라.

b. 만일 남편의 신장이 밀리미터가 아닌 인치로 계산되었다면 표본상관계수는 어떻게 변할지 설명하고, 실제 인치로 변환한 계산결과와 자신의 설명이 일치하는지를 보여라.

c. 만약 부인의 신장이 남편의 신장보다 정확히 13센티미터(130밀리미터)가 작다면 표본상관계수는 어떤 값을 가지는가?

d. 단순선형회귀모형을 통해 위 자료를 분석하고자 한다. 부부의 신장 중 누구의 신장을 종속변수로 설정해야 할지 논의하여라.

e. (d)에서 설정한 회귀모형에 대한 산점도를 그리고, 회귀계수를 추정하여라. 또 회귀계수의 95% 신뢰구간을 추정하여라.

f. (e)에서 추정된 신뢰구간이 0을 포함하고 있는가? 그로부터 각각의 회귀모형의 절편과 기울기가 0인지 5% 유의수준에서 t검정을 하였을 때의 결과에 대하여 예상하고 그 이유를 설명하여라.

g. 회귀모형의 절편과 기울기가 0인지 t검정을 통해 5% 유의수준에서 검정하여라. (f)에서 예상한 것과 같은 결과를 보이는가?

가스사용.dat
가스사용.xlsx

12 어느 가스공급회사가 지난 1년간 매월 조사한 난방도일[heating degree-days, 규정난방온도 이하로 떨어진 날에, (규정온도 - 해당 일의 온도) 한 것을 한 달 동안 누적한 값]과 난방용 가스소비량(in hundreds of cubic meters)이 다음과 같이 나타났다.

월	난방도일	가스사용량
10월	15.6	5.2
11월	26.8	6.1
12월	37.8	8.7
1월	36.4	8.5
2월	35.5	8.8
3월	18.6	4.9
4월	15.3	4.5
5월	7.9	2.5
6월	0.0	1.1

a. 위의 자료로 얻는 최소제곱 회귀선은 무엇인가?

b. 회귀선의 기울기가 0이라는 가설검정을 실시하고, 검정의 결과를 서술하여라.

c. 기울기 추정치에 대한 90% 수준의 신뢰구간을 설정하여라.

d. 회귀선의 절편의 모수는 난방 이외의 가스소비용도(취사, 더운 물 사용 등)를 암시하는 것이다. 이 모수에 대한 90% 신뢰구간을 설정하여라.

조사자료에서 1월의 가스사용량 수치가 8.5에서 85로 잘못 입력되었다고 가정하고, 아래 문제들에 답하여라.

e. 오류가 있는 1월 조사 관찰치가 포함된 자료를 가지고 회귀분석을 하여 최소제곱 회귀선을

다시 구하여라.

f. 회귀선의 기울기 모수에 대한 표준오차(standard error)를 계산하여라.

g. $H_0:\beta_1=0$의 가설에 대한 검정통계량과 p값은 얼마인가? 이같은 가설검정 결과를 올바른 자료와 함께 수행했던 가설검정결과와 비교하여라.

anscombe.dat
anscombe.xlsx
datasets::anscombe

13 Anscombe's Quartet는 동일한 요약 통계량을 가지는 4개의 자료들을 포함하고 있다[자료 출처: Anscombe(1973)]. 산점도의 중요성을 일깨우는 교육용 자료이다.

a. 각각의 자료에 대한 산점도를 그려 회귀모형의 적합성을 확인하여라.

b. 각각의 자료에 대해서 단순선형회귀모형을 가정하고 다음의 값들이 동일한지 확인하여라.

① $r(X, Y)$

② 결정계수

③ 회귀계수 a와 b

④ t검정통계

fat.dat
fat.xlsx
UsingR::fat

14 체지방률(body fat)을 몸의 밀도(density, 수중에서 무게를 재어 결정한 밀도)로 회귀분석을 하려고 한다.

a. 체지방률과 몸 밀도의 산점도를 그리고 상관계수를 계산하여라. 두 변수의 선형성에 대하여 판단하여라.

b. 회귀식을 적합하고 기울기에 대하여 검정하여라.

grad.dat
grad.xlsx

15 미국 87개 대학원의 교육 평가에 대한 2006년 자료이다. 교육평가 점수(Rating, 단위: 100~500)를 GRE(Graduate Record Examination, 대학원 입학 평가 시험, 평균점수)로 회귀분석하려고 한다.

a. 교육평가 점수와 GRE의 산점도를 그리고 상관계수를 계산하여라. 두 변수의 선형성에 대하여 판단하여라.

b. 회귀식을 적합하고 기울기에 대하여 검정하여라.

climate-change-2016.txt

16 1959년 이후 매년 지구온도를 기록한 자료에서 전체 추세에서 벗어난 특이 기온변동을 계산한 자료이다.

https://dasl.datadescription.com/datafile/climate-change-2016/

a. 과학자들은 특이 기온변동(global temp anomaly)은 이산화탄소(CO_2)의 영향이라고 한다. 회귀분석을 하여 이산화탄소의 영향력을 검정하여라.

b. 특이 기온변동을 다우존스지수(DJIA, Dow Jones Industrial Average)로 예측할 수 있는지 회귀식을 적합하고 적합성을 검정하여라. (주의: 적합하게 통계분석이 되었다 하더라도 인과관계로 해석할 수 없다. 인과관계는 단순한 통계적 결과 자체로 성립하지 않으며 관련 분야에서의 정립된 이론이 뒷받침하여야 한다.)

Inflation-2016.txt

17 1916년부터 5년마다 1월의 소비자물가지수(JanCPI, January Consumer Price index)이다.

http://inflationdata.com/Inflation/Consumer_Price_Index/HistoricalCPI.aspx?reloaded=

true#Table

a. 소비자 물가지수와 연도(year)의 산점도를 그리고 상관계수를 구하여 선형성을 판단하여라.

b. 소비자 물가지수를 연도로 회귀분석하여라.

18 버거킹의 메뉴별 영양조사표이다. 버거킹 햄버거의 지방 칼로리(fat.cal)는 지방(Fat)의 양과 관계가 있을 것이다.

burger-king-items.txt

https://www.bk.com/pdfs/nutrition.pdf

a. 회귀모형을 적합하고 적합성을 판단하여라.

b. 진단 진단점검을 수행하여라.

c. 지방 1그램은 9칼로리를 만들어 낸다고 알려져 있다(Atwater's coefficient, 식품마다 조금씩 다름). 절편의 회귀계수가 0인지 검정하여라. 지방의 회귀계수가 9인지 검정하여라.

d. 포화 지방(Sat.Fat)이 불포화지방과 칼로리 생성이 다른지 알아보기 위하여 다음 회귀식을 생각하였다. 지방은 포화지방과 불포화지방이 있으므로 불포화지방은 지방에서 포화지방을 빼서 얻을 수 있다(불포화지방=Fat - Sat.Fat). 불포화지방은 9칼로리를 만든다고 생각하여 새로운 Y변수를 Y=Fat.Cal - 9*(Fat - Sat.Fat)로 만들어 다음 회귀모형을 생각하였다.

$$E(Y)=\text{beta\_0}+\text{beta\_1 Sat.Fat}$$

회귀모형을 적합하고 betta_0=0, beta_1=9인지 검정하여라.

19 다음에 주어진 10개 표본가구의 월소득액과 월 통신비지출액의 자료를 참조하여 답을 구하여라.

통신비.dat
통신비.xlsx

소득(만 원 단위)	통신비(천 원 단위)
160	35
450	78
360	102
320	56
300	75
130	26
410	130
150	42
360	59
400	85

a. 월통신비지출액(y)에 대해서 월소득액(x)을 설명변수로 하는 단순선형회귀모형방정식을 설정하고 모숫값을 추정하여라.

b. SS_{xx}, SS_{yy}, SS_{xy}를 구하여라.

c. 오차항의 표준편차를 구하여라.

d. SST(Total Sum of Squares), SSE(Explained SS), SSR(Residual SS)를 구하여라.

e. 이 선형모형을 가지고 얻는 결정계수는 얼마인가?

sea-ice.txt

20 기후과학자들이 해빙의 범위(Extent)를 조사하였다.

Extent = Extent of sea ice

http://nsidc.org

http://climate.nasa.gov/system/internal_resources/details/original/647_Global_Temperature_Data_File.txt

a. 해빙 범위(Extent)를 연도(year)로 회귀분석하여라.

b. 해빙 범위를 1979년 기준연도(Year_since_1979)로 회귀분석하여라.

c. 두 회귀식의 절편항과 기울기 계수값이 수학적으로

$\beta_0 + \beta_1$ year = $\beta_0 + \beta_1$(1979+Year_since_1979)

= ($\beta_0 + \beta_1$ x 1979) + β_1 Year_since_1979

= (new β_0) + β_1 Year_since_1979

와 같이 되므로 연도(year)로 회귀분석한 기울기와 1979년 기준연도(Year_since_1979)로 회귀분석한 기울기가 같아야 한다. 두 회귀식의 기울기가 같은 값으로 추정되었는가? 두 회귀식의 기울기의 0에 대한 검정 P값이 일치하는가? 또한 분산분석표, R^2 등의 통계량 값들이 일치하는가?

amazon-books.txt

21 아마존 가격(Amazon Price)을 예측하는 선형회귀모형을 구축하려고 한다.

http::\www.amazon.com

a. 아마존 가격과 표시 가격(List Price), 커버 종류(Hard/Paper), 페이지 수(Num Pages), 출판연도(Pub Year), 높이(Height), 너비(Width), 두께(Thick), 무게(Weight) 각각의 산점도를 그리고 피어슨 상관계수를 구하여 선형성의 비교해서 제일 강한 것을 선택하여라.

b. 위에서 선택한 X변수로 단순선형회귀모형을 적합하고 적합성을 판단하여라.

c. 피어슨 상관계수의 값과 단순선형회귀모형에서 구한 R-square의 값을 서로 비교하여라.

난방비.dat
난방비.xlsx

22 주택들의 난방비용을 추정하기 위하여 조사된 자료이다.

a. 난방비($)와 외부 최저기온(화씨, F)의 산점도를 그리고 상관계수를 계산하여라. 두 변수의 선형성에 대하여 판단하여라.

b. 난방비를 최저온도로 선형회귀식을 적합하고 결정계수를 구하여라.

c. 상관계수의 제곱값이 결정계수가 됨을 확인하여라.

coasters-2015.txt

23 롤러코스터의 속도를 예측하는 회귀모형을 찾으려고 한다.

Track＝트랙 재질(철, 나무)

Speed＝속도

Height＝높이

Drop＝낙차

Length＝길이

Duration＝지속시간

Inversions＝360도 회전 여부

http:\\www.rcdb.com

a. 낙차를 높이로 나눈 낙차비와 지속시간의 역수인 역지속시간의 두 변수를 추가로 만들어라.

b. 속도를 Y변수로 하고 높이, 낙차, 길이, 지속시간, 낙차비, 역지속시간 각각의 산점도를 그리고 피어슨 상관계수를 계산하여 선형성이 제일 강한 변수를 찾아라.

c. 위에서 찾은 X변수로 회귀식을 적합하고 적합성을 판단하여라.

d. 피어슨 상관계수와 회귀식에서의 R-square 값을 비교하여라.

24 뉴욕시를 기준(100)으로 한 세계 도시별 생활비지수이다.

col–worldwide–2020.txt

http://www.numbeo.com/cost-of-living

a. 생활비지수를 Y변수로 월세(Rent), 식료품비(Groceries), 식당지수(Restaurant), 구매력(Purchasing Power)의 각각의 산점도를 그리고 피어슨 상관계수를 계산하여 선형성이 제일 강한 변수를 찾아라.

b. 위에서 찾은 X변수로 회귀식을 적합하고 적합성을 판단하여라.

c. 피어슨 상관계수와 회귀식에서의 R-square 값을 비교하여라.

25 미국 50개 주의 자료이다. 기대수명(Life Expectancy)을 제일 잘 예측하는 변수를 찾아내려고 한다.

demographics.txt

Murder = 살인건수, 인구 10만 명당

HS Grad = high school graduates, 고졸비율

Income = 수입

Illiteracy = 문맹율

Life Expectancy = 기대수명

http:\\www.census.gov

a. 기대수명을 Y변수로 하여 살인건수, 고졸률, 수입, 문맹율 각각의 산점도를 그리고 피어슨 상관계수를 구하여 선형성이 제일 좋은 것을 찾아라.

b. 선형성이 제일 좋은 것을 X변수로 회귀식을 적합하고 적합성을 판단하여라.

c. R-square 값을 구하고 피어슨 상관계수와 비교하여라.

26 2017년 한 해 동안의 골프 선수들의 여러 자료이다. 프로 골프 선수들에게는 골프 성적(score)이 곧바로 수입과 직결되므로 골프 성적에 영향을 주는 변수가 수입에도 영향을 줄 것이다.

golfers–2017.txt

http://www.espn.com/golf/statistics/_/year/2017/

yds/drive = 드라이버(제일 큰 골프채)의 거리

Dr Accuracy = 드라이버의 정확도

GreensInReg = greens in regulation, 규정 타수 이내의 그린 적중률

PuttAvg = putting average, 평균 퍼팅 수

Save% = save %, 세이브율, 그린에 올라가지 못하였을 때 규정 타수 이내로 플레이한 퍼센트

a. 수입(Earn, earning)과 로그변환한 수입(log earn)의 히스토그램을 그려 정규분포에 가까운 것을 찾아라.

b. 위에서 찾은 것을 Y변수로 한다. Y변수와 드라이브 거리, 드라이브 정확도, 그린 적중률, 평균 퍼팅 수, 세이브율 각각의 산점도를 그리고 피어슨 상관계수를 구하여 선형성이 제일 좋은 것을 찾아라.

c. 선형성이 제일 좋은 것을 X변수로 회귀식을 적합하고 적합성을 판단하여라.

d. R-square 값을 구하고 2번에서 계산한 피어슨 상관계수와 비교하여라.

robsters-2016.txt

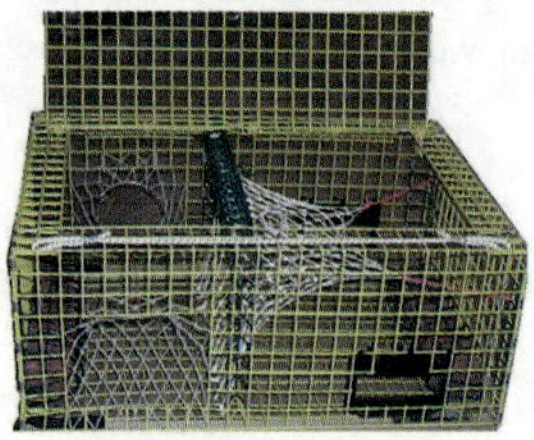

27 미국의 매인 주는 랍스터의 주요 생산지이다.

https://www.maine.gov/dmr/commercial-fishing/landings/documents/lobster.table.pdf

어획량(tonnes, metric tons)
파운드당 가격(price/lb)
자격증 수(number of license holders)
트랩 수(number of traps – millions)
수온(water temp at Boothbay harbor station, C)

랍스터의 파운드당 가격(price/lb)을 회귀모형으로 적합하려고 한다.

a. 랍스터 가격과 어획량, 가격, 자격증 수, 트랩 수, 수온 각각의 산점도를 그리고 피어슨 상관계수값을 계산하여 제일 선형성이 강한 변수를 찾아라.

b. 위에서 찾은 X변수로 선형회귀선을 적합하고 기울기가 0인지 검정하여 기각이 되면 진단점검을 하여라.

c. 피어슨 상관계수와 R-square 값을 비교하여라.

housing-prices.txt
mosaicData::SaratogaHouses

28 미국 뉴욕주의 사라토가 카운티의 2006년 집값(price) 자료이다.

price = price(US dollars)
livingArea = living area(square feet)
bedrooms = number of bedrooms

집값에 대한 단순선형회귀모형을 구축하려고 한다. X변수로 거실 면적(living area)과 방의 수(bedrooms)를 고려한다.

a. 집값과 거실 면적, 집값과 방의 수의 산점도를 그리고 피어슨 상관계수를 구하여 선형성의 강도를 비교하여라.

b. 각각 단순선형회귀모형을 적합하고 적합성을 비교하여 적합성이 높은 모형을 선택하여라.

c. 피어슨 상관계수의 값과 단순선형회귀모형에서 구한 각각의 R-square 값을 서로 비교하여라.

토플토익.dat
토플토익.xlsx

29 토플(TOEFL, Test of English as Foreign Language)과 토익(TOEIC, Test of English for International Communication)은 미국의 ETS(Educational Testing Service)가 주관하는 영어시험이다. 토플과 토익은 서로 다른 목적으로 개발된 시험이기 때문에 문제 내용과 구성이 다르지만, 두 시험 점수 간의 관련성이 있는 것으로 알려졌다. 아래는 임의로 선출된 20명의 학생에게 토플과 토익시험을 모두 치르게 한 뒤 관찰된 자료이다.

수험자	토플점수	토익점수	수험자	토플점수	토익점수
1	83	840	11	104	960
2	80	720	12	77	665
3	67	605	13	68	715
4	97	780	14	73	605
5	104	920	15	75	505
6	57	585	16	80	795
7	65	645	17	64	650
8	89	670	18	64	590
9	96	770	19	62	525
10	80	635	20	92	815

a. 토플점수를 X변수, 토익점수를 Y변수로 하는 산점도를 그리고, 두 변수 간의 선형관계가 존재하는지 확인하여라.

b. 토플점수와 토익점수 간의 표본상관계수를 계산하여라.

c. 토플점수로 토익점수를 예측하는 단순선형회귀식을 최소제곱추정법으로 추정하고, 추정된 회귀식을 구하여라. 이를 회귀식1이라고 하자.

d. 유의수준 5%에서 토플점수와 토익점수가 선형적으로 연관성이 없다는 귀무가설을 검정하여라.

e. 회귀식1의 결정계수를 추정하고 이를 설명하여라.

f. 이번에는 토익점수로 토플점수를 예측하는 단순선형회귀식을 최소제곱추정법으로 추정하고, 추정된 회귀식을 구하여라. 이를 회귀식2라고 하자.

g. 회귀식2를 회귀식1처럼 토플점수로 토익점수를 계산하는 식으로 표현할 수 있다. 이렇게 표현된 식이 회귀식1과 다르다는 것을 확인하고, 그 이유에 대해 논하여라.

30 기대 잔여 수명(Life.expectancy)을 나이(age)로 회귀분석하여라. 110세에서의 평균 기대 잔여 수명을 예측하여 95% 신뢰구간을 구하고 그 통계적 의미에 대하여 설명하여라.

years-to-live-2016.txt

http://www.cdc.gov/nchs/data/nvsr/nvsr65/nvsr65_04.pdf

31 자동차의 속도(speed, miles per hour)와 서는 거리(stopping distance, feet)에 대한 자료이다. Snee, R.D.(1986) An alternative approach to fitting models when re-expression of the response is useful. Journal of Quality Technology, 18, 211-225

stopping.dat
stopping.xlsx

a. 서는 거리를 속도로 회귀식을 적합하고 기울기를 검정하여라.

b. 서는 거리와 속도의 산점도를 그리고 상관계수를 계산하여라. 두 변수의 선형성에 대하여 판단하여라.

c. 진단점검을 실시하여라.

32 다음은 속독훈련 프로그램에 참여중인 8명의 학생의 속독 향상률을 조사한 자료이다.

속독훈련.dat
속독훈련.xlsx

참여한 주 수(week)	속독향상 측정치 (분당 단어 수)
3	86
5	118
2	49
8	193
6	164
9	232
13	73
4	100

a. 8개의 관찰치를 가진 두 변수의 관계를 그래프를 그려보고, 속독훈련에 투입한 시간과 속독의 향상 사이에 어떠한 관계가 있다고 볼 수 있는지 말하여라.

b. 최소자승 회귀방정식을 추정하고, 잔차(residuals)들이 회귀모형의 가정을 만족하는지 알아보라.

mammals.dat
mammals.xlsx
MASS::mammals

33 동물학자인 최 박사는 동물의 몸무게와 뇌의 무게 간의 관계를 연구하고 있다. 임의로 추출된 62개 동물에 대한 자료를 바탕으로 다음 물음에 답하여라.

a. 몸무게를 X축, 뇌무게를 Y축으로 산점도를 그리고 간단히 설명하여라.

b. 종속변수를 동물의 뇌무게로, 설명변수를 동물의 몸무게로 하는 단순선형회귀모형을 설정하고 회귀계수를 추정하여라.

c. 동물의 뇌무게와 동물의 몸무게가 각각 정규분포를 따른다고 볼 수 있는가? 만약, 그렇지 않다면 (b)에서 추정된 회귀식은 타당하다고 볼 수 있는가?

d. (c)에서 (b)의 회귀식이 타당하지 않는다고 답했다면, 로그함수 변수변환을 통해 유의적인 단순회귀모형을 설정하고 회귀계수를 추정하여라. 또한 회귀분석 시의 가정사항을 만족하고 있는지 확인하여라.

tearing.dat
tearing.xlsx

34 각각 일정한 압력(Pressure applied during pressing)을 가해 만들어진 종이 4장씩을 찢어지기까지 필요한 힘(tear factor)을 조사하였다.

Pressing Pressure	Tear factor			
35.0	112	119	117	113
49.5	108	99	112	118
70.0	120	106	102	109
99.0	110	101	99	104
140.0	100	102	96	101

a 산점도를 그려 패턴을 설명하여라.

b. 회귀식을 추정하고 잔차도를 그려라.

c. 이 자료를 실험한 연구자는 Pressing Pressure의 값을 등간격으로 설정하지 않았다. 35.0, 49.5, 70.0, … 값들은 등비율 간격이다. 각각의 비율을 내어 등비율 간격임을 확인하여라.

d. 실험 연구자는 이미 등간격이 아니라 등비율의 pressure가 tear factor에 일정한 비율로 영향을 미친다고 생각하고 있었다. Pressing Pressure를 log변환하여 산점도를 그리고 a

와 비교하여 패턴을 설명하여라.

e. Log(Pressing Pressure)로 회귀식을 추정하고 잔차도를 그려 b의 결과와 비교하여라.

salmon.dat
salmon.xlsx

35 산란기의 물고기 수(Spawners)와 그것들의 새끼가 자라서 성체가 된 물고기 수(Returns or Recruits)의 관계를 나타내는 이론적 모형은 Ricker(1954)가 다음과 같이 제시하였다. Ricker, W. E. (1954), "Stock and Recruitment," Journal of Fisheries Research Board of Canada, 11, 559-623.

$$R = \alpha_1 S \exp(\alpha_2 S)$$

다음은 Riker와 Smith(1975)에 의해 제시된 1940년부터 1970년까지 Skeena River에서 관찰된 홍연어(sockeye salmon)에 대한 자료이다. Ricker, W. E., and Smith, H. D. (1975), "A Revised Interpretation of the History of the Skeena River Sockeye Salmon (Oncorhynchusnerka)," Journal of the Fisheries Research Board of Canada, 32, 1369-1381.

Year	Spawners	Recruits	Year	Spawners	Recruits
1940	963	2215	1954	511	1393
1941	572	1334	1955	87	363
1942	305	800	1956	370	368
1943	272	438	1957	448	2067
1944	824	3071	1958	819	644
1945	940	957	1959	799	1747
1946	486	934	1960	273	744
1947	307	971	1961	936	1087
1948	1066	2257	1962	558	1335
1949	480	1451	1963	597	1981
1950	393	686	1964	848	627
1951	176	127	1965	619	1099
1952	237	700	1966	397	1532
1953	700	1381	1967	616	2086

a. Recruits(Y축)과 Spawners(X축)의 산점도를 그려라.

b. 1951년에 암반이 강으로 미끄러지는 일(rockslide)이 발생하여 1951년과 1955년 자료는 이상치 자료이다. 이 둘 자료를 제거하고 산점도를 그려 a와 비교하여라. 이 이후의 분석은 제거된 자료를 이용한다.

c. Spawners를 X변수, Recruits를 Y변수로 회귀식을 추정하여 R^2값을 구하고 잔차도를 그려라.

Ricker의 이론적 모형을 그대로 추정하려면 비선형모형으로 입문 단계의 수준을 넘어간다. 하지만 위의 모형에서 양변을 S로 나누어 다음 식으로 변형한 후

$$\frac{R}{S} = \alpha_1 \exp(\alpha_2 S)$$

양변을 log 취하면

$$\log\frac{R}{S}=\log\alpha_1+\alpha_2 S$$

가 되어 $Y=\log\frac{R}{S}$, $\beta_0=\log\alpha_1$, $\beta_1=\alpha_2$로 바꾸면

$$Y=\beta_0+\beta_1 X$$

의 선형모형으로 변환시킬 수 있다.

d. Spawners를 X변수, $\log\frac{\text{Recruits}}{\text{Spawners}}$를 Y변수로 회귀식을 추정하여 R^2값을

c. 구하고 잔차도를 그려라.

e. 위의 c와 d에서 F값, R^2값, 잔차도를 비교하여 모형의 적합성을 비교하여라.

음주단속.dat
음주단속.xlsx

36 어느 시의 경찰서에서는 주기적으로 음주운전 단속을 위한 불시검문을 실시하는데, 음주운전으로 의심되는 운전자들은 대개 오랜 술자리 시간 동안 맥주만 2~3캔 정도 마셨을 뿐이라고 항변하며, 음주운전이 아니라고 우기는 경우를 경험하였다. 음주운전 단속을 담당하는 경찰부서는 다음과 같은 표본조사 결과를 받았다.

운전자	맥주량(Beer) (단위: 캔)	혈중알콜농도(BAC) (blood alcohol content)
1	5	0.10
2	2	0.03
3	9	0.19
4	8	0.12
5	3	0.04
6	7	0.095
7	3	0.07
8	5	0.06
9	3	0.02
10	5	0.05
11	4	0.07
12	6	0.1
13	5	0.085
14	7	0.09
15	1	0.1
16	4	0.05

a. 운전자가 마신 맥주 캔수와 BAC 수치 간의 산점도를 그려보라.

b. BAC 수치와 운전자가 마신 맥주 캔수 사이의 회귀관계에 대한 모형식을 써보라.

c. 위 자료에 대한 회귀분석 결과를 간단히 요약하여라. 이러한 회귀분석에서 얻은 R^2값은 얼마인가?

d. 전체 운전자들(모집단)을 놓고 보았을 때, 위의 자료와 회귀분석은 '맥주를 더 마실수록 BAC가 증가하는지'에 대한 유의적인 증거를 주는가? 이를 조사하기 위해 가설을 설정하고, 검정통계량을 계산하여라.

e. 마신 맥주량(Beer)과 BAC 간의 산점도에서 이례적인 관찰치를 발견할 수 있는가? 이 관찰

치에 대한 회귀분석에서의 잔차(residual)는 얼마인가?

f. e에서 발견된 관찰치를 눈으로 판단하여 보았을 때 궁극적으로 회귀분석결과에 영향을 미치는지의 여부에 대해서 설명하여라.

g. e에서 발견된 이상치를 포함시키지 않고서 회귀모형을 다시 추정하여라. 앞서 b 문제에서 얻은 회귀식(이상치 포함)과 이상치를 포함하지 않은 경우의 회귀식을 한 그래프 안에 동시에 나타내어 비교하여라.

h. 앞의 d 문제의 결과와 비교해 볼 때, 이상치를 포함하지 않은 회귀분석에서 R^2값은 어떻게 변화하였는가? 가설검정에서 p값은 어떻게 바뀌는가? d에서의 가설검정 결과는 이상치에 심각한 영향을 받는다고 결론낼 수 있는가?

37 유아 돌연사 증후군(Sudden Infant Death Syndrome, SIDS 또는 Cot Deaths)은 영국에서 매년 1500건 이상이 발생하고 있고, 그 이유는 아직 밝혀지고 있지 않다. 기온(Temperature, ℃)이 영향을 주는 것이라 의심되었다. 다음 표는 온도별 SIDS 사망수이다. 3열은 3달 미만 유아의 평균사망률이고 4열은 3달 이상 1년 이하 유아의 평균사망률이다. 자료수집 기간은 1979년 1월 8일부터 1985년 11월 31일까지이다. Fung, Po-Lin(1992) A study of the relationship between sudden infant death and environmental temperature in England and Wales analyzed using time series regression for counts. MSc Dissertation, Faculty of Social Sciences, University of Southampton, 22, Table 3.1.

mean.dat
mean.xlsx

Temp	Total number of SIDS deaths	<3 months	3−12 months
16.0-16.9	171	1.070	1.105
17.0-17.9	153	1.033	0.967
18.0-18.9	102	1.020	1.206
19.0-19.9	79	1.114	0.962
20.0-20.9	56	0.857	0.804
21.0-21.9	52	0.673	0.846
22.0-22.9	30	0.733	0.833
23.0-23.9	17	1.118	0.471
24.0-24.9	5	1.200	1.200
>=25.0	3	3.667	0.333

a. Temp 자료를 각 계급의 중앙값인 16.5, 17.5, … 등으로 바꾸어라. 마지막 계급은 25도 이상으로 되어 있어 아주 큰 값도 들어갈 수 있지만, 다른 계급과 같은 간격인 25.5로 바꾸어라.

b. Temp와 <3 months의 산점도를 그리고 그 패턴을 설명하여라. 온도를 SIDS에 영향을 주는 요인으로 의심할 정도의 패턴이 보이는가? Temp와 3-12 months의 산점도를 그리고 그 패턴을 <3 months의 경우와 비교하여 설명하여라.

c. Temp와 Total number of SIDS deaths의 산점도를 그리지 않는 이유는 무엇인가?

d. Temp와 <3 months의 이차다항회귀선을 적합하여 산점도 위에 적합한 회귀선을 같이 표시하여라.

다음 자료는 하루 평균 온도가 19도를 넘었을 때의 온도이고 그 다음날의 SIDS deaths를 조사한 자료의 일부분이다.

sids.dat
sids.xlsx

0 19.7	0 20.9	0 19.1	0 19.8	1 20.4	1 22.9	0 21.5	2 20.0	0 19.4	1 21.5
1 21.1	1 19.9	1 21.9	0 19.7	0 20.1	0 20.5	0 20.5	2 19.5	1 20.6	1 21.1
0 19.1	1 19.4	2 19.0	4 19.0	0 19.6	0 20.7	1 19.6	0 21.4	0 22.4	1 19.1

e. Temp와 SIDS deaths의 산점도를 그려라.

f. 점들이 너무 많이 겹치게 되면 얼마나 많은 점들이 있는지 보기 힘들게 된다. jittering 기법을 이용하여 산점도를 다시 그려 b에서의 패턴과 비교하여라. 온도를 SIDS에 영향을 주는 요인으로 의심할 정도인가?

g. Temp와 SIDS deaths의 이차다항회귀선을 적합하여 e에서의 산점도 위에 적합한 회귀선을 같이 표시하여라. 추정된 회귀선의 적합성을 고려할 때 온도를 SIDS에 영향을 주는 요인으로 의심할 정도인가?

h. X변수의 자료 범위가 d의 경우와 다르다. 또한 d에서는 3달 미만의 유아만 포함된 평균이다. 그럼에도 불구하고 b와 g를 비교할 때 온도를 SIDS에 영향을 주는 요인으로 의심할 정도인지에 대한 결론이 왜 다른가?

15 다중선형회귀분석

Adrien-Marie Legendre(1752 ~ 1833)

프랑스 수학자. 통계학, 정수론, 대수학 분야에 업적을 남김. 1805년에 최소제곱법 발표. Carl Friedrich Gauss는 1809년에 발표된 논문에서 최소제곱법을 1794년부터 사용하였다고 주장.

국민총생산에 영향을 주는 것이 이자율 이외에 수출, 수입, R&D비율, 실업률 등 여러 가지일 수 있다. 몸무게를 설명할 수 있는 변수가 키뿐 아니라 하루 칼로리 섭취량과 운동량도 영향을 줄 것이라고 생각한다면 키, 칼로리 섭취량과 운동량을 동시에 고려하여 선형회귀분석을 시도할 수 있다. 이와 같이 둘 이상의 설명변수를 고려하는 것을 다중선형회귀분석이라고 한다.

제14장에서는 반응변수 또는 종속변수를 설명하기 위하여 하나의 설명변수 또는 독립변수를 이용하는 단순회귀분석에 대하여 논의하였다. 이 장에서는 반응변수를 설명하기 위하여 2개 이상의 설명변수를 이용하는 **다중선형회귀모형(multiple linear regression model)**을 다루고자 한다.

15.1 다중선형회귀

표 15.1은 광고비와 설비투자가 매출액에 어떤 영향을 미치는가를 보여 주고 있다. 매출액은 반응변수 Y이고, 광고비는 첫 번째 설명변수 X_1 그리고 설비투자는 두 번째 설명변수 X_2이다. 표 15.1의 예에서 보여 주는 바와 같이 단순회귀모형은 하나의 설명변수를 고려하는데 비하여, 다중선형회귀모형은 2개 이상의 설명변수를 고려하여 반응변수를 설명하는 회귀모형이다.

표 15.1 광고비 및 설비투자와 매출액 연관성 비교 자료(단위 : 억 원)

광고비설비투자.dat
광고비설비투자.xlsx

광 고 비	5	6	7	8	9	11	12	13	14	15
설비투자	2	1.9	4	5.6	6.1	6.2	7	7.2	8	9
매 출 액	16	19	18	20	24	26	30	32	31	34

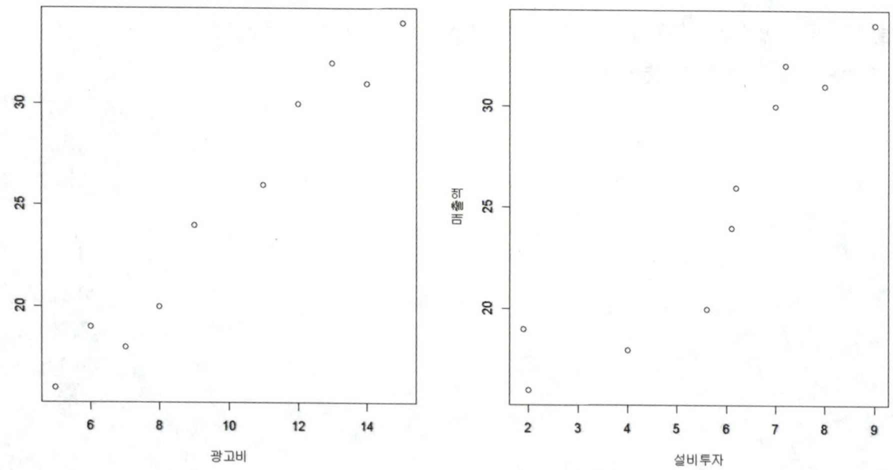

그림 15.1
매출액 산점도

매출액(Y)이 광고비(X_1)와 설비투자(X_2)의 다중선형회귀모형은 다음과 같다.

$$Y_i=\beta_0+\beta_i X_{1i}+\beta_2 X_{2i}+\varepsilon_i, \qquad i=1, \cdots, 10$$

여기서 첨자 i는 i번째 관찰값이고 관찰값의 수는 $n=10$이다.

이와 같이 모형을 설정하고 주어진 자료를 이용하여 두 계수 β_1, β_2를 추정하여 두 개의 설명변수 광고비(X_1)와 설비투자(X_2)가 매출액(Y)에 미치는 영향을 분석하는 것이 다중회귀선형모형이다.

일반적으로 반응변수 Y를 k개의 설명변수 X_1, X_2, $\cdots$, X_k로 선형적(linear)으로 설명하는 모형을 고려하면 다음과 같이 요약할 수 있다.

다중선형회귀모형

$$Y=\beta_0+\beta_1X_1+\beta_2X_2+\cdots+\beta_kX_k+\varepsilon$$

여기서, Y : 종속변수, X_j : j번째 독립변수,

β_0 : Y절편, β_j : j번째 모수, ε : 오차

14장의 단순선형회귀모형에서와 마찬가지로 오차 ε은 확률변수(random variable)로 Y와 X의 선형관계로 설명할 수 없는 부분을 나타낸다. 또한 오차 ε은 평균 $\mu_\varepsilon=0$와 분산 σ^2이고, 독립변수 X와 연관성이 없는 것으로 가정한다. 단순선형회귀에서와 같이 독립변수 X들은 확률변수로 취급하지 않고 독립변수들의 관찰값이 주어진 것으로 생각한다. 즉, X들은 상수이다.

회귀분석의 목적은 다중선형회귀식을 추정하는 것이라고 언급할 수 있다. "다중선형회귀식은 반응변수 Y의 기댓값을 추정한다"라는 의미로서 k개의 설명변수를 고려한 다중선형회귀모형의 회귀식은 다음과 같다.

다중선형회귀식

$$E(Y_i)=\beta_0+\beta_1x_{1i}+\beta_2x_{2i}+\cdots+\beta_kx_{ki}, \qquad i=1, \cdots, n$$

여기서 $E(Y_i)$는 Y_i의 기댓값(평균)이면서 회귀식으로 표현된다.

주어진 자료를 이용하여 다중선형회귀식의 추정값은 다음과 같다.

추정된 다중선형회귀식

$$\hat{y}_i=b_0+b_1x_{1i}+b_2x_{2i}+\cdots+b_kx_{ki}, \qquad i=1, \cdots, n$$

여기서 b_0, b_1, $\cdots$, b_k는 설명변수들의 계수인 모수(parameter) β_0, β_1, $\cdots$, β_k의 추정값들로서 오차제곱의 합을 최소로 하는 최소제곱추정법(least squares estimation method)으로 추정된다.

최소제곱추정법

β_0, β_1, $\cdots$, β_k의 추정값(estimated value) b_0, b_1, $\cdots$, b_k를 $\sum_{i=1}^{n}\varepsilon_i^2$가 최소화되도록 β_0를 선택하는 방법을 최소제곱추정법이라고 한다. 즉,

$$(b_0, b_1, \cdots, b_k)=\underset{(\beta_0, \beta_1, \cdots, \beta_k)}{\arg\min}\sum_{i=1}^{n}\varepsilon_i^2=\underset{(\beta_0, \beta_1, \cdots, \beta_k)}{\arg\min}\sum_{i=1}^{n}(y_i-\beta_0-\beta_1x_{1i}-\cdots-\beta_kx_{ki})^2$$

arg min은 argument minimum의 약자로 최소화시키는 변수(인수)를 찾는 것이다.

최소제곱추정법에 의하여 추정된 계수 b_1, ⋯, b_k의 의미는 다음과 같이 요약할 수 있다.

추정계수 b_j, ($j=1, \cdots, k$)의 해석

j번째 설명변수 X_j를 제외한 나머지 설명변수(X_1, ⋯, X_{j-1}, X_{j+1}, ⋯, X_k)들이 고정되어 있다는 가정하에 X_j가 1단위 변화할 때 Y의 변화량이다.

b_0는 $X_1=X_2=\cdots=X_k=0$일 때 Y절편으로 제14장에서 언급한 바와 마찬가지로 X값들의 범위가 0을 포함하지 않을 경우 큰 의미를 두지 않는다. 하지만 회귀식의 적합성을 높이기 위하여 회귀식에 포함한다.

표 15.1을 이용하여 최소제곱추정법에 의하여 추정된 계수 b_0, b_1, b_2를 이용한 추정회귀식은 다음과 같다.

$$\hat{Y}=17.176+1.189X_1-0.237X_2$$

추정계수 1.189의 의미는 설비투자(X_2)가 고정되어 있을 때 광고비(X_1)가 1단위(1억 원) 증가할 때 매출액(Y)이 1.189단위(1억1천8백9십만 원) 증가함을 의미한다. 또한 추정계수 −0.237의 의미는 광고비(X_1)가 고정되어 있을 때 설비투자(X_2)가 1단위(1억 원) 증가할 때 매출액(Y)이 0.237단위(2천3백7십만 원) 감소함을 의미한다. 한편, Y절편의 추정계수 17.176의 의미는 광고비(X_1) 및 설비투자(X_2)가 0일 때의 매출액을 나타내지만, 14장에서 논의한 바와 같이 표 15.1을 살펴보면 설명변수들의 범위가 0을 포함하지 않는 관계로 단지 산술적 계산값을 의미한다. Y절편의 경우 회귀식의 적합성을 증가시키기 위하여 매우 특별한 상황이 아니라면 모형에 포함시키도록 한다.

15.2 유의성 검정

최소제곱추정법에 의하여 i번째 관찰값의 추정된 다중선형회귀식은 $\hat{y}_i=b_0+b_1x_i+b_2x_{2i}+\cdots+b_kx_{ki}$이다. 총제곱합은 회귀제곱합과 오차제곱합으로 분해된다.

$$\text{SST}=\sum_{i=1}^{n}(y_i-\bar{y})^2=\sum_{i=1}^{n}(\hat{y}_i-\bar{y})^2+\sum_{i=1}^{n}(y_i-\hat{y}_i)^2=\text{SSR}+\text{SSE}$$

오차제곱합 SSE(Sum of Squares due to Error)는 다음과 같다.

$$\text{SSE}=\sum_{i=1}^{n}(y_i-\hat{y}_i)^2=\sum_{i=1}^{n}(y_i-b_0-b_1x_{1i}-b_2x_{2i}-\cdots-b_kx_{ki})^2$$

오차항(ε)의 분산 σ^2은 다음과 같이 오차평균제곱 MSE(Mean Square due to Error)로 추정된다.

MSE(분산의 추정값)

$$s^2=\hat{\sigma}^2=MSE=\frac{SSE}{n-k-1}$$

여기서 $n-k-1$은 자유도이다.

모든 설명변수들이 반응변수에 선형적으로 아무런 관계가 없다는 것을 고려하기로 한다. 다시 말해서 X_i, ⋯, X_p들과 Y가 선형적 함수를 형성하지 못하는 것으로 설명변수의 계수들이 0, 즉, $\beta_1=\cdots=\beta_k=0$임을 의미한다. 이런 질문에 대한 해결책으로 F검정에 기초한 유의성 검정에 관한 내용으로 다음과 같이 요약된다.

다중선형회귀모형에 대한 유의성 F검정

- 귀무가설 및 대립가설

$$H_0:\beta_1=\cdots=\beta_k=0 \text{ vs } H_a: \text{적어도 하나의 } \beta_j\text{는 0이 아님}$$

- 검정통계량

$$F=\frac{MSR}{MSE}=\frac{SSR/k}{SSE/(n-k-1)} \sim F(k, n-k-1)$$

여기서, SSR=회귀식에 의한 변동량, $MSR=SSR/k$,
SSE=오차에 의한 변동량, $MSE=SSE/(n-k-1)$,
$F(k, n-k-1)$는 자유도가 k, $n-k-1$인 F분포,

- 검정 방법

1. p값 방법 : 만약 p값 $\le\alpha$이면, H_0 기각
2. 기각역 방법 : 만약 $F\ge F_\alpha$이면, H_0 기각
   여기서 F_α는 자유도가 k, $n-k-1$인 F분포에서 상위 α인 분위수(fractile)

표 15.2는 다중선형회귀모형의 분산분석(ANOVA, analysis of variance)표의 일반적인 형태이다.

표 15.2 다중선형회귀모형의 분산분석(ANOVA)표

변동요인	제곱합(SS)	자유도	MS	검정통계량
처리	SSR	k	MSR=SSR/k	F=MSR/MSE
오차	SSE	$n-k-1$	MSE=SSE/$(n-k-1)$	
계	SST	$n-1$		

F검정은 회귀모형의 모든 모수의 유의성에 대한 **총체적 검정(overall test for significance of all parameters)**<을 수행한다. 그렇지만 일반적으로 Y절편을 나타내는 β_0는 F검정에서 제외한다. 대개 많은 통계 패키지(Excel, SPSS, SAS, Mintab 등)의 기본 사항은 β_0

를 제외한 F검정을 수행한 결과를 보여 주고 있다.

표 15.3 광고비 및 설비투자와 매출액 자료 분산분석(ANOVA)표

변동요인	제곱합(SS)	자유도	MS	F검정통계량	p값
처리	116.693	2	58.346	34.89	0.0002
오차	11.707	7	1.672		
계	128.400	9			

표 15.1의 회귀분석 결과의 분산분석표는 표 15.3이다. p값이 0.0002로 매우 작으며, 또한 유의수준 $\alpha=0.01$하에서 검정통계량 $F=34.89>F_{0.01}(2,\ 7)=9.55$이므로 귀무가설 H_0:$\beta_1=\beta_2=0$이 기각된다. 총체적 검정인 F검정 결과 광고비 또는 설비투자비 중 적어도 하나는 매출액에 선형적으로 유의적인 의미를 갖는 것으로 해석된다.

다중선형회귀모형에서 설명변수들의 계수인 모수의 유의성에 대한 총체적 검정 결과 귀무가설 H_0:$\beta_1=\cdots=\beta_k=0$이 기각되면, 최소한 하나 이상의 β_j가 0이 아닌 것이므로개별적 변수에 대한 유의성 검정을 실시한다. j번째 설명변수 X_j가 반응변수 Y에 선형적 연관성이 없다고 하면 $\beta_j=0$일 것이고, 선형적 연관성이 있다고 하면 $\beta_j\neq0$일 것이다. 개별적 계수에 대한 유의성 검정은 14장에서 논의한 바와 같이 t검정(test)을 이용한 가설검정을 실시한다.

개별 계수(β_j)에 대한 유의성 t검정

• 귀무가설 및 대립가설

$$H_0\text{:}\beta_j=0 \quad \text{vs} \quad \text{H}_\text{a}\text{:}\beta_j\neq0$$

• 검정통계량

$$t=\frac{b_j}{s_{b_j}} \sim t(n-k-1)$$

여기서 s_{b_j}는 b_j의 표본표준편차, $t(n-k-1)$는 자유도가 $n-k-1$인 t분포

• 검정 방법

1. p값 방법 : 만약 p값$\leq\alpha$ 이면, H_0 기각
2. 기각역 방법 : 만약 $t\leq-t_{\frac{\alpha}{2}}$ 또는 $t\geq t_{\frac{\alpha}{2}}$이면, H_0 기각
   여기서, $t_{\frac{\alpha}{2}}$는 자유도가 $n-k-1$인 t 분포에서 상위 $\alpha/2$인 분위수

이제까지 특정 설명변수가 반응변수에 선형적으로 아무런 관계가 없다는 것에 대하여 개별적인 모수에 대한 t검정에 대하여 알아보았다.

표 15.4는 표 15.1의 자료를 이용하여 추정된 회귀모형 결과이다. 표 15.1의 예에서 부록의 A.3 t분포표로부터 $t=2.912\geq t_{0.025}(8)=2.365$이고, p값$=0.000$으로 유의수준 $\alpha=0.05$하에서 귀무가설 H_0:$\beta_1=0$을 기각한다. 광고비가 매출액에 통계적으로 유의적인 선형관계가 있는 것으로 해석할 수 있다. 한편, 설비투자 p값은 0.7014로 귀무가설 H_0:$\beta_2=0$는 기각

되지 못하고, 설비투자비는 매출액에 통계적으로 비유의적인 관계로 판단된다.

표 15.4 광고비 및 설비투자와 매출액 자료 모수 추정 결과 (단위 : 억 원)

모수	추정값	표준오차	t 통계량	p 값
β_0	17.176	1.3758	12.484	0.0000
β_1	1.186	0.4084	2.912	0.0226
β_2	−0.237	0.5936	−0.400	0.7014

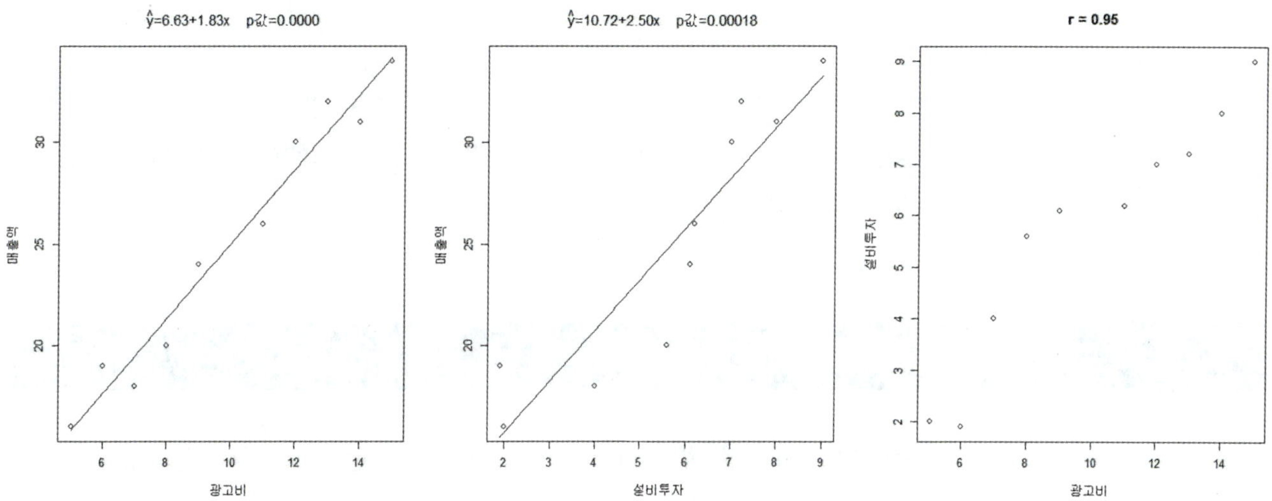

그림 15.2
개별 단순회귀와 상관계수

그림 15.1에서 보듯이 광고비와 설비투자는 각기 매출액과 선형관계를 갖고 있다. 광고비와 매출액의 관계는 표 14.3에서 p값=0.0000로 통계적으로 매우 유의적인 결과였다. 설비투자 또한 p값=0.00018(각자 해볼 것)로 매우 유의적이다. 광고비와 설비투자가 각기 별개의 회귀식에서는 유의적이지만 두 개가 같이 들어간 모형에서는 광고비만 유의적이고, 설비투자는 비유의적인 결과가 되었다. 두 변수 사이의 선형관계를 나타내는 계수가 상관계수인데, 광고비와 설비투자의 상관계수는 0.95로 높음에 주의하자. 광고비와 설비투자의 높은 선형관계로 인하여 매출액을 설명하는 변수로서의 설비투자의 역할은 광고비가 '전부 가지고 가서' 설비투자의 역할은 더 이상 없게 된 것이다. 이와 같이 각각의 단순회귀에서 유의적이라도 다중회귀에서는 설명변수들끼리 높은 상관계수값을 갖게 되면 그들 중 일부 변수가 비유의적으로 되는 경우가 상당히 많다. 단순회귀에서의 X변수 유의성이 다중회귀에서도 보장되는 것은 아니다. X변수들끼리의 선형관계에 따라 달라지게 된다.

15.3 결정계수

14장의 단순선형회귀모형에서와 마찬가지로 다중선형회귀모형에서도 설명변수들이 반응변수를 선형적으로 얼마나 설명하고 있는지를 표현하는 것이 결정계수이다.

결정계수 R^2 (determination Coefficient R^2)

$$R^2=\frac{SSR}{SST}=1-\frac{SSE}{SST}=\frac{\sum_{i=1}^{n}(\hat{y}_i-\overline{y})^2}{\sum_{i=1}^{n}(y_i-\overline{y})^2}$$

- $0\leq R^2\leq 1$
- R^2이 1에 가까울수록 추정된 회귀식이 총변동량의 많은 부분을 설명한다.
- R^2이 0에 가까울수록 추정된 회귀식이 총변동량을 적절하게 설명하지 못한다.

표 15.1의 자료를 이용하여 추정된 결정계수는 $R^2=\frac{166.693}{128.4}=0.9088$로서 광고비 및 설비투자비가 매출액을 선형적으로 많은 부분, 즉 전체 총변동량의 대략 91% 정도를 설명하고 있다. 결정계수가 가정한 다중선형회귀모형의 설명력을 표현하는 유용하고 중요한 측정 지표라고 할 수 있다.

15.4 다중회귀모형의 가정사항과 진단

다중회귀모형의 가정사항은 14장의 단순선형회귀에서 논의한 가정사항들과 동일하다.

다중선형회귀모형의 가정

$$Y_i=\beta_0+\beta_1X_{1i}+\cdots+\beta_kX_{ki}+\varepsilon_i,\quad i=1,\cdots,n$$

1. 오차항(ε_i)의 평균은 0이다 : $E(\varepsilon_i)=0$
2. 오차항의 분산 σ^2는 X_{ij}의 모든 값에 대하여 항상 같다(등분산 가정 : $Var(\varepsilon_i)=\sigma^2$).
3. 오차항(ε_i)들은 서로 독립적이다.
4. 오차항(ε_i)은 정규분포를 따른다 : $\varepsilon_i \sim N(0, \sigma^2)$.

다중선형회귀모형의 가정사항은 기본적으로 14.3절의 단순회귀모형의 가정사항의 내용과 동일하다. 회귀모형의 가정사항을 점검하기 위해서는 14.7절의 회귀모형진단 및 처방 또한 똑같은 과정을 수행하면 된다. 다만 X변수가 여러 개이므로 다중공선성에 대한 진단이 하나 추가된다.

회귀진단 항목

모형의 선형성(linearity)

오차의 정규성(normality), 등분산성(homoscedasticity), 독립성(independence)

이상값(outlier)의 존재

영향관찰치(influential observation)의 존재

다중공선성(multicollinearity)

선형모형의 적합성, 이상치(outlier)의 존재 여부, 영향력이 큰 관찰치(influential observation, 영향관찰치)의 존재 여부는 단순선형회귀분석과 같이 XY 산점도에서 볼 수 있다. X변수들이 여러 개이므로 **산점도행렬(scatter plot matrix)**을 그려보아야 한다. 다만 X변수들이 너무 많아 산점도행렬의 각 칸이 너무 작아지는 경우와 관찰치의 개수가 너무 많아 점들이 겹쳐지는 경우에 자세히 볼 수 없게 되면 X변수들을 그룹으로 나누어 산점도행렬을 여러 개 그리거나 특별히 자세히 보고 싶은 것은 아예 따로 그려야 한다.

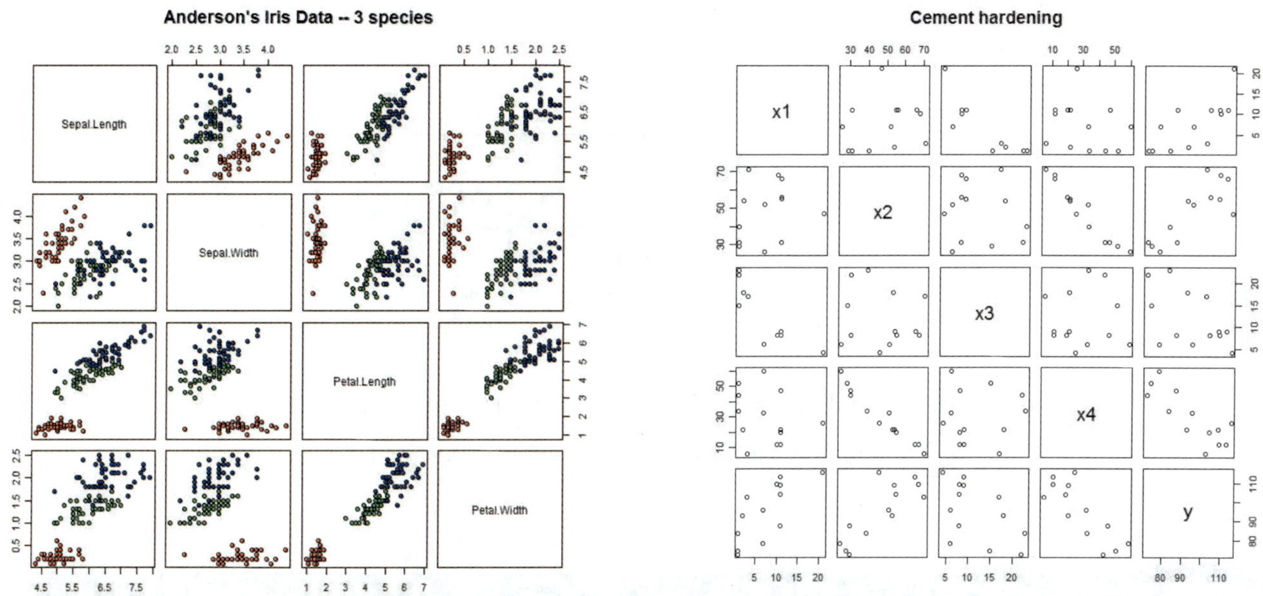

그림 15.3
산점도행렬의 예

다중공선성(multicollinearity)은 X변수들 사이의 선형독립성(linear independence)이 성립하지 못한 상태이다. X변수 중 하나와 다른 X변수들의 선형결합(linear combination)이 매우 높은 상관관계에 있을 때를 이르는 말이다. 다중공선성이 존재하면, X변수들의 기울기를 정확히 계산하지 못하거나 아예 계산이 되지 않는다. 예를 들면, 월요일부터 일요일까지의 판매량과 매주 총판매량이 X변수들로 되어 있다면, 매주의 총판매량은 월요일부터 일요일까지의 판매량의 합과 정확히 일치할 것이다. 이런 경우 완벽한 선형종속(linear dependence)이 되어 다중공선성의 문제가 발생하여 X변수의 기울기들을 계산할 수 없다. 총판매량을 모형에서 제거하여야 한다. 완벽한 선형종속이 아니더라도 상당히 높은 선형관계가 있으면 다중공선성의 문제가 발생한다.

다중공선성의 진단

(1) 산점도행렬 또는 개별 X변수끼리의 산점도에서 거의 직선에 가까운 선형관계를 보이거나,

(2) X변수 하나를 뺄 때와 추가할 때 다른 X변수들의 기울기 추정값들이 많이 변동하거나,

(3) 분산분석표에 의해서 유의적으로 기울기들이 모두 0이 아니지만 문제가 되는 X변수의 기울기는 비유의적일 때

다중공선성을 의심할 필요가 있다. 위의 세 가지 진단 방법 이외에도 분산확대인수(variance inflation factor)를 계산하거나 통계적 검정을 하는 방법이 있지만, 이 책의 수준을 넘어서는 내용이다.

오차에 대한 가정사항을 진단하려면 잔차그림을 그린다. 표 15.1의 다중선형회귀 추정 후 잔차그림(residual plot)을 그려 보면 그림 15.4와 같다. 그림 15.4에서 보듯이 가정한 회귀모형이 대체로 가정 사항을 만족하고 있음을 알 수 있다.

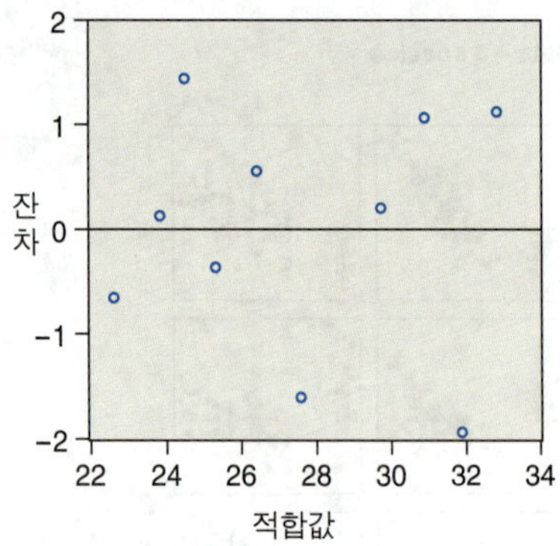

그림 15.4
매출액 자료의 적합값과 잔차그림

표 15.4에서 보는 바와 같이 유의수준 $\alpha=0.05$하에서 설비투자비가 비유의적으로 가정 모형에서 제외시키면 표 14.1의 단순선형회귀모형으로 돌아감을 알 수 있다.

15.5 가변수

14장과 15장에서 이제까지는 회귀분석을 설명하면서 독립변수 또는 설명변수가 모두 양적 자료(quantitative data)를 갖는 양적변수인 경우만을 다루었다. 하지만 회귀분석의 독립변수에는 성별(남, 녀)과 같은 질적 자료(qualitative data)를 갖는 질적변수를 포함시킬 수도 있다. 양적 자료와 질적 자료에 대한 설명은 1.4절을 참조하길 바란다.

현대 투싼 충돌실험 더미

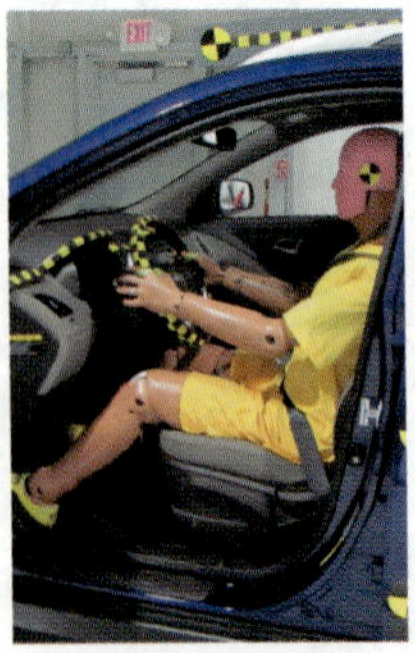

출처: en.wikipedia.org

가장 간단한 경우의 질적변수는 남과 여의 성별처럼 두 가지 값만을 갖는 경우이다. 경제 관련 자료를 회귀분석하는데 IMF 이전과 이후를 나타내는 변수를 포함하고 싶을 때, 치킨 판매점의 판매량 자료를 회귀분석하는데 비가 오는지 여부를 나타내는 변수를 포함하고자 할 때 등 이러한 질적변수가 취하는 값들은 통계분석을 위하여 일반적으로 0과 1로 코딩하는 것이 편리하다. 이처럼 질적변수이지만 통계분석을 위하여 0과 1로 코딩된 변수를 **가변수(dummy variable)**라고 한다.

설명의 편의를 위하여 표 15.1에 제시된 광고비와 설비투자가 매출액에 어떤 영향을 미치는지를 살펴보기로 하겠다. 가변수를 설명하기 위하여 설비투자는 6억 원을 기준으로 "적다"와 "많다"로 나누어진다고 가정해 보자. 그러면 설비투자라는 변수는 6억 미만이면 0, 6억 이상이면 1로 코딩될 수 있다. 이 경우 표 15.1에 제시된 자료는 표 15.5처럼 변형되었다.

표 15.5 광고비 및 설비투자와 매출액 연관성 비교자료(광고비와 매출액의 단위: 억 원)

광고비설비투자 2.dat
광고비설비투자 2.xlsx

광고비(X_1 advt)	5	6	7	8	9	11	12	13	14	15
설비투자(X_2 invest)	0	0	0	0	1	1	1	1	1	1
매출액(Y sales)	16	19	18	20	24	26	30	32	31	34

매출액(Y)의 광고비(X_1)와 설비투자(X_2)의 다중선형회귀모형은 다음과 같다.

$$Y_i = \beta_0 + \beta_1 X_{1i} + \beta_2 X_{2i} + \varepsilon_i \quad i = 1,\ldots, 10$$

여기서 첨자 i는 i번째 관찰값이고 관찰수는 $n=10$이다. 이 모형은 15.1절에 나오는 모형과 동일해 보이지만, 설비투자(X_{2i})는 양적변수가 아니고 설비투자액이 6억 미만이면 $x_{2i}=0$, 6억 이상이면 $x_{2i}=1$인 가변수이다.

위 모형을 보다 더 정확하게 이해하기 위해서는, $X_{2i}=0$인 경우와 $X_{2i}=1$인 경우를 나누어 다중선형회귀식을 생각하면 도움이 된다. 설비투자액이 6억 미만인 경우에는 $X_{2i}=0$이므로

$$E(Y_i) = \beta_0 + \beta_1 X_{1i}$$

이고, 설비투자액이 6억 이상인 경우에는 $X_{2i}=1$이므로

$$E(Y_i) = \beta_0 + \beta_1 X_{1i} + \beta_2 = (\beta_0 + \beta_2) + \beta_1 X_{1i}$$

이다. 즉, 두 회귀식은 모두 직선으로서, 기울기는 β_1으로 같고 y절편만 β_2만큼 차이가 나는 것을 알 수 있다. β_2가 양수인 경우 두 회귀식을 그림으로 표현하면 그림 15.5와 같을 것이다.

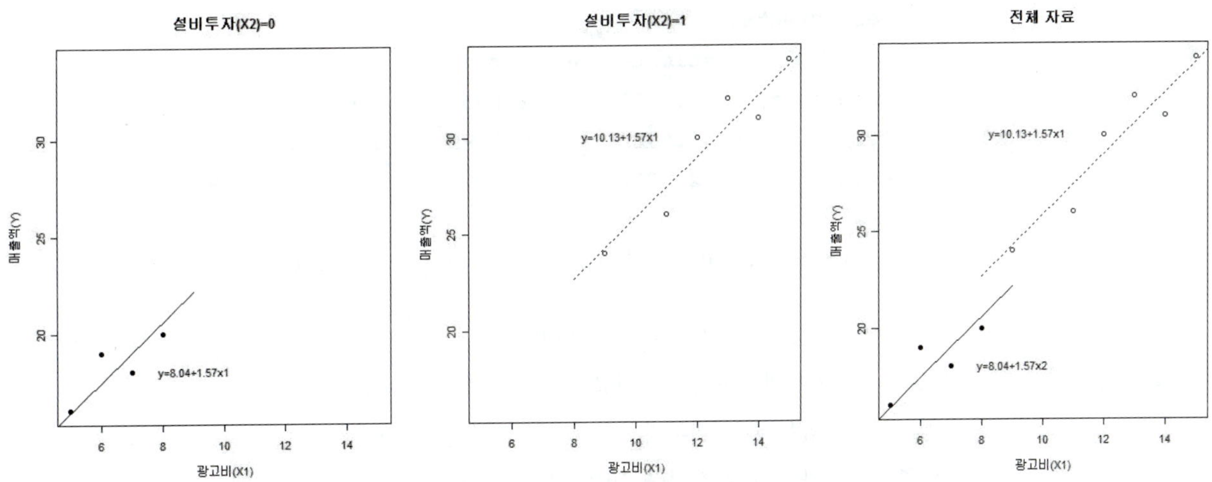

그림 15.5
가변수의 영향

표 15.5의 자료에서 $Y=8.04+1.57X_1=2.09X_2$로 추정되었다. 설비투자(X_2)의 값이 0인 경우는 검은 점으로 표시된 첫 번째 그림이고, 적합선은 $Y=8.04+1.57X_1$이다. 두 번째 그림은 $X_2=1$인 경우에 $Y=10.13+1.57X_1$로 적합된 것을 보여 주고 있다. 두 적합선의 차이가 $b_2=2.09$만큼 차이가 나는 것을 확인하여라. 세 번째 그림은 전체 자료를 보여 주고 있다.

회귀계수를 추정하는 방법과 검정하는 방법은 15.2절에 나온 내용과 동일하므로 여기서는 따로 설명하지 않는다. 15.2절에 나온 방법을 사용하여 회귀계수를 구하고 분산분석표를 작성하면 다음과 같다. 표 15.5의 경우처럼 독립변수가 둘이고, 그중 하나가 가변수인 경우 분산분석표는 표 15.6처럼 주어진다.

표 15.6 분산분석표

변동요인	제곱합	자유도	MS	검정통계량
처리	SSR	k	MSR=SSR/k	F=MSR/MSE
오차	SSE	$n-k-1$	MSE=SSE/$(n-k-1)$	
계	SST	$n-1$		

표 15.5에 나온 자료를 실제로 분석해 보면, 표 15.7과 같은 분산분석표를 얻는다. 회귀계수 전체에 대한 검정은 유의적으로 나왔다($F_{2,7}=126.2$, p값$=0.000$).

표 15.7 매출액 자료의 분산분석 결과물

변동요인	제곱합	자유도	MS	검정통계량
처리	373.65	2	186.83	$F=126.2$
오차	10.36	7	1.48	
계	384.01	9		

표 15.8과 같은 광고비 및 설비투자와 매출액 사이의 회귀분석에 대한 회귀계수의 추정치를 얻는다.

표 15.8 계숫값에 대한 검정

```
Coefficients:
             Estimate  Std. Error  t value  Pr(>|t|)
(Intercept)    8.0412      1.6052    5.009  0.001549  **
advt           1.5706      0.2285    6.872  0.000237  ***
invest         2.0882      1.5472    1.350  0.219135
---
Signif.codes: 0 '***' 0.001 '**' 0.01 '*' 0.05 '.' 0.1 ' ' 1
```

설비투자(invest)의 계숫값이 2.0882이다. 여기서는 계숫값이 비유의적이지만(p값 $=0.219$), 만일 유의적이었다면 다음과 같은 해석이 가능하다.

설비투자가 있을 때(설비투자=1)가 없을 때(설비투자=0)에 비하여 2억원 조금 넘게 매출액 증가효과가 있다는 것이다. 만일 계숫값이 음수였다면 '감소'로 해석하여야 한다.

위의 예에서 X_2를 4억 미만, 4억~8억 미만, 8억 이상과 같이 세 개의 범주로 바꾼다면 위의 방법을 그대로 적용할 수 없다. 세 가지 이상의 상황을 나타내는 질적변수에 대한 것은 연습문제 18번과 19번을 참고하기 바란다. 자세한 내용은 전문 회귀분석 관련 책을 참고하기 바란다.

15.6 다항회귀

14장과 15장의 앞부분에서는 회귀분석을 설명하면서 독립변수 또는 설명변수가 종속변수와 직선적인 관계를 갖는 경우만을 설명하였다. 하지만 독립변수와 종속변수의 관계가 직선적인 관계만으로는 설명되지 않는 곡선 관계를 가질 수도 있다. 그림 15.6은 독립변수와 종속변수의 관계가 직선식보다는 곡선식으로 더 잘 설명될 수 있는 사례들을 보여 준다.

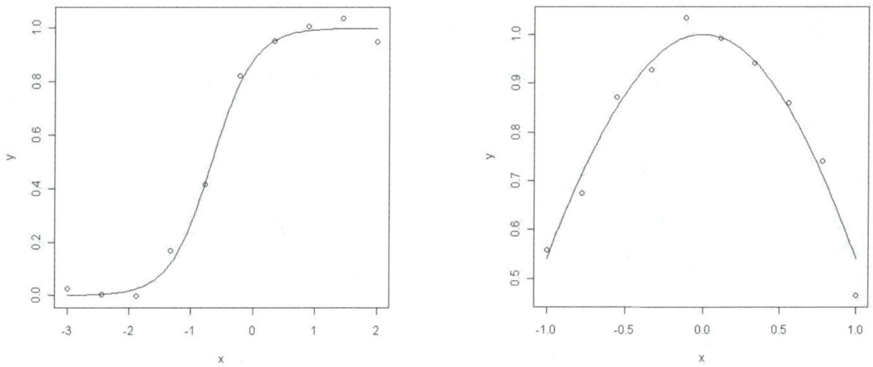

그림 15.6
곡선형태의 자료들

이러한 곡선식을 표현하기 위해서는 회귀모형에 독립변수(X)의 2차항 또는 3차항이 포함되는 것이 더 적절할 것이다. 이러한 2차항 이상의 항이 추가되어 있는 것을 **다항회귀모형(polynomial regression model)**이라고 한다. 2차항(second degree term)이 포함되는 회귀모형을 **2차다항회귀모형(quadratic regression model second degree polynomial regression model)**이라고 하며, 독립변수(x)가 하나인 경우는

$$Y=\beta_0+\beta_1X+\beta_2X^2+\varepsilon$$

이고 독립변수가 두 개인 경우 (X_1, X_2)인 경우는 다음과 같다.

$$Y=\beta_0+\beta_1X_1+\beta_2X_2+\beta_{11}X_1^2+\beta_{22}X_2^2+\beta_{12}X_1X_2+\varepsilon$$

이 모형에서 X_1과 X_2가 곱해진 X_1X_2는 **상호작용(interaction)**을 나타낸다. 상호작용의 의미를 이해하기 위하여 위 모형에서 상호작용항이 없는 경우를 생각하여 보자. 그 경우에는 X_1이 1단위만큼 증가하면 Y는 $\beta_1+\beta_{11}$만큼 변화한다. 즉, X_1의 변화가 X_2의 값에 상관없이 Y에 영향을 미치게 된다. 반면에 상호작용이 있는 경우에는 X_1이 1단위만큼 증가하면 Y는 $\beta_1+\beta_{11}+\beta_{12}X_2$만큼 변화한다. 즉, X_1의 변화가 Y에 미치는 영향은 X_2의 값에 따라 달라지게 된다. 이처럼 다항회귀를 사용하면 일차식만을 포함하는 단순회귀모형에 비하여 더 다양한 회귀모형을 만들어낼 수 있다.

이러한 다항회귀모형을 적합시키는 경우에 회귀계수에 대한 추정과 검정은 15.1절과 2절에의 방법을 그대로 사용할 수 있다. 예를 들어, 다항회귀모형이

$$Y=\beta_0+\beta_1X+\beta_2X^2+\varepsilon$$

인 경우에는 X를 X_1으로 놓고 X^2을 X_2로 놓은 후, 회귀계수들을 추정하여 검정하면 되고, 다항회귀모형이

$$Y=\beta_0+\beta_1X_1+\beta_2X_2+\beta_{11}X_1^2+\beta_{22}X_2^2+\beta_{12}X_1X_2+\varepsilon$$

인 경우에는 X_1과 X_2를 그대로 놓은 채, X_1^2, X_2^2, X_1X_2를 X_3, X_4, X_5로 각각 놓은 후, 15장에서 배운 방법으로 회귀계수들을 추정하고 검정하면 된다. X_1X_2은 X_1변수와 X_2변수의 상호작용을 나타내는 항이 된다.

예제 15.1

철강공정.dat
철강공정.xlsx

다음 자료는 어떤 철강공정에서 사용되는 독립변수인 온도와 종속변수인 강도를 나타내는 자료이다.

표 15.9 철강공정에서 온도와 제품 강도

온도(X)	250	260	270	280	290	300	310	320	330	340
강도(Y)	45	51	56	70	72	86	81	67	53	40

이 자료에 다음의 다항회귀모형을 적합시켰다.

$$y=\beta_0+\beta_1x+\beta_2x^2+\varepsilon$$

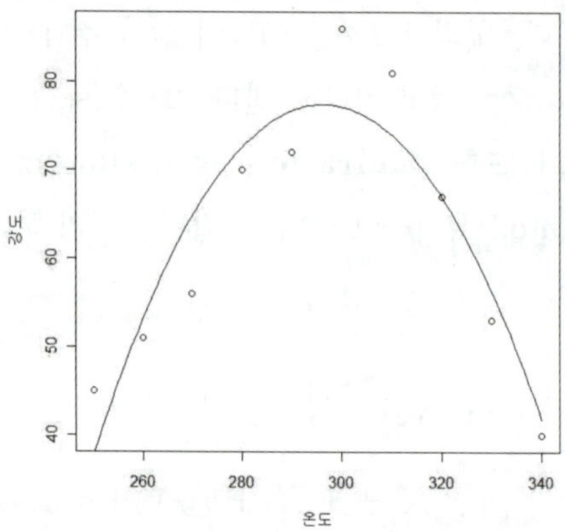

그림 15.7
이차식으로 적합

이때 얻어지는 분산분석 결과($F=21.21$, p값$=0.001$)와 회귀계수들에 대한 추정치는 표 15.10과 같이 얻어진다. 결과물에서 xx는 x^2을 나타낸다.

표 15.10 이차다항회귀 결과물

```
Coefficients:
              Estimate  Std. Error   t value  Pr(>|t|)
(Intercept) -1.551e+03  2.476e+02    -6.262  0.000419  ***
x           -1.099e+01  1.690e+00    -6.505  0.000332  ***
xx          -1.856e-02  2.862e-03    -6.486  0.000339  ***
---
Signif.codes: 0 '***' 0.001 '**' 0.01 '*' 0.05 '.' 0.1 ' ' 1
Residual standard error: 6.576 on 7 degrees of freedom
```

```
Multiple R-squared: 0.8584, Adjusted R-squared: 0.8179
F-statistic: 21.21 on 2 and 7 DF, p-value: 0.00107
```

EXCEL · SPSS · R

이 책과 관련된 데이터, 정오표 등은 자유아카데미의 홈페이지(www.freeaca.com)나 web.yonsei.ac.kr/cekim에서 얻을 수 있다.

EXCEL

예제 15.1 광고비 및 설비투자와 매출액 연관성 비교 자료 분석

Step 1 EXCEL 자료 파일를 "광고비설비투자.xlsx"를 load한다.

	A	B	C
1	광고비	설비투자	매출액
2	5	2	16
3	6	1.9	19
4	7	4	18
5	8	5.6	20
6	9	6.1	24
7	11	6.2	26
8	12	7	30
9	13	7.2	32
10	14	8	31
11	15	9	34

Step 2 상단의 메뉴에서 **[데이터]**를 클릭하고, 팝업창에서 **[데이터 분석]**을 클릭한다.

Step 3 팝업창에서 **[회귀 분석]**을 클릭하고, **[확인]**을 클릭한다.

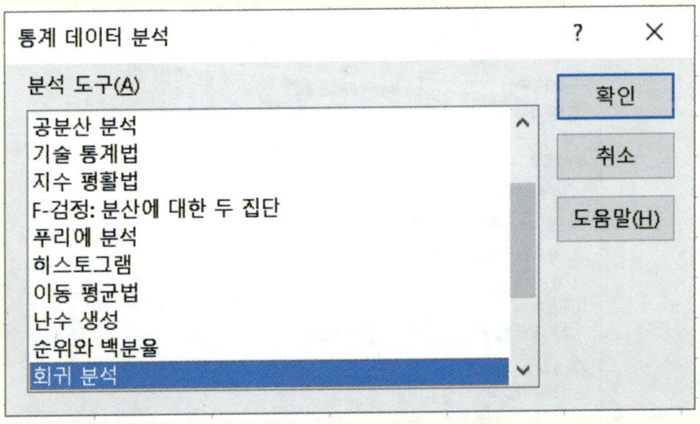

Step 4 팝업창에서 **'이름표'**에 체크한 후 **Y축 입력 범위**를 클릭한다. C1셀에서 C11셀까지 드래그하면 Y축 입력 범위에 $C$1:$C$11이 입력된다.

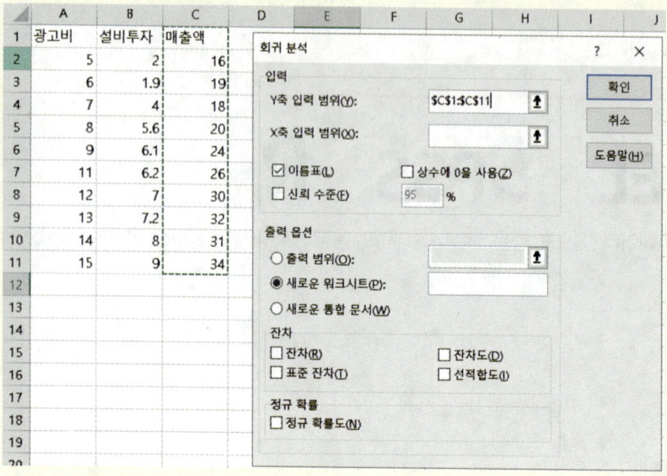

Step 5 **X축 입력 범위**를 클릭한 후, A1셀에서 B11셀까지 드래그하면 X축 입력 범위에 $A$1:$B$11이 입력된다.

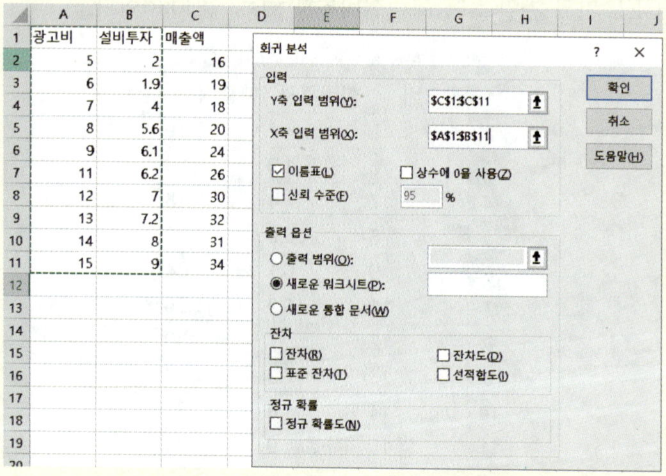

Step 6 잔차그림을 그리기 위해 **'잔차'**를 선택하여 잔찻값을 구한다.

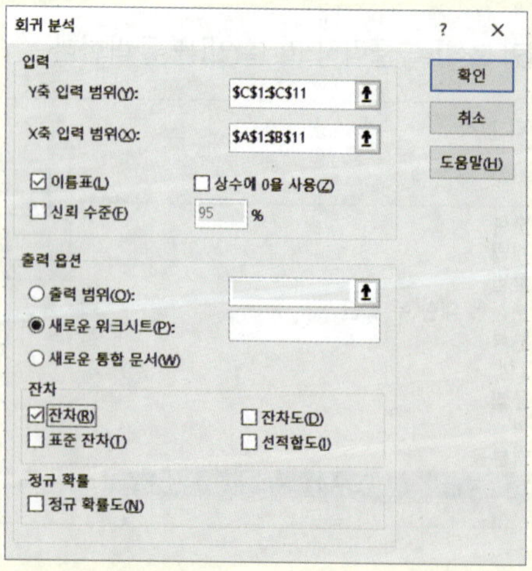

Step 7 [**확인**]을 클릭하면 아래와 같은 결과물을 얻는다.

요약 출력

회귀분석 통계량	
다중 상관계수	0.98535168
결정계수	0.970917934
조정된 결정계수	0.962608772
표준 오차	1.263075232
관측수	10

분산 분석

	자유도	제곱합	제곱 평균	F 비	유의한 F
회귀	2	372.8324867	186.4162434	116.849084	4.19458E-06
잔차	7	11.1675133	1.595359042		
계	9	384			

	계수	표준 오차	t 통계량	P-값	하위 95%	상위 95%	하위 95.0%	상위 95.0%
Y 절편	6.09854778	1.361763672	4.478418616	0.00287173	2.878488376	9.31860718	2.878488376	9.31860718
광고비	2.25667842	0.404797797	5.574828804	0.00083776	1.299488732	3.21387311	1.299488732	3.21387311
설비투자	-0.6430407	0.59125936	-1.08757804	0.31280461	-2.04114692	0.75506552	-2.04114692	0.75506552

잔차 출력

관측수	예측치 매출액	잔차
1	16.09585848	-0.09585848
2	18.41684097	0.583159027
3	19.32313393	-1.32313393
4	20.55094723	-0.55094723
5	22.4861053	1.513894699
6	26.93515807	-0.93515807
7	28.67740893	1.322596068
8	30.80547421	1.194525787
9	32.54772007	-1.54772007
10	34.1613578	-0.1613578

Step 8 **'잔차'**와 **'예측치 매출액'**을 이용하여 **잔차그림**을 그린다.

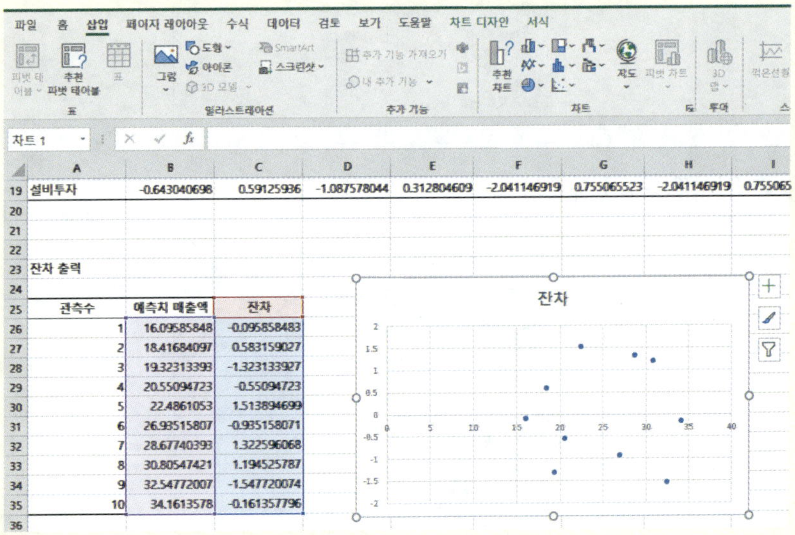

위의 Step 6~Step 8 대신 **회귀 분석** 창에서 **잔차도**를 선택하여 잔차도를 얻을 수도 있다. 14장 엑셀연습 산점도 그리기를 참조하면 잔차도를 수정할 수 있다.

표 15.5 가변수

Step 1 엑셀 자료파일 '광고비설비투자 2.xlsx'을 열고 가변수가 들어 있는 회귀식을 추정한다.

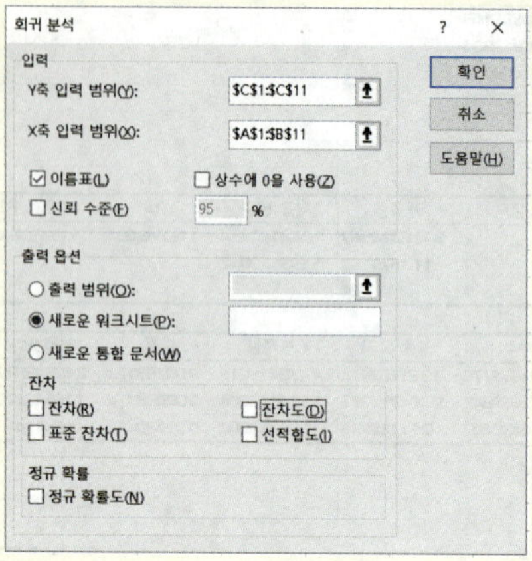

Step 2 설비투자 0인 자료의 회귀식을 추정한다.

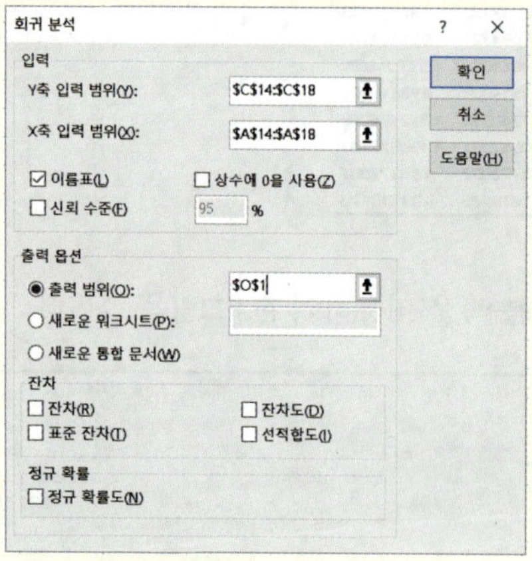

Step 3 설비투자 1인 자료의 회귀식을 추정한다.

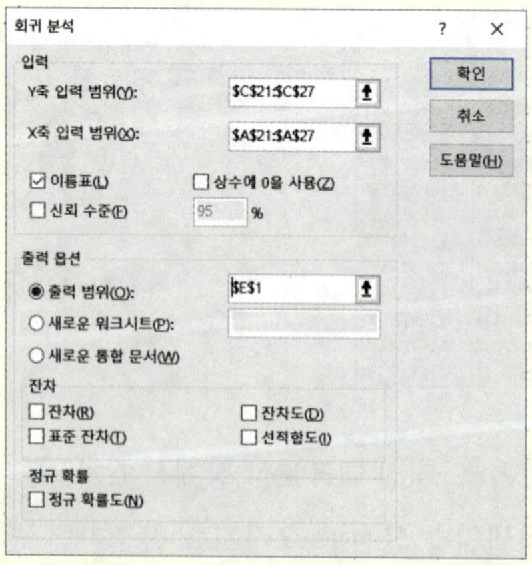

Step 4 Step 2와 Step 3에서 회귀식을 추정할 때 각각 주어진 자료에 대한 '최선'의 적합성을 추구하는 것이므로, 가변수 값이 0과 1일 때 기울기가 같도록 하는 조건으로 적합한 Step 1과 기울기가 모두 서로 같지 않음을 확인하여라.

예제 15.1

Step 1 엑셀 자료파일 '철강공정.xlsx'을 열어 온도에 대한 강도의 회귀식을 적합하고 잔차도를 그린다. 잔차도는 곡선의 형태를 뚜렷이 보이고 있다.

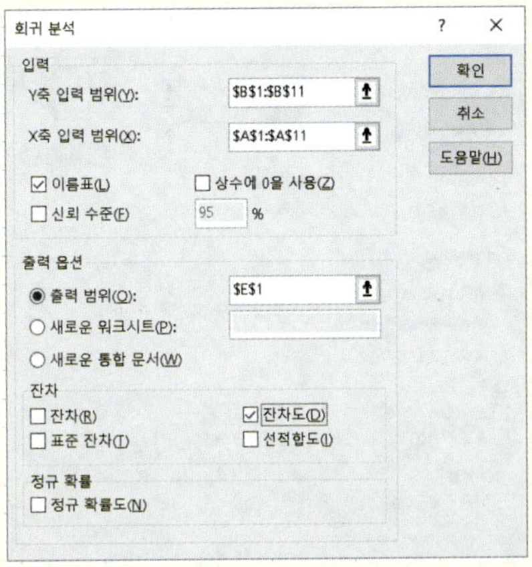

Step 2 A열과 B열을 복사하여 Sheet2로 가서 붙여넣기한다.

	A	B	C	D
1	온도	강도		
2	250	45		
3	260	51		
4	270	56		
5	280	70		
6	290	72		
7	300	86		
8	310	81		
9	320	67		
10	330	53		
11	340	40		

Sheet1 Sheet2 Sheet3

Step 3 B열을 선택하고 마우스 오른쪽 메뉴에서 삽입하여 빈 열을 만든다. 엑셀에서 다중회귀를 하려면, X변수들이 나누어져 있으면 지정할 수 없다. B2셀에 =A2*A2를 입력하여 온도제곱값을 만들고, B11셀까지 드래그하여 수식 복사한다. 첫 칸에 온도제곱을 입력한다.

B2 =A2^2

	A	B	C	D
1	온도	온도제곱	강도	
2	250	62500	45	
3	260	67600	51	
4	270	72900	56	
5	280	78400	70	
6	290	84100	72	
7	300	90000	86	
8	310	96100	81	
9	320	102400	67	
10	330	108900	53	
11	340	115600	40	

Step 4 **데이터 > 데이터 분석 > 회귀분석**을 차례로 선택하여 Y축 **입력 범위**에 강도 자료, X축 입력 범위에 온도와 온도제곱 자료를 지정하고 **잔차도**를 선택한다. 같은 워크시트에 결과를 얻으려면 **출력 옵션**의 **출력 범위**를 지정한다.

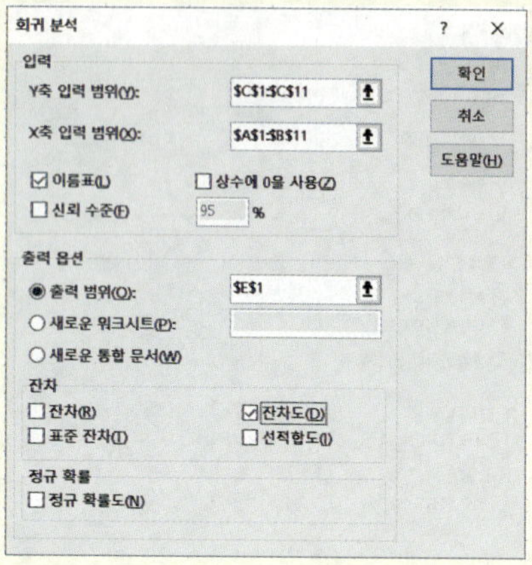

Step 5 '온도 잔차도'와 '온도제곱 잔차도' 두 개가 그려지는 것을 확인하고 14장 엑셀연습 **[산점도 그리기]**를 참조하여 잔차도를 보기 좋게 수정한다. 온도제곱항이 없는 회귀식의 잔차도(Sheet1)에서 보였던 곡선형태가 없어졌음을 확인하여라.

SPSS

표 15.1

Step 1 PASW Statistics Data Editor 창의 **변수 보기**에서 다음과 같이 세 개의 변수를 만든다.

	이름	유형	너비
1	광고비	숫자	8
2	설비투자	숫자	8
3	매출액	숫자	8

Step 2 PASW Statistics Data Editor 창의 **데이터 보기**에서 다음과 같이 데이터를 입력한다.

	광고비	설비투자	매출액
1	5	2	16.00
2	6	2	19.00
3	7	4	18.00
4	8	6	20.00
5	9	61	24.00
6	11	6	26.00
7	12	7	30.00
8	13	7	32.00
9	14	8	31.00
10	15	9	34.00

Step 3 PASW Statistics Data Editor 창의 **[분석]** 메뉴의 **회귀분석**에서 **선형**을 선택한다.

Step 4 **선도표 회귀모형**창에서 **종속변수**란에 매출액 변수를, **독립변수**란에 광고비 변수와 설비투자 변수를 화살표를 이용해 기입한 후, 창 우측에 있는 **도표**를 누른다.

Step 5 **선형 회귀분석: 도표** 창에서 Y축란에 ZRESID를, X축란에 DEPENDENT를 기입한 후 계속을 누른다.

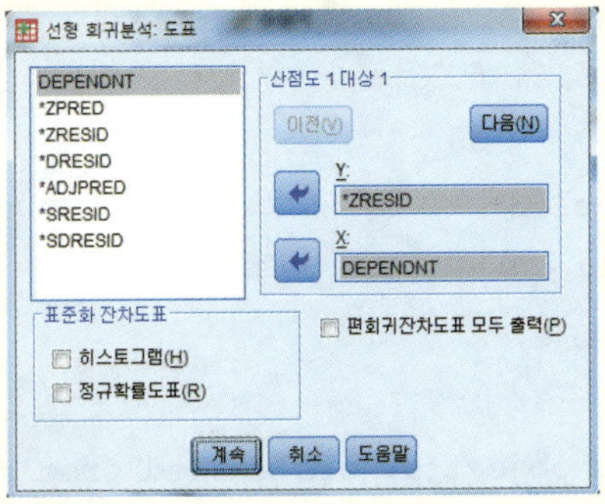

Step 6 **선도표 회귀모형** 창에서 **확인**을 누른다.

Step 7 PASW Statistics Viewer 창에서 회귀분석 결과를 확인할 수 있다.

예제 15.1 "철강공정"

Step 1 PASW Statistics Data Editor 창의 **변수 보기**에서 다음과 같이 두 개의 변수를 만든다.

	이름	유형	너비
1	온도	숫자	8
2	강도	숫자	8

Step 2 PASW Statistics Data Editor 창의 **데이터 보기**에서 다음과 같이 데이터를 입력한다.

	온도	강도
1	250	45
2	260	51
3	270	56
4	280	70

Step 3 이 자료는 온도의 제곱 변수가 필요하므로 PASW Statistics Data Editor 창의 **[변환]** 메뉴의 **변수 계산**을 선택한다.

Step 4 **변수 계산** 창에서 **대상 변수** 칸에 **온도제곱값**이라고 입력하고, **숫자표현식**란에 **온도*온도** 라고 입력한 후, **확인**을 누른다.

Step 5 PASW Statistics Data Editor 창의 **[분석]** 메뉴의 **회귀분석**에서 **선형**을 **선택**한다.

Step 6 **선도표 회귀모형** 창에서 **종속변수**란에 강도 변수를, **독립변수**란에 온도변수와 온도제곱값 변수를 화살표를 이용해 기입한 후 **확인**을 누른다.

Step 7 PASW Statistics Viewer 창에서 결과를 확인할 수 있다.

R

주의: 변수명을 한글로 사용하면 결과물의 정렬이 매끄럽지 못하다.

예제 15.1

Step 1 다음의 코드를 이용하여 〈표 15.1〉 "광고비설비투자" 데이터 만들기

```
> x=matrix(c(5, 6, 7, 8, 9, 11, 12, 13, 14, 15,
+ 2, 1.9, 4, 5.6, 6.1, 6.2, 7, 7.2, 8, 9, 16, 19,
+ 18, 20, 24, 26, 30, 32, 31, 34),
+ nrow=10, ncol=3)
> colnames(x)=c("광고비","설비투자","매출액")
> x=data.frame(x)
> attach(x)
The following object(s) are masked from'x(position 3)':
광고비, 매출액
> x
   광고비  설비투자  매출액
1      5      2.0      16
2      6      1.9      19
3      7      4.0      18
4      8      5.6      20
5      9      6.1      24
6     11      6.2      26
7     12      7.0      30
8     13      7.2      32
9     14      8.0      31
10    15      9.0      34
```

Step 2 다음의 코드를 이용하여 다중선형회귀분석을 수행한다.

```
> fit <- lm(매출액 ~ 광고비 + 설비투자)
> fit
Call:
lm(formula=매출액 ~ 광고비 + 설비투자)
Coefficients:
(Intercept)          광고비         설비투자
6.099                2.257          -0.643
```

Step 3 다음의 코드를 이용하여 다중선형회귀분석의 결과를 출력한다.

```
> anova(fit)
Analysis of Variance Table
Response: 매출액
         Df   Sum Sq   Mean Sq    F value      Pr(>F)
광고비    1   370.95    370.95   232.5153   1.256e-06   ***
```

```
설비투자 1     1.89     1.89     1.1828     0.3128
Residuals       7    11.17        1.60
---
Signif. codes: 0 '***' 0.001 '***' 0.01 '*' 0.05 '*' 0.1 '' 1
> summary(fit)
Call:
lm(formuls=매출액~광고비 + 설비투자)
Response: 매출액
Min          1Q    Median       3Q      Max
-1.5477  -0.8391   -0.1286   1.0417   1.5139
Coefficients:
            Estimate Std. Error  t value   Pr(>|t|)
(Intercept)    6.0985    1.3618    4.478   0.002872 **
광고비         2.2567    0.4048    5.575   0.000838 ***
설비투자      -0.6430    0.5913   -1.088   0.312805
---
Signif. codes: 0 '***' 0.001 '**' 0.01 '*' 0.05 '.' 0.1 '' 1
Residual standard error: 1.263 on 7 degrees of freedom
Multiple R-squared: 0.9709, Adjusted R-squared: 0.9626
F-statistic: 116.8 on 2 and 7 DF, p-value: 4.195e-06
> confint(fit)
                  2.5%      97.5%
(Intercept)  2.878488   9.3186072
광고비        1.299484   3.2138731
설비투자     -2.041147   0.7550655
```

Step 4 다음의 코드를 이용하여 '잔차'와 '예측치 매출액'을 이용하여 잔차그림을 그린다.

```
> plot(fit$fitted, fit$residuals,xlab="예측치 매출액",
+ ylab="잔차", main="잔차그림")
abline(0,0)
```

fit$residuals: 단순선형회귀분석의 결과가 저장되어 있는 "fit"의 결과 중잔차 부분을 나타낸다.

fit$fitted: 단순선형회귀분석의 결과가 저장되어 있는 "fit"의 결과 중 '예측치 매출액' fitted 값을 나타낸다.

표 15.5 가변수

Step 1 다음의 코드를 이용하여 〈표 15.5〉 "광고비설비투자 2" 데이터 만들기

```
advt <- c(5, 6, 7, 8, 9, 11, 12, 13, 14, 15)
invest <- c(rep(0, 4), rep(1, 6))
```

```
sales <- c(16, 19, 18, 20, 24, 26, 30, 32, 31, 34)
```

Step 2 다음의 코드를 이용하여 매출액(y)이 광고비(x_1)와 설비투자(x_2)의 다중선형회귀모형을 적합하여 보자.

```
> mylm <- lm(sales~advt+invest)
> mylm
Call:
lm(formula=sales~advt+invest)
Coefficients:
  (Intercept)     advt    invest
   8.041     1.571    2.088
```

Step 3 다음의 코드를 이용하여 다중선형회귀모형의 결과를 출력하자.

```
> anova(mylm)
Analysis of Variance Table
Response: sales
   Df  Sum Sq Mean Sq        F value        Pr(>F)
advt  1      370.95 370.95 250.6673      9.721e-07      ***
invest       1      2.70    2.70     1.8216 0.2191
Residuals    7      10.36  1.48
---
Signif. codes: 0 '***' 0.001 '**' 0.01 '*' 0.05 '.' 0.1 '' 1
summary(mylm)
Call:
lm(formula=sales~advt + invest)
Response:
Min              1Q        Median            3Q          Max
-1.40588    -0.92794   -0.07941     0.84559   1.53529
Coefficientw:
            Estimate Std. Error t value    Pr(>|t|)
(Intercept)    8.0412    1.6052     5.009    0.001549   ***
광고비          1.5406    0.2285     6.872    0.000237   ***
설비투자        2.0882    1.5472     1.350    0.219135
---
Signif. codes: 0 '***' 0.001 '**' 0.01 '*' 0.05 '.' 0.1 '' 1
Residual standard error: 1.216 on 7 degrees of freedom
Multiple R-squared: 0.973, Adjusted R-squared: 0.9653
F-statistic: 126.2 on 2 and 7 DF, p-value: 3.224e-06
```

Step 4 설비투자액이 6억 미만인 경우, 설비투자액이 6억 이상인 경우, 전차자료에 관한 회귀식을 그림으로 표현하자.

```
> par(mfcol=c(1,3))
> plot(sales[invest==0]~advt[invest==0], xlim=c(5,15), ylim=c(16,34), pch=19,
+       xlab="광고비(X1)", ylab="매출액(Y)")
> title("설비투자(X2)=0")
> lines(x <- c(4,9), y=8.04+1.57*x)          # abline(8.04, 1.57)로 교체가능
> text(9, 18, "y=8.04+1.57x1")
> plot(sales[invest==1]~advt[invest==1], xlim=c(5, 15), ylim=c(16, 34),
+       xlab="광고비(X1)", ylab="매출액(Y)")
> title("설비투자(X2)=1")
> lines(x <- c(8,16), y=10.13+1.57*x, lty=3) # abline(10.13, 1.57, lty=3)로 교체가능
> text(9.5, 30, "y=10.13+1.57x1")
> plot(sales~advt, xlab="광고비(X1)", ylab="매출액(Y)")
> title("전체 자료")
> points(advt[invest==0], sales[invest==0], pch=19)
> lines(x <- c(4,9), y=8.04+1.57*x)
> text(9, 18, "y=8.04+1.57x2")
> lines(x <- c(8,16), y=10.13+1.57*x, lty=3)
> text(9.5, 30, "y=10.13+1.57x1")
```

예제 15.1

Step 1 다음의 코드를 이용하여 “철강공정” 데이터 만들기

```
> x <- c(250, 260, 270, 280, 290, 300, 310, 320, 330, 340)
> y <- c( 45,  51,  56,  70,  72,  86,  81,  67,  53,  40)
```

Step 2 다음의 코드를 이용하여 온도와 강도에 관한 산점도를 그려보자.

```
> plot(x,y, xlab="온도", ylab="강도")
```

Step 3 이차식으로 적합하기 위하여 새로운 변수 xx(x^2을 나타낸다)를 생성하자. 새로운 변수 xx를 포함한 다항회귀모형을 적합하자.

```
> xx <- x*x
> mylm <- lm(y~x+xx)
> mylm
  Call:
  lm(formula=y~x+xx)
  Coefficients:
  (Intercept)          x      xx
  -1.551e+3    1.099e+01    -1.856e-02
```

Step 4 다음의 코드를 이용하여 다항회귀분석의 결과를 출력한다.

```
> anova(mylm)
> summary(mylm)
```

Step 5 다음의 코드를 이용하여 다항회귀를 적합한 산점도로 그려보자.

```
> curve(mylm$coeff[1]+mylm$coeff[2]*x+mylm$coeff[3]*x^2, add=T)
```

R 실습 스크립트

```
###
### 그림 15.1
###

# 엑셀파일 이용할 때 '1' 옵션은 제목이 있는 경우
#       > library(xlsx)
#       > mydata <- read.xlsx("광고비설비투자.xlsx",1)

mydata <- matrix( c( 16, 19,  18, 20,  24,  26,  30, 32,  31, 34,
                     5,  6,   7,  8,   9,  11,  12, 13,  14, 15,
                     2, 1.9, 4,  5.6, 6.1, 6.2, 7,  7.2, 8,   9),
                 nrow=10, ncol=3)

colnames(mydata) <- c("매출액", "광고비", "설비투자")
(mydata <- data.frame(mydata))
attach(mydata)

## aspect ratio(가로세로비) 45도 가이드라인; 선형성 판단
par(mfrow=c(1,2))
plot(매출액~광고비)
plot(매출액~설비투자)
# 매출액과 설비투자의 산점도에는 곡선형태가 있음. 다항회귀(15장 3절)나
# 변수변환(16장) 등을 고려하여야 하나 여기서는 현재 상태로만 한정한다.

## Scatterplot Matrix 산점도 행렬
pairs(mydata)

## 다른 방법, lattice 패키지 사용
windows()
library(lattice)
splom(mydata)

## 상관계수; 선형 방향과 강도 파악
cor(mydata)
# 산점도에서는 매출액과 설비투자가 곡선경향이 있으나
# 상관계수는 0.917로 두 변수의 선형성이 높다고 할 수 있다.
```

```
###
### 그림 15.2
###

par(mfrow=c(1,3))

plot(매출액~광고비)
lm1 <- lm(매출액~광고비)
summary(lm1)
curve(lm1$coefficient[1]+lm1$coefficient[2]*x, add=T)
title(main=expression(paste(hat("y"),"=6.63+1.83x     p값=0.0000
      R-sq=0.97")))

plot(매출액~설비투자)
lm2 <- lm(매출액~설비투자)
summary(lm2)
curve(lm2$coefficient[1]+lm2$coefficient[2]*x, add=T)
title(main=expression(paste(hat("y"),"=10.72+2.50x     p값=0.00018
      R-sq=0.84")))

plot(설비투자~광고비)
cor(설비투자,광고비)
title(main="r = 0.95")

###
###  다중회귀: 매출액 = f(광고비, 설비투자)
###

lm12 <- lm(매출액 ~ 광고비 + 설비투자)
lm12
summary(lm12)
confint(lm12)
# F=116.8로 회귀식 전체는 유의적(p값=0.000)이나
# 설비투자의 계수가 비유의적(t=-1.09, p값=0.312)이다.
# 설비투자는 곡선경향이 있으므로 다항회귀나 변수변환을 하여 추가 분석이 필요하다.
# 비유의적인 X변수는 회귀식에서 제거하여야 하며 제거된 상태로 회귀식을 새로이
# 추정하여야 한다. (16장 참조)
#
par(mfrow=c(1,3))
```

```
plot(lm12$fitted, lm12$residuals, xlab="매출액-hat", ylab="잔차",
     main="잔차그림")
abline(0,0)
plot(광고비, lm12$residuals, xlab="광고비", ylab="잔차", main="잔차그림")
abline(0,0)
plot(설비투자, lm12$residuals, xlab="설비투자", ylab="잔차", main="잔차그
     림")
abline(0,0)
# 설비투자의 잔차도는 자료수가 적어 확정적인 판단을 유보하여야 하지만
# 곡선형태로 판단할 여지가 어느 정도 있다.

###
### 표 15.5 가변수; 기울기는 같지만 절편항은 두 개로 적합한다고 생각할 수 있다.
###

설비투자가변수 <- c(rep(0,4), rep(1,6))
dummy.data <- data.frame(매출액, 광고비, 설비투자가변수)
pairs(dummy.data)

mylm <- lm(매출액 ~ 광고비 + 설비투자가변수)
mylm
summary(mylm)
# 설비투자가변수가 비유의적 (t=1.350, p값=0.219) 이어서 회귀식에서
# 제거하여야 하지만 여기서는 예시의 목적으로 아래 그림들을 추가로 그려본다.

par(mfcol=c(1,3))
plot(매출액[설비투자가변수==0] ~ 광고비[설비투자가변수==0],
     xlim=c(5,15), ylim=c(16,34), pch=19, xlab="광고비", ylab="매출액")
title("설비투자가변수=0")
lines(x<-c(4,9), y=8.04+1.57*x)
text(9, 18, "y=8.04+1.57x")
plot(매출액[설비투자가변수==1] ~ 광고비[설비투자가변수==1],
     xlim=c(5,15), ylim=c(16,34),  xlab="광고비", ylab="매출액")
title("설비투자가변수=1")
lines(x<-c(8,16), y=10.13+1.57*x, lty=3)
text(9.5, 30, "y=10.13+1.57x")
plot(매출액 ~ 광고비, xlab="광고비", ylab="매출액")
title("전체자료")
points(광고비[설비투자가변수==0], 매출액[설비투자가변수==0], pch=19)
lines(x<-c(4,9), y=8.04+1.57*x)
```

```
text(9, 18, "y=8.04+1.57x")
lines(x<-c(8,16), y=10.13+1.57*x, lty=3)
text(9.5, 30, "y=10.13+1.57x")

###
### 예제 15.1 철강공정
###

x <- c(250, 260, 270, 280, 290, 300, 310, 320, 330, 340)
y <- c( 45,  51,  56,  70,  72,  86,  81,  67,  53,  40)

plot(x,y, xlab="온도", ylab="강도")
# 이 예제의 산점도는 곡선형태를 분명히 보이므로 1차 회귀 없이 바로 이차 회귀를
# 시도할 수 있다. 여기서는 잔차도를 비교하기 위하여 1차 회귀를 적합한다.
# 산점도에서는 쉽게 보이지 않던 곡선형태가 잔차도에서는 뚜렷이 보일 수 있다.

## 1차 회귀
##
myIm1 <- lm(y~x)

anova(myIm1)
summary(myIm1)

curve(myIm1$coeff[1] + myIm1$coeff[2]*x, add=T)
title(main="1차 회귀")

windows()
plot(myIm1$fitted, myIm1$residuals, xlab="y-hat", ylab="r", main="1차
       회귀 잔차그림")
abline(0,0)


## 이차항 추가
##
x2 <- x*x
myIm2 <- lm(y~x+x2)

anova(myIm2)
summary(myIm2)
# 2차항의 계수가 유의적(p값=0.000339)이다.
```

```
# 특별한 경우를 제외하고 제일 고차항의 계수가 유의적이라면 낮은 차수의 항은 추가로
# 검정하지 않는다.(절편항 포함) 낮은 차수의 항이 비유의적이라 하더라도 회귀식에서
# 제외하지 않는다.

windows()
plot(x,y, xlab="온도", ylab="강도")
curve(mylm2$coeff[1] + mylm2$coeff[2]*x + mylm2$coeff[3]*x^2, add=T)
title(main="2차 다항회귀")

windows()
plot(mylm2$fitted, mylm2$residuals, xlab="y-hat", ylab="r", main="2차
        다항회귀 잔차그림")
abline(0,0)
# 1차 회귀의 잔차도에서 보이는 곡선형태가 2차 회귀의 잔차도에서는 보이지 않는다.
# 여기서는 같은 X,Y변수를 사용하여 잔차들의 절댓값을 비교할 수 있다. 2차 회귀의
# 잔차들이 훨씬 0에 가깝다. (-25,25) 정도의 범위에서 (-9,9) 정도의 범위로 줄었다.
# 표본 수가 많지 않아 곡선형태 유무를 확실히 판단할 수 없어 3차항 추가를 시도한다.

##
## 삼차항 추가
##
x3 <- x^3
mylm3 <- lm(y~x+x2+x3)

windows()
plot(x,y, xlab="온도", ylab="강도", main="3차 다항회귀")
curve(mylm3$coeff[1] + mylm3$coeff[2]*x + mylm3$coeff[3]*x^2
                      + mylm3$coeff[4]*x^3, add=T )

summary(mylm3)
# 삼차항은 p값=0.052로 비유적이나 유의수준 0.05에 상당히 가깝다.

plot(mylm3$fitted, mylm3$residuals,xlab="Y-hat", ylab="잔차", main="3
      차 다항회귀 잔차그림")
abline(0,0)
# 삼차 회귀식에서의 잔차들은 (-7,6) 범위로 2차 회귀식보다 0쪽으로 줄었으나 줄어든
# 정도는 아주 많이 둔화되었다.
# 잔차도는 2차항 회귀식의 경우보다 오히려 더 뚜렷한 곡선형태가 나타났다.
##
## (중요) 차수를 높이면 높일수록 적합은 향상되나 간결 원칙에는 위배되므로
```

```
##  R square, F검정, t검정, 잔차도 등을 보면서 유의적인 차수의 항에서 멈춘다.
##

# 2차 다항 곡선과 3차 다항 곡선의 적합성 비교
windows()
plot(x,y, xlab="온도", ylab="강도", main="2차-점선, 3차-실선")
curve(mylm2$coeff[1] + mylm2$coeff[2]*x + mylm2$coeff[3]*x^2, add=T,
       lty=3)
curve(mylm3$coeff[1] + mylm3$coeff[2]*x + mylm3$coeff[3]*x^2
                   + mylm3$coeff[4]*x^3, add=T )
windows()
par(mfcol=c(1,2))
plot(mylm2$fitted, mylm2$residuals, xlab="y-hat", ylab="r",
         main="2차 다항회귀 잔차그림")
abline(0,0)
plot(mylm3$fitted, mylm3$residuals,xlab="Y-hat", ylab="r",
         main="3차 다항회귀 잔차그림")
abline(0,0)
##
## 이 예제에서는 유의수준 0.05로 하는 통계분석 관례에 따라 3차항이 비유적이고
## 3차 다항식의 잔차도에서 곡선형태가 나타나므로 2차항 회귀식을 최종선택한다.
## 하지만 철강회사로서는 추가로 자료를 더 구할 수 없는 상황에서 강도에 대한
## 예측력 관점이라면 3차식을 선호할 것이다. 철강강도가 최대가 되는 온도를 찾는
## 경우는 예측 문제이다.
## (유의수준 0.05는 가이드라인일 뿐이고 통계분석은 최종 판단의 보조 수단이다!)
## (철강회사 종사원과 통계분석가가 협의하여 최종 결정을 하게 될 것이다.)
```

익힘문제

다음 괄호에 알맞은 말을 넣거나, 맞는 것을 선택하시오.

1 설명변수가 하나인 회귀모형을 (　　　　)회귀모형, 둘 이상인 경우를 (　　　　)회귀모형이라고 한다.

2 반응변수 Y를 k개의 설명변수 X_1, X_2, $\cdots$, X_k로 선형적(linear)으로 설명하는 다중선형회귀모형을 써라.

3 반응변수 Y의 기댓값을 다중선형회귀식으로 써라.

4 추정된 다중선형회귀식을 써라.

5 다중선형회귀도 단순선형회귀와 같이 ( )로 β모수들을 추정한다.

6 추정계수 b_j의 해석: j번째 설명변수 X_j를 제외한 나머지 설명변수(X_1, ⋯, X_{j-1}, X_{j+1}, ⋯, X_k)들이 고정되어 있다는 가정하에 X_j가 ( )단위 변화할 때 Y의 변화량이다.

7 b_0는 $X_1=X_2=\cdots=X_k=0$일 때 Y절편으로 14장에서 언급한 바와 마찬가지로 X값들의 범위가 ( )을 포함하지 않을 경우 큰 의미를 두지 않는다. 하지만 ( )를 높이기 위하여 회귀식에 포함한다.

8 오차제곱값을 써라.

9 분산의 추정값(MSE)을 써라.

10 다중선형회귀모형에 대한 유의성 검정의 귀무가설과 대립가설을 써라.

11 다중선형회귀모형에 대한 유의성 검정의 검정통계량을 쓰고 분포를 밝혀라.

12 다중선형회귀모형에서 설명변수들의 계수인 모수의 유의성에 대한 총체적 검정 결과 귀무가설 $H_0: \beta_1=\cdots=\beta_k=0$이 기각되면 최소한 하나 이상의 β_j가 ( )이 아닌 것이므로 개별적 변수에 대한 유의성 검정을 실시한다.

13 j-번째 설명변수 X_j가 반응변수 Y에 선형적 연관성이 {있다, 없다}고 하면 $\beta_j=0$일 것이고 선형적 연관성이 {있다, 없다}고 하면 $\beta_j\neq0$일 것이다. 개별적 계수에 대한 유의성 검정은 14장에서 논의한 바와 같이 ( )검정을 이용한다. 이때의 자유도는 ( )이다.

14 단순회귀에서의 X변수 유의성은 다중회귀에서의 유의성과 {별개이다, 동일하다}.

15 단순회귀에서 각각 유의적이라도 다중회귀에서는 변수들끼리의 높은 ( )값을 갖게 되면 경우 그들 중 일부가 비유의적으로 되는 경우가 상당히 많다.

16 다중선형회귀에서 단순선형회귀 이외에 추가되는 진단항목은 ( )이다.

17 선형모형의 적합성, 이상값의 존재 여부, 영향관찰치의 존재 여부는, X변수들이 여러 개이므로 ( )을 그려 점검할 수 있다.

18 다중공선성은 X변수들 사이의 ( )이 성립하지 못한 상태이다. X변수 중 하나와 다른 X변수들의 ( )이(가) 매우 높은 ( )관계에 있을 때를 이르는 말이다.

19 다중공선성이 존재하면 X변수들의 ( )를 정확히 계산하지 못하거나 아예 계산이 되지 않는다.

20 다중공선성의 진단 – 다음 상황에서 다중공선성 의심

a. 산점도행렬 또는 개별 X변수끼리의 산점도에서 거의 ( )에 가까운 ( )관계를 보이거나,

b. X변수 하나를 뺄 때와 추가할 때 다른 X변수들의 ( )추정값들이 많이 변동하거나,

c. 분산분석표에 의해서 유의적으로 기울기들이 모두 0이 아니지만 문제가 되는 X변수의 기울기는 ( )일 때

21 회귀분석에서 질적변수이지만 통계분석을 위하여 0과 1로 코딩된 변수를 ( ) (이)라고 한다.

22 X_2가 가변수인 $Y_i=\beta_0+\beta_1X_{1i}+\beta_2X_{2i}+\varepsilon_i$ 모형에서

$X_{2i}=0$인 경우는 $E(Y_i)=($ $)$가 되고,

$X_{2i}=1$인 경우는 $E(Y_i)=($　　　　$)$가 된다. 두 회귀식은 모두 {직선, 곡선}으로서, 기울기는 {같고, 다르고} 절편은 (　　　　) 만큼 차이가 난다.

23 가변수 모형의 회귀계수 추정과 검정은 일반적인 다중회귀분석과 {같다, 다르다}.

24 회귀모형에 독립변수(X)의 2차항 또는 3차항이 포함되는 것이 더 적절한 경우에 2차항 이상의 항이 추가되어 있는 것을 (　　　　)(이)라고 한다.

25 설명변수가 두 개 있는 경우, 각 변수의 이차항까지 다항회귀모형을 만들 때 두 변수가 {더해진, 곱해진} 항을 추가하는데, 이는 (　　　　)을(를) 나타낸다. 이는 모형을 다양하게 한다.

연습문제

1 자동차의 연비(y)를 추정하기 위해서 다음과 같은 회귀모형을 설정하고 회귀분석을 수행한 결과

y.hat $= 34.20 - 0.003\ X_1 + 4.56\ X_2$
X_1은 자동차 중량
$X_2=1$, 수동변속기어 장착의 경우,
　　0, 자동변속기어 장착의 경우

a. 변수 X_1의 회귀계수에 대하여 해석하여라.
b. 변수 X_2의 회귀계수에 대하여 해석하여라.
c. 수동변속기어가 장착된 자동차의 연비를 추정하는 회귀방정식을 써 보라.
d. Z 자동차회사에서 생산되는 자동변속방식 차량의 중량이 4012 kg이라고 한다. 위의 회귀모형에서 예측된 연비는 얼마인가?

2 2개의 독립변수를 고려하는 다중회귀분석방정식이 있다고 하자. 사용된 표본자료는 크기가 25이며, 회귀계수들의 추정치들과 표준에러는 다음과 같다.

$b_1=2.676$　　　　$\text{SE}(b_1)=0.56$
$b_2=-0.880$　　　$\text{SE}(b_2)=0.71$

a. 두 독립변수들의 회귀계수추정치가 0과 유의적으로 다른지에 대해 각각 가설검정을 하여라.
b. a에서의 결과에 따르면, 당신은 다중회귀방정식 내의 2개의 독립변수 중 어느 하나를 회귀모형에서 제외시킬 것인가에 대한 통계적 검정을 하여라(유의수준은 5%라 함).

3 청량음료에 탄산가스가 주입되는 양이 주위 온도와 압력에 영향을 받는다. 이 관계를 밝히기 위해 15개의 관측값을 얻었다.

$n=15$,　총제곱합 : 427.537,　$R^2=0.948$

변 수	회귀계수 추정량	회귀계수 추정량의 표준오차
절 편	−122.617	25.388

온 도	0.670	0.949
압 력	4.872	0.415

a. 분산분석표를 작성하고 회귀성검정을 실시하여라.(유의수준 1%)

b. 오차항의 표준편차(회귀 표준오차)를 추정하여라.

c. 1% 유의수준에서 유의한 회귀계수는 어떤 것들인가?

4 토론식 국어 수업을 학생 25명에게 진행하고 그 수업의 만족도를 조사하였다. 성적, 결석일수가 만족도를 반영하는지 여부를 조사하고자 한다(종속변수: 만족도).

	자유도	총제곱합	평균제곱합	F	유의확률
회 귀	(　　)	1706.01	(　　)	(　　)	.01(α)
잔 차	(　　)	(　　)	31.999		
총합	(　　)				

	회귀계수	표준오차	t	유의확률
상 수	16.898	14.845	1.138	(　　)
결석횟수	−.212	.646	−.328	(　　)
성 적	−.836	.165	5.066	(　　)

a. 위 표에서 빈칸을 채우라.

b. 유의수준 1%에서 회귀성 여부를 검정하여라.

c. 유의수준 1%에서 유의한 회귀계수는?

d. 유의수준 1%에서의 최적회귀모형은?

5 다음과 같은 다중회귀모형을 추정한다고 하자.

$$Y = \beta_0 + \beta_1 X_1 + \beta_2 X_2 + \beta_3 X_3 + \varepsilon$$

표본크기 $n=30$인 자료를 가지고 위의 회귀모형을 실제로 추정한 결과는 아래와 같았다.

$$\hat{y} = 3.4 - 4.6X_1 + 2.7X_2 + 0.93X_3$$

그리고 회귀계수추정치들의 표준에러인 SE(β_1)와 SE(β_1)는 각각 1.86, 0.29이었다.

a. $H_0 : \beta_2 = 0$의 귀무가설과 $H_a : \beta_2 \neq 0$ 대립가설에 대한 통계적 가설검정을 수행하여라(단, d 유의수준은 0.05라고 가정함).

b. $H_0 : \beta_3 = 0$ vs. $H_a : \beta_3 \neq 0$에 대한 유의수준 5%의 통계적 가설검정을 해보라.

c. $H_0 : \beta_2 = 0$의 귀무가설은 기각되지 않은 데 반해, $H_0 : \beta_3 = 0$의 가설이 기각된다. β_2의 추정치가 β_3의 추정치보다 큼에도 불구하고, 이런 경우가 발생하는 것에 대하여 설명하여라.

6 다음은 어느 다중회귀모형의 분석결과 중 일부이다.

Source	Sum of Squares	df
Regression	750	4
Error	500	35

a. 총 표본수는 얼마인가?

b. 얼마나 많은 설명변수가 회귀모형에 포함되어 있는가?

c. 결정계수를 계산하여라.

d. 유의수준 0.05에서, '모든 회귀계수들이 0이다'라는 가설을 검정하여라.

7 한 부동산업자가 서울시내 아파트 가격을 예측하기 위해 다음의 변수를 선정하였다.

x_1: 아파트 연식

x_2: 가장 가까운 지하철역까지의 거리(단위: m)

x_3: 아파트 크기(단위: m^2)

x_4: 아파트 주변의 치킨집 개수

이러한 선정된 변수를 가지고 다음의 세 가지 다중선형회귀모형을 고려하였다.

모형1: 아파트 가격$=\beta_0+\beta_1X_1+\beta_2X_2+\beta_3X_3+\varepsilon$

모형2: 아파트 가격$=\beta_0+\beta_1X_1+\beta_2X_2+\beta_3X_4+\varepsilon$

모형3: 아파트 가격$=\beta_0+\beta_1X_1+\beta_2X_2+\beta_3X_3+\beta_4X_4+\varepsilon$

임의적으로 선택된 서울시내 100개의 아파트에 대한 자료를 이용하여 각 모형의 계수들을 최소제곱추정법에 의해 추정하였으며, 다음과 같은 처리제곱합과 오차제곱합을 구하였다.

	처리제곱합(SSR)	오차제곱합(SSE)
모형1	5466.2	14173.2
모형2	3271.8	16367.6
모형3	5531.6	14107.8

a. 모형1과 모형2의 결정계수를 구하고, 둘 중에서 어느 모형을 선호하고 그 이유는 무엇인지 설명하여라.

b. 다중선형회귀모형에서 결정계수는 설명변수의 개수가 늘어남에 따라 증가하게 된다. 모형1과 모형3을 결정계수로 비교할 경우 선호하는 모형은 무엇이며, 발생할 수 있는 문제점에 대해 논하여라.

c. 설명변수의 개수가 늘어남에 따라 결정계수가 계속 증가하는 것을 조정하기 위해 다음과 같은 조정된 결정계수(adjusted)를 사용할 수 있다.

$$R^2_{adj}=1-\frac{\text{MSE}}{\text{MST}}$$

위의 식이 설명변수의 개수에 따라 결정계수를 조정하는 이유에 대해 설명하여라.

d. 모형1과 모형3의 조정된 결정계수를 구하고, 둘 중에서 어느 모형을 선호하고 그 이유는 무엇인지 설명하여라.

8 어느 통계학입문을 가르치는 강사가 학기 중에 보았던 10개의 퀴즈성적 자료를 가지고 학기말 시험점수를 예측하는 데 다중회귀모형을 사용하기로 하였다. 이 회귀모형의 분석결과, F-통계량은 매우 유의적(p값 < 0.01)이었으나 개별적인 회귀계수들에 대한 유의성 검정 결과는 하나도 유의적이지 않았다. 이러한 현상에 대해 설명해 보라(즉, apparent inconsistency 현상에

대하여 설명하여라).

9 한 대학교에서 학년별로 교양과목 성적에 차이가 있는지 알아보기 위해 같은 교양과목을 수강하고 있는 64명 학생들의 기말고사 성적과 학년(1학년, 2학년, 3학년, 4학년)을 기록하였다. 학년에는 4개의 범주가 있기 때문에 다음과 같은 3개의 가변수(dummy variable)를 생성하였다.

X_1: 1학년 학생일 경우 1의 값을 가지고, 타학년 학생일 경우 0의 값을 가진다.
X_2: 2학년 학생일 경우 1의 값을 가지고, 타학년 학생일 경우 0의 값을 가진다.
X_3: 3학년 학생일 경우 1의 값을 가지고, 타학년 학생일 경우 0의 값을 가진다.

위의 3개의 가변수를 설명변수로 사용하여 기말고사 성적을 예측하는 다중회귀선형모형은 다음과 같다.

$$\text{기말고사 성적} = \beta_0 + \beta_1 X_1 + \beta_2 X_2 + \beta_3 X_3 + \varepsilon$$

최소제곱추정법을 이용한 추정 결과는 다음과 같다.

변수	회귀계수 추정량	회귀계수 추정량의 표준오차
절편	83.538	4.399
X_1	−11.127	4.843
X_2	0.189	5.548
X_3	−4.452	5.503

	자유도	제곱합	제곱 평균	F비
회귀	(　　)	(　　)	(　　)	(　　)
잔차	(　　)	16857.4	(　　)	(　　)
계	(　　)	19317.5		

a. 회귀계수 추정 결과를 이용하여 1학년 학생의 교양과목 성적을 예측하여라.
b. 회귀계수 추정 결과를 이용하여 4학년 학생의 교양과목 성적을 예측하여라.
c. 유의수준 5%에서 1학년 학생과 4학년 학생의 교양과목 성적 간의 차이가 있는지를 검정하여라.
d. 유의수준 5%에서 3학년 학생과 4학년 학생의 교양과목 성적 간의 차이가 있는지를 검정하여라.
e. 위의 분산분석표를 완성하여라.
f. 유의수준 5%에서 다중회귀모형에 대해 검정하여라.
g. 다중선형모형의 결정계수를 추정하여라.
h. 다중선형모형에서 오차항의 표준편차를 추정하여라.

실습 문제

baseball-attendance.txt

10 야구장에 관중(attendance)이 얼마나 오는지는 주말(weekend) 경기 여부, 상대팀이 양키즈(Yankees)인지, 비로 인한 지연(rain delay), 시즌 첫날(opening day), Pedro 선수의 출전

(Pedro start) 여부에 따라 달라진다고 판단되었다.

http://www.baseball-reference.com

회귀분석을 하기 전에 중요한 변수들을 가려내 보려고 한다. 어느 변수가 가장 중요한 역할을 하는지 산점도와 상관계수를 이용하기로 하였다. 어떤 변수들이 중요한 변수들인가? 이분형 변수(dichotomous variable)에 대하여 상관계수를 사용하는 것이 타당한가?

11 10개의 나무막대에 대한 밀도(X_1), 수분(X_2), 세기(Y)에 대한 자료이다. 산점도를 그리고 상관계수를 구하여 선형성을 판단하고 회귀선을 추정하여라.

beams.dat
beams.xlsx

Y	$X1$	$X2$
11.14	0.499	11.1
12.74	0.558	8.9
13.13	0.604	8.8
11.51	0.441	8.9
12.38	0.550	8.8
12.60	0.528	9.9
11.13	0.418	10.7
11.70	0.480	10.5
11.02	0.406	10.5
11.41	0.467	10.7

12 미국 12개 해군병원에서 마취에 필요한 매월 인시간(man-hours)(Y)을 수술수 (X_1), 병원 사용 가능 인구수(X_2, 단위 1000명), 수술실수(X_3)로 설명하는 관계식을 세우려 한다. 산점도와 상관계수로 선형성을 판단하고 회귀선을 추정하여라. 인시간은 1인 1시간의 단위이다. 예를 들어, 한 사람이 6시간 일하는 것이나, 세 사람이 두 시간 일하는 것이나 인시간으로 나타낼 때는 똑같이 6인시간이 된다. Brooks, et.al.(1988). Chracterizing the domain of a regression model, American Statisticians, 42, 187-190.

hospital.dat
hospital.xlsx

Y	X_1	X_2	X_3
304.37	89	25.5	4
2616.32	513	294.3	11
1139.12	231	83.7	4
285.43	68	30.7	2
1413.77	319	129.8	6
1555.68	276	180.8	6
383.78	82	43.4	4
2174.27	427	165.2	10
845.30	193	74.3	4
1125.28	224	60.8	5
3462.60	729	319.2	12
3682.33	951	376.2	12

13 다음은 어느 지역 주택들의 난방비용을 추정하기 위하여 조사된 자료이다.

난방비.dat
난방비.xlsx

난방비($)	외부 최저기온(화씨, F)	단열재 두께(인치)	창문수	굴뚝사용년수
250	35	3	10	6
380	29	4	1	10
165	36	7	9	3
43	60	6	8	9
92	65	5	8	6
200	30	5	9	5
355	10	6	14	7
290	7	10	9	10
230	21	9	11	11
120	55	2	9	5
73	54	12	11	4
205	48	5	10	1
400	20	5	12	15
320	39	4	10	7
72	60	8	8	6
272	20	5	10	8
94	58	7	10	3
190	40	8	11	11
235	27	9	14	8
139	30	7	9	5

a. 설명변수 외부 최저기온, 단열재 두께, 창문수, 굴뚝사용년수 자료와 피설명변수 난방비 간의 관계를 보여 줄 수 있는 그림을 그려보고, 간단히 특징을 묘사하여라.

b. 4개의 설명변수들 사이의 상관계수행렬을 구하여라.

c. 위 4개의 설명변수를 가지고 난방비를 추정하려는 다중회귀모형식의 이론적 형태를 써보라.

d. 위 c에서 설정한 다중회귀모형을 주어진 자료를 가지고 추정하여라.

e. 난방비 추정을 위한 회귀분석모형에 바탕을 둔 분산분석표(ANOVA table)를 작성하여라.

f. H_0:$\beta_1=\beta_2=\beta_3=\beta_4=0$의 귀무가설과 '$H_a$: 모든 회귀계수가 0은 아니다'라는 대립가설에 대한 통계적 검정을 수행하여라.

g. 4개의 설명변수의 회귀계수들이 0과 유의적으로 다른지의 여부(H_0:$\beta_i=0$, $i=1,2,3,4$)에 대한 개별적인 통계적 검정을 수행하여라.

h. 위 g에서 수행한 검정결과를 바탕으로 최종 회귀분석모형을 식별하여라.

police-pay-2016.txt

14 경찰관연봉(police pay)을 범죄율(crime rate), 고등학교 졸업비율(grad rate 2015(pct)), 중위수 집값(median property price)으로 회귀모형을 적합하려고 한다.

Crime Rate = Violent Crime Rate per 100,000 inhabitants

(Violent crimes include rape and sexual assault, robbery, assault and murder.)

https://www.how-to-become-a-police-officer.com/salaries/

https://ucr.fbi.gov/crime-in-the-u.s/2016/crime-in-the-u.s.-2016/tables/table-3

http://www.governing.com/gov-data/high-school-graduation-rates-by-state.html

a. Y변수와 X변수들의 산점도를 그리고 상관계수들을 구하여 선형성을 판단하여라.

b. 선형회귀모형을 적합하고 각각 계수값을 검정하여라. 계수값이 비유적인 X변수가 있다면 제거한 후 다시 회귀분석을 하여라.

15 1984년부터 33년간 브로드웨이에서 상연된 공연수입(gross)과 그와 관련된 변수들이다.

broadway-shows.txt

Season (The initial year of the season, so the 1984−85 season is 1984.)

Gross($M)Attendance(M) (Note: before 2009 this is Paid Attendance. Beginning 2009 it is Attendance.)

Playing weeks (Total weeks during each show performed summed over all shows; the best measure of Broadway's overall activity.)

Mean Ticket

Pct.sold

https://www.broadwayleague.com/research/statistics-broadway-nyc/

공연수입(Gross)을 예측하는 모형을 구축하려고 한다. 자료 중 입장객 수(attendance), 공연기간(playing weeks), 새 작품 수(new productions), 평균 입장료(mean ticket), 판매율(Pct.sold)을 가능한 X변수로 사용하여라.

a. 산점도와 상관계수를 이용하여 선형성과 회귀모형의 적합 가능성을 변수가 있다면 제거하고, 회귀모형을 적합하고 적합성을 판단하여라.

b. 진단점검을 수행하여라.

c. 어떤 변수가 공연수입을 결정하는 데 가장 선형성이 강하게 작용하는가?

16 기후과학자들이 해빙의 범위(extent)를 조사하였다.

sea-ice.txt

Extent = Extent of sea ice, 해빙의 범위

http://nsidc.org

http://climate.nasa.gov/system/internal_resources/details/original/647_Global_Temperature_Data_File.txt

a. 해빙 범위를 평균이상온도(Mean_temp_anomaly)로 회귀분석하여라. 평균이상기온의 계수값이 0인지 검정하여라.

b. 해빙 범위를 연도(year)와 평균이상온도(Mean_temp_anomaly)로 회귀분석하여라. 평균이상기온의 기울기 값이 0인지 검정하여라. (주의: 평균이상기온의 기울기 값이 0으로 검정이 되었다 하더라도 평균이상온도의 영향이 없다고 단정할 수 없고 추가 변수를 포함한 분석이 더 필요하다.)

17 허리케인의 속도에 따라 피해의 정도가 달라지므로 속도를 예측하는 것은 매우 중요하다.

hurricanes-2015.txt

http://www.aoml.noaa.gov/hrd/hurdat/All_U.S._Hurricanes.html

a. 허리케인 중앙의 기압(Central.Pressure)이 속도(Max.Wind.Speed)를 예측하는 회귀모형을 만들어라.

b. 등급(category)변수를 추가하여 모형을 만들어라. 적합성이 향상되었는지 a에서의 결정계수와 잔차도를 서로 비교하여 판단하여라. (주의: 등급변수는 순서형 자료이나 여기서는 숫자형 자료로 취급하여라.)

c. 등급변수의 계수에 대하여 검정하여라.

scottish-hill-races.txt

18 스코틀랜드에서 매년 열리는 산악달리기 기록이다. 2015년에는 4천 명 정도가 참가하였고 매년 증가하고 있다.

http://www.scottishhillracing.co.uk

a. 남자 기록(men's time)을 거리(distance)와 상승고도(climb)로 선형회귀분석하여라.

b. 상승고도를 미터 단위의 거리로 나누어 상승율을 구하여 거리와 상승율로 회귀분석을 하여라. 또한 a에서의 결과와 적합성을 비교하여라.

c. 위의 두 모형 중 적합성이 좋은 모형에서의 변수를 사용하여 여자 기록(women's time)의 회귀모형을 적합하여라. 남자 기록과 여자 기록 모형의 기울기 계수값들을 비교하여 영향을 받는 정도가 남녀 차이가 있는지 분석하여라.

fat.dat
fat.xlsx
UsingR::fat

19 체지방률의 정확한 측정이 복잡하고 비용이 많이 든다. 그래서 체지방률을 비용이 덜 들고 쉽게 측정할 수 있는 다른 신체 측정법으로 얻은 값들로 예측하고자 유용한 변수를 결정하고자 한다. 이 연구를 위해 선정된 변수들은 다음과 같다.

density	: 수중에서 무게를 재어 결정한 밀도	bodyfat	: Siri's(1956)식에 의한 값
age	: 나이(year)	weight	: 체중(lbs)
height	: 신장(inches)	neck	: 목 둘레(cm)
chest	: 가슴 둘레(cm)	abdomen	: 복부 둘레(cm)
hip	: 엉덩이 둘레(cm)	thigh	: 허벅지 둘레(cm)
knee	: 무릎 둘레(cm)	ankle	: 복사뼈 둘레(cm)
biceps	: 이두근 둘레(cm)	forearm	: 팔뚝 둘레(cm)
wrist	: 손목 둘레(cm)		

a. 위의 다중회귀모형을 추정하여라. 각 회귀계수의 추정값, 표준오차, t값을 나타내는 표를 작성하여라(유의수준 5%).

b. 분산분석표를 작성하고 회귀성검정을 하여라(유의수준 5%).

c. 결정계수를 구하여라.

세출.dat
세출.xlsx

20 도시의 세출은 노령인구의 수와 관할면적에 영향을 받는다. 이를 알아보고자 15개의 도시를 조사한 자료이다.

a. 분산분석표를 작성하여라.

b. 결정계수를 구하여라.

d. 유의수준 5%에서의 최적회귀모형은?

e. 회귀분석 시의 가정사항을 만족하고 있는지 확인하여라.

21 고무의 경도(hardness, degrees Shore)와 인장력(tensile strength kg/)이 마모에 얼마나 견디는지 조사하였다. 30개의 고무를 일정 시간 동안 마모 실험하여 시간당 닳아진 정도를 무게로 재어 마모손실(abrasion loss, g/h)로 측정하였다.

abrasion.dat
abrasion.xlsx

Abrasion Loss	hardness	tensile strength
372	45	162
206	55	233
175	61	232
154	66	231
136	71	231
112	71	237
55	81	224
45	86	219
221	53	203
166	60	189
164	64	210
113	68	210
82	79	196
32	81	180
228	56	200
196	68	173
128	75	188
97	83	161
64	88	119
249	59	161
219	71	151
186	80	165
155	82	151
114	89	128
341	51	161
340	59	146
283	65	148
267	74	144
215	81	134
148	86	127

a. 세 변수의 산점도 또는 산점도행렬을 그리고 상관계수를 구하여 선형성을 판단하여라.

b. 다중회귀식을 추정하여라.

c. 결정계수를 구하여라.

22 미국 87개 대학원의 교육평가에 대한 2006년도 자료로 교육평가 점수(단위: 100~500)를 학생들의 GRE 점수, 박사예정자의 학생 비율(%), 연구비 지급비율(%)을 토대로 관계를 조사하였다. 이 자료의 변수들은 다음과 같다.

grad.dat
grad.xlsx

ID	: School ID	School	: School Name
Rating	: 평가점수	GRE	: GRE 평균점수
Research	: 연구비 지급 비율(%)	PctDoc	: 박사예정자의 학생 비율(%)

a. 대학원 교육을 학생들의 GRE 평균점수, 박사예정자의 학생 비율(%), 연구비 지급비율(%)를 가지고 평가를 한다. 자료에 다중선형회귀모형을 추정하여라.

b. 회귀의 유의성을 검정하여라(유의수준 5%).

c. 회귀분석 시의 가정사항을 만족하고 있는지 확인하여라.

인터넷주식중개.dat
인터넷주식중개.xlsx

23 다음은 인터넷 주식거래 서비스를 제공하는 온라인 주식거래 중개서비스업체들의 가상적인 시장조사 자료이다.

중개업체	시장점유율(%)	거래계좌수(천구좌)	자산규모(십억 원)
A	27.5	2500	219.0
B	12.9	909	21.1
C	11.6	615	38.8
D	10.0	205	5.5
E	9.3	2300	160.0
F	8.4	428	19.5
G	3.6	590	11.2
H	2.8	134	5.9
I	2.2	130	1.3
J	1.3	125	6.8

a. 자산규모와 거래계좌수 간의 관계를 묘사할 수 있는 그림을 그려보라.

b. 거래계좌수와 자산규모 자료를 통해 시장점유율을 예측할 수 있는 회귀방정식을 추정하고, 이 방정식의 각 설명변수들의 모수에 대한 가설검정을 수행하여라.

c. 위 b에서 얻은 회귀분석의 결과로부터 잔차(residuals)를 구하고, 이 잔차들을 거래계좌수에 대하여 산점도를 그려보라. 어떠한 결론을 내릴 수 있겠는가?

자동차판매.dat
자동차판매.xlsx

24 다음은 어느 지역의 자동차 판매대수와 광고비, 자동차 전문세일즈맨수, 판매 대리점의 위치 등에 대하여 조사한 자료이다.

자동차 판매대수	광고시간(분)	세일즈맨(명)	도시지역
127	18	10	Yes
138	15	25	No
159	22	14	Yes
144	23	12	Yes
139	17	12	No
128	16	12	Yes
161	25	14	Yes
180	26	17	Yes
102	15	7	No

163	24	16	Yes
106	18	10	No
149	25	11	Yes

a. 상관행렬(correlation matrix)을 구하고, 종속변수와 가장 강한 상관관계를 보이는 독립변수는 무엇인가?

b. 위 자료를 가지고 회귀분석을 하려고 할 때, 다공선성(multicollinearity)의 문제가 있는지 말하여라.

c. 다중회귀방정식을 정의하고, 회귀계수를 추정하여라.

d. 위 c에서의 회귀방정식 추정결과를 놓고 볼 때, 도시지역에 위치한 어느 자동차 대리점에서 20명의 세일즈맨을 고용하고, 15분짜리 광고를 한다고 하면 얼마나 많은 수의 자동차를 팔게 될 것인지 예측하여라.

e. 추정된 회귀방정식의 전반적인 유효성에 대한 통계적 가설을 설정하고, 이 가설을 통계적으로 검정하여라(유의수준 5%).

f. 유의수준 5%에서 독립변수들의 회귀계수추정치들에 대한 유의성을 개별적으로 통계적 검정을 수행하여라. 이 검정결과 독립변수들 중에서 제외시켜도 될 독립변수가 있는지 말하여라.

g. 위의 f에 답한 내용에 따라 회귀모형의 구성에 변화가 있다면 새로운 회귀방정식을 다시 추정하여라.

h. 최종적으로 식별된 회귀방정식에 근거한 회귀분석 결과 중, 결정계수와 수정 결정계수는 얼마인가?

25 씨리얼의 영향조사표이다. 탄수화물은 설탕(sugars)과 그 외 탄수화물(carbo)로 나뉘어 있다.

cereals.txt

a. 칼로리(calories)를 Y변수, 설탕(sugar), 그 외 탄수화물(carb), 단백질(protein), 지방(fat)을 X변수로 회귀분석하여라.

b. 진단 진단점검을 수행하여라.

c. 탄수화물과 단백질 각각 1그램은 4칼로리, 지방 1그램은 9칼로리를 만들어 낸다고 알려져 있다(Atwater's coefficient, 식품마다 조금씩 다름). 설탕(sugar), 그 외 탄수화물(carb), 단백질의 회귀계수가 각각 4인지, 지방의 회귀계수가 9인지 검정하여라. Atwater의 계수가 정확하다면 절편항이 0이어야 한다. 절편항이 0인지 검정하여라. (주의: 설탕은 탄수화물이다.)

26 버거킹의 메뉴별 영양조사표이다. 칼로리(calories)는 단백질(Protein)과 지방(Fat)의 양과 관계가 있을 것이다.

burger-king-items.txt

https://www.bk.com/pdfs/nutrition.pdf

a. 회귀모형을 적합하고 적합성을 판단하여라.

b. 진단점검을 수행하여라.

c. 단백질 1그램은 4칼로리, 지방 1그램은 9칼로리를 만들어 낸다고 알려져 있다(Atwater's coefficient, 식품마다 조금씩 다름). 단백질의 회귀계수가 4인지, 지방의 회귀계수가 9인지 검정하여라.

candy-bars.txt

27 자료는 미국 CNN 방송 사이트에서 얻은 캔디바(candy bar)의 칼로리에 대한 자료이다. (파일 내의 사이트 참조)

a. 캔디바의 칼로리(calor)를 결정하는 변수로 지방(fat), 단백질(prot), 탄수화물(carb)의 세 X변수를 이용하여 회귀식을 적합하여라.

b. 진단점검을 수행하여라.

c. 지방, 단백질, 탄수화물 1그램은 각각 9, 4, 4칼로리를 만든다고 알려져 있다(Atwater's coefficient, 식품마다 조금씩 다름). 위에서 얻은 회귀식의 계수가 각각 9, 4, 4가 되는지 검정하여라. Atwater의 계수가 정확하다면 회귀식의 절편항이 0이 되어야 한다. 절편항이 0인지 검정하여라.

d. 제품형태(serving)가 바(bar) 형태와 그렇지 않은 것들이 있다. 가변수를 이용하여 바 형태와 그렇지 않은 것들 사이에 칼로리가 다른지 검정하여라.

amazon-books.txt 16.4

28 아마존 사이트에서 팔고 있는 책들의 가격을 조사하였다.

Amazon.com

a. 아마존 가격(Amazon price)을 표시 가격(list price), 페이지 수(num pages), 무게(weight)로 회귀식을 적합하여라. 만일 비유의적인 X변수가 있으면 제거하고 다시 회귀식을 적합하여라.

b. 위의 회귀식에 커버 종류(hard/paper)를 추가하여 회귀식을 적합하여라. hard=1, soft=0으로 하여라. 위에서의 R square 값과 비교하여 증가하였는가?

c. 커버 종류가 아마존 가격에 영향을 주는 요소인가? 만일 통계적으로 유의한 요소라면 얼마만큼의 차이가 있는가?

cars.txt

29 연비(MPG, miles per gallon)를 예측하는 모형을 구축하려고 한다. Henderson and Velleman(1981). "Building Regression Models Interactively". Biometrics 37, 400.

Drive Ratio = 트랜스미션의 기어비

a. 연비(MPG)를 무게(weight), 기어비(drive ratio), 마력(horsepower), 배기량(displacement, 엔진 크기), 기통수(cylinders)로 회귀식을 적합하여라. 비유의한 X변수가 있다면 제거하고 다시 적합하여라.

b. 제조 나라(country)가 US이면 0, Japan이면 1로 가변수를 만들어라. 다른 나라들은 제외하고 위에서의 X변수들에 가변수를 추가하여 회귀식을 적합하여라.

c. 가변수의 기울기에 대한 검정을 하여라. '일본차는 미국차보다 연비가 좋다'라는 것을 통계적으로 뒷받침할 수 있나?

coasters-2015.txt 16.4

30 롤러코스터에 대한 자료이다.

rcdb.com

a. 속도(speed)를 높이(height), 낙차(drop), 길이(length), 지속시간(duration)의 회귀식으로 적합하여라. 비유의적인 X변수는 모두 제거한다(하나씩 제거하는 방법은 16장 참조).

b. 반전(inversions, 360도 회전)과 트랙 재질(track, 철=1, 나무=0)을 추가하여 회귀식을 적

합하여라. 반전이 있는 것이 속도가 빠른가? 철로 된 롤로 코스터가 나무보다 빠른가? (주의: 예전 코스터들이 나무로 만들어졌고 최근 것이 철로 만들어졌다면 재질의 차이가 아니고 만드는 기술의 발전으로 속도가 빨라진 것일 수 있다. 잠복변수, lurking variable)

31 다음은 18개의 각기 다른 흙 샘플 속에 존재하는 무기성 인과 유기성 인과 식물이 이용 가능한 인을 옥수수에서 조사한 자료이다. 데이터의 변수는 다음과 같이 주어져 있다.

phosphorus.dat
phosphorus.xlsx

Y = Plant−available phosphorus(식물이 이용 가능한 인)

$X1$ = inorganic phosphorus(무기성 인)

$X2$ = organic phosphorus(유기성 인)

Y	$X1$	$X2$
64	0.4	53
60	0.4	23
71	3.1	19
61	0.6	34
54	4.7	24
77	1.7	65
81	9.4	44
93	10.1	31
93	11.6	29
51	12.6	58
76	10.9	37
96	23.1	46
77	23.1	50
93	21.6	44
95	23.1	56
54	1.9	36
168	26.8	58
99	29.9	51

a. $X1$과 Y의 산점도, $X2$와 Y의 산점도를 각각 그리고 어떤 것이 직선 관계가 강한지 판단하여라.

b. $X1$와 Y의 회귀식, $X2$와 Y의 회귀식을 각각 구하고 기울기 값에 대한 p값을 얻어라. 두 회귀식 중 어느 것이 좋은지 a에서의 산점도를 같이 고려하여 판단하여라.

c. 위 b에서 얻은 결과를 바탕으로, 모형에 포함된 변수를 다음과 같이 세 개의 그룹으로 나누려고 한다.

$$X = \begin{cases} goup\ 1,\ if\ \ 0 < x \leq 10 \\ goup\ 2,\ if\ \ 10 < x \leq 20 \\ goup\ 3,\ if\ \ 20 < x \end{cases}$$

위의 기준에 따라 가변수를 만들어 회귀분석을 실시하도록 하자.

d. 위 c에서 얻은 결과를 바탕으로, 각 그룹별 회귀모형식을 도출하여라.

f. 위 d에서 얻은 결과를 바탕으로 잔차분석을 해보도록 하여라.

hardwood.dat
hardwood.xlsx

32 단단한 나무의 포함 비율(X, %)과 종이의 인장력(Y, psi) 관계식을 세우려 한다. Montgomery, D. C., and Peck, E. A. (1982), Introduction to Linear Regression Analysis, New York: John Wiley.

Tensile strength, Y	Hardwood concentration, X
6.3	1.0
11.1	1.5
20.0	2.0
24.0	3.0
26.1	4.0
30.0	4.5
33.8	5.0
34.0	5.5
38.1	6.0
39.9	6.5
42.0	7.0
46.1	8.0
53.1	9.0
52.0	10.0
52.5	11.0
48.0	12.0
42.8	13.0
27.8	14.0
21.9	15.0

a. 산점도를 그리고 특징을 간단히 설명하여라.
b. 나무비율과 인장력의 회귀식을 추정하고 잔차도를 그려라.
c. X변수의 제곱값을 새로운 X_2변수로 하여 X와 X_2를 설명변수로 하는 관계식을 추정하고 잔차도를 그려라.
d. 위 b와 c의 R^2, 분산분석표, 잔차도를 비교하여라.

제곱항회귀.dat
제곱항회귀.xlsx

33 다음의 자료에 회귀모형을 적합시키려고 한다. 아래 질문들에 답하여라.

X	Y
20	15
25	17
30	18
35	23
40	29
45	30
50	33
55	36
60	37
65	38
70	38
75	35
80	33

85	26
90	25
95	21
100	19
105	18
110	16

a. XY 산점도를 그리고 X와 Y의 관계가 선형회귀모형에 적합한지 설명하여라.

b. 위 자료에 단순회귀직선을 적합시켜라. 결정계수와 오차제곱합은 얼마인가?

c. 14장에서 설명된 잔차그림을 그려라.

d. X와 X제곱항을 모두 넣은 회귀직선을 적합시켜라. X제곱항을 추가한 후 결정계수와 오차제곱합은 어떻게 변화하였는가?

e. X와 X제곱항을 모두 넣은 회귀직선에 대한 잔차그림을 그리고 어떻게 변화했는지 설명하여라.

34 다음 자료는 미국의 56개 도시의 30년간(1931~1960) 1월 평균 최저 온도에 관한 데이터이다. 자료에 포함된 변수는 다음과 같다.

citytemp.dat
citytemp.xlsx

Y = 30년간 1월 평균 최저 온도

$X1$ = 위도(latitude)

$X2$ = 경도(longitude)

Y	$X1$	$X2$
44	31.2	88.5
38	32.9	86.8
35	33.6	112.5
31	35.4	92.8
47	34.3	118.7
42	38.4	123.0
15	40.7	105.3
22	41.7	73.4
26	40.5	76.3
30	39.7	77.5
45	31.0	82.3
65	25.0	82.0
58	26.3	80.7
37	33.9	85.0
22	43.7	117.1
19	42.3	88.0
21	39.8	86.9
11	41.8	93.6
22	38.1	97.6
27	39.0	86.5
45	30.8	90.2
12	44.2	70.5

Y	$X1$	$X2$
13	41.9	96.1
11	43.5	71.9
27	39.8	75.3
24	35.1	106.7
14	42.6	73.7
27	40.8	74.6
34	35.9	81.5
31	36.4	78.9
0	47.1	101.0
26	39.2	85.0
21	42.3	82.5
28	35.9	97.5
33	45.6	123.2
24	40.9	77.8
24	40.9	75.5
38	33.3	80.8
31	36.7	87.6
24	35.6	101.9
49	29.4	95.5
44	30.1	95.9
18	41.1	112.3
7	45.0	73.9

25	39.7	77.3	32	37.0	76.6
23	42.7	71.4	33	48.1	122.5
21	43.1	83.9	19	48.1	117.9
2	45.9	93.9	9	43.4	90.2
24	39.3	90.5	13	43.3	88.1
8	47.1	112.4	14	41.2	104.9

a. 자료에 포함된 독립변수들을 모두 고려하여 회귀분석을 실시하여라.

b. 종속변수와 독립변수 간의 산점도를 그려보고, 각 독립변수와 종속변수 간의 선형관계가 존재하는지 확인하여라.

c. 위 b의 결과를 바탕으로, 문제 a에서 얻은 회귀모형의 잔차도를 그려보고, 문제점이 있다면 토론하여라.

d. 독립변수 X^2을 추가하여 회귀분석을 실시하고, 잔차도를 그려보라.

e. 위 d에서 얻은 회귀모형에 독립변수 X^3를 추가하여 회귀모형을 세운 후, a에서 얻은 회귀모형과 비교하여라. 잔차도를 그려 앞의 잔차도 두 개와 비교하여라.

power–load.txt

35 미국 남부의 전력회사에서는 수요가 많은 여름철에 매일 최고기온(temperature, F)에 따른 최대 전력 부하량(peak load, megawatts)을 모형화하기로 하였다. W. Mendenhall, T. Sincich, (1986) A Second Course in Business Statistics: Regression Analysis. 2nd Ed.

a. 기온과 부하량의 산점도를 그리고 상관계수를 계산하여라. 두 변수의 선형성에 대하여 판단하여라.

b. 단순선형회귀식을 적합하고 R square 값을 계산하고 기울기를 검정하여라.

c. 잔차도를 그려 회귀직선의 적합성에 대하여 판단하여라.

d. 기온의 제곱값을 두 번째 X변수로 하여 다항회귀식을 적합하고, R square 값을 계산하고, 2차항의 기울기를 검정하여라.

e. 잔차도를 그려 단순선형회귀식의 잔차도와 비교하여라. 두 회귀식의 R square 값을 비교하여라.

f. '여름철 전력 수요는 단순 증가하지 않고 기온이 올라가면서 더욱 가파르게 증가한다'라는 것을 회귀분석이 뒷받침하는가?

coffee–dispensers.txt

36 카페테리아 체인 회사에서 셀프서비스 커피 디스펜서(self-service coffee dispenser, 손님이 직접 커피 뽑아 쓰는 기계)를 설치하여 커피 판매량(coffee sales, hundred gallons)을 조사하였다. 14 카페테리아를 선정하여 디스펜서를 0에서 6개까지 랜덤으로 설치하였다. 디스펜서가 0으로 되어 있는 곳은 직원이 커피를 뽑아주는 방식이다. J. Neter, W. Wasserman, M. Kutner, (1989) Applied Linear Regression Models, 2nd Ed.

a. 산점도를 그리고 단순선형회귀식을 적합하고 R square를 계산하여라.

b. 잔차도를 그려 적합성을 판단하여라.

c. 2차다항회귀식을 적합하고 회귀식의 유의성검정을 하여라.

d. 단순선형회귀식의 R square와 비교하여라. 잔차도를 서로 비교하여라.

37 에탄올의 점도(viscosity, mPa.s)를 온도(temperture, C)에 따라 측정하였다. 산점도를 그리

고 다항식으로 적합하여라.

https://en.wikipedia.org/wiki/Ethanol_(data_page)

ethanol.txt

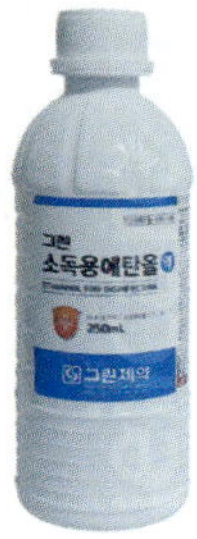

38 1981년에 미국 미네소타주의 메리호수(Lake Mary)에서 블루길을 표집하여 길이(length, mm)와 나이(age, year)를 측정하였다. Cook and Weisberg, 1999

a. 길이와 나이의 산점도를 그리고 상관계수를 계산하여라. 두 변수의 선형성에 대하여 판단하여라.

b. 단순선형회귀식을 적합하고 R square 값을 계산하고 기울기를 검정하여라.

c. 잔차도를 그려 회귀직선의 적합성에 대하여 판단하여라.

d. 나이의 제곱값을 두 번째 X변수로 하여 다항회귀식을 적합하고 R square 값을 계산하고 2차항의 기울기를 검정하여라.

e. 잔차도를 그려 단순선형회귀식의 잔차도와 비교하여라. 두 회귀식의 R square 값을 비교하여라.

f. '나이가 들수록 길이는 길어지지만, 증가 속도는 줄어든다'라는 것을 회귀분석이 뒷받침하는가?

g. 10년 된 블루길의 길이를 예측하여라. 어떠한 문제가 발생하는가?

bluegills.txt

16 모형구축

Andrey Nikolaevich Kolmogorov(1903 ~ 1987)

소련의 수학자. topology, intuitionistic logic, turbulence, computational complexity 등의 분야 연구. 1933년, Foundations of the Theory of probability를 발표하여 근대 확률론의 기초를 정립. Kolmogorov inequality, Kolmogorov backward equation, Kolmogorov–Smirnov test 등 발견.

자료에서 주는 정보를 이용하여 통계적인 상황을 이해하기 쉬운 형태로 바꾸는 것을 통계모형의 구축이라고 할 수 있다. 일반적인 통계모형의 구축은 모든 통계 분야에 해당하는 것이겠으나 여기서는 회귀모형에 국한한다. 가능한 한 자료가 주는 모든 정보를 빠짐없이 이용하려는 노력과 중요한 것만 골라 간결하게 모형을 구축하려는 노력이 서로 상충된다. 모형구축에는 이 둘 사이의 균형을 찾아야 한다.

모형구축은 통계학뿐 아니라 모든 학문분야에서 일반적으로 사용하는 것이며, 통계학으로 국한하더라도 모형구축은 모든 통계분야에서 논의할 수 있다. 하지만 이 장에서는 단순회귀분석과 다중회귀분석에서의 기법을 종합적으로 이용하여, 회귀분석의 모형을 구축하는 방법에 대하여 논하려고 한다. 13장 분산분석에 있는 모형도 크게 보면 회귀분석모형의 일종이다. 분산분석과 회귀모형을 구분하여 다루는 이유는 각각 모형에 대한 이해와 해석이 직관적으로 다르고, 이용방법 또한 다르기 때문이다. 그러나 더 깊이, 더 넓게 생각하면 두 모형은 같은 것이다. 입문 수준에서는 두 모형을 구분하여 이해하는 것이 좋으므로 이 장에서는 회귀분석에 국한하여 **모형구축(model building)**을 설명할 것이지만, 이 장에서의 논의 사항이나 기법들은 분산분석모형에도 그대로 적용됨을 염두에 두기 바란다.

14장, 15장, 16장 모두 회귀분석에 관한 내용이다. 그만큼 회귀분석에서 다루어야 할 내용도 많고 또한 실제 자료분석을 할 때 제일 많이 사용하는 통계기법이 회귀분석이기도 하다. 분산분석이 회귀분석의 일종이기도 하니 사용 빈도에서 여타의 모든 기법과 비교가 되지 않을 정도로 많다.

16.1 변수변환

여러 통계기법을 필요에 따라 원래 자료가 아닌 변환 후의 자료에 대하여 적용하면 편리한 경우가 많다. 예를 들면, 심하게 오른쪽 또는 왼쪽으로 대칭에서 벗어난 자료를 대칭형으로 변환을 통하여 바꿀 수 있다. 이와 같이 필요에 따라 변수를 변환하는 것을 **변수변환(variable transformation)**이라고 한다. 이 절에서는 회귀분석과 관련된 부분만 다룬다. 회귀분석에서는 변수변환을 통하여 모형구축을 쉽게 할 수 있고, 결과의 해석이 쉽고 또한 변수변환하여 추정된 모형의 적합성이 우수하여 예측의 정확성을 높일 수 있다. 변수변환은 X변수, Y변수의 변환이 개별적으로 필요하거나 X변수와 Y변수의 변환이 동시에 필요한 경우도 있다.

변수변환은 기본적으로 그림 15.4에서 보듯이 비선형(nonlinear) 관계에 있는 설명변수와 반응변수를 선형관계로 변화시키기 위하여 행해진다. 선형모형이 비선형모형에 비하여 훨씬 다루기 쉽기 때문이다. 선형모형으로 적합시킨 후 그대로 사용하거나 또는 원래의 단위로 역변환시켜 사용하면 된다. 회귀식을 적합시킬 때는 일반적인 단순회귀나 다중회귀의 형태로 작업을 하지만, 내용적으로 곡선의 관계가 들어 있는 회귀를 **곡선회귀(curvilinear regression)**라고 한다. 15장에서 다루었던 다항회귀도 곡선회귀의 일종이다. 이는 비선형요소가 그대로 있는 상태로 회귀모형을 다루는 **비선형회귀(nonlinear regression)**와 구분된다.

변환의 필요성:
- 모형구축(모형 추정) 용이
- 추정 결과 해석 용이
- 적합성 증가
- 예측력 증가

변수변환은 변수에 멱승(power)을 하여 이루어지게 된다. 멱승을 순서대로 나열하면

$$\cdots, X^3, X^2, X^1, X^{1/2}, X^{1/3}, X^0, X^{-1/3}, X^{-1/2}, X^{-1}, X^{-2}, X^{-3}, \cdots$$

와 같이 될 것이다. 멱의 크기가 클수록 함수의 변화 속도가 많다. X^1은 아무 변환도 하지 않는 것이고, X^0 변환은 모든 자료를 1로 만들어 버린다. 따라서 X^0 변환은 변수의 변환에 사용할 수 없다. 함수의 변화 속도를 고려할 때 X^0의 위치에 있는 것이 로그함수이다. 그래서 우리가 사용하는 변환은

$$\cdots, X^3, X^2, X^1, X^{1/2}, X^{1/3}, \log X, X^{-1/3}, X^{-1/2}, X^{-1}, X^{-2}, X^{-3}, \cdots$$

이고 이것을 **멱의 사다리(ladder of power)**라고 한다.

산점도가 'J'자 형태를 보이는 자료를 직선화하려면 X변수에 1보다 큰 멱의 변환 — 예를 들면, 자승, 삼승 — 을 하여야 하고, 반대로 'L'자 형태를 보이는 자료를 직선화하려면 X변수에 1보다 작은 멱의 변환 — 예를 들면, 제곱근, 세제곱근, 로그, 역수 — 을 하여야 한다. 산점도가 'J'자 형태를 보이는 자료를 Y변수변환으로 직선화하려면 Y변수에 1보다 작은 멱의 변환을 하여야 하고, 'L'자 형태를 보이는 자료 또한 1보다 작은 멱의 변환을 하여야 한다.

X변수와 Y변수의 자료가 다음과 같다고 하자.

X	1	2	3	4	5
Y	1	8	27	64	125

이는 $y=x^3$의 관계식을 갖고 산점도 형태는 위로 오목 또는 'J'자 형태이다. X변수에 1보다 큰 멱, 즉 X^2으로 변환하였다고 하면, 위의 자료는 다음과 같이 변환된다.

변환된 X	1	4	9	16	25
Y	1	8	27	64	125

이는 $y=x^3=(x^2)^{3/2}=(\text{변환된 } X)^{3/2}$의 관계식, 즉 변환된 X와는 구부러진 곡선의 심한 정도가 다소 완화되어 직선형태로 가까이 가는 변환임을 알 수 있다. 물론 멱의 사다리에서 더 높은 곳에 있는 X^3 변환을 하면 직선에 더욱 가까이 간다(여기서는 완벽한 직선).

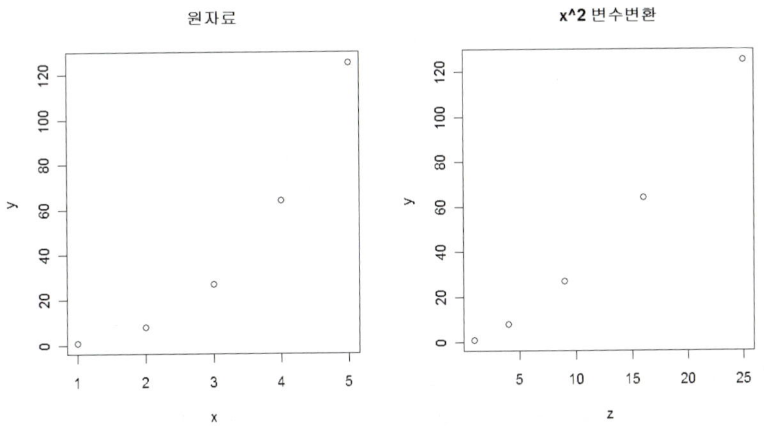

그림 16.1
변환의 예

실제 자료분석에서 설명변수와 반응변수 중 하나 또는 여러 개를 변환하게 되는데, 변환함수로 로그변환을 많이 쓰는데 이는 타의 추종을 불허한다. 로그함수는 수학적으로도 중요

0승 변환은 없다. 모든 자료를 1로 바꾸어주기 때문이다.

하지만 실제 자료분석에서 자주 필요한 함수이다. 경제, 경영, 의학, 생물, 사회, 교육 등 그 분야를 막론하고 로그변환이 필요한 자료가 많다. 로그변환 다음으로는 자승변환, 제곱근변환, 역수변환 등이 사용된다. 필요에 따라 삼승변환, 세제곱근변환 등 모두 가능하다.

자주 사용하는 변수변환 함수

로그변환 : $\log(x)$

자승변환 : x^2

제곱근변환 : $\sqrt{x}$

역수변환 : $\dfrac{1}{x}$

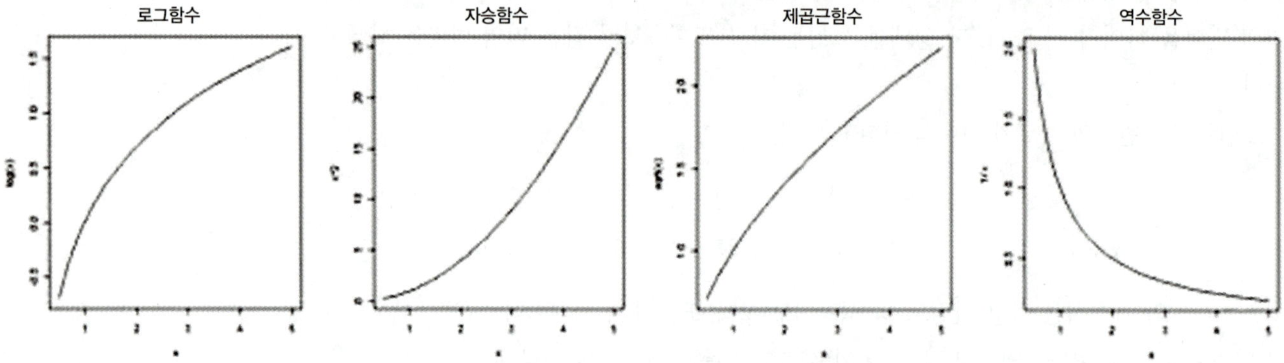

그림 16.2
여러 변수변환 함수들

그림 15.4와 같이 곡선관계를 바로 볼 수 있는 경우가 많지만, 다음의 예제에서처럼 처음에는 금방 알아볼 수 없는 경우도 있다.

trees.dat
trees.xlsx
datasets::trees

14.8절에서 예제로 사용하였던 검은체리나무 자료에서 둘레와 높이를 이용하여 부피를 예측하는 모형을 만들어 보자. 산점도 그림 16.3의 산점도를 보면 이들이 전체적으로 선형관계를 나타내고 있다. 이 예제에서는 Girth와 Volume에 대한 것만 다루고 Height를 포함하는 것은 연습문제로 남긴다.

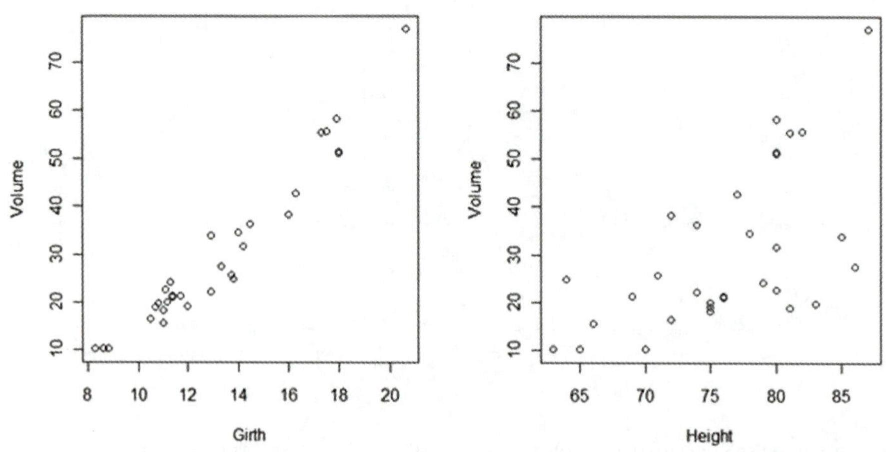

그림 16.3
검은체리나무 자료의 산점도

우선 Volume과 Girth의 회귀식을 추정하여 보자.

Volume=b_0+b_1 Girth의 결과물

```
Coefficients:
              Estimate  Std. Error  t value  Pr(>|t|)
(Intercept)   -36.9435      3.3651   -10.98   7.62e-12 ***
Girth           5.0659      0.2474    20.48    < 2e-16 ***
---
Signif.codes: 0‘ ***’ 0.001‘ **’ 0.01‘ *’ 0.05‘ .’ 0.1‘  ’ 1

Residual standard error: 4.252 on 29 degrees of freedom
Multiple R-squared: 0.9353, Adjusted R-squared: 0.9331
F-statistic: 419.4 on 1 and 29 DF, p-value: < 2.2e-16
```

F=419.3(p값=0.000), R^2=93.5%로 적합이 꽤 잘되었다. 그러나 그림 16.3의 두 번째 그림에서 보는 것처럼 y−hat과 잔차의 그림이 위로 오목한 형태의 곡선형태를 보이고 있어, 적합된 회귀식을 보완해야 할 부분이 있음을 보여 주고 있다. Volume과 Girth의 산점도에서 보면 왼쪽 아래 부분의 자료는 회귀선보다 올라 있고, 중간부분은 아래로 가 있는 점들이 많고, 오른쪽 위는 회귀선 위로 가 있어 그림 16.3을 처음 보았을 때에서는 보기 힘들었던 U자형(위로 오목) 곡선형태를 볼 수 있다.

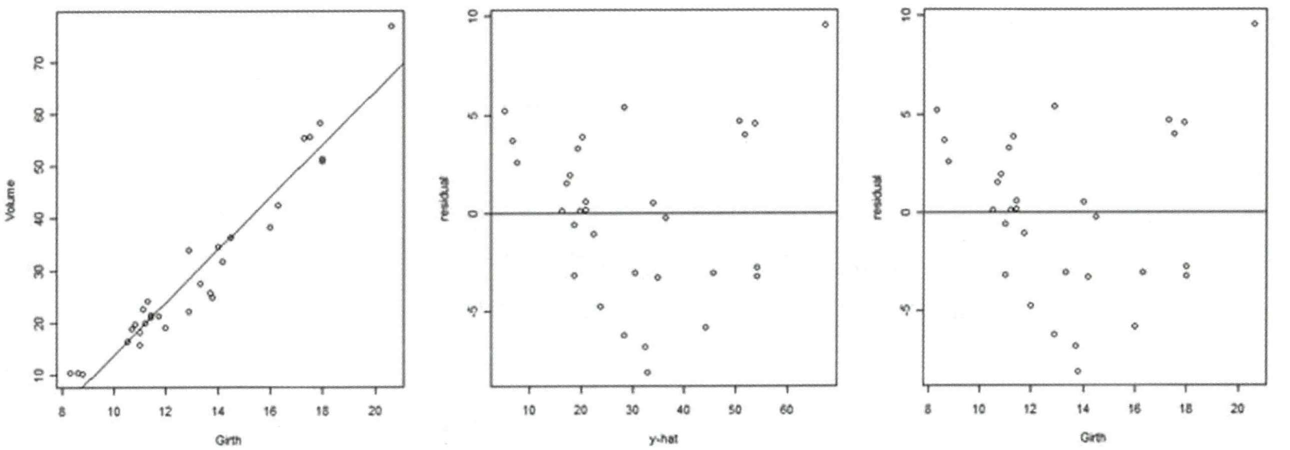

그림 16.4
원자료의 회귀식 적합과 잔차그림

이와 같이 XY산점도에서는 잘 볼 수 없었던 곡선관계가 잔차도에서 곡선형태의 패턴으로 나타나게 된다. 잔차도는 적합한 회귀식이 설명하지 못한 부분을 확대하여 보여 주는 기능을 하는 것이다.

Volume에 로그변환하여 회귀식을 적합시킨 결과물은 Volume F=452(p값=0.000), R^2=93.97%로 적합이 조금 올라가긴 했지만, 크게 변동이 없으나 잔차그림에서 뚜렷하였던 위로 오목의 곡선형태가 없어지고, 약간의 위로 볼록한 형태가 새로이 나타났다.

$\log(\text{Volume})=b_0+b_1$ Girth의 결과물

```
Coefficients:
             Estimate  Std. Error  t value  Pr(>|t|)
(Intercept)  1.118997   0.104021    10.76   1.23e-11 ***
Girth        0.162566   0.007647    21.26    < 2e-16 ***
---
Signif.codes: 0‘ ***’ 0.001‘ **’ 0.01‘ *’ 0.05‘ .’ 0.1‘ ’ 1

Residual standard error: 0.1314 on 29 degrees of freedom
Multiple R-squared: 0.9397, Adjusted R-squared: 0.9376
F-statistic: 452 on 1 and 29 DF, p-value: < 2.2e-16
```

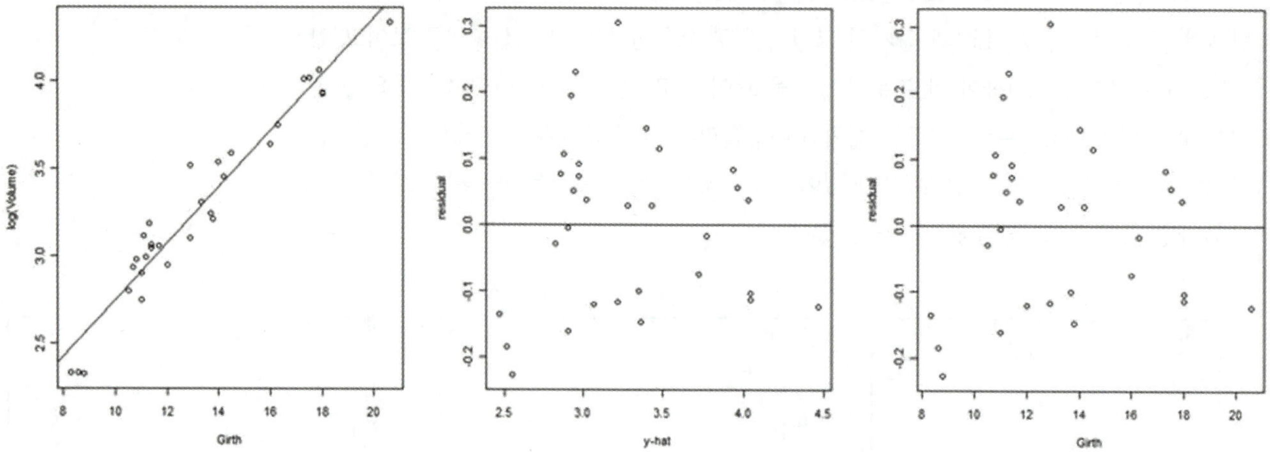

그림 16.5
log(Volume) 자료의 회귀식 적합과 잔차그림

추가로 Girth에 로그변환하여 회귀식을 적합하였다. $F=599.7$(p값$=0.000$), $R^2=95.39\%$로 적합이 높아졌으며 잔차그림에서의 곡선 패턴이 사라졌다. log (Volume), log(Girth) 산점도에서도 적합이 잘되었음을 볼 수 있다.

변환 필요성 감지: XY산점도, 산점도행렬, $\hat{y}$잔차도, x잔차도

$\log(\text{Volume})=b_0+b_1\log(\text{Girth})$의 결과물

```
Coefficients:
             Estimate  Std. Error  t value  Pr(>|t|)
(Intercept)  -2.35332    0.23066   -10.20   4.18e-11 ***
log.Girth     2.19997    0.08983    24.49    < 2e-16 ***
---
Signif.codes: 0‘ ***’ 0.001‘ **’ 0.01‘ *’ 0.05‘ .’ 0.1‘ ’ 1

Residual standard error: 0.115 on 29 degrees of freedom
Multiple R-squared: 0.9539, Adjusted R-squared: 0.9523
F-statistic: 599.7 on 1 and 29 DF, p-value: <2.2e-16
```

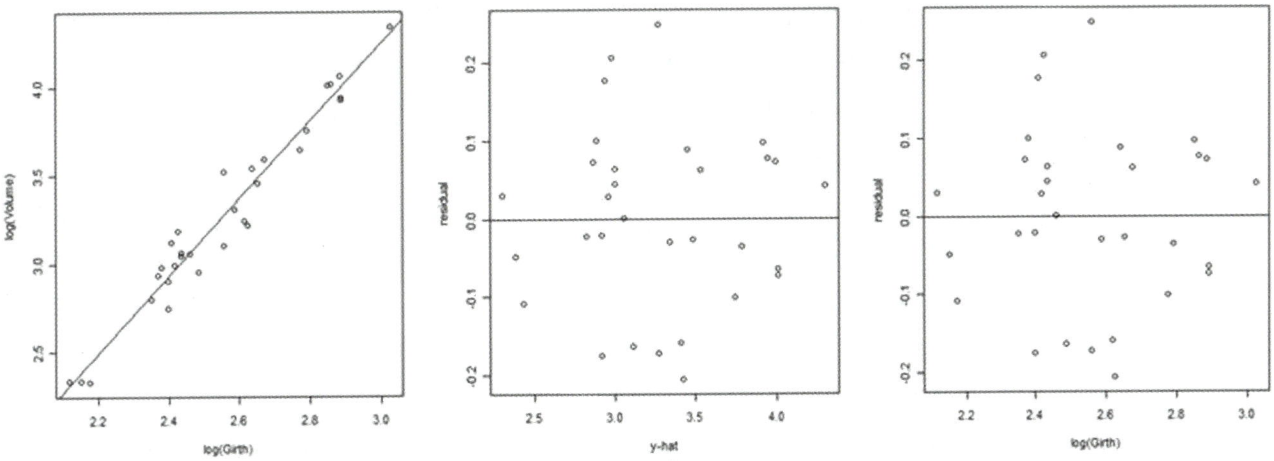

그림 16.6
log(Volume), log(Girth)
자료의 회귀식 적합과 잔차그림

16.2 모형비교

회귀모형에서 변수를 모형에 추가하거나, 모형에 있는 변수를 제거하거나 또는 고려 대상이 되는 두 모형을 서로 비교하여 최적의 모형을 구축하려고 한다. 실험계획에서도 어떤 변수들을 어떻게 조합하는 것이 최적의 결과가 나오는지 알고 싶어 한다. 이러한 과정에서 **모형비교(model comparison)**를 하게 된다. 모형의 비교는 통계량을 구하여 수치적으로 접근할 수도 있고, 잔차 그래프를 그려 회귀식의 타당성을 점검하듯이 두 모형의 적합성을 나타내는 그래프를 그려 그래프적으로 접근할 수도 있다. 이 절에서는 통계량을 이용하는 방법에 대하여 설명한다.

회귀모형에 독립변수를 추가하거나 회귀모형에 이미 포함되어 있는 독립변수를 제거하기 위하여 다음의 F검정을 실시한다. 설명의 편의상 독립변수가 X_1만 포함되어 있는 회귀모형에 독립변수 X_2를 추가하거나 또는 독립변수 X_1과 X_2를 포함한 회귀모형에서 독립변수 X_2를 제거하기 위한 경우를 고려해 보자. 독립변수 X_2를 추가하거나 제거하는 것이 유의한지를 검정하기 위한 귀무가설과 대립가설은 다음처럼 주어지며

$$H_0 : \beta_2 = 0 \text{ vs } H_a : \beta_2 \neq 0$$

검정통계량은 다음처럼 주어진다.

$$F = \frac{(SSE(X_1) - SSE(X_1, X_2))/1}{SSE(X_1, X_2)/(n-2-1)}$$

여기서 $SSE(X_1)$은 독립변수가 X_1만 포함한 회귀모형의 오차제곱합이고, $SSE(X_1, X_2)$은 독립변수가 X_1과 X_2를 포함한 회귀모형의 오차제곱합이다. 오차제곱합(sum of squares due to error)은 14장과 15.2절에 설명되어 있다. X_2가 회귀모형에서 중요한 역할을 한다면 X_1만 포함한 회귀모형보다 X_1과 X_2를 포함한 회귀모형이 훨씬 적합도가 높

을 것이고, 그러면 $SSE(X_1, X_2)$은 $SSE(X_1)$보다 작을 것이며 F의 분잣값이 작아져 F는 큰 값으로 계산이 될 것이다. 따라서 F검정은 오른쪽 단측검정을 하게 된다. 대립가설이 $\beta_2 \neq 0$의 형태로 되어 양측검정으로 생각하면 안 된다. 만일 검정통계량 F의 값이 자유도 $(1, n-2-1)$인 F분포의 상위 5% 분위수보다 크면 귀무가설을 기각한다. 즉, X_2는 모형에 새로이 추가되거나, 제거되지 말고 그대로 남아 있어야 한다. F분포의 상위 5% 분위수는 부록 A.5에 실린 F분포표를 보면 찾을 수 있다. 예를 들어 자유도(1, 4)인 F분포의 상위 5% 분위수를 찾기 위해서는 첫 번째 자유도인 1을 분자의 자유도로 삼고, 두 번째 자유도인 4를 분모의 자유도로 삼고, $\alpha=0.05$를 택하여, 부록 A.5에 실린 F분포표를 찾아보면 된다. 자유도(1, 4)인 F분포의 상위 5% 분위수는 7.71이다.

이번에는 다음의 보다 일반적인 상황을 고려하여 보자. 독립변수 $X_1, X_2, \cdots X_{k-1}$가 포함되어 있는 회귀모형에 독립변수 X_k을 추가하거나 또는 독립변수 $X_1, X_2, \cdots X_{k-1}, X_k$를 포함한 회귀모형에서 독립변수 X_k를 제거하기 위한 경우를 고려하여 보자. 이 경우 검정통계량 F는

$$F=\frac{(SSE(X_1, X_2,\cdots, X_{k-1})-SSE(X_1, X_2,\cdots, X_{k-1}, X_k))/1}{SSE(X_1, X_2,\cdots, X_{k-1}, X_k)/(n-k-1)}$$

이 된다. 만일 검정통계량 F의 값이 자유도 $(1, n-k-1)$인 F분포의 상위 5% 분위수보다 크면 X_k을 추가하거나 제거하지 못한다.

일반적으로 변수 하나를 추가하거나 제거하지 않고 여러 개를 동시에 추가, 제거할 수 있다. $j<k$인 경우 $X_1, X_2, \cdots X_j$와 $X_1, X_2, \cdots X_k$를 비교할 때

$$H_0: \beta_{j+1}=\cdots=\beta_k=0$$
$$H_1: \text{not } H_0(\text{At least one of } \beta_{j+1},\cdots, \beta_k \text{ is not zero.})$$

에 대한 검정통계량은

$$F=\frac{(SSE(X_1, X_2,\cdots, X_j)-SSE(X_1, X_2,\cdots, X_k))/(k-j)}{SSE(X_1, X_2,\cdots, X_k)/(n-k-1)}$$

를 사용하고 자유도는 $(k-j, n-k-1)$이 된다.

(X_2, X_5)가 있는 모형은 (X_2, X_5, X_7)의 모형의 일부분으로 구성되어 있다. (X_2, X_5) 모형을 (X_2, X_5, X_7) 모형에 내포되어(nested) 있다고 하며, (X_2, X_5)를 (X_2, X_5, X_7)의 **내포모형(nested model)**이라고 한다. (X_1, X_4, X_7)과 (X_2, X_5, X_7)는 내포관계가 없다. 내포관계에 있는 독립변수가 적은 모형(작은 모형, Small Model)과 변수가 많은 모형(큰 모형, Big Model)을 비교하려면

$$F=\frac{(SSE_{\text{Small Model}}-SSE_{\text{Big Model}})/(df_{\text{Small Model}}-df_{\text{Big Model}})}{SSE_{\text{Big Model}}/df_{\text{Big Model}}}$$

를 사용하고 자유도는 $(df_{\text{Small Model}}-df_{\text{Big Model}}, df_{\text{Big Model}})$이 된다.

모형 비교 검정통계량

$$\frac{\dfrac{SSE_{\text{Small Model}}-SSE_{\text{Big Model}}}{df_{\text{Small Model}}-df_{\text{Big Model}}}}{\dfrac{SSE_{\text{Big Model}}}{df_{\text{Big Model}}}} \sim F(df_{\text{Small Model}}-df_{\text{Big Model}},\ df_{\text{Big Model}})$$

예제 16.1

검은 체리나무 자료를 이용하여 모형비교를 해 보자. 우선 자료에 있는 변수들을 로그변환을 하여 logVolume, logGirth, logHeight로 이름을 붙였다. 반응변수 logVolume와 설명변수 logGirth, logHeight가 들어 있는 모형은 큰 모형이고, 설명변수로 logGirth만 들어 있는 모형이 작은 모형이다. 큰 모형에서 logHeight의 계수가 0인지 즉, logHeight를 제거할 수 있는지 알고 싶다.

큰 모형 : $\text{logVolume}=\beta_0+\beta_1\,\text{logGirth}+\beta_2\,\text{logHeight}+\varepsilon$

작은 모형 : $\text{logVolume}=\beta_0+\beta_1\,\text{logGirth}+\varepsilon$

두 모형은 내포관계에 있고 가설은 다음과 같다.

$$H_0 : \beta_2=0 \ \ vs\ \ H_1 : \text{not } H_0$$

작은 모형(logGirth)의 분산분석표

	Df	Sum Sq	Mean Sq	F value	Pr(>F)	
logGirth	1	7.9254	7.9254	599.72	<2.2e−16	***
Residuals	29	0.3832	0.0132			

큰 모형(logGirth, logHeight)의 분산분석표

	Df	Sum Sq	Mean Sq	F value	Pr(>F)	
logGirth	1	7.9254	7.9254	1196.53	<2.2e−16	***
logHeight	1	0.1978	0.1978	29.86	7.805e−06	***
Residuals	28	0.1855	0.0066			

작은 모형에서 자유도와 오차제곱합은 $df_{\text{Small Model}}=29$, $SSE_{\text{Small Model}}=0.3832$이다. 큰 모형에서 자유도와 오차제곱합은 $df_{\text{Big Model}}=28$, $SSE_{\text{Big Model}}=0.1855$이다. 따라서

$$F=\frac{(SSE_{\text{Small Model}}-SSE_{\text{Big Model}})/(df_{\text{Small Model}}-df_{\text{Big Model}})}{SSE_{\text{Big Model}}/df_{\text{Big Model}}}$$
$$=\frac{(0.3832-0.1855)/(29-28)}{0.1855/28}=29.84$$

이고 자유도는 (1, 28)로 p값은 0.000007017이 되어 귀무가설을 기각한다. 즉,

logHeight를 제거할 수 없다.

여기에서 계산된 $F=29.84$는 큰 모형의 분산분석표에서 logHeight의 F값 29.86과 같은 값이다. 유효숫자를 네 자리로만 계산하는 과정에서 오차가 생겨 다르게 되었다. 우리가 계산한 F통계량은 모형비교에서 얻은 것이고, 분산분석표의 F통계량은 개별 변수의 기울기에 대한 것이지만, 여기서는 큰 모형과 작은 모형이 변수 하나만 다른 경우여서 두 통계량이 같은 것이다.

AIC(Akaike information criterion)는 1974년, 아카이키(Hirotsugo Akaike)에 의해 제안된 정보기준(information criterion)이다. 모형의 정확성(accuracy)과 복잡성(complexity)에 관한 정보엔트로피(information entropy)를 나타낸다고 할 수 있으며 수식은

$$\text{AIC}=2k-2\ln(L)$$

이다. 여기서 k는 모형에 들어 있는 매개변수(parameter)의 수이고, ln은 로그함수, L은 추정된 모형의 우도함수(likelihood)이다. $\ln(L)$을 로그우도함수(log likelihood)라고 한다(우도함수는 수리통계 서적에서 참고). 우도함숫값은 클수록 높은 적합성 또는 정확성을 나타내고 있어, 적합이 잘 될수록 AIC는 작아진다. k는 매개변수의 수이므로 매개변수가 많은 것은 우도함수를 높이고 적합성을 증가시키지만 모형이 복잡하므로 복잡성을 나타낸다고 할 수 있다. k는 간결원칙(parsimonious principle, 절약원칙)의 입장에서는 작을수록 좋다. 적합성을 높이려면 k가 커지게 되어 간결원칙에 어긋나고, 간결원칙을 쫓아 매개변수를 적게 하여 모형을 만들면 적합성이 떨어지는 갈등이 생기게 된다. AIC는 적합성과 간결성 사이의 균형점을 찾는 입장에서의 적합성의 척도를 제시한다. 여러 경쟁모형들(competing models) 중 선택의 기준으로 AIC가 작은 것을 고르게 된다.

적합 정도를 나타내는 척도로 **이탈도(deviance, 편차)**를 사용하기도 한다. M_1이 M_2를 내포하는 두 모형 M_1과 M_2를 가설검정으로 비교하려고 한다. M_1이 M_2보다 파라미터를 k개, # parameters$(M_1)-$# parameters$(M_2)=k$, 더 많이 가지고 있다. 그러면 M_2가 맞다는 귀무가설하에서 두 모형의 이탈도 차이는 두 모형의 로그우도함수 차이의 두 배가 되고

$$\begin{aligned}\text{deviance}(M_2)-\text{deviance}(M_1)&=-2\ln(L_2)-(-2\ln(L_1))\\&=2[\ln(L_1)-\ln(L_2)]\end{aligned}$$

근사적으로 카이제곱분포를 하고 이때의 자유도는 k이다.

$$\text{deviance}(M_2)-\text{deviance}(M_1)\sim\chi^2(k)$$

예제 16.1(계속)

앞의 검은 체리나무 자료의 회귀모형에서 작은 모형 M_1과 큰 모형 M_2의 AIC는 다음과 같이 계산되었다.

AIC(M1) = −42.21102

AIC(M2) = −62.71125

AIC 기준으로는 AIC값이 작은 M_2(큰 모형)가 선택된다. 이는 앞의 F검정 결과와 같다.

큰 모형 M_2의 이탈도는 0.1854이고 작은 모형 M_1의 이탈도는 0.3832이다.

deviance(M1) = 0.3832

deviance(M2) = 0.1854

따라서 χ^2 = deviance(M1) − deviance(M2) = 0.1978이고 자유도는 1이므로 p값 = 0.65이다. 계숫값이 0이라는 귀무가설을 기각하지 못하므로 작은 모형인 M을 취하여야 한다. 앞에서의 F검정, AIC에 의한 선택과 다른 결과가 되었다.

16.3 로지스틱회귀

신용카드회사는 신용카드사용자 고객 중 신용 우량자와 불량자를 구분할 수 있는 방법을 원한다. 카드사용자의 나이, 성별, 직업, 최근 사용빈도와 액수, 과거 체불의 유무 등을 토대로 신용 우수자와 불량자를 구분해 낼 수 있다면 회사의 이익을 극대화하는 방향으로 사업을 하고 싶어 한다. 우량자는 카드를 많이 쓸수록 카드회사에 이익이 되는 것이고, 불량자가 이용횟수가 많거나 거래액수가 크면 체불의 위험이 있으므로 회사에 손해가 될 것이다. 신용카드회사는 신용도를 Y변수로 하고, 나이, 성별, 직업 등을 X변수로 하여 회귀식을 추정하려고 한다. 이때 Y변수인 신용도는 '우수'와 '불량'의 두 가지 값을 갖는 명목형 자료이다. 다른 예를 들어 보자. 어느 백화점의 마케팅부서는 3시간 무료주차권을 우편 발송하여 고객을 백화점으로 오게 하여 매출을 올리려고 한다. 어떤 고객이 이 마케팅방법이 주효한지 알기 위하여 고객의 성별, 나이, 백화점카드 소지여부, 연 구매액 등을 X변수로, 무료주차권 발송 2주 이내 백화점을 방문하여 구매 여부 (구매=1, 구매 없음=0)를 Y변수로 회귀분석을 하고자 한다면, Y변수가 '구매'와 '구매 없음'의 명목형 자료가 된다.

위의 예들처럼 Y변수가 두 가지 값을 갖는 명목형 자료일 때 **로짓변환(logit transformation)**을 이용한 **로지스틱회귀(logistic regression)**모형으로 분석한다. 이는 X변수가 명목형 자료일 때 사용하는 가변수(dummy variable)모형과 다르다. 가변수모형에서는 0과 1을 그대로 사용하지만, 로지스틱모형에서는 0 또는 1이 될 확률을 이용하여 Y변수를 만들게 된다. 즉, Y는 p=Pr(Y=1)을 모수로 갖는 베르누이 시행이다.

X 명목형 → 가변수모형
Y 명목형 → 로지스틱모형

이제까지 다루었던 회귀모형은

$$E(Y)=\beta_0+\beta_1 X_1+\cdots+\beta_k X_k$$

이었으나, 비선형 형태의 방정식을 이용한 로지스틱회귀모형은 다음과 같다.

로지스틱회귀모형

$$E(Y)=\frac{e^{\beta_0+\beta_1 X_1+\cdots+\beta_k X_k}}{1+e^{\beta_0+\beta_1 X_1+\cdots+\beta_k X_k}}$$

로지스틱회귀모형을 다음과 같이 표현하기도 하는데, 이는 같은 식임을 확인하여라.

$$E(Y)=\frac{1}{1+e^{-\beta_0-\beta_1 X_1-\cdots-\beta_k X_k}}$$

식의 형태는 간단하나 계수에 음의 부호가 붙어 있다.

이제까지는 선형회귀식(linear regression equation)을 다루었으나 로지스틱회귀식은 **비선형회귀식(nonlinear regression equation)**의 한 종류이다. 비선형회귀식은 선형회귀식이 아닌 모든 회귀식이다. 지수함수, 로그함수, 삼각함수 등 모든 종류의 곡선형태의 회귀식을 다 포함하며, 다항회귀도 이에 속한다.

Y변숫값이 0과 1인 경우 $E(Y)$는 $\Pr(\mathrm{Y}=1)$과 같다.

$$\begin{aligned} E(\mathrm{Y}) &= \sum_y y \Pr(\mathrm{Y}=y) \\ &= 0\times\Pr(\mathrm{Y}=0)+1\times\Pr(\mathrm{Y}=1) \\ &= \Pr(\mathrm{Y}=1) \end{aligned}$$

회귀모형에서는 $X_1, \cdots, X_k$가 상수로 주어진 상태에서의 회귀식을 다루므로 위에서의 $E(\mathrm{Y})$와 $\Pr(\mathrm{Y}=1)$는 각각 조건부기댓값과 조건부확률로 표현하는 것이 더 정확하다. 즉, 아래와 같다.

로지스틱회귀모형

$$E(\mathrm{Y}|x_1, \cdots, x_k)=\Pr(\mathrm{Y}=1|x_1, \cdots, x_k)=\frac{e^{\beta_0+\beta_1 x_1+\cdots+\beta_k x_k}}{1+e^{\beta_0+\beta_1 x_1+\cdots+\beta_k x_k}}$$

수학에서는 일반적으로 로지스틱함수를 $f(x)=\frac{1}{1+e^{-(a+bx)}}$의 간단한 형태로 표현한다($a=\beta_0$, $b=\beta_1$).

수학에서의 로지스틱함수는

$$f(x)=\frac{e^{a+bx}}{1+e^{a+bx}}$$

로 표현되며 0과 1에 점근하는 옆으로 기울어진 'S자 모양'(S-shaped)의 함수인 시그모이드함수(sigmoid function)의 특별한 한 형태이다. $f(x)$의 값은 0과 1 사이이다. 그림 16.7

은 로지스틱함수를 보여 주고 있다. 그림에서 보듯이 β_0의 값은 로지스틱함수의 좌우 위치를 결정하고, β_1의 값은 기울기를 결정한다. β_0와 β_1은 $-\infty$에서 $+\infty$ 사이의 모든 값을 가질 수 있다. β_0가 작으면 왼쪽에 위치하고, 크면 오른쪽에 위치한다. β_1의 값이 크면 기울기가 가파르고, 작으면 완만하다.

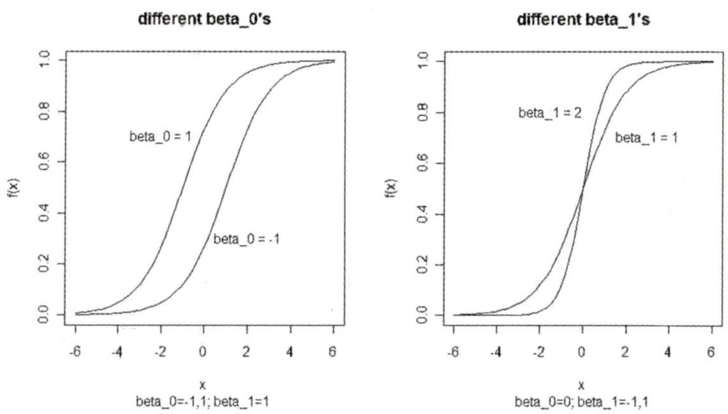

그림 16.7
로지스틱함수

그리스 문자 sigma의 대문자는 S이고 소문자는 s이다. sigmoid는 'S자 형태로 굽은'의 뜻으로 쓰이는 형용사 또는 'S자 형태의 곡선'을 뜻하는 명사이다. sigmoidal 또한 같은 뜻의 형용사이다.

로짓변환

어느 사건이 발생하는 것에 대한 **오즈(odds)**는 사건이 발생하는 확률(p)을 사건이 발생하지 않는 확률($1-p$)로 나눈 값이다.

오즈의 정의

$$\text{오즈(odds)} = \frac{\text{Pr(사건 발생)}}{\text{Pr(사건 발생 않음)}} = \frac{\text{Pr(사건 발생)}}{1-\text{Pr(사건 발생)}} = \frac{p}{1-p}$$

즉, 오즈는 사건이 발생하지 않는 것에 대한 사건 발생 가능성의 상대적인 비율이다. 주사위를 던져 5 이상 나올 오즈는

$$\text{오즈} = \frac{\text{Pr(5 이상)}}{1-\text{Pr(5 이상)}} = \frac{\Pr\{5,\ 6\}}{1-\Pr\{5,\ 6\}} = \frac{2/6}{4/6} = \frac{1}{2}$$

이다. 5 이상 나올 가능성은 나오지 않을 가능성에 비하여 반의 비율이다. 즉, 5 이상 나올 가능성과 나오지 않을 가능성의 비는 1:2이다.

두 오즈를 비율로 계산한 것을 **오즈비(odds ratio)**라고 한다.

오즈비의 정의

$$\text{오즈비(odds ratio)} = \frac{\text{오즈 1(odds 1)}}{\text{오즈 2(odds 2)}}$$

예를 들면, 주사위의 예에서 소수가 나올 오즈에 대한 5 이상 나올 오즈의 비율이 오즈비이다.

$$5\text{ 이상 오즈}=\frac{\Pr\{5,6\}}{1-\Pr\{5,6\}}=\frac{2/6}{4/6}=\frac{1}{2}$$

$$\text{소수 나올 오즈}=\frac{\Pr\{1,2,3,5\}}{1-\Pr\{1,2,3,5\}}=\frac{4/6}{1-4/6}=2$$

$$\text{오즈비}=\frac{5\text{ 이상 오즈}}{\text{소수 오즈}}=\frac{1/2}{2}=\frac{1}{4}$$

5 이상의 오즈는 소수 오즈에 대하여 상대적으로 1/4에 해당하는 비율이다.

로지스틱회귀모형에서 $Y=1$이 될 오즈는

$$\text{오즈}=\frac{\Pr(Y=1|x_1,\cdots,x_k)}{\Pr(Y=0|x_1,\cdots,x_k)}=\frac{\Pr(Y=1|x_1,\cdots,x_k)}{1-\Pr(Y=1|x_1,\cdots,x_k)}$$

이 되며, 회귀모형에서 오즈를 구하면

$$\begin{aligned}\text{오즈}&=\frac{\Pr(Y=1|x_1,\cdots,x_k)}{1-\Pr(Y=1|x_1,\cdots,x_k)}\\&=\frac{e^{\beta_0+\beta_1x_1+\cdots+\beta_kx_k}/(1+e^{\beta_0+\beta_1x_1+\cdots+\beta_kx_k})}{1-e^{\beta_0+\beta_1x_1+\cdots+\beta_kx_k}/(1+e^{\beta_0+\beta_1x_1+\cdots+\beta_kx_k})}\\&=\frac{e^{\beta_0+\beta_1x_1+\cdots+\beta_kx_k}/(1+e^{\beta_0+\beta_1x_1+\cdots+\beta_kx_k})}{1/(1+e^{\beta_0+\beta_1x_1+\cdots+\beta_kx_k})}\\&=e^{\beta_0+\beta_1x_1+\cdots+\beta_kx_k}\end{aligned}$$

이 된다. 오즈에 로그를 취한 것을 **로그 오즈(log-odds)** 또는 **로짓(logit)**이라고 한다.

$$\begin{aligned}\text{로짓(logit)}&=\log(\text{odds})\\&=\log\frac{\Pr(Y=1|x_1,\cdots,x_k)}{1-\Pr(Y=1|x_1,\cdots,x_k)}\\&=\log\frac{\text{p}}{1-\text{p}}\\&=\log(e^{\beta_0+\beta_1x_1+\cdots+\beta_kx_k})\\&=\beta_0+\beta_1x_1+\cdots+\beta_kx_k\end{aligned}$$

로짓모형

$$\text{로짓(Y)}=\beta_0+\beta_1x_1+\cdots+\beta_kx_k$$

$$\text{또는 }\log\frac{\text{p}}{1-\text{p}}=\beta_0+\beta_1x_1+\cdots+\beta_kx_k$$

이와 같이 오즈를 로짓으로 변환하는 것을 **로짓변환(logit transformation)**이라고 한다. 로짓변환하고 난 후의 형태는 마치 다중선형회귀모형과 같다.

오즈비는 X변수의 한 단위의 변화가 Y의 오즈비에 얼마나 영향을 주는지 알려 주는 값이

다. X변수가 하나인 경우, $x=0$에 대한 $x=1$일 때의 오즈비를 구하면

$$\text{오즈}\,0=\frac{\Pr(Y=1\,|\,x=0)}{1-\Pr(Y=1\,|\,x=0)}=e^{\beta_0+\beta_1 0}=e^{\beta_0}$$

$$\text{오즈}\,1=\frac{\Pr(Y=1\,|\,x=1)}{1-\Pr(Y=1\,|\,x=1)}=e^{\beta_0+\beta_1 1}=e^{\beta_0+\beta_1}$$

이므로

$$\text{오즈비}=\frac{e^{\beta_0+\beta_1}}{e^{\beta_0}}=e^{\beta_1}$$

이 된다. X변수가 여러 개일 때 변수에 대한 오즈비를 구하려면 다른 변수들은 일정하게 정해 놓으면 되므로

$$\text{오즈}\,0=\frac{\Pr(Y=1\,|\,x_1=0,\,x_2,\,\cdots,\,x_k)}{1-\Pr(Y=1\,|\,x_1=0,\,x_2,\,\cdots,\,x_k)}=e^{\beta_0+\beta_1 0+\beta_2 x_2+\cdots+\beta_k x_k}=e^{\beta_0+\beta_2 x_2+\cdots+\beta_k x_k}$$

$$\text{오즈}\,1=\frac{\Pr(Y=1\,|\,x=1,\,x_2,\,\cdots,\,x_k)}{1-\Pr(Y=1\,|\,x=1,\,x_2,\,\cdots,\,x_k)}=e^{\beta_0+\beta_1 1+\beta_2 x_2+\cdots+\beta_k x_k}=e^{\beta_0+\beta_1+\beta_2 x_2+\cdots+\beta_k x_k}$$

가 되어

$$\text{오즈비}=\frac{e^{\beta_0+\beta_2 x_2+\cdots+\beta_k x_k}}{e^{\beta_0+\beta_1+\beta_2 x_2+\cdots+\beta_k x_k}}=e^{\beta_1}$$

이 된다. 이는 모든 변수에 일반화시킬 수 있으므로 X_i변수에 대한 오즈비는

$$\text{오즈비}=e^{\beta_i}$$

가 된다.

회귀계수의 추정

로지스틱회귀모형에서의 회귀계수 추정은 단순선형회귀모형이나 다중선형회모형에서와 같이 최소자승법을 사용할 수 없다.

> 로지스틱회귀모형에서의 추정은 최소자승법을 사용할 수 없다.

$$Y=\frac{e^{\beta_0+\beta_1 X_1+\cdots+\beta_k X_k}}{1+e^{\beta_0+\beta_1 X_1+\cdots+\beta_k X_k}}+e$$

로 모형을 세우고 Y의 분포는 베르누이 분포이기 때문이다.

로짓변환 후의 회귀식이 다중회귀식과 같이 되어 로짓함수에 대한 회귀계수의 해석을 다중회귀식에서와 같이 편리하게 할 수 있으나, 회귀계수의 추정에는 최소자승법을 사용할 수 없어 최우추정법(maximum likelihood method), 반복재가중최소제곱법(iteratively reweighted least squares method) 등을 사용하여야 한다.

예제 16.2

'mtcars'는 1974년에 발행된 〈Motor Trend〉라는 미국 자동차 잡지에 실린 자료이다. 32종의 1973 ~ 74년 모델 자동차에 대하여 11가지 항목을 조사하였다.

mtcars.dat
mtcars.xlsx
datasets::mtcars

11가지 항목은 다음과 같다.

```
mpg     Miles/(US) gallon
cyl     Number of cylinders
disp    Displacement(cu.in.)
hp      Gross horsepower
drat    Rear axle ratio
wt      Weight(lb/1000)
qsec    1/4 mile time
vs      V/S
am      Transmission(0=automatic, 1=manual)
gear    Number of forward gears
carb    Number of carburetors
```

	mpg	cyl	disp	hp	drat	wt	qsec	vs	am	gear	carb
Mazda RX4	21.0	6	160.0	110	3.90	2.620	16.46	0	1	4	4
Mazda RX4 Wag	21.0	6	160.0	110	3.90	2.875	17.02	0	1	4	4
Datsun 710	22.8	4	108.0	93	3.85	2.320	18.61	1	1	4	1
Hornet 4 Drive	21.4	6	258.0	110	3.08	3.215	19.44	1	0	3	1
Hornet Sportabout	18.7	8	360.0	175	3.15	3.440	17.02	0	0	3	2
Valiant	18.1	6	225.0	105	2.76	3.460	20.22	1	0	3	1
Duster 360	14.3	8	360.0	245	3.21	3.570	15.84	0	0	3	4
Merc 240D	24.4	4	146.7	62	3.69	3.190	20.00	1	0	4	2
Merc 230	22.8	4	140.8	95	3.92	3.150	22.90	1	0	4	2
Merc 280	19.2	6	167.6	123	3.92	3.440	18.30	1	0	4	4
Merc 280C	17.8	6	167.6	123	3.92	3.440	18.90	1	0	4	4
Merc 450SE	16.4	8	275.8	180	3.07	4.070	17.40	0	0	3	3
Merc 450SL	17.3	8	275.8	180	3.07	3.730	17.60	0	0	3	3
Merc 450SLC	15.2	8	275.8	180	3.07	3.780	18.00	0	0	3	3
Cadillac Fleetwood	10.4	8	472.0	205	2.93	5.250	17.98	0	0	3	4
Lincoln Continental	10.4	8	460.0	215	3.00	5.424	17.82	0	0	3	4
Chrysler Imperial	14.7	8	440.0	230	3.23	5.345	17.42	0	0	3	4
Fiat 128	32.4	4	78.7	66	4.08	2.200	19.47	1	1	4	1
Honda Civic	30.4	4	75.7	52	4.93	1.615	18.52	1	1	4	2
Toyota Corolla	33.9	4	71.1	65	4.22	1.835	19.90	1	1	4	1
Toyota Corona	21.5	4	120.1	97	3.70	2.465	20.01	1	0	3	1
Dodge Challenger	15.5	8	318.0	150	2.76	3.520	16.87	0	0	3	2
AMC Javelin	15.2	8	304.0	150	3.15	3.435	17.30	0	0	3	2
Camaro Z28	13.3	8	350.0	245	3.73	3.840	15.41	0	0	3	4
Pontiac Firebird	19.2	8	400.0	175	3.08	3.845	17.05	0	0	3	2
Fiat X1-9	27.3	4	79.0	66	4.08	1.935	18.90	1	1	4	1
Porsche 914-2	26.0	4	120.3	91	4.43	2.140	16.70	0	1	5	2
Lotus Europa	30.4	4	95.1	113	3.77	1.513	16.90	1	1	5	2
Ford Pantera L	15.8	8	351.0	264	4.22	3.170	14.50	0	1	5	4
Ferrari Dino	19.7	6	145.0	175	3.62	2.770	15.50	0	1	5	6
Maserati Bora	15.0	8	301.0	335	3.54	3.570	14.60	0	1	5	8
Volvo 142E	21.4	4	121.0	109	4.11	2.780	18.60	1	1	4	2

자동과 수동의 변속기 형태를 Y변수, 중량을 X변수로 하는 로지스틱모형을 세우려 한다. 변속기(transmission, am)는 자동(automatic)은 0, 수동(manual)은 1로 되어 있고, 차의 중량(weight, wt)은 1000파운드 단위로 기록되어 있다. 로지스틱회귀의 자료는 0과 1뿐이므로 그림 16.7에서 보듯이 y축의 값이 0인 수평선과 y축의 값이 1인 수평선 상에 자료들이 있고, 그 사이에는 비어 있는 전형적인 모양으로 산점도가 그려진다. 로지스틱회귀식은

$$\hat{y}=\frac{e^{12.04-4.024x}}{1+e^{12.04-4.024x}}$$

로 얻어졌다.

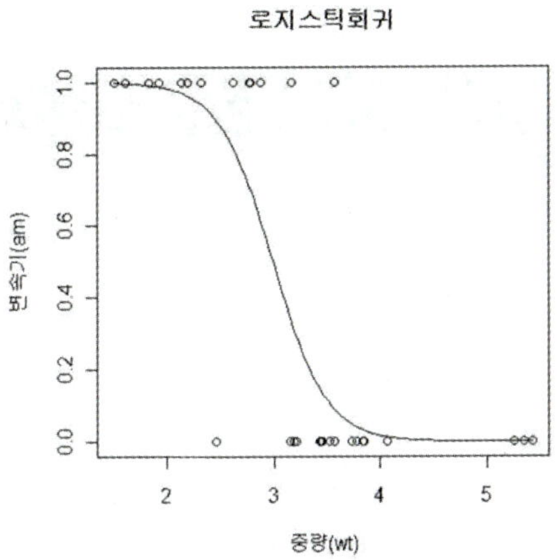

그림 16.8
변속기 형태의 로지스틱회귀

우선 β_1 계수의 추정치 $b_1=-4.024$이 음수임에 주목하자. X의 계숫값이 음수이므로 시그모이드함수가 좌우로 뒤집어진 'S'자의 형태를 취하고 있다. 추정된 회귀식은 꽤 좋은 적합을 보여 주고 있다. 차의 중량이 작으면 수동($y=1$)이고 차의 중량이 커질수록 자동($y=0$)인 경향을 시그모이드함수가 잘 따라가고 있다. 중량이 2.5 근처 이하인 부분에서 거의 정확히 수동으로, 4 근처 이상 부분은 거의 정확히 자동으로 맞추고 있다. 2.5와 4 사이의 중간 부분은 수동과 자동이 섞여 있는 부분이다. 중량이 3과 4 사이를 보면 수동보다는 자동이 훨씬 많은데, 그에 따라 시그모이드함수가 아래 쪽으로 가까이 와 있다. 적합된 시그모이드함수는 각 중량에 대한 수동변속기일 기댓값 또는 그 확률인 $E(Y|x)=\Pr(Y=1|x)$의 추정치를 나타내는데, 이 경우 적합도가 상당히 높음을 알 수 있다.

로지스틱회귀 결과물

```
Coefficients:
             Estimate   Std. Error   z value   Pr(>|z|)
(Intercept)   12.040        4.510     2.670    0.00759    **
wt            -4.024        1.436    -2.801    0.00509    **
---
Signif.codes: 0 '***' 0.001 '**' 0.01 '*' 0.05 '.' 0.1 ' ' 1
-----
```

회귀계수의 검정

로지스틱회귀에서도 다중회귀에서와 같이 $\beta_1, \cdots, \beta_k$의 값이 전부 0인지 관심이 있다. $\beta_1, \cdots, \beta_k$이 전부 0이라면 로지스틱회귀식에 의해 Y변수와 X변수들을 연결시키려는 시도가 아무 의미가 없음이 되기 때문이다.

$$H_0 : \beta_1 = \cdots = \beta_k = 0$$
$$H_1 : \text{not } H_0 (\text{At least one of the parameters is not zero.})$$

에 대한 검정은 다중회귀분석에서처럼 F통계량을 사용하지 않고 G통계량을 이용하며 H_0가 맞다는 가정하에 G통계량은 근사적으로 카이제곱분포를 한다. 이때의 자유도는 X변수의 수, 즉 k가 된다. G통계량 검정은 오른쪽 단측검정이다.

전체 회귀계수의 검정통계량

$$G \sim \chi^2(k)$$

G통계량이 유의적이어서 전체 적합이 통계적 의미를 갖게 되면 X변수 각각 계수에 대한 검정을 하게 된다. 변수 X_i의 회귀계수 β_i에 대한 검정

$$H_0 : \beta_i = 0$$
$$H_1 : \beta_i \neq 0$$

은 Z통계량을 계산하여 p값을 구한다. 추정값을 추정값의 표준오차로 나눈 값이 Z통계량이 된다.

$$Z = \frac{b_i - 0}{S_{b_i}} = \frac{b_i}{S_{b_i}}$$

β_i에 대한 검정통계량

$$Z = \frac{b_i - 0}{S_{b_i}} = \frac{b_i}{S_{b_i}} \sim N(0, 1)$$

Z통계량 검정은 양측검정이며 p값은 정규분포표를 이용하여도 되지만 패키지가 계산한 값을 사용하면 된다.

예제 16.2(계속)

자동차 자료에 대하여 마력(horsepower, hp)과 중량(weight, wt)을 X변수로 하여 로지스틱회귀식을 추정하였다.

```
Coefficients:
             Estimate  Std. Error  z value  Pr(>|z|)
(Intercept) 18.86630    7.44356    2.535   0.01126   *
```

```
hp         0.03626    0.01773    2.044   0.04091   *
wt        -8.08348    3.06868   -2.634   0.00843   **
---
Signif.codes: 0 '***' 0.001 '**' 0.01 '*' 0.05 '.' 0.1 ' ' 1

Null deviance: 43.230 on 31 degrees of freedom
Residual deviance: 10.059 on 29 degrees of freedom
```

추정된 로지스틱회귀식은

$$y=\frac{e^{18.89+0.036\text{hp}-8.08\text{wt}}}{1+e^{18.89+0.036\text{hp}-8.08\text{wt}}}$$

이고,

$$\text{로짓}(y)=18.86+0.036\text{hp}-8.08\text{wt}$$

이다.

전체 회귀계수에 대한

$$H_0: \beta_1=\beta_2=0$$
$$H_1: \text{not } H_0$$

검정은 카이제곱값이 Null deviance-Residual deviance=43.230−10.059=33.171이고 자유도는 (각각 자유도의 차이)=31−29=2 또는 X변수의 개수=2이므로 p값은 0.000이 되어 매우 유의적인 결과를 얻었다. 결과물의 deviance(이탈도, 편차)는 모형의 적합도를 측정하는 척도이다. Null deiviance(영이탈도)는 X변수들이 없고 절편항만 있는 모형의 적합도를, residual deviance(잔차이탈도)는 절편항과 모든 X변수들이, 여기서는 hp와 wt가 들어 있는 모형의 적합도를 나타낸다.

X변수 hp와 wt의 개별 계수에 대한 검정은 결과물에서 표준오차, z값, p값을 계산하고, α값이 각각 0.05, 0.01, 0.001일 때의 유의성을 *, **, ***로 표시하였다. 마력(hp)의 계수가 0인지에 대한 p값은 0.04이고, 중량(wt)의 계수가 0인지에 대한 p값은 0.008로 각각 유의적인 결과를 보이고 있다. 마력은 클수록(마력의 계숫값이 양수), 중량은 적을수록(중량의 계숫값이 음수) 수동변속기일 확률이 커진다.

마력(hp) 한 단위가 증가하면서 수동변속기일 가능성의 오즈비는

$$e^{0.036}=1.037$$

으로 1마력 증가당 수동변속기 가능성의 오즈가 3.7% 증가한다. 중량(wt) 한 단위가 증가하면서 수동일 가능성의 오즈비는

$$e^{-8.08}=0.00031$$

으로 중량 1단위(여기서는 1000파운드=453.6킬로그램)가 증가하면 수동변속기 가능성 오즈가 아주 급격히 줄어든다.

16.4 변수선택

변수선택 방법 적용 이전에 각 X변수들이 Y변수와 선형관계인지 산점도행렬 등으로 점검하고, 그렇지 못할 경우 변수변환을 먼저 하여야 한다.

이제까지는 설명변수가 지정되어 있어 모든 설명변수를 회귀식에 포함하는 것으로만 생각하였다. 그러나 회귀모형을 구축할 때 가능한 설명변수들을 모아 놓고 이들 설명변수를 전부 포함하는 것은 모형을 매우 복잡하게 만드는 것이고, 설명변수와 반응변수의 관계를 왜곡한다. 설명변수로서의 역할을 하지 못하는 것은 모형에 포함시키지 말아야 하며, 설명변수로서의 역할이 동일한 또는 거의 동일한 것은 중첩을 피하기 위하여 더 나은 것 하나만 포함시켜야 한다. 회귀식에 포함될 설명변수를 고르는 것을 **변수선택(variable selection)**이라고 한다.

차원이 조금만 커져도 문제가 급격히 복잡해지는 것을 NP-난해문제(NP-hard problem)라 하고, 대표적인 예가 순회외판원문제 또는 순회세일즈맨문제(travelling salesman problem)이다.

종속변수 Y와 이 종속변수에 영향을 미치리라고 예상되는 독립변수 $X_1, X_2, \cdots, X_k$를 안다고 가정하자. 이 경우 조합 가능한 회귀모형은 대단히 많다. 독립변수를 하나만 포함하는 단순회귀모형만 해도 총 $\binom{k}{1}=k$개가 존재하고, 독립변수 두 개를 포함하는 회귀모형도 $\binom{k}{2}=\frac{k(k-1)}{2}$개 존재한다. $k=10$이면 조합 가능한 회귀모형은 $2^k-1=1023$개가 되어 실질적인 의미에서의 무한이다. 천여 개의 회귀모형을 적합하고 이들을 비교하는 것은 불가능한 일이다. 여기에 다항회귀처럼 독립변수의 2차항이나 3차항을 포함한다면 가능한 회귀모형의 개수는 기하급수적으로 늘어난다. 이처럼 k가 조금만 크더라도 실질적으로 무한에 가까운 회귀모형을 모두 적합시켜 본 후 최적의 회귀모형을 찾는다는 것은 불가능하다. 본 절에서는 모든 회귀모형을 모두 적합시켜 보지 않고서도 '비교적 좋은' 회귀모형을 찾아내는 방법에 대하여 살펴보려 한다.

예제 16.3

cement.dat
cement.xlsx
mass::cement

다음 자료를 이용하여 여기서 설명하는 방법을 적용해 볼 것이다. 'Woods와 그 외'의 논문에 실린 자료는 시멘트가 굳으면서 발생하는 열을 측정한 결과이다. 이들 중 자료 일부를 이용하고자 한다.

X_1 : 알루미산삼칼슘(tricalcium aluminate, $3CaO \cdot Al_2O_3$)
X_2 : 규산 삼칼슘(tricalcium silicate, $3CaO \cdot SiO_2$)
X_3 : 알루미노철산사칼슘(tetracalciumalumino ferrite, $4CaO \cdot Al_2O_3 \cdot Fe_2O_3$)
X_4 : 규산이칼슘(dicalcium silicate, $2CaO \cdot SiO_2$)
Y : heat evolved in calories per gram of cement during hardening

X_1	X_2	X_3	X_4	Y
7	26	6	60	78.5
1	29	15	52	74.3
11	56	8	20	104.3
11	31	8	47	87.6

	7	52	6	33	95.9
	11	55	9	22	109.2
	3	71	17	6	102.7
	1	31	22	44	72.5
	2	54	18	22	93.1
	21	47	4	26	115.9
(∗)	21	47	4	26	114.0
	1	40	23	34	83.8
	11	66	9	12	113.3
	10	68	8	12	109.4

이 자료는 (∗)이 빠진 채로 Hald의 1957년 책에 인용되어 있고, 'Hald cement data'로 널리 알려져 있다. 여기서도 (∗) 부분이 빠진 채로 이용한다.

Woods, H., et el, (1932) ffect of Composition of Portland cement on heat evolved during hardening *Industrial Engineering and Chemistry*, 24, 1207-1214.

Hald, A. (1957) *Statistical Theory with Engineering Applications*. Wiley.

전진선택법(Forward selection method)

전진선택법은 더 이상 유의적인 추가 변수가 없을 때까지 변수를 하나씩 더해가는 방법이다. 독립변수 하나만을 포함하는 단순회귀모형을 총 k개의 독립변수들에 대하여 각각 만든다. 이렇게 얻어진 총 k개의 단순회귀모형들 중에서 종속변수 Y를 가장 잘 설명하는 단순회귀모형을 골라낸다. 회귀제곱합(SSR)이 크거나, 오차제곱합(SSE)이 작거나, F값이 크거나, 회귀계수의 t통계량이 크거나, R^2가 큰 것을 기준으로 적합이 제일 잘 된 것을 선택한다. 이렇게 골라낸 단순회귀모형에는 독립변수 X_2가 포함되어 있다고 가정해 보자. 이는 k개의 독립변수들 중에서 한 개의 독립변수만을 고른다면 X_2가 종속변수 Y를 가장 잘 설명하는 독립변수라는 의미이다. 회귀계수 β_2가 유의하면 모형에 포함한 후 다음 단계로 넘어가고 그렇지 않으면 모형에 포함하지 않고 여기서 중단한다.

전진선택의 필요성:
- 큰 회귀제곱합(SSR)
- 작은 오차제곱합(SSE)
- 큰 F 값
- 큰 t 값
- 큰 R^2 값

다음 단계에서는 나머지 $k-1$ 변수 중 종속변수 Y를 가장 잘 설명하는 변수 한 개를 추가로 선정하여, 독립변수가 2개인 회귀모형을 만든다. 이런 방법으로 남은 독립변수들 중에서 Y를 가장 잘 설명하는 변수를 추가하는 작업을 계속한다. 이러한 작업은 추가되는 독립변수에 대하여 16.2절에서 소개된 내포관계의 두 모형을 비교하는 F검정이 유의할 때 계속된다. 추가되는 독립변수에 대한 F검정이 더 이상 유의하지 않으면 전진선택은 중지되고, 그 이전 단계에서 선택된 독립변수들로 이루어진 회귀모형이 최종모형이 된다.

예제 16.3(계속)

할드 시멘트자료에 전진선택법을 적용하여 보자.

[첫 단계]

```
      Df  Sum of Sq       RSS      AIC  F Value      Pr(F)
<none>                 2715.8   71.444
x1    1      1450.1    1265.7   63.519   12.602   0.00455    **
x2    1      1809.4     906.3   59.178   21.961   0.00066    ***
x3    1       776.4    1939.4   69.067    4.403   0.05976    .
x4    1      1831.9     883.9   58.852   22.799   0.00058    ***
---
Signif.codes: 0 '***' 0.001 '**' 0.01 '*' 0.05 '.' 0.1 ' ' 1
```

위는 패키지의 결과물을 보기 편하게 정리한 표이다. ⟨none⟩는 X변수가 아무것도 없이 절편항이 들어 있는 모형을 나타내고, 이 모형과 X_1, X_2, X_3, X_4가 하나씩 추가된 모형과 비교한 것이 그 밑의 네 줄에 나타나 있다. Sum of Sq이 큰 것, RSS이 작은 것, AIC(Akaike information criterion)가 작은 것, F Value가 큰 것, Pr(F)가 작은 것을 기준으로 하면 X_4가 선택되어야 함을 보여 주고 있다.

[둘째 단계]

```
      Df Sum of Sq       RSS      AIC  F Value      Pr(F)
<none>                883.87   58.852
x1    1      809.1     74.76   28.742   108.221.105e-06    ***
x2    1       15.0    868.88   60.629     0.17    0.6867
x3    1      708.1    175.74   39.853    40.308.375e-05    ***
---
Signif.codes: 0 '***' 0.001 '**' 0.01 '*' 0.05 '.' 0.1
```

둘째 단계에서는 X_4가 들어 있는 모형(여기서는 ⟨none⟩로 표시되어 있는 줄)에 X_1, X_2, X_3가 하나씩 추가된 모형과 비교한다. X_1이 선택되어 추가된다.

[셋째 단계]

```
      Df Sum of Sq       RSS      AIC  F Value      Pr(F)
<none>                74.762   28.742
x2    1     26.789    47.973   24.974   5.0259   0.05169    .
x3    1     23.926    50.836   25.728   4.2358   0.06969    .
```

이 단계에서는 F값이 4보다 큰 것을 기준으로 하면 X_2가 선택되어 (X_1, X_2, X_4)가 된다.

[넷째 단계]

```
      Df  Sumof Sq      RSS      AIC  F Value      Pr(F)
<none>               47.973   24.974
x3    1      0.109     0.09   47.864   26.944  0.018233  0.8959
```

이 단계에서는 F값이 4보다 큰 것을 기준으로 하면 더 이상 4보다 큰 것이 없으므로 최종적으로 X_1, X_2, X_4가 선택된다.

후진제거법(Backward elimination method)

전진선택법과 반대되는 방법으로서, 이 방법에서는 k개의 모든 독립변수들을 포함하는 회귀모형을 우선 만든다. 이러한 k개의 모든 독립변수들 중에 가장 유의하지 않은 독립변수 한 개를 제거하여 $k-1$개의 독립변수로 이루어진 회귀모형을 만든다. 다음 단계에서는 $k-1$개의 독립변수들 중에 가장 유의하지 않은 독립변수 한 개를 제거하여 $k-2$개의 독립변수로 이루어진 회귀모형을 만든다. 이런 방법으로 회귀모형에서 가장 유의하지 않은 독립변수를 제거하는 작업을 계속한다. 이러한 작업은 제거되는 독립변수에 대한 F검정이 유의하지 않는 한 계속된다. 여기서도 전진선택과 마찬가지로 내포관계 모형을 비교하는 것이다. 전진선택법에서 추가될 때는 유의하여야 추가되지만, 후진제거법에서 제거할 때는 유의하지 않으면 제거됨을 주의하여라. 이러한 작업을 계속하다가 모든 F검정이 유의하게 되면 후진제거법은 중지되고, 그 단계에서 남은 독립변수들로 이루어진 회귀모형이 최종모형이 된다.

예제 16.3(계속)

[첫 단계]

```
       Df Sum of Sq     RSS     AIC  F Value    Pr(F)
<none>               47.864  26.944
x1      1   25.9509  73.815  30.576   4.3375  0.07082  .
x2      1    2.9725  50.836  25.728   0.4968  0.50090
x3      1    0.1091  47.973  24.974   0.0182  0.89592
x4      1    0.2470  48.111  25.011   0.0413  0.84407
```

X_1, X_2, X_3, X_4가 전부 들어 있는 모형(〈none〉)에서 X_1, X_2, X_3, X_4가 각각 하나씩 빠진 결과를 보여 주고 있다. 이들 중 X_3이 빠지는 것이 Sum of Sq가 제일 적게 줄게 되고, RSS가 제일 적으며, AIC도 제일 적으며, F Value가 제일 적고, Pr(F)가 제일 큰 값이 되어 비유의적이다. (X_1, X_2, X_4)가 남는다.

[둘째 단계]

```
       Df Sum of Sq     RSS     AIC  F Value    Pr(F)
<none>                47.97  24.974
x1      1    820.91  868.88  60.629 154.0085.781e-07   ***
x2      1     26.79   74.76  28.742    5.026  0.05169   .
x4      1      9.93   57.90  25.420    1.863  0.20540
```

둘째 단계에서는 X_4가 제거되고 (X_1, X_2)이 남는다.

[셋째 단계]

```
       Df Sum of Sq     RSS     AIC  F Value    Pr(F)
<none>                57.90  25.420
x1      1    848.43  906.34  59.178   146.522.692e-07   ***
x2      1   1207.78 1265.69  63.519   208.585.029e-08   ***
```

여기서는 더 빠질 것이 없으므로 최종 모형은 (X_1, X_2)이 된다.

단계적선택법(Stepwise selection method)

전진선택법의 단점은 일단 한 번 모형에 포함된 독립변수는 나중에 절대로 모형에서 제거되지 않는다는 것이고, 후진제거법의 단점은 일단 한 번 모형에서 제거된 독립변수는 다시 모형에 포함될 수 없다는 것이다. 단계적선택법은 전진선택법에 후진제거법의 특징을 추가하여 전진선택법을 보완한 방법이라고 할 수 있다.

단계적선택법의 각 단계에는 두 개의 하위단계가 존재하는데, 첫 번째 하위단계에서는 전진선택법을 실시하고, 두 번째 하위단계에서는 전 단계인 전진선택법에 의하여 선택된 회귀모형에 대하여 후진제거법을 실시하게 된다. 즉, 첫 번째 하위단계에서는 전진선택법과 동일하게 새로 모형에 추가될 독립변수를 선택한다. 그 후 두 번째 하위단계에서는 전단계인 전진선택법에 의하여 선택된 회귀모형에 대하여 후진제거법과 동일하게 회귀모형에 선택되어 포함된 독립변수들에 대해 다시 유의성 검정을 실시하여, 유의하지 못한 독립변수는 모형에서 제거한다. 이러한 각 단계를 반복적으로 실시하여 더 이상 회귀모형에 변화가 없으면 중단하게 된다.

예를 들어, 총 k개의 독립변수가 있다고 가정하고, 이들 중 X_2가 종속변수 Y를 가장 잘 설명하면서 유의하다고 가정해 보자. 그러면 첫 단계에서의 회귀모형에는 독립변수 X_2만이 포함되게 된다. 첫 단계에서는 독립변수가 하나밖에 없으므로 후진제거법에 의하여 독립변수 X_2의 유의성을 다시 조사해볼 필요는 없게 된다. 그러므로 첫 단계는 두 번째 하위단계가 없이 두 번째 단계로 넘어가게 된다.

두 번째 단계에서는 X_2를 제외한 아직 모형에 포함되지 않은 나머지 $k-1$개의 독립변수들 중에서, Y를 가장 잘 설명하면서 유의한 독립변수 하나를 찾는데 그렇게 선택된 독립변수가 X_5라고 가정하여 보자. 그러면 회귀모형에는 두 개의 독립변수인 X_2와 X_5가 포함되게 된다. 첫 번째 하위단계는 X_5를 포함한 것이고, 두 번째 하위단계는 모형에 들어 있는 X_2와 X_5 중 제거하여야 할 것을 찾는 것이다. X_2와 X_5가 각각 첫 번째와 두 번째로 유의적이어서 모형에 차례로 포함된 상황이므로 X_2와 X_5는 유의적이다. 둘째 단계에서도 두 번째 하위단계, 즉 X_2와 X_5 중 비유적인 것이 있는지 확인할 필요가 없다.

세 번째 단계의 첫 하위단계에서는 전진선택법처럼 현재 회귀모형에 더 추가할만한 독립변수가 있는지를 조사하게 된다. 만일 추가할 독립변수가 없으면 단계적선택법은 여기서 중단하게 된다. 반면에 나머지 $k-2$개의 독립변수들 중에서 만일 X_7이 Y를 가장 잘 설명하면서 유의하다고 가정하여 보자. 그러면 첫째 하위단계의 결과로 회귀모형에는 세 개의 독립변수인 X_2, X_5, X_7이 포함되게 된다. 그 다음에는 X_2, X_5, X_7에 대한 유의성 검정을 다시 실시하여 만일 유의하지 않은 독립변수가 있으면 회귀모형에서 제거하는 것이 둘째 하위단계이다. 이때는 X_2, X_5, X_7 중 하나가 제거될 수도 있다. X_2, X_5, X_7를 하나씩 비교할 때는 X_2가 제일 큰 역할을 하지만, X_5, X_7가 두 개 동시에 모형에 포함되어 있을 때는 이들 두 개의 조합이 X_2가 하는 역할을 대신할 뿐 아니라, 추가로 더 하는 부분도 있어 더 이상 X_2의 역할이 필요 없게 될 수 있다. 이때는 X_2를 제거하고 네 번째 단계로 넘어가게 된다. 만일 X_2, X_5, X_7가 모두 유의하면 X_2, X_5, X_7을 회귀모형에 포함한 채 네 번째 단계로 넘어가게 된다.

이처럼 단계적선택법에서는 각 단계마다 전진선택법과 후진제거법을 실시하면서 다음 단계로 넘어가게 되는데, 이러한 각 단계를 반복적으로 실시하여 더 이상 회귀모형에 변화가 없으면 중단하게 된다.

예제 16.3(계속)

여기서는 전진선택의 셋째 단계에서 혹시 빠질 것이 없는가를 보면 된다.

[셋째 단계의 두 번째 하위 단계]

```
       Df Sum of Sq      RSS      AIC  F Value     Pr(F)
<none>                 47.97   24.974
x1     1     820.91   868.88   60.629  154.0085.781e-07   ***
x2     1      26.79    74.76   28.742    5.026  0.05169   .
x4     1       9.93    57.90   25.420    1.863  0.20540
```

여기서 ⟨none⟩은 (X_1, X_2, X_4)이고 이들 중 하나씩 빠질 것이 있는지 점검하게 된다. F값이 4보다 훨씬 작고 p값이 0.05보다 큰 X_4가 빠져야 한다. X_4가 제거되고 난 후의 (X_1, X_2)에서 빠질 것이 있는지 추가점검하면

[셋째 단계의 두 번째 하위 단계의 계속]

```
       Df  Sum of Sq     RSS      AIC  F Value     Pr(F)
<none>                 57.90   25.420
x1     1     848.43   906.34   59.178   146.52  2.692e-07   ***
x2     1    1207.78  1265.69   63.519   208.58  5.029e-08   ***
```

와 같이 되어 더 이상 뺄 것이 없다.

이제는 (X_1, X_2)에서 추가하여야 될 것을 찾아야 하는데 X_4는 방금 제거됐으므로 X_3이 추가될 것인지만 검사하면 된다. 아래의 결과표는 X_4도 포함하였다. [셋째 단계의 두 번째 하위 단계] 표의 X_4줄과 같음을 확인하여라.

[넷째 단계의 첫 번째 하위 단계]

```
       Df Sum of Sq     RSS      AIC  F Value    Pr(F)
<none>       57.904  25.420
x3     1     9.7939  48.111   25.011   1.8321   0.2089
x4     1     9.9318  47.973   24.974   1.8633   0.2054
```

(X_1, X_2)에서 추가로 더 들어갈 것이 없으므로 단계적방법의 최종모형은 (X_1, X_2)이 된다.

전진선택은 (X_1, X_2, X_4), 후진제거와 단계적선택은 (X_1, X_2)을 모형으로 선택하였다. (X_1, X_2) 모형에서는 비유의적 계수가 없는 데 반하여, (X_1, X_2, X_4) 모형에서는 X_4의 계수가 비유적인 것을 주목하여라. 앞에서도 언급하였듯이 X_4가 하나씩 비교할때는 제일 중요한 변수였으나 X_1, X_2가 동시에 포함되고 난 후 X_4가 더 이상 필요하지 않다.

회귀식 $\hat{y}=b+b_1x_1+b_2x_2$의 결과물

```
Coefficients:
             Estimate  Std. Error  t value  Pr(>|t|)
(Intercept)  52.57735    2.28617     23.00  5.46e-10  ***
x1            1.46831    0.12130     12.11  2.69e-07  ***
x2            0.66225    0.04585     14.44  5.03e-08  ***
---
Signif.codes: 0 '***' 0.001 '**' 0.01 '*' 0.05 '.' 0.1 ' ' 1
Residual standard error: 2.406 on 10 degrees of freedom
Multiple R-squared: 0.9787, Adjusted R-squared: 0.9744
F-statistic: 229.5 on 2 and 10 DF, p-value: 4.407e-09
```

회귀식 $\hat{y}=b+b_1x_1+b_2x_2+b_4x_4$의 결과물

```
Coefficients:
             Estimate  Std. Error  t value  Pr(>|t|)
(Intercept)   71.6483    14.1424     5.066  0.000675  ***
x1             1.4519     0.1170    12.410  5.78e-07  ***
x2             0.4161     0.1856     2.242  0.051687   .
x4            -0.2365     0.1733    -1.365  0.205395
---
Signif.codes: 0 '***' 0.001 '**' 0.01 '*' 0.05 '.' 0.1 ' ' 1
Residual standard error: 2.309 on 9 degrees of freedom
Multiple R-squared: 0.9823, Adjusted R-squared: 0.9764
F-statistic: 166.8 on 3 and 9 DF, p-value: 3.323e-08
```

전진선택법, 후진제거법, 단계적선택법에서는 각 독립변수를 회귀모형에 추가할 때와 제거할 때 유의성 검정을 실시하게 되는데, 그때 사용할 유의수준이 필요하게 된다. 작은 값의 유의수준을 사용하면 독립변수의 추가나 제거가 매우 어렵게 되는 반면, 큰 값의 유의수준을 사용하면 독립변수의 추가나 제거가 용이하게 된다. 유의수준으로 어떤 값을 사용하여야 하는지에 대해서는 알려진 기준은 없으며, 분석자가 자신의 분석 목적에 맞게 선택하는 것이 바람직하다. 이들 세 가지 방법은 각 단계별 선택 또는 제거를 계속하는 것이므로 이제까지의 통계검정과 다른 상황이다. 이제까지의 다중비교를 제외하고 모든 검정은 한 번 하는 것으로 끝이 나는 것이었는데, 이들 방법은 연속적으로 검정 단계를 거치는 것이므로 각 단계별 유의수준을 α로 정하면 전체적인 유의수준은 α가 아니고 그보다 큰 값이 된다. α를 사용하지 않고 F값을 기준으로 하여 F-to-enter와 F-to-remove를 사용하는 경우가 있다. 이때는 F-to-enter=F-to-remove=4를 권장하는 경우가 많다. α를 사용하는 경우에, 선택할 때는 $\alpha=0.05$ 또는 $\alpha=0.1$, 제거할 때는 선택할 때보다 큰 값인 $\alpha=0.1$ 또는 $\alpha=0.2$를 권장하기도 한다.

처음 도입 부분에서 언급하였듯이 이들 세 방법은 모든 가능한 경우의 수를 모두 고려한 것이 아니므로, 이들 방법에 의해 골라진 모형이 가장 우수한 모형은 아니지만, 비교적 간단한 알고리즘에 의하여 가장 우수한 모형에 가까운 모형을 찾는 방법이라고 할 수 있다.

세 가지 방법이 각각의 장단점이 있어 어느 한 방법이 꼭 우수하다고 할 수 없다. 최대의 적합성이나 예측력을 고려한다면 후진제거법을 사용하여야 한다. 적합성(fittness)과 간결성(절약성, parsimony)을 동시에 고려한 단계적선택법이 실제 자료분석에서 널리 쓰이고 있다.

최량부분집합회귀(best subsets regression)

전진선택법, 후진제거법, 단계적선택법은 모든 경우를 고려하는 방법이 아니므로 최고의 적합모형을 찾을 수 없다. 변수가 하나일 때 최고의 모형, 변수가 두 개일 때의 최고 모형, 변수가 세 개일 때의 최고 모형 등으로 계속 찾아 나간다면 모든 경우를 고려하게 되는 것이다. 이러한 방법을 **최량부분집합회귀(best subsets regression, all subsets regression)**라고 한다. 최량부분집합회귀는 변수의 수가 많으면 계산량이 너무 많아져 사용할 수 없는 방법이나 변수수가 적은 경우에 계산해 주는 패키지들이 있다.

변수의 수별로 찾아진 최고의 모형 중 수정 R^2를 비교하고 절약모형(parsimonious model)을 찾는 원칙을 적용하여 최선의 모형을 결정하게 된다. 모형에 변수를 추가하면 R^2는 커진다. R^2는 1보다 클 수는 없으므로 커지는 속도는 감소하지만 변수가 추가되면 조금씩이나마 증가하게 된다. 내포모형을 R^2로 비교하면 변수의 수가 많은 쪽이 R^2 값이 크다. 결국 가능한 변수를 전부 넣은 것이 제일 R^2 값이 크다. 하지만 제일 큰 모형에는 불필요한 변수들이 너무 많이 들어가게 될 것이다. 이러한 단점을 보완하여 만들어진 수정 R^2는 변수의 수를 고려한 것이다. 수정 R^2를 사용하면 무조건 큰 모형을 선택하는 것을 막을 수 있다. 또한 AIC를 기준으로 모형을 선택할 수 있다. 적합성에 중점을 두는지, 절약성에 중점을 두는지에 따라 최종 선택 모형은 달라질 것이다.

수정 $R^2=1-(1-R^2)\frac{n-1}{n-k-1}$
n : 표본크기
k : 설명변수의 수

예제 16.3(계속)

```
10 subsets of each size up to 4
Selection Algorithm: exhaustive
x1 x2 x3 x4
1 ( 1 ) " " " " " " "*" ←
1 ( 2 ) " " "*" " " " "
1 ( 3 ) "*" " " " " " "
1 ( 4 ) " " " " "*" " "
2 ( 1 ) "*" "*" " " " " ←
2 ( 2 ) "*" " " " " "*"
2 ( 3 ) " " " " "*" "*"
2 ( 4 ) " " "*" "*" " "
2 ( 5 ) " " "*" " " "*"
2 ( 6 ) "*" " " "*" " "
```

```
3 ( 1 ) "*" "*" " " "*" ←
3 ( 2 ) "*" "*" "*" " "
3 ( 3 ) "*" " " "*" "*"
3 ( 4 ) " " "*" "*" "*"
4 ( 1 ) "*" "*" "*" "*" ←
```

결과물은 회귀계수가 1, 2, 3, 4개 등으로 증가하면 각 개수에서의 적합이 잘된 순으로 보여 준다. ← 표시한 곳이 각 회귀계수 수에 대한 최적(best) 회귀식이다. ← 부분의 회귀식에 대한 통계량들을 아래표에 정리하였다.

	Residual standard error	df	R^2adj	R^2
1 (x4)	8.964	11	0.6745	0.645
2 (x1,x2)	2.406	10	0.9787	0.9744
3 (x1,x2,x4)	2.309	9	0.9823	0.9764(x2,x4 비유의적)
4 (x1,x2,x3,x4)	2.446	8	0.9824	0.9736(x1,x2,x3,x4 비유의적)

적합성만 고려한다면 작은 잔차표준오차(Residual standard error)를 기준으로 또는 큰 R^2를 기준으로 (X1, X2, X4)나 (X1, X2, X3, X4)를 사용하여야 한다. 적합성과 간결성을 동시에 고려한다면 df 또는 파라미터의 개수도 함께 고려하여 (X1, X2)를 선택한다. (X1, X2)모형이 그 전의 모형(X4)보다 Residual standard error가 현격히 줄었고, R^2는 많이 증가하였으며, 그 후의 모형 (X1, X2, X4), (X1, X2, X3, X4)에서는 많은 추가개선이 없다. 또한 (X1, X2, X4), (X1, X2, X3, X4) 모형에는 각 계수 별로 t 검정을 하였을 때 비유의적인 계수들이 있다.

EXCEL · SPSS · R

이 책과 관련된 데이터, 정오표 등은 자유아카데미의 홈페이지(www.freeaca.com)나 web.yonsei.ac.kr/cekim에서 얻을 수 있다.

EXCEL

예제 16.1

Step 1 'trees'자료를 열기하여 Girth와 Volume의 산점도를 그린다.
자세한 부분은 14장 엑셀연습 산점도그리기 부분 참조.

ㄱ. Ctrl-키를 이용하여 Girth와 Volume 자료 열 지정(첫 줄 변수 이름 포함)

ㄴ. **삽입** > **차트** > **분산형**

ㄷ. **차트 디자인** > **빠른 레이아웃** > **레이아웃 1**

ㄹ. 오른쪽의 범례항목은 삭제한다.

ㅁ. **차트 제목**을 'Girth vs. Volume'로 변경

ㅂ. 차트의 **가로축**을 클릭하여 **축 서식** > **축 옵션** > **최솟값** : 8, **최댓값** : 21

ㅅ. 차트의 **세로축**을 클릭하여 **축 서식** > **축 옵션** > **최솟값** : 10, **최댓값** : 80

ㅇ. 종횡비를 조정한다.

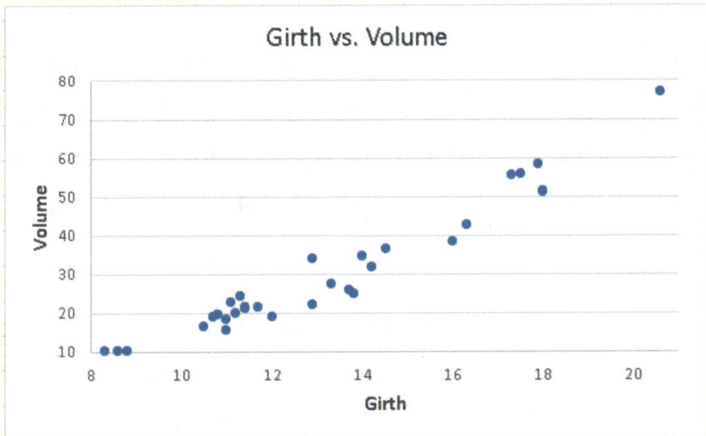

산점도는 전체적으로 우상향의 선형관계를 보여 주고 있고, 아주 약하기는 하지만 위로 오목한 형태를 보이고 있다. '위로 오목'의 형태가 보이지 않는 독자들도 있을 수 있다. 하지만 '위로 오목'하다고 믿고 보면 그러한 형태가 보이게 된다.

Step 2 **데이터** > **데이터 분석** > **회귀분석**

[회귀분석 창] Y**축 입력 범위** : $D$1:$D$32 > X**축 입력 범위** : $B$1:$B$32 > **이름표 선택** > **출력 범위** : $G$1 > **잔차도 선택**

Step 3 잔차도를 조정한다.

ㄱ. 차트의 **가로축**을 클릭하여 **축 서식** > **축 옵션** > **최솟값** : 8, **최댓값** : 21

ㄴ. 차트의 **세로축**을 클릭하여 **축 서식** > **축 옵션** > **최솟값** : −10, **최댓값** : 10

ㄷ. 종횡비를 조정한다.

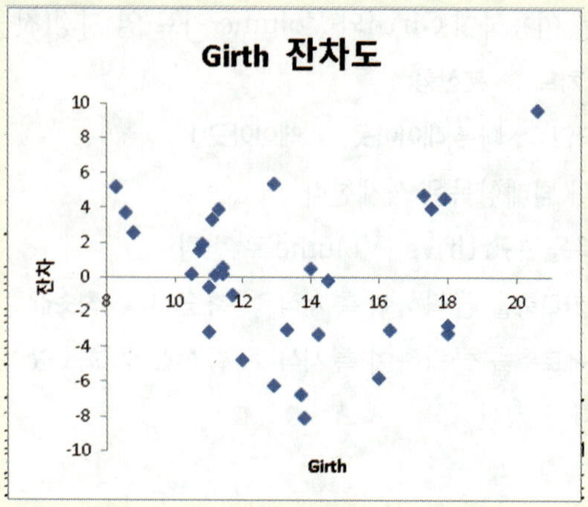

Step 4 잔차도가 위로 오목한(convex) 형태를 보이고 이는 산점도에서 약하게나마 오목한 형태로 보여졌던 것이 산점도에서 매우 뚜렷하게 나타난 것이다. X변수에 높은 차수의 멱승을 하거나 Y변수에 낮은 차수의 멱승을 하여야 한다. Volume 변수에 로그변환을 한 후 log(Volume)을 Y변수로 하여 위의 Step 1 ~ Step 3을 차례로 수행한다.

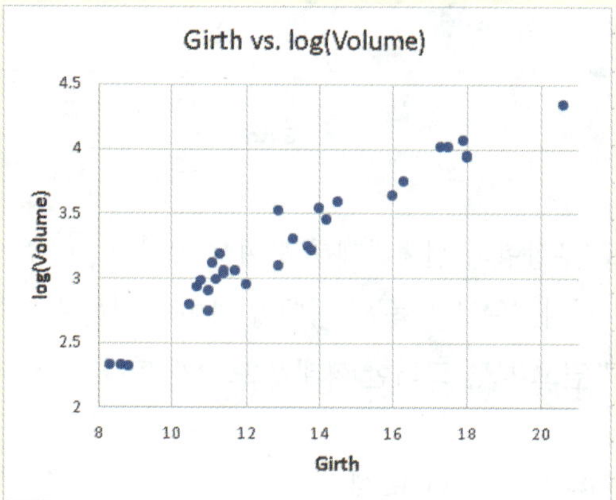

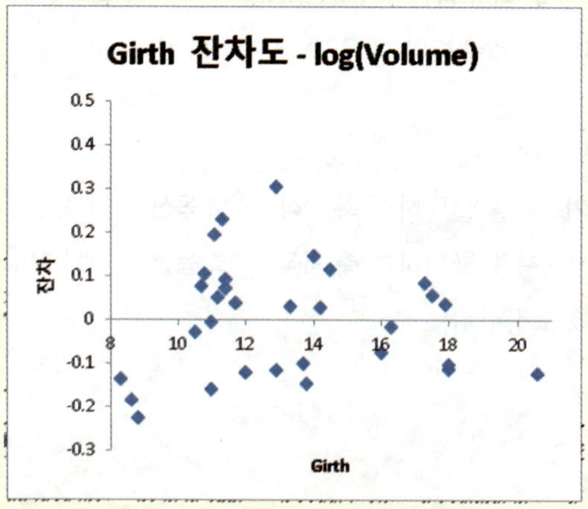

잔차도에서 약간의 위로 볼록한 형태를 보이고 있다. 산점도를 자세히 보면 아주 약하게 위로 볼록의 형태가 있음을 알 수 있다.

Step 5 Girth변수에 로그를 취하여 log(Girth)를 새로운 X변수로, log(Volume)을 Y변수로 하여 Step 1 ~ Step 3의 과정을 차례로 수행한다.

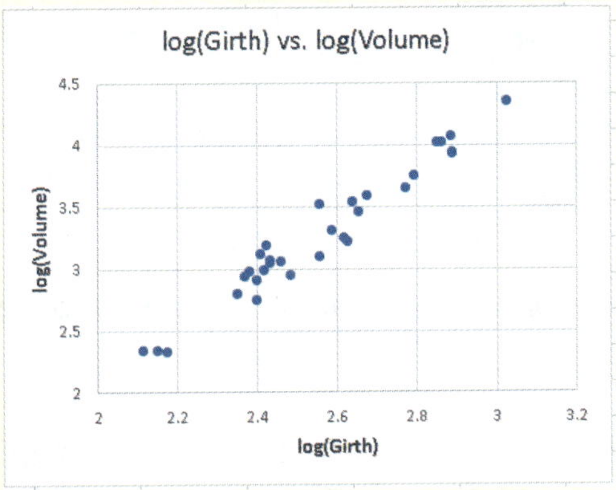

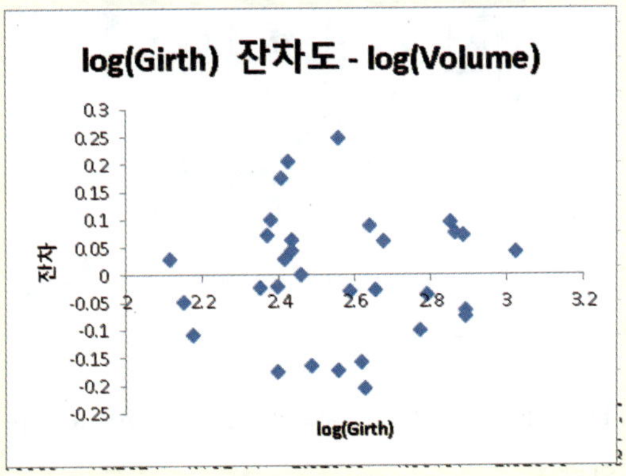

세 경우의 산점도와 잔차도를 비교하면 log(Girth) vs.log(Volume)의 산점도가 제일 직선형태에 가까운 모양이며, 잔차도는 띠 모양으로 특별한 패턴을 보이지 않고 있다.

** 엑셀에는 로지스틱회귀나 변수선택 방법이 들어 있지 않고, SPSS, R, SAS 등의 패키지를 이용하여야 한다.

SPSS

예제 16.1

Step 1 PASW Statistics Data Editor 창의 **변수 보기**에서 다음과 같이 세 개의 변수를 만든다.

	이름	유형	너비
1	Girth	숫자	8
2	Height	숫자	8
3	Volume	숫자	8

Step 2 PASW Statistics Data Editor 창의 **데이터 보기**에서 다음과 같이 데이터를 입력한다.

	Girth	Height	Volume
1	8.30	70.00	10.30
2	8.60	65.00	10.30
3	8.80	63.00	10.20
4	10.50	72.00	16.40
5	10.70	81.00	18.80

Step 3 PASW Statistics Data Editor의 **[그래프]** 메뉴의 **레거시 대화 상자**에 있는 **산점도 / 점도표**를 선택한다.

Step 4 **산점도 / 점도표** 창에서 **단순 산점도**를 선택한 후 **정의**를 누른다.

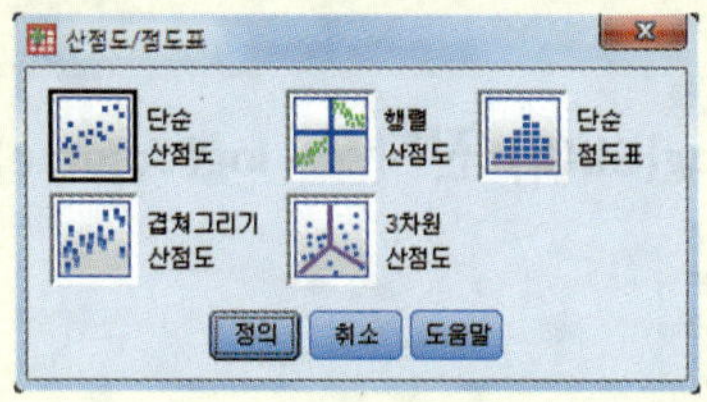

Step 5 **단순산점도** 창에서 **Y축** 항목에 Volume 변수를 입력하고, **X축** 항목에 Girth 변수를 입력한 후, **확인**을 누른다.

Step 6 PASW Statistics Viewer 창에서 다음과 같은 Volume 변수와 Girth 변수의 산점도를 확인한다.

Step 7 PASW Statistics Data Editor 창의 **[분석]** 메뉴의 **회귀분석**에서 **선형**을 **선택**한다.

Step 8 **선도표 회귀모형** 창에서 **종속변수**란에 Volume 변수를, **독립변수**란에 Girth 변수를 화살표를 이용해 기입한 후, 창 우측에 있는 **도표**를 누른다.

Step 9 **선형 회귀분석: 도표** 창에서 Y축란에 ZRESID를, X축란에 ZPRED를 기입한 후 **계속**을 누른다(여기서 ZRESID는 표준화된 잔차를, ZPRED는 표준화된 예측값을 의미한다).

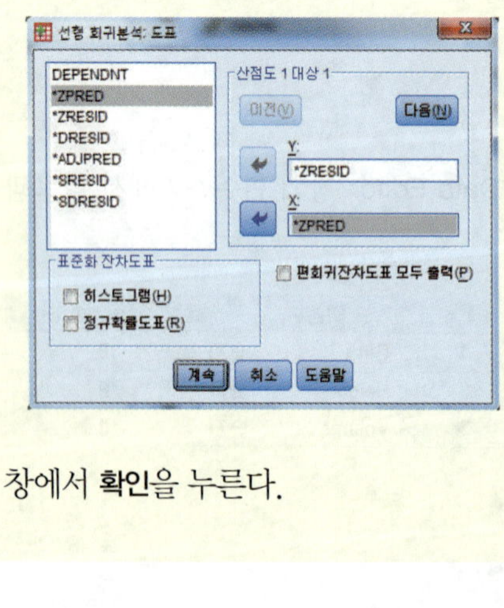

Step 10 **선도표 회귀모형** 창에서 **확인**을 누른다.

Step 11 PASW Statistics Viewer 창에서 결과를 확인한다.

Step 12 잔차산점도의 모양이 볼록한 형태의 곡선형태를 보이고 있어 이를 보완하기 위하여 변수에 Log 함수를 취한 후, 회귀모형을 만들어 본다. 우선 Volume 변수 변환을 하기 위하여 PASW Statistics Data Editor 창의 **[변환]** 메뉴의 **변수 계산**을 선택한다.

Step 13 **변수 계산** 창에서 **대상 변수** 칸에 **Logvolume**라고 입력하고 **숫자표현식**란에 **ln(Volume)**라고 입력한 후, **확인**을 누른다.

Step 14 PASW Statistics Data Editor 창에서 Logvolume 변수가 추가되었음을 확인할 수 있다. 이제 이를 가지고 회귀모형을 만들자. PASW Statistics Data Editor 창의 **[분석]** 메뉴의 **회귀분석**에서 선형을 선택한다.

Step 15 **선도표 회귀모형** 창에서 **종속변수**란에 Logvolume 변수를, **독립변수**란에 Girth 변수를 화살표를 이용해 기입한 후, 창 우측에 있는 **도표**를 누른다.

Step 16 **선형 회귀분석: 도표** 창에서 **Y**축란에 ZRESID를, **X**축란에 ZPRED를 기입한 후 **계속**을 누른다.

Step 17 **선도표 회귀모형** 창에서 **확인**을 누른다.

Step 18 PASW Statistics Viewer 창에서 결과를 확인한다.

Step 19 위와 같은 과정을 반복하여 Loggirth 변수를 만들어서 Logvolume 변수와 함께 회귀분석을 한다.

예제 16.3

Step 1 PASW Statistics Data Editor 창의 **변수 보기**에서 다음과 같이 열 두 개의 변수를 만든다.

	이름	유형	너비
1	Cars	숫자	8
2	mpg	숫자	8
3	cyl	숫자	8
4	disp	숫자	8
5	hp	숫자	8
6	drat	숫자	8
7	wt	숫자	8
8	qsec	숫자	8
9	vs	숫자	8
10	am	숫자	8
11	gear	숫자	8
12	carb	숫자	8

Step 2 PASW Statistics Data Editor 창의 **데이터 보기**에서 다음과 같이 데이터를 입력한다.

참고: 만약 데이터를 TXT 확장자 파일로 가지고 있다면 PASW Statistics Data Editor

창의 [파일] 메뉴의 텍스트 데이터 읽기를 통해 불러 올 수 있다. 이때 가지고 있는 TXT 파일의 형식에 맞게 잘 설정하여야 한다.

Step 2 PASW Statistics Data Editor 창의 **[분석]** 메뉴의 **회귀분석**에서 **이분형로지스틱**을 **선택**한다.

Step 3 **로지스틱회귀분석** 창에서 **종속변수**란에 am 변수를 넣고 **공변량**란에 wt 변수를 넣은 후 확인을 누른다.

Step 4 PASW Statistics Viewer 창에서 결과를 확인할 수 있다.

Step 5 Am과 Hp의 경우도 위와 같은 과정을 반복하면 로지스틱회귀모형을 만들 수 있다.

예제 16.4

Step 1 PASW Statistics Data Editor 창의 변수 보기에서 다음과 같이 다섯 개의 변수를 만든다.

	이름	유형	너비
1	X1	숫자	8
2	X2	숫자	8
3	X3	숫자	8
4	X4	숫자	8
5	Y	숫자	8

Step 2 PASW Statistics Data Editor 창의 **데이터 보기**에서 데이터를 입력한다.

Step 3 전진선택법을 사용하기 위하여 PASW Statistics Data Editor 창의 **[분석]** 메뉴의 **회귀분석**에서 **선형**을 **선택**한다.

Step 4 **선도표 회귀모형** 창에서 **종속변수**란에 Y변수를, **독립변수**란에 X1, X2, X3, X4 변수들을 화살표를 이용하여 기입한 후, **독립변수**란 밑에 있는 **방법**란에서 **전진**을 선택한 후 **확인**을 누른다.

Step 5 PASW Statistics Viewer 창에서 결과를 확인할 수 있다.

Step 6 후진제거법이나 단계별선택법을 하는 것도 위 과정과 유사하다. 다만 **선도표 회귀모형** 창에서 **종속변수**란에 Y변수를, **독립변수**란에 X1, X2, X3, X4 변수들을 화살표를 이용하여 기입한 후, **독립변수**란 밑에 있는 **방법**에서 후진이나 **단계 선택**을 선택하면 된다.

Step 7 또한 변수 선택의 기준을 설정할 수 있는데, 이를 위하여 우선 **선도표 회귀모형** 창에서 우측에 있는 **옵션**을 누른다.

Step 8 **선형 회귀분석: 옵션** 창의 **선택법 기준**에서 원하는 기준을 설정한 후 **계속**을 누른 후,

선도표 회귀모형 창에서 확인을 누르면 새로 설정한 기준에 따라서 변수 선택이 진행된다.

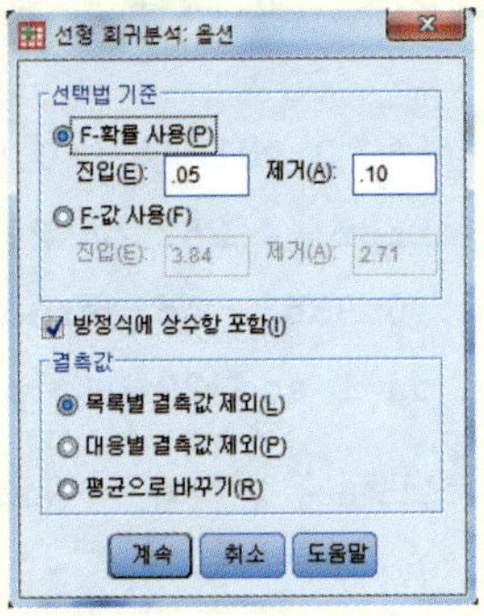

R

예제 16.1

Step 1 trees 자료 내용 확인

```
> ?trees
> trees
    Girth   Height   Volume
1     8.3       70     10.3
2     8.6       65     10.3
3     8.8       63     10.2
```

Step 2 다음의 코드를 이용하여 둘레, 높이와 부피의 산점도를 그려보자.

```
attach(trees)
par(mfcol=c(1,2))
plot(Girth, Volume)
plot(Height, Volume)
```

Step 3 다음의 명령문을 이용하여 Volume과 Girth의 회귀식을 추정하자.

```
> mylm <- lm(Volume~Girth)
> summary(mylm)
call:
lm(formula=Volume ~ Girth)
Residuals:
    Min       1Q   Median      3Q     Max
 -8.065   -3.107    0.152   3.495   9.587
Coefficients:
```

```
            Estimate std.  Error t    value   Pr(>|t|)
(Intercept)   -36.9435   3.3651   -10.95   7.62e-12   ***
Girth           5.0659   0.2474    20.48     <2e-16   ***
---
Signif. codes: 0 '***' 0.001 '**' 0.01 '*' 0.05 '.' 0.1 '' 1
Residual standard error: 4.252 on 29 degrees of freedom
Multiple R-squared: 0.9353, Adjusted R-squared: 0.9331
F-statistic: 419.4 on 1 and 29 DF, p-value: <2.2e-16
```

p값(=0)이 0.05보다 작으므로 유의하게 나왔고, R2가 0.9353이 나왔으므로 적합이 잘 되었다고 볼 수 있다.

Step 4 다음의 코드를 이용하여 Volume 자료의 회귀식 적합과 잔차그림을 그려 곡선 형태가 나타나는 것을 확인하라.

```
par(mfcol=c(1,3))
plot(Girth, Volume)
abline(-36.9435, 5.0659)
plot(mylm$fitted.values, mylm$residuals)
abline(h=0)
plot(Girth, mylm$residuals)
abline(h=0)
```

Step 5 다음의 코드를 이용하여 Volume을 log(Volume)로 치환하여 회귀식을 구하여 적합성을 확인하라.

```
log_Volume=log(Volume)
mylm_log<-lm(log_Volume~Girth)
summary(mylm_log)
call:
lm(formula=Volume ~ Girth)
Residuals:
     Min        1Q    Median        3Q       Max
 -0.22719  -0.11468  0.02889  0.07930   0.30436
Coefficients:
            Estimate  Std. Error  t value  Pr(>|t|)
(Intercept) 1.118997    0.04021    10.76   1.23e-11    ***
Girth       0.162566   0.007647    21.26     <2e-16    ***
---
Signif. codes: 0 '***' 0.001 '**' 0.01 '*' 0.05 '.' 0.1 '' 1
Residual standard error: 0.1314 on 29 degrees of freedom
Multiple R-squared: 0.9397, Adjusted R-squared: 0.9376
```

```
F-statistic: 452 on 1 and 29 DF, p-value: <2.2e-16
```

p값(=0)이 0.05보다 작으므로 유의하게 나왔고, R2가 0.9397이 나왔으므로 적합이 잘 되었다고 볼 수 있다.

Step 6 다음의 코드를 이용하여 log(Volume) 자료의 회귀식 적합과 잔차그림을 그려 보자.

```
par(mfcol=c(1,3))
plot(Girth, log_Volume)
abline(1.118997,0.162566)
plot(mylm_log$fitted.values,mylm_log$residuals)
abline(h=0)
plot(Girth,mylm_log$residuals)
abline(h=0)
```

전의 잔차그림과 비교하면 곡선 패턴이 많이 없어진 것을 볼 수 있다.

Step 7 다음의 명령문을 이용하여 Girth를 log(Girth), Volume을 log(Volume)로 치환하여 회귀식을 구해 보자.

```
> log_Girth=log(Girth)
> mylm_log1 <- lm(log_Volume~log_Girth)
> summary(mylm_log1)
call:
lm(formula=log_Volume ~ log_Girth)
Residuals:
      Min         1Q     Median        3Q       Max
 -0.205999  -0.068702  0.001011  0.072585  0.247963
Coefficients:
            Estimate  std. Error  t value    Pr(>|t|)
(Intercept) -2.35332    0.23066    -1020    4.18e-11  ***
log_Girth    2.1997     0.08983    24.49     <2e-16   ***
---
Signif. codes: 0 '***' 0.001 '**' 0.01 '*' 0.05 '.' 0.1 '' 1
Residual standard error: 0.115 on 29 degrees of freedom
Multiple R-squared: 0.9539, Adjusted R-squared: 0.9523
F-statistic: 599.7 on 1 and 29 DF, p-value: < 2.2e-16
```

p값(=0)이 0.05보다 작으므로 유의하게 나왔고, R2가 0.9539가 나왔으므로 적합이 잘 되었다고 볼 수 있다.

Step 7 다음의 코드를 이용하여 log(Girth), log(Volume) 자료의 회귀식 적합과 잔차그림을 그려보자.

```
par(mfcol=c(1,3))
plot(log_Girth, log_Volume)
abline(-2.35332,2.19997)
plot(mylm_log1$fitted.values,mylm_log1$residuals)
abline(h=0)
plot(log_Girth,mylm_log1$residuals)
abline(h=0)
```

전의 잔차그림과 비교하면 곡선 패턴이 많이 없어진 것을 볼 수 있다.

예제 16.3 로지스틱시그모이드함수

Step 1 다음의 코드를 이용하여 〈그림 16.6〉을 재현하여 보자.

```
par(mfcol=c(1,2))
beta0=-1
beta1=1
curve(exp(beta0+beta1*x)/(1+exp(beta0+beta1*x)),
      xlim=c(-6,6),ylab="f(x)")
text(2,0.3, "beta_0 = -1")
beta0=1
beta1=1
curve(exp(beta0+beta1*x)/(1+exp(beta0+beta1*x)), add=T)
text(-2,0.7, "beta_0 = 1")
title(main="different beta_0's", sub="beta_0=-1,1; beta_1=1")
beta0=0
beta1=1
curve(exp(beta0+beta1*x)/(1+exp(beta0+beta1*x)),
      xlim=c(-6,6),ylab="f(x)")
text(3,0.7, "beta_1=1")
beta0=0
beta1=2
curve(exp(beta0+beta1*x)/(1+exp(beta0+beta1*x)), add=T)
text(-1.5,0.8, "beta_1=2")
title(main="different beta_1's", sub="beta_0=0;
      beta_1=-1,1")
```

예제 16.3

Step 1 데이터파일 mtcars 내용을 확인하고 attach한다.

```
> mtcars
> attach(mtcars)
```

Step 2 다음의 코드를 이용하여 중량과 변속기관한 로지스틱회귀분석을 수행하여 보자.

```
> logit1 <- glm(am~wt, family=binomial)
> summary(logit1)
call:
glm(formula=am ~ wt, family=binomial)
Deviance Residuals:
     Min         1Q     Median        3Q       Max
 -2.11400   -0.53738   -0.08811   0.26055   2.19931
Coefficients:
              Estimate   Std. Error   t value   Pr(>|t|)
(Intercept)    12.040       4.510      2.670    0.00759  **
Girth          -4.024       1.436     -2.801    0.00509  **
---
Signif. codes: 0 '***' 0.001 '**' 0.01 '*' 0.05 '.' 0.1 ' ' 1
(Dispersion parameter for binomial family rtaken to be 1)
Null deviance: 43.230 on 31 degrees of freedom
Residual deviance: 19.176 on 30 degrees of freedom
AIC: 23.176
Number of Fisher Scoring iteretions: 6
> plot(am~wt, ylab="변속기(am)", xlab="중량(wt)")
> curve(exp(logit1 $coefficients[1]+logit1 $coefficients[2]*x)/
+ (1+exp(logit1 $ coefficients[1]+logit1 $coefficients[2]*x)),
+ add=T
> title("로지스틱회귀")
```

Step 3 다음의 명령문을 이용하여 마력과 중량을 X변수로 하는 로지스틱회귀분석을 수행하여 보자.

```
> mylogit<-glm(am~hp+wt,data=mtcars,family=binomial)
> summary(mylogit)
call: glm(formula=am~hp+wt, family-vinomial,data=mtcars)
Deviance Residuals:
     Min       1Q    Median      3Q      Max
 -2.2537  -0.1568  -0.0168  0.1543   1.3449
Coefficients:
           Estimate std.  Error t   value  Pr(>|t|)
(Intercept)  18.86630  7.44356   2.535   0.01126   *
hp            0.03626  0.01773   2.044   0.04091   *
wt           -8.08348  3.06868  -2.634   0.00843  **
---
```

```
Signif. codes: 0 '***' 0.001 '**' 0.01 '*' 0.05 '.' 0.1 ' ' 1
(Dispersion parameter for binomial family rtaken to be 1)
Null deviance: 43.230 on 31 degrees of freedom
Residual deviance: 10.059 on 29 degrees of freedom
AIC: 16.059
Number of Fisher Scoring iteretions: 8
> (test.statistics <- mylogit$null.deviance-mylogit$deviance)
[1] 33.17062
> (degree.freedon <- mylogit$null-mylogit$df.residual)
[1] 2
> 1-pchisw(test.statistics, degree.freedom)
[1] 6.26749e-08
> logLik(mylogit)
 og LIk. -5.02955(df=3)
```

Step 4 마력 한 단위가 증가하면서 수동변석기일 가능성의 오즈비를 구하여 보자.

```
> exp(0.036)
[1] 1.036656
```

Step 5 중량 한 단위가 증가하면서 수동변속기일 가능성의 오즈비를 구하여 보자.

```
> exp(-8.08)
[1] 0.000309671
```

예제 16.4 변수 선택

Step 1 다음의 코드를 이용하여 데이터를 불러오자. R console 메뉴 **패키지** > **패키지인스톨..** 을 실행하여 MASS패키지를 설치한 후 cement 자료를 사용한다.

```
> library(MASS)
> cement
     X1    X2    X3    X4      y
1     7    26     6    60   78.5
2     1    29    15    52   74.3
3    11    56     8    20  104.3
4    11    31     8    47   87.6
5     7    52     6    33   95.9
6    11    55     9    22  109.2
7     3    71    17     6  102.7
8     1    31    22    44   72.5
9     2    54    18    22   93.1
10   21    47     4    26  115.9
```

```
11      1      40      23      34      83.8
12     11      66       9      12     113.3
13     10      68       8      12     109.4
```

Step 2 다음의 코드를 이용하여 전진선택법을 적용하여 보자.

```
> mylm1 <- lm(y~x4, data=cement)
> addterm(mylm1, ~.+x1, test="F")
Single term additions
Model:
y ~ x4
       DF Sum of Sq     RSS      AIC  F Value      Pr(F)
<none>                883.87   58.872                    ***
x1      1     809.1    74.76   28.742   108.2210105e-06 ***
---
Signif. codes: 0 '***' 0.001 '**' 0.01 '*' 0.05 '.' 0.1 ' ' 1
> addterm(mylm1, ~.+x2, test="F")
Single term additions
Model:
y ~ x4
       DF  Sumof Sq      RSS      AIC   F Value    Pr(F)
<none>                 883.87   58.852
x1      1    14.987    868.88   60.629   0.17248   0.6867
> addterm(mylm1, ~.+x3, test="F")
Single term additions
Model:
y ~ x4
       DF   Sumof Sq     RSS     AIC  F Value      Pr(F)
<none>                 883.87  58.852
x1      1     708.13  175.74  39.853    40.295 8.375e-05  ***
> mylm2 <- lm(y~x1+x4, data=cement)
> addterm(mylm2, ~.+x2, test="F")
Single term additions
Model:
y ~ x1+x4
       DF Sum of Sq      RSS      AIC   F Value    Pr(F)
<none>                 74.762   28.742
x1      1    26.789    47.973   24.974    5.0259 0.05169
---
Signif. codes: 0 '***' 0.001 '**' 0.01 '*' 0.05 '.' 0.1 ' ' 1
> addterm(mylm2, ~.+x3, test="F")
```

```
Single term additions
Model:
y ~ x4
       DF Sum of Sq      RSS     AIC   F Value   Pr(F)
<none>                74.762  28.742
x1      1    23.926   50.836  25.728  4.22358 0.06969.
---
Signif. codes: 0 '***' 0.001 '**' 0.01 '*' 0.05 '.' 0.1 ' ' 1
> mylm3 <- lm(y~x1+x2+x4, data=cement)
> addterm(mylm3, ~.+x3, test="F")
Single term additions
Model:
y ~ x1+x2+x4
       DF Sum of Sq      RSS     AIC   F Value   Pr(F)
<none>                47.973  24.947
x1      1   0.10909   47.864  26.944  0.018233  0.9859
```

Step 3 다음의 코드를 이용하여 후진제거법을 적용하여 보자.

```
> droplm1 <- lm(y~x1+x2+x3+x4, data=cement)
> dropterm(droplm1, test="F")
Single term additions
Model:
y ~ x1 + x2 + x3 + x4
       DF Sum of Sq      RSS     AIC   F Value   Pr(F)
<none>                47.864  26.944
x1      1   25.9509   73.815  30.576   4.3375 0.07082.
x2      1    2.9725   50.836  25.728   0.4968 0.50090
x3      1    0.1091   47.973  24.974   0.0182 0.89592
x4      1    0.2470   48.111  25.011   0.0413 0.84407
---
Signif. codes: 0 '***' 0.001 '**' 0.01 '*' 0.05 '.' 0.1 ' ' 1
>
> droplm2 <- lm(y~x1+x2+x4, data=cement)
> dropterm(droplm2, test="F")
Single term additions
Model:
y ~ x1 + x2 + x4
       DF  Sum of Sq     RSS     AIC  F Value      Pr(F)
<none>                 47.97  24.974
x1      1     820.91  868.88  60.629  154.008 5.781e-07  ***
```

```
x2      1      26.79   74.76  28.742     5.026    0.05169 .
x4      1       9.93   57.90  52.420     1.863    0.20540
---
Signif. codes: 0 '***' 0.001 '**' 0.01 '*' 0.05 '.' 0.1 ' ' 1
>
> droplm3 <- lm(y~x1+x2, data=cement)
> dropterm(droplm3, test="F")
Single term deletions
Model:
y ~ x1 + x2
       DF  Sum of Sq     RSS     AIC  F Value      Pr(F)
<none>                 57.90  25.420
x1      1     848.43  906.34  59.178   146.52  2.692e-07  ***
x2      1    1207.78 1265.69  63.519   208.58  5.029-08   ***
---
Signif. codes: 0 '***' 0.001 '**' 0.01 '*' 0.05 '.' 0.1 ' ' 1
```

Step 4 다음의 코드를 이용하여 단계적선택법을 적용하자.

```
> steplm3.2 <- lm(y~x1+x2+x4, data=cement)
> dropterm(steplm3.2, test="F")
Single term deletions
Model:
y ~ x1 + x2 + x4
       DF  Sum of Sq     RSS     AIC  F Value      Pr(F)
<none>                 47.97  24.974
x1      1     820.91  868.88  60.629  154.008  5.781e-07 ***
x2      1      26.79   74.76  28.742    5.026    0.05169 .
x4      1       9.93   57.90  25.420    1.863    0.20540
---
Signif. codes: 0  ** 0.001  * 0.01  0.05  0.1  1
>
> steplm3.3 <- lm(y~x1+x2, data=cement)
> dropterm(steplm3.3, test="F")
Single term deletions
Model:
y ~ x1 + x2
       DF  Sum of Sq     RSS     AIC  F Value      Pr(F)
<none>                 57.90  25.420
x1      1     848.43  906.34  59.178   146.52  2.692e-07  ***
x2      1    1207.78 1265.69  63.519   208.58  5.029-08   ***
```

```
---
Signif. codes: 0 '***' 0.001 '**' 0.01 '*' 0.05 '.' 0.1 ' ' 1
```

Step 5 다음의 코드를 이용하여 모형의 적합성을 검사하자.

```
> stepwise <- lm(y~x1+x2, data=cement)
> summary(stepwise)
call:
lm(formula = y ~ x1 + x2, data = cement)
Residuals:
    Min      1Q  Median      3Q     Max
 -2.893  -1.574  -1.302   1.363   4.048
Coefficients:
            Estimate Std. Error t value  Pr(>|t|)
(Intercept) 52.57735    2.28617   23.00  5.46e-10 ***
x1           1.46831    0.12130   12.11  2.69e-07 ***
x2           0.66225    0.04585   14.44  5.03e-08 ***
---
Signif. codes: 0 '***' 0.001 '**' 0.01 '*' 0.05 '.' 0.1 ' ' 1
Residual standard error: 2.406 on 10 degrees of freedom
Multiple R-squared: 0.9787, Adjusted R-squared: 0.9744
F-statistic: 229.5 on 2 and 10 DF, p-value: 4.407e-09
> forward <- lm(y~x1+x2+x4, data=cement)
> summary(forward)
call:
lm(formula = y ~ x1 + x2 + x4, data = cement)
Residuals:
    Min       1Q   Median      3Q     Max
-3.0919  -1.8016   0.2562  1.2818  3.8982
Coefficients:
            Estimate Std. Error t value  Pr(>|t|)
(Intercept)  71.6483    14.1424   5.066  0.000675 ***
x1            1.4519     0.1170  12.410  5.78e-07 ***
x2            0.4161     0.1856   2.242  0.051687 .
x4           -0.2365     0.1733  -1.365  0.205395
---
Signif. codes: 0 '***' 0.001 '**' 0.01 '*' 0.05 '.' 0.1 ' ' 1
Residual standard error: 2.309 on 9 degrees of freedom
Multiple R-squared: 0.9823, Adjusted R-squared: 0.9764
F-statistic: 166.8 on 3 and 9 DF, p-value: 3.323e-08
```

R 실습 스크립트

```
###
### 16.1 변수변환
###

## trees 자료 확인
?trees
trees

## 둘레(Girth), 높이(Height)와 부피(Volume)의 산점도
attach(trees)
par(mfcol=c(1,2))
plot(Girth, Volume)      # Girth의 선형성이 훨씬 강하다.
plot(Height, Volume)

## 둘레와 부피의 회귀식 추정
mylm <- lm(Volume~Girth)
summary(mylm)

## 회귀식 적합과 곡선형태의 잔차그림
windows()
par(mfcol=c(1,3))
plot(Girth, Volume)
        title("Plot of Volume~Girth")
        abline(mylm$coefficients[1],mylm$coefficients[2])
plot(mylm$fitted.values,mylm$residuals)
        title("Residual plot of Y-hat")
        abline(h=0)
plot(Girth,mylm$residuals)
        title("Residual plot of Girth")
        abline(h=0)
# 잔차도가 곡선형태를 보이고 있어 변수변환이 필요하다.

## X변수를 제곱변환: Volume ~ Girth^2 회귀식
Girth2 = Girth*Girth
lm_X2 <- lm(Volume~Girth2)
summary(lm_X2)
#
#  Model  ResidSE      R-sq      F
#  Y~X      4.252    0.9353   419.4
```

```
#  Y~X^2      3.37    0.9594    684.8
# (ResidSE = Residual standard error)
#
# X변수의 제곱변환 모형이 잔차표준오차값이 적으며, R-sq와 F통계량은
# 큰 값으로 적합이 더 우수한 것을 알 수 있다.

## 잔차그림
windows()
par(mfcol=c(1,3))
plot(Girth2, Volume)
        title("Plot of Volume~Girth^2")
        abline(lm_X2$coefficients[1],lm_X2$coefficients[2])
plot(lm_X2$fitted.values,lm_X2$residuals)
        title("Residual plot of Y-hat")
        abline(h=0)
plot(Girth2,lm_X2$residuals)
        title("Residual plot of Girth^2")
        abline(h=0)
# X변수를 제곱변환 후 잔차도에서 곡선형태가 없어졌다.
# X변수의 제곱항이 있으면 다항회귀모형에서는 일차항도 포함시키지만
# 여기서는 변수변환으로만 국한한다.
# 제곱변환이 좋은 결과가 나와서 차수를 높혀 삼승변환을 시도한다.

## X변수를 삼승변환: Volume ~ Girth^3 회귀식
Girth3 = Girth^3
lm_X3 <- lm(Volume~Girth3)
summary(lm_X3)

## 잔차그림
windows()
par(mfcol=c(1,3))
plot(Girth3, Volume)
        title("Plot of Volume~Girth^3")
        abline(lm_X3$coefficients[1],lm_X3$coefficients[2])
plot(lm_X3$fitted.values,lm_X3$residuals)
        title("Residual plot of Y-hat")
        abline(h=0)
plot(Girth3,lm_X3$residuals)
        title("Residual plot of Girth^3")
        abline(h=0)
```

```
#
#   Model  ResidSE     R-sq       F
#   Y~X      4.252   0.9353   419.4
#   Y~X^2     3.37   0.9594   684.8
#   Y~X^3    3.379   0.9592   681.1
#
#  X변수의 삼승변환 모형은 잔차표준오차는 약간 커지고, R-sq와 F통계량은
#  조금씩 낮아졌다. 삼승변환의 잔차도가 특별히 개선된 모양이라고 판단하기
#  어렵다. X변수의 제곱변환 모형에서의 적합이 더 우수하므로 더 높은
#  차수의 변환은 더 이상 시도하지 않는다.
#
#  이번에는 Y변수의 변환을 시도

## log(Volume) 변환 후 회귀식
log_Volume = log(Volume)
lm_logY <- lm(log_Volume~Girth)
summary(lm_logY)
#
#  Model    ResidSE      R-sq       F
#  Y~X        4.252    0.9353   419.4
#  Y~X^2       3.37    0.9594   684.8
#  logY~X    0.1314    0.9397     452
#
#  (주의) ResidSE(Residual standard error)는 Y변수가 같을 때만 비교 가능.
#  Y~X 모형과 Y~logX 모형의 잔차표준오차는 비교 가능하지만
#  Y~X 모형과 logY~X 모형의 잔차표준오차는 서로 비교할 수 없다.
#
# Y변수의 log변환은 원 모형인 Y~X보다는 R-sq와 F통계량 값들이 커져서
# 적합이 좋아졌으나 Y~X^2 모형보다는 R-sq와 F통계량 기준으로 적합성이 낮다.

## 잔차그림
windows()
par(mfcol=c(1,3))
plot(Girth, log_Volume)
        title("Plot of log(Volume)~Girth")
        abline(lm_logY$coefficients[1],lm_logY$coefficients[2])
plot(lm_logY$fitted.values,lm_logY$residuals)
        title("Residual plot of Y-hat")
        abline(h=0)
plot(Girth,lm_logY$residuals)
```

```
        title("Residual plot of Girth")
        abline(h=0)
#
#  logY~X 모형의 Y-hat과 Girth 잔차도 각각에서 분산감소 경향을 보이고 있다.
#  Y의 log 변환 대신 다른 변환을 시도하거나, logY는 그대로 두고 X변수의 변환을
#  시도할 수 있는데(아래 내포모형을 비교하는 예에서는 logY ~ logX 모형을
#  이용하였다.) 여기서는 logY 대신 Y변수의 제곱근 변환을 시도한다.
#

## sqrt(Volume) 변환 후 회귀식
sqrt_Volume = sqrt(Volume)
lm_sqrtY <- lm(sqrt_Volume~Girth)
summary(lm_sqrtY)
#
#  Model  ResidSE      R-sq        F
#  Y~X      4.252    0.9353    419.4
#  Y~X^2     3.37    0.9594    684.8
#  logY~X  0.1314    0.9397      452
#  sqrtY~X 0.2997    0.9569    644.4
#
#  Y변수의 제곱근변환이 로그변환보다 (잔차 표준오차는 비교불가) R-sq, F통계량이
#  커서 적합성이 향상되었다. 하지만 Y~X^2 모형의 적합성이 더 우수하다.
#

## 잔차그림
windows()
par(mfcol=c(1,3))
plot(Girth, sqrt_Volume)
        title("Plot of sqrt(Volume)~Girth")
        abline(lm_sqrtY$coefficients[1],lm_sqrtY$coefficients[2])
plot(lm_sqrtY$fitted.values,lm_sqrtY$residuals)
        title("Residual plot of Y-hat")
        abline(h=0)
plot(Girth,lm_sqrtY$residuals)
        title("Residual plot of Girth")
        abline(h=0)
#
# Y변수의 로그변환보다는 제곱근변환이 잔차도가 많이 개선되었다.
# Y~X^2 모형의 잔차도와의 비교는 우열을 가리기 힘들다.
# Y변수의 로그변환보다는 제곱근변환이 적합이 잘되고 잔차도도 좋으므로
```

```
# 세제곱근변환을 시도한다.
#

## 세제곱근변환 (Volume)^(1/3) ~ Girth 회귀식
third_Volume <- Volume^(1/3)
lm_thirdY <- lm(third_Volume~Girth)
summary(lm_thirdY)
#
#  Model     ResidSE     R-sq        F
#  Y~X         4.252   0.9353    419.4
#  Y~X^2        3.37   0.9594    684.8
#  logY~X     0.1314   0.9397      452
#  sqrtY~X    0.2997   0.9569    644.4
#  thirdY~X   0.1142    0.956    629.8
#
# Y변수의 세제곱근변환은 제곱근변환보다 (잔차 표준오차는 비교불가) R-sq, F통계량이
# 작아져 적합성이 떨어졌다.
#

## 잔차그림
windows()
par(mfcol=c(1,3))
plot(Girth, third_Volume)
       title("Plot of (Volume)^(1/3)~Girth")
       abline(lm_thirdY$coefficients[1],lm_thirdY$coefficients[2])
plot(lm_thirdY$fitted.values,lm_thirdY$residuals)
       title("Residual plot of Y-hat")
       abline(h=0)
plot(Girth,lm_thirdY$residuals)
       title("Residual plot of log(Girth)")
       abline(h=0)
#
# Y변수의 세제곱근변환 모형의 잔차도가 제곱근변환의 잔차도보다 개선된 것으로
# 판단하기 어렵다.
#
# Y변수의 변환 모형들에서는 제곱근변환 모형이 제일 우수하나 Y~X^2 모형이
# 시도한 모형 중에는 제일 우수하다.
#
```

```
###
###  16.2 모형비교
###

#
# 여러 모형을 잔차표준오차, R-square, adjusted R-square, F통계량,
# Cp 통계량 (전문 서적 참조) 등으로 적합성을 비교할 수 있다.
#
#  Model          ResidSE        R-sq         F
#  Y~X              4.252      0.9353     419.4
#  Y~X^2             3.37      0.9594     684.8
#  Y~X^3            3.379      0.9592     681.1
#  logY~X          0.1314      0.9397       452
#  sqrtY~X         0.2997      0.9569     644.4
#  thirdY~X        0.1142       0.956     629.8
#
# (주의) ResidSE(Residual standard error)는 Y변수가 같을 때만 비교 가능.
#
# trees 자료에서 변환을 시도한 모형 중 최종선택은 Y~X^2 모형이다.
# 수학에서는 y=x^2과 sqrt(y)=x 는 동치이다. (y>0, x>0) 하지만 통계분석에서는
# 얼마든지 크게 다를 수 있다는 것을 감안하면 오히려 Y~X^2, sqrtY~X 두 모형이
# 꽤 비슷하다.
#

## 산점도와 적합선 비교: (1) Y ~ X   (2) Y ~ X^2   (3) sqrtY ~ X
par(mfcol=c(1,3))
plot(Girth, Volume)
        title("Plot of Y~X")
        abline(mylm$coefficients[1],mylm$coefficients[2])
plot(Girth2, Volume)
        title("Plot of Y~X^2")
        abline(lm_X2$coefficients[1],lm_X2$coefficients[2])
plot(Girth, sqrt_Volume)
        title("Plot of sqrt(Y)~X")
        abline(lm_sqrtY$coefficients[1],lm_sqrtY$coefficients[2])


## 잔차도 비교; Y-hat 축에서
windows()
par(mfcol=c(1,3))
```

```
plot(mylm$fitted.values,mylm$residuals)
        title("Residual plot of Y~X")
        abline(h=0)
plot(lm_X2$fitted.values,lm_X2$residuals)
        title("Residual plot of Y~X^2")
        abline(h=0)
plot(lm_sqrtY$fitted.values,lm_sqrtY$residuals)
        title("Residual plot of sqrt(Y)~X")
        abline(h=0)

## 잔차도 비교; X변수 축에서
windows()
par(mfcol=c(1,3))
plot(Girth,mylm$residuals)
        title("Residual plot of Y~X")
        abline(h=0)
plot(Girth2,lm_X2$residuals)
        title("Residual plot of Y~X^2")
        abline(h=0)
plot(Girth,lm_sqrtY$residuals)
        title("Residual plot of sqrt(Y)~x")
        abline(h=0)


##
## 내포모형(Nested Models): F검정 (예제 16.1)
##
attach(trees)
log_Volume <- log(Volume)
log_Girth <- log(Girth)
log_Height <- log(Height)

#
# 내포상태인 small model과 big model 비교
#       small model: log_Volume ~ log_Girth
#         big model: log_Volume ~ log_Girth + log_Height
#
smallModel <- lm(log_Volume ~ log_Girth)
bigModel <- lm(log_Volume ~ log_Girth + log_Height)
anova(smallModel, bigModel)
```

```
#
# F=29.86 (p값=0.000)으로 유의적이다. log_Height 변수를 모형에
# 포함시켜야 한다.
#

##
## 아카이키정보기준==2*k-2*logLik(Model), k=(#parameters);
##
##    작을수록 좋은 (간결성을 고려한 적합성)
##    k = 1(절편항)+p(기울기 수)+1(오차분산)
##    회귀모형에서 파라미터는 절편항, 기울기 계수들, 오차분산이다.
##    AIC 함수는 k를 df로 표기함.
##
AIC(mylm);              2*3-2*logLik(mylm)     # 주의: AIC 대문자 사용
AIC(lm_X2);            2*3-2*logLik(lm_X2)
AIC(lm_sqrtY);      2*3-2*logLik(lm_sqrtY)
AIC(smallModel); 2*3-2*logLik(smallModel)
AIC(bigModel);      2*4-2*logLik(bigModel)     # AIC값이 제일 작다. best!
#
#  bigModel은 파라미터의 수가 4이고, 다른 모형들에서는 3인 것을 확인하여라.
#
#  (1)Y~X (2)Y~X^2 (3)sqrtY~X 세 모형 중 AIC 기준으로는 R-sq, F통계량
#  기준으로 우수한 모형인 (2)Y~X^2이 아니고 (3)sqrtY~X이 제일 낮은 값이다.
#  변수변환 할 때는 시도하지 않았던 logY~logX(smallModel)이 위의 세 모형보다
#  더 낮은 값을 갖고 있다.
#  비교한 전체 모형 중에서는 두 개의 설명변수가 들어 있는
#  log_Volume ~ log_Girth + log_Height (bigModel) 모형이 제일 작은 AIC값을
#  갖고 있다.
#
#  모형 (2), (3) 경우와 같이 서로 다른 기준에 의해 서로 다른 모형이 좋은 것으로
#  골라질 때는 통계분석가가 최종 선택하여야 한다.
#

##
## 이탈도==-2*logLik(Model); 작을수록 좋은 적합
## deviance 함수는 다른 값을 계산한다.
##
(dev.mylm <- -2*logLik(mylm))
(dev.lm_X2 <- -2*logLik(lm_X2))
(dev.lm_sqrtY <- -2*logLik(lm_sqrtY))
```

```
(dev.smallModel <- -2*logLik(smallModel))
(dev.bigModel <- -2*logLik(bigModel))
#
# 이탈도 기준으로도 AIC 기준에서와 똑같은 분석이다.
# 변수변환 시도한 모형 중에서는 (3)sqrtY~X이 제일 낮은 값이다.
# 모형(3)보다 logY~logX (smallModel)의 이탈도값이 더 낮으며 전체 비교는
# log_Volume ~ log_Girth + log_Height(bigModel) 모형이 제일 좋다.
#

##
## log Likelihood를 이용한 근사 Chi-square 검정
##
(p_value <- 1-pchisq(dev.smallModel-dev.bigModel,1))
#
# p값= 2.10119e-06으로 유의적이다. log_Height 변수가 추가되어야 한다.
#

###
### 16.3 로지스틱 회귀 logistic regression;  Sigmoid function
###

#
# 베타0는 로지스틱함수의 위치를 결정한다. 큰 값일수록 오른쪽에 위치한다.
#
windows()
par(mfcol=c(1,2))

beta0=-1
beta1=1
curve(exp(beta0+beta1*x)/(1+exp(beta0+beta1*x)),xlim=c(-
       6,6),ylab="f(x)")
text(2,0.3, "beta_0 = -1")
beta0=1
beta1=1
curve(exp(beta0+beta1*x)/(1+exp(beta0+beta1*x)), add=T)
text(-2,0.7, "beta_0 = 1")
title(main="different beta_0's", sub="beta_0=-1,1; beta_1=1")

#
# 베타1의 부호는 로지스틱함수의 기울어진 방향을 결정한다.
```

```
#  +: 오른쪽으로 기울어짐, -: 뒤집어진 S자 형태로 왼쪽으로 기울어짐
#  크기는 기울어진 정도. 큰 값일수록 가파르다.
#
beta0=0
beta1=1
curve(exp(beta0+beta1*x)/(1+exp(beta0+beta1*x)),xlim=c(-
      6,6),ylab="f(x)")
text(3,0.7, "beta_1 = 1")
beta0=0
beta1=2
curve(exp(beta0+beta1*x)/(1+exp(beta0+beta1*x)), add=T)
text(-1.5,0.8, "beta_1 = 2")
title(main="different beta_1's", sub="beta_0=0; beta_1=-1,1")

###
### 예제 16.3
###

?mtcars
mtcars
attach(mtcars)

windows()
par(mfcol=c(1,2))
plot(am~wt)
plot(am~hp)

## 겹쳐있는 자료들을 흩뿌려서(jitter) 볼 수 있다.
par(mfcol=c(1,2))
plot(jitter(am)~wt)
plot(jitter(am)~hp)
#
#  겹쳐진 부분이 많기는 하지만 무게(wt)가 가벼우면 수동변속기(am=1)가 많고 무게가
#  무거우면 자동(am=0)이 많은 경향을 알 수 있다.
#  마력(hp)에 대하여는 판단이 쉽지 않다. 수동변속기가 마력수의 전 범위에 걸쳐
#  있고 자동변속기는 수동변속기의 마력수 범위에 포함되어 있다. 아마도 마력이
#  크면서도 수동인 차들은 스포츠카일 가능성이 있다. 수동 차량 중에 세 개
#  특잇값을 제외하면 마력수가 적을수록 수동(am=1)인 경향이 있다고 판단한다.
#
```

```
##
## 로지스틱 회귀; glm (generalized linear model 일반화선형모형) 사용
## X변수 하나; wt
##
logit1 <- glm(am~wt, family=binomial)
summary(logit1)
windows()
plot(am~wt,ylab="변속기(am)", xlab="중량(wt)")
curve(exp(logit1$coefficients[1]+logit1$coefficients[2]*x)/
     (1+exp(logit1$coefficients[1]+logit1$coefficients[2]*x)), add=T)
title("로지스틱회귀; 변속기(am) ~ 중량(wt)")
#
#  베타1 추정치의 부호가 음수이고 적합된 로지스틱회귀선은 뒤집어진 S자 형태로
#  왼쪽으로 기울어져 있다.
#

## X변수 둘; 중량(wt), 마력(hp)
logit2 <- glm(am~hp+wt, data=mtcars, family=binomial)
summary(logit2)
#
#  중량(wt)과 마력(hp)의 베타계수의 검정은 둘 다 유의적이다. 중량의 베타계수
#  부호는 음수를 그대로 유지하고 있다. 마력의 베타계수는 양수이므로 마력이
#  높을수록 수동변속기라고 해석할 수 있는가? 산점도를 보았을 때는 그 반대였다.
#  변속기와 마력수만의 개별관계가 아니고 로지스틱회귀식에 중량이 들어간 상태를
#  감안하고 해석하여야 한다.
#

# 아카이키 정보기준 비교
AIC(logit1); 2*2 -2*logLik(logit1)
AIC(logit2); 2*2 -2*logLik(logit1)                # better fit

# 이탈도 비교
# glm을 시행한 경우는 deviance 함수가 이탈도를 맞게 계산한다.
#
deviance(logit1); -2*logLik(logit1)
deviance(logit2); -2*logLik(logit2)      # better fit

# 이탈도를 이용한 카이제곱 검정
# wt와 hp가 동시에 들어 있는 모형과 없는 모형 비교
(test.statistics <- logit2$null.deviance - logit2$deviance)
```

```
(degrees.freedom <- logit2$df.null - logit2$df.residual)
(p값 <- 1-pchisq(test.statistics, degrees.freedom))

# log likelihood 계산
logLik(logit2)

# 오즈비 odds ratio
exp(0.036)
exp(-8.08)

###
###   16.4 변수선택
###

library(MASS)
cement
attach(cement)
pairs(cement)
cor(cement)

##
## 전진선택 Forward Selection by AIC
##
## step 함수는 AIC 기준으로 변수선택
##
lm0 <- lm(y~1, data=cement)   # 절편항만 있는 모형
fwdAIC <- step(lm0, direction="forward", scope=(~x1+x2+x3+x4),
        data=cement)
##
## Forward Selection by F statistics; addterm 함수 사용
##
lm0 <- lm(y~1, data=cement)
addterm(lm0, ~.+x1+x2+x3+x4, test="F")  # x4 선택

fwd.lm1 <- lm(y~x4, data=cement)
addterm(fwd.lm1, ~.+x1+x2+x3, test="F") # x1 선택

fwd.lm2 <- lm(y~x1+x4, data=cement)
addterm(fwd.lm2, ~.+x2+x3, test="F")    # x2 선택
```

```
fwd.lm3 <- lm(y~x1+x2+x4, data=cement)
addterm(fwd.lm3, ~.+x3, test="F")        # 추가 선택 없음
#
# 전진선택 최종 [X1,X2,X4]
#

##
## 후진제거 Backward Elimination by AIC
##
lmfull <- lm(y~x1+x2+x3+x4)  # X변수 전부를 포함한 모형
bwdAIC <- step(lmfull, direction="backward", scope=(~x1+x2+x3+x4))

##
## Backward Elimination by F statistics;  dropterm 함수 사용
##
lmfull <- lm(y~x1+x2+x3+x4, data=cement)
dropterm(lmfull, test="F")                            # x3 제거

bwd.lm1 <- lm(y~x1+x2+x4, data=cement)
dropterm(bwd.lm1, test="F")                           # x4 제거

bwd.lm2 <- lm(y~x1+x2, data=cement)
dropterm(bwd.lm2, test="F")                           # 추가 제거 없음
#
# 후진제거 최종 [X1,X2]
#

##
## 단계적 선택 Stepwise Selection by AIC
##
mylm0 <- lm(y~1, data=cement)      # 절편만 있는 모형
mylmfull <- lm(y~., data=cement)  # X변수 전부 포함한 모형
mystep <- step(mylm0, scope=list(upper=mylmfull), direction="both")
mystep                             # mystep에는 최종 모형만 남아있다.
mystep$anova
summary(mystep)

##
## Stepwise by F statistics
## 세 X변수가 선택될 때까지의 앞부분은 Forwad Selectiond에서와 똑같다.
```

```
##
step.lm3.2 <- lm(y~x1+x2+x4, data=cement)          # from Forwad
       Selection
dropterm(step.lm3.2, test="F")                     # x4 제거

step.lm3.3 <- lm(y~x1+x2, data=cement)
dropterm(step.lm3.3, test="F")                     # 추가 제거 없음

step.lm4.1 <- lm(y~x1+x2, data=cement)
addterm(step.lm4.1, ~.+x3+x4, test="F")            # 추가 선택 없음
#
# 단계적 선택 최종 [X1,X2]
#

##
## 모형비교 Model comparison
## stepwise 방법과 forward 방법 결과 비교
##
model.stepwise <- lm(y~x1+x2, data=cement)
summary(model.stepwise)
AIC(model.stepwise)
model.forward <- lm(y~x1+x2+x4, data=cement)
summary(model.forward)
AIC(model.forward)

##
## 최량부분집합 Best subsets; regsubsets{leaps}
##
library(MASS)
library(leaps)
best.subsets <- regsubsets(y~x1+x2+x3+x4, data=cement, nbest=10)
summary(best.subsets)
windows()
plot(best.subsets, scale="rss")  # Not working !!
windows()
plot(best.subsets, scale="r2")
windows()
plot(best.subsets, scale="adjr2")
```

```
# plot statistic by subset size   <--- Bug ?
library(car)
windows()
subsets(best.subsets, statistic="rss")
windows()
subsets(best.subsets, statistic="rsq")
windows()
subsets(best.subsets, statistic="adjr2")
```

익힘문제

다음 괄호에 알맞은 말을 넣거나, 맞는 것을 선택하시오.

1 (　　　　)은 단순회귀분석과 다중회귀분석에서의 기법을 종합적으로 이용하여 회귀분석의 모형을 구축하는 방법이다.

2 실제 자료분석을 할 때 제일 많이 사용하는 통계기법이 (　　　　)이다.

3 변수를 변환하는 것을 (　　　　)(이)라고 한다.

4 회귀분석에서는 변수변환을 통하여 모형구축을 {쉽게, 어렵게} 할 수 있고, 결과의 해석이 {쉽고, 어렵고} 또한 변수변환하여 추정된 모형의 (　　　　)이 우수하여 예측의 (　　　　)을 높일 수 있다.

5 변수변환은 기본적으로 비선형(nonlinear)관계에 있는 설명변수와 반응변수를 (　　　　)관계로 변화시키기 위하여 행해진다. (　　　　)모형이 비선형모형에 비하여 훨씬 다루기 쉽기 때문이다.

6 선형모형으로 적합시킨 후 그대로 사용하거나 또는 원래의 단위로 (　　　　)시켜 사용하면 된다.

7 회귀식을 적합시킬 때는 일반적인 단순회귀나 다중회귀의 형태로 작업을 하지만 내용적으로 곡선의 관계가 들어 있는 회귀를 (　　　　)라고 한다. 15장에서 다루었던 다항회귀도 (　　　　)회귀의 일종이다.

8 변수변환은 변수에 멱승(power)를 하여 이루어지게 된다. 멱승을 순서대로 나열하면

$$\cdots, X^3, X^2, X^{\frac{1}{2}}, X^{\frac{1}{3}}, X^0, X^{-\frac{1}{3}}, X^{-\frac{1}{2}}, X^{-1}, X^{-2}, X^{-3}, \cdots$$

와 같이 될 것이다. 멱의 크기가 클수록 함수의 변화속도가 {적다, 많다}. (　　　　)은 아무 변환도 하지 않는 것이고, (　　　　)변환은 모든 자료를 1로 만들어버리므로 변수의 변환에 사용할 수 없다. 함수의 변화 속도를 고려할 때 (　　　　)의 위치에 있는 것이 (　　　　)함수이다.

9 멱승을 차례로 늘어 놓은 것을 멱의 (　　　　)(이)라고 한다.

10 실제 자료분석에서 설명변수와 반응변수 중 하나 또는 여러 개를 변환하게 되는데, 변환함수로 (　　　　)변환을 많이 쓰는데 이는 타의 추종을 불허한다. 경제, 경영, 의학, 생물, 사회, 교육

등 그 분야를 막론하고 (　　　　)변환이 필요한 자료가 많다.

11 자주 사용되는 변환 함수를 나열하라.

12 변환은 {X변수만, Y변수만, X변수 Y변수 따로 또는 같이} 한다.

13 회귀모형에서 변수를 모형에 추가하거나 모형에 있는 변수를 제거하거나 또는 고려 대상이 되는 두 모형을 서로 비교하여 최적의 모형을 구축하려는 (　　　　)을(를) 하게 된다.

14 회귀모형에 독립변수를 추가하거나 회귀모형에 이미 포함되어 있는 독립변수를 제거하기 위하여 (　　　　)검정을 한다.

15 독립변수가 X_1만 포함되어 있는 회귀모형에 독립변수 X_2를 추가하거나, 또는 독립변수 X_1과 X_2를 포함한 회귀모형에서 독립변수 X_2를 제거하기 위한 경우를 고려하여 보자. 독립변수를 추가하거나 제거하는 것이 유의한지를 검정하기 위한 귀무가설과 대립가설을 써라.

16 위에서 검정통계량을 써라.

17 X_2가 회귀모형에서 중요한 역할을 한다면 X_1만 포함한 회귀모형보다 X_1과 X_2를 포함한 회귀모형이 훨씬 적합도가 {낮을, 높을} 것이고 그러면 RSS(X_1, X_2)은 RSS(X_1)보다 {작을, 클} 것이며 F의 분잣값이 {작아져, 커져} F는 {작은, 큰} 값으로 계산이 될 것이다.

18 모형비교에서 F검정은 {왼쪽 단측, 오른쪽 단측, 양측}검정을 한다.

19 일반적으로 변수 하나를 추가하거나 제거하지 않고 여러 개를 동시에 추가, 제거할 수 있다. $j<k$인 경우 $X_1, X_2, \cdots, X_j$와 $X_1, X_2, \cdots, X_k$를 비교할 때의 귀무가설과 대립가설을 써라.

20 (X_2, X_5)가 있는 모형은 (X_2, X_5, X_7)의 모형의 일부분으로 구성되어 있다. (X_2, X_5)모형을 (X_2, X_5, X_7)모형에 (　　　　)되어 있다고 하며 (X_2, X_5)를 (X_2, X_5, X_7)의 (　　　　)이라고 한다.

21 내포관계에 있는 독립변수가 적은 모형(Small Model)과 변수가 많은 모형(Big Model)을 비교하는 통계량을 써라.

22 (　　　　)는 Akaike가 제안한 정보기준(information criterion)이다. 모형의 (　　　　)과 (　　　　)와 관한 정보엔트로피를 나타낸다고 할 수 있다.

23 아카이키 정보기준을 써라.

24 우도함수의 값은 클수록 {낮은, 높은} 적합성 또는 정확성을 나타내고 있어, 적합이 잘 될수록 AIC는 {작아, 커}진다. k는 매개변수의 수이므로 매개변수가 많은 것은 모형이 {간단, 복잡}하므로 {간단성, 복잡성}을 나타낸다고 할 수 있다. k는 (　　　　)원칙의 입장에서는 {작을, 클} 수록 좋다.

25 AIC는 적합성과 간결성 사이의 균형점을 찾는 입장에서의 적합성의 척도를 제시한다. 여러 (　　　　)모형들 중 선택의 기준으로 AIC가 {작은, 큰} 것을 고르게 된다.

26 적합 정도를 나타내는 척도로 (　　　　)를 사용하기도 한다.

27 M_1이 M_2를 내포하는 두 모형 M_1과 M_2를 가설검정으로 비교하려고 할 때 이탈도를 이용한 통계량을 쓰고 무슨 분포를 하는지 밝혀라.

28 Y변수가 두 가지 값을 갖는 명목형 자료일 때 (　　　　)변환을 이용한 (　　　　)회귀모형으로 분석한다. 이는 X변수가 명목형 자료일 때 사용하는 (　　　　)모형과 다르다.

29 가변수 모형에서는 0과 1을 그대로 사용하지만, 로지스틱모형에서는 0 또는 1이 될 (　　　　)

을 이용하여 Y변수를 만들게 된다. 즉, Y는 P=Pr(Y=1)을 모수로 갖는 ( )시행이다.

30 로지스틱회귀모형을 써라.

31 로지스틱회귀식은 {선형, 비선형}회귀식의 한 종류이다.

32 Y변수 값이 0과 1인 경우에 E(Y)와 Pr(Y=1)의 관계를 밝혀라.

33 로지스틱 함수는 ( )과 ( )에 접근하는 옆으로 기울어진 '( )자 모양'의 함수인 ( )함수의 특별한 한 형태이다.

34 $f(x)=\dfrac{e^{\beta_0+\beta_1 x}}{1+e^{\beta_0+\beta_1 x}}$에서 $f(x)$의 값은 ( )과 ( ) 사이이다. β_0의 값은 로지스틱함수의 ( )를 결정하고 β_1의 값은 ( )기를 결정한다. β_0와 β_1은 ( )에서 ( )사이의 모든 값을 가질 수 있다. β_0가 작으면 {왼쪽, 오른쪽}에 위치한다. β_1의 값이 크면 기울기가 {가파르다, 완만하다}.

35 어느 사건이 발생하는 것에 대한 ( )는 사건이 {발생하는, 발생하지 않는} 확률을 사건이 {발생하는, 발생하지 않는} 확률로 나눈 값이다.

36 두 오즈를 비율로 계산한 것을 ( )라고 한다.

37 오즈에 로그를 취한 것을 ( ) 또는 ( )이라고 한다.

38 로짓 모형을 써라.

39 오즈를 로짓으로 변환하는 것을 ( )변환이라고 한다. ( )변환하고 난 후의 형태는 마치 ( )모형과 같다.

40 X_i변수에 대한 오즈비를 써라.

41 로지스틱회귀모형에서의 회귀계수 추정은 단순선형회귀모형이나 다중선형회모형에서와 같이 ( )법을 사용할 수 없다. Y의 분포는 ( )분포이기 때문이다.

42 자동차 변속기의 예에서 보듯이 X의 계숫값이 음수이면 시그모이드함수가 ( ) 'S'자의 형태를 취하고 있다.

43 전체 회귀계수에 대한 귀무가설과 대립가설을 써라.

44 검정통계량과 분포를 밝혀라.

45 단일 회귀계수의 검정통계량과 분포를 밝혀라.

46 G통계량 검정은 {왼쪽 단측, 오른쪽 단측, 양측} 검정이며 Z통계량 검정은 {왼쪽 단측, 오른쪽 단측, 양측} 검정이다.

47 설명변수로서의 역할이 동일한 또는 거의 동일한 것은 중첩을 피하기 위하여 더 나은 것 하나만 포함시켜야 한다. 회귀식에 포함될 설명변수를 고르는 것을 ( )이라고 한다.

48 설명변수 k개이면 조합 가능한 회귀모형은 ( )개가 되어 실질적인 의미에서의 무한이다.

49 이처럼 k가 조금만 크더라도 실질적으로 무한에 가까운 회귀모형을 모두 적합시켜 본 후 최적의 회귀모형을 찾는다는 것은 {가능, 불가능}하다. 이 절에서는 모든 회귀모형을 모두 적합 {시켜, 시켜지 않고} {아주 좋은, 비교적 좋은} 회귀모형을 찾아내는 방법에 대하여 살펴보려고 한다.

50 ( )은 더 이상 유의적인 추가 변수가 없을 때까지 변수를 하나씩 더해가는 방법이다.

51 전진선택의 기준은 {작은, 큰} 회귀제곱합(SSR), {작은, 큰} 오차제곱합(SSE), {작은, 큰} F값, {작은, 큰} 회귀계수의 t통계량, {작은, 큰} R^2을 기준으로 적합이 제일 잘 된 것을 고른다.

52 선택된 설명변수의 회귀계수가 유의 {하면, 하지 않으면} 모형에 포함한 후 다음 단계로 넘어가고 그렇지 않으면 모형에 {남겨 두고, 포함하지 않고} 여기서 중단한다.

53 남은 독립변수들 중에서 Y를 가장 잘 설명하는 변수를 추가하는 작업을 계속한다. 이러한 작업은 추가되는 독립변수에 대하여 (　　　　)관계의 두 모형을 비교하는 F검정이 유의할 때 {계속, 중단}된다.

54 (　　　　)은 전진선택법과 반대되는 방법이다.

55 회귀모형에서 가장 유의하지 않은 독립변수를 제거하는 작업을 계속한다. 이러한 작업은 제거되는 독립변수에 대한 (　　　　) 검정이 유의하지 않는 한 계속된다.

56 전진선택법에서 추가될 때는 {유의, 비유의}하여야 추가되지만, 후진제거법에서 제거할 때는 {유의, 비유의}하면 제거됨을 주의하여라.

57 작업을 계속하다가 모든 F검정이 {유의, 비유의}하게 되면 후진제거법은 중지되고, 그 단계에서 남은 독립변수들로 이루어진 회귀모형이 최종모형이 된다.

58 전진선택법의 단점은 일단 한 번 모형에 {포함, 제거}된 독립변수는 나중에 절대로 모형에서 {포함, 제거}되지 않는다는 것이고, 후진제거법의 단점은 일단 한 번 모형에서 {포함, 제거}된 독립변수는 다시 모형에 {포함, 제거}될 수 없다는 것이다. (　　　　)은 전진선택법에 후진제거법의 특징을 추가하여 전진선택법을 보완한 방법이라고 할 수 있다.

59 단계적선택법의 각 단계에는 두 개의 하위단계가 존재하는데, 첫 번째 하위단계에서는 (　　　　)을 실시하고, 두 번째 하위단계에서는 전 단계인 (　　　　)에 의하여 {선택, 제거}된 회귀모형에 대하여 (　　　　)을 실시하게 된다.

60 단계적선택법에서는 각 단계마다 (　　　　)와(과) (　　　　)을(를) 실시하면서 다음 단계로 넘어가게 되는데, 이러한 각 단계를 반복적으로 실시하여 더 이상 회귀모형에 변화가 {있으면, 없으면} 중단하게 된다.

61 전진선택법, 후진제거법, 단계적선택법에서는 각 독립변수를 회귀모형에 추가할 때와 제거할 때 유의성 검정을 실시하게 되는데, 그때 사용할 유의수준이 필요하게 된다. {작은, 큰} 값의 유의수준을 사용하면 독립변수의 추가나 제거가 매우 어렵게 되는 반면, {작은, 큰} 값의 유의수준을 사용하면 독립변수의 추가나 제거가 용이하게 된다.

62 이들 변수선택 방법은 연속적으로 검정 단계를 거치는 것이므로 각 단계별 유의수준을 α로 정하면 전체적인 유의수준은 α가 아니고 그보다 {작은, 큰} 값이 된다.

63 α를 사용하지 않은 때는 F-to-enter=F-to-remove=(　　　　)를 권장하는 경우가 많다. α를 사용하는 경우에, 선택할 때는 α=(　　　　) 또는 α=(　　　　), 제거할 때는 선택할 때보다 큰 값인 α=(　　　　) 또는 α=(　　　　)를 권장하기도 한다.

64 최대의 적합성이나 예측력을 고려한다면 (　　　　)법을 사용하여야 한다. (　　　　)과 (　　　　)을 동시에 고려한 (　　　　)이 실제 자료분석에서 널리 쓰이고 있다.

65 변수가 하나일 때 최고의 모형, 변수가 두 개일 때의 최고 모형, 변수가 세 개일 때의 최고 모형 등으로 계속 찾아 나간다면 모든 경우를 고려하게 되는 것이다. 이러한 방법을 (　　　　)라고 한다. 이는 변수의 수가 많으면 계산량이 너무 많아져 사용할 수 없다.

66 변수의 수별로 찾아진 최고의 모형 중 (　　　　)를 비교하고 절약모형(parsimoni－ous model)을 찾는 원칙을 적용하여 최선의 모형을 결정하게 된다. (　　　　)에 중점을 두는지,

(　　　　)에 중점을 두는지에 따라 최종 선택 모형은 달라질 것이다.

67 (　　　　)는 (　　　　)의 단점을 보완하여 (　　　　)의 수를 고려하여 수정한 것이다.

연습문제

1 변수변환이 왜 필요한가?

2 변수변환에 많이 사용되는 함수는 어떠한 것들이 있는가?

3 변수변환이 필요하다는 것을 어떻게 알 수 있는가?

4 다음과 같은 형태의 자료가 있다면 이를 선형 형태로 바꾸기 위한 변환은 어떤 것들이 있는가?

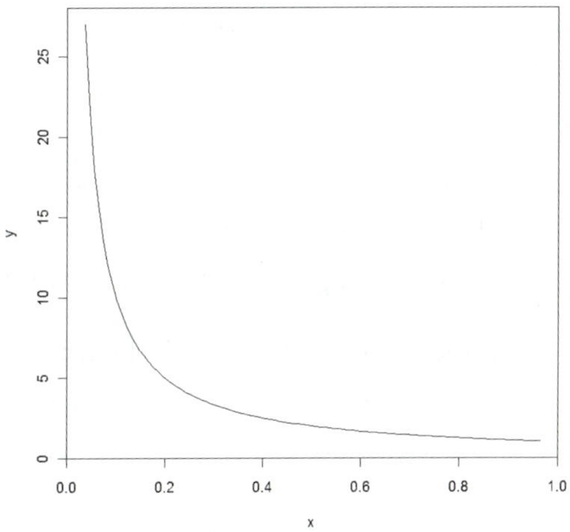

a. Y변수의 변환 함수는 무엇인가?
b. X변수의 변환 함수는 무엇인가?

5 다음과 같은 형태의 자료가 있다면 이를 선형 형태로 바꾸기 위한 변환은 어떤 것들이 있는가?

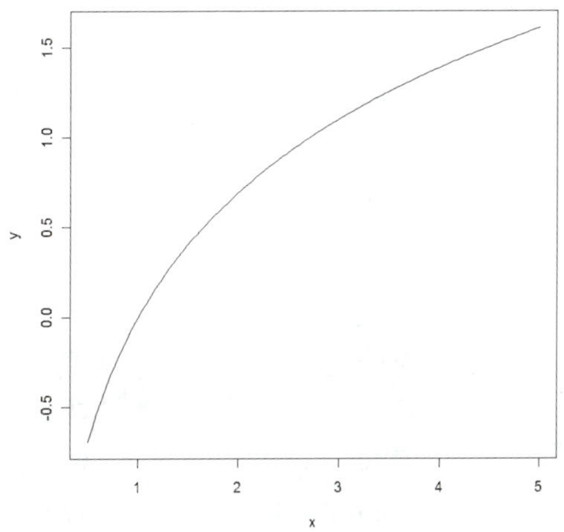

a. Y변수의 변환 함수는 무엇인가?

b. X변수의 변환 함수는 무엇인가?

6 모형 비교에 사용하는 통계량은 어떤 것들이 있으며 그것들을 간단히 설명하여라.

7 변수선택의 전진, 후진, 선택적, 최량부분집합의 네 가지 방법에 대하여 각각의 장단점을 설명하여라.

실습 문제

trees.dat
trees.xlsx
datasets::trees

8 예제 16.1에서 사용한 trees 자료를 이용하여 다음을 답하여라.

a. Volume을 Y변수, Height를 X변수로 회귀식을 추정하고, XY산점도 위에 회귀식을 나타내어라. y-hat과 Height의 잔차도를 그려라.

b. Volume과 Height를 로그변환한 후, (a)의 작업을 반복하여라.

c. (a)와 (b)의 결과를 비교하여라.

d. 예제 16.1에서 Volume과 Girth를 로그변환한 것과 (c)에서의 결과를 이용하여 Girth와 Height가 같이 들어 있는 모형을 적합시키고, 잔차도를 그려 분석하여라.

windmill.dat
windmill.xlsx

9 풍차를 돌려 생산되는 전기시설에서 바람의 속도(X, miles per hour)와 생산된 직류 전기량(Y, DC volts)의 관계식을 추정하여라. Montgomery, D. C., and Peck, E. A (1982), Introduction to Linear Regression Analysis, New York: John Wiley.

Wind velocity, X	DC output, Y
2.45	0.123
2.70	0.500
2.90	0.653
3.05	0.558
3.40	1.057
3.60	1.137
3.95	1.144
4.10	1.194
4.60	1.562
5.00	1.582
5.45	1.501
5.80	1.737
6.00	1.822
6.20	1.866
6.35	1.930
7.00	1.800
7.40	2.088
7.85	2.179

8.15	2.166
8.80	2.112
9.10	2.303
9.55	2.294
9.70	2.386
10.00	2.236
10.20	2.310

a. 산점도를 그리고 특징을 간단히 설명하여라.
b. 풍속과 전기량의 회귀식을 추정하고 잔차도를 그려라.
c. X변수의 역수(reciprocal)를 취하여 새로운 X변수로 하여 산점도를 그리고 a의 것과 비교하여라.
d. 새로운 X변수로 관계식을 추정하고 잔차도를 그려라.
e. 위 b와 e의 R^2, 분산분석표, 잔차도를 비교하여라.

10 자동차의 속도(speed, miles per hour)와 서는 거리(stopping distance, feet)에 대한 자료이다. 적절한 변환을 하기 전과 후의 산점도와 회귀선을 보여라. Snee, R.D. (1986) An alternative approach to fitting models when re-expression of the response is useful. Journal of Quality Technology, 18, 211-225.

stopping.dat
stopping.xlsx

Speed	Stopping distance	Speed	Stopping distance
4	4	21	55,39,42
5	2,8,8,4	22	35
7	6,7	24	56
8	9,8,13,11	25	33,59,48,56
9	5,5,13	26	39,41
10	8,17,14	27	78,57
12	11,21,19	28	64,84
13	18,27,15	29	68,54
14	14,16	30	60,101,67
15	16	31	77
16	19,14,34	35	85,107
17	29,22	36	79
18	47,29,34	39	138
19	30	40	110,134
20	48		

11 시멘트가 마르면서 굳어지는 시간(curing time, days) 동안 시멘트의 인장력(tensile strength, kg/cm^2)을 조사하였다.

cement16.dat
cement16.xlsx

Curing time	tensile strength				
1	13.0	13.3	11.8		
2	21.9	24.5	24.7		
3	29.8	28.0	24.1	24.2	26.2
7	32.4	30.4	34.5	33.1	35.7
28	41.8	42.6	40.3	35.7	37.3

a. 시간과 인장력의 산점도를 그려 선형성을 판단하여라.
b. 시간의 역수를 취하고, 인장력의 log를 취하여 산점도를 그리고 회귀선을 추정하여라.
c. 변환하기 전과 후의 잔차도를 비교하고 적합성을 판단하여라.

gamma.dat
gamma.xlsx

12 감마선이 식물의 발아에 어떤 영향을 주는지 알아보기 위하여 감마선(X, kiloRötgen)의 세기를 달리하면서 각각 5개 chickpea(이집트콩, 병아리콩) 씨에 쏘이고 발아된 5개 싹의 평균 길이(Y, cm)를 조사하였다. Singh, et.al. (1992) A note on inverse estimation in nonlinear models. Journal of Applied Statistics, 473-477.

x	0	10	20	30	40	50	60	70	80	90	100	110
y	8.85	9.40	9.18	8.70	7.53	6.43	5.85	4.73	3.98	3.50	3.10	2.80

a. 산점도를 그리고 특징을 간단히 설명하여라.
b. 회귀선을 추정하고 잔차도를 그려 모형이 적정한지 설명하여라.
c. 로지스틱함수로 모형을 세워라. (주의: 로지스틱회귀모형과는 구별된다.)
d. 위 c의 모형을 추정하고 잔차도를 그려 b의 결과와 비교하여 모형이 적정한지 설명하여라.

golfers-2017.txt

13 2017년 한 해 동안의 골프 선수들의 여러가지 자료이다.

http://www.espn.com/golf/statistics/_/year/2017/

yds/drive = 드라이버(제일 큰 골프채)의 거리
Dr Accuracy = 드라이버의 정확도
GreensInReg = greens in regulation, 그린 적중률
PuttAvg = putting average, 평균 퍼팅 수
Save% = 세이브율, 그린에 올라가지 못했을 때 규정 타수 이내로 플레이한 퍼센트

a. 수입(earn, earning)을 위의 다섯 X변수로 회귀식을 적합하여라.
b. 로그변환한 수입(log earn)을 위의 다섯 X변수로 회귀식을 적합하여라.
c. 두 회귀식의 R square, 분산분석표의 P값, Y-hat 잔차도를 비교하여 적합성이 높은 것을 선택하여라. 모형비교 통계량을 이용하여 비교하여라.

hdi-2016.txt

14 유엔개발계획(United Nations Development Program)은 매년 각 국가의 실질국민소득(GNI/cap), 교육비율(schooling), 평균교육기간(mean years of school), 평균수명(Life expectancy) 등을 여러 가지 인간의 삶과 관련된 지표를 조사하여, 각국의 인간 발전 정도와 선진화 정도를 평가한 지수를 발표하고 있다. 인간개발지수(HDI, human development index)를 예측하려고 한다.

http://hdr.undp.org/en/data#

참고: https://ko.wikipedia.org/wiki/인간_개발_지수

a. 인간개발지수(HDI)를 위의 4개 X변수로 회귀모형을 구축하여라.
b. 실질국민소득(GNI/cap) 대신에 로그국민소득(LogG/c)을 사용하여 회귀식을 적합하여라.
c. 회귀식에서 R square, 실질국민소득(GNI/cap)과 로그국민소득(LogG/c)의 t통계량과 잔차도, y-hat 잔차도를 비교하여 적합성이 높은 것을 선택하여라. 모형비교 통계량을 이용하여 비교하여라.

15 인체구도에 대한 새로운 측정방법을 연구하면서 나온 자료이다. 23세에서 61세 사이의 보통 성인들의 체지방비율(fat, %), 나이(age), 성별(sex)을 조사하였다.

human.dat
human.xlsx

age	fat	sex
23	9.5	M
23	27.9	F
27	7.8	M
27	17.8	M
39	31.4	F
41	25.9	F
45	27.4	M
49	25.2	F
50	31.1	F
53	34.7	F
53	42.0	F
54	29.1	F
56	32.5	F
57	30.3	F
58	33.0	F
58	33.8	F
60	41.1	F
61	34.5	F

a. 체지방비율과 나이의 관계는 어떠한가?
b. 체지방비율과 나이로 성별 구분을 잘 할 수 있는지 로지스틱회귀분석을 하여라.

16 가슴통증이 있는 371명의 혈장 콜레스테롤과 고중성지방혈증(트라이글리세라이드, triglyceride)의 농도(단위: mg/dl)를 조사하였다. 51명은 심장병 증세가 없었고, 320명은 대동맥이 가늘어져 있었다. 심장병 여부를 콜레스테롤과 지방혈증의 로지스틱회귀선으로 추정하고 결과를 요약하여라. Scott, et.al. (1978) Plasma liquids as collateral risk factors

bloodfat.dat
bloodfat.xlsx
mrfDepth::bloodfat

in coronary artery disease: a study of 371 males with chest pain. Journal of Chronic Disease, 31, 337-345.

심장병 증세 없는 51명 환자 (14명 자료만 표시)

195 348	237 174	205 158	201 171	190 85	180 82	193 210
170 90	150 167	200 154	228 119	169 86	178 166	251 211

…

대동맥이 얇은 320명 환자 (14명 자료만 표시)

184 145	263 142	185 115	271 128	173 56	230 304	222 151
215 168	233 340	212 171	221 140	239 97	168 131	231 145

…

datasets::Titanic

17 타이타닉호의 자료이다. 생존여부(survived)를 등급(class), 성별(sex), 나이(age)로 예측하는 로지스틱회귀식을 적합하여라. 등급은 4단계로 되어 있으므로

Class2 = (1= Class 2), (0= 다른 것들)
Class3 = (1= Class 3), (0= 다른 것들)
Class4 = (1= Class 4), (0= 다른 것들)

로 바꾸어 사용하여라.

MASS::Pima.tr

18 미국 애리조나 주 피닉스 근처에 사는 피마인디안(Pima Indian) 자손의 21세 이상 여성들을 World Health Organization의 기준에 따라 당뇨병 여부를 조사하였다.

npreg = 임신 횟수(number of pregnancies)
glu = 혈장혈당(plasma glucose) 농도
bp = 혈압(blood pressure) (mm Hg)
skin = 삼두근 표피(skin) 두께 (mm)
bmi = 체질량지수(body mass index)
ped = 당뇨병 혈통(pedigree) 함수
type = 당뇨병 여부 (Yes, No)

당뇨병 여부를 결정짓는 변수를 로지스틱회귀식을 이용하여 찾아라. 로지스틱회귀식을 적합하여 유의적인 변수들은 어떤 것들인가?

BSDA::Snore

19 심장병(heart disease)과 코골기(snore)의 관계를 조사하였다.

snore = nonsnore, occasional snore, nearly every night, snores every night
heartdisease = no, yes

snore는 범주형 자료이므로

snore1 = (1= occasional snore, 0= 나머지)

snore2 = (1= nearly every night, 0= 나머지)

snore3 = (1= snores every night, 0= 나머지)

의 세 변수로 바꾸어 사용한다. 심장병 여부(heart disease)를 snore1, 2, 3의 세 변수로 로지스틱회귀식을 적합하고 유의성을 검정하여라.

Norton, P. and Dunn, E. (1985), Snoring as a Risk Factor for Disease, *British Medical Journal*, 291, 630-632.

20 대장암(colon cancer)과 관련된 자료이다.

survival::colon

rx = treatment, 치료; Obs(ervation), Lev(amisole, 기생충 치료제), Lev(amisole)+5-FU(대장암 치료제)

sex = 성별(1=male, 0=female)

age = 나이(단위: 연도)

obstruct = obstruction, 장 폐쇄

perfor = perforation, 장 천공

adhere = adherence, 장 유착

nodes = 암세포가 확인된 림프절 수

time = 사건 발생 또는 중도절단(censoring)까지 일수

status = censoring status, 중도절단 여부(0=censored, 1=uncensored)

differ = 암세포의 분화(1=well, 2=moderate, 3=poor)

extent = 암세포 침투 정도 (1=submucosa, 점막하층; 2=muscle, 근육; 3=serosa, 장막; 4=인접 장기)

surg = 수술 후 등록까지 시간(0=short, 1=long)

rx는 범주가 세 개인 변수이므로 다음과 같이 가변수를 만들어 사용한다.

rxLev = (Lev=1, 다른 것=0)

rxLev+5FU = (Lev+5FU=1, 다른 것=0)

중도절단 여부를 Y변수로, 나머지 변수들을 X변수로 하여 로지스틱회귀모형을 구축하여라. qustnfh time, node4, etype은 사용하지 않는다.

21 1951년 3월 18일부터 6월 11일까지 30주 동안 아이스크림 소비량(Y, pints per capita)을 측정하였다. 아이스크림 소비에 영향을 줄 것으로 생각된 것은 아이스크림 가격($X1$, \$), 주별 가구 소득($X2$, \$), 평균온도($X3$, ℉)이다. 실제 영향을 주는 요인을 찾아라. Kadiyala (1970). Testing for the independence of regression disturbance, Econometrica, 38, 97-117.

icecream.dat
icecream.xlsx

	Y	$X1$	$X2$	$X3$
1	.386	.270	78	41
2	.374	.282	79	56
3	.393	.277	81	63
4	.425	.280	80	68
5	.406	.272	76	69

6	.344	.262	78	65
7	.327	.275	82	61
8	.288	.267	79	47
9	.269	.265	76	32
10	.256	.277	79	24
11	.286	.282	82	28
12	.298	.270	85	26
13	.329	.272	86	32
14	.318	.287	83	40
15	.381	.277	84	55
16	.381	.287	82	63
17	.470	.280	80	72
18	.443	.277	78	72
19	.386	.277	84	67
20	.342	.277	86	60
21	.319	.292	85	44
22	.307	.287	87	40
23	.284	.277	94	32
24	.326	.285	92	27
25	.309	.282	95	28
26	.359	.265	96	33
27	.376	.265	94	41
28	.416	.265	96	52
29	.437	.268	91	64
30	.548	.260	90	71

stackloss.dat
stackloss.xlsx
datasets::stackloss

22 다음은 질소 산을 생산하기 위한 단계로써, 식물의 암모니아 산화 과정을 21일 동안 관찰한 데이터이다. 데이터에 포함된 변수들은 다음과 같다.

Y=Stack loss(%×10)
X1=Air flow
X2=Cooling water inlet temperature(°C)
X3=Acid concentration(%×10−500)

Y	*X*1	*X*2	*X*3
42	80	27	89
37	80	27	88
37	75	25	90
28	62	24	87
18	62	22	87
18	62	23	87
19	62	24	93
20	62	24	93

15	58	23	87
14	58	18	80
14	58	18	89
13	58	17	88
11	58	18	82
12	58	19	93
08	50	18	89
07	50	18	86
08	50	19	72
08	50	19	79
09	50	20	80
15	56	20	82
15	70	20	91

a. 산점도행렬을 그려 선형관계를 점검하여라.

b. 주어진 데이터에서 가장 유의한 변수 하나를 선택하여, 단순회귀모형을 세워보도록 하여라.

c. (a)에서 얻은 결과를 토대로, 전진(forward) 방법에 따른 회귀모형을 선택하여라(F값 기준 : $\alpha=0.05$).

d. 후진(backward) 방법에 의한 회귀모형을 선택하여라(F값 기준 : $\alpha=0.05$).

e. (b)와 (c)의 결과를 비교하여 얻어지는 '최선'의 모형은 무엇인가?

23 다음은 19마리의 쥐에게 약물을 주입한 후, 간에 남아 있는 약물의 농도를 조사한 자료이다. 자료에 포함된 변수는 다음과 같다.

liver.dat
liver.xlsx

Y=Dose in liver(gm$\times10^{-4}$)
X1=Body wt(gm)
X2=Liver wt(gm)
X3=Dose(gm$\times10^{-4}$)

Y	*X1*	*X2*	*X3*
0.42	176	6.5	0.88
0.25	176	9.5	0.88
0.56	190	9.0	1.00
0.23	176	8.9	0.88
0.23	200	7.2	1.00
0.32	167	8.9	0.83
0.37	188	8.0	0.94
0.41	195	10.0	0.98
0.33	176	8.0	0.88
0.38	165	7.9	0.84
0.27	158	6.9	0.80
0.36	148	7.3	0.74
0.21	149	5.2	0.75

0.28	163	8.4	0.81
0.34	170	7.2	0.85
0.28	186	6.8	0.94
0.30	146	7.3	0.73
0.37	181	9.0	0.90
0.46	149	6.4	0.75

a. 산점도행렬을 그려 선형관계를 점검하여라.

b. 주어진 자료에서 Dose in liver를 종속변수로, 나머지 변수를 독립변수로 하여 회귀모형을 구하여라.

c. 문제 (b)에서 얻은 회귀모형을 바탕으로 후진(backward)방법에 의한 모형을 선택하여라(F값 기준: $\alpha=0.05$).

d. 문제 (b)에서 얻은 회귀모형을 바탕으로 전진(forward)방법에 의한 모형을 선택하여라(Z값 기준: $\alpha=0.05$).

e. 문제 (b)에서 얻은 회귀모형을 바탕으로 선택적(stepwise)방법에 의한 모형을 선택하여라(F값 기준: $\alpha=0.05$).

f. 문제 (b)에서 얻은 회귀모형을 바탕으로 최량부분집합(best subsets)방법에 의한 모형을 선택하여라.

g. 상관 행렬을 구하고 (a)의 산점도행렬에서 변수들 간의 관계를 점검하여, 위에서 얻은 모형의 문제점에 대해 생각해 보아라.

h. 이론적으로 약물이 주입되는 양이 다음 식에 의해 결정된다고 가정하여 보자.

$$X_3(\text{Dose}) = -17.5 + 2.7X_1(\text{Body wt})$$

위의 식을 이용하여 문제 (g)에서 발생되는 문제점을 해결하려고 한다. 문제 (c)에서 얻은 회귀모형을 바탕으로 위의 식을 대입하여 새로운 회귀식을 구해 보도록 하여라.

i. 문제 (b)에서 회귀모형의 잔차도를 그리고, 잔차분석을 하여라.

employment.dat
employment.xlsx

24 다음은 총 고용자수를 종속변수로, 미국의 주요 경제지표를 독립변수로 하는 자료이다. 각 변수에 대한 설명은 아래와 같다.

Y= 총 고용자수
X1=GNP implicit price deflator(GNP 가격수정인자, 기준1956=100.0)
X2=GNP
X3=Unemployment(실업자수)
X4=Size of armed forces(군대 규모)
X5=Non-institutional population aged 14 and over(수용되지 않은 14세 이상 인구)
X6=Year(연도)

Y	$X1$	$X2$	$X3$	$X4$	$X5$	$X6$
60323	83.0	234289	2356	1590	107608	1947
61122	88.5	259426	2325	1456	108632	1948
60171	88.2	258054	3682	1616	109773	1949
61187	89.5	284599	3351	1650	110929	1950
63221	96.2	328975	2099	3099	112075	1951
63639	98.1	346999	1932	3594	113270	1952
64989	99.0	365385	1870	3547	115094	1953
63761	100.0	363112	3578	3350	116219	1954
66019	101.2	397469	2904	3048	117388	1955
67857	104.6	419180	2822	2857	118734	1956
68169	108.4	442769	2936	2798	120445	1957
66513	110.8	444546	4681	2637	121950	1958
68655	112.6	482704	3813	2552	123366	1959
69564	114.2	502601	3931	2514	125368	1960
69331	115.7	518173	4806	2572	127852	1961
70551	116.9	554894	4007	2827	130081	1962

a. 데이터에 주어진 모두 변수들을 고려하여 회귀모형을 세워보아라. 그리고 변수 간의 산점도와 상관행렬을 통해 모든 변수를 고려할 때 발생되는 문제점에 대해 토론하여라.

b. 문제 (a)에서 발생되는 문제를 해결하기 위해, 변수 선택을 하려고 한다. 후진(backward)방법에 의해 회귀모형을 선택해 보아라(F값 기준: $\alpha=0.05$).

c. 전진(forward)방법에 의한 회귀모형을 선택하여라(F값 기준: $\alpha=0.05$).

d. 문제 (c)에서 얻은 회귀모형의 잔차도를 그려보고, 문제점에 대해 생각하여라.

e. 문제 (d)에서 발생된 문제점을 바탕으로, 적절한 독립변수의 고차항을 추가하여, 회귀모형을 세워 보도록 하여라. 그리고 그 회귀모형의 잔차도를 그려라.

25 다음은 미국의 41개 도시의 공기오염에 대한 자료이다(Sokal and Rohf 1981). 종속변수 Y는 1m^3 당 아황산가스의 평균이다(단위: 마이크로그램). 6개의 독립변수들이 조사되었고 각각은 다음과 같다.

so2.dat
so2.xlsx

$X1$: 일년 동안의 평균 기온(단위: 화씨)
$X2$: 20명 이상을 고용한 제조회사수
$X3$: 인구(단위: 천명)
$X4$: 일년 동안 평균 풍속(단위: 시간당 마일)
$X5$: 평균 연중강수량(단위: 인치)
$X6$: 일년 동안 비가 온 날의 평균

Y	$X1$	$X2$	$X3$	$X4$	$X5$	$X6$
10	70.3	213	582	6.0	7.05	36
13	61.0	91	132	8.2	48.52	100
12	56.7	453	716	8.7	20.66	67
17	51.9	454	515	9.0	12.95	86

56	49.1	412	158	9.0	43.37	127
36	54.0	80	80	9.0	40.25	114
29	57.3	434	757	9.3	38.89	111
14	68.4	136	529	8.8	54.47	116
10	75.5	207	335	9.0	59.80	128
24	61.5	368	497	9.1	48.34	115
110	50.6	3344	3369	10.4	34.44	122
28	52.3	361	746	9.7	38.74	121
17	49.0	104	201	11.2	30.85	103
8	56.6	125	277	12.7	30.58	82
30	55.6	291	593	8.3	43.11	123
9	68.3	204	361	8.4	56.77	113
47	55.0	625	905	9.6	41.31	111
35	49.9	1064	1513	10.1	30.96	129
29	43.5	699	744	10.6	25.94	137
14	54.5	381	507	10.0	37.00	99
56	55.9	775	622	9.5	35.89	105
14	51.5	181	347	10.9	30.18	98
11	56.8	46	244	8.9	7.77	58
46	47.6	44	116	8.8	33.36	135
11	47.1	391	463	12.4	36.11	166
23	54.0	462	453	7.1	39.04	132
65	49.7	1007	751	10.9	34.99	155
26	51.5	266	540	8.6	37.01	134
69	54.6	1692	1950	9.6	39.93	115
61	50.4	347	520	9.4	36.22	147
94	50.0	343	179	10.6	42.75	125
10	61.6	337	624	9.2	49.10	105
18	59.4	275	448	7.9	46.00	119
9	66.2	641	844	10.9	35.94	78
10	68.9	721	1233	10.8	48.19	103
28	51.0	137	176	8.7	15.17	89
31	59.3	96	308	10.6	44.68	116
26	57.8	197	299	7.6	42.59	115
29	51.1	379	531	9.4	38.79	164
31	55.2	35	71	6.5	40.75	148
16	45.7	569	717	11.8	29.07	123

a. 데이터에 주어진 모두 변수들을 고려하여 회귀모형을 세워보아라. 그리고 변수 간의 산점도와 상관행렬을 통해 모든 변수를 고려할 때 발생되는 문제점에 대해 토론하여라.

b. (a)번 결과를 토대로, 상관관계가 높은 변수 중 변수 하나를 제거한 후, 나머지 독립변수들로 후진(backward)방법에 의해 회귀모형을 선택하여라(F값 기준: $\alpha=0.05$).

c. X3는 인구수를 나타내는 변수이다. 임의로 인구수가 500(in thousands) 이상이면 대도시, 500(in thousands) 미만이면 소도시로 구분 짓는다고 하자. 이 조건에 의해 X3를 가변수로 만들어 보자. 그리고 가변수를 넣어 회귀모형을 세워보아라.

$$\text{X7}=\begin{cases}1,\ X3\le 500(\text{소도시})\\0,\ X3>500(\text{대도시})\end{cases}$$

d. (c) 문제에서 각 그룹의 회귀모형의 상수항(intercept)를 추정하여라.

e. (d)번 모형에서 전진, 후진, 단계별, 최량부분집합 방법에 따른 변수 선택을 해 보고, 각 방법에 의해 선택된 모형을 비교하여라(F값 기준: $\alpha=0.05$).

26 15장 연습문제 22번 “grad” 자료로 모형 구축하여라.

grad.dat
grad.xlsx

27 15장 연습문제 19번 “fat” 자료로 모형 구축하여라.

fat.dat
fat.xlsx
UsingR::fat

28 15장 연습문제 13번 “난방비” 자료로 모형 구축하여라.

난방비.dat
난방비.xlsx

29 아마존 가격(Amazon price)를 표시가격(list price), 커버 종류(hard/paper), 페이지 수(num pages), 출판연도(pub year), 높이(height), 너비(width), 두께(thick), 무게(weight)로 모형구축하여라.

amazon–books.txt

http:\\www.amazon.com

30 연비(MPG, miles per gallon)를 예측하는 모형을 구축하여라. Henderson and Velleman. (1981). “Building Regression Models Interactively”. Biometrics 37, 400.

cars.txt

Drive Ratio(트랜스미션의 기어비)

31 롤러코스터에 대한 자료이다. track(트랙 재질)은 steel=1, wood=0로 변형하고 inversions (360도 회전 여부)는 Yes=1, No=0으로 변형하여라.

coasters–2015.txt

http:\\www.rcdb.com

track: 트랙 재질(철, 나무)
speed: 속도
height: 높이
drop 낙차
length: 길이
duration: 지속시간
inversions: 360도 회전 여부

a. 지속시간과 다른 변수들에 대한 산점도를 그려 선형성에 대해 파악하고 필요하다면 변수변

환을 하여라. 지속시간에 대한 모형을 구축하여라.

b. 속도와 변수들에 대한 산점도를 그려 선형성에 대해 파악하고 필요하다면 변수변환을 하여라. 속도에 대한 모형을 구축하여라.

col-worldwide-2020.txt

32 뉴욕시를 기준(100)으로 한 세계 도시별 생활비지수(cost of living)이다. 월세(rent), 식료품비(groceries), 식당지수(restaurant), 구매력(purchasing power)의 4개 X변수로 모형구축을 하여라.

http://www.numbeo.com/cost-of-living

demographics.txt

33 미국 50개 주의 자료이다. 기대수명(life expectancy)에 대하여 회귀모형을 구축하여라.

http::\www.census.gov

dirt-bikes.txt

34 더트바이크(흙길에서 타는 오토바이)의 가격(MSRP, manufacturer's suggested retail price)을 결정하는 변수들을 찾아라. Jiang Lu, Joseph B. Kadane, and Peter Boatwright, The Dirt on Bikes: An Illustration of CART Models for Brand Differentiation

lobsters-2016.txt

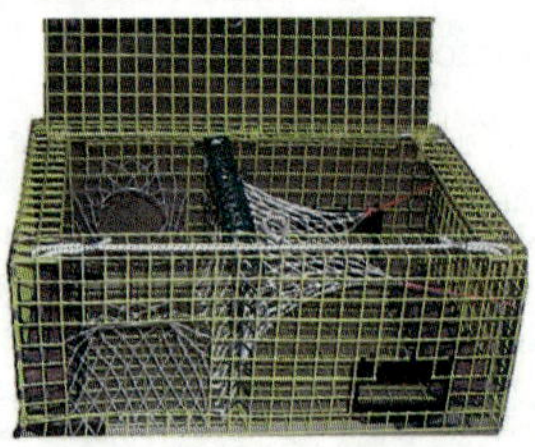

35 미국 매인 주는 랍스터 주요 생산지이다. 파운드당 가격(price/lb)을 예측하는 모형을 구축하여라.

https://www.maine.gov/dmr/commercial-fishing/landings/documents/lobster.table.pdf

어획량(tonnes, metric tons)
파운드당 가격(price/lb)
자격증 수(number of license holders) = 자격증이 있어야 랍스터 잡을 수 있음
트랩 수(number of traps - millions)
수온(water temp at Boothbay harbor station, C) = 부스배이 항구의 수온

housing-prices.txt
mosaicData::SaratogaHouses

36 미국 뉴욕주의 사라토가 카운티(Saratoga County)의 2006년 집값(price) 자료이다.

price = price(US dollars)
lotSize = size of lot(acres)
age = age of house(years)
land value = value of land(US dollars)
living area = living area (square feet)
pctCollege = percent of neighborhood that graduated college
bedrooms = number of bedrooms
fireplaces = number of fireplaces
bathrooms = number of bathrooms (half bathrooms have no shower or tub)
rooms = number of rooms
heating = type of heating system (hot air=1, electric=2, hot water=3)
fuel = fuel used for heating (gas=1, electric=2, oil=3)

sewer = type of sewer system (public/commercial=1, septic=0)
waterfront = whether property includes waterfront (Yes=1, No=0)
newConstruction = whether the property is a new construction (Yes=1, No=0)
centralAir = whether the house has central air (Yes=1, No=0)

집값에 대한 회귀모형을 구축하라.

37 주어진 자료를 이용하여 집값(price)을 예측할 수 있는 모형을 구축하여라.
random sample of 1057 houses taken from full Saratoga Housing Data(De Veaux)

housing-prices.txt

17 비모수통계

Frank Wilcoxon(1892 ~ 1965)

아일랜드 출생. 뉴욕주 Caskill에서 유년시절 보냄. 1924년, 물리화학 박사학위. 화학, 생화학 분야 40여편 논문 발표. 1945년, 순위합, 부호순위검정에 관한 논문을 발표하여 비모수통계학 연구를 촉발시킴. Nonparametric sequential method의 창시자.

모집단에 대한 추론은 모집단의 특정 분포가 알려져 있는 경우에는 표본값에 대한 확률을 기초로 하여 모수에 대한 최선의 추론 방법을 유도해 내고, 이를 기초로 하여 의사결정을 하게 된다. 하지만 모집단의 분포가 알려져 있지 않은 경우에는 표본값에 대한 확률을 구할 수가 없으므로, 표본값으로는 더 이상 추론 방법을 유도해 내기가 힘들어진다. 즉, 모집단의 분포가 알려져 있는 경우 표본값에 기초한 통계량의 분포를 알 수 있지만, 모집단의 분포를 모르는 경우에는 표본값에 기초한 통계량의 분포를 알 수가 없기 때문에, 이러한 표본값에 기초한 통계량으로서는 더 이상의 추론이 불가능해진다. 이러한 경우 표본의 부호화 순위, 중앙값 등을 이용하여 분석한다. 히스토그램은 확률분포를 추정하는 비모수적 방법이다. 스플라인(spline)과 웨이브렛(wavelet) 등을 이용한 비모수적 회귀분석 등 모든 통계 분야에서 비모수적 방법이 개발, 연구되어 있어 이들을 사용할 수 있다.

모집단의 분포를 알지 못하는 경우에 모집단 분포에 대한 가정에 의존하지 않는 통계량에 기초한 추론을 하여야만 한다. 따라서 표본들의 부호 또는 순위 등은 모집단의 분포에 상관없이 일정하므로 이들에 기초한 통계량으로 추론을 하면 된다. 이항분포, 포아송분포, 정규분포 등에서처럼 항상 모수가 있는 모집단의 분포를 가정하고 분석하는 통계를 **모수통계학**(**parametric statistics**)이라고 하고, 부호와 순위만 다루어 모수가 필요 없는 통계를 **비모수통계학**(**nonparametric statistics**)이라고 한다. 비모수통계학은 모수를 다루지 않지만 표본에서 얻은 정보를 이용하여 모집단에 대한 추론을 하는 통계학의 기본틀은 계속 유지된다. 이제까지 배워 왔던 t분포, F분포 등을 이용하는 것을 대신하여 부호나 순위에 관련된 분포를 이용하게 된다.

비모수통계학에서 모집단 분포의 가정이 없다고 하여 모집단에 대한 가정사항이 전혀 없는 것은 아니다. 모집단의 특정 분포를 가정하지 않는 것뿐이지 모집단의 분포는 당연히 존재하며, 표본들이 같은 분포를 따르고(identically distributed) 서로 독립(independent)이라는 가정사항은 여기서도 필요한 가정들이다. 중앙값이나 중앙값 차이에 대한 검정을 평균에 대한 것으로 바꾸려면 모집단의 분포가 대칭이라는 가정이 추가로 필요하다.

17.1 부호와 순위

만일 표본값이 6.8, 5.6, 4.2, 5.6, 7.6, 5.8, 4.6일 때 이 표본값들을 가지고 평균이나 분산 등의 통계량을 만드는 경우 이 통계량의 분포는 모집단의 분포에 따라 달라지게 된다. 하지만 5보다 크냐 작으냐에 따른 **부호**(**sign**)는 다음과 같이 구할 수 있고, 이 부홋값은 분포에 상관없이 같은 값을 가지게 된다.

표본값	4.6	6.8	5.6	4.2	5.6	7.6	5.8
부호	−	+	+	−	+	+	+

또한 이 표본값을 **순위**(**rank**)를 매기면 다음과 같다. 순위가 같으면(동순위, tie) 평균값을 사용한다. 이 순위 역시 모집단의 분포에 상관없이 같은 값을 갖게 된다.

표본값	4.6	6.8	5.6	4.2	5.6	7.6	5.8
순위	6	3.5	1	3.5	7	5	+

따라서 이러한 부호나 순위에 따라 통계량을 만들어 검정을 하게 되면 모집단의 분포에 상관없는 검정을 할 수 있게 된다.

순위는 오름차순과 내림차순으로 세분할 수 있는데 여기서는 오름차순 순위만 사용한다.

17.2 부호검정: 중앙값검정

부호검정(sign test)은 표본값의 크기가 아니라 특정한 값보다 작으냐 크냐의 부호만을 가지고 검정하는 방법이다. 특정값보다 작으냐 크냐만으로 나타내는 부호는 모든 분포에 대해 그 값이 일정하므로, 이러한 부호를 가지고 추론을 하게 되면 모든 분포에 적용할 수 있게 된다. 즉, 가정된 값보다 클 확률을 π라고 하고, 전체 표본 n개 중 x개 이상이 가정된 값보다 클 확률은 다음과 같이 이항분포를 이용하여 구할 수 있다.

$C_{n,i}$나 ${}_nC_i$ 또는 $\binom{n}{i}$는 전부 n개 중 i개를 뽑는 조합(combination)의 수를 나타낸다.

$$\Pr(X \geq x) = \sum_{i=x}^{n} \Pr(X=i) = \sum_{i=x}^{n} C_{n,i}\, \pi^i (1-\pi)^{n-i}$$

또한 표본수 n이 어느 정도 큰 경우, 위의 확률은 표준정규분포를 이용하여 다음과 같이 대략적으로 구할 수 있다.

$\frac{1}{2}$: 연속성 보정 계수

$$\begin{aligned} &\Pr(X \geq x) \\ &\approx \Pr\left(X \geq x - \frac{1}{2}\right) \\ &\approx \Pr\left(Z \geq \frac{x - \frac{1}{2} - n\pi}{\sqrt{n\pi(1-\pi)}}\right) \end{aligned}$$

만일 $\Pr(X \leq x)$를 보정계수를 이용하여 근사 계산하려면

$$\begin{aligned} &\Pr(X \leq x) \\ &\approx \Pr\left(Z \leq \frac{x + \frac{1}{2} - n\pi}{\sqrt{n\pi(1-\pi)}}\right) \end{aligned}$$

이다.

이 부호검정은 **중앙값검정(median test)**과 같이 π를 알 수 있는 경우에 적용할 수 있다. 모집단의 중앙값(median)이 어떠한 특정값이라고 가정되는 경우 표본값이 이 중앙값보다 클 확률은 0.5가 된다. 하지만 모평균의 경우 표본값이 이 모평균보다 클 확률은 모집단의 분포가 좌우대칭인 경우에는 중앙값과 평균이 같으므로 0.5이지만, 좌우대칭이 아닌 경우에는 그 확률을 알 수가 없으므로 부호검정을 이용할 수 없게 된다.

중앙값검정의 경우 모집단의 분포에 상관없이 표본의 절반 정도가 중앙값 이상이거나 이하인 값을 가져야 하므로, 이러한 부호에 기초하면 모집단의 분포를 알지 못하더라도 중앙값에 대한 추론이 가능하게 된다. 이때 p값은 앞서 설명한 대로 이항분포를 이용하여 구할 수 있으며, 표본수가 큰 경우에는 표준정규분포로 근사하여 구해도 된다. 따라서 중앙값에 대한 부호검정 절차는 다음과 같이 한다.

중앙값에 대한 부호검정

$$H_o : \text{중앙값} = M \quad \text{vs} \quad H_a : \text{중앙값} > M$$

1) M보다 큰 표본의 개수를 계산한다.

2) 이항분포를 이용하여 1)의 수보다 크거나 같게 나올 확률을 구한다. 만일 표본이 큰 경우 표준정규분포를 이용하여 대략적인 p값을 구하여 오른쪽 단측 검정을 한다.

만일 양측검정을 하는 경우는 M보다 크게 나올 확률 또는 작게 나올 확률을 구하고 두 배하여 p값을 구한다.

표본수가 얼마나 커야 표준정규분포를 이용할 수 있는가의 조건은 $n\pi \geq 5$와 $n(1-p) \geq 5$이다(6.3절의 이항분포의 정규근사 부분 참조). 중앙값검정에서는 $\pi=0.5$이므로 $n \geq 10$이 된다. 일반적인 기준인 $n \geq 30$보다 훨씬 작은데, 이는 대칭형 이항분포가 빠르게 정규분포에 접근하기 때문이다.

예제 17.1

예제17.1.dat
예제17.1.xlsx

모집단의 중앙값이 10이라는 가설을 검정을 하기 위해 추출한 10명의 표본값이 다음과 같다.

표본값	11.2	11.0	12.0	13.0	12.5	10.5	5.8	6.2	14.0	12.2
부호	+	+	+	+	+	+	−	−	+	+

모집단의 분포를 알지 못하므로 표본값이 중앙값보다 클 확률이 0.5라는 것을 이용해 중앙값이 10이라는 가정을 다음과 같이 검정할 수 있다. 즉, X를 중앙값보다 큰 표본값의 개수라고 한다면 중앙값보다 큰 표본의 개수가 8이므로, X가 8보다 클 확률은 다음과 같다.

$$\Pr(X \geq 8) = \sum_{i=8}^{10} C_{10,i}\left(\frac{1}{2}\right)^{i}\left(1-\frac{1}{2}\right)^{10-i} = 0.0547$$

또는

$$\Pr(X \leq 2) = \Pr(X \geq 8) = 0.0547$$

모평균에 대한 검정통계량:

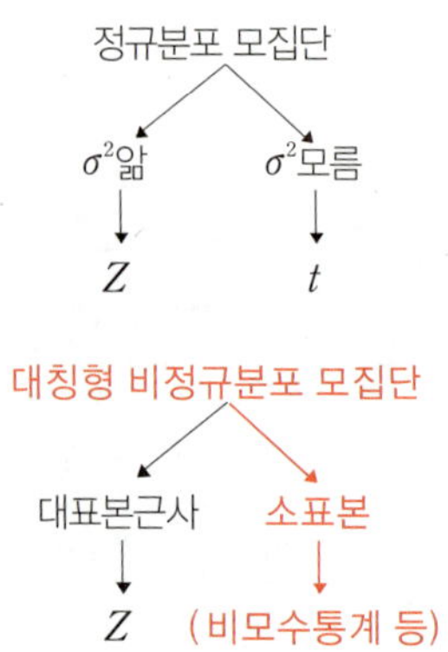

단측검정인 경우 p값은 0.0547이 되므로 모집단의 중앙값이 10이라는 가정을 기각할 수 없게 된다. 만일 양측검정이라면 p값은 $2 \times 0.0547 = 0.109$가 된다.

예제 17.2

모집단의 중앙값이 10이라는 귀무가설을 검정하기 위해 얻은 100개의 표본값 중 60개가 10보다 크다고 하자. 이 경우 역시 이항분포를 이용하여 다음과 같이 p값을 구할 수 있다.

$$\Pr(X \geq 60) = \sum_{i=60}^{100} C_{100,i}\left(\frac{1}{2}\right)^{i}\left(1-\frac{1}{2}\right)^{100-i} = 0.0284$$

하지만 이 경우 60에서 100까지 41개에 대한 이항확률을 구해 모두 더하여야 하므로, 이보다는 다음과 같이 정규분포를 이용하여 그 확률값을 대략적으로 구하는 것이 편리하다.

$$\Pr(X \geq 60)$$
$$= \Pr\left(X \geq 60 - \frac{1}{2}\right)$$
$$\approx \Pr\left(Z \geq \frac{60 - \frac{1}{2} - 100 \cdot \frac{1}{2}}{\sqrt{100 \cdot \frac{1}{2} \cdot \left(1 - \frac{1}{2}\right)}}\right) = 0.0287$$

9장에서 모평균에 대한 검정을 다룰 때 모집단이 정규분포인 경우와 정규분포가 아닌 경우는 대표본인 경우에 대하여 설명하였다. 비정규분포 모집단이면서 소표본인 경우를 해결하지 못하였었다. 모집단 분포가 좌우대칭인 경우는 여기서 제시한 중앙값검정을 평균에 대한 검정으로 그대로 적용할 수 있다. 좌우대칭이 아닌 경우는 평균에 대한 검정 대신 중앙값에 대한 검정으로 하는 것이다.

9장에서는 Z와 t통계량을 이용하였으나 여기서는 이항분포 또는 대표본인 경우 정규분포의 근사를 이용하고 있다.

다음은 짝표본(paired sample)을 부호검정을 하는 경우이다. 이러한 짝표본의 경우는 두 집단의 차이에 대해 검정하게 되므로 단일 표본의 중앙값검정과 같게 된다.

짝표본의 경우 부호검정

$$H_o: \text{중앙값의 차이} = 0 \quad \text{vs} \quad H_a: \text{중앙값의 차이} > 0$$

1) 표본값들의 차이를 구한다.
2) 0보다 큰 차이의 개수를 계산한다.
3) 이항분포를 이용하여 2) 수보다 크거나 같게 나올 확률을 구한다.
   만일 표본이 큰 경우 표준정규분포를 이용해 대략적인 p값을 구하여 오른쪽 단측 검정한다.

예제 17.3

새로운 학습방법에 따른 3개월 후 TOEIC 성적이 다음과 같다.

표 17.1 새로운 학습법에 따름 TOEIC 점수

토익.dat
토익.xlsx

	1	2	3	4	5	6	7	8
학습 전	750	850	600	550	560	640	800	640
학습 후	850	840	625	535	620	670	820	680
성적차이	100	−10	25	−15	60	30	20	40

만일 새로운 학습방법의 효과가 없다면 전과 후의 성적변화는 0을 중심으로 대칭일 것이다. 따라서 귀무가설을 중앙값=0, 대립가설은 중앙값>0이라고 할 수 있다. S를 양의 부호를 가진 표본의 수라고 하면 위 표본의 경우 양의 부호를 가진 표본이 6개이

므로 p값은 다음과 같이 구해진다.

$$\Pr(S \geq 6) = C_{8,6}\left(\frac{1}{2}\right)^6\left(\frac{1}{2}\right)^2 + C_{8,7}\left(\frac{1}{2}\right)^7\left(\frac{1}{2}\right) + C_{8,8}\left(\frac{1}{2}\right)^8 = 0.145$$

따라서 표본은 귀무가설을 기각할 충분한 증거가 되지 못한다. 즉, 새로운 TOEIC 학습법은 통계적으로 유효한 효과를 보이지 못하였다.

짝표본에 대한 부호검정은 10.4절의 짝 모집단 평균의 차이에 대한 검정에 대응하는 비모수적 방법이다. 10.4절에서는 정규모집단 가정 또는 대표본 근사가 필요하였으나 여기서는 그러한 가정이 필요없다. 비모수적 방법을 적용하기 위하여 평균차이가 중앙값 차이로 바뀌었다.

동순위

중앙값검정 또는 짝표본에 대한 중앙값 차이의 검정을 할 때 자료가 검정하려는 중앙값과 똑같거나 짝으로 된 표본의 두 값이 똑같다면 이를 **동순위** 또는 **등순위(tie)**라 하고, 부호가 0이 된다. 이때는 이들 자료를 표본에서 빼고 그에 따라 표본수 n도 동순위의 수만큼 줄게 된다. 그러나 동순위도 모집단에 대한 정보를 주고 있는 것이므로 무조건 빼버리는 것은 정보의 손실이다. 극단적인 예로 100개 표본 중 99개는 동순위이고, 하나가 차이가 난다면 99개를 다 버리고 하나 표본 중 하나가 차이나므로 p값$=0$이 되어 매우 유의적으로 차이가 난다는 잘못된 결론을 내리게 될 것이다. 비모수검정에 동순위가 있을 때의 검정방법들이 개발되어 있어 비모수통계 전문도서에서 참고할 수 있다. 동순위가 많지 않다면 빼고 분석하는 것이 간단하다.

17.3 부호순위검정: 중앙값검정

부호검정 → 부호순위검정
(검정력 증가)

앞에서 본 부호검정은 부호만을 가지고 검정을 하게 되므로 표본값이 중앙값 M 또는 0에서 얼마나 벗어나 있는가는 검정에 전혀 고려되지 않게 된다. 이러한 차이를 순위로 변환하게 하더라도 모든 분포에 대해 순위는 동일하게 되므로, 모든 분포에 적용이 가능하게 되고 부호검정과는 달리 중앙값 M 또는 0에서 벗어난 정도가 검정에 추가로 고려된다. 표 17.2에서 첫 번째 표본 4.6과 네 번째 표본 4.2는 부호검정에서는 −로 동일하게 처리하여 중앙값 5와의 거리를 전혀 반영하지 않게 된다. 이러한 차이를 반영할 수 있는 방법으로는 다음과 같이 **부호순위(signed rank)**를 이용하는 것이다. 부호순위를 정할 때는 먼저 절댓값을 취한 후 순위를 정하고 순위가 정해지면 −와 +를 순위에 부여한다. 부호와 순위를 동시에 고려하면 검정력을 높히게 된다.

부호: 차이의 방향(direction)
순위: 차이의 양(amount)

표 17.2 부호와 부호순위(중앙값=5)

표본값	4.6	6.8	5.6	4.2	5.6	7.6	5.8
부호	−	+	+	−	+	+	+
부호순위	−2	+6	+3.5	−1	+3.5	+7	+5

부호순위를 이용한 **윌콕슨 부호순위 통계량(Wilcoxon signed rank statistics)**은 다음과 같이 구한다.

중앙값에 대한 부호순위검정

$$H_o : \text{중앙값} = M \quad \text{vs} \quad H_a : \text{중앙값} \neq M$$

1) 표본에서 M을 뺀 차이의 절댓값에 대해 순위를 매긴다.
2) 0보다 작으면 −, 크면 +를 순위에 부여한다.
3) + 순위의 합 T^+를 구한다.
4) 이 값이 너무 크면 귀무가설을 기각한다.

중앙값$=M$이라는 가정하에서 윌콕슨 부호순위 통계량의 표집분포는 부록에 있는 표 A.7에 나와 있다. 표에는 유의수준에 따라 하한 임곗값 T_L과 상한 임곗값 T_U가 나와 있다. 통계량이 두 임곗값 사이에 있으면 귀무가설을 기각하지 못한다.

귀무가설 가정하에서 윌콕슨 부호순위 통계량 T의 평균은 $\frac{n(n+1)}{4}$, 분산은 $\frac{n(n+1)(2n+1)}{24}$이 된다. 표본이 큰 경우($n>10$), 대략적인 표집분포는 정규분포를 하므로 이에 따라 대략적인 p값을 구할 수 있다.

윌콕슨 부호순위 통계량의 표집분포($n>10$) : 정규분포 근사

평균 : $\frac{n(n+1)}{4}$

분산 : $\frac{n(n+1)(2n+1)}{24}$

$$T \mathrel{\dot\sim} N\left(\frac{n(n+1)}{4}, \frac{n(n+1)(2n+1)}{24}\right) \text{ 또는}$$

$$\frac{T-\frac{n(n+1)}{4}}{\sqrt{\frac{n(n+1)(2n+1)}{24}}} \mathrel{\dot\sim} N(0, 1)$$

예제 17.4

예제 17.1에 대해서 부호순위검정을 하여 중앙값검정을 하면 다음과 같다.

표 17.3 예제 17.1 자료에 대한 부호순위검정

	1	2	3	4	5	6	7	8	9	10
표본값	11.2	11.0	12.0	13.0	12.5	10.5	5.8	6.2	14.0	12.2
중앙값과의 차	1.2	1.0	2.0	3.0	2.5	0.5	−4.2	−3.8	4.0	2.2
순위	3	2	4	7	6	1	10	8	9	5
부호순위	3	2	4	7	6	1	−10	−8	9	5

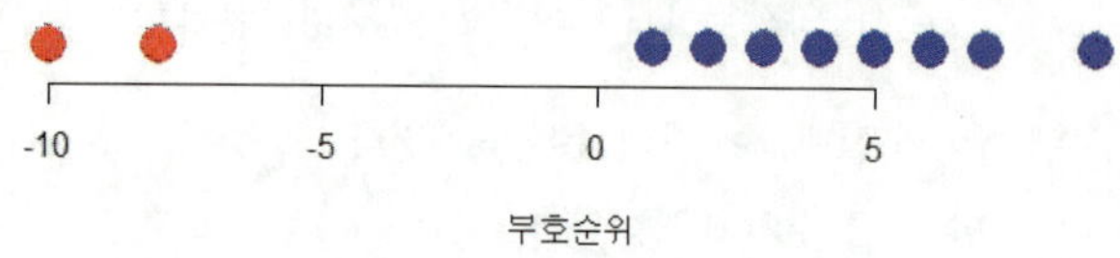

$n=10$이고, 부호순위합 $T^{+}=37$이므로 표 A.7에 의하면 단측검정의 유의수준 $\alpha=0.05$일 때, $T_L=11$과 $T_U=44$ 사이에 있게 되어 귀무가설을 기각하지 못한다. p값은 0.10보다 큰 값이 됨을 알 수 있다. 패키지를 이용하여 구한 정확한 p값은 0.1875이다.

정규분포에 근사하여 p값을 구하려면 평균이 $\frac{10(10+1)}{4}=27.5$, 분산이 $\frac{10(10+1)(2\cdot10+1)}{24}=96.25$인 정규분포를 이용하거나 다음과 같이 표준화를 표준화를 하여 구할 수도 있다.

$$\frac{T-0.5-\frac{10(10+1)}{4}}{\sqrt{\frac{10(10+1)(2\cdot10+1)}{24}}}=\frac{36.5-27.5}{\sqrt{96.25}}=0.917$$

단측검정인 경우 대략적인 p값은 $P(Z\geq0.917)=0.18$로 구해진다.

부호순위검정의 p값이 부호검정의 p값$=0.0547$보다 큰 값이 나오는데 중앙값보다 작은 값이 2개 밖에 없지만, 순위가 8, 10으로 중앙값과 큰 차이가 보이고 있는 점이 고려됨에 따른 결과이다.

짝으로 된 자료의 차이도 부호순위를 이용하여 중앙값검정의 방법을 그대로 사용하여 수행할 수 있다. 짝으로 이루어진 자료의 중앙값과 같은지에 대한 검정은 차이가 0인지에 대한 검정과 동일한데, 차이를 내면 단일 자료가 되고 그 단일 자료의 중앙값이 0인지 검정하게 되어 단일 자료가 중앙값$=M$인지에 대한 가설검정과 동일하게 진행된다.

중앙값 차이에 대한 윌콕슨 부호순위검정

$$H_0: \text{중앙값의 차이}=0 \quad \text{vs} \quad H_a: \text{중앙값의 차이} \neq 0$$

1) 차이의 절댓값에 대해 순위를 매긴다.
2) 0보다 작으면 −, 크면 +를 각각 순위에 부여한다.
3) + 순위의 합 T^+를 구한다.
4) 이 값이 너무 크거나 작으면 귀무가설을 기각한다.

예제 17.5

예제 17.3에 대해 부호순위를 이용하여 검정하기로 한다.

표 17.4 예제 17.3의 자료에 대한 부호순위검정

	1	2	3	4	5	6	7	8	합
성적차이	100	−10	25	−15	60	30	20	40	
$\lvert D_i \rvert$	100	10	25	15	60	30	20	40	
순위	8	1	4	2	7	5	3	6	
부호순위	8	−1	4	−2	7	5	3	6	33

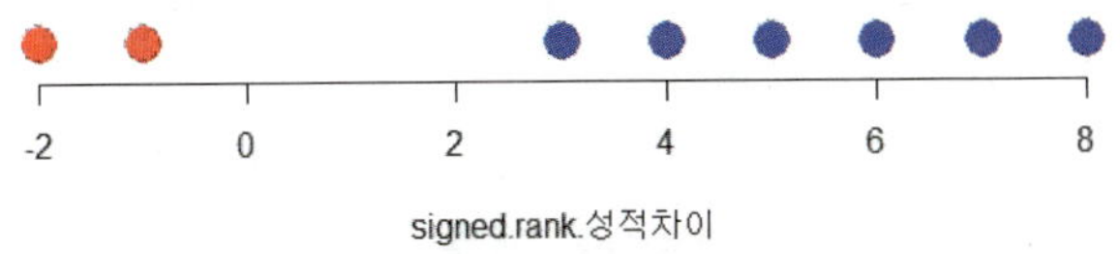

+ 부호순위의 합 $T^+=33$이고 $n=8$이므로 표 A.7에서 양측검정 $\alpha=0.05$의 임곗값은 (4, 32)이므로 귀무가설을 기각한다. p값은 0.05보다 작은 값이 된다. 패키지를 이용하면 p값$=0.0195$를 얻을 수 있다.

근사적으로 정규분포를 이용하려면 평균이 $\frac{8(8+1)}{4}=18$, 분산이 $\frac{8(8+1)(2\cdot8+1)}{24}=51$인 정규분포에 대해 p값을 구하면 된다. 또한 다음과 같과 같이 표준화를 하여 표준정규분포를 이용하여 p값을 구할 수도 있다.

$$\frac{T-0.5-\frac{8(8+1)}{4}}{\sqrt{\frac{8(8+1)(2\cdot8+1)}{24}}}=\frac{32.5-18}{\sqrt{51}}=2.03$$

단측검정인 경우 대략적인 p값은 0.021로 구해진다.

부호순위로 검정하면 유의수준 $\alpha=0.05$에서 H_0를 기각한다. 즉, 학습방법에 따른 성적차이가 있는 것으로 보인다. 따라서 부호검정의 경우 (p값$=0.145$)와는 다른 결과가 나오게 되는데, 부호검정에서는 중앙값보다 작은 값이 2개가 있지만 그렇게 중앙값과 큰 차이가 나지 않고 중앙값보다 큰 값(+값)들이 많은 점이 추가로 고려된 결과이다.

17.4 윌콕슨 순위합 검정: 두 집단 비교

두 개의 독립된 집단에 대한 분포가 같다는 가정을 검정하기 위해 각각 n, m개의 표본을 추출하였다고 하자. 여기서 n은 표본수가 작은 쪽의 집단의 표본수로 $n<m$이다. 만일 분포가 같다면 이들 표본을 합쳐 크기 순으로 나열하였을 때 그 순위에 큰 편중이 없어야 한다. 즉, 각 집단의 **순위합**(**rank sum**)은 표본수를 감안하였을 때 비슷하여야 한다. 예를 들어, 두 집단의 성적이 다음과 같다고 하자.

	점수					
A반	20	30	42	47		
B반	35	38	40	43	45	52

이 성적들에 대해 순위를 매기면 다음과 같다.

	점수						순위					
A반	20	30	42	47			1	2	6	9		
B반	35	38	40	43	45	52	3	4	5	7	8	10

따라서 이 순위들을 비교하여 두 집단의 차이를 검정하게 된다.

각각의 분포를 $F(x)$, $G(x)$라고 할 때 **윌콕슨 순위합**(**Wilcoxon rank sum**, 또는 **Mann-Whitney**) 검정은 다음과 같다.

두 분포 차이에 대한 윌콕슨 순위합검정

$$H_o : F(x)=G(x) \quad \text{vs} \quad H_a : F(x) \neq G(x)$$

1) 두 집단의 표본을 합쳐 크기순으로 나열한 후 순위를 매긴다.
2) 표본수가 작은 집단의 순위합을 구한다.
3) 이렇게 구한 순위합이 너무 작거나 크면 두 집단의 분포가 다르다고 판단한다.

대립가설에서의 $F(x) \neq G(x)$의 의미는 평균은 같고 분산이 다른 경우를 포함하여 여러 가지를 뜻할 수 있는데, 여기서는 $F(x)$와 $G(x)$의 위치(location)가 다르다는 의미로 국한한다. 한 분포가 다른 분포보다 오른쪽에 있는 경우 '확률적으로 크다'(stochas-tically larger)고 한다. 확률변수 X가 확률변수 Y보다 크다는 표현을 쓰기도 한다. $F(x)$가 $G(x)$와 겹치는 부분이 있다고 하더라도 전체적으로 $F(x)$가 $G(x)$보다 오른쪽에 위치해 있으면 '크다'는 표현을 쓰게 된다. 입문수준에서는 중앙값이 크다는 의미로 이해하여도 충분하다.

앞의 A, B반 예에서 윌콕슨 순위합 통계량 값은 18이 된다. 두 분포가 같다는 가정하에서 순위의 기댓값은 $\dfrac{(n+m+1)}{2}$이므로 표본수가 작은 쪽의 순위합의 기댓값은 $\dfrac{n(n+m+1)}{2}$이 된다. 따라서 순위합의 표본값 18은 기대되는 순위합의 기댓값인 22보다는 작게 되고, p값을 구하기 위해서는 이 윌콕슨 순위합 통계량의 분포를 구하여야 한다.

두 분포가 같다는 가정하에서 윌콕슨 순위합 통계량의 표집분포는 부록에 있는 표 A.8에 나와 있다. 표에는 하한임곗값만 나와 있으나 상한임곗값은 다음과 같이 구할 수 있다. 만일 하한임곗값을 T_L, 상한임곗값을 T_U라고 한다면 T_L+T_U는 순위합의 기댓값의 두배인 $2\times\frac{n(n+m+1)}{2}$이 될 것이다. 따라서 부록에 있는 표는 하한임곗값만 나와 있지만 상한임곗값은 $n(n+m+1)-T_L$로 구할 수 있다.

위와 같은 경우 표본크기가 4, 6이므로 $\alpha=0.10$의 하한임곗값은 14이므로 상한임곗값은 $4(4+6+1)-14=44-14=30$, $\alpha=0.05$의 하한임곗값은 13이므로 상한임곗값은 31이 된다. 따라서 작은 표본수 집단의 순위합이 18이므로 p값은 0.10보다는 크다고 할 수 있으므로 두 분포의 차이가 있다고 할 수 없게 된다.

만일 표본수가 큰 경우에는 임곗값을 구하기 힘들어지므로 p값 또한 구하기 힘들어진다. 따라서 대략적인 근사 표집분포를 알 수 있다면 대략적인 p값을 구하는 편이 더 나을 것이다. 두 분포가 같다는 가정하에서 윌콕슨 순위합 통계량의 평균은 $\frac{n(n+m+1)}{2}$, 분산은 $\frac{nm(n+m+1)}{12}$이 되고, 분포의 형태는 두 집단의 표본수가 많아짐에 따라 정규분포로 근사하게 된다. 따라서 표본이 큰 경우 근사 표집분포는 정규분포와 같으므로 이에 따라 대략적인 p값을 구할 수 있다.

윌콕슨 순위합의 표집분포(대표본 근사) : 정규분포

평균 : $\frac{n(n+m+1)}{2}$

분산 : $\frac{nm(n+m+1)}{12}$

윌콕슨 순위합 $\dot\sim N\left(\frac{n(n+m+1)}{2}, \frac{nm(n+m+1)}{12}\right)$

예제 17.6

두 지역 고3 학생의 모의고사 점수 분포가 다른지를 알아보기 위해 두 지역에서 임의로 추출한 고3 학생의 모의고사 점수가 다음과 같다.

고3모의고사.dat
고3모의고사.xlsx

A지역					B지역					
158	105	72	125	56	124	169	76	24	62	95
129	63	161	190	114	142	79	112	64	61	106
43	27				126	162	83	91	153	148
					21	107	167	65	109	42

두 집단에 대해 순서대로 나열한 후 순위를 구하면 다음과 같다.

A지역			27		43	56			63	
B지역	21	24		42			61	62		64
순위	1	2	3	4	5	6	7	8	9	10
A지역		72						105		
B지역	65		76	79	83	91	95		106	107
순위	11	12	13	14	15	16	17	18	19	20
A지역			114		125		129			
B지역	109	112		124		126		142	148	153
순위	21	22	23	24	25	26	27	28	29	30
A지역	158	161				190				
B지역			162	167	169					
순위	31	32	33	34	35	36				

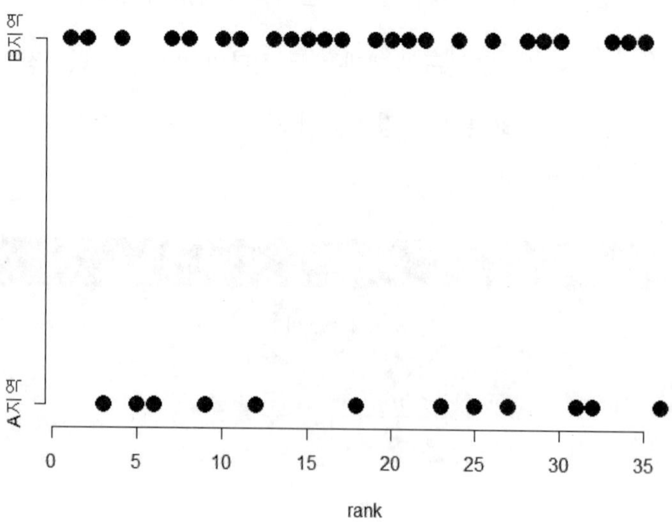

표본수가 작은 A지역의 순위합은 다음과 같다.

$$3+5+6+9+12+18+23+25+27+31+32+36=227$$

이 경우는 표본수가 어느 정도 크다고 할 수 있으므로 정규분포에 따라 대략적인 p값을 구하면 다음과 같다. 즉, 평균은 $\frac{12(12+24+1)}{2}=222$, 분산은 $\frac{12\cdot 24(12+24+1)}{12}=888$가 되므로 순위합에 대해 표준화를 하면,

$$\frac{\text{윌콕슨 순위합 통계량}-0.5-\text{평균}}{\sqrt{\text{분산}}}=\frac{227-0.5-222}{\sqrt{888}}=0.151$$

따라서 양측검정인 경우 p값은 $0.44\times 2=0.88$로 두 집단의 분포가 다르다고 할 수 없게 된다.

두 집단 비교의 경우 '10장 두 모집단의 평균과 비율에 대한 추론'에서 다루었듯이 t검정을 이용하여 검정할 수도 있다. 하지만 이 t검정은 두 모집단 분포가 정규분포로 동일한 상황에서 모평균이 같은지 검정하는 것이고, 이러한 가정사항들이 맞는 경우 가장 좋은 검정이라고 할 수 있다. 하지만 두 모집단의 분포를 모르는 경우에는 더 이상 좋은 검정이라고 할 수 없게 된다.

17.5 크루스칼–왈리스검정: 여러 집단 비교

세 집단 이상의 분포를 검정하기 위해서는 각 집단의 모집단 분포가 분산이 동일한 정규분포로 알려져 있는 경우에는 분산분석을 사용하여 평균들이 같은지 검정할 수 있으나, 모집단의 분포가 알려져 있지 않은 경우에는 크루스칼과 왈리스가 제안한 **크루스칼–왈리스 검정(Kruskal-Wallis test)**방법을 이용하여 중앙값이 같은지 검정할 수 있다.

만일 전체 표본수가 N, i번째 집단의 표본수가 n_i인 k개 집단의 분포를 비교할 때 만일 모든 k 집단의 분포가 같다면 이들 순위합의 평균이 서로 비슷할 것이다. 이러한 순위들에 대한 비교분석에 따른 크루스칼–왈리스 검정통계량은 다음과 같다.

크루스칼-왈리스 검정

H_0 : 모든 집단의 분포가 같다.

H_1 : 어느 한 집단이라도 중앙값이 다르다.

1) 모든 집단의 표본을 합쳐 크기순으로 나열한 후 순위를 매긴다.
2) 각 집단의 순위합을 계산한다(i번째 집단의 순위합 : R_i).
3) 크루스칼-왈리스 통계량을 다음과 같이 계산한다.

$$\frac{12}{N(N+1)}\sum_{i=1}^{k}\frac{R_i^2}{n_i}-3(N+1)$$

4) 이렇게 구한 통계량 값이 너무 크면 집단 간의 분포가 다르다고 판단한다.

모든 집단의 분포가 같다는 가정하에서 크루스칼-왈리스 통계량의 표집분포는, 대략적으로 자유도가 $k-1$인 카이제곱분포를 하므로 이를 이용하여 근사 p값을 구할 수 있다.

크루스칼-왈리스 표집분포(대표본 근사)

$$\frac{12}{N(N+1)}\sum_{i=1}^{k}\frac{R_i^2}{n_i}-3(N+1)\ \dot{\sim}\ \chi^2(k-1)$$

세가지다이어트.dat
세가지다이어트.xlsx

예제 17.7

세 가지 다이어트 방법에 따른 6개월 후 몸무게 감소량이 다음과 같다.

	몸무게 감소량					
A방법	4	5	10	14	30	
B방법	6	8	12	13	20	
C방법	2	3	9	16	27	28

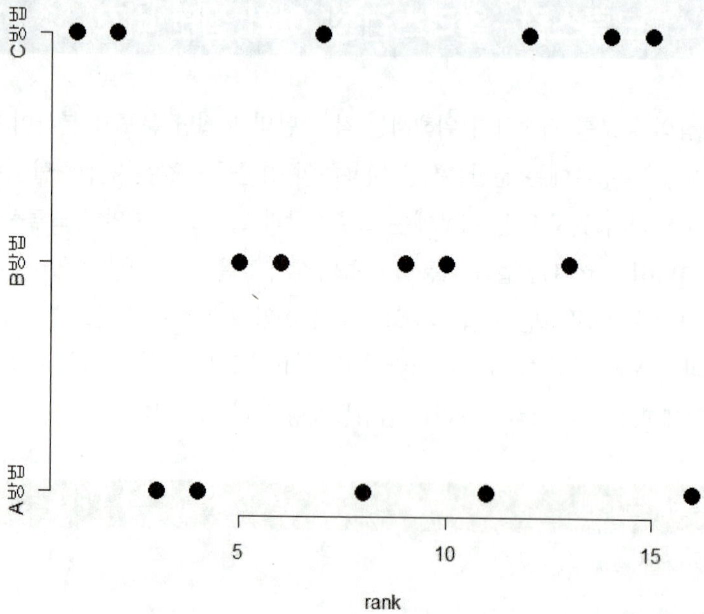

이 자료를 모두 합하여 순위를 정하면 다음과 같다.

	몸무게 감소량 순위						순위합
A방법	3	4	8	11	16		42
B방법	5	6	9	10	13		43
C방법	1	2	7	12	14	15	51

이 순위합에 크루스칼-왈리스 통계량을 구하면 다음과 같다.

$$\frac{12}{16(16+1)}\left(\frac{42^2}{5}+\frac{43^2}{5}+\frac{51^2}{6}\right)-3(16+1)=0.0044$$

이 통계량 값을 아래와 같이 자유도가 2인 카이제곱분포와 비교하면 근사 p값은 0.99가 되어, 세 가지 방법의 분포에 차이가 난다고 할 수 없다.

17.6 스피어만 순위 상관계수

두 변수의 연관성을 나타내는 측도로는 3.4절에서 다루었던 다음의 피어슨 상관계수가 널리 알려져 있다.

$$r = \frac{\sum_{i=1}^{n}(X_i - \overline{X})(Y_i - \overline{Y})}{\sqrt{\sum_{i=1}^{n}(X_i - \overline{X})^2 \sum_{i=1}^{n}(Y_i - \overline{Y})^2}}$$

이 피어슨 상관계수는 자료가 숫자로 나타나는 경우 널리 사용되고 있다. 하지만 r은 그 분포가 (X, Y)의 결합분포에 의존하기 때문에 모집단의 분포를 알지 못하는 경우에는 r에 대한 검정을 하기가 어려워진다.

따라서 모집단의 결합분포를 알지 못하는 경우에는 분포에 의존하지 않는 순위간의 상관을 이용할 수 있는데, 이 순위들에 대해 피어슨 상관계수를 구하면 다음과 같고, 이를 **스피어만 순위 상관계수(Spearman rank correlation coefficient)**라고 한다.

스피어만 순위 상관계수

$$\rho = \frac{\sum_{i=1}^{n}\left(R(X_i) - \frac{n+1}{2}\right)\left(R(Y_i) - \frac{n+1}{2}\right)}{n(n^2-1)/12} = 1 - \frac{6\sum_{i=1}^{n}(R(X_i) - R(Y_i))^2}{n(n^2-1)}$$

이 표본 순위 상관계수로 모집단의 상관계수가 0인지를 검정하기 위해서는 부록에 있는 표 A.9를 참고하면 된다. 표본이 크고 X와 Y가 독립인 경우 스피어만 순위 상관계수는 평균이 0, 분산이 $1/(n-1)$인 정규분포를 대략적으로 따르므로, 이를 이용하여 스피어만 순위 상관계수가 0이냐에 대한 검정은 정규분포를 이용한 근사 p값을 구하여 검정할 수 있다.

스피어만 순위 상관계수 대표본 근사 : 정규분포

평균 : 0

분산 : $\frac{1}{n-1}$

스피어만 순위 상관계수
$\dot{\sim} N\left(0, \frac{1}{n-1}\right)$

예제 17.8

형제 간의 몸무게에 상관이 있는지를 알아보기 위해 임의로 추출한 형제 7쌍의 몸무게가 다음과 같다.

형제몸무게.dat
형제몸무게.xlsx

x	95	70	60	73	62	71	75
y	88	65	63	78	70	76	73

위 자료에 대해 순위를 구하면 다음과 같다.

$R(x)$	7	3	1	5	2	4	6
$R(y)$	7	2	1	6	3	5	4
$R(x)-R(y)$	0	1	0	−1	−1	−1	2

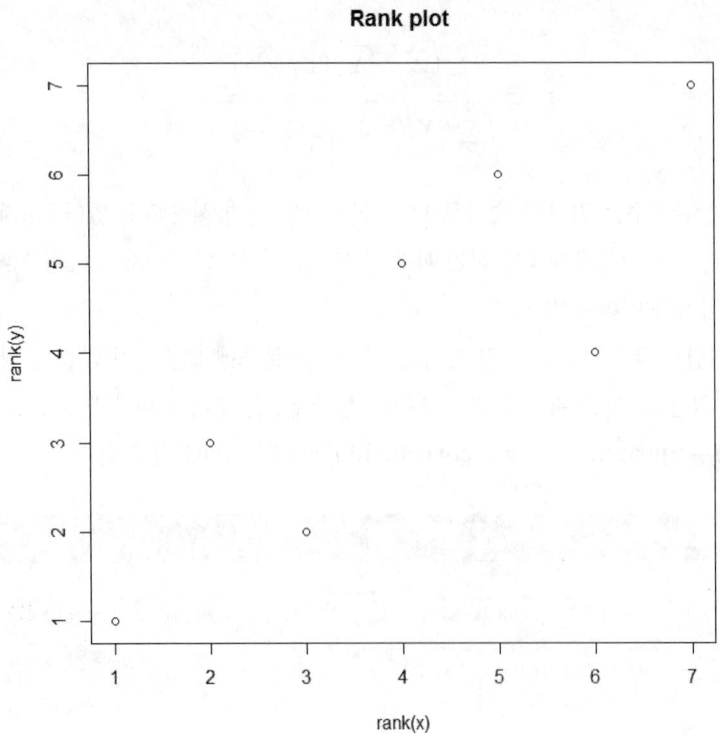

$R(x)$의 순위가 높은 것은 $R(y)$의 순위도 높고, $R(x)$의 순위가 낮은 것은 $R(y)$의 순위도 낮은, 즉 양의 상관 경향이 상당히 높은 것을 알 수 있다.

$\sum_{j=1}^{y}(R(x_i)-R(y_i))^2=0^2+1^2+0^2+\cdots+2^2=8$이므로 스피어만 상관계수는 다음과 같이 구할 수 있다.

$$\rho=1-\frac{6\cdot 8}{7(7^2-1)}=\frac{6}{7}=0.857$$

독립인 경우에 스피어만 상관계수는 평균이 0, 분산이 1/6인 근사 정규분포를 하게 되는데, 양측검정인 경우 근사 p값은

$$p\text{값}=\Pr\left(Z>\frac{\rho-0}{\sqrt{\frac{1}{6}}}\right)\times 2=0.018\times 2=0.036$$

이 되어 0이라는 가설을 기각하게 된다.

만일 위 자료에 대해 피어슨 상관계수를 구하면 0.89가 된다. 하지만 모집단의 결합분포(이변량 분포)를 알지 못하는 경우는 피어슨 상관계수에 대한 검정을 할 수 없게 된다.

EXCEL · SPSS · R

이 책과 관련된 데이터, 정오표 등은 자유아카데미의 홈페이지(www.freeaca.com)나 web.yonsei.ac.kr/cekim에서 얻을 수 있다.

EXCEL

예제 17.1

Step 1 셀 B1에 =1−BINOM.DIST(7, 10, 0.5, TRUE)를 입력하여 $\Pr(X \geq 8)$의 값을 얻고, 셀 C1에 =B1*2를 입력하여 양측검정 p값을 얻는다.

B1 | =1 - BINOM.DIST(7, 10, 0.5, TRUE)

	A	B	C	D	E	F	G
1	P(X>=8)	0.054688	0.109375				
2							

예제 17.2

Step 1 셀 B1에 =1−BINOM.DIST(59, 100, 0.5, TRUE)를 입력하여 $\Pr(X \geq 60)$의 값을 얻고, 셀 C1에 =1−NORM.DIST(59.5, 100*0.5, SQRT(100*0.5*0.5), TRUE)를 입력하여 정규근삿값을 얻는다.

B2 | =1 - NORM.DIST(59.5, 100*0.5, SQRT(100*0.5*0.5), TRUE)

	A	B	C	D	E	F	G	H	I
1	P(X>=60)	0.028444							
2		0.028717							
3									

예제 17.4

Step 1 '예제 17.1' 자료를 열어 셀 B2에 = B1−10를 입력하고 수식을 셀 C2:K2에 복사한다.

B2 | =B1 - 10

	A	B	C	D	E	F	G	H	I	J	K
1	표본값	11.2	11.0	12.0	13.0	12.5	10.5	5.8	6.2	14.0	12.2
2	중위수와의 차	1.2									
3	절댓값										
4	부호순위										

Step 2 셀 B3에 =ABS(B2)를 입력하고 수식을 셀 C3:K3에 복사한다.

B3 | =ABS(B2)

	A	B	C	D	E	F	G	H	I	J	K
1	표본값	11.2	11.0	12.0	13.0	12.5	10.5	5.8	6.2	14.0	12.2
2	중위수와의 차	1.2	1.0	2.0	3.0	2.5	0.5	-4.2	-3.8	4.0	2.2
3	절댓값	1.2									
4	부호순위										

Step 3 셀 B4에 =SIGN(B2)*RANK(B3, $B$3:$K$3, 1)를 입력하고 수식을 셀 C4:K4에 복사한다.

[주의] 순위를 정해야 하는 대상 전체에는 '$'를 사용하여 고정시켜야 한다.

B4 =SIGN(B2)*RANK(B3, $B$3:$K$3, 1)

	A	B	C	D	E	F	G	H	I	J	K
1	표본값	11.2	11.0	12.0	13.0	12.5	10.5	5.8	6.2	14.0	12.2
2	중위수와의 차	1.2	1.0	2.0	3.0	2.5	0.5	-4.2	-3.8	4.0	2.2
3	절댓값	1.2	1	2	3	2.5	0.5	4.2	3.8	4	2.2
4	부호순위	3									
5											

Step 4 셀 B5에 =SUM(B4:K4)입력하여 부호순위 합 19를 얻는다.

셀 B6에 =(B5−0.5−0)/SQRT(10*(10+1)*(2*10+1)/6)입력하여 Z값 =0.942847을 얻는다.

셀 B7에 =1−NORM.S.DIST(B6, TRUE) 입력하여 p값=0.17288을 얻는다.

B7 =1 - NORM.S.DIST(B6, TRUE)

	A	B	C	D	E	F	G	H	I	J	K
1	표본값	11.2	11.0	12.0	13.0	12.5	10.5	5.8	6.2	14.0	12.2
2	중위수와의 차	1.2	1.0	2.0	3.0	2.5	0.5	-4.2	-3.8	4.0	2.2
3	절댓값	1.2	1	2	3	2.5	0.5	4.2	3.8	4	2.2
4	부호순위	3	2	4	7	6	1	-10	-8	9	5
5	합	19									
6	Z값	0.942847									
7	P값	0.17288									
8											

예제 17.6

Step 1 '고3모의고사' 자료를 열어 셀 E2에=RANK(A2, $A$2:$B$25, 1)를 입력하고 수식을 셀 D3:D13에 복사한다. 셀 D2의 수식을 셀 E2에 복사하고, 셀 E2수식을 셀 E3:E25에 복사한다.

D2 =RANK(A2, $A$2:$B$25, 1)

	A	B	C	D	E	F
1	A 지역	B 지역		A지역 순위	B지역 순위	
2	158	124		31		
3	105	169				
4	72	76				

Step 2 셀 D26에 =SUM(D2:D13)을 입력하여 순위합을 구한다.

D26 =SUM(D2:D13)

	A	B	C	D	E
19		148			29
20		21			1
21		107			20
22		167			34
23		65			11
24		109			21
25		42			4
26			순위합	227	
27					

Step 3 셀D27에 =(D26−0.5−12*(12+24+1)/2) / SQRT(12*24*(12+24+1)/12)

셀D28에 =1−NORM.S.DIST(D27, TRUE)입력하여 Z값과 *p*값을 구한다.

D28 =1-NORM.S.DIST(D27, TRUE)

	A	B	C	D	E	F
19		148			29	
20		21			1	
21		107			20	
22		167			34	
23		65			11	
24		109			21	
25		42			4	
26			순위합	227		
27			Z값	0.1510101		
28			P값	0.4399839		
29						

예제 17.7

Step 1 '세가지다이어트' 자료를 열어 셀 D2에 =RANK(A2, \$A\$2:\$C\$7, 1)를 입력하고 수식을 셀 E3:E6에 복사한다. 셀 D2 수식을 F2:G2에 복사하고 각각 F열과 G열에 수식 복사한다.

E2 =RANK(A2, \$A\$2:\$C\$7, 1)

	A	B	C	D	E	F	G
1	A방법	B방법	C방법		A방법순위	B방법순위	C방법순위
2	4	6	2		3		
3	5	8	3				
4	10	12	9				
5	14	13	16				
6	30	20	27				
7			28				

Step 2 셀 E8에 =SUM(E2:E7)을 입력하여 순위합을 구하고 셀 F8:G8에 수식 복사한다.

[주의] E7에는 자료가 없으나 순위합을 구하는 데 문제가 없고 수식을 G8까지 복사하기 위함이다.

E8 =SUM(E2:E7)

	A	B	C	D	E	F	G
1	A방법	B방법	C방법		A방법순위	B방법순위	C방법순위
2	4	6	2		3	5	1
3	5	8	3		4	6	2
4	10	12	9		8	9	7
5	14	13	16		11	10	12
6	30	20	27		16	13	14
7			28				15
8				순위합	42		
9							

Step 3 셀 E9에 =12/16/(16+1)*(E8^2/5+F8^2/5+G8^2/6)−3*(16+1)

셀 E10에 =1−CHISQ.DIST(E9, 2, TRUE)입력하여 K−W 통계량과 *p*값을 구한다.

E10 =1-CHISQ.DIST(E9, 2, TRUE)

	A	B	C	D	E	F	G
1	A방법	B방법	C방법		A방법순위	B방법순위	C방법순위
2	4	6	2		3	5	1
3	5	8	3		4	6	2
4	10	12	9		8	9	7
5	14	13	16		11	10	12
6	30	20	27		16	13	14
7			28				15
8				순위합	42	43	51
9				K-W	0.0044118		
10				p값	0.9977965		
11							

예제 17.8

Step 1 '형제몸무게'자료를 열어 셀 D2에 =RANK(A2, \$A\$2:\$A\$8, 1)를 입력하고 수식을 셀 D3:D8에 복사한다. 셀 E2에 =RANK(B2, \$B\$2:\$B\$8, 1)를 입력하고 수식을 셀 E3:E8에 복사한다.

D2 =RANK(A2, $A$2:$A$8, 1)

	A	B	C	D	E	F
1	X	Y		R(X)	R(Y)	
2	95	88		7		
3	70	65				
4	60	63				
5	73	78				
6	62	70				
7	71	76				
8	75	73				

Step 2 셀 F2에 =D2−E2을 입력하고 셀 F3:F8에 수식 복사한다.

F2 =D2-E2

	A	B	C	D	E	F
1	X	Y		R(X)	R(Y)	R(X)-R(Y)
2	95	88		7	7	0
3	70	65		3	2	

Step 3 셀 G2에 =F2^2을 입력하고 셀 G3:G8에 수식 복사한다.

G2 =F2^2

	A	B	C	D	E	F	G
1	X	Y		R(X)	R(Y)	R(X)-R(Y)	(R(X)-R(Y))^2
2	95	88		7	7	0	0
3	70	65		3	2	1	

Step 4 셀 G9에 =SUM(G2:G8)

G9 =SUM(G2:G8)

	A	B	C	D	E	F	G	H
1	X	Y		R(X)	R(Y)	R(X)-R(Y)	(R(X)-R(Y))^2	
2	95	88		7	7	0	0	
3	70	65		3	2	1	1	
4	60	63		1	1	0	0	
5	73	78		5	6	-1	1	
6	62	70		2	3	-1	1	
7	71	76		4	5	-1	1	
8	75	73		6	4	2	4	
9							8	<=합계

Step 5 셀 G10에 =1−6*G9/7/(7^2−1)

셀 G11에 =1−NORM.DIST(G10, 0, SQRT(1/6), TRUE)

입력하여 스피어만 상관계수와 *p*값을 구한다.

G11 | =1-NORM.DIST(G10, 0, SQRT(1/6), TRUE)

	A	B	C	D	E	F	G	H	I
1	X	Y		R(X)	R(Y)	R(X)-R(Y)	(R(X)-R(Y))^2		
2	95	88		7	7	0	0		
3	70	65		3	2	1	1		
4	60	63		1	1	0	0		
5	73	78		5	6	-1	1		
6	62	70		2	3	-1	1		
7	71	76		4	5	-1	1		
8	75	73		6	4	2	4		
9							8	<=합계	
10							0.857142857	스피어만 rho	
11							0.017883666	p값	
12									

SPSS

예제 17.1

Step 1 PASW Statistics Data Editor 창의 **변수 보기**에서 다음과 같이 한 개의 변수를 만든다(예제 17.1 자료).

	이름	유형	너비
1	표본값	숫자	8

Step 2 PASW Statistics Data Editor 창의 **데이터 보기**에서 다음과 같이 데이터를 입력한다.

	표본값
1	11.20
2	11.00
3	12.00
4	13.00

Step 3 PASW Statistics Data Editor의 **[분석]** 메뉴의 **비모수검정**에서 **레거시 대화 상자**에 있는 **이항**을 선택한다. 이는 중앙값에 대한 부호검정과 같은 원리가 적용된 검정 방법이다.

Step 4 **이항검정** 창에서 **검정변수**란에 표본값을 넣고 **이분형 정의**에서 **분리점**을 선택한 다음, 이를 검정하고자 하는 중앙값인 10으로 설정한 후 **확인**을 누른다.

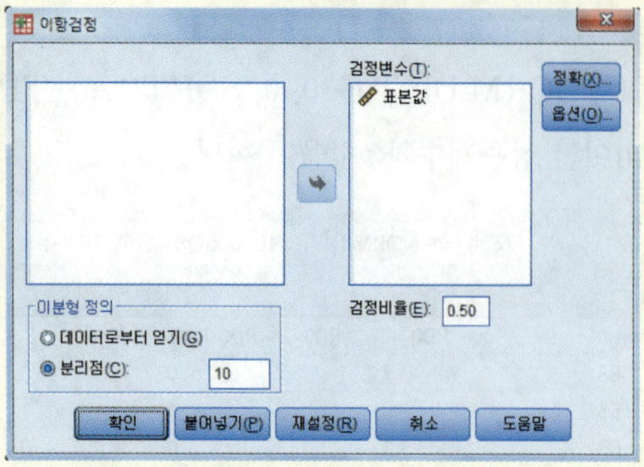

Step 5 PASW Statistics Viewer 창에서 결과를 확인할 수 있다.

SPSS에서 이항검정의 가설은 귀무가설이 모집단의 중앙값이 분리점과 같다는 것이고, 대립가설은 모집단의 중앙값이 분리점과 다르다는 것이다. 즉, 양측검정인 것이다. 따라서 단측검정의 유의확률은 결과물의 유의확률인 0.109의 절반인 0.0545이다.

예제 17.6

Step 1 PASW Statistics Data Editor 창의 **변수 보기**에서 Score와 District 변수를 만든다. '고3모의고사' 자료.

	이름	유형	너비
1	Score	숫자	8
2	District	숫자	8

Step 2 PASW Statistics Data Editor 창의 **데이터 보기**에서 다음과 같이 데이터를 입력한다.

	Score	District
1	158.00	.0
2	105.00	.0
3	72.00	.0
4	125.00	.0
5	56.00	.0
6	129.00	.0
7	63.00	.0
8	161.00	.0
9	190.00	.0
10	114.00	0
11	43.00	.0
12	27.00	.0
13	124.00	1.00
14	169.00	1.00

이때 A지역에 해당되는 관찰치의 District 변숫값을 0으로 두고, B지역의 관찰치의 District 변숫값을 1로 둔다.

Step 3 PASW Statistics Data Editor의 **[분석]** 메뉴의 **비모수검정**에서 **레거시 대화 상자에 있는 독립 2 – 표본**을 선택한다.

Step 4 **독립 2 – 표본 비모수검정** 창에 있는 **검정변수**란에 Score 변수를 입력하고, **집단변수**란에 District 변수를 입력한 후 **집단정의**를 누른다.

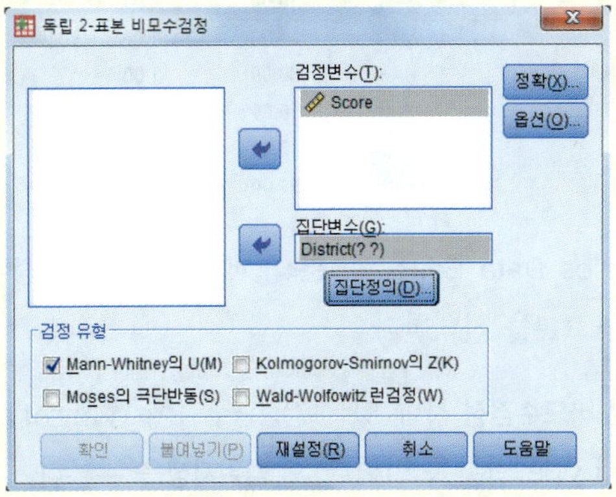

Step 5 **독립 2 – 표본 비모수검정 : 집단정의** 창에서 **집단 1**란에 0을 **집단 2**란에 1을 기입한 후 계속을 누른다.

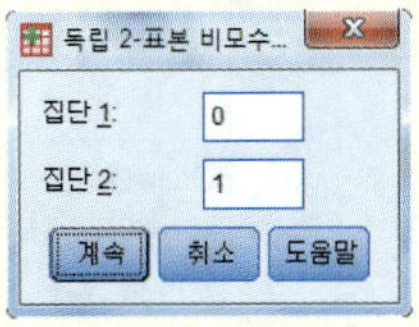

Step 6 독립 2 – 표본 비모수검정 창에서 확인을 누른다.

Step 7 PASW Statistics Viewer 창에서 결과를 확인할 수 있다.
SPSS에서는 Mann–Whitney의 U에 기반한 검정을 실행한다. 그런데 Mann–Whitney의 U는 Wilcoxon의 Rank Sum에 기반하기 때문에 언제나 윌콕슨 순위합 통계량에 기반한 결과와 같은 결과가 나온다. 위의 경우에도 근사 유의확률(양측)=0.867이 나왔고, 이는 양측검증의 결과이기 때문에 절반으로 나누면 0.4335가 나온다.

예제 17.7

Step 1 PASW Statistics Data Editor 창의 **변수 보기**에서 다음과 같이 WeightLoss와 Type 변수를 만든다(예제 17.7.sav).

	이름	유형	너비
1	WeightLoss	숫자	8
2	Type	숫자	8

Step 2 PASW Statistics Data Editor 창의 **데이터 보기**에서 다음과 같이 데이터를 입력한다.

	WeightLoss	Type
1	3.00	1.00
2	5.00	1.00
3	10.00	1.00
4	14.00	1.00
5	30.00	1.00
6	6.00	.0
7	8.00	.0
8	12.00	.0

Step 3 PASW Statistics Data Editor의 **[분석]** 메뉴의 **비모수검정**에서 **레거시 대화 상자**에 있는 **독립 K – 표본**을 선택한다.

Step 4 **독립 K – 표본 비모수검정** 창에 있는 **검정변수**란에 WeightLoss 변수를 입력하고, **집단변수**란에 Type 변수를 입력한 후 **범위지정**을 누른다.

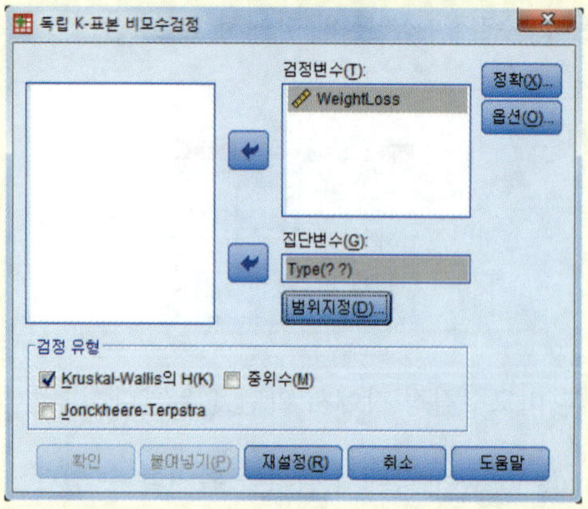

Step 5 **독립 K – 표본 비모수검정 : 범위지정** 창에서 **최솟값**란에 1을 **최댓값**란에 3을 기입한 후 **계속**을 누른다.

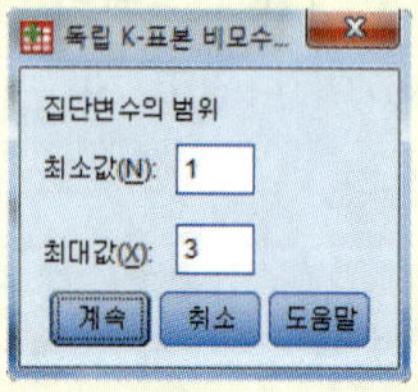

Step 6 **독립 K – 표본 비모수검정** 창에서 **확인**을 눌러 PASW Statistics Viewer 창에서 결과를 확인한다.

예제 17.8

Step 1 PASW Statistics Data Editor 창의 **변수 보기**에서 다음과 같이 두 개의 변수를 만든다(형제몸무게.sav).

	이름	유형	너비
1	X	숫자	8
2	Y	숫자	8

Step 2 PASW Statistics Data Editor 창의 **데이터 보기**에서 다음과 같이 데이터를 입력한다.

	X	Y
1	95.00	88.00
2	70.00	65.00
3	60.00	63.00
4	73.00	78.00
5	62.00	70.00
6	71.00	76.00
7	75.00	73.00

Step 3 PASW Statistics Data Editor의 **[상관분석]** 메뉴에서 **이변량 상관계수**를 선택한다.

Step 4 **이변량 상관계수** 창에 있는 **변수**란에 X변수와 Y변수를 입력하고, **상관계수**에서 Spearman을 체크한 후 **확인**을 누른다. **유의성 검정**의 **양쪽**은 그대로 둔다.

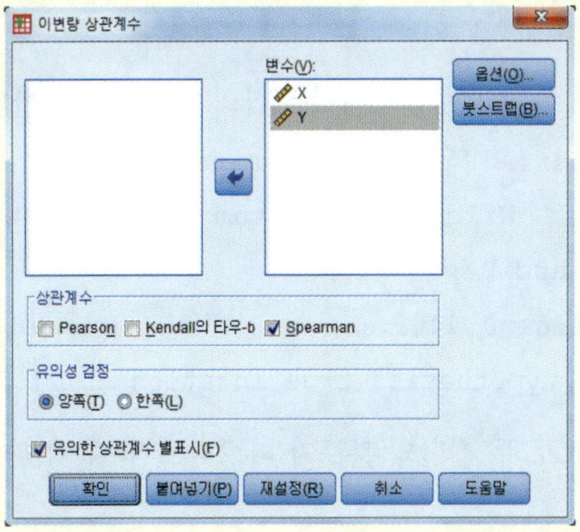

Step 5 PASW Statistics Viewer 창에서 Spearman 상관계수는 0.857이고, 이에 대한 양측검정 유의확률은 0.014이다.

R

예제 17.1

Step 1 다음의 코드를 이용하여 〈예제 17.1〉에 있는 데이터를 입력한다.

```
> x=c(11.2, 11.0, 12.0, 13.0, 12.5,
+ 10.5, 5.8, 6.2, 14.0, 12.2)
```

Step 2 다음의 코드를 이용하여 sign.test 함수를 생성하자.

```
> sign.test = function(median, y){
+ z = sort(y)
+ n = length(z)
+ b = sum(z > median)
+ pbinom(b-1, n, 0.5, lower.tail=FALSE)
+ }
```

Step 3 다음의 코드를 이용하여 중앙값에 대한 부호검정을 수행하자.

```
> sign.test(10, x)
[1] 0.0546875
```

p값이 0.054이므로 중앙값이 10이라는 가정을 기각할 수 없게 된다.

예제 17.6

Step 1 다음의 코드를 이용하여 〈예제 17.6〉에 있는 데이터를 입력한다.

```
> A지역=c(158, 105, 72, 125, 56,
+ 129, 63, 161, 190, 114, 43, 27)
> B지역=c(124, 169, 76, 24, 62, 95,
+ 142, 79, 112, 64, 61, 106, 126, 162,
+ 83, 91, 153, 148, 21, 107, 167, 65,
+ 109, 42)
```

Step 2 다음의 코드를 이용하여 윌콕슨 순위합의 검정을 수행한다.

```
> wilcox.test(A지역, B지역, alternative="g", exact=TRUE)
            Wilcoxon rank sum test
data: A지역 and B지역
w=149, p-value=0.4409
alternative hypothesis: true location shift is greater than 0
```

p값이 0.44이므로 두 집단의 분포가 다르다고 할 수 없다.

예제 17.7

Step 1 다음의 코드를 이용하여 예제 17.7에 있는 데이터를 입력하자.

```
> A방법=c(4, 5, 10, 14, 30)
> B방법=c(6, 8, 12, 13, 20)
> C방법=c(2, 3, 9, 16, 27, 28)
```

Step 2 다음의 코드를 이용하여 크루스칼-왈리스 검정을 수행하자.

```
> kruskal.test(list(A방법, B방법, C방법))
         Kruskal-wallis rand sum test
data: list (A방법, B방법, C방법)
Kruskal-wallis chi-squared =0.0044, df = 2, p-value = 0.9978
```

p값이 0.9978이므로 세 가지 방법의 분포에 차이가 있다고 할 수 없다.

예제 17.8

Step 1 다음의 코드를 이용하여 〈예제 17.8〉에 있는 데이터를 입력하자.

```
> x=c(95, 70, 60, 73, 62, 71, 75)
> y=c(88, 65, 63, 78, 70, 76, 73)
```

Step 2 다음의 코드를 이용하여 스피어만 순위 상관계수 검정을 수행하자.

```
> cor.test(x, y, method="spearm")

         Spearman  rank correlation rho

data:x and y
s=8, p-value=0.02381
alternative hypothesis; true rho is not equal to 0
sample estimates:
rho
0.8571429
```

p값이 0.02381이므로 상관계수가 0이라는 가설을 기각하게 된다.

피어슨 상관계수는 0.857이 된다.

R 실습 스크립트

```
##
##  예제 17.1 부호검정, 중앙값=10에 대한 검정
##

data <- c(11.2, 11.0, 12.0, 13.0, 12.5, 10.5, 5.8, 6.2, 14.0, 12.2)
(n <- length(data))
sign <- as.vector(n)
for ( i in 1:n ) {
       if ( data[i] > 10 ) sign[i] <- "+"
       else if ( data[i] == 10 )  sign[i] <- "0"
       else  sign[i] <- "-"
}
sign
(x <- sum( sign == "+" ))          # x <- sum( data > 10 )    사용 가능
(1 - pbinom(x-1, n, 0.5))*2

# BSDA 라이브러리 이용; [패키지들] 메뉴에서 BSDA 패키지를 인스톨한 후에 사용
library(BSDA)
SIGN.test(data, md=10)                            # 양측검정

SIGN.test(data, md=10, alternative="greater")  # 단측검정

# 부호검정은 간단하므로 다음과 같이 부호검정함수를 만들어 사용할 수 있다.
# sign.test <- function(median, y){
#       z = sort(y)
#       n = length(z)
```

```
#       b = sum(z > median)
#       pbinom(b-1, size=n, prob=0.5, lower.tail=FALSE)
# }

###
### 예제 17.2 이항분포 계산, 정규분포 근사계산
###

n <- 100
p <- 0.5

# Pr(X >= 60) = 1 - Pr(X <= 59) 이항분포로 계산
1 - pbinom(59, size=n, prob=0.5)

# 정규분포 근사계산
(x.mean <- n * p)
(x.sd <- sqrt(n * p * (1-p)))
1 - pnorm(60-0.5, mean=x.mean, sd=x.sd)   # 0.5 연속성 보정계수


###
### 짝표본 부호검정
### 예제 17.3 학습 전과 후의 TOEIC 성적
###
x <- c(750, 850, 600, 550, 560, 640, 800, 640)
y <- c(850, 840, 625, 535, 620, 670, 820, 680)
(n <- length(x))
sign <- as.vector(n)
for ( i in 1:n ) {
        if ( y[i]-x[i] > 0 ) sign[i] <- "+"
        else if ( y[i]-x[i] == 0 )  sign[i] <- "0"
        else  sign[i] <- "-"
}
sign

# s == 양의 부호를 갖는 표본의 수 = sum( sign == "+" )
(s <- sum( y-x > 0 ))
# Pr( S >= s ) 계산
1 - pbinom(s-1, size=n, prob=0.5)
# SIGN.test() 이용
```

```
library(BSDA)
SIGN.test(y-x, md=0, alternative="greater")

###
### 부호순위검정, 윌콕슨 부호순위 통계량
### 예제 17.4
###

x <- c(11.2, 11.0, 12.0, 13.0, 12.5, 10.5, 5.8, 6.2, 14.0, 12.2)

# H1 > 10 one-sided test
wilcox.test(x, mu=10, alternative="greater")

# H1 > 10 one-sided 근사 정규분포 이용
(n <- length(x))
(T <- sum(rank(abs(x-10))[x>10]))
(T.mean <- n*(n+1)/4)
(T.sd <- sqrt(n*(n+1)*(2*n+1)/24))
1 - pnorm(T-0.5, mean=T.mean, sd=T.sd)

# H1 != 10 two-sided
wilcox.test(x, mu=10)

# two-sided 근사 정규분포 이용
(1 - pnorm(T-0.5, mean=T.mean, sd=T.sd)) * 2

###
### 짝표본 부호순위검정
### 예제 17.5 TOEIC 자료 (예제 17.3 자료 이용)
###

x <- c(750, 850, 600, 550, 560, 640, 800, 640)
y <- c(850, 840, 625, 535, 620, 670, 820, 680)

(토익 <- data.frame(x,y))
library(lattice)
stripplot(토익)
dotplot(y)

# wilcox.test()는 자료를 두 개로 입력하거나 차이의 값 하나로 입력할 수 있다.
```

```
wilcox.test(y, x, paired=T, alternative="greater")   # y, x 순서 주의!
wilcox.test(y - x, alternative="greater")            # The same.

# H1 > 10 one-sided 근사 정규분포 이용
n <- 8
(T <- sum(rank(abs(y-x))[y-x>10]))
(T.mean <- n*(n+1)/4)
(T.sd <- sqrt(n*(n+1)*(2*n+1)/24))
1 - pnorm(T-0.5, mean=T.mean, sd=T.sd)

# wilcox.test()에서 근사 정규분포 이용
wilcox.test(y, x, paired=T, alternative="greater", exact=F)

###
### 윌콕슨 순위합 검정(맨휘트니 검정)
### 예제 17.6 두 지역에서의 모의고사 점수
###

A지역 <- c(158, 105, 72, 125, 56, 129, 63, 161, 190, 114, 43, 27)
B지역 <- c(124, 169, 76, 24, 62, 95, 142, 79, 112, 64, 61, 106,
         126, 162, 83, 91, 153, 148, 21, 107, 167,65, 109, 42)

점수 <- c(A지역,B지역)
(nA <- length(A지역))
(nB <- length(B지역))
지역 <- c(rep("A",nA), rep("B",nB))
library(lattice)
stripplot(지역~점수)                    # 지역별 점수 그림
windows()
stripplot(지역~rank(점수))   # 지역별 순위 그림
# 지역별 순위 그림에서 순위들이 지역간 상당히 겹쳐 나타나고 있어
# 비유의적 결과가 예상된다.

# A지역의 순위합, 평균, 표준편차
(W <- sum(rank(점수)[지역=="A"]))
(W.mean <- nA*(nA+nB+1)/2)
(W.sd <- sqrt(nA*nB*(nA+nB+1)/12))

# 양측검정 p값
(1 - pnorm(W-0.5, mean=W.mean, sd=W.sd))*2
```

```
# wilcox.test() 이용
wilcox.test(A지역, B지역,  alternative = "two.sided", exact=TRUE)
wilcox.test(A지역, B지역,  alternative = "two.sided", exact=FALSE)

###
### 크루스칼-왈리스 검정
### 예제 17.7 세 가지 다이어트 방법에 따른 몸무게 감소량
###

A방법 <- c(4, 5, 10, 14, 30)
B방법 <- c(6, 8, 12, 13, 20)
C방법 <- c(2, 3,  9, 16, 27, 28)

감소량 <- c(A방법,B방법,C방법)
(nA <- length(A방법))
(nB <- length(B방법))
(nC <- length(C방법))
N <- nA+nB+nC                  # 전체 표본수
k <- 3                         # 집단수

방법 <- c(rep("A",nA), rep("B",nB), rep("C",nC))
library(lattice)
stripplot(방법~감소량)          # 방법별 감소량 그림
windows()
stripplot(방법~rank(감소량)) # 방법별 순위 그림
# 방법별 순위 그림에서 순위들이 방법간 상당히 겹쳐 있어
# 비유의적 결과가 예상된다.

# 크루스칼-왈리스 통계량
(K <- 12/(N*(N+1))*( sum(rank(감소량)[방법=="A"])^2/nA
                  + sum(rank(감소량)[방법=="B"])^2/nB
                  + sum(rank(감소량)[방법=="C"])^2/nC ) - 3*(N+1))

# 양측검정 p값
1 - pchisq(K, k-1)

# kruskal.test() 사용
kruskal.test(list(A방법, B방법, C방법))
###
```

```
### 스피어만 순위상관계수
### 예제 17.8 형제 7쌍의 몸무게
###

x <- c(95, 70, 60, 73, 62, 71, 75)
y <- c(88, 65, 63, 78, 70, 76, 73)

windows()
plot(rank(y)~rank(x))
# 순위 산점도그림에서 표본수가 적지만 순위들의 상관이 높게 보인다.

n <- length(x)
(rho <- 1 - 6* sum((rank(x)-rank(y))^2)/(n*(n^2-1)))
# normal approximation
(1 - pnorm(rho, mean=0, sd=sqrt(1/6))) * 2

# Spearman test, exact value
(Spearman <- cor.test(x, y, method="spearm", exact=TRUE))

# normal approximation
(1 - pnorm(Spearman$estimate, mean=0, sd=sqrt(1/6))) * 2

# Pearson test, 자료들의 정규분포 가정 필요
cor.test(x, y, method="pearson")
```

익힘문제

다음 괄호에 알맞은 말을 넣거나, 맞는 것을 선택하시오.

1 모집단의 분포를 알지 못하는 경우에 모집단 분포에 대한 가정에 의존하지 않는, 통계량에 기초한 추론을 하여만 한다. 따라서 표본들의 (   ) 또는 (   ) 등은 모집단의 분포에 상관없이 일정하므로 이들에 기초한 통계량으로 추론을 하면 된다.

2 모수가 있는 모집단의 분포를 가정하고 분석하는 통계를 (   )라고 하고, 부호와 순위만 다루어 모수가 필요 없는 통계를 (   )이라고 한다.

3 비모수통계학은 모수를 다루지 않지만 (   )에서 얻은 정보를 이용하여 모집단에 대한 (   )을(를) 하는 통계학의 기본틀은 계속 유지된다.

4 모집단의 특정 분포를 가정하지 않는 것뿐이지 모집단의 분포는 {존재, 부재}하며, 표본들이

{같은, 다른} 분포를 따르고(identically distributed) 서로 {종속, 독립}이라는 가정사항은 여기서도 필요한 가정들이다.

5 중앙값이나 중앙값 차이에 대한 검정을 (　　　　)에 대한 것으로 바꾸려면 모집단의 분포가 (　　　　)이라는 가정이 추가로 필요하다.

6 비모수통계에서 표본이 특정한 값보다 크냐 작으냐에 따라 (　　　　)가 정해진다.

7 순위가 같으면 (　　　　)을(를) 사용한다.

8 (　　　　)검정은 표본값의 크기가 아니라 특정한 값보다 작냐 크냐의 부호만을 가지고 검정하는 방법이다.

9 특정값보다 작으냐 크냐만으로 나타내어지는 부호는 모든 분포에 대해 그 값이 일정하므로 이러한 부호를 가지고 추론을 하게 되면 모든 분포에 적용할 수 있게 된다. 즉 가정된 값보다 클 확률을 (　　　　)라고 하고 전체 표본 n중 x개 이상이 가정된 값보다 클 확률은 (　　　　)를 이용해 구할 수 있다.

10 표본수 n이 어느 정도 큰 경우, 위의 확률을 정규분포를 이용하여 구하는 식을 써라.

11 모집단의 중앙값(median)이 어떠한 특정값이라고 가정되는 경우 표본값이 이 중앙값보다 클 확률은 (　　　　)가 된다.

12 중앙값검정의 경우 모집단의 분포에 상관없이 표본의 절반 정도가 중앙값 이상이거나 이하인 값을 가져야 하므로 이러한 (　　　　)에 기초하면 모집단의 분포를 알지 못하더라도 중앙값에 대한 추론이 가능하게 된다. 이때 p값은 앞서 설명한대로 (　　　　)분포를 이용하여 구할 수 있으며 표본수가 큰 경우에는 (　　　　)분포로 근사하여 구해도 된다.

13 표본수가 얼마나 커야 표준정규분포를 이용할 수 있는가의 조건은 $n\pi$(　　　　)와 $n(1-\pi) \geq$(　　　　)(이항분포의 정규근사)이다. 중앙값검정에서는 $\pi=$(　　　　)이므로 $n \geq$(　　　　)이다. 일반적인 기준 $n \geq 30$보다 훨씬 작은데, 이는 {대칭, 비대칭}형 이항분포가 {빠르게, 늦게} 정규분포에 접근하기 때문이다.

14 9장에서 모평균에 대한 검정을 다룰 때 모집단이 정규분포인 경우와 정규분포가 아닌 경우는 대표본인 경우에 대하여 설명하였다. 비정규분포 모집단이면서 소표본인 경우를 해결하지 못하였었다. 모집단 분포가 {대칭, 비대칭}인 경우는 여기서 제시한 중앙값검정을 (　　　　)에 대한 검정으로 그대로 적용할 수 있다. {대칭, 비대칭}인 경우는 평균에 대한 검정 대신 (　　　　)에 대한 검정으로 하는 것이다.

15 짝 지은 표본의 경우 부호검정

귀무가설 : 중앙값의 차이$=0$, 대립가설 : 중앙값의 차이>0

a. 표본값들의 {합, 차이, 곱}를 구한다.

b. (　　　　)보다 큰 {합, 차이, 곱}의 개수를 계산한다.

c. (　　　　)를 이용하여 표본수보다 {작거나, 크거나} 같게 나올 확률을 구한다. 만일 표본이 큰 경우 (　　　　)를 이용해 대략적인 p값을 구하여 {왼쪽 단측, 오른쪽 단측, 양측} 검정한다.

16 짝표본에 대한 부호검정은 10.4절의 짝 모집단 평균의 차이에 대한 검정에 대응하는 비모수적인 방법이다. 10.4절에서는 (　　　　)가정 또는 (　　　　) 근사가 필요하였으나 여기서는 그러한 가정이 필요없다. 비모수적 방법을 적용하기 위하여 (　　　　)차이가 (　　　　)차이로

바뀌었다.

17 중앙값검정 또는 짝표본에 대한 중앙값 차이의 검정을 할 때 자료가 검정하려는 중앙값과 똑같거나 짝으로 된 표본의 두 값이 똑같다면 이를 ( ) 또는 ( )라 하고, 부호가 ( )이 된다. 이때는 이들 자료를 표본에서 빼고 그에 따라 표본수 n도 ( )의 수만큼 줄게 된다. 그러나 ( )도 모집단에 대한 정보를 주고 있는 것이므로 무조건 빼버리는 것은 정보의 손실이다.

18 부호검정은 부호만을 가지고 검정을 하게 되므로 표본값이 중앙값 또는 0에서 얼마나 벗어나 있냐는 것은 검정에 전혀 고려되지 않게 된다. 이러한 차이를 ( )로 변환하게 하더라도 모든 분포에 대해 ( )는 동일하게 되므로 모든 분포에 적용이 가능하게 되고 부호검정과는 달리 중앙값 또는 0에서 벗어난 정도가 검정에 고려가 된다.

19 순위를 정할 때는 먼저 ( )을 취한 후 순위를 정하고 순위가 정해지면 ( )와 ( )를 순위에 부여한다.

20 부호순위를 이용한 통계량을 ( )통계량이라고 한다.

21 귀무가설 가정에서 윌콕슨 부호순위 통계량의 평균은 ( ), 분산은 ( )이 된다. 표본이 큰 경우 ($n>10$) 대략적인 표집분포는 ( )분포를 하므로 이에 따라 대략적인 p값을 구할 수 있다.

22 짝표본중앙값 차이에 대한 윌콕슨 부호순위검정
귀무가설: 중앙값의 차이$=0$ 대립가설: 중앙값 차이$\neq0$
a. 차이의 ( )에 대해 순위를 매긴다.
b. 0보다 작으면 ( ), 크면 ( )를 각각 이 순위에 부여한다.
c. ( )순위의 합을 구한다.
d. 이 값이 너무 크거나 작으면 귀무가설을 기각한다.

23 두 개의 독립된 집단에 대한 분포가 같다면 이들 표본을 합쳐 크기순으로 나열하였을 때 그 순위에 큰 편중이 없어야 한다. 즉, 각 집단의 ( )은 표본수를 감안하였을 때 비슷하여야 한다.

24 윌콕슨 순위합 검정은 ( )검정이라고도 한다.

25 두 분포차이에 대한 윌콕슨 순위합 검정
귀무가설 : $F(x)=G(x)$ 대립가설 : $F(x)\neq G(x)$
a. 두 집단의 표본을 합쳐 크기 순으로 나열한 후 ( )를 매긴다.
b. 표본수가 작은 집단의 ( )을 구한다.
c. 이렇게 구한 ( )이 너무 {작으면, 크면, 작거나 크면} 두 집단의 분포가 다르다고 판단한다.

26 두 분포가 같다는 가정하에서 순위의 평균의 기댓값은 ( )이므로 표본수가 작은 쪽의 순위합의 기댓값은 ( )이 된다.

27 두 분포가 같다는 가정하에서 윌콕슨 순위합 통계량의 표집분포는 부록에 있는 표에 나와 있다. 표에는 하한임곗값만 나와 있으나 상한임곗값은 다음과 같이 구할 수 있다. 만일 하한임곗값을 T_L. 상한임곗값을 T_U라고 한다면 T_L+T_U은 순위합의 기댓값의 두 배인 2×

(   )이 될 것이다. 따라서 부록에 있는 표는 하한임곗값만 나와 있지만 상한임곗값은 (   )$-T_L$로 구할 수 있다.

28 윌콕슨 순위합의 표집분포는 표본수가 큰 경우 근사적으로 (   )분포를 하고 평균이 (   ), 분산은 (   )이다.

29 세 집단 이상의 분포를 검정하기 위해서는 각 집단의 모집단 분포가 분산이 동일한 정규분포로 알려져 있는 경우에는 (   )을 사용할 수 있으나 모집단의 분포가 알려져 있지 않은 경우에는 (   )가 제안한 검정방법을 이용할 수 있다.

30 크루스칼-왈리스 검정

H_0: 모든 집단의 분포가 같다. H_1: 어느 한 집단이라도 (   )이 다르다.

a. 모든 집단의 표본을 합쳐 크기순으로 나열한 후 (   )를 매긴다.

b. 각 집단의 (   )을 계산한다.

c. 크루스칼-왈리스 통계량을 다음과 같이 계산한다. (   )

d. 이렇게 구한 통계량 값이 너무 {작으면, 크면, 작거나 크면} 집단 간의 분포가 다르다고 판단한다.

31 모든 집단의 분포가 같다는 가정하에서 크루스칼-왈리스 통계량의 표집분포는 대략적으로 자유도가 (   )인 (   )분포를 한다.

32 두 변수의 상관을 나타내는 측도로는 피어슨 상관계수가 널리 알려져 있다. 이 피어슨 상관계수 r은 자료가 숫자로 나타나는 경우 널리 사용되고 있다. 하지만 r은 그 분포가 (X, Y)의 (   )분포에 의존하기 때문에 모집단의 분포를 알지 못하는 경우에는 r에 대한 검정이 어려워져 사용하기가 어려워진다.

33 따라서 모집단의 결합분포를 알지 못하는 경우 분포에 의존하지 않는 (   )간의 상관을 이용할 수 있는데 이를 (   )상관계수라고 한다.

34 스피어만 순위 상관계수를 써라.

35 표본이 크고 X와 Y가 독립인 경우 스피어만 순위 상관계수는 평균이 (   ), 분산이 (   )인 (   )분포를 대략적으로 따르므로 이를 이용하여 스피어만 순위 상관계수가 0이냐에 대한 검정은 (   )분포를 이용한 p값을 구해 검정할 수 있다.

연습문제

1 좌우대칭인 모집단의 분포에서 10개의 표본을 추출하였다. 모집단 분포의 평균이 25인지를 검정하여라.

표본: 26, 24, 23, 43, 32, 29, 41, 35, 36, 39

2 102명 중 58명이 A라면보다 B라면을 선호한다고 답하였다. 두 라면의 선호도에 차이가 있는지를 검정하여라.

3 어느 지역의 슈퍼마켓 매니저는 자기 구역 고객들의 식료품비지출액의 중앙값이 2만3천 원일

것이라고 생각하고 있다. 그 매니저의 이러한 잠정적 가설이 맞는지의 여부를 확인하기 위하여, 102건의 매출자료를 확률표본으로 삼고 조사해본 결과, 60건은 2만 3천 원보다 컸고, 40건은 2만 3천 원 미만이었으며, 2건은 2만 3천 원이었다. 이상의 표본조사 결과를 가지고, 그 매니저의 가설이 맞는지의 여부에 대하여 유의수준 10%에서 통계적 검정을 수행하여라.

4 5년차 경력을 가진 컴퓨터 프로그래머들 연봉의 중앙값은 4천만 원이라고 알려져 있는데, 실제로는 이보다 더 높은 수준일 것이라는 주장이 많다. 이를 통계적으로 확인해 보기 위해 205명의 컴퓨터 프로그래머들의 연봉자료를 확률표본으로 얻어 조사한 결과는 다음과 같았다.

연봉 4천만 원 초과: 170명
연봉 4천만 원: 5명
연봉 4천만 원 미만: 30명

5년 경력의 컴퓨터 프로그래머들의 중앙값 연봉(median annual income)이 4천만원인지 또는 아닌지를 유의수준 5%에서 검정하여라.

5 철수는 하루 중 새벽에 아기가 많이 태어난다고 주장하고 있다. 하루 중 아기가 태어나는 시간에 차이가 없다는 가설을 검정하기 위한 절차를 써라.

6 1부터 N까지의 순위가 k개의 집단으로 나누어져 있고, i번째 집단 내 순위의 개수를 n_i라고 하고, 이들 순위를 $r_{i1}, r_{i2}, \cdots, r_{in_i}$라고 하자. SSTR과 TSS를 각각 구하여라. 또한 이들과 크루스칼-왈리스 통계량을 비교하여라.

7 다음을 보여라.

$$\frac{\sum_{i=1}^{n}\left(R(X_i)-\frac{n+1}{2}\right)\left(R(Y_i)-\frac{n+1}{2}\right)}{n(n^2-1)/12}=1-\frac{6\sum_{i=1}^{n}(R(X_i)-R(Y_i))^2}{n(n^2-1)}$$

실습 문제

고등학생IQ.dat
고등학생IQ.xlsx

8 A고등학교에 재학중인 13명에 대해 IQ를 조사한 결과 다음과 같다.

표본: 121, 113, 125, 126, 127, 105, 134, 143, 136, 151, 119, 128, 130

a. A고등학교 학생들의 절반 이상이 IQ가 120이 넘는지를 부호검정하여라.
b. 위 a문제에 대해 윌콕슨 부호순위검정을 하여라.

연봉.dat
연봉.xlsx

9 연봉 책정에 성별차이가 있는지를 알아보기 위해 동일한 학력, 경력을 가진 남녀 8쌍에 대해 연봉을 조사하였다. 연봉에 성별차이가 있는지를 검정하여라.

	1	2	3	4	5	6	7	8
남	3700	4800	6500	4600	7800	6500	7000	6000
녀	3600	4500	6300	4700	7000	6200	6200	5300

10 음주운전 시 반응이 얼마나 느려지는지 알아보기 위해 18명의 운전자들에게 각각 맥주 2병을 마시게 하여 음주 전후의 반응시간(초)을 측정하였다. 음주 후 반응시간이 느려지는가?

음주.dat
음주.xlsx

운전자	음주 전	음주 후	운전자	음주 전	음주 후
1	0.88	0.89	10	0.85	0.88
2	0.76	0.86	11	0.85	0.87
3	0.67	0.87	12	0.77	0.88
4	0.78	0.80	13	0.75	0.87
5	0.77	0.94	14	0.65	0.76
6	0.56	0.75	15	0.67	0.79
7	0.67	0.77	16	0.67	0.77
8	0.65	0.75	17	0.98	0.85
9	0.86	0.86	18	0.87	0.87

11 두 지역의 가구당 저축액의 분포에 차이가 있는지를 알아보기 위해 각각 10, 8가구를 대상으로 연 저축액을 조사하였다. 분포에 차이가 있는지를 검정하여라.

저축액.dat
저축액.xlsx

A 지역	370	20	1500	50	700	500	300	0	2000	3000
B 지역	10	350	400	800	1100	1200	1300	570		

12 R항공사는 우리나라에서 탑승하는 승객의 미국 도착지별로 승객들의 탑승취소 횟수가 차이가 나는지 알고자 한다. 다음은 미국 로스앤젤리스와 뉴욕으로 향하는 비행기 예약승객 중에서 출발전에 탑승을 취소한 승객수의 조사 결과이다.

탑승취소.dat
탑승취소.xlsx

뉴욕 행: 13, 14, 10, 8, 16, 9, 17, 21
로스앤젤리스 행: 11, 15, 10, 18, 11, 20, 24, 22, 25

위 두 도시로 가는 비행편을 예약하였던 승객들의 탑승취소 횟수가 유의수준 5%에서 같은지 또는 다른지를 검정하여라.

13 다음은 록(rock)과 재즈(jazz)를 전문적으로 연주하는 음악가들의 연령을 조사한 결과이다.

록재즈.dat
록재즈.xlsx

록: 28, 16, 42, 29, 31, 22, 50, 42, 23, 25
재즈: 26, 42, 65, 38, 29, 32, 59, 42, 27, 41, 46, 18

이들 두 분야의 연주가들의 연령이 정규분포를 따른다고는 볼 수 없을 때, 유의수준 5%에 재즈음악 연주자들이 록음악 연주자들에 비해 연령이 높다는 결론을 내릴 수 있겠는가?

14 1부터 N까지의 순위가 주어진 N개의 집단에서 n개의 표본을 임의로 추출하여라. 이 표본의 평균, 분산 그리고 표본들 간의 공분산을 구하여라. 또한 이를 이용하여 윌콕슨 순위합 통계량의 평균과 분산을 구하여라.

신생아.dat
신생아.xlsx

15 걷기운동을 한 신생아가 걷기운동을 하지 않은 신생아에 비해서 더 빨리 걸을 수 있는지 알아보기 위해, 각각 6명과 7명의 태어난지 1주된 신생아를 대상으로 실험이 진행되었다. 걷기운동을 하는 그룹에 속한 신생아는 하루에 4번씩 3분동안 걷기 반사 운동을 하였고, 걷기운동을 하지 않은 그룹에 속한 신생아는 아무런 운동을 하지 않았다. 실험에 참가한 신생아가 걷기 시작한 개월 수는 다음과 같다.

걷기운동을 한 신생아	걷기운동을 하지 않은 신생아
9	9.25
9.5	11
9.75	11.5
10	12
10.25	12.75
12.5	13.25
	13.5

a. 표본수가 작은 집단, 즉 걷기운동을 한 신생아 집단의 순위합을 구하여라.
b. $\alpha=0.1$에 해당하는 하한임곗값과 상한임곗값을 구하여라.
c. 유의수준 10%에서 걷기운동을 한 신생아와 걷기운동을 하지 않은 신생아간의 걷기 시작한 개월수에 차이가 없다는 귀무가설을 윌콕슨 순위합을 이용하여 검정하여라.

지원자.dat
지원자.xlsx

16 세 분야 전공의 지원자들 간에 전공학점 차이가 있는지를 조사하기 위해, 각 전공에서 각각 6, 6, 5명을 추출하여 평균학점을 조사하였다. 평균학점 간의 차이가 있는지를 검정하여라.

A 전공	3.70	2.56	3.43	3.54	3.88	4.01
B 전공	2.78	3.57	3.04	3.87	3.65	3.97
C 전공	3.82	3.67	3.72	3.89	4.03	

골프채.dat
골프채.xlsx

17 골프채 제조회사의 새로운 드라이버 제품의 비거리가 기존 드라이버의 비거리와 다른지 보기 위해 다음과 같이 비거리(m)를 측정하였다. 비거리가 다르다고 할 수 있겠는가?

기존 제품	251	220	230	234	243	213			
새로운 제품	214	215	223	242	236	218	254	241	226

a. 윌콕슨 순위합검정을 하여라.
b. 크루스칼-왈리스 검정을 하여라.
c. t통계량을 이용하여 검정하여라.
d. a, b, c의 결과 차이에 대해 해석하여라.

주가수익.dat
주가수익.xlsx

18 다음은 4종목의 일별 주가수익률(%)이다. 이들 종목 간 주가수익률의 차이가 있는지 검정하여라.

A	0.26	−0.34	3.23	−2.13	0.56	1.34	1.21	−0.28
B	0.54	0.78	2.65	−0.59	−0.87	2.21		
C	1.75	1.24	2.25	−0.98	−2.45	2.12		
D	0.89	0.85	0.35	−0.76	1.27			

19 아래에 주어진 표본관찰치들은 4개의 가상 모집단으로부터 얻은 것이다.

네그룹.dat
네그룹.xlsx

그룹 1	그룹 2	그룹 3	그룹 4
20	28	17	21
27	26	15	23
26	21	18	19
22	29	20	17
25	30	14	20
30	25		
23			

a. 위 4개 그룹 간의 차이 유무를 검정하기 위한 귀무가설과 대립가설을 세워라.
b. 위의 표본자료에 근거해서 앞서 A에서 설정한 귀무가설을 검정하여라(유의수준 5%).

20 어떤 사무용 빌딩을 관리하는 어느 회사가 빌딩 내 각 층의 비상통로마다 설비하여야 할 비상등(외부전원없이 배터리로 작동됨)의 성능을 비교하여 비상등 제조업체를 선정하고자 한다. 입찰하려는 비상등 제조업체들로부터 같은 제조비용이 드는 비상등을 제출받아 실험을 해본 결과, 비상등이 제기능을 못할 때까지 걸린 시간은 다음과 같이 기록되었다.

비상등.dat
비상등.xlsx

A형	B형	C형	D형
1024	923	1270	1121
1121	983	1325	1201
1250	1087	1426	1190
1022	1121	1322	1322

유의수준 1%에서 비상등이 기능을 잃을 때까지 소요된 중앙값 시간(median length of time)은 4개 제조업체별로 같을지 또는 아닐지의 여부에 대해서 검정하여라.

21 다음은 세 가지 분야의 초급관리자들이 치른 중간관리자 양성과정의 시험성적이다.

양성과정시험.dat
양성과정시험.xlsx

제조업분야	기업재무분야	해외영업분야
51	14	89
32	31	20
17	68	60
69	87	72
86	20	56

62	28	22
96	77	
	97	

위와 같은 확률표본이 각각 정규분포한다는 가정을 할 수 없을 때, 세 가지 분야별 초급관리자들의 시험성적들의 분포가 서로 같은지의 여부를 비모수적 방법으로 검정하여라.

쌍둥이.dat
쌍둥이.xlsx

22 쌍둥이의 학력 간의 상관성이 있는지를 검정하기 위해 8쌍에 대한 모의고사 성적을 조사하였다. 쌍둥이의 모의고사 성적 간에 어느 정도의 상관이 있는지를 검정하여라.

	1	**2**	**3**	**4**	**5**	**6**	**7**	**8**
첫째	230	340	240	280	323	243	176	354
둘째	153	325	258	321	342	254	324	304

수능 GPA.dat
수능 GPA.xlsx

23 다음은 10명의 대학수학능력시험 주요 세 과목의 합산점수와 해당학생이 대학에 진학해서 얻은 평량평균(GPA)의 자료이다.

대학수학능력시험 점수 (300점 만점)	**GPA (4.0 만점)**
270	3.24
260	3.03
283	3.25
295	4.00
261	3.12
260	3.00
290	3.75
220	3.00
280	3.46
264	3.33

위와 같은 확률표본을 이용하여, 수학능력시험과 GPA 사이에는 정의 상관성의 경향이 존재하는지의 여부를 비모수적 방법으로 검정하여라.

twins.dat
twins.xlsx
UsingR::twins

24 다음에 주어진 자료 twins는 일란성 쌍둥이(identical twins)로 태어난 아이들이 서로 다른 부모에 의해서 양육된 경우, 이 쌍둥이들의 지능지수(IQ: intelligence quotient)에 차이가 있는지를 알아보기 위한 연구에 사용된 것이다.

Foster	**Biological**	**Social**
82	82	high
80	90	high
88	91	high

108	115	high
116	115	high
117	129	high
132	131	high
71	78	middle
75	79	middle
93	82	middle
95	97	middle
88	100	middle
111	107	middle
63	68	low
77	73	low
86	81	low
83	85	low
93	87	low
97	87	low
87	93	low
94	94	low
96	95	low
112	97	low
113	97	low
106	103	low
107	106	low
98	111	low

확률표본자료로 가정되는 위 twins 자료는 세 가지 관찰변수(Foster, Biological, Social)로 구성되어 있다.

Foster: 양부모(foster-parents)에 의해서 양육된 쌍둥이 하나의 지능지수
Biological: 친부모(biological parents)에 의해서 양육된 나머지 쌍둥이 하나의 지능지수
Social: 친부모가 속하는 사회적 계층(social class),
H=high(상위층), M=middle(중산층), L=low(하위층)

a. 유의수준 0.05하에서 양육부모 유형별(Foster, Biological) 쌍둥이들의 지능지수의 관찰치들이 얼마나 연관성이 강한지에 대한 비모수적 가설검정을 시행하여라.
b. 위와 같은 표본은 일란성 쌍둥이의 특성상 소위 '짝표본'이라고 한다. 이러한 유형의 자료에 대한 비모수적 통계검정과 모수적 통계검정의 결과를 서로 비교하여라.

지수변동률.dat
지수변동률.xlsx

25 다음은 A주식의 변동률(%)과 종합주가지수의 변동률의 자료이다.

종합주가지수	0.45	−0.34	0.67	−0.67	1.23	0.21	0.23	0.43
A주식	0.12	−2.67	0.78	−1.25	1.45	0.34	0.32	0.54

a. 스피어만 상관계수를 구하고, 상관이 있는지 검정하여라.

b. 산점도를 그리고, 피어슨 상관계수를 구하여 a의 값과 비교 설명하여라.

부 록

A 주요 확률분포표

A.1 이항분포표

n		p .01	.02	.03	.04	.05	.06	.07	.08	.09
2	0	.9801	.9604	.9409	.9216	.9025	.8836	.8649	.8464	.8281
	1	.0198	.0392	.0582	.0768	.0950	.1128	.1302	.1472	.1638
	2	.0001	.0004	.0009	.0016	.0025	.0036	.0049	.0064	.0081
3	0	.9703	.9412	.9127	.8847	.8574	.8306	.8044	.7787	.7536
	1	.0294	.0576	.0847	.1106	.1354	.1590	.1816	.2031	.2236
	2	.0003	.0012	.0026	.0046	.0071	.0102	.0137	.0177	.0221
	3	.0000	.0000	.0000	.0001	.0001	.0002	.0003	.0005	.0007
4	0	.9606	.9224	.8853	.8493	.8145	.7807	.7481	.7164	.6857
	1	.0388	.0753	.1095	.1416	.1715	.1993	.2252	.2492	.2713
	2	.0006	.0023	.0051	.0088	.0135	.0191	.0254	.0325	.0402
	3	.0000	.0000	.0001	.0002	.0005	.0008	.0013	.0019	.0027
	4	.0000	.0000	.0000	.0000	.0000	.0000	.0000	.0000	.0001
5	0	.9510	.9039	.8587	.8154	.7738	.7339	.6957	.6591	.6240
	1	.0480	.0922	.1328	.1699	.2036	.2342	.2618	.2866	.3086
	2	.0010	.0038	.0082	.0142	.0214	.0299	.0394	.0498	.0610
	3	.0000	.0001	.0003	.0006	.0011	.0019	.0030	.0043	.0060
	4	.0000	.0000	.0000	.0000	.0000	.0001	.0001	.0002	.0003
	5	.0000	.0000	.0000	.0000	.0000	.0000	.0000	.0000	.0000
6	0	.9415	.8858	.8330	.7828	.7351	.6899	.6470	.6064	.5679
	1	.0571	.1085	.1546	.1957	.2321	.2642	.2922	.3164	.3370
	2	.0014	.0055	.0120	.0204	.0305	.0422	.0550	.0688	.0833
	3	.0000	.0002	.0005	.0011	.0021	.0036	.0055	.0080	.0110
	4	.0000	.0000	.0000	.0000	.0001	.0002	.0003	.0005	.0008
	5	.0000	.0000	.0000	.0000	.0000	.0000	.0000	.0000	.0000
	6	.0000	.0000	.0000	.0000	.0000	.0000	.0000	.0000	.0000
7	0	.9321	.8681	.8080	.7514	.6983	.6485	.6017	.5578	.5168
	1	.0659	.1240	.1749	.2192	.2573	.2897	.3170	.3396	.3578
	2	.0020	.0076	.0162	.0274	.0406	.0555	.0716	.0886	.1061
	3	.0000	.0003	.0008	.0019	.0036	.0059	.0090	.0128	.0175
	4	.0000	.0000	.0000	.0001	.0002	.0004	.0007	.0011	.0017
	5	.0000	.0000	.0000	.0000	.0000	.0000	.0000	.0001	.0001
	6	.0000	.0000	.0000	.0000	.0000	.0000	.0000	.0000	.0000
	7	.0000	.0000	.0000	.0000	.0000	.0000	.0000	.0000	.0000
8	0	.9227	.8508	.7837	.7214	.6634	.6096	.5596	.5132	.4703
	1	.0746	.1389	.1939	.2405	.2793	.3113	.3370	.3570	.3721
	2	.0026	.0099	.0210	.0351	.0515	.0695	.0888	.1087	.1288
	3	.0001	.0004	.0013	.0029	.0054	.0089	.0134	.0189	.0255
	4	.0000	.0000	.0001	.0002	.0004	.0007	.0013	.0021	.0031
	5	.0000	.0000	.0000	.0000	.0000	.0000	.0001	.0001	.0002
	6	.0000	.0000	.0000	.0000	.0000	.0000	.0000	.0000	.0000
	7	.0000	.0000	.0000	.0000	.0000	.0000	.0000	.0000	.0000
	8	.0000	.0000	.0000	.0000	.0000	.0000	.0000	.0000	.0000

이항분포표(계속)

		p								
n		.01	.02	.03	.04	.05	.06	.07	.08	.09
9	0	.9135	.8337	.7602	.6925	.6302	.5730	.5204	.4722	.4279
	1	.0830	.1531	.2116	.2597	.2985	.3292	.3525	.3695	.3809
	2	.0034	.0125	.0262	.0433	.0629	.0840	.1061	.1285	.1507
	3	.0001	.0006	.0019	.0042	.0077	.0125	.0186	.0261	.0348
	4	.0000	.0000	.0001	.0003	.0006	.0012	.0021	.0034	.0052
	5	.0000	.0000	.0000	.0000	.0000	.0001	.0002	.0003	.0005
	6	.0000	.0000	.0000	.0000	.0000	.0000	.0000	.0000	.0000
	7	.0000	.0000	.0000	.0000	.0000	.0000	.0000	.0000	.0000
	8	.0000	.0000	.0000	.0000	.0000	.0000	.0000	.0000	.0000
	9	.0000	.0000	.0000	.0000	.0000	.0000	.0000	.0000	.0000
10	0	.9044	.8171	.7374	.6648	.5987	.5386	.4840	.4344	.3894
	1	.0914	.1667	.2281	.2770	.3151	.3438	.3643	.3777	.3851
	2	.0042	.0153	.0317	.0519	.0746	.0988	.1234	.1478	.1714
	3	.0001	.0008	.0026	.0058	.0105	.0168	.0248	.0343	.0452
	4	.0000	.0000	.0001	.0004	.0010	.0019	.0033	.0052	.0078
	5	.0000	.0000	.0000	.0000	.0001	.0001	.0003	.0005	.0009
	6	.0000	.0000	.0000	.0000	.0000	.0000	.0000	.0000	.0001
	7	.0000	.0000	.0000	.0000	.0000	.0000	.0000	.0000	.0000
	8	.0000	.0000	.0000	.0000	.0000	.0000	.0000	.0000	.0000
	9	.0000	.0000	.0000	.0000	.0000	.0000	.0000	.0000	.0000
	10	.0000	.0000	.0000	.0000	.0000	.0000	.0000	.0000	.0000
12	0	.8864	.7847	.6938	.6127	.5404	.4759	.4186	.3677	.3225
	1	.1074	.1922	.2575	.3064	.3413	.3645	.3781	.3837	.3827
	2	.0060	.0216	.0438	.0702	.0988	.1280	.1565	.1835	.2082
	3	.0002	.0015	.0045	.0098	.0173	.0272	.0393	.0532	.0686
	4	.0000	.0001	.0003	.0009	.0021	.0039	.0067	.0104	.0153
	5	.0000	.0000	.0000	.0001	.0002	.0004	.0008	.0014	.0024
	6	.0000	.0000	.0000	.0000	.0000	.0000	.0001	.0001	.0003
	7	.0000	.0000	.0000	.0000	.0000	.0000	.0000	.0000	.0000
	8	.0000	.0000	.0000	.0000	.0000	.0000	.0000	.0000	.0000
	9	.0000	.0000	.0000	.0000	.0000	.0000	.0000	.0000	.0000
	10	.0000	.0000	.0000	.0000	.0000	.0000	.0000	.0000	.0000
	11	.0000	.0000	.0000	.0000	.0000	.0000	.0000	.0000	.0000
	12	.0000	.0000	.0000	.0000	.0000	.0000	.0000	.0000	.0000
15	0	.8601	.7386	.6333	.5421	.4633	.3953	.3367	.2863	.2430
	1	.1303	.2261	.2938	.3388	.3658	.3785	.3801	.3734	.3605
	2	.0092	.0323	.0636	.0988	.1348	.1691	.2003	.2273	.2496
	3	.0004	.0029	.0085	.0178	.0307	.0468	.0653	.0857	.1070
	4	.0000	.0002	.0008	.0022	.0049	.0090	.0148	.0223	.0317
	5	.0000	.0000	.0001	.0002	.0006	.0013	.0024	.0043	.0069
	6	.0000	.0000	.0000	.0000	.0000	.0001	.0003	.0006	.0011
	7	.0000	.0000	.0000	.0000	.0000	.0000	.0000	.0001	.0001
	8	.0000	.0000	.0000	.0000	.0000	.0000	.0000	.0000	.0000
	9	.0000	.0000	.0000	.0000	.0000	.0000	.0000	.0000	.0000
	10	.0000	.0000	.0000	.0000	.0000	.0000	.0000	.0000	.0000
	11	.0000	.0000	.0000	.0000	.0000	.0000	.0000	.0000	.0000
	12	.0000	.0000	.0000	.0000	.0000	.0000	.0000	.0000	.0000
	13	.0000	.0000	.0000	.0000	.0000	.0000	.0000	.0000	.0000
	14	.0000	.0000	.0000	.0000	.0000	.0000	.0000	.0000	.0000
	15	.0000	.0000	.0000	.0000	.0000	.0000	.0000	.0000	.0000

이항분포표(계속)

		p								
n		.01	.02	.03	.04	.05	.06	.07	.08	.09
18	0	.8345	.6951	.5780	.4796	.3972	.3283	.2708	.2229	.1831
	1	.1517	.2554	.3217	.3597	.3763	.3772	.3669	.3489	.3260
	2	.0130	.0443	.0846	.1274	.1683	.2047	.2348	.2579	.2741
	3	.0007	.0048	.0140	.0283	.0473	.0697	.0942	.1196	.1446
	4	.0000	.0004	.0016	.0044	.0093	.0167	.0266	.0390	.0536
	5	.0000	.0000	.0001	.0005	.0014	.0030	.0056	.0095	.0148
	6	.0000	.0000	.0000	.0000	.0002	.0004	.0009	.0018	.0032
	7	.0000	.0000	.0000	.0000	.0000	.0000	.0001	.0003	.0005
	8	.0000	.0000	.0000	.0000	.0000	.0000	.0000	.0000	.0001
	9	.0000	.0000	.0000	.0000	.0000	.0000	.0000	.0000	.0000
	10	.0000	.0000	.0000	.0000	.0000	.0000	.0000	.0000	.0000
	11	.0000	.0000	.0000	.0000	.0000	.0000	.0000	.0000	.0000
	12	.0000	.0000	.0000	.0000	.0000	.0000	.0000	.0000	.0000
	13	.0000	.0000	.0000	.0000	.0000	.0000	.0000	.0000	.0000
	14	.0000	.0000	.0000	.0000	.0000	.0000	.0000	.0000	.0000
	15	.0000	.0000	.0000	.0000	.0000	.0000	.0000	.0000	.0000
	16	.0000	.0000	.0000	.0000	.0000	.0000	.0000	.0000	.0000
	17	.0000	.0000	.0000	.0000	.0000	.0000	.0000	.0000	.0000
	18	.0000	.0000	.0000	.0000	.0000	.0000	.0000	.0000	.0000
20	0	.8179	.6676	.5438	.4420	.3585	.2901	.2342	.1887	.1516
	1	.1652	.2725	.3364	.3683	.3774	.3703	.3526	.3282	.3000
	2	.0159	.0528	.0988	.1458	.1887	.2246	.2521	.2711	.2818
	3	.0010	.0065	.0183	.0364	.0596	.0860	.1139	.1414	.1672
	4	.0000	.0006	.0024	.0065	.0133	.0233	.0364	.0523	.0703
	5	.0000	.0000	.0002	.0009	.0022	.0048	.0088	.0145	.0222
	6	.0000	.0000	.0000	.0001	.0003	.0008	.0017	.0032	.0055
	7	.0000	.0000	.0000	.0000	.0000	.0001	.0002	.0005	.0011
	8	.0000	.0000	.0000	.0000	.0000	.0000	.0000	.0001	.0002
	9	.0000	.0000	.0000	.0000	.0000	.0000	.0000	.0000	.0000
	10	.0000	.0000	.0000	.0000	.0000	.0000	.0000	.0000	.0000
	11	.0000	.0000	.0000	.0000	.0000	.0000	.0000	.0000	.0000
	12	.0000	.0000	.0000	.0000	.0000	.0000	.0000	.0000	.0000
	13	.0000	.0000	.0000	.0000	.0000	.0000	.0000	.0000	.0000
	14	.0000	.0000	.0000	.0000	.0000	.0000	.0000	.0000	.0000
	15	.0000	.0000	.0000	.0000	.0000	.0000	.0000	.0000	.0000
	16	.0000	.0000	.0000	.0000	.0000	.0000	.0000	.0000	.0000
	17	.0000	.0000	.0000	.0000	.0000	.0000	.0000	.0000	.0000
	18	.0000	.0000	.0000	.0000	.0000	.0000	.0000	.0000	.0000
	19	.0000	.0000	.0000	.0000	.0000	.0000	.0000	.0000	.0000
	20	.0000	.0000	.0000	.0000	.0000	.0000	.0000	.0000	.0000

이항분포표(계속)

		p								
n		0.10	0.15	0.2	0.25	0.30	0.35	0.40	0.45	0.50
2	0	.8100	.7225	.6400	.5625	.4900	.4225	.3600	.3025	.2500
	1	.1800	.2550	.3200	.3750	.4200	.4550	.4800	.4950	.5000
	2	.0100	.0225	.0400	.0625	.0900	.1225	.1600	.2025	.2500
3	0	.7290	.6141	.5120	.4219	.3430	.2746	.2160	.1664	.1250
	1	.2430	.3251	.3840	.4219	.4410	.4436	.4320	.4084	.3750
	2	.0270	.0574	.0960	.1406	.1890	.2389	.2880	.3341	.3750
	3	.0010	.0034	.0080	.0156	.0270	.0429	.0640	.0911	.1250
4	0	.6561	.5220	.4096	.3164	.2401	.1785	.1296	.0915	.0625
	1	.2916	.3685	.4096	.4219	.4116	.3845	.3456	.2995	.2500
	2	.0486	.0975	.1536	.2109	.2646	.3105	.3456	.3675	.3750
	3	.0036	.0115	.0256	.0469	.0756	.1115	.1536	.2005	.2500
	4	.0001	.0005	.0016	.0039	.0081	.0150	.0256	.0410	.0625
5	0	.5905	.4437	.3277	.2373	.1681	.1160	.0778	.0503	.0312
	1	.3280	.3915	.4096	.3955	.3602	.3124	.2592	.2059	.1562
	2	.0729	.1382	.2048	.2637	.3087	.3364	.3456	.3369	.3125
	3	.0081	.0244	.0512	.0879	.1323	.1811	.2304	.2757	.3125
	4	.0004	.0022	.0064	.0146	.0284	.0488	.0768	.1128	.1562
	5	.0000	.0001	.0003	.0010	.0024	.0053	.0102	.0185	.0312
6	0	.5314	.3771	.2621	.1780	.1176	.0754	.0467	.0277	.0156
	1	.3543	.3993	.3932	.3560	.3025	.2437	.1866	.1359	.0938
	2	.0984	.1762	.2458	.2966	.3241	.3280	.3110	.2780	.2344
	3	.0146	.0415	.0819	.1318	.1852	.2355	.2765	.3032	.3125
	4	.0012	.0055	.0154	.0330	.0595	.0951	.1382	.1861	.2344
	5	.0001	.0004	.0015	.0044	.0102	.0205	.0369	.0609	.0938
	6	.0000	.0000	.0001	.0002	.0007	.0018	.0041	.0083	.0156
7	0	.4783	.3206	.2097	.1335	.0824	.0490	.0280	.0152	.0078
	1	.3720	.3960	.3670	.3115	.2471	.1848	.1306	.0872	.0547
	2	.1240	.2097	.2753	.3115	.3177	.2985	.2613	.2140	.1641
	3	.0230	.0617	.1147	.1730	.2269	.2679	.2903	.2918	.2734
	4	.0026	.0109	.0287	.0577	.0972	.1442	.1935	.2388	.2734
	5	.0002	.0012	.0043	.0115	.0250	.0466	.0774	.1172	.1641
	6	.0000	.0001	.0004	.0013	.0036	.0084	.0172	.0320	.0547
	7	.0000	.0000	.0000	.0001	.0002	.0006	.0016	.0037	.0078
8	0	.4305	.2725	.1678	.1001	.0576	.0319	.0168	.0084	.0039
	1	.3826	.3847	.3355	.2670	.1977	.1373	.0896	.0548	.0312
	2	.1488	.2376	.2936	.3115	.2965	.2587	.2090	.1569	.1094
	3	.0331	.0839	.1468	.2076	.2541	.2786	.2787	.2568	.2188
	4	.0046	.0185	.0459	.0865	.1361	.1875	.2322	.2627	.2734
	5	.0004	.0026	.0092	.0231	.0467	.0808	.1239	.1719	.2188
	6	.0000	.0002	.0011	.0038	.0100	.0217	.0413	.0703	.1094
	7	.0000	.0000	.0001	.0004	.0012	.0033	.0079	.0164	.0313
	8	.0000	.0000	.0000	.0000	.0001	.0002	.0007	.0017	.0039

이항분포표(계속)

n		p 0.10	0.15	0.2	0.25	0.30	0.35	0.40	0.45	0.50
9	0	.3874	.2316	.1342	.0751	.0404	.0207	.0101	.0046	.0020
	1	.3874	.3679	.3020	.2253	.1556	.1004	.0605	.0339	.0176
	2	.1722	.2597	.3020	.3003	.2668	.2162	.1612	.1110	.0703
	3	.0446	.1069	.1762	.2336	.2668	.2716	.2508	.2119	.1641
	4	.0074	.0283	.0661	.1168	.1715	.2194	.2508	.2600	.2461
	5	.0008	.0050	.0165	.0389	.0735	.1181	.1672	.2128	.2461
	6	.0001	.0006	.0028	.0087	.0210	.0424	.0743	.1160	.1641
	7	.0000	.0000	.0003	.0012	.0039	.0098	.0212	.0407	.0703
	8	.0000	.0000	.0000	.0001	.0004	.0013	.0035	.0083	.0176
	9	.0000	.0000	.0000	.0000	.0000	.0001	.0003	.0008	.0020
10	0	.3487	.1969	.1074	.0563	.0282	.0135	.0060	.0025	.0010
	1	.3874	.3474	.2684	.1877	.1211	.0725	.0403	.0207	.0098
	2	.1937	.2759	.3020	.2816	.2335	.1757	.1209	.0763	.0439
	3	.0574	.1298	.2013	.2503	.2668	.2522	.2150	.1665	.1172
	4	.0112	.0401	.0881	.1460	.2001	.2377	.2508	.2384	.2051
	5	.0015	.0085	.0264	.0584	.1029	.1536	.2007	.2340	.2461
	6	.0001	.0012	.0055	.0162	.0368	.0689	.1115	.1596	.2051
	7	.0000	.0001	.0008	.0031	.0090	.0212	.0425	.0746	.1172
	8	.0000	.0000	.0001	.0004	.0014	.0043	.0106	.0229	.0439
	9	.0000	.0000	.0000	.0000	.0001	.0005	.0016	.0042	.0098
	10	.0000	.0000	.0000	.0000	.0000	.0000	.0001	.0003	.0010
12	0	.2824	.1422	.0687	.0317	.0138	.0057	.0022	.0008	.0002
	1	.3766	.3012	.2062	.1267	.0712	.0368	.0174	.0075	.0029
	2	.2301	.2924	.2835	.2323	.1678	.1088	.0639	.0339	.0161
	3	.0853	.1720	.2362	.2581	.2397	.1954	.1419	.0923	.0537
	4	.0213	.0683	.1329	.1936	.2311	.2367	.2128	.1700	.1208
	5	.0038	.0193	.0532	.1032	.1585	.2039	.2270	.2225	.1934
	6	.0005	.0040	.0155	.0401	.0792	.1281	.1766	.2124	.2256
	7	.0000	.0006	.0033	.0115	.0291	.0591	.1009	.1489	.1934
	8	.0000	.0001	.0005	.0024	.0078	.0199	.0420	.0762	.1208
	9	.0000	.0000	.0001	.0004	.0015	.0048	.0125	.0277	.0537
	10	.0000	.0000	.0000	.0000	.0002	.0008	.0025	.0068	.0161
	11	.0000	.0000	.0000	.0000	.0000	.0001	.0003	.0010	.0029
	12	.0000	.0000	.0000	.0000	.0000	.0000	.0000	.0001	.0002
15	0	.2059	.0874	.0352	.0134	.0047	.0016	.0005	.0001	.0000
	1	.3432	.2312	.1319	.0668	.0305	.0126	.0047	.0016	.0005
	2	.2669	.2856	.2309	.1559	.0916	.0476	.0219	.0090	.0032
	3	.1285	.2184	.2501	.2252	.1700	.1110	.0634	.0318	.0139
	4	.0428	.1156	.1876	.2252	.2186	.1792	.1268	.0780	.0417
	5	.0105	.0449	.1032	.1651	.2061	.2123	.1859	.1404	.0916
	6	.0019	.0132	.0430	.0917	.1472	.1906	.2066	.1914	.1527
	7	.0003	.0030	.0138	.0393	.0811	.1319	.1771	.2013	.1964
	8	.0000	.0005	.0035	.0131	.0348	.0710	.1181	.1647	.1964
	9	.0000	.0001	.0007	.0034	.0016	.0298	.0612	.1048	.1527
	10	.0000	.0000	.0001	.0007	.0030	.0096	.0245	.0515	.0916
	11	.0000	.0000	.0000	.0001	.0006	.0024	.0074	.0191	.0417
	12	.0000	.0000	.0000	.0000	.0001	.0004	.0016	.0052	.0139
	13	.0000	.0000	.0000	.0000	.0000	.0001	.0003	.0010	.0032
	14	.0000	.0000	.0000	.0000	.0000	.0000	.0000	.0001	.0005
	15	.0000	.0000	.0000	.0000	.0000	.0000	.0000	.0000	.0000

이항분포표(계속)

n		p								
		0.10	**0.15**	**0.2**	**0.25**	**0.30**	**0.35**	**0.40**	**0.45**	**0.50**
18	0	.1501	.0536	.0180	.0056	.0016	.0004	.0001	.0000	.0000
	1	.3002	.1704	.0811	.0338	.0126	.0042	.0012	.0003	.0001
	2	.2835	.2556	.1723	.0958	.0458	.0190	.0069	.0022	.0006
	3	.1680	.2406	.2297	.1704	.1046	.0547	.0246	.0095	.0031
	4	.0700	.1592	.2153	.2130	.1681	.1104	.0614	.0291	.0117
	5	.0218	.0787	.1507	.1988	.2017	.1664	.1146	.0666	.0327
	6	.0052	.0301	.0816	.1436	.1873	.1941	.1655	.1181	.0708
	7	.0010	.0091	.0350	.0820	.1376	.1792	.1892	.1657	.1214
	8	.0002	.0022	.0120	.0376	.0811	.1327	.1734	.1864	.1669
	9	.0000	.0004	.0033	.0139	.0386	.0794	.1284	.1694	.1855
	10	.0000	.0001	.0008	.0042	.0149	.0385	.0771	.1248	.1669
	11	.0000	.0000	.0001	.0010	.0046	.0151	.0374	.0742	.1214
	12	.0000	.0000	.0000	.0002	.0012	.0047	.0145	.0354	.0708
	13	.0000	.0000	.0000	.0000	.0002	.0012	.0045	.0134	.0327
	14	.0000	.0000	.0000	.0000	.0000	.0002	.0011	.0039	.0117
	15	.0000	.0000	.0000	.0000	.0000	.0000	.0002	.0009	.0031
	16	.0000	.0000	.0000	.0000	.0000	.0000	.0000	.0001	.0006
	17	.0000	.0000	.0000	.0000	.0000	.0000	.0000	.0000	.0001
	18	.0000	.0000	.0000	.0000	.0000	.0000	.0000	.0000	.0000
20	0	.1216	.0388	.0115	.0032	.0008	.0002	.0000	.0000	.0000
	1	.2702	.1368	.0576	.0211	.0068	.0020	.0005	.0001	.0000
	2	.2852	.2293	.1369	.0669	.0278	.0100	.0031	.0008	.0002
	3	.1901	.2428	.2054	.1339	.0716	.0323	.0123	.0040	.0011
	4	.0898	.1821	.2182	.1897	.1304	.0738	.0350	.0139	.0046
	5	.0319	.1028	.1746	.2023	.1789	.1272	.0746	.0365	.0148
	6	.0089	.0454	.1091	.1686	.1916	.1712	.1244	.0746	.0370
	7	.0020	.0160	.0545	.1124	.1643	.1844	.1659	.1221	.0739
	8	.0004	.0046	.0222	.0609	.1144	.1614	.1797	.1623	.1201
	9	.0001	.0011	.0074	.0271	.0654	.1158	.1597	.1771	.1602
	10	.0000	.0002	.0020	.0099	.0308	.0686	.1171	.1593	.1762
	11	.0000	.0000	.0005	.0030	.0120	.0336	.0710	.1185	.1602
	12	.0000	.0000	.0001	.0008	.0039	.0136	.0355	.0727	.1201
	13	.0000	.0000	.0000	.0002	.0010	.0045	.0146	.0366	.0739
	14	.0000	.0000	.0000	.0000	.0002	.0012	.0049	.0150	.0370
	15	.0000	.0000	.0000	.0000	.0000	.0003	.0013	.0049	.0148
	16	.0000	.0000	.0000	.0000	.0000	.0000	.0003	.0013	.0046
	17	.0000	.0000	.0000	.0000	.0000	.0000	.0000	.0002	.0011
	18	.0000	.0000	.0000	.0000	.0000	.0000	.0000	.0000	.0002
	19	.0000	.0000	.0000	.0000	.0000	.0000	.0000	.0000	.0000
	20	.0000	.0000	.0000	.0000	.0000	.0000	.0000	.0000	.0000

A.2 표준정규분포표

$\Pr(0 \le Z \le z)$

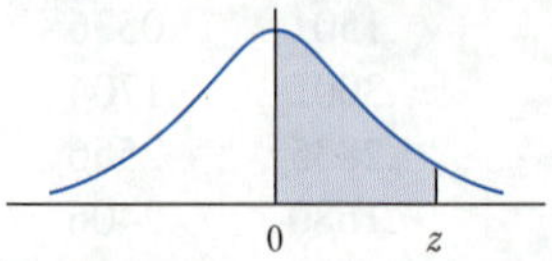

z	0.00	0.01	0.02	0.03	0.04	0.05	0.06	0.07	0.08	0.09
0.0	0.0000	0.0040	0.0080	0.0120	0.0160	0.0199	0.0239	0.0279	0.0319	0.0359
0.1	0.0398	0.0438	0.0478	0.0517	0.0557	0.0596	0.0636	0.0675	0.0714	0.0753
0.2	0.0793	0.0832	0.0871	0.0910	0.0948	0.0987	0.1026	0.1064	0.1103	0.1141
0.3	0.1179	0.1217	0.1255	0.1293	0.1331	0.1368	0.1406	0.1443	0.1480	0.1517
0.4	0.1554	0.1591	0.1628	0.1664	0.1700	0.1736	0.1772	0.1808	0.1844	0.1879
0.5	0.1915	0.1950	0.1985	0.2019	0.2054	0.2088	0.2123	0.2157	0.2190	0.2224
0.6	0.2257	0.2291	0.2324	0.2357	0.2389	0.2422	0.2454	0.2486	0.2517	0.2549
0.7	0.2580	0.2611	0.2642	0.2673	0.2704	0.2734	0.2764	0.2794	0.2823	0.2852
0.8	0.2881	0.2910	0.2939	0.2967	0.2995	0.3023	0.3051	0.3078	0.3106	0.3133
0.9	0.3159	0.3186	0.3212	0.3238	0.3264	0.3289	0.3315	0.3340	0.3365	0.3389
1.0	0.3413	0.3438	0.3461	0.3485	0.3508	0.3531	0.3554	0.3577	0.3599	0.3621
1.1	0.3643	0.3665	0.3686	0.3708	0.3729	0.3749	0.3770	0.3790	0.3810	0.3830
1.2	0.3849	0.3869	0.3888	0.3907	0.3925	0.3944	0.3962	0.3980	0.3997	0.4015
1.3	0.4032	0.4049	0.4066	0.4082	0.4099	0.4115	0.4131	0.4147	0.4162	0.4177
1.4	0.4192	0.4207	0.4222	0.4236	0.4251	0.4265	0.4279	0.4292	0.4306	0.4319
1.5	0.4332	0.4345	0.4357	0.4370	0.4382	0.4394	0.4406	0.4418	0.4429	0.4441
1.6	0.4452	0.4463	0.4474	0.4484	0.4495	0.4505	0.4515	0.4525	0.4535	0.4545
1.7	0.4554	0.4564	0.4573	0.4582	0.4591	0.4599	0.4608	0.4616	0.4625	0.4633
1.8	0.4641	0.4649	0.4656	0.4664	0.4671	0.4678	0.4686	0.4693	0.4699	0.4706
1.9	0.4713	0.4719	0.4726	0.4732	0.4738	0.4744	0.4750	0.4756	0.4761	0.4767
2.0	0.4772	0.4778	0.4783	0.4788	0.4793	0.4798	0.4803	0.4808	0.4812	0.4817
2.1	0.4821	0.4826	0.4830	0.4834	0.4838	0.4842	0.4846	0.4850	0.4854	0.4857
2.2	0.4861	0.4864	0.4868	0.4871	0.4875	0.4878	0.4881	0.4884	0.4887	0.4890
2.3	0.4893	0.4896	0.4898	0.4901	0.4904	0.4906	0.4909	0.4911	0.4913	0.4916
2.4	0.4918	0.4920	0.4922	0.4925	0.4927	0.4929	0.4931	0.4932	0.4934	0.4936
2.5	0.4938	0.4940	0.4941	0.4943	0.4945	0.4946	0.4948	0.4949	0.4951	0.4952
2.6	0.4953	0.4955	0.4956	0.4957	0.4959	0.4960	0.4961	0.4962	0.4963	0.4964
2.7	0.4965	0.4966	0.4967	0.4968	0.4969	0.4970	0.4971	0.4972	0.4973	0.4974
2.8	0.4974	0.4975	0.4976	0.4977	0.4977	0.4978	0.4979	0.4979	0.4980	0.4981
2.9	0.4981	0.4982	0.4982	0.4983	0.4984	0.4984	0.4985	0.4985	0.4986	0.4986
3.0	0.4987	0.4987	0.4987	0.4988	0.4988	0.4989	0.4989	0.4989	0.4990	0.4990

A.3 t분포표

$$\Pr\{t_{v,\alpha} > t\} = \alpha$$

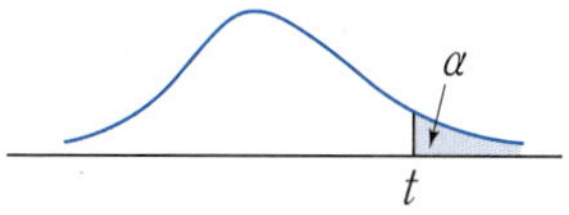

자유도 v	위 꼬리 확률 α				
	0.10	0.05	0.025	0.01	0.005
1	3.078	6.314	12.706	31.821	63.657
2	1.886	2.920	4.303	6.965	9.925
3	1.638	2.353	3.182	4.541	5.841
4	1.533	2.132	2.776	3.747	4.604
5	1.476	2.015	2.571	3.365	4.032
6	1.440	1.943	2.447	3.143	3.707
7	1.415	1.895	2.365	2.998	3.499
8	1.397	1.860	2.306	2.896	3.355
9	1.383	1.833	2.262	2.821	3.250
10	1.372	1.812	2.228	2.764	3.169
11	1.363	1.796	2.201	2.718	3.106
12	1.356	1.782	2.179	2.681	3.055
13	1.350	1.771	2.160	2.650	3.012
14	1.345	1.761	2.145	2.624	2.977
15	1.341	1.753	2.131	2.602	2.947
16	1.337	1.746	2.120	2.583	2.921
17	1.333	1.740	2.110	2.567	2.898
18	1.330	1.734	2.101	2.552	2.878
19	1.328	1.729	2.093	2.539	2.861
20	1.325	1.725	2.086	2.528	2.845
21	1.323	1.721	2.080	2.518	2.831
22	1.321	1.717	2.074	2.508	2.819
23	1.319	1.714	2.069	2.500	2.807
24	1.318	1.711	2.064	2.492	2.797
25	1.316	1.708	2.060	2.485	2.787
26	1.315	1.706	2.056	2.479	2.779
27	1.314	1.703	2.052	2.473	2.771
28	1.313	1.701	2.048	2.467	2.763
29	1.311	1.699	2.045	2.462	2.756
30	1.310	1.697	2.042	2.457	2.750
35	1.306	1.690	2.030	2.438	2.724
40	1.303	1.684	2.021	2.423	2.704
50	1.299	1.676	2.009	2.403	2.678
60	1.296	1.671	2.000	2.390	2.660
70	1.294	1.667	1.994	2.381	2.648
80	1.292	1.664	1.990	2.374	2.639
90	1.291	1.662	1.987	2.368	2.632
100	1.290	1.660	1.984	2.364	2.626
200	1.286	1.653	1.972	2.345	2.601
∞	1.282	1.645	1.960	2.326	2.576

A.4 카이제곱 분포표

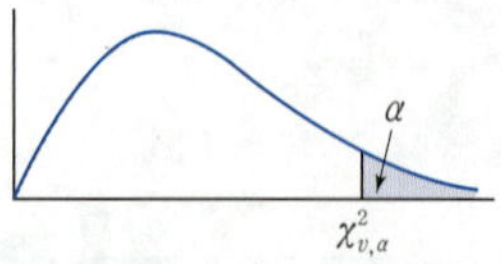

자유도	위 꼬리 확률									
	0.995	0.99	0.975	0.95	0.90	0.10	0.050	0.025	0.01	0.005
1	0.000	0.000	0.001	0.004	0.016	2.706	3.841	5.024	6.635	7.879
2	0.010	0.020	0.051	0.103	0.211	4.605	5.991	7.378	9.210	10.597
3	0.072	0.115	0.216	0.352	0.584	6.251	7.815	9.348	11.345	12.838
4	0.207	0.297	0.484	0.711	1.064	7.779	9.488	11.143	13.277	14.860
5	0.412	0.554	0.831	1.145	1.610	9.236	11.070	12.833	15.086	16.750
6	0.676	0.872	1.237	1.635	2.204	10.645	12.592	14.449	16.812	18.548
7	0.989	1.239	1.690	2.167	2.833	12.017	14.067	16.013	18.475	20.278
8	1.344	1.646	2.180	2.733	3.490	13.362	15.507	17.535	20.090	21.955
9	1.735	2.088	2.700	3.325	4.168	14.684	16.919	19.023	21.666	23.589
10	2.156	2.558	3.247	3.940	4.865	15.987	18.307	20.483	23.209	25.188
11	2.603	3.053	3.816	4.575	5.578	17.275	19.675	21.920	24.725	26.757
12	3.074	3.571	4.404	5.226	6.304	18.549	21.026	23.337	26.217	28.300
13	3.565	4.107	5.009	5.892	7.042	19.812	22.362	24.736	27.688	29.819
14	4.075	4.660	5.629	6.571	7.790	21.064	23.685	26.119	29.141	31.319
15	4.601	5.229	6.262	7.261	8.547	22.307	24.996	27.488	30.578	32.801
16	5.142	5.812	6.908	7.962	9.312	23.542	26.296	28.845	32.000	34.267
17	5.697	6.408	7.564	8.672	10.085	24.769	27.587	30.191	33.409	35.718
18	6.265	7.015	8.231	9.390	10.865	25.989	28.869	31.526	34.805	37.156
19	6.844	7.633	8.907	10.117	11.651	27.204	30.144	32.852	36.191	38.582
20	7.434	8.260	9.591	10.851	12.443	28.412	31.410	34.170	37.566	39.997
21	8.034	8.897	10.283	11.591	13.240	29.615	32.671	35.479	38.932	41.401
22	8.643	9.542	10.982	12.338	14.041	30.813	33.924	36.781	40.289	42.796
23	9.260	10.196	11.689	13.091	14.848	32.007	35.172	38.076	41.638	44.181
24	9.886	10.856	12.401	13.848	15.659	33.196	36.415	39.364	42.980	45.559
25	10.520	11.524	13.120	14.611	16.473	34.382	37.652	40.646	44.314	46.928
26	11.160	12.198	13.844	15.379	17.292	35.563	38.885	41.923	45.642	48.290
27	11.808	12.879	14.573	16.151	18.114	36.741	40.113	43.195	46.963	49.645
28	12.461	13.565	15.308	16.928	18.939	37.916	41.337	44.461	48.278	50.993
29	13.121	14.256	16.047	17.708	19.768	39.087	42.557	45.722	49.588	52.336
30	13.787	14.953	16.791	18.493	20.599	40.256	43.773	46.979	50.892	53.672
35	17.192	18.509	20.569	22.465	24.797	46.059	49.802	53.203	57.342	60.275
40	20.707	22.164	24.433	26.509	29.051	51.805	55.758	59.342	63.691	66.766
50	27.991	29.707	32.357	34.764	37.689	63.167	67.505	71.420	76.154	79.490
60	35.534	37.485	40.482	43.188	46.459	74.397	79.082	83.298	88.379	91.952
70	43.275	45.442	48.758	51.739	55.329	85.527	90.531	95.023	100.425	104.215
80	51.172	53.540	57.153	60.391	64.278	96.578	101.879	106.629	112.329	116.321
90	59.196	61.754	65.647	69.126	73.291	107.565	113.145	118.136	124.116	128.299
100	67.328	70.065	74.222	77.929	82.358	118.498	124.342	129.561	135.807	140.169
200	152.241	156.432	162.728	168.279	174.835	226.021	233.994	241.058	249.445	255.264

A.5 F분포표

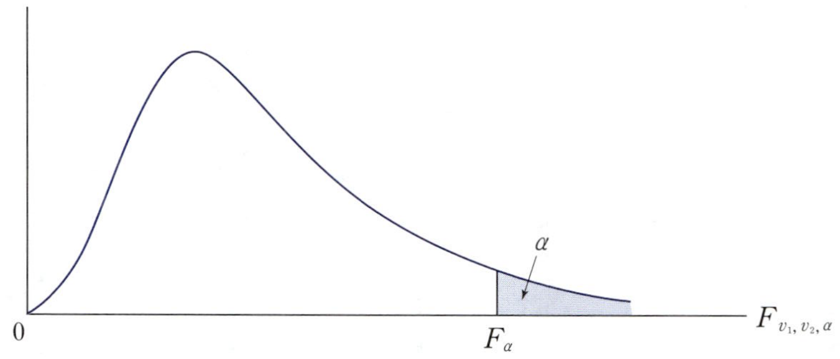

분모의 자유도 (v_2)	α	분자의 자유도 (v_1) 1	2	3	4	5	6	7	8	9	10	15	20	25	30	40	60	100	1000
1	.10	39.86	49.50	53.59	55.83	57.24	58.20	58.91	59.44	59.86	60.19	61.22	61.74	62.05	62.26	62.53	62.79	63.01	63.30
	.05	161.45	199.50	215.71	224.58	230.16	233.99	236.77	238.88	240.54	241.88	245.95	248.02	249.26	250.10	251.14	252.20	253.04	254.19
	.025	647.79	799.48	864.15	899.60	921.83	937.11	948.20	956.64	963.28	968.63	984.87	993.08	998.09	1001.40	1005.60	1009.79	1013.16	1017.76
	.01	4052.18	4999.34	5403.53	5624.26	5763.96	5858.95	5928.33	5980.95	6022.40	6055.93	6156.97	6208.66	6239.86	6260.35	6286.43	6312.97	6333.92	6362.80
2	.10	8.53	9.00	9.16	9.24	9.29	9.33	9.35	9.37	9.38	9.39	9.42	9.44	9.45	9.46	9.47	9.47	9.48	9.49
	.05	18.51	19.00	19.16	19.25	19.30	19.33	19.35	19.37	19.38	19.40	19.43	19.45	19.46	19.46	19.47	19.48	19.49	19.49
	.025	38.51	39.00	39.17	39.25	39.30	39.33	39.36	39.37	39.39	39.40	39.43	39.45	39.46	39.46	39.47	39.48	39.49	39.50
	.01	98.50	99.00	99.16	99.25	99.30	99.33	99.36	99.38	99.39	99.40	99.43	99.45	99.46	99.47	99.48	99.48	99.49	99.50
3	.10	5.54	5.46	5.39	5.34	5.31	5.28	5.27	5.25	5.24	5.23	5.20	5.18	5.17	5.17	5.16	5.15	5.14	5.13
	.05	10.13	9.55	9.28	9.12	9.01	8.94	8.89	8.85	8.81	8.79	8.70	8.66	8.63	8.62	8.59	8.57	8.55	8.53
	.025	17.44	16.04	15.44	15.10	14.88	14.73	14.62	14.54	14.47	14.42	14.25	14.17	14.12	14.08	14.04	13.99	13.96	13.91
	.01	34.12	30.82	29.46	28.71	28.24	27.91	27.67	27.49	27.34	27.23	26.87	26.69	26.58	26.50	26.41	26.32	26.24	26.14
4	.10	4.54	4.32	4.19	4.11	4.05	4.01	3.98	3.95	3.94	3.92	3.87	3.84	3.83	3.82	3.80	3.79	3.78	3.76
	.05	7.71	6.94	6.59	6.39	6.26	6.16	6.09	6.04	6.00	5.96	5.86	5.80	5.77	5.75	5.72	5.69	5.66	5.63
	.025	12.22	10.65	9.98	9.60	9.36	9.20	9.07	8.98	8.90	8.84	8.66	8.56	8.50	8.46	8.41	8.36	8.32	8.26
	.01	21.20	18.00	16.69	15.98	15.52	15.21	14.98	14.80	14.66	14.55	14.20	14.02	13.91	13.84	13.75	13.65	13.58	13.47
5	.10	4.06	3.78	3.62	3.52	3.45	3.40	3.37	3.34	3.32	3.30	3.324	3.21	3.19	3.17	3.16	3.14	3.13	3.11
	.05	6.61.	5.79	5.41	5.19	5.05	4.95	4.88	4.82	4.77	4.74	4.62	4.56	4.52	4.50	4.46	4.43	4.41	4.37
	.025	10.01	8.43	7.76	7.39	7.15	6.98	6.85	6.76	6.68	6.62	6.43	6.33	6.27	6.23	6.18	6.12	6.08	6.02
	.01	16.26	13.27	12.06	11.39	10.97	10.67	10.46	10.29	10.16	10.05	9.72	9.55	9.45	9.38	9.29	9.20	9.13	9.03

F 분포표(계속)

분모의 자유도 (v_2)	α	분자의 자유도 (v_1)																	
		1	2	3	4	5	6	7	8	9	10	15	20	25	30	40	60	100	1000
6	.10	3.78	3.46	3.29	3.18	3.11	3.05	3.01	2.98	2.96	2.94	2.87	2.84	2.81	2.80	2.78	2.76	2.75	2.72
	.05	5.99	5.14	4.76	4.53	4.39	4.28	4.21	4.15	4.10	4.06	3.94	3.87	3.83	3.81	3.77	3.74	3.71	3.67
	.025	8.81	7.26	6.60	6.23	5.99	5.82	5.70	5.60	5.52	5.46	5.27	5.17	5.11	5.07	5.01	4.96	4.92	4.86
	.01	13.75	10.92	9.78	9.15	8.75	8.47	8.26	8.10	7.98	7.87	7.56	7.40	7.30	7.23	7.14	7.06	6.99	6.89
7	.10	3.59	3.26	3.07	2.96	2.88	2.83	2.78	2.75	2.72	2.70	2.63	2.59	2.57	2.56	2.54	2.51	2.50	2.47
	.05	5.59	4.74	4.35	4.12	3.97	3.87	3.79	3.73	3.68	3.64	3.51	3.44	3.40	3.38	3.34	3.30	3.27	3.23
	.025	8.07	6.54	5.89	5.52	5.29	5.12	4.99	4.90	4.82	4.76	4.57	4.47	4.40	4.36	4.31	4.25	4.21	4.15
	.01	12.25	9.55	8.45	7.85	7.46	7.19	6.99	6.84	6.72	6.62	6.31	6.16	6.06	5.99	5.91	5.82	5.75	5.66
8	.10	3.46	3.11	2.92	2.81	2.73	2.67	2.62	2.59	2.56	2.54	2.46	2.42	2.40	2.38	2.36	2.34	2.32	2.30
	.05	5.32	4.46	4.07	3.84	3.69	3.58	3.50	3.44	3.39	3.35	3.22	3.15	3.11	3.08	3.04	3.01	2.97	2.93
	.025	7.57	6.06	5.42	5.05	4.82	4.65	4.53	4.43	4.36	4.30	4.10	4.00	3.94	3.89	3.84	3.78	3.74	3.68
	.01	11.26	8.65	7.59	7.01	6.63	6.37	6.18	6.03	5.91	5.81	5.52	5.36	5.26	5.20	5.12	5.03	4.96	4.87
9	.10	3.36	3.01	2.81	2.69	2.61	2.55	2.51	2.47	2.44	2.42	2.34	2.30	2.27	2.25	2.23	2.21	2.19	2.16
	.05	5.12	4.26	3.86	3.63	3.48	3.37	3.29	3.23	3.18	3.14	3.01	2.94	2.89	2.86	2.83	2.79	2.76	2.71
	.025	7.21	5.71	5.08	4.72	4.48	4.32	4.20	4.10	4.03	3.96	3.77	3.67	3.60	3.56	3.51	3.45	3.40	3.34
	.01	10.56	8.02	6.99	6.42	6.06	5.80	5.61	5.47	5.35	5.26	4.96	4.81	4.71	4.65	4.57	4.48	4.41	4.32
10	.10	3.29	2.92	2.73	2.61	2.52	2.46	2.41	2.38	2.35	2.32	2.24	2.20	2.17	2.16	2.13	2.11	2.09	2.06
	.05	4.96	4.10	3.71	3.48	3.33	3.22	3.14	3.07	3.02	2.98	2.85	2.77	2.73	2.70	2.66	2.62	2.59	2.54
	.025	6.94	5.46	4.83	4.47	4.24	4.07	3.95	3.85	3.78	3.72	3.52	3.42	3.35	3.31	3.26	3.20	3.15	3.09
	.01	10.04	7.56	6.55	5.99	5.64	5.39	5.20	5.06	4.94	4.85	4.56	4.41	4.31	4.25	4.17	4.08	4.01	3.92
11	.10	3.23	2.86	2.66	2.54	2.45	2.39	2.34	2.30	2.27	2.25	2.17	2.12	2.10	2.08	2.05	2.03	2.01	1.98
	.05	4.84	3.98	3.59	3.36	3.20	3.09	3.01	2.95	2.90	2.85	2.72	2.65	2.60	2.57	2.53	2.49	2.46	2.41
	.025	6.72	5.26	4.63	4.28	4.04	3.88	3.76	3.66	3.59	3.53	3.33	3.23	3.16	3.12	3.06	3.00	2.96	2.89
	.01	9.65	7.21	6.22	5.67	5.32	5.07	4.89	4.74	4.63	4.54	4.25	4.10	4.01	3.94	3.86	3.78	3.71	3.61
12	.10	3.18	2.81	2.61	2.48	2.39	2.33	2.28	2.24	2.21	2.19	2.10	2.06	2.03	2.01	1.99	1.96	1.94	1.91
	.05	4.75	3.89	3.49	3.26	3.11	3.00	2.91	2.85	2.80	2.75	2.62	2.54	2.50	2.47	2.43	2.38	2.35	2.30
	.025	6.55	5.10	4.47	4.12	3.89	3.73	3.61	3.51	3.44	3.37	3.18	3.07	3.01	2.96	2.91	2.85	2.80	2.73
	.01	9.33	6.93	5.95	5.41	5.06	4.82	4.64	4.50	4.39	4.30	4.01	3.86	3.76	3.70	3.62	3.54	3.47	3.37
13	.10	3.14	2.76	2.56	2.43	2.35	2.28	2.23	2.20	2.16	2.14	2.05	2.01	1.98	1.96	1.93	1.90	1.88	1.85
	.05	4.67	3.81	3.41	3.18	3.03	2.92	2.83	2.77	2.71	2.67	2.53	2.46	2.41	2.38	2.34	2.30	2.26	2.21
	.025	6.41	4.97	4.35	4.00	3.77	3.60	3.48	3.39	3.31	3.25	3.05	2.95	2.88	2.84	2.78	2.72	2.67	2.60
	.01	9.07	6.70	5.74	5.21	4.86	4.62	4.44	4.30	4.19	4.10	3.82	3.66	3.57	3.51	3.43	3.34	3.27	3.18
14	.10	3.10	2.73	2.52	2.39	2.31	2.24	2.19	2.15	2.12	2.10	2.01	1.96	1.93	1.99	1.89	1.86	1.83	1.80
	.05	4.60	3.74	3.34	3.11	2.96	2.85	2.76	2.70	2.65	2.60	2.46	2.39	2.34	2.31	2.27	2.22	2.19	2.14
	.025	6.30	4.86	4.24	3.89	3.66	3.50	3.38	3.29	3.21	3.15	2.95	2.84	2.78	2.73	2.67	2.61	2.56	2.50
	.01	8.86	6.51	5.56	5.04	4.69	4.46	4.28	4.14	4.03	3.94	3.66	3.51	3.41	3.35	3.27	3.18	3.11	3.02
15	.10	3.07	2.70	2.49	2.36	2.27	2.21	2.16	2.12	2.09	2.06	1.97	1.92	1.89	1.87	1.85	1.82	1.79	1.76
	.05	4.54	3.68	3.29	3.06	2.90	2.79	2.71	2.64	2.59	2.54	2.40	2.33	2.28	2.25	2.20	2.16	2.12	2.07
	.025	6.20	4.77	4.15	3.80	3.58	3.41	3.29	3.20	3.12	3.06	2.86	2.76	2.69	2.64	2.59	2.52	2.47	2.40
	.01	8.68	6.36	5.42	4.89	4.56	4.32	4.14	4.00	3.89	3.80	3.52	3.37	3.28	3.21	3.13	3.05	2.98	2.88

F분포표(계속)

분모의 자유도 (ν_2)	α	분자의 자유도 (ν_1) 1	2	3	4	5	6	7	8	9	10	15	20	25	30	40	60	100	1000
16	.10	3.05	2.67	2.46	2.33	2.24	2.18	2.13	2.09	2.06	2.03	1.94	1.89	1.86	1.84	1.81	1.78	1.76	1.72
	.05	4.49	3.63	3.24	3.01	2.85	2.74	2.66	2.59	2.54	2.49	2.35	2.28	2.23	2.19	2.15	2.11	2.07	2.02
	.025	6.12	4.69	4.08	3.73	3.50	3.34	3.22	3.12	3.05	2.99	2.79	2.68	2.61	2.57	2.51	2.45	2.40	2.32
	.01	8.53	6.23	5.29	4.77	4.44	4.20	4.03	3.89	3.78	3.69	3.41	3.26	3.16	3.10	3.02	2.93	2.86	2.76
17	.10	3.03	2.64	2.44	2.31	2.22	2.15	2.10	2.06	2.03	2.00	1.91	1.86	1.83	1.81	1.78	1.75	1.73	1.69
	.05	4.45	3.59	3.20	2.96	2.81	2.70	2.61	2.55	2.49	2.45	2.31	2.23	2.18	2.15	2.10	2.06	2.02	1.97
	.025	6.04	4.62	4.01	3.66	3.44	3.28	3.16	3.06	2.98	2.92	2.72	2.62	2.55	2.50	2.44	2.38	2.33	2.26
	.01	8.40	6.11	5.19	4.67	4.34	4.10	3.93	3.79	3.68	3.59	3.31	3.16	3.07	3.00	2.92	2.83	2.76	2.66
18	.10	3.01	2.62	2.42	2.29	2.20	2.13	2.08	2.04	2.00	1.98	1.89	1.84	1.80	1.78	1.75	1.72	1.70	1.66
	.05	4.41	3.55	3.16	2.93	2.77	2.66	2.58	2.51	2.46	2.41	2.27	2.19	2.14	2.11	2.06	2.02	1.98	1.92
	.025	5.98	4.56	3.95	3.61	3.38	3.22	3.10	3.01	2.93	2.87	2.67	2.56	2.49	2.44	2.38	2.32	2.27	2.20
	.01	8.29	6.01	5.09	4.58	4.25	4.01	3.84	3.71	3.60	3.51	3.23	3.08	2.98	2.92	2.84	2.75	2.68	2.58
19	.10	2.99	2.61	2.40	2.27	2.18	2.11	2.06	2.02	1.98	1.96	1.86	1.81	1.78	1.76	1.73	1.70	1.67	1.64
	.05	4.38	3.52	3.13	2.90	2.74	2.63	2.54	2.48	2.42	2.38	2.23	2.16	2.11	2.07	2.03	1.98	1.94	1.88
	.025	5.92	4.51	3.90	3.56	3.33	3.17	3.05	2.96	2.88	2.82	2.62	2.51	2.44	2.39	2.33	2.27	2.22	2.14
	.01	8.18	5.93	5.01	4.50	4.17	3.94	3.77	3.63	3.52	3.43	3.15	3.00	2.91	2.84	2.76	2.67	2.60	2.50
20	.10	2.97	2.59	2.38	2.25	2.16	2.09	2.04	2.00	1.96	1.94	1.84	1.79	1.76	1.74	1.71	1.68	1.65	1.61
	.05	4.35	3.49	3.10	2.87	2.71	2.60	2.51	2.45	2.39	2.35	2.20	2.12	2.07	2.04	1.99	1.95	1.91	1.85
	.025	5.87	4.46	3.86	3.51	3.29	3.13	3.01	2.91	2.84	2.77	2.57	2.46	2.40	2.35	2.29	2.22	2.17	2.09
	.01	8.10	5.85	4.94	4.43	4.10	3.87	3.70	3.56	3.46	3.37	3.09	2.94	2.84	2.78	2.69	2.61	2.54	2.43
21	.10	2.96	2.57	2.36	2.23	2.14	2.08	2.02	1.98	1.95	1.92	1.83	1.78	1.74	1.72	1.69	1.66	1.63	1.59
	.05	4.32	3.47	3.07	2.84	2.68	2.57	2.49	2.42	2.37	2.32	2.18	2.10	2.05	2.01	1.96	1.92	1.88	1.82
	.025	5.83	4.42	3.82	3.48	3.25	3.09	2.97	2.87	2.80	2.73	2.53	2.42	2.36	2.31	2.25	2.18	2.13	2.05
	.01	8.02	5.78	4.87	4.37	4.04	3.81	3.64	3.51	3.40	3.31	3.03	2.88	2.79	2.72	2.64	2.55	2.48	2.37
22	.10	2.95	2.56	2.35	2.22	2.13	2.06	2.01	1.97	1.93	1.90	1.81	1.76	1.73	1.70	1.67	1.64	1.61	1.57
	.05	4.30	3.44	3.05	2.82	2.66	2.55	2.46	2.40	2.34	2.30	2.15	2.07	2.02	1.98	1.94	1.89	1.85	1.79
	.025	5.79	4.38	3.78	3.44	3.22	3.05	2.93	2.84	2.76	2.70	2.50	2.39	2.32	2.27	2.21	2.14	2.09	2.01
	.01	7.95	5.72	4.82	4.31	3.99	3.76	3.59	3.45	3.35	3.26	2.98	2.83	2.73	2.67	2.58	2.50	2.42	2.32
23	.10	2.94	2.55	2.34	2.21	2.11	2.05	1.99	1.95	1.92	1.89	1.80	1.74	1.71	1.69	1.66	1.62	1.59	1.55
	.05	4.28	3.42	3.03	2.80	2.64	2.53	2.44	2.37	2.32	2.27	2.13	2.05	2.00	1.96	1.91	1.86	1.82	1.76
	.025	5.75	4.35	3.75	3.41	3.18	3.02	2.90	2.81	2.73	2.67	2.47	2.36	2.29	2.24	2.18	2.11	2.06	1.98
	.01	7.88	5.66	4.76	4.26	3.94	3.71	3.54	3.41	3.30	3.21	2.93	2.78	2.69	2.62	2.54	2.45	2.37	2.27
24	.10	2.93	2.54	2.33	2.19	2.10	2.04	1.98	1.94	1.91	1.88	1.78	1.73	1.70	1.67	1.64	1.61	1.58	1.54
	.05	4.26	3.40	3.01	2.78	2.62	2.51	2.42	2.36	2.30	2.25	2.11	2.03	1.97	1.94	1.89	1.84	1.80	1.74
	.025	5.72	4.32	3.72	3.38	3.15	2.99	2.87	2.78	2.70	2.64	2.44	2.33	2.26	2.21	2.15	2.08	2.02	1.94
	.01	7.82	5.61	4.72	4.22	3.90	3.67	3.50	3.36	3.26	3.17	2.89	2.74	2.64	2.58	2.49	2.40	2.33	2.22

F 분포표(계속)

분모의 자유도 (v_2)	α	분자의 자유도(v_1) 1	2	3	4	5	6	7	8	9	10	15	20	25	30	40	60	100	1000
25	.10	2.92	2.53	2.32	2.18	2.09	2.02	1.97	1.93	1.89	1.87	1.77	1.72	1.68	1.66	1.63	1.59	1.56	1.52
	.05	4.24	3.39	2.99	2.76	2.60	2.49	2.40	2.34	2.28	2.24	2.09	2.01	1.96	1.92	1.87	1.82	1.78	1.72
	.025	5.69	4.29	3.69	3.35	3.13	2.97	2.85	2.75	2.68	2.61	2.41	2.30	2.23	2.18	2.12	2.05	2.00	1.91
	.01	7.77	5.57	4.68	4.18	3.85	3.63	3.46	3.32	3.22	3.13	2.85	2.70	2.60	2.54	2.45	2.36	2.29	2.18
26	.10	2.91	2.52	2.31	2.17	2.08	2.01	1.96	1.92	1.88	1.86	1.76	1.71	1.67	1.65	1.61	1.58	1.55	1.51
	.05	4.23	3.37	2.98	2.74	2.59	2.47	2.39	2.32	2.27	2.22	2.07	1.99	1.94	1.90	1.85	1.80	1.76	1.70
	.025	5.66	4.27	3.67	3.33	3.10	2.94	2.82	2.73	2.65	2.59	2.39	2.28	2.21	2.16	2.09	2.03	1.97	1.89
	.01	7.72	5.53	4.64	4.14	3.82	3.59	3.42	3.29	3.18	3.09	2.81	2.66	2.57	2.50	2.42	2.33	2.25	2.14
27	.10	2.90	2.51	2.30	2.17	2.07	2.00	1.95	1.91	1.87	1.85	1.75	1.70	1.66	1.64	1.60	1.57	1.54	1.50
	.05	4.21	3.35	2.96	2.73	2.57	2.46	2.37	2.31	2.25	2.20	2.06	1.97	1.92	1.88	1.84	1.79	1.74	1.68
	.025	5.63	4.24	3.65	3.31	3.08	2.92	2.80	2.71	2.63	2.57	2.36	2.25	2.18	2.13	2.07	2.00	1.94	1.86
	.01	7.68	5.49	4.60	4.11	3.78	3.56	3.39	3.26	3.15	3.06	2.78	2.63	2.54	2.47	2.38	2.29	2.22	2.11
28	.10	2.89	2.50	2.29	2.16	2.06	2.00	1.94	1.90	1.87	1.84	1.74	1.69	1.65	1.63	1.59	1.56	1.53	1.48
	.05	4.20	3.34	2.95	2.71	2.56	2.45	2.36	2.29	2.24	2.19	2.04	1.96	1.91	1.87	1.82	1.77	1.73	1.66
	.025	5.61	4.22	3.63	3.29	3.06	2.90	2.78	2.69	2.61	2.55	2.34	2.23	2.16	2.11	2.05	1.98	1.92	1.84
	.01	7.64	5.45	4.57	4.07	3.75	3.53	3.36	3.23	3.12	3.03	2.75	2.60	2.51	2.44	2.35	2.26	2.19	2.08
29	.10	2.89	2.50	2.28	2.15	2.06	1.99	1.93	1.89	1.86	1.83	1.73	1.68	1.64	1.62	1.58	1.55	1.52	1.47
	.05	4.18	3.33	2.93	2.70	2.55	2.43	2.35	2.28	2.22	2.18	2.03	1.94	1.89	1.85	1.81	1.75	1.71	1.65
	.025	5.59	4.20	3.61	3.27	3.04	2.88	2.76	2.67	2.59	2.53	2.32	2.21	2.14	2.09	2.03	1.96	1.90	1.82
	.01	7.60	5.42	4.54	4.04	3.73	3.50	3.33	3.20	3.09	3.00	2.73	2.57	2.48	2.41	2.33	2.23	2.16	2.05
30	.10	2.88	2.49	2.28	2.14	2.05	1.98	1.93	1.88	1.85	1.82	1.72	1.67	1.63	1.61	1.57	1.54	1.51	1.46
	.05	4.17	3.32	2.92	2.69	2.53	2.42	2.33	2.27	2.21	2.16	2.01	1.93	1.88	1.84	1.79	1.74	1.70	1.63
	.025	5.57	4.18	3.59	3.25	3.03	2.87	2.75	2.65	2.57	2.51	2.31	2.20	2.12	2.07	2.01	1.94	1.88	1.80
	.01	7.56	5.39	4.51	4.02	3.70	3.47	3.30	3.17	3.07	2.98	2.70	2.55	2.45	2.39	2.30	2.21	2.13	2.02
40	.10	2.84	2.44	2.23	2.09	2.00	1.93	1.87	1.83	1.79	1.76	1.66	1.61	1.57	1.54	1.51	1.47	1.43	1.38
	.05	4.08	3.23	2.84	2.61	2.45	2.34	2.25	2.18	2.12	2.08	1.92	1.84	1.78	1.74	1.69	1.64	1.59	1.52
	.025	5.42	4.05	3.46	3.13	2.90	2.74	2.62	2.53	2.45	2.39	2.18	2.07	1.99	1.94	1.88	1.80	1.74	1.65
	.01	7.31	5.18	4.31	3.83	3.51	3.29	3.12	2.99	2.89	2.80	2.52	2.37	2.27	2.20	2.11	2.02	1.94	1.82
60	.10	2.79	2.39	2.18	2.04	1.95	1.87	1.82	1.77	1.74	1.71	1.60	1.54	1.50	1.48	1.44	1.40	1.36	1.30
	.05	4.00	3.15	2.76	2.53	2.37	2.25	2.17	2.10	2.04	1.99	1.84	1.75	1.69	1.65	1.59	1.53	1.48	1.40
	.025	5.29	3.93	3.34	3.01	2.79	2.63	2.51	2.41	2.33	2.27	2.06	1.94	1.87	1.82	1.74	1.67	1.60	1.49
	.01	7.08	4.98	4.13	3.65	3.34	3.12	2.95	2.82	2.72	2.63	2.35	2.20	2.10	2.03	1.94	1.84	1.75	1.62
100	.10	2.76	2.36	2.14	2.00	1.91	1.83	1.78	1.73	1.69	1.66	1.56	1.49	1.45	1.42	1.38	1.34	1.29	1.22
	.05	3.94	3.09	2.70	2.46	2.31	2.19	2.10	2.03	1.97	1.93	1.77	1.68	1.62	1.57	1.52	1.45	1.39	1.30
	.025	5.18	3.83	3.25	2.92	2.70	2.54	2.42	2.32	2.24	2.18	1.97	1.85	1.77	1.71	1.64	1.56	1.48	1.36
	.01	6.90	4.82	3.98	3.51	3.21	2.99	2.82	2.69	2.59	2.50	2.22	2.07	1.97	1.89	1.80	1.69	1.60	1.45
1000	.10	2.71	2.31	2.09	1.95	1.85	1.78	1.72	1.68	1.64	1.61	1.49	1.43	1.38	1.35	1.30	1.25	1.20	1.08
	.05	3.85	3.00	2.61	2.38	2.22	2.11	2.02	1.95	1.89	1.84	1.68	1.58	1.52	1.47	1.41	1.33	1.26	1.11
	.025	5.04	3.70	3.13	2.80	2.58	2.42	2.30	2.20	2.13	2.06	1.85	1.72	1.64	1.58	1.50	1.41	1.32	1.13
	.01	6.66	4.63	3.80	3.34	3.04	2.82	2.66	2.53	2.43	2.34	2.06	1.90	1.79	1.72	1.61	1.50	1.38	1.16

A.6 Studentized Range 분포표

$q(p, f)$

$\alpha = .05$

f (자유도)	p = 2	3	4	5	6	7	8	9	10	11	12	13	14	15	16	17	18	19	20
1	18.0	27.0	32.8	37.1	40.4	43.1	45.4	47.4	49.1	50.6	52.0	53.2	54.3	55.4	56.3	57.2	58.0	58.8	59.6
2	6.08	8.33	9.80	10.9	11.7	12.4	13.0	13.5	14.0	14.4	14.7	15.1	15.4	15.7	15.9	16.1	16.4	16.6	16.8
3	4.50	5.91	6.82	7.50	8.04	8.48	8.85	9.18	9.46	9.72	9.95	10.2	10.3	10.5	10.7	10.8	11.0	11.1	11.2
4	3.93	5.04	5.76	6.29	6.71	7.05	7.35	7.60	7.83	8.03	8.21	8.37	8.52	8.66	8.79	8.91	9.03	9.13	9.23
5	3.64	4.60	5.22	5.67	6.03	6.33	6.58	6.80	6.99	7.17	7.32	7.47	7.60	7.72	7.83	7.93	8.03	8.12	8.21
6	3.46	4.34	4.90	5.30	5.63	5.90	6.12	6.32	6.49	6.65	6.79	6.92	7.03	7.14	7.24	7.34	7.43	7.51	7.59
7	3.34	4.16	4.68	5.06	5.36	5.61	5.82	6.00	6.16	6.30	6.43	6.55	6.66	6.76	6.85	6.94	7.02	7.10	7.17
8	3.26	4.04	4.53	4.89	5.17	5.40	5.60	5.77	5.92	6.05	6.18	6.29	6.39	6.48	6.57	6.65	6.73	6.80	6.87
9	3.20	3.95	4.41	4.76	5.02	5.24	5.43	5.59	5.74	5.87	5.98	6.09	6.19	6.28	6.36	6.44	6.51	6.58	6.64
10	3.15	3.88	4.33	4.65	4.91	5.12	5.30	5.46	5.60	5.72	5.83	5.93	6.03	6.11	6.19	6.27	6.34	6.40	6.47
11	3.11	3.82	4.26	4.57	4.82	5.03	5.20	5.35	5.49	5.61	5.71	5.81	5.90	5.98	6.06	6.13	6.20	6.27	6.33
12	3.08	3.77	4.20	4.51	4.75	4.95	5.12	5.27	5.39	5.51	5.61	5.71	5.80	5.88	5.95	6.02	6.09	6.15	6.21
13	3.06	3.73	4.15	4.45	4.69	4.88	5.05	5.19	5.32	5.43	5.53	5.63	5.71	5.79	5.86	5.93	5.99	6.05	6.11
14	3.03	3.70	4.11	4.41	4.64	4.83	4.99	5.13	5.25	5.36	5.46	5.55	5.64	5.71	5.79	5.85	5.91	5.97	6.03
15	3.01	3.67	4.08	4.37	4.59	4.78	4.94	5.08	5.20	5.31	5.40	5.49	5.57	5.65	5.72	5.78	5.85	5.90	5.96
16	3.00	3.65	4.05	4.33	4.56	4.74	4.90	5.03	5.15	5.26	5.35	5.44	5.52	5.59	5.66	5.73	5.79	5.84	5.90
17	2.98	3.63	4.02	4.30	4.52	4.70	4.86	4.99	5.11	5.21	5.31	5.39	5.47	5.54	5.61	5.67	5.73	5.79	5.84
18	2.97	3.61	4.00	4.28	4.49	4.67	4.82	4.96	5.07	5.17	5.27	5.35	5.43	5.50	5.57	5.63	5.69	5.74	5.79
19	2.96	3.59	3.98	4.25	4.47	4.65	4.79	4.92	5.04	5.14	5.23	5.31	5.39	5.46	5.53	5.59	5.65	5.70	5.75
20	2.95	3.58	3.96	4.23	4.45	4.62	4.77	4.90	5.01	5.11	5.20	5.28	5.36	5.43	5.49	5.55	5.61	5.66	5.71
24	2.92	3.53	3.90	4.17	4.37	4.54	4.68	4.81	4.92	5.01	5.10	5.18	5.25	5.32	5.38	5.44	5.49	5.55	5.59
30	2.89	3.49	3.85	4.10	4.30	4.46	4.60	4.72	4.82	4.92	5.00	5.08	5.15	5.21	5.27	5.33	5.38	5.43	5.47
40	2.86	3.44	3.79	4.04	4.23	4.39	4.52	4.63	4.73	4.82	4.90	4.98	5.04	5.11	5.16	5.22	5.27	5.31	5.36
60	2.83	3.40	3.74	3.98	4.16	4.31	4.44	4.55	4.65	4.73	4.81	4.88	4.94	5.00	5.06	5.11	5.15	5.20	5.24
120	2.80	3.36	3.68	3.92	4.10	4.24	4.36	4.47	4.56	4.64	4.71	4.78	4.84	4.90	4.95	5.00	5.04	5.09	5.13
∞	2.77	3.31	3.63	3.86	4.03	4.17	4.29	4.39	4.47	4.55	4.62	4.68	4.74	4.80	4.85	4.89	4.93	4.97	5.01

Studentized Range 분포표(계속)

f (자유도)	$\alpha=.01$																		
	p																		
	2	3	4	5	6	7	8	9	10	11	12	13	14	15	16	17	18	19	20
1	90.0	135.0	164.0	186.0	202.0	216.0	227.0	237.0	246.0	253.0	260.0	266.0	272.0	277.0	282.0	286.0	290.0	294.0	298.0
2	14.0	19.0	22.3	24.7	26.6	28.2	29.5	30.7	31.7	32.6	33.4	34.1	34.8	35.4	36.0	36.5	37.0	37.5	37.9
3	8.26	10.6	12.2	13.3	14.2	15.0	15.6	16.2	16.7	17.1	17.5	17.9	18.2	18.5	18.8	19.1	19.3	19.5	19.8
4	6.51	8.12	9.17	9.96	10.6	11.1	11.5	11.9	12.3	12.6	12.8	13.1	13.3	13.5	13.7	13.9	14.1	14.2	14.4
5	5.70	6.97	7.80	8.42	8.91	9.32	9.67	9.97	10.2	10.5	10.7	10.9	11.1	11.2	11.4	11.6	11.7	11.8	11.9
6	5.24	6.33	7.03	7.56	7.97	8.32	8.61	8.87	9.10	9.30	9.49	9.65	9.81	9.95	10.1	10.2	10.3	10.4	10.5
7	4.95	5.92	6.54	7.01	7.37	7.68	7.94	8.17	8.37	8.55	8.71	8.86	9.00	9.12	9.24	9.35	9.46	9.55	9.65
8	4.74	5.63	6.20	6.63	6.96	7.24	7.47	7.68	7.87	8.03	8.18	8.31	8.44	8.55	8.66	8.76	8.85	8.94	9.03
9	4.60	5.43	5.96	6.35	6.66	6.91	7.13	7.32	7.49	7.65	7.78	7.91	8.03	8.13	8.23	8.32	8.41	8.49	8.57
10	4.48	5.27	5.77	6.14	6.43	6.67	6.87	7.05	7.21	7.36	7.48	7.60	7.71	7.81	7.91	7.99	8.07	8.15	8.22
11	4.39	5.14	5.62	5.97	6.25	6.48	6.67	6.84	6.99	7.13	7.25	7.36	7.46	7.56	7.65	7.73	7.81	7.88	7.95
12	4.32	5.04	5.50	5.84	6.10	6.32	6.51	6.67	6.81	6.94	7.06	7.17	7.26	7.36	7.44	7.52	7.59	7.66	7.73
13	4.26	4.96	5.40	5.73	5.98	6.19	6.37	6.53	6.67	6.79	6.90	7.01	7.10	7.19	7.27	7.34	7.42	7.48	7.55
14	4.21	4.89	5.32	5.63	5.88	6.08	6.26	6.41	6.54	6.66	6.77	6.87	6.96	7.05	7.12	7.20	7.27	7.33	7.39
15	4.17	4.83	5.25	5.56	5.80	5.99	6.16	6.31	6.44	6.55	6.66	6.76	6.84	6.93	7.00	7.07	7.14	7.20	7.26
16	4.13	4.78	5.19	5.49	5.72	5.92	6.08	6.22	6.35	6.46	6.56	6.66	6.74	6.82	6.90	6.97	7.03	7.09	7.15
17	4.10	4.74	5.14	5.43	5.66	5.85	6.01	6.15	6.27	6.38	6.48	6.57	6.66	6.73	6.80	6.87	6.94	7.00	7.05
18	4.07	4.70	5.09	5.38	5.60	5.79	5.94	6.08	6.20	6.31	6.41	6.50	6.58	6.65	6.72	6.79	6.85	6.91	6.96
19	4.05	4.67	5.05	5.33	5.55	5.73	5.89	6.02	6.14	6.25	6.34	6.43	6.51	6.58	6.65	6.72	6.78	6.84	6.89
20	4.02	4.64	5.02	5.29	5.51	5.69	5.84	5.97	6.09	6.19	6.29	6.37	6.45	6.52	6.59	6.65	6.71	6.76	6.82
24	3.96	4.54	4.91	5.17	5.37	5.54	5.69	5.81	5.92	6.02	6.11	6.19	6.26	6.33	6.39	6.45	6.51	6.56	6.61
30	3.89	4.45	4.80	5.05	5.24	5.40	5.54	5.65	5.76	5.85	5.93	6.01	6.08	6.14	6.20	6.26	6.31	6.36	6.41
40	3.82	4.37	4.70	4.93	5.11	5.27	5.39	5.50	5.60	5.69	5.77	5.84	5.90	5.96	6.02	6.07	6.12	6.17	6.21
60	3.76	4.28	4.60	4.82	4.99	5.13	5.25	5.36	5.45	5.53	5.60	5.67	5.73	5.79	5.84	5.89	5.93	5.98	6.02
120	3.70	4.20	4.50	4.71	4.87	5.01	5.12	5.21	5.30	5.38	5.44	5.51	5.56	5.61	5.66	5.71	5.75	5.79	5.83
∞	3.64	4.12	4.40	4.60	4.76	4.88	4.99	5.08	5.16	5.23	5.29	5.35	5.40	5.45	5.49	5.54	5.57	5.61	5.65

A.7 윌콕슨 부호순위검정의 임곗값

n	$\alpha=0.05$		$\alpha=0.10$	
	T_L	T_U	T_L	T_U
6	1	20	2	19
7	2	26	4	24
8	4	32	6	30
9	6	39	8	37
10	8	47	11	44
11	11	55	14	52
12	14	64	17	61
13	17	74	21	70
14	21	84	26	79
15	25	95	30	90
16	30	106	36	100
17	35	118	41	112
18	40	131	47	124
19	46	144	54	136
20	52	158	60	150
21	59	172	68	163
22	66	187	75	178
23	73	203	83	193
24	81	219	92	208
25	90	235	101	224
26	98	253	110	241
27	107	271	120	258
28	117	289	130	276
29	127	308	141	294
30	137	328	152	313

주의: 단측검정을 하는 경우는 α값을 반으로 나누어야 한다. 즉, 표 왼쪽은 $\alpha=0.025$, 오른쪽은 $\alpha=0.05$이다.

A.8 윌콕슨(맨위트니) 두 집단 검정의 T_L값

$$T_U = n(n+m+1) - T_L$$

$\alpha=.10$		m								
		2	3	4	5	6	7	8	9	10
n	2	3	3	3	4	4	4	5	5	5
	3	6	7	7	8	9	9	10	11	11
	4	10	11	12	13	14	15	16	17	18
	5	16	17	18	20	21	22	24	25	27
	6	22	24	25	27	29	30	32	34	36
	7	29	31	33	35	37	40	42	44	46
	8	38	40	42	45	47	50	52	55	57
	9	47	50	52	55	58	61	64	67	70
	10	57	60	63	67	70	73	76	80	83

$\alpha=.05$		m								
		2	3	4	5	6	7	8	9	10
n	2	3	3	3	3	3	3	4	4	4
	3	6	6	6	7	8	8	9	9	10
	4	10	10	11	12	13	14	15	15	16
	5	15	16	17	18	19	21	22	23	24
	6	21	23	24	25	27	28	30	32	33
	7	28	30	32	34	35	37	39	41	43
	8	37	39	41	43	45	47	50	52	54
	9	46	48	50	53	56	58	61	63	66
	10	56	59	61	64	67	70	73	76	79

A.9 스피어만 순위 상관계수 분포표

n과 α에 따른 임곗값 x : $\Pr\{\rho > x\} = \alpha$

n	α=.05	α=.025	α=.01	α=.005
5	.900	—	—	—
6	.829	.886	.943	—
7	.714	.786	.893	—
8	.643	.738	.833	.881
9	.600	.683	.783	.833
10	.564	.648	.745	.794
11	.523	.623	.736	.818
12	.497	.591	.703	.780
13	.475	.566	.673	.745
14	.457	.545	.646	.716
15	.441	.525	.623	.689
16	.425	.507	.601	.666
17	.412	.490	.582	.645
18	.399	.476	.564	.625
19	.388	.462	.549	.608
20	.377	.450	.534	.591
21	.368	.438	.521	.576
22	.359	.428	.508	.562
23	.351	.418	.496	.549
24	.343	.409	.485	.537
25	.336	.400	.475	.526
26	.329	.392	.465	.515
27	.323	.385	.456	.505
28	.317	.377	.448	.496
29	.311	.370	.440	.487
30	.305	.364	.432	.478

부 록

B 연습문제 풀이와 답

기초 부분인 11장까지는 주로 홀수 번 문제의 답을 제공하여 스스로 공부하는 학생들에게 도움을 주고자 한다. 예외적으로 짝수 번 답을 제공한 곳도 있다. 통계분석 또는 방법론 부분이라 할 수 있는 12장 이후는 실습문제들이 많은데, 이 중 일부분만 답을 제시한다.

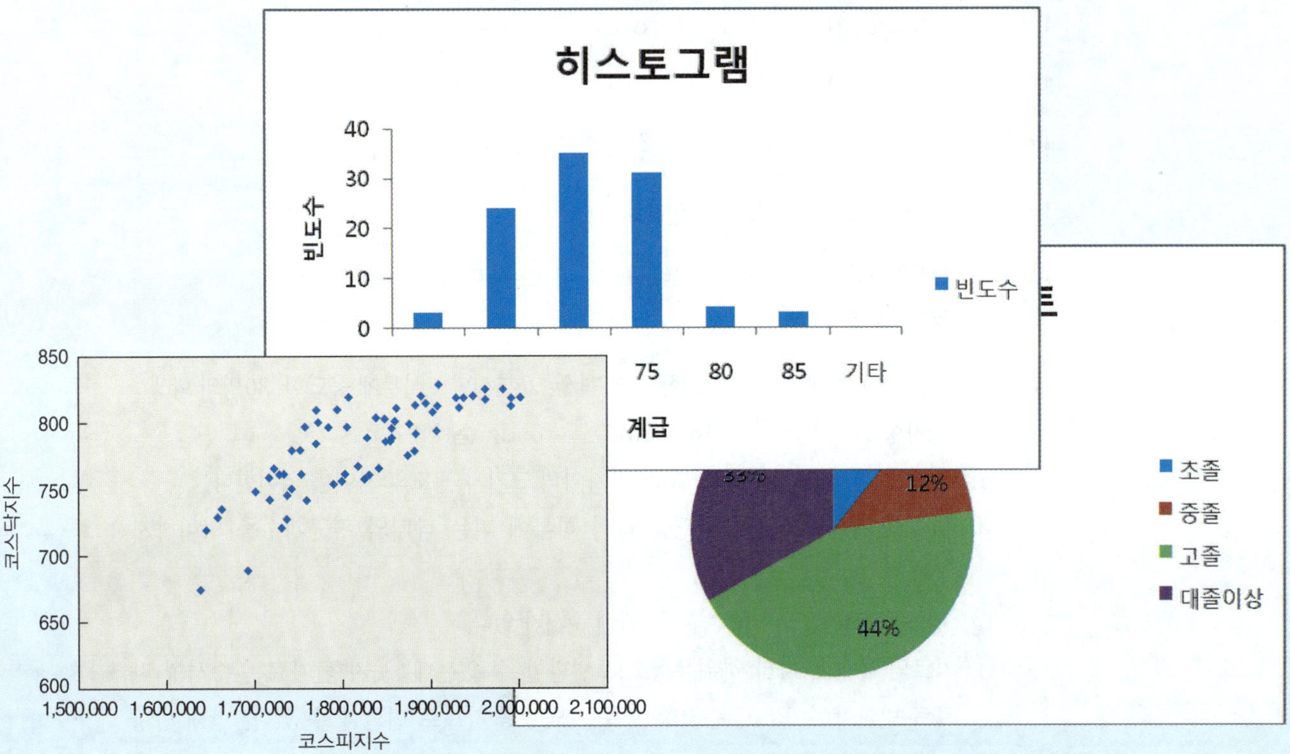

1장 연습문제

1. 표본, 모집단

3. a. 모집단 : 지하철에서의 MP3 이용자 전체, 표본 : 무작위로 뽑힌 100명
   b. 모집단 : 전국 200개 품목의 소비자 물가, 표본 : 200개 품목 3000군데의 소비자 물가
   c. 모집단 : 동해, 서해, 남해의 민박가격, 표본 : 표본으로 뽑힌 민박가격
   d. 모집단 : 학생들의 세 종류 피자맛 선호도, 표본 : 학생 20명의 세 가지 피자의 선호도

5. a. 모집단 : 통일 대학 내 군대 다녀온 모든 복학생과 다녀오지 않은 모든 2학년 남학생의 체중
   표본 : 통일 대학 내 군대 다녀온 모든 복학생 중 50명과 다녀오지 않은 모든 2학년 남학생 중 50명의 체중
   b. 모집단 : 유가증권시장과 코스닥시장 내 모든 증권의 수익률
   표본 : 유가증권시장과 코스닥시장 내 20개 증권의 수익률
   c. 모집단 : 통일대학 개교 후 남녀 학생 합격률
   표본 : 과거 십년간 통일대학 남녀 학생 합격률
   d. 모집단 : 모든 은행과 제이금융권의 주택담보 대출규모
   표본 : 모든 은행과 50개의 제이금융권의 주택담보 대출규모

7. a. 계측 b. 계측 c. 계측 d. 계측 e. 비계측

9. a. 양적 b. 질적 c. 양적 d. 양적 e. 질적

10. a. 숫자형 자료 b. 명목형 자료 c. 순서형 자료 d. 숫자형 자료

11. 양적 자료 a, d ; 질적 자료 b, c

13. a. 양적 b. 질적 c. 양적 d. 양적 e. 질적

15. a. 질적 b. 양적 c. 양적 d. 양적 e. 양적

17. a. 횡단면자료 b. 시계열자료

19. a. 시계열자료 b. 횡단면자료 c. 시계열자료, 횡단면자료
   d. 횡단면자료

23. a. 모집단 : 대학교 3학년에 재학 중인 학생, 표본집단 : 설문에 응답한 30명의 학생
   b. 숫자형 자료 c. 16.56667 d. 순서형 자료
   e. 범주들 간에 순서가 있고 범주 간 차이의 크기가 정도의 차이를 의미한다.
   f. 범주형 자료이므로 산술평균 값이 하루에 피는 담배의 평균개수를 의미하지 못함.
   g. 명목형 자료 h. 범주들 간에 순서가 없다.
   i. 자료의 유형에 따라 하위유형으로 변환할 수 있는데, 숫자형 자료는 순서형 자료로 변환할 수 있고, 순서형 자료는 범주형 자료로 변환할 수 있다. 반대 방향

으로 변환하는 것은 불가능하다.

j. 숫자형 자료 → 순서형 자료 → 명목형 자료

k. 명목형 자료는 범주에 순서가 없으므로 순서형 자료가 될 수 없다.
순서형 자료는 범주에 순서가 있으나 사칙연산이 가능한 숫자형 자료가 될 수 없다.

2장 연습문제

1. c

2. 출처: 교육통계센터 (http://std.kedi.re.kr/index.jsp)

초졸	11%
중졸	12%
고졸	44%
대졸 이상	33%

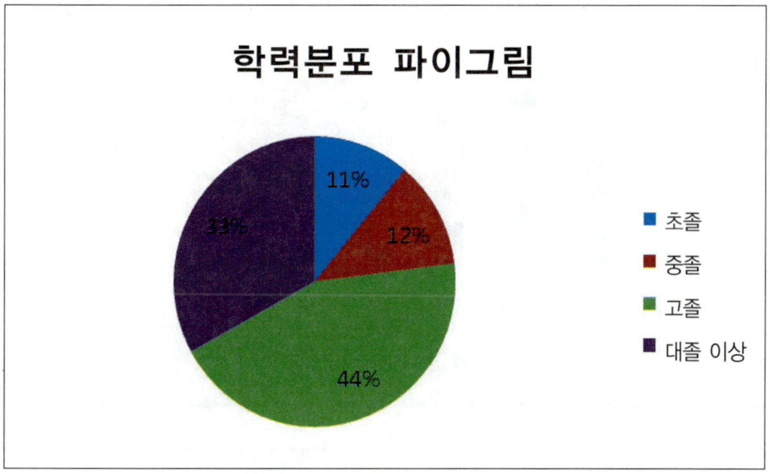

3. 〈출처: 국가통계포탈〉

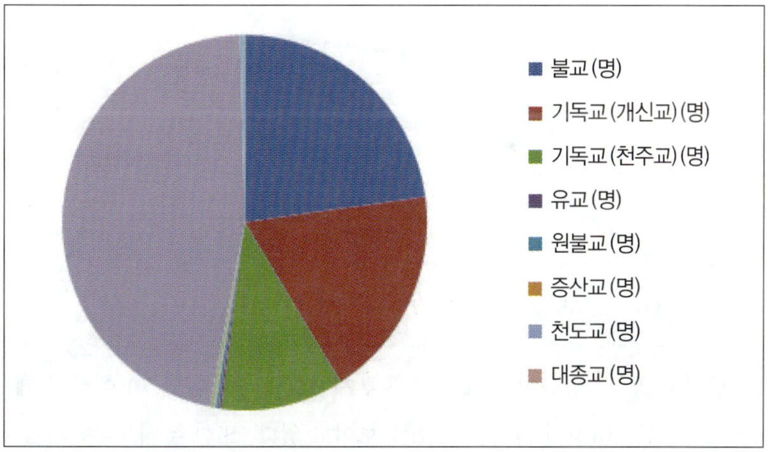

전국민의 절반 가량이 무교이며 그 다음으로는 불교, 개신교, 천주교 순으로 높은

비율을 차지하고 있다.

4. 〈자료출처: 증권선물거래소 (2007.05.25~2007.09.04)〉

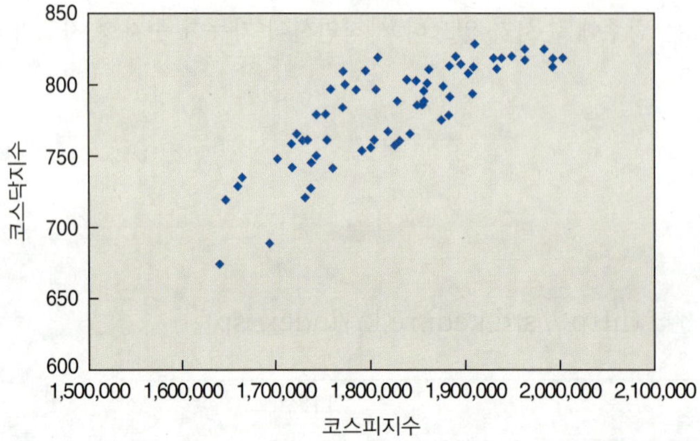

위의 산점도에서 두 변수 간에 양의 선형 관계가 있음을 확인할 수 있다.

13.

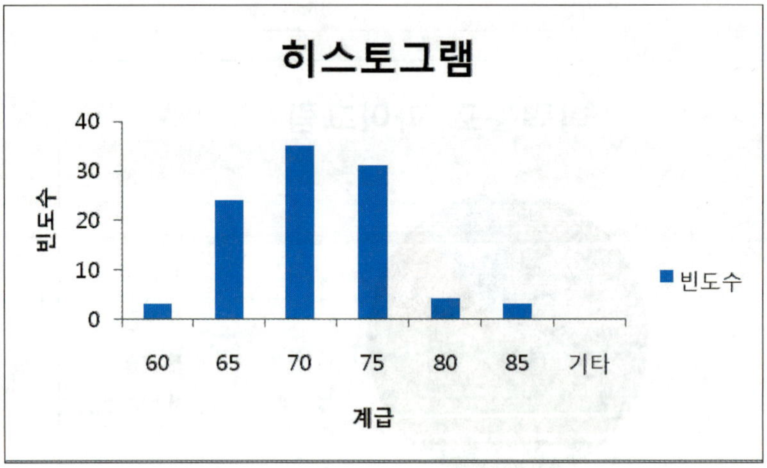

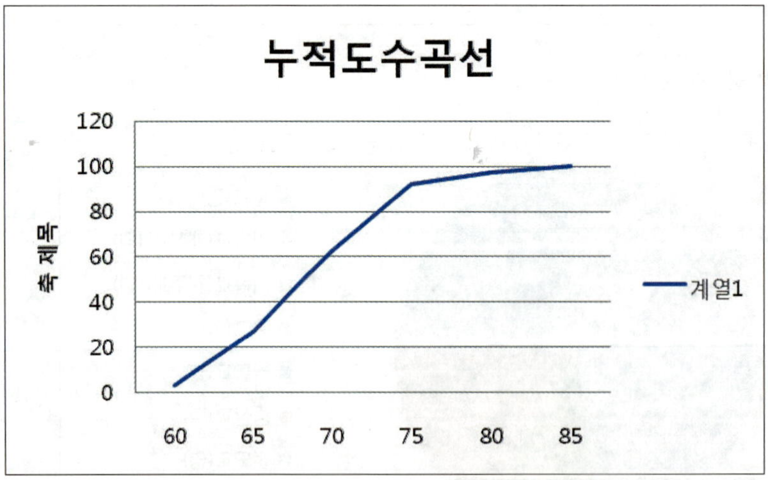

히스토그램에서 알 수 있듯이, 100명의 몸무게 자료는 65 이상 70 이하의 계급에서 mode를 가지는 대칭에 가까운 분포를 보이고 있다. 또한 누적도수곡선을 통해 65 이하 또는 75 이상의 계급에서는 증가폭이 적은 것으로 보아 이 계급들의 도수

가 낮은 것을 다시 한번 확인할 수 있다.

20. a.

		생존여부	
		Yes	No
성인	어린이	13	35
	성인	75	387

b.

		나이	
		어린이	성인
승객 등급	1st	0	4
	2nd	0	13
	3rd	17	89
	Crew	0	3

3장 연습문제

1. a. 평균 = 14.5　b. 중앙값 = 17　c. 최빈값 = 19
d. 최댓값 = 26　e. 최솟값 = 0

3. a. 오른쪽으로 길게 늘어져 있다.

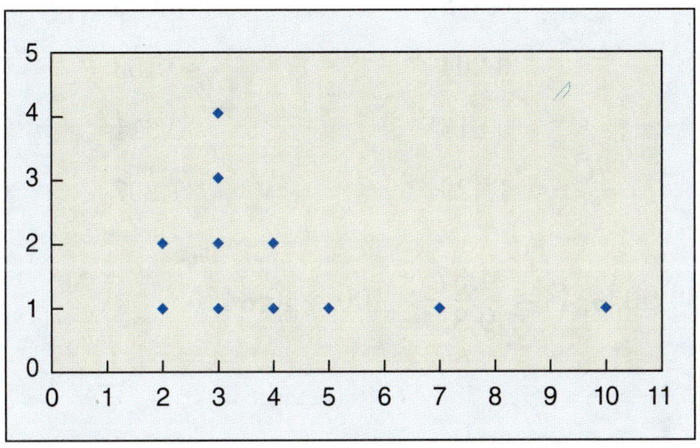

b. 평균 = 4.19 > 최빈값 = 3 = 중앙값 = 3

$$평균 = \frac{2+2+3+3+3+3+4+4+5+7+10}{11} = 4.19$$

5. b

7. d.

$E(X) = a$

$Var(X) = b$

$E(5X) = 5E(X) = 5a$

$Var(5X) = 5^2 Var(X) = 25b$

9. a.

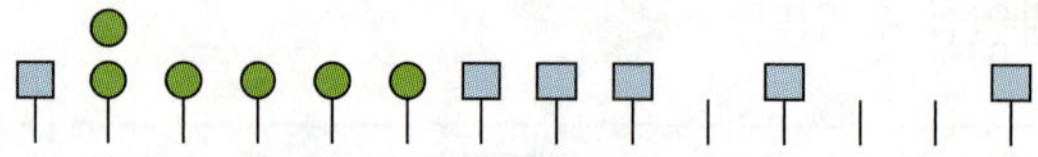

b. A

	A	B
mean	4.67	9.33
median	4.50	9.50

c. B

	A	B
range	4	13
IQR	3.25	6.25
std	1.63	4.37

A: $Q_1=3$, $Q_3=6.25$

B: $Q_1=6.5$, $Q_3=12.75$

d.

	A	B
Z값	−1.020	−1.670
	−1.020	−0.305
	−0.408	−0.076
	0.204	0.153
	0.816	0.611
	1.429	1.297

e. $A=\dfrac{1.63}{4.67}\times 100=34.90\%$, $B=\dfrac{4.37}{9.33}\times 100=46.84\%$

11. b, d

13. c

15. a.

최솟값	최댓값	평균	중앙값	IQR	분산	표준편차
10	70	28.15	26	15.75	174.2041	13.19864

b. Wool A의 변동계수 : 0.51072

Wool B의 변동계수 : 0.36821

c. Tension H의 변동계수 : 0.38550

Tension M의 변동계수 : 0.45120

Tension L의 변동계수 : 0.34564

23. a. 공분산 : 188.0881 / 상관계수 : 0.29640

b.

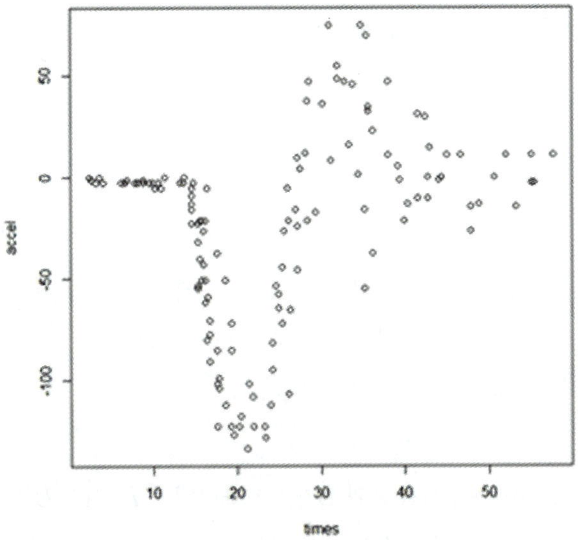

a에서 구한 상관계수를 통해서 선형적인 관계가 없다고 판단할 수 있다. 그러나 산점도를 통해 관찰한 결과, 두 변수 사이에 비선형적인 관계가 존재한다는 것을 알 수 있었다. 즉, 상관계수가 낮아도, 선형적인 관계 외에 비선형적인 관계가 존재할 수 있기 때문에 산점도를 확인하는 과정이 필요하다.

4장 연습문제

1. 전통적 접근, 상대적 비율접근, 주관적 접근

a. 전통적 접근

: 똑같은 가능성의 사건을 똑같은 확률값을 갖도록 정의

b. 상대적 비율접근

: 무수히 많이 시행하였을 때 그 사건이 일어난 비율이 수렴해가는 값

c. 주관적 접근

: 각자 생각하고 있는 어떤 사건이 일어날 가능성에 대한 믿음의 정도

3. b, c, d

5. a. $P(A^C)=1-P(A)=1-0.3=0.7$

b. $P(A\cup A^C)=P(U)=1$

c. $P(A\cap A^C)=P(\phi)=0$

7. a. A와 B가 독립이므로, $P(A\cap B)=P(A)P(B)=(0.2)(0.3)=0.06$

b. $P(A\cup B)=P(A)+P(B)-P(A\cap B)=0.2+0.3-0.06=0.44$

c. A와 B가 독립이므로, $P(A|B)=P(A)=0.2$

9. a. $P(A|B)=\dfrac{P(A\cap B)}{P(B)} \Rightarrow P(B)=\dfrac{P(A\cap B)}{P(A|B)}=\dfrac{0.2}{0.4}=0.5$

b. $P(A \cup B) = P(A) + P(B) - P(A \cap B) = 0.3 + 0.5 - 0.2 = 0.6$

c. $P(B|A) = \dfrac{P(A \cap B)}{P(A)} = \dfrac{0.2}{0.4} = \dfrac{2}{3}$

11. a. 알 수 없다. b. 알 수 없다. c. 아니오. d. 알 수 없다.

13. a. 상호배반 b. 아니오

15. $P(A \cup B) = P(A) + P(B) - P(A \cap B) = 0.3 + 0.2 - 0.3 \times 0.2 = 0.44$

17. a. 상호배반이면서 독립 b. 독립 c. 상호배반이면서 독립

A, B가 독립이기 위해서는 $P(A \cap B) = P(A) \cdot P(B)$

A, B가 상호배반이면, $P(A \cap B) = P(\text{공집합}) = 0$

19. a. 아니오

[반례(counter example)] 사건 A와 B가 상호배반이면 $P(A \cap B) = 0$이다. 그러나 만약 $P(A) > 0$, $P(B) > 0$ 이라면 $P(A) \cdot P(B) \neq 0$이 되고, 이것은 $P(A \cap B) = P(A) \cdot P(B)$가 언제나 성립할 수는 없음을 의미한다. 따라서 상호배반인 두 사건이 반드시 독립이라고 할 수 없다.

b. 아니오

[반례(counter example)] 사건 A와 B가 독립이라면 $P(A \cap B) = P(A) \cdot P(B)$가 성립한다. 그러나 두 사건의 교집합이 ϕ이 아니라면 $P(A \cap B) > 0$일 것이다. 그렇다면 $P(A \cup B) = P(A) + P(B) - P(A \cap B)$이라는 일반적인 등식에서 $P(A \cap B) > 0$이므로 $P(A \cup B) < P(A) + P(B)$이 될 것이고, 이는 두 사건 A와 B가 상호배반이 아님을 의미한다.

21. a. 상호배반사건 b. 독립사건 c. 상호배반사건

d. 독립사건 / 그 이외의 사건

e. 그 이외의 사건

자유무역협정을 맺고 있는 나라와 교역을 할 경우 무관세이므로 수출입을 하는데 좀 더 자유로워진다. 상대국가의 생산량이 증가한다는 것은 자유무역국가인 우리나라 사람들의 수요를 창출하는 것이므로, 우리나라의 포도주 생산량도 증가하게 되는 이른바 종속관계가 성립하게 되기 때문이다.

f. 독립사건 / 그 이외의 사건

우리나라의 기온과 브라질과의 기온은 밀접한 관련이 없다.

23.

	B_1	B_2	B_3	주변확률
A_1	0.35	0.18	0.02	0.55
A_2	0.25	0.17	0.03	0.44
주변확률	0.60	0.35	0.05	1.00

25. a. 1개 b. 불가능 c. 1개 d. 무한개

27.

	일반직	전문직	대학원	미결정	주변확률
남학생	0.12	0.04	0.08	0.16	0.4
여학생	0.18	0.06	0.12	0.24	0.6
주변확률	0.3	0.1	0.2	0.4	1.00

독립일 때 오직 한 개의 표만 가능하여 두 개의 표는 불가능하다.

29. 1) 분배법칙　　2)상호배반 사건의 합의 법칙

		0번 청구	1번 청구	2번 청구
보험계약자	저위험군(60%)	$0.6\times0.8=0.48$	$0.6\times0.15=0.09$	$0.6\times0.05=0.03$
	고위험군(40%)	$0.4\times0.5=0.2$	$0.4\times0.3=0.12$	$0.4\times0.2=0.08$
	합계	0.68	0.21	0.11

a.

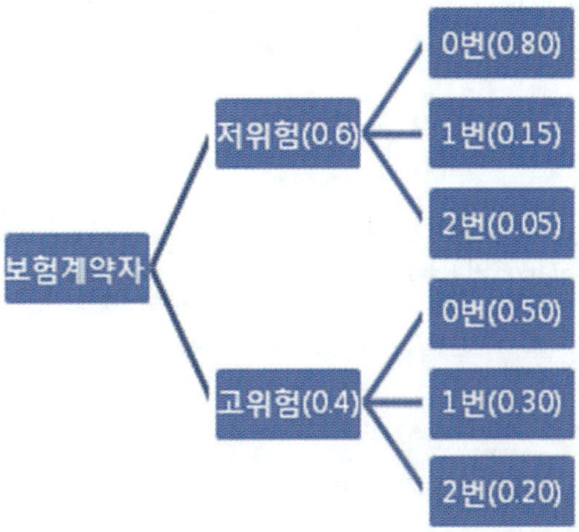

b. $P(\text{저위험}\,|\,\text{0번 청구})=\dfrac{0.48}{0.68}=0.706$

c. $P(\text{고위험}\,|\,\text{2번 청구})=\dfrac{0.08}{0.11}=0.727$

31.

	남	여	합		남	여	합
20시간 미만	500	450	950	20시간 미만	0.2	0.18	0.38
20~40시간	800	300	1100	20~40시간	0.32	0.12	0.44
40시간 이상	350	100	450	40시간 이상	0.14	0.04	0.18
합	1650	850	2500	합	0.66	0.34	1

a. $P(\text{20~40시간}\mid\text{여성})=\dfrac{P(\text{20~40시간}\cap\text{여성})}{P(\text{여성})}=\dfrac{0.12}{0.34}=0.353$

a. $P(\text{여성}\mid\text{40시간 이상})=\dfrac{P(\text{40시간 이상}\cap\text{여성})}{P(\text{40시간 이상})}=\dfrac{0.04}{0.18}=0.222$

33. a. $P(A|a)=\dfrac{P(A\cap a)}{P(a)}=\dfrac{0.2}{0.5}=0.4$

b. $P(A)=P(A\cap a)+P(A\cap b)=0.2+0.4=0.6$

c. 독립이 아님

$P(A)\cdot P(a)=0.6\cdot 0.5=0.3$

$P(A\cap a)=0.2$

$\therefore P(A)\cdot P(a)\neq P(A\cap a)$

d. 배반이 아님

$$P(A\cup a)=P(A)+P(a)-P(A\cap a)$$
$$=0.5+0.6-0.2=0.9$$

$P(A)+P(a)=1.1$

$\therefore P(A\cup a)\neq P(A)+P(a)$

e. 배반

$$P(A\cup B)=P(A)+P(B)-P(A\cap B)$$
$$=0.6+0.4=1$$

$P(A)+P(B)=1$

$\therefore P(A\cup B)=P(A)+P(B)$

f. $P(A|a)=\dfrac{P(A)P(a|A)}{P(A)P(a|A)+P(B)(a|B)}=\dfrac{0.6\times\dfrac{0.2}{0.6}}{0.6\times\dfrac{0.2}{0.6}+0.4\times\dfrac{0.3}{0.4}}$

$$=\frac{0.2}{0.2+0.3}=0.4$$

35. a. 분배법칙 b. 상호배반 사건의 합의 법칙

37. P(춥다)$=0.3$

P(춥지 않다)$=0.7$

P(작동안함 | 춥다)$=0.2$

P(작동안함 | 춥지 않다)$=0.08$

P(춥다$\cap$작동안함)$=P$(춥다)P(작동안함 | 춥다)

$=0.3\times 0.2$

$=0.06$

P(작동안함)$=P$(춥다)P(작동안함 | 춥다)$+P$(춥지 않다)P(작동안함 | 춥지 않다)

$=0.3\times 0.2+0.7\times 0.08$

$=0.116$

P(춥다 | 작동안함)$=P$(춥다$\cap$작동안함)$/P$(작동안함)

$=0.06/0.116$

$\risingdotseq 0.517$

39. $\dfrac{70\%\times 74\%}{30\%\times 96\%+70\%\times 74\%}=\dfrac{0.518}{0.806}\fallingdotseq 0.6427$

41.

<table>
<tr><td rowspan="2">2004년에서 2007년까지 은행보다 두 배 이상의 수익을 낸 회사 (0.23)</td><td>2003년에 상종가로 마감한 날이 5일 이상 (0.29)</td></tr>
<tr><td>2003년에 상종가로 마감한 날이 5일 미만 (0.71)</td></tr>
<tr><td rowspan="2">2004년에서 2007년까지 은행보다 두 배보다 적은 수익을 낸 회사 (0.77)</td><td>2003년에 상종가로 마감한 날이 5일 이상 (0.18)</td></tr>
<tr><td>2003년에 상종가로 마감한 날이 5일 미만 (0.82)</td></tr>
</table>

$$\frac{(0.23)(0.29)}{(0.23)(0.29)+(0.77)(0.18)} \fallingdotseq 0.325$$

43. $P(Y\text{사} \mid \text{불량})=0.2564$

45. $P(\text{외형불만} \mid \text{보증기간이내})=0.5079365$

5장 연습문제

1. a. 이산 b. 이산 c. 연속 d. 연속 e. 연속

3.

A	B	C	X
○	○	○	3
○	○	×	2
○	×	○	2
×	○	○	2
○	×	×	1
×	×	○	1
×	○	×	1
×	×	×	0

5. a. $f(x)=c\cdot\binom{4}{x}$, $x=1, 2, 3, 4$

$$1=c\times[{}_4C_1+{}_4C_2+{}_4C_3+{}_4C_4]$$

$$\therefore c=\frac{1}{15}$$

b. $P(x=2)=\frac{1}{15}\times{}_4C_2=\frac{2}{5}$

7. $P(X=1)=\frac{5}{10}=0.5$

$$P(X=2)=\frac{5}{10}\cdot\frac{5}{9}\fallingdotseq 0.278$$

$$P(X=3)=\frac{5}{10}\cdot\frac{4}{9}\cdot\frac{5}{8}\fallingdotseq 0.139$$

$$P(X=4)=\frac{5}{10}\cdot\frac{4}{9}\cdot\frac{3}{8}\cdot\frac{5}{7}\fallingdotseq 0.06$$

$$P(X=5)=\frac{5}{10}\cdot\frac{4}{9}\cdot\frac{3}{8}\cdot\frac{2}{7}\cdot\frac{5}{6}\fallingdotseq 0.02$$

$$P(X=6)=\frac{5}{10}\cdot\frac{4}{9}\cdot\frac{3}{8}\cdot\frac{2}{7}\cdot\frac{1}{6}\fallingdotseq 0.004$$

$$P(X=7)=\mathrm{P}(X=8)=P(X=9)=P(X=10)=0$$

9. a. $P(x)=F(x)-F(x-1)$ b. $F(x)=\Pr[X\le x]=\sum_{X\le x}P(x)$

11. a. $X=-1000n, -1000(n-1), \cdots, 0, \cdots, 1000(n-1), 1000n$

n이 몇 회인지 정확히 명시되어 있지 않기 때문에 명확히 표기할 수 없지만, 1000원 단위의 값들이 가능하다.

b.

X	−3000	−1000	1000	3000
P(X)	1/8	3/8	3/8	1/8

8가지 경우가 가능하다. 앞면을 H, 뒷면을 T라고 할 때, (HHH), (HHT), (HTH), (THH), (HTT), (THT), (TTH), (TTT)가 가능하며, (HHH)는 3000원을 획득하고, (HHT), (HTH), (THH)는 1000원을 획득한다. 반면 (HTT), (THT), (TTH)는 1000원을 잃게 되고, (TTT)은 3000원을 잃게 된다. 따라서 3000원을 얻거나 잃을 확률은 각각 1/8, 1000원을 얻거나 잃게 되는 확률은 각각 3/8이다.

c. $\mathrm{F}(x)$

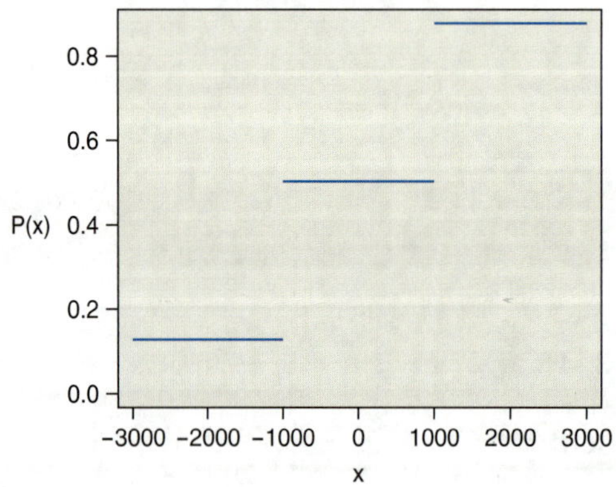

13. a. Max

x	$f(x)$
1	1/9
2	1/3
3	17/144
4	19/144
5	7/48
6	23/144

b. Min

x	$f(x)$
1	1/9
2	1/3
3	17/144
4	19/144
5	7/48
6	23/144

c. Sum

x	$f(x)$
2	1/9
3	2/9
4	1/6
5	1/9
6	17/144
7	1/8
8	11/144
9	1/36
10	1/48
11	1/72
12	1/144

d. 첫 번째 수 − 두 번째 수

x	$f(x)$
−5	1/36
−4	1/18
−3	1/16
−2	5/72
−1	23/144
0	1/4
1	23/144
2	5/72
3	1/16
4	1/18
5	1/36

15. 평균 : 2 , 표준편차 : 1.265

$$\overline{X}=\sum xf(x)=0\times0.2+1\times0.1+2\times0.3+3\times0.3+4\times0.1$$
$$=2$$
$$V(X)=\sum(x-\overline{X})^2 f(x)$$
$$=(0-2)^2\times0.2+(1-2)^2\times0.1+(3-2)^2\times0.3+(4-2)^2\times0.1$$
$$=0.8+0.1+0.3+0.4$$
$$=1.6$$
$$SD(X)=\sqrt{1.6}\ ;\ 1.265$$

17. $\Pr(X=1)=\binom{10}{1}\cdot\frac{1}{10}\cdot\frac{1}{10}\cdot\frac{1}{10}=\frac{10}{10^3}$

$\Pr(X=2)=\binom{10}{2}\left[\binom{3}{2}+\binom{3}{1}\right]\cdot\frac{1}{10}\cdot\frac{1}{10}\cdot\frac{1}{10}=\frac{270}{10^3}$

$\Pr(X=3)=\frac{10}{10}\cdot\frac{9}{10}\cdot\frac{8}{10}=\frac{720}{10^3}$

$E[X]=1\cdot\frac{10}{10^3}+2\cdot\frac{270}{10^3}+3\cdot\frac{720}{10^3}=\frac{2710}{10^3}=2.71$

18. a. 손실함수 = 이익금액 − 손실금액

$$L(y,b)=\begin{cases}-\pi y+\lambda(b-y) & if\ y\le b\\ -\pi b & if\ y>b\end{cases}$$

b. y

19. X= 총 경기수, p= 삼성이 이길 확률

$$E(X)=4\times{}_4C_4[p^4(1-p)^0+p^0(1-p)^4]$$
$$+5\times({}_5C_4-{}_4C_4)[p^4(1-p)^1+p^1(1-p)^4]$$
$$+6\times({}_6C_4-{}_5C_4)[p^4(1-p)^2+p^2(1-p)^4]$$
$$+7\times({}_7C_4-{}_6C_4)[p^4(1-p)^3+p^3(1-p)^4]$$

21. 각 숫자가 뽑힐 확률 $=\frac{1}{10}$

모든 경우의 수 $=\sum_{k=1}^{10} k=55$

기대되는 총 질문수 $=55$

$\therefore$ 기댓값 $=5.5$

23. i) 고장원인이 ①번일 때, (p)

①번 먼저 검사 C_1+R_1

②번 먼저 검사 $C_2+C_1+R_1$

ii) 고장원인이 ②번일 때, $(1-p)$

①번 먼저 검사 $C_1+C_2+R_2$

②번 먼저 검사 C_2+R_2

A. ①번 먼저 검사하였을 때, 기대비용

$(p)(C_1+R_1)+(1-p)(C_1+C_2+R_2)=C_1+p\cdot R_1+(1-p)(C_2+R_2)$

B. ②번 먼저 검사하였을 때, 기대비용

$(p)(C_2+C_1+R_1)+(1-p)(C_2+R_2)=C_2+p(C_1+R_1)+(1-p)(R_2)$

여기서 (A)<(B)이면 ①번 먼저 검사, (A)>(B)이면 ②번 먼저 검사

25. $X=3$개를 뽑았을 때 나오는 불량제품의 수

$$E[X]=0\times\frac{{}_4C_0\cdot{}_{16}C_3}{{}_{20}C_3}+1\times\frac{{}_4C_1\cdot{}_{16}C_2}{{}_{20}C_3}+2\times\frac{{}_4C_2\cdot{}_{16}C_1}{{}_{20}C_3}+3\times\frac{{}_4C_3\cdot{}_{16}C_0}{{}_{20}C_3}=0.6$$

27. a. $P(X\le 2)=P(X=0)+P(X=1)+P(X=2)$

$$=\binom{5}{0}(0.3)^0(0.7)^5+\binom{5}{1}(0.3)^1(0.7)^4+\binom{5}{2}(0.3)^2(0.7)^3$$

$$=0.8369$$

b. $P(X>3)=1-\{P(X\le 2)+P(X=3)\}$

$$=1-0.8369-\binom{5}{3}(0.3)^3(0.7)^2$$

$$=0.0308$$

c. $P(X=5)=\binom{5}{5}(0.3)^5(0.7)^0=0.0024$

29. i) 8번 예측할 확률 $\mathrm{P}(8)=\binom{10}{8}\frac{1}{2}^{10}\approx 0.04394531$

ii) 9번 예측할 확률 $\mathrm{P}(9)=\binom{10}{9}\frac{1}{2}^{10}\approx 0.009765625$

iii) 10번 예측할 확률 $\mathrm{P}(10)=\binom{10}{10}\frac{1}{2}^{10}\approx 0.000976563$

$\therefore P(8)+P(9)+P(10)\fallingdotseq 0.0547$

31. $$\frac{{}_5C_2\left(\frac{1}{6}\right)^2\left(\frac{5}{6}\right)^3\times{}_3C_1\left(\frac{1}{6}\right)^1\left(\frac{5}{6}\right)^2}{{}_8C_3\left(\frac{1}{6}\right)^3\left(\frac{5}{6}\right)^5}=\frac{15}{28}$$

33. 1,000원×5000대×0.7+2,000원×5000대×(1−0.7)=6,500,000

35. a. $\binom{24}{3}\left(\frac{19}{24}\right)^3\left(1-\frac{19}{24}\right)^{21}$

b. $\binom{24}{2}\left(\frac{5}{24}\right)^2\left(1-\frac{5}{24}\right)^{22}+\binom{24}{3}\left(\frac{5}{24}\right)^3\left(1-\frac{5}{24}\right)^{21}$

37. 사건 B

Let B_{black} : 뽑힌 검정공의 수

사건 A의 확률은 다음과 같다.

$$P(B_{black}<2)=P(B_{black}=0)+P(B_{black}=1)$$
$$=\left(\frac{998}{1000}\right)^{1000}+1000\times\left(\frac{2}{1000}\right)^1\times\left(\frac{998}{1000}\right)^{999}$$
$$=0.4057349$$

그런데 사건 B의 확률은 (1−사건 A의 확률)이고, 사건 A의 확률이 0.5보다 작기 때문에 사건 B의 확률이 더 크다.

39. $p=0.95$

사은품 수 $X\sim Bin(52,\ 0.95)$

$$\Pr(X\geq 45)=\sum_{x=45}^{52}\binom{52}{x}(0.95)^x(1-0.95)^{52-x}$$
$$=0.9959$$

41. a.

① 빨간공 3개와 흰공 0개

② 빨간공 2개와 흰공 1개

③ 빨간공 1개와 흰공 2개

④ 빨간공 0개와 흰공 3개

b.

① $\Pr[\text{빨간공 3개와 흰공 0개}]=\dfrac{\binom{4}{3}\times\binom{4}{0}}{\binom{8}{3}}=1/14$

② $\Pr[\text{빨간공 2개와 흰공 1개}]=\dfrac{\binom{4}{2}\times\binom{4}{1}}{\binom{8}{3}}=6/14$

③ $\Pr[\text{빨간공 1개와 흰공 2개}]=\dfrac{\binom{4}{1}\times\binom{4}{2}}{\binom{8}{3}}=6/14$

④ $\Pr[\text{빨간공 0개와 흰공 3개}] = \dfrac{\binom{4}{0}\times\binom{4}{3}}{\binom{8}{3}} = 1/14$

c. X ~ 초기하(hypergeometric)분포, 즉 크기가 8인 유한모집단에서 3개의 공을 비복원추출할 때 얻는 성공(흰공을 추출)개수의 분포

43. $\lambda=4$인 포아송분포

$$\begin{aligned} P(X\geq 2) &= 1-P(X=0)-P(X=1) \\ &= 1-\frac{4^0e^{-4}}{0!}-\frac{4^1e^{-4}}{1!} \\ &= 1-5e^{-4} \end{aligned}$$

45. i) 어느 한쪽에 발생하는 오타수 : $\lambda=1$인 포아송분포를 따른다.

P(어느 한쪽에 5개 이상의 오타가 발생할 확률)

$=1-P$(어느 한쪽에 5개 미만의 오타가 발생할 확률)

$$\begin{aligned} &= 1-\{P(0)+P(1)+P(2)+P(3)+P(4)\} \\ &= 1-\left(\frac{1^0e^{-1}}{0!}+\frac{1^1e^{-1}}{1!}+\frac{1^2e^{-1}}{2!}+\frac{1^3e^{-1}}{3!}+\frac{1^4e^{-1}}{4!}\right) \\ &\fallingdotseq 0.0037 \end{aligned}$$

ii) $X=5$개 이상의 오타수가 있는 쪽의 수

$X\sim Bin(300,\ 0.0037)$

$$\begin{aligned} 1-P(X=0) &= 1-\binom{300}{0}(0.0037)^0(1-0.0037)^{300} \\ &= 1-(1-0.00037)^{300} \\ &= 0.6711 \end{aligned}$$

47. a. $P(X=0)=e^{-5}=0.0067$

b. $$\begin{aligned} P(X\geq 1) &= 1-P(X=0) \\ &= 1-0.0067 \\ &= 0.9933 \end{aligned}$$

49. $\lambda=np=500\times 0.02=10$

a. $P(N=1)\approx\dfrac{e^{-10}10^1}{1!}=0.00045$

b. $$\begin{aligned} P(N\leq 2) &= P(N=0)+P(N=1)+P(N=2) \\ &\approx \frac{e^{-10}10^0}{0!}+\frac{e^{-10}10^1}{1!}+\frac{e^{-10}10^2}{2!} \\ &\approx 0.00277 \end{aligned}$$

c. $P(N\geq 3)=1-P(N\leq 2)\approx 0.99723$

6장 연습문제

1. $f(x)=\begin{cases}1 & if \quad 0\le x\le 1\\ 0 & o.w\end{cases}$

3. $\int_0^1 cx(1-x)dx=c\left[\frac{x^2}{2}-\frac{x^3}{3}\right]_0^1=\frac{c}{6}=1(\because f(x):p.d.f)\Rightarrow c=6$

$P\left(X<\frac{1}{2}\right)=\int_1^{1/2}6x(1-x)=6\left[\frac{x^2}{2}-\frac{x^3}{3}\right]_0^{1/2}=0.5$

5. $|a|\sigma$

$\mathrm{SD(X)}=\sigma$

$Var(X)=\sigma^2$

$Var(aX+b)=\sigma^2 Var(X)=a^2\sigma^2$

$\therefore SD(aX+b)=\sqrt{Var(aX+b)}=|a|\sigma$

6. $f(x)=\begin{cases}10-2x & if \quad 0\le x\le 5\\ 2x-10 & if \quad 5<x\le 10\end{cases}$

7. 1) 두 번 중 한 번 앞면 나올 확률

$P(X=1)=\binom{2}{1}\left(\frac{1}{2}\right)^1\left(1-\frac{1}{2}\right)^1=\frac{1}{2}$

2) 200번 중 100번 앞면 나올 확률

$P(X=100)=\binom{200}{100}\left(\frac{1}{2}\right)^{100}\left(1-\frac{1}{2}\right)^{100}=0.056348$

두 번째 실험에서 앞면이 나올 확률이 눈에 띄게 줄어든다.

9. $E(X)=\frac{a+b}{2},\ V(X)=\frac{(a+b)^2}{12}$

11. 길동 도착 시간 $\mathrm{X\sim U(0,\ 30)}$

향단 도착 시간 $\mathrm{Y\sim U(0,\ 30)}$

만날 확률 $=\mathrm{Pr(|X-Y|)<10}$

$=\mathrm{Pr(X-10<Y<X+10)}$

$=\mathrm{Pr(0<X<10,\ 0<Y<X+10)}$

$\quad+\mathrm{Pr(10<X<20,\ X-10<Y<X+10)}$

$\quad+\mathrm{Pr(20<X<30,\ X-10<Y<30)}$

$=\int_0^{10}\int_0^{x+10}\frac{1}{30}\cdot\frac{1}{30}\,dy\,dx$

$\quad+\int_{10}^{20}\int_{x-10}^{x+10}\frac{1}{30}\cdot\frac{1}{30}\,dy\,dx$

$\quad+\int_{20}^{30}\int_{x-10}^{30}\frac{1}{30}\cdot\frac{1}{30}\,dy\,dx$

$=\frac{150}{900}+\frac{200}{900}+\frac{150}{900}=\frac{500}{900}=\frac{5}{9}$

13. $f_{U_1+U_2}=\begin{cases}1-|1-x| & if \quad x\in[0, 2]\\ 0 & if \quad x\notin[0, 2]\end{cases}$

15. a. 0.52　　b. −0.52　　c. 1.96　　d. 0.675

17. $P(X>9)=P\left(Z>\dfrac{9-5}{\sqrt{V(X)}}\right)=0.2$

$P\left(0<Z<\dfrac{9-5}{\sqrt{V(X)}}\right)=0.5-P\left(Z>\dfrac{9-5}{\sqrt{V(X)}}\right)=0.3$

표준정규분포표를 이용하여,

$\dfrac{9-5}{\sqrt{V(X)}}\approx 0.84$

$\therefore V(X)\approx 22.676$

19. a. $P(11.8<X<12.2)=P\left(\dfrac{11.8-12}{1.1}<Z<\dfrac{12.2-12}{1.1}\right)$

$=P\left(-\dfrac{0.2}{1.1}<Z<\dfrac{0.2}{1.1}\right)=0.1443$

b. $P(10.9<X<13.1)=P\left(\dfrac{10.9-12}{1.1}<Z<\dfrac{13.1-12}{1.1}\right)$

$=P\left(-\dfrac{1.1}{1.1}<Z<\dfrac{1.1}{1.1}\right)=0.6827$

21. IQ 검사자의 점수를 확률변수 X라 하자.

$E(X)=100$, $\sigma(X)=25$일 때,

a. $P(X>125)=P\left(Z>\dfrac{125-100}{25}\right)=P(Z>1)=0.159$

b. $P(90<X<110)=P\left(\dfrac{90-100}{25}<Z>\dfrac{110-100}{25}\right)$

$=P(-0.4<Z<0.4)$

$=0.3108$

c. $P(X\leq 120)=P\left(Z\leq\dfrac{120-100}{25}\right)$

$=P(Z\leq 0.8)$

$=0.7881$

23. *a*. $X\sim N(30, 0.4^2)$

$P(X>31)=P\left(\dfrac{X-30}{0.4}>\dfrac{31-30}{0.4}\right)=P(Z>2.5)=0.0062$

b. $X\sim N(30, 0.4^2)$

$P(X>30.5)=P\left(\dfrac{X-30}{0.4}>\dfrac{30.5-30}{0.4}\right)=P(Z>1.25)=0.1056$

$1-\sum_{i=0}^{2}\binom{10}{i}(0.1056)^i(1-0.1056)^{10-i}=0.0802$

25. $X \sim N(10, 2^2)$

$$\frac{c-10}{2} = z_{0.005} \Rightarrow c = 2 \times z_{0.005} + 10$$

$$\Rightarrow c = 2 \times (-2.575) + 10 = 4.85$$

$\therefore c = 4.85$

27. $X \sim N(1.4, 0.2^2)$

$P(X < 1.8) = 0.977$

$$1 - \binom{10}{0}(0.977)^0(1-0.977)^{10} - \binom{10}{1}(0.977)^1(1-0.977)^9 \approx 1$$

29. $x_t = \log r_t \sim N(1.5, 1^2)$

$P(x_t > 2.5) = P(Z > 1) = 1 - 0.8413 = 0.1587(16\%)$

31. $N(1.0)$

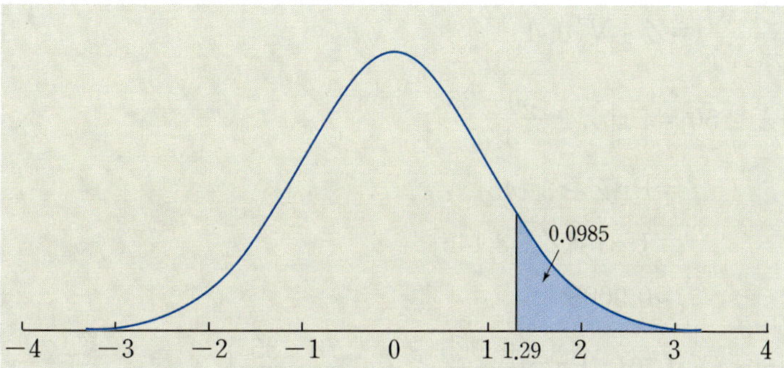

$$Z = \frac{X-\mu}{r} \Rightarrow 1.29 = \frac{X-150}{25} \Rightarrow X = 182.25 \Rightarrow 183개$$

33. x를 걸리는 시간이라고 하면 X의 분포는 다음과 같다.

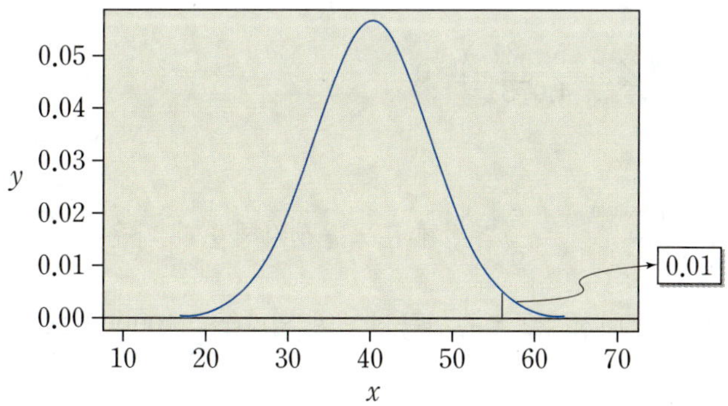

$$P\left(Z < \frac{x-40}{7}\right) = 0.99$$

즉, $\Phi\left(\frac{x-40}{7}\right) = 0.99$

$$\frac{x-40}{7} \approx 2.33$$

$\therefore x = 2.33 \times 7 + 40 = 56.31$

그러므로 최소한 9시 3분경에는 출발을 해야 한다.

35. $P(X<K)\geq 0.95$

$P\left(\frac{X-500}{\sqrt{250}}\leq\frac{K-500-0.5}{\sqrt{250}}\right)\geq 0.95$

$P\left(Z\leq\frac{K-500.5}{\sqrt{250}}\right)\geq 0.95$

$\therefore\ \frac{K-500.5}{\sqrt{250}}\geq 1.645$

$K\geq 500.5+1.645\cdot\sqrt{250}=526.51\approx 527$

37. 세금인상 찬성자 : $X\sim B(100,\ 0.35)$

$E(X)=100\cdot 0.35=35,\ \sqrt{Var(X)}=100\cdot 0.35\cdot 0.65\approx 4.77$

$n=100$으로 매우 크므로 이항분포의 정규근사 적용가능

$X\sim N(100\cdot 0.35, 100\cdot 0.35\cdot 0.65)$

$\frac{X-E(X)}{\sqrt{Var(X)}}=Z\sim N(0,\ 1)$

a. $\Pr[X\geq 50]=\Pr\left[Z\geq\frac{50-35}{4.77}\right]$

$=\Pr[Z\geq 3.145]$

$=1-\Pr[Z\leq 3.145]$

≈ 0.0008

b. $\Pr[60<X<70]=\Pr\left[\frac{60-35}{4.77}<Z<\frac{70-35}{4.77}\right]$

$=\Pr[5.241<Z<7.338]$

c. $\Pr[X<75]=\Pr\left[Z<\frac{70-35}{4.77}\right]=\Pr[Z<8.386]\approx 1$

39. $X\sim B(100,\ 0.21)$

$P(X\leq 5)=P\left(Z\leq\frac{5-21}{4.0731}\right)\approx 0$

41. 48

${}_{10000}C_x\left(\frac{1}{2}\right)^x?\left(\frac{1}{2}\right)^{10000-x}=\frac{5}{6}$: 전체 분포를 생각해볼 때 가운데 $\frac{2}{3}$부분을 제외한 양쪽 부분을 보면 대칭적으로 $\frac{1}{6}$만큼씩 남게 된다($n=10000$이므로 정규분포를 따를 것으로 전제한다).

$P(5000-m\leq X\leq 5000+m)=\frac{2}{3}$

$R-program$ 이용

qbinom(1/6, 10000, 0.5)=4952

qbinom(5/6, 10000, 0.5)=5048

43. a. 0.3679

$P(X>2)=\exp(-0.5\cdot 2)\approx 0.3679$

b. 0.6065

$$P(X\ge 10\mid X>9)=\frac{P(X\ge 10)}{P(X>9)}=\frac{\exp(-0.5\cdot 10)}{\exp(-0.5\cdot 9)}=0.6065$$

45.
$$P(X>t+s\mid X>s)=\frac{P(X>t+s)}{P(X>s)}=\frac{1-P(X\le t+s)}{1-P(X\le s)}$$
$$=\frac{\exp(-(t+s)\theta)}{\exp(-s\theta)}=\exp(-t\theta)=P(X>t)$$

49. a. $P(50\le X\le 150)=\int_{50}^{150}f(x)dx=\int_{50}^{150}\frac{1}{100}e^{-\frac{1}{100}x}dx$

$=e^{-0.5}-e^{-0.5}=0.3834$

b. $P(X<100)=1-e^{-1}=0.3679$

51. $X\sim \mathrm{Exp}\left(\frac{1}{2}\right)$

$f(x)=\frac{1}{2}\exp\left(-\frac{x}{2}\right)$

$P(X\le \eta_{90})=1-\exp\left(-\frac{\eta_{90}}{2}\right)=0.9$

$\therefore\ \eta_{90}=-2\log(1-0.9)$

$=4.60517$

53. $X_1\sim \mathrm{Exp}\left(\frac{1}{40}\right),\ X_2\sim \mathrm{Exp}\left(\frac{1}{40}\right)$

$\Pr(X_1+X_2>72)$

$=\Pr(0<X_1<72,\ X_2>72-X_1)$

$\quad+\Pr(X_1>72,\ X_2>0)$

$=\int_0^{72}\int_{72-x}^{\infty}\left(\frac{1}{40}\right)^2 e^{-\frac{1}{40}(x_1+x_2)}dx_2dx_1$

$\quad+\int_{72}^{\infty}\int_0^{\infty}\left(\frac{1}{40}\right)^2 e^{-\frac{1}{40}(x_1+x_2)}dx_2dx_1$

$=0.5372$

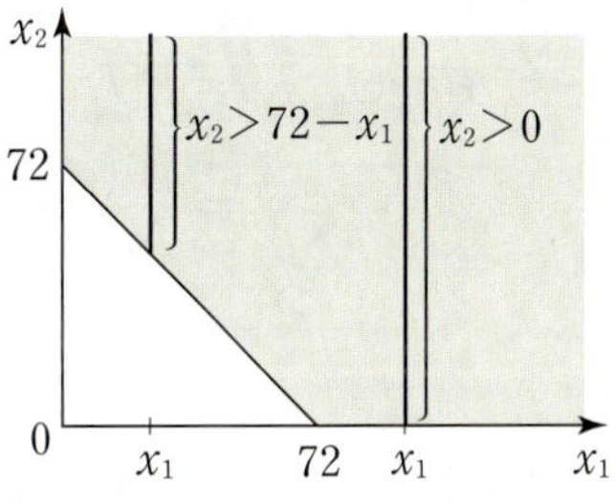

문제 53
적분구간

54. $E(X)=\frac{1}{\theta}=70\ \Rightarrow\ \theta=1/70$

$P(X<30)=1-\exp\left(-30\cdot\frac{1}{70}\right)=0.3486\ \Rightarrow\ 34.86\%$

7장 연습문제

1. 아니오.

비확률표본추출은 조사 대상들의 표본추출확률을 모르기 때문에 추론에 한계가 있으며, 그 추출과정의 주관성 때문에 모집단을 대표하지 못할 수가 있고, 얻어진 추정값들에 대해 어떠한 통계적인 결론을 내리기 힘들게 된다.

그러나 확률표본추출은 각 단위가 선택될 확률을 계산할 수 있고, 이를 바탕으로 편향이 없는 추정량 산출이 가능하다는 장점이 있다.

3. (CLT 증명) 통계학입문의 범위를 넘어가는 증명이므로 다음 참조.

Robert Hogg, Joseph McKean and Allen Craig.

Introduction to Mathematical Statistics. pp. 220–222

5. a.
$$\begin{aligned} E(I_i) &= E(I_1+I_2\cdots+I_n) \\ &= E(I_1)+E(I_2)\cdots+E(I_n) \\ &= \frac{1}{N}\times n = \frac{n}{N} \end{aligned}$$

단, $I_N(x)=\begin{cases} 1 & \text{if} \quad x\in N \\ 0 & \text{if} \quad x\notin N \end{cases}$,

$$E(1_N)=\int_x 1_N(x)\,dp=\int_N dp=P(N)$$

b.
$$Cov(I_i, I_j)=\begin{cases} \dfrac{n}{N}\left(\dfrac{-N+n}{N(N-1)}\right) & \text{if} \quad i\neq j \\ \dfrac{nN-n^2}{N^2} & \text{if} \quad i=j \end{cases}$$

i) $i\neq j$

$$\begin{aligned} Cov(I_i, I_j) &= E[I_i\ I_j]-E[I_i]E[I_j] \\ &= \frac{n(n-1)}{N(N-1)}-\left(\frac{n}{N}\right)^2 \\ &= \frac{n}{N}\left(\frac{-N+n}{N(N-1)}\right) \end{aligned}$$

ii) $i=j$

$$\begin{aligned} Cov(I_i, I_j) &= E[I_i^2]-E[I_i]E[I_j] \\ &= \frac{n}{N}-\left(\frac{n}{N}\right)^2 \\ &= \frac{nN-n^2}{N^2} \end{aligned}$$

7.
$$\begin{aligned} MSE &= E[(\hat{\theta}-\theta)^2] \\ &= E[(\hat{\theta}-E(\hat{\theta})+E(\hat{\theta})-\theta)^2] \\ &= E([\hat{\theta}-E(\hat{\theta})]^2+E([E(\hat{\theta})-\theta]^2) \quad (\because E([\hat{\theta}-E(\hat{\theta})][E(\hat{\theta})-\theta])=0) \\ &= Var(\hat{\theta})+(Bias(\hat{\theta},\theta))^2 \end{aligned}$$

즉, MSE는 추정값의 분산과 편향의 제곱으로 분리된다. 따라서 MSE가 0이 되기 위해서는 추정값이 비편향성을 만족하고, 분산이 0이어야 한다.

11. 평균이 x_4인 경우, 편향은 발생하지만, 분산은 줄어들 것이다.
따라서 평균이 x_4인 경우 10번에서 구현된 표본추출법이 단순확률추출보다 더 효율적이 될 것이다.

13. a. $\overline{X} \sim N\left(250, \frac{50^2}{100}\right)$

b. $P(X \geq 300) = P\left(Z \geq \frac{300-250}{\frac{50}{\sqrt{100}}}\right) = P(Z \geq 10) \approx 0$

15. $X \sim N(500, 100^2)$

$$490 \leq \overline{x} \leq 515 \Rightarrow \frac{490-500}{\frac{100}{\sqrt{100}}} \leq Z \leq \frac{515-500}{\frac{100}{\sqrt{100}}}$$

$$\Rightarrow -1 \leq Z \leq 1.5$$

$p(-1 \leq Z \leq 1.5) = 0.3413 + 0.4332 = 0.7745$

17. a.

X	1	2	3	4
P(X=x)	1/6	1/6	2/6	2/6

b. $1 \cdot 1/6 + 2 \cdot 1/6 + 3 \cdot 2/6 + 4 \cdot 2/6 = 17/6$
$(1+2+3+3+4+4)/6 = 17/6$

c.

표본	표본평균	Probability
(1, 2, 3, 3)	9/4	1/15
(1, 2, 3, 4)	10/4	4/15
(1, 2, 4, 4)	11/4	1/15
(1, 3, 3, 4)	11/4	2/15
(1, 3, 4, 4)	12/4	2/15
(2, 3, 3, 4)	12/4	2/15
(2, 3, 4, 4)	13/4	2/15
(3, 3, 4, 4)	14/4	1/15

d. (1, 4, 4, 2)를 뽑았을 때의 표본평균이 11/4이므로
변동$=11/4-17/6=-1/12$, 편의$=0$

19. $X \sim (15, 2^2)$

a. $P(X > 20) = P\left(\frac{X-\mu}{\sigma} > \frac{20-15}{2}\right) = P(Z > 2.5)$

$= 0.5 - 0.4938 = 0.0062$

b. $P(18 \leq X \leq 20) = P\left(\frac{18-15}{2} \leq Z \leq \frac{20-15}{2}\right) = P(1.5 \leq Z \leq 2.5)$

$= P(Z \leq 2.5) - P(Z \leq 1.5) = 0.4938 - 0.4332 = 0.0606$

c. $P(\overline{X}>17)=P\left(\frac{\overline{X}-\mu}{\sigma/\sqrt{n}}>\frac{17-15}{2/\sqrt{25}}\right)$
$=P(Z>5)\cong 0.00$

21. $X \sim N(50,\ 36)$

$\overline{X} \sim N\left(50,\ \frac{36}{100}\right)$

a. $P(\overline{X}\le 49)=P\left(z\le\frac{49-50}{6/10}\right)=P(z\le -1.67)=0.0485$

b. $P(49\le\overline{X}\le 52)=P(-1.67\le z\le 3.33)=0.9525$

23. $\overline{x} \sim N\left(\mu,\ \frac{\sigma^2}{n}\right)$

$E(\overline{x})=\mu,\ V(\overline{x})=\frac{\sigma^2}{n}$

$E(\overline{x}-\mu)=0,\ V(\overline{x}-\mu)=\frac{\sigma^2}{n}$

$E\left(\frac{\overline{x}-\mu}{\sigma/\sqrt{n}}\right)=0,\ V\left(\frac{\overline{x}-\mu}{\sigma/\sqrt{n}}\right)=\frac{n}{\sigma^2}\times V(\overline{x}-\mu)=1$

$\frac{\overline{x}-\mu}{\sigma/\sqrt{n}} \sim N(0,\ 1) \Rightarrow \therefore Z \sim N(0,\ 1)$

25. 3%

$N(800,\ 40^2)$ ⇒ 표본 16개 추출하면 ⇒ $N\left(800,\ \frac{40^2}{16}\right)$

$P(\overline{X}<780)=P\left(Z<\frac{780-800}{10}\right)$
$=P(Z<-2)=0.0228$

27. 0.0949

X : 나사의 무게

$X \sim (5.02,\ 0.3^2)$

$X \sim N(5.02,\ 0.3^2/10)\ by\ CLT$

29. $X \sim N(120,\ 64)$

$\overline{X} \sim N(120,\ 4)$

$P(\overline{X}\ge 125)=P(Z\ge 2.5)=1-P(Z\le 2.5)=0.0062$

31. $P[X\le 1100]=P\left(Z\le\frac{1100-1200}{\frac{104}{\sqrt{9}}}\right)=P(Z\le -2.88)=0.002$

33. 모집단이 $N(109,\ 9^2)$일 때 : $\overline{X} \sim N(109,\ 9^2/30)$

36. a. T (표본평균의 기댓값은 2이다.)

b. F (시행횟수가 많아지더라도 표본의 크기가 작기 때문에 CLT를 적용할 수 없다.)

c. T (상자 안의 카드의 평균은 2이다.)

37. 사과의 개당 무게 $X \sim N(350, 100)$

16개가 담긴 박스의 무게 $Y \sim N(5600, 1600)$, $Y = x1 + x2 + \ldots\ldots + x16$

"특상" 일 확률 $\Pr[\mathrm{Y} > \mathrm{a}] = 0.3 = \Pr\left[\mathrm{Z} > \dfrac{a-5600}{40}\right]$, $\dfrac{a-5600}{40} = 0.525$

$\therefore a = 5621$

"상" 일 확률 $\Pr[\mathrm{Y} < \mathrm{c}] = 0.3 = \Pr\left[\mathrm{Z} < \dfrac{a-5600}{40}\right]$, $\dfrac{a-5600}{40} = -0.525$

$\therefore c = 5579$

"특" 일 확률 $\Pr[\mathrm{c} < \mathrm{Y} < \mathrm{a}] = 0.4$

5579 g 이하이면 "상"으로 판매하고 5579~5621 g 사이이면 "특", 5621 g 이상이면 "특상"으로 판매

39. a. 표본비율 $(\bar{p}) = \dfrac{100}{225} = 0.44$

b. 정규분포$(n \times p = 225 \times 0.44 = 99 > 5,$
$n \times (1-p) = 225 \times 0.56 = 126 > 5$ (CLT)

c. $P(\bar{p} - p \le 0.05) = P\left(\dfrac{\bar{p}-p}{\sqrt{\dfrac{p(1-p)}{n}}} \le \dfrac{0.05}{\sqrt{\dfrac{p(1-p)}{n}}}\right)$

$$= P(Z \le 1.510918) \approx 0.9346$$

41. $\bar{p}$: 10명의 표본추출에서 여성의 비율

$E(\bar{p}) = p = 0.4$

$Var(\bar{p}) = \dfrac{p(1-p)}{n} = \dfrac{0.4 \times 0.6}{10} = 0.024$

43. $X \sim B\left(64, \dfrac{1}{5}\right)$

$n > 20$, $np = 64 \times \dfrac{1}{5} = 12.8 > 5$, $n(1-p) = 64 \times \dfrac{4}{5} = 51.2 > 5$

$\Rightarrow X \sim N\left(64 \times \dfrac{1}{5}, 64 \times \dfrac{1}{5} \times \left(1 - \dfrac{1}{5}\right)\right)$

$\therefore X \sim N(12.8, 3.2^2)$

$$P[X > 16] = P\left[\frac{X-12.8}{3.2} > \frac{16-12.8}{3.2}\right]$$
$$= P[Z > 1]$$
$$= 0.5 - 0.3413$$
$$= 0.1587$$

44. a. $N(0.25, 0.1875/20)$

b. $N(0.75, 0.1875/30)$

c. $N(0.13, 0.1131/100)$

d. $N(0.33,\ 0.2211/50)$

45. (근사적으로 정규분포를 따른다)

a. $N(0.12,\ 0.0042)$

b. $N(0.55,\ 0.0083)$

c. $N(0.35,\ 0.0027)$

d. $N(0.45,\ 0.005)$

47. a. $P(\overline{X} \leq 161) = P\left(\dfrac{\overline{X}-\mu}{\sigma/\sqrt{n}} \leq \dfrac{161-106}{4/\sqrt{100}}\right)$

$= P(Z \leq 137.5) \cong 1$

b. $P(\overline{X} \geq 161) = P\left(\dfrac{\overline{X}-\mu}{\sigma/\sqrt{n}} \geq \dfrac{158-106}{4/\sqrt{100}}\right)$

$= P(Z \geq 130) \cong 0$

c. $P(159.5 \leq \overline{X} \leq 160.5) = P(\overline{X} \leq 160.5) - P(159.5 \geq \overline{X}) \cong 1-1=0$

49.

계급	빈도수	계급	빈도수
0	0	5.5	9
0.5	0	6	15
1	1	6.5	5
1.5	1	7	7
2	5	7.5	2
2.5	4	8	2
3	12	8.5	0
3.5	8	9	0
4	19	9.5	0
4.5	10	10	0
5	20	기타	0

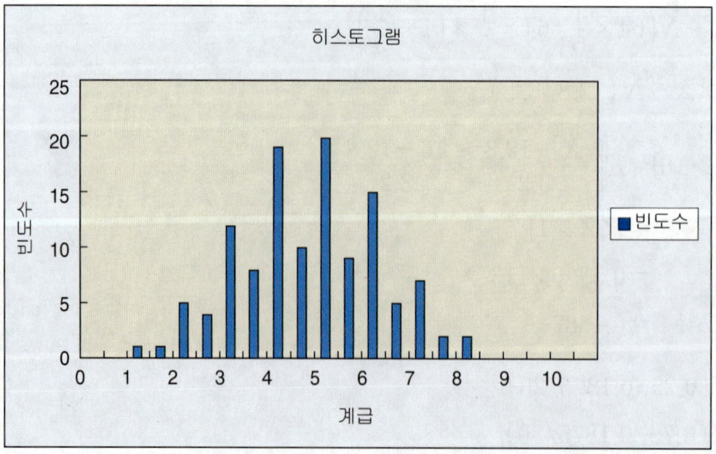

8장 연습문제

1. 변동 : $\overline{X}-E(\overline{X})=\overline{X}-\mu$

편향 : $E(\overline{X})-\mu=\mu-\mu=0$

표집오차 = 변동 + 편의 $=(\overline{X})-\mu$

3. 변동 : $(\overline{X}-17)-E(\overline{X}-17)=\overline{X}-\mu$

편향 : $E(\overline{X}-17)-\mu=\mu-17-\mu=-17$

표집오차 = 변동 + 편의 $=\overline{X}-\mu-17$

4. $2\hat{\theta}_2-\hat{\theta}_1$

$E(\hat{\theta}_1)=\theta+2\beta$, β는 bias

$E(\hat{\theta}_2)=\theta+\beta$

따라서 $E(2\hat{\theta}_2-\hat{\theta}_1)=2\theta+2\beta-\theta+2\beta=\theta$

6. $\hat{\theta}_1\sim N\left(\mu,\ \frac{\sigma^2}{5}\right)$, $\hat{\theta}_2\sim N\left(\mu,\ \frac{\sigma^2}{10}\right)$, $\hat{\theta}_3\sim N\left(\mu,\ \frac{\sigma^2}{100}\right)$

a. $E(\hat{\theta}_1)=E(\hat{\theta}_2)=E(\hat{\theta}_3)=\mu$

모두 비편향추정량이다.

b. 세 개의 비편향추정량 중 가장 작은 분산을 가지는 것은 $\hat{\theta}_3$이다.

8. a. $E\left(\overline{X}+\frac{1}{n}\right)=\mu+\frac{1}{n}\neq\mu$; 비편향성을 만족하지 않는다.

b. $V\left(\overline{X}+\frac{1}{n}\right)=V(\overline{X})$; variance 측면에서 두 추정값의 효율성은 같다.

c. $E\left(\overline{X}+\frac{1}{n}\right)=\mu+\frac{1}{n}\xrightarrow[n\to\infty]{}\mu$; 일치성을 만족한다.

10. $p=0.26$

1) $np\geq5$ $n\geq19.23$

2) $n(1-p)\geq5$ $\quad n\geq6.7567$

$\therefore n=20$

12. a. $np=20^{*}0.64=12.8\geq5$

$n(1-p)=20^{*}0.36=7.2\geq5$

∴ 정규 근사조건 만족

b. $0.64\pm1.96\sqrt{\frac{0.64(1-0.64)}{20}}=(0.4296,\ 0.8504)$

c. 일간의 차이가 반영될 수 있으며, 어느 하루의 시청률이 그 다음날의 시청률과 독립이라고 보기 어렵다.

13. a. $\frac{5}{\sqrt{40}}=0.791$ b. $1.96\times\frac{5}{\sqrt{40}}=1.5495$

14. X : 하루에 파는 하드아이스바 개수

N : 하루 팔기 위해 준비된 아이스바 개수

$X\sim N(35,\ 200)$

$P(X\geq N)=P\left(Z\geq\frac{N-35}{\sqrt{200}}\right)\leq 0.2$

$\therefore\ \frac{N-35}{\sqrt{200}}\geq 0.8416\ \Rightarrow N\geq 46.95\qquad\therefore\ N=47$

15. X : 한 역사 개조 비용

$X\sim N(75,\ 25^2)$

$p=P(X\geq 100)=P(Z\geq 1)=0.2419$

$\therefore\ \overline{X}=np=7.257\ \Rightarrow$ 7개

16. X : 20년 동안 철수가 감기 걸린수

$X\sim Bin(36,\ 0.15)$ 정규근사하여 $X\sim N(5.4,\ 4.59)$

$\therefore\ 5.4\pm 1.96\sqrt{\frac{4.59}{36}}=(4.700,\ 6.099)$

17. $\overline{X}\ \dot{\sim}\ N\left(2,\ \frac{0.6^2}{36}\right)$

$P(1.85<\overline{X}<2.1)$

$=P\left(\frac{1.85-2}{0.6/\sqrt{36}}<\frac{\overline{X}-2}{0.6/\sqrt{36}}<\frac{2.1-2}{0.6/\sqrt{36}}\right)$

$\doteq P(-1.5<Z<1.0)$

$=0.7745$

18. $n=80,\ \hat{p}=\frac{80}{700}=0.634$

a. $d=z_{\alpha/2}\sqrt{\frac{\hat{p}(1-\hat{p})}{n}}=1.96\sqrt{\frac{(0.634)(0.366)}{80}}=0.1056$

a. $d=z_{\alpha/2}\sqrt{\frac{\hat{p}(1-\hat{p})}{n}}=2.33\sqrt{\frac{(0.634)(0.366)}{80}}=0.1255$

20. 90% 신뢰구간 : $\left(\overline{x}-t_{0.05,\ 19}\frac{s}{\sqrt{n}},\ \overline{x}+t_{0.05,\ 19}\frac{s}{\sqrt{n}}\right)$

$17.25\pm 1.729\frac{3.3}{\sqrt{20}}=17.25\pm 1.2758=(15.9742,\ 18.5258)$

95% 신뢰구간 : $\left(\overline{x}-t_{0.025,\ 19}\frac{s}{\sqrt{n}},\ \overline{x}+t_{0.025,\ 19}\frac{s}{\sqrt{n}}\right)$

$17.25\pm 2.093\frac{3.3}{\sqrt{20}}=17.25\pm 2.093=(15.7056,\ 18.7944)$

99% 신뢰구간 : $\left(\overline{x}-t_{0.005,\,19}\frac{s}{\sqrt{n}},\ \overline{x}+t_{0.005,\,19}\frac{s}{\sqrt{n}}\right)$

$17.25\pm2.861\frac{3.3}{\sqrt{20}}=17.25\pm2.111=(15.1386,\ 19.3611)$

22. $\overline{X}\pm Z_{\alpha/2}\frac{\sigma}{\sqrt{n}}$으로부터,

$3.37\pm1.96\times\frac{0.28}{\sqrt{120}}=(3.32,\ 3.42)$

24. a. $\left(x-z_{0.05}\frac{s}{\sqrt{n}},\ \overline{x}+z_{0.05}\frac{s}{\sqrt{n}}\right)=12.3\pm0.7677=(11.5323,\ 13.0677)$

b. $\left(\overline{x}-z_{0.025}\frac{s}{\sqrt{n}},\ \overline{x}+z_{0.025}\frac{s}{\sqrt{n}}\right)=12.3\pm0.9147=(11.3853,\ 13.2147)$

c. $\left(\overline{x}-z_{0.025}\frac{s}{\sqrt{n}},\ \overline{x}+z_{0.025}\frac{s}{\sqrt{n}}\right)=12.3\pm1.0873=(11.2127,\ 13.3873)$

d. 신뢰수준이 커지면서 추정한 구간의 길이는 늘어난다.

26. a. $15.3\pm1.96\sqrt{\frac{1.6^2}{10}}=(14.3083,\ 16.2917)$

b. $15.3\pm2.33\sqrt{\frac{1.6^2}{10}}=(14.1211,\ 16.4789)$

28. $n\hat{p}=600\geq5,\ n(1-\hat{p})=400\geq5$ $\quad\therefore$ 정규 근사조건 만족

$\left(\hat{p}-z_{0.025}\sqrt{\frac{\hat{p}(1-\hat{p})}{n}},\ \hat{p}+z_{0.025}\sqrt{\frac{\hat{p}(1-\hat{p})}{n}}\right)=0.6\pm0.0304$

$=(0.5696,\ 0.6304)$

30. $n\hat{p}=205.6\geq5,\ n(1-\hat{p})=1079.4\geq5$ $\quad\therefore$ 정규 근사조건 만족

$\left(\hat{p}-z_{0.025}\sqrt{\frac{\hat{p}(1-\hat{p})}{n}},\ \hat{p}+z_{0.025}\sqrt{\frac{\hat{p}(1-\hat{p})}{n}}\right)=0.16\pm0.02=(0.14,\ 0.18)$

32. $n\hat{p}=680\geq5,\ n(1-\hat{p})=320\geq5$ $\quad\therefore$ 정규 근사조건 만족

$\left(\hat{p}-z_{0.025}\sqrt{\frac{\hat{p}(1-\hat{p})}{n}},\ \hat{p}+z_{0.025}\sqrt{\frac{\hat{p}(1-\hat{p})}{n}}\right)=0.68\pm0.0289$

$=(0.6511,\ 0.7089)$

33. $\hat{p}=\frac{15}{60}=0.25$

a. $0.25\pm1.645\sqrt{\frac{0.25(1-0.25)}{60}}=(0.1580,\ 0.3420)$

b. $0.25\pm1.96\sqrt{\frac{0.25(1-0.25)}{60}}=(0.1404,\ 0.3596)$

c. $0.25 \pm 2.33\sqrt{\frac{0.25(1-0.25)}{60}} = (0.1197,\ 0.3803)$

d. 신뢰수준이 커지면서 구간추정의 범위는 넓어진다.

34. $\hat{p} = \frac{2048}{4040} = 0.5069$

$0.5069 \pm 1.96\sqrt{\frac{0.5069(1-0.5069)}{4040}} = (0.4915,\ 0.5223)$

신뢰구간 안에 1/2값을 포함하고 있다.

36. $n\hat{p} = 5067 \geq 5,\ n(1-\hat{p}) = 493 \geq 5$ $\quad\therefore$ 정규 근사조건 만족

a. $\left(\hat{p} - z_{0.025}\sqrt{\frac{\hat{p}(1-\hat{p})}{n}},\ \hat{p} + z_{0.025}\sqrt{\frac{\hat{p}(1-\hat{p})}{n}}\right) = 0.5067 \pm 0.0098$

$= (0.4969,\ 0.5165)$

b. $\left(\hat{p} - z_{0.05}\sqrt{\frac{\hat{p}(1-\hat{p})}{n}},\ \hat{p} + z_{0.05}\sqrt{\frac{\hat{p}(1-\hat{p})}{n}}\right) = 0.5067 \pm 0.0016$

$= (0.4951,\ 0.5183)$

37. $n = (z_{0.025})^2 \frac{0.35(0.65)}{0.05^2} = 1.96^2 \times 91 = 349.5856 \Rightarrow 350$개

38. $\sigma = 25,\ d_{\text{오차한계}} = 5,\ 95\%_{\text{신뢰수준}}$

$d = Z_{\alpha/2}\frac{\sigma}{\sqrt{n}}$

$\Rightarrow n = \left(Z_{\alpha/2}\frac{\sigma}{\sqrt{n}}\right)^2 = \left(1.96 \cdot \frac{25}{5}\right)^2 = 96.04 = 97$

40. $d = 0.03 \Rightarrow n = \left(1.96\frac{\sigma}{0.03}\right)^2$

$d = 0.05 \Rightarrow n = \left(1.96\frac{\sigma}{0.05}\right)^2$

41. $\sigma = 5,\ \alpha = 0.05$

$\bar{x} - 1.96\frac{\sigma}{\sqrt{n}} \leq \mu \leq \bar{x} + 1.96\frac{\sigma}{\sqrt{n}}$

$-1.96\frac{\sigma}{\sqrt{n}} \leq \mu - \bar{x} \leq 1.96\frac{\sigma}{\sqrt{n}}$

$|\mu - \bar{x}| \leq 11.96\frac{\sigma}{\sqrt{n}} = 1$

$1.96\sigma = \sqrt{n},\ n = 1.96^2\ \sigma^2 = 96.04$

$\therefore n > 96.04$

42. a. $d = 1.96\sqrt{\frac{(0.5 \times 0.5)}{180}} = 0.073$

b. 2월 $n = (1.96)^2\{(0.5 \cdot 0.5)/(0.04)^2\} = 600.25$

3월 $n = (1.96)^2\{(0.5 \cdot 0.5)/(0.03)^2\} = 1067.111$

총회 1주일 전 $n = (1.96)^2\{(0.5 \cdot 0.5)/(0.02)^2\} = 2401$

44. $d \le 0.02 \Rightarrow n \ge z_{\alpha/2}^2 \dfrac{p(1-p)}{0.02^2} = 9604p(1-p)$

$if\ p = 0.15,$

$n \ge 1224.51 \qquad \therefore n = 1225$

50. 모집단 정규분포를 따르고, 모분산은 알려지지 않았으므로 t분포 사용

$$\left(\bar{x} - t_{0.025,\,24}\frac{s}{\sqrt{n}},\ \bar{x} + t_{0.025,\,24}\frac{s}{\sqrt{n}}\right) = 6.86 \pm 2.064\frac{0.7773}{\sqrt{25}} = 6.86 \pm 0.3209$$
$$= (6.54,\ 7.18)$$

9장 연습문제

1. a. 단측　b.양측　c.단측　d.단측　e.단측　f.단측

2. a. 제1종 오류 : 귀무가설이 사실이나 이를 기각하는 오류

b. 제2종 오류 : 대립가설이 사실이나 귀무가설을 기각하지 않는 오류

3. 잘하는 사람이 실수로 떨어짐 : 제 1종 오류

실력은 없지만 운좋게 합격 : 제 2종 오류

5. 많이 마시면 안되는데 마심 : 제 2종 오류

칼슘이 필요한데 마시지 않음 : 제 1종 오류

7. 제1종 오류 : $\alpha = P(X \ge 96 \mid \mu = 90) = \exp\left(-\dfrac{96}{90}\right) = 0.3441$

제2종 오류 : $\beta = P(X \le 96 \mid \mu = 100) = 1 - \exp\left(-\dfrac{96}{100}\right) = 0.6171$

9. a. 귀무가설 : $H_0:\ p \ge \dfrac{1}{2}$, 대립가설 : $H_a:\ p < \dfrac{1}{2}$

b.

제1종 오류 : $\alpha = P\left(\hat{p} \le 0.52 \mid p > \dfrac{1}{2}\right)$

$$= P\left(Z \le \frac{0.52 - 0.5}{\sqrt{\dfrac{0.5(1-0.5)}{100}}}\right) = P(Z \le 0.4) = 0.6217$$

제2종 오류 : $\beta = P\left(\hat{p} \le 0.52 \mid p \le \dfrac{1}{2}\right)$

$$= P\left(Z \le \frac{0.52 - 0.5}{\sqrt{\dfrac{0.5(1-0.5)}{100}}}\right) = P(Z \le 0.4) = 0.3683$$

11. a. 효과가 나타나기까지의 실험과정과 환경이 동일해야 한다. 즉, 실험대상자와 실험환경을 동일하게 통제하여야 한다.

b. $H_0:\ \mu = 4.2\ vs.\ H_a:\ \mu < 4.2$

c. $Z=\frac{3.7-4.2}{1.2}=-0.4166>z_{0.05}=-1.645$이므로 귀무가설을 기각하지 않는다. 즉, 유의수준 5%하에서 새로운 근육완화제가 기존의 것보다 효과가 빠르다고 주장할 수 없다.

d. $Z=-0.4166>z_{0.01}=-2.33$이므로 귀무가설을 기각하지 않는다. 즉, 유의수준 1%하에서 새로운 근육완화제가 기존의 것보다 효과가 빠르다고 주장할 수 없다.

e. p값$=P(Z<-0.4166)=0.3658$

g. 유의수준 0.05 또는 0.01하에서 모두 기존보다 효과적이라고 볼 수 없다.

12. $Z=\frac{334.1-350}{5.4/\sqrt{46}}=-19.9701$

a. 양측검정 p값$=2^{*}P(Z<-19.9701)\approx 0$

b. 단측검정 p값$=P(Z<-19.9701)\approx 0$

c. 양측검정의 경우 p값이 두 배가 된다.

d. 기존의 350 mL보다 용량이 작은지 검정하는 것이 목적이므로 단측검정으로 하는 것이 더 타당하다.

13. a. p값$=0.07186064>0.05$ $\therefore H_0$ 기각 못 함

b. p값$=0.6527104>0.05$ $\therefore H_0$ 기각 못 함

c. p값$=0.04036443<0.05$ $\therefore H_0$ 기각

d. p값$=0.002288414<0.05$ $\therefore H_0$ 기각

e. p값$=0.3173105>0.05$ $\therefore H_0$ 기각 못 함

14. a. $Z=\frac{22-26}{13/\sqrt{100}}=-3.077$

p값$=0.001<0.05$ $\therefore H_0$ 기각

b. $Z=\frac{24-26}{13/\sqrt{100}}=-1.539$

p값$=0.062>0.05$ $\therefore H_0$ 기각 못 함

c. $Z=\frac{23.5-26}{13/\sqrt{100}}=-1.923$

p값$=0.027<0.05$ $\therefore H_0$ 기각

d. $Z=\frac{22.8-26}{13/\sqrt{100}}=-2.462$

p값$=0.007<0.05$ $\therefore H_0$ 기각

15. $H_0:\mu=10,\ H_a:\mu>10$

$n=16,\ \bar{x}=11,\ s=3$

a. 기각역 : $t^*>t_{15,\,0.02}=2.249$

b. $t^*=\frac{11-10}{3(\sqrt{6})}=1.33<2.249$

$\therefore H_0$ 기각

17. a. 18　b. 1.414

c. $t_{0.02/2,\ 6-1}=t_{0.01,\ 5}=3.365$　　$\Pr(t<-3.365\ or\ t>3.365)=0.02$

d. $t^*=\dfrac{18-20}{\sqrt{2}/\sqrt{6}}=-3.4641$　　$t^*<-3.365$　$\therefore H_0$ 기각

18. a. $t=2.602 \Rightarrow p$값$=0.02$　b. $t=1.341 \Rightarrow p$값$=0.2$

c. $t=1.960 \Rightarrow 0.05<p$값$<0.1$　d. $t=1.055 \Rightarrow p$값>0.2

19. $H_0: \mu=654$ vs. $H_a:\ \mu\neq 654$

$$t=\frac{\overline{X}-\mu}{\frac{s}{\sqrt{n}}}=\frac{620-654}{120/\sqrt{10}}=-0.0896 \quad \text{d.f.}=9$$

$\Pr(T<-0.0896)=0.4652837$

p값이 0.4653으로 0.025보다 더 크다. 따라서 귀무가설을 기각하지 못한다.

이 문제를 풀기 위하여 추가로 소득에 대한 모집단의 분포가 정규분포라는 가정이 필요하다.

20. $H_0: \mu=110$　$H_a: \mu<110$

$\alpha=0.05,\ \bar{x}=108,\ n=15,\ s=11.95229$

$$t=\frac{108-110}{11.95229/\sqrt{15}}=-0.6481>-1.7161=-t_{0.05,\ 14}$$

$\therefore H_0$ 기각 못 함

21. a. 모집단이 정규분포를 따른다.

b. $H_0:\ \mu=1000$ vs. $H_a:\ \mu\neq 1000$

$T=\dfrac{1216-1000}{495/\sqrt{20}}=1.9514<t_{0.025,19}=2.093$이므로 귀무가설을 기각하지 않는다.

즉, 유의수준 5%하에서 수명기간 1000시간의 주장을 뒷받침한다.

c. p값$=P(T>1.9514)=0.0633$

23. $H_0: \mu=15,\ H_a: \mu>15$

(σ를 모를 때 μ에 대한 추론은 t통계량을 이용한다. 표본수가 30 이상일 때는 근사적으로 Z통계량을 사용하고 σ^2을 모르기 때문에 대신 s^2을 사용한다.)

a. 임곗값 : $z_{0.05}=1.645,\ P(Z>1.645)=0.05$

기각역 : $z>1.645$

b. $Z=\dfrac{\overline{X}-\mu}{\frac{s}{\sqrt{n}}}=\dfrac{16.5-15}{7/\sqrt{40}}=1.355<1.645$이므로 기각역에 속하지 않는다.

즉, H_0를 기각하지 못한다.

c. p값$=P(Z>1.36)=0.0869>0.05$　$\therefore H_0$ 기각 못 함

d. 기각역으로 검정하면 $Z=1.355<Z_\alpha=1.645$이므로 H_0를 기각하지 못한다.

p값으로 검정하면 p값$=0.0869>\alpha=0.05$이므로 H_0를 기각하지 못한다.

25. $n=40,\ \overline{X}=181,\ s=33,\ \sigma$ 모름 $\Rightarrow t$통계량 이용

a. $H_0: \mu=166,\ H_a: \mu>166$

b. $t=\dfrac{\overline{X}-\mu}{\dfrac{s}{\sqrt{n}}}=\dfrac{181-166}{33/\sqrt{40}}=2.875$

c. $t_{39,\,p값}=2.875$

$\therefore$ p값<0.005

d. $t=2.875 > t_{39,\,0.01}=2.423$이므로 귀무가설을 기각한다.

27. a. $t_0=\dfrac{22-25}{10/\sqrt{80}}=2.683$

$|-2.683| > t_{79}(\alpha=0.025)=1.99 \quad \therefore H_0$ 기각

b. $t_0=\dfrac{27-25}{10/\sqrt{80}}=1.789 < t_{79}(\alpha=0.025)=1.99 \quad \therefore H_0$ 기각 못 함

c. $t_0=\dfrac{23.5-25}{10/\sqrt{80}}=1.342$

$|-1.342| < t_{79}(\alpha=0.025)=1.99 \quad \therefore H_0$ 기각 못 함

d. $t_0=\dfrac{28-25}{10/\sqrt{80}}=2.683 > t_{79}(\alpha=0.025)=1.99 \quad \therefore H_0$ 기각

28. a. $H_0: \mu=400$

$H_a: \mu<400$

특별한 근거 없이는 현재로서는 참이라고 여겨지는 가설을 귀무가설로 하고 새롭게 등장한 주장을 대립가설로 설정

b. $n=36,\ \overline{x}=390,\ s=30$

$t=\dfrac{390-400}{30/\sqrt{36}}=-2$, 자유도 $=36-1=35$

모집단이 정규분포를 따르나 σ를 모르는 경우 추정량 s를 대신 사용하며 z 대신 t통계량을 사용.

자유도\\$p$값	0.1	0.05	0.025	0.01
35	1.306	1.36	2.03	2.438

$t=-2$에 해당하는 p값은 0.025~0.05 사이이며, p값$>\alpha$해야 H_0을 기각하지 못하므로, 유의수준 α가 0.025 이하일 때, 소비자들 불평에 근거 없다고 판단 가능

31. a. 타당하다.

b. 가설 : $H_0: \mu=46.9,\ H_1: \mu>46.9$

$Z=\dfrac{46.9-48.2}{3.6/\sqrt{72}}=-3.064129$

p값$=\Pr(Z<-3.064129)=0.00109 \quad \therefore H_0$ 기각 즉, 과거에 비해 몸무게가 늘었다.

33. a. 유의수준 0.05이고 양측 검정이므로 검정통계량 Z에 대한 기각역은 정규분포의 좌우 꼬리부분의 면적이 0.025에 해당되는 부분이다. 따라서 기각역은 $|Z|>1.96$

b. 모비율의 검정통계량에 대입하면, 검정통계량은 $Z=\dfrac{0.175-0.2}{\sqrt{\dfrac{0.2\cdot 0.8}{400}}}=-1.25$

기각역에 속하지 않으므로 귀무가설을 기각하지 못한다.

35. 표본의 크기가 충분히 클 때, 즉 $np\geq 5$와 $n(1-p)\geq 5$를 만족할 때 귀무가설 H_0가 사실일 때, $\hat{p}$는 근사적으로 $N\left(p_0, \dfrac{p_0(1-p_0)}{n}\right)$을 따른다. 이 문제에서는 가정사항을 만족하지 않으므로, 정규분포를 따른다고 말할 수 없다. 하지만 분포 가정 없이 문제를 풀 수 없으므로, 표본의 크기가 충분히 크다고 가정하고 문제를 풀도록 하자.

$H_0: p=0.02$ vs $H_a: p\neq 0.02$

$\hat{p}=\dfrac{3}{100}=0.03$

$\hat{p}\sim N\left(p_0, \dfrac{p_0(1-p_0)}{n}\right)\Rightarrow \hat{p}\sim N\left(0.02, \dfrac{0.02(1-0.02)}{100}\right)$

$Z=\dfrac{\hat{p}-p_0}{\sqrt{\dfrac{p_0(1-p_0)}{n}}}=\dfrac{0.03-0.02}{\sqrt{\dfrac{0.02(1-0.02)}{100}}}\fallingdotseq 0.7143$

$\therefore Z<Z_{0.025}=1.96$

따라서, H_0 기각 못 함

즉, 불량품이 2%가 아니라는 통계학적 근거가 불충분하다.

37. a. $\dfrac{c-0.5}{\sqrt{0.5(1-0.5)/4040}}=1.96$

$\Rightarrow c=1.96\sqrt{0.5(1-0.5)/4040}+0.5=0.5154$

b. $Z=\dfrac{0.5069-0.5}{\sqrt{\dfrac{0.5(1-0.5)}{4040}}}=8.7714$

p값$=P(Z>8.7714)\approx 0$

c. 유의수준 0.05하에서 동전의 앞면이 나올 확률은 1/2이라고 할 수 없다.

41. H_0: $p=0.5$ vs. H_a: $p\neq 0.5$

$Z=\dfrac{0.4667-0.5}{\sqrt{0.5(1-0.5)/60}}=-0.5159>z_{0.025}=-1.96$이므로 귀무가설을 기각하지 않는다. 즉, 유의수준 5%하에서 이 학과의 여학생 비율은 0.5라고 할 수 있다.

42. H_0: $p=0.162$ vs. H_a: $p\neq 0.162$

a. 95% 신뢰수준 : $0.129\pm 1.96\sqrt{\dfrac{0.129(1-0.129)}{100}}=(0.0633,\ 0.1947)$

30대의 조사 결과 16.2%가 위 신뢰구간에 들어 있으므로, 95% 신뢰수준하에서 20대의 생각과 30대의 생각이 같다고 할 수 있다.

b. $Z=\dfrac{0.129-0.162}{\sqrt{\dfrac{0.162(1-0.162)}{100}}}=-0.8956$

p값$=2^*P(Z<-0.8956)=0.5342$

43. a. $\hat{p}=0.5267$

b. H_0: $p=0.56$ $vs.$ H_a: $p<0.56$

$Z=\dfrac{0.5267-0.56}{\sqrt{0.56(1-0.56)/300}}=-1.1619>z_{0.025}=-1.96$이므로 귀무가설을 기각하지 않는다. 즉, 유의수준 5%하에서 지지율이 내려갔다고 볼 수 없다.

10장 연습문제

1. 모평균차, 검정, 모분산 모름, 정규분포가정

H_0: $\mu_A=\mu_B$ vs H_a: $\mu_A>\mu_B$

$\overline{x}_1=5.65$, $\overline{x}_2=5.58$, $\sigma_1=0.03$, $\sigma_2^2=0.04$, $n_1=12$, $n_2=12$

$$z=\frac{(\overline{x}_1-\overline{x}_2)-(\mu_1-\mu_2)}{\sqrt{\dfrac{\sigma_1^2}{n_1}+\dfrac{\sigma_2^2}{n_2}}}=\frac{5.62-5.58}{\sqrt{\dfrac{0.0009}{12}+\dfrac{0.0016}{12}}}=2.7712>z_{0.05}=1.65$$

$\therefore H_0$ 기각

3. 두 모평균의 차이의 추론에 관한 문제이면 두 집단에 대한 분산을 알고 있다. 따라서 10.02의 모평균 차의 신뢰구간 공식에 대입하면

$$\left(40-45-1.645\times\sqrt{\frac{25}{15}+\frac{30}{10}},\ 40-45+1.645\times\sqrt{\frac{25}{15}+\frac{30}{10}}\right)$$

$=(-8.553606,\ -1.446394)$

5. 평균비교, 소표본, 모분산 알려짐, 정규분포가정

H_0: $\mu_A=\mu_B$ / H_a: $\mu_A\neq\mu_B$

$\overline{x}_1=154$, $\overline{x}_2=162$, $\sigma_1^2=100$, $\sigma_2^2=169$, $n_1=15$, $n_2=18$

$$z=\frac{(\overline{x}_1-\overline{x}_2)-(\mu_1-\mu_2)}{\sqrt{\dfrac{\sigma_1^2}{n_1}+\dfrac{\sigma_2^2}{n_2}}}=\frac{154-162}{\sqrt{\dfrac{100}{15}+\dfrac{169}{18}}}=-1.997>z_{0.975}=-1.96$$

$\therefore H_0$ 기각

7. $\sigma_1=\sigma_2=\sigma$ 가정

95% $C.I$ for $\mu_1-\mu_2$: $\overline{X}_1-\overline{X}_2\pm t_{n_1+n_2-2,\ \alpha/2}\sqrt{S_p^2\left(\dfrac{1}{n_1}+\dfrac{1}{n_2}\right)}$

$$S_p^2=\frac{(n_1-1)S_1^2+(n_2-1)S_2^2}{n_1+n_2-2}=\frac{(10-1)0.5^2+(8-1)0.7^2}{10+8-2}=0.355$$

$t_{n_1+n_2-2,\ \alpha/2}=t_{16,\ 0.025}=2.120$

$$\overline{X}_1-\overline{X}_2\pm t_{n_1+n_2-2,\ \alpha/2}\sqrt{S_p^2\left(\frac{1}{n_1}+\frac{1}{n_2}\right)}$$

$$=(3.1-2.7)\pm 2.120\sqrt{0.355\left(\frac{1}{10}+\frac{1}{8}\right)}=(-0.199,\ 0.999)$$

9. 평균 차이, 소표본, 등분산가정

$H_0: \mu_1-\mu_2=0$ vs $H_1: \mu_1-\mu_2\neq 0$

$$S_p^2=\frac{(n_1-1)S_1^2+(n_2-1)S_2^2}{n_1+n_2-2}=\frac{(16-1)10^2+(14-1)8^2}{16+14-2}=83.29$$

$$t=\frac{(\overline{X}_1-\overline{X}_2)-(\mu_1-\mu_2)}{\sqrt{S_p^2\frac{1}{n_1}+\frac{1}{n_2}}}=\frac{(107-112)-0}{\sqrt{83.29\times\left(\frac{1}{16}+\frac{1}{14}\right)}}=-1.497$$

$|t|<t_{n_1+n_2-2,\ \alpha/2}=t_{28,\ 0.025}=2.048$

$|t|<t_{n_1+n_2-2,\ \alpha/2}=t_{28,\ 0.005}=2.763$

$\therefore H_0$ 기각 못 함

10. a. $s_p^2=\frac{(n_1-1)s_1^2+(n_2-1)s_2^2}{n_1+n_2-2}=\frac{(12-1)\times 4.2^2+(16-1)\times 3.7^2}{12+16-2}=15.3612$

b. $\begin{cases}H_0: \mu_1=\mu_2\\ H_a: \mu_1\neq\mu_2\end{cases}\Rightarrow\begin{cases}H_0: \mu_1-\mu_2=0\\ H_a: \mu_1-\mu_2\neq 0\end{cases}$

$$t=\frac{(\overline{x}_1-\overline{x}_2)-(\mu_1-\mu_2)}{\sqrt{s_p^2\frac{1}{n_1}+\frac{1}{n_2}}}=\frac{(35-43)}{\sqrt{15.3612\times\left(\frac{1}{12}+\frac{1}{16}\right)}}=-5.3450$$

기각역 : $|t|>t_{26,\ 0.025}=2.056\Rightarrow|-5.3450|>2.056\Rightarrow H_0$ 기각

c. 95% 신뢰구간 : $\overline{x}_i-\overline{x}_2\pm t_{26,\ 0.025}\sqrt{s_p^2\left(\frac{1}{n_1}+\frac{1}{n_2}\right)}$

$$=(35-43)\pm 2.056\times\sqrt{15.3612\times\left(\frac{1}{12}+\frac{1}{16}\right)}=-8\pm 3.0773$$

11. a.

$$3.87-3.23-z_{0.05}\sqrt{\frac{4^2}{10}+\frac{6^2}{12}}<\mu_1-\mu_2<3.81-3.23+z_{0.05}\sqrt{\frac{4^2}{10}+\frac{6^2}{12}}$$

$=0.64-1.65\times 2.145<\mu_1-\mu_2<0.64+1.65\times 2.145$

$=-2.899<\mu_1-\mu_2<4.179$

b.

$$z=\frac{3.87-3.23-0}{\sqrt{\frac{4^2}{10}+\frac{6^2}{12}}}=\frac{0.64}{\sqrt{4.6}}=\frac{0.64}{2.145}=0.298$$

$0.298<z_{0.025}=1.96$ / *accept*

$\therefore$ 차이가 있다고 볼 수 없다.

13. 두 집단 평균 검정, 소표본, 등분산 가정 없음

$\overline{x}_1=44.8,\ s_1^2=28.7,\ \overline{x}_2=45,\ s_2^2=34$

$$df=\frac{(s_1^2/n_1+s_2^2/n_2)^2}{\frac{(s_1^2/n_1)^2}{n_1-1}+\frac{(s_2^2/n_2)^2}{n_2-1}}=\frac{(28.7/5+34^2/6)^2}{\frac{(28.7/5)^2}{4}+\frac{(34/6)^2}{5}}\approx 9$$

$$(\bar{x}_1-\bar{x}_2)\pm t_{v,\alpha/2}\sqrt{\frac{s_1^2}{n_1}+\frac{s_2^2}{n_2}}=-0.2\pm 2.82\times 3.38$$

15. 평균비교, 등분산 가정 아님, 소표본

μ_A: A구역 생산량 μ_B: B구역 생산량

$H_0: \mu_A=\mu_B$ vs $H_a: \mu_A \neq \mu_B$

$$t=\frac{(\bar{x}_A-\bar{x}_B)-(\mu_A-\mu_B)}{\sqrt{\left(\frac{s_A^2}{n_1}+\frac{s_B^2}{n_2}\right)}}=\frac{82.5-64.9}{\sqrt{\left(\frac{20^2}{10}+\frac{14^2}{10}\right)}}\approx 2.28$$

$$df=\frac{(s_1^2/n_1+s_2^2/n_2)^2}{\frac{(s_1^2/n_1)^2}{n_1-1}+\frac{(s_2^2/n_2)^2}{n_2-1}}=\frac{(20^2/10+14^2/10)^2}{\frac{(20^2/10)^2}{9}+\frac{(14^2/10)^2}{9}}\approx 16$$

$2.28 > t_{16,\ 0.025}=2.11$ $\therefore H_0$ 기각

16. $H_0: \mu_1=\mu_2$ vs $H_a: \mu_1 \neq \mu_2$

$$z_0=\frac{15.4-16.8}{\sqrt{\frac{3}{49}+\frac{4}{25}}}=-2.977$$

$|-2.977| > z_{.025}=1.96$ $\therefore H_0$ 기각

17. 이분산 가정, 표본의 수가 충분히 크므로 Z분포

$(\bar{x}_1, \bar{x}_2)\pm z_{\alpha/2}\sqrt{\frac{s_1^2}{n_1}+\frac{s_2^2}{n_2}}$ 로부터,

$$(200-150)\pm 1.96\sqrt{\frac{50^2}{50}+\frac{80^2}{70}}=50\pm 23.31$$

$\Rightarrow (26.69, 73.31)$

19. $\begin{cases} H_0: \mu_A-\mu_B=10 \\ H_a: \mu_A-\mu_B\neq 10 \end{cases}$

모름 σ^2, $\sigma_A^2 \neq \sigma_B^2$.

n_1, n_2가 충분히 크다. $\Rightarrow Z$ 통계량 이용

$$Z=\frac{(\bar{X}_A-\bar{X}_B)-(\mu_A-\mu_B)}{\sqrt{\frac{s_A^2}{n_A}-\frac{s_B^2}{n_B}}}=\frac{3}{2.32}=1.29$$

양측검정 : $Z_{0.1/2}=1.645 > Z=1.29$ $\therefore$ 귀무가설을 기각할 수 없다.

주간, 야간 학생의 시험성적은 유의수준 10%에서 10점의 차이가 난다.

20. $1400-1200-z_{0.005}\sqrt{\frac{1400^2}{150}+\frac{1200^2}{200}}<\mu_1-\mu_2<1400-1200+z_{0.005}\sqrt{\frac{1400^2}{150}+\frac{1200^2}{200}}$

$\Rightarrow 200-2.58\times 142.36<\mu_1-\mu_2<200+2.58\times 142.36$

$\Rightarrow -167.2888<\mu_1-\mu_2<567.2888$

21. $\bar{x}_A=2035$, $\bar{x}_B=1920$, $s_A=64$, $s_B=84$, $n_A=100$, $n_B=100$,

표준편차의 차이가 20으로 평균 차이와 비교할 때 비교적 큰 편이다. 등분산성을 만족하지 않는 것으로 간주하고 Welch's t-test를 수행한다.

μ_A : A공장 제품의 평균수명, μ_B : B공장 제품의 평균수명

$$t=\frac{(\bar{x}_A-\bar{x}_B)-(\mu_A-\mu_B)}{\sqrt{\left(\frac{s_A^2}{n_1}+\frac{s_B^2}{n_2}\right)}}=\frac{2035-1920}{\sqrt{\left(\frac{64^2}{100}+\frac{84^2}{100}\right)}}\ under\ H_0$$

$$=10.8898$$

$$df=\frac{(s_1^2/n_1+s_2^2/n_2)^2}{\frac{(s_1^2/n_1)^2}{n_1-1}+\frac{(s_2^2/n_2)^2}{n_2-1}}=\frac{(64^2/100+84^2/100^2)}{\frac{(64^2/100)^2}{99}+\frac{(84^2/100)^2}{99}}\approx 185$$

$10.8898 > t_{200,\ 0.025}=1.972$ $\therefore H_0$ 기각

23. 평균비교, 대표본, 등분산가정 아님

$H_0: \mu_A=\mu_B$ vs $H_a: \mu_A>\mu_B$

$\bar{x}_A=18.6$, $\bar{x}_B=14.7$, $s_A{}^2=22.4$, $s_B{}^2=20.9$, $n_A=47$, $n_B=36$,

n_A, $n_B>30$이므로

$$z=\frac{(\bar{x}_A-\bar{x}_B)-(\mu_A-\mu_B)}{\sqrt{\frac{s_A^2}{n_1}+\frac{s_B^2}{n_2}}}=\frac{18.6-14.7}{\sqrt{\frac{22.4}{47}+\frac{20.9}{36}}}=3.793>z_{0.01}=2.33$$

$\therefore H_0$ 기각, 그리고 p값은 $P(Z>3.793)=0.00007$

24. $\begin{cases} H_0: \mu_1=\mu_2 \\ H_a: \mu_1\neq\mu_2 \end{cases} \Rightarrow \begin{cases} H_0: \mu_1-\mu_2=0 \\ H_a: \mu_1-\mu_2\neq 0 \end{cases}$

$$z=\frac{(\bar{x}_A-\bar{x}_B)-(\mu_1-\mu_2)}{\sqrt{\frac{s_1^2}{n_1}+\frac{s_2^2}{n_2}}}=\frac{(7-5)}{\sqrt{\frac{2^2}{300}+\frac{1.5^2}{200}}}=12.7559\sim N(0,\ 1)$$

기각역 : $|z|>z_{.025} \Rightarrow |12.7559|>1.96 \Rightarrow H_0$ 기각

25. $\begin{cases} H_0: \mu_1=\mu_2+200 \\ H_a: \mu_1\neq\mu_2+200 \end{cases} \Rightarrow \begin{cases} H_0: \mu_1-\mu_2=200 \\ H_a: \mu_1-\mu_2\neq 200 \end{cases}$

$$z=\frac{(\bar{x}_1-\bar{x}_2)-(\mu_1-\mu_2)}{\sqrt{\frac{s_1^2}{n_1}+\frac{s_2^2}{n_2}}}=\frac{(1400-1300)-200}{\sqrt{\frac{130^2}{169}+\frac{120^2}{144}}}=-7.07\sim N(0,\ 1)$$

기각역 : $|z|>z_{.025} \Rightarrow |-7.07|>1.96 \Rightarrow H_0$ 기각

27. $H_0: p_1-p_2=0$ vs $H_a: p_1-p_2\neq 0$

$\bar{p}_1=\frac{52}{203}=0.256$, $\bar{p}_2=\frac{56}{270}=0.207$, $\bar{p}=\frac{52+56}{203+270}=0.2241$

$$z=\frac{0.256-0.207}{\sqrt{0.2241(1-0.2241)\left(\frac{1}{203}+\frac{1}{270}\right)}}=1.2469 < z_{0.025}=1.96$$

$\therefore H_0$ 기각 못 함

29. $n_1=200$, $\bar{p}_1=0.1$, $n_2=300$, $\bar{p}_2=0.15$

$\bar{p}=\frac{20+45}{200+300}=0.13$

$n_1\cdot\bar{p}_1$, $n_2\cdot\bar{p}_2$, $n_1\cdot(1-\bar{p}_1)$, $n_2\cdot(1-\bar{p}_2)>5$로서, Z가 근사적으로 정규분포를 따른다고 가정 가능

$H_0 : p_1 = p_2$ vs $H_a : p_1 \neq p_2$

$Z = \dfrac{0.1 - 0.15}{\sqrt{0.13(1-0.13)(1/200+1/300)}} = \dfrac{-0.05}{0.0307} = -1.63$이고, $Z_{0.02/2} = 2.33$

$|Z| < Z_{0.02/2} \Rightarrow$ 따라서, H_0 기각 못 함

31. $\begin{cases} H_0 : p \geq 0.9 \\ H_a : p < 0.9 \end{cases}$

$\bar{p} = \dfrac{60}{70} = 0.8571 \fallingdotseq 0.86$

$z = \dfrac{\bar{p} - p_0}{\sqrt{\dfrac{p_0(1-p_0)}{n}}} = -1.11$

p값: $0.1323081 > 0.01 = \alpha$ $\therefore H_0$ 기각 못 함

33. $100(1-\alpha)\%$ C.I

$\bar{p}_1 = 0.01, \bar{p}_2 = 0.07, n_1 = 100, n_2 = 100, \alpha = 0.05$

$\bar{p}_1 - \bar{p}_2 \pm z_{\alpha/2}\sqrt{\dfrac{\bar{p}_1(1-\bar{p}_1)}{n_1} + \dfrac{\bar{p}_2(1-\bar{p}_2)}{n_2}}$

$= (0.10 - 0.07) \pm 1.96\sqrt{\dfrac{0.10(1-0.10)}{100} + \dfrac{0.07(1-0.07)}{100}}$

$= 0.03 \pm 0.0772 = (-0.0472, 0.1072)$

35. $\bar{p}_1 - \bar{p}_2 \pm z_{0.025}\sqrt{\dfrac{\bar{p}_1(1-\bar{p}_2)}{n_1} + \dfrac{\bar{p}_2(1-\bar{p}_2)}{n_2}}$

$= \dfrac{1}{8} - \dfrac{1}{14} \pm 1.96\sqrt{\dfrac{1/8 \times 7/8}{80} + \dfrac{1/14 \times 13/14}{70}} = 0.054 \pm 0.094$

37. $p_A = 0.475, p_B = 0.467$

$\begin{cases} H_0 : p_A - p_B = 0 \\ H_a : p_A - p_B \neq 0 \end{cases}$

$\bar{p} = \dfrac{475 + 467}{2000} = \dfrac{942}{2000} = 0.471$

$Z = \dfrac{p_A - p_B}{\sqrt{\bar{p}(1-\bar{p})\left(\dfrac{1}{n_1} + \dfrac{1}{n_2}\right)}} = 0.3583742$

기각역은 $z_{2/\alpha} = 1.96 < Z$

$\therefore H_0$ 기각할 수 없다. 지지율이 같다고 볼 수 있다.

38. $H_0 : \mu_A - \mu_B = 0$ vs. $H_a : \mu_A - \mu_B \neq 0$

$\overline{X}_A = \dfrac{1}{10}\sum_{i=1}^{10} X_{A_i} = 25.8$ $\overline{X}_B = \dfrac{1}{10}\sum_{i=1}^{10} X_{B_i} = 22.2$

$\sigma_A = 2$ $\sigma_B = 3$

$n_A = 10$ $n_B = 10$

$\therefore \overline{X}_A - \overline{X}_B + z_{\alpha/2}\sqrt{\dfrac{\sigma_A^2}{n_A} + \dfrac{\sigma_B^2}{n_B}} = (25.8 - 22.2) \pm 1.96\sqrt{\dfrac{2^2}{10} + \dfrac{3^2}{10}}$

$= 3.6 \pm 2.2347 = (1.3653, 5.8347)$

41. $\begin{cases} H_0 : \mu_d = 0 \\ H_a : \mu_d > 0 \end{cases}$

표본평균 $=\bar{d} = -16/10 = -1.6$ 표본분산 $= S^2 = 40.711$

$t(0.025,\ 10-1) = 2.262$

$\mu_1 - \mu_2$의 $100(1-\alpha)\%$ 신뢰구간

$=(-1.6-2.262\cdot\sqrt{40.711/10},\ -1.6+2.262\cdot\sqrt{40.711/10})$

$=(-6.164,\ 2.964)$

42. a. $S_1 = 0.1621 \approx S_2 = 0.1476$ 동일 모분산을 가정

$$S_p^2 = \frac{(n_1-1)s_1^2+(n_2-1)s_2^2}{n_1+n_2-2} = \frac{9\times0.0263+9\times0.0218}{10+10-2} = 0.024$$

$\bar{x}_1 = 51.991,\ \bar{x}_2 = 51.871$

$$t = \frac{(\bar{x}_1-\bar{x}_2)-(\mu_1-\mu_2)}{\sqrt{s_P^2\left(\frac{1}{n_1}+\frac{1}{n_2}\right)}} = \frac{0.12-0}{\sqrt{0.024\times\frac{2}{10}}} = 1.73$$

$t_{1.73,\ 9} = 0.059 > 0.05$ $\therefore H_0$ 기각 못 함

두 집단에는 유의한 차이가 없음.

b. $\bar{x}_1 - \bar{x}_2 \pm t_{9,\ 0.025}\sqrt{S_P^2\left(\frac{1}{n_1}+\frac{1}{n_2}\right)} = 0.12 \pm 2.262\times0.069 = 0.12 \pm 0.157$

43. $$S_p^2 = \frac{(10-1)3.78+(10-1)2.67}{(10+10-2)} = 3.23$$

$\begin{cases} H_0 : \mu_A = \mu_B \\ H_a : \mu_A \neq \mu_B \end{cases}$

$\sigma_A^2 = \sigma_B^2 = \sigma^2$ 모름

$n_A,\ n_B \le 30$, 정규모집단 $\Rightarrow$ t통계량 이용

$$t = \frac{(\bar{X}_A - \bar{X}_B)-(\mu_A-\mu_B)}{\sqrt{S_p^2\left(\frac{1}{n_A}-\frac{1}{n_B}\right)}} = \frac{-1}{\sqrt{3.23\left(\frac{1}{10}+\frac{1}{10}\right)}}$$

$= -1.245 > t_{0.005,\ 18} = -2.878$ $\therefore$ 귀무가설을 기각할 수 없다.

유의수준 1%하에서 두 암기법에 유의한 차이가 있다고 할 수 없다.

45. $\bar{d} = 1,\ s_d^2 = 29.47,\ n = 16$

$H_0 : \mu_d = 0$ vs $H_a : \mu_d \neq 0$

$$t_{\bar{d}} = \frac{\bar{d}-\mu_d}{\sqrt{\frac{s_d^2}{n}}} = \frac{1}{\sqrt{\frac{29.47}{16}}} = 0.582 < t_{15,\ 0.005} = 2.947 \quad \therefore H_0 \text{ 기각 못 함}$$

47. 전-후 : 1 5 2 0 3 3 0 3 −2 3

$\bar{d} = 1.8,\ s_d^2 = 4.178,\ n = 10$

$H_0 : \mu_d = 0$ vs $H_a : \mu_d > 0$

$$t_{\bar{d}} = \frac{\bar{d}-\mu_d}{\sqrt{\frac{s_d^2}{n}}} = \frac{1.8}{\sqrt{\frac{4.178}{10}}} = 2.785 < t_{9,\ 0.05} = 1.833 \quad \therefore H_0 \text{ 기각}$$

11 장 연습문제

1. a. $s^2=\dfrac{\sum(x_i-\overline{x})^2}{n-1}=\dfrac{215}{70-1}=3.1159$

b. $s^2=\dfrac{\sum(x_i-\overline{x})^2}{n-1}=\dfrac{464}{140-1}=3.3381$

3. $100(1-\alpha)\%$ C.I

$n=16,\ s=8$

$$\left(\frac{(n-1)s^2}{\chi^2_{n-1,\ \alpha/2}},\ \frac{(n-1)s^2}{\chi^2_{n-1,\ (1-\alpha/2)}}\right)=\left(\frac{15\cdot 64}{27.488},\ \frac{15\cdot 64}{6.262}\right)=(34.9243,\ 153.3057)$$

5. a. $\left(\dfrac{(10-1)8^2}{\chi^2_{10-1,\ 0.1/2}},\ \dfrac{(10-1)8^2}{\chi^2_{10-1,\ (1-0.1/2)}}\right)=\left(\dfrac{(10-1)8^2}{16.919},\ \dfrac{(10-1)8^2}{3.325}\right)$

$=(34.04457,\ 173.2331)$

b. $\left(\dfrac{(10-1)8^2}{\chi^2_{10-1,\ 0.05/2}},\ \dfrac{(10-1)8^2}{\chi^2_{10-1,\ (1-0.05/2)}}\right)=\left(\dfrac{(10-1)8^2}{19.023},\ \dfrac{(10-1)8^2}{2.700}\right)$

$=(30.27914,\ 213.3333)$

c. $\left(\dfrac{(10-1)8^2}{\chi^2_{10-1,\ 0.01/2}},\ \dfrac{(10-1)8^2}{\chi^2_{10-1,\ (1-0.01/2)}}\right)=\left(\dfrac{(10-1)8^2}{23.589},\ \dfrac{(10-1)8^2}{1.735}\right)$

$=(24.41816,\ 331.9885)$

d. i) $\left(\dfrac{(40-1)8^2}{\chi^2_{40-1,\ 0.1/2}},\ \dfrac{(40-1)8^2}{\chi^2_{40-1,\ (1-0.1/2)}}\right)=\left(\dfrac{(40-1)8^2}{54.572},\ \dfrac{(40-1)8^2}{25.695}\right)$

$=(45.73755,\ 97.13805)$

ii) $\left(\dfrac{(40-1)8^2}{\chi^2_{40-1,\ 0.05/2}},\ \dfrac{(40-1)8^2}{\chi^2_{40-1,\ (1-0.05/2)}}\right)=\left(\dfrac{(40-1)8^2}{58.120},\ \dfrac{(40-1)8^2}{23.654}\right)$

$=(42.94559,\ 105.5198)$

iii) $\left(\dfrac{(40-1)8^2}{\chi^2_{40-1,\ 0.01/2}},\ \dfrac{(40-1)8^2}{\chi^2_{40-1,\ (1-0.01/2)}}\right)=\left(\dfrac{(40-1)8^2}{65.476},\ \dfrac{(40-1)8^2}{19.996}\right)$

$=(38.12109,\ 124.8258)$

7. $H_0:\sigma^2=52$ vs $H_1:\sigma^2\neq 52$

검정통계량 : $\chi^2=\dfrac{(n-1)s^2}{\sigma_0^2}=\dfrac{(30-1)\times 60}{5^2}=33.4615\approx\chi^2_{29}$

기각역 : $\chi^2>\chi^2_{29,\ 0.975}=16.04707$ *or* $\chi^2>\chi^2_{29,\ 0.025}=45.72229$

∴ 검정통계량이 기각역에 속하지 않으므로 귀무가설을 기각하지 못한다.

8. $\begin{cases} H_0:\sigma^2=3 \\ H_a:\sigma^2<3 \end{cases}$

$\chi^2=\dfrac{(n-1)s^2}{\sigma_0^2}=\dfrac{(30-1)\times 1.6}{3}=15.4667$

기각역 : $\chi^2<\chi^2_{29,\ 0.95}\Rightarrow 15.4667<17.708\Rightarrow H_0$ 기각

9. $n=50,\ s^2=25$

σ^2의 95%신뢰구간$=\left(\dfrac{(n-1)s^2}{\chi^2_{n-1,\ \alpha/2}},\ \dfrac{(n-1)s^2}{\chi^2_{n-1,\ 1-\alpha/2}}\right)=\left(\dfrac{49\cdot 25}{\chi^2_{49,\ 0.025}},\ \dfrac{49\cdot 25}{\chi^2_{49,\ 0.975}}\right)$

$$=\left(\frac{49\cdot 25}{71.420}, \frac{49\cdot 25}{32.357}\right)=(17.152, 37.858)$$

11. $H_0 : \sigma^2=4$ vs $H_a : \sigma^2>4$

검정통계량 : $\chi^2=\dfrac{(n-1)s^2}{\sigma_0^2}=\dfrac{(20-1)\times 6.62}{4}=31.445\approx\chi^2_{19}$

기각역 : $\chi^2>\chi^2_{19,\,0.05}=30.14353$

∴ 검정통계량이 기각역에 속하므로 귀무가설을 기각한다.

12. a. $\left(\dfrac{(n-1)s^2}{\chi^2_{n-1,\,(1-\alpha/2)}}, \dfrac{(n-1)s^2}{\chi^2_{n-1,\,(\alpha/2)}}\right)=\left(\dfrac{(13-1)128.41}{\chi^2_{12,\,(0.05)}}, \dfrac{(13-1)128.41}{\chi^2_{12,\,(0.95)}}\right)$

$$=\left(\frac{1540.92}{21.026}, \frac{1540.92}{5.226}\right)$$

$$=(73.286, 294.856)$$

b. $(\sqrt{73.286}, \sqrt{294.856})=(8.561, 17.171)$

13. $H_0 : \sigma^2=16$ vs $H_a : \sigma^2>16$

$\chi^2=\dfrac{(n-1)s^2}{\sigma_0^2}=\dfrac{(28-1)\times 25^2}{16^2}=65.9179$

$\chi^2>\chi^2_{27,\,0.05}=40.113 \rightarrow H_0$ 기각

∴ 모집단의 표준편차가 16 g보다 크다.

15. $H_0 : \sigma^2=4400$ vs $H_1 : \sigma^2\neq 4400$

검정통계량 : $\chi^2=\dfrac{(n-1)s^2}{\sigma_0^2}=\dfrac{10\times 5610}{4400}=12.75$

기각역 : $\chi^2>\chi^2_{10,\,0.975}=3.246973$ or $\chi^2>\chi^2_{10,\,0.025}=20.48318$

∴ 검정통계량 $\chi^2=12.75$이 기각역에 속하지 않으므로 귀무가설을 기각할 수 없다. 즉, 소득의 모분산이 $\sigma^2=4400$인 지역의 표본세대로 보아도 좋다.

16. a. $r_1=7$, $r_1=15$일 때, $P(F\leq 4.14)$

$p(F\leq 4.14)=1-p(F>4.14)$

$p(F>4.14)=\alpha \rightarrow F_\alpha(7, 15)=4.14$

$\alpha=0.01$

$\therefore p(F\leq 4.14)=1-0.01=0.99$

b. $r_1=6$, $r_2=15$일 때 $P(0.1323\leq F\leq 2.79)$

$p(0.1323\leq F\leq 2.79)=p(F\leq 2.79)-p(F\leq 0.1323)$

$=1-p(F>2.79)-\{1-p(F>0.1323)\}$

$=p(F>0.1323)-p(F>2.79)$

$F_\alpha(6, 15)=0.1323 \rightarrow \alpha=0.9899$

$F_\alpha(6, 15)=2.79 \rightarrow \alpha=0.05$

$\therefore p(F>0.1323)-p(F>2.79)=0.9899-0.05=0.4899$

17. $\dfrac{1}{F_{n_1-1,\,n_2-1,\,\frac{\alpha}{2}}}\cdot\dfrac{s_1^2}{s_2^2}\leq\dfrac{\sigma_1^2}{\sigma_2^2}\leq\dfrac{1}{F_{n_2-1,\,n_1-1,\,\frac{\alpha}{2}}}\cdot\dfrac{s_1^2}{s_2^2}$

$$\frac{1}{F_{20,\,15,\,0.01}}\cdot\frac{6}{4}\leq\frac{\sigma_1^2}{\sigma_2^2}\leq F_{15,\,20,\,0.01}\cdot\frac{6}{4}$$

$$\frac{1}{3.37}\cdot\frac{6}{4}\leq\frac{\sigma_1^2}{\sigma_2^2}\leq 3.09\cdot\frac{6}{4}$$

$$0.4451\leq\frac{\sigma_1^2}{\sigma_2^2}\leq 4.635$$

그러므로, $\frac{\sigma_1^2}{\sigma_2^2}$에 대한 98% 신뢰구간은 (0.45, 4.64)가 된다.

19. $\frac{1}{F_{n_1-1,\,n_2-1,\,\alpha/2}}\frac{s_1^2}{s_2^2}\leq\frac{\sigma_1^2}{\sigma_2^2}\leq F_{n_2-1,\,n_1-1,\,\alpha/2}\frac{s_1^2}{s_2^2}$으로부터,

$$\frac{1}{F_{14,\,19,\,\alpha/2}}\frac{25^2}{20^2}\leq\frac{\sigma_1^2}{\sigma_2^2}\leq F_{14,\,19,\,\alpha/2}\frac{25^2}{20^2}$$

a. $\frac{1}{2.23}\frac{25^2}{20^2}\leq\frac{\sigma_1^2}{\sigma_2^2}\leq 2.23\frac{25^2}{20^2}\Rightarrow 0.7\leq\frac{\sigma_1^2}{\sigma_2^2}\leq 3.484$

b. $\frac{1}{2.62}\frac{25^2}{20^2}\leq\frac{\sigma_1^2}{\sigma_2^2}\leq 2.62\frac{25^2}{20^2}\Rightarrow 0.5964\leq\frac{\sigma_1^2}{\sigma_2^2}\leq 4.094$

c. $\frac{1}{3.64}\frac{25^2}{20^2}\leq\frac{\sigma_1^2}{\sigma_2^2}\leq 3.64\frac{25^2}{20^2}\Rightarrow 0.4293\leq\frac{\sigma_1^2}{\sigma_2^2}\leq 5.6875$

21. s_1 : 금년 10주간의 주간수익률의 표준편차

s_2 : 작년 10주간의 주간수익률의 표준편차

a. 검정통계량 $F=\frac{s_1^2}{s_2^2}=\frac{0.0064}{0.0025}=2.56$

기각역 $F_{9,\,9,\,0.01}=3.18$

검정통계량 F가 기각역보다 속하지 않으므로 귀무가설을 기각하지 못한다.

b. 기각역 $F_{9,\,9,\,0.01}=4.03$

a에서 구한 검정통계량 F가 기각역에 속하지 않으므로 귀무가설을 기각하지 못한다.

23. $H_0: \sigma_1^2=\sigma_2^2$ vs $H_a: \sigma_1^2\neq\sigma_2^2$

$F=\frac{s_1^2}{s_2^2}=\frac{10.5}{5}=2.1$

$F<F_{n_1-1,\,n_2-1,\,\alpha/2}=F_{9,\,14,\,0.0025}=3.21$

따라서 H_0 기각 못 함

즉, 두 분산 간에 유의한 차이가 있다고 말할 수 없다.

25. a. $H_0: \sigma_1^2=\sigma_2^2$

$H_a: \sigma_1^2\neq\sigma_2^2$

$F=\frac{s_1^2}{s_2^2}=\frac{4.88}{5.81}=0.8399$

$F_{n_1-1,\,n_2-1,\,\alpha/2}=2.452$

$F<F_{n_1-1,\,n_2-1,\,\alpha/2}$이므로, 유의수준 2%하에서 귀무가설을 기각할 수 없다.

b. $\frac{1}{F_{25,\,30,\,0.02/2}}\frac{s_1^2}{s_2^2}\leq\frac{\sigma_1^2}{\sigma_2^2}\leq F_{30,\,25,\,0.02/2}\frac{s_1^2}{s_2^2}$

$\Rightarrow 0.4077(0.8399) \leq \frac{\sigma_1^2}{\sigma_2^2} \leq 2.538(0.8399)$

$\Rightarrow (0.3424,\ 2.1317)$

27. $\begin{cases} H_0 : \sigma_A^2 = \sigma_C^2 \\ H_a : \sigma_A^2 \neq \sigma_C^2 \end{cases} \Rightarrow \begin{cases} H_0 : \sigma_A^2 - \sigma_C^2 = 0 \\ H_a : \sigma_A^2 - \sigma_C^2 \neq 0 \end{cases}$

$F = \frac{s_A^2}{s_B^2} = \frac{11.11^2}{2.83^2} = 15.4119$

기각역 : $F > F_{15,\ 10,\ 0.01} = 4.56$ or

$F < F_{15,\ 10,\ 0.99} = 0.2193$

$\Rightarrow 15.4119 > 4.56 \Rightarrow H_0$ 기각

28. a. $F_{15,\ 15,\ 0.975} \frac{2.0736}{4.6225} \leq \frac{\sigma_1^2}{\sigma_2^2} \leq F_{15,\ 15,\ 0.025} \frac{2.0736}{4.6225}$

$0.349 \times 0.449 \leq \frac{\sigma_1^2}{\sigma_2^2} \leq 2.862 \times 0.449$

$\Rightarrow 0.157 \leq \frac{\sigma_1^2}{\sigma_2^2} 1.285$

b. $F = \frac{s_1^2}{s_2^2} = 0.449 > F_{15,\ 15,\ 0.005} = 0.416$

$\therefore H_0$ 기각

29. $\begin{cases} n_A = 20,\ \bar{x}_A = 10,\ s_A^2 = 9 \\ n_B = 16,\ \bar{x}_B = 11,\ s_B^2 = 25 \end{cases}$

검정통계량 : $F = \frac{s_B^2}{s_A^2} = \frac{25}{9} = 2.78$

기각역 : $F > F_{15,\ 19,\ 0.05} = 2.234$

$\therefore$ 검정통계량이 기각역에 속하므로 귀무가설을 기각한다. 즉, 조립라인 B가 결점수에 있어 더 큰 변동을 보인다고 할 수 있다.

30. $n_A = 9,\ n_B = 7,\ s_A = 5.2,\ s_B = 8.7$

$\begin{cases} H_0 : \sigma_A^2 = \sigma_B^2 \\ H_a : \sigma_A^2 \neq \sigma_B^2 \end{cases}$

$F = \frac{s_A^2}{s_B^2} = \frac{5.2^2}{8.7^2} = 0.3572 < F_{n_1-1,\ n_2-1,\ \alpha/2} = 5.60$

$> F_{n_1-1,\ n_2-1,\ \alpha/2} = \frac{1}{F_{n_2-1,\ n_1-1,\ \alpha/2}} = \frac{1}{4.65} = 0.2150$

$\therefore$ 귀무가설을 기각할 수 없다. 두 모집단의 분산은 같다.

31. $n_A = 8,\ n_B = 6,\ s_A^2 = 62.5,\ s_B^2 = 73.2$

$H_0 : \sigma_A^2 = \sigma_B^2$ vs $H_1 : \sigma_A^2 < \sigma_B^2$

검정통계량 : $F = \frac{s_A^2}{s_B^2} = \frac{62.5}{73.2} = 0.8538$

기각역 : $F < F_{7,\ 5,\ 0.95} = 0.252$

∴ 검정통계량이 기각역에 속하지 않으므로 귀무가설을 기각할 수 없다. 즉, 기기 A가 B보다 우수하다고 할 수 없다.

32. a. $\left(F_{n_2-1,\, n_1-1,\, (1-\alpha/2)}\dfrac{S_1^2}{S_2^2},\ F_{n_2-1,\, n_1-1,\, (\alpha/2)}\dfrac{S_1^2}{S_2^2}\right)$

$=\left(F_{10,\,12,\,(0.975)}\dfrac{4.88}{5.82},\ F_{10,\,12,\,(0.025)}\dfrac{4.88}{5.82}\right)$

$=\left(0.276\times\dfrac{4.88}{5.82},\ 3.374\times\dfrac{4.88}{5.82}\right)$

$=(0.231,\ 2.829)$

b. $H_0: \sigma_1=\sigma_2$ vs $H_a: \sigma_1\neq\sigma_2$

$F_0=\dfrac{4.88}{5.82}=0.838<F_{12,\,10,\,(0.025)}=3.621$

∴ H_0 기각 못 함

33. $n=9,\ s^2=15.5$

$H_0: \sigma^2=12$ vs $H_1: \sigma^2\neq 12$

검정통계량 : $\chi_1^2=\dfrac{(n-1)s^2}{\sigma_0^2}=\dfrac{8\times 15.5}{12}=10.333$

기각역 : $\chi^2<\chi^2_{8,\,0.975}=2.179731$ *or* $\chi^2>\chi^2_{8,\,0.025}=17.53455$

∴ 검정통계량이 기각역에 속하지 않으므로 귀무가설을 기각할 수 없다.

34. $H_0: \sigma^2=2.25$ vs $H_a: \sigma^2>2.25$

$s^2=2.828$

$\chi^2=\dfrac{(6-1)2.828}{2.25}=6.28<\chi^2_{5,\,0.05}=11.07$, H_0 기각 못 함

35. a. $\bar{x}=26.56\quad \hat{\sigma}=s=1.728$

b. $\left(\dfrac{29.86}{20.48},\ \dfrac{29.86}{3.247}\right)$

37. 95% σ^2 신뢰구간 :

$\left(\dfrac{(n-1)s^2}{\chi^2_{9,\,0.025}},\ \dfrac{(n-1)s^2}{\chi^2_{9,\,0.975}}\right)=\left(\dfrac{9\times 66.678}{19.02277},\ \dfrac{9\times 66.678}{2.70039}\right)=(31.5465,\ 222.2279)$

$\Rightarrow$ 95% σ 신뢰구간 : $(\sqrt{31.5465},\ \sqrt{222.2279})=(5.6166,\ 14.9073)$

38. $\chi^2_{11,\,0.025}=21.92\quad \chi^2_{11,\,0.975}=3.816\quad s^2=1.384$

$\left(\dfrac{11^*1.384}{21.92},\ \dfrac{11^*1.384}{3.816}\right)\Rightarrow(0.6945,\ 3.9895)$

39. $n=10,\ \alpha=0.05,\ s=0.03695,\ \bar{x}=5.479$

$\begin{cases}H_0: \sigma^2=0.02^2\\ H_a: \sigma^2\neq 0.02^2\end{cases}$

$\chi^2_{9,\,0.025}=19.023,\ \ \chi^2_{9,\,0.975}=2.7$

$\chi^2=\dfrac{9\cdot 0.03695^2}{0.02^2}=30.7193>\chi^2_{9,\,0.025}=19.023$

따라서 귀무가설을 기각한다. 즉, 유의수준 5%하에서 견적서의 값은 바르다고 할 수 없다.

41. a. $\frac{1}{F_{n_1-1,\, n_2-1,\, \alpha/2}}\frac{s_1^2}{s_2^2} \le \frac{\sigma_1^2}{\sigma_2^2} \le F_{n_2-1,\, n_1-1,\, \alpha/2}\frac{s_1^2}{s_2^2}$

$\Leftrightarrow \frac{1}{F_{11,\, 9,\, 0.025}}\frac{31.562}{9.246} \le \frac{\sigma_1^2}{\sigma_2^2} \le F_{9,\, 11,\, 0.025}\frac{31.562}{9.246}$

$\Leftrightarrow 0.8721 \le \frac{\sigma_1^2}{\sigma_2^2} \le 12.2479$

b. $H_0 : \sigma_1^2 = \sigma_2^2$ vs $H_1 : \sigma_1^2 > \sigma_2^2$

검정통계량 : $F = \frac{s_1^2}{s_2^2} = \frac{31.5615}{9.2462} = 3.4135$

기각역 : $F > F_{11,\, 9,\, 0.025} = 3.912$ *or* $F < F_{11,\, 9,\, 0.975} = 0.279$

∴ 검정통계량이 기각역에 속하지 않으므로 귀무가설을 기각할 수 없다. 즉, 여성의 시간변동이 남성의 시간변동보다 더 크다고 할 수 없다.

43. $H_0 : \sigma_X^2 = \sigma_Y^2$ vs $H_a : \sigma_X^2 \neq \sigma_Y^2$

$F = \frac{s_A^2}{s_B^2} = \frac{0.244182}{0.352564} = 0.6926$

기각역 : $F > F_{10,\, 12,\, 0.025} = 3.374$ 또는 $F < \frac{1}{F_{12,\, 10,\, 0.025}} = 0.2761$

∴ H_0 기각 못 함. 두 분산이 통계적으로 유의하게 다르다고 할 수 없다.

45. $H_0 : \sigma_1^2 = \sigma_2^2$ vs $H_a : \sigma_1^2 > \sigma_2^2$

$s_1^2 = 5961429,\ s_2^2 = 737142.9$

$n_1 = 7,\ n_2 = 8$

$F = \frac{5961429}{737142.9} = 8.0872 > F_{6,\, 7,\, 0.05} = 3.87$, H_0 기각

47. a.

	여름	겨울
평균	80.51816	79.14
분산	4.153636	2.733778
관측수	11	10
자유도	10	9
F비	1.519676	
P(F<=f)양측검정	0.270581	
F기각역 : 양측검정	3.963862	

기각역이 $F > F_{10,\, 9,\, 0.025} = 3.96$이므로 기각역에 속하지 못한다.

따라서 분산에 차이가 없음을 볼 수 있다.

b. $\frac{1}{F_{n_2-1,\, n_1-1,\, \frac{\alpha}{2}}} \cdot \frac{s_2^2}{s_1^2} \le \frac{\sigma_2^2}{\sigma_1^2} \le F_{n_1-1,\, n_2-1,\, \frac{\alpha}{2}} \cdot \frac{s_2^2}{s_1^2}$

$\frac{1}{F_{9,\, 10,\, 0.025}} \cdot \frac{2.7337}{4.1536} \le \frac{\sigma_1^2}{\sigma_2^2} \le F_{10,\, 9,\, 0.025} \cdot \frac{2.7337}{4.1536}$

$\frac{1}{3.78} \cdot \frac{2.7337}{4.1536} \le \frac{\sigma_1^2}{\sigma_2^2} \le 3.96 \cdot \frac{2.7337}{4.1536}$

$$0.174 \le \frac{\sigma_1^2}{\sigma_2^2} \le 2.606$$

따라서 $\frac{\sigma_2^2}{\sigma_1^2}$에 대한 95% 신뢰구간은 (0.174, 2.606)이 된다.

49. $H_0 : \sigma_1^2 = \sigma_2^2$ vs $H_a : \sigma_1^2 \ne \sigma_2^2$

$$F = \frac{S_2^2}{S_1^2} = 0.9279$$

기각역 : $F > F_{11,\,11,\,0.025} = 3.474$ 또는 $F < \frac{1}{F_{11,\,11,\,0.025}} = 0.2879$

$\therefore H_0$ 기각 못 함

12 장 연습문제

2. b. 구간이 달라지면 빈도가 달라지기 때문에 검정통계량값이 달라질 것이다. 그러나 자료의 수가 100개로 상당히 많으므로 적합성 판단의 결과는 거의 매번 같게 나오게 된다. 달라지는 경우도 있을 수 있으나 드물게 나타날 것이다.

5. a.

두 변수가 독립인 경우 추정 결합확률(π_{ii})

	M	F	total
불만족	0.08	0.12	0.2
보통	0.08	0.12	0.2
만족	0.24	0.36	0.6
Total	0.4	0.6	1

두 변수가 독립인 경우 기댓값(E_{ij})

	M	F	total
불만족	A=8	D=12	20
보 통	B=8	E=12	20
만 족	C=24	F=36	60
Total	40	60	100

b. A : D=B : E=C : F=k라고 하면,

A=Dk, B=Ek, C=Fk이다.

A+B+C=(D+E+F)k=60k=40

$\therefore k=2/3$

그러므로 A=8, B=8, C=24, D=12, E=12, F=36이다.

d. 가설 $\begin{cases} H_0: \text{두 변수는 독립이다.} \\ H_1: \text{두 변수는 종속이다.} \end{cases}$

만족도와 성별의 분할표(O_{ii})

	M	F	total
불만족	6	14	20
보 통	8	12	20
만 족	28	32	60
Total	40	60	100

$(O_{ij}-E_{ij})^2/E_{ij}$

	M	F
불만족	0.5	0.5
보 통	0	0
만 족	0.667	0.6671

$\chi^2=2.333>\chi^2_{99,0.05}=124.342$ H_0 기각 못 함

6. $\begin{cases} H_0: p_A=0.2,\ p_B=0.5,\ p_C=0.3 \\ H_1: \text{적어도 하나의 } p_i\text{가 다르다.} \end{cases}$

	지역 A	지역 B	지역 C	total
고3학생분포(π_i)	0.2	0.5	0.3	1
합격자수(O_i)	25	27	25	77
기댓값(E_i)	15.4	38.5	23.1	77
O_i-E_i	9.6	−11.5	1.9	
$(O_i-E_i)^2$	92.16	132.25	3.61	
$(O_i-E_i)^2/E_i$	5.984416	3.435065	0.156277	9.575758

$\chi^2=9.575758>\chi^2_{2,\alpha=0.05}=5.991$ H_0 기각

8. 가설 $\begin{cases} H_0: p_i=\frac{1}{10},\ i=0, 1, 2, 3, 4, 5, 6, 7, 8, 9 \\ H_1: \text{적어도 하나의 } p_i\text{가 다르다.} \end{cases}$

	0	1	2	3	4	5	6	7	8	9
가정된 확률(π_i)	0.1	0.1	0.1	0.1	0.1	0.1	0.1	0.1	0.1	0.1
빈도수(E_i)	8	8	12	11	10	8	9	8	12	14
기댓값(E_i)	10	10	10	10	10	10	10	10	10	10
O_i-E_i	−2	−2	2	1	0	−2	−1	−2	2	4
$(O_i-E_i)^2$	4	4	4	1	0	4	1	4	4	16
$(O_i-E_i)^2/E_i$	0.4	0.4	0.4	0.1	0	0.4	0.1	0.4	0.4	1.6

$\chi^2=4.2<\chi^2_{9,\alpha=0.05}=16.919$ H_0 기각 못 함

16. 가설 $\begin{cases} H_0: \text{모집단의 평균이 4인 포아송분포를 따른다.} \\ H_1: \text{not } H_0 \end{cases}$

	0	1	2	3	4	5	6	7	8	9<	total
분포(π_i)	0.018	0.073	0.147	0.195	0.195	0.156	0.104	0.06	0.03	0.021	1
빈도수(O_i)	1	2	4	6	10	8	7	4	3	5	50
기댓값(E_i)	0.916	3.663	7.326	9.768	9.768	7.815	5.21	2.977	1.489	1.068	50
O_i-E_i	0.084	−1.663	−3.33	−3.77	0.232	0.185	1.79	1.023	1.511	3.932	
$(O_i-E_i)^2$	0.007	2.766	11.06	14.2	0.054	0.034	3.205	1.046	2.285	15.46	
$(O_i-E_i)^2/E_i$	0.008	0.755	1.51	1.454	0.005	0.004	0.615	0.352	1.535	14.47	20.71

$\chi^2=20.71>\chi^2_{9,\alpha=0.05}=16.919$ H_0 기각

22. 가설 $\begin{cases} H_0: \text{두 변수는 독립이다.} \\ H_1: \text{두 변수는 종속이다.} \end{cases}$

찬성 여부와 지역의 분할표(O_{ii})

	찬성	반대	total
경기	120	105	225
서울	143	132	275
강원	24	20	44
영남	22	18	40
호남	25	21	46
Total	334	296	630

독립인 경우 기댓값(E_{ij})

	찬성	반대	total
경기	119.285	105.714	225
서울	145.793	129.206	275
강원	23.326	20.673	44
영남	21.206	18.793	40
호남	24.387	21.612	46
Total	334	296	630

$(O_{ij}-E_{ij})^2/E_{ij}$

	찬성	반대
경기	0.004	0.004
서울	0.053	0.060
강원	0.019	0.021
영남	0.029	0.033
호남	0.015	0.017

13장 연습문제

1. $n_1=n_2=n_3=n_4=n_5=5$, $n=25$

$F_{4,20}(0.05)=2.866$

주어진 F통계량값은 3.6으로 임곗값 $F_{4,20}(0.05)=2.866$보다 크므로 귀무가설 H_0: $\mu_1=\mu_2=\mu_3=\mu_4=\mu_5$이 기각된다.

따라서 증권회사의 펀드 수익률은 서로 다르다고 결론지을 수 있다.

3. a. 10개　　　b. $1-(0.95)^{10}=0.401$

c. 0.95　　　d. $(0.95)^{10}=0.599<0.95$

5. $k=4$, $n_i=8$, $i=1, 2, 3, 4$　$n=32$

변동요인	자유도	제곱합	평균제곱합	F통계량
처리	3	240	80	4
오차	28	560	20	
계	31	800	100	

7. Irish, Pervian, Shetland

K=3, $n_1=20$, $n_2=18$, $n_3=21$, $n=59$

SSTR=740, SSE=1240

a.

변동요인	자유도	제곱합	평균제곱합	F통계량
처리	2	740	370	16.7097
오차	56	1240	22.143	
계	58	1980		

$F=16.70968>F_{3,56}(0.05)=2.7694$이므로 귀무가설 H_0: $\mu_1=\mu_2=\mu_3$이 기각된다. 따라서 세 종류의 스웨터의 내구성은 동일하지 않다.

b. Tukey 신뢰구간

1) $\mu_3-\mu_2 : (4.9-2.5)\pm\frac{3.40}{\sqrt{2}}\sqrt{22.143\left(\frac{1}{21}+\frac{1}{18}\right)}$

$=2\pm3.634=(-1.234\ \ 6.034)$

2) $\mu_1-\mu_3 : (6.4-4.9)\pm\frac{3.40}{\sqrt{2}}\sqrt{22.143\left(\frac{1}{20}+\frac{1}{21}\right)}$

$=1.5\pm3.535=(-2.035\ \ 5.035)$

3) $\mu_1-\mu_2 : (6.4-2.5)\pm\frac{3.40}{\sqrt{2}}\sqrt{22.143\left(\frac{1}{20}+\frac{1}{18}\right)}$

$=3.9\pm3.676=(0.324\ \ 7.576)$

X1 그룹($\overline{X}_1=6.4$)과 X2 그룹($\overline{X}_2=6.5$) 간의 평균 차이에 대한 Tukey 신뢰구간만이 0을 포함하지 않으므로 X1과 X2 그룹 사이에만 평균에 유의적 차이가 있다.

13.

변동요인	자유도	제곱합	평균제곱합	F통계량	p값
처리	4	4243.143	1060.786	35.38	<0.0001
오차	30	899.4286	29.98095		
계	34	5142.571			

p값이 유의수준 0.05보다 작으므로 H_0: $\mu_1=\mu_2=\mu_3=\mu_4=\mu_5$이 기각된다.

즉, 대학의 전공에 따라 적성검사 점수가 차이가 있다고 할 수 있다.

차이가 나는 모집단을 알아보기 위해 Tukey 방법으로 다중비교를 해 보면, 7개 쌍의 평균 차이 범위가 유의하게 나온다.

(μ_1, μ_2), (μ_1, μ_3), (μ_1, μ_4), (μ_1, μ_5), (μ_2, μ_4), (μ_3, μ_4), (μ_4, μ_5)

treat Comparison	Difference Between Means	Simultaneous 95% Confidence Limits		
1 - 3	16.429	7.939	24.918	***
1 - 5	20.143	11.653	28.632	***
1 - 2	21.286	12.796	29.775	***
1 - 4	34.286	25.796	42.775	***
3 - 1	-16.429	-24.918	-7.939	***
3 - 5	3.714	-4.775	12.204	
3 - 2	4.857	-3.632	13.347	
3 - 4	17.857	9.368	26.347	***
5 - 1	-20.143	-28.632	-11.653	***
5 - 3	-3.714	-12.204	4.775	
5 - 2	1.143	-7.347	9.632	
5 - 4	14.143	5.653	22.632	***
2 - 1	-21.286	-29.775	-12.796	***
2 - 3	-4.857	-13.347	3.632	
2 - 5	-1.143	-9.632	7.347	
2 - 4	13.000	4.511	21.489	***
4 - 1	-34.286	-42.775	-25.796	***
4 - 3	-17.857	-26.347	-9.368	***
4 - 5	-14.143	-22.632	-5.653	***
4 - 2	-13.000	-21.489	-4.511	***

(***표시된 부분이 유의한 차이를 나타냄)

이를 토대로 $\mu_1 > \mu_2$, μ_3, $\mu_5 > \mu_4$으로 평균이 유의하게 차이남을 알 수 있다.

17.

변동요인	자유도	제곱합	평균제곱합	F통계량	p값
처리	2	15108500	7554250.00	19.75	0.00016
오차	12	4588833	382402.75		
계	14	19697333			

p값이 유의수준 0.05보다 작으므로 H_0: $\mu_1=\mu_2=\mu_3$이 기각된다.

즉, 장난감의 판매처에 따라 그 장난감은 유의적으로 다른 가격에 판매되고 있다고 할 수 있다.

Tukey **신뢰구간**

```
                 Difference
  treat           Between      Simultaneous 95%
Comparison         Means      Confidence Limits

  3 - 2           1241.7        176.8   2306.5  ***
  3 - 1           2346.7       1347.7   3345.6  ***
  2 - 3          -1241.7      -2306.5   -176.8  ***
  2 - 1           1105.0         -1.7   2211.7
  1 - 3          -2346.7      -3345.6  -1347.7  ***
  1 - 2          -1105.0      -2211.7      1.7
```

차이가 나는 모집단을 알아보기 위해 Tukey 방법으로 다중비교를 해 보면, 2개의 쌍 (μ_1, μ_3), (μ_2, μ_3)의 평균 차이 범위가 유의하게 나온다. 이를 토대로 $\mu_1<\mu_3$, $\mu_2<\mu_3$으로 평균이 차이남을 알 수 있다.

19.

변동요인	자유도	제곱합	평균제곱합	F통계량	p값
처리	3	87.7917	29.2639	9.12	0.00052
오차	20	64.1667	3.2083		
계	23	151.958			

p값이 유의수준 0.05보다 작으므로 H_0: $\mu_1=\mu_2=\mu_3=\mu_4$이 기각된다.
즉, 범죄의 발생 빈도에서 각 구역간 유의적 차이가 있다고 할 수 있다.

Tukey 신뢰구간

```
                 Difference     Simultaneous
  treat           Between      95% Confidence
Comparison         Means           Limits

  2 - 4            0.667      -2.228   3.561
  2 - 1            3.667       0.772   6.561  ***
  2 - 3            4.500       1.606   7.394  ***
  4 - 2           -0.667      -3.561   2.228
  4 - 1            3.000       0.106   5.894  ***
  4 - 3            3.833       0.939   6.728  ***
  1 - 2           -3.667      -6.561  -0.772  ***
  1 - 4           -3.000      -5.894  -0.106  ***
  1 - 3            0.833      -2.061   3.728
  3 - 2           -4.500      -7.394  -1.606  ***
  3 - 4           -3.833      -6.728  -0.939  ***
  3 - 1           -0.833      -3.728   2.061
```

차이가 나는 모집단을 알아보기 위해 Tukey 방법으로 다중비교를 해 보면, 4개의 쌍 (μ_1, μ_2), (μ_2, μ_3), (μ_1, μ_4), (μ_3, μ_4)의 평균 차이 범위가 유의하게 나온다. 이를 토대로 $\mu_1<[\mu_2, \mu_4]<\mu_3$ 순으로 평균이 유의하게 차이남을 알 수 있다

21. a. $SSE=\sum_{j=1}^{4}(n_j-1)s_j=3\times1.43+2\times0.54+3\times0.67+4\times0.75=10.38$

변동요인	자유도	제곱합	평균제곱합	F통계량	p값
처리	3	22.62	7.54	8.7167	0.00198
오차	12	10.38	0.865		
계	15	33			

b. p값이 유의수준 0.05보다 작으므로 H_0: $\mu_1=\mu_2=\mu_3=\mu_4$이 기각된다.
즉, 중화요리 음식점의 배달시간은 유의적으로 차이가 있다고 할 수 있다.

c. Tukey 신뢰구간

B	D	C	A
4.33	5.04	7.75	8

1) $\mu_D-\mu_B$: $(5.04-4.33)\pm\frac{3.73}{\sqrt{2}}\sqrt{0.7985\left(\frac{1}{5}+\frac{1}{3}\right)}$
$=0.71\pm1.721=(-1.011\ \ 2.431)$

2) $\mu_C-\mu_D$: $(7.75-5.04)\pm\frac{3.73}{\sqrt{2}}\sqrt{0.7985\left(\frac{1}{4}+\frac{1}{5}\right)}$
$=2.71\pm1.581=(1.129\ \ 4.291)$

3) $\mu_A-\mu_C$: $(8-7.75)\pm\frac{3.73}{\sqrt{2}}\sqrt{0.7985\left(\frac{1}{4}+\frac{1}{4}\right)}$
$=0.25\pm1.6665=(-1.4165\ \ 1.9165)$

차이가 나는 모집단을 알아보기 위해 Tukey 방법으로 다중비교를 해 보면, (μ_C, μ_D)의 평균 차이 범위가 유의하게 나온다. 즉, μ_B, $\mu_D<\mu_C$, μ_A순으로 평균이 유의하게 차이남을 알 수 있다.

따라서 C와 A 음식점이 다른 음식점보다 유의적으로 빠르다고 할 수 있다.

23. a. 0.0477 b. $F_{2,27}(0.05)=3.3541$

c. p값이 유의수준 0.05보다 작으므로 H_0: $\mu_A=\mu_B=\mu_C$이 기각된다.
즉, 매장에 따라서 자동지급할 현금액은 서로 다르다고 할 수 있다.

d. $q_{2,27}(0.05)\approx q_{2,30}(0.05)=2.89$

$\mu_A-\mu_B$의 Tukey 신뢰구간

$$(82.5-54)\pm\frac{2.89}{\sqrt{2}}\sqrt{1477.633\left(\frac{1}{10}+\frac{1}{10}\right)}=28.5\pm35.13=(-6.63\ 63.63)$$

신뢰구간이 0을 포함하므로 A와 B의 평균생산량은 유의한 차이를 보이지 않는다.

14 장 연습문제

5. a. $\sum_{i=1}^{n}e_i=\sum_{i=1}^{n}(y_i-\hat{y}_i)$

$=\sum_{i=1}^{n}(y_i-b_0-b_1x_i)$

$=\sum_{i=1}^{n}y_i-\sum_{i=1}^{n}(\overline{y}-b_1-\overline{x})-\sum_{i=1}^{n}b_ix_i$

$=\sum_{i=1}^{n}y_i-\sum_{i=1}^{n}\overline{y}-b_1\sum_{i=1}^{n}\overline{x}-b_1-\sum_{i=1}^{n}x_i$

$$=\sum_{i=1}^{n}(y_i-\overline{y})-b_1\sum_{i=1}^{n}(x_i-\overline{x})$$
$$=n\cdot\frac{1}{n}\sum_{i=1}^{n}y_i-n\overline{y}-b_1\left(n\cdot\frac{1}{n}\sum_{i=1}^{n}x_i-n\overline{x}\right)$$
$$=0$$

b. $\sum_{i=1}^{n}x_ie_i=\sum_{i=1}^{n}\{x_i(y_i-b_0-b_1x_i)\}$
$$=\sum_{i=1}^{n}\{x_i(y_i-(\overline{y}-b_1\overline{x})-b_1x_i)\}y_i$$
$$=\sum_{i=1}^{n}x_iy_i-\overline{y}\sum_{i=1}^{n}x_i+b_1\overline{x}\sum_{i=1}^{n}x_i-b_1\sum_{i=1}^{n}x_i^2$$
$$=\sum_{i=1}^{n}y_i-\sum_{i=1}^{n}\overline{y}-b_1\sum_{i=1}^{n}\overline{x}-b_1-\sum_{i=1}^{n}x_i$$
$$=n(\overline{xy}-\overline{x}\cdot\overline{y}+b_1\overline{x}^2-b_1\overline{x^2})$$
$$=n(\overline{xy}-\overline{x}\cdot\overline{y})-b_1(\overline{x^2}-\overline{x}^2)$$
$$=0\left(\because\ b_1=\frac{\overline{xy}-\overline{x}\cdot\overline{y}}{\overline{x^2}-\overline{x}^2}\right)$$

c. $r_{y\hat{y}}=\frac{S_{y\hat{y}}}{S_yS_{\hat{y}}}=1$

$\sum_{i=1}^{n}(y_i-\overline{y})(\hat{y}_i-\overline{y})=\sqrt{\sum_{i=1}^{n}(y_i-\overline{y})^2}\sqrt{\sum_{i=1}^{n}(\hat{y}_i-\overline{y})^2}$를 보이자.

$\hat{y}$은 y의 선형함수이다.

Coach-Schwarz 부등식에 의하여, $E[(y_i-\overline{y})(\hat{y}_i-\overline{y})]\leq(E[(y_i-\overline{y})^2])^{\frac{1}{2}}$이며

$\frac{1}{n}\sum_{i=1}^{n}x_i$는 $E(X)$의 일치추정량이다.

$\left(\sum_{i=1}^{n}(y_i-\overline{y})(\hat{y}_i-\overline{y})\right)^2=\sum_{i=1}^{n}(y_i-\overline{y})^2\sum_{i=1}^{n}(\hat{y}_i-\overline{y})^2$

d. F-test 기각역 : $F\geq F_{1,n-2,\alpha}$

t-test 기각역 : $|t|\geq t_{n-2,\frac{\alpha}{2}}$

$F=|t|^2$를 보이자.

$$t=\frac{b_1}{S_{b1}}=b_1\times\frac{\sqrt{\sum_{i=1}^{n}(\hat{y}_i-\overline{y})^2/b_1}}{\sqrt{MSE}}=b_1\times\frac{\sqrt{\sum_{i=1}^{n}(\hat{y}_i-\overline{y})^2}}{\sqrt{MSE}}$$
$$t^2=\frac{\sum_{i=1}^{n}(\hat{y}_i-\overline{y})^2}{MSE}=\frac{MSR}{MSE}=F$$

e. $R=\frac{SSR}{SST}$

$SST=SSR=SSE$

$SST=\sum_{i=1}^{n}(\hat{y}_i-\overline{y})^2\geq0,\ SSR=\sum_{i=1}^{n}(\hat{y}_i-\overline{y})^2\geq0,\ SSE=\sum_{i=1}^{n}(y_i-\hat{y}_i)^2\geq0$

➡ $0\leq SSR\leq SST$

$0\leq\frac{SSR}{SST}\leq1$

$\therefore\ 0\leq R^2\leq1$

f. $R^2 = \dfrac{\sum_{i=1}^{n}(\hat{y}_i - \overline{y})^2}{\sum_{i=1}^{n}(y_i - \overline{y})^2} = \dfrac{b_1^2\sum_{i=1}^{n}(x_i - \overline{x})^2}{\sum_{i=1}^{n}(y_i - \overline{y})^2}$

$$= \left(\frac{\sum_{i=1}^{n}(x_i - \overline{x})(y_i - \overline{y})}{\sum_{i=1}^{n}(x_i - \overline{x})^2}\right)^2 \cdot \frac{\sum_{i=1}^{n}(x_i - \overline{x})^2}{\sum_{i=1}^{n}(y_i - \overline{y})^2}$$

$$= \frac{\left(\sum_{i=1}^{n}(x_i - \overline{x})(y_i - \overline{y})\right)^2}{\sum_{i=1}^{n}(x_i - \overline{x})^2\sum_{i=1}^{n}(y_i - \overline{y})^2}$$

$$= \left(\frac{\sum_{i=1}^{n}(x_i - \overline{x})(y_i - \overline{y})}{\sqrt{\sum_{i=1}^{n}(x_i - \overline{x})^2}\sqrt{\sum_{i=1}^{n}(y_i - \overline{y})^2}}\right)^2$$

$$= r_{xy}^{\ 2}$$

g. $r_1 = \dfrac{\sum_{i=1}^{n}(y_i - \overline{y})(\hat{y}_i - \overline{y})}{\sum_{i=1}^{n}(\hat{y}_i - \overline{y})^2} = \dfrac{b_1\sum_{i=1}^{n}(y_i - \overline{y})(x_i - \overline{x})}{b_1^2\sum_{i=1}^{n}(x_i - \overline{x})^2} = \dfrac{1}{b} \cdot \dfrac{\sum_{i=1}^{n}(y_i - \overline{y})(x_i - \overline{x})}{\sum_{i=1}^{n}(x_i - \overline{x})^2}$

$$= \frac{1}{b_1} \cdot b_1 = 1$$

$$r_0 = \overline{y} - b_1\overline{\hat{y}} = \overline{y} - 1 \cdot \overline{y} = 0$$

6. a. $b_1 = \dfrac{\sum_{i=1}^{30}(y_i - \overline{y})(x_i - \overline{x})}{b_1^{\ 2}\sum_{i=1}^{30}(x_i - \overline{x})^2} = \dfrac{349}{867} = 0.4025$

$$b_0 = \overline{y} - b_1\overline{x} = 78 - 0.4025 \times 239 = -18.1975$$

$$SSR = \sum_{i=1}^{30}(\hat{y}_i - \overline{y})^2 = b_1^{\ 2}\sum_{i=1}^{30}(x_i - \overline{x})^2 = (0.4025)^2 \times 867 = 140.4594$$

$$SST = \sum_{i=1}^{30}(y_i - \overline{y})^2 = 239$$

$$SSE = SST - SSR = 98.54058$$

	자유도	제곱합	제곱평균	F통계량	p값
회귀	1	140.4594	140.4594	39.91111	0.0000
잔차	28	98.54058	3.519306		
계	29	239			

b. $s_{b_1} = \sqrt{\dfrac{MSE}{\sum_{i=1}^{30}(x_i - \overline{x})^2}} = \sqrt{\dfrac{3.519306}{867}} = 0.063712$

$$s_{b_0} = \sqrt{MSE \times \left(\frac{1}{n} + \frac{\overline{x}^2}{\sum_{i=1}^{30}(x_i - \overline{x})^2}\right)} = \sqrt{3.519306\left(\frac{1}{30} + \frac{239^2}{867}\right)} = 15.2309$$

	계수	표준오차	t통계량	p값
Y절편	−18.1975	15.2309	0.1211	0.0000
X1	0.4025	0.0637	6.3175	0.0000

c. $x_0=300$, $\hat{y}_0=102.5525$,

$$s_{\hat{y}_0}=\sqrt{MSE\times\left(\frac{1}{n}+\frac{(x_0-\bar{x})^2}{\sum_{i=1}^{30}(x_i-\bar{x})^2}\right)}$$

$$=\sqrt{3.519306\left(\frac{1}{30}+\frac{(300-239)^2}{867}\right)}=3.9015$$

$E(y_0)$의 10% 신뢰구간은 $(102.5525-1.7011\times3.9015,\ 102.5525+1.7011\times3.9015)=(95.9156,\ 109.1894)$.

d. $$s_{\hat{y}_0}=\sqrt{MSE\times\left(1+\frac{1}{n}+\frac{(x_0-\bar{x})^2}{\sum_{i=1}^{30}(x_i-\bar{x})^2}\right)}$$

$$=\sqrt{3.519306\left(1+\frac{1}{30}+\frac{(300-239)^2}{867}\right)}=4.3291$$

y_0의 10% 신뢰구간은 $(102.5525-1.7011\times4.3291,\ 102.5525+1.7011\times4.3291)=(95.1882,\ 109.9168)$.

15장 연습문제

3. a. 주어진 값들을 이용하여 각각의 값을 구하여 표를 완성한다.

$H_0 : \beta_1=\beta_2=0$ vs. H_a : 적어도 하나의 β_i는 0이 아님

처리항의 자유도는 $p=2$이고 오차항의 자유도는 $n-p-1=12$가 된다.

$R^2=\frac{SSR}{SST}=0.948$이므로 $SSR=SST\times R^2=427.537\times0.948=405.305$

$SSE=SST\times SSR=427.537-405.305=22.232$

$MSR=\frac{SSR}{P}=\frac{405.305}{2}=202.653$, $MSE=\frac{SSE}{n-p-1}=\frac{22.232}{12}=1.853$

$F=\frac{MSR}{MSE}=\frac{202.653}{1.583}=109.365$

변동요인	자유도	제곱합(SS)	MS	검정통계량
처리	2	405.305	202.653	109.365
오차	12	22.232	1.853	
계	14	427.537		

위의 결과에서 $F=109.385>F_{0.01}(2,12)=6.927$가 되므로 H_0을 기각하고, 따라서 TEMP(온도), PRESS(압력) 중 적어도 하나는 청량음료에 탄산가스(CARBON)가 주입되는 양에 선형적으로 유의적인 의미를 갖는다고 볼 수 있다.

b. 오차항(ε)의 분산 σ^2은 MSE(Mean Square due to Error)로 추정되므로

$s^2=\hat{\sigma}=\text{MSE}=\frac{SSE}{n-p-1}=\frac{22.232}{12}=1.853$이므로 $s=\hat{\sigma}=\sqrt{1.853}=1.361$

이 된다.

c. 각 회귀계수의 검정통계량은 $t=\frac{b_i}{s_{b_i}}\sim t(n-p-1)$where s_{b_i}는 b_i의 표본표준편차를 이용하여 구할 수 있다.

모수	추정치	표준오차	t통계량	p값
β_0	−122.617	25.388	−4.830	0.0004
β_1	0.670	0.949	0.706	0.4937
β_2	4.872	0.415	11.740	0.0000

위의 표를 통해서 알 수 있듯이, H_0 : $\beta_1=0$에 대하여 p-value가 0.4937이므로 유의 수준 $\alpha=0.01$하에서 H_0을 기각하지 못하므로 온도(TEMP)는 청량음료에 탄산가스(CARBON)가 주입되는 양에 통계적으로 유의하지 않다. 반면에 H_0 : $\beta_2=0$에 대하여 p-value가 0.0000이므로 유의수준 $\alpha=0.01$하에서 H_0을 기각하고 압력(PRESS)은 청량음료에 탄산가스(CARBON)가 주입되는 양에 통계적으로 유의한 영향을 준다고 할 수 있다.

4. $n=25$, $p=2$

a. 주어진 값들을 이용하여 각각의 값을 구하여 표를 완성한다.

H_0: $\beta_1=\beta_2=0$ vs. H_a: 적어도 하나의 β_i는 0이 아님

처리항의 자유도는 $p=2$이고 오차항의 자유도는 $n-p-1=22$가 된다.

$SSE=MSE\times df_{error}=31.999\times 22=703.978$

$SST=SSR\times SSE=1706.011+703.978=2409.989$

$MSR=\frac{SSR}{P}=\frac{1706.011}{2}=853.006$

$F=\frac{MSR}{MSE}\times\frac{853.006}{31.999}=26.657$

	자유도	제곱합	평균제곱	F통계량
처리	2	1706.011	853.001	26.657
오차	22	703.978	31.999	
계	24	2409.989		

b. 유의수준 $\alpha=0.01$하에서 검정통계량 $F=26.657>F_{0.01}(2,22)=5.719$가 되므로 H_0 기각, 따라서 성적, 결석일수 중 적어도 하나는 그 수업의 만족도에 선형적으로 유의적인 의미를 갖는다고 볼 수 있다.

c. 문제에서 주어진 표를 완성하면 다음과 같다.

모수	추정값	표준오차	t통계량	p값
β_0	16.898	14.845	1.138	0.2674
β_1	− 0.212	0.646	− 0.328	0.7460
β_2	− 0.836	0.165	5.066	0.0000

위의 표를 통해서 알 수 있듯이, H_0: $\beta_1=0$에 대하여 p값이 0.7460이므로 유의수준 $\alpha=0.01$하에서 H_0을 기각하지 못하므로 결석횟수는 그 수업의 만족도

에 통계적으로 유의하지 않다.

반면에 H_0: $\beta_2=0$에 대하여 p값<0.000이므로 유의수준 $\alpha=0.01$하에서 H_0을 기각하고 성적은 그 수업의 만족도에 통계적으로 유의한 영향을 준다고 할 수 있다.

d. (c) 번의 결과에 의해서 최적 회귀모형은 반응 변수인 '그 수업의 만족도'에 대하여 설명 변수를 '성적'으로 하는 단순회귀모형이라고 할 수 있다.

16장 연습문제

1. 모형의 가정사항이 만족하지 않는다는 강한 증거가 있을 경우에 변수변환 없이 회귀분석을 진행하면 그 결과가 통계적으로 문제가 된다. 이 경우 변수변환을 통해 모형 가정을 맞춰야 유의미한 분석이 가능하다. 즉, 설명변수와 반응변수의 선형관계, 오차 또는 반응변수의 정규성, 오차의 독립성, 등분산성을 맞추기 위하여 변수변환이 필요하다.

5. a. $Y^2, Y^3, \cdots$

b. $\log(X), \sqrt{X}, \dfrac{1}{X}$

6. $\dfrac{(\text{SSE}_{\text{small Model}}-\text{SSE}_{\text{Big Model}})/(df_{\text{small Model}}-df_{\text{Big Model}})}{\text{SSE}_{\text{Big Model}}/df_{\text{Big Model}}}\sim$

$F(df_{\text{small Model}}-df_{\text{small Model}},\ df_{\text{small Model}})$: 이 통계량은 모형들간의 SSE의 차이를 기준으로 만들어진 것으로 정규분포 모형 가정에 의해 F분포를 따르게 된다.

$\text{deviance}(M_2)-\text{deviance}(M_1)\sim\chi^2(k)$: 이 통계량은 Akaike 정보기준을 기준으로 만들어진 것으로 두 모형의 정확성과 복잡성을 모두 고려된 것이다.

17장 연습문제

1. 부호검정

모집단의 분포가 좌우대칭이므로 평균 (μ)=중앙값(m)

H_0: $m=25$ vs H_a: $m\neq25$

X=25보다 큰 표본값의 개수 (H_0하에서 $X\sim B(10, 0.15)$)

주어진 표본에서 25보다 큰 표본값의 개수는 8이므로

$$P(X\geq8)=\sum_{x=8}^{10}\binom{10}{x}(0.5)^x(1-0.5)^{10-x}=0.0547$$

따라서 p값$=2\times0.0547=0.1094$

($\therefore$) 유의수준 0.05에서 H_0를 채택한다. 즉, 모집단의 중앙값(m)은 25라고 할 수 있다.

6. R_i를 i번째 집단의 순위합이라 할 때, 크루즈칼-왈리스 통계량:

$$T=\frac{12}{N(N+1)}\sum_{i=1}^{k}\frac{R_i^2}{n_i}-3(N+1)$$

TSS:

$$TSS=\sum_{i=1}^{k}\sum_{j=1}^{n_i}\left(r_{ij}-\frac{N+1}{2}\right)^2$$
$$=\sum_{i=1}^{k}\sum_{j=1}^{n_i}r_{ij}^2-N\left(\frac{N+1}{2}\right)^2$$
$$=\sum_{i=1}^{k}\sum_{j=1}^{n_i}r_{ij}^2-\frac{N(N+1)^2}{4}$$

SSTR:

$$SSTR=\sum_{i=1}^{k}n_i\left(\frac{R_i}{n_i}-\frac{N+1}{2}\right)^2$$
$$=\sum_{i=1}^{k}\frac{R_i^2}{n_i}-N\left(\frac{N+1}{2}\right)^2$$
$$=\sum_{i=1}^{k}\frac{R_i^2}{n_i}-\frac{N(N+1)^2}{4}$$

결국 위에서 계산된 TSS, SSTR과 크루스칼-왈리스 통계량 T를 비교해 보면 다음과 같이 크루스칼 왈리칼-왈계량 T는 SSTR에 상수항을 곱해준 형태라는 것을 확인할 수 있다.

$$\frac{12}{N(N+1)}\times SSTR=\frac{12}{N(N+1)}\times\left[\sum_{i=1}^{k}\frac{R_i^2}{n_i}-\frac{N(N+1)^2}{4}\right]$$
$$=\frac{12}{N(N+1)}\sum_{i=1}^{k}\frac{R_i^2}{n_i}-\frac{12}{N(N+1)}\times\frac{N(N+1)^2}{4}$$
$$=\frac{12}{N(N+1)}\sum_{i=1}^{k}\frac{R_i^2}{n_i}-3(N+1)$$
$$=T$$

8. a. 부호검정

H_0: $m=120$ vs H_a: $m>120$

X=120보다 큰 표본값의 개수 (H_0하에서 $X\sim B(13, 0.5)$)

주어진 표본에서 120보다 큰 표본값의 개수는 10이므로

$$P(X\geq 10)=\sum_{x=10}^{13}\binom{13}{x}(0.5)^x(1-0.5)^{10-x}=0.0461$$

따라서 p값=0.0461

(∴) 유의수준 0.05에서 H_0를 채택한다. 즉, A 고등학교 학생들의 절반 이상이 IQ가 120이 넘는다고 할 수 있다.

9. **윌콕슨 순위합 검정**

남		3700		4600		4800		6000
여	3600		4500		4700		5300	
순위	1	2	3	4	5	6	7	8

남				6500	6500	7000		7800
여	6200	6200	6300				7000	
순위	9.5	9.5	11	12	13	14.5	14.5	16

각각의 분포를 $F(x)$, $G(x)$라고 할 때, H_0: $F(x)=G(x)$ vs H_a: $F(x)\neq G(x)$ 윌콕슨 순위합 통계량 : T=남자의 순위합 =75.5/T=여자의 순위합 =60.5, n=m=8, $\alpha=0.10$

하한임곗값: $T_L=52$

상한임곗값: $T_U=8\times(8+8+1)-5=84$

(∴) 유의수준 0.05에서 H_0를 채택한다. 즉, 연봉에 성별차이가 있다고 할 수 없다.

10. **부호순위검정**

운전자	음주 전	음주 후	차이(음주 후−음주 전)	차이의 절댓값	순위	부호순위
1	0.88	0.89	0.01	0.01	3	3
2	0.76	0.86	0.1	0.1	8.5	8.5
3	0.67	0.87	0.2	0.2	18	18
4	0.78	0.8	0.02	0.02	4	4
5	0.77	0.94	0.17	0.17	16	16
6	0.56	0.75	0.19	0.19	17	17
7	0.67	0.77	0.1	0.1	8.5	8.5
8	0.65	0.75	0.1	0.1	8.5	8.5
9	0.86	0.86	0	0	1.5	1.5
10	0.85	0.88	0.03	0.03	6	6
11	0.85	0.87	0.02	0.02	5	5
12	0.77	0.88	0.11	0.11	11.5	11.5
13	0.75	0.87	0.12	0.12	13.5	13.5
14	0.65	0.76	0.11	0.11	11.5	11.5
15	0.67	0.79	0.12	0.12	13.5	13.5
16	0.67	0.77	0.1	0.1	8.5	8.5
17	0.98	0.85	−0.13	0.13	15	−15
18	0.87	0.87	0	0	1.5	1.5

H_0: $m_2-m_1=0$ vs H_a: $m_2-m_1>0$

윌콕슨 순위합 통계량 값 T=141

$$\frac{141-0}{\sqrt{\dfrac{18\times(18+1)\times(2\times18+1)}{6}}}=3.070$$

따라서 p값$=P(Z\geq3.070)=0.00107$

∴ 유의수준 0.05에서 H_0를 기각한다. 즉, 음주 후 반응시간이 느려진다고 할 수 있다.

18. 크루스칼–왈리스 검정

A	−0.34	−0.28	0.26	0.56	1.21	1.34	2.13	3.23
순위 (A)	6	7	8	11	15	18	21	25

B	−0.87	−0.59	0.54	0.78	2.21	2.65
순위 (B)	3	5	10	12	22	24

C	−2.45	−0.98	1.24	1.75	2.12	2.25
순위 (C)	1	2	16	19	20	23

D	−0.76	0.35	0.85	0.89	1.27
순위 (D)	4	9	13	14	17

각각의 분포를 $F_1(x)$, $F_2(x)$, $F_3(x)$, $F_4(x)$라고 할 때,

H_0: $F_1(x)=F_2(x)=F_3(x)=F_4(x)$ vs H_a: *not* H_0

$n_1=8,\ n_2=6,\ n_3=6,\ n_4=5,\ N=25$

크루스칼 −왈리스 통계량:

$$T=\frac{12}{N(N+1)}\sum_{i=1}^{k}\frac{R_i^2}{n_i}-3(N+1)$$

$$=\frac{12}{25\times(25+1)}\left[\frac{111^2}{8}+\frac{76^2}{6}+\frac{81^2}{6}+\frac{57^2}{5}\right]-3\times(25+1)=0.389$$

기각역: $T\geq\chi^2_{3,0.05}=7.815$

∴ 유의수준 0.05에서 H_0를 채택한다. 즉, 네 종목의 주가수익률의 차이가 있다고 할 수 없다.

22. 스피어만 순위 상관계수

첫째	230	340	240	280	323	243	176	354
순위	2	7	3	5	6	4	1	8

둘째	153	325	258	321	342	254	324	304
순위	1	7	3	5	8	2	6	4

H_0: $\rho=0$ vs H_a: $\rho\neq0$

$$\rho=\frac{\sum_{i=1}^{n}\left(R(X_i)-\frac{n+1}{2}\right)\left(R(Y_i)-\frac{n+1}{2}\right)}{n(n^2-1)/12}=1-\frac{6\sum_{i=1}^{n}(R(X_i))(R(Y_i))^2}{n(n^2-1)}$$

$$=1-\frac{6\times50}{8\times(8^2-1)}=0.405$$

$$\frac{0.405-0}{\sqrt{1/7}}=1.072$$

따라서 p값$=2\times P(Z\geq1.072)=2\times0.142=0.284$

∴ 유의수준 0.05에서 H_0를 채택한다. 즉, 쌍둥이의 모의고사 성적 간에 상관관계가 존재한다고 할 수 없다.

참고자료

C.1 정리 증명

이항확률분포의 평균의 유도 :

$$\begin{aligned}E(X) &= \sum_{k=0}^{n} k\cdot\binom{n}{k}p^k(1-p)^{n-k}\\ &= \sum_{k=1}^{n} k\cdot\binom{n}{k}p^k(1-p)^{n-k}\\ &= np\sum_{k=1}^{n}\binom{n-1}{k-1}p^{k-1}(1-p)^{n-k}\\ &= np\sum_{j=0}^{n-1}\binom{n-1}{j}p^{j}(1-p)^{n-1-j}\\ &= np(p+(1-p))^{n-1}\\ &= np\cdot 1^{n-1}\\ &= np\end{aligned}$$

이항확률분포의 분산의 유도 :

분산을 계산하기 위해서는 $E(X^2)$이 필요하다. 하지만 위에서 평균의 계산에서 $k\cdot P(X=k)$ 대신 $k^2\cdot P(X=k)$을 집어 넣게 되면 $k^2\binom{n}{k}p^k(1-p)^{n-k}$라는 계산하기 힘든 항을 만나게 된다. 이러한 이유로 $E(X^2)$를 직접 계산하지 않고 $E(X(X-1))$을 계산하여 $E(X)$을 더하게 된다.

$$\begin{aligned}E(X(X-1)) &= \sum_{k=0}^{n} k(k-1)\binom{n}{k}p^k(1-p)^{n-k}\\ &= \sum_{k=2}^{n} k(k-1)\binom{n}{k}p^k(1-p)^{n-k}\\ &= n(n-1)p^2\sum_{k=2}^{n}\binom{n-2}{k-2}p^{k-2}(1-p)^{n-k}\\ &= n(n-1)p^2\sum_{j=0}^{n-2}\binom{n-2}{j}p^{j}(1-p)^{n-2-j}\\ &= n(n-1)p^2(p+(1-p))^{n-2}\\ &= n(n-1)p^2\end{aligned}$$

따라서

$$\begin{aligned}V(X) &= E(X^2)-E(X)^2\\ &= E(X(X-1))+E(X)+E(X)^2\\ &= n(n-1)p^2+np-(np)^2 = np(1-p)\end{aligned}$$

이다.

이항분포의 성질 :

성공확률이 같은 두 독립 이항분포 변수의 합의 분포는 이항분포이다.

$$
\begin{aligned}
P(U+V=k) &= \sum_{j=0}^{k} P(U=j, V=k-j) \\
&= \sum_{j=0}^{k} P(U=j) \times P(V=k-j) \\
&= \sum_{j=0}^{k} \binom{n}{j} p^{j}(1-p)^{n-j} \binom{m}{k-j} p^{k-j}(1-p)^{m-k+j} \\
&= p^{k}(1-p)^{n+m-k} \sum_{j=0}^{k} \binom{n}{j}\binom{m}{k-j} \\
&= \binom{n+m}{k} p^{k}(1-p)^{n+m-k}
\end{aligned}
$$

C.2 그리스 문자

Greek Letters

대문자	소문자	이름	해당 영어 알파벳	발음기호
A	α	alpha	a	[ǽlf∂]
B	β	beta	b	[béit∂/bí :t∂]
Γ	γ	gamma	g	[gǽm∂]
Δ	δ	delta	d	[délt∂]
E	ϵ	epsilon	e	[éps∂làn, −l∂n/epsáil∂n]
Z	ζ	zeta	z	[zéit∂, zí:−]
H	η	eta	ē	[éit∂, í:t∂]
Θ	θ	theta	th	[θéit∂, θí:−]
I	ι	iota	i	[aióut∂]
K	κ	kappa	k	[kǽp∂]
Λ	λ	lambda	l	[lǽmd∂]
M	μ	mu	m	[m(j)u : /mju :]
N	ν	nu	n	[n(j)u : /nju :]
Ξ	ξ	xi	x	[si, zi/zai, sai/sai, gzai]
O	o	omicron	o	[ámikràn, óum − /o(u)máikr(∂)n]
Π	π	pi	p	[pai]
P	ρ	rho	r	[rou]
Σ	σ	sigma	s	[sígm∂]
T	τ	tau	t	[tau, tŏ :]
Υ	υ	upsilon	u, y	[jú:psilàn, ʌ́p−, −l∂n/ju:psáil∂n]
Φ	ϕ	phi	ph	[fai]
X	χ	chi	x	[kai]
Ψ	ψ	psi	ps	[sai, psi:/psai]
Ω	ω	omega	ō	[o(u)még∂, −mí:−, −méi − /óumi−]

C.3 통계 패키지

통계 패키지는 1970, 80년대를 풍미했던 3대 통계 패키지 SAS, SPSS, BMDP와 교육용으로 개발된 MINITAB을 비롯하여 여러 종류가 있다. 특수 전공분야에 한정하여 쓸 수 있는 패키지까지 포함한다면 수백 가지가 넘을 것이다. 어느 패키지이든지 각각의 장점을 가지고 있기 때문에 어느 한 패키지가 제일 좋은 패키지라고 단정할 수 없다. 그렇다고 모든 패키지를 다 책에 담을 수도 없다. 이 책에서는 고심 끝에 EXCEL, SPSS, R, 세 가지 패키지를 담고 있다. 이 책을 교재로 삼아 배우는 학생이라면 이 책의 교육 담당자가 권하는 패키지가 제일 잘 어울릴 것이다. 학생들의 여러 상황을 고려하여 제일 적합한 패키지를 선정하여 주기 때문이다.

각 상황별 추천 패키지

EXCEL	MS Office가 이미 설치되어 있는 상황, 통계입문 수준을 많이 넘어갈 필요 없을 때. 경영분야에 추천.
SPSS	고급 수준의 통계로 넘어갈 필요가 있을 때. 통계 비전공의 학부 또는 대학원 수준.
R	통계전공자.

수많은 통계패키지 중 대표적인 것 몇 가지를 간단히 소개하면 다음과 같다.

EXCEL	진정한 의미에서의 통계 패키지라고 할 수 없으나 스프레드쉬트 프로그램을 많이 쓰는 오피스 환경에서 간단한 통계작업을 할 수 있는 통계분석도구가 첨가되어 있음. MS Office가 있는 곳이면 어디나 엑셀을 사용할 수 있다. RExcel: 엑셀 안에서 R 프로그램을 불러다 쓸 수 있다.
SAS	(Staistical Analysis System) 1966년에 개발시작, 1976년에 SAS Institute, Inc. 설립. 방대한 통계기법, 다른 데이터베이스와 연동, 대용량 자료 처리 기능 강력, 대형컴퓨터에서 많이 사용. 메뉴 형식으로 되어 있지 않고 프로그램을 짜야 함. 처음 배울 때는 어려우나 일단 숙달되면 강력한 기능들이 많음. 맞춤형 패키지를 만들 수 있는 Application Tool이 있음.
SPSS	(Statistical Package for the Social Sciences) 1968년, Standford 대학 정치학 박사후과정 두 명이 개발시작. 방대한 통계기법, 메뉴형식, Python 언어와 연결 사용가능. 사회과학 분야의 연구자들이 많이 사용. 현재는 IBM에 귀속되어 SPSS: An IBM Company가 됨.
BMDP	(Biomedical Package) 1961년, UCLA에서 개발. 방대한 통계기법, 의학 및 생명과학 분야 연구자들이 많이 사용. 최근에 시장점유율이 떨어짐. 현재는 Statistical Solution 회사에서 배포.

MINITAB	1972년, Pennsylvania State University의 세 교수가 학생 교육용으로 개발. 초기 사용 쉬움. 메뉴방식. 품질관리분야에서 널리 사용.
STATA	(statistics+data 합성어) 1985년, StataCorp에서 발표. PC에서 간단하게 작업할 수 있는 환경, 의학통계에서 많이 사용.
Splus	벨 연구소에서 interactive 형태로 만든 패키지가 S였고, 이를 PC에서 사용할 수 있도록 만들고 유료화 한 것이 Splus.
R	S의 기능을 그대로 가지고 있으면서 저작권이 열려 있어 마음대로 사용할 수 있다. 패키지이면서도 컴퓨터 언어의 기능을 동시에 가지고 있어 새로운 기법을 적용하거나 기존 통계방법들을 비교하기 용이함. Core working group이 있어 이들이 지속적으로 성능 개선을 하고 있다. 통계 전공자들은 필수적으로 사용. 새로운 통계기법이 개발되면 해당 R 프로그램도 동시에 발표되어 패키지에 추가되고 있다.

찾아보기

연세대학교 응용통계학과

강상욱 · 강승호 · 김일문 · 김철응 · 김현중 · 김현태 · 박상언
박재우 · 박태영 · 이학배 · 임종호 · 전용호 · 정성현 · 진익훈

EXCEL · SPSS · R로 배우는
통계학 입문 제4판

저　자　강상욱 · 강승호 · 김일문 · 김철응 · 김현중 · 김현태 · 박상언
박재우 · 박태영 · 이학배 · 임종호 · 전용호 · 정성현 · 진익훈
발 행 인　김지영
발 행 처　자유아카데미
주　소　경기도 파주시 회동길 37-42
파주출판도시
전　화　031-955-1321
팩　스　031-955-1322
홈페이지　www.freeaca.com
전자우편　main@freeaca.com (대표)
editor@freeaca.com (편집)
crm@freeaca.com (영업)
등　록　제406-2003-017호, 1980. 7. 12.
제4판1쇄　2022년 3월 5일 발행
제4판4쇄　2025년 3월 28일 발행

저자와의
협의하에
인지생략

ISBN 979-11-5808-354-0 93310